Fundamentos de engenharia geotécnica

Tradução da 8ª edição norte-americana

Dados Internacionais de Catalogação na Publicação (CIP)
(Câmara Brasileira do Livro, SP, Brasil)

Das, Braja M.
Fundamentos de engenharia geotécnica / Braja M. Das, Khaled Sobhan ; tradução Noveritis do Brasil ; revisão técnica Roberta Boszczowski. - São Paulo : Cengage Learning, 2017.

1. reimpr. da 3. ed. de 2014.
Título original: Principles of geotechnical engineering.
Tradução da 8. ed. norte-americana.
Bibliografia.
ISBN 978-85-221-1823-6

1. Geologia de engenharia 2. Geotécnica 3. Mecânica do solo I. Sobhan, Khaled. II. Título.

14-11813 CDD-624.15136

Índice para catálogo sistemático:
1. Engenharia geotécnica 624.15136

Fundamentos de engenharia geotécnica

Tradução da 8ª edição norte-americana

BRAJA M. DAS
California State University, Sacramento

KHALED SOBHAN
Florida Atlantic University

Tradução:
NOVERITIS DO BRASIL

Revisão Técnica:
ROBERTA BOSZCZOWSKI
Docente na Universidade Federal do Paraná

CENGAGE

Austrália • Brasil • México • Cingapura • Reino Unido • Estados Unidos

CENGAGE

Fundamentos de engenharia geotécnica
Tradução da 8ª edição norte-americana
Braja M. Das e Khaled Sobhan

Gerente editorial: Noelma Brocanelli

Editora de desenvolvimento: Gisela Carnicelli

Supervisora de produção gráfica: Fabiana Alencar Albuquerque

Título original: Principles of Geotechnical Engineering 8th edition (ISBN 13: 978-1-133-10867-2; ISBN 10: 1-133-10867-9)

Tradução: Noveritis do Brasil

Revisão técnica: Roberta Boszczowski

Copidesque e revisão: Cristiane Morinaga e Luicy Caetano de Oliveira

Diagramação: PC Editorial Ltda.

Capa: Sérgio Bergocce

Imagem de capa: Binkski/Shutterstock

ISBN-13: 978-85-221-1823-6
ISBN-10: 85-221-1823-X

Cengage Learning
Condomínio E-Business Park
Rua Werner Siemens, 111 – Prédio 11 – Torre A – Conjunto 12
Lapa de Baixo – CEP 05069-900 – São Paulo – SP
Tel.: (11) 3665-9900 – Fax: (11) 3665-9901
SAC: 0800 11 19 39

Para suas soluções de curso e aprendizado, visite
www.cengage.com.br

Impresso no Brasil
Printed in Brazil
1. reimpr. – 2017

Prefácio

Fundamentos de Engenharia Geotécnica foi originalmente publicado em 1985 e foi feito para ser utilizado tanto como um livro para o curso introdutório em engenharia geotécnica, cursado praticamente por todos os estudantes de engenharia civil, como para uso como livro de referência aos engenheiros praticantes. O livro foi revisado em 1990, 1994, 1998, 2002, 2006 e 2010. Esta edição tem um coautor, Khaled Sobhan. Como nas edições anteriores do livro, esta oferece uma visão geral das propriedades e mecânica dos solos, com a cobertura de práticas de campo e procedimentos básicos de engenharia, sem modificar a filosofia básica do texto original. Não é a intenção deste livro adequar-se a qualquer código de projeto.

Ao contrário da sétima edição, que tem 18 capítulos, esta tem 17. O capítulo de Revestimentos de Aterro e Geossintéticos foi excluído, já que o assunto cresceu e amadureceu durante os anos e um curso à parte é oferecido em diversos programas de engenharia civil.

A maioria dos exemplos e problemas de fim de capítulos foi modificada; um ou dois problemas de pensamento crítico foram adicionados na maioria dos capítulos para desafiar e aumentar o pensamento e compreensão dos estudantes nos assuntos abordados.

Já que a engenharia geotécnica é um assunto prático e orientado por aplicação, algumas poucas histórias de casos foram inclusas nos capítulos 11, 15 e 16 com a intenção primária de familiarizar os estudantes com a variabilidade imprevisível de solo no campo comparada à situação idealizada no ensino e na aprendizagem em sala de aula. Novas fotografias foram adicionadas por todo o livro.

Outras importantes mudanças na oitava edição incluem:

- A adição de uma seção expandida da introdução no início e um resumo no fim de cada capítulo.
- No Capítulo 2, diversas fotografias de minerais formados por rochas comuns, rochas e estruturas construídas com ou em rochas (Seção 2.3) foram adicionadas. Para ajudar os estudantes na identificação de rochas em campo e minerais formados por rochas, as fotos em cores estão disponíveis na página deste livro no site da Cengage.
- No Capítulo 3, a seção de índice de vazio máximo e mínimo de solo granular foi expandida.
- O procedimento para determinação de limite de contração de solo coesivo utilizando o método de cera (Norma 4943 ASTM) foi descrito com detalhes no Capítulo 4.
- No Capítulo 5, os diagramas de linha foram adicionados nos exemplos de problemas para determinar os nomes de grupo de solo dos símbolos de grupo (Sistema Unificado de Classificação de Solo). Estes diagramas de linha ajudarão os leitores a seguir o procedimento etapa por etapa ao obter o nome de grupo apropriado de solo durante a sua classificação.
- O Capítulo 6, inclui diversas correlações empíricas recentes para estimar o peso específico seco máximo e teor de umidade ideal com base na energia de compactação. Foi adicionada uma seção de avaliação de solos como material de compactação.
- No Capítulo 9, uma derivação matemática para um caso geral para obter a força de percolação por volume específico de solo foi adicionada. Também neste capítulo é fornecido um gráfico de Harza para obter o gradiente

de saída de fluxo sob uma estrutura hidráulica. Este capítulo é útil na estimativa do fator de segurança contra levantamento.

- É proporcionado um exemplo para exibir o uso de um filtro na parte jusante de uma estrutura hidráulica para aumentar o fator de segurança contra levantamento.
- Uma seção com aumento na tensão vertical a um determinado ponto e profundidade abaixo da superfície de solo em razão do aumento linear de carregamento vertical em uma faixa infinita foi adicionada no Capítulo 10.
- É proporcionada uma explicação aprimorada dos fundamentos de adensamento no Capítulo 11. Este capítulo também fornece uma discussão geral do efeito de duração de carga no gráfico $e - \log \sigma'$.
- O Capítulo 12 atualiza o procedimento de cálculo de coesão não drenada para ensaios conduzidos com palheta baseado na norma ASTM (2010).
- O procedimento para estimativa do empuxo de terra ativo em um solo $c' - \phi'$ com condições sísmicas foi atualizado no Capítulo 13.
- A teoria de Caquot e Kerisel para estimativa de empuxo de terra passivo com aterro granular (face posterior inclinada de muro e aterro horizontal, e face posterior vertical de muro e aterro inclinado) foi inclusa no Capítulo 14.
- No Capítulo 15, uma derivação detalhada do fator de segurança de taludes infinitos com percolação é inclusa. Os resultados de alguns estudos recentes nos círculos críticos de ruptura para taludes em argila (condição $\phi = 0$) e solo $c' - \phi'$ são adicionados neste capítulo.
- Um caso generalizado para os empuxos ativo e passivo de Rankine com aterro granular é proporcionado no Anexo A.

No preparo de um texto de engenharia deste tipo, é tentador incluir muitos desenvolvimentos recentes relacionados ao comportamento dos depósitos de solo natural encontrados em diversas partes do mundo disponíveis em jornais e procedimentos de conferência com a esperança que eles serão úteis aos estudantes na prática futura. No entanto, com base em muitos anos de ensino, os autores sentem que a clareza na explicação dos fundamentos de mecânica dos solos é mais importante no primeiro curso, nesta área, sem misturar um livro com muitos detalhes e alternativas. Muitos dos detalhes intrincados podem ser deixados para um curso avançado na área de engenharia geotécnica. Esta abordagem ajudará principalmente no interesse e reconhecimento dos estudantes para o desenvolvimento na engenharia geotécnica em geral.

Os autores não teriam habilidade de finalizar este manuscrito revisado sem o suporte e o incentivo das esposas, Janice e Samira, e suas famílias. Janice Das foi quem mais ajudou ao obter o manuscrito pronto para publicação. O professor Sanjay K. Shukla da Edith Cowan University, Austrália, forneceu diversas sugestões valiosas durante o processo de revisão. Finalmente, muitos agradecimentos são em razão de Christopher Shortt, editor; Hilda Gowans, editora de desenvolvimento sênior e Lauren Betsos, gerente de marketing da Cengage Learning (Engenharia) pela assistência e conselho no desenvolvimento final do livro. É apropriado agradecer a Rose P. Keman da RPK Editorial Services. Ela foi útil na formação do estilo e na administração do produto desta edição assim como em diversas edições anteriores.

Agradecemos aos seguintes revisores por seus comentários e sugestões construtivas:
Dragos Andrei, Califórnia State Polytechnic University, Pomona, Califórnia; Tuncer Edil, University of Wisconsin, Madison, Wisconsin; Ton Qiu, The Pennsylvania State University, University Park, Pensilvânia; Kamal Tawfiq, Florida State University, Tallahassee, Flórida; Binod Tiwari, Califórnia State University, Fullerton, Califórnia; Jay Wang, Louisiana Tech University, Ruston, Louisiana; Mohammad M. Yamin, Bradley University, Peoria, Illinois.

BRAJA DAS e KHALED SOBHAN

Material de apoio para professores e alunos

Na página deste livro no site da Cengage estão disponíveis para download:

- Manual de soluções (em inglês)
- Exercícios extras
- Encarte colorido com imagens selecionadas

Sobre os autores

Professor Braja Das é reitor emérito da College of Engineering and Computer Science na California State University. Ele é mestre em Engenharia Civil pela University of Iowa e o Ph.D. na área de Engenharia Geotécnica da University of Wisconsin. É autor de diversos textos e livros de referência de engenharia geotécnica e foi autor de mais de 250 artigos técnicos na área. As áreas primárias de pesquisa incluem as fundações rasas, âncoragens e geossintéticos. Ele é sócio e membro vitalício da American Society of Civil Engineers, membro vitalício da American Society for Engineering Education e membro emérito do Chemical and Mechanical Stabilization Committee do Transportation Research Board do Conselho de Pesquisa Nacional (Washington, D.C.). Anteriormente, ele era membro do conselho editorial da Journal of Geotechnical Engineering, membro do jornal Lowland Technology International (Japão), editor associado da International Journal of Offshore and Polar Engineering (ISOPE) e coeditor da Journal of Geotechnical and Geological Engineering (Springer). Atualmente, ele é editor-chefe da International Journal of Geotechnical Engineering (J. Ross, Ft. Lauderdale, FL). O Dr. Das recebeu diversos prêmios pela excelência de ensino, incluindo o Prêmio da Fundação AMOCO, o prêmio AT&T Por Excelência de Ensino da Sociedade Americana de Educação de Engenharia, o prêmio Ralph Teetor da Sociedade de Engenheiros Automotivos e o Distinguished Achievement Award pela Excelência de Ensino da University of Texas em El Paso.

Professor Khaled Sobhan é professor associado de Engenharia Civil da Florida Atlantic University. Ele fez o mestrado na Johns Hopkins University e o Ph.D. pela Northwestern University, ambos na área de Engenharia Geotécnica. As áreas principais de pesquisa incluem o aprimoramento de solo, geotecnologia de solos fofos, mecânica de solo experimental e aspectos geotécnicos de engenharia de pavimento. Ele ocupou a Presidência do Comitê de Estabilização Química e Mecânica (AFS90) do Conselho de Pesquisa de Transporte (2005-2011) e foi coautor da Circular TRB nomeada Evaluation of Chemical Stabilizers: State-of-the-Practice Report (E-C086). Atualmente, ele é editor associado da ASCE Journal of Materials in Civil Engineering, e faz parte do conselho editorial da ASTM Geotechnical Testing Journal, Geotechnical and Geological Engineering (Springer) e International Journal of Geotechnical Engineering (J. Ross, Ft. Lauderdale, FL). Ele recebeu o prêmio Excellence and Innovation in Undergraduate Teaching (2006) e Excellence in Graduate Mentoring Award (2009) da Florida Atlantic University. Ele publicou mais de 75 artigos técnicos e relatórios na área de engenharia geotécnica.

Para Elizabeth Madison, Armaan e Shaiza

Sumário

4 Plasticidade e estrutura do solo 71

5 Classificação do solo 95

6 Compactação dos solos 115

16 Capacidade de carga do solo para fundações rasas 541

17 Exploração do subsolo 571

Apêndice A 593

Respostas de problemas selecionados 601

Índice remissivo 609

CAPÍTULO 1

Engenharia geotécnica – uma perspectiva histórica

1.1 Introdução

Para fins de engenharia, *solo* é definido como um agregado não cimentado de grãos minerais e matéria orgânica decomposta (partículas sólidas), com líquido e gás preenchendo os espaços vazios existentes entre as partículas sólidas. O solo é usado como material de construção em diversos projetos da engenharia civil e suporta fundações estruturais. Dessa forma, os engenheiros civis devem estudar as propriedades do solo, como origem, distribuição do tamanho dos grãos, permeabilidade, compressibilidade, resistência ao cisalhamento e capacidade de carga. O ramo da ciência que estuda as propriedades físicas e o comportamento de massas do solo submetidas a diversos tipos de tensão é a *mecânica dos solos*. A aplicação dos princípios dessa mecânica a problemas práticos é denominada *engenharia dos solos*. A *engenharia geotécnica* é a subdisciplina da engenharia civil que estuda materiais naturais encontrados próximos à superfície da terra. Ela engloba desde a aplicação dos princípios da mecânica dos solos e das rochas até o desenvolvimento de fundações, estruturas de contenção e estruturas de terra.

1.2 A engenharia geotécnica antes do século XVIII

O registro da primeira aplicação do solo como material de construção perdeu-se no tempo. Em termos técnicos oficiais de engenharia, o entendimento da geotécnica como é conhecida hoje data do início do século XVIII (Skempton, 1985). Durante anos, a arte da engenharia geotécnica foi baseada apenas em experiências passadas por meio da sucessão de experimentos, sem qualquer característica científica real. Com base em tais experimentos, muitas estruturas foram construídas: algumas foram desmoronadas, enquanto outras ainda estão firmes.

A história registrada nos diz que as civilizações antigas cresceram junto com as margens de rios como Nilo (Egito), o Tigre e o Eufrates (Mesopotâmia), o Huang Ho (Rio Amarelo, China) e Indo (Índia). Diques que datam de cerca de 2000 a.C. foram construídos na bacia do Indo para proteger a cidade de Mohenjo Dara (que se tornou o Paquistão depois de 1947). Durante a dinastia Chan, na China (1120 a.C. a 249 a.C.), muitos diques foram construídos para irrigação. Não há evidências de que foram tomadas medidas para estabilizar as fundações ou verificar a erosão causada por inundações (Kerisel, 1985). A antiga civilização grega usou sapatas isoladas, sapatas corridas e radiers nas construções. No início de aproximadamente 2700 a.C, diversas pirâmides foram construídas no Egito, a maioria delas como tumbas para os faraós e suas companheiras durante os períodos de Império Antigo e Médio. A Tabela 1.1 lista algumas das principais pirâmides identificadas pelo faraó que ordenou a construção. Começando em 2008, foi descoberto um total de 138 pirâmides no Egito. A Figura 1.1 mostra uma vista das pirâmides em Gizé. A construção das pirâmides representou grandes desafios com relação à fundação, à estabilidade de encostas e à construção de câmaras subterrâneas. Com a chegada do budismo na China, durante a dinastia Han oriental em 68 d.C., milhares de pagodes foram construídos. Muitas dessas estruturas foram erguidas sobre camadas de silte e argila mole. Em alguns casos, a pressão na fundação excedeu a capacidade de carga do solo, causando, portanto, extensos danos estruturais.

Tabela 1.1 Principais Pirâmides no Egito

Pirâmide/Faraó	Local	Reinado de Faraó
Djoser	Saqqara	2630-2612 a.C.
Sneferu	Dashur (Norte)	2612-2589 a.C.
Sneferu	Dashur (Sul)	2612-2589 a.C.
Sneferu	Meidum	2612-2589 a.C.
Khufu	Gizé	2589-2566 a.C.
Djedefre	Abu Rawash	2566-2558 a.C.
Khafre	Gizé	2558-2532 a.C.
Menkaure	Gizé	2532-2504 a.C.

Figura 1.1 Vista das pirâmides em Gizé. (Cortesia de Janice Das, Henderson, Nevada)

Um dos exemplos mais famosos de problemas relacionados à capacidade de carga do solo na construção de estruturas antes do século XVIII é a Torre de Pisa, na Itália (Veja a Figura 1.2). A construção da torre começou em 1173 d.C., quando a República de Pisa era próspera, e continuou em diversos estágios por mais de 200 anos. A estrutura pesa aproximadamente 15.700 toneladas métricas e é suportada por uma base circular de 20 m de diâmetro. A torre inclinou antes para o leste, o norte, o oeste e, finalmente, para o sul. Pesquisas recentes mostraram que existia uma fraca camada de argila a uma profundidade de cerca de 11 m abaixo da compressão de superfície do terreno, o que causou a inclinação da torre. Ela ficou mais de 5 m fora do prumo com 54 m de altura. A torre foi fechada em 1990, pois se temia que a estrutura pudesse cair ou desmoronar. A torre foi recentemente estabilizada com escavações no solo sob o lado norte. Cerca de 70 toneladas métricas de terra foram removidas em 41 extrações, expandindo a largura da torre. Como o chão se sedimentou gradualmente para preencher o espaço, a inclinação da torre foi amenizada. Agora, a torre inclina 5 graus. A mudança de meio grau não é notável, mas faz com que a estrutura seja consideravelmente mais estável. A Figura 1.3 é um exemplo de um problema semelhante. As torres exibidas na Figura 1.3 estão localizadas em Bolonha, Itália, e foram construídas no século XII. A torre à esquerda é geralmente referida como a *Torre Garisenda*. Tem 48 metros de altura e pesa aproximadamente 4.210 toneladas métricas. Ela inclinou aproximadamente 4 graus. A torre à direita é a Torre Asinelli, que tem 97 m de altura e pesa 7.300 toneladas métricas. Ela inclinou aproximadamente 1,3 grau.

Engenheiros e cientistas começaram a se preocupar com as propriedades e o comportamento de solos de forma mais metódica a partir da primeira metade do século XVIII, após encontrarem diversos problemas relacionados à fundação durante a construção em séculos passados.

Com base na ênfase e na natureza do estudo na área da engenharia geotécnica, o espaço de tempo entre 1700 e 1927 pode ser dividido em quatro períodos principais (Skempton, 1985):

1. Pré-clássico (1700 a 1776 d.C.)
2. Mecânica dos solos clássica – Fase I (1776 a 1856 d.C.)
3. Mecânica dos solos clássica – Fase II (1856 a 1910 d.C.)
4. Mecânica dos solos moderna (1910 a 1927 d.C.)

As breves descrições de alguns desenvolvimentos significantes de cada um dos quatro períodos são discutidas a seguir.

Figura 1.2 Inclinação de Torre de Pisa, Itália. (Cortesia de Braja M. Das, Henderson, Nevada.)

1.3 Período pré-clássico da mecânica dos solos (1700-1776)

Esse período foi dedicado a estudos relacionados a encostas naturais, pesos específicos de vários tipos de solo e teorias semiempíricas de empuxos de terra. Em 1717, um engenheiro real francês, Henri Gautier (1660-1737), estudou as inclinações naturais de solos quando se inclinaram em um monte para formular os procedimentos de desenvolvimento dos muros de arrimo. A *inclinação natural* é o que agora chamamos *ângulo de repouso*. De acordo com esse estudo, a inclinação natural de *areia limpa e seca* e de *terra comum* foram 31° e 45°, respectivamente. Além disso, o peso unitário da areia seca e limpa e do solo comum foi recomendado para ser 18,1 kN/m^3 e 13,4 kN/m^3 (38,5 kg/pé^3), respectivamente. Não foram relatados resultados de ensaio para a argila. Em 1729, Bernard Forest de Belidor (1671-1761) publicou um livro-texto para engenheiros militares e civis na França. No livro, ele propôs uma teoria para o empuxo lateral de terra nos muros de arrimo que era uma continuação do estudo original de Gautier (1717). Ele também especificou um sistema de classificação de solo da maneira indicada na tabela a seguir.

Classificação	Peso unitário kN/m^3
Rocha	–
Areia firme ou dura	16,7 a
Areia compressível	18,4
Terra comum (encontrada em locais secos)	13,4
Terra fofa (principalmente silte)	16,0
Argila	18,9
Turfa	–

Figura 1.3 Inclinação da Torre Garisenda (esquerda) e Torre Asinelli (direita) em Bolonha, Itália. (Cortesia de Braja M. Das, Henderson, Nevada.)

Os primeiros resultados de ensaio de laboratório em um modelo de muro de arrimo com 76 mm de altura, construído com areia, foram relatados em 1746, por um engenheiro francês chamado François Gadroy (1705-1759), que observou a existência de planos de escorregamento no solo sob ruptura. O estudo de Gadroy foi resumido por J. J. Mayniel em 1808. Outra contribuição notável durante este período é do engenheiro francês Jean Rodolphe Perronet (1708-1794), que estudou estabilidade de encosta em torno de 1769 e diferenciou solo intacto e os preenchimentos.

1.4 Mecânica dos solos clássica – Fase I (1776-1856)

Nesse período, a maior parte do desenvolvimento na área da engenharia geotécnica veio de engenheiros e cientistas da França. No pré-clássico, praticamente todas as considerações teóricas usadas para cálculo da pressão lateral de terra em muros de arrimo foram baseadas em uma superfície de ruptura do solo definida arbitrariamente. Em seu famoso trabalho apresentado em 1776, o cientista francês Charles Augustin Coulomb (1736-1806) usou os princípios de cálculo de máximos e mínimos a fim de determinar a posição exata de uma superfície de deslizamento no solo, atrás de um muro de arrimo. Nessa análise, Coulomb usou as leis de atrito e coesão para corpos sólidos. Em 1790, o famoso engenheiro civil francês Gaspard Clair Marie Riche de Prony (1755-1839) incluiu a teoria de Coulomb em seu principal livro-texto *Nouvelle Architecture Hydraulique* (Vol. 1). Em 1820, casos especiais do trabalho de Coulomb foram estudados pelo engenheiro francês Jacques Frederic Français (1775-1833) e pelo professor de mecânica aplicada Claude Louis Marie Henri Navier (1785-1836). Esses casos especiais eram relacionados a aterros inclinados e aterros com sobrecarga. Em 1840, o engenheiro militar e professor de mecânica Jean Victor Poncelet (1788-1867) ampliou a teoria de Coulomb, concebendo um método gráfico para determinar a magnitude da pressão lateral de terra em muros de arrimo verticais e inclinados, com superfícies poligonais rompidas arbitrariamente. Poncelet também foi o precursor ao usar o símbolo *Ø* para representar o ângulo de atrito do solo. Além disso, concebeu a primeira teoria de limite de capacidade de carga para fundações rasas. Em 1846, o engenheiro Alexandre Collin (1808-1890) forneceu detalhes sobre deslizamentos profundos em encostas de argila, cortes e diques. Collin criou a teoria de que, em todos os casos, as rupturas ocorrem quando a coesão mobilizada excede a coesão existente no solo. Ele também observou que as superfícies de rupturas reais poderiam ser aproximadas como arcos de cicloides.

O fim da Fase I do período clássico da mecânica dos solos é geralmente marcado pelo ano de 1857, data da primeira publicação de William John Macquorn Rankine (1820-1872), professor de engenharia civil da Universidade de Glasgow. Esse estudo elucidou uma notável teoria sobre o empuxo de terra e o equilíbrio de massas de terra. A teoria de Rankine é uma versão simplificada da teoria de Coulomb.

1.5 Mecânica dos solos clássica – Fase II (1856-1910)

Nessa fase, diversos resultados experimentais de ensaios de laboratório sobre areias foram registrados na literatura. Uma das primeiras e mais importantes publicações é a do engenheiro francês Henri Philibert Gaspard Darcy (1803-1858). Em 1856, ele publicou um estudo sobre a permeabilidade de filtros de areia. Com base em tais teorias, Darcy definiu o termo *coeficiente de permeabilidade* (ou condutividade hidráulica) de solo, um parâmetro bastante útil em engenharia geotécnica atualmente.

Sir George Howard Darwin (1845-1912), professor de astronomia, conduziu ensaios de laboratório para determinar o momento de tombamento de uma parede articulada contendo areia nos estados fofo e compacto. Outra importante contribuição, publicada em 1885 por Joseph Valentin Boussinesq (1842-1929), foi o desenvolvimento da teoria da distribuição de tensão sob áreas carregadas em um meio homogêneo, semi-infinito, elástico e isotrópico. Em 1887, Osborne Reynolds (1842-1912) demonstrou o fenômeno de dilatância em areia. Outros estudos notáveis durante este período foram os de John Clibborn (1847-1938) e John Stuart Beresford (1845-1925), relacionados ao fluxo de água em camada de areia e aumento de empuxo. O estudo de Clibborn foi publicado na *Treatise on Civil Engineering, Vol. 2: Irrigation Work in India*, Roorkee, 1901, e também na *Technical Paper Nº 97*, Governo da Índia, 1902. O estudo de Beresford de 1898 sobre o aumento de empuxo na Narora Weir no Rio Ganges foi registrado no *Technical Paper Nº 97*, Governo da Índia, 1902.

1.6 Mecânica dos solos moderna (1910-1927 d.C.)

Nesse período, foram publicados resultados de pesquisas conduzidas em argila, onde foram estabelecidas as propriedades e os parâmetros fundamentais desse elemento como conhecemos hoje. As publicações mais notáveis são descritas a seguir.

Por volta de 1908, Albert Mauritz Atterberg (1846-1916), químico e cientista de solo sueco, definiu *frações de argila* como a porcentagem em massa de partículas menores que dois mícrons. Ele percebeu o papel importante que as partículas de argila representam em um solo e em sua plasticidade. Em 1911, explicou a consistência de solos coesivos definindo os limites de liquidez, de plasticidade e de contração. Também definiu o índice de plasticidade como a diferença entre o limite de liquidez e o limite de plasticidade (consulte Atterberg, 1911).

Figura 1.4 Karl Terzaghi (1883-1963) (SSPL pela Getty Images)

Em outubro de 1909, a barragem de terra de 17 m de altura em Charmes, França, rompeu. Foi construída entre 1902 e 1906. Um engenheiro francês, Jean Fontard (1884-1962), pesquisou as causas do problema. Naquele contexto, ele conduziu ensaios de cisalhamento duplo não drenado em amostras de argila (0,77 m^2 em área e espessura de 200 mm) com tensão vertical constante para determinar os parâmetros de resistência ao cisalhamento (consulte Frontard, 1914). Os tempos de ruptura dessas amostras ficaram entre 10 e 20 minutos.

Arthur Langley Bell (1874-1956), um engenheiro civil da Inglaterra, trabalhou no projeto e na construção da muralha litorânea de Rosyth Dockyard. Com base em seu trabalho, desenvolveu relações para a pressão lateral e a resistência da argila, assim como a capacidade de carga de fundações rasas em argila (consulte Bell, 1915). Bell também usou ensaios de cisalhamento direto para medir a resistência ao cisalhamento não drenado de amostras indeformadas de argila.

O engenheiro Wolmar Fellenius (1876-1957), da Suécia, desenvolveu a análise do círculo de deslizamento em taludes de argila saturada (ou seja, condição de $\emptyset = 0$), considerando que a superfície crítica de escorregamento era o arco de um círculo. Essa análise foi demonstrada em trabalhos publicados em 1918 e em 1926. Porém, apenas o trabalho publicado em 1926 forneceu soluções matemáticas corretas para os números de estabilidade de superfícies de deslizamento circulares que passam pelo pé do talude.

Karl Terzaghi (1883-1963), austríaco (Figura 1.4), desenvolveu a teoria de adensamento para argilas como conhecemos hoje. A teoria foi desenvolvida quando Terzaghi lecionava na American Roberts College, em Istambul, na Turquia. O seu estudo prosseguiu por cinco anos, de 1919 a 1924. Foram utilizados cinco diferentes solos argilosos. O limite de liquidez dos solos variou entre 36 e 67, e o índice de plasticidade foi na faixa de 18 a 38. A teoria do adensamento foi publicada em seu livro *Erdbaumechanik*, em 1925.

1.7 Engenharia geotécnica após 1927

A publicação de *Erdbaumechanik auf Bodenphysikalisher Grundlage*, por Karl Terzaghi em 1925, deu origem a uma nova era no desenvolvimento da mecânica dos solos. Karl Terzaghi é merecidamente conhecido como o pai da mecânica moderna dos solos. Terzaghi nasceu em 2 de outubro de 1883, em Praga, que foi a capital da província austríaca de Boêmia. Em 1904, formou-se engenheiro mecânico na Technische Hochschule, em Graz, Áustria. Em seguida, serviu um ano no exército do país. Após o serviço militar, Terzaghi estudou mais um ano, concentrando-se nos assuntos geológicos. Em janeiro de 1912, concluiu o doutorado em Ciências Técnicas, na mesma universidade na qual se formou em Graz. Em 1916, aceitou um cargo acadêmico na Imperial School of Engineers, em Istambul. Após o fim da Primeira Guerra Mundial, ele aceitou lecionar na American Robert College em Istambul (1918-1925). Ele começou seu trabalho de pesquisa sobre o comportamento de solos e recalque de argilas e sobre a ruptura de areias em barragens devido à erosão tubular. A publicação *Erdbaumechanik* foi o primeiro resultado de sua pesquisa.

Em 1925, Terzaghi aceitou um cargo de professor no Instituto de Tecnologia de Massachusetts, onde trabalhou até 1929. Nesse período, tornou-se líder da nova área da engenharia civil chamada mecânica dos solos. Em outubro de 1929, retornou à Europa para aceitar um cargo de professor na Universidade Técnica de Viena, que logo se tornou um núcleo para engenheiros civis interessados em mecânica dos solos. Em 1939, retornou aos Estados Unidos para lecionar na Universidade de Harvard.

A primeira conferência da International Society of Soil Mechanics and Foundation Engineering (ISSMFE – Sociedade Internacional de Mecânica dos Solos e Engenharia de Fundações) foi realizada na Universidade de Harvard, em 1936, sob a presidência de Karl Terzaghi. A realização dessa conferência só foi possível graças à convicção e aos esforços do professor Arthur Casagrande, da Universidade de Harvard. Cerca de 200 pessoas representando 21 países participaram desse evento. Foi por meio da inspiração e orientação de Terzaghi, nos 25 anos anteriores, que artigos técnicos puderam ser apresentados na conferência, cobrindo uma abrangente variedade de tópicos, como:

- Tensão efetiva
- Resistência ao cisalhamento
- Ensaio com penetrômetro de cone holandês
- Adensamento
- Ensaio em centrífuga
- Teoria elástica e distribuição de tensão
- Pré-carregamento para controle de recalques
- Argilas expansivas
- Ação de congelamento
- Terremotos e a liquefação do solo
- Vibração de máquinas
- Teoria de arqueamento da pressão da terra

Pelos 25 anos seguintes, Terzaghi foi o papa do desenvolvimento da mecânica dos solos e da engenharia geotécnica por todo o mundo. Em 1985, Ralph Peck escreveu que "poucas pessoas durante a vida de Terzaghi teriam discordado de que ele era não apenas o papa da mecânica dos solos, mas também o centro de intercâmbio para a pesquisa e aplicação em todo o mundo. Nos anos seguintes, ele se envolveria em projetos em todos os continentes, exceto na Austrália e na Antártida". Peck continuou com: "Portanto, mesmo hoje, é difícil aprimorar suas avaliações contemporâneas do estado de mecânica do solo conforme mencionado em seus trabalhos e discursos presidenciais". Em 1939, Terzaghi se apresentou na 45ª Palestra de James Forrest na Instituição de Engenheiros Civis, em Londres. Sua palestra foi intitulada "Soil Mechanics – A New Chapter in Engineering Science" (Mecânica dos solos – um novo capítulo na ciência da engenharia). Nessa ocasião, Terzaghi declarou que a maior parte dos problemas que ocorreram nas fundações não era mais "caso de força maior".

A seguir, estão alguns destaques no desenvolvimento da mecânica dos solos e engenharia geotécnica que evoluíram após a primeira conferência da ISSMFE, em 1936:

- Publicação do livro *Theoretical Soil Mechanics*, escrito por Karl Terzaghi, em 1943 (Wiley, Nova York);
- Publicação do livro *Soil Mechanics in Engineering Practice*, escrito por Karl Terzaghi e Ralph Peck, em 1948 (Wiley, Nova York);
- Publicação do livro *Fundamentals of Soil Mechanics*, escrito por Donald W. Taylor, em 1948 (Wiley, Nova York);
- Início da publicação *Geotechnique*, o periódico internacional da mecânica dos solos, em 1948, na Inglaterra.

Após uma breve interrupção, em razão da Segunda Guerra Mundial, a segunda conferência da ISSMFE foi realizada em Roterdã, Holanda, em 1948. Estiveram presentes cerca de 600 participantes e foram publicados sete volumes de artigos. Nessa conferência, A. W. Skempton apresentou o artigo fundamental sobre o conceito de $\text{Ø} = 0$ para argilas. Após Roterdã, as conferências da ISSMFE foram organizadas com um intervalo de cerca de quatro anos, em diferentes países do mundo. O resultado da conferência de Roterdã foi o crescimento das conferências regionais sobre engenharia geotécnica, tais como:

- Conferência Regional Europeia sobre a Estabilidade de Encostas de Terra, Estocolmo (1954)
- Primeira Conferência Austrália-Nova Zelândia sobre Características de Cisalhamento dos Solos (1952)
- Primeira Conferência Pan-americana, Cidade do México (1960)
- Conferência de Pesquisa sobre Resistência de Cisalhamento de Solos Coesivos, Boulder, Colorado (1960)

Duas outras publicações importantes entre 1948 e 1960 são (1) a publicação do trabalho sobre os parâmetros de poropressão *A* e *B* de A. W. Skempton, que fez cálculos de tensão efetiva mais prático para diversos trabalhos de engenharia e

(2) publicação de livro chamado *The Measurement of Soil Properties in the Triaxial Text* por A. W. Bishop e B. J. Henkel (Arnold, Londres) em 1957.

No início dos anos 1950, foram obtidas soluções para vários tipos de problemas da engenharia geotécnica utilizando-se de métodos de diferenças finitas e de elementos finitos auxiliados pela informática. Esses métodos ainda são uma ferramenta de cálculo útil e importante em nossa profissão. Desde o início, a profissão dos engenheiros geotécnicos percorreu um longo caminho, amadureceu e é agora uma área estabelecida da engenharia civil. Milhares de engenheiros civis declaram sua preferência pela área de engenharia geotécnica.

Em 1997, a ISSMFE mudou para ISSMGE, International Society of Soil Mechanics and Geotechnical Engineering (Sociedade Internacional de Mecânica dos Solos e Engenharia Geotécnica) para refletir seu verdadeiro objetivo. Essas conferências internacionais foram instrumento de intercâmbio de informações relacionadas ao desenvolvimento de pesquisas contínuas da engenharia geotécnica. A Tabela 1.2 fornece a localização e o ano em que aconteceu cada conferência de ISSMFE/ISSMGE.

Tabela 1.2 Detalhes das conferências da ISSMFE (1936 a 1997) e da ISSMGE (1997 até 2009)

Conferência	Local	Ano
I	Universidade de Harvard, Boston, EUA	1936
II	Roterdã, Holanda	1948
III	Zurique, Suíça	1953
IV	Londres, Inglaterra	1957
V	Paris, França	1961
VI	Montreal, Canadá	1965
VII	Cidade do México, México	1969
VIII	Moscou, Rússia	1973
IX	Tóquio, Japão	1977
X	Estocolmo, Suécia	1981
XI	São Francisco, EUA	1985
XII	Rio de Janeiro, Brasil	1989
XIII	Nova Deli, Índia	1994
XIV	Hamburgo, Alemanha	1997
XV	Istambul, Turquia	2001
XVI	Osaka, Japão	2005
XVII	Alexandria, Egito	2009
XVIII	Paris, França	2013 (marcada)

Em 1960, Bishop, Alpan, Blight e Donald forneceram diretrizes e resultados experimentais precoces para os fatores de controle de resistência de solo coesivo parcialmente saturado. Desde então, foram feitos avanços no estudo do comportamento de solos não saturados, relacionados à resistência e à compressibilidade e a outros fatores que afetam a construção de estruturas suportadas pelo solo e estruturas de contenção.

A ISSMGE tem diversos comitês técnicos, que organizam ou copatrocinam diversas conferências ao redor do mundo. Uma lista destes comitês técnicos (2010-2013) é fornecida na Tabela 1.3. A ISSMGE também conduz Seminários Internacionais (formalmente conhecidos como Palestras de Turismo) que provaram ser uma atividade importante; estes seminários reúnem profissionais, empreiteiros e acadêmicos, tanto no palco quanto na plateia, para benefício próprio sem estar relacionado à região, ao tamanho ou à riqueza da Sociedade de Membro, estimulando um senso de pertencer à Sociedade Internacional de Mecânica dos Solos e Engenharia Geotécnica.

Tabela 1.3 Lista de Comitê Técnico ISSMGE (2010-2013)

Categoria	Número do comitê técnico	Nome do comitê técnico
Fundamentos	TC 101	Ensaios de Laboratório Tensão-Deformação para Geomateriais
	TC102	Caracterização das Propriedades o Solo a partir de Ensaios *In Situ*
	TC103	Métodos Numéricos em Geomecânica
	TC104	Modelação Física em Geotécnica
	TC105	Geomecânica de Micro para Macro
	TC106	Solos não Saturados
Aplicações	TC201	Aspectos Geotécnicos de Diques e Barragens, Proteção da Margem e Aterramento Marítimo
	TC202	Geotecnia de Transporte
	TC203	Engenharia Geotécnica de Terremoto e Problemas Associados
	TC204	Construção subterrânea em Terreno Brando
	TC205	Engenharia Geotécnica de Projeto de Estado Limite
	TC206	Projeto Geotécnico Interativo
	TC207	Interação de Solo-Estrutura e Muros de Arrimo
	TC208	Estabilidade de Encostas Naturais
	TC209	Geotécnica *Offshore*
	TC210	Barragens e Diques
	TC211	Melhoramento de Solos
	TC212	Fundações Profundas
	TC213	Geotécnica de Erosão de Solo
	TC214	Engenharia de Fundação para Condições Difíceis de Solos Moles
	TC215	Geotécnica Ambiental
	TC216	Geotécnica de Geada
Impacto na Sociedade	TC301	Preservação de Locais Históricos
	TC302	Engenharia Geotécnica Sísmica
	TC303	Mitigação e Reabilitação dos Desastres Costeiros e de Rio
	TC304	Prática de Engenharia de Avaliação e Gestão de Riscos
	TC305	Infraestrutura Geotécnica para Megacidades e Novas Capitais

1.8 Fim de uma era

Figura 1.5 Ralph B. Peck. (Foto, cortesia de Ralph B. Peck.)

Na seção anterior foi apresentada uma breve descrição de contribuições para a mecânica dos solos por pioneiros tais como Karl Terzaghi, Arthur Casagrande, Donald W. Taylor, Laurits Bjerrum e Ralph B. Peck. O último dos primeiros gigantes da área, Ralph B. Peck, faleceu em 18 de fevereiro de 2008, aos 95 anos.

O Professor Ralph B. Peck (Figura 1.5) nasceu em Winnipeg, Canadá, filho de pais norte-americanos Orwin K. e Ethel H. Peck, em 23 de junho de 1912. Ralph se formou bacharel e doutor em 1934 e 1937, respectivamente, no Instituto Politécnico Rensselaer, em Troy, Nova York. De 1938 a 1939, teve aulas com Arthur Casagrande sobre um novo assunto chamado "mecânica dos solos", na Universidade de Harvard. De 1939 a 1943, Doutor Peck trabalhou no projeto do metrô de Chicago como assistente de Karl Terzaghi, pai da mecânica dos solos moderna. Em 1943, tornou-se membro da Universidade de Illionois em Champaign-Urban e foi professor de engenharia de fundação de 1948 até se aposentar em 1974. Depois da aposentadoria, permaneceu ativo como consultor, participando dos principais projetos geotécnicos de 44 estados dos Estados Unidos e em outros 28 países, nos cinco continentes. Alguns exemplos de seus maiores projetos de consultoria incluíram:

- Sistemas de trânsito rápido em Chicago, São Francisco e Washington, D.C.
- Sistema de dutos no Alaska
- Projeto da Baía de James em Quebec, Canadá
- Projeto Ferroviário Expresso Heathrow (Reino Unido)
- Diques do mar Morto

Seu último projeto foi a Ponte Rion-Antirio na Grécia. Em 13 de março de 2008, o jornal *The Times* do Reino Unido escreveu: "Ralph B. Peck era um engenheiro civil norte-americano que inventou uma técnica de construção controversa, que seria utilizada em algumas das maravilhas mundiais da engenharia moderna, incluindo o Eurotúnel. Conhecido como "o padrinho da mecânica dos solos", foi o responsável direto por uma sucessão de famosos túneis e projetos de barragens de terra que elevaram os padrões do que se acreditava ser possível.

Doutor Peck escreveu mais de 250 publicações técnicas altamente qualificadas. Foi o presidente da ISSMGE, de 1969 a 1973. Em 1974, ele recebeu a Medalha Nacional de Ciência do Presidente Gerald R. Ford. Além disso, Peck foi professor, mentor, amigo e consultor de gerações de engenheiros geotécnicos em todos os países do mundo. A XVI Conferência da ISSMGE em Osaka, Japão (2005), seria a última grande conferência desse tipo da qual participaria.

Esse é, realmente, o fim de uma era.

Referências

ATTERBERG, A. M. Über die physikalische Bodenuntersuchung, und über die Plastizität de Tone, *International Mitteilungen für Bodenkunde, Verlag für Fachliteratur*. G.m.b.H. Berlim, v. 1, 10-43, 1911.

BELIDOR, B. F. La Science des Ingenieurs dans la Conduite des Travaux de Fortification et D'Architecture Civil. Jambert, Paris, 1729.

BELL, A. L. The Lateral Pressure and Resistance of Clay, and Supporting Power of Clay Foundations, *Min. Proceeding of Institute of Civil Engineers*, v. 199, 233-272, 1915.

BISHOP, A. W., ALPAN, I.; BLIGHT, G. E.; DONALD, I. B. Factors Controlling the Strength of Partially Saturated Cohesive Soils. *Proceedings*. Research Conference on Shear Strength of Cohesive Soils [Conferência de Pesquisa sobre Resistência de Cisalhamento de Solos Coesivos], ASCE, p. 502-532, 1960.

BISHOP, A. W.; HENKEL, B. J. *The Measurement of Soil Properties in the Triaxial Test*, Arnold, Londres, 1957.

BOUSSINESQ, J. V. *Application des Potentiels â L'Etude de L'Équilibre et du Mouvement des Solides Élastiques*, Gauthier-Villars, Paris, 1885.

COLLIN, A. *Recherches Expérimentales sur les Glissements Spontanés des Terrains Argileux Accompagnées de Considérations sur Quelques Principes de la Mécanique Terrestre*, Carilian-Goeury, Paris, 1846.

COULOMB, C. A. Essai sur une Application des Règles de Maximis et Minimis à Quelques Problèmes de Statique Relatifs à L'Architecture, *Mèmoires de la Mathèmatique et de Phisique*, présentés à l'Académie Royale des Sciences, par divers savans, et lûs dans sés Assemblées, De L'Imprimerie Royale, Paris, v. 7, Annee 1793, p. 343-382, 1776.

DARCY, H. P. G. *Les Fontaines Publiques de la Ville de Dijon*, Dalmont, Paris, 1856.

DARWIN, G. H. On the Horizontal Thrust of a Mass of Sand, *Proceedings*, Institute of Civil Engineers, Londres, v. 71, p. 350-378, 1883.

FELLENIUS, W. Kaj-och Jordrasen I Göteborg, *Teknisk Tidskrift*. v. 48, p. 17-19, 1918.

FRANCAIS, J. F. Recherches sur la Poussée de Terres sur la Forme et Dimensions des Revêtments et sur la Talus D'Excavation, *Mémorial de L'Officier du Génie*, Paris, v. IV, p. 157-206, 1820.

FRONTARD, J. Notice sur L'Accident de la Digue de Charmes, *Anns. Ponts et Chaussées 9th Ser.*, v. 23, p. 173-292, 1914.

GADROY, F. (1746). *Mémoire sur la Poussée des Terres*, resumido por Mayniel, 1808.

GAUTIER, H. *Dissertation sur L'Epaisseur des Culées des Ponts . . sur L'Effort et al Pesanteur des Arches ... et sur les Profiles de Maconnerie qui Doivent Supporter des Chaussées, des Terrasses, et des Remparts*. Cailleau, Paris, 1717.

KERISEL, J. The History of Geotechnical Engineering up until 1700, *Proceedings*, XI Conferência Internacional de Mecânica dos solos e Engenharia de Fundação, São Francisco, Golden Jubilee Volume, A. A. Balkema, p. 3-93, 1985.

MAYNIEL, J. J. *Traité Experimentale, Analytique et Pratique de la Poussé des Terres*. Colas, Paris, 1808.

NAVIER, C. L. M. *Leçons sur L'Application de la Mécanique à L'Establissement des Constructions et des Machines*, 2. ed., Paris, 1839.

PECK, R. B. The Last Sixty Years, *Proceedings*, XI Conferência Internacional de Mecânica dos solos e Engenharia de Fundação, São Francisco, Golden Jubilee Volume, A. A. Balkema, p. 123-133, 1985.

PONCELET, J. V. *Mémoire sur la Stabilité des Revêtments et de seurs Fondations*, Bachelier, Paris, 1840.

PRONY, G. C. M. L. R. *Nouvelle Architecture Hydraulique, contenant l' art d'élever l'eau au moyen de différentes machines, de construire dans ce fluide, de le diriger, et généralement de l'appliquer, de diverses manières, aux besoins de la sociétè*, FirminDidot, Paris, 1790.

RANKINE, W. J. M. On the Stability of Loose Earth, *Philosophical Transactions*, Royal Society, v. 147, Londres, 1857.

REYNOLDS, O. Experiments Showing Dilatency, a Property of Granular Material Possibly Connected to Gravitation, *Proceedings*, Royal Society, Londres, v. 11, p. 354-363, 1887.

SKEMPTON, A. W. The Ø = 0 Analysis of Stability and Its Theoretical Basis, *Proceedings*, II Conferência Internacional de Mecânica dos solos e Engenharia de Fundação, Roterdã, v. 1, p. 72-78, 1948.

SKEMPTON, A. W. The Pore Pressure Coefficients A and B, *Geotechnique*, v. 4, p. 143-147, 1954.

SKEMPTON, A. W. A History of Soil Properties, 1717-1927, *Proceedings*, XI Conferência Internacional de Mecânica dos Solos e Engenharia de Fundação, São Francisco, Golden Jubilee Volume, A. A. Balkema, p. 95-121, 1985.

TAYLOR, D. W. *Fundamentals of Soil Mechanics*, John Wiley, Nova York, 1948.

TERZAGHI, K. Erdbaumechanik auf Bodenphysikalisher Grundlage, Deuticke, Viena, 1925.

TERZAGHI, K. Soil Mechanics – A New Chapter in Engineering Science, *Institute of Civil Engineers Journal*, Londres, v. 12, n. 7, p. 106-142, 1939.

TERZAGHI, K. *Theoretical Soil Mechanics*, John Wiley, New York, 1943.

TERZAGHI, K.; PECK, R. B. *Soil Mechanics in Engineering Practice*, John Wiley, Nova York, 1948.

CAPÍTULO 2

Origem do solo e granulometria

2.1 Introdução

Em geral, solos são formados a partir do intemperismo das rochas. As propriedades físicas do solo são determinadas, em princípio, pelos minerais que constituem suas partículas e, portanto, pelas rochas das quais se derivam. Neste capítulo discutiremos o seguinte:

- A formação de diversos tipos de rochas, as origens da solidificação do magma derretido, o manto da terra
- Formação de solo por intemperismos químico e físico de rochas
- Determinação da distribuição de granulometria em determinada massa de solo
- Composição dos argilominerais, que fornece as propriedades plásticas de uma massa de solo
- O tamanho das diversas partículas em uma massa de solo

2.2 O ciclo das rochas e a origem do solo

Os grãos minerais que formam a fase sólida de um agregado de solo são resultado do intemperismo de rochas. O tamanho de grãos individuais varia amplamente. Muitas das propriedades físicas do solo são determinadas por tamanho, formato e composição química desses grãos. Para compreender melhor esses fatores, é necessário estar familiarizado com os tipos básicos de rocha que formam a crosta terrestre, os minerais que formam as rochas e o processo de intemperismo.

Quanto a sua origem, as rochas podem ser divididas em três tipos básicos: *ígneas*, *sedimentares* e *metamórficas*. A Figura 2.1 exibe um diagrama do ciclo de formação de diferentes tipos de rocha e o processo associado a eles. Isso é chamado *ciclo da rocha*. A seguir, temos uma breve análise de cada elemento do ciclo das rochas.

Rocha ígnea

As rochas ígneas são formadas pela solidificação de magma fundido expelido pelo manto terrestre. Após ser expelido pela *erupção fissural* ou *erupção vulcânica*, uma quantidade desse magma derretido resfria na superfície da Terra. Às vezes, a mobilidade do magma cessa abaixo da superfície e este se resfria, formando rochas ígneas intrusivas chamadas *rochas plutônicas*. A rocha intrusiva formada no passado pode atingir a superfície como resultado de um processo contínuo de erosão dos materiais que a cobriam.

Os tipos de rochas ígneas formadas pelo resfriamento de magma dependem de fatores como a composição do magma e a taxa de resfriamento associada a isso. Após conduzir diversos ensaios de laboratório, Bowen (1922) conseguiu explicar a relação da taxa de resfriamento do magma com a formação de diferentes tipos de rocha. Sua explicação – conhecida como *Princípio da reação de Bowen* – descreve a sequência em que novos minerais são formados à medida que o magma resfria. Os cristais minerais ficam maiores e alguns se sedimentam. Aqueles que permanecem suspensos no líquido

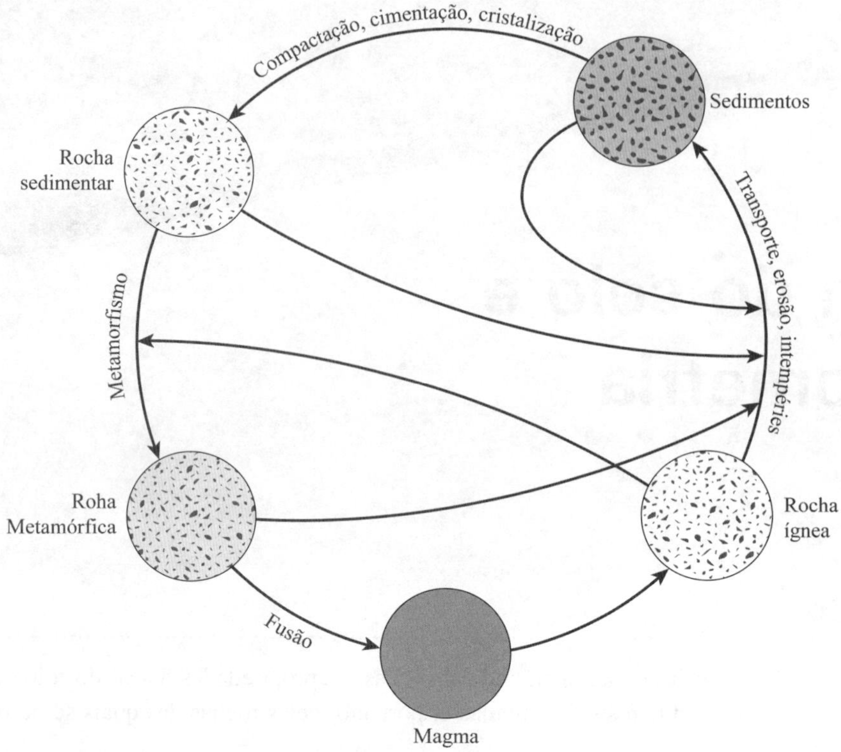

Figura 2.1 Ciclo de rocha

reagem com o material fundido para formar um novo mineral, a uma temperatura mais baixa. Este processo continua até que todo corpo fundido esteja solidificado. Bowen classificou essas reações em dois grupos: (1) *série de reação de ferromagnesiano descontínuo*, nos quais os minerais formados são diferentes na composição química e a estrutura cristalina e (2) *séries contínuas de reação feldspato plagioclase*, em que os minerais formados têm composições químicas diferentes com estruturas cristalinas semelhantes. A Figura 2.2 mostra as séries de reação de Bowen. As composições químicas dos minerais são informadas na Tabela 2.1. A Figura 2.3 é uma microscopia eletrônica de varredura de uma superfície fraturada de quartzo, mostrando fraturas semelhantes a vidros sem nenhum plano de clivagem. A Figura 2.4 é uma microscopia eletrônica de varredura que mostra a clivagem basal de grãos individuais de mica.

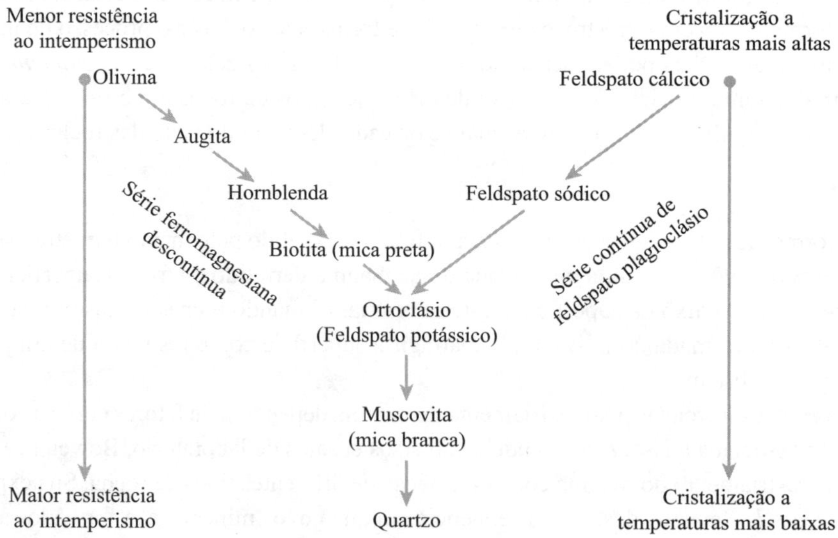

Figura 2.2 Séries de reação de Bowen

Tabela 2.1 Composição dos minerais presentes nas séries de reação de Bowen

Mineral		Composição
Olivina		$(Mg, Fe)_2SiO_4$
Augita		$Ca, Na(Mg, Fe, Al)(Al, Si_2O_6)$
Hornblenda		Silicato ferromagnesiano complexo de Ca, Na, Mg, Ti e Al
Biotita (mica preta)		$K(Mg, Fe)_3AlSi_3O_{10}(OH)_2$
Plagioclásio	feldspato cálcico	$Ca(Al_2Si_2O_8)$
	feldspato sódico	$Na(AlSi_3O_8)$
Ortoclásio (feldspato potássico)		$K(AlSi_3O_8)$
Muscovita (mica branca)		$KAl_3Si_3O_{10}(OH)_2$
Quartzo		SiO_2

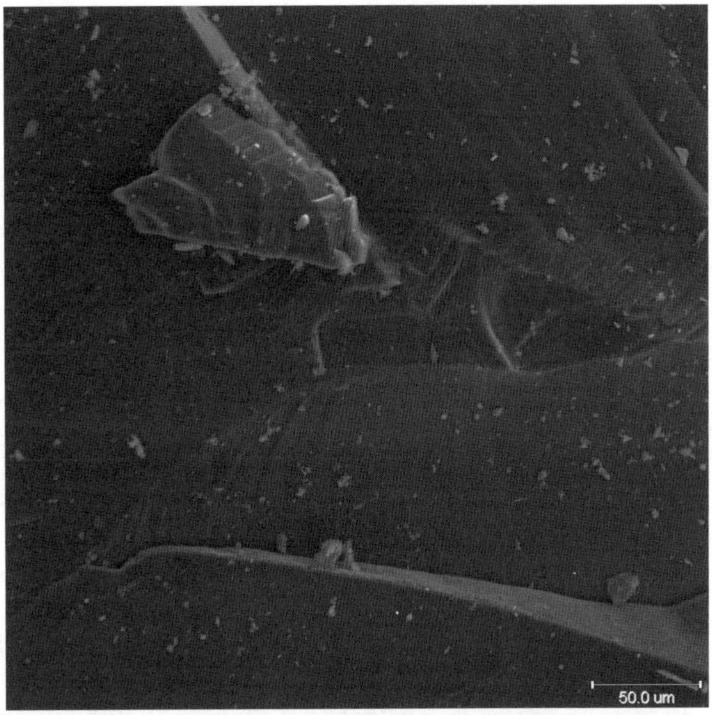

Figura 2.3 Microscopia eletrônica de varredura de uma superfície fraturada de quartzo, exibindo fraturas semelhantes a vidro sem superfície planar discreta. (*Cortesia de David J. White, Iowa State University, Ames, Iowa.*)

Figura 2.4 Microscopia eletrônica de varredura mostrando clivagem basal de grãos individuais de mica. (*Cortesia de David J. White, Iowa State University, Ames, Iowa.*)

Tabela 2.2 Composição de algumas rochas ígneas

Nome da rocha	Modo de ocorrência	Textura	Minerais abundantes	Minerais menos abundantes
Granito	Intrusivo	Grossa	Quartzo, feldspato sódico, feldspato potássico	Biotita, muscovita, hornblenda
Riólito	Extrusivo	Fina		
Gabro	Intrusivo	Grossa	Plagioclásio, piroxênios, olivina	Hornblenda, biotita, magnetita
Basalto	Extrusivo	Fina		
Diorita	Intrusivo	Grossa	Plagioclásio, hornblenda	Biotita, piroxênios (quartzo geralmente ausente)
Andesita	Extrusivo	Fina		
Sienita	Intrusivo	Grossa	Feldspato potássico	Feldspato sódico, biotita, hornblenda
Traquito	Extrusivo	Fina		
Peridotito	Intrusivo	Grossa	Olivina, piroxênios	Óxidos de ferro

Desta forma, dependendo das proporções dos minerais disponíveis, são formados diferentes tipos de rocha ígnea. Granito, gabro e basalto são alguns dos tipos comuns de rocha ígnea geralmente encontrada em campos. A Tabela 2.2 refere-se à composição geral de algumas dessas rochas.

Intemperismo

Intemperismo é o processo de desgaste rochoso por meio de *processos físicos* e *químicos*. O intemperismo físico pode ser causado pela expansão e pela contração das rochas devido ao ganho e perda de calor contínuos, resultando na desintegração final. Muitas vezes, a água penetra nos poros e nas rachaduras existentes nas rochas. Com a queda da temperatura, a água congela e expande. A pressão exercida pelo gelo em função da expansão do volume é forte o suficiente para quebrar as rochas, mesmo as maiores. Outros agentes físicos que ajudam a desintegrar as rochas são as geleiras glaciais, o vento, a água corrente de riachos ou rios e as ondas do mar. É importante saber que, no intemperismo físico, rochas grandes são quebradas em pedaços menores sem qualquer alteração na composição química. A Figura 2.5 mostra diversos exemplos de erosão mecânica resultante do impacto das ondas do mar e do vento em Yehliu, Taiwan. Essa área está localizada em um cabo longo e estreito no lado noroeste de Keelung, a cerca de quinze quilômetros entre a costa norte de Chin Shan e Wanli. A Figura 2.6 mostra outro exemplo de intemperismo físico no afloramento de granito pré-cambriano no Elephant Rocks State Park no sudeste de Missouri. A ação de congelamento e descongelamento de água na superfície fratura a rocha e cria rachaduras grandes e um padrão de drenagem na rocha (Figura 2.6a). Durante um período, a rocha sã é transformada em pedaços de rochas (Figura 2.6b). A Figura 2.7 mostra outra fotografia de intemperismo *in situ* de granito.

Figura 2.5
Erosão mecânica em razão das ondas oceânicas e vento em Yehliu, Taiwan. (*Cortesia de Braja M. Das, Henderson, Nevada.*)

Figura 2.5 (continuação)

(a)

(b)

Figura 2.6 Intemperismo físico de granito: (a) desenvolvimento de rachaduras grandes em razão do frio e do derretimento seguido por um tipo de drenagem, (b) transformação de rocha sã em blocos de rochas. (*Cortesia de Janice Das, Henderson, Nevada.*)

Figura 2.7 Intemperismo físico *in situ* de granito. (*Cortesia de Richard L. Handy, Iowa State University, Ames, Iowa.*)

No intemperismo químico, os minerais originais da rocha são transformados em novos minerais por meio de reações químicas. A água e o dióxido de carbono da atmosfera formam o ácido carbônico, que reage com os minerais existentes nas rochas, formando novos minerais e sais solúveis. Os sais solúveis presentes nos lençóis freáticos e os ácidos orgânicos formados pela decomposição de matéria também contribuem para o intemperismo químico. Um exemplo de intemperismo químico do ortoclásio para formar minerais da argila, sílica e carbonato de potássio solúvel é apresentado a seguir:

$$H_2O + CO_2 \rightarrow \underset{\text{Ácido carbônico}}{H_2CO_3} \rightarrow H^+ + (HCO_3)^-$$

$$\underset{\text{Ortoclásio}}{2K(AlSi_3O_8)} + 2H^+ + H_2O \rightarrow 2K^+ + \underset{\text{Sílica}}{4SiO_2} + \underset{\substack{\text{Caulinita} \\ \text{(mineral da argila)}}}{Al_2Si_2O_5(OH)_4}$$

A maior parte dos íons potássio liberados é levada em solução como carbonato de potássio e absorvida pelas plantas.

O intemperismo químico do feldspato plagioclásio é semelhante ao do ortoclásio, uma vez que produz argilominerais, sílica e diferentes sais solúveis. Os minerais ferromagnesianos também formam esses produtos químicos. Além disso, o ferro e o magnésio, em minerais desse tipo, resultam em outros produtos como hematita e limonita. O quartzo é altamente resistente ao intemperismo e apenas levemente solúvel em água. A Figura 2.2 mostra a susceptibilidade ao intemperismo dos elementos que formam as rochas. Os minerais formados a altas temperaturas na série de reação de Bowen são menos resistentes ao intemperismo do que aqueles formados a temperaturas mais baixas.

O processo de intemperismo não está limitado a rochas ígneas. Como mostrado no ciclo das rochas (Figura 2.1), rochas sedimentares e metamórficas também sofrem intemperismo de forma semelhante.

Portanto, com base na breve análise anterior, podemos ver como o processo de intemperismo quebra formações rochosas sólidas em fragmentos menores de vários tamanhos, que variam desde grandes blocos até partículas minúsculas de argila. Agregados não cimentados de pequenos grãos em várias proporções formam diferentes tipos de solo. Os argilominerais, que são um produto de intemperismo químico de feldspato, ferromagnesiano e micas, proporcionam a propriedade plástica aos solos. Há três argilominerais importantes: (1) *caulinita*, (2) *ilita* e (3) *montmorilonita*. (Discutiremos os argilominerais posteriormente neste capítulo.)

Transporte de produtos do intemperismo

Os produtos do intemperismo podem ficar no mesmo lugar ou serem deslocados pelo gelo, pela água, pelo vento e pela gravidade.

Os solos formados pelos resultados intemperados no local de origem são chamados *solos residuais*. Uma característica importante de solo residual é a curvatura do tamanho da partícula. Solos de grãos refinados são encontrados na superfície, e o tamanho dos grãos aumenta com a profundidade. Em locais mais profundos, também podem ser encontrados fragmentos de rocha angulares.

Os solos transportados podem ser classificados em diversos grupos, dependendo do modo de transporte e sedimentação:

1. *Solos glaciais* – formados pelo transporte e sedimentação de geleiras.
2. *Solos aluviais* – transportados pela água corrente e depositados ao longo dos rios.
3. *Solos lacustres* – formados pela sedimentação em lagos de água parada.
4. *Solos marinhos* – formados pela sedimentação nos oceanos.
5. *Solos eólicos* – transportados e depositados pela ação dos ventos.
6. *Solos coluviais* – formados pelo transporte do solo de seu local original pela gravidade, como em deslizamentos de terra.

Rocha sedimentar

Os depósitos de cascalho, areia, silte e argila formados pelo intemperismo podem ser compactados pela sobrecarga de pressão e cimentados por agentes como o óxido de ferro, a calcita, a dolomita e o quartzo. Os agentes de cimentação são geralmente carregados em forma de solução pelas águas subterrâneas. Eles preenchem os espaços entre as partículas e formam rochas sedimentares. As rochas formadas dessa maneira são chamadas *rochas sedimentares detríticas*.

Todas as rochas detríticas têm uma textura clástica. A seguir, são apresentados exemplos de rochas detríticas com textura clástica.

Tamanho da partícula	Rocha sedimentar
Granular ou maior (tamanho do grão de 2 mm a 4 mm ou maior)	Conglomerado
Areia	Arenito
Silte e argila	Argilito e folhelho

No caso dos conglomerados, quando as 0,0625 partículas são mais angulares, a rocha é chamada *brecha*. Em arenito, os tamanhos da partícula podem variar entre 0,0625 mm e 2 mm. Quando os grãos no arenito são praticamente todos de quartzo, a rocha é referida como um *ortoquartzito*. Em argilito e folhelho, o tamanho das partículas são geralmente menores que 0,0625 mm. O argilito tem um aspecto maciço, enquanto, no caso de folhelho, a rocha é dividida em pisos achatados.

A rocha sedimentar também pode ser formada pelos processos químicos. As rochas desse tipo são classificadas como *rocha sedimentar química*. Elas podem apresentar uma textura *clástica* ou *não clástica*. A seguir estão alguns exemplos de rochas sedimentares químicas.

Composição	Rocha
Calcita ($CaCO_3$)	Calcário
Halita (NaCl)	Cloreto de sódio
Dolomita [$CaMg(CO_3)$]	Dolomita
Gipsita ($CaSO_4 \cdot 2H_2O$)	Gipsita

O calcário é formado principalmente por carbonato de cálcio, depositado tanto por organismos quanto por processos inorgânicos. A maioria dos calcários tem textura clástica, embora texturas não clásticas também possam ser comumente encontradas. A Figura 2.8 mostra a microscopia eletrônica de varredura de uma superfície fraturada de calcário. Os grãos individuais de calcita indicam clivagem romboédrica. O giz é uma rocha sedimentar constituída, em parte, por calcita de derivação bioquímica, que é um conjunto de fragmentos estruturais de plantas e animais microscópicos. A dolomita é formada tanto pela sedimentação química de carbonatos misturados ou pela reação do magnésio presente na água com o calcário. A gipsita e a anidrita resultam da precipitação de $CaSO_4$ solúvel em razão da evaporação da água do mar. Elas pertencem a uma classe de rochas geralmente referida como *evaporitos*. O cloreto de sódio (NaCl) é outro exemplo de evaporito que tem origem nos depósitos de sal da água do mar.

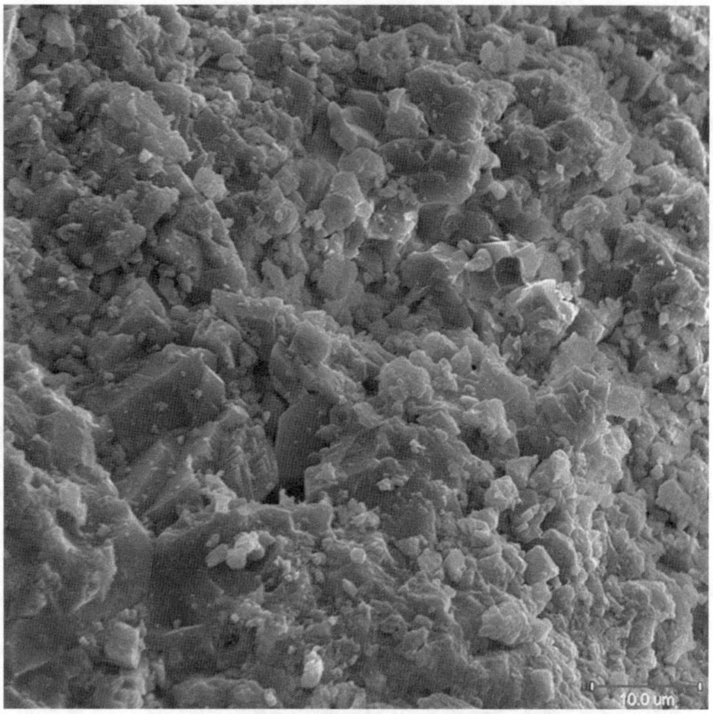

Figura 2.8 Microscopia eletrônica de varredura de uma superfície fraturada de calcário. (*Cortesia de David J. White, Iowa State University, Ames, Iowa.*)

A rocha sedimentar pode passar por intemperismo e formar sedimentos ou ser submetida ao processo de *metamorfismo* e transformar-se em rocha metamórfica.

Rocha metamórfica

Metamorfismo é o processo de alteração da composição e textura das rochas (sem fusão) em razão do calor e da pressão. Durante a metamorfose, novos minerais são formados e os grãos minerais são cisalhados, conferindo uma textura laminada à rocha metamórfica. O gnaisse é uma rocha metamórfica derivada da metamorfose regional de alto grau de rochas ígneas, como granito, gabro e diorito. O metamorfismo de grau baixo de folhelhos e argilitos forma a ardósia. Os argilominerais no folhelho se tornam clorita e mica pelo calor; portanto, a ardósia é composta principalmente de flocos de mica e clorita. O filito é uma rocha metamórfica derivada da ardósia com metamorfismo adicional sendo sujeito a um calor maior que 250 a 300 °C. O xisto é um tipo de rocha metamórfica derivada de diversas rochas ígneas, sedimentares e metamórficas de baixo grau com textura bem laminada e flocos visíveis de minerais achatados e micáceos. Em geral, a rocha metamórfica também contém grandes quantidades de quartzo e feldspato.

O mármore é formado por calcita e dolomita, por meio de recristalização. Os grãos minerais do mármore são maiores que aqueles presentes na rocha original. O mármore verde é colorido por hornblendas, serpentina ou talco. O mármore preto contém material betuminoso, e o mármore marrom contém óxido de ferro e limonita. O quartzito é uma rocha metamórfica formada de arenito rica em quartzo. A sílica entra nos espaços vazios entre o quartzo e os grãos de areia, atuando como um agente cimentador. O quartzito é uma das rochas mais duras da natureza. Quando submetidas ao calor e pressão extremos, rochas metamórficas fundem-se e formam o magma, reiniciando o ciclo.

2.3 Minerais em formato de rocha, rocha e estruturas de rocha

Na seção anterior, introduzimos o processo de formação de rochas ígneas a partir de minerais constituintes de rocha, intemperismo e formação de rochas sedimentares e metamorfismo e formação de rochas metamórficas. A Figura 2.9 mostra alguns dos minerais constituintes de rocha mais comuns, como o quartzo, ortoclásio, plagioclásio, muscovita, biotita, andradita, granada, calcita, dolomita e clorita. Alguns tipos mais comuns de rochas que os engenheiros geotécnicos podem encontrar em campo, como granito, basalto, riólito, arenito, calcário, conglomerados, mármore, ardósia e xisto, são indicados na Figura 2.10. A Figura 2.10(j) mostra um exemplo de *xisto revestido* da James Cook University Rock

Figura 2.9 Alguns minerais típicos com formação de rocha: (a) quartzo; (b) ortoclásio; (c) plagioclásio; (d) moscovita; (e) biotita; (f) andranita granada; (g) calcita; (h) dolomita; (i) clorita. (*Cortesia de Dr. Sanjay K. Shukla, Edith Cowan University, Perth, Austrália.*)

(g)

(h)

(i)

Figura 2.9 (continuação)

(a)

(b)

Figura 2.10 Algumas rochas típicas: (a) granito; (b) basalto; (c) riólito; (d) arenito; (e) calcário; (f) conglomerado; (g) mármore; (h) ardósia; (i) mica-xisto; (j) xisto revestido. (Figuras (a) a (i) *Cortesia de Dr. Sanjay K. Shukla, Edith Cowan University, Perth, Austrália*; (j) *Cortesia de Dr. Nagaratnam Sivakugan, James Cook University, Townsville, Austrália.*)

(c) (d) (e) (f) (g) (h)

Figura 2.10 (continuação)

(i)

(j)

Figura 2.10 (continuação)

Garden, do campus em Townsville, Austrália. As tensões de cisalhamento e metamorfose envolvendo alta temperatura e alto empuxo fizeram com que as camadas se entortassem e fossem revestidas. As Figuras 2.9 a 2.11 são reproduzidas em cores completas na inserção de cores.

Existem grandes estruturas construídas diversos séculos atrás pelo mundo com ou nas rochas, que ainda estão intactas e submetidas a intemperismo parcial. O Partenon (Figura 2.11a), construído na Acrópole em Atenas, Grécia, na segunda metade do século V a.C, é feito de mármore e construído com picos de calcário sustentado pelo filito, uma rocha metamórfica com grãos finos que contém grande quantidade de mica e ardósia ou xisto.

A Figura 2.11b exibe o Canal de Corinto na Grécia. O Canal de Corinto cruza o Istmo de Corinto, uma faixa estreita de terra que conecta Peloponeso à ilha principal da Grécia, conectando o Golfo Sarônico no Mar Egeu (parte oriental da

(a)

Figura 2.11 (a) Partenon na Acrópole de Atenas, Grécia.

(b)

Figura 2.11 (b) Canal de Corinto na Grécia. (*Cortesia de Dr. Nagaratnam Sivakugan, James Cook University, Townsville, Austrália.*)

Grécia) com o Golfo de Corinto (uma pequena baía profunda do Mar Jônio na parte ocidental da Grécia). O canal foi finalizado em 1893. O canal consiste em um canal simples com 8 m de profundidade escavado no nível do mar (portanto não precisa de bloqueios), medindo 6.346 m de comprimento e 24,6 m de largura na parte superior e 21,3 m de largura no fundo. A encosta de canal tem uma inclinação de 3V:1H a 5V:1H. A parte central do canal, onde as encostas escavadas eram as mais altas, consiste em margas do Plio-Pleistoceno com finas intercamadas de areias margosas e calcários margosos. As margas na parte superior das encostas são amarelas esbranquiçadas para um marrom-claro, enquanto as que estão na parte central e inferior são de tonalidade amarelo-cinza para cinza-azulado.

2.4 Tamanho das partículas do solo

Conforme discutido na seção anterior, o tamanho das partículas que compõem o solo varia muito. O solo geralmente recebe a denominação de *pedregulho*, *areia*, *silte* ou *argila*, dependendo do tamanho predominante das partículas presentes. Para descrever os solos pelo tamanho das partículas, diversas organizações desenvolveram classificações granulométricas. A Tabela 2.3 mostra as classificações de tamanho de partícula desenvolvidas pelo Instituto de Tecnologia de Massachusetts (MIT), pelo Departamento de Agricultura dos Estados Unidos (USDA), pela Associação Americana de Rodovias Estaduais e Autoridades de Transporte (AASHTO), pelo Corpo de Engenharia do Exército dos Estados Unidos (U.S. Army Corps of Engineers) e pela U.S. Bureau of Reclamation. Nessa tabela, o sistema MIT é apresentado apenas para fins de ilustração. Esse sistema é importante na história do desenvolvimento dos limites de tamanho de partículas apresentadas nos solos. Porém o Sistema Unificado de Classificação de Solos, agora, é aceito de maneira quase universal e foi adotado pela Sociedade Americana para Testes e Materiais (ASTM). A Figura 2.12 mostra os limites de tamanho em forma de gráfico.

Pedregulhos são pedaços de rochas com algumas partículas de quartzo, feldspato e outros minerais. As partículas de *areia* são geralmente feitas de quartzo e feldspato. Outros grãos de mineral também são apresentados em alguns momentos. A Figura 2.13 mostra a microscopia eletrônica de varredura de alguns grãos de areia. Observe que os grãos maiores mostram o arredondamento que pode ocorrer como resultado do desgaste durante o transporte intermitente pelo vento e/ou água. A Figura 2.14 é uma ampliação dos grãos destacados na Figura 2.13 e revela algumas pequenas partículas de argila grudadas a grãos de areia maiores. *Siltes* são frações de solo microscópicas que consistem em grãos de quartzo bem refinados e algumas partículas lamelares, que são fragmentos de minerais micáceos. As *argilas* são formadas principalmente por partículas lamelares microscópicas e submicroscópicas de mica, argilominerais e outros minerais.

Tabela 2.3 Classificações granulométricas

Nome da organização	Tamanho do grão (mm)			
	Pedregulho	Areia	Silte	Argila
Instituto de Tecnologia de Massachusetts (MIT)	> 2	2 a 0,06	0,06 a 0,002	< 0,002
Departamento de Agricultura dos Estados Unidos (USDA)	> 2	2 a 0,05	0,05 a 0,002	< 0,002
Associação Americana de Rodovias Estaduais e Autoridades de Transporte (AASHTO)	76,2 a 2	2 a 0,075	0,075 a 0,002	< 0,002
Sistema Unificado de Classificação de Solos (U.S. Army Corps of Engineers, U.S. Bureau of Reclamation e American Society for Testing and Materials)	76,2 a 4,75	4,75 a 0,075	Grãos finos (por exemplo, siltes e argilas) < 0,075	

Observação: Aberturas de peneiras de 4,75 mm são encontradas em uma peneira no padrão americano número 4; aberturas de 2 mm, em uma peneira no padrão americano número 10; aberturas de 0,075, em uma peneira no padrão americano número 200. Observe a Tabela 2.5.

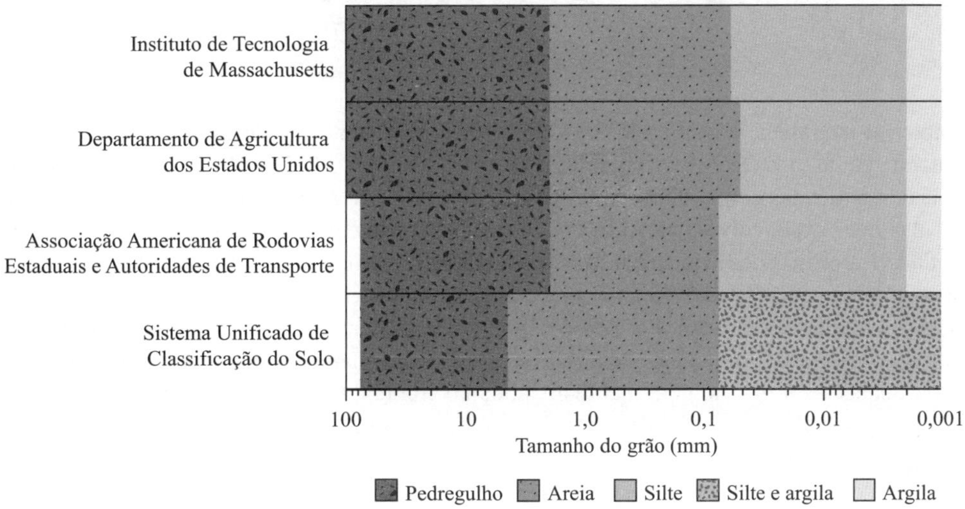

Figura 2.12 Limites de tamanhos de partículas de solo por vários sistemas de classificação

Figura 2.13 Microscopia eletrônica de varredura de alguns grãos de areia. (*Cortesia de David J. White, Iowa State University, Ames, Iowa.*)

Figura 2.14 Ampliação dos grãos de areia destacados na Figura 2.13. (*Cortesia de David J. White, Iowa State University, Ames, Iowa.*)

Conforme indicado na Tabela 2.3 e Figura 2.12, as argilas geralmente são definidas como partículas menores que 0,002 mm. No entanto, em alguns casos, as partículas com tamanho entre 0,002 e 0,005 mm também são referidas como argila. As partículas classificadas como argila com base no tamanho não contém argilominerais. As argilas foram definidas como partículas que "desenvolvem plasticidade ao serem misturadas a uma quantidade de água limitada" (Grim, 1953). (A plasticidade é a propriedade que as argilas possuem de se tornarem uma massa plástica quando contêm certa quantidade de água.) Solos não argilosos podem conter pequenas partículas de quartzo, feldspato ou mica pequenas o suficiente para estarem nesta classificação. Portanto, é apropriado que partículas de solo menores que 2 mícrons (2 μm) ou 5 mícrons (5 μm), conforme definido em sistemas diferentes, sejam chamadas de partículas com tamanho de argila em vez de argila. As partículas de argila são geralmente no tamanho coloidal (< 1 μm) e 2 μm parece ser o limite superior.

2.5 Argilominerais

Argilominerais são silicatos de alumínio complexos compostos por duas unidades básicas: (1) *tetraedro de sílica* e (2) *octaedro de alumina.* Cada unidade de tetraedro consiste em um átomo de silício rodeado por quatro átomos de oxigênio (Figura 2.15a). A combinação de unidades de sílica tetraédricas resulta em uma *lâmina de sílica* (Figura 2.15b). Os três átomos de oxigênio na base de cada tetraedro são compartilhados pelos tetraedros vizinhos. As unidades octaédricas consistem em seis hidroxilas ao redor de um átomo de alumínio (Figura 2.15c) e a combinação de unidades octaédricas de hidróxido de alumínio formam uma *lâmina octaédrica.* (Também chamada *lâmina de gibbsita* – Figura 2.15d.) Algumas vezes, o magnésio substitui os átomos de alumínio nas unidades octaédricas; nesse caso, a folha octaédrica é chamada *lâmina de brucita.*

Na folha de sílica, cada átomo de silicone com uma carga positiva de quatro é conectada a quatro átomos de oxigênio com uma carga negativa total de oito. Cada átomo de oxigênio na base do tetraedro é conectado a dois átomos de silício. Isso significa que o átomo de oxigênio do topo de cada unidade tetraédrica possui uma carga negativa de um para balancear. Quando a lâmina de sílica é colocada sobre a lâmina octaédrica, conforme indicada na Figura 2.15e, esses átomos de oxigênio substituem as hidroxilas para equilibrar as cargas.

Dos três argilominerais importantes, a *caulinita* consiste em camadas repetidas de elementos de lâmina sílica-gibbsita em uma estrutura 1:1, conforme indicada nas Figuras 2.16 e 2.17a. Cada camada tem aproximadamente 7,2 Å de espessura. As camadas são mantidas unidas por pontes de hidrogênio. A caulinita ocorre como plaquetas, cada uma com uma dimensão lateral de 1.000 a 20.000 Å e com espessura de 100 a 1.000 Å. A área da superfície das partículas de caulinita por massa de unidade tem aproximadamente 15 m^2/g. A área da superfície por massa de unidade é definida como *superfície específica.* A Figura 2.18 mostra uma microscopia eletrônica de varredura de uma amostra de caulinita.

A *ilita* consiste em lâminas de gibbsita ligadas a duas folhas de sílica – uma na parte superior e outra na parte inferior (Figuras 2.19 e 2.17b). Às vezes é chamada *mica de argila.* As camadas de ilita são ligadas por íons potássio. A carga negativa para balancear os íons potássio vem da substituição de alumínio por silício nas lâminas tetraédricas. A substituição

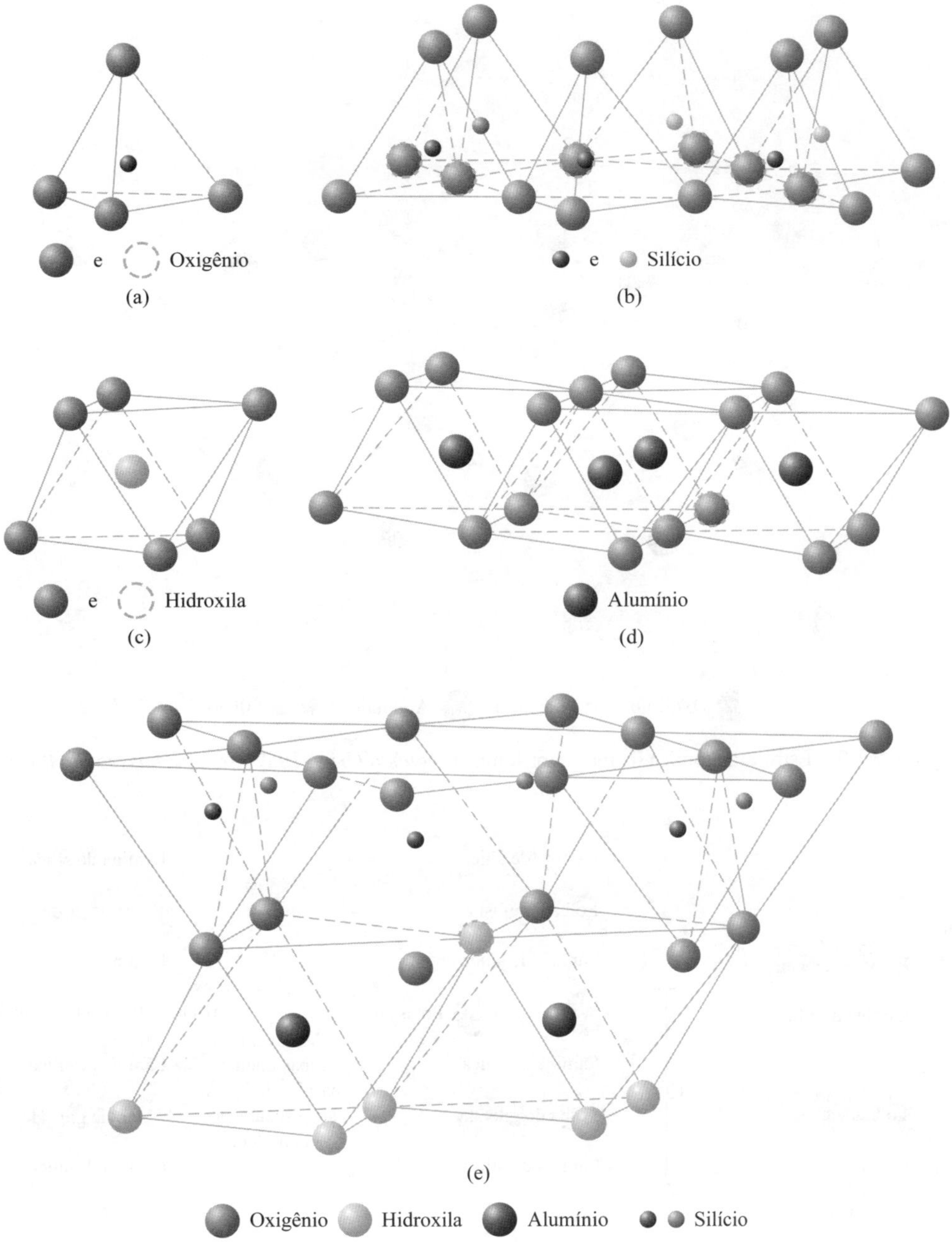

Figura 2.15 (a) Tetraedro de sílica; (b) lâmina de sílica; (c) octaedro de alumina; (d) lâmina octaédrica (gibbsita); (e) lâmina elementar de sílica-gibsita. (*Segundo Grim, 1959. Com permissão da ASCE.*)

de um elemento por outro sem nenhuma alteração na forma cristalina é conhecida como *substituição isomórfica*. Partículas de ilita geralmente têm dimensões laterais que variam de 1.000 a 5.000 Å e espessuras entre 50 e 500 Å. A superfície específica das partículas é cerca de 80 m^2/g.

A *montmorilonita* tem uma estrutura semelhante à da ilita – ou seja, uma lâmina de gibsita entre duas lâminas de sílica. (Consulte Figuras 2.20 e 2.17c.) Na montmorilonita há substituição isomórfica de magnésio e ferro por alumínio nas lâminas octaédricas. Os íons potássio não estão presentes como na ilita, e uma grande quantidade de água é atraída para os espaços entre as camadas. Partículas de montmorilonita geralmente têm dimensões laterais que variam de 1.000 a 5.000 Å e espessuras entre 10 e 50 Å. A superfície específica das partículas é cerca de 800 m^2/g. A Figura 2.21 é uma microscopia eletrônica de varredura do tecido de montmorilonita.

Além da caulinita, ilita e montmorilonita, os outros argilominerais comuns geralmente encontrados são a clorita, a haloisita, a vermiculita e a atapulgita.

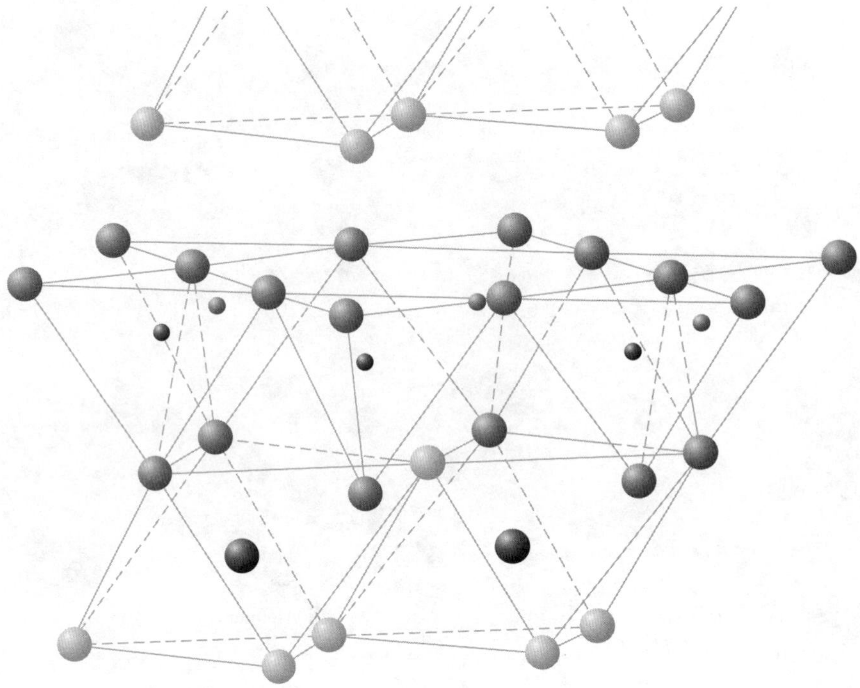

Figura 2.16 Estrutura atômica da montmorilonita. (*Segundo Grim, 1959. Com permissão da ASCE.*)

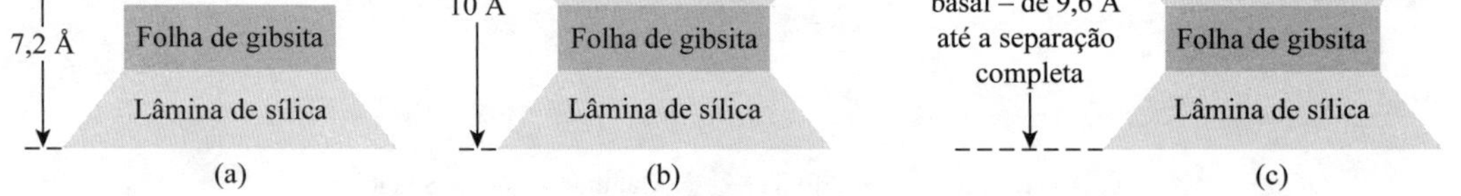

Figura 2.17 Diagrama das estruturas da (a) caulinita; (b) ilita; (c) montmorilonita.

As partículas de argila carregam uma carga negativa na superfície. Isso é o resultado da substituição de isomorfo e de uma ruptura na continuidade da estrutura nas bordas. As cargas negativas maiores são derivadas de superfícies específicas maiores. Também há alguns locais com carga positiva nas extremidades das partículas. Abaixo segue uma lista de reciprocidade de densidades média de superfície das cargas negativas na superfície de alguns argilominerais (Yong e Warkentin, 1966):

Argilomineral	Reciprocidade de densidade de superfície média de carga ($Å^2$/carga eletrônica)
Caulinita	25
Mica de argila e clorita	50
Montmorilonita	100
Vermiculita	75

Figura 2.18 Microscopia eletrônica de varredura de amostra de caulinita. (*Cortesia de David J. White, Iowa State University, Ames, Iowa.*)

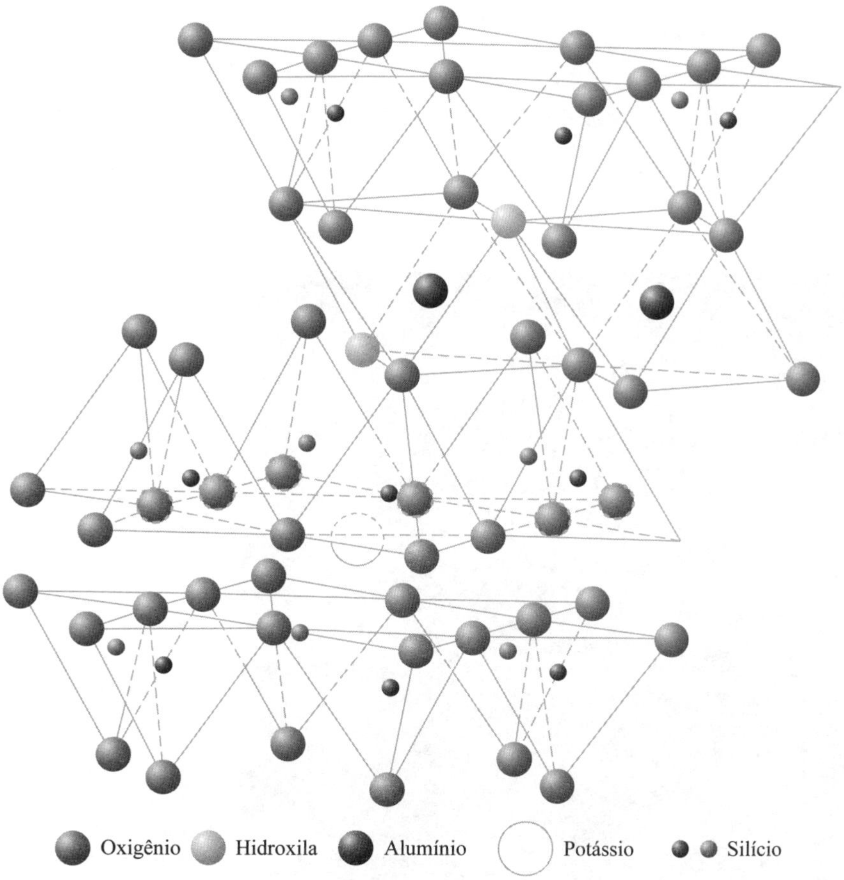

Figura 2.19 Estrutura atômica de ilita. (*Segundo Grim, 1959. Com permissão da ASCE.*)

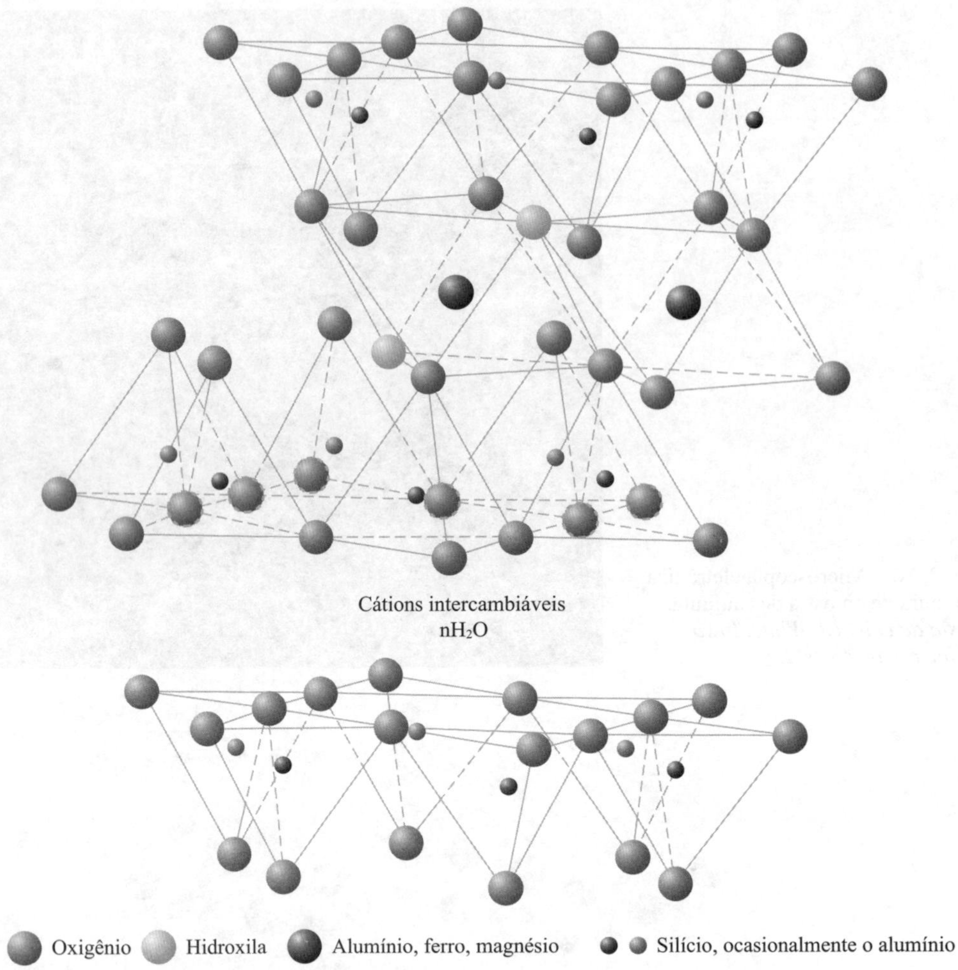

Figura 2.20 Estrutura atômica da montmorilonita. (*Segundo Grim, 1959. Com permissão da ASCE.*)

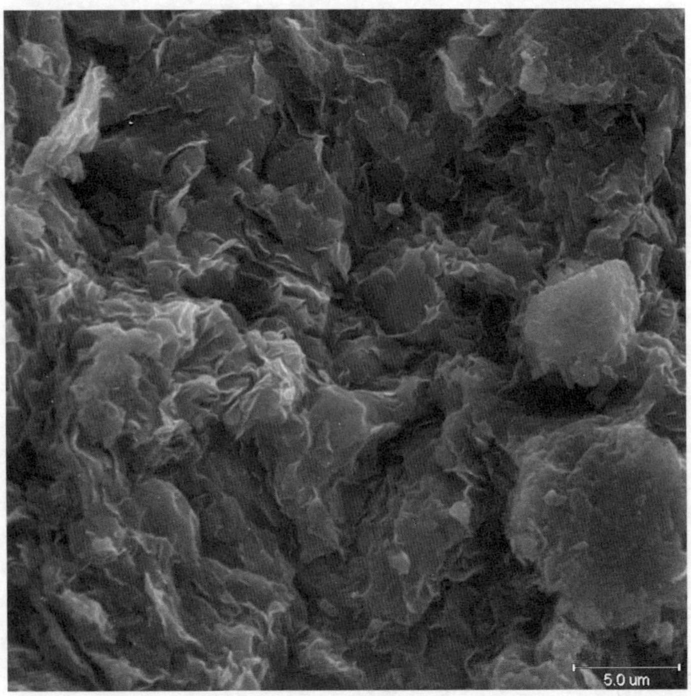

Figura 2.21 Microscopia eletrônica de varredura exibindo a estrutura de montmorilonita. (*Cortesia de David J. White, Iowa State University, Ames, Iowa.*)

Na argila seca, a carga negativa é equilibrada com cátions intercambiáveis, como Ca^{2+}, Mg^{2+}, Na^+ e K^+ ao redor de partículas mantidas pela atração eletrostática. Quando a água é adicionada à argila, esses cátions e alguns ânions flutuam em volta das partículas de argila. Essa configuração é chamada *dupla camada difusa* (Figura 2.22a). A concentração de cátions diminui conforme a distância da superfície da partícula (Figura 2.22b).

As moléculas de água são polares. Os átomos de hidrogênio não são axissimétricos ao redor do átomo de oxigênio; em vez disso, ocorrem no ângulo ligado de 105° (Figura 2.23). Consequentemente, a molécula de água tem uma carga positiva de um lado e uma carga negativa do outro lado. Isso é também conhecido como *dipolo*.

A água dipolar é atraída tanto pela superfície negativamente carregada das partículas de argila quanto pelos cátions na camada dupla. Os cátions, por sua vez, são atraídos pelas partículas do solo. Um terceiro mecanismo em que a água é atraída para as partículas de argila é a *ponte de hidrogênio*, nos quais os átomos de hidrogênio presentes nas moléculas de água são compartilhados com os átomos de oxigênio na superfície da argila. Alguns cátions parcialmente hidratados na água intersticial também são atraídos para a superfície das partículas de argila. Esses cátions atraem moléculas de água dipolares. Todos os mecanismos de atração da água para a argila são apresentados na Figura 2.24. A força de atração entre a água e a argila diminui de acordo com a distância das partículas em relação à superfície. Toda água presa às partículas de argila pela força da atração é conhecida como *água de dupla camada*. A camada mais interna da água com dupla camada, que é mantida fortemente pela argila, é conhecido como *água adsorvente*. Esta água é mais viscosa que a água livre.

A Figura 2.25 mostra a água absorvida e a de dupla camada em partículas típicas de montmorilonita e caulinita. Esta orientação da água em volta das partículas de argila dá aos solos argilosos suas propriedades plásticas.

É necessário compreender que a presença de argilominerais em um agregado de solo influencia muito nas propriedades de engenharia do solo como um todo. Quando a umidade está presente, o comportamento de um solo será bastante alterado à medida que a porcentagem do conteúdo de argilomineral aumentar. Para fins práticos, quando o conteúdo argiloso é de pelo menos 50%, as partículas de areia e de silte flutuam em uma matriz de argila, e os argilominerais determinam as propriedades de engenharia do solo.

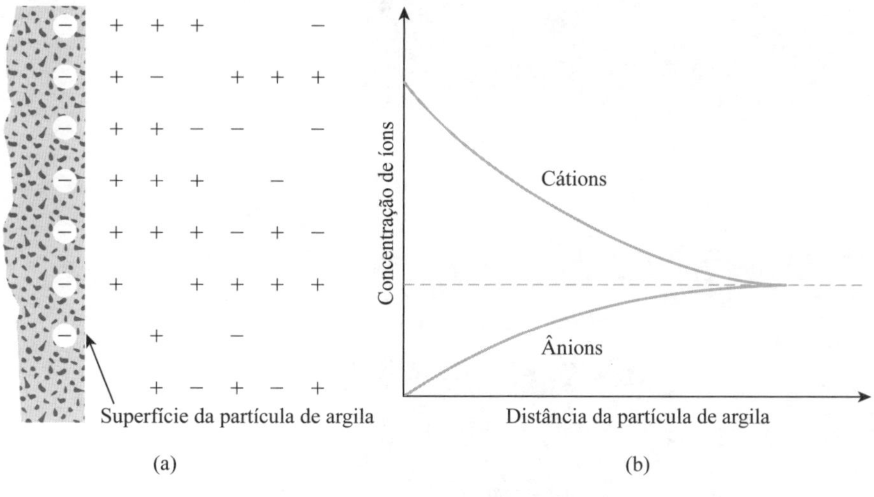

Figura 2.22 Dupla camada difusa.

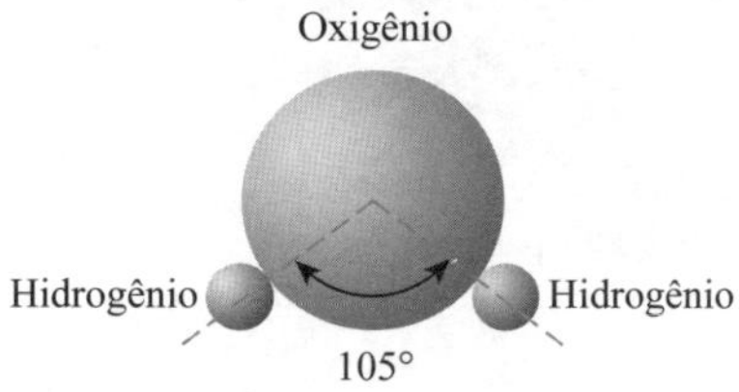

Figura 2.23 Caráter dipolar da água.

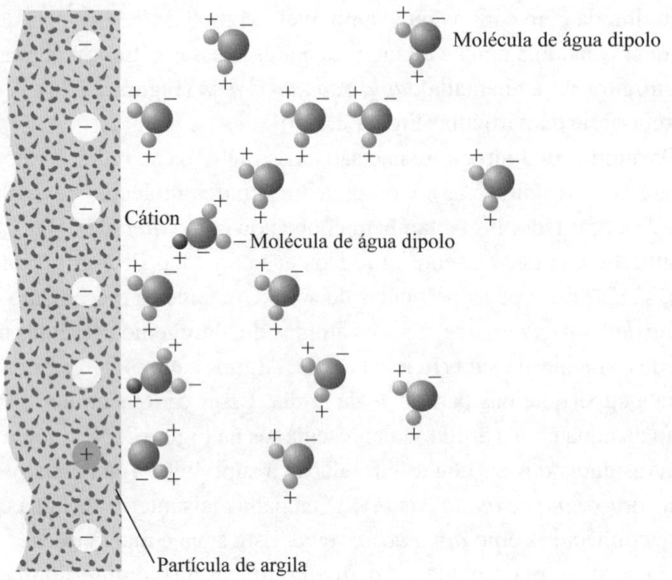

Figura 2.24 Atração de moléculas dipolares em dupla camada difusa.

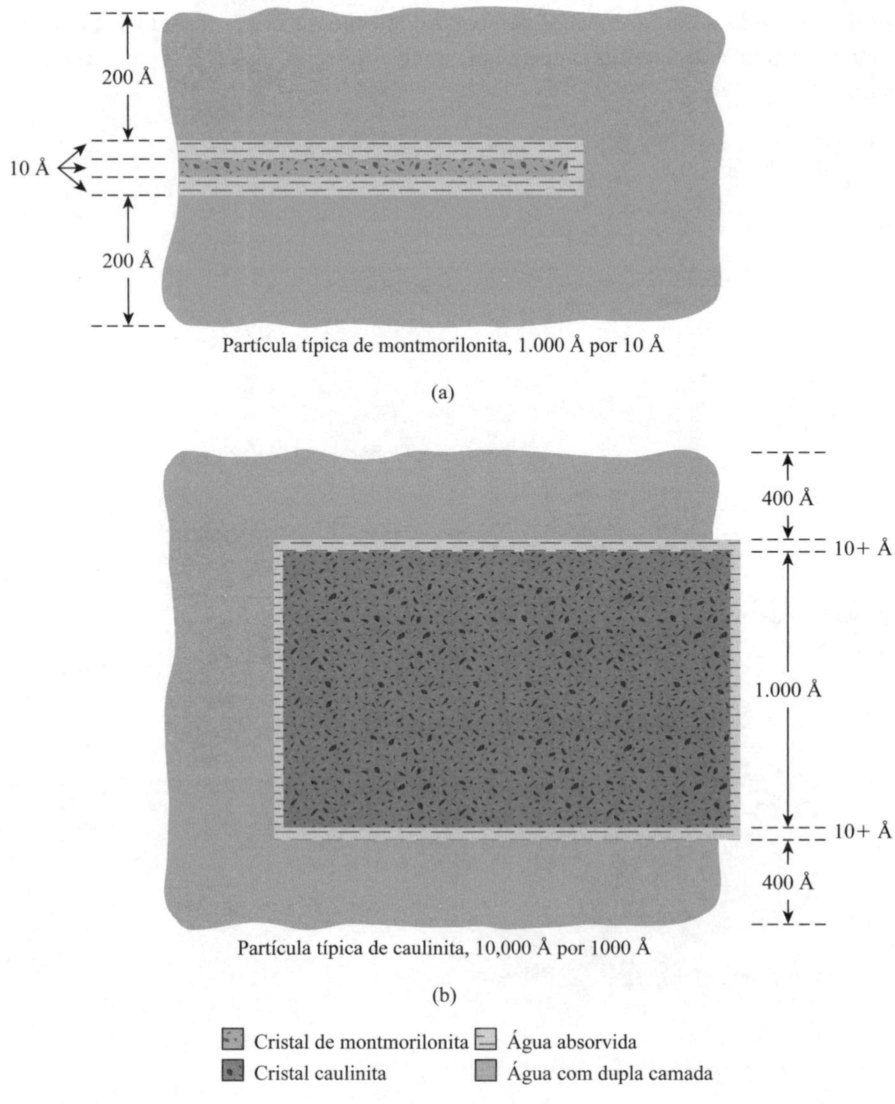

Figura 2.25 Água de argila. (*Redesenhado após Lambe, 1958. Com permissão da ASCE.*)

2.6 Peso específico relativo (G_s)

O *peso específico relativo* é definido como a razão do peso específico de determinado material pelo peso específico da água. A gravidade específica dos sólidos do solo é frequentemente necessária para diversos cálculos em mecânica de solos. Ela pode ser determinada com precisão em laboratório. A Tabela 2.4 indica o peso específico de alguns minerais comuns encontrados nos solos. A maioria dos valores está na faixa de 2,6 a 2,9. O peso específico dos sólidos de uma areia de cor clara, composta principalmente por quartzo, pode ser estimada em 2,65; para solos de argila e silte, esse valor pode variar de 2,6 a 2,9.

Tabela 2.4 Gravidade específica de minerais comuns

Mineral	Gravidade específica, G_s
Quartzo	2,65
Caulinita	2,6
Ilita	2,8
Montmorilonita	2,65 – 2,80
Haloisita	2,0 – 2,55
Feldspato potássico	2,57
Feldspato sódico e cálcico	2,62 – 2,76
Clorita	2,6 – 2,9
Biotita	2,8 – 3,2
Muscovita	2,76 – 3,1
Hornblenda	3,0 – 3,47
Limonita	3,6 – 4,0
Olivina	3,27 – 3,7

2.7 Análise granulométrica do solo

A *análise granulométrica* é a determinação do tamanho das partículas presentes em um solo, expressa como uma percentagem do peso seco total. Geralmente são utilizados dois métodos para encontrar a distribuição granulométrica do solo: (1) *ensaio de peneiramento* – para partículas com diâmetros maiores que 0,075 mm; (2) *ensaio de sedimentação* – para partículas com diâmetros menores que 0,075 mm. Os princípios básicos do ensaio de peneiramento e do ensaio de sedimentação são descritos brevemente nas duas seções seguintes.

Ensaio de peneiramento

O ensaio de peneiramento consiste em agitar uma amostra do solo em um conjunto de peneiras que possuem aberturas progressivamente menores. Os números das peneiras no padrão americano e o tamanho das aberturas são fornecidos na Tabela 2.5.

As peneiras utilizadas para o ensaio de peneiramento geralmente tem 203 mm de diâmetro. Para realizar o ensaio de peneiramento, deve-se primeiro secar o solo na estufa e quebrar todos os torrões em partículas pequenas. A amostra é, então, peneirada por uma pilha de peneiras com aberturas de malha de tamanho decrescente, do topo para o final (é colocado um recipiente embaixo da pilha chamado fundo). A Figura 2.26 mostra um conjunto de peneiras em um agitador usado para realizar o ensaio em laboratório. A peneira com a menor abertura que deve ser usada para esse tipo de ensaio é a peneira número 200. Após o solo ser peneirado, a massa retida em cada peneira é determinada. Quando solos coesivos são analisados, pode ser difícil quebrar os torrões. Nesse caso, o material deve ser misturado com água para formar uma mistura e, então, ser despejado nas peneiras. As porções retidas em cada peneira são coletadas separadamente e secas em uma estufa antes que a massa retida em cada peneira seja medida.

1. Determine a massa de solo retido em cada peneira (ou seja, M_1, M_2, $\cdots$ M_n) e no recipiente (ou seja, M_p).
2. Determine a massa total do solo: $M_1 + M_2 + \cdots + M_i + \cdots + M_n + M_p = \Sigma M$.
3. Determine a massa acumulada de solo retida acima de cada peneira. Para a *i*-ésima peneira, é $M_1 + M_2 + \cdots + M_i$.
4. A massa de solo passando na peneira é $\Sigma M - (M_1 + M_2 + \cdots + M_i)$.

5. A porcentagem de solo que passa pela *i*-ésima peneira (ou *porcentagem passante*) é

$$F = \frac{\Sigma M - (M_1 + M_2 + \cdots M_i)}{\Sigma M} \times 100$$

Uma vez que a porcentagem passante de cada peneira é calculada (etapa 5), os cálculos são organizados em papel milimetrado semilogarítmico (Figura 2.27) com porcentagem passante como ordenada (escala aritmética) e tamanho de abertura de peneira como abscissa (escala logarítmica). Esse registro é chamado *curva de distribuição granulométrica.*

Tabela 2.5 Tamanhos de peneiras conforme padrão americano

Nº da peneira	Abertura (mm)	Nº da peneira	Abertura (mm)
4	4,75	35	0,500
5	4,00	40	0,425
6	3,35	50	0,355
7	2,80	60	0,250
8	2,36	70	0,212
10	2,00	80	0,180
12	1,70	100	0,150
14	1,40	120	0,125
16	1,18	140	0,106
18	1,00	170	0,090
20	0,850	200	0,075
25	0,710	270	0,053
30	0,600		

Figura 2.26 Conjunto de peneiras para ensaio em laboratório. (*Cortesia de Braja M. Das, Henderson, Nevada.*)

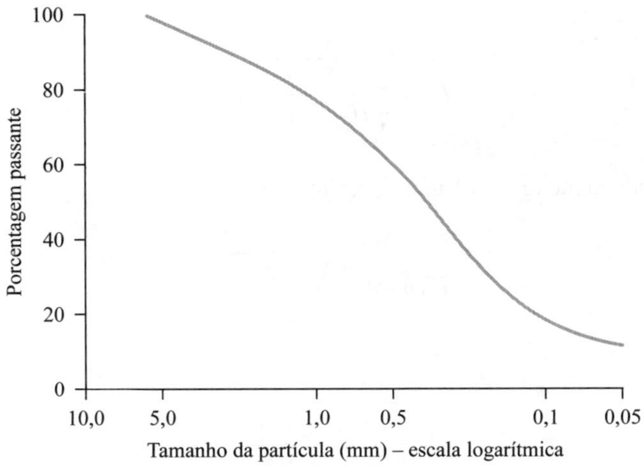

Figura 2.27 Curva de distribuição granulométrica.

Ensaio de sedimentação

O ensaio de sedimentação tem como base o princípio da sedimentação dos grãos de solo na água. Quando uma amostra de solo é dispersa na água, as partículas sedimentam em velocidades diferentes, dependendo de sua forma, tamanho, peso e da viscosidade da água. Para simplificação, é presumido que todas as partículas de solo sejam redondas e que a velocidade das partículas de solo possam ser expressas pela lei de Stoke de acordo com

$$v = \frac{\rho_s - \rho_w}{18\eta} D^2 \tag{2.1}$$

onde v = velocidade
ρ_s = densidade das partículas de solo
ρ_w = densidade da água
η = viscosidade da água
D = diâmetro das partículas do solo

Portanto, a partir da Eq. (2.1),

$$D = \sqrt{\frac{18\eta v}{\rho_s - \rho_w}} = \sqrt{\frac{18\eta}{\rho_s - \rho_w}} \sqrt{\frac{L}{t}} \tag{2.2}$$

onde $v = \frac{\text{Distância}}{\text{Tempo}} = \frac{L}{t}$.

Observe que

$$\rho_s = G_s \rho_w \tag{2.3}$$

Portanto, ao combinar as Eqs. (2.2) e (2.3) temos

$$D = \sqrt{\frac{18\eta}{(G_s - 1)\rho_w}} \sqrt{\frac{L}{t}} \tag{2.4}$$

Se as unidades de η forem (g · s)/cm², ρ_w está em g/cm³, L em cm, t em min e D em mm, então

$$\frac{D(\text{mm})}{10} = \sqrt{\frac{18\eta\ [(g \cdot s)/\text{cm}^2]}{(G_s - 1)\rho_w(\text{g/cm}^3)}} \sqrt{\frac{L(\text{cm})}{t(\text{min}) \times 60}}$$

ou

$$D = \sqrt{\frac{30\eta}{(G_s - 1)\rho_w}}\sqrt{\frac{L}{t}}$$

Presuma que ρ_w seja aproximadamente igual a 1 g/cm³, assim

$$D(\text{mm}) = K\sqrt{\frac{L(\text{cm})}{t(\text{min})}} \tag{2.5}$$

onde

$$K = \sqrt{\frac{30\eta}{(G_s - 1)}} \tag{2.6}$$

Observe que o valor de K é uma função de G_s e η, que depende da temperatura do ensaio. A Tabela 2.6 mostra a variação de K com a temperatura de ensaio e o peso específico relativo dos sólidos do solo.

No laboratório, o ensaio de sedimentação é conduzido em uma proveta geralmente com 50 g de amostra seca em estufa. Às vezes, amostras de 100 g também podem ser utilizadas. A proveta tem 457 mm de altura e 63,5 mm de diâmetro. É marcado para um volume de 1.000 ml. O hexametafosfato de sódio geralmente é utilizado como *agente dispersante*. O volume da suspensão dispersa do solo é elevado para 1.000 ml pela adição de água destilada. Um densímetro do tipo ASTM 152H (Figura 2.28) é colocado no cilindro de sedimentação (Figura 2.29).

Quando o densímetro é colocado na suspensão de solo por um tempo t, medido a partir do início da sedimentação, ele mede a gravidade específica ao redor do bulbo a uma profundidade L (Figura 2.30). A gravidade específica é uma função da quantidade de partículas de solo presentes por volume unitário de suspensão àquela profundidade. Além disso, em um tempo t, as partículas de solo em suspensão a uma profundidade L apresentarão um diâmetro menor que D, como calculado na Eq. (2.5). As partículas menores teriam sedimentado além da zona de medição. Os densímetros são desenvolvidos para determinar a quantidade de solo, em gramas, que ainda está em suspensão. Eles são calibrados para solos que possuem um peso específico, G_s, de 2,65; para solos com outro peso específico, é necessário fazer uma correção.

Tabela 2.6 Valores de K da Eq. (2.6)[a]

Temperatura (°C)	G_s							
	2,45	**2,50**	**2,55**	**2,60**	**2,65**	**2,70**	**2,75**	**2,80**
16	0,01510	0,01505	0,01481	0,01457	0,01435	0,01414	0,01394	0,01374
17	0,01511	0,01486	0,01462	0,01439	0,01417	0,01396	0,01376	0,01356
18	0,01492	0,01467	0,01443	0,01421	0,01399	0,01378	0,01359	0,01339
19	0,01474	0,01449	0,01425	0,01403	0,01382	0,01361	0,01342	0,01323
20	0,01456	0,01431	0,01408	0,01386	0,01365	0,01344	0,01325	0,01307
21	0,01438	0,01414	0,01391	0,01369	0,01348	0,01328	0,01309	0,01291
22	0,01421	0,01397	0,01374	0,01353	0,01332	0,01312	0,01294	0,01276
23	0,01404	0,01381	0,01358	0,01337	0,01317	0,01297	0,01279	0,01261
24	0,01388	0,01365	0,01342	0,01321	0,01301	0,01282	0,01264	0,01246
25	0,01372	0,01349	0,01327	0,01306	0,01286	0,01267	0,01249	0,01232
26	0,01357	0,01334	0,01312	0,01291	0,01272	0,01253	0,01235	0,01218
27	0,01342	0,01319	0,01297	0,01277	0,01258	0,01239	0,01221	0,01204
28	0,01327	0,01304	0,01283	0,01264	0,01244	0,01225	0,01208	0,01191
29	0,01312	0,01290	0,01269	0,01249	0,01230	0,01212	0,01195	0,01178
30	0,01298	0,01276	0,01256	0,01236	0,01217	0,01199	0,01182	0,01169

[a] Após ASTM (2004). Direitos autorais ASTM INTERNATIONAL. Reimpresso com permissão.

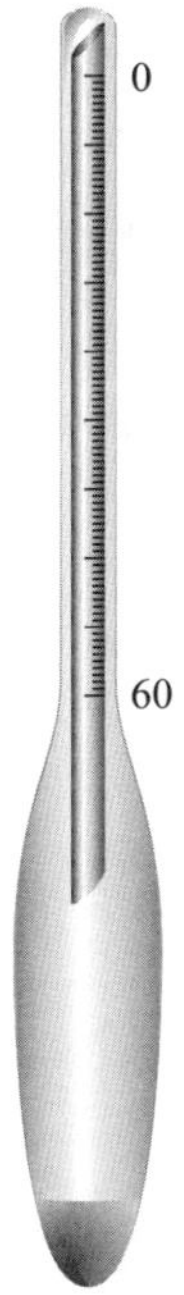

Figura 2.28 Densímetro ASTM 152H. (*Cortesia de ELE International.*)

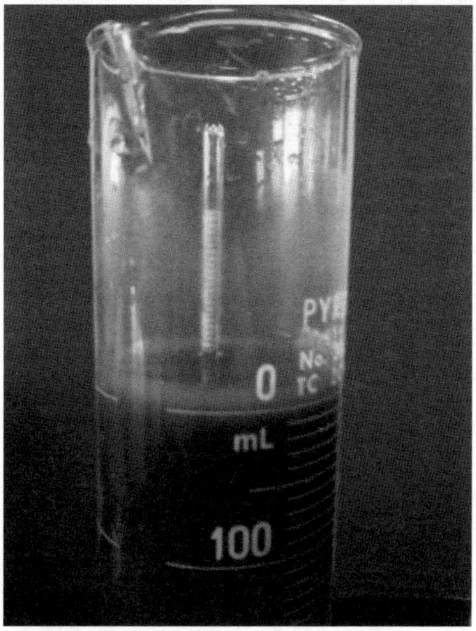

Figura 2.29 Densímetro ASTM 152H, colocado dentro da proveta. (*Cortesia de Khaled Sobhan, Florida Atlantic University, Boca Raton, Flórida.*)

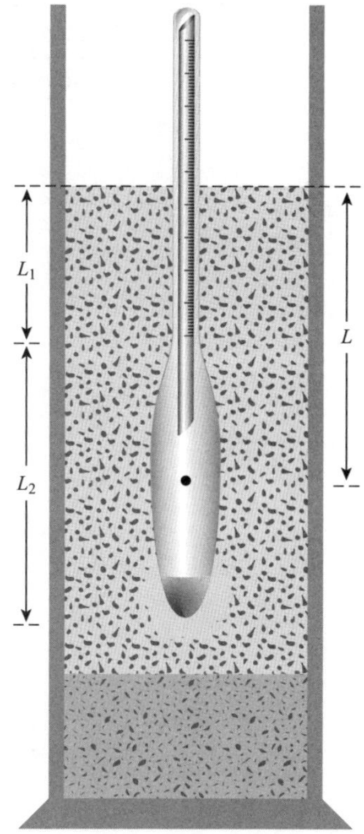

Figura 2.30 Definição de L em ensaio de sedimentação.

Conhecendo a quantidade de solo em suspensão, L e t, podemos calcular melhor a porcentagem de solo por peso mais fino que dado diâmetro. Observe que L é a profundidade medida a partir da superfície da água até o centro de gravidade do bulbo de densímetro, no qual a densidade da suspensão é medida. O valor de L mudará com o tempo t. O ensaio de sedimentação é eficaz para separar as frações de solo para um tamanho de aproximadamente 0,5 μm. O valor de L (cm) para o densímetro ASTM 152H pode ser dado pela expressão (consulte a Figura 2.30)

$$L = L_1 + \frac{1}{2}\left(L_2 - \frac{V_B}{A}\right) \tag{2.7}$$

onde L_1 = distância ao longo da haste do densímetro do topo do bulbo até a marca para a leitura do densímetro (cm)
L_2 = comprimento do bulbo de densímetro = 14 cm
V_B = volume do bulbo de densímetro = 67 cm^3
A = área seccional cruzada do cilindro de sedimentação = 27,8 cm^2

O valor de L_1 é 10,5 cm para uma leitura de $R = 0$ e 2,3 para uma leitura de $R = 50$. Consequentemente, para qualquer leitura de R,

$$L_1 = 10{,}5 - \frac{(10{,}5 - 2{,}3)}{50}R = 10{,}5 - 0{,}164R \text{ (cm)}$$

Portanto, a partir da Eq. (2.7),

$$L = 10{,}5 - 0{,}164R + \frac{1}{2}\left(14 - \frac{67}{27{,}8}\right) = 16{,}29 - 0{,}164R \tag{2.8}$$

onde R = leitura de densímetro corrigida para o menisco.

Com base na Eq. (2.8), as variações de L com as leituras de densímetro R são dadas na Tabela 2.7.

Tabela 2.7 Variação de L com a Leitura de Densímetro – Densímetro ASTM 152H

Leitura de densímetro, *R*	*L* (cm)	Leitura de densímetro, *R*	*L* (cm)
0	16,3	31	11,2
1	16,1	32	11,1
2	16,0	33	10,9
3	15,8	34	10,7
4	15,6	35	10,6
5	15,5	36	10,4
6	15,3	37	10,2
7	15,2	38	10,1
8	15,0	39	9,9
9	14,8	40	9,7
10	14,7	41	9,6
11	14,5	42	9,4
12	14,3	43	9,2
13	14,2	44	9,1
14	14,0	45	8,9
15	13,8	46	8,8
16	13,7	47	8,6
17	13,5	48	8,4
18	13,3	49	8,3
19	13,2	50	8,1
20	13,0	51	7,9
21	12,9	52	7,8
22	12,7	53	7,6
23	12,5	54	7,4
24	12,4	55	7,3
25	12,2	56	7,1
26	12,0	57	7,0
27	11,9	58	6,8
28	11,7	59	6,6
29	11,5	60	6,5
30	11,4		

Em muitos casos, os resultados do ensaio de peneiramento e de sedimentação para frações mais finas de determinado solo são combinados em um gráfico, como o da Figura 2.31.

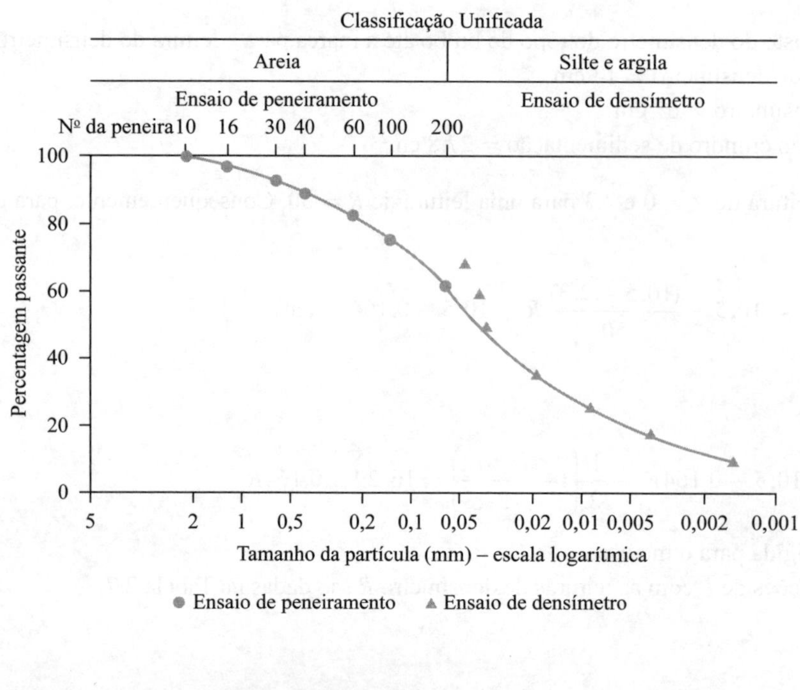

Figura 2.31 Curva de distribuição granulométrica – ensaio de peneiramento e ensaio de densímetro.

Quando esses resultados são combinados, geralmente ocorre uma descontinuidade no intervalo no qual se sobrepõem. Esta descontinuidade ocorre porque as partículas de solo possuem formas irregulares. O ensaio de peneiramento proporciona dimensões intermediárias de uma partícula; já a análise por sedimentação fornece o diâmetro de uma esfera equivalente que poderia sedimentar na mesma taxa que uma partícula de solo.

2.8 Curva de distribuição granulométrica

Uma curva de distribuição granulométrica pode ser utilizada para determinar os quatro parâmetros de determinado solo (Figura 2.32):

1. *Diâmetro efetivo* (D_{10}): Esse parâmetro indica o diâmetro onde passa apenas 10% em massa na curva de distribuição granulométrica. O diâmetro efetivo de um solo granular é uma boa medida para estimar a condutividade hidráulica e drenagem através do solo.
2. *Coeficiente uniforme* (C_u): Este parâmetro é definido como

$$C_u = \frac{D_{60}}{D_{10}} \tag{2.9}$$

onde D_{60} = diâmetro correspondente a 60% de grãos finos.

3. *Coeficiente de curvatura* (C_c): Este parâmetro é definido como

$$C_c = \frac{D_{30}^2}{D_{60} \times D_{10}} \tag{2.10}$$

4. *Coeficiente de segregação* (S_0): Este parâmetro é outra medida de uniformidade e é geralmente encontrado em trabalhos geológicos e expresso como

$$S_0 = \sqrt{\frac{D_{75}}{D_{25}}} \tag{2.11}$$

O coeficiente de segregação não é normalmente utilizado como um parâmetro por engenheiros geotécnicos.

As porcentagens de partículas de pedregulho, areia, silte e argila presentes no solo podem ser obtidas a partir da curva de distribuição granulométrica. Como um exemplo, utilizaremos a curva de distribuição granulométrica exibida na

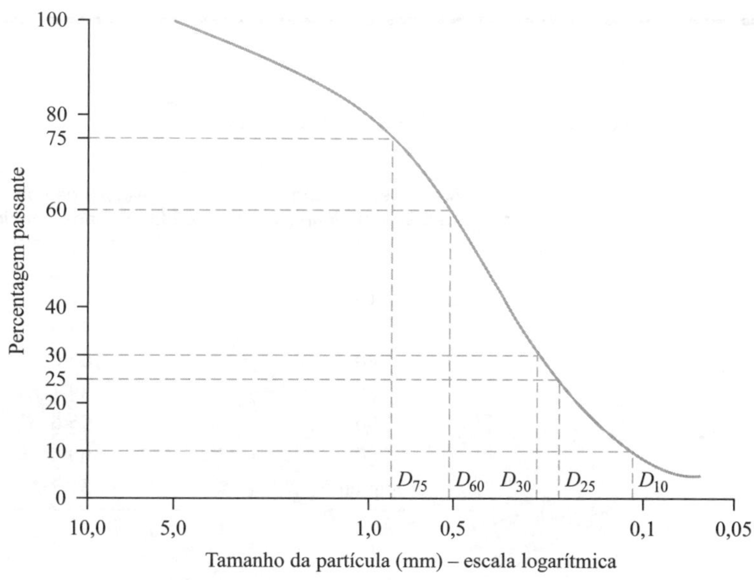

Figura 2.32 Definição de D_{75}, D_{60}, D_{30}, D_{25} e D_{10}.

Figura 2.31 para determinar o tamanho das partículas de pedregulhos, areia, silte e argila conforme segue (de acordo com o Sistema Unificado de Classificação do Solo – consulte a Tabela 2.3):

Tamanho (mm)	Percentagem pedregulho	
76,2	100	
		100 – 100 = 0% de pedregulho
4,75	100	
		100 – 62 = 38% de areia
0,075	62	
		62 – 0 = 62% de silte e argila
–	0	

A curva de distribuição granulométrica mostra não apenas a variação do tamanho das partículas presentes em um solo, mas também o tipo de distribuição de partículas de diversos tamanhos. Esses tipos de distribuição são exibidos na Figura 2.33. A curva I representa um tipo de solo em que a maioria dos grãos de solo é do mesmo tamanho. Isso é chamado *solo mal graduado*. A curva II representa um solo no qual os tamanhos da partícula são distribuídos em uma ampla faixa, chamado *bem graduado* ou *desuniforme*. Um solo bem graduado possui um coeficiente de uniformidade maior que cerca de 4 para pedregulhos e 6 para areias, e um coeficiente de curvatura entre 1 e 3 (para pedregulhos e areias). Um solo pode ter uma combinação de duas ou mais frações com granulação uniforme. A curva III representa um solo. Este tipo de solo é denominado *granulometria descontínua*.

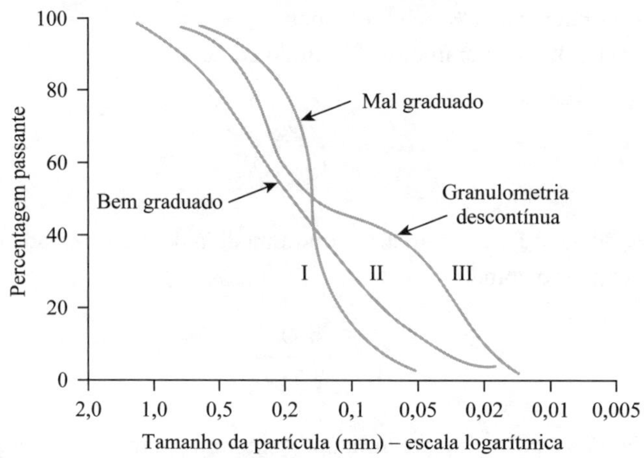

Figura 2.33 Diferentes tipos de curvas de distribuição granulométrica.

Exemplo 2.1

Abaixo estão os resultados de uma análise de peneiramento:

Nº da peneira com padrão americano	Massa de solo retida em cada peneira (g)
4	0
10	21,6
20	49,5
40	102,6
60	89,1
100	95,6
200	60,4
Recipiente	31,2

a. Faça os cálculos necessários e trace uma curva de distribuição granulométrica.
b. Determine D_{10}, D_{30} e D_{60} da curva de distribuição granulométrica.
c. Calcule o coeficiente de uniformidade, C_u.
d. Calcule o coeficiente de curvatura, C_c.

Solução

Parte a

A tabela abaixo pode, agora, estar preparada para obter a porcentagem de grãos finos.

Nº da peneira padrão americano (1)	Abertura (mm) (2)	Massa retida em cada peneira (g) (3)	Massa acumulada retida em cada peneira (g) (4)	Porcentagem passante em cada peneira[a] (5)
4	4,75	0	0	100
10	2,00	21,6	21,6	95,2
20	0,850	49,5	71,1	84,2
40	0,425	102,6	173,7	61,4
60	0,250	89,1	262,8	41,6
100	0,150	95,6	358,4	20,4
200	0,075	60,4	418,8	6,9
Recipiente	–	31,2	$450 = \Sigma M$	

[a] $\frac{\Sigma M - \text{col. } 4}{\Sigma M} \times 100 = \frac{450 - \text{col. } 4}{450} \times 100$

A curva de distribuição granulométrica é mostrada na Figura 2.34.

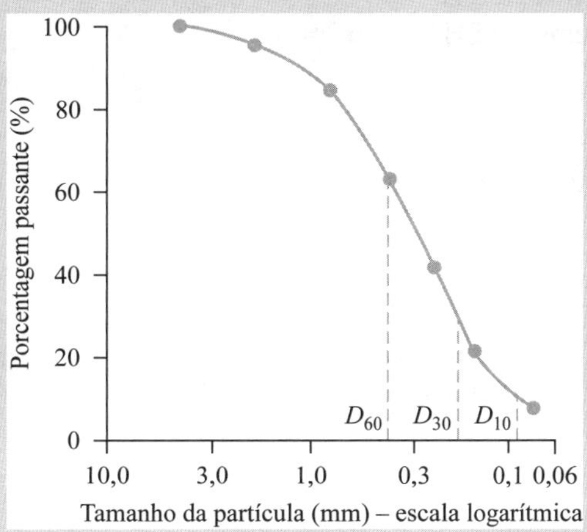

Figura 2.34

Parte b

Da Figura 2.34

$$D_{60} = \mathbf{0{,}41\ mm}$$
$$D_{30} = \mathbf{0{,}185\ mm}$$
$$D_{10} = \mathbf{0{,}09\ mm}$$

Parte c

Coeficiente de uniformidade,

$$C_u = \frac{D_{60}}{D_{10}} = \frac{0{,}41}{0{,}09} = \mathbf{4{,}56}$$

(continua)

Parte d
Coeficiente de curvatura,

$$C_c = \frac{D_{30}^2}{D_{60} \times D_{10}} = \frac{(0,185)^2}{(0,41)(0,09)} = \mathbf{0,93}$$

■

Exemplo 2.2

As características granulométricas de um solo são informadas aqui:

Tamanho (mm)	Porcentagem passante
0,425	100
0,033	90
0,018	80
0,01	70
0,0062	60
0,0035	50
0,0018	40
0,001	35

a. Trace a curva de distribuição granulométrica.
b. Determine as porcentagens de pedregulho, areia, silte e argila de acordo com o sistema MIT.
c. Repita a Parte b utilizando o sistema USDA.
d. Repita a Parte b utilizando o sistema AASHTO.

Solução

Parte a
A curva de distribuição granulométrica é indicada na Figura 2.35.

Parte b
Do registro indicado na Figura 2.35,

$$\text{Passando 2 mm} = 100\%$$
$$\text{Passando 0,06 mm} = 95\%$$
$$\text{Passando 0,002 mm} = 42\%$$

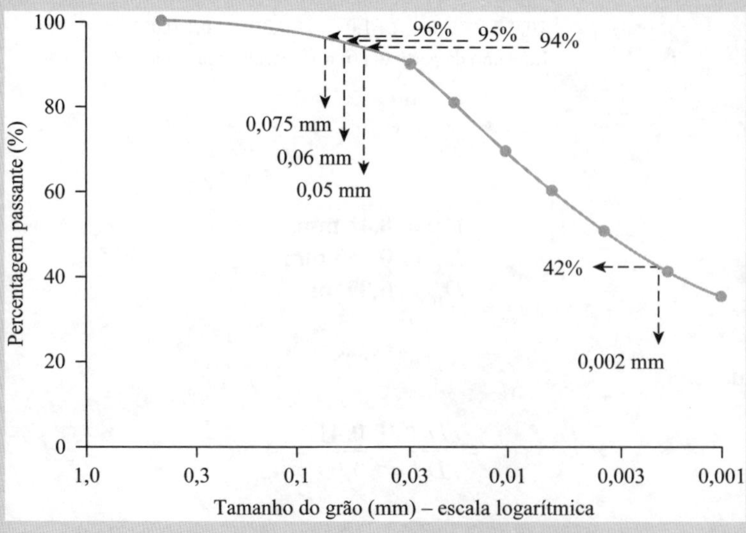

Figura 2.35

Portanto,

$$\text{Areia: } 100\% - 95\% = \mathbf{5\%}$$
$$\text{Silte: } 95\% - 42\% = \mathbf{53\%}$$
$$\text{Argila: } 42\% - 0\% = \mathbf{42\%}$$

Parte c

$$\text{Passando 2 mm} = 100\%$$
$$\text{Passando 0,05 mm} = 94\%$$
$$\text{Passando 0,002 mm} = 42\%$$

Portanto,

$$\text{Cascalho: } \mathbf{0\%}$$

$$\text{Areia: } 100\% - 94\% = \mathbf{6\%}$$
$$\text{Silte: } 94\% - 42\% = \mathbf{52\%}$$
$$\text{Argila: } 42\% - 0\% = \mathbf{42\%}$$

Parte d

$$\text{Passando 2 mm} = 100\%$$
$$\text{Passando 0,075 mm} = 96\%$$
$$\text{Passando 0,002 mm} = 42\%$$

Portanto,

$$\text{Pedregulho: } \mathbf{0\%}$$

$$\text{Areia: } 100\% - 96\% = \mathbf{4\%}$$
$$\text{Silte: } 96\% - 42\% = \mathbf{54\%}$$
$$\text{Argila: } 42\% - 0\% = \mathbf{42\%}$$

■

2.9 Forma das partículas

O formato das partículas presentes em uma massa de solo tem a mesma importância da distribuição granulométrica, porque tem influência significativa sobre as propriedades físicas de determinado solo. No entanto, não é dada muita atenção ao formato da partícula porque é mais difícil de determinar. O formato da partícula geralmente pode ser dividido em três principais categorias:

1. Volumosa
2. Lamelar
3. Fibrilar

As *partículas volumosas* são formadas principalmente pelo intemperismo físico de rochas e minerais. Os geólogos utilizam termos como *angular*, *subangular*, *subarredondado* e *arredondado* para descrever os formatos das partículas volumosas. Estes formatos são indicados qualitativamente na Figura 2.36. Pequenas partículas de areia localizadas próximas de sua origem são geralmente muito angulares. As partículas de areia carregadas pelo vento e pela água, por longas distâncias, podem apresentar formatos que vão desde o subangular ao arredondado. O formato de partículas granulares em uma massa de solo exerce grande influência sobre as propriedades físicas, como no índice de vazios máximo e mínimo, parâmetros de resistência ao cisalhamento, compressibilidade etc.

A *angularidade*, A, é definida como

$$A = \frac{\text{Raio médio dos cantos e bordas}}{\text{Raio da esfera máxima inscrita}} \tag{2.12}$$

A esfericidade das partículas volumosas é definida como

$$S = \frac{D_e}{L_p} \tag{2.13}$$

Figura 2.36 Formato das partículas volumosas. (*Cortesia de Janice Das, Henderson, Nevada.*)

onde D_e = diâmetro equivalente da partícula $= \sqrt[3]{\dfrac{6V}{\pi}}$

V = volume da partícula

L_p = comprimento da partícula

As *partículas lamelares* têm esfericidade muito baixa – geralmente 0,01 ou menos. Estas partículas são predominantemente argilominerais.

As *partículas fibrilares* são muito menos comuns que os outros dois tipos de partícula. Alguns depósitos de corais e argilas atapulgitas são exemplos de solo contendo partículas fibrilares.

2.10 Resumo e considerações gerais

Neste capítulo, analisamos o ciclo das rochas, a origem do solo pelo intemperismo, a distribuição granulométrica em uma massa de solo, o formato de partículas e os argilominerais. Alguns pontos importantes incluem:

1. As rochas podem ser classificadas em três categorias básicas: (a) ígneas, (b) sedimentares e (c) metamórficas.
2. Os solos são formados por intemperismo químico e mecânico de rochas.
3. Com base no tamanho das partículas, o solo pode ser classificado como pedregulho, areia, silte ou argila. De acordo com o Sistema Unificado de Classificação de Solo, que é, agora, universalmente aceito, os limites granulométricos de cascalhos, areia e grãos finos (silte e argila) são:

Pedregulho	76,2 mm – 4,75 mm
Areia	4,75 mm – 0,075 mm
Grãos finos (silte e argila)	$< 0{,}075$ mm

4. As argilas são formadas principalmente por partículas lamelares microscópicas e submicroscópicas de mica, argilominerais e outros minerais.
5. Argilominerais são silicatos de alumínio complexo.
6. As partículas de argila carregam uma carga negativa na superfície. Quando a água é adicionada, uma camada de água dupla difusa se desenvolve ao redor das partículas de argila, que é responsável por fornecer plasticidade aos solos argilosos.

7. A análise granulométrica é um processo de determinação de faixa de tamanho das partículas apresentadas em uma massa de solo. Consiste em duas partes: análise de peneiramento (para partículas > 0,075 mm) e análise de sedimentação (para partículas < 0,075 mm).
8. Em uma análise de peneiramento

$$\begin{matrix}\text{Porcentagem de grãos finos em} \\ \text{relação ao tamanho da peneira}\end{matrix} = 100 - \left(\frac{\text{Massa de solo passando por determinada peneira}}{\text{Massa total de solo}}\right)(100)$$

9. Na análise de sedimentação, a porcentagem de grãos finos em relação ao tamanho da partícula (D) pode ser determinada utilizando uma leitura do densímetro (L) e Eq. (2.5) em dado momento.

Problemas

2.1 Para um solo com $D_{60} = 0{,}42$ mm, $D_{30} = 0{,}21$ mm e $D_{10} = 0{,}16$ mm, calcule o coeficiente de uniformidade e o coeficiente de curvatura.

2.2 Repita o Problema 2.1 considerando os seguintes valores: $D_{10} = 0{,}27$ mm, $D_{30} = 0{,}41$ mm e $D_{60} = 0{,}81$ mm.

2.3 A seguir, vejamos os resultados de uma análise granulométrica:

Nº da peneira com padrão americano	Massa de solo retida (g)
4	28
10	42
20	48
40	128
60	221
100	86
200	40
Recipiente	24

a. Determine a porcentagem de grãos finos em cada peneira e indique a curva de distribuição granulométrica.

b. Determine D_{10}, D_{30} e D_{60} da curva de distribuição granulométrica.

c. Calcule o coeficiente de uniformidade, C_u.

d. Calcule o coeficiente de curvatura, C_c.

2.4 Repita o Problema 2.3 considerando os dados a seguir:

Nº da peneira com padrão americano	Massa de solo retida em cada peneira (g)
4	0
6	30,0
10	48,7
20	127,3
40	96,8
60	76,6
100	55,2
200	43,4
Recipiente	22,0

2.5 Repita o Problema 2.3 considerando os dados a seguir:

Nº da peneira com padrão americano	Massa de solo retida (g)
4	0
10	40
20	60
40	89
60	140
80	122
100	210
200	56
Recipiente	12

2.6 Repita o Problema 2.3 considerando os dados a seguir:

Nº da peneira com padrão americano	Massa de solo retida em cada peneira (g)
4	0
6	0
10	0
20	9,1
40	249,4
60	179,8
100	22,7
200	15,5
Recipiente	23,5

2.7 A seguir, vejamos os resultados de ensaios de peneiramento e sedimentação:

Análise	Número da peneira/ tamanho do grão	Porcentagem de grãos finos em relação a
Peneira	40	100
	80	96
	170	85
	200	80
Densímetro	0,04 mm	59
	0,02 mm	39
	0,01 mm	26
	0,005 mm	15
	0,0015 mm	8

a. Trace a curva de distribuição granulométrica.

b. Determine as porcentagens de pedregulho, areia, silte e argila de acordo com o sistema MIT.

c. Repita a Parte b utilizando o sistema USDA.

d. Repita a Parte b de acordo com o sistema da AASHTO.

2.8 Repita o Problema 2.7 considerando os dados a seguir:

Análise	Número da peneira/ tamanho do grão	Porcentagem de grãos finos em relação a
Peneira	20	100
	30	96
	40	90
	60	76
	80	65
	200	34
Densímetro	0,05 mm	27
	0,03 mm	19
	0,015 mm	11
	0,006 mm	7
	0,004 mm	6
	0,0015 mm	5

2.9 As características granulométricas do solo são apresentadas na tabela a seguir.

Tamanho (mm)	Porcentagem passante
0,425	100
0,1	92
0,052	84
0,02	62
0,01	46
0,004	32
0,001	22

a. Trace a curva de distribuição granulométrica.

b. Determine as porcentagens de pedregulho, areia, silte e argila de acordo com o sistema MIT.

c. Repita a Parte b utilizando o sistema USDA.

d. Repita a Parte b utilizando o sistema AASHTO.

2.10 Repita o Problema 2.9 considerando os dados a seguir:

Tamanho (mm)	Porcentagem passante
0,425	100
0,1	79
0,04	57
0,02	48
0,01	40
0,002	35
0,001	33

2.11 Um ensaio de sedimentação apresentou o seguinte resultado: $G_s = 2{,}7$, temperatura da água = 24 °C e $L = 9{,}2$ cm a 60 minutos após o início do ensaio (veja a Figura 2.30). Qual é o diâmetro D das menores partículas que sedimentaram além da zona de medição naquele momento (ou seja, $t = 60$ min)?

2.12 Repita o Problema 2.11 considerando os seguintes valores: $G_s = 2{,}75$, temperatura da água = 23 °C, $t = 100$ min e $L = 12{,}8$ cm.

Problema de pensamento crítico

2.C.1 Três grupos de estudantes da sala de Engenharia Geotécnica coletaram amostras agregadas de solo para ensaio em laboratório de uma planta de processamento agregado reciclado em Palm Beach County, Flórida. As três amostras marcadas por Solo A, Solo B e Solo C foram coletadas de três locais do estoque agregado, e os ensaios de peneiramento foram conduzidos (consulte a Figura 2.37).

a. Determine o coeficiente de uniformidade e o coeficiente de curvatura para Solos A, B e C.

b. Qual é o mais grosso: Solo A ou Solo C? Justifique.

c. Embora os solos sejam obtidos do mesmo estoque, por que as curvaturas são tão diferentes? (*Dica*: Comente a segregação de partícula e a importância da amostra de campo representativo.)

d. Determine as porcentagens de pedregulho, areia e grãos finos de acordo com o Sistema Unificado de Classificação de Solo.

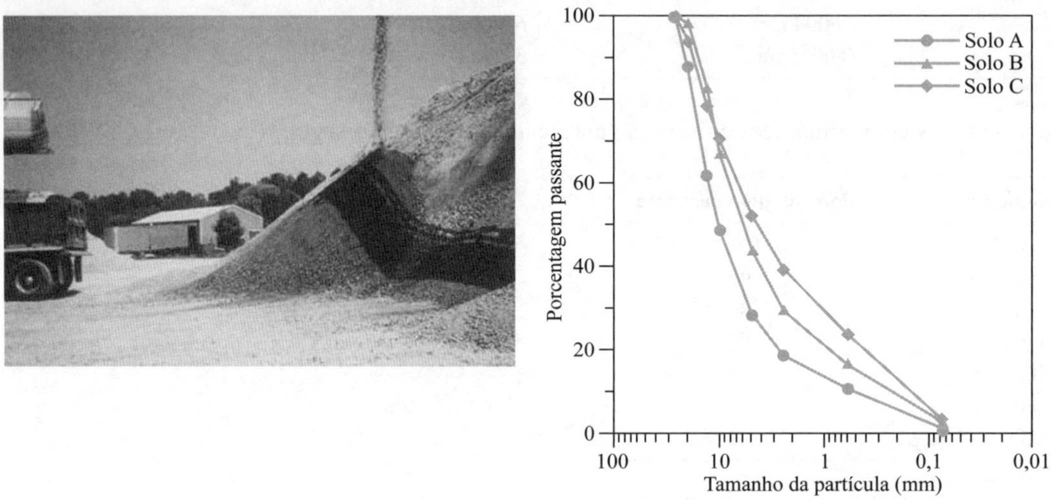

(a) (b)

Figura 2.37 (a) Estoque agregado de solo (b) Ensaio de peneiramento.
(*Cortesia de Khaled Sobhan, Florida Atlantic University, Boca Raton, Flórida.*)

Referências

AMERICAN SOCIETY FOR TESTING AND MATERIALS *ASTM Book of Standards*, Sec. 4, 4, v. 04.08, West Conshohocken, Pa, 2010.

BOWEN, N. L. The Reaction Principles in Petrogenesis, *Journal of Geology*, v. 30, p. 177-198, 1922.

GRIM, R. E. *Clay Mineralogy*, McGraw-Hill, Nova York, 1953.

GRIM, R. E. Physico-Chemical Properties of Soils: Clay Minerals, *Journal of the Soil Mechanics and Foundations Division*, ASCE, v. 85, n. SM2, p. 1-17, 1959.

LAMBE, T. W. The Structure of Compacted Clay, *Journal of the Soil Mechanics and Foundations Division*, ASCE, v. 84, n. SM2, p. 1655-1 a 1655-35, 1958.

YONG, R. N.; WARKENTIN, B. P. *Introduction of Soil Behavior*, Macmillan, Nova York, 1966.

CAPÍTULO 3

Relação peso-volume

3.1 Introdução

O Capítulo 2 apresentou os processos geológicos pelo qual o solo é formado, a descrição dos limites de tamanhos de partículas e a análise granulométrica dos solos. Determinado volume de solo em ocorrência natural consiste em partículas sólidas e em espaços vazios entre as partículas. O espaço vazio pode ser preenchido com ar e/ou água; assim, o solo é um sistema trifásico. Se não houver água no espaço vazio, é um solo seco. Se todo o espaço vazio for preenchido com água, é referido como solo saturado. No entanto, se o espaço for parcialmente preenchido com água, é um solo úmido. Portanto, é importante que, em todos os trabalhos de engenharia geotécnica, estabeleçam-se relações entre peso e volume em determinada massa de solo. Neste capítulo discutiremos o seguinte:

- Definição e desenvolvimento de relações não dimensionais de volume, como índice de vazio, porosidade e grau de saturação.
- Definição e desenvolvimento das relações de peso, como teor de umidade e peso específico (seco, saturado e úmido) em combinação com as relações de volume.

3.2 Relações de peso-volume

A Figura 3.1a mostra um elemento de solo com volume V e peso W em estado natural. Para desenvolver as relações peso--volume, é preciso separar as três fases (ou seja, sólidos, água e ar), como mostra a Figura 3.1b. Assim, o volume total de dada amostra de solo pode ser expresso como

$$V = V_s + V_v = V_s + V_w + V_a \tag{3.1}$$

onde V_s = volume de sólidos no solo
V_v = volume de vazios
V_w = volume de água nos vazios
V_a = volume de ar nos vazios

Supondo que o peso do ar seja desprezível, podemos expressar o peso total da amostra como

$$W = W_s + W_w \tag{3.2}$$

onde W_s = volume de sólidos no solo
W_w = massa da água

As *relações de volume* comumente utilizadas para as três fases em um elemento de solo são *índice de vazios*, *porosidade* e *grau de saturação*. O *índice de vazios* (e) é definido como o índice entre o volume de vazios e o volume de sólidos. Assim,

$$e = \frac{V_v}{V_s} \tag{3.3}$$

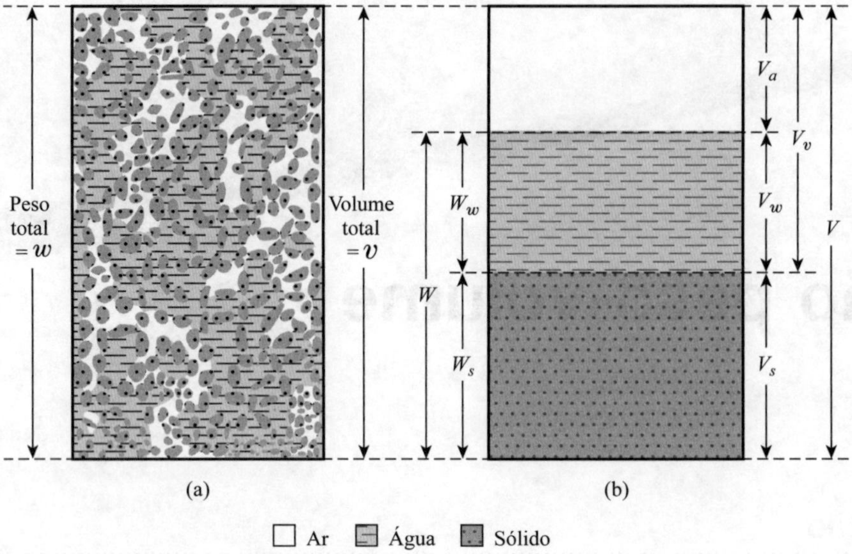

Figura 3.1 (a) Solo em estado natural; (b) três fases do solo.

A *porosidade* (n) é definida como a razão entre o volume de vazios e o volume total, ou

$$n = \frac{V_v}{V} \tag{3.4}$$

O *grau de saturação* (S) é definido com o índice do volume de água em relação ao volume de vazios, ou

$$S = \frac{V_w}{V_v} \tag{3.5}$$

É geralmente expresso em porcentagem.

A relação entre o índice de vazios e a porosidade pode ser obtida a partir das Equações (3.1), (3.3) e (3.4) conforme segue:

$$e = \frac{V_v}{V_s} = \frac{V_v}{V - V_v} = \frac{\left(\frac{V_v}{V}\right)}{1 - \left(\frac{V_v}{V}\right)} = \frac{n}{1 - n} \tag{3.6}$$

Também a partir da Eq. (3.6),

$$n = \frac{e}{1 + e} \tag{3.7}$$

Os termos comuns utilizados para as *relações de peso* são *umidade* e *peso específico*. O *teor de umidade* (w), também chamado *teor de água*, é definido como o índice entre o peso da água e o peso de sólidos, em determinado volume de solo:

$$w = \frac{W_w}{W_s} \tag{3.8}$$

Peso específico (γ) é o peso do solo por unidade de volume. Assim,

$$\gamma = \frac{W}{V} \tag{3.9}$$

O peso específico também pode ser expresso em termos de peso dos sólidos do solo, do teor de umidade e do volume total. Das Equações (3.2), (3.8) e (3.9),

$$\gamma = \frac{W}{V} = \frac{W_s + W_w}{V} = \frac{W_s\left[1 + \left(\frac{W_w}{W_s}\right)\right]}{V} = \frac{W_s(1+w)}{V} \tag{3.10}$$

Às vezes, os engenheiros de solo referem-se ao peso específico definido pela Eq. (3.9) como *peso específico úmido*.

Em muitas situações, para resolver problemas de obras de terra, é preciso saber o peso por unidade de volume de solo, excluindo toda a água. Esse peso é chamado *peso específico seco*, γ_d. Assim,

$$\gamma_d = \frac{W_s}{V} \tag{3.11}$$

Das Equações (3.10) e (3.11), a relação do peso específico, peso específico seco e teor de umidade pode ser proporcionada como

$$\gamma_d = \frac{\gamma}{1+w} \tag{3.12}$$

No Sistema Internacional (SI), a unidade utilizada é o quilonewtons por metro cúbico (kN/m^3). Como newton é uma unidade derivada, algumas vezes pode ser mais conveniente trabalhar com massa específica (ρ) do solo. A unidade para massa específica no SI é o quilograma por metro cúbico (kg/m^3). Podemos gravar as equações de massa específica [semelhante às Eqs. (3.9) e (3.11)] como

$$\rho = \frac{M}{V} \tag{3.13}$$

e

$$\rho_d = \frac{M_s}{V} \tag{3.14}$$

onde ρ = massa específica do solo (kg/m^3)
ρ_d = massa específica seca do solo (kg/m^3)
M = massa total da amostra de solo (kg)
M_s = massa de sólidos do solo na amostra (kg)

A unidade de volume total, V, é o m^3.
O peso específico em kN/m^3 pode ser obtido a partir das massas específicas em kg/m^3 como

$$\gamma(\text{kN/m}^3) = \frac{g\rho(\text{kg/m}^3)}{1.000}$$

e

$$\gamma_d(\text{kN/m}^3) = \frac{g\rho_d(\text{kg/m}^3)}{1.000}$$

onde g = aceleração da gravidade = 9,81 m/s^2.

Observe que o peso específico da água (γ_w) é igual a 9,81 kN/m^3 ou 1.000 kgf/m^3.

3.3 Relações entre peso específico, índice de vazios, teor de umidade e peso específico

Para obter a relação entre o peso específico (ou massa específica), o índice de vazios e teor de umidade, vamos considerar uma quantidade de solo na qual o volume dos sólidos do solo é 1, como mostra a Figura 3.2. Quando o volume dos sólidos do solo é 1, então o volume de vazios é numericamente igual ao índice de vazios, *e* [da Equação (3.3)]. Os pesos dos sólidos do solo e água podem ser proporcionados como

$$W_s = G_s\gamma_w$$

$$W_w = wW_s = wG_s\gamma_w$$

onde G_s = peso específico relativo de sólidos no solo
w = teor de umidade
γ_w = peso específico da água

O *peso específico relativo de sólidos de solo* (G_s) foi definido na Seção 2.5 do Capítulo 2 e pode ser expresso como

$$G_s = \frac{W_s}{V_s\gamma_w} \tag{3.15}$$

Agora, utilizando as definições de peso específico e peso específico seco [Eqs. (3.9) e (3.11)], podemos escrever

$$\gamma = \frac{W}{V} = \frac{W_s + W_w}{V} = \frac{G_s\gamma_w + wG_s\gamma_w}{1+e} = \frac{(1+w)G_s\gamma_w}{1+e} \tag{3.16}$$

e

$$\gamma_d = \frac{W_s}{V} = \frac{G_s\gamma_w}{1+e} \tag{3.17}$$

ou

$$e = \frac{G_s\gamma_w}{\gamma_d} - 1 \tag{3.18}$$

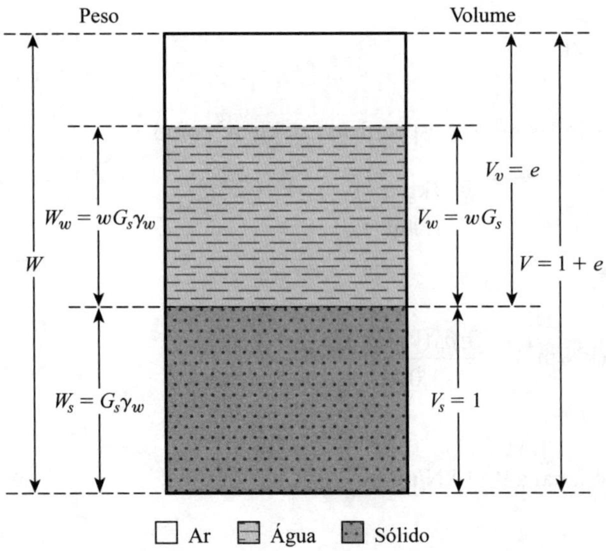

Figura 3.2 Três fases separadas de um elemento de solo, com volume de sólidos do solo igual a 1

Como o peso da água para o elemento de solo em consideração é $wG_s\gamma_w$, o volume ocupado pela água é

$$V_w = \frac{W_w}{\gamma_w} = \frac{wG_s\gamma_w}{\gamma_w} = wG_s$$

Portanto, da definição de grau de saturação [Eq. (3.5)],

$$S = \frac{V_w}{V_v} = \frac{wG_s}{e}$$

ou

$$Se = wG_s \tag{3.19}$$

Essa equação é útil para resolver problemas que envolvam relações de três fases.

Se a amostra de solo estiver *saturada* – isto é, com os espaços vazios completamente preenchidos com água (Figura 3.3) –, a relação para o peso específico saturado (γ_{sat}) pode ser obtida de maneira similar:

$$\gamma_{sat} = \frac{W}{V} = \frac{W_s + W_w}{V} = \frac{G_s\gamma_w + e\gamma_w}{1+e} = \frac{(G_s + e)\gamma_w}{1+e} \tag{3.20}$$

Também a partir da Eq. (3.18) com $S = 1$,

$$e = wG_s \tag{3.21}$$

Conforme mencionado antes, em razão da conveniência de trabalho com massa específica no sistema SI, as seguintes equações, semelhantes à relação de unidade-peso dadas em Eqs. (3.16), (3.17) e (3.20), serão úteis:

$$\text{Massa específica} = \rho = \frac{(1 + w)G_s\rho_w}{1+e} \tag{3.22}$$

$$\text{Massa específica seca} = \rho_d = \frac{G_s\rho_w}{1+e} \tag{3.23}$$

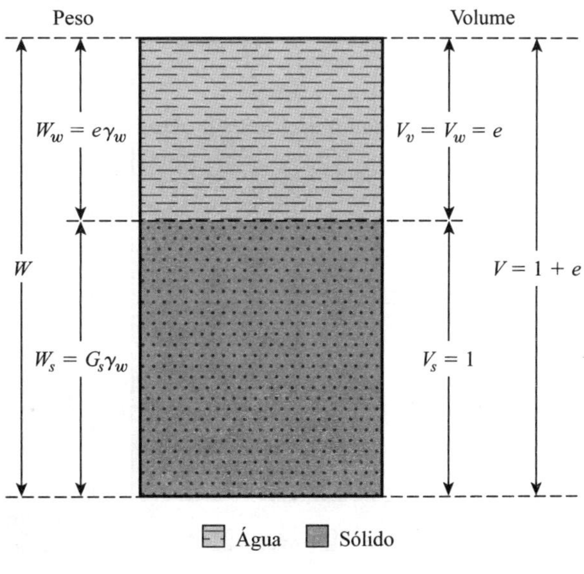

Figura 3.3 Elemento de solo saturado, com volume de sólidos do solo igual a 1.

$$\text{Massa específica saturada} = \rho_{sat} = \frac{(G_s + e)\rho_w}{1+e} \tag{3.24}$$

onde ρ_w = massa específica da água = 1.000 kg/m³.

A Equação (3.22) pode ser deduzida consultando-se o elemento do solo mostrado na Figura 3.4, no qual o volume de sólidos do solo é igual a 1 e o volume de vazios é igual a *e*. Portanto, a massa de sólidos no solo, M_s, é igual a $G_s\rho_w$. O teor de umidade foi definido na Eq. (3.8) como

$$w = \frac{W_w}{W_s} = \frac{(\text{massa de água}) \cdot g}{(\text{massa de sólido}) \cdot g} = \frac{M_w}{M_s}$$

onde M_w = massa da água.

Como a massa de solo no elemento é igual a $G_s\rho_w$, a massa da água

$$M_w = wM_s = wG_s\rho_w$$

Da Eq. (3.13), massa específica

$$\rho = \frac{M}{V} = \frac{M_s + M_w}{V_s + V_v} = \frac{G_s\rho_w + wG_s\rho_w}{1+e} = \frac{(1+w)G_s\rho_w}{1+e}$$

As Equações (3.23) e (3.24) podem ser calculadas de forma similar.

3.4 Relações entre peso específico, porosidade e teor de umidade

A relação entre *peso específico*, *porosidade* e *teor de umidade* pode ser desenvolvida de maneira similar à apresentada na seção anterior. Considere um solo que tenha volume total igual a 1, como mostra a Figura 3.5. Da Eq. (3.4),

$$n = \frac{V_v}{V}$$

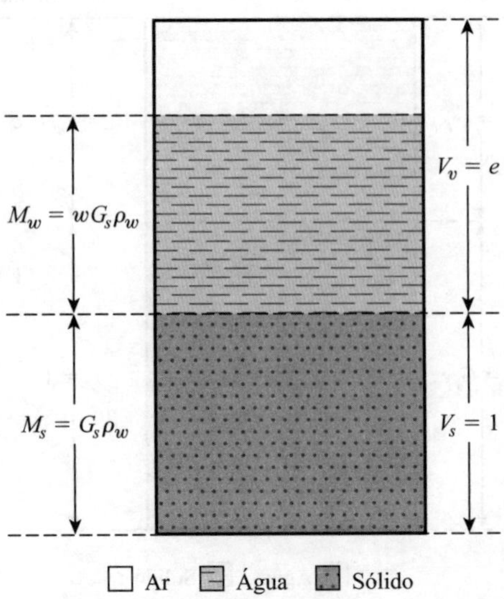

Figura 3.4 Três fases separadas de um elemento de solo mostrando a relação massa-volume.

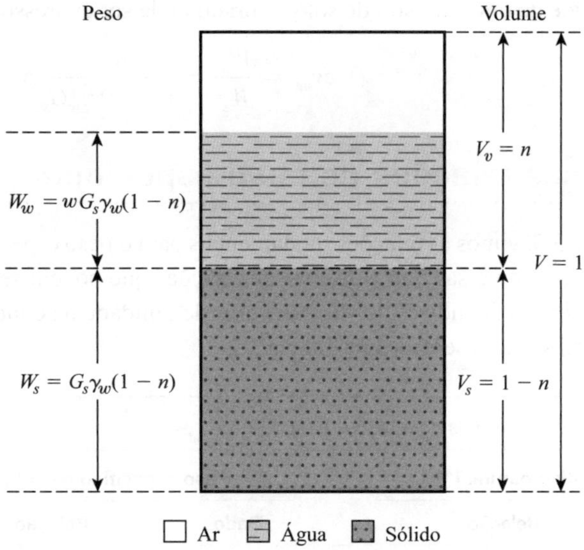

Figura 3.5 Elemento de solo com volume total igual a 1.

Se V for igual a 1, então V_v é igual a n, então $V_s = 1 - n$. O peso de sólidos de solo (W_s) e o peso da água (W_w) podem ser expressos conforme segue:

$$W_s = G_s\gamma_w(1-n) \tag{3.25}$$

$$W_w = wW_s = wG_s\gamma_w(1-n) \tag{3.26}$$

Assim, o peso específico seco é igual a

$$\gamma_d = \frac{W_s}{V} = \frac{G_s\gamma_w(1-n)}{1} = G_s\gamma_w(1-n) \tag{3.27}$$

O peso específico natural é igual a

$$\gamma = \frac{W_s + W_w}{V} = G_s\gamma_w(1-n)(1+w) \tag{3.28}$$

A Figura 3.6 apresenta uma amostra de solo que está saturado em que $V = 1$. De acordo com esta figura,

$$\gamma_{\text{sat}} = \frac{W_s + W_w}{V} = \frac{(1-n)G_s\gamma_w + n\gamma_w}{1} = [(1-n)G_s + n]\gamma_w \tag{3.29}$$

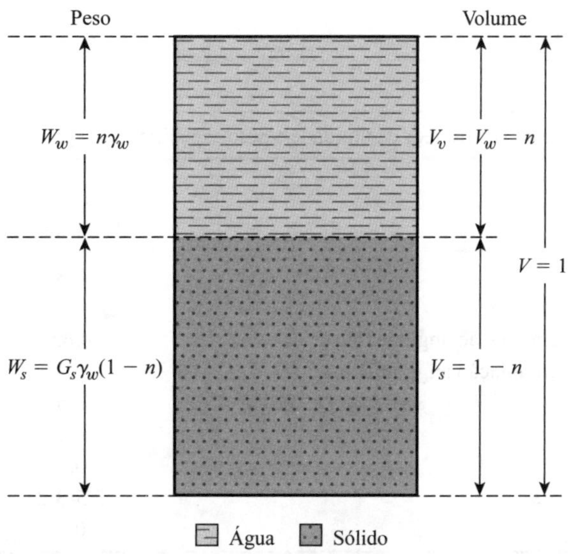

Figura 3.6 Elemento de solo saturado com volume total igual a 1.

O teor de umidade de uma amostra de solo saturado pode ser expresso por

$$w_{sat} = \frac{W_w}{W_s} = \frac{n\gamma_w}{(1-n)\gamma_w G_s} = \frac{n}{(1-n)G_s} \tag{3.30}$$

3.5 Diversas relações de peso específico

Nas Seções 3.2 e 3.3, vimos as relações fundamentais para o peso específico úmido, peso específico seco e peso específico saturado do solo. As diversas outras formas de relações que podem ser obtidas para γ, γ_d e γ_{sat} são dadas na Tabela 3.1. Alguns valores típicos de índices de vazios, teores de umidade na condição saturada e peso específico seco para os solos em estado natural são apresentados na Tabela 3.2.

Tabela 3.1 Diversas formas de relações para γ, γ_d e γ_{sat}

Peso específico natural (γ)		Peso específico seco (γ_d)		Peso específico saturado (γ_{sat})	
Dado	**Relação**	**Dado**	**Relação**	**Dado**	**Relação**
w, G_s, e	$\dfrac{(1+w)G_s\gamma_w}{1+e}$	γ, w	$\dfrac{\gamma}{1+w}$	G_s, e	$\dfrac{(G_s+e)\gamma_w}{1+e}$
S, G_s, e	$\dfrac{(G_s+Se)\gamma_w}{1+e}$	G_s, e	$\dfrac{G_s\gamma_w}{1+e}$	G_s, n	$[(1-n)G_s+n]y_w$
w, G_s, S	$\dfrac{(1+w)G_s\gamma_w}{1+\dfrac{wG_s}{S}}$	G_s, n	$G_s\gamma_w(1-n)$	G_s, w_{sat}	$\left(\dfrac{1+w_{sat}}{1+w_{sat}G_s}\right)G_s\gamma_w$
w, G_s, n	$G_s\gamma_w(1-n)(1+w)$	G_s, w, S	$\dfrac{G_s\gamma_w}{1+\left(\dfrac{wG_s}{S}\right)}$	e, w_{sat}	$\left(\dfrac{e}{w_{sat}}\right)\left(\dfrac{1+w_{sat}}{1+e}\right)\gamma_w$
S, G_s, n	$G_s\gamma_w(1-n)+nS\gamma_w$	e, w, S	$\dfrac{eS\gamma_w}{(1+e)w}$	n, w_{sat}	$n\left(\dfrac{1+w_{sat}}{w_{sat}}\right)\gamma_w$
		γ_{sat}, e	$\gamma_{sat}-\dfrac{e\gamma_w}{1+e}$	γ_d, e	$\gamma_d+\left(\dfrac{e}{1+e}\right)\gamma_w$
		γ_{sat}, n	$\gamma_{sat}-n\gamma_w$	γ_d, n	$\gamma_d+n\gamma_w$
		γ_{sat}, G_s	$\dfrac{(\gamma_{sat}-\gamma_w)G_s}{(G_s-1)}$	γ_d, G_S	$\left(1-\dfrac{1}{G_s}\right)\gamma_d+\gamma_w$
				γ_d, w_{sat}	$\gamma_d(1+w_{sat})$

Tabela 3.2 Índice de vazios, teor de umidade e peso específico seco para alguns solos típicos em estado natural

Tipo de solo	Índice de vazios, e	Teor de umidade natural em estado saturado (%)	Peso específico seco, γ_d (kN/m³)
Areia uniforme fofa	0,8	30	14,5
Areia uniforme compacta	0,45	16	18
Areia siltosa com granulação angular fofa	0,65	25	16
Areia siltosa com granulação angular densa	0,4	15	19
Argila dura	0,6	21	17
Argila fofa	0,9-1,4	30-50	11,5-14,5
Loess	0,9	25	13,5
Argila orgânica mole	2,5-3,2	90-120	6-8
Till glacial	0,3	10	21

Exemplo 3.1

Em um solo saturado, mostre que

$$\gamma_{sat} = \left(\frac{1 + w_{sat}}{1 + w_{sat}G_s}\right) G_s \gamma_w$$

Solução

$$\gamma_{sat} = \frac{W}{V} = \frac{W_w + W_s}{V} = \frac{w_{sat}W_s + W_s}{V} = (1 + w_{sat})\frac{W_s}{V} \quad \text{(a)}$$

Da Eq. (3.15),

$$W_s = G_s V_s \gamma_w \quad \text{(b)}$$

Também a partir da Eq. (3.3),

$$e + 1 = \frac{V_v + V_s}{V_s} = \frac{V}{V_s} \quad \text{(c)}$$

Substituindo as Eqs. (b) e (c) na Eq. (a),

$$\gamma_{sat} = (1 + w_{sat})\frac{G_s \gamma_w}{1 + e} \quad \text{(d)}$$

Da Eq. (3.21),

$$e = w_{sat} G_s \quad \text{(e)}$$

Substituindo (e) e (d) dá

$$\boldsymbol{\gamma_{sat} = \left(\frac{1 + w_{sat}}{1 + w_{sat}G_s}\right) G_s \gamma_w}$$

Exemplo 3.2

O peso específico saturado e o teor de umidade no campo foram determinados iguais a 18,55 kN/m³ e 33%, respectivamente. Determine o peso específico relativo dos sólidos no solo e o índice de vazios de campo.

Solução

Desde que o peso específico saturado e o teor de umidade sejam índices, é conveniente presumir um volume total ou $V = 1\ \text{m}^3$.
Dado: $\gamma_{sat} = 18{,}55\ \text{kN/m}^3$ e $w_{sat} = 33\%$
Da Eq. (3.9),

$$\gamma = \frac{W}{V}$$

ou

$$W = \gamma_{sat} = 18{,}55\ \text{kN}$$

(continua)

Além disso,

$$W = W_s + W_w = W_s + w_{sat}W_s = W_s(1 + w_{sat})$$

Portanto,

$$W = \frac{W}{1 + w_{sat}} = \frac{18,55}{1 + 0,33} = 13,95 \text{ kN}$$

e

$$W_w = W - W_s = 18,55 - 13,95 = 4,6 \text{ kN}$$

Desde $\gamma_w = 9{,}81 \text{ kN/m}^3$,

$$V_w = \frac{W_w}{\gamma_w} = \frac{4,6}{9,87} = 0,469 \text{ m}^3$$

Desde que o solo esteja totalmente saturado, $V_v = V_w = 0{,}469 \text{ m}^3$
Portanto, $V_s = V - V_v = 1 - 0{,}469 = 0{,}531 \text{ m}^3$
Da Eq. (3.3),

$$e = \frac{V_v}{V_s} = \frac{0,469}{0,531} = \mathbf{0,883}$$

Da Eq. (3.15),

$$G_s = \frac{W_s}{V_s\gamma_w} = \frac{13,95}{(0,531)(9,81)} = \mathbf{2,67}$$

■

Exemplo 3.3

Uma amostra de solo cilíndrica preparada para ensaio de laboratório tem um diâmetro de 71 mm, uma altura de 142 mm e pesa $10{,}675 \times 10^{-3}$ kN. Se o grau de saturação for 93% e o peso específico relativo de sólidos no solo é 2,71, determine:

a. índice de vazios
b. teor de umidade
c. teor de umidade sob condição totalmente saturada

Solução

Parte a

Dado: $W = 10{,}675 \times 10^{-3}$ kN; $S = 93\%$; $G_s = 2{,}71$

Volume de amostra, $V = \frac{\pi}{4}\left(\frac{71}{1.000}\right)^2\left(\frac{142}{1.000}\right) = 0{,}562 \times 10^{-3} \text{ m}^3$

$$W = W_w + W_s \quad \text{(a)}$$

Sabemos

$$\gamma_w = \frac{W_w}{V_w};\ G_s = \frac{W_s}{V_s\gamma_w};\ S = \frac{V_w}{V_v};\ \text{e}\ e = \frac{V_v}{V_s}$$

Portanto, a Eq. (a) se torna

$$W = \gamma_w V_w + G_s V_s \gamma_w = \gamma_w S V_v + G_s V_s \gamma_w = \gamma_w S e V_s + G_s V_s \gamma_w$$

ou

$$W = (Se + G_s)\gamma_w V_s \qquad \text{(b)}$$

Assim,

$$e + 1 = \frac{V_v + V_s}{V_s} = \frac{V}{V_s} \qquad \text{(c)}$$

Substituindo V_s em Eq. (b), obtemos

$$W = \frac{\gamma_w V}{1 + e}(Se + G_s) \qquad \text{(d)}$$

Substituindo os valores conhecidos em Eq. (d),

$$10,675 \times 10^{-3} = \frac{(9,81)(0,572 \times 10^{-3})}{1 + e}(0,93e + 2,71)$$

Portanto,

$$e = \mathbf{0,769}$$

Parte b

Usando Eq. (c),

$$0,769 + 1 = \frac{0,562 \times 10^{-3}}{V_s}$$

Portanto, $V_s = 0,318 \times 10^{-3}$ m^3 e

$$W_s = G_s V_s \gamma_w = (2,71)\,(0,318 \times 10^{-3})\,(9,81) = 8,454 \times 10^{-3} \text{ kN}$$

$$W_w = W - W_s = 10,675 \times 10^{-3} - 8,454 \times 10^{-3} = 2,221 \times 10^{-3} \text{ kN}$$

O teor de umidade é dado em

$$w = \frac{W_w}{W_s} = \frac{2,221 \times 10^{-3}}{8,454 \times 10^{-3}} = \mathbf{0,263 \text{ ou } 26,3\%}$$

Parte c

$$V_v = V - V_s = 0,562 \times 10^{-3} - 0,318 \times 10^{-3} = 0,244 \times 10^{-3} \text{ m}^3$$

Para condições saturadas, $V_w = V_v = 0,244 \times 10^{-3}$ m^3.

Portanto,

$$W_w(\text{saturado}) = \gamma_w V_w = (9,81)(0,244 \times 10^{-3}) = 2,39 \times 10^{-3} \text{ kN}$$

$$w_{sat} = \frac{W_w}{W_s} = \frac{2,39 \times 10^{-3}}{8,454 \times 10^{-3}} = \mathbf{0,283 \text{ ou } 28,3\%}$$

■

Exemplo 3.4

No estado natural, um solo úmido tem um volume de $9{,}34 \times 10^{-3}$ m^3 e pesa $177{,}6 \times 10^{-3}$ kN. O peso do solo seco em estufa é $153{,}6 \times 10^{-3}$ kN. Se $G_s = 2{,}67$, calcule:

a. Teor de umidade (%)
b. Peso específico úmido (kN/m^3)
c. Peso específico seco (kN/m^3)
d. Índice de vazios
e. Porosidade
f. Grau de saturação (%)

Solução

Parte a

Da Eq. (3.8),

$$w = \frac{W_w}{W_s} = \frac{177{,}6 \times 10^{-3} - 153{,}6 \times 10^{-3}}{153{,}6 \times 10^{-3}}(100) = \mathbf{15{,}6\%}$$

Parte b

Da Eq. (3.9),

$$\gamma = \frac{W}{V} = \frac{177{,}6 \times 10^{-3}}{9{,}34 \times 10^{-3}} = \mathbf{19{,}01\ kN/m^3}$$

Parte c

Da Eq. (3.11),

$$\gamma_d = \frac{W_s}{V} = \frac{153{,}6 \times 10^{-3}}{9{,}34 \times 10^{-3}} = \mathbf{16{,}45\ kN/m^3}$$

Parte d

O volume de sólidos é [Eq. (3.15)]

$$V_s = \frac{W_s}{G_s \gamma_w} = \frac{153{,}6 \times 10^{-3}}{(2{,}67)(9{,}81)} = 5{,}86 \times 10^{-3}\,\mathrm{m}^{-3}$$

Assim,

$$V_v = V - V_s = 9{,}34 \times 10^{-3} - 5{,}86 \times 10^{-3} = 3{,}48 \times 10^{-3}\ \mathrm{m}^3$$

O volume de água é

$$V_w = \frac{W_w}{\gamma_w} = \frac{177{,}6 \times 10^{-3} - 153{,}6 \times 10^{-3}}{9{,}81} = 2{,}45 \times 10^{-3}\,\mathrm{m}^{-3}$$

Agora, consulte a Figura 3.7. Da Eq. (3.3),

$$e = \frac{V_v}{V_s} = \frac{3{,}48 \times 10^{-3}}{5{,}86 \times 10^{-3}} = \mathbf{0{,}59}$$

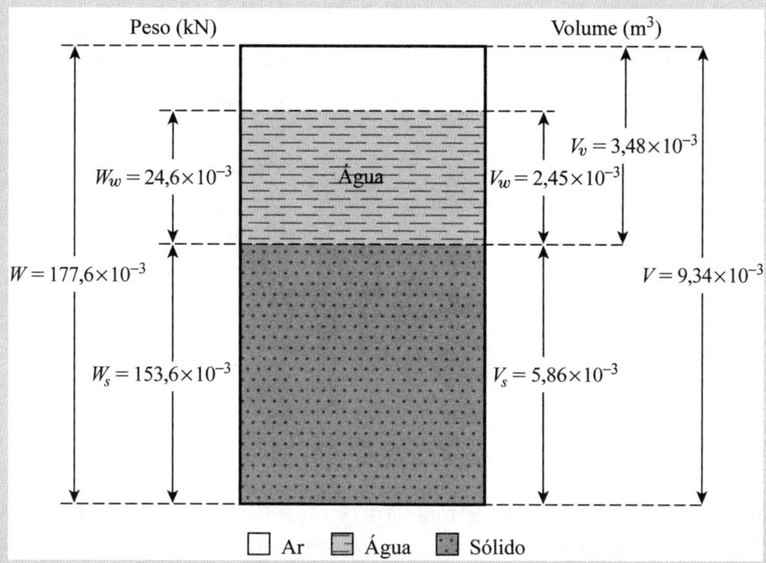

Figura 3.7 Diagrama para Exemplo 3.4.

Parte e

Da Eq. (3.4),

$$n = \frac{V_v}{V} = \frac{3,48 \times 10^{-3}}{9,34 \times 10^{-3}} = \mathbf{0,37}$$

Parte f

Da Eq. (3.5),

$$S = \frac{V_w}{V_v} = \frac{2,45 \times 10^{-3}}{3,48 \times 10^{-3}} = 0,699 = \mathbf{70,4\%}$$

■

3.6 Compacidade relativa

O termo *compacidade relativa* é comumente utilizado para indicar o grau mais compacto ou mais fofo do solo granular *in situ*. A definição é

$$D_r = \frac{e_{max} - e}{e_{max} - e_{min}} \tag{3.31}$$

onde D_r = compacidade relativa, normalmente expressa em porcentagem
e = índice de vazios do solo *in situ*
e_{max} = índice de vazios do solo no estado mais fofo
e_{min} = índice de vazios do solo no estado mais compacto

Os valores do D_r podem variar de um mínimo de 0%, para solos muito fofos, até um máximo de 100%, para os solos muito compactos. Os engenheiros de solo descrevem qualitativamente os depósitos de solo granular de acordo com as compacidades relativas, conforme indicado na Tabela 3.3. No local, os solos raramente têm compacidade relativa inferior a 20 a 30%. A compactação de um solo granular com uma massa específica relativa maior que 85% é difícil.

A relação para compacidade relativa também é definida em termos de porosidade, ou

$$e_{max} = \frac{n_{max}}{1 - n_{max}} \tag{3.32}$$

Tabela 3.3 Descrição qualitativa de depósitos de solo granular

Compacidade relativa (%)	Descrição do depósito de solo
0-15	Muito fofo
15-50	Fofo
50-70	Médio
70-85	Denso
85-100	Muito compacto

$$e_{min} = \frac{n_{min}}{1 - n_{min}} \tag{3.33}$$

$$e = \frac{n}{1 - n} \tag{3.34}$$

onde n_{max} e n_{min} = porosidade do solo nas condições mais fofo e mais compacto, respectivamente. Substituindo as Eqs. (3.32), (3.33) e (3.34) na Eq. (3.31), obtemos

$$D_r = \frac{(1 - n_{min})(n_{max} - n)}{(n_{max} - n_{min})(1 - n)} \tag{3.35}$$

Utilizando a definição do peso específico seco na Eq. (3.17), podemos expressar a compacidade relativa em termos de pesos específicos máximos e mínimos possíveis. Assim,

$$D_r = \frac{\left[\dfrac{1}{\gamma_{d(\min)}}\right] - \left[\dfrac{1}{\gamma_d}\right]}{\left[\dfrac{1}{\gamma_{d(\min)}}\right] - \left[\dfrac{1}{\gamma_{d(\max)}}\right]} = \left[\frac{\gamma_d - \gamma_{d(\min)}}{\gamma_{d(\max)} - \gamma_{d(\min)}}\right]\left[\frac{\gamma_{d(\max)}}{\gamma_d}\right] \tag{3.36}$$

onde $\gamma_{d(\min)}$ = peso específico seco no estado mais fofo (com índice de vazios de e_{max})
γ_d = peso específico seco *in situ* (com índice de vazios e)
$\gamma_{d(\max)}$ = peso específico seco no estado mais compacto possível (com um índice de vazios e_{min})

Em termos de massa específica, Eq. (3.36) pode ser expresso como

$$D_r = \left[\frac{\rho_d - \rho_{d(\min)}}{\rho_{d(\max)} - \rho_{d(\min)}}\right]\frac{\rho_{d(\max)}}{\rho_d} \tag{3.37}$$

As Designações de Ensaio ASTM D-4253 e D-4254 (2010) fornecem um procedimento para determinar os pesos específicos secos máximos e mínimos de solos granulares; assim, podem ser utilizadas na Eq. (3.36) para medir a compacidade relativa de compactação no campo. Para areias, este procedimento utiliza um molde com um volume de 2.830 cm^3. Para determinação do *peso específico seco mínimo*, a areia é derramada aos poucos no molde a partir de um funil com um tubo de 12,7 mm de diâmetro. A altura média da queda de areia no molde é mantida em aproximadamente 25,4 mm. O valor de $\gamma_{d\,(\min)}$ pode ser calculado utilizando a seguinte equação:

$$\gamma_{d(\min)} = \frac{W_s}{V_m} \tag{3.38}$$

onde W_s = peso necessário de areia para preencher o molde
V_m = volume do molde

O *peso específico seco máximo* é determinado pela vibração da areia no molde por 8 min. A sobrecarga de 14 kN/m^2 é adicionada na parte superior da areia no molde. O molde é colocado em uma mesa que vibra a uma frequência de

3.600 ciclos/min e que tem uma amplitude de vibração de 0,635 mm. O valor de $\gamma_{d(\max)}$ pode ser determinado no fim do período de vibração com conhecimento de peso e volume da areia. Diversos fatores controlam a magnitude de $\gamma_{d(\max)}$: a magnitude de aceleração, a carga de sobrecarga e a geometria de aceleração. Assim, é possível obter um valor de $\gamma_{d(\max)}$ maior que o obtido pelos métodos da norma ASTM D-4253 descrita anteriormente.

Exemplo 3.5

A massa de uma amostra de solo úmido coletada do campo tem 465 gramas, e a massa seca em estufa tem 405,76 gramas. O peso específico dos sólidos no solo foi determinada em laboratório para ser 2,68. Se o índice de vazio do solo em estado natural é 0,83, encontre:

a. A massa específica úmida do solo no campo (kg/m³)
b. A massa específica seca do solo no campo (kg/m³)
c. A massa da água, em quilogramas, para ser adicionada por metro cúbico de solo no campo para saturação

Solução

Parte a

$$w = \frac{M_w}{M_s} = \frac{465 - 405{,}76}{405{,}76} = \frac{59{,}24}{405{,}76} = 14{,}6\%$$

Da Eq. (3.22),

$$\rho = \frac{G_s \rho_w (1 + w)}{1 + e} = \frac{(2{,}68)(1.000)(1{,}146)}{1{,}83}$$
$$= \mathbf{1.678{,}3\ kg/m^3}$$

Parte b

Da Eq. (3.23),

$$\rho_d = \frac{G_s \rho_w}{1 + e} = \frac{(2{,}68)(1.000)}{1{,}83} = \mathbf{1.464{,}48\ kg/m^3}$$

Parte c

Massa de água a ser adicionada $= \rho_{sat} - \rho$

Da Eq. (3.24),

$$\rho_{sat} = \frac{\rho_w (G_s + e)}{1 + e} = \frac{(1.000)(2{,}68 + 0{,}83)}{1{,}83} = 1.918\ \text{kg/m}^3$$

Então, a massa de água a ser adicionada = 1.918 – 1.678,3 = **239,7 kg/m³**. ■

3.7 Comentários em e_{max} e e_{min}

Os índices de vazios máximo e mínimo dos solos granulares descritos na Seção 3.6 dependerão de vários fatores, tais como:

- Tamanho dos grãos
- Formato dos grãos
- Perfil da curva de distribuição granulométrica
- Teor de grãos finos, F_c (isto é, teor de partículas menores que 0,075 mm)

A quantidade de *grãos finos não plásticos* presentes em um solo granular tem grande influência sobre o e_{max} e o e_{min}. Para visualizar isso, considere o estudo de McGeary (1961) relacionado à determinação de índice de vazio mínimo (e_{min}) para esferas idealizadas (consulte também Lade et al., 1998). McGeary (1961) conduziu os testes com misturas de dois diferentes tamanhos de esferas de aço. As esferas maiores têm um diâmetro de 3,15 mm (D). O diâmetro de esferas pequenas (d) variou de 0,91 mm a 0,16 mm. Isso proporcionou uma faixa de índice de D/d de 3,46 a 19.69. A Figura 3.8 mostra a variação de e_{min} com o percentual de esferas pequenas na mistura por volume para $D/d = 3{,}46$ e 4.77. Para um valor D/d, a magnitude de e_{min} diminui com o aumento no volume de esferas pequenas para um valor mínimo absoluto, $e_{min(min)}$. Isso ocorre quando o volume de esferas pequenas na mistura é V_F. Além deste ponto, a magnitude de e_{min} aumenta com o aumento no volume de esferas menores. A Tabela 3.4 fornece um resumo de todos os resultados de teste de McGeary (1961). Isso também é indicado na Figura 3.9 a partir da qual pode ser concluído que, (a) para $D/d \geq 7$, a magnitude de $e_{min(min)}$ permanece aproximadamente constante ($\approx$0,2) e (b) a $e_{min(min)}$, a magnitude aproximada de $V_F \approx 27\%$.

Para comparar os resultados experimentais anteriores com esferas idealizadas com solo real, consideramos o estudo de Lade et al. (1998), que foi conduzido com dois tipos: Areia Nevada (retida na peneira americana nº 200) e finos não plásticos Nevada[1] (passou na peneira americana nº 200). A Tabela 3.5 mostra o D_{50} (tamanho em que 50% do solo passará) para duas areias e os grãos finos não plásticos. A Figura 3.10 mostra a variação de e_{max} e e_{min} com porcentagem de grãos finos por volume para (a) Areia Nevada 50/80 e grãos finos e (b) Areia Nevada 80/200 areia e grãos finos. A partir desta figura, pode ser visto que:

- Para uma dada areia e mistura fina, e_{max} e e_{min} diminuem com o aumento no volume dos grãos finos de zero para aproximadamente 30%. Isso é bastante semelhante ao comportamento de esferas ideais indicadas nas Figuras 3.8 e 3.9. Essa é a *fase de preenchimento de vazios*, nos quais os grãos finos tendem a preencher os espaços vazios entre as partículas maiores de areia.

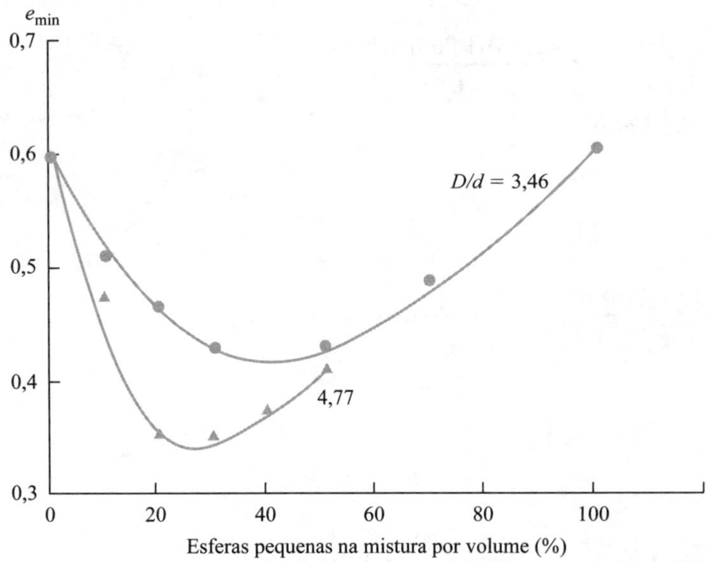

Figura 3.8 Resultados de teste de McGeary (1961) – Variação de índice de vazio mínimo com porcentagem de esferas de aço menores por volume.

Tabela 3.4 Valores interpolados de $e_{min(min)}$ de pacote binário com base nos testes de McGeary (1961)

D/d	$e_{min(min)}$	Volume aproximado de pequenas esferas em que $e_{min(min)}$ ocorre, V_F (%)
3,46	0,426	41,3
4,77	0,344	26,2
6,56	0,256	25,0
11,25	0,216	27,5
16,58	0,213	26,3
19,69	0,192	27,5

1. Nevada é o nome do solo (N.R.T.)

- Existe uma zona de transição, quando o percentual de grãos finos está entre 30 e 40%.
- Para a porcentagem de grãos finos maiores que aproximadamente 40%, as magnitudes de e_{max} e e_{min} começam a aumentar. Essa é a *fase de substituição de sólidos*, em que as partículas sólidas grandes são empurradas para fora e gradativamente substituídas por grãos finos.

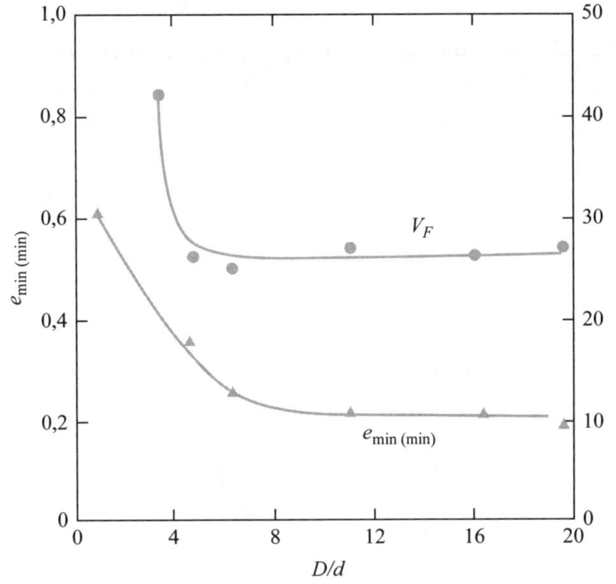

Figura 3.9 Resultados de teste de McGeary (1961) – Variação de $e_{min(min)}$ e V_F com D/d.

Descrição da areia	$D_{50\text{-areia}}$ (mm)	$D_{50\text{-grãos finos}}$ (mm)	$\dfrac{D_{50\text{-areia}}}{D_{50\text{-grãos finos}}}$
Nevada 50/80	0,211	0,050	4,22
Nevada 80/200	0,120	0,050	2,4

Tabela 3.5 $D_{50\text{-areia}}$ e $D_{50\text{-areia}}$ dos solos utilizados por Lade et al. (1998)

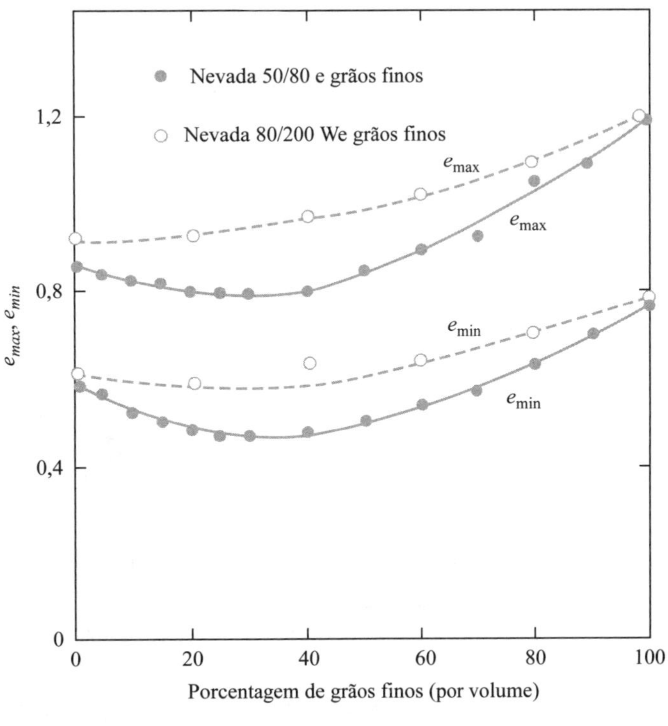

Figura 3.10 Variação de e_{max} e e_{min} com porcentagem de grãos finos não plásticos (com base nos resultados de teste de Lade et al., 1998).
Observação: Para 50/80 de areia e grãos finos, $D_{50\text{-areia}}/D_{50\text{-grãos finos}} = 4{,}22$ e para 80/200 de areia e grãos finos, $D_{50\text{-areia}}/D_{50\text{-grãos finos}} = 2{,}4$.

3.8 Correlações entre e_{max}, e_{min}, $e_{max} - e_{min}$, e tamanho médio do grão (D_{50})

Miura et al. (1997) determinaram os índices de vazios máximo e mínimo de uma quantidade maior de amostras de *areia pura*. Com bases nos dados, eles sugerem que (Figura 3.11)

$$e_{max} \approx 1{,}62 e_{min} \tag{3.39}$$

A Figura 3.12 mostra um registro de e_{max} *vs.* e_{min} para areia pura (F_c = fração de grãos finos em que o tamanho do grão é menor que 0,075 mm $\leq$ 0 a 5%) compilado dos estudos de Cubrinovski e Ishihara (2002) e Patra et al. (2010). Parece que a Eq. (3.39) fornece uma aproximação razoável para os pontos organizados.

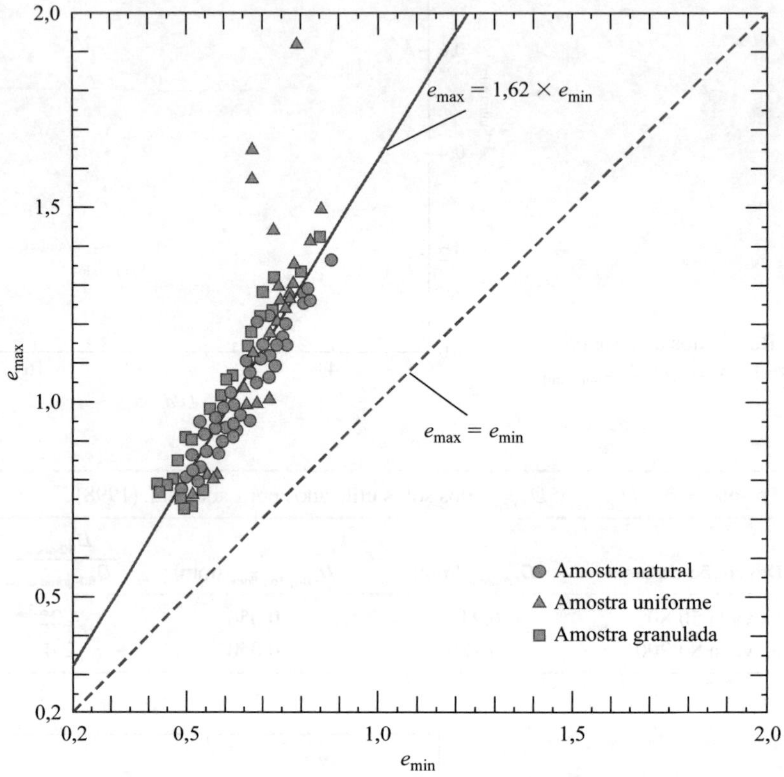

Figura 3.11 Resultados de Teste de Miura et al. (1997) – registro de e_{max} *vs.* e_{min} para areia pura.

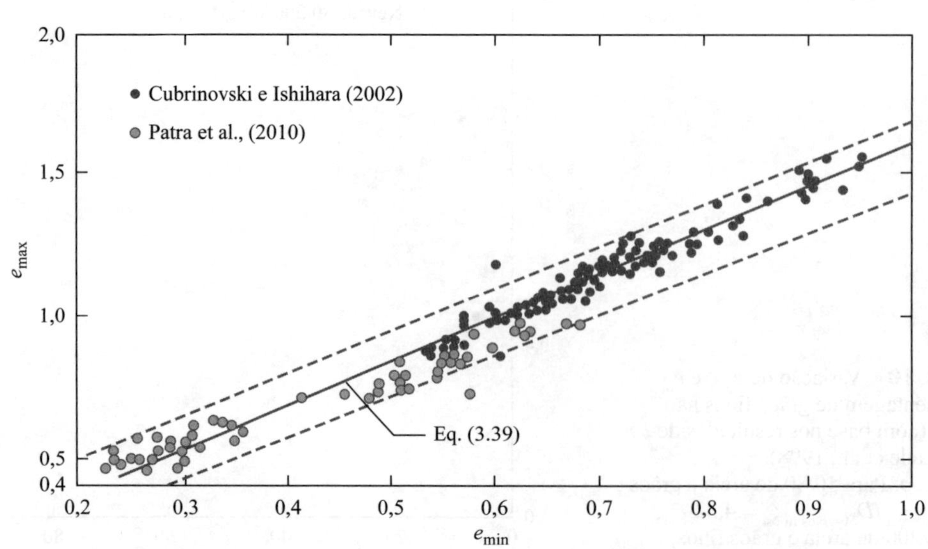

Figura 3.12 Registro de e_{max} *vs.* e_{min} para areia pura [*Compilado de Cubrinovski e Ishihara (2002); e Patra, Sivakugan, e Das (2010)*].

Cubrinovski e Ishihara (2002) estudaram a variação do e_{max} e do e_{min} em um número muito maior de solos. Com base nas retas de regressão linear, eles forneceram as seguintes relações.

- Areia pura ($F_c = 0$ a 5%)

$$e_{max} = 0{,}072 + 1{,}53\, e_{min} \tag{3.40}$$

- Areia com grãos finos ($5 < F_c \leq 15\%$)

$$e_{max} = 0{,}25 + 1{,}37\, e_{min} \tag{3.41}$$

- Areia com grãos finos e argila ($15 < F_c \leq 30\%$; $P_c = 5$ para 20%)

$$e_{max} = 0{,}44 + 1{,}21\, e_{min} \tag{3.42}$$

- Solos siltosos ($30 < F_c \leq 70\%$; $P_c = 5$ para 20%)

$$e_{max} = 0{,}44 + 1{,}32\, e_{min} \tag{3.43}$$

onde F_c = teor de grãos finos menores que 0,075 mm
P_c = fração do tamanho da argila (< 0,005 mm)

A Figura 3.13 mostra um gráfico do $e_{max} - e_{min}$ em relação ao tamanho médio das partículas (D_{50}) para vários solos (Cubrinovski e Ishihara, 1999 e 2002). A partir desta figura, a curva média para solos arenosos e pedregulhosos pode ser obtida pela relação

$$e_{max} - e_{min} = 0{,}23 + \frac{0{,}06}{D_{50}(\text{mm})} \tag{3.44}$$

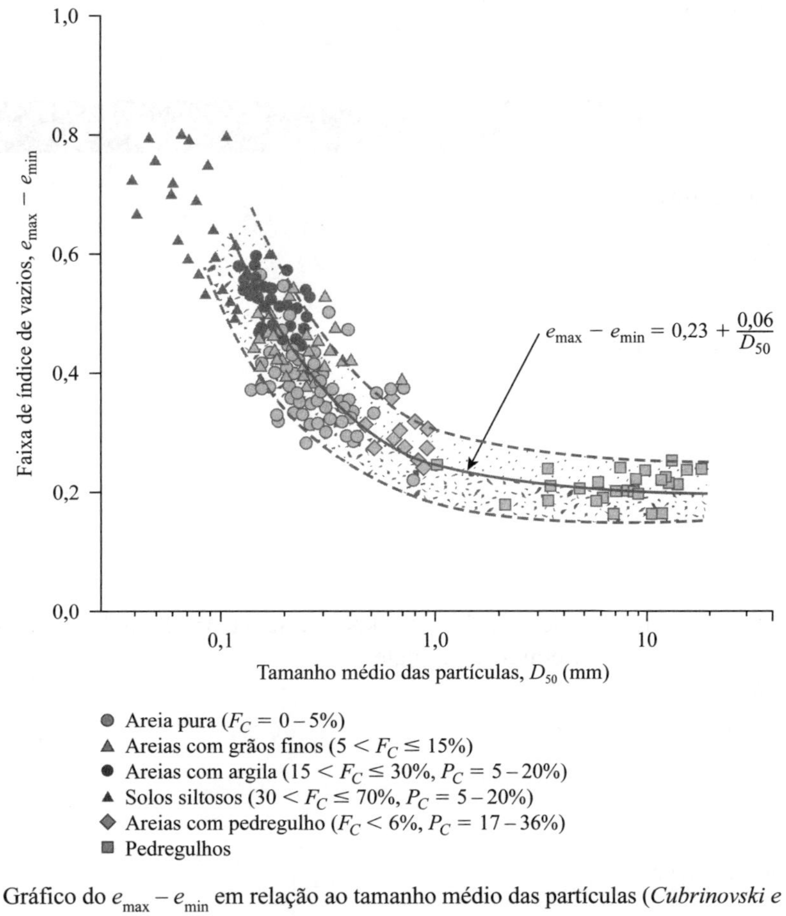

Figura 3.13 Gráfico do $e_{max} - e_{min}$ em relação ao tamanho médio das partículas (*Cubrinovski e Ishihara, 2002*).

3.9 Resumo e considerações gerais

Neste capítulo, discutimos as relações peso-volume de solos. Abaixo segue um resumo do assunto abordado:

- Relações de volume consistem em índice de vazio (e), porosidade (n) e grau de saturação (S), ou

$$\text{Índice de vazio, } e = \frac{\text{Volume de vazios}}{\text{Volume de sólido}}$$

$$\text{Porosidade, } n = \frac{\text{Volume de vazios}}{\text{Volume total}}$$

$$\text{Grau de saturação, } S = \frac{\text{Volume de água nos vazios}}{\text{Volume total de vazios}}$$

- Relações de peso consistem de teor de umidade (w) e peso específico (γ_d, γ, γ_{sat}), ou

$$\text{Teor de umidade, } w = \frac{\text{Peso de água nos vazios}}{\text{Peso de sólido}}$$

  As relações de pesos específicos seco, úmido e saturado são proporcionados, respectivamente, pelas Eqs. (3.17), (3.16) e (3.20).
- Compacidade relativa (D_r) é a medida de compactação do solo granular no campo e é definida pelas Eqs. (3.31) e (3.36).
- Relações empíricas aproximadas entre o índice de vazio máximo (e_{max}) e o índice de vazio mínimo (e_{min}) para solos granulares com variação de conteúdo de grãos finos e frações em tamanho de argila são proporcionadas nas Eqs. (3.39)-(3.43).
- A magnitude de $e_{max} - e_{min}$ para solos arenosos e com pedregulhos pode ser correlacionada ao tamanho médio do grão (D_{50}) pela Eq. (3.44).

Problemas

3.1 Para dado tipo de solo, mostre que

$$\gamma_{sat} = n\left(\frac{1 + w_{sat}}{w_{sat}}\right)\gamma_w$$

3.2 Para dado tipo de solo, mostre que

$$e = \frac{\gamma_{sat} - \gamma_d}{\gamma_d - \gamma_{sat} + \gamma_w}$$

3.3 Para dado tipo de solo, mostre que

$$w_{sat} = \frac{n\gamma_w}{\gamma_{sat} - n\gamma_w}$$

3.4 O peso úmido de $2{,}83 \times 10^{-3}$ m^3 de solo é $55{,}5 \times 10^{-3}$ kN/m^3. Se o teor de umidade for 14% e o peso específico relativo de sólidos no solo for 2,71, determine o seguinte:

a. Peso específico úmido
b. Peso específico seco
c. Índice de vazios
d. Porosidade
e. Grau de saturação
f. Volume ocupado pela água

3.5 O peso específico úmido de um solo é 19,2 kN/m^3. Dado que G_s = 2,69 e w = 9,8%, determine:
   a. Índice de vazios
   b. Peso específico seco
   c. Grau de saturação (%)

3.6 Consulte o Problema 3.5. Determine o peso da água, em kN, a ser adicionado por metro cúbico de solo para:
   a. 90% de grau de saturação
   b. 100% de grau de saturação

3.7 Amostra de solo intacta foi coletada do campo em tubos de aço Shelby para avaliação laboratorial. A amostra do tubo tem um diâmetro de 71 mm, comprimento de 558 mm e um peso úmido de 42,5 × 10^{-3} kN. Se o peso seco em estufa foi 37,85 × 10^{-3} kN e G_s = 2,69, calcule o seguinte:
   a. Peso específico úmido
   b. Teor de umidade de campo
   c. Peso específico seco
   d. Índice de vazios
   e. Grau de saturação

3.8 Quando o teor de umidade de um solo é 26%, o grau de saturação é 72%, e o peso específico úmido é de 16,98 kN/m^3. Determine:
   a. Peso específico relativo dos sólidos do solo
   b. Índice de vazios
   c. Peso específico saturado

3.9 Para determinado solo, são dados os seguintes valores: G_s = 2,74, peso específico úmido, y = 20,6 kN/m^3, e teor de umidade, w = 16,6%. Determine:
   a. Peso específico seco
   b. Índice de vazios
   c. Porosidade
   d. Grau de saturação

3.10 Consulte o Problema 3.9. Determine o peso da água, em kN, a ser adicionado por metro cúbico de solo para:
   a. 90% de grau de saturação
   b. 100% de grau de saturação

3.11 A massa específica úmida de um solo é de 1.750 kg/m^3. Dado w = 23% e G_s = 2.73, determine:
   a. Massa específica seca
   b. Porosidade
   c. Grau de saturação
   d. Massa da água, em kg/m^3, a ser adicionada para atingir a saturação completa

3.12 Para um solo úmido, dado o seguinte: V = 7,08 × 10^{-3} m^3; W = 136,8 × 10^{-3} kN; w = 9,8%; G_s = 2,66. Determine:
   a. Peso específico seco
   b. Índice de vazios
   c. Volume ocupado por água

3.13 Para determinado solo, ρ_d = 2.180 kg/m^3 e n = 0,3. Determine:
   a. Índice de vazios
   b. Peso específico relativo dos sólidos do solo

3.14 O teor de umidade de uma amostra de solo é 17% e o peso específico seco é 16,51 kN/m^3. Se G_s = 2,69, qual é o grau de saturação?

3.15 Para determinado solo, w = 18,2%, G_s = 2,67 e S = 80%. Determine:
   a. Peso específico seco em kN/m^3
   b. Volume ocupado por água

3.16 O grau de saturação de um solo é 55% e o peso específico úmido é 16,66 kN/m^3. Quando o peso específico úmido aumentou para 17,92 kN/m^3, o grau de saturação aumentou para 82,2%. Determine:

a. G_s
b. Índice de vazios

3.17 Para dado tipo de solo arenoso, $e_{max} = 0,75$ e $e_{min} = 0,52$. Se $G_s = 2,67$ e $D_r = 65\%$, determine:
a. Índice de vazios
b. Peso específico seco

3.18 Para determinado solo arenoso, os índices vazios máximos e mínimos são 0,72 e 0,46, respectivamente. Se $G_s = 2,68$ e $w = 11\%$, qual é o peso específico úmido de compactação (kN/m³) no campo se $D_r = 82\%$?

3.19 Em um projeto em construção, o peso específico úmido de campo era 18,08 kN/m³ no teor de umidade de 8%. Se o peso específico máximo e mínimo determinados no laboratório foram 16,93 kN/m³ e 14,46 kN/m³, respectivamente, qual era a massa específica relativa de campo?

Problema de pensamento crítico

3.C.1 É conhecido que o solo natural no local da construção tem um índice de vazios de 0,92. No fim da compactação, o índice de vazios local era para ser 0,65. Se o teor de umidade permanece intacto, determine:
a. Diminuição percentual no volume total do solo em razão da compactação
b. Aumento percentual no peso específico do campo
c. Mudança percentual no grau de saturação

3.C.2 Um material de preenchimento arenoso com 2 metros de altura foi colocado imprecisamente a uma massa específica relativa de 47%. Os estudos laboratoriais indicam que os índices vazios máximo e mínimo do material de preenchimento eram 0,92 e 0,53, respectivamente. As especificações de construção exigiram que o preenchimento fosse compactado a uma massa específica relativa de 80%. Dado que $G_s = 2,65$, determine:
a. Peso específico seco de preenchimento antes e após a compactação
b. Altura final do preenchimento após a compactação

Referências

AMERICAN SOCIETY FOR TESTING AND MATERIALS *Annual Book of ASTM Standards*, Sec. 4, v. 04.08. West Conshohocken, Pa, 2010.

CUBRINOVSKI, M.; ISHIHARA, K. Empirical Correlation Between SPT N-Value and Relative Density for Sandy Soils, *Soils and Foundations*. v. 39, n. 5, p. 61-71, 1999, 2002.

CUBRINOVSKI, M.; ISHIHARA, K. Maximum and Minimum Void Ratio Characteristics of Sands, *Soils and Foundations*. v. 42, n. 6, p. 65-78, 2002.

LADE, P. V.; LIGGIO, C. D.; YAMAMURO, J. A. Effects of Non-Plastic Fines on Minimum and Maximum Void Ratios of Sand, *Geotechnical Testing Journal*, ASTM. v. 21, n. 4, p. 336-347, 2002, 1998.

MCGEARY, R. K. Mechanical Packing of Spherical Particles, *Journal of the American Ceramic Society*, v. 44, n. 11, p. 513-522, 1961.

MIURA, K.; MAEDA, K.; FURUKAWA, M.; TOKI, S. Physical Characteristics of Sands with Different Primary Properties, *Soils and Foundations*, v. 37, n. 3, p. 53-64, 1997.

PATRA, C. R., SIVAKUGAN, N., DAS, B. M.; ROUT, S. K. Correlations for Relative Density of Clean Sand with Median Grain Size and Compaction Energy, *International Journal of Geotechnical Engineering*, v. 4, n. 2, p. 195-203, 2010.

CAPÍTULO 4

Plasticidade e estrutura do solo

4.1 Introdução

Quando existe um argilomineral em um solo granular fino, este pode ser remoldado na presença de alguma umidade sem desagregar. Esta natureza coesiva é causada pela água absorvida ao redor das partículas de argila. No início do século XX, um cientista sueco chamado Atterberg desenvolveu um método para descrever a consistência de solos granulares finos com teores de umidade variados. Com teores de umidade muito baixos, o solo se comporta como sólido. Quando o teor de umidade é muito alto, o solo e a água podem fluir como um líquido. Portanto, em uma base arbitrária e dependendo do teor de umidade, o comportamento do solo pode ser dividido em quatro estados básicos: *sólido, semissólido, plástico* e *líquido* –, como mostra a Figura 4.1.

O teor de umidade na qual ocorre a transição do estado sólido para o semissólido é definido como *limite de contração*, e é expresso em termos percentuais. O teor de umidade no ponto de transição do estado semissólido para o estado plástico é o *limite de plasticidade,* e do estado plástico para o líquido é o *limite de liquidez*. Esses parâmetros também são conhecidos como *limites de Atterberg*. Este capítulo descreve os procedimentos para determinar os *limites de Atterberg*. Também serão discutidos a estrutura do solo e os parâmetros geotécnicos, tais como atividade e índice de liquidez, que estão relacionados aos limites de Atterberg.

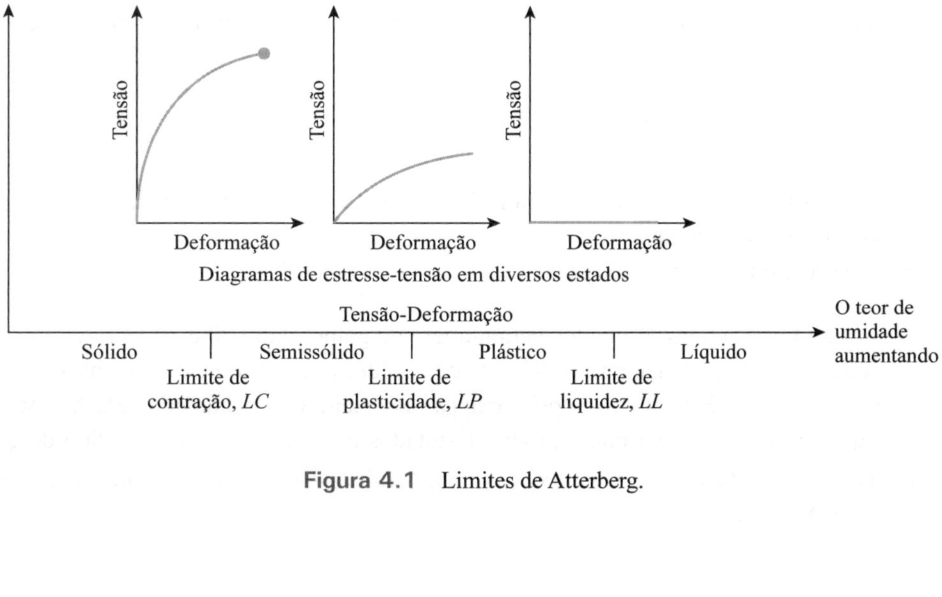

Figura 4.1 Limites de Atterberg.

4.2 Limite de liquidez (*LL*)

Um diagrama esquemático (vista lateral) de um aparelho de ensaio do limite de liquidez é apresentado na Figura 4.2a. Esse aparelho é composto por uma concha de latão e uma base de borracha rígida. A concha de latão pode ser golpeada contra a base pelo comando acionado por uma manivela. Para efetuar o ensaio de limite de liquidez é necessário colocar a pasta de solo na concha. Em seguida, uma ranhura deve ser aberta no centro da amostra de solo com um cinzel padrão (Figuras 4.2b e 4.2c). Observe que existem dois tipos de cinzel. São cinzéis planos (Figura 4.2b) e cinzéis de cunha (Figura 4.2c). Pelo uso do comando operado por manivela, a concha é erguida e cai de uma altura de 10 mm. O teor de umidade, expresso em termos percentuais, necessário para fechar uma distância de 12,5 mm junto à parte inferior da ranhura (consulte as Figuras 4.2d e 4.2e) após 25 golpes é definido como *limite de liquidez.*

É difícil ajustar o teor de umidade no solo para atender ao fechamento de 12,5 mm requerido da ranhura na amostra de solo com 25 golpes. Por isso, pelo menos três ensaios são realizados no mesmo solo com teores de umidade diferentes, com o número de golpes N necessários para obter um fechamento variando entre 15 e 35. A Figura 4.3 mostra a foto de um equipamento de ensaio do limite de liquidez e dos cinzéis. A Figura 4.4 mostra as fotos da amostra de solo no equipamento antes e depois do ensaio de limite de liquidez. O teor de umidade em termos percentuais e o número de golpes correspondentes são plotados em um gráfico semilogarítmico (Figura 4.5). A relação entre o teor de umidade e o log N forma uma linha aproximadamente reta. Esta linha é chamada *curva de fluidez.* O teor de umidade correspondente a $N = 25$, determinado a partir da curva de fluidez, proporciona o limite de liquidez do solo. A inclinação da linha de fluidez é definida como índice de fluidez, e pode ser escrita como

$$I_F = \frac{w_1 - w_2}{\log\left(\frac{N_2}{N_1}\right)} \tag{4.1}$$

onde I_F = índice de fluidez

w_1 = teor de umidade do solo, em porcentagem, correspondente ao número de golpes N_1

w_2 = teor de umidade do solo correspondente ao número de golpes N_2

Observe que w_2 e w_1 são invertidos para fornecer um valor positivo, embora a inclinação da curva de fluidez seja negativa. Assim, a equação da linha de fluidez pode ser escrita de forma genérica como

$$w = -I_F \log N + C \tag{4.2}$$

onde C = constante.

Da análise de milhares de ensaios de limite de liquidez, o Corpo de Engenheiros do Exército dos Estados Unidos (1949) na Waterways Experiment Station em Vicksburg, Mississippi, propôs a equação empírica na forma

$$LL = w_N \left(\frac{N}{25}\right)^{\text{tg}\beta} \tag{4.3}$$

onde N = número de golpes no aparelho de ensaio para fechamento de uma ranhura de 12,5 mm

w_N = teor de umidade correspondente

tg β = 0,121 (mas observe que a tg β não é igual a 0,121 para todos os solos)

A Equação (4.3) geralmente fornece bons resultados para número de golpes entre 20 e 30. Para ensaios rotineiros de laboratório, a equação pode ser usada para determinar o limite de liquidez quando somente um ensaio é realizado para um solo. Esse procedimento geralmente é chamado *método de um ponto* e também foi adotado pela ASTM sob a designação D-4318. A razão pela qual o método de um ponto produz resultados relativamente bons é o fato de que uma pequena escala de teor de umidade é utilizada quando N varia de 20 a 30. A Tabela 4.1 mostra os valores do termo $\left(\frac{N}{25}\right)^{0,121}$ dados na Eq. (4.3) para $N = 20$ a $N = 30$.

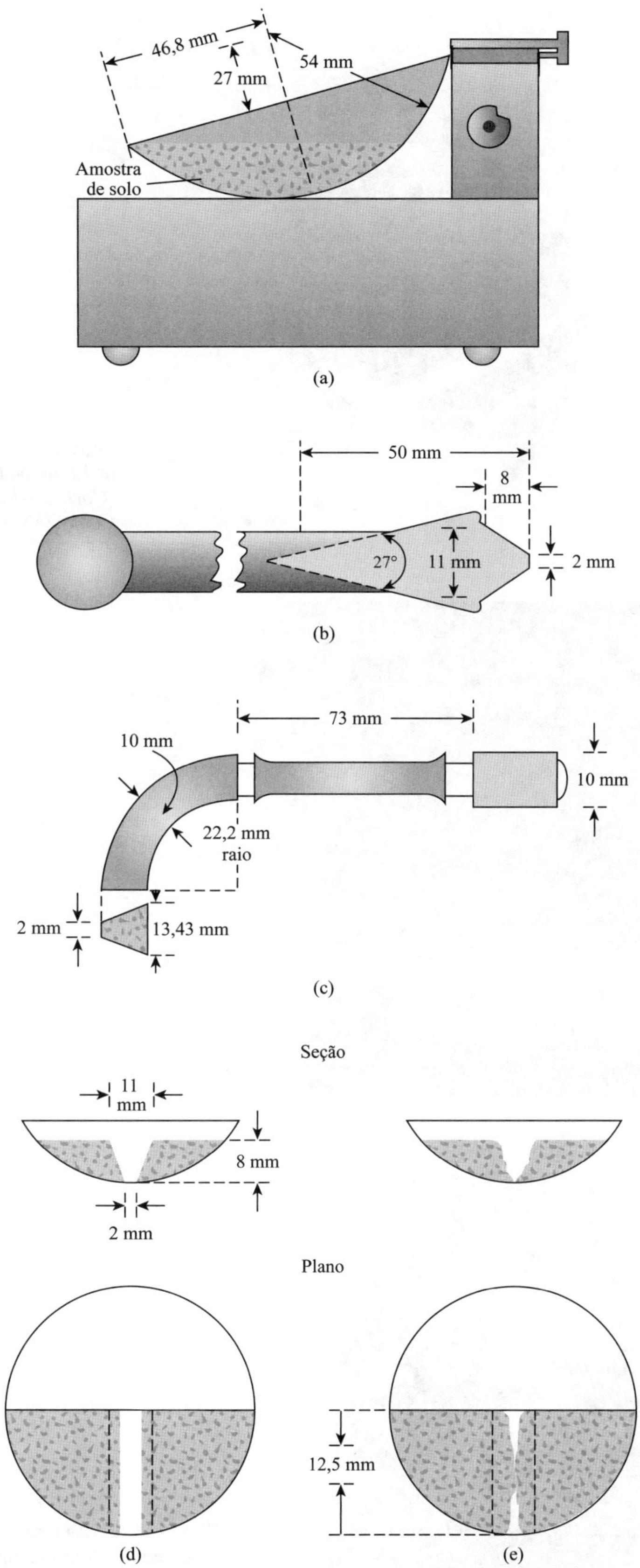

Figura 4.2 Ensaio de limite de liquidez: (a) aparelho de ensaio de limite de liquidez; (b) cinzel plano; (c) cinzel de cunha (d) amostra de solo antes do ensaio; (e) amostra de solo após o ensaio.

Figura 4.3 Aparelho de ensaio de limite de liquidez e cinzéis. (*Cortesia de N. Sivakugan, James Cook University, Austrália.*)

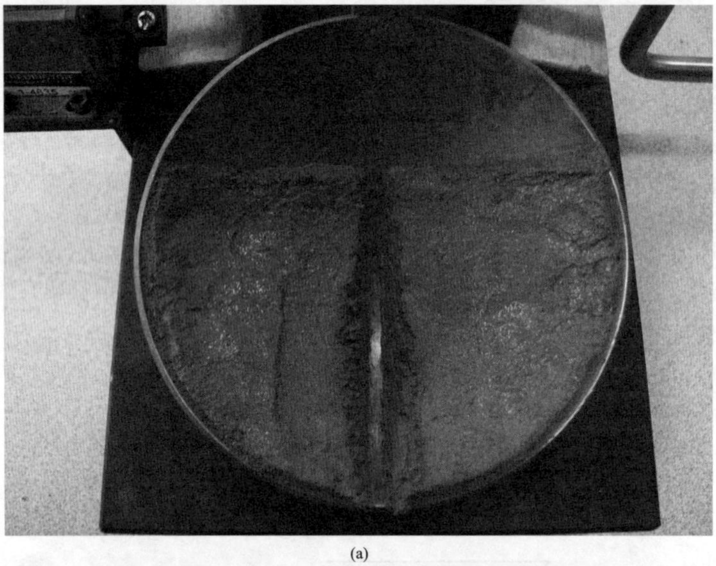

(a)

(b)

Figura 4.4 As fotos exibem a amostra de solo no aparelho de ensaio de limite de liquidez: (a) antes do ensaio; (b) após o ensaio. [Observação: O fechamento de ranhura de 12,5 mm em (b) é marcado para esclarecimento.] (*Cortesia de Khaled Sobhan, Florida Atlantic University, Boca Raton, Flórida.*)

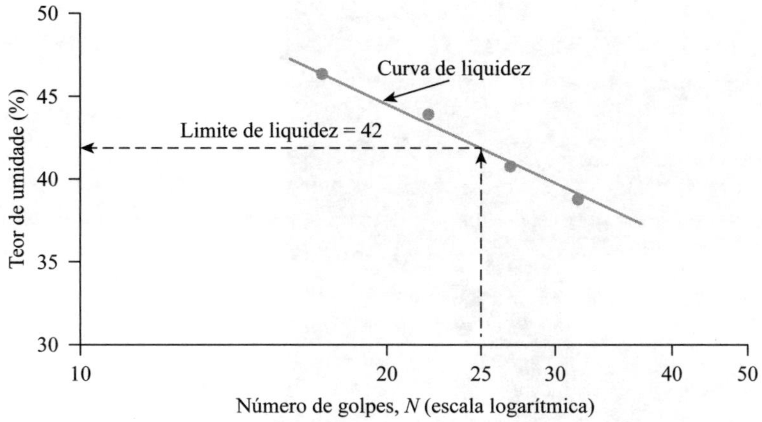

Figura 4.5 Curva de fluidez para determinação do limite de liquidez de um silte argiloso.

Tabela 4.1 Valores de $\left(\frac{N}{25}\right)^{0,121}$

N	$\left(\frac{N}{25}\right)^{0,121}$	N	$\left(\frac{N}{25}\right)^{0,121}$
20	0,973	26	1,005
21	0,979	27	1,009
22	0,985	28	1,014
23	0,990	29	1,018
24	0,995	30	1,022
25	1,00		

Outro método de determinação de limite de liquidez popular na Europa e na Ásia é o *método de penetração do cone* (British Standard – BS1377). Neste ensaio, o limite de liquidez é definido como o teor de umidade no qual o cone padrão de ângulo de ponta de 30° e peso de 0,78 N irá penetrar uma distância de $d = 20$ mm em 5 segundos quando deixado cair da posição de contato com a superfície de solo (Figura 4.6a). A Figura 4.7 exibe a fotografia de um aparelho de penetração do cone. Em razão da dificuldade em alcançar o limite de liquidez em um ensaio simples, pelo

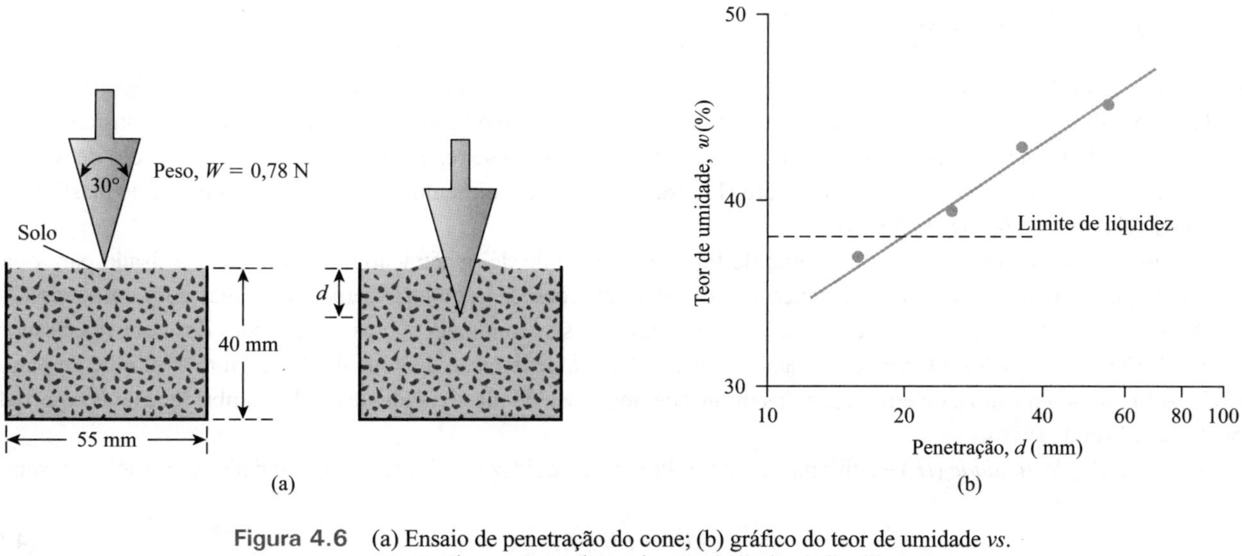

Figura 4.6 (a) Ensaio de penetração do cone; (b) gráfico do teor de umidade *vs*. penetração do cone para determinação do limite de liquidez.

Figura 4.7 Aparelho de penetração do cone. (*Cortesia de N. Sivakugan, James Cook University, Austrália.*)

menos quatro ensaios podem ser conduzidos em diversos teores de umidade para determinar a penetração do cone, d. Um gráfico semilogarítmico pode ser plotado com o teor de umidade (w) *vs*. penetração do cone d. O gráfico resulta em uma linha reta. O teor de umidade correspondente a $d = 20$ mm é o limite de liquidez (Figura 4.6b). Da Figura 4.6b, o *índice de fluidez* pode ser definido como

$$I_{FC} = \frac{w_2(\%) - w_1(\%)}{\log d_2 - \log d_1} \tag{4.4}$$

onde w_1, w_2 = teores de umidade nas penetrações do cone de d_1 e d_2, respectivamente.

4.3 Limite de plasticidade (*LP*)

O *limite de plasticidade* é definido como o teor de umidade expresso em porcentagem, em que o solo fissura, quando moldado em cilindro de 3,2 mm de diâmetro. O limite de plasticidade é o limite inferior do intervalo de plasticidade do solo. O ensaio do limite de plasticidade é simples e realizado moldando-se repetidamente uma massa de solo de formato elipsoidal com as mãos sobre uma placa de vidro (Figura 4.8). Os procedimentos para o ensaio do limite de plasticidade são dados pela norma D-4318 da ASTM.

Como no caso da determinação do limite de liquidez, o método de penetração do cone pode ser usado para obter o limite de plasticidade. Isso pode ser alcançado utilizando um cone de geometria semelhante, mas com uma massa de 2,35 N. Três ou quatro ensaios com teores de umidade variados são conduzidos, e as penetrações dos cones correspondentes (d) são determinados. O teor de umidade correspondente à penetração do cone de $d = 20$ mm é o limite de plasticidade. A Figura 4.9 mostra a determinação dos limites de liquidez e de plasticidade da argila Cambridge Gault reportado por Wroth e Wood (1978).

O *índice de plasticidade* (*IP*) é a diferença entre o limite de liquidez e o limite de plasticidade de um solo, ou seja

$$IP = LL - LP \tag{4.5}$$

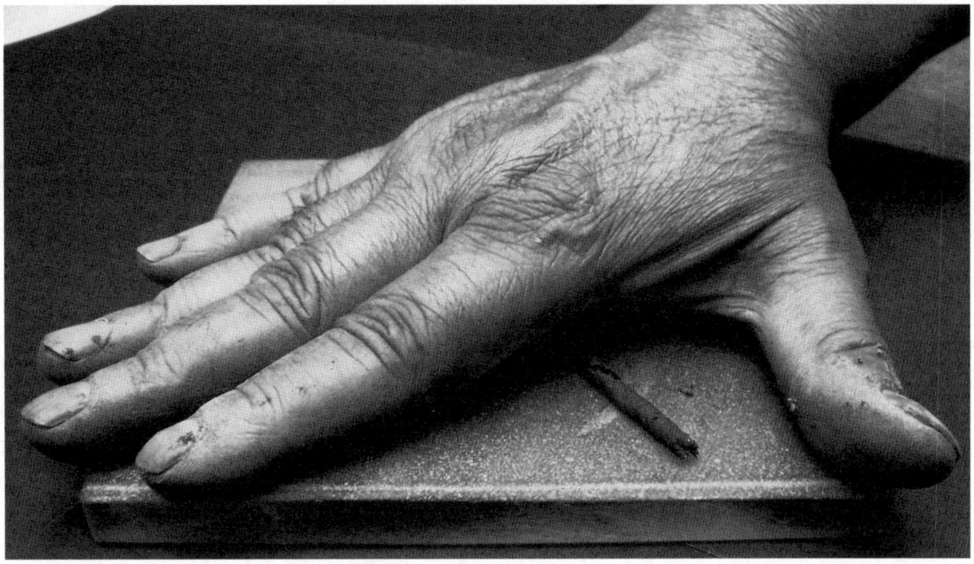

Figura 4.8 Rolagem da massa de solo em uma placa de vidro para determinação do limite de plasticidade. (*Cortesia de Braja M. Das, Henderson, Nevada.*)

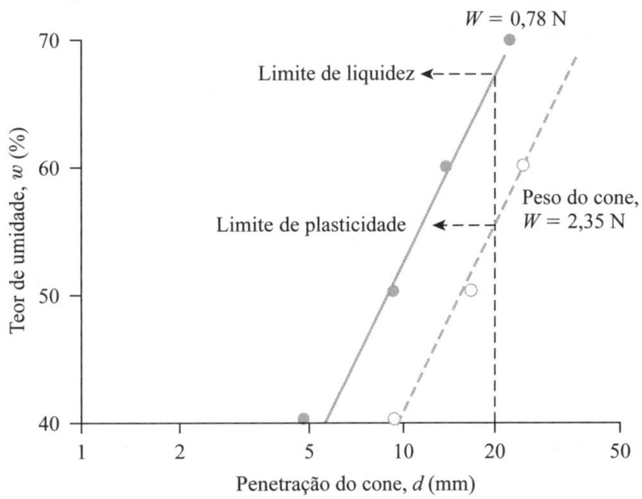

Figura 4.9 Limites de liquidez e plasticidade para argila Cambridge Gault determinados pelo ensaio da penetração do cone.

A Tabela 4.2 fornece as escalas do limite de liquidez, limite de plasticidade e a atividade (veja a Seção 4.6) de alguns argilominerais (Mitchell, 1976; Skempton, 1953).

Tabela 4.2 Valores típicos do limite de liquidez, limite de plasticidade e atividade de alguns argilominerais

Mineral	Limite de liquidez, *LL*	Limite de plasticidade, *LP*	Atividade, *A*
Caulinita	35-100	20-40	0,3-0,5
Ilita	60-120	35-60	0,5-1,2
Montmorilonita	100-900	50-100	1,5-7,0
Haloisita (hidratada)	50-70	40-60	0,1-0,2
Haloisita (desidratada)	40-55	30-45	0,4-0,6
Atapulgita	150-250	100-125	0,4-1,3
Alofano	200-250	120-150	0,4-1,3

Burmister (1949) classificou o índice de plasticidade qualitativamente conforme segue:

IP	Descrição
0	Sem plasticidade
1-5	Plasticidade leve
5-10	Plasticidade baixa
10-20	Plasticidade média
20-40	Plasticidade alta
>40	Plasticidade muito alta

O índice de plasticidade é importante na classificação de solos granulares finos. O índice é fundamental para o gráfico de plasticidade de Casagrande (apresentado na Seção 4.7), que é atualmente a base do Sistema Unificado de Classificação do Solo. (Veja o Capítulo 5.)

Sridharan et al. (1999) demonstraram que o índice de plasticidade pode estar correlacionado ao índice de fluidez, obtido a partir dos ensaios de limite de liquidez (veja a Seção 4.2). De acordo com os estudos (Figura 4.10a),

$$IP\ (\%) = 4{,}12 I_F\ (\%) \tag{4.6}$$

e (Figura 4.10 b)

$$IP\ (\%) = 0{,}74 I_{FC}\ (\%) \tag{4.7}$$

Em um estudo recente de Polidori (2007) envolvendo seis solos inorgânicos e suas respectivas misturas com areia silicosa fina, foi demonstrado que

$$LP = 0{,}04(LL) + 0{,}26(CF) + 10 \tag{4.8}$$

e

$$IP = 0{,}96(LL) - 0{,}26(CF) - 10 \tag{4.9}$$

onde CF = fração argila ($< 2\ \mu$m) em porcentagem. Os resultados experimentais de Polidori (2007) mostraram que as relações anteriores ainda eram válidas para *CF* aproximadamente igual ou maior que 30%.

4.4 Limite de contração (*LC*)

O solo se contrai com a perda gradativa de sua umidade. No entanto, com a continuação da perda de umidade, é alcançado um estado de equilíbrio no qual uma perda ainda maior de umidade não resultará em mais alterações no volume do solo

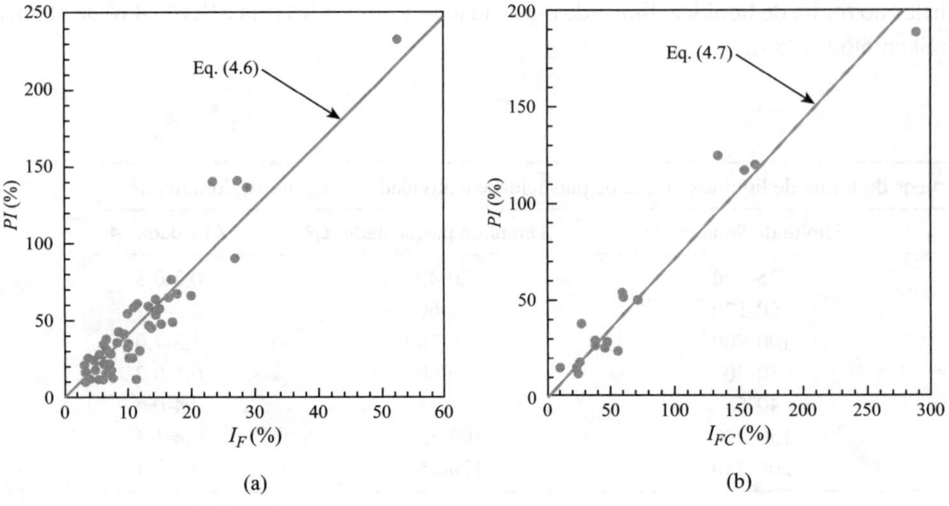

Figura 4.10 Variação de IP com (a) I_F; e (b) I_{FC} (*Adaptado segundo Sridharan et al. (1999). Com permissão da ASTM.*)

(Figura 4.11). O teor de umidade, em termos percentuais, no qual o volume da massa de solo se mantém constante, é definido como o *limite de contração*.

Os ensaios de limite de contração [ASTM (2007) – Norma D-427] são realizados em laboratório com uma cápsula de porcelana de aproximadamente 44 mm de diâmetro e aproximadamente 12,7 mm de altura. A parte interna da cápsula é recoberta com vaselina e, em seguida, preenchida totalmente com solo úmido. O excesso de solo que permanece acima da borda da cápsula é removido com uma régua. A massa de solo úmido dentro da cápsula é registrada. Em seguida, a amostra de solo na cápsula é seca em estufa. O volume de amostra de solo seca em estufa é determinado pelo deslocamento de mercúrio.

Com referência à Figura 4.11, o limite de contração pode ser determinado como

$$LC = w_i(\%) - \Delta w\,(\%) \tag{4.10}$$

onde w_i = teor de umidade inicial quando o solo é inserido na cápsula de limite de contração

Δw = diferença no teor de umidade (isto é, o teor de umidade inicial e o teor de umidade no limite de contração)

Porém,

$$w_i(\%) = \frac{M_1 - M_2}{M_2} \times 100 \tag{4.11}$$

onde M_1 = massa da amostra de solo úmido na cápsula no início do ensaio (g)

M_2 = massa de amostra de solo seco (g) (consulte a Figura 4.12)

A Figura 4.13 exibe as fotos da amostra de solo na cápsula de limite de contração antes e depois da secagem. Além disso,

$$\Delta w(\%) = \frac{(V_i - V_f)\rho_w}{M_2} \times 100 \tag{4.12}$$

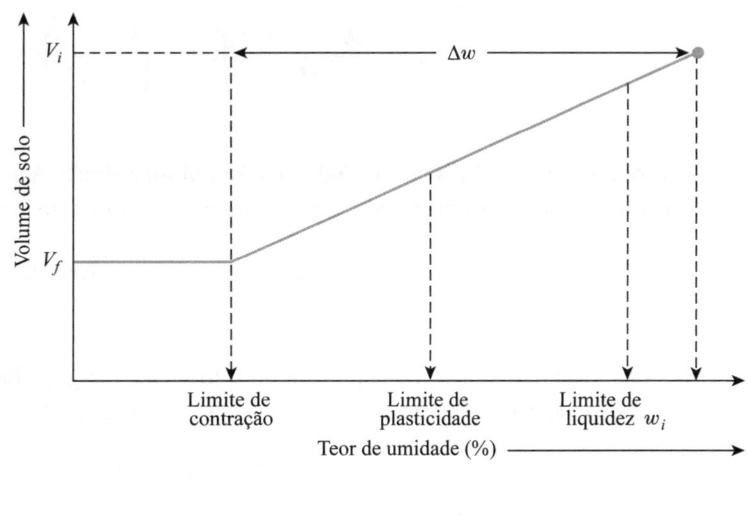

Figura 4.11 Definição do limite de contração.

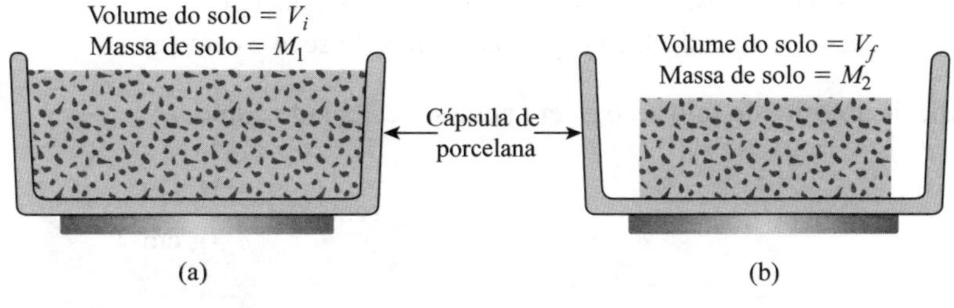

Figura 4.12 Ensaio de limite de contração: (a) amostra de solo antes da secagem; (b) amostra de solo após a secagem.

(a)

(b)

Figura 4.13 Foto da amostra de solo na cápsula de limite de concentração: (a) antes da secagem; (b) após a secagem (*Cortesia de Braja Das, Henderson, Nevada.*)

onde V_i = volume inicial da amostra de solo úmido (isto é, volume interno da cápsula, cm³)
V_f = volume da amostra de solo seca em estufa (cm³)
ρ_w = massa específica da água (g/cm³)

Finalmente, ao combinar as Eqs. (4.10), (4.11) e (4.12), temos

$$LC = \left(\frac{M_1 - M_2}{M_2}\right)(100) - \left(\frac{V_i - V_f}{M_2}\right)(\rho_w)(100) \tag{4.13}$$

De acordo com ASTM (2010), a norma D-247 da ASTM foi retirada. A norma D-4923 da ASTM (2010) descreve um método onde o volume V_i é determinado pelo preenchimento da cápsula de limite de contração com água ou

$$V_i = \frac{\text{Massa de água para preencher a cápsula (g)}}{\rho_w(\text{g/cm}^3)} \tag{4.14}$$

Com a finalidade de determinar V_f, a amostra de solo seca é mergulhada em um pote de cera derretido e resfriado. A massa do solo seco e de cera é determinada no ar e na água submersa. Assim,

$$M_5 = M_3 - M_4 \tag{4.15}$$

onde M_3 = massa de amostra de solo seco e cera ao ar (g)
M_4 = massa de amostra de solo seco e de cera na água (g)
M_5 = massa de água deslocada pela amostra solo seco e cera (g)

O volume de amostra de solo seco e cera pode ser calculado como

$$V_{fwx}(\text{cm}^3) = \frac{M_5\,(\text{g})}{\rho_w(\text{g/cm}^3)} \tag{4.16}$$

A massa de cera (M_6) que cobre a amostra de solo seco é obtida como

$$M_6\,(\text{g}) = M_3\,(\text{g}) - M_2\,(\text{g}) \tag{4.17}$$

Assim, o volume de revestimento de cera (V_{wx}) é

$$V_{wx}(\text{cm}^3) = \frac{M_6\,(\text{g})}{G_{wx}\rho_w(\text{g/cm}^3)} \tag{4.18}$$

onde G_{wx} = peso específico relativo da cera.

Finalmente, o volume de amostra de solo seco (V_f) pode ser obtido como

$$V_f(\text{cm}^3) = V_{fwx} - V_{wx} \tag{4.19}$$

As Equações (4.14) e (4.19) podem ser substituídas na Equação (4.13) para obter o limite de contração.

Outro parâmetro que pode ser determinado a partir do ensaio do limite de contração é a *razão de contração*, que é a relação entre a diferença de volume do solo, em termos percentuais do volume seco, com a diferença correspondente no teor de umidade, ou

$$RC = \frac{\left(\dfrac{\Delta V}{V_f}\right)}{\left(\dfrac{\Delta M}{M_2}\right)} = \frac{\left(\dfrac{\Delta V}{V_f}\right)}{\left(\dfrac{\Delta V \rho_w}{M_2}\right)} = \frac{M_2}{V_f \rho_w} \tag{4.20}$$

onde ΔV = modificação no volume

ΔM = mudança correspondente na massa de umidade

Também pode ser demonstrado que

$$G_s = \frac{1}{\dfrac{1}{RC} - \left(\dfrac{LC}{100}\right)} \tag{4.21}$$

onde G_s = peso específico relativo dos sólidos do solo.

Se desejado, a contração volumétrica máxima esperada e a contração linear em determinado teor de umidade (w) podem ser calculadas como

$$VS\,(\%) = SR\,[w(\%) - LC] \tag{4.22}$$

onde VS = contração volumétrica, e

$$LS\,(\%) = 100\left[1 - \left(\frac{100}{VS\,(\%) + 100}\right)^{\frac{1}{3}}\right] \tag{4.23}$$

onde LS = contração linear.

Os valores típicos do limite de contração para alguns argilominerais são (Mitchell, 1976):

Mineral	Limite de contração
Montmorilonita	8,5-15
Ilita	15-17
Caulinita	25-29

Exemplo 4.1

A seguir, são mostrados os resultados de um ensaio do limite de contração:

- Volume inicial do solo no estado saturado = 24,6 cm^3
- Volume final do solo no estado seco = 15,9 cm^3
- Massa inicial no estado saturado = 44,0 g
- Massa final no estado seco = 30,1 g

Determine o limite de contração do solo.

Solução

Da Eq. (4.13),

$$LC = \left(\frac{M_1 - M_2}{M_2}\right)(100) - \left(\frac{V_i - V_f}{M_2}\right)(\rho_w)(100)$$

$$M_1 = 44{,}0\text{g} \qquad V_i = 24{,}6 \text{ cm}^3 \qquad \rho_w = 1 \text{ g/cm}^3$$

$$M_2 = 30{,}1\text{g} \qquad V_f = 15{,}9 \text{ cm}^3$$

$$LC = \left(\frac{44{,}0 - 30{,}1}{30{,}1}\right)(100) - \left(\frac{24{,}6 - 15{,}9}{30{,}1}\right)(1)(100)$$

$$= 46{,}18 - 28{,}9 = \mathbf{17{,}28\%}$$

■

Exemplo 4.2

Consulte o Exemplo 4.1. Determine o índice de contração do solo. Também estime peso específico relativo dos sólidos de solo.

Solução

Da Eq. (4.20),

$$RC = \frac{M_2}{V_f \rho_w} = \frac{30{,}1 \text{ g}}{(15{,}9 \text{ cm}^3)(1 \text{ g/cm}^3)} = \mathbf{1{,}89}$$

Também a partir da Eq. (4.21),

$$G_s = \frac{1}{\frac{1}{RC} - \left(\frac{LC}{100}\right)} = \frac{1}{\left(\frac{1}{1{,}89}\right) - \left(\frac{17{,}28}{100}\right)} \approx \mathbf{2{,}81}$$

■

Exemplo 4.3

Consulte o Exemplo 4.1. Se o solo está a um teor de umidade de 28%, estime a contração máxima volumétrica (*VS*) e a contração linear (*LS*).

Solução

Da Eq. (4.22),

$$VS\,(\%) = RC[w\,(\%) - LC]$$

A partir do Exemplo 4.2, $RC = 1{,}89$. Então

$$VS = (1{,}89)(28 - 17{,}28) = \mathbf{20{,}26\%}$$

Novamente, a partir da Eq. (4.23),

$$LS(\%) = 100\left[1 - \left(\frac{100}{VS(\%) + 100}\right)^{\frac{1}{3}}\right] = 100\left[1 - \left(\frac{100}{20{,}26 + 100}\right)^{\frac{1}{3}}\right] \approx \mathbf{5{,}96\%}$$

■

4.5 Índice de liquidez e índice de consistência

A consistência relativa de um solo coesivo em estado natural pode ser definida pela relação chamada *índice de liquidez*, que é dada por

$$IL = \frac{w - LP}{LL - LP} \tag{4.24}$$

onde w = teor de umidade do solo *in situ*.

O teor de umidade em uma argila sensível *in situ* pode ser maior que o limite de liquidez. Nesse caso (Figura 4.14),

$$IL > 1$$

Esses solos, quando remoldados, podem ser transformados em uma forma viscosa para fluírem como um líquido.

Os depósitos de solo que são altamente sobreadensados podem ter um teor de umidade natural menor que o limite de plasticidade. Nesse caso (Figura 4.14),

$$IL < 0$$

Outro índice normalmente usado para fins de engenharia é o *índice de consistência (IC)*, que pode ser definido como

$$IC = \frac{LL - w}{LL - IP} \tag{4.25}$$

onde w = teor de umidade *in situ*. Se w é igual ao limite de liquidez, o índice de consistência é zero. Novamente, se $w = IP$, então $IC = 1$.

4.6 Atividade

Como a plasticidade do solo é causada pela água adsorvida que envolve as partículas de argila, esperamos que o tipo de argilomineral e as quantidades proporcionais em um solo afetem os limites de liquidez e de plasticidade. Skempton (1953) observou que o índice de plasticidade de um solo aumenta linearmente com a porcentagem da fração de argila (% menor ou mais fina que 2 μm por peso) presente (Figura 4.15). As correlações de IP com a fração de argila para diferentes argilas formam um gráfico com linhas separadas. Essa diferença deve-se à diversidade das características de plasticidade

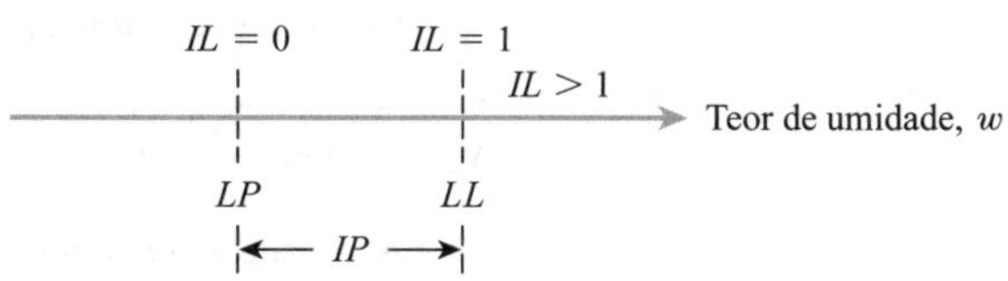

Figura 4.14 Índice de liquidez.

dos vários tipos de argilominerais. Com base nesses resultados, Skempton definiu um índice chamado atividade, que é a inclinação da linha que correlaciona *IP* e a porcentagem mais fina que 2 μm. Essa atividade pode ser expressa como

$$A = \frac{IP}{(\text{\% de fração de argila, por peso})} \tag{4.26}$$

onde A = atividade. A atividade é utilizada como um índice para identificação do potencial de expansão dos argilominerais. Os valores típicos de atividades para diversos argilominerais são proporcionados na Tabela 4.2.

Seed, Woodward e Lundgren (1964a) estudaram a propriedade plástica de diversas misturas artificialmente preparadas de areia e argila. Eles concluíram que, embora a relação do índice de plasticidade para a porcentagem da fração de argila seja linear (conforme observado por Skempton), nem sempre pode passar pela origem. Isso é indicado nas Figuras 4.16 e 4.17. Assim, a atividade pode ser redefinida como

$$A = \frac{IP}{\text{\% da fração de argila} - C'} \tag{4.27}$$

onde C' é uma constante para determinado solo.

Para os resultados experimentais mostrados nas Figuras 4.16 e 4.17, $C' = 9$.

Os trabalhos adicionais de Seed, Woodward e Lundgren (1964b) indicaram que a relação do índice de plasticidade para a porcentagem de frações de argila presentes no solo pode ser representada por duas linhas retas. Isso é indicado qualitativamente na Figura 4.18. Para frações de argila maiores que 40%, a linha reta passa pela origem quando é extrapolada para trás.

Com base nas Equações (4.8) e (4.9), Polidori (2007) forneceu uma relação empírica para a atividade como (para CF igual ou maior que 30%)

$$A = \frac{0{,}96(LL) - 0{,}26(CF) - 10}{CF} \tag{4.28}$$

onde CF é a fração de argila (< 2 μm).

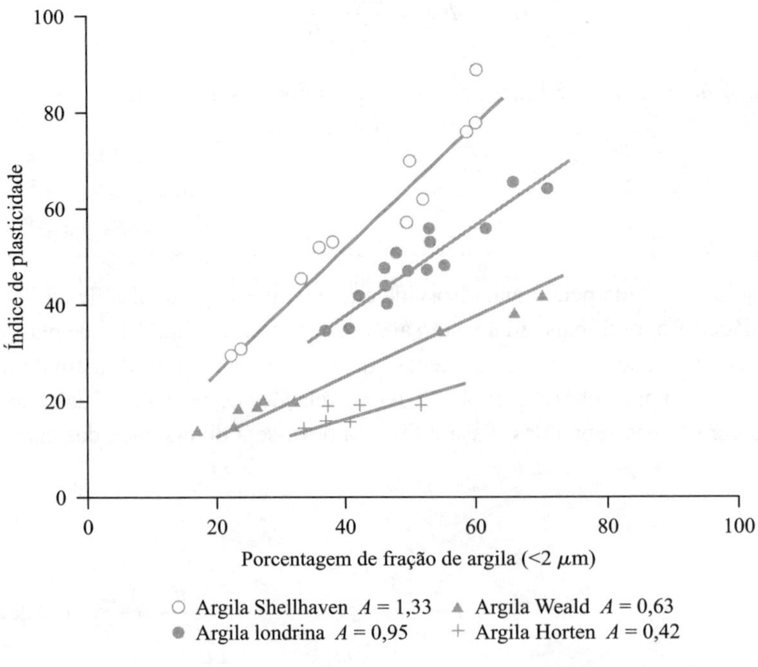

Figura 4.15 Atividade. (*Com base em Skempton, 1953.*)

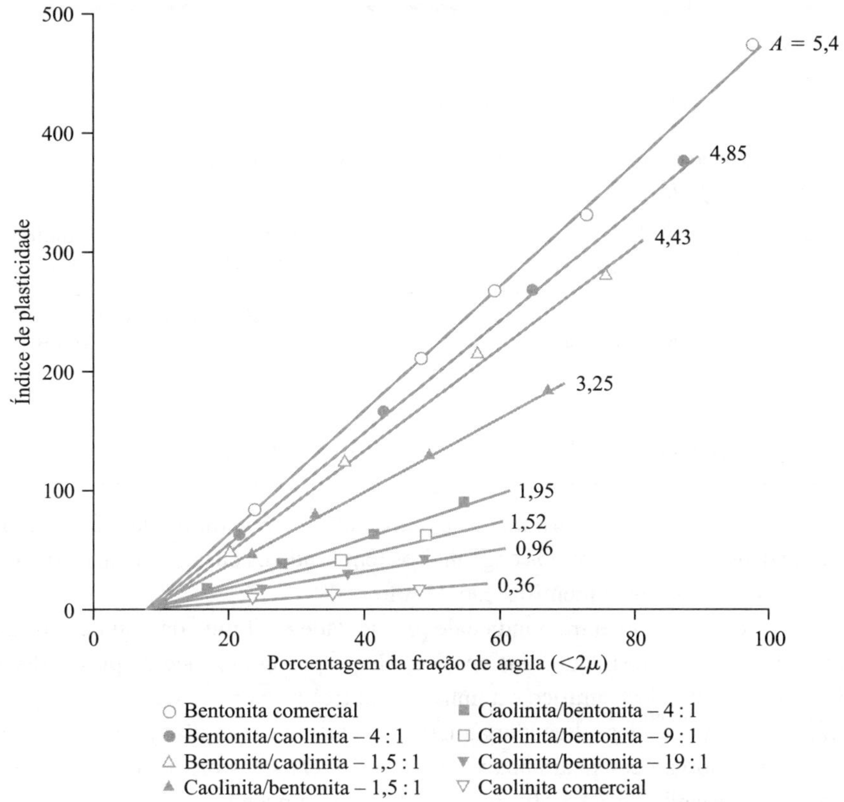

Figura 4.16 Relação entre o índice de plasticidade e a fração de argila por peso para misturas de argila caulinita/bentonita. (*Segundo Seed, Woodward e Lundgren, 1964a. Com permissão da ASCE.*)

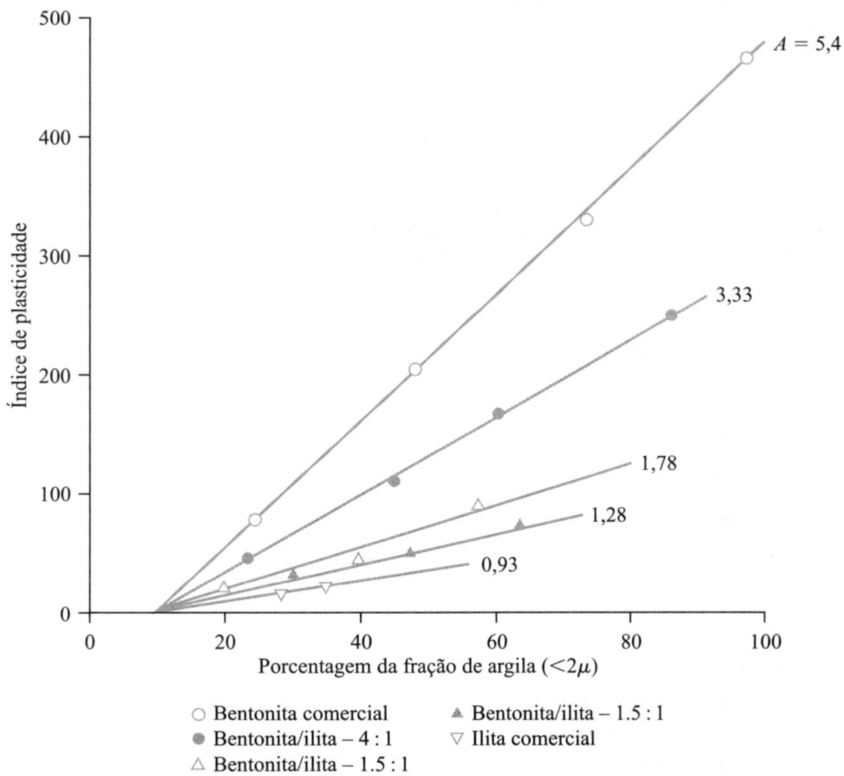

Figura 4.17 Relação entre o índice de plasticidade e a fração de argila por peso para misturas de argila ilita/bentonita (*Segundo Seed, Woodward e Lundgren, 1964a. Com permissão da ASCE.*)

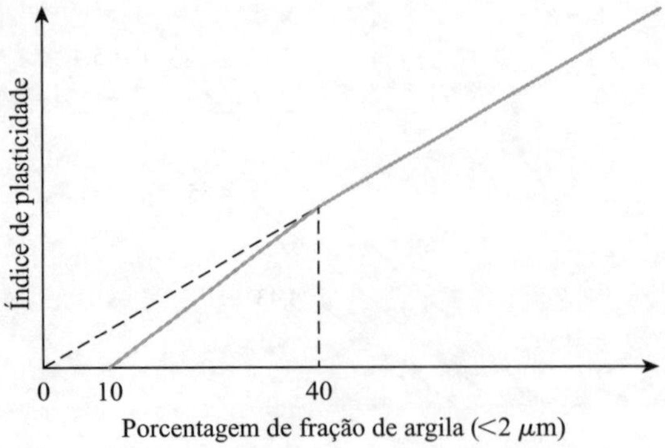

Figura 4.18 Relação simplificada entre índice de plasticidade e porcentagem de fração argila por peso. (*Segundo Seed, Woodward e Lundgren, 1964b. Com permissão da ASCE.*)

4.7 Gráfico de plasticidade

Os limites de liquidez e de plasticidade são determinados por ensaios de laboratório relativamente simples que fornecem informações sobre a natureza de solos coesivos. Os engenheiros têm usado os ensaios intensivamente para obter as correlações de diversos parâmetros físicos e para identificação de solo.

Casagrande (1932) estudou a relação entre o índice de plasticidade e o limite de liquidez em uma grande variedade de solos naturais. Tendo como base os resultados dos ensaios, ele propôs um gráfico de plasticidade, como mostra a Figura 4.19. A característica importante deste gráfico é a linha *A* empírica proporcionada pela equação $IP = 0{,}73(LL - 20)$. A linha *A* separa as argilas inorgânicas dos siltes inorgânicos. Os valores das argilas inorgânicas permanecem acima da linha *A*, e os valores dos siltes inorgânicos ficam abaixo desta linha. Os siltes orgânicos são plotados na mesma região (abaixo da linha *A* e com *LL* variando de 30 a 50) que os siltes inorgânicos de compressibilidade mediana. As argilas orgânicas se posicionam na mesma região dos siltes inorgânicos de alta compressibilidade (abaixo da linha *A* e *LL* maior que 50). As informações fornecidas pelo gráfico de plasticidade têm grande valor e são a base de classificação de solos granulares finos no Sistema Unificado de Classificação do Solo. (Veja o Capítulo 5.)

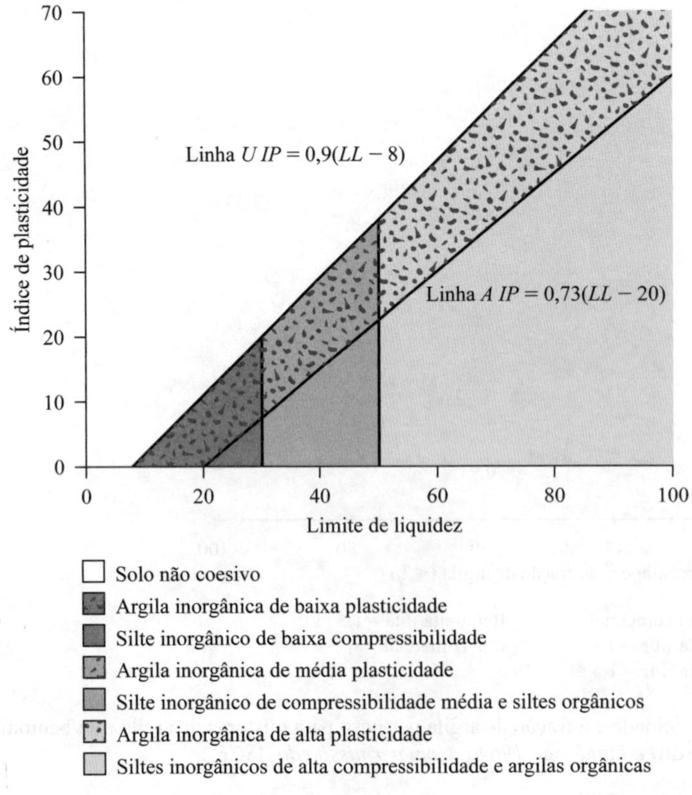

Figura 4.19 Gráfico de plasticidade.

Observe que uma linha chamada linha *U* está sobre a linha *A*. A linha *U* é aproximadamente a linha superior de relação do índice de plasticidade ao limite de liquidez para qualquer solo atualmente conhecido. A equação para a linha *U* pode ser dada como

$$IP = 0{,}9(LL - 8) \tag{4.29}$$

Existe outro uso para as linhas *A* e *U*. Casagrande sugeriu que o limite de contração de um solo pode ser determinado, aproximadamente, se seu índice de plasticidade e o limite de liquidez forem conhecidos (consulte Holtz e Kovacs, 1981). Isso pode ser feito da seguinte maneira, com referência à Figura 4.20.

a. Faça o gráfico de índice de plasticidade contra o limite de liquidez de determinado solo, como o ponto *A* na Figura 4.20.
b. Projete a linha *A* e a linha *U* para baixo, até interceptarem o ponto *B*. O ponto *B* terá as coordenadas do $LL = -43{,}5$ e $IP = -46{,}4$.
c. Una os pontos *B* e *A* com uma linha reta. Isso ainda interceptará o eixo do limite de liquidez no ponto *C*. A abscissa do ponto *C* é o limite de contração estimado.

4.8 Estrutura dos solos

A estrutura do solo é definida como o arranjo ou a disposição geométrica das partículas de um solo entre si. Entre os inúmeros fatores que afetam a estrutura estão o formato, o tamanho e a composição mineralógica das partículas do solo e a natureza e composição da água do solo. Em geral, os solos podem ser divididos em dois grupos: não coesivos e coesivos. As estruturas encontradas nos solos em cada grupo estão descritas a seguir.

Estruturas em solos não coesivos

As estruturas geralmente encontradas em solos não coesivos podem ser divididas em duas categorias principais: *granular simples* (ou *de grãos isolados*) *e em favos* (ou *alveolares*). Nas estruturas granulares simples, as partículas do solo estão em posição estável e em contato com as outras partículas ao redor. A forma e a distribuição do tamanho das partículas de solo e as posições relativas influenciam na densidade de pacote (Figura 4.21); assim, é possível uma ampla gama de índice de vazios. Para uma ideia da variação do índice de vazios causada pelas posições relativas das partículas, vamos considerar o modo de empacotamento com esferas iguais, como mostram as Figuras 4.22 e 4.23.

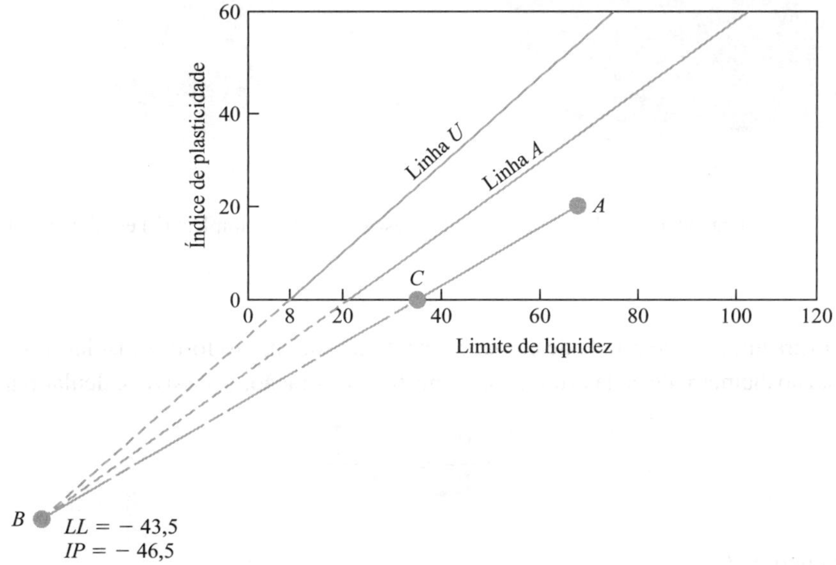

Figura 4.20 Estimativa de contração com base no gráfico de plasticidade. (*Adaptado de Holtz e Kovacs, 1981.*)

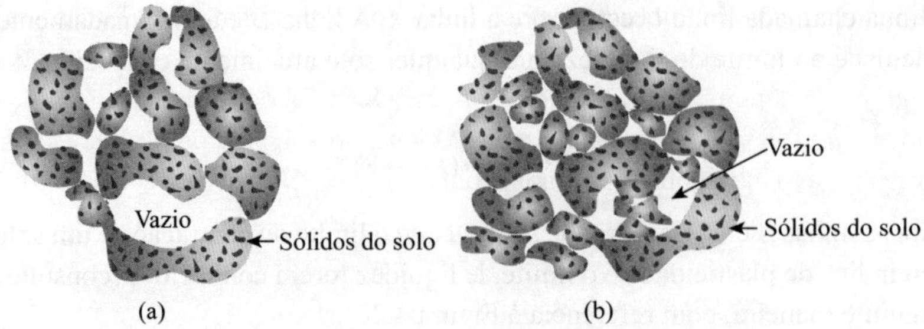

Figura 4.21 Estrutura granular simples: (a) fofo; (b) denso.

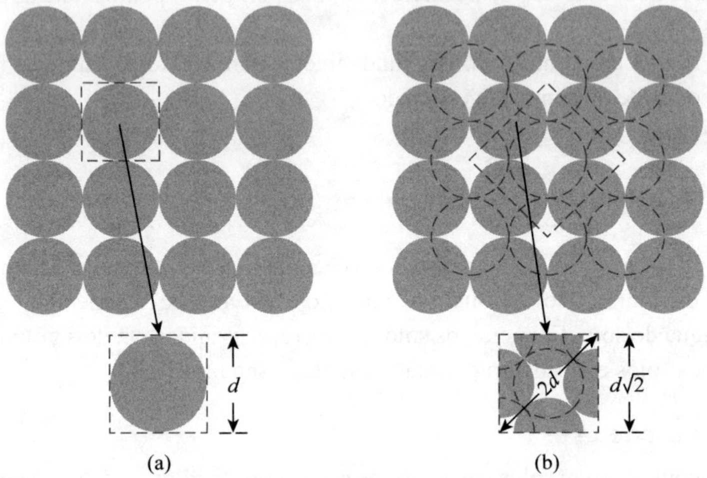

Figura 4.22 Modo de empacotamento com esferas iguais (vistas planas): (a) empacotamento muito fofo ($e = 0{,}91$); (b) empacotamento muito denso ($e = 0{,}35$).

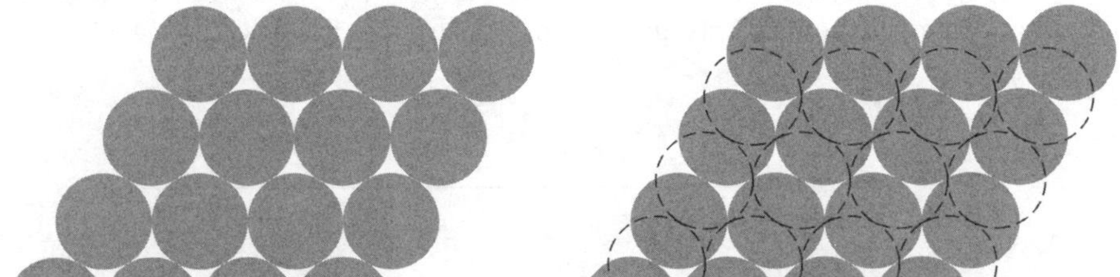

Figura 4.23 Empacotamento de esferas iguais: (a) escalonamento simples; (b) escalonamento duplo.

A Figura 4.22a mostra um caso de estado de empacotamento do solo muito fofo. Se isolarmos um cubo no qual cada lado meça d, que é igual ao diâmetro de cada esfera, como mostra a ilustração, é possível calcular o índice de vazios como

$$e = \frac{V_v}{V_s} = \frac{V - V_s}{V_s}$$

onde V = volume do cubo $= d^3$

V_s = volume da esfera (isto é, o sólido) dentro do cubo

Observando que $V = d^3$ e $V_s = \pi d^3/6$, obtemos

$$e = \frac{d^3 - \left(\frac{\pi d^3}{6}\right)}{\left(\frac{\pi d^3}{6}\right)} = 0{,}91$$

O tipo de empacotamento indicado na Figura 4.22a é chamado empacotamento *cúbico* ou *cúbico simples*.

Da mesma forma, a Figura 4.22b mostra um caso de estado de empacotamento do solo muito compacto. A Figura 4.22b também mostra um cubo isolado, na qual a medida de cada lado é $d\sqrt{2}$. Nesse caso pode-se demonstrar que $e = 0{,}35$. Isso é referido como um *empacotamento em pirâmide*.

Pode haver outros tipos de empacotamento de esferas iguais entre os estados mais fofos e densos, e estes são indicados na Figura 4.23. A Figura 4.23a indica um *empacotamento de escalonamento simples*. Nesse padrão, cada esfera toca em seis esferas próximas na própria camada, e as esferas em diferentes camadas são empilhadas diretamente na parte superior de cada uma. O índice de vazios para o padrão de escalonamento simples é 0,65. A Figura 4.23b exibe um *empacotamento de escalonamento duplo*. Isso é semelhante ao padrão de escalonamento simples, exceto que cada esfera em uma camada desliza para cima e para baixo para entrar em contato com duas esferas na segunda camada. O índice de vazios para disposição de escalonamento duplo é 0,43.

McGeary (1961) conduziu alguns ensaios (consulte também Lade et al., 1998) colocando esferas de aço de tamanhos iguais em um recipiente para determinar o índice médio de vazios mínimos, que era de 0,6. Em tais ensaios, aproximadamente 20% das esferas foram em arranjo de escalonamento duplo ($e = 0{,}43$) e aproximadamente 80% das esferas foram em arranjo de escalonamento simples ($e = 0{,}65$).

O solo verdadeiro difere do modelo com esferas idênticas, pois nesse caso as partículas não têm o mesmo tamanho e também não são esféricas. As partículas menores podem ocupar os espaços vazios entre as partículas maiores e, portanto, o índice de vazios do solo é reduzido em comparação ao modelo com esferas idênticas. No entanto, a irregularidade nos formatos das partículas geralmente produz um aumento no índice de vazios dos solos. Como resultado desses dois fatores, os índices de vazios deparados em solos reais têm aproximadamente a mesma faixa obtida em esferas iguais.

Na estrutura alveolar (Figura 4.24), o silte e a areia relativamente finos formam pequenos arcos com correntes de partículas. Os solos que apresentam estrutura alveolar possuem índice de vazios maior e podem suportar uma carga estática moderada. Porém, sob condições de carga mais pesadas ou quando submetidos a cargas de impacto, a estrutura colapsa, o que resulta em um grande recalque do solo.

Estruturas em solos coesivos

Para compreender a estrutura básica de solos coesivos, precisamos conhecer os tipos de forças que atuam entre as partículas de argila suspensas em água. No Capítulo 2, discutimos a carga negativa sobre a superfície das partículas de argila e a camada dupla difusa ao redor de cada partícula. Quando duas partículas de argila em suspensão se aproximam uma da outra, a tendência para interpenetração das camadas duplas difusas gera repulsão entre as partículas. Ao mesmo tempo, existe uma força de atração entre as partículas de argila causada pelas forças de van der Waals e é independente das características da água. Tanto a força de repulsão quanto a força de atração aumentam com a diminuição da distância entre as partículas, mas em taxas diferentes. Quando o espaçamento entre as partículas é muito pequeno, a força de atração é maior que a força de repulsão. Essas são as forças estudadas pelas teorias coloidais.

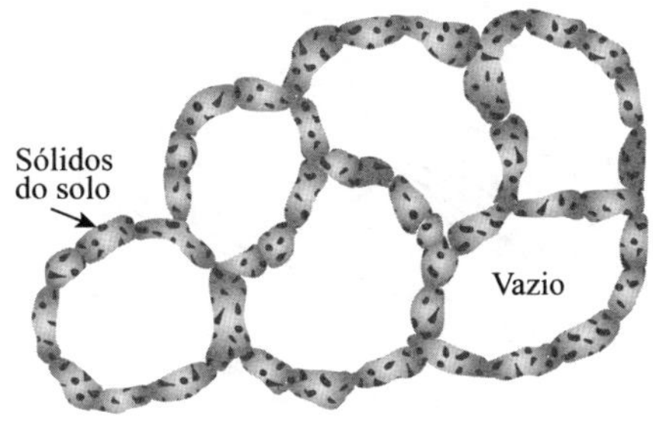

Figura 4.24 Estrutura alveolar.

O fato de que ocorrem concentrações locais de cargas positivas nas bordas das partículas de argila foi discutido no Capítulo 2. Quando as partículas de argila estiverem muito próximas entre si, as bordas carregadas positivamente podem ser atraídas pelas faces carregadas negativamente das partículas.

Vamos considerar o comportamento da argila na forma de uma suspensão diluída. Quando a argila é inicialmente dispersa na água, as partículas se repelem entre si. Essa repulsão ocorre porque, com o maior espaçamento interpartículas, as forças de repulsão entre elas são maiores que as forças de atração (forças de van der Waals). A força da gravidade sobre cada partícula é desprezível. Assim, cada partícula individual pode se sedimentar muito lentamente ou permanecer em suspensão, submetida a um *movimento Browniano* (um movimento aleatório em zigue-zague de partículas coloidais em suspensão). O sedimento formado pela decantação de partículas individuais apresenta uma estrutura dispersa e uma orientação aproximadamente paralela entre si (Figura 4.25a).

Se as partículas de argila dispersas inicialmente na água se aproximarem umas das outras durante o movimento aleatório em suspensão, elas podem se agregar formando flocos visíveis com contato entre as bordas. Nesse caso, as partículas são mantidas unidas pela atração eletrostática das bordas carregadas positivamente com faces com cargas negativas. Essa agregação é conhecida como *floculação*. Quando ficam maiores, os flocos decantam pela ação da gravidade. O sedimento formado dessa maneira possui uma estrutura floculada (Figura 4.25b).

Quando se adiciona sal a uma suspensão de argila-água que tenha sido inicialmente dispersa, os íons tendem a enfraquecer a camada dupla ao redor das partículas. Essa depressão reduz a repulsão interpartículas. As partículas de argila são atraídas para formar flocos e a sedimentação. A estrutura floculada formada de sedimentos é exibida na Figura 4.25c. Nas estruturas floculadas sedimentares salinas, a orientação da partícula se aproxima de um alto grau de paralelismo em razão das forças de van der Waals.

As argilas que apresentam estruturas floculares são leves e possuem um alto índice de vazios. Os depósitos de argila formados no mar são altamente floculados. A maioria dos depósitos de sedimentos formados em água doce possui uma estrutura intermediária entre dispersa e floculada.

Um depósito puro de argilominerais é raro na natureza. Quando um solo tem pelo menos 50% de partículas com tamanhos de no máximo 0,002 mm, geralmente é denominada *argila*. Estudos realizados com microscópio eletrônico de varredura (Collins e McGown, 1974; Pusch, 1978; Yong e Sheeran, 1973) mostraram que as partículas individuais de argila tendem a se agregar ou flocular em unidades submicroscópicas. Essas unidades são chamadas *domínios*. Em seguida, os domínios se agrupam e esses grupos são chamados *aglomerados*. Os aglomerados podem ser observados em um microscópio óptico. Esse agrupamento para formar aglomerados é causado principalmente pelas forças entre partículas. Os grupos, por sua vez, se agrupam para formar os *agregados*. Os agregados podem ser observados sem microscópio. Os grupos de agregados são unidades macroestruturais com juntas e fissuras. A Figura 4.26a mostra o arranjo de agrega-

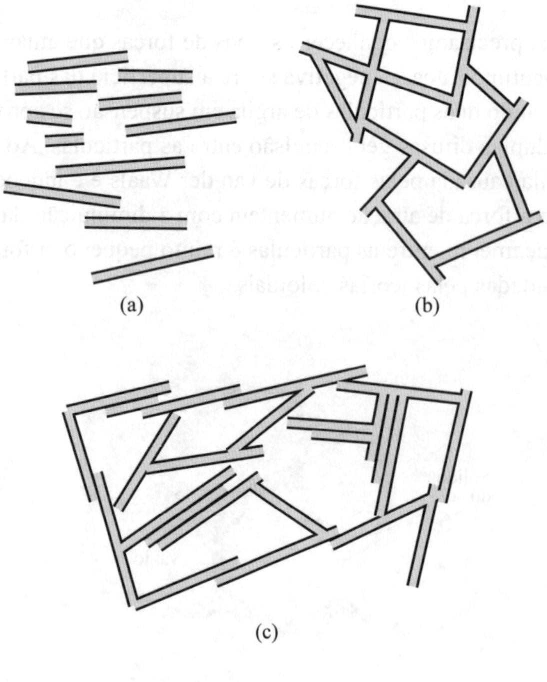

Figura 4.25 Estruturas sedimentares: (a) dispersão; (b) floculação sem sal; (c) floculação com sal. (*Adaptado de Lambe, 1958.*)

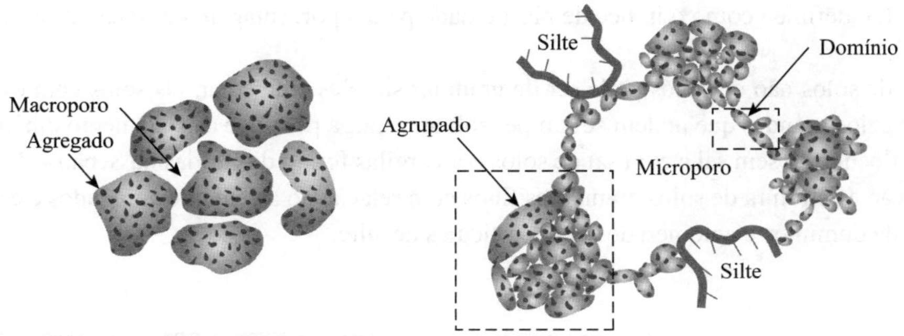

Figura 4.26 Estrutura do solo: (a) arranjo dos agregados e espaços dos macroporos; (b) arranjo dos domínios e aglomerados com partículas de silte.

Tabela 4.3 Estrutura de solos argilosos

Item	Observações
Estruturas dispersas	Formadas pela sedimentação de partículas isoladas de argila; orientação mais ou menos paralela (veja a Figura 4.25a)
Estruturas floculadas	Formadas pela sedimentação de flocos de partículas de argila (veja as Figuras 4.25b e 4.25c)
Domínios	Unidades submicroscópicas agrupadas ou floculadas de partículas de argila
Aglomerados	Os domínios se agrupam para formar os aglomerados; podem ser observados em microscópio óptico
Agregados	Os aglomerados se agrupam para formar os agregados; podem ser vistos sem microscópio

dos e os espaços dos macroporos. O arranjo de domínios e aglomerados com partículas do tamanho de silte é exibido na Figura 4.26b.

Com base na discussão anterior, podemos ver que a estrutura dos solos coesivos é altamente complexa. As macroestruturas têm importante influência no comportamento dos solos do ponto de vista da engenharia. A microestrutura é mais importante do ponto de vista fundamental. A Tabela 4.3 apresenta um resumo das macroestruturas de solos de argila.

4.9 Resumo e considerações gerais

Abaixo segue um resumo dos materiais apresentados neste capítulo.

- A consistência de solos granulares finos pode ser descrita em três parâmetros: limite de liquidez, limite de plasticidade de limite de contração. Esses também são conhecidos como limites de Atterberg.
- Os limites de liquidez (*LL*), de plasticidade (*LP*) e de contração (*LC*) são, respectivamente, o teor de umidade (%) na qual a consistência de mudanças de solos do estágio líquido para plástico, plástico para semissólido e semissólido para sólido.
- O índice de plasticidade (*IP*) é a diferença entre o limite de liquidez (*LL*) e o limite de plasticidade (*LP*) [Eq. (4.5)].
- O índice de liquidez de solo (*IL*) é a relação da diferença entre o teor de umidade *in situ* (%) e o limite de plasticidade ao índice de plasticidade [Eq. (4.24)], ou

$$IL = \frac{w - LP}{LL - LP}$$

- Atividade, A, é definida como o índice de plasticidade para a porcentagem de fração de argila pelo peso no solo [Eq. (4.26)].
- A estrutura de solos não coesivos pode ser de granular simples a alveolar. Os solos com estrutura alveolar têm índices de vazios grandes que podem se romper sob uma carga pesada e carregamento dinâmico.
- Dispersão, floculação sem sal e com sal de solos com argilas foram discutidas na Seção 4.8. Também foi discutida nesta seção a estrutura de solos granulares finos com relação ao arranjo de agregados e espaços de microporo e o arranjo de domínios e aglomerados com partículas de silte.

Problemas

4.1 Resultados de ensaios de limites de liquidez e de plasticidade conduzidos em um solo são proporcionados abaixo.
Ensaio de limite de liquidez:

Número de golpes, *N*	Teor de umidade (%)
14	38,4
16	36,5
20	33,1
28	27,0

Ensaio de limite de plasticidade: $LP = 13{,}4\%$

a. Trace a curva de fluidez e obtenha o limite de liquidez.
b. Qual é o índice de plasticidade do solo?

4.2 Determine o índice de liquidez do solo descrito no Problema 4.1 se $w_{in\ situ} = 32\%$.

4.3 Resultados de ensaios de limites de liquidez e de plasticidade conduzidos em um solo são proporcionados abaixo.
Ensaio de limite de liquidez:

Número de golpes, *N*	Teor de umidade (%)
13	33
18	27
29	22

Ensaio de limite de plasticidade: $LP = 19{,}1\%$

a. Trace a curva de fluidez e obtenha o limite de liquidez.
b. Qual é o índice de plasticidade do solo?

4.4 Determine o índice de liquidez do solo descrito no Problema 4.3 se $w_{in\ situ} = 21\%$.

4.5 Um solo saturado utilizado para determinar o limite de contração tem o volume inicial $V_i = 20{,}2\ cm^3$, volume final $V_f = 14{,}3\ cm^3$, massa do solo úmido $M_1 = 34$ g e massa do solo seco $M_2 = 24$ g. Determine o limite de contração e a razão de contração.

4.6 Repita o Problema 4.5 considerando os dados a seguir: $V_i = 16{,}2$; $V_f = 10{,}8\ cm^3$; $M_1 = 44{,}6$ g e a massa de solo seco, $M_2 = 32{,}8$ g.

Problema de pensamento crítico

4.C.1 As propriedades de sete diferentes tipos de solo de argila são indicados abaixo (Skempton e Northey, 1952). Investigue a relação entre as características de resistência e de plasticidade realizando as seguintes tarefas:

a. Estime o índice de plasticidade para cada solo utilizando a definição de atividade de Skempton [Eq. (4.26)].
b. Estime a composição mineral provável dos solos de argila com base em IP e A (utilize a Tabela 4.2).

c. Sensibilidade (S_t) refere-se à perda de resistência quando o solo é remoldado ou distribuído. É definido como relação da resistência não distribuída ($\tau_{f\,\text{não distribuído}}$) para resistência remoldada ($\tau_{f\,\text{remoldado}}$) no mesmo teor de umidade [Eq. (12.38)]. A partir destes dados, estime $\tau_{f\,\text{remoldado}}$ para os solos com argila.

d. Plote as variações de resistência de cisalhamento não distribuído e remoldado com a atividade, *A*, e explique o comportamento observado.

Solo	% fração argila (< 2 μm)	Atividade, *A*	Resistência ao cisalhamento indeformada (kN/m^2)	Sensibilidade, S_t
Beauharnois	79	0,52	18	14
Detroit I	36	0,36	17	2,5
Horten	40	0,42	41	17
Gosport	55	0,89	29	2,2
Cidade do México	90	4,5	46	5,3
Shellhaven	41	1,33	36	7,6
St. Thuribe	36	0,33	38	150

4.C.2 O índice de liquidez, *IL*, definido pela Eq. (4.24), pode indicar o provável comportamento de engenharia dependendo do estado natural ou atual do teor de umidade. Por exemplo, o comportamento do material pode variar de um pouco sólido ($IL < 1$) para fluido viscoso ($IL > 1$), com um estado plástico intermediário ($0 < IL < 1$). A partir das características de plasticidade e gamas de teor de umidade listados na seguinte tabela,

a. Determine a faixa de índice de liquidez para cada solo sobre a faixa de teor de água.

b. Comente o provável comportamento de engenharia de cada solo à medida que o teor de umidade muda (consulte a Figura 4.1).

Solo	% fração argila (< 2 μm)	Teor de umidade natural, w_n (%)	Limite de liquidez, *LL* (%)	Limite de plasticidade, *LP* (%)
1	34	59-67	49	26
2	44	29-36	37	21
3	54	51-56	61	26
4	81	61-70	58	24
5	28	441-600	511	192
6	67	98-111	132	49
7	72	51-65	89	31

Referências

AMERICAN SOCIETY FOR TESTING AND MATERIALS *Annual Book of ASTM Standards*, Sec. 4, v. 04.08, West Conshohocken, Pa, 2010.

BS:1377 *British Standard Methods of Tests for Soil for Engineering Purposes*, Parte 2, BSI, Londres, 1990.

BURMISTER, D. M. Principles and Techniques of Soil Identification, *Proceedings*, Annual Highway Research Board Meeting, National Research Council, Washington, D.C., v. 29, p. 402-434, 1949.

CASAGRANDE, A. Research of Atterberg Limits of Soils, *Public Roads*, v. 13, n. 8, p. 121-136, 1932.

COLLINS, K.; McGOWN, A. The Form and Function of Microfabric Features in a Variety of Natural Soils, Geotechnique, v. 24, n. 2, p. 223-254, 1974.

HOLTZ, R. D.; KOVACS, W. D. *An Introduction to Geotechnical Engineering*, PrenticeHall, Englewood Cliffs, n. J, 1981.

LADE, P. V.; LIGGIO, C. D.; YAMAMURO, J. A. Effects of Non-Plastic Fines on Minimum and Maximum Void Ratios of Sand, *Geotechnical Testing Journal*, ASTM. v. 21, n. 4, p. 336-347, 2002.

LAMBE, T. W. The Structure of Compacted Clay, *Journal of the Soil Mechanics and Foundations Division*, ASCE, v. 85, n. SM2, p. 1654-1 a 1654-35, 1958.

MITCHELL, J. K. *Fundamentals of Soil Behavior*. Nova York, 1976.

McGEARY, R. K. Mechanical Packing of Spherical Particles, *Journal of the American Ceramic Society*, v. 44, n. 11, p. 513-522, 1961.

POLIDORI, E. Relationship between Atterberg Limits and Clay Contents, *Soils and Foundations*, v. 47, n. 5, p. 887-896, 2007.

PUSCH, R. General Report on Physico-Chemical Processes Which Affect Soil Structure and Vice Versa, *Proceedings*, International Symposium on Soil Structure, Gothenburg, Sweden, Appendix, 33, 1978.

SEED, H. B.; WOODWARD, R. J.; LUNDGREN, R. Clay Mineralogical Aspects of Atterberg Limits, *Journal of the Soil Mechanics and Foundations Division*, ASCE, v. 90, n. SM4, p. 107-131, 1964a.

SEED, H. B.; WOODWARD, R. J.; LUNDGREN, R. Fundamental Aspects of the Atterberg Limits, *Journal of the Soil Mechanics and Foundations Division*, ASCE, v. 90, n. SM6, p. 75-105, 1964b.

SKEMPTON, A. W. The Colloidal Activity of Clays, *Proceedings*, 3rd International Conference on Soil Mechanics and Foundation Engineering, Londres, v. 1, p. 57-61, 1953.

Skempton, A. W.; Northey, R. D. The Sensitivity of Clays, *Geotechnique*, v. 3, n. 1, p. 30-53, 1952.

SRIDHARAN, A.; NAGARAJ, H. B.; PRAKASH, K. Determination of the Plasticity Index from Flow Index, *Geotechnical Testing Journal*, ASTM, v. 22, n. 2, p. 175-181, 1999.

U.S. ARMY CORPS OF ENGINEERS *Technical Memo 3-286*, U.S. Waterways Experiment Station, Vicksburg, Miss, 1949.

WROTH, C. P.; WOOD, D. M. The Correlation of Index Properties with Some Basic Engineering Properties of Soils, *Canadian Geotechnical Journal*, v. 15, n. 2, p. 137-145, 1978.

YONG, R. N.; SHEERAN, D. E. Fabric Unit Interaction and Soil Behavior, *Proceedings*, International Symposium on Soil Structure, Gothenburg, Sweden, p. 176-184, 1973.

CAPÍTULO 5

Classificação do solo

5.1 Introdução

Os diferentes solos com propriedades semelhantes podem ser classificados em grupos e subgrupos de acordo com seu comportamento. Os sistemas de classificação fornecem uma linguagem comum para expressar de modo conciso as características gerais de solos, que são infinitamente variadas, sem descrições detalhadas. A maioria dos sistemas de classificação de solo desenvolvidos para a engenharia tem como base as propriedades simples de índice, como distribuição granulométrica e plasticidade. Agora, embora diversos sistemas de classificação estejam em uso, nenhum é totalmente definitivo de qualquer solo para todas as aplicações possíveis por causa da ampla diversidade das propriedades de solo.

Geralmente existem duas categorias principais nas quais os sistemas de classificação desenvolvidos anteriormente podem ser agrupados.

1. A classificação textural tem como base a distribuição granulométrica da porcentagem de areia, silte e frações de argila presentes em determinado solo. Neste capítulo, discutiremos o sistema de classificação textural desenvolvido pelo Departamento de Agricultura dos Estados Unidos.
2. Outra categoria principal tem como base o comportamento de engenharia de solos e considera a distribuição granulométrica e a plasticidade (ou seja, limite de liquidez e índice de plasticidade). Sob esta categoria, existem dois sistemas principais de classificação de uso abrangente utilizadas:
   a. O sistema de classificação AASHTO e
   b. O sistema de classificação Unificado.

As diretrizes para classificação do solo de acordo com os dois sistemas mencionados serão discutidas com detalhes no capítulo.

5.2 Classificação textural

No sentido geral, a *textura* do solo refere-se à aparência da superfície. A textura do solo é influenciada pelo tamanho das partículas individuais presentes nele. A Tabela 2.3 dividiu os solos em categorias de pedregulho, areia, silte e argilas com base no tamanho da partícula. Na maioria dos casos, os solos naturais são misturas de partículas de grupos de diversos tamanhos. No sistema de classificação textural, os solos são nomeados após os principais componentes, como argila arenosa, argila siltosa, e assim por diante.

Uma quantidade de sistemas de classificação textural foi desenvolvida por diferentes organizações para servir às necessidades e muitos deles são utilizados hoje. A Figura 5.1 mostra os sistemas de classificação textural desenvolvidos pelo Departamento de Agricultura dos Estados Unidos (USDA). Este método de classificação tem como base os limites de partícula conforme descritos no sistema USDA na Tabela 2.3, ou seja,

- *Tamanho da areia*: 2,0 a 0,05 mm de diâmetro
- *Tamanho do silte*: 0,05 a 0,002 mm de diâmetro
- *Tamanho da argila*: menor que 0,002 mm de diâmetro

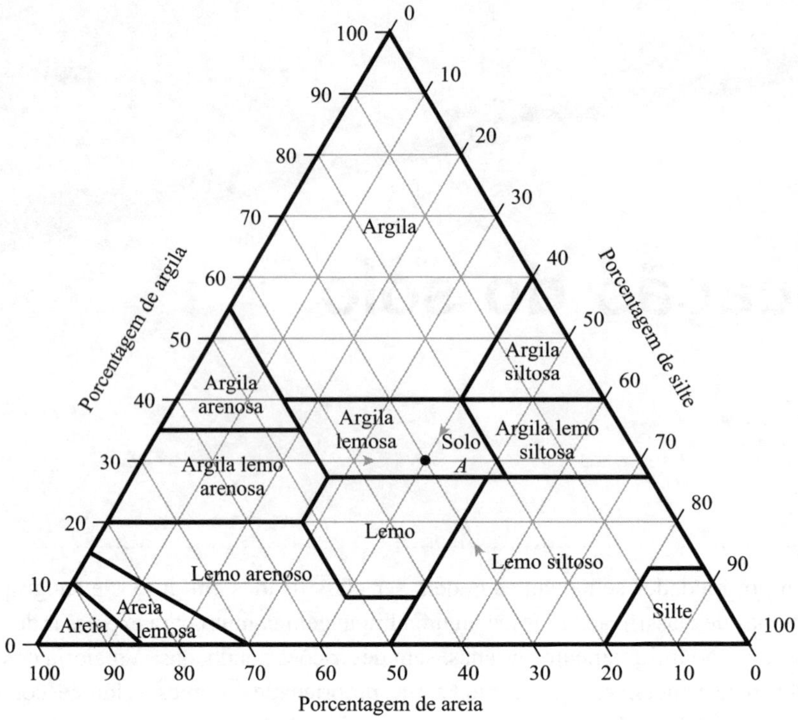

Figura 5.1 Classificação textural do Departamento de Agricultura dos Estados Unidos (*USDA*).

O uso deste gráfico pode ser melhor demonstrado por um exemplo. Se a distribuição de partícula de solo *A* for 30% de areia, 40% de silte e 30% de partículas de argila, a classificação textural pode ser determinada procedendo de maneira indicada pelas setas na Figura 5.1. Este solo cai na zona de *argila lemosa*. Observe que este gráfico tem como base somente a fração de solo que passa na peneira nº 10. Portanto, se a distribuição de partícula de um solo for de tal maneira que determinada porcentagem de partículas de solo seja maior que 2 mm de diâmetro, uma correção pode ser necessária. Por exemplo, se o solo *B* tem uma distribuição de partícula de 20% de pedregulhos, 10% de areia, 30% de silte e 40% de argila, as composições texturais modificadas são

$$\textit{Tamanho da areia:} \quad \frac{10 \times 100}{100 - 20} = 12,5\%$$

$$\textit{Tamanho do silte:} \quad \frac{30 \times 100}{100 - 20} = 37,5\%$$

$$\textit{Tamanho da argila:} \quad \frac{40 \times 100}{100 - 20} = 50,0\%$$

Com base no procedimento de porcentagens modificadas, a classificação textural USDA é a *argila*. No entanto, por causa da alta porcentagem de pedregulhos, pode ser chamado *argila com pedregulhos*.

Diversos outros sistemas de classificação textural também são utilizados, mas não são mais úteis para engenharia civil.

Exemplo 5.1

Classifique os seguintes solos de acordo com o sistema de classificação textural USDA.

Distribuição da partícula (%)	Solo			
	A	*B*	*C*	*D*
Pedregulho	12	18	0	12
Areia	25	31	15	22
Silte	32	30	30	26
Argila	31	21	55	40

Solução

Etapa 1. Calcule as porcentagens modificadas de areia, pedregulhos e silte conforme segue:

$$\text{\% modificada de areia} = \frac{\text{\% areia}}{100 - \text{\% pedregulhos}} \times 100$$

$$\text{\% modificada de silte} = \frac{\text{\% silte}}{100 - \text{\% pedregulhos}} \times 100$$

$$\text{\% modificada de argila} = \frac{\text{\% argila}}{100 - \text{\% pedregulhos}} \times 100$$

Assim, temos a seguinte tabela:

Distribuição da partícula (%)	Solo			
	A	*B*	*C*	*D*
Areia	28,4	37,8	15	25
Silte	36,4	36,6	30	29,5
Argila	35,2	25,6	55	45,5

Etapa 2. Com a composição modificada calculada, consulte a Figura 5.1 para determinar a zona a que cada solo pertence. Os resultados são:

Classificação do solo			
A	*B*	*C*	*D*
Argila lemosa com pedregulho	Lemo com pedregulho	Argila	Argila com pedregulho

Observação: As palavras "*com pedregulhos*" foram adicionadas à classificação de solos *A*, *B* e *D* por causa da alta porcentagem de pedregulhos presentes em cada um.

■

5.3 Classificação pelo comportamento de solo

Embora a classificação textural do solo seja relativamente simples, ela é baseada totalmente na distribuição de partículas. A quantidade e o tipo de argilominerais presentes em solos granulares finos ditam uma grande extensão das propriedades físicas. Portanto, o engenheiro de solos deve considerar a plasticidade, que resulta da presença de argilominerais, para interpretar as características de solo apropriadamente. Por causa de os sistemas de classificação textural não levarem em conta a plasticidade e não serem totalmente indicativos de muitas propriedades importantes de solo, eles são inadequados para a maioria das finalidades de engenharia. Atualmente, mais dois sistemas de classificação elaborados são comumente utilizados pelos engenheiros de solo. Ambos os sistemas consideram a distribuição de partícula e os limites de Atterberg. Eles são o sistema de classificação American Association of State Highway and Transportation Officials (AASHTO) e o Sistema Unificado de Classificação de Solo. O sistema de classificação AASHTO é geralmente utilizado pelos departamentos de estrada estadual e municipal. Os engenheiros geotécnicos geralmente preferem o Sistema Unificado.

5.4 Sistema de classificação AASHTO

O sistema AASHTO de classificação de solo foi desenvolvido em 1929, como sistema de classificação de Administração de Rodovia Pública. Ele passou por diversas revisões, com a versão presente proposta pelo Comitê na Classificação de Materiais para Estradas Subgraduadas e Tipo Granular do Highway Research Board em 1945 (norma D-3282 da ASTM; método M145 AASHTO).

A classificação AASHTO no uso presente é proporcionada na Tabela 5.1. De acordo com esse sistema, o solo é classificado em sete grupos principais: A-1 a A-7. Os solos classificados em grupos A-1, A-2 e A-3 são materiais granulares dos quais no máximo 35% das partículas passam pela peneira nº 200. Os solos dos quais mais de 35% passam pela peneira nº 200 são classificados nos grupos A-4, A-5, A-6 e A-7. Esses solos são formados principalmente de materiais tipo silte e de argila. Esse sistema de classificação tem como base os seguintes critérios (na próxima página):

Tabela 5.1 Classificação dos materiais subgraduados de estrada

Classificação geral	**Materiais granulares (35% ou menos da amostra total passam pela peneira nº 200)**						
	A-1			**A-2**			
Classificação de grupo	**A-1-a**	**A-1-b**	**A-3**	**A-2-4**	**A-2-5**	**A-2-6**	**A-2-7**
Ensaio de peneiramento (porcentagem passante)							
Nº 10	50 no máximo						
Nº 40	30 no máximo	50 no máximo	51 no máximo				
Nº 200	15 no máximo	25 no máximo	10 no máximo	35 no máximo	35 no máximo	35 no máximo	35 no máximo
Características de fração passante nº 40							
Limite de liquidez				40 no máximo	41 no mínimo	40 no máximo	41 no mínimo
Índice de plasticidade	6 no máximo		NP	10 no máximo	10 no máximo	11 no mínimo	11 no mínimo
Tipos comuns de materiais constituintes significantes	Fragmentos de pedra, pedregulho e areia		Areia fina	Silte ou pedregulho argiloso e areia			
Avaliação geral subgraduada	Excelente para bom						

Classificação geral	**Materiais de silte-argila (mais de 35% da amostra total passante pela nº 200)**			
Classificação de grupo	**A-4**	**A-5**	**A-6**	**A-7 A-7-5[a] A-7-6[b]**
Ensaio de peneiramento (porcentagem passante)				
Nº 10				
Nº 40				
Nº 200	36 no mínimo	36 no mínimo	36 no mínimo	36 no mínimo
Características de fração passante nº 40				
Limite de liquidez	40 no máximo	41 no mínimo	40 no máximo	41 no mínimo
Índice de plasticidade	10 no máximo	10 no máximo	11 no mínimo	11 no mínimo
Tipos comuns de materiais constituintes significantes	Solos com silte		Solos argilosos	
Avaliação geral subgraduada	Fraco para ruim			

[a]Para A-7-5, $IP \leq LL - 30$
[b]Para A-7-6, $IP > LL - 30$

1. *Tamanho dos grãos*
   a. *Pedregulho*: fração que passa na peneira de 75 mm e fica retida na peneira nº 10 (2 mm) de padrão americano
   b. *Areia*: fração que passa na peneira nº 10 (2 mm) de padrão americano e fica retida na peneira nº 200 (0,075 mm) de padrão americano
   c. *Silte e argila*: fração que passa na peneira nº 200 de padrão americano
2. *Plasticidade*: O termo *siltoso* é aplicado quando as frações de grãos finos do solo têm um índice de plasticidade de no máximo 10. O termo *argiloso* é aplicado quando as frações de grãos finos têm um índice de plasticidade de pelo menos 11.
3. Se as pedras de calçada e *pedregulhos* (tamanho maior que 75 mm) forem encontradas, elas serão excluídas da parte de amostra de solo da qual a classificação é feita. No entanto, a porcentagem de tal material é registrada.

Para classificar um solo de acordo com a Tabela 5.1, deve-se aplicar os dados de ensaio da esquerda para a direita. Pelo processo de eliminação, o primeiro grupo da esquerda nos quais os dados de ensaio se ajustam é a classificação correta. A Figura 5.2 exibe um gráfico da gama de limite de liquidez e o índice de plasticidade para solos que estão nos grupos A-2, A-4, A-5, A-6 e A-7.

Para avaliar a qualidade de um solo como um material subgraduado de estrada, deve também estar incorporada uma quantidade chamada *índice de grupo* (*IG*) com grupos e subgrupos do solo. Este índice é escrito entre parênteses após designação de grupo ou subgrupo. O índice de grupo é proporcionado pela equação

$$IG = (F_{200} - 35)[0,2 + 0,005(LL - 40)] + 0,01(F_{200} - 15)(IP - 10) \tag{5.1}$$

onde F_{200} = porcentagem passante pela peneira nº 200
LL = limite de liquidez
IP = índice de plasticidade

O primeiro termo da Equação (5.1) – ou seja, $(F_{200} - 35)[0,2 + 0,005(LL - 40)]$ – é o índice de grupo parcial determinado do limite de liquidez. O segundo termo – ou seja, $0,01(F_{200} - 15)(IP - 10)$ – é o índice de grupo parcial determinado do índice de plasticidade. Abaixo seguem algumas regras para determinação do índice de grupo:

1. Se a Equação (5.1) fornece um valor negativo para *IG*, é tido como 0.
2. O índice de grupo calculado da Eq. (5.1) é arredondado para o número inteiro mais próximo (por exemplo, *GI* = 3,4 é arredondado para 3; *IG* = 3,5 é arredondado para 4).
3. Não existe limite superior para o índice de grupo.
4. O índice de grupo de solos que pertence aos grupos A-1-a, A-1-b, A-2-4, A-2-5 e A-3 é sempre 0.

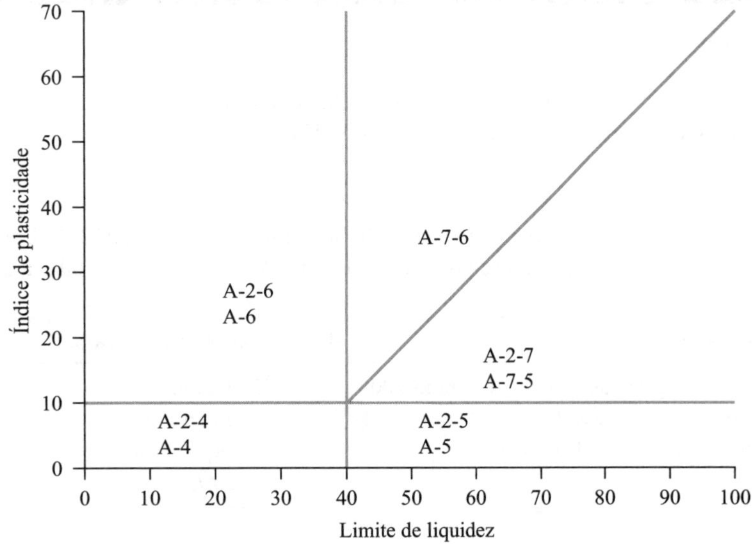

Figura 5.2 Faixa de limite de liquidez e índice de plasticidade para solos em grupos de A-2, A-4, A-5, A-6 e A-7.

5. Ao calcular o índice de grupo para solos que pertencem aos grupos A-2-6 e A-2-7, utilize o índice de grupo parcial para IP, ou

$$IG = 0{,}01\,(F_{200} - 15)(IP - 10) \tag{5.2}$$

Geralmente, o grau de desempenho de um solo como um material subgraduado é inversamente proporcional ao índice de grupo.

Exemplo 5.2

Os resultados da análise de partícula de um solo são os seguintes:

- Porcentagem passante na peneira nº 10 = 42
- Porcentagem passante na peneira nº 40 = 35
- Porcentagem passante na peneira nº 200 = 20

O limite de liquidez e o índice de plasticidade menos a fração nº 40 do solo são 25 e 20, respectivamente. Classifique o solo pelo sistema AASHTO.

Solução

Uma vez que 20% (ou seja, menos que 35%) de solo está passando na peneira nº 200, é um solo granular. Portanto, pode ser A-1, A-2 ou A-3. Consulte a Tabela 5.1. Começando da esquerda da tabela, o solo está no A-1-b (consulte a tabela abaixo).

Parâmetro	Especificações na Tabela 5.1	Parâmetros de determinado solo
Porcentagem passante da peneira		
Nº 10	–	
Nº 40	50 no máximo	35
Nº 200	25 no máximo	20
Índice de Plasticidade (IP)	6 no máximo	$IP = LL - LP = 25 - 20 = 5$

O índice do grupo do solo é 0. Então, o solo é **A-1-b(0)**. ■

Exemplo 5.3

Noventa e cinco por cento de um solo passa pela peneira nº 200 e tem um limite de liquidez de 60 e índice de plasticidade de 40. Classifique o solo pelo sistema AASHTO.

Solução

Noventa e cinco por cento do solo (que é ≥ 36%) passa pela peneira nº 200. Então, é um material de silte-argila. Agora, consulte a Tabela 5.1. Da esquerda da tabela, fica no A-7-6 (consulte a tabela abaixo).

Parâmetro	Especificações na Tabela 5.1	Parâmetros de determinado solo
Porcentagem passante na peneira nº 200	36 no mínimo	95
Limite de liquidez (LL)	41 no mínimo	60
Índice de Plasticidade (IP)	11 no mínimo	40
IP	$> LL - 30$	$IP = 40 > LL - 30 = 60 - 30 = 30$

$$IG = (F_{200} - 35)[0,2 + 0,005(LL - 40)] + 0,01(F_{200} - 15)(IP - 10)$$
$$= (95 - 35)[0,2 + 0,005(60 - 40)] + (0,01)(95 - 15)(40 - 10)$$
$$= 42$$

Então, a classificação é **A-7-6(42)**. ■

5.5 Sistema unificado de classificação de solo

A forma original desse sistema foi proposta por Casagrande em 1942 para uso nos trabalhos de construção de aeródromo sob o Corpo de Engenheiros do Exército durante a Segunda Guerra Mundial. Em cooperação com o Escritório de Recuperação de Solos, este sistema foi revisado em 1952. Agora, é amplamente utilizado pelos engenheiros (Norma D-2487 ASTM). O sistema unificado de classificação está presente na Tabela 5.2.

Esse sistema classifica os solos em duas amplas categorias:

1. Solos granulares grossos que têm a natureza de pedregulhos e areia com menos de 50% passante pela peneira nº 200. Os símbolos de grupo indicam um prefixo de G ou S. G significa pedregulho ou solo com pedregulhos, enquanto S, areia ou solo arenoso.
2. Os solos granulares finos com pelo menos 50% passante na peneira nº 200. Os símbolos de grupo iniciam com prefixo M, que significa silte inorgânico, C para argila inorgânica ou O para siltes e argilas orgânicos. O símbolo Pt é utilizado para turfa, humo e outros solos altamente orgânicos.

Outros símbolos utilizados para a classificação são:

- W – bem graduado
- P – fracamente graduado
- L – baixa plasticidade (limite de liquidez menor que 50)
- H – alta plasticidade (limite de liquidez maior que 50)

Para a classificação apropriada de acordo com esse sistema, algumas ou todas as seguintes informações devem ser conhecidas:

1. Porcentagem de pedregulhos – ou seja, a fração que passa na peneira 76,2 mm e retida na peneira nº 4 (abertura de 4,75 mm)
2. Porcentagem de areia – ou seja, a fração que passa na peneira nº 4 (abertura de 4,75 mm) e retida na peneira nº 200 (abertura de 0,075 mm)
3. Porcentagem de silte e argila – ou seja, a fração fica mais que a peneira nº 200 (abertura de 0,075 mm)
4. Coeficiente de uniformidade (C_u) e coeficiente de curvatura (C_c)
5. Limite de liquidez e índice de plasticidade da fração do solo passante na peneira nº 40

Os símbolos de grupo para os solos com pedregulhos granulares grossos são GW, GP, GM, GC, GC-GM, GW-GM, GW-GC, GP-GM e GP-GC. Semelhantemente, os símbolos de grupos para solos granulares finos são CL, ML, OL, CH, MH, OH, CL-ML e Pt.

Mais recentemente, a norma D-2487 da ASTM criou um sistema elaborado para determinar nomes de grupo aos solos. Tais nomes são resumidos nas Figuras 5.4, 5.5 e 5.6. Utilizando tais figuras, devemos lembrar que, em determinado solo,

- Fração de grãos finos = porcentagem passante na peneira nº 200
- Fração de grãos grossos = porcentagem retida na peneira nº 200
- Fração de pedregulhos = porcentagem retida na peneira nº 4
- Fração de areia = (porcentagem retida na peneira nº 200) – (porcentagem retida na peneira nº 4)

Tabela 5.2 Sistema unificado de classificação de solo (com base no material passante de peneira de 76,2 mm)

Critérios para atribuir símbolos aos grupos				Símbolo de grupo
Solos grossos Mais de 50% de material retido na peneira nº 200	**Pedregulhos** Mais de 50% da fração grossa retida na peneira nº 4	Pedregulhos puros Menos de 5% de finos[a]	$C_u \geq 4$ e $1 \leq C_c \leq 3$[c]	GW
			$C_u < 4$ e/ou $C_c < 1$ ou $C_c > 3$[c]	GP
		Pedregulhos com finos Mais de 12% de finos[a,d]	$IP < 4$ ou representado abaixo da linha "*A*" (Figura 5.3)	GM
			$IP > 7$ e representado acima ou na linha "*A*" (Figura 5.3)	GC
	Areias 50% ou mais da fração grossa passa pela peneira nº 4	Areias puras Menos de 5% de finos[b]	$C_u \geq 6$ e $1 \leq C_c \leq 3$[c]	SW
			$C_u < 6$ e/ou $C_c < 1$ ou $C_c > 3$[c]	SP
		Areia com finos Mais de 12% de finos[b,d]	$IP < 4$ ou representado abaixo da linha "*A*" (Figura 5.3)	SM
			$IP > 7$ e representado acima ou na linha "*A*" (Figura 5.3)	SC
Solos finos 50% ou mais do material passa pela peneira nº 200	**Siltes e argilas** Limite de liquidez menor que 50	Inorgânicos	$IP > 7$ e representado acima ou na linha "*A*" (Figura 5.3)[e]	CL
			$IP < 4$ ou representado abaixo da linha "*A*" (Figura 5.3)[e]	ML
		Orgânicos	$\frac{\text{Limite de liquidez – seco em estufa}}{\text{Limite de liquidez – sem secagem}} < 0{,}75$; veja a Figura 5.3; zona OL	OL
	Siltes e argilas Limite de liquidez de 50 ou mais	Inorgânicos	*IP* representado acima ou na linha "*A*" (Figura 5.3)	CH
			IP representado abaixo da linha "*A*" (Figura 5.3)	MH
		Orgânicos	$\frac{\text{Limite de liquidez – seco em estufa}}{\text{Limite de liquidez – sem secagem}} < 0{,}75$; veja a Figura 5.3; zona OH	OH
Solos altamente orgânicos	Matéria essencialmente orgânica, de cor escura e odor orgânico			Pt

[a]Pedregulhos com 5 a 12% de finos exigem classificação com dois símbolos: GW-GM, GW-GC, GP-GM, GP-GC.

[b]Areias com 5 a 12% de finos exigem classificação com dois símbolos: SW-SM, SW-SC, SP-SM, SP-SC.

[c] $C_u = \frac{D_{60}}{D_{10}}$; $C_c = \frac{(D_{30})^2}{D_{60} \times D_{10}}$

[d]Se $4 \leq IP \leq 7$ e é representado na área hachurada na Figura 5.3, use classificação com dois símbolos GC-GM ou SC-SM.

[e]Se $4 \leq IP \leq 7$ e é representado na área hachurada na Figura 5.3, use classificação com dois símbolos CL-ML.

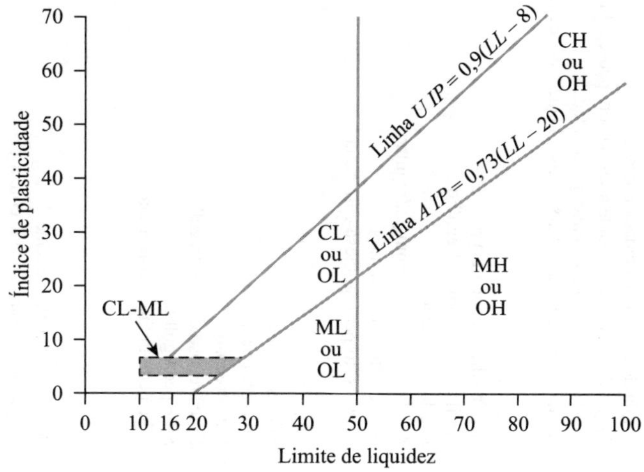

Figura 5.3 Gráfico de plasticidade

Símbolo de grupo		Nome de grupo
GW	<15% de areia	Pedregulho bem graduado
	≥15% de areia	Pedregulho bem graduado com areia
GP	<15% de areia	Pedregulho mal graduado
	≥15% de areia	Pedregulho mal graduado com areia
GW-GM	<15% de areia	Areia bem graduada com silte
	≥15% de areia	Pedregulho bem graduado com silte e areia
GW-GC	<15% de areia	Pedregulho bem graduado com argila (ou argila siltosa)
	≥15% de areia	Pedregulho bem graduado com argila e areia (ou areia e argila siltosa)
GP-GM	<15% de areia	Pedregulho mal graduado com silte
	≥15% de areia	Pedregulho mal graduado com silte e areia
GP-GC	<15% de areia	Pedregulho mal graduado com argila (ou argila siltosa)
	≥15% de areia	Pedregulho mal graduado com argila e areia (ou argila siltosa e areia)
GM	<15% de areia	Pedregulho siltoso
	≥15% de areia	Pedregulho siltoso com areia
GC	<15% de areia	Pedregulho argiloso
	≥15% de areia	Pedregulho argiloso com areia
GC-GM	<15% de areia	Pedregulho argilo-siltoso
	≥15% de areia	Pedregulho argilo-siltoso com areia
SW	<15% de pedregulho	Areia bem graduada
	≥15% de pedregulho	Areia bem graduada com pedregulho
SP	<15% de pedregulho	Areia mal graduada
	≥15% de pedregulho	Areia mal graduada com pedregulho
SW-SM	<15% de pedregulho	Areia bem graduada com silte
	≥15% de pedregulho	Areia bem graduada com silte e pedregulho
SW-SC	<15% de pedregulho	Areia bem graduada com argila (ou argila siltosa)
	≥15% de pedregulho	Areia bem graduada com argila e pedregulho (ou argila siltosa e pedregulho)
SP-SM	<15% de pedregulho	Areia mal graduada com silte
	≥15% de pedregulho	Areia mal graduada com silte e pedregulho
SP-SC	<15% de pedregulho	Areia mal graduada com argila (ou argila siltosa)
	≥15% de pedregulho	Areia mal graduada com argila e pedregulho (ou argila siltosa e pedregulho)
SM	<15% de pedregulho	Areia siltosa
	≥15% de pedregulho	Areia siltosa com pedregulho
SC	<15% de pedregulho	Areia argilosa
	≥15% de pedregulho	Areia argilosa com pedregulho
SC-SM	<15% de pedregulho	Areia argilo-siltosa
	≥15% de pedregulho	Areia argilo-siltosa com pedregulho

Figura 5.4 Nomes do grupo de fluxograma para solo com pedregulhos e areia (*Fonte*: Annual Book of ASTM Standards, 04.08. Direitos autorais ASTM INTERNATIONAL. Reimpresso com permissão.)

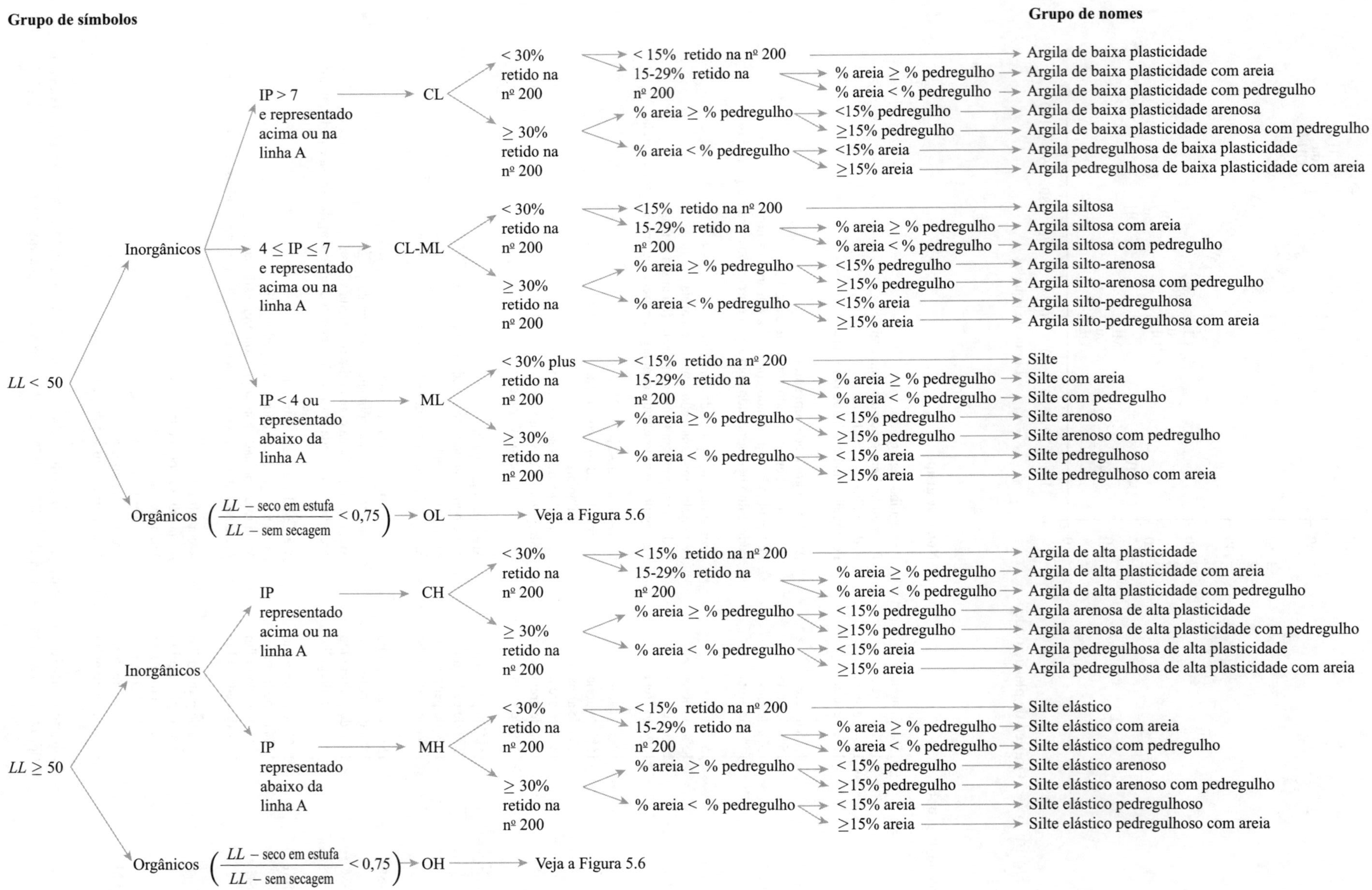

Figura 5.5 Nomes de grupos de fluxogramas para solos com silte ou argilosos inorgânicos. (*Fonte*: Annual Book of ASTM Standards, 04.08. Direitos autorais ASTM INTERNATIONAL. Reimpresso com permissão.)

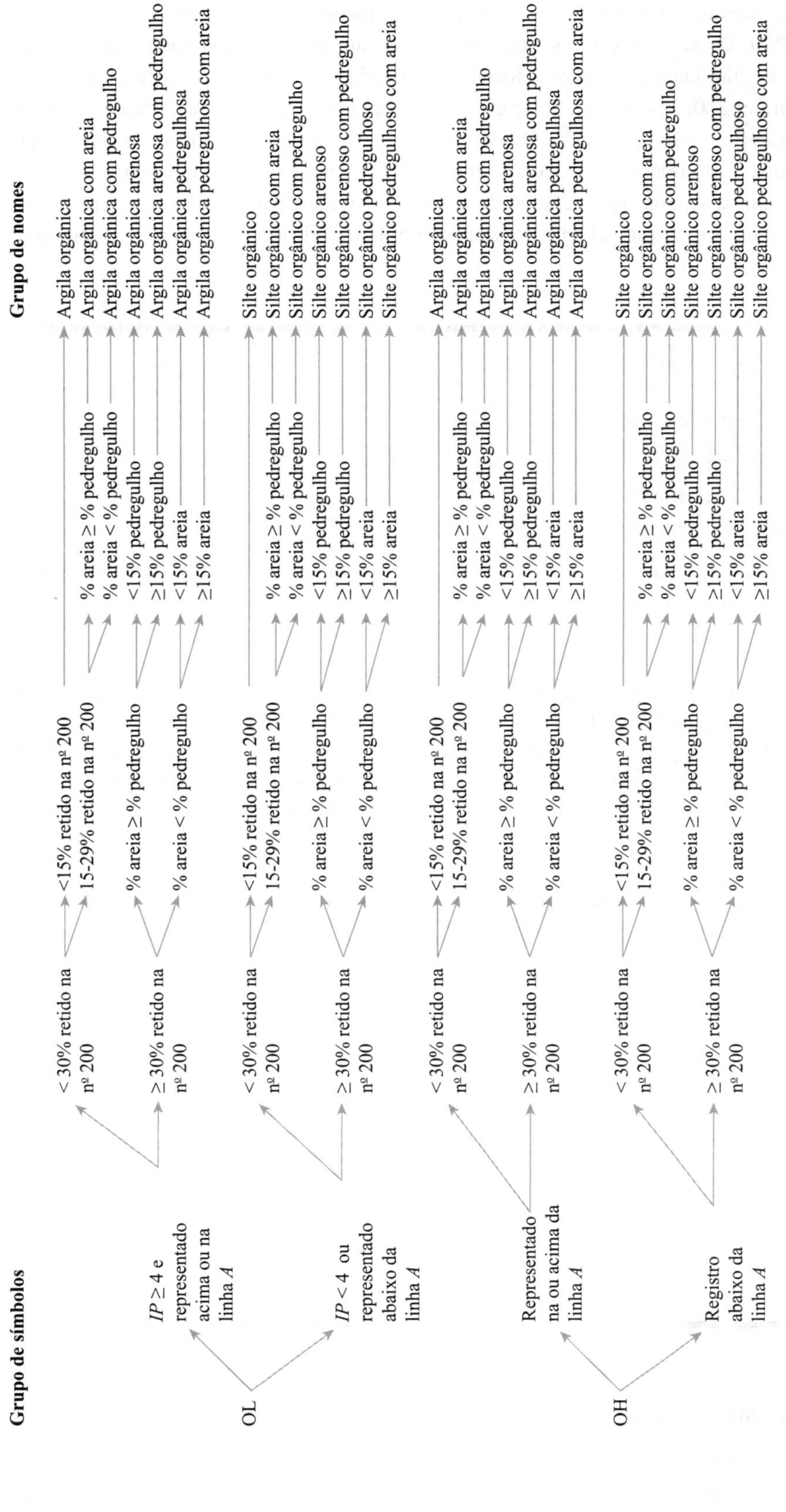

Figura 5.6 Nomes de grupos de fluxograma para silte orgânico e solos argilosos. (*Fonte*: Annual Book of ASTM Standards, 04.08. Direitos autorais ASTM INTERNATIONAL. Reimpresso com permissão.)

5.6 Comparação entre AASHTO e os sistemas unificados

Os dois sistemas de classificação de solo, AASHTO e Unificado, têm como base a textura e a plasticidade do solo. Além disso, ambos os sistemas dividem os solos em duas categorias principais, de grãos grossos e grãos finos, conforme separado pela peneira nº 200. De acordo com o sistema AASHTO, um solo é considerado granular fino quando mais de 35% passa pela peneira nº 200. De acordo com o sistema Unificado, um solo é considerado granular fino quando mais de 50% passa pela peneira nº 200. Um solo granular grosso que tem aproximadamente 35% de grãos finos se comportará como um material granular fino. Isso acontece por que os grãos finos saem para preencher os espaços entre os grãos grossos e os mantêm separados. Com relação a isso, o sistema AASHTO parece ser mais apropriado. No sistema AASHTO, a peneira nº 10 é utilizada para separar o pedregulho da areia; no sistema Unificado, é utilizada a peneira nº 4. A peneira nº 10 tem um limite superior mais aceitável para areia. Esse limite é utilizado em concreto e tecnologia de curso básico de estrada.

Exemplo 5.4

Os resultados da análise de partícula de um solo são os seguintes:

Porcentagem passante pela peneira nº 10 = 100
Porcentagem passante pela peneira nº 40 = 80
Porcentagem passante pela peneira nº 200 = 58

O limite de liquidez e o índice de plasticidade menos a fração nº 40 do solo são 30 e 10, respectivamente. Classifique o solo pelo sistema de Classificação Unificado.

Solução

Consulte a Tabela 5.2. Desde que 58% do solo passe pela peneira nº 200, é o solo granular fino. Referindo ao gráfico de plasticidade na Figura 5.3, para $LL = 30$ e $IP = 10$, pode ser classificado (símbolo de grupo) como *CL*.

Para determinar o nome do grupo, consulte as Figuras 5.5 e 5.7, obtida da Figura 5.5. A porcentagem passante da peneira nº 200 é maior que 30%. Porcentagem de pedregulhos = 0; porcentagem de areia = (100 – 58) – (0) = 42. Portanto, porcentagem de areia > porcentagem de pedregulhos. Além disso, a porcentagem de pedregulhos é menor que 15%. Portanto, o nome do grupo é **argila de baixa plasticidade arenosa**.

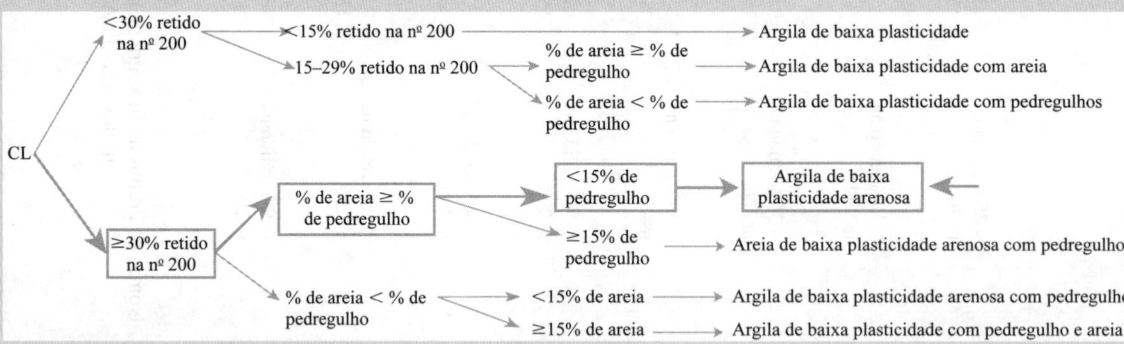

Figura 5.7 Determinação do nome de grupo para o solo no Exemplo 5.4. ■

Exemplo 5.5

Para determinado solo, são dados os seguintes valores:

- Porcentagem passante pela peneira nº 4 = 70
- Porcentagem passante pela peneira nº 200 = 30

- Limite de liquidez = 33
- Limite de plasticidade = 12

Classifique o solo utilizando o Sistema Unificado de Classificação de Solo. Dê o símbolo de grupo e o nome de grupo.

Solução

Consulte a Tabela 5.2. A porcentagem passante na peneira nº 200 é 30%, que é menor que 50%. Então, é um solo granular grosso. Assim

$$\text{Fração de grãos grossos} = 100 - 30 = 70\%$$

$$\text{Fração de pedregulhos} = \text{porcentagem retida na peneira nº 4} = 100 - 70 = 30\%$$

Portanto, mais de 50% de fração de grãos grossos passa pela peneira nº 4. Assim, é um solo arenoso. Desde que mais de 12% passe pela peneira nº 200, é SM ou SC. Para este solo, $IP = 33 - 12 = 21$ (que é maior que 7). Com $LL = 33$ e $IP = 21$, está registrado acima da linha *A* na Figura 5.3. Assim, o símbolo de grupo é **SC**.

Para o nome de grupo, consulte as Figuras 5.4 e 5.8 (obtidas da Figura 5.4). Desde que a porcentagem de pedregulhos seja maior que 15%, é **areia argilosa com pedregulho**.

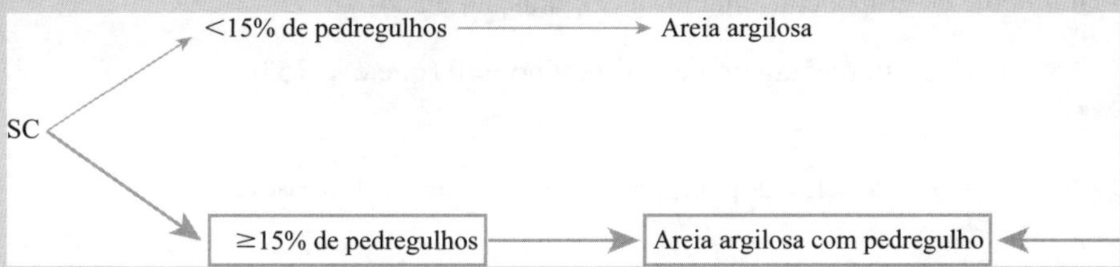

Figura 5.8 Determinação do nome de grupo para o solo no Exemplo 5.5. ■

Exemplo 5.6

A Figura 5.9 proporciona a distribuição de grãos de dois solos. Os limites de liquidez e de plástico menos a fração da peneira nº 40 do solo são:

	Solo *A*	Solo *B*
Limite de liquidez	30	26
Limite de plasticidade	22	20

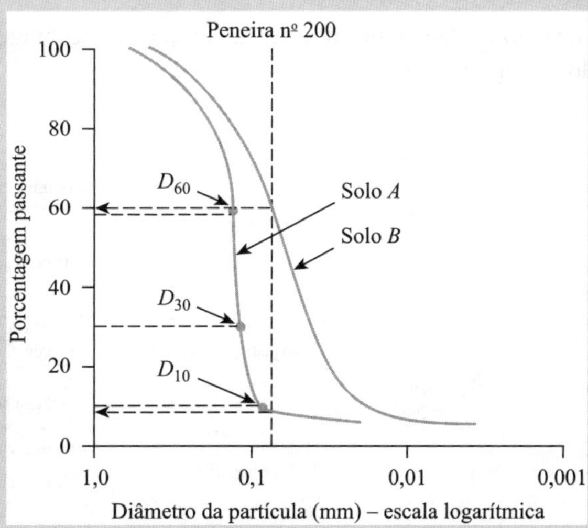

Figura 5.3 Distribuição da partícula de dois solos.

(continua)

Determine os símbolos de grupo e nomes de grupo de acordo com o Sistema Unificado de Classificação de Solo.

Solução

Solo *A*

A curva de distribuição de grãos (Figura 5.9) indica que a porcentagem passante na peneira nº 200 é 8. De acordo com a Tabela 5.2, é um solo granular grosso. Além disso, a partir da Figura 5.9, a porcentagem retida na peneira nº 4 é zero. Portanto, é um solo arenoso.

A partir da Figura 5.9, $D_{10} = 0{,}085$ mm, $D_{30} = 0{,}12$ m e $D_{60} = 0{,}135$ mm. Assim,

$$C_u = \frac{D_{60}}{D_{60}} = \frac{0{,}135}{0{,}085} = 1{,}59 < 6$$

$$C_c = \frac{D_{30}^2}{D_{60} \times D_{10}} = \frac{(0{,}12)^2}{(0{,}135)(0{,}085)} = 1{,}25 > 1$$

Com $LL = 30$ e $IP = 30 - 22 = 8$ (que é maior que 7), está registrado acima da linha *A* na Figura 5.3. Portanto, o símbolo de grupo é **SP-SC**.

Para determinar o nome de grupo, consultamos as Figuras 5.4 e 5.10.

$$\text{Porcentagem de pedregulho} = 0 \text{ (que é } < 15\%)$$

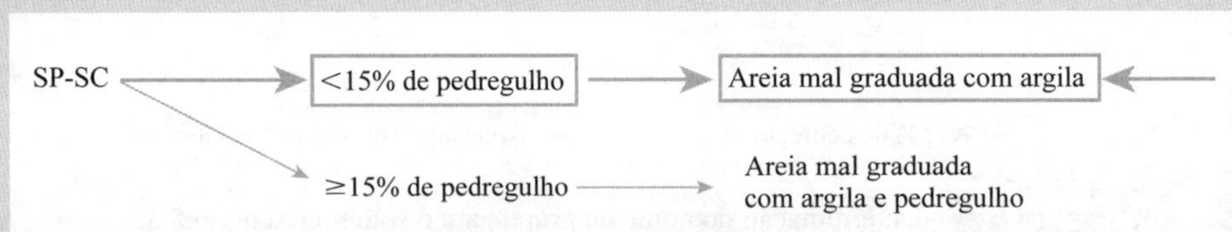

Figura 5.10 Determinação de nome de grupo para solo *A* em Exemplo 5.6.

Então, o nome de grupo é a areia **mal graduada com argila.**

Solo *B*

A curva de distribuição de grão na Figura 5.9 mostra que a porcentagem passante na peneira nº 200 é 61 (>50%); portanto, é um solo granular fino. Dados: $LL = 26$ e $IP = 26 - 20 = 6$. Na Figura 5.3, o *IP* indica a área programada. Então, da Tabela 5.2, o símbolo de grupo é **CL-ML**.

A partir do nome de grupo (presumindo que o solo seja inorgânico), iremos para a Figura 5.5 e obteremos retido na peneira nº 200 = 100 – 61 = 39 (que é maior que 30).

$$\text{Porcentagem de pedregulho} = 0;\ \text{porcentagem de areia} = 100 - 61 = 39$$

Assim, por causa de a porcentagem de areia ser maior que a porcentagem de pedregulhos, o solo é **argila silto-arenosa** conforme indicado na Figura 5.11

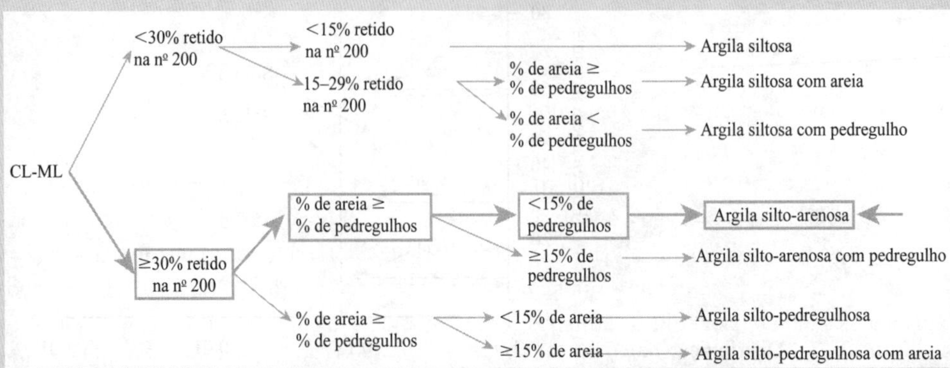

Figura 5.11 Determinação de nome de grupo para solo *B* no Exemplo 5.6 ■

No sistema unificado, os solos com pedregulhos e arenosos são claramente separados; já no sistema AASHTO, não. O grupo A-2, em particular, contém uma grande variedade de solos. Símbolos como GW, SM, CH e outros utilizados no Sistema Unificado são mais descritivos das propriedades de solo do que os símbolos A utilizados no sistema AASHTO.

A classificação de solos orgânicos, como OL, OH e Pt, é fornecida no Sistema Unificado. Sob o sistema AASHTO, não há lugar para solos orgânicos. As turfas geralmente têm um teor alto de umidade, peso específico real dos grãos de solo e baixo peso específico. A Figura 5.12 mostra as microscopias eletrônicas de varredura de quatro amostras de turfas coletadas em Wisconsin. Algumas das propriedades de turfas são proporcionadas na Tabela 5.3.

Liu (1967) comparou os sistemas AASHTO e Unificado. Os resultados do estudo são apresentados nas Tabelas 5.4 e 5.5.

Figura 5.12 Microscopia eletrônica de varredura para quatro amostras de turfas. (*A partir de Dhowian e Edil, 1980. Direitos autorais ASTM INTERNATIONAL. Reimpresso com permissão.*)

Tabela 5.3 Propriedades das turfas indicadas na Figura 5.12

Amostra de turfa	Teor de umidade (%)	Peso específico (kN/m^3)	Peso específico relativo, G_s	Teor de cinzas (%)
Middleton	510	9,1	1,41	12,0
Condado de Waupaca	460	9,6	1,68	15,0
Portage	600	9,6	1,72	19,5
Condado de Fond du Lac	240	10,2	1,94	39,8

Tabela 5.4 Comparação do sistema AASHTO com o Sistema Unificado*

Grupo de solo em sistema ASSHTO	Grupos de solo comparáveis no Sistema Unificado		
	Mais provável	Possível	Possível, mas improvável
A-1-a	GW, GP	SW, SP	GM, SM
A-1-b	SW, SP, GM, SM	GP	–
A-3	SP	–	SW, GP
A-2-4	GM, SM	GC, SC	GW, GP, SW, SP
A-2-5	GM, SM	–	GW, GP, SW, SP
A-2-6	GC, SC	GM, SM	GW, GP, SW, SP
A-2-7	GM, GC, SM, SC	–	GW, GP, SW, SP
A-4	ML, OL	CL, SM, SC	GM, GC
A-5	OH, MH, ML, OL	–	SM, GM
A-6	CL	ML, OL, SC	GC, GM, SM
A-7-5	OH, MH	ML, OL, CH	GM, SM, GC, SC
A-7-6	CH, CL	ML, OL, SC	OH, MH, GC, GM, SM

*A partir de Liu (1967)

Fonte: A Review of Engineering Soil Classification Systems. In *Highway Research Record n. 156*, Highway Research Board, National Research Council, Washington, D.C., 1967, Tabela 5, p. 16. Reproduzido com permissão da Transportation Research Board.

Tabela 5.5 Comparação do sistema unificado com o sistema AASHTO*

Grupo de solo em sistema unificado	Grupos de solo comparável no sistema AASHTO		
	Mais provável	Possível	Possível, mas improvável
GW	A-1-a	–	A-2-4, A-2-5, A-2-6, A-2-7
GP	A-1-a	A-1-b	A-3, A-2-4, A-2-5, A-2-6, A-2-7
GM	A-1-b, A-2-4, A-2-5, A-2-7	A-2-6	A-4, A-5, A-6, A-7-5, A-7-6, A-1-a
GC	A-2-6, A-2-7	A-2-4	A-4, A-6, A-7-6, A-7-5
SW	A-1-b	A-1-a	A-3, A-2-4, A-2-5, A-2-6, A-2-7
SP	A-3, A-1-b	A-1-a	A-2-4, A-2-5, A-2-6, A-2-7
SM	A-1-b, A-2-4, A-2-5, A-2-7	A-2-6, A-4	A-5, A-6, A-7-5, A-7-6, A-1-a
SC	A-2-6, A-2-7	A-2-4, A-6, A-4, A-7-6	A-7-5
ML	A-4, A-5	A-6, A-7-5, A-7-6	–
CL	A-6, A-7-6	A-4	–
OL	A-4, A-5	A-6, A-7-5, A-7-6	–
MH	A-7-5, A-5	–	A-7-6
CH	A-7-6	A-7-5	–
OH	A-7-5, A-5	–	A-7-6
Pt	–	–	–

*A partir de Liu (1967)

Fonte: A Review of Engineering Soil Classification Systems. In *Highway Research Record n. 156*, Highway Research Board, National Research Council, Washington, D.C., 1967, Tabela 6, p. 17. Reproduzido com permissão da Transportation Research Board.

5.7 Resumo e considerações gerais

Neste capítulo discutimos o seguinte:

1. A classificação textural tem como base os nomes dos solos com base nos principais componentes, como areia, silte e frações de argila determinadas na granulometria. O sistema de classificação textural USDA é descrito em detalhes na Seção 5.2.
2. O sistema de classificação de solo AASHTO tem como base o ensaio de peneiramento (ou seja, porcentagem retida nas peneiras nº 10, 40 e 200), limite de liquidez e índice de plasticidade (Tabela 5.1) Os solos são classificados nas categorias
   - A-1, A-2 e A-3 (solo granular)
   - A-4, A-5, A-6 e A-7 (solos argilosos e com silte)

   O *índice de grupo* [Eqs. (5.1) e (5.2)] é adicionado à classificação de solo que avalia a qualidade de solo como um material subgraduado.
3. A classificação de solo unificado tem como base o ensaio de peneiramento (ou seja, porcentagem de grãos mais passante nas peneiras nº 4 e 200), limite de liquidez e índice de plasticidade (Tabela 5.2 e Figura 5.3) Ela utiliza os símbolos de classificação como
   - GW, GP, GM, GC, GW-GM, GW-GC, GP-GM, GP-GC, GC-GM, SW, SP, SM, SC, SW-SM, SW-SC, SP--SM, SP-SC e SC-SM (para solos granulares grossos)
   - CL, ML, CL-ML, OL, CH, MH e OH (para solos granulares finos)
4. Além dos símbolos de grupo, os nomes de grupos sob o sistema de Classificação Unificado podem ser determinados utilizando as Figuras 5.4, 5.5 e 5.6. O nome de grupo tem principalmente como base a porcentagem retida na peneira nº 200, porcentagem de pedregulhos (ou seja, porcentagem retida na peneira nº 4) e porcentagem de areia (ou seja, porcentagem passante na peneira nº 4, mas retida na peneira nº 200).

Problemas

5.1 Classifique o seguinte solo utilizando o gráfico de classificação textural do Departamento de Agricultura dos Estados Unidos.

Solo	Distribuição granulométrica (%)		
	Areia	**Silte**	**Argila**
A	20	20	60
B	55	5	40
C	45	35	20
D	50	15	35
E	70	15	15

5.2 Classifique os seguintes solos pelo sistema de classificação AASHTO. Dê o índice de grupo para cada solo.

Solo	Ensaio de peneiramento – porcentagem de grãos finos			Limite de liquidez	Índice de plasticidade
	Nº 10	**Nº 40**	**Nº 200**		
A	90	74	32	28	9
B	86	56	8	NP	
C	42	28	12	18	13
D	92	68	30	42	18
E	90	48	22	31	5

5.3 Classifique os seguintes solos pelo sistema de classificação AASHTO. Dê o índice de grupo para cada solo.

Solo	Ensaio de peneiramento – porcentagem de grãos finos			Limite de liquidez	Índice de plasticidade
	Nº 10	Nº 40	Nº 200		
A	98	80	72	52	21
B	90	74	58	38	12
C	84	71	64	41	14
D	100	78	82	32	12
E	80	68	48	30	11

5.4 Classifique os seguintes solos utilizando o sistema unificado de classificação de solo. Dê os símbolos de grupo e os nomes de grupos.

Solo	Ensaio de peneiramento – porcentagem de grãos finos		Limite de liquidez	Índice de plasticidade	C_u	C_c
	Nº 4	Nº 200				
1	70	30	33	21		
2	48	20	41	22		
3	95	70	52	28		
4	100	82	30	19		
5	100	74	35	21		
6	87	26	38	18		
7	88	78	69	38		
8	99	57	54	26		
9	71	11	32	16	4,8	2,9
10	100	2		NP	7,2	2,2
11	89	65	44	21		
12	90	8	39	31	3,9	2,1

5.5 Para um solo inorgânico, é dada a seguinte análise de grãos.

Nº da peneira de padrão americano	Porcentagem passante
4	100
10	90
20	64
40	38
80	18
200	13

Para este solo, $LL = 23$ e $LP = 19$. Classifique o solo utilizando

a. Sistema de classificação de solo AASHTO

b. Sistema Unificado de classificação de solo.

Dê os nomes e os símbolos de grupo.

Problema de pensamento crítico

5.C.1 As características de superfície para um projeto de reabilitação de pavimentação de estradas no sudeste dos Estados Unidos são indicadas em um "registro de amostra" na Figura 5.13. A estrutura da estrada consiste no pavimento de asfalto que sustenta quatro diferentes camadas de solo a uma profundidade de 6 m, após a perfuração ter sido finalizada. Alguns dados do tamanho dos grãos e as características de plasticidade também são fornecidos para cada camada. Execute as seguintes tarefas:

1. Determine a classificação de solo AASHTO e o *índice de grupo* (*IG*) para cada camada.
2. Determine os símbolos de grupo e nomes de grupo "mais prováveis" para diversas camadas de acordo com o Sistema Unificado de classificação de solo. Utilize a Tabela 5.4 e as características de solo dadas no registro de amostra.

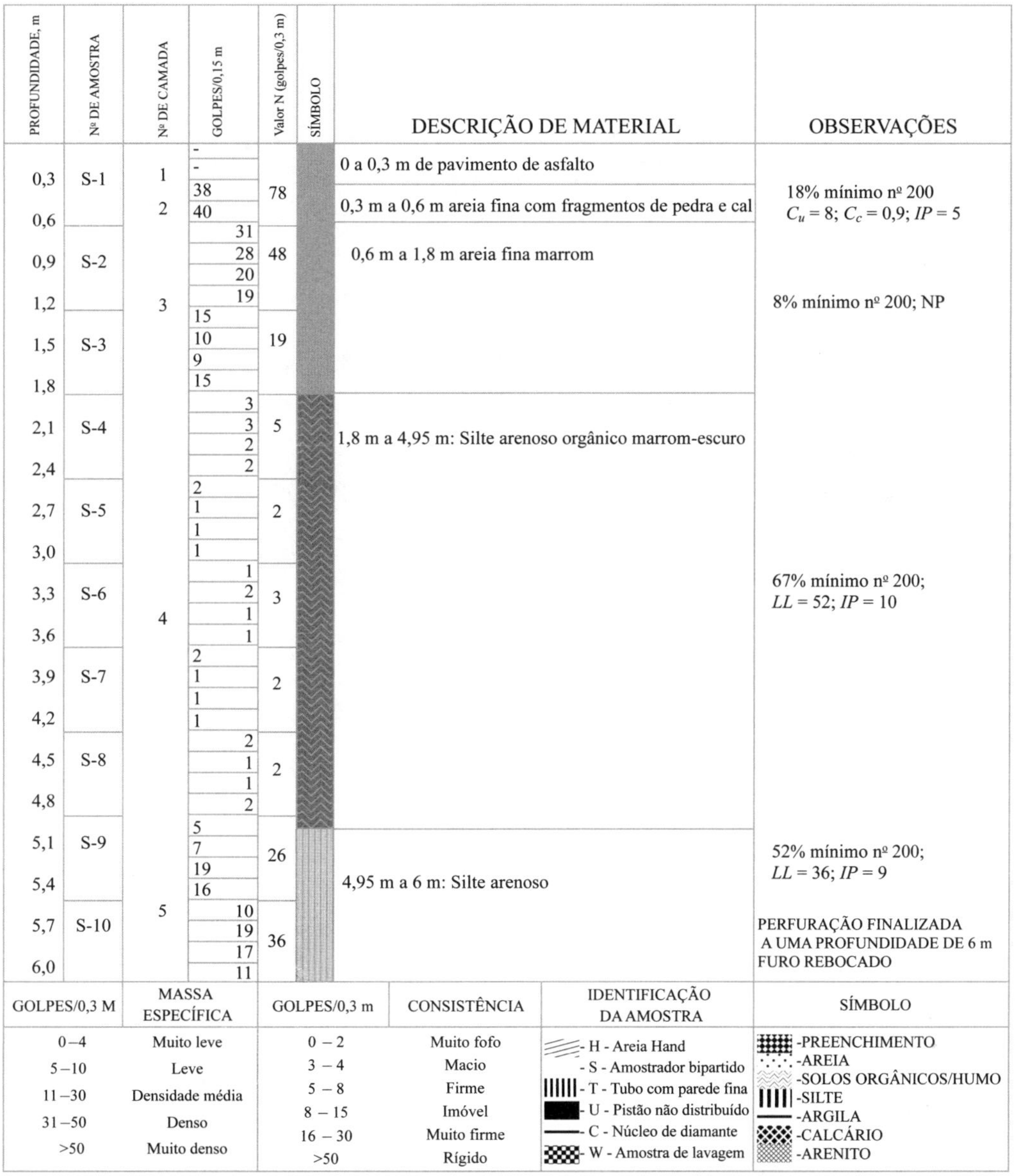

Figura 5.13 Perfil de solo para um projeto de reabilitação de autoestrada.

Referências

AMERICAN ASSOCIATION OF STATE HIGHWAY AND TRANSPORTATION OFFICIALS. *AASHTO Materials, Part I, Specifications*, Washington, D.C., 1982.

AMERICAN SOCIETY FOR TESTING AND MATERIALS. *Annual Book of ASTM Standards*, Sec. 4, v. 04.08, West Conshohoken, Pa, 2010.

CASAGRANDE, A. Classification and Identification of Soils, *Transactions*, ASCE, v. 113, p. 901-930, 1948.

DHOWIAN, A. W.; EDIL, T. B. Consolidation Behavior of Peats, *Geotechnical Testing Journal*, ASTM, v. 3, n. 3, p. 105-114, 1980.

LIU, T. K.A Review of Engineering Soil Classification Systems, *Highway Research Record n. 156*, National Academy of Sciences, Washington, D.C., p. 1-22, 1967.

CAPÍTULO 6

Compactação dos solos

6.1 Introdução

Na construção de taludes rodoviários, barragens de terra ou quaisquer outras estruturas, os solos soltos devem ser compactados para que seus pesos específicos sejam aumentados. A compactação aumenta a resistência dos solos, o que, por sua vez, aumenta a resistência das fundações construídas sobre sua superfície. A compactação também reduz o recalque indesejado das estruturas e aumenta a estabilidade dos taludes de aterros. Rolos compactadores lisos, pé de carneiro, de pneus de borracha e vibratórios geralmente são empregados no campo para compactação do solo. Os rolos compactadores vibratórios são principalmente utilizados para a densificação de solos granulares. Os aparelhos Vibroflot são também utilizados para compactar os depósitos de solo granular a uma profundidade considerável. Dessa maneira, a compactação do solo é conhecida como *vibroflutuação*. Este capítulo discute com detalhes os princípios de compactação de solo no laboratório e no campo.

Este capítulo inclui o preparo de:

- Métodos de ensaio de compactação laboratorial
- Fatores que afetam a compactação no geral
- Relações empíricas relacionadas à compactação
- Estrutura e propriedades de solos coesivos compactados
- Compactação de campo
- Ensaios para controle de qualidade de compactação de campo
- Técnicas especiais de compactação no campo

6.2 Compactação – princípios gerais

Em termos gerais, a compactação é a densificação do solo por meio da remoção de ar, o que requer energia mecânica. O grau de compactação de um solo é medido com base no peso específico seco. Quando adicionada ao solo durante a compactação, a água atua como um agente de amolecimento de partículas. As partículas do solo deslizam umas sobre as outras e se movem para uma posição densamente compactada. Após a compactação, o peso específico seco aumenta, em princípio, à medida que aumenta o teor de umidade. (Veja a Figura 6.1.) Observe que a um teor de umidade $w = 0$, o peso específico úmido (γ) é igual ao peso específico seco (γ_d) ou

$$\gamma = \gamma_{d(w=0)} = \gamma_1$$

Quando o teor de umidade é gradativamente aumentado sob a mesma força de compactação, o peso dos sólidos do solo, em um volume unitário, aumenta gradativamente. Por exemplo, com $w = w_1$,

$$\gamma = \gamma_2$$

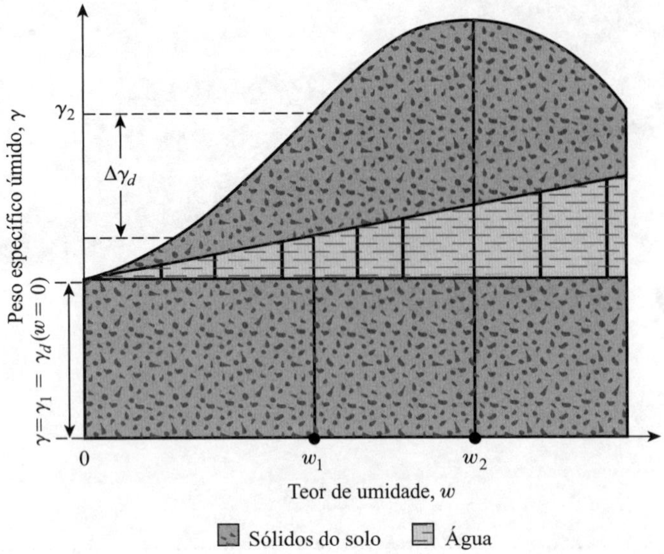

Figura 6.1
Princípios de compactação.

Porém, o peso específico seco neste teor de umidade é dado por

$$\gamma_{d(w=w_1)} = \gamma_{d(w=0)} + \Delta\gamma_d$$

Acima de determinado teor de umidade $w = w_2$ (Figura 6.1), qualquer aumento tende a reduzir o peso específico seco. Esse fenômeno ocorre porque a água ocupa os espaços que eram ocupados pelas partículas sólidas. O teor de umidade no qual o peso específico seco máximo é obtido geralmente é chamado *teor de umidade ótimo*.

O teste de laboratório geralmente usado para determinar o peso específico seco máximo de compactação e o teor de umidade ótimo é chamado *ensaio de compactação Proctor* (Proctor, 1933). Os procedimentos para realizar esse ensaio estão descritos na próxima seção.

6.3 Ensaio Proctor normal

No ensaio Proctor normal, o solo é compactado em um molde com volume de 944 cm^3. O diâmetro do molde é 101,6 mm. Durante o ensaio laboratorial, o molde é anexo a uma placa de suporte na parte inferior e estende-se para a parte superior (Figura 6.2a). O solo é misturado com várias quantidades de água e, depois, compactado em três camadas iguais por um soquete (Figura 6.2b) que golpeia 25 vezes cada camada. O martelete tem uma massa de 2,5 kg e tem uma altura de queda de 30,5 cm. A Figura 6.2c é uma foto do equipamento laboratorial necessário para conduzir um Ensaio Proctor Padrão.

Para cada ensaio, o peso específico úmido de compactação, γ, pode ser calculado como

$$\gamma = \frac{W}{V_m} \tag{6.1}$$

onde W = peso do solo compactado no molde
V_m = volume do molde (944 cm^3)

Em cada ensaio, o teor de umidade do solo compactado pode ser determinado no laboratório. Com o teor de umidade conhecido, o peso específico seco pode ser calculado como

$$\gamma_d = \frac{\gamma}{1 + \dfrac{w\,(\%)}{100}} \tag{6.2}$$

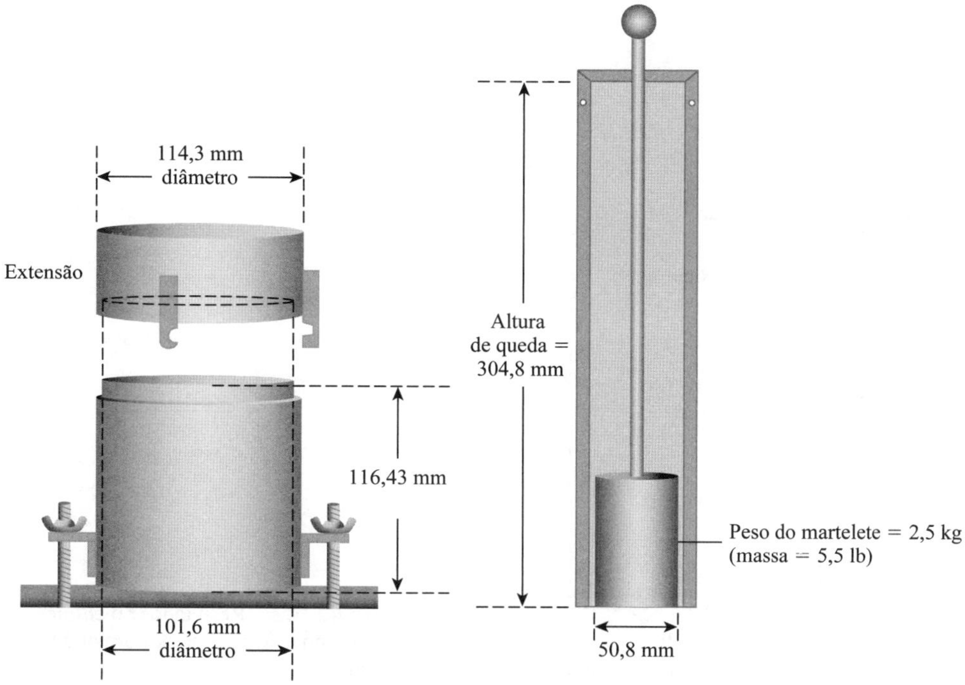

(a) (b)

(c)

Figura 6.2 Equipamento de ensaio Proctor normal: (a) molde; (b) soquete; (c) foto dos equipamentos de laboratório usados no ensaio. (*Cortesia de Braja M. Das, Henderson, Nevada.*)

onde w (%) = porcentagem teor de umidade.

Os valores de γ_d determinados a partir da Eq. (6.2) podem ser plotados em um gráfico, em função dos teores de umidade correspondentes, para obter o peso específico seco máximo e o teor de umidade ótimo do solo. A Figura 6.3 mostra o gráfico de um solo argilo-siltoso.

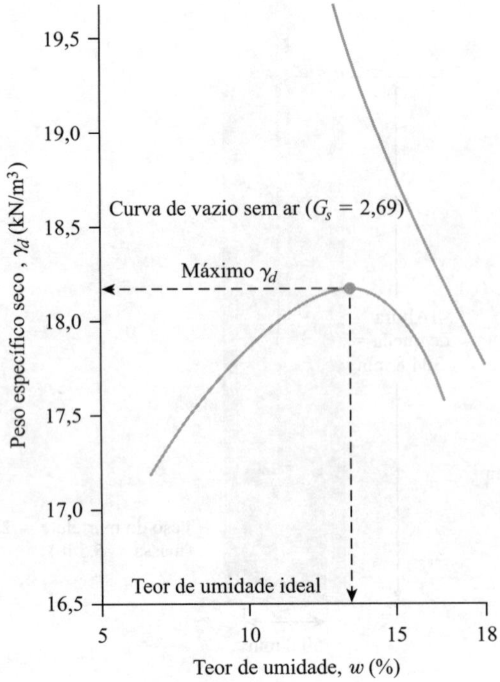

Figura 6.3 Resultados do ensaio de compactação Proctor normal de argila siltosa.

O procedimento para o ensaio Proctor padrão é elaborado na Norma D-698 de ASTM (ASTM, 2010) e Norma T-99 de AASHTO (AASHTO, 1982).

Para determinado *teor de umidade* w e *grau de saturação* S, o peso específico seco de compactação pode ser calculado como mostrado a seguir. Do Capítulo 3 [Eq. (3.17)], para qualquer solo,

$$\gamma_d = \frac{G_s \gamma_w}{1 + e}$$

onde G_s = gravidade específica de sólidos no solo

γ_w = peso específico de água

e = índice de vazios

e, da Eq. (3.19),

$$Se = G_s w$$

ou

$$e = \frac{G_s w}{S}$$

Assim,

$$\gamma_d = \frac{G_s \gamma_w}{1 + \dfrac{G_s w}{S}} \tag{6.3}$$

Para dado teor de umidade, o peso específico seco máximo teórico é obtido quando não há presença de ar nos espaços vazios – isto é, quando o grau de saturação é igual a 100%. Portanto, o peso específico seco máximo em dado teor de umidade com os vazios sem ar (ou seja, com os vazios saturados) pode ser obtido substituindo-se S = 1 na Eq. (6.3), ou

$$\gamma_{zav} = \frac{G_s \gamma_w}{1 + wG_s} = \frac{\gamma_w}{w + \dfrac{1}{G_s}} \tag{6.4}$$

onde γ_{zav} = peso específico de vazio sem ar

Para obter a variação da γ_{zav} com o teor de umidade, use o seguinte procedimento:

1. Determine a gravidade específica dos sólidos do solo.
2. Obtenha o peso específico da água (γ_w).
3. Adote vários valores para w, como 5%, 10%, 15% e assim por diante.
4. Use a Eq. (6.4) para calcular o γ_{zav} para diversos valores de w.

A Figura 6.3 também exibe a variação de γ_{zav} com o teor de umidade e respectiva localização em relação à curva de compactação. Sob nenhuma circunstância qualquer parte da curva de compactação deve se posicionar à direita da curva de saturação (vazios sem ar).

6.4 Fatores que afetam a compactação

A seção anterior mostrou que o teor de umidade tem forte influência sobre o grau de compactação alcançado em determinado solo. Além do teor de umidade, outros fatores importantes que afetam a compactação são o tipo do solo e o esforço de compactação (energia por unidade de volume).

A importância de cada um desses dois fatores é descrita mais detalhadamente nas duas próximas seções.

Efeito do tipo de solo

O tipo de solo – isto é, tamanho dos grãos, distribuição granulométrica desses grãos, formato de partículas, peso específico relativo dos sólidos do solo e quantidade e tipos de minerais de argila presentes – exerce grande influência sobre o peso específico seco máximo e o teor de umidade ótimo. A Figura 6.4 mostra curvas de compactação típicas obtidas de quatro solos. Os ensaios de laboratório foram realizados conforme a Designação de Ensaio D-698, da ASTM.

Observe que a curva de compactação em formato de sino mostrada na Figura 6.3 é típica para a maioria dos solos argilosos. A Figura 6.4 mostra que, para a areia, o peso específico seco tem uma tendência geral de primeiro diminuir conforme o teor de umidade aumenta, e depois aumentar até o valor máximo, conforme a umidade continua aumentando.

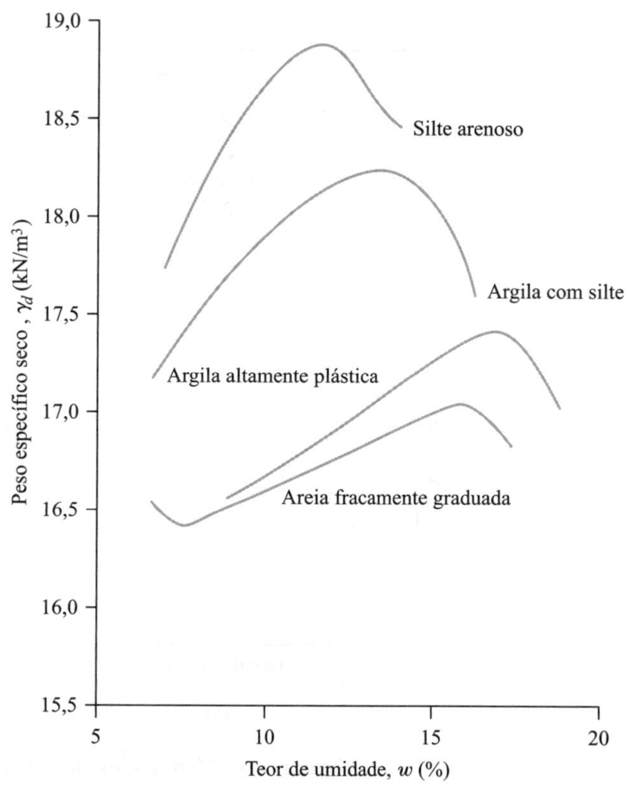

Figura 6.4 Curvas de compactação típicas para quatro solos. (ASTM D-698.)

A redução inicial do peso específico seco em função do aumento do teor de umidade pode ser atribuída ao efeito da tensão capilar. Em teores de umidades menores, a tensão capilar na água do poro inibe a tendência que as partículas do solo têm de se movimentar e se organizar de forma mais compacta.

Lee e Suedkamp (1972) estudaram as curvas de compactação para 35 amostras de solo. Eles descobriram quatro tipos de curvas de compactação. Tais curvas são indicadas na Figura 6.5. A tabela a seguir é um resumo dos tipos de curvas de compactação encontradas em vários solos, com referência à Figura 6.5.

Tipo de curva de compactação (Figura 6.5)	Descrição da curva	Limite de liquidez
A	Formato de sino	Entre 30 e 70
B	Um pico e meio	Menor que 30
C	Pico duplo	Menor que 30 e maior que 70
D	Formato assimétrico	Maior que 70

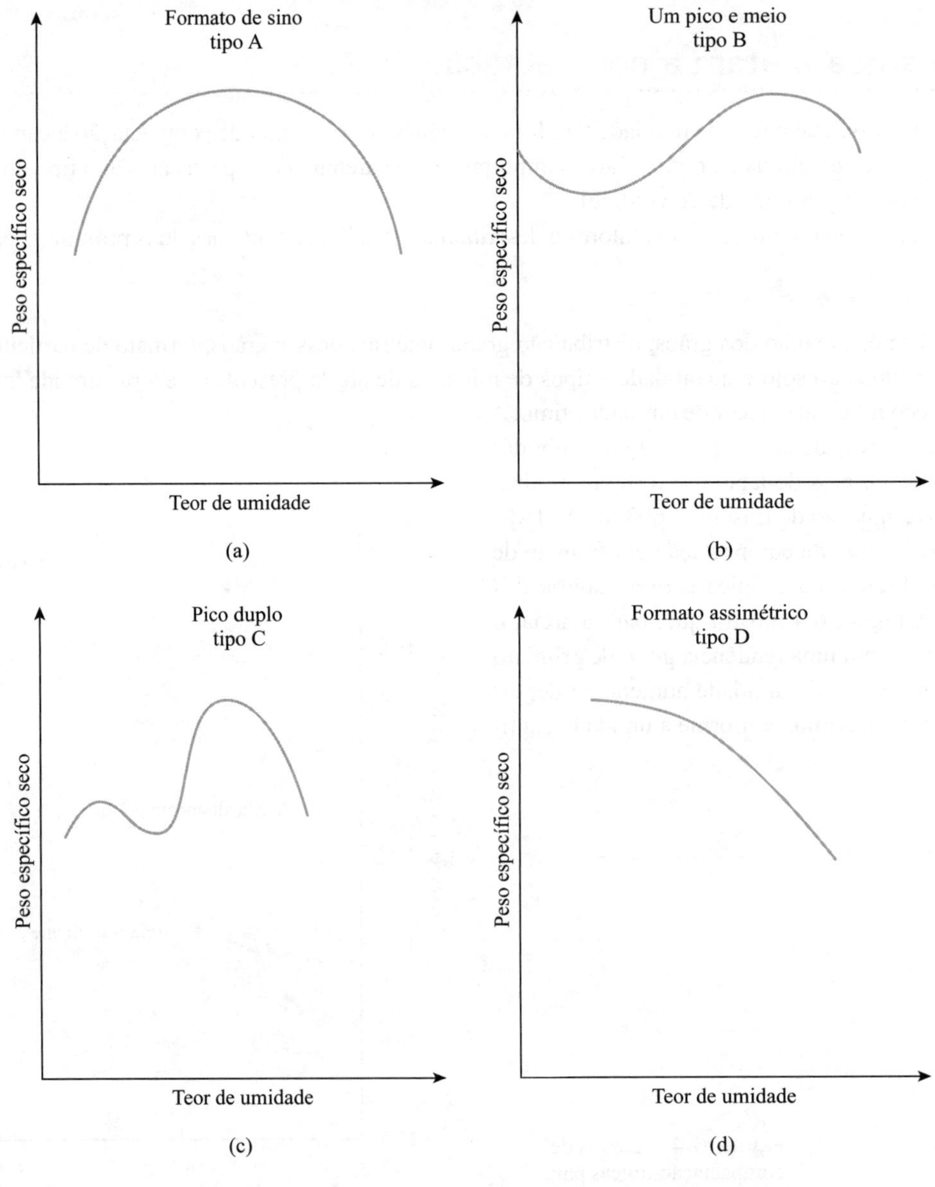

Figura 6.5 Vários tipos de curvas de compactação encontradas nos solos.

Efeito do esforço de compactação

A energia de compactação por unidade de volume usada no ensaio Proctor normal, descrito na Seção 6.3, pode ser dada em

$$E = \frac{\begin{pmatrix}\text{Quantidade}\\ \text{de golpes}\\ \text{por camada}\end{pmatrix} \times \begin{pmatrix}\text{Quantidade}\\ \text{de}\\ \text{camadas}\end{pmatrix} \times \begin{pmatrix}\text{Peso}\\ \text{do}\\ \text{martelete}\end{pmatrix} \times \begin{pmatrix}\text{Altura da}\\ \text{queda do}\\ \text{martelete}\end{pmatrix}}{\text{Volume de molde}} \tag{6.5}$$

ou, em unidades SI,

$$E = \frac{(25)(3)\left(\dfrac{2,5 \times 9,81}{1.000}\,\text{kN}\right)(0,305\ \text{m})}{944 \times 10^{-6}\,\text{m}^3} = 594\,\text{kN-m/m}^3 \approx 600\,\text{kJ/m}^3$$

Se o esforço de compactação por unidade de volume do solo for alterado, a curva de peso específico *versus* umidade também será. Esse fato pode ser demonstrado com ajuda da Figura 6.6, que mostra quatro curvas de compactação de uma argila arenosa. O molde Proctor normal e o soquete foram utilizados para obtenção dessas curvas de compactação. O número de camadas de solos usadas para a compactação foi três em todos os casos. Porém o número de golpes do soquete para cada camada variou de 20 a 50, o que alterou a energia por unidade de volume.

Com base na observação anterior e na Figura 6.6, podemos estabelecer que

1. Conforme aumenta o esforço de compactação, aumenta o peso específico seco máximo.
2. Conforme o esforço de compactação aumenta, o teor de umidade ótimo diminui levemente.

As afirmações anteriores são válidas para todos os solos. No entanto, observe que o grau de compactação não é diretamente proporcional ao esforço de compactação.

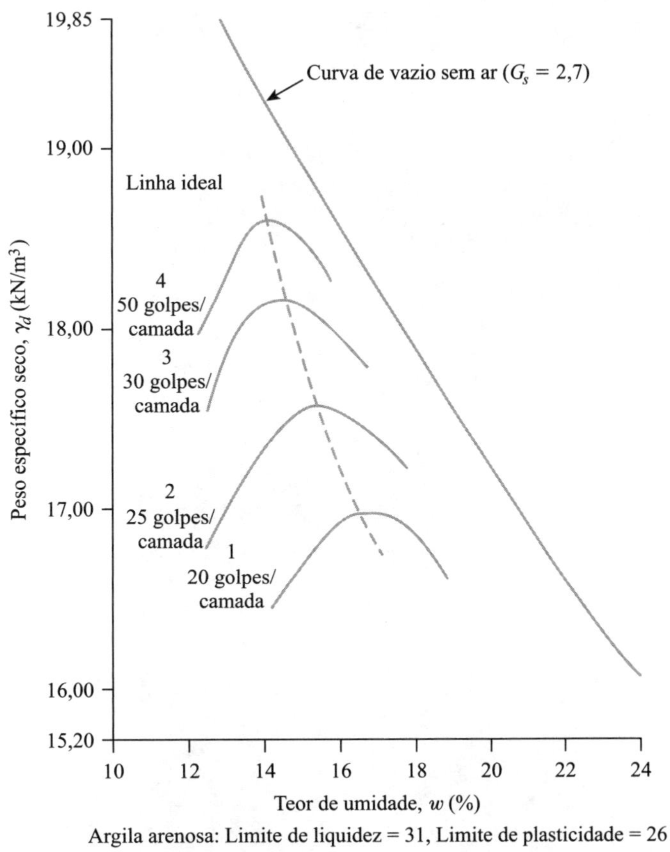

Figura 6.6 Efeito da energia de compactação sobre a compactação de uma argila arenosa.

6.5 Ensaio Proctor modificado

Com o desenvolvimento de rolos compactadores pesados na compactação em campo, o ensaio Proctor padrão foi modificado para melhor representar as condições em campo. Essa versão revisada é também chamada *ensaio Proctor modificado* (Norma D-1557 da ASTM e T-180 da AASHTO). Para realizar o ensaio Proctor modificado, utiliza-se o mesmo molde utilizado no ensaio padrão com um volume de 944 cm^3. Porém o solo é compactado em cinco camadas com um soquete de massa igual a 4,54 kg. A queda do martelo é de 457 mm.O número de golpes do soquete para cada camada foi mantido em 25, o mesmo número do ensaio Proctor normal. A Figura 6.7 mostra uma comparação entre os soquetes usados no ensaio de Proctor normal e no modificado.

A energia de compactação para esse tipo de ensaio pode ser calculada em 2700 kN-m/m^3.

Como aumenta o esforço de compactação, o resultado do ensaio de Proctor modificado apresenta um aumento no peso específico seco máximo do solo. Tal aumento é acompanhado de um decréscimo no teor de umidade ótimo.

Nas questões abordadas anteriormente, as especificações fornecidas para o ensaio Proctor adotadas pela ASTM e pela AASHTO com relação ao volume do molde e ao número de golpes são, geralmente, adotadas para solos granulares finos que passam pela peneira americana nº 4. Porém, em cada designação de ensaio, existem três métodos sugeridos que estabelecem o tamanho do molde, o número de golpes por camada e o tamanho máximo da partícula de um solo usado para o ensaio. A Tabela 6.1 fornece um resumo desses métodos de teste.

6.6 Relações empíricas

Omar et al. (2003) recentemente apresentaram resultados dos ensaios de compactação de Proctor modificado em 311 amostras de solo. Dessas amostras, 45 eram de solos pedregulhosos (GP, GP-GM, GW, GW-GM e GM), 264 eram solos

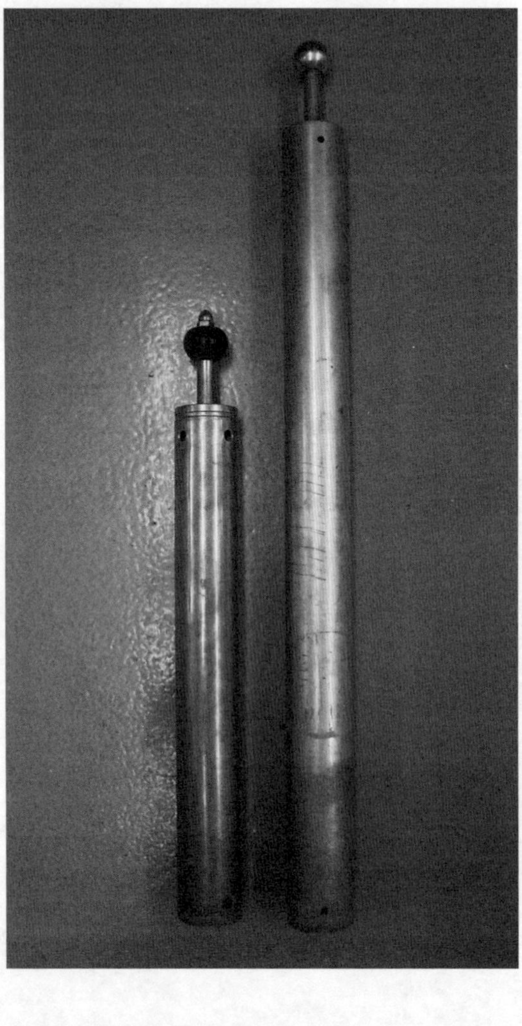

Figura 6.7 Comparação entre o soquete Proctor padrão (esquerdo) e soquete Proctor modificado (direito). (*Cortesia de Braja M. Das, Henderson, Nevada.*)

Tabela 6.1 Resumo dos ensaios de compactação Proctor normal e modificado (*normas D-698 e D-1557 da ASTM*)

	Descrição	Método A	Método B	Método C
Dados físicos dos ensaios	Material	Passante na peneira nº 4	Passante na peneira de 9,5 mm	Passante na peneira de nº 19
	Uso	Utilizado se no máximo 20% por peso de material for retido na peneira nº 4	Utilizado se mais de 20% do peso do material for retido na peneira nº 4 (4,75 mm) e no máximo 20% do peso de material for retido na peneira de 9,5 mm	Utilizado se mais de 20% do peso de material for retido na peneira de 9,5 mm e no máximo 30% do peso de material for retido na peneira de 19 mm
	Volume de molde	944 cm³	944 cm³	2.124 cm³
	Diâmetro do molde	101,6 mm	101,6 mm	152,4 mm
	Altura do molde	116,4 mm	116,4 mm	116,4 mm
Ensaio Proctor normal	Peso do martelete	24,4 N	24,4 N	24,4 N
	Altura de queda	305 mm	305 mm	305 mm
	Quantidade de camadas de solo	3	3	3
	Quantidade de golpes/camada	25	25	56
Ensaio Proctor modificado	Peso do martelete	44,5 N	44,5 N	44,5 N
	Altura de queda	457 mm	457 mm	457 mm
	Quantidade de camadas de solo	5	5	5
	Quantidade de golpes/camada	25	25	56

arenosos (SP, SP-SM, SW-SM, SW, SC-SM, SC e SM) e dois eram solos argilosos com baixa plasticidade (CL). Todos os ensaios de compactação foram conduzidos utilizando ASTM 1557 método C para evitar a correção de excesso de tamanho. Com base nos ensaios, foram desenvolvidas as seguintes correlações.

$$\rho_{d(\text{máx})}\ (\text{kg/m}^3) = [4.804.574G_s - 195{,}55(LL)^2 + 156.971\ (\text{R\#4})^{0,5} - 9.527.830]^{0,5} \tag{6.6}$$

$$\ln(w_{\text{ótimo}}) = 1{,}195 \times 10^{-4}(LL)^2 - 1{,}964G_s - 6{,}617 \times 10^{-5}\ (\text{R\#4}) + 7{,}651 \tag{6.7}$$

onde $\rho_{d(\max)}$ = massa específica seca máxima (kg/m³)
$w_{\text{ótimo}}$ = teor de umidade ótimo (%)
G_s = peso específico relativo de sólidos
LL = limite de liquidez, em porcentagem
R#4 = percentual retido na peneira nº 4

Para solos granulares com menos de 12% de grãos finos (ou seja, mais finos que a peneira nº 200), a compacidade relativa pode ser o melhor indicador para a especificação de compactação de produto final no campo. Com base nos ensaios de compactação laboratorial em 55 areias limpas (menos que 5% dos grãos mais finos que a peneira nº 200), Patra et al. (2010) forneceram as seguintes relações

$$D_r = AD_{50}^{-B} \tag{6.8}$$

$$A = 0{,}216 \ln E - 0{,}850 \tag{6.9}$$

$$B = -0{,}03 \ln E + 0{,}306 \tag{6.10}$$

onde D_r = a compacidade relativa máxima de compactação alcançada com energia de compactação E (kN-m/m³)
D_{50} = tamanho médio do grão (mm)

Gurtug e Sridharan (2004) propuseram correlações para o teor de umidade ótimo e peso específico seco máximo com o limite de plasticidade (*LP*) de solos coesivos. Essas correlações podem ser expressas como:

$$w_{\text{ideal}}(\%) = [1{,}95 - 0{,}38(\log E)](LP) \tag{6.11}$$

$$\gamma_{d(\max)}(\text{kN/m}^3) = 22{,}68e^{-0{,}0183 w_{\text{ótimo}}(\%)} \tag{6.12}$$

onde LP = limite de plasticidade (%)
EC = energia de compactação (kN-m/m³)

Para o ensaio Proctor modificado, E = 2.700 kN/m³. Portanto,

$$w_{\text{ótimo}}(\%) \approx 0{,}65(LP)$$

e

$$\gamma_{d(\max)}(\text{kN/m}^3) \approx 22{,}68e^{-0{,}012(LP)}$$

Osman et al. (2008) analisaram uma quantidade de resultados de ensaio de compactação laboratorial em solos de grãos finos (coesivo), incluindo os fornecidos por Gurtug e Sridharan (2004). Com base nesse estudo, foram desenvolvidas as seguintes correlações:

$$w_{\text{ideal}}(\%) = (1{,}99 - 0{,}165 \ln E)\,(IP) \tag{6.13}$$

e

$$\gamma_{d(\max)}\,(\text{kN/m}^3) = L - Mw_{\text{ideal}} \tag{6.14}$$

onde

$$L = 14{,}34 + 1{,}195 \ln E \tag{6.15}$$

$$M = -0{,}19 + 0{,}073 \ln E \tag{6.16}$$

$w_{\text{ótimo}}$ = teor ideal de água (%)
IP = índice de plasticidade (%)
$\gamma_{d(\max)}$ = massa específica seca máxima (kN/m³)
E = energia de compactação (kN-m/m³)

Matteo et al. (2009) analisaram os resultados de 71 solos granulares finos e forneceram as seguintes correlações para teor de água ótimo ($w_{\text{ótimo}}$) e o peso específico seco máximo [$\gamma_{d(\max)}$] para ensaios Proctor modificados (E = 2.700 kN-m/m³):

$$w_{\text{ótimo}}(\%) = 0{,}86(LL) + 3{,}04\left(\frac{LL}{G_s}\right) + 2{,}2 \tag{6.17}$$

e

$$\gamma_{d(\max)}(\text{kN/m}^3) = 40{,}316(w_{\text{ótimo}}^{-0{,}295})(IP^{0{,}032}) - 2{,}4 \tag{6.18}$$

onde LL = limite de liquidez (%)
IP = índice de plasticidade (%)
G_s = peso específico relativo de sólidos

Exemplo 6.1

Os resultados dos ensaios de laboratório de Proctor padrão são fornecidos na tabela a seguir.

Volume do molde (cm³)	Peso do solo úmido no molde (N)	Teor de umidade, *w* (%)
944	16,81	10
944	17,84	12
944	18,41	14
944	18,33	16
944	17,84	18
944	17,35	20

a. Determine o peso específico seco máximo de compactação e o teor de umidade ideal.

b. Calcule e plote γ_d *versus* o teor de umidade para os graus de saturação $S = 80\%$, 90% e 100% (isto é, γ_{zav}). Dado: $G_s = 2{,}7$.

Solução

Parte a

A seguinte tabela pode ser preparada.

Volume do molde V_m (cm³)	Peso do solo, W (N)	Peso específico úmido, γ (kN/m³)[a]	Teor de umidade, w (%)	Peso específico seco, γ_d (kN/m³)[b]
944	16,81	17,81	10	16,19
944	17,84	18,90	12	16,87
944	18,41	19,50	14	17,11
944	18,33	19,42	16	16,74
944	17,84	18,90	18	16,02
944	17,35	18,38	20	15,32

[a] $\gamma = \dfrac{W}{V_m}$

[b] $\gamma_d = \dfrac{\gamma}{1 + \dfrac{w\%}{100}}$

O gráfico de γ_d *versus* w é mostrado na parte inferior da Figura 6.8. Com base nele, é possível ver que o peso específico seco máximo $\gamma_{d(\max)} =$ **17,15 kN/m³** e o teor de umidade ótimo é de **14,4%**.

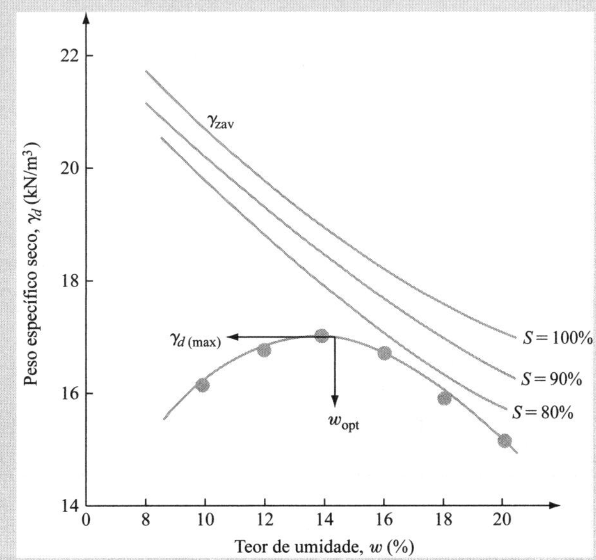

Figura 6.8 Teor de umidade – curvas peso específico.

(continua)

Parte b

Da Eq. (6.3),

$$\gamma_d = \frac{G_s \gamma_w}{1 + \dfrac{G_s w}{S}}$$

A seguinte tabela pode ser preparada.

		γ_d (kN/m³)		
G_s	w(%)	$S = 80\%$	$S = 90\%$	$S = 100\%$
2,7	8	20,84	21,37	21,79
2,7	10	19,81	20,37	20,86
2,7	12	18,85	19,48	20,01
2,7	14	17,99	18,65	19,23
2,7	16	17,20	17,89	18,50
2,7	18	16,48	17,20	17,83
2,7	20	15,82	16,55	17,20

O gráfico de γ_d *versus* w para vários graus de saturação também é apresentado na Figura 6.8. ■

Exemplo 6.2

Para um solo granular, são fornecidos os seguintes dados:

- $G_s = 2{,}6$
- Limite de liquidez da fração passante pela peneira nº 40 = 20
- Porcentual retido na peneira nº 4 = 20

Usando as Eqs. (6.6) e (6.7), calcule a massa específica seca máxima estimada de compactação e o teor de umidade ótimo, baseado no ensaio Proctor modificado.

Solução

Da Eq. (6.6),

$$\begin{aligned}\rho_{d(\max)}(\text{kg/m}^3) &= [4.804.574G_s - 195{,}55(LL)^2 + 156.971(R\#4)^{0,5} - 9.527.830]^{0,5}\\ &= [4.804.574(2{,}6) - 195{,}55(20)^2 + 156.971(20)^{0,5} - 9.527.830]^{0,5}\\ &= \mathbf{1.894\,kg/m^3}\end{aligned}$$

Da Eq. (6.7),

$$\begin{aligned}\ln(w_{\text{ótimo}}) &= 1{,}195\times10^{-4}(LL)^2 - 1{,}964G_s - 6{,}617\times10^{-5}(R\#4) + 7.65\\ &= 1{,}195\times10^{-4}(20)^2 - 1{,}964(2{,}6) - 6{,}617\times10^{-5}(20) + 7.651\\ &= 2{,}591\\ w_{\text{ótimo}} &= \mathbf{13{,}35\%}\end{aligned}$$

■

Exemplo 6.3

Para uma areia com 4% de grãos mais finos que a peneira nº 200, estime a compacidade relativa máxima de compactação obtida de um ensaio Proctor modificado. Dado $D_{50} = 1{,}4$ mm.

Solução

Para o ensaio Proctor modificado, $E = 2696$ kN-m/m³.

Da Eq. (6.9),

$$A = 0{,}216 \ln E - 0{,}850 = (0{,}216)(\ln 2.696) - 0{,}850 = 0{,}856$$

Da Eq. (6.10),

$$B = -0{,}03 \ln E + 0{,}306 = -(0{,}03)(\ln 2.696) + 0{,}306 = 0{,}069$$

Da Eq. (6.8),

$$D_r = AD_{50}^{-B} = (0{,}856)(1{,}4)^{-0{,}069} = 0{,}836 = \mathbf{83{,}6\%}$$ ■

Exemplo 6.4

Para o solo argiloso com silte, são dados que $LL = 43$ e $LP = 18$. Estime o peso específico máximo seco de compactação que pode ser alcançado conduzindo um ensaio Proctor modificado. Use a Eq. (6.14).

Solução

Para o ensaio Proctor modificado, $E = 2.696$ kN-m/m³.
Das Equações (6.15) e (6.16),

$$L = 14{,}34 + 1{,}195 \ln E = 14{,}34 + 1{,}195 \ln(2.696) = 23{,}78$$

$$M = -0{,}19 + 0{,}073 \ln E = -0{,}19 + 0{,}073 \ln(2.696) = 0{,}387$$

Da Eq. (6.13),

$$\begin{aligned} w_{\text{ótimo}}(\%) &= (1{,}99 - 0{,}165 \ln E)(IP) \\ &= [1{,}99 - 0{,}165 \ln(2.696)](43 - 18) \\ &= 17{,}16\% \end{aligned}$$

Da Eq. (6.14),

$$\gamma_{d(\text{max})} = L - Mw_{\text{ótimo}} = 23{,}78 - (0{,}387)(17{,}16) = \mathbf{17{,}14\ kN/m^3}$$ ■

6.7 Estrutura do solo argiloso compactado

Lambe (1958a) estudou o efeito de compactação na estrutura de solos argilosos e os resultados do estudo são ilustrados na Figura 6.9. Se a argila for compactada com um teor de umidade no lado seco do teor ótimo, representado pelo ponto *A*, ela terá uma estrutura floculada. Esse tipo de estrutura ocorre porque, em baixos teores de umidade, as camadas duplas difusas de íons ao redor das partículas de argila podem não estar completamente desenvolvidas, assim a repulsão interpartículas é reduzida. Esta repulsão reduzida resulta em uma orientação aleatória das partículas e peso específico seco menor. Quando o teor de umidade da compactação é aumentado, como mostra o ponto *B*, as camadas duplas difusas ao redor das partículas se expandem, o que aumenta a repulsão entre as partículas de argila e produz um menor grau de floculação e um maior peso específico seco. Um aumento contínuo no teor de umidade de *B* para *C* expande ainda mais as camadas duplas. Essa expansão resulta em um contínuo aumento da repulsão entre as partículas e, consequentemente, maior grau de orientação das partículas e estrutura mais ou menos dispersa. Porém o peso específico seco diminui porque a água adicionada dilui a concentração de sólidos do solo por unidade de volume.

Em determinado teor de umidade, maior esforço de compactação produz orientação mais paralela das partículas de argila, o que resulta em uma estrutura mais dispersa. Essas partículas ficam mais próximas e o solo apresenta maior peso específico de compactação. Tal fenômeno pode ser observado comparando-se o ponto *A* com o ponto *E* na Figura 6.9.

A Figura 6.10 mostra a variação no grau de orientação das partículas com o teor de água de moldagem para argila azul de Boston compactada. Os trabalhos de Seed e Chan (1959) mostraram resultados similares em argila de caulim compactada.

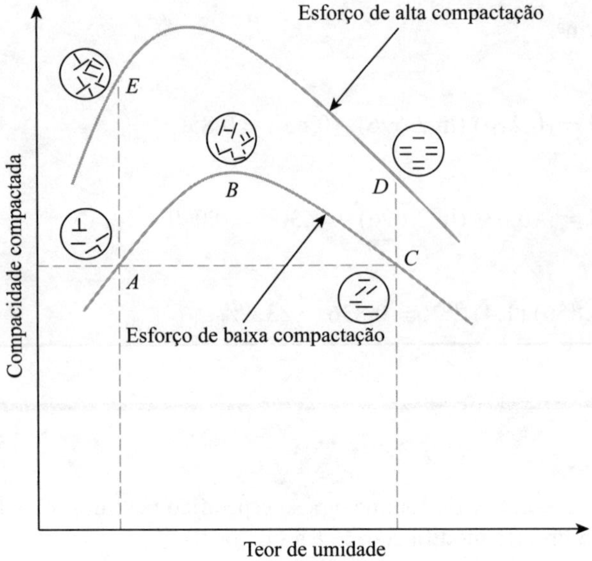

Figura 6.9 Efeitos da compactação em estruturas de solos argilosos. (*Redesenhado segundo Lambe, 1958a. Com permissão da ASCE.*)

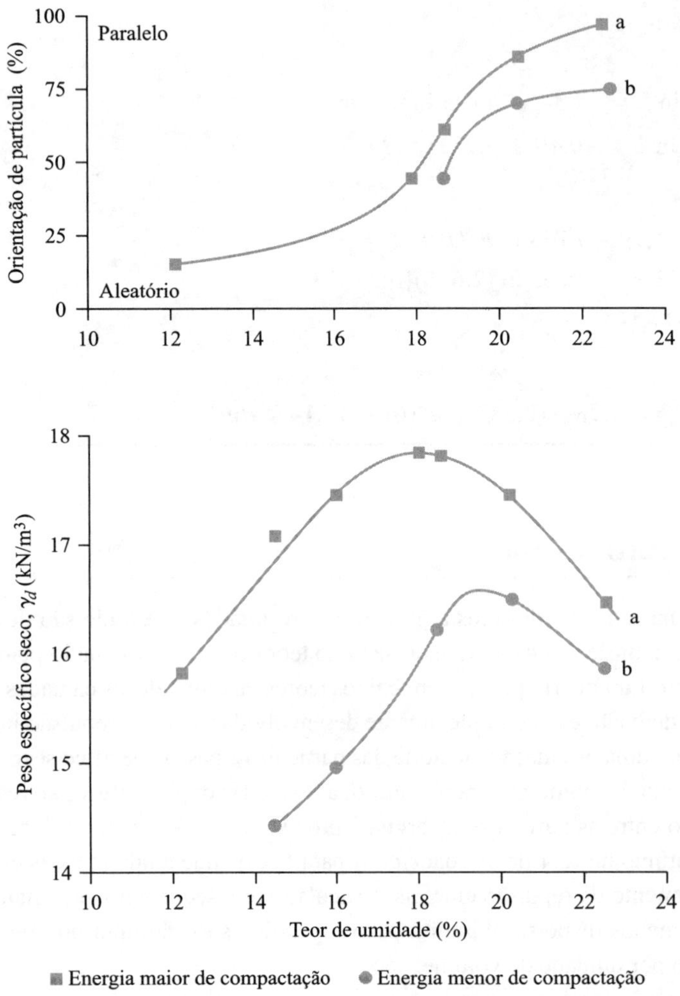

Figura 6.10 Orientação em função do teor de umidade para Argila Azul de Boston. (*Segundo Lambe, 1958a. Com permissão da ASCE.*)

6.8 Efeitos da compactação nas propriedades de solos coesivos

A compactação induz variações na estrutura de solos coesivos. Os resultados destas variações estruturais incluem alterações na condutividade hidráulica, na compressibilidade e na resistência. A Figura 6.11 mostra os resultados dos ensaios de permeabilidade (Capítulo 7) em argila arenosa da Jamaica. As amostras usadas nos ensaios foram compactadas com vários teores de umidade, com o mesmo esforço de compactação. A condutividade hidráulica, que é uma medida para saber com qual facilidade a água flui pelo solo, diminui com o aumento de teor de umidade. Ela alcança um valor mínimo em aproximadamente o teor de umidade ótimo. Além do teor de umidade ótimo, a condutividade hidráulica aumenta ligeiramente. O alto valor da condutividade hidráulica no lado seco do teor de umidade ótimo é devido à orientação aleatória das partículas de argila, que resulta em poros maiores.

As características de compressibilidade unidimensional (Capítulo 11) de solos argilosos compactados no lado seco do teor ótimo e compactados no lado úmido do teor ótimo são mostradas na Figura 6.12. Sob a pressão mais baixa, um solo compactado no lado úmido do teor ótimo é mais comprimível do que o solo compactado na parte seca do teor ótimo. Isso é indicado na Figura 6.12a. Sob pressão mais alta, a tendência é exatamente o oposto, que é mostrado na Figura 6.12b. Em amostras compactadas no lado seco do teor ótimo, a pressão tende a orientar as partículas para suas direções normais de aplicação. Ao mesmo tempo, o espaço entre as partículas de argila também é reduzido. Porém, em amostras compactadas no lado úmido do teor ótimo, a pressão produz apenas uma redução do espaço entre as partículas de argila. Em pressões muito altas, é possível ter estruturas idênticas em amostras compactadas nos lados seco e úmido do teor ótimo.

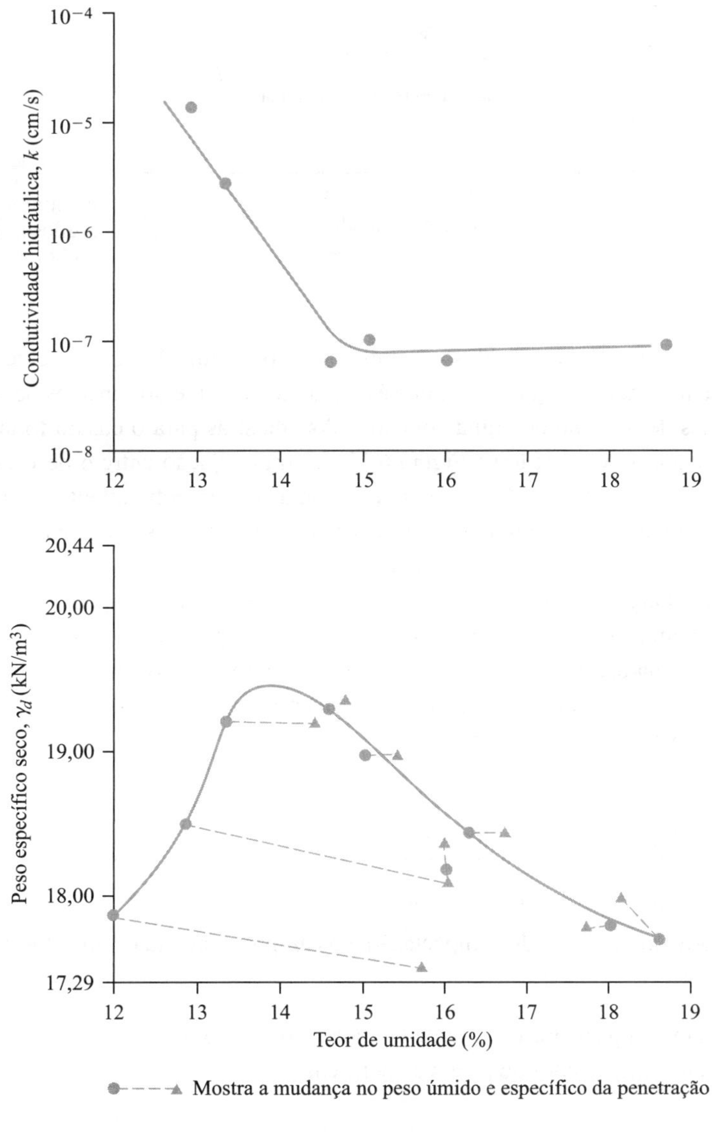

Figura 6.11 Efeito da compactação na condutividade hidráulica de solo argiloso. (*Redesenhado segundo Lambe, 1958b. Com permissão da ASCE.*)

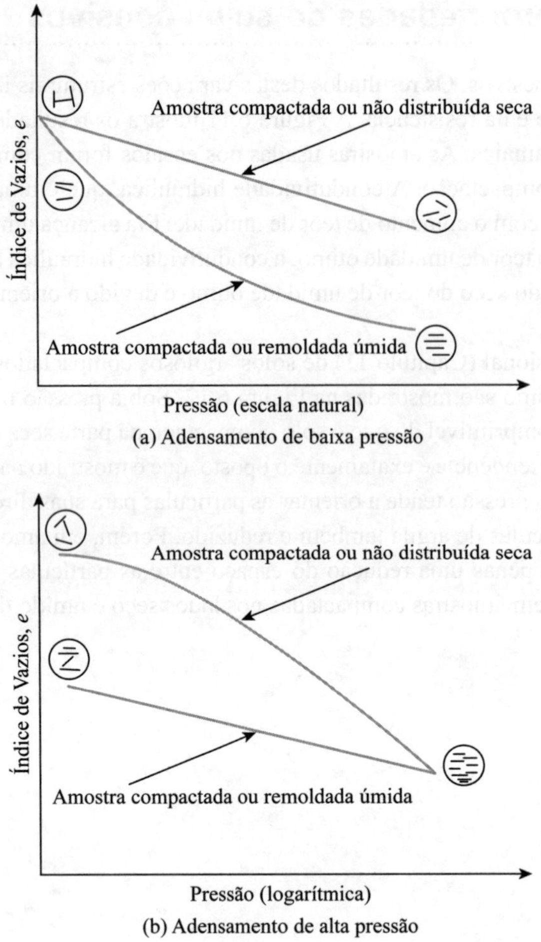

Figura 6.12 Efeito da compactação na compressibilidade unidimensional de solos argilosos. (*Redesenhado segundo Lambe, 1958b. Com permissão da ASCE.*)

A resistência de solos argilosos compactados (Capítulo 12) geralmente diminui com o teor de umidade de moldagem. Isso é indicado na Figura 6.13, que é o resultado de diversos ensaios de resistência de compressão livre em amostras compactadas de um solo de argila com silte. As amostras para o ensaio foram preparadas pelo método de compactação por amassamento. A inserção na Figura 6.13 mostra a relação entre o peso específico seco e o teor de umidade do solo. Observe que as amostras *A*, *B* e *C* foram compactadas, respectivamente, no lado seco do teor ótimo, próximo do teor de umidade ótimo e no lado úmido do teor de umidade ótimo. O esforço de compressão não confinado, q_u, é muito reduzido em amostras compactadas no lado úmido do teor de umidade ótimo.

Algumas argilas expansivas no campo não permanecem compactadas, mas se expandem com a entrada de água e se retraem com a perda de umidade. Essa retração e expansão do solo podem causar sérios desastres nas fundações de edificações. A natureza da variação de expansão e de retração de argilas expansivas é mostrada na Figura 6.14. Observações em laboratório, como estas, ajudarão o engenheiro geotécnico a adotar um teor de umidade para a compactação que minimize a expansão e a retração.

6.9 Compactação em campo

Equipamentos de compactação

A maior parte dos serviços de compactação em campo é realizada com rolos compactadores. Os quatro tipos mais comuns de rolos são:

1. Rolo compactador liso (ou de tambor liso)
2. Rolo compactador de pneus de borracha

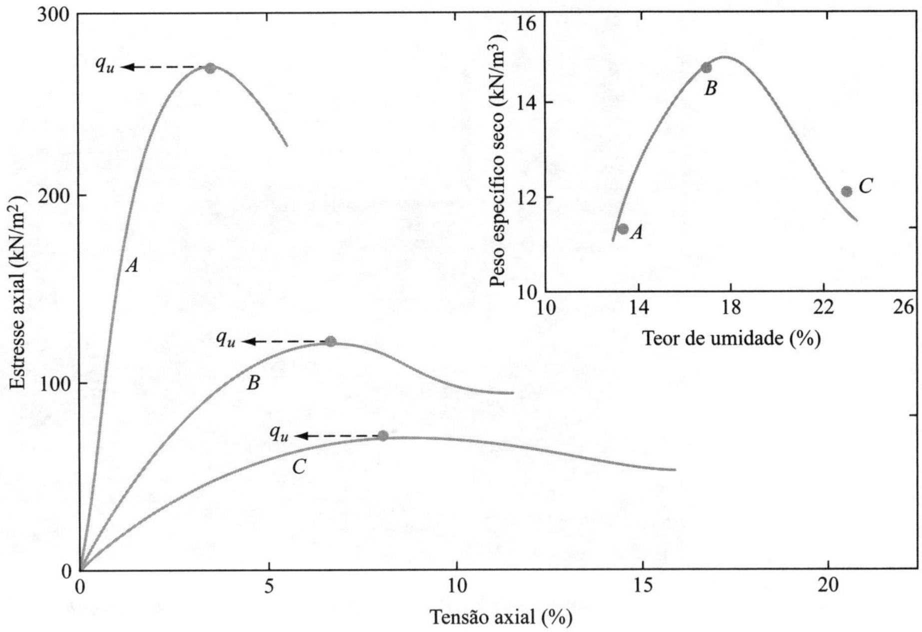

Figura 6.13 Ensaio de compressão em corpos de prova compactados de argila siltosa.

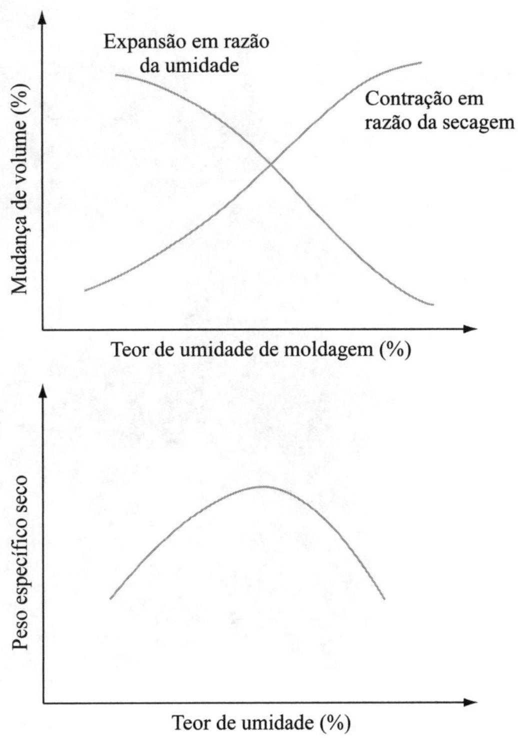

Figura 6.14 Natureza da variação da expansão e retração de argila expansiva.

3. Rolo compactador pé de carneiro
4. Rolo compactador vibratório

Os rolos compactadores lisos (Figura 6.15) são adequados para provas de carga de subleitos e serviços de acabamento de aterros com solos arenosos e argilosos. Esses rolos fornecem 100% de cobertura sob as rodas, com pressões de contato com o solo de 310 a 380 kN/m^2. Esses rolos não são adequados para produzir um alto peso específico compactado quando usados em camadas mais espessas.

Figura 6.15 Rolo compactador liso. (*Ingram Compaction LLC.*)

Figura 6.16 Rolo compactador de pneus de borracha. (*Ingram Compaction LLC.*)

Os rolos de pneus de borracha pneumáticos (Figura 6.16) são melhores em diversos aspectos que rolos compactadores lisos. Os anteriores são pesadamente carregados com diversas fileiras de pneus. Os pneus ficam proximamente espaçados – quatro a seis pneus por fileira. A pressão de contato entre o solo e os pneus pode variar de 600 a 700 kN/m^2 e pode produzir uma cobertura de 70% a 80% em média. Os rolos compactadores de pneus podem ser usados na compactação de solos argilosos e solos arenosos. A compactação é obtida por meio de uma combinação de pressão e ação de amassamento.

Os rolos compactadores pé de carneiro (Figura 6.17) estão equipados com tambores com várias projeções. A área de cada projeção pode variar de 25 a 85 cm^2. Esses compactadores são mais eficientes na compactação de solos argilosos. A pressão de contato sob as projeções pode variar de 1.400 a 7.000 kN/m^2. Durante a compactação no campo, as

Figura 6.17 Rolo compactador pé de carneiro. (*SuperStock/Alamy.*)

passagens iniciais compactam a porção inferior de uma camada. A compactação das porções intermediária e superior da camada é realizada em uma etapa posterior.

Os rolos compactadores vibratórios são de alta eficiência na compactação de solos granulares. Dispositivos vibratórios podem ser montados em rolos compactadores lisos, de pneus de borracha ou pé de carneiro para aplicar os efeitos vibratórios no solo. A Figura 6.18 demonstra o princípio de funcionamento dos rolos compactadores vibratórios. A vibração é produzida por pesos giratórios excêntricos.

Placas vibratórias manuais podem ser empregadas na compactação eficiente de solos granulares em uma área limitada. As placas vibratórias também podem ser instaladas em conjunto nas máquinas. Tais placas podem ser utilizadas em áreas menos restritas.

Compactação de campo e fatores que afetam a compactação de campo

Para compactação de campo, o solo é espalhado em camadas e uma quantidade predeterminada de água é vaporizada (Figura 6.19) em cada camada de solo, após o início da compactação por um rolo desejado.

Além do tipo de solo e teor de umidade, outros fatores devem ser considerados para alcançar o peso específico de compactação no campo. Entre esses fatores estão a espessura da camada, a intensidade da pressão aplicada pelo equipamento de compactação e a área na qual será aplicada. Tais fatores são importantes, pois a pressão aplicada na superfície diminui em função da profundidade, o que resulta em um decréscimo no grau de compactação do solo. Durante a compac-

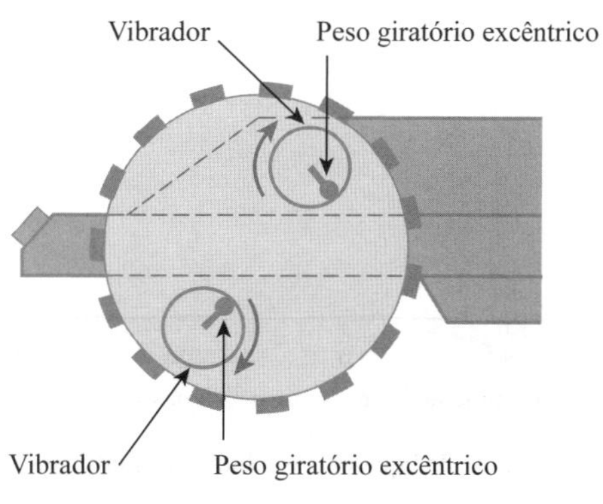

Figura 6.18 Princípio de funcionamento dos rolos compactadores vibratórios.

Figura 6.19 Pulverização de água de cada camada de solo antes da compactação no campo. (*Cortesia de N. Sivakugan, James Cook University Austrália.*)

tação, o peso específico seco do solo também é afetado pelo número de passagens do rolo. A Figura 6.20 mostra as curvas de crescimento de um solo argilo-siltoso. O peso específico seco de um solo a determinado teor de umidade aumenta, até certo ponto, com o número de passagens do rolo. Além desse ponto, o peso específico permanece aproximadamente constante. Na maioria dos casos, cerca de 10 a 15 passagens do rolo produzem um peso específico seco máximo economicamente viável.

A Figura 6.21a mostra a variação no peso específico de compactação com a profundidade para uma areia mal graduada, com um rolo vibratório. A vibração foi produzida instalando um peso excêntrico em um eixo giratório simples dentro do tambor cilíndrico. O peso do rolo utilizado para esta compactação era de 55,6 kN e o diâmetro do tambor era de

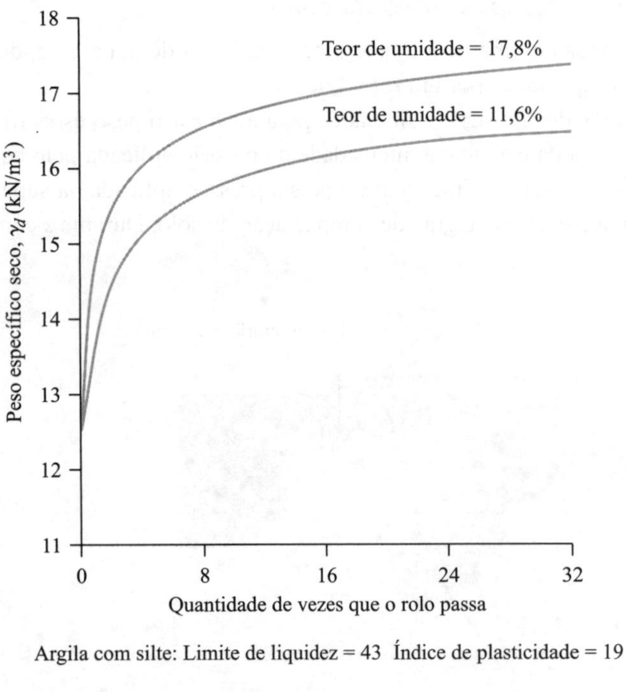

Figura 6.20 Curva de crescimento para argila siltosa – relação entre o peso específico seco e o número de passagens de um rolo compactador de três rodas de 84,5 kN quando o solo está compactado em camadas soltas de 229 mm com diferentes teores de umidade. (*De Ensaios de Campo em Escala Real de Rolos Compactadores de Três Rodas. In Highwa Research Bulletin 272, Highwa Research Board, National Research Council, Washington, D.C., 1960, Figura 15, p. 23. Reproduzido com permissão da Transportation Research Board.*)

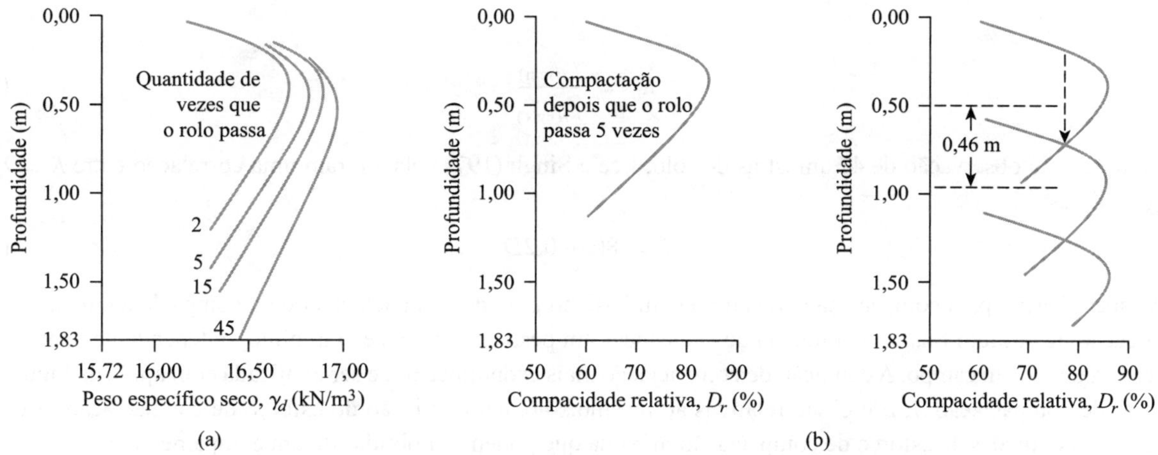

Figura 6.21 (a) Compactação vibratória de areia – variação do peso específico seco das passagens do rolo compactador; espessura da camada = 2,44 m; (b) estimativa de compactação da camada para obter a compacidade relativa mínima necessária de 75% com cinco passagens do rolo. (*Segundo D' Appolonia, Whitman e D' Appolonia, 1969. Com permissão da ASCE.*)

1,19 m. As camadas eram mantidas em 2,44 m. Observe que, a qualquer profundidade determinada, o peso específico seco de compactação aumenta à medida que a quantidade de vezes que o rolo passa. Porém a taxa de aumento do peso específico diminui gradativamente depois de 15 passagens. Outro fator que deve ser observado na Figura 6.21a é a variação do peso específico seco para dado número de passagens do rolo. O peso específico seco e, consequentemente, a compacidade relativa D_r alcançam seus valores máximos a uma profundidade de cerca de 0,5 m e diminuem gradativamente em profundidades menores. O decréscimo ocorre em razão da falta de pressão de confinamento em direção à superfície. Depois que a relação entre a profundidade e a compacidade relativa (ou peso específico seco) para dado solo, com determinado número de passagens do rolo compactador, for definida, é fácil estimar a espessura aproximada de cada camada. Este procedimento é mostrado na Figura 6.21b (D'Appolonia et al., 1969).

6.10 Especificações para a compactação no campo

Na maior parte das especificações de terraplanagem, a contratada é instruída a obter um peso específico seco de compactação do campo de 90% a 95% do peso específico seco máximo, determinado em laboratório por meio do ensaio Proctor padrão ou modificado. Essa é uma especificação de grau de compactação, que pode ser expressa por

$$R(\%) = \frac{\gamma_{d(\text{campo})}}{\gamma_{d(\text{máx}-\text{lab})}} \times 100 \tag{6.19}$$

onde R = grau de compactação.

Para a compactação de solos granulares, as especificações são, algumas vezes, escritas em função da compacidade relativa requerida D_r ou do grau de compactação requerido. A compacidade relativa não deve ser confundida com o grau compactação. Com base no Capítulo 3, podemos escrever

$$D_r = \left[\frac{\gamma_{d(\text{campo})} - \gamma_{d(\text{mín})}}{\gamma_{d(\text{máx})} - \gamma_{d(\text{mín})}}\right]\left[\frac{\gamma_{d(\text{máx})}}{\gamma_{d(\text{campo})}}\right] \tag{6.20}$$

Comparando as Eqs. (6.19) e (6.20), vemos que

$$R = \frac{R_0}{1 - D_r(1 - R_0)} \tag{6.21}$$

onde

$$R_0 = \frac{\gamma_{d(\min)}}{\gamma_{d(\max)}} \tag{6.22}$$

Com base na observação de 47 amostras de solo, Lee e Singh (1971) elaboraram uma correlação entre R e D_r para solos granulares:

$$R = 80 + 0{,}2D_r \tag{6.23}$$

A especificação para compactação no campo com base no grau de compactação ou na compacidade relativa é uma especificação de produto final. A contratada deve alcançar um peso específico seco mínimo, independentemente do procedimento adotado em campo. A condição de compactação mais econômica pode ser explicada com ajuda da Figura 6.22. As curvas de compactação A, B e C são relativas ao mesmo solo, com variação do esforço de compactação. A curva A representa as condições de esforço de compactação máxima que podem ser obtidas de um equipamento existente. A contratada deve alcançar um peso específico seco mínimo de $\gamma_{d(\text{campo})} = R\gamma_{d(\max)}$. Para obter esses resultados, a contratada deve certificar-se de que o teor de umidade w está entre w_1 e w_2. Como é possível visualizar na curva de compactação C, o $\gamma_{d(\text{campo})}$ necessário pode ser obtido com um menor esforço de compactação a um teor de umidade $w = w_3$. Porém, na maioria das condições práticas, um peso específico de campo compactado de $\gamma_{d(\text{campo})} = R\gamma_{d(\max)}$ não pode ser obtido por meio do esforço de compactação mínimo. Portanto, o equipamento com um pouco mais de esforço de compactação mínima pode ser utilizado. A curva de compactação B representa essa condição. É possível observar na Figura 6.22 que o teor de umidade mais econômico está entre w_3 e w_4. Observe que $w = w_4$ é o teor de umidade ideal para a curva A, que é o esforço máximo de compactação.

O conceito descrito no parágrafo anterior, juntamente com a Figura 6.22, é historicamente atribuído a Seed (1964) e foi elaborado de maneira mais detalhada por Holtz e Kovacs (1981).

6.11 Determinação de peso específico compactado de campo

Quando o trabalho de compactação está em progresso no campo, é útil conhecer se o peso específico foi alcançado. Os procedimentos padrão para determinação do peso específico compactado de campo incluem

1. Método de frasco de areia
2. Método de balão de borracha
3. Método nuclear

Abaixo segue uma breve descrição de cada um dos métodos.

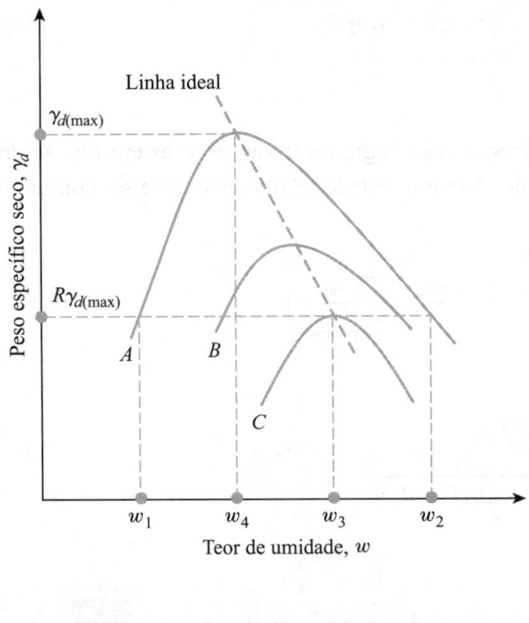

Figura 6.22 Condição mais econômica para compactação.

Método do frasco de areia (Designação D-1556 da ASTM)

O equipamento para ensaio consiste em um frasco de vidro ou de plástico com um cone de metal instalado no topo (Figura 6.23). O frasco é cheio com areia Ottawa uniforme e seca. O peso combinado do frasco, do cone e da areia no frasco é determinado (W_1). No campo, um pequeno furo é escavado na área em que o solo foi compactado. Se o peso do solo úmido retirado do furo (W_2) for determinado e sabendo-se o teor de umidade do solo escavado, o peso seco do solo pode ser obtido por

$$W_3 = \frac{W_2}{1 + \dfrac{w\,(\%)}{100}} \tag{6.24}$$

onde w = teor de umidade.

Após a escavação, o frasco preenchido com areia com o cone instalado é posicionado de cabeça para baixo sobre o furo (Figura 6.24). A areia é liberada do frasco e enche o furo e o frasco. Em seguida, o peso combinado do frasco, do cone e da areia restante no frasco é determinado (W_4), portanto

$$W_5 = W_1 - W_4 \tag{6.25}$$

onde W_5 = peso da areia para preencher o furo e o cone.

O volume do furo escavado pode ser determinado por

$$V = \frac{W_5 - W_c}{\gamma_{d(\text{areia})}} \tag{6.26}$$

onde W_c = peso da areia necessária para encher apenas o cone

$\gamma_{d(\text{areia})}$ = peso específico da areia Ottawa usada

Os valores de W_c e $\gamma_{d(\text{areia})}$ são calculados pela calibração realizada em laboratório. O peso específico seco de compactação realizada em campo é então determinado da seguinte forma:

$$\gamma_d = \frac{\text{Peso seco do solo escavado do furo}}{\text{Volume do furo}} = \frac{W_3}{V} \tag{6.27}$$

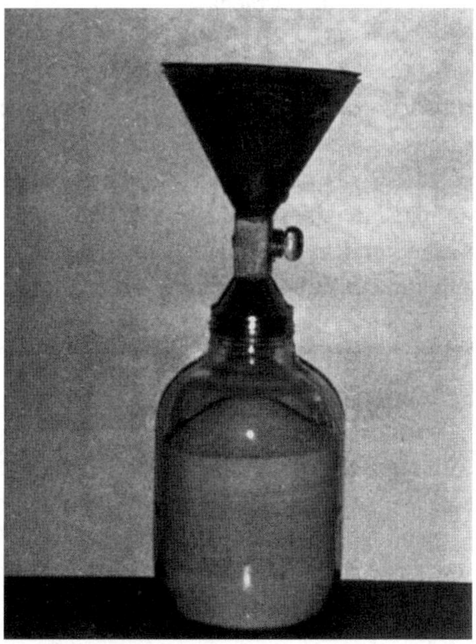

Figura 6.23 Frasco de vidro cheio com areia de Ottawa e com o cone de areia anexado. (*Cortesia de Braja M. Das, Henderson, Nevada.*)

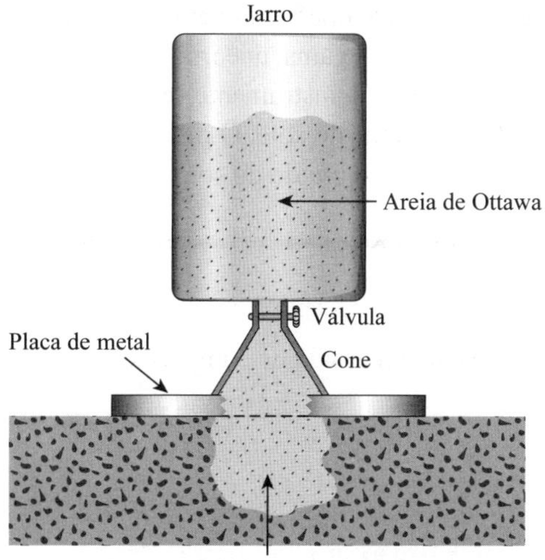

Figura 6.24 Peso unitário em campo determinado pelo método do frasco de areia (*condição de compactação mais econômica*).

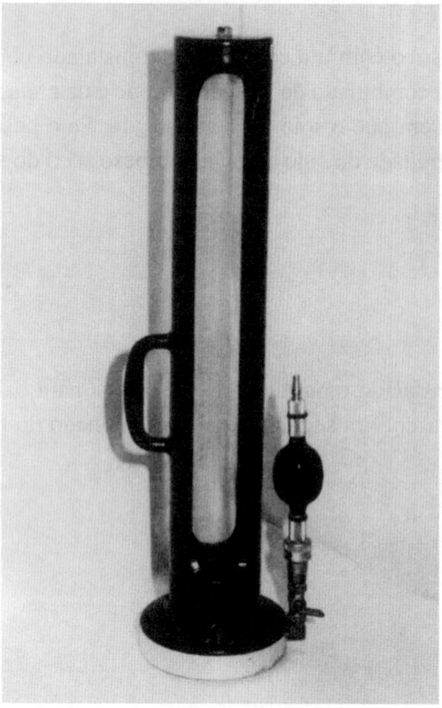

Figura 6.25 Frasco graduado usado com o balão de borracha (não mostrado). (*Cortesia de John Hester, Carterville, Illinois.*)

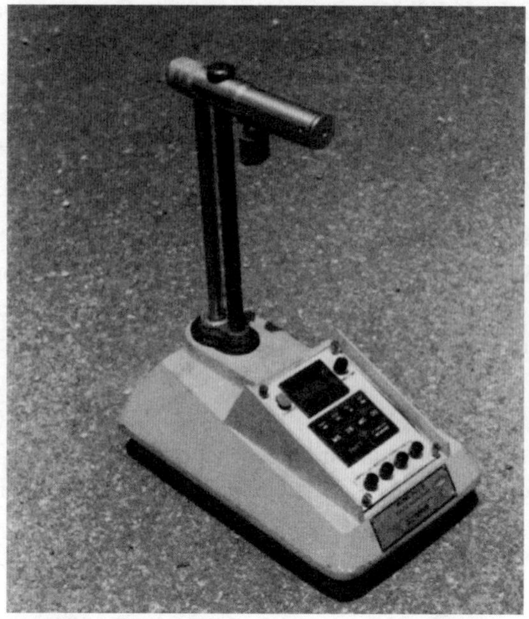

Figura 6.26 Densímetro nuclear. (*Cortesia de Braja M. Das, Henderson, Nevada.*)

Método do balão de borracha (Designação D-2167 da ASTM)

O procedimento para o método de balão de borracha é semelhante ao método de frasco de areia; é feito um furo de ensaio; o peso úmido do solo removido do furo e o teor de umidade são determinados. No entanto, o volume do furo é determinado inserindo-se um balão de borracha preenchido com a água retirada de um recipiente graduado, permitindo que o volume possa ser lido de forma direta. O peso específico seco do solo compactado pode ser determinado usando-se a Eq. (6.27). A Figura 6.25 mostra um recipiente graduado que seria usado com o balão de borracha.

Método nuclear

Os densímetros nucleares são utilizados com frequência para a determinação do peso específico seco compactado do solo. Esse equipamento opera tanto em furos escavados como na superfície do solo. Ele utiliza a fonte isótopa radioativa. O isótopo envia os raios gama, que irradiam de volta para o detector do medidor. Os solos densos absorvem mais radiação do que os solos fofos. O instrumento mede o peso de solo úmido por unidade de volume e o peso da água existente em uma unidade de volume do solo. O peso específico seco do solo compactado pode ser calculado subtraindo-se o peso da água do peso específico úmido do solo. A Figura 6.26 mostra uma foto de um densímetro nuclear.

Exemplo 6.5

Os resultados de um ensaio de compactação em laboratório para um silte argiloso são mostrados na tabela a seguir.

Teor de umidade (%)	Peso específico seco (kN/m^3)
6	14,80
8	17,45
9	18,52
11	18,9
12	18,5
14	16,9

Os dados a seguir são resultado de um ensaio de determinação em campo do peso específico por meio do método do frasco de areia:

- Massa específica seca calibrada da areia Ottawa = 1.570 kg/m³
- Massa calibrada de areia Ottawa necessária para encher o cone = 0,545 kg
- Massa do frasco + cone + areia (antes da utilização) = 7,59 kg
- Massa do frasco + cone + areia (após a utilização) = 4,78 kg
- Massa do solo úmido retirado do furo = 3,007 kg
- Teor de umidade do solo úmido = 10,2%

Determine:

a. O peso específico seco da compactação em campo
b. Compactação relativa no campo

Solução

Parte a

No campo,

$$\text{Massa da areia usada para preencher o furo e o cone} = 7{,}59 \text{ kg} - 4{,}78 \text{ kg} = 2{,}81 \text{ kg}$$

$$\text{Massa da areia usada para preencher o furo} = 2{,}81 \text{ kg} - 0{,}545 \text{ kg} = 2{,}265 \text{ kg}$$

$$\text{Volume do furo } (V) = \frac{2{,}265 \text{ kg}}{\text{Compacidade seca de areia Ottawa}} = \frac{2{,}265 \text{ kg}}{1.570 \text{ kg/m}^3} = 0{,}0014426 \text{ m}^3$$

$$\text{Compacidade úmida do solo compactado} = \frac{\text{Massa de solo úmido}}{\text{Volume do furo}} = \frac{3{,}007}{0{,}0014426} = 2.084{,}4 \text{ kg/m}^3$$

$$\text{Peso específico úmido do solo compactado} = \frac{(2.084{,}4)(9{,}81)}{1.000} = 20{,}45 \text{ kN/m}^3$$

Portanto,

$$\gamma_d = \frac{\gamma}{1 + \frac{w(\%)}{100}} = \frac{20{,}45}{1 + \frac{10{,}2}{100}} = \mathbf{18{,}56 \text{ kN/m}^3}$$

Parte b

Os resultados do ensaio de compactação em laboratório são mostrados no gráfico da Figura 6.27. A partir do gráfico, podemos observar que $\gamma_{d(\max)} = 19$ kN/m³. Portanto, a partir da Eq. (6.19),

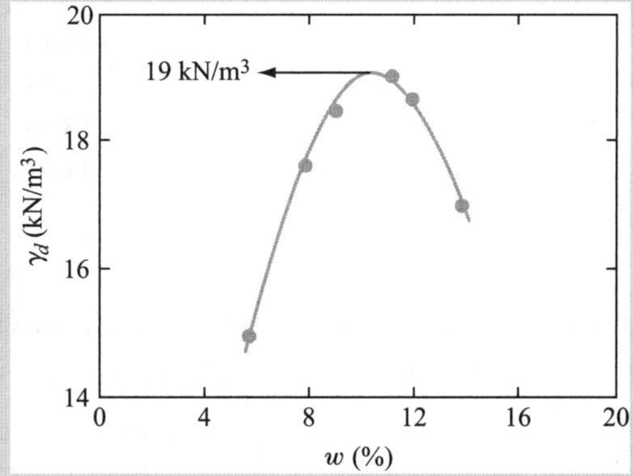

Figura 6.27 Gráfico dos resultados em laboratório do ensaio de compactação

(continua)

$$R = \frac{\gamma_{d(\text{campo})}}{\gamma_{d(\text{max})}} = \frac{18,56}{19,0} = \mathbf{97,7\%}$$

■

Exemplo 6.6

Para determinado solo, abaixo seguem os resultados de ensaios de compactação conduzidos no laboratório.

Teor de umidade (%)	Peso específico seco γ_d (kN/m³)
12	16,34
14	16,93
16	17,24
18	17,20
20	16,75
22	16,23

Após a compactação do solo no campo, os ensaios de frasco de areia (ensaios de controle) são conduzidos em cinco locais separados. Abaixo seguem os resultados:

Local	Teor de umidade (%)	Compacidade úmida, ρ (kN/m³)
1	15,2	2.055
2	16,4	2.060
3	17,2	1.971
4	18,8	1.980
5	21,1	2.104

As especificações exigem que:

a. γ_d deve ser de pelo menos 0,95 $\gamma_{d(\text{max})}$.

b. Teor de umidade w deve estar dentro de $\pm 2\%$ da $w_{\text{ótimo}}$.

Faça os cálculos necessários para visualizar se os ensaios de controle atendem às especificações.

Solução

Da Eq. (6.4),

$$\gamma_{\text{zav}} = \frac{\gamma_w}{w + \dfrac{1}{G_s}}$$

Dado: $G_s = 2,72$. Assim, a tabela a seguir pode ser preparada.

w (%)	γ_{zav} (kN/m³)
12	20,12
14	19,33
16	18,59
18	17,91
20	17,28
22	16,70

A figura 6.28 exibe o gráfico de γ_d e γ_{zav}. A partir do gráfico, pode ser visto que:

$$\gamma_{d(\text{max})} = 17,4 \text{ kN/m}^3$$
$$w_{\text{ótimo}} = 16,8\%$$

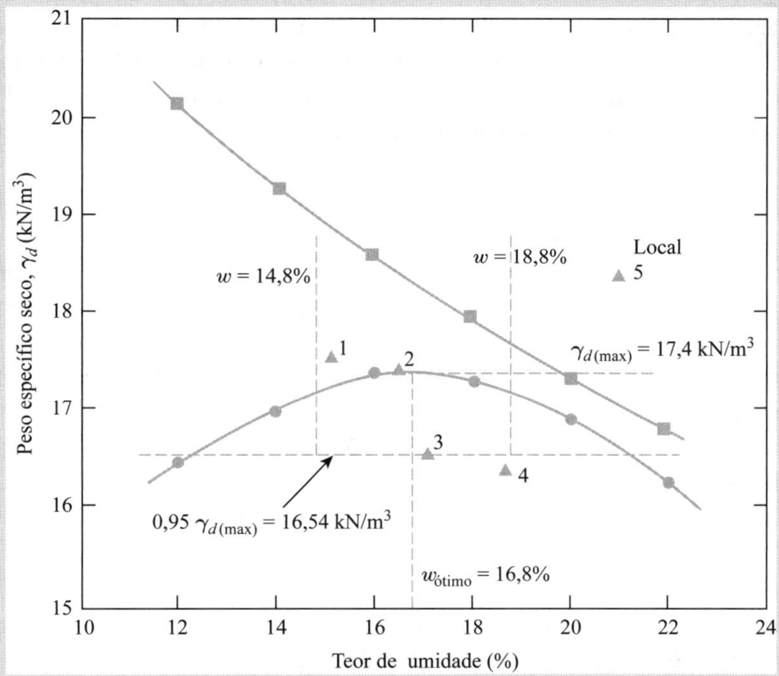

Figura 6.28

Com base nas especificações, γ_d deve ser de pelo menos $0{,}95\gamma_{d(\text{max})} = (0{,}95)(17.4) = 16{,}54$ kN/m^3 com um teor de umidade de 16,8% ± 2% = 14,8% a 18,8%. Esta zona é indicada na Figura 6.28.

Para os ensaios de controle, a seguinte tabela pode ser preparada.

Local	*w* (%)	ρ (kN/m^3)	γ_d (kN/m^3)
1	15,2	2.055	17,5
2	16,4	2.060	17,36
3	17,1	1.971	16,51
4	18,8	1.980	16,35
5	21,1	2.104	18,41

$$^* \gamma_d(\text{kN/m}^3) = \left[\frac{\rho(\text{kg/m}^3)}{1+\dfrac{w(\%)}{100}}\right]\left(\frac{9{,}81}{1.000}\right)$$

Os resultados dos ensaios de controle também são exibidos no gráfico da Figura 6.28. A partir do gráfico, parece que os **ensaios nos locais 1 e 2 atendem às especificações.** O ensaio no local 3 é um caso intermediário. Observe também que existe algum erro para o ensaio no local 5, uma vez que está acima a linha de vazios sem ar. ■

6.12 Compactação de solos orgânicos e detritos

A presença de matéria orgânica no solo reduz sua resistência. Em muitos casos, os solos com alto teor orgânico geralmente são descartados como material de preenchimento; no entanto, em determinadas circunstâncias econômicas, os solos levemente orgânicos são utilizados para compactação. De fato, este tipo de solo é desejável em muitas circunstâncias (por exemplo, em aplicações na agricultura, na mitigação da desertificação e no planejamento urbano). Os altos custos do descarte do lixo aumentaram o interesse na possível utilização de materiais descartados (por exemplo, as cinzas pesadas produzidas pela queima do carvão, a escória de cobre, os sedimentos produzidos por fábricas de papel, os restos triturados de pneus usados misturados com solo inorgânico etc.) em várias operações de terraplenagem. Tal utilização de resíduos é uma das principais forças da geotecnologia ambiental moderna. A seguir, discutiremos as características de compactação de alguns destes materiais.

Solo orgânico

Franklin et al. (1973) realizaram vários ensaios em laboratório para observar o efeito do teor orgânico sobre as características de compactação do solo. No programa de ensaios, vários solos naturais e misturas de solos foram testados. A Figura 6.29 mostra o efeito do conteúdo orgânico sobre o peso específico seco máximo. Quando o conteúdo orgânico excede 8% a 10%, o peso específico seco máximo de compactação diminui rapidamente. Por outro lado, o teor de umidade ótimo para dado esforço de compactação fica maior em função do aumento do conteúdo orgânico. Esta tendência é mostrada na Figura 6.30. Da mesma forma, a resistência à compressão não confinada máxima (veja o Capítulo 12) obtida de um solo compactado (com determinado esforço de compactação) decresce com o aumento do conteúdo orgânico do solo. Em razão desses fatos, conclui-se que os solos com conteúdo orgânico superior a 10% são inadequados para compactação.

Mistura de solos e materiais orgânicos

Lancaster et al. (1996) realizaram vários ensaios Proctor modificados para determinar o efeito do conteúdo orgânico sobre o peso específico seco máximo e o teor de umidade ótimo de misturas de solo e material orgânico. Os solos testados eram compostos de solo arenoso mal graduado (SP-SM) misturado com casca de sequoia triturada, casca de arroz triturada ou lodo de sistemas municipais de esgoto. As Figuras 6.31 e 6.32 mostram as variações do peso específico seco máximo de compactação e do teor de umidade ótimo, respectivamente, com o conteúdo orgânico. Como mostra a Figura 6.29, o peso específico seco máximo decresceu com o conteúdo orgânico em todos os casos (veja a Figura 6.31). Por outro lado, o teor de umidade ótimo aumentou com o conteúdo orgânico para o solo misturado com cascas trituradas de sequoia ou

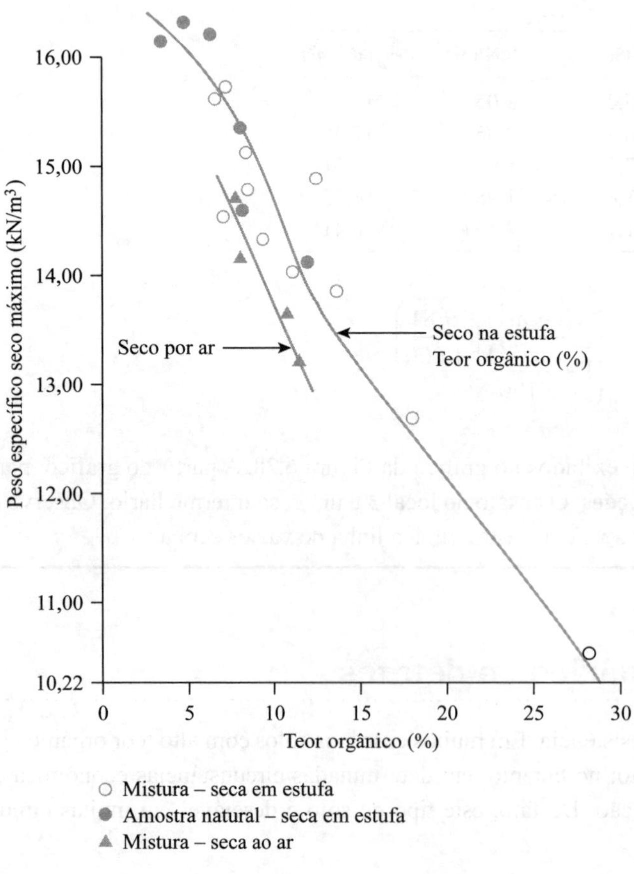

Figura 6.29 Variação do peso específico seco máximo com o conteúdo orgânico. (*Segundo Franklin Orozco e Semrau, 1973. Com permissão da ASCE.*)

arroz (veja a Figura 6.32), de modo similar ao padrão mostrado na Figura 6.30. Entretanto, para misturas de solo e lodo de esgoto municipal, o teor de umidade ótimo permaneceu praticamente constante (veja a Figura 6.32).

Cinzas pesadas da queima de carvão e escória de cobre

Resultados de ensaio Proctor normal em laboratório para cinzas pesadas produzidas em usinas termelétricas de queima de carvão e para escória de cobre também estão disponíveis na literatura. Esses produtos residuais têm se mostrado seguros para o meio ambiente quando utilizados em aterros. Um resumo dos resultados desses ensaios é mostrado na Tabela 6.2.

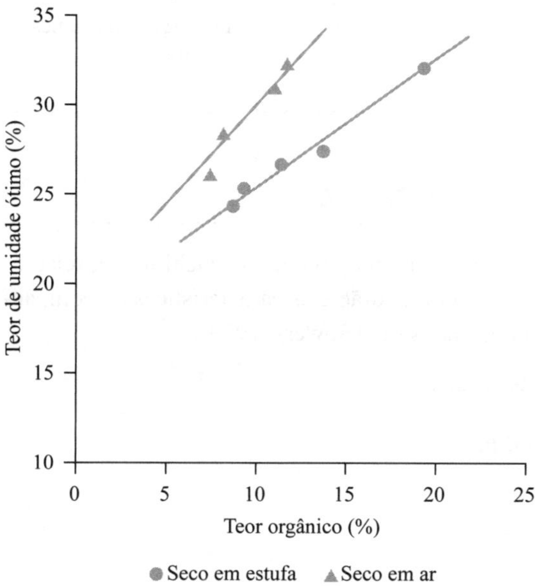

Figura 6.30 Variação do teor de umidade ótimo com o conteúdo orgânico. (*Segundo Franklin, Orozco e Semrau, 1973. Com permissão da ASCE.*)

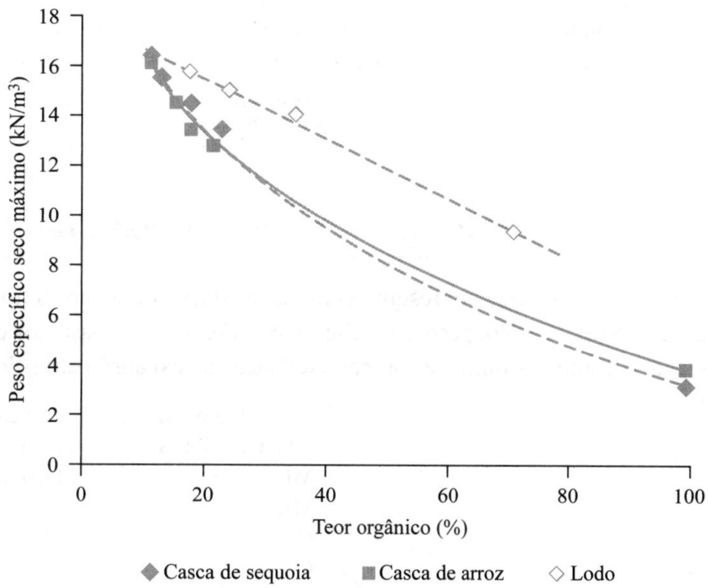

Figura 6.31 Variação do peso específico seco máximo de compactação com o conteúdo orgânico – mistura de solo e material orgânico. (**Fonte**: Segundo "The Effect of Organic Content on Soil Compaction", por J. Lancaster, R. Waco, J. Towle e R. Chaney, 1996. In *Proceedings, Third International Symposium on Environmental Geotechnology*, p. 159. Usado com permissão do autor.)

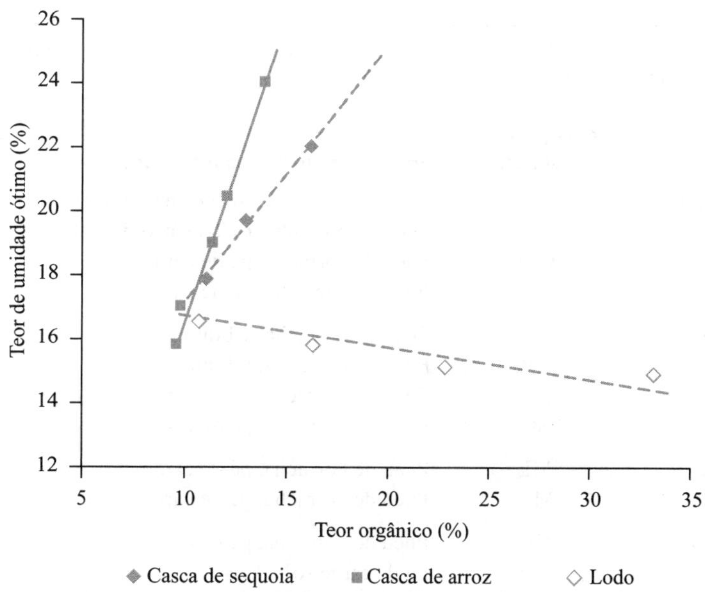

Figura 6.32 Variação do teor de umidade ideal com o conteúdo orgânico – mistura de solo e material orgânico. (**Fonte**: Segundo The Effect of Organic Content on Soil Compaction, por J. Lancaster, R. Waco, J. Towle e R. Chaney, 1996. In *Proceedings, Third International Symposium on Environmental Geotechnology*, p. 159. Usado com permissão do autor.)

Tabela 6.2 Resultados do ensaio Proctor normal de cinzas pesadas e escória de cobre

Tipo	Local	Peso específico seco máximo (kN/m³)	Teor de umidade ótimo (%)	Fonte
Cinzas pesadas – carvão betuminoso (Virgínia Ocidental)	Fort Martin	13,4	24,8	Seals, Moulton e Ruth (1972)
	Kammer	16,0	13,8	
	Kanawha River	11,4	26,2	
	Mitchell	18,3	14,6	
	Muskingham	14,3	22,0	
	Willow Island	14,5	21,2	
Cinzas pesadas – Carvão linhita	Usina Big Stone Dakota do Sul	16,4	20,5	Das, Selim e Pfeifle (1978)
Escória de cobre	American Smelter e Refinery Company, El Paso, Texas	19,8	18,8	Das, Tarquin e Jones (1983)

6.13 Avaliação de solos como material de compactação

A Tabela 6.3 fornece um resumo geral da avaliação de diversos tipos de solos como material de preenchimento, relacionados ao tipo de rolo, peso específico seco máximo com base nos ensaios Proctor padrão e as características de compactação. A compressibilidade e as características de expansão em solos compactados são (Sowers, 1979):

GW, GP, SW, SP	Praticamente nenhum
GM, GC, SM, SC	Leve
ML	Leve para médio
MH	Alto
CL	Médio
CH	Muito alto

6.14 Técnicas especiais de compactação

Diversos tipos de técnicas de compactação especiais foram desenvolvidos para a compactação profunda de solos locais; tais técnicas são utilizadas no campo para trabalhos de compactação em larga escala. Entre elas, os métodos mais empregados são a vibroflutuação, a compactação dinâmica e a detonação. As próximas seções detalham estes métodos.

Tabela 6.3 Resumo de Avaliação dos Materiais de Preenchimento para Compactação com Base em Sowers (1979) e Highway Research Board (1962)

Tipo de solo	Classificação unificada	Rolo(s) para melhores resultados	Peso específico seco máximo – compactação Proctor padrão kN/m³	Características de compactação
Pedregulhoso	GW	Pneu de borracha, roda de aço, vibratório	18,9-20,4	Bom
	GP	Pneu de borracha, roda de aço, vibratório	18,1-18,9	Bom
	GM	Pneu de borracha, pé de carneiro	18,9-20,4	Bom a moderado
	GC	Pneu de borracha, pé de carneiro	18,1-19,7	Bom a moderado
Arenoso	SW	Pneu de borracha, vibratório	18,1-19,7	Bom
	SP	Pneu de borracha, vibratório	16,5-18,1	Bom
	SM	Pneu de borracha, pé de carneiro	17,3-18,9	Bom a moderado
	SC	Pneu de borracha, pé de carneiro	16,5-18,9	Bom a moderado
Arenoso	ML	Pneu de borracha, pé de carneiro	15,7-17,3	Bom para ruim
	MH	Pneu de borracha, pé de carneiro	13,4-15,7	Fraco para ruim
Argiloso	CL	Pneu de borracha, pé de carneiro	14,1-18,1	Fraco para ruim
	CH	Pé de carneiro	13,4-16,5	Fraco para ruim

Vibroflutuação

A vibroflutuação é uma técnica para densificação *in situ* de camadas espessas de depósitos de solos granulares fofos. Essa técnica foi desenvolvida na Alemanha, na década de 1930. O primeiro equipamento de vibroflutuação, nos Estados Unidos, foi usado há cerca de dez anos. O processo envolve o uso da unidade *vibroflutuatória* (também chamada *unidade vibratória*), que tem aproximadamente 2,1 m de comprimento. (Conforme indicado na Figura 6.33.) A unidade vibratória está equipada com um peso excêntrico em seu interior, capaz de gerar força centrífuga, o que permite que a unidade vibre na posição horizontal. Existem aberturas nas partes inferior e superior da unidade, as quais permitem a passagem de jatos de água. Um tubo de acompanhamento é conectado à unidade vibratória. A Figura 6.33 mostra o conjunto completo do equipamento necessário para realizar compactações em campo.

O processo completo de vibroflutuação em campo pode ser dividido em quatro estágios (Figura 6.34):

Estágio 1: O jato de água na base do Vibroflot é ligado e baixado até o solo.

Estágio 2: O jato de água cria uma condição de solo movediço e permite que a unidade vibratória afunde no terreno.

Estágio 3: O material granular é derramado pela abertura superior do furo. A água do jato inferior é transferida para o jato na parte superior da unidade vibratória. Essa água carrega o material granular em direção ao fundo do furo.

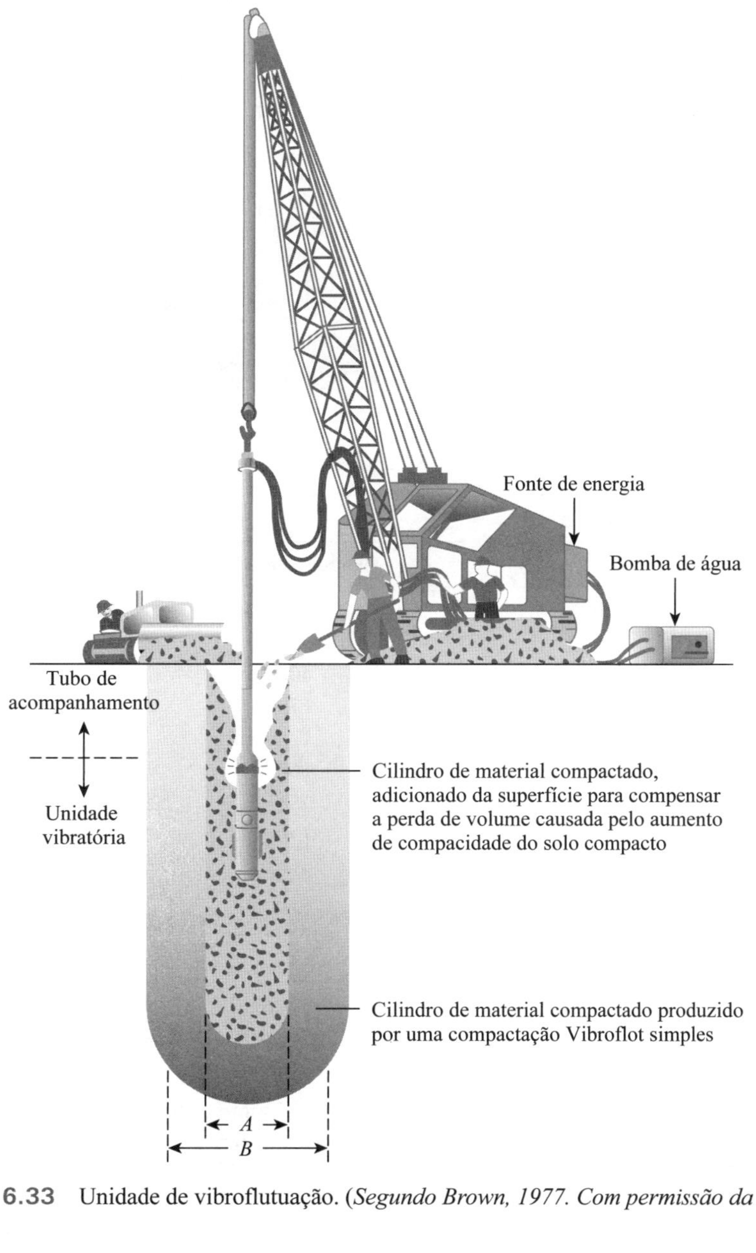

Figura 6.33 Unidade de vibroflutuação. (*Segundo Brown, 1977. Com permissão da ASCE.*)

Estágio 4: A unidade vibratória é gradualmente aumentada em aproximadamente 0,3 m de espessura e a vibração é mantida por aproximadamente 30 segundos em cada camada. Esse processo compacta o solo até o peso específico desejado.

Detalhes sobre os vários tipos de unidades Vibroflot usadas nos Estados Unidos são fornecidos na Tabela 6.4. Observe que unidades elétricas de 23 kW são empregadas desde o fim da década de 1940. As unidades de 75 kW foram introduzidas no início da década de 1970.

A zona de compactação ao redor de uma sonda varia de acordo com o tipo de Vibroflot usado. A zona de compactação cilíndrica possui um raio de cerca de 2 m no caso da unidade de 23 kW. Este raio pode aumentar para 3 m nas unidades de 75 kW.

Os padrões de espaçamento típicos das sondas Vibroflot são mostrados na Figura 6.35. Padrões quadrados e retangulares geralmente são usados para compactar o solo para fundações rasas e isoladas. Os padrões de triângulos equiláteros geralmente são usados na compactação de grandes áreas. O sucesso da densificação do solo *in situ* depende de vários fatores, dos quais o mais importante é a distribuição granulométrica do solo e o tipo de aterro usado para preencher os furos

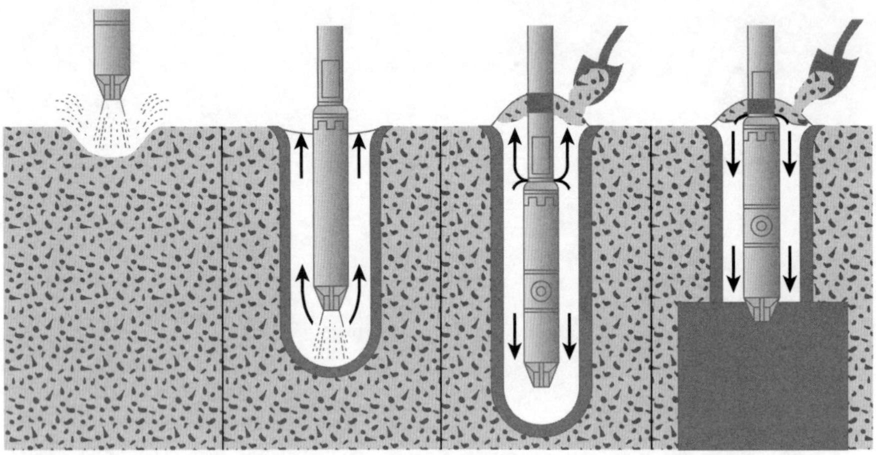

Figura 6.34 Compactação pelo processo de vibroflutuação. (*Segundo Brown, 1977. Com permissão da ASCE.*)

Tabela 6.4 Tipos de unidade vibroflutuatória*

Tipo de motor	Hidráulico e elétrico de 75 kW	Elétrico de 23 kW
a. Extremidade vibratória		
Comprimento	2,1 m	1,86 m
Diâmetro	406 mm	381 mm
Peso	17,8 kN	17,8 kN
Deslocamento máximo carregado	12,5 mm	7,6 mm
Força centrífuga	160 kN	89 kN
b. Excêntrico		
Peso	1,2 kN	0,76 kN
Deslocamento	38 mm	32 mm
Comprimento	610 mm	390 mm
Velocidade	1.800 rpm	1.800 rpm
c. Bomba		
Taxa de fluxo operacional	0-1,6 m^3/min	0-0,6 m^3/min
Pressão	700-1.050 kN/m^2	700-1.050 kN/m^2
d. Extensões e tubo de acompanhamento inferior		
Diâmetro	305 mm	305 mm
Peso	3,65 kN/m	3,65 kN/m

* De acordo com Brown, 1977. Com permissão da ASCE.

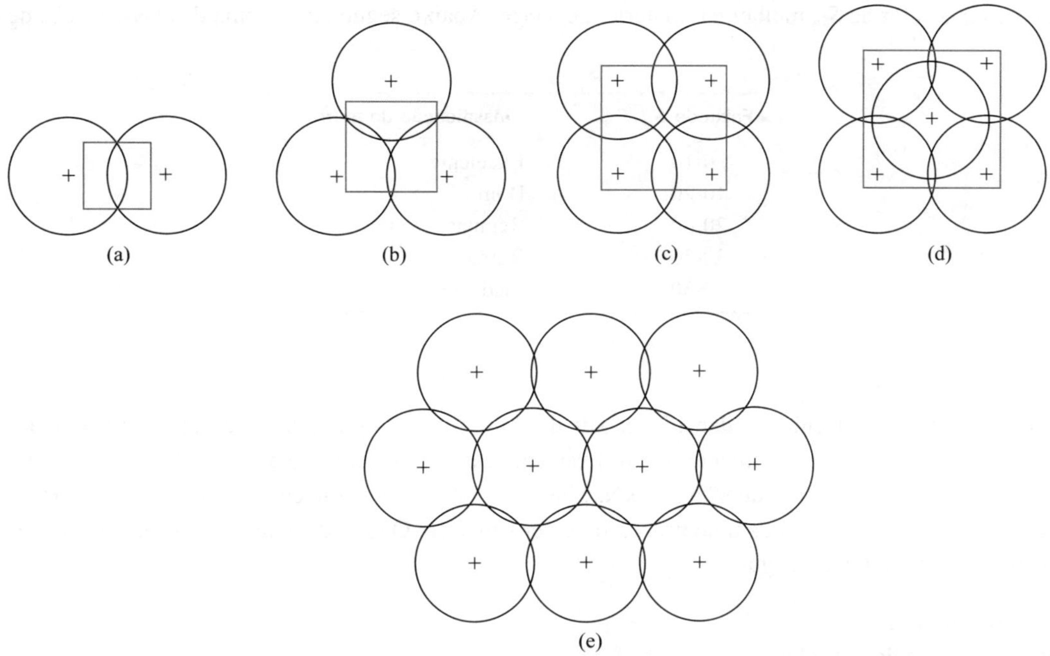

Figura 6.35 Padrões típicos de espaçamento das sondas Vibroflot para a fundação de coluna (a, b, c, e d) e para compactação de áreas muito grandes (e).

durante a remoção da unidade Vibroflot. A faixa da distribuição granulométrica do solo *in situ*, marcada como Zona 1 na Figura 6.36, é a mais adequada para compactação pelo método de vibroflutuação. Os solos com quantidades excessivas de areia fina e partículas de silte são de difícil compactação, e um esforço considerável deve ser aplicado para que a compacidade relativa de compactação correta seja alcançada. A Zona 2, na Figura 6.36, é o limite inferior aproximado da distribuição granulométrica para a qual a compactação por vibroflutuação é eficiente. Os depósitos do solo nos quais a distribuição granulométrica esteja na Zona 3 contém quantidades consideráveis de pedregulho. Para este tipo de solo, a velocidade de penetração da sonda pode ser baixa e economicamente desfavorável em longo prazo.

A distribuição granulométrica do material de aterro é um fator importante que controla a taxa de densificação. Brown (1977) definiu a quantidade chamada de *quantidade de compatibilidade* para classificação de aterro como

$$S_N = 1,7\sqrt{\frac{3}{(D_{50})^2} + \frac{1}{(D_{20})^2} + \frac{1}{(D_{10})^2}} \tag{6.28}$$

onde D_{50}, D_{20} e D_{10} são os diâmetros (em mm) pelo qual, respectivamente, 50, 20 e 10% do material passa.

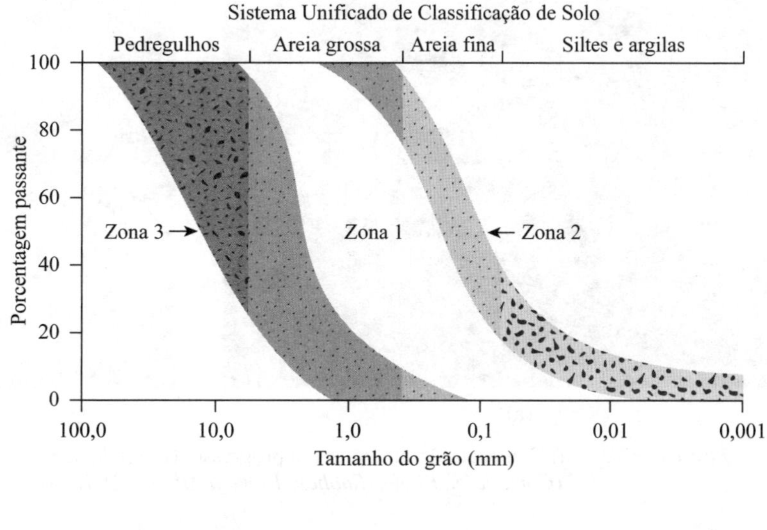

Figura 6.36 Faixa efetiva de distribuição granulométrica do solo para compactação para vibroflutuação.

Quanto menor o valor de S_N, melhor é o material de aterro. Abaixo segue um sistema de classificação de aterro proposto por Brown:

Faixa de S_N	Classificação do aterro
0-10	Excelente
10-20	Bom
20-30	Regular
30-50	Ruim
>50	Inadequado

Compactação dinâmica

Compactação dinâmica é uma técnica de densificação de depósitos de solos granulares que se tornou popular nos Estados Unidos. Esse processo consiste, basicamente, em utilizar um grande peso para golpear o solo de modo sucessivo e em intervalos regulares. O martelete pesa de 80 a 360 kN, e sua altura de queda varia entre 7,5 e 30,5 m. As ondas de pressão geradas pelos golpes do martelete ajudam no processo de densificação. O grau de compactação alcançado em determinado local depende dos três fatores a seguir:

1. Peso do martelete
2. Altura de queda do martelete
3. Espaçamento entre os pontos golpeados pelo martelete

A Figura 6.37a exibe uma compactação dinâmica em progresso. Um local imediatamente após a finalização é indicado na Figura 6.37b. Leonards, Cutter e Holtz (1980) sugeriram que a profundidade significante de influência para compactação pode ser aproximada utilizando a equação

$$D \simeq \left(\tfrac{1}{2}\right)\sqrt{W_H h} \tag{6.29}$$

(a) (b)

Figura 6.37 (a) Compactação dinâmica em progresso; (b) um local após a finalização de compactação dinâmica (*Cortesia de Khaled Sobhan, Florida Atlantic University, Boca Raton, Flórida.*)

onde D = profundidade significativa de densificação (m)
W_H = peso em queda (toneladas métricas)
h = altura da queda (m)

Em unidades inglesas, a equação precedente é tirada de

$$D = 0,61\sqrt{W_H h} \tag{6.30}$$

onde as unidades de D e h estão em pés, e a unidade de W_H está em cargas de mil libras.

Em 1992, Poran e Rodriguez sugeriram um método racional para conduzir a compactação dinâmica para solos granulares no campo. Segundo tal método, para um martelete de largura D com peso W_H e altura de queda h, a forma aproximada da área densificada será do tipo mostrado na Figura 6.38 (isto é, um esferoide semialongado). Observe que nesta figura $b = DI$ (onde DI é a profundidade de densificação significativa). A Figura 6.39 é o gráfico de projeto para a/D e b/D em relação a NW_Hh/Ab (D = largura do martelete caso não seja circular na seção transversal; A = área da seção transversal do martelete; e N = número de quedas necessárias do martelete). Esse método consiste nas etapas a seguir:

Etapa 1: Determine a profundidade de densificação significativa necessária, DI (= b).

Etapa 2: Determine o peso do martelete (W_H), a altura de queda (h), as dimensões da seção transversal e, com isso, a área A e a largura D.

Etapa 3: Determine $DI/D = b/D$.

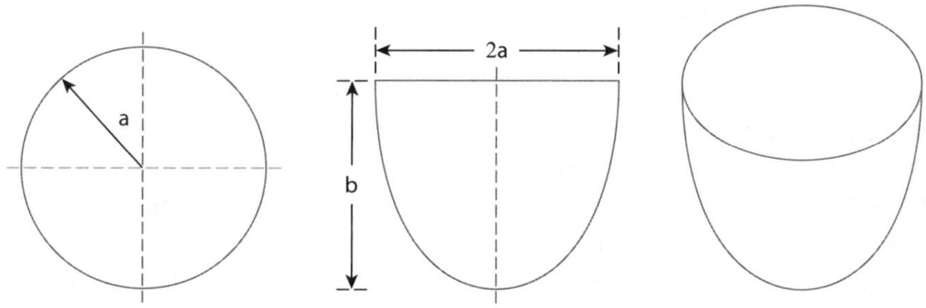

Figura 6.38 Forma aproximada da área densificada por compactação dinâmica.

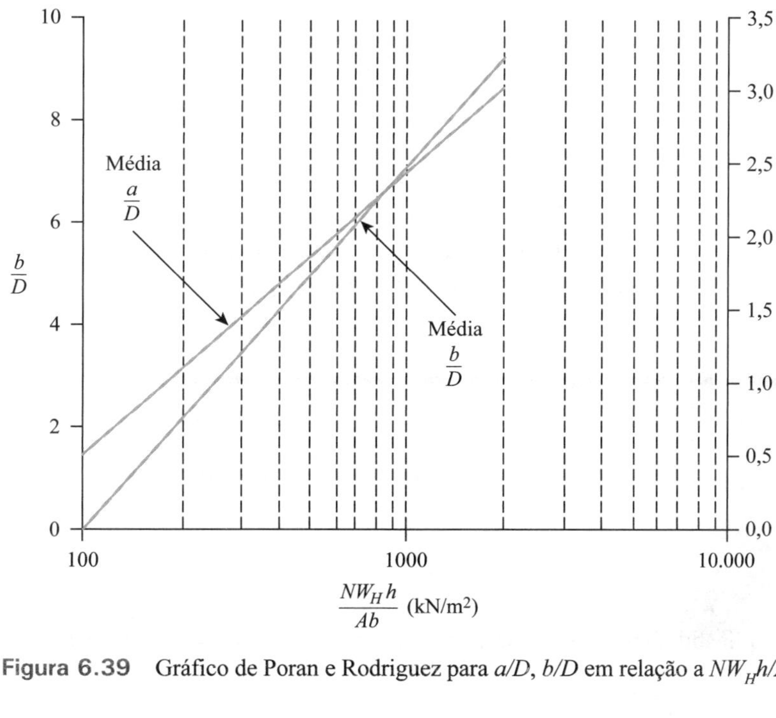

Figura 6.39 Gráfico de Poran e Rodriguez para a/D, b/D em relação a NW_Hh/Ab.

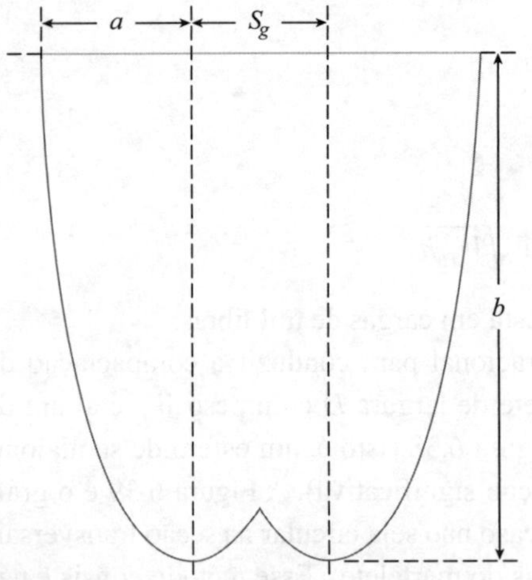

Figura 6.40 Espaçamento aproximado para a compactação dinâmica.

Etapa 4: Use a Figura 6.39 e determine a magnitude de $NW_H h/Ab$ para o valor de b/D obtido na Etapa 3.

Etapa 5: Como as magnitudes de W_H, h, A e b são conhecidas (ou presumidas) com base na Etapa 2, o número de golpes do martelete pode ser estimado a partir do valor de $NW_H h/Ab$ obtido na Etapa 4.

Etapa 6: Com os valores conhecidos de $NW_H h/Ab$, determine a/D e, com isso, a, a partir da Figura 6.39.

Etapa 7: Agora, o espaçamento, S_g, para compactação dinâmica pode ser considerado igual ou ligeiramente inferior a a. (Veja a Figura 6.40.)

Detonação

A detonação é uma técnica que tem sido utilizada com sucesso em muitos projetos de densificação de solos granulares (Mitchell, 1970). Em geral, as granulometrias de solo adequadas para compactação por detonação são as mesmas da compactação por vibroflutuação. O processo envolve a detonação de cargas explosivas, como 60% de dinamite, a certa profundidade abaixo da superfície, em solo saturado. O espaçamento lateral das cargas varia cerca de 3 a 9 m. Normalmente, são necessárias de três a cinco detonações bem-sucedidas para a obtenção da compactação desejada. A compactação (até uma compacidade relativa de cerca de 80%) a uma profundidade de aproximadamente 18 m sobre uma área ampla pode ser facilmente obtida por meio desse processo. Em geral, as cargas explosivas são posicionadas a uma profundidade de cerca de dois terços da espessura da camada de solo a ser compactada. A zona de influência de compactação produzida por uma carga de 60% de dinamite pode ser determinada pela equação a seguir (Mitchell, 1970).

$$r = \sqrt{\frac{W_{EX}}{C}} \tag{6.31}$$

onde r = zona de influência

W_{EX} = peso do explosivo – 60% dinamite

C = 0,0122 quando W_{EX} está em kg e r está em m

A Figura 6.41 mostra os resultados dos ensaios de densificação do solo por detonação em uma área de 15 m por 9 m (Mitchell, 1970). Para estes ensaios, foram utilizadas 20 cargas de 2,09 kg de Gelamite Nº 1 (Hercules Powder Company, Wilmington, Delaware).

Exemplo 6.7

Os dados a seguir são do material de aterro utilizado em um projeto de vibroflutuação:

- D_{10} = 0,36 mm
- D_{20} = 0,52 mm
- D_{50} = 1,42 mm

Determine o número de aplicabilidade S_N. Qual seria a classificação do material de aterro?

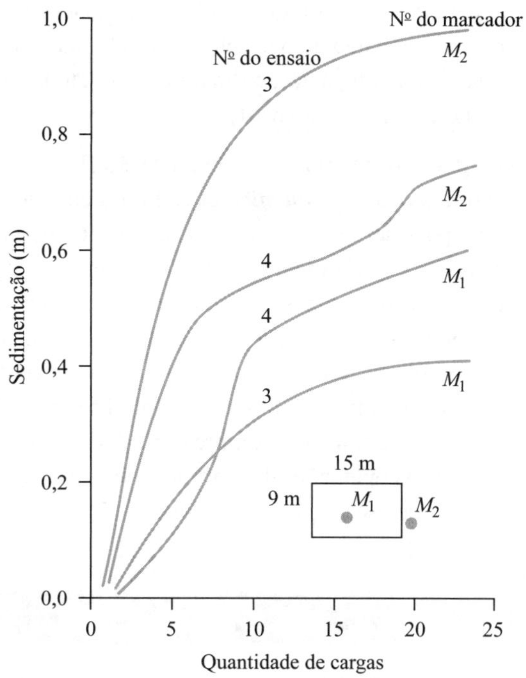

Figura 6.41 Recalque do solo em função do número de cargas explosivas.

Solução

Da Eq. (6.28),

$$\begin{aligned} S_N &= 1{,}7\sqrt{\frac{3}{(D_{50})^2} + \frac{1}{(D_{20})^2} + \frac{1}{(D_{10})^2}} \\ &= 1{,}7\sqrt{\frac{3}{(1{,}42)^2} + \frac{1}{(0{,}52)^2} + \frac{1}{(0{,}36)^2}} \\ &= 6{,}1 \end{aligned}$$

Classificação: **Excelente** ■

6.15 Resumo e considerações gerais

Neste capítulo discutimos o seguinte:

- Os ensaios de compactação Proctor padrão e modificado são conduzidos em laboratório para determinar o peso específico seco máximo de compactação [$\gamma_{d(\max)}$] e o teor de umidade ideal ($w_{\text{ótimo}}$) (Seções 6.3 e 6.5).
- $\gamma_{d(\max)}$ e $w_{\text{ótimo}}$ são funções da energia de compactação E.
- Diversas relações empíricas foram apresentadas para estimar $\gamma_{d(\max)}$ e $w_{\text{ótimo}}$ para solos não coesivos e coesivos (Seção 6.6). Também inclusa nesta seção está a relação empírica para estimar a compacidade relativa de compactação (D_r) com tamanho do grão médio (D_{50}) e energia de compactação (E) conhecidos.
- Para determinada energia de compactação (E) em solo coesivo, a condutividade hidráulica e a resistência à compressão, as características de expansão e retração dependem do teor de umidade de moldagem.
- A compactação é geralmente realizada pelos rolos, como rolo liso, pneus de borracha, pé de carneiro e vibração (Seção 6.9).

- O controle para determinar a qualidade de compactação de campo pode ser feita utilizando o método de frasco de areia, método de balão de borracha e método nuclear.
- A vibroflutuação, a compactação dinâmica e a detonação são técnicas especiais utilizadas para compactação de larga escala no campo (Seção 6.14).

Os ensaios laboratoriais padrão e de compactação Proctor modificado descritos neste capítulo são essencialmente para compactação por *impacto* ou *dinâmica* de solo; no entanto, no campo, a *compactação estática* e *compactação por amassamento* também pode ser utilizada. É importante entender que a compactação no campo de solos argilosos por meio de rolos compactadores é essencialmente por amassamento. As relações do peso específico seco (γ_d) e do teor de umidade (w) obtidos por compactação de amassamento ou compactação dinâmica são diferentes. Os resultados dos ensaios de compactação Proctor obtidos em laboratório são utilizados, basicamente, para determinar se o uso de rolos compactadores em campo é suficiente. As estruturas de solo coesivo compactado com um peso específico seco, similar às obtidas por compactação dinâmica e por amassamento, podem ser diferentes. Por sua vez, essa diferença afeta as propriedades físicas, tais como a condutividade hidráulica, a compressibilidade e a resistência.

No caso da maioria das operações de terraplenagem, a seleção final da área de empréstimo depende de fatores como o tipo do solo e os custos de escavação e transporte.

Problemas

6.1 Calcule e plote a variação de compacidade seca de um solo em kg/m³ ($G_s = 2{,}65$) a $w = 5$, 10, 15 e 20% para grau de saturação $S = 70$, 80, 90 e 100%.

6.2 Calcule o peso específico com vazios sem ar (kN/m³) para um solo com $G_s = 2{,}68$ nos teores de umidade de 5, 10, 15, 20 e 25%.

6.3 Os resultados de um ensaio Proctor normal são mostrados na tabela a seguir.

a. Determine o peso específico seco máximo de compactação e o teor de umidade ideal. Dado: volume de molde = 943,3 cm³.

b. Determine o índice de vazios e o grau de saturação no teor de umidade ideal. Dado: $G_s = 2{,}68$.

Quantidade de tentativas	Peso do solo úmido no molde (kg)	Teor de umidade (%)
1	1,78	5,0
2	1,87	7,5
3	1,95	10,0
4	1,98	12,5
5	2,02	15
6	1,97	17,5
7	1,90	20,0

6.4 Repita o Problema 6.3 com os seguintes dados ($G_s = 2{,}7$):

Quantidade de tentativas	Peso do solo úmido no molde (kg)	Teor de umidade (%)
1	1,68	9,9
2	1,71	10,6
3	1,77	12,1
4	1,83	13,8
5	1,86	15,1
6	1,88	17,4
7	1,87	19,4
8	1,85	21,2

6.5 Os resultados de um ensaio Proctor normal são mostrados na tabela a seguir.

a. Determine a massa específica máxima (kg/m³) de compactação e o teor de umidade ótimo. Dado o volume de molde = 943,3 cm³.

b. Se a especificação designa 97% de compactação relativa no campo, qual seria a compacidade seca de campo e a faixa de teor de umidade aceitável?

Quantidade de tentativas	Peso do solo úmido no molde (kg)	Teor de umidade (%)
1	1,47	10,0
2	1,83	12,5
3	2,02	15,0
4	1,95	17,5
5	1,73	20,0
6	1,69	22,5

6.6 O peso específico úmido *in situ* de um solo é 17,3 kN/m^3 e o teor de umidade é de 16%. O peso específico relativo dos sólidos do solo é de 2,72. Esse solo tem de ser escavado e transportado para o canteiro de obras a fim de ser usado em um aterro compactado. Se a especificação designa o solo a ser compactado a um peso específico seco mínimo de 18,1k N/m^3 no mesmo teor de umidade de 16%, quantos metros cúbicos de solo do local de escavação são necessários para produzir 2.000 m^3 de preenchimento compactado? Quantos caminhões com carga de 20 toneladas são necessários para transportar o solo escavado?

6.7 Um projeto de aterro requer 5.000 m^3 de solo compactado. O índice de vazios especificado para o aterro compactado é de 0,75. O solo pode ser transportado de uma das quatro áreas de empréstimo conforme descrito na seguinte tabela. O índice de vazios, o peso específico relativo de sólidos de solo e o custo por metro cúbico para deslocamento de solo para o local de construção proposto são fornecidos na tabela.

a. Determine o volume de cada solo de área de empréstimo necessário para atender à especificação do local de aterro.

b. Faça os cálculos necessários para selecionar a área de empréstimo que teria o custo mais compensador.

Área de empréstimo	Índice de vazios	G_s	Custo ($/m^3)
I	0,8	2,65	9
II	0,9	2,68	6
III	1,1	2,71	7
IV	0,85	2,74	10

6.8 Os pesos específicos secos máximos e mínimos da areia foram determinados no laboratório como 18,9 e 15,5 kN/m^3, respectivamente. Qual seria o grau de compactação em campo se a compacidade relativa fosse de 75%?

6.9 O grau de compactação de uma areia em campo é de 93,5%. Dado que $\gamma_{d(\text{máx})} = 16{,}98$ kN/m^3 e $\gamma_{d(\text{mín})} = 14{,}46$ kN/m^3, determine o peso específico seco no campo e a compacidade relativa de compactação.

6.10 O grau de compactação de uma areia em campo é de 88%. Os pesos específicos secos máximos e mínimos da areia são 18,55 kN/m^3 e 15,41 kN/m^3, respectivamente. Determine:

a. Peso específico seco no campo
b. Compacidade relativa de compactação
c. Peso específico úmido com teor de umidade de 13%

6.11 Abaixo estão os resultados de um ensaio de determinação do peso específico de campo realizado por meio do método do frasco de areia:

- Massa específica seca calibrada da areia Ottawa = 1.731 kg/m^3
- Massa de areia Ottawa necessária para preencher o cone = 0,118 kg
- Massa do frasco + cone + areia (antes da utilização) = 6,08 kg
- Massa do frasco + cone + areia (após a utilização) = 2,86 kg
- Massa do solo úmido retirado do furo = 3,34 kg
- Teor de umidade do solo úmido = 12,1%

Determine:

a. A compacidade seca de compactação no campo
b. A compactação relativa no campo presumindo que os dados de ensaio no Problema 6.5 representem o mesmo solo como no campo

6.12 O material de aterro para um projeto de vibroflutuação apresenta as seguintes granularidades:

- $D_{10} = 0{,}18$ mm
- $D_{20} = 0{,}31$ mm
- $D_{50} = 1{,}98$ mm

Determine a quantidade de aplicabilidade, S_N, e avalie como um material de preenchimento.

Problema de pensamento crítico

6.C.1 Já que os experimentos laboratoriais ou de campo são geralmente caros e levam muito tempo, os engenheiros geotécnicos frequentemente dependem das relações empíricas para predizer os parâmetros de projeto. A seção 6.6 apresenta tais relações para reduzir o teor de umidade ótimo e o peso específico seco máximo. Utilize algumas destas equações e compare os nossos resultados com os dados experimentais conhecidos.

A seguinte tabela apresenta os resultados dos ensaios de compactação laboratorial conduzidos em ampla faixa de solos granulares finos que utilizam diversas energias de comparação (E). Com base nos dados de solo da tabela, determine o teor de umidade ideal e o peso específico seco máximo utilizando as relações empíricas apresentadas na Seção 6.6.

a. Utilize o método Osman et al. (2008) [Eqs. (6.13) a (6.16)].

b. Utilize o método Gurtug e Sridharan (2004) [Eqs. (6.11) e (6.12)].

c. Utilize o método Matteo et al. (2009) [Eqs. (6.17) e (6.18)].

d. Plote o $w_{\text{ótimo}}$ calculado contra o $w_{\text{ótimo}}$ experimental e $\gamma_{d(\text{max})}$ calculado com $\gamma_{d(\text{max})}$ experimental. Desenhe a 45º *linha de igualdade* em cada gráfico.

e. Comente as capacidades preditivas de diversos métodos. O que diria sobre a natureza intrínseca de modelos empíricos?

Solo	G_s	*LL* (%)	*PL* (%)	*E* (kN-m/m³)	w_{ideal} (%)	$\gamma_{d(\text{máx})}$ (kN/m³)
1[a]	2,67	17	16	2.700[b]	8	20,72
				600[c]	10	19,62
				354[d]	10	19,29
2[a]	2,73	68	21	2.700	20	16,00
				600	28	13,80
				354	31	13,02
3	2,68	56	14	2.700	15	18,25
				1.300[e]	16	17,5
				600	17	16,5
				275[f]	19	15,75
4	2,68	66	27	600	21	15,89
5	2,67	25	21	600	18	16,18
6	2,71	35	22	600	17	16,87
7	2,69	23	18	600	12	18,63
8	2,72	29	19	600	15	17,65

Observação:

[a] Tschebotarioff (1951)

[b] Ensaio Proctor modificado

[c] Ensaio Proctor padrão

[d] Molde Proctor padrão e martelete; queda: 305 mm; camadas: 3; golpes/camada: 15

[e] Molde Proctor modificado e martelete; queda: 457 mm; camadas: 5; golpes/camada: 26

[f] Molde Proctor modificado; martelete Proctor padrão; queda: 305 mm; camadas: 3; golpes/camada: 25

Referências

AMERICAN ASSOCIATION OF STATE HIGHWAY AND TRANSPORTATION OFFICIALS *AASHTO Materials, Part II*, Washington, D.C., 1982.

MERICAN SOCIETY FOR TESTING AND MATERIALS *Annual Book of ASTM Standards*, v. 04.08, West Conshohocken, Pa, 2010.

BROWN, E. Vibroflotation Compaction of Cohesionless Soils, *Journal of the Geo technical Engineering Division*, ASCE, v. 103, n. GT12, p. 1437-1451, 1977.

D'APPOLONIA, D. J.; WHITMAN, R. V.; D'APPOLONIA, E. D. Sand Compaction with Vibratory Rollers, *Journal of the Soil Mechanics and Foundations Division*, ASCE, v. 95, n. SM1, p. 263-284, 1969.

DAS, B. M.; SELIM, A. A.; PFEIFLE, T. W. Effective Use of Bottom Ash as a Geotechnical Material, *Proceedings*, 5th Annual UMR--DNR Conference and Exposition on Energy, University of Missouri, Rolla, p. 342-348, 1978.

DAS, B. M.; TARQUIN, A. J.; JONES, A. D. Geotechnical Properties of a Copper Slag, *Transportation Research Record n. 941*, National Research Council, Washington, D.C., p. 1-4, 1983.

FRANKLIN, A. F.; OROZCO, L. F.; SEMRAU, R. Compaction of Slightly Organic Soils, *Journal of the Soil Mechanics and Foundations Division*, ASCE, v. 99, n. SM7, p. 541-557, 1973.

GURTUG, Y.; SRIDHARAN, A. Compaction Behaviour and Prediction of Its Characteristics of Fine Grained Soils with Particular Reference to Compaction Energy, *Soils and Foundations*, v. 44, n. 5, p. 27-36, 2004.

HIGHWAY RESEARCH BOARD. Factors influencing Compaction Test Results, *Bulletin 319*, Washington, D.C, 1962.

HOLTZ, R. D.; KOVACS, W. D. *An Introduction to Geotechnical Engineering*, Prentice Hall, Englewood Cliffs, N. J, 1981.

JOHNSON, A. W.; SALLBERG, J. R. Factors That Influence Field Compaction of Soil, Highway Research Board, *Bulletin n. 272*, 1960.

LAMBE, T. W. The Structure of Compacted Clay, *Journal of the Soil Mechanics and Foundations Division*, ASCE, v. 84, n. SM2, p. 1654-1 a 1654-35, 1958a.

LAMBE, T. W. The Engineering Behavior of Compacted Clay, *Journal of the Soil Mechanics and Foundations Division*, ASCE, v. 84, n. SM2, p. 1655-1 a 1655-35, 1958b.

LANCASTER, J.; WACO, R.; TOWLE, J.; CHANEY, R. The Effect of Organic Content on Soil Compaction, *Proceedings*, 3rd International Symposium on Environmental Geotechnology, San Diego, p. 152-161, 1996.

LEE, K. W.; SINGH, A. Relative Density and Relative Compaction, *Journal of the Soil Mechanics and Foundations Division*, ASCE, v. 97, n. SM7, p. 1049-1052, 1971.

LEE, P. Y.; SUEDKAMP, R. J. Characteristics of Irregularly Shaped Compaction Curves of Soils, *HighwaY Research Record n. 381*, National Academy of Sciences, Washington, D.C., p. 1-9, 1972.

LEONARDS, G. A.; CUTTER, W. A.; HOLTZ, R. D. Dynamic Compaction of Granular Soils, *Journal of the Geotechnical Engineering Division*, ASCE, v. 106, n. GT1, p. 35-44, 1980.

MATTEO, L. D.; BIGOTTI, F.; RICCO, R. Best-Fit Model to Estimate Proctor Properties of Compacted Soil, *Journal of Geotechnical and Geoenvironmental Engineering*, ASCE, v. 135, n. 7, p. 992-996, 2009.

MITCHELL, J. K. In-Place Treatment of Foundation Soils, *Journal of the Soil Mechanics and Foundations Division*, ASCE, v. 96, n. SM1, p. 73-110, 1970.

OMAR, M.; ABDALLAH, S.; BASMA, A.; BARAKAT, S. Compaction Characteristics of Granular Soils in United Arab Emirates, *Geotechnical and Geological Engineering*, v. 21, n. 3, p. 238-295, 2003.

OSMAN, S.; TOGROL, E.; KAYADELEN, C. Estimating Compaction Behavior of Fine-Grained Soils Based on Compaction Energy, *Canadian Geotechnical Journal*, v. 45, n. 6, p. 877-887, 2008.

PATRA, C.; R., SIVAKUGAN, N.; DAS, B. M.; ROUT, S. K. Correlation of Relative Density of Clean Sand with Median Grain Size and Compaction Energy, *International Journal of Geotechnical Engineering*, v. 4, n. 2, p. 196-203, 2010.

PORAN, C. J.; RODRIGUEZ, J. A. Design of Dynamic Compaction, *Canadian Geotechnical Journal*, v. 2, n. 5, p. 796-802, 1992.

PROCTOR, R. R. Design and Construction of Rolled Earth Dams, *Engineering News Record*, v. 3, p. 245-248, 286-289, 348-351, 372-376, 1933.

SEALS, R. K.; MOULTON, L. K.; RUTH, E. Bottom Ash: An Engineering Material, *Journal of the Soil Mechanics and Foundations Division*, ASCE, v. 98, n. SM4, p. 311-325, 1972.

SEED, H. B. Lecture Notes, CE 271, Seepage and Earth Dam Design, University of California, Berkeley, 1964.

SEED, H. B.; CHAN, C. K. Structure and Strength Characteristics of Compacted Clays, *Journal of the Soil Mechanics and Foundations Division,* ASCE, v. 85, n. SM5, p. 87-128, 1959.

SOWERS, G. F. *Introductory Soil Mechanics and Foundations: Geotechnical Engineering*, Macmillan, Nova York, 1979.

TSCHEBOTARIOFF, G. P. *Soil Mechanics, Foundations; Earth Structures*, McGraw-Hill, Nova York, 1951.

CAPÍTULO 7

Permeabilidade

7.1 Introdução

Os solos são permeáveis devido à existência de espaços vazios interconectados, através dos quais a água consegue fluir de pontos de alta energia para pontos de baixa energia. O estudo do fluxo de água em solos permeáveis é importante para a mecânica dos solos. Tal estudo é necessário para estimar a quantidade de fluxo subterrâneo, sob diversas condições hidráulicas, a fim de investigar problemas envolvidos no bombeamento de água em construções subterrâneas e realizar análises de estabilidade de barragens e estruturas de contenção de terra sujeitas a forças de percolação.

Um dos principais parâmetros físicos de um solo que controla a taxa de percolação é *condutividade hidráulica*; ou conhecido como *coeficiente de permeabilidade*. Neste capítulo, estudaremos o seguinte:

- Definição de condutividade hidráulica e a magnitude de diversos solos
- Determinação laboratorial da condutividade hidráulica
- Relação empírica para estimar a condutividade hidráulica
- Condutividade hidráulica equivalente em solo estratificado com base na direção do fluxo de água
- Determinação de condutividade hidráulica em ensaios de campo

7.2 Equação de Bernoulli

Da mecânica de fluidos sabemos que, de acordo com a equação de Bernoulli, a carga total de um ponto na água em movimento pode ser dada pela soma das cargas piezométrica, cinética e altimétrica, ou seja

$$h = \underbrace{\frac{u}{\gamma_w}}_{\substack{\text{Carga}\\ \text{piezométrica}}} + \underbrace{\frac{v^2}{2g}}_{\substack{\text{Carga}\\ \text{cinética}}} + \underbrace{Z}_{\substack{\text{Carga}\\ \text{altimétrica}}} \tag{7.1}$$

onde h = carga total
u = pressão
v = velocidade
g = aceleração da gravidade
γ_w = peso específico da água

A carga altimétrica Z é a distância vertical de determinado ponto acima ou abaixo de um plano de referência. A carga piezométrica é a pressão da água, u, em determinado ponto, dividida pelo peso específico da água, γ_w.

Se a equação de Bernoulli é aplicada ao fluxo de água através de um solo poroso, o termo que contém a carga cinética pode ser ignorado, pois a velocidade de percolação é pequena e a carga total em qualquer ponto pode ser adequadamente representada por

$$h = \frac{u}{\gamma_w} + Z \tag{7.2}$$

A Figura 7.1 mostra a relação entre as cargas piezométrica, altimétrica e total para o fluxo da água através do solo. Tubos abertos posicionados verticalmente chamados *piezômetros* são instalados nos pontos A e B. Os níveis até os quais a água sobe nos piezômetros situados nestes pontos são conhecidos como *níveis piezométricos* dos pontos A e B, respectivamente. A carga piezométrica em um ponto é a altura da coluna vertical da água no piezômetro instalado em tal ponto.

A perda de carga entre dois pontos, A e B, pode ser determinada por

$$\Delta h = h_A - h_B = \left(\frac{u_A}{\gamma_w} + Z_A\right) - \left(\frac{u_B}{\gamma_w} + Z_B\right) \tag{7.3}$$

A perda de carga, Δh, pode ser expressa em uma forma adimensional por

$$i = \frac{\Delta h}{L} \tag{7.4}$$

onde i = gradiente hidráulico

L = distância entre os pontos A e B – ou seja, o comprimento do fluxo no qual ocorreu a perda de carga

Em geral, a variação da velocidade v com o gradiente hidráulico i é dada como mostra a Figura 7.2. A figura é dividida em três zonas:

1. Zona de fluxo laminar (Zona I)
2. Zona de transição (Zona II)
3. Zona de fluxo turbulento (Zona III)

Quando o gradiente hidráulico é aumentado gradualmente, o fluxo permanece laminar nas Zonas I e II, e a velocidade, v, tem uma relação linear com o gradiente hidráulico. Com o gradiente hidráulico mais alto, o fluxo torna-se turbulento (Zona III). Quando é reduzido, as condições do fluxo laminar existem apenas na Zona I.

Na maioria dos solos, o fluxo da água através de espaços vazios pode ser considerado laminar; portanto,

$$v \propto i \tag{7.5}$$

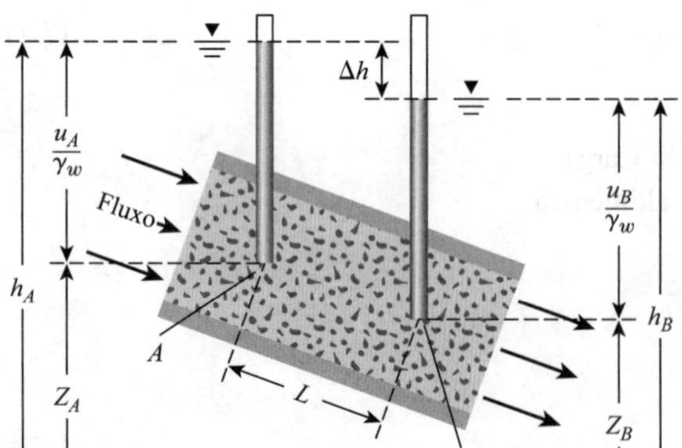

Figura 7.1 Cargas piezométrica, altimétrica e total para o fluxo de água através do solo.

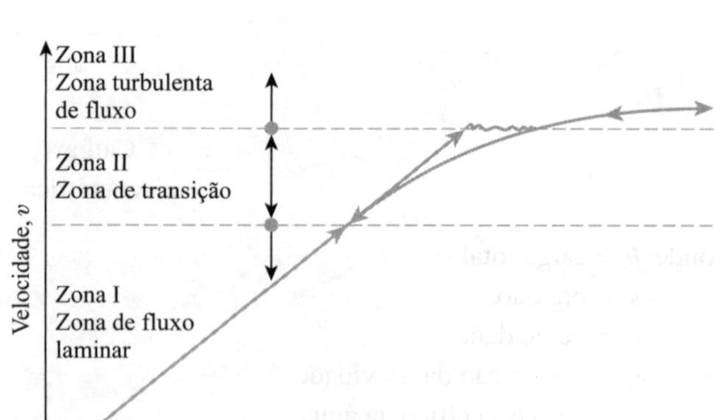

Figura 7.2 Natureza de variação de v com gradiente hidráulico, i.

Em rochas, pedras, pedregulhos fraturados e areia muito grossa, as condições de fluxo turbulento podem existir e a Eq. (7.5) pode ser inválida.

7.3 Lei de Darcy

Em 1856, Darcy publicou uma equação simples para a velocidade de descarga da água através de solos saturados, que pode ser expressa por

$$v = ki \tag{7.6}$$

onde v = *velocidade de descarga*, que é a quantidade de água fluindo em uma unidade de tempo através de uma unidade de área da seção transversal bruta do solo em ângulos retos em relação à direção do fluxo

k = condutividade hidráulica (também conhecida como coeficiente de permeabilidade)

Esta equação tem como base principal as observações de Darcy sobre o fluxo de água pelas areias limpas. Observe que a Eq. (7.6) é semelhante à Eq. (7.5); ambas são válidas para condições de fluxo laminar e aplicáveis para uma ampla gama de solos.

Na Eq. (7.6), v é a velocidade de descarga de água com base na área seccional transversal bruta do solo. No entanto, a velocidade efetiva da água (chamada velocidade de fluxo ou de percolação) através de espaços vazios é maior que v. Uma relação entre a velocidade de descarga e a velocidade de percolação pode ser determinada de acordo com a Figura 7.3, que mostra um solo de comprimento L, com uma área de seção transversal bruta A. Se a quantidade de água que flui através do solo em unidade de tempo for q, então

$$q = vA = A_v v_s \tag{7.7}$$

onde v_s = velocidade de percolação

A_v = área de vazios na seção transversal do corpo de prova

Porém,

$$A = A_v + A_s \tag{7.8}$$

onde A_s = área de sólidos do solo na seção transversal da amostra.

Combinando as Equações (7.7) e (7.8) temos

$$q = v(A_v + A_s) = A_v v_s$$

ou

$$v_s = \frac{v(A_v + A_s)}{A_v} = \frac{v(A_v + A_s)L}{A_v L} = \frac{v(V_v + V_s)}{V_v} \tag{7.9}$$

onde V_v = volume de vazios no corpo de prova

V_s = volume de sólidos do solo no corpo de prova

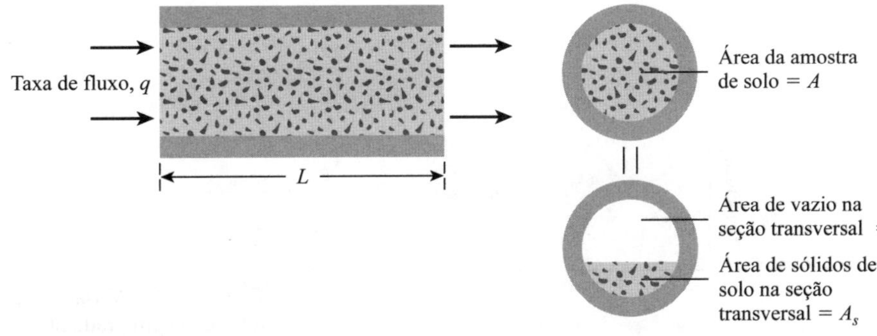

Figura 7.3
Derivação da Equação (7.10).

A Equação (7.9) pode ser reescrita como

$$v_s = v\left[\frac{1+\left(\frac{V_v}{V_s}\right)}{\frac{V_v}{V_s}}\right] = v\left(\frac{1+e}{e}\right) = \frac{v}{n} \tag{7.10}$$

onde e = índice de vazios
n = porosidade

A lei de Darcy conforme definida pela Eq. (7.6) implica que a velocidade de descarga v sustenta uma relação linear para o gradiente hidráulico i e passa pela origem conforme indicado na Figura 7.4. No entanto, Hansbo (1960) relatou os resultados de ensaio para quatro argilas naturais indeformadas. Com base nos resultados obtidos por ele, parece existir um gradiente hidráulico i' (veja a Figura 7.4), em que

$$v = k(i - i_0) \quad (\text{para } i \geq i') \tag{7.11}$$

e

$$v = ki^m \quad (\text{para } i < i') \tag{7.12}$$

A equação anterior implica que, para gradientes hidráulicos muito baixos, a relação entre v e i não é linear. O valor de m na Eq. (7.12) para quatro argilas suecas era de aproximadamente 1,5. No entanto, vários outros estudos refutam as descobertas anteriores. Mitchell (1976) discutiu esses estudos com detalhes. Levando todos os pontos em consideração, ele concluiu que a lei de Darcy é válida.

7.4 Condutividade hidráulica

A condutividade hidráulica é geralmente expressa em cm/s ou m/s, em unidades no SI.

A condutividade hidráulica dos solos depende de vários fatores: viscosidade do fluido, distribuição do tamanho de poros, distribuição granulométrica, índice de vazios, rugosidade das partículas minerais e grau de saturação do solo. Em solos argilosos, a estrutura tem função importante na condutividade hidráulica. Outros fatores importantes que afetam a permeabilidade das argilas são a concentração iônica e a espessura das camadas de água retidas nas partículas argilosas.

O valor da condutividade hidráulica (k) varia muito entre diferentes solos. Alguns valores típicos para solos saturados são proporcionados na Tabela 7.1. A condutividade hidráulica de solos não saturados é inferior e aumenta rapidamente com o grau de saturação.

A condutividade hidráulica de um solo também está relacionada com as propriedades do fluido que passa através dele, por meio da equação

$$k = \frac{\gamma_w}{\eta}\bar{K} \tag{7.13}$$

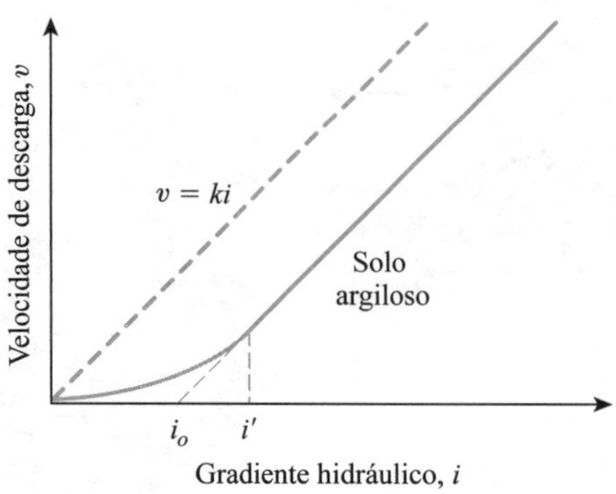

Figura 7.4 Variação de velocidade de descarga com gradiente hidráulico em argila.

Tabela 7.1 Valores típicos da condutividade hidráulica dos solos saturados

Tipo de solo	k cm/s
Pedregulho limpo	100 – 1,0
Areia grossa	1,0 – 0,01
Areia fina	0,01 – 0,001
Argila com silte	0,001 – 0,00001
Argila	<0,000001

onde γ_w = peso específico da água
η = viscosidade da água
$\overline{K}$ = permeabilidade absoluta

A *permeabilidade absoluta ou intrínseca* $\overline{K}$ é expressa em unidades de L^2 (ou seja, cm^2, pé^2 e assim por diante).

A Equação (7.13) mostrou que a condutividade hidráulica é função do peso específico e da viscosidade da água, que por sua vez é função da temperatura na qual o ensaio é conduzido. Então, a partir da Eq. (7.13),

$$\frac{k_{T_1}}{k_{T_2}} = \left(\frac{\eta_{T_2}}{\eta_{T_1}}\right)\left(\frac{\gamma_{w(T_1)}}{\gamma_{w(T_2)}}\right) \tag{7.14}$$

onde k_{T_1}, k_{T_2} = condutividade hidráulica nas temperaturas T_1 e T_2, respectivamente
η_{T_1}, η_{T_2} = viscosidade da água nas temperaturas T_1 e T_2, respectivamente
$\gamma_{w(T_1)}, \gamma_{w(T_2)}$ = peso específico da água nas temperaturas T_1 e T_2, respectivamente

É convencional expressar o valor de k a uma temperatura de 20 °C. Dentro da faixa de temperaturas de ensaio, podemos presumir que $\gamma_{w(T_1)} \simeq \gamma_{w(T_2)}$. Então, a partir da Eq. (7.14),

$$k_{20°C} = \left(\frac{\eta_{T°C}}{\eta_{20°C}}\right) k_{T°C} \tag{7.15}$$

A variação de $\eta_{T°C}/\eta_{20°C}$ com a temperatura T variando de 15 a 30 °C é dada na Tabela 7.2.

Tabela 7.2 Variação de $\eta_{T°C}/\eta_{20°C}$

Temperatura, T (°C)	$\eta_{T°C}/\eta_{20°C}$	Temperatura, T (°C)	$\eta_{T°C}/\eta_{20°C}$
15	1,135	23	0,931
16	1,106	24	0,910
17	1,077	25	0,889
18	1,051	26	0,869
19	1,025	27	0,850
20	1,000	28	0,832
21	0,976	29	0,814
22	0,953	30	0,797

7.5 Determinação laboratorial da condutividade hidráulica

Dois tipos de teste laboratorial padrão são usados para determinar a condutividade hidráulica do solo: ensaio de carga constante e ensaio de carga variável. Conheça a seguir uma breve descrição de cada um deles.

Ensaio de carga constante

Um arranjo típico do ensaio de permeabilidade com carga constante é exibido na Figura 7.5. Neste tipo de configuração laboratorial, o abastecimento de água na entrada é ajustado de forma que a diferença de cargas entre a entrada e a saída permaneça constante durante o período do ensaio. Depois que uma vazão constante é estabelecida, a água é coletada em um recipiente graduado durante um tempo conhecido.

O volume total de água coletada pode ser expresso por

$$Q = Avt = A(ki)t \tag{7.16}$$

onde Q = volume de água coletada

A = área da seção transversal do corpo de prova do solo

t = duração da coleta de água

E como

$$i = \frac{h}{L} \tag{7.17}$$

onde L = comprimento da amostra, a Eq. (7.17) pode ser substituída na Eq. (7.16) para fornecer

$$Q = A\left(k\frac{h}{L}\right)t \tag{7.18}$$

ou

$$k = \frac{QL}{Aht} \tag{7.19}$$

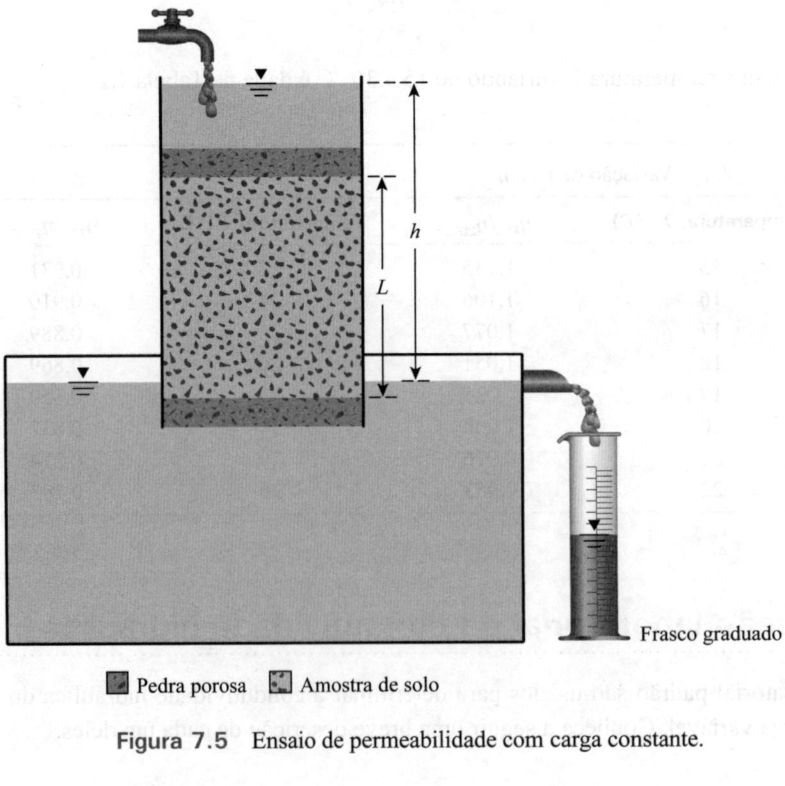

Figura 7.5 Ensaio de permeabilidade com carga constante.

A Figura 7.6 indica uma fotografia de um arranjo de ensaio de carga constante no laboratório para um ensaio no solo granular.

Ensaio com carga variável

Um típico ensaio de permeabilidade com carga variável é exibido na Figura 7.7. A água de um piezômetro flui através do solo. A diferença de carga inicial h_1 no tempo $t = 0$ é registrado, e permite-se que a a água flua pela amostra de solo, de tal modo que a diferença de carga final no momento $t = t_2$ seja h_2.

A vazão da água através da amostra, em qualquer tempo t, pode ser determinada por

$$q = k\frac{h}{L}A = -a\frac{dh}{dt} \tag{7.20}$$

onde q = vazão

a = área da seção transversal do piezômetro

A = área da seção transversal da amostra de solo

Reorganizando a Eq. (7.20), resulta em

$$dt = \frac{aL}{Ak}\left(-\frac{dh}{h}\right) \tag{7.21}$$

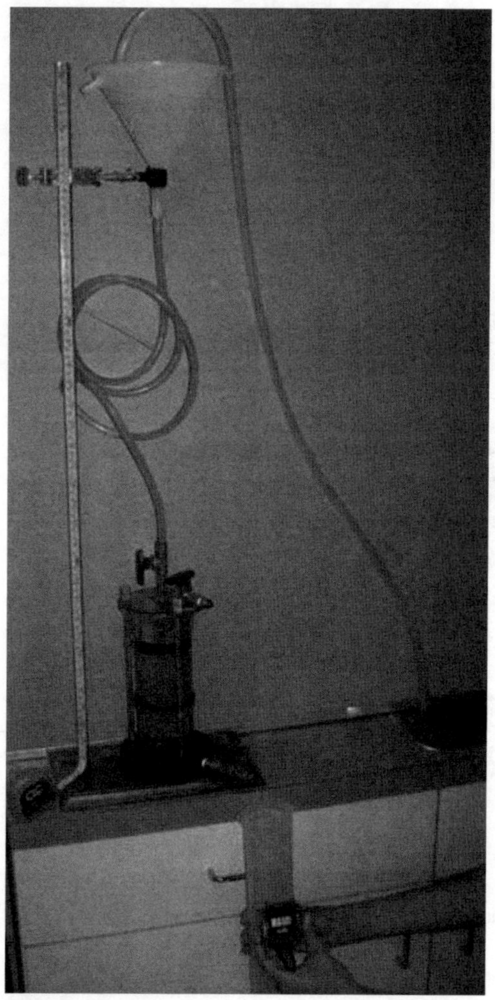

Figura 7.6 Arranjo de ensaio de condutividade hidráulica de carga constante para um solo granular no laboratório. (*Cortesia de Khaled Sobhan, Florida Atlantic University, Boca Raton, Flórida.*)

A integração do lado esquerdo da Eq. (7.21) com limites de tempo de 0 a t e o lado direito com os limites de diferença de carga de h_1 a h_2 proporciona

$$t = \frac{aL}{Ak}\log_e \frac{h_1}{h_2}$$

ou

$$k = 2{,}303\frac{aL}{At}\log_{10}\frac{h_1}{h_2} \tag{7.22}$$

A Figura 7.8 exibe um arranjo de ensaio laboratorial de carga variável para ensaio em solo granular.

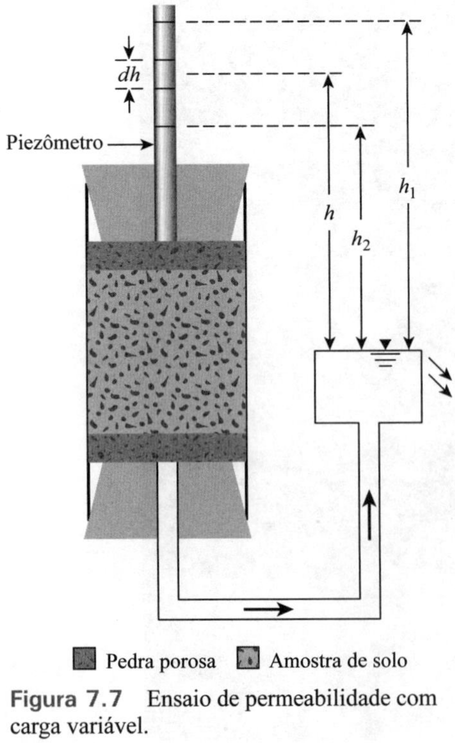

Figura 7.7 Ensaio de permeabilidade com carga variável.

Figura 7.8 Arranjo de ensaio de condutividade hidráulica de carga variável para um solo granular no laboratório. (*Cortesia de Khaled Sobhan, Florida Atlantic University, Boca Raton, Flórida.*)

Exemplo 7.1

Consulte o ensaio de permeabilidade de carga constante exibido na Figura 7.5. Um ensaio fornece os seguintes valores:

- $L = 30$ cm
- A = área da amostra = 177 cm^2
- Diferença da carga constante, $h = 50$ cm
- Água coletada em um período de 5 min = 350 cm^3

Calcule a condutividade hidráulica em cm/s.

Solução

Da Eq. (7.19),

$$\frac{QL}{Aht}$$

Dados que $Q = 350$ cm^3, $L = 30$ cm, $A = 177$ cm^2, $h = 50$ cm e $t = 5$ min, temos

$$k = \frac{(350)(30)}{(177)(50)(5)(60)} = \mathbf{3{,}95 \times 10^{3}\ cm/s}$$

■

Exemplo 7.2

Para um ensaio de permeabilidade com carga variável, são dados os seguintes valores:

- Comprimento da amostra = 200 mm
- Área da amostra de solo = 1.000 mm^2
- Área do piezômetro = 40 mm^2
- Diferença de carga no tempo $t = 0 = 500$ mm
- Diferença de carga no tempo $t = 180$ s = 300 mm

Determine a condutividade hidráulica do solo em cm/s.

Solução

Da Eq. (7.22),

$$k = 2{,}303\frac{aL}{At}\log_{10}\left(\frac{h_1}{h_2}\right)$$

Temos $a = 40$ mm^2, $L = 200$ mm, $A = 1.000$ mm^2, $t = 180$ s, $h_1 = 500$ mm e $h_2 = 300$ mm,

$$k = 2{,}303\ \frac{(40)(200)}{(1.000)(180)}\log_{10}\left(\frac{500}{300}\right)$$
$$= \mathbf{2{,}27 \times 10^{-2}\ cm/s}$$

■

Exemplo 7.3

A condutividade hidráulica de um solo argiloso é 4×10^{-7} cm/s. A viscosidade de água a 25 °C é $0{,}0911 \times 10^{-4}$ g · s/cm^2. Calcule a permeabilidade absoluta $\overline{K}$ do solo.

(continua)

Solução

Da Eq. (7.13),

$$k = \frac{\gamma_w}{\eta}\overline{K} = 4 \times 10^{-7} \text{ cm/s}$$

assim

$$4 \times 10^{-7} = \left(\frac{1 \text{ g/cm}^3}{0{,}0911 \times 10^{-4}}\right)\overline{K}$$

$$\overline{K} = \mathbf{0{,}3644 \times 10^{-11} \, cm^2}$$

■

Exemplo 7.4

Uma camada de solo permeável possui uma camada impermeável abaixo dele, como mostra a Figura 7.9a. Com $k = 5{,}3 \times 10^{-5}$ m/s para a camada permeável, calcule a vazão por ele em m³/h/m de largura se $H = 3$ m e $\alpha = 8°$.

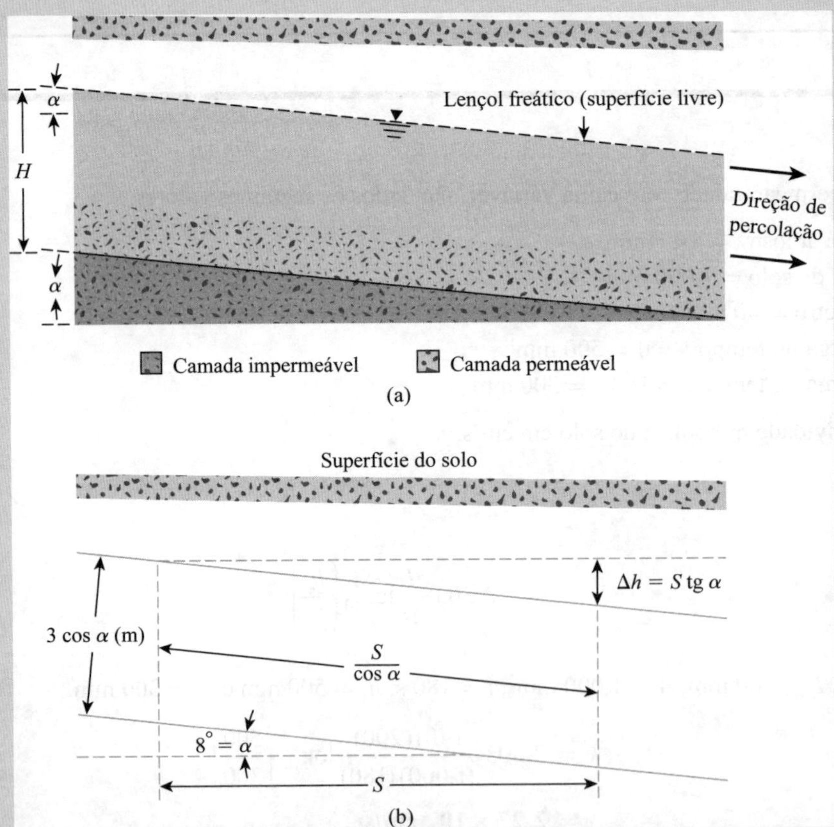

Figura 7.9

Solução

Da Figura 7.9b,

$$i = \frac{\text{perda de carga}}{\text{comprimento}} = \frac{L \text{ tg } \alpha}{\left(\dfrac{L}{\cos \alpha}\right)} = \text{sen } \alpha$$

$$q = kiA = (k)(\text{sen}\,\alpha)(3\cos\alpha)(1)$$

$$k = 5{,}3 \times 10^{-5} \text{ m/s}$$

$$q = (5{,}3 \times 10^{-5})(\text{sen } 8^\circ)(3 \cos 8^\circ)(3.600) = \mathbf{0{,}0789\ m^3/h/m}$$

↑

Para modificar para m/h ■

Exemplo 7.5

Descubra a taxa de fluxo em m³/s/m em comprimento (em ângulos retos para a seção transversal indicada) pela camada de solo permeável indicada na Figura 7.10 dados que $H = 8$ m, $H_1 = 3$ m, $h = 4$ m, $S = 50$ m, $\alpha = 8°$ e $k = 0{,}08$ cm/s.

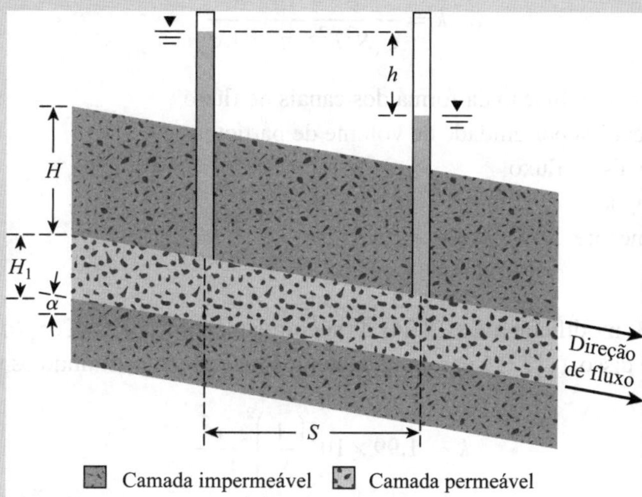

Figura 7.10 Fluxo através da camada permeável.

Solução

$$\text{Gradiente hidráulico } (i) = \frac{h}{\dfrac{S}{\cos\alpha}}$$

Das Equações (7.6) e (7.7),

$$q = kiA = k\left(\frac{h\cos\alpha}{S}\right)(H_1 \cos\alpha \times 1)$$

$$= (0{,}08 \times 10^{-2} \text{ m/s})\left(\frac{4\cos 8^\circ}{50}\right)(3\cos 8^\circ \times 1)$$

$$= \mathbf{0{,}19 \times 10^{-3} m^3/s/m}$$

■

7.6 Relações para a condutividade hidráulica – solo granular

Para areia bastante uniforme (ou seja, com baixo coeficiente de uniformidade), Hazen (1930) propôs uma relação empírica para a condutividade hidráulica sob a forma

$$k\,(\text{cm/s}) = c\,D_{10}^2 \tag{7.23}$$

onde c = uma constante que varia de 1,0 a 1,5

D_{10} = tamanho efetivo, em mm

A Equação (7.23) tem como base, em princípio, as observações de Hazen (1930) sobre areias fofas, limpas e filtrantes. Uma pequena quantidade de siltes e argilas, quando presente em um solo arenoso, pode alterar substancialmente a condutividade hidráulica.

Nos últimos anos, as observações experimentais mostraram que a magnitude de c para vários tipos de solos granulares pode variar em três ordens de magnitude (Carrier, 2003) e, portanto, não é muito confiável.

Outra forma de equação que proporciona resultados bastante bons na estimativa de condutividade hidráulica de solos arenosos tem como base a equação Kozeny-Carman (Carman, 1938, 1956; Kozeny, 1927). A dedução dessa equação não está presente aqui. Os leitores interessados podem consultar qualquer livro de mecânica dos solos avançada. Segundo a equação de Kozeny-Carman

$$k = \frac{1}{C_s S_s^2 T^2}\,\frac{\gamma_w}{\eta}\,\frac{e^3}{1+e} \tag{7.24}$$

onde C_s = fator de forma, que é uma função da forma dos canais de fluxo

S_s = área superficial específica por unidade de volume de partículas

T = tortuosidade dos canais de fluxo

γ_w = peso específico da água

η = viscosidade do permeante

e = índice de vazios

Para uso prático, Carrier (2003) modificou a Eq. (7.24) da seguinte maneira. A 20 °C, γ_w/η para a água é de aproximadamente $9{,}93 \times 10^4 \left(\frac{1}{\text{cm}\cdot\text{s}}\right)$. Além disso, $(C_s T^2)$ é aproximadamente igual a 5. Substituindo os valores na Eq. (7.24), obtemos

$$k = 1{,}99 \times 10^4 \left(\frac{1}{S_s}\right)^2 \frac{e^3}{1+e} \tag{7.25}$$

Novamente,

$$S_s = \frac{SF}{D_{\text{ef}}}\left(\frac{1}{\text{cm}}\right) \tag{7.26}$$

Com

$$D_{\text{ef}} = \frac{100\%}{\Sigma\left(\dfrac{f_i}{D_{(\text{méd})i}}\right)} \tag{7.27}$$

onde f_i = fração de partículas entre dois tamanhos de peneira, em porcentagem (*Observação*: peneira maior, l; peneira menor, s)

$$D_{(\text{av})i}(\text{cm}) = [D_{li}(\text{cm})]^{0,5} \times [D_{si}(\text{cm})]^{0,5} \tag{7.28}$$

SF = fator de forma

Combinando as Equações (7.25), (7.26), (7.27) e (7.28),

$$k = 1{,}99 \times 10^4 \left[\frac{100\%}{\Sigma \dfrac{f_i}{D_{li}^{0,5} \times D_{si}^{0,5}}}\right]^2 \left(\frac{1}{SF}\right)^2 \left(\frac{e^3}{1+e}\right) \tag{7.29}$$

A magnitude de SF pode variar entre 6 e 8, dependendo da angularidade das partículas do solo.

Carrier (2003) sugeriu adicionalmente uma leve modificação para a Equação (7.29), que pode ser escrita como

$$k = 1{,}99 \times 10^4 \left[\frac{100\%}{\Sigma \dfrac{f_i}{D_{li}^{0,404} \times D_{si}^{0,595}}} \right]^2 \left(\frac{1}{SF} \right)^2 \left(\frac{e^3}{1+e} \right) \tag{7.30}$$

A Equação (7.30) sugere que

$$k \propto \frac{e^3}{1+e} \tag{7.31}$$

O autor recomenda o uso das Equações (7.30) e (7.31). É importante observar que as Equações (7.23) e (7.31) presumem que a condição de fluxo laminar exista.

Mais recentemente, Chapuis (2004) propôs uma relação empírica para k em conjunto com a Equação (7.31) como

$$k(\text{cm/s}) = 2{,}4622 \left[D_{10}^2 \frac{e^3}{(1+e)} \right]^{0,7825} \tag{7.32}$$

onde D_{10} = diâmetro efetivo (mm).

A equação anterior é válida para areia e pedregulho naturais e uniformes para predizer que k está na faixa de 10^{-1} a 10^{-3} cm/s. Isso pode ser estendido para areias naturais e com silte sem plasticidade. Não é válida para materiais triturados ou solos com silte com alguma plasticidade.

Com base nos resultados laboratoriais experimentais, Amer e Awad (1974) propuseram a seguinte relação para k em solo granular:

$$k = 3{,}5 \times 10^{-4} \left(\frac{e^3}{1+e} \right) C_u^{0,6} D_{10}^{2,32} \left(\frac{\rho_w}{\eta} \right) \tag{7.33}$$

onde k está em cm/s

C_u = coeficiente de uniformidade

D_{10} = tamanho efetivo (mm)

ρ_w = massa específica da água (g/cm^3)

η = viscosidade (g · s/cm^2)

A 20 °C, $\rho_w = 1$ g/cm^3 e η 0,1 × 10^{-4} g · s/cm^2. Então

$$k = 3{,}5 \times 10^{-4} \left(\frac{e^3}{1+e} \right) C_u^{0,6} D_{10}^{2,32} \left(\frac{1}{0{,}1 \times 10^{-4}} \right)$$

ou

$$k\,(\text{cm/s}) = 35 \left(\frac{e^3}{1+e} \right) C_u^{0,6} (D_{10})^{2,32} \tag{7.34}$$

Foi mencionado no final da Seção 7.2 que as condições de fluxo turbulento podem existir em areias muito grossas e pedregulhos, e que a lei de Darcy pode não ser válida para esses materiais. No entanto, sob um gradiente hidráulico baixo, as condições de fluxo laminar geralmente existem. Kenney, Lau e Ofoegbu (1984) realizaram ensaios em laboratório em solos granulares nos quais o tamanho das partículas em muitas amostras variaram de 0,074 a 25,4 mm. Os coeficientes de uniformidade, Cu, dessa variedade oscilam de 1,04 a 12. Todos os ensaios de permeabilidade foram realizados em um grau de compacidade de 80% ou mais. Esses ensaios mostraram que, para condições de fluxo laminar,

$$\overline{K}\,(\text{mm}^2) = (0{,}05 \text{ a } 1) D_5^2 \tag{7.35}$$

onde D_5 = diâmetro (mm) pelo qual passa 5% do solo. A Figura 7.11 exibe os resultados na qual a Equação (7.35) tem como base.

Com base nas experiências laboratoriais, o U.S. Department of Navy (1986) forneceu uma correlação empírica entre k e D_{10} (mm) para solos granulares com o coeficiente de uniformidade variando entre 2 e 12, e $D_{10}/D_5 < 1{,}4$. Esta relação é mostrada na Figura 7.12.

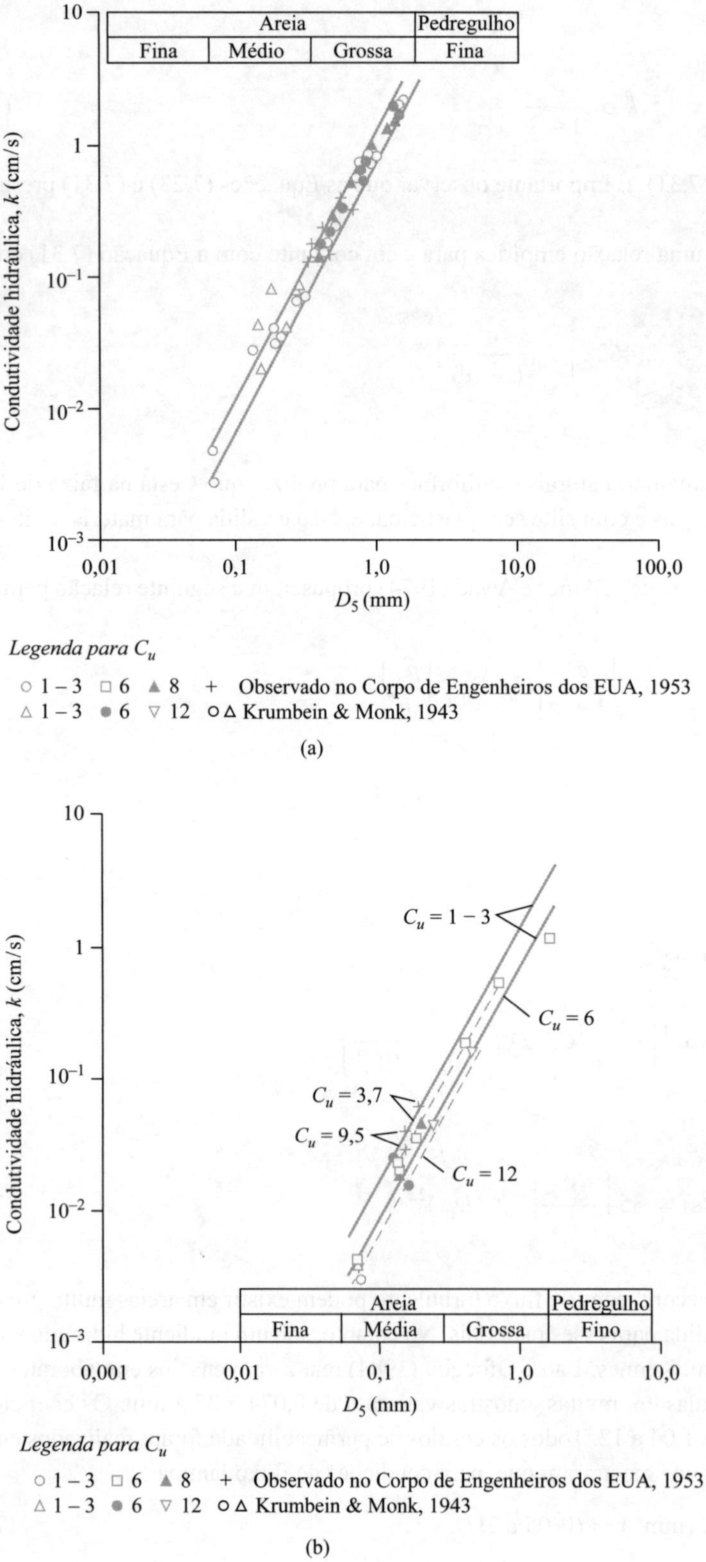

Figura 7.11 Resultados de ensaios de permeabilidade na qual Eq. (7.35) tem como base: (a) resultados para $C_u = 1 - 3$; (b) resultados para $C_u > 3$. (*De acordo com Kenney, Lau, and Ofoegbu, 1984.*)

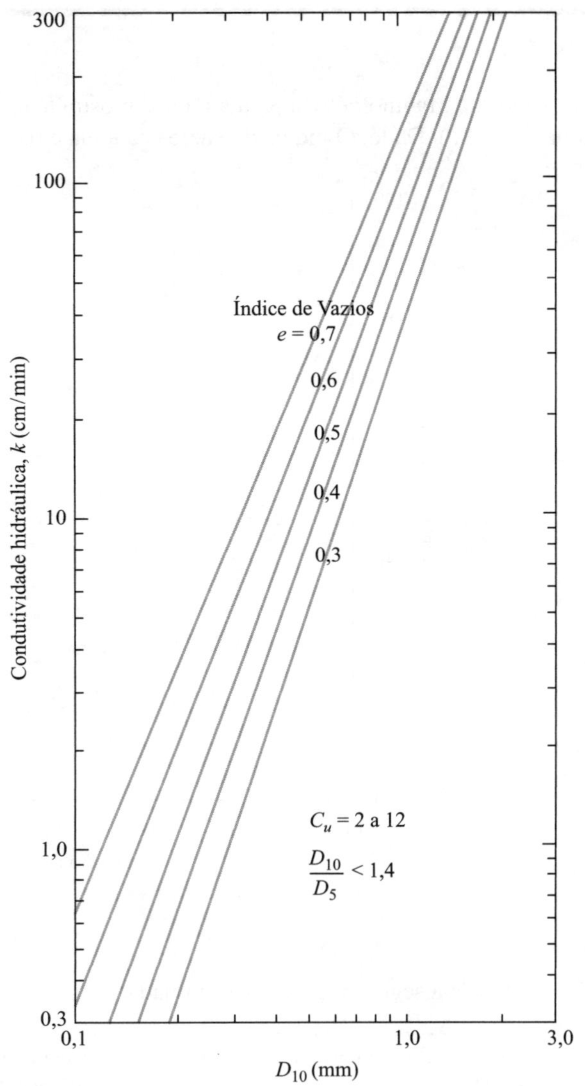

Figura 7.12 Condutividade hidráulica de solos granulares. (*Redesenhado do Departamento da Marinha dos Estados Unidos, 1986.*)

Exemplo 7.6

A condutividade hidráulica de uma areia com índice de vazios de 0,48 é 0,02 cm/s. Estime sua condutividade hidráulica a um índice de vazios de 0,6.

Solução

Da Eq. (7.31),

$$\frac{k_1}{k_2} = \frac{\dfrac{e_1^3}{1+e_1}}{\dfrac{e_2^3}{1+e_2}}$$

$$\frac{0,02}{k_2} = \frac{\dfrac{(0,48)^3}{1+0,48}}{\dfrac{(0,6)^3}{1+0,6}}$$

$$k_2 = \mathbf{0,036\ cm/s}$$

■

Exemplo 7.7

A curva de distribuição granulométrica para a areia é mostrada na Figura 7.13. Estime a condutividade hidráulica utilizando a Equação (7.30). Dado: O índice de vazios da areia é 0,6. Use $SF = 7$.

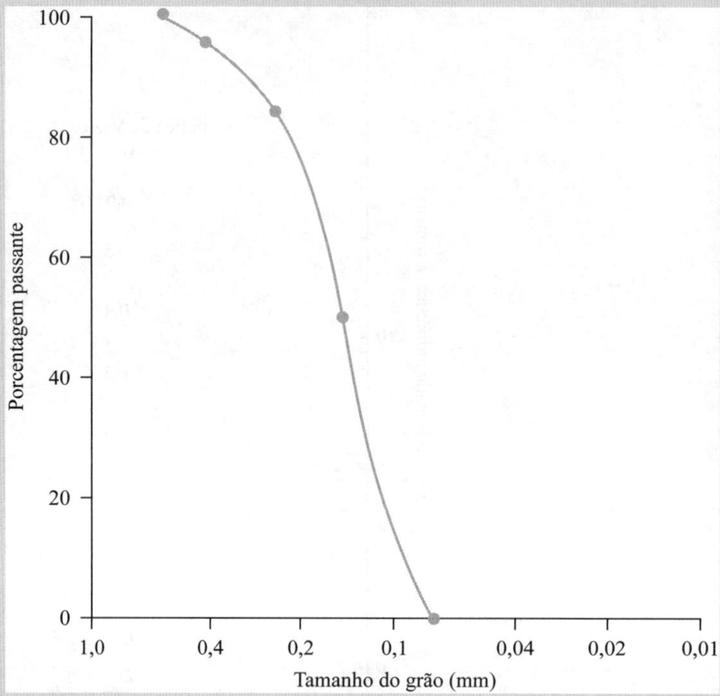

Figura 7.13

Solução

Da Figura 7.13, a tabela a seguir pode ser determinada.

Nº da peneira	Abertura da peneira (cm)	Porcentagem passante	Fração de partículas entre duas peneiras consecutivas (%)
30	0,06	100	4
40	0,0425	96	12
60	0,02	84	34
100	0,015	50	50
200	0,0075	0	

Para a fração entre as peneiras nos 30 e 40:

$$\frac{f_i}{D_{li}^{0,404} \times D_{si}^{0,595}} = \frac{4}{(0,06)^{0,404} \times (0,0425)^{0,595}} = 81,62$$

Para a fração entre as peneiras nos 40 e 60:

$$\frac{f_i}{D_{li}^{0,404} \times D_{si}^{0,595}} = \frac{12}{(0,0425)^{0,404} \times (0,02)^{0,595}} = 440,76$$

Da mesma forma, para a fração entre as peneiras nos 60 e 100:

$$\frac{f_i}{D_{li}^{0,404} \times D_{si}^{0,595}} = \frac{34}{(0,02)^{0,404} \times (0,015)^{0,595}} = 2.009,5$$

E, para a fração entre as peneiras nos 100 e 200:

$$\frac{f_i}{D_{li}^{0,404} \times D_{si}^{0,595}} = \frac{50}{(0,015)^{0,404} \times (0,0075)^{0,595}} = 5.013,8$$

$$\frac{100\%}{\Sigma \dfrac{f_i}{D_{li}^{0,404} \times D_{si}^{0,595}}} = \frac{100}{81,62 + 440,76 + 2.009,5 + 5.013,8} \approx 0,0133$$

Da Eq. (7.30),

$$k = (1,99 \times 10^4)(0,0133)^2 \left(\frac{1}{7}\right)^2 \left(\frac{0,6^3}{1+0,6}\right) = \mathbf{0,0097\ cm/s}$$

■

Exemplo 7.8

Resolva o Exemplo 7.7 utilizando a Equação (7.32).

Solução

Da Figura 7.13, $D_{10} = 0,09$ mm. Da Eq. (7.32),

$$k = 2,4622\left[D_{10}^2 \frac{e^3}{1+e}\right]^{0,7825} = 2,4622\left[(0,09)^2 \frac{0,6^3}{1+0,6}\right]^{0,7825} = \mathbf{0,0119\,cm/s}$$

■

Exemplo 7.9

Resolva o Exemplo 7.7 utilizando a Equação (7.34).

Solução

A partir da Figura 7.13, $D_{60} = 0,16$ mm e $D_{10} = 0,09$ mm. Assim,

$$C_u = \frac{D_{60}}{D_{10}} = \frac{0,16}{0,09} = 1,78$$

Da Eq. (7.34),

$$k = 35\left(\frac{e^3}{1+e}\right)C_u^{0,6}(D_{10})^{2,32} = 35\left(\frac{0,6^3}{1+0,6}\right)(1,78)^{0,6}(0,09)^{2,32} = \mathbf{0,025\ cm/s}$$

■

7.7 Relações para condutividade hidráulica – solos coesivos

A equação Kozeny-Carman [Eq. (7.24)] foi utilizada no passado para verificar a aplicabilidade para solos coesivos. Olsen (1961) conduziu os ensaios de condutividade hidráulica na ilita de sódio e comparou os resultados com a Eq. (7.24). Tal comparação é mostrada na Figura 7.14. Os graus de variação marcados entre os valores teóricos e experimentais surgem de vários fatores, incluindo desvios da lei de Darcy, alta viscosidade da água nos poros e tamanho de poros desigual.

Taylor (1948) propôs uma relação linear entre o logaritmo de k e o índice de vazios como

$$\log k = \log k_o - \frac{e_o - e}{C_k} \tag{7.36}$$

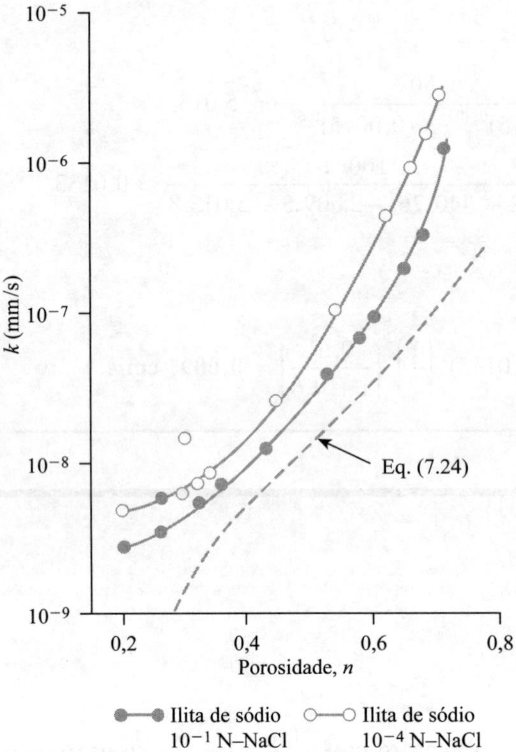

Figura 7.14 Coeficiente de permeabilidade para ilita sódica. (*Com base em Olsen, 1961.*)

onde k_o = condutividade hidráulica *in situ* a um índice de vazios de e_o

k = condutividade hidráulica no índice de vazios e

C_k = índice de mudança de condutividade hidráulica

A equação anterior é uma boa correlação para e_o menor que aproximadamente 2,5. Nessa equação, o valor de C_k pode ser considerado cerca de $0{,}5e_o$ (veja a Figura 7.15).

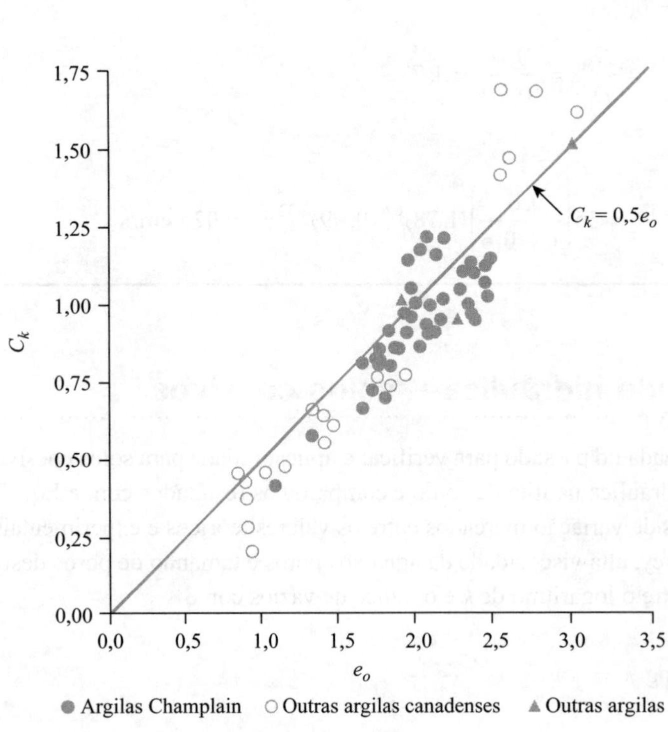

Figura 7.15 Base das relações conforme proporcionadas na Eq. (7.36). (*Tavenas, F.; Jean, P.; Leblond, P.; Leroueil, S. (1983). The Permeabilty of Natural Soft Clays. Part II: Permeability Characteristics,* Canadian Geotechnical Journal, *v. 20, n. 4, p. 645-660. Figura 17, p. 658. © 2008 Canadian Science Publishing ou seus licenciadores. Reimpresso com permissão.*)

Para um amplo intervalo de índice de vazios, Mesri e Olson (1971) sugeriram o uso de uma relação linear entre o logaritmo k e logaritmo e na forma

$$\log k = A' \log e + B' \tag{7.37}$$

A Figura 7.16 exibe o gráfico de registro k *versus* obtido no laboratório com base na qual a Eq. (7.37) foi proposta.

Samarasinghe et al. (1982) realizaram ensaios de laboratório na argila de New Liskeard e propuseram que, para argilas normalmente adensadas,

$$k = C\left(\frac{e^n}{1+e}\right) \tag{7.38}$$

onde C e n são constantes para serem determinadas experimentalmente (consulte a Figura 7.17).

Tavenas et al. (1983) também fornecem correlação entre o índice de vazios e a condutividade hidráulica do solo argiloso. Esta relação é mostrada na Figura 7.18. Um ponto importante para observar, no entanto, é que na Figura 7.18, *IP*, o índice de plasticidade, e *CF*, a fração de tamanho de argila no solo, estão em forma de *fração* (decimal). No entanto, é necessário ter em mente que qualquer relação empírica desse tipo serve apenas para estimativas, pois a magnitude de k é altamente variável e depende de diversos fatores.

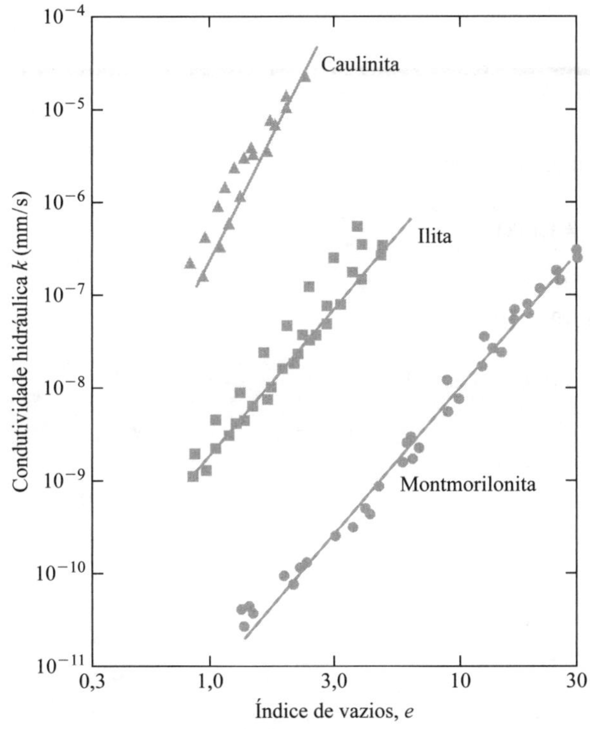

Figura 7.16 Variação da condutividade hidráulica de minerais de argila sódica. (*Baseada em Mesri e Olson, 1971.*)

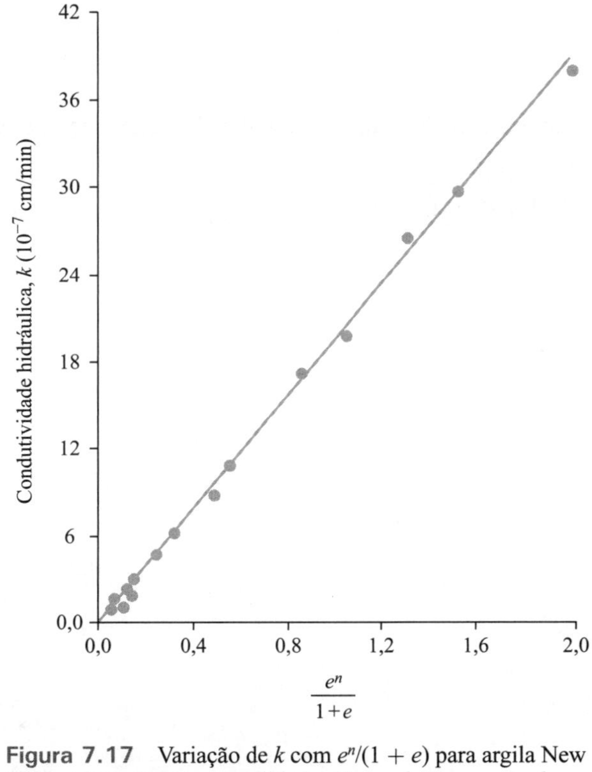

Figura 7.17 Variação de k com $e^n/(1+e)$ para argila New Liskeard geralmente consolidada. (*Segundo Samarasinghe, Huang, and Drnevich, 1982. Com permissão da ASCE.*)

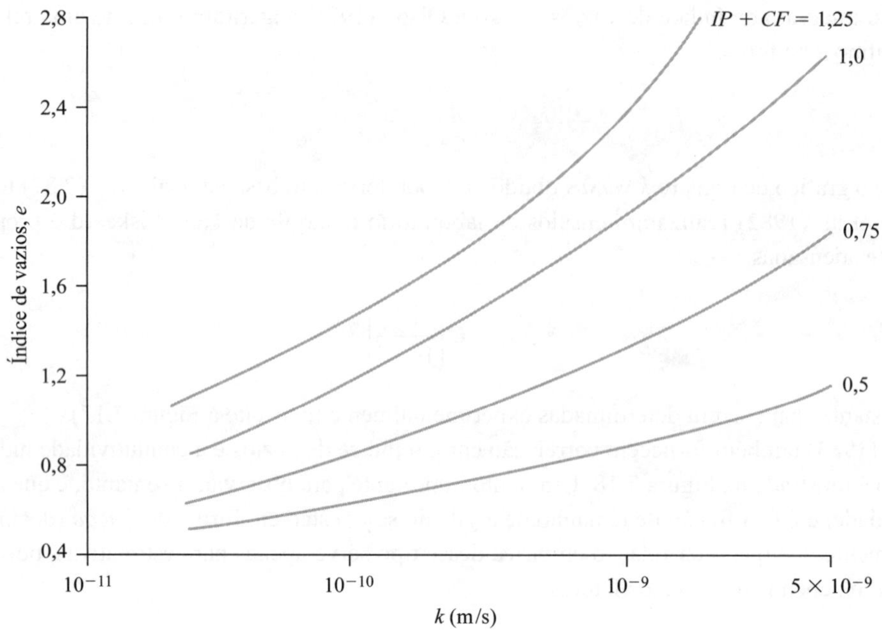

Figura 7.18 Variação do índice de vazios com a condutividade hidráulica de solos argilosos. (*Com base em Tavenas et al., 1983.*)

Exemplo 7.10

Para um solo de argila normalmente adensada, são dados os seguintes valores:

Índice de vazios	*k* (cm/s)
1,1	$0{,}302 \times 10^{-7}$
0,9	$0{,}12 \times 10^{-7}$

Estime a condutividade hidráulica da argila a um índice de vazios de 0,75. Use a Eq. (7.38).

Solução

Da Eq. (7.38),

$$k = C\left(\frac{e^n}{1+e}\right)$$

$$\frac{k_1}{k_2} = \frac{\left(\dfrac{e_1^n}{1+e_1}\right)}{\left(\dfrac{e_2^n}{1+e_2}\right)}$$

$$\frac{0{,}302\times 10^{-7}}{0{,}12\times 10^{-7}} = \frac{\dfrac{(1{,}1)^n}{1+1{,}1}}{\dfrac{(0{,}9)^n}{1+0{,}9}}$$

$$2{,}517 = \left(\frac{1{,}9}{2{,}1}\right)\left(\frac{1{,}1}{0{,}9}\right)^n$$

$$2{,}782 = (1{,}222)^n$$

$$n = \frac{\log(2{,}782)}{\log(1{,}222)} = \frac{0{,}444}{0{,}087} = 5{,}1$$

assim

$$k = C\left(\frac{e^{5,1}}{1+e}\right)$$

Para descobrir C,

$$0{,}302 \times 10^{-7} = C\left[\frac{(1{,}1)^{5,1}}{1+1{,}1}\right] = \left(\frac{1{,}626}{2{,}1}\right)C$$

$$C = \frac{(0{,}302 \times 10^{-7})(2{,}1)}{1{,}626} = 0{,}39 \times 10^{-7}$$

Portanto,

$$k = (0{,}39 \times 10^{-7}\ \text{cm/s})\left(\frac{e^{n}}{1+e}\right)$$

A um índice de vazios de 0,75,

$$k = (0{,}39 \times 10^{-7})\left(\frac{0{,}75^{5,1}}{1+0{,}75}\right) = \mathbf{0{,}514 \times 10^{-8}\ cm/s}$$

■

Exemplo 7.11

Uma argila fofa saturada apresenta:

Porcentagem menor que 0,002 mm = 32%

Índice de Plasticidade = 21

Peso específico saturado, γ_{sat} = 19,4 kN/m³

Peso específico relativo de sólidos do solo = 2,76

Estime a condutividade hidráulica da argila. Utilize a Figura 7.18.

Solução

Dado: IP (em fração) = 0,21

Fração do tamanho de argila, $CF = 0{,}32$

$$CF + IP = 0{,}32 + 0{,}21 = 0{,}53$$

$$\gamma_{sat} = \frac{(G_s + e)\gamma_w}{1+e} = \frac{(2{,}76 + e)(9{,}81)}{1+e};\ e = 0{,}8$$

Agora, a partir da Figura 7.18, para $e = 0{,}8$ e $CF + IP = 0{,}53$, o valor de

k 3,59 × 10⁻¹⁰ m/s = **3,59 × 10⁻⁸ cm/s** ■

7.8 Variação direcional da permeabilidade

A maioria dos solos não é isotrópico em relação à permeabilidade. Em determinado depósito de solo, a magnitude de k muda em função da direção do fluxo. A Figura 7.19 mostra uma camada de solo pela qual a água flui em uma direção inclinada a um ângulo α com a vertical. Consideramos as condutividades hidráulicas na direção vertical ($\alpha = 0$) e na direção horizontal ($\alpha = 90°$), k_V e k_H, respectivamente. As magnitudes de k_V e k_H em determinado solo dependem de diversos fatores, incluindo o método de depósito no campo.

A Figura 7.20 mostra os resultados do ensaio de laboratório obtidos por Fukushima e Ishii (1986) com relação a k_V e k_H para solo Masa-do compactado (granito intemperizado). As amostras de solo foram inicialmente compactadas a determinado teor de umidade, e a condutividade hidráulica foi determinada a 100% de saturação. Para qualquer teor de umidade de moldagem e pressão de confinamento, k_H é maior que k_V.

Existem diversos resultados publicados para solos granulares finos que mostram que a relação k_H/k_V varia sobre uma ampla faixa. A Tabela 7.3 mostra um resumo de alguns desses estudos.

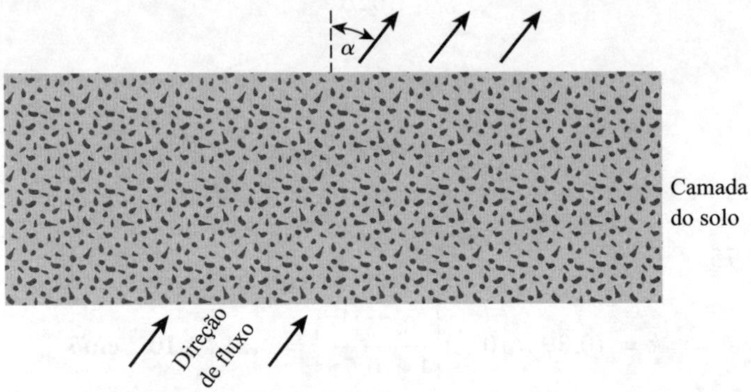

Figura 7.19 Variação direcional da permeabilidade.

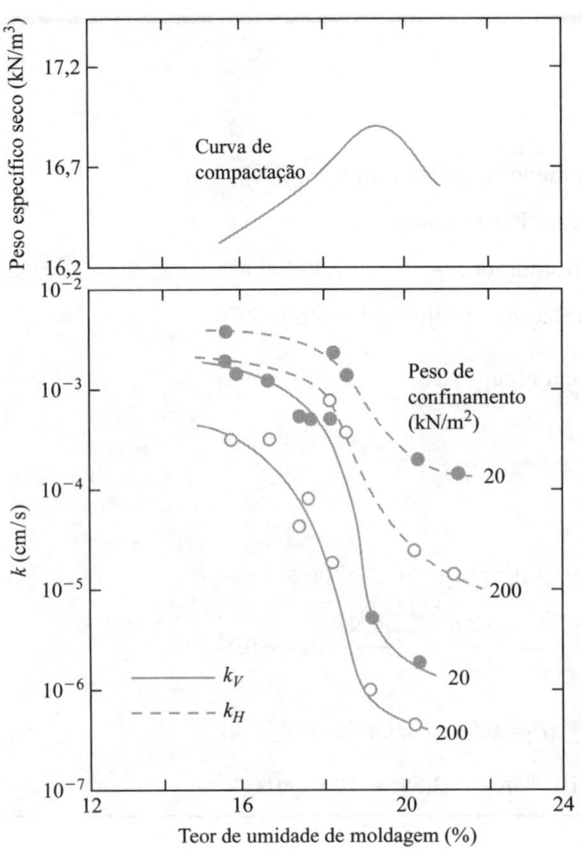

Figura 7.20 Variação de k_V e k_H para solo Masa-do compactado em laboratório. (*Com base nos resultados de Fukushima e Ishii, 1986.*)

Tabela 7.3 k_H/k_V para solos granulares finos – Resumo de vários estudos

Tipo de solo	k_H/k_V	Referência
Silte orgânico com turfa	1,2 a 1,7	Tsien (1955)
Argila marinha plástica	1,2	Lumb e Holt (1968)
Argila fofa	1,5	Basett e Brodie (1961)
Argila varvítica	1,5 a 1,7	Chan e Kenney (1973)
Argila varvítica	1,5	Kenney e Chan (1973)
Argila varvítica	3 a 15	Wu et al. (1978)
Argila varvítica	4 a 40	Casagrande e Poulos (1969)

7.9 Condutividade hidráulica equivalente em solo estratificado

Em um depósito de solo estratificado, onde a condutividade hidráulica para o fluxo em determinada direção muda de camada a camada, uma condutividade hidráulica equivalente pode ser calculada, para simplificar. As deduções a seguir referem-se às condutividades hidráulicas equivalentes para fluxo nas direções vertical e horizontal pelos solos multicamadas com estratificação horizontal.

A Figura 7.21 mostra n camadas de solo com fluxo na *direção horizontal*. Vamos considerar uma seção transversal de comprimento específico que passa pela camada n e de modo perpendicular à direção de fluxo. O fluxo total que passa pela seção transversal no tempo específico pode ser escrito como

$$\begin{aligned} q &= v \cdot 1 \cdot H \\ &= v_1 \cdot 1 \cdot H_1 + v_2 \cdot 1 \cdot H_2 + v_3 \cdot 1 \cdot H_3 + \ldots + v_n \cdot 1 \cdot H_n \end{aligned} \tag{7.39}$$

onde v = velocidade de descarga média

$v_1, v_2, v_3, \ldots, v_n$ = velocidades de descarga de fluxo em camadas marcadas pelos subscritos

Se $k_{H_1}, k_{H_2}, k_{H_3}, \ldots, k_{H_n}$ são as condutividades hidráulicas das camadas individuais na direção horizontal e $k_{H(\text{eq})}$ é a condutividade hidráulica equivalente na direção horizontal, então, a partir da lei de Darcy,

$$v = k_{H(\text{eq})} i_{\text{eq}}; \quad v_1 = k_{H_1} i_1; \quad v_2 = k_{H_2} i_2; \quad v_3 = k_{H_3} i_3; \quad \ldots \quad v_n = k_{H_n} i_n$$

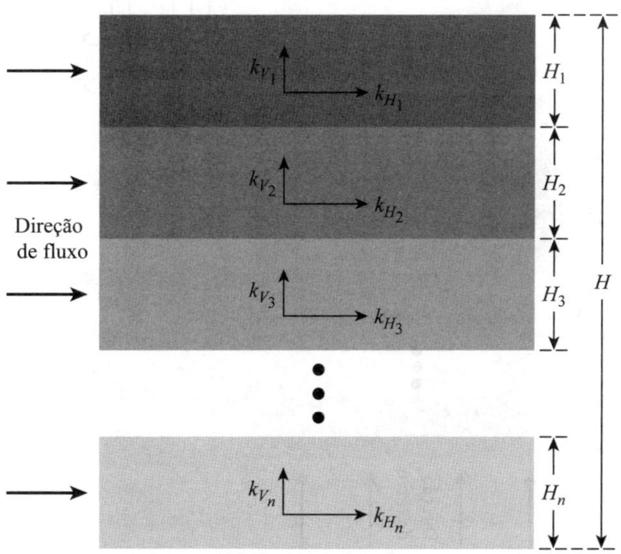

Figura 7.21 Determinação de condutividade hidráulica equivalente – fluxo horizontal em solo estratificado.

Substituindo as relações anteriores para velocidades na Eq. (7.39) e observando que $i_{eq} = i_1 = i_2 = i_3 = \ldots = i_n$, temos

$$k_{H(eq)} = \frac{1}{H}(k_{H_1}H_1 + k_{H_2}H_2 + k_{H_3}H_3 + \cdots + k_{H_n}H_n) \tag{7.40}$$

A Figura 7.22 mostra n camadas de solo com fluxo na direção vertical. Neste caso, a velocidade do fluxo que passa por todas as camadas é a mesma. No entanto, a perda de carga total, h, é igual à soma das perdas de cargas em todas as camadas. Assim,

$$v = v_1 = v_2 = v_3 = \ldots = v_n \tag{7.41}$$

e

$$h = h_1 + h_2 + h_3 + \ldots + h_n \tag{7.42}$$

Utilizando a lei de Darcy, podemos reescrever a Eq. (7.41) como

$$k_{V(eq)}\left(\frac{h}{H}\right) = k_{V_1}i_1 = k_{V_2}i_2 = k_{V_3}i_3 = \cdots = k_{V_n}i_n \tag{7.43}$$

onde $k_{V_1}, k_{V_2}, k_{V_3}, \ldots, k_{V_n}$ são as condutividades hidráulicas das camadas individuais na direção vertical e $k_{V(eq)}$ é a condutividade hidráulica equivalente.

Novamente, a partir da Eq. (7.42),

$$h = H_1i_1 + H_2i_2 + H_3i_3 + \ldots + H_ni_n \tag{7.44}$$

Resolvendo as Equações (7.43) e (7.44) temos

$$k_{V(eq)} = \frac{H}{\left(\frac{H_1}{k_{V_1}}\right) + \left(\frac{H_2}{k_{V_2}}\right) + \left(\frac{H_3}{k_{V_3}}\right) + \cdots + \left(\frac{H_n}{k_{V_n}}\right)} \tag{7.45}$$

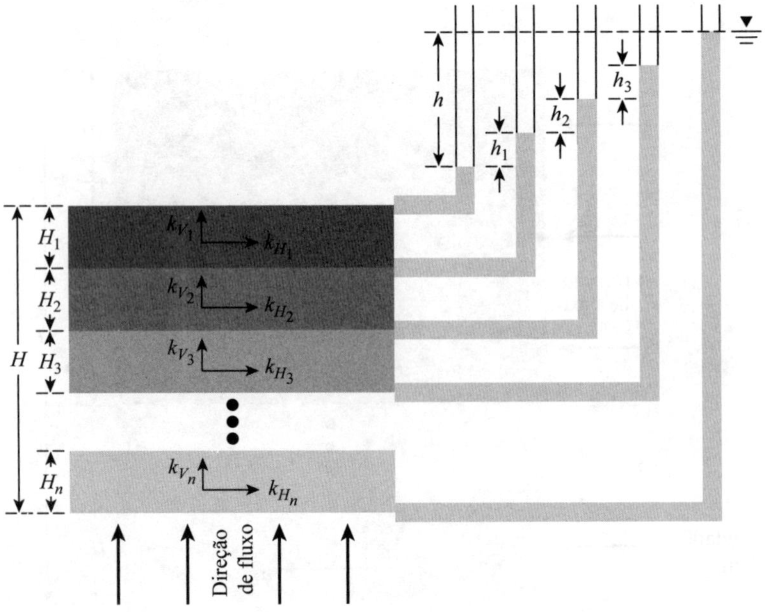

Figura 7.22 Determinação de condutividade hidráulica equivalente – fluxo vertical no solo estratificado.

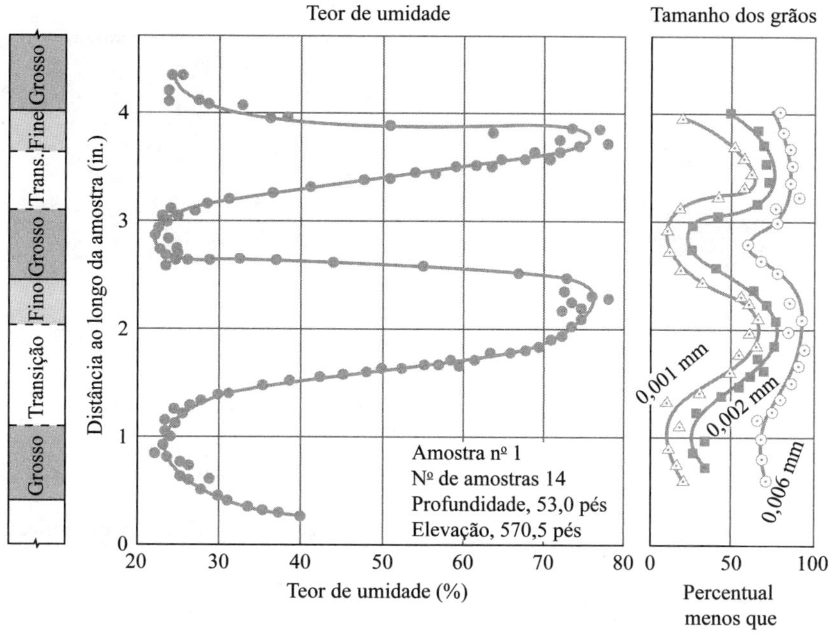

Figura 7.23 Variação do teor de umidade e a distribuição granulométrica no solo varvítico de New Liskeard, Canadá. (*Fonte*: Segundo Laboratory Investigation of Permeability Ratio of New Liskeard Varved Clay, por H. T. Chan e T. C. Kenney, 1973, *Canadian Geotechnical Journal*, 10(3), p. 453-472. © 2008 NRC Canadá ou seus licenciadores. Reimpresso com permissão.)

Um excelente exemplo de solo sedimentado naturalmente em camadas é o *solo varvítico*, que é um sedimento ritmicamente depositado em camadas de minerais finos e grossos. Os solos varvíticos são resultado da flutuação sazonal anual das condições de sedimento em lagos glaciais. A Figura 7.23 mostra a variação do teor de umidade e a distribuição granulométrica no solo varvítico de New Liskeard, Canadá. Cada varvita tem aproximadamente 41 a 51 mm de espessura e consiste em duas camadas homogêneas de solo – um material grosso e um fino – com uma camada de transição entre elas.

Exemplo 7.12

Um solo estratificado é mostrado na Figura 7.24. Dado:

- $H_1 = 1{,}5$ m $\quad k_1 = 10^{-4}$ cm/s
- $H_2 = 3$ m $\quad k_2 = 3{,}2 \times 10^{-2}$ cm/s
- $H_3 = 2$ m $\quad k_3 = 4{,}1 \times 10^{-5}$ cm/s

Calcule a razão da condutividade hidráulica equivalente,

$$\frac{k_{H(\text{eq})}}{K_{V(\text{eq})}}$$

Solução

Da Eq. (7.40),

$$\begin{aligned} k_{H(\text{eq})} &= \frac{1}{H}(k_{H_1}H_1 + k_{H_2}H_2 + k_{H_3}H_3) \\ &= \frac{1}{(1{,}5+3+2)}[(10^{-4})(1{,}5) + (3{,}2\times10^{-2})(3) + (4{,}1\times10^{-5})(2)] \\ &= 148{,}05\times10^{-4}\ \text{cm/s} \end{aligned}$$

(continua)

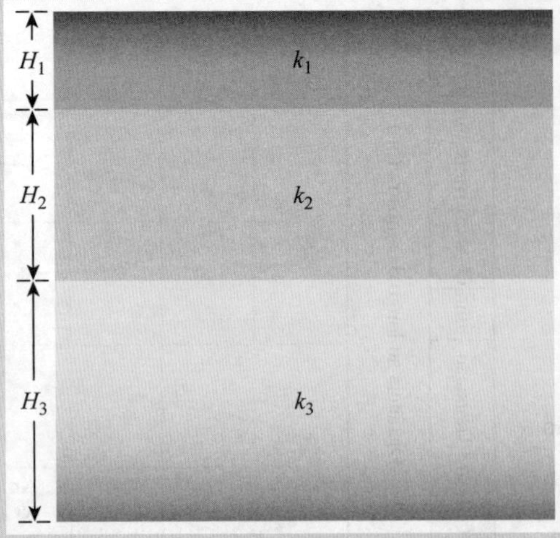

Figura 7.24 Perfil de solo estratificado.

Novamente, a partir da Eq. (7.45),

$$k_{V(\text{eq})} = \frac{H}{\left(\frac{H_1}{k_{V_1}}\right) + \left(\frac{H_2}{k_{V_2}}\right) + \left(\frac{H_3}{k_{V_3}}\right)}$$

$$= \frac{1{,}5 + 3 + 2}{\left(\frac{1{,}5}{10^{-4}}\right) + \left(\frac{3}{3{,}2 \times 10^{-2}}\right) + \left(\frac{2}{4{,}1 \times 10^{-5}}\right)}$$

$$= 1{,}018 \times 10^{-4}\,\text{cm/s}$$

Portanto,

$$\frac{k_{H(\text{eq})}}{k_{V(\text{eq})}} = \frac{148{,}05 \times 10^{-4}}{1{,}018 \times 10^{-4}} = \mathbf{145{,}4}$$

■

Exemplo 7.13

A Figura 7.25 mostra três camadas de solo em um tubo com 100 × 100 mm na seção transversal. A água é fornecida para manter uma diferença de carga constante de 300 mm em toda a amostra. A condutividade hidráulica dos solos na direção do fluxo que passa por eles são:

Solo	*k* (cm/s)
A	10^{-2}
B	3×10^{-3}
C	$4{,}9 \times 10^{-4}$

Descubra a taxa de fornecimento de água em cm^3/h.

Solução

Da Eq. (7.45),

$$k_{V(\text{eq})} = \frac{H}{\left(\frac{H_1}{k_1}\right)+\left(\frac{H_2}{k_2}\right)+\left(\frac{H_3}{k_3}\right)} = \frac{450}{\left(\frac{150}{10^{-2}}\right)+\left(\frac{150}{3\times10^{-3}}\right)+\left(\frac{150}{4,9\times10^{-4}}\right)}$$

$$= 0,001213 \text{ cm/s}$$

$$q = k_{V(\text{eq})}iA = (0,001213)\left(\frac{300}{450}\right)\left(\frac{100}{10}\times\frac{100}{10}\right)$$

$$= 0,0809 \text{ cm}^3/\text{s} = \mathbf{291,24\ cm^3/h}$$

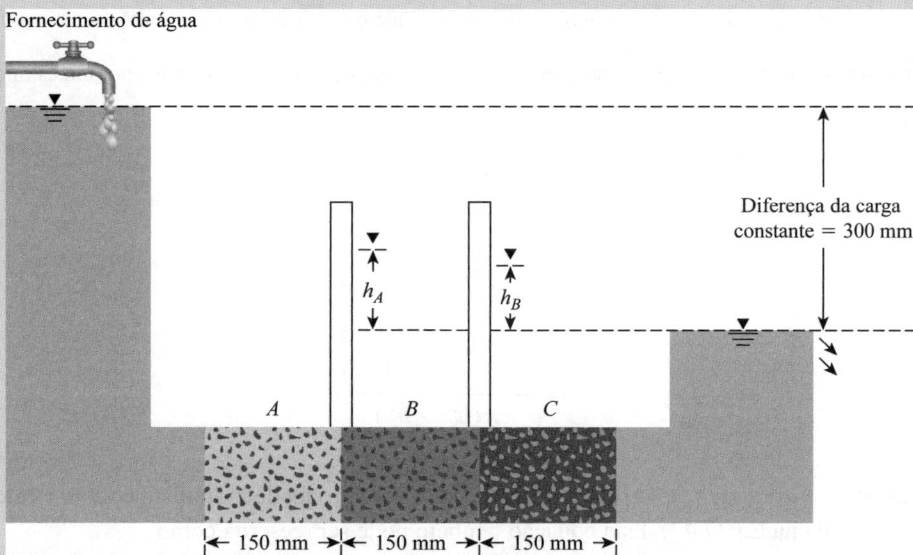

Figura 7.25 Três camadas de solo em um tubo de 100 mm × 100 mm na seção transversal. ■

7.10 Ensaio de permeabilidade em campo pelo bombeamento a partir de poços

No campo, a condutividade hidráulica média de um depósito de solo na direção do fluxo pode ser determinada realizando os ensaios de bombeamento a partir de poços. A Figura 7.26 mostra um caso na qual a camada permeável superior, cuja condutividade hidráulica deve ser determinada, não está confinada e possui uma camada impermeável abaixo dela. Durante o ensaio, a água é bombeada a uma taxa constante para fora de um poço de ensaio com uma camisa perfurada. São escavados vários poços de observação a várias distâncias radiais em volta do poço do ensaio. Contínuas observações são feitas levando em conta o nível da água no poço do ensaio e nos poços de observação depois de iniciar o bombeamento, até que se atinja alguma estabilidade. O momento estável é determinado quando o nível da água nos poços de ensaio e de observação torna-se constante. A vazão de água do solo para dentro do poço, que é igual à vazão do bombeamento, pode ser expressa por

$$q = k\left(\frac{dh}{dr}\right)2\pi rh \tag{7.46}$$

ou

$$\int_{r_2}^{r_1}\frac{dr}{r} = \left(\frac{2\pi k}{q}\right)\int_{h_2}^{h_1} h\,dh$$

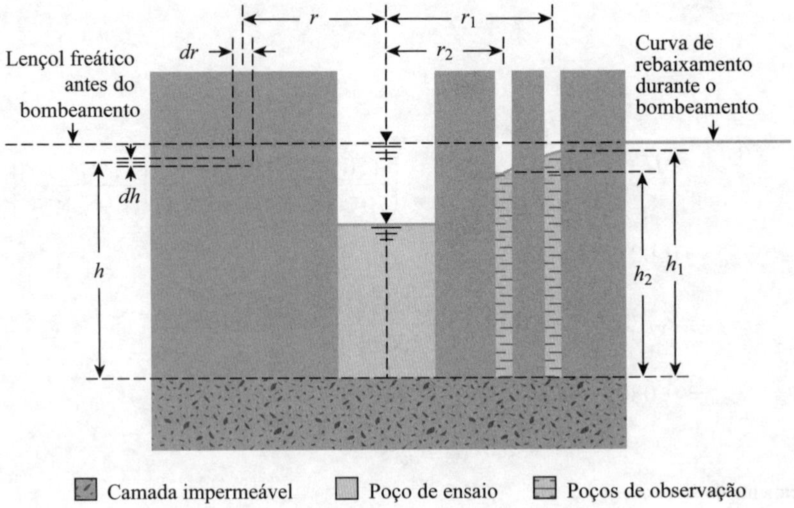

Figura 7.26 Ensaio de bombeamento de um poço em uma camada permeável livre sustentada por um estrato impermeável.

Assim,

$$k = \frac{2{,}303q \log_{10}\left(\dfrac{r_1}{r_2}\right)}{\pi(h_1^2 - h_2^2)} \tag{7.47}$$

Das medições de campo, se q, r_1, r_2, h_1 e h_2 forem conhecidos, a condutividade hidráulica pode ser calculada a partir da relação simples apresentada na Eq. (7.47). Esta equação também pode ser reescrita como

$$k\,(\text{cm/s}) = \frac{2{,}303q \log_{10}\left(\dfrac{r_1}{r_2}\right)}{14{,}7\pi(h_1^2 - h_2^2)} \tag{7.48}$$

onde q está em gpm e h_1 e h_2 estão em pés.

A condutividade hidráulica média para um aquífero confinado também pode ser determinada pela condução de um ensaio de bombeamento a partir de um poço com uma camisa perfurada que penetra totalmente no aquífero e pela observação do nível piezométrico em uma quantidade de poços de observação em diversas distâncias radiais (Figura 7.27). O bombeamento é mantido a uma taxa uniforme q até que um regime estável seja atingido.

Devido à possibilidade de a água entrar no poço de ensaio apenas a partir do aquífero de espessura H, a percolação em regime estável é

$$q = k\left(\frac{dh}{dr}\right)2\pi rH \tag{7.49}$$

ou

$$\int_{r_2}^{r_1} \frac{dr}{r} = \int_{h_2}^{h_1} \frac{2\pi kH}{q}\,dh$$

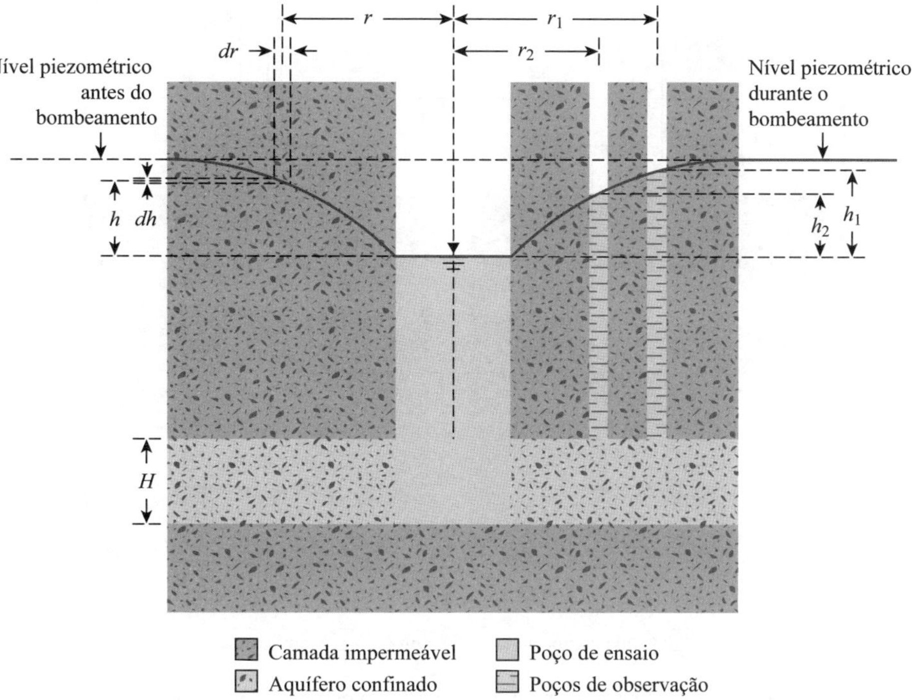

Figura 7.27 Ensaio de bombeamento de um poço que penetra até a profundidade total em um aquífero confinado.

Isso determina a condutividade hidráulica na direção de fluxo da seguinte forma

$$k = \frac{q \log_{10}\left(\dfrac{r_1}{r_2}\right)}{2{,}727H(h_1 - h_2)} \tag{7.50}$$

7.11 Condutividade hidráulica *in situ* de solos argilosos compactados

Daniel (1989) forneceu uma excelente revisão de nove métodos para estimar a condutividade hidráulica *in situ* das camadas de argila compactadas. Três desses métodos são descritos.

Permeâmetro de Boutwell

Um diagrama esquemático do permeâmetro de Boutwell é mostrado na Figura 7.28. Primeiramente é feito um furo e instala-se uma camisa (Figura 7.28a). A camisa é preenchida com água e é realizado um ensaio de permeabilidade com carga variável. Com base nos resultados do ensaio, a condutividade hidráulica k_1 é calculada como

$$k_1 = \frac{\pi d^2}{\pi D(t_2 - t_1)} \ln\left(\frac{h_1}{h_2}\right) \tag{7.51}$$

onde d = diâmetro do piezômetro

D = diâmetro da camisa

h_1 = carga no instante t_1

h_2 = carga no instante t_2

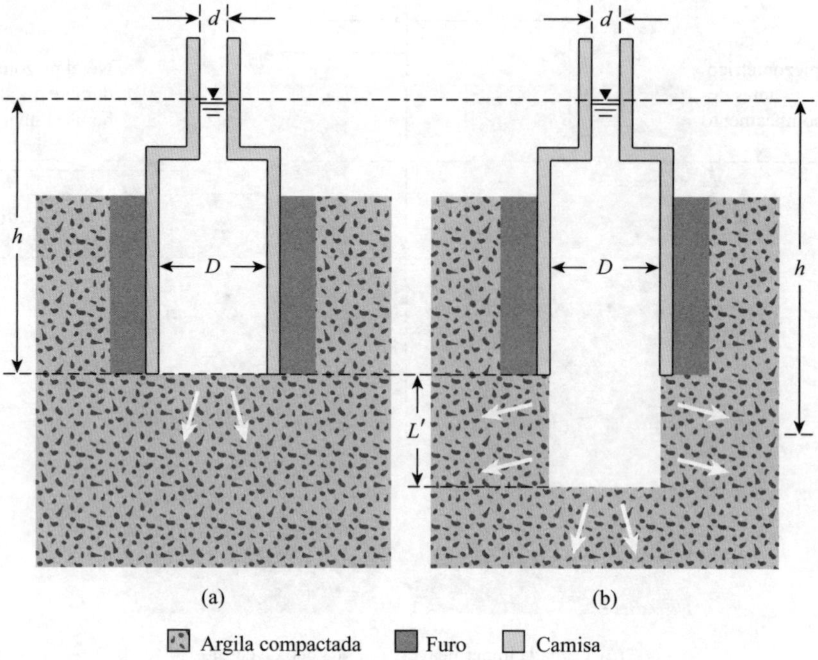

Figura 7.28 Ensaio de permeabilidade com permeâmetro de Boutwell.

Após determinar a condutividade hidráulica, o furo é aprofundado pela sondagem e o permeâmetro é remontado como mostra a Figura 7.28b. Um ensaio de condutividade hidráulica com carga variável é realizado novamente. A condutividade hidráulica é calculada por

$$k_2 = \frac{A'}{B'}\ln\left(\frac{h_1}{h_2}\right) \tag{7.52}$$

onde

$$A' = d^2\left\{\ln\left[\frac{L'}{D} + \sqrt{1+\left(\frac{L'}{D}\right)^2}\right]\right\} \tag{7.53}$$

$$B' = 8D\,\frac{L'}{D}\,(t_2 - t_1)\left\{1 - 0{,}562\exp\left[-1{,}57\left(\frac{L'}{D}\right)\right]\right\} \tag{7.54}$$

A anisotropia com relação à condutividade hidráulica é determinada pela Figura 7.29, que é um gráfico de k_2/k_1 *vs.* $m(m = \sqrt{k_H/k_V})$ para vários valores de L'/D. A Figura 7.29 pode ser usada para determinar m usando os valores experimentais de k_2/k_1 e L'/D.

Os gráficos nesta figura são determinados a partir de

$$\frac{k_2}{k_1} = \frac{\ln[(L'/D + \sqrt{1+(L'/D)^2}]}{\ln[(mL'/D + \sqrt{1+(mL'/D)^2}]}\,m \tag{7.55}$$

Assim que m é determinado, podemos calcular

$$k_H = mk_1 \tag{7.56}$$

e

$$k_V = \frac{k_1}{m} \tag{7.57}$$

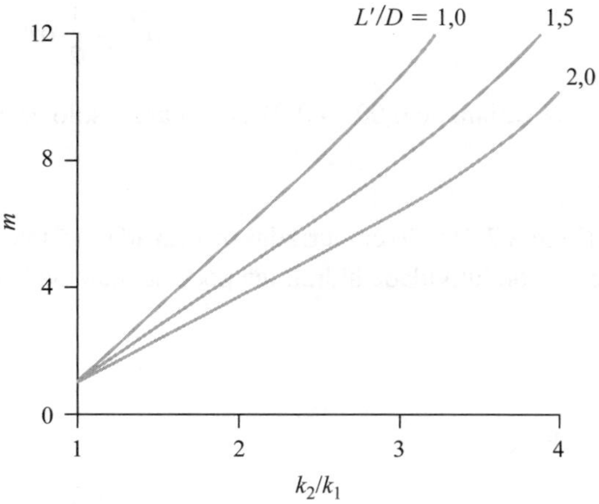

Figura 7.29 Variação de k_2/k_1 com m [Eq. (7.55)].

Permeâmetro de furo de carga constante

A Figura 7.30 mostra um permeâmetro de furo de carga constante. Desta forma, uma carga constante h é mantida pelo fornecimento de água, e a vazão q é medida. A condutividade hidráulica pode ser calculada por

$$k = \frac{q}{r^2\sqrt{R^2 - 1}[F_1 + (F_2/A'')]} \tag{7.58}$$

onde

$$R = \frac{h}{r} \tag{7.59}$$

$$F_1 = \frac{4{,}117(1 - R^2)}{\ln(R + \sqrt{R^2 - 1}) - [1 - (1/R^2)]^{0,5}} \tag{7.60}$$

$$F_2 = \frac{4{,}280}{\ln(R + \sqrt{R^2 - 1})} \tag{7.61}$$

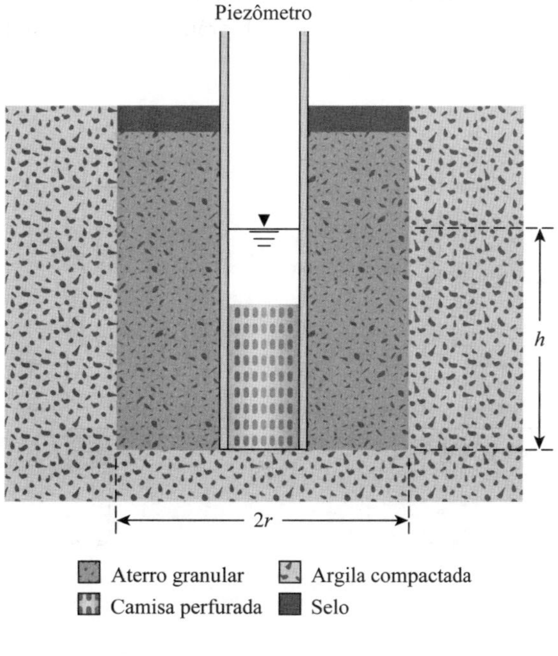

Figura 7.30 Ensaio de furo com nível de água constante.

$$A'' = \frac{1}{2}\alpha r \tag{7.62}$$

Os valores típicos de α variam de 0,002 a 0,01 cm^{-1} para o solo granular fino.

Sondas porosas

As sondas porosas (Figura 7.31) são empurradas ou cravadas ao solo. São realizados ensaios de permeabilidade com carga constante e variável. A condutividade hidráulica pode ser calculada como segue: A carga constante é dada por

$$k = \frac{q}{Fh} \tag{7.63}$$

A carga variável é dada por

$$k = \frac{\pi d^2/4}{F(t_2 - t_1)}\ln\left(\frac{h_1}{h_2}\right) \tag{7.64}$$

Para sondas com bases permeáveis (Figura 7.31a),

$$F = \frac{2\pi L_1}{\ln[(L_1/D) + \sqrt{1 + (L_1/D)^2}]} \tag{7.65}$$

Para sondas com bases impermeáveis (Figura 7.31b),

$$F = \frac{2\pi L_1}{\ln\left[(L_1/D) + \sqrt{1 + (L_1/D)^2}\right]} - 2{,}8D \tag{7.66}$$

7.12 Resumo e considerações gerais

Abaixo segue um resumo dos assuntos importantes apresentados neste capítulo.

- A lei de Darcy pode ser expressa como

v	$=$	k	i
↑		↑	↑
velocidade de descarga		condutividade hidráulica	gradiente hidráulico

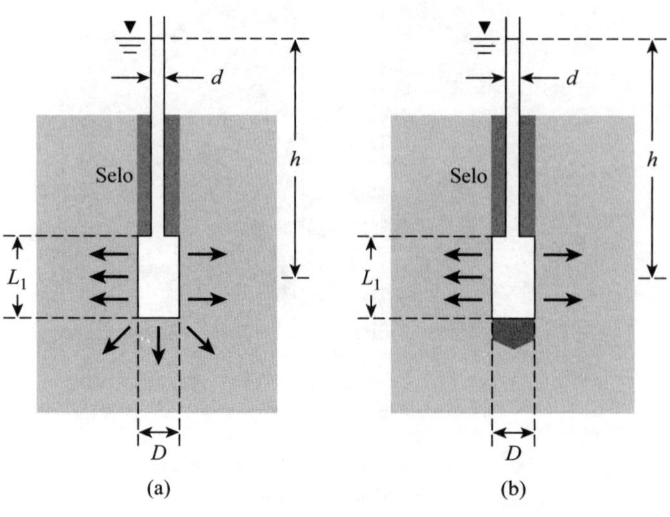

Figura 7.31 Sonda porosa: (a) ensaio com base permeável; (b) ensaio com base impermeável.

- A velocidade de percolação (v_s) de água pelos espaços vazios pode ser proporcionada como

$$v_s = \frac{\text{velocidade de descarga}}{\text{porosidade do solo}}$$

- A condutividade hidráulica é uma função de viscosidade (e, portanto, de temperatura) da água.
- Os ensaios do tipo carga constante e carga variável são conduzidos para determinar a condutividade hidráulica de solos no laboratório (Seção 7.5).
- Existem diversas correlações empíricas para condutividade hidráulica em solo granular e coesivo. Algumas delas são mencionadas nas Seções 7.6 e 7.7. No entanto, é importante entender que elas são apenas aproximações, já que a condutividade hidráulica é um parâmetro altamente variável.
- Para solo em camadas, dependendo da direção do fluxo, uma relação de condutividade hidráulica equivalente pode ser desenvolvida para estimar a quantidade de fluxo [Eqs. (7.40) e (7.45)].
- A condutividade hidráulica no campo pode ser determinada pelo bombeamento de poços (Seção 7.10).

A condutividade hidráulica de solos saturados coesivos também pode ser determinada por ensaios de adensamento em laboratório. O valor real da condutividade hidráulica no campo pode ser um pouco diferente do que o obtido em laboratório em função da falta de homogeneidade do solo. Portanto, deve-se sempre ter cuidado ao avaliar a ordem de magnitude de k para todas as considerações do projeto.

Problemas

7.1 Uma camada de solo permeável possui uma camada impermeável abaixo dele conforme indicado na Figura 7.32. Sabendo que $k = 4{,}8 \times 10^{-3}$ cm/s para a camada permeável, calcule a taxa de percolação por esta camada em m³/h/m por largura. Dados: $H = 4{,}2$ m e $\alpha = 6°$.

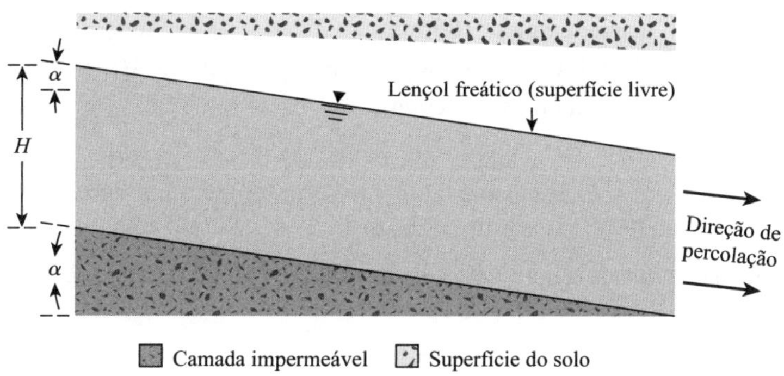

Figura 7.32

7.2 Determine a taxa de fluxo em m³/s/m (em ângulos retos à seção transversal indicada na Figura 7.33) pela camada de solo permeável. Dados: $H = 4$ m, $H_1 = 2$ m, $h = 2{,}75$ m, $S = 30$ m, $\alpha = 14°$ e $k = 0{,}075$ cm/s.

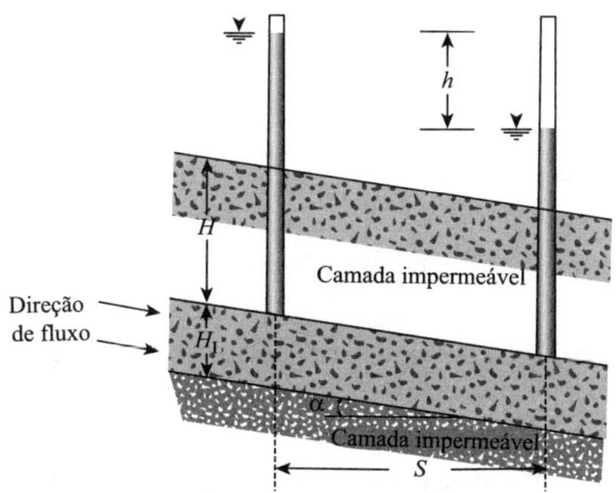

Figura 7.33

7.3 Os resultados de um ensaio de permeabilidade de carga constante para uma amostra de areia fina com diâmetro de 150 mm e um comprimento de 300 mm são (consulte a Figura 7.5):

- Diferença da carga constante = 500 mm
- Água coletada em 5 min = 350 cm^3
- Índice de vazio de areia = 0,61

Determine:

a. Condutividade hidráulica, k (cm/s)

b. Velocidade de percolação

7.4 Em um ensaio de permeabilidade de carga constante, o comprimento da amostra é 150 mm e a área seccional transversal é 3.167 mm^2. Se $k = 0{,}062$ cm/s e uma taxa de fluxo de 160 cm^3/min precisa ser mantida durante o ensaio, qual deve ser a diferença de carga pela amostra? Além disso, determine a velocidade de descarga nas condições do ensaio.

7.5 Os seguintes dados são para o ensaio de permeabilidade de carga variável:

- Comprimento da amostra de solo = 150 mm
- Área da amostra de solo = 1.964 mm^2
- Área do piezômetro = 25 mm^2
- No tempo $t = 0$, diferença de carga = 400 mm
- No tempo $t = 8$ min, diferença de carga = 200 mm

a. Determine a condutividade hidráulica do solo (cm/s).

b. Qual foi a diferença de carga no tempo $t = 6$ min?

7.6 Os seguintes dados são para o ensaio de permeabilidade de carga variável:

- Comprimento da amostra de solo = 500 mm
- Área da amostra de solo = 1.600 mm^2
- Área do piezômetro = 97 mm^2
- No tempo $t = 0$, diferença de carga = 410 mm
- No tempo $t = 10$ min, diferença de carga = 185 mm

Se o ensaio foi conduzido a 20 °C em que $\gamma_w = 9{,}789$ kN/m^3 e $\eta = 1{,}005 \times 10^{-3}$ N · s/m^2,

a. Determine a permeabilidade absoluta do solo (cm/s).

b. Qual foi a diferença de carga em $t = 7$ min?

7.7 A condutividade hidráulica de um solo arenoso é 0,009 cm/s em temperatura ambiente a 28 °C. Qual deveria ser o coeficiente de permeabilidade a 20 °C? Use a Eq. (7.15).

7.8 A condutividade hidráulica de uma areia com índice de vazios de 0,62 é 0,03 cm/s. Estime sua condutividade hidráulica a um índice de vazios de 0,48. Use a Eq. (7.31).

7.9 Para um solo arenoso, são fornecidos os seguintes dados:

- Índice de vazios mínimo = 0,68
- Índice de vazios máximo = 0,42
- Tamanho efetivo, $D_{10} = 0{,}4$ mm

Determine a condutividade hidráulica da areia a um grau de compacidade de 52%. Use a Eq. (7.32).

7.10 Para um solo arenoso, são fornecidos os seguintes dados:

- Índice de vazios = 0,72
- Índice de vazios máximo = 0,46
- Condutividade hidráulica a uma compacidade relativa de 80% = 0,006 cm/s. Determine a condutividade hidráulica da areia a um grau de compacidade de 67%.

7.11 Para uma areia, são fornecidos os seguintes dados: porosidade (n) = 0,36 e $k = 0{,}072$ cm/s. Determine k quando $n = 0{,}48$. Use a Eq. (7.31).

7.12 O peso específico seco máximo de areia quartzítica determinada no laboratório é 16 kN/m^3. Se a compactação relativa no campo for 90%, determine a condutividade hidráulica da areia na condição de compactação de campo. Dados: $G_s = 2{,}7$; $D_{10} = 0{,}23$ mm; $C_u = 3{,}1$. Use a Eq. (7.34).

7.13 Os dados de análise granulométrica para uma areia é mostrada na tabela a seguir. Estime a condutividade hidráulica da areia a um índice de vazios de 0,68. Use a Eq. (7.30) e $SF = 7{,}5$.

Nº da peneira com padrão americano	Porcentagem passante
30	100
40	73
60	59
100	23
200	0

7.14 Para uma argila normalmente adensada, são fornecidos os seguintes valores:

Índice de vazios, *e*	*k* (cm/s)
0,95	$0,2 \times 10^{-6}$
1,6	$0,91 \times 10^{-6}$

Estime k a um índice de vazios de 1,1. Use a Eq. (7.38).

7.15 Refaça o Problema 7.14 utilizando o procedimento Mesri e Olson (1971) fornecido pela Eq. (7.37).

7.16 Um solo em camadas é mostrado na Figura 7.34. Considerando

- $H_1 = 1$ m $k_1 = 10^{-4}$ cm/s
- $H_2 = 1$ m $k_2 = 2,8 \times 10^{-2}$ cm/s
- $H_3 = 2$ m $k_3 = 3,5 \times 10^{-5}$ cm/s

Estime a razão de permeabilidade equivalente, $k_{H(\text{eq})}/k_{V(\text{eq})}$.

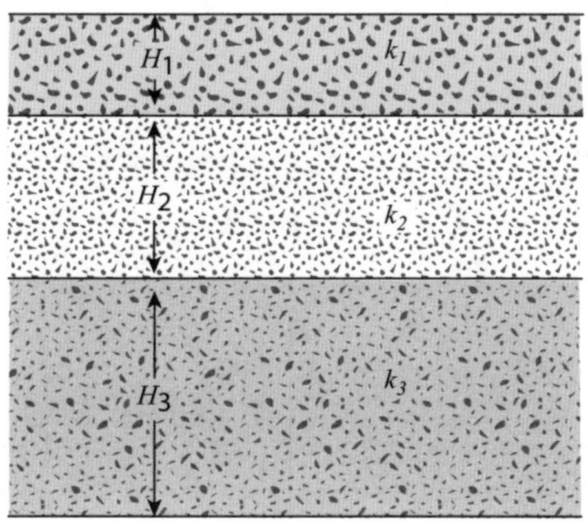

Figura 7.34

7.17 A Figura 7.35 exibe a seção transversal de uma barragem com 500 m de comprimento que é sustentada por uma camada de areia permeável com 2 m de espessura. Foi observado que a quantidade de água que flui pela camada de areia na vala de coleta é de 250 m³/dia. Qual é a condutividade hidráulica da camada de areia?

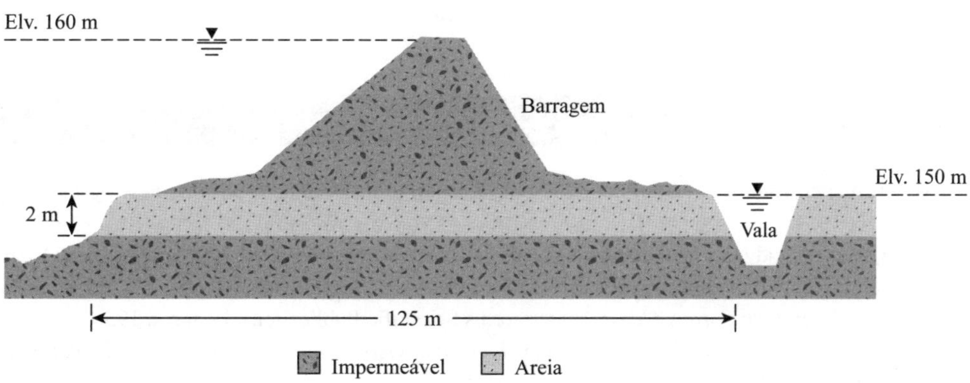

Figura 7.35

Problema de pensamento crítico

7.C.1 A seção 7.2 descreve a importância da carga total e do gradiente hidráulico na percolação de água pelo solo permeável. Neste problema estudaremos as variações de carga ao longo do eixo de uma amostra de solo onde a percolação está ocorrendo. Considere a configuração indicada na Figura 7.36 (semelhante ao Exemplo 7.13), nas quais três camadas diferentes de solo, cada uma com 200 mm, estão localizadas em um tubo cilíndrico de 150 mm de diâmetro. Uma diferença de carga constante de 470 mm é mantida pela amostra de solo. As porosidades e as condutividades hidráulicas de três solos na direção do fluxo são fornecidas na seguinte tabela:

Solo	n	k (cm/s)
I	0,5	5×10^{-3}
II	0,6	$4,2 \times 10^{-2}$
III	0,33	$3,9 \times 10^{-4}$

Execute as seguintes tarefas:

a. Determine a quantidade de água que flui pela amostra por hora.
b. Observando que o nível de água abaixo (*Y-Y*) é dado, determine a carga altimétrica (*Z*), carga piezométrica (u/γ_w) e a carga total (*h*) na entrada e saída de cada camada de solo.
c. Plote a variação da carga altimétrica, a carga piezométrica e a carga total com a distância horizontal ao longo do eixo de amostra (*X-X*).
d. Plote as variações de velocidade de descarga e a velocidade de percolação ao longo do eixo de amostra.
e. Qual seria a altura das colunas verticais da água dentro do piezômetro *A* e *B* instalados no eixo de amostra?

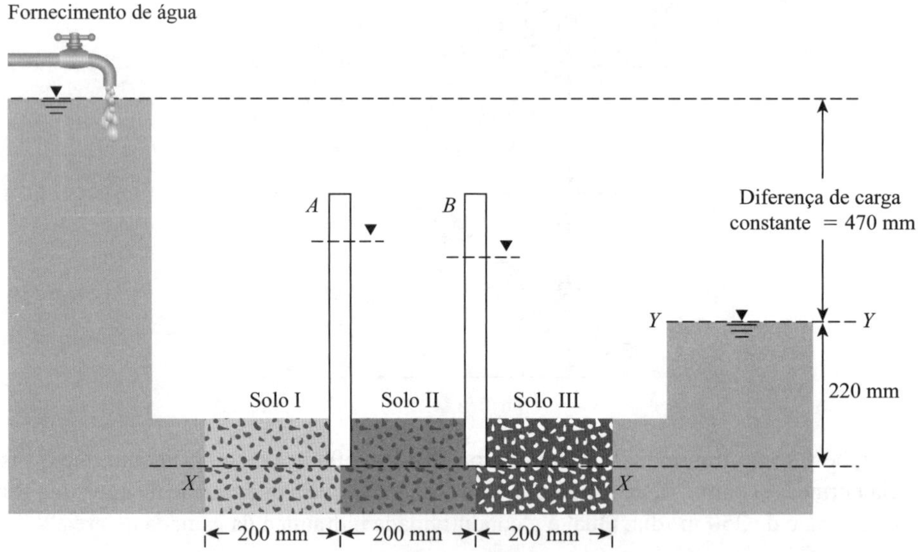

Figura 7.36

Referências

AMER, A. M.; AWAD, A. A. Permeability of Cohesionless Soils, *Journal of the Geotechnical Engineering Division*, ASCE, v. 100, n. GT12, p. 1309-1316, 1974.

BASETT, D. J.; BRODIE, A. F. A Study of Matabitchuan Varved Clay, *Ontario Hydroelectric Research News*, v. 13, n. 4, p. 1-6, 1961.

CARMAN, P. C. The Determination of the Specific Surface of Powders. *J. Soc. Chem. Ind. Trans.*, v. 57, p. 225, 1938.

CARMAN, P. C. *Flow of Gases through Porous Media*, Butterworths Scientific Publications, Londres, 1956.

CARRIER III, W. D. Goodbye, Hazen; Hello, Kozeny-Carman, *Journal of Geotechnical and Geoenvironmental Engineering*, ASCE, v. 129, n. 11, p. 1054-1056, 2003.

CASAGRANDE, L.; POULOS, S. J. On the Effectiveness of Sand Drains, *Canadian Geotechnical Journal*, v. 6, n. 3, 287-326. 1969.

CHAN, H. T.; KENNEY, T. C. Laboratory Investigation of Permeability Ratio of New Liskeard Varved Soil, *Canadian Geotechnical Journal*, v. 10, n. 3, p. 453-472, 1973.

CHAPUIS, R. P. Predicting the Saturated Hydraulic Conductivity of Sand and Gravel Using Effective Diameter and Void Ratio, *Canadian Geotechnical Journal*, v. 41, n. 5, p. 787-795, 2004.

DANIEL, D. E. In Situ Hydraulic Conductivity Tests for Compacted Clay, *Journal of Geotechnical Engineering*, ASCE, v. 115, n. 9, p. 1205-1226, 1989.

DARCY, H. *Les Fontaines Publiques de la Ville de Dijon*, Dalmont, Paris, 1856.

FUKUSHIMA, S.; ISHII, T. An Experimental Study of the Influence of Confining Pressure on Permeability Coefficients of Filldam Core Materials, *Soils and Foundations*, v. 26, n. 4, p. 32-46, 1986.

HANSBO, S. Consolidation of Clay with Special Reference to Influence of Vertical Sand Drains, *Swedish Geotechnical Institute*, Proc. n. 18, p. 41-61, 1960.

HAZEN, A. Water Supply, in *American Civil Engineers Handbook*, Wiley, New York, 1930.

KENNEY, T. C.; CHAN, H. T. Field Investigation of Permeability Ratio of New Liskeard Varved Soil, *Canadian Geotechnical Journal*, v. 10, n. 3, p. 473-488, 1973.

KENNEY, T. C., LAU, D.; OFOEGBU, G. I. Permeability of Compacted Granular Materials, *Canadian Geotechnical Journal*, v. 21, n. 4, p. 726-729, 1984.

KENNEY, T. C.; CHAN, H. T.; KOZENY, J. Ueber kapillare Leitung des Wassers im Boden. *Wien, Akad. Wiss*., v. 136, n. 2a, 271, 1927, 1973.

KRUMBEIN, W. C.; MONK, G. D. Permeability as a Function of the Size Parameters of Unconsolidated Sand, *Transactions*, AI MME (Petroleum Division), v. 151, p. 153-163, 1943.

LUMB, P.; HOLT, J. K. The Undrained Shear Strength of a Soft Marine Clay from Hong Kong, *Geotechnique*, v. 18, p. 25-36, 1968.

MESRI, G.; OLSON, R. E. Mechanism Controlling the Permeability of Clays, *Clay and Clay Minerals*, v. 19, p. 151-158, 1971.

MITCHELL, J. K. *Fundamentals of Soil Behavior*, Wiley, Nova York, 1976.

OLSEN, H. W. Hydraulic Flow Through Saturated Clay, Sc.D. Thesis, Massachusetts Institute of Technology, 1961.

SAMARASINGHE, A. M.; HUANG, Y. H.; DRNEVICH, V. P. Permeability and Consolidation of Normally Consolidated Soils, *Journal of the Geotechnical Engineering Division*, ASCE, v. 108, n. GT6, p. 835-850, 1982.

TAVENAS, F.; JEAN, P.; LEBLOND, F. T. P.; LEROUEIL, S. The Permeability of Natural Soft Clays. Part II: Permeability Characteristics, *Canadian Geotechnical Journal*, v. 20, n. 4, p. 645-660, 1983.

TAYLOR, D. W. *Fundamentals of Soil Mechanics*, Wiley, Nova York, 1948.

TSIEN, S. I. Stabilization of Marsh Deposit, *Highway Research Record*, Bulletin n. 115, p. 15-43, 1955.

U.S. ARMY CORPS OF ENGINEERS Filter Experiments and Design Criteria, *Technical Memorandum n. 3-360*, U.S. Army Waterways Experiment Station, Vicksburg, Ms., 1953.

U.S. DEPARTMENT OF NAVY Soil Mechanics Design Manual 7.01, U.S. Government Printing Office, Washington, D.C., 1986.

WU, T. H.; CHANG, N. Y.; Ali, E. M. Consolidation and Strength Properties of a Clay, *Journal of the Geotechnical Engineering Division*, ASCE, v. 104, n. GT7, p. 899-905, 1978.

CAPÍTULO 8

Percolação

8.1 Introdução

No capítulo anterior, vimos alguns casos simples na qual a aplicação direta da lei de Darcy era necessária para o cálculo da percolação da água pelo solo. Em muitas situações, a percolação da água no solo não é unidirecional nem uniforme ao longo de toda a área perpendicular ao fluxo. Em tais casos, a percolação da água em lençóis freáticos geralmente é calculada por meio de gráficos chamados *redes de fluxos*. O conceito da rede de fluxo tem como base a *equação de continuidade de Laplace*, que regula a condição de percolação de um regime permanente em determinado ponto na massa de solo.

Neste capítulo discutiremos o seguinte:

- Derivação da equação de continuidade de Laplace e algumas aplicações simples da equação;
- Procedimento para construir redes de fluxos e cálculo de percolação em solos isotrópicos e anisotrópicos;
- Percolação pela barragem de terra.

8.2 Equação da continuidade de Laplace

Para derivar a equação diferencial da continuidade de Laplace, vamos considerar uma única cortina de estacas-prancha que tenha sido cravada em uma camada de solo permeável, como mostra a Figura 8.1a. Presume-se que a cortina de estacas-prancha seja impermeável. O escoamento da água em regime permanente do lado montante para o lado jusante pela camada permeável é um fluxo bidimensional. Para o escoamento em um ponto A, consideraremos um bloco elementar de solo. O bloco, com dimensões dx, dy e dz (o comprimento dy é perpendicular ao plano do papel), é exibido em escala ampliada na Figura 8.1b. Considere que v_x e v_z sejam os componentes da velocidade de percolação nas direções horizontal e vertical, respectivamente. A vazão da água para dentro do bloco elementar na direção horizontal é igual a $v_x\, dz\, dy$, e na direção vertical é $v_z\, dx\, dy$. As vazões de saída do bloco nas direções horizontal e vertical são, respectivamente,

$$\left(v_x + \frac{\partial v_x}{\partial x} dx\right) dz\, dy$$

e

$$\left(v_z + \frac{\partial v_z}{\partial z} dz\right) dx\, dy$$

Presumindo que a água é incompressível e que não ocorre nenhuma alteração de volume na massa de solo, podemos afirmar que a vazão total de entrada deve ser igual à vazão total de saída. Assim,

$$\left[\left(v_x + \frac{\partial v_x}{\partial x} dx\right) dz\, dy + \left(v_z + \frac{\partial v_z}{\partial z} dz\right) dx\, dy\right] - [v_x dz\, dy + v_z dx\, dy] = 0$$

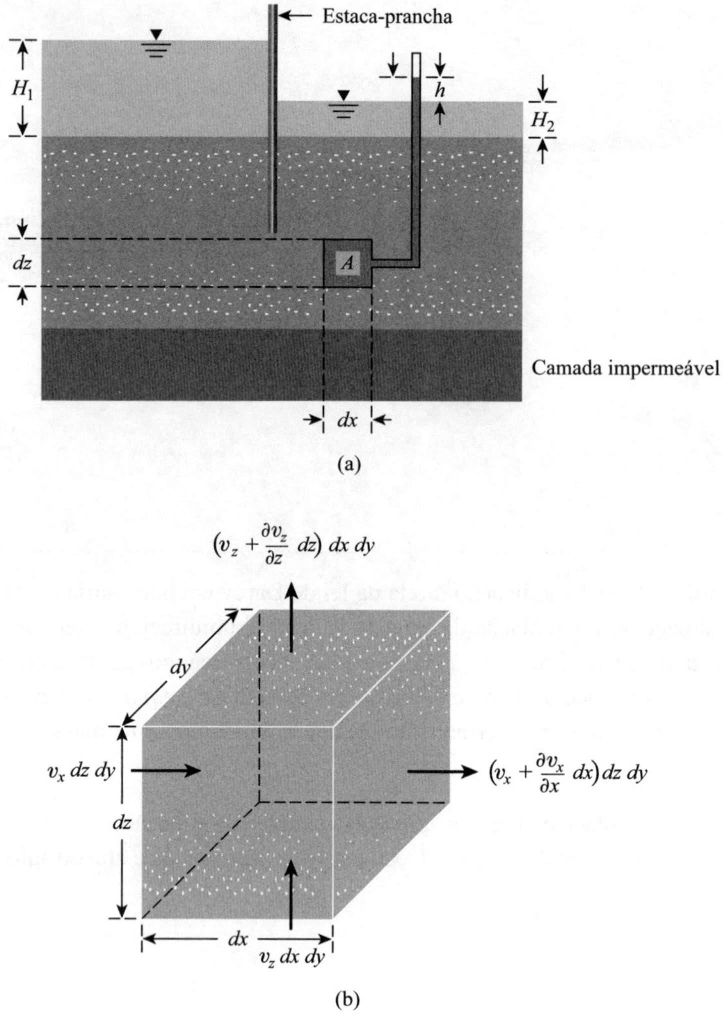

Figura 8.1 (a) Estacas-prancha cravadas em cortina única na camada permeável; (b) fluxo em *A*.

ou

$$\frac{\partial v_x}{\partial x} + \frac{\partial v_z}{\partial z} = 0 \tag{8.1}$$

Com a lei de Darcy, as velocidades de percolação podem ser expressas por

$$v_x = k_x i_x = k_x \frac{\partial h}{\partial x} \tag{8.2}$$

e

$$v_z = k_z i_z = k_z \frac{\partial h}{\partial z} \tag{8.3}$$

onde k_x e k_z são os valores de condutividade hidráulica nas direções horizontal e vertical, respectivamente.

Das Equações (8.1), (8.2) e (8.3), podemos escrever

$$k_x \frac{\partial^2 h}{\partial x^2} + k_z \frac{\partial^2 h}{\partial z^2} = 0 \tag{8.4}$$

Se o solo é isotrópico com relação à condutividade hidráulica – ou seja, $k_x = k_z$– a equação de continuidade anterior para o fluxo bidimensional simplifica para

$$\frac{\partial^2 h}{\partial x^2} + \frac{\partial^2 h}{\partial z^2} = 0 \tag{8.5}$$

8.3 Equação da continuidade para a solução de problemas de escoamento simples

A equação de continuidade dada em Eq. (8.5) pode ser utilizada para resolver alguns problemas de escoamento simples. Para demonstrar isso, consideremos um problema de escoamento unidimensional, como mostra a Figura 8.2, na qual uma carga constante é mantida pelas duas camadas de solo. A diferença da carga entre a camada de solo superior, nº 1, e a camada de solo inferior, nº 2, é h_1. Por conta de o escoamento ser somente na direção z, a equação de continuidade [Eq. (8.5)] é simplificada para a forma

$$\frac{\partial^2 h}{\partial z^2} = 0 \tag{8.6}$$

ou

$$h = A_1 z + A_2 \tag{8.7}$$

onde A_1 e A_2 são constantes.

Para obter A_1 e A_2 para o escoamento pela camada de solo nº 1, devemos saber as condições de limite, que são:

Condição 1: Em $z = 0$, $h = h_1$.
Condição 2: Em $z = H_1$, $h = h_2$.

Combinando a Eq. (8.7) e Condição 1, temos

$$A_2 = h_1 \tag{8.8}$$

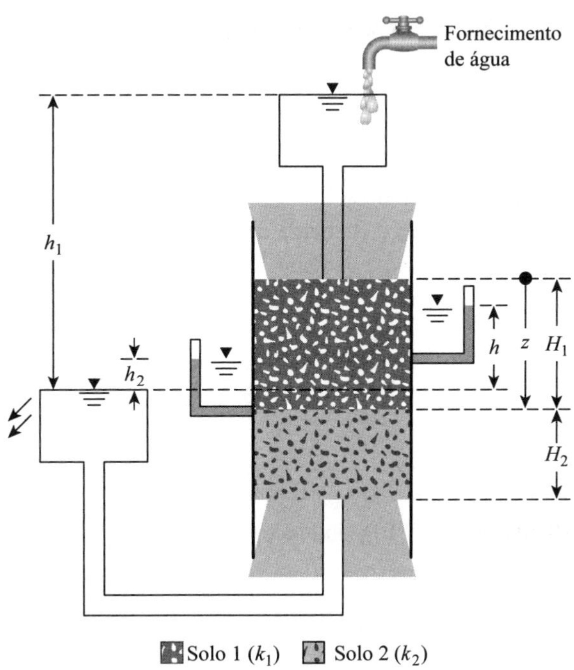

Figura 8.2 Escoamento pelo solo de duas camadas.

Semelhantemente, combinando a Eq. (8.7) e a Condição 2 com a Eq. (8.8) resulta em

$$h_2 = A_1 H_1 + h_1$$

ou

$$A_1 = -\left(\frac{h_1 - h_2}{H_1}\right) \tag{8.9}$$

Combinando as Eqs. (8.7), (8.8) e (8.9), obtemos

$$h = -\left(\frac{h_1 - h_2}{H_1}\right)z + h_1 \qquad (\text{para } 0 \le z \le H_1) \tag{8.10}$$

Para o escoamento pela camada de solo nº 2, as condições limite são

Condição 1: Em $z = H_1$, $h = h_2$.
Condição 2: Em $z = H_1 + H_2$, $h = 0$.

Da Condição 1 e Eq. (8.7),

$$A_2 = h_2 - A_1 H_1 \tag{8.11}$$

Além disso, a partir da Condição 2 e das Equações (8.7) e (8.11),

$$0 = A_1(H_1 + H_2) + (h_2 - A_1 H_1)$$
$$A_1 H_1 + A_1 H_2 + h_2 - A_1 H_1 = 0$$

ou

$$A_1 = -\frac{h_2}{H_2} \tag{8.12}$$

Então, a partir das Equações (8.7), (8.11) e (8.12),

$$h = -\left(\frac{h_2}{H_2}\right)z + h_2\left(1 + \frac{H_1}{H_2}\right) \qquad (\text{para } H_1 \le z \le H_1 + H_2) \tag{8.13}$$

Em qualquer instante, o escoamento pela camada de solo nº 1 é igual ao escoamento pela camada nº 2, portanto

$$q = k_1\left(\frac{h_1 - h_2}{H_1}\right)A = k_2\left(\frac{h_2 - 0}{H_2}\right)A$$

onde A = área da seção transversal do solo
k_1 = condutividade hidráulica da camada de solo nº 1
k_2 = condutividade hidráulica da camada de solo nº 2

ou

$$h_2 = \frac{h_1 k_1}{H_1\left(\frac{k_1}{H_1} + \frac{k_2}{H_2}\right)} \tag{8.14}$$

Substituindo a Eq. (8.14) na Eq. (8.10), obtemos

$$h = h_1\left(1 - \frac{k_2 z}{k_1 H_2 + k_2 H_1}\right) \qquad (\text{para } 0 \le z \le H_1) \tag{8.15}$$

Semelhantemente, ao combinar as Eqs. (8.13) e (8.14) temos

$$h = h_1\left[\left(\frac{k_1}{k_1H_2 + k_2H_1}\right)(H_1 + H_2 - z)\right] \quad (\text{para } H_1 \leq z \leq H_1 + H_2) \tag{8.16}$$

Exemplo 8.1

Consulte a Figura 8.2. Dados: $H_1 = 305$ mm, $H_2 = 508$ mm, $h_1 = 610$ mm, $h = 508$ mm, $z = 203$ mm, $k_1 = 0{,}066$ cm/s e o diâmetro da amostra de solo $D = 76$ mm. Determine o escoamento da água através de um solo com duas camadas (cm³/h).

Solução

Desde que $z = 203$ mm esteja localizado na camada de solo 1, a Eq. (8.15) é válida. Assim,

$$h = h_1\left(1 - \frac{k_2 z}{k_1H_2 + k_2H_1}\right) = h_1\left[1 - \frac{z}{\left(\frac{k_1}{k_2}\right)H_2 + H_1}\right]$$

$$508 = 610\left[1 - \frac{203}{\left(\frac{k_1}{k_2}\right)508 + 305}\right]$$

$$\frac{k_1}{k_2} = 1{,}795 \approx 1{,}8$$

Dado $k_1 = 0{,}066$ cm/s. Então

$$k_2 = \frac{k_1}{1{,}8} = \frac{0{,}066}{1{,}8} = 0{,}037 \text{ cm/s}$$

O escoamento é

$$q = k_{eq} i A$$

$$i = \frac{h_1}{H_1 + H_2} = \frac{610}{305 + 508} = 0{,}75$$

$$A = \frac{\pi}{4}D^2 = \frac{\pi}{4}(7{,}6)^2 = 45{,}36 \text{ cm}^2$$

$$k_{eq} = \frac{H_1 + H_2}{\frac{H_1}{k_1} + \frac{H_2}{k_2}} = \frac{30{,}5 \text{ cm} + 50{,}8 \text{ cm}}{\frac{30{,}5}{0{,}066} + \frac{50{,}8}{0{,}037}} = 0{,}0443 \text{ cm/s} = 159{,}48 \text{ cm/h}$$

Assim,

$$q = k_{eq}\, i\, A = (159{,}48)(0{,}75)(45{,}36)\ \mathbf{5.426\ cm^3/h}$$

■

8.4 Redes de fluxo

A equação de continuidade [Eq. (8.5)] em um meio isotrópico representa duas famílias de curvas ortogonais – ou seja, as linhas de fluxo e as linhas equipotenciais. Uma *linha de fluxo* é a linha ao longo da qual a partícula de água se desloca de montante para jusante pelo solo permeável. Uma *linha equipotencial* é a linha ao longo da qual a carga potencial tem o mesmo valor em todos os pontos. Logo, se piezômetros forem posicionados em vários pontos ao longo de uma linha equipotencial, o nível da água subirá até o mesmo nível de elevação em todos os pontos. A Figura 8.3a demonstra a definição de fluxo e linhas equipotenciais para o fluxo no solo permeável ao redor da cortina de estaca-prancha indicada na Figura 8.1 (para $k_x = k_z = k$).

Uma combinação de uma quantidade de linhas de fluxo e linhas equipotenciais é chamada *rede de fluxo*. Conforme mencionado na introdução, as redes de fluxo são construídas para o cálculo de fluxo freático e a avaliação das cargas. Para concluir a construção do gráfico de uma rede de fluxo, é necessário traçar as linhas de fluxo e equipotenciais de modo que

1. As linhas equipotenciais interceptem as linhas de fluxo em ângulos retos.
2. Os elementos de fluxo formados tenham a forma aproximada de um quadrado.

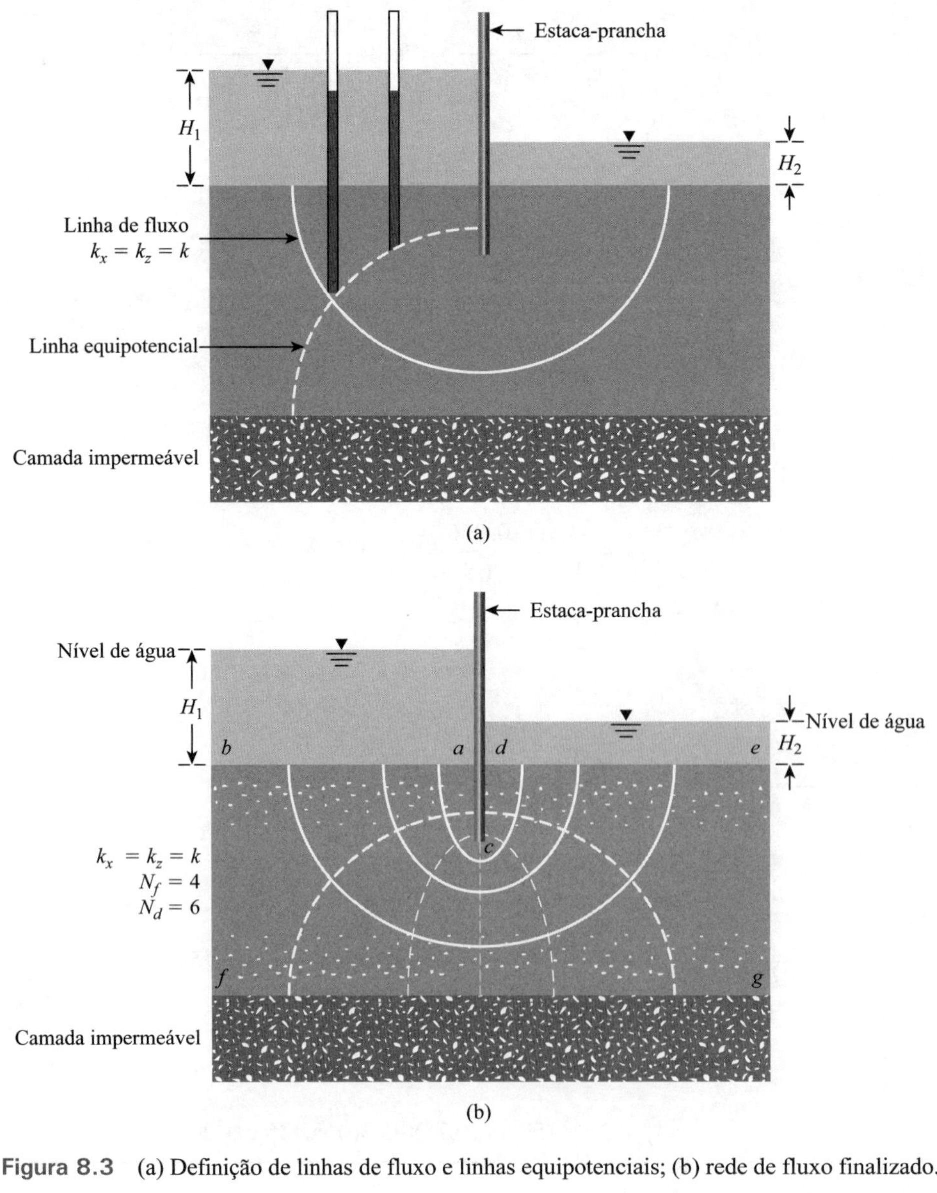

Figura 8.3 (a) Definição de linhas de fluxo e linhas equipotenciais; (b) rede de fluxo finalizado.

A Figura 8.3b mostra um exemplo de rede de fluxo completa. Outro exemplo de rede de fluxo em camada isotrópica permeável é exibido na Figura 8.4. Nessas figuras, N_f é a quantidade de canais de fluxo na rede e N_d é a quantidade de quedas de potencial (definido mais adiante, neste capítulo).

Desenhar uma rede de fluxo requer várias tentativas. Enquanto se constrói a rede de fluxo, tenha em mente as condições de contorno. Na rede de fluxo indicada na Figura 8.3b, aplicam-se as quatro condições de contorno definidas a seguir:

Condição 1: As superfícies jusante e montante da camada permeável (linhas *ab* e *de*) são linhas equipotenciais.

Condição 2: Como as linhas *ab* e *de* são equipotenciais, todas as linhas de fluxo as interceptam em ângulos retos.

Condição 3: O contorno da camada impermeável – isto é, a linha *fg* – é uma linha de fluxo, bem como a superfície da estaca-prancha impermeável, a linha *acd*.

Condição 4: As linhas equipotenciais interceptam as linhas *acd* e *fg* em ângulos retos.

8.5 Cálculo da percolação para uma rede de fluxo

Em qualquer rede de fluxo, a faixa entre duas linhas de fluxo adjacentes é denominada *canal de fluxo*. A Figura 8.5 mostra um canal de fluxo com as linhas equipotenciais que formam os elementos quadrados. Supomos que $h_1, h_2, h_3, h_4, \ldots, h_n$ sejam os níveis piezométricos que correspondem às linhas equipotenciais. A vazão pelo canal de fluxo por unidade de comprimento (perpendicular à seção vertical pela camada permeável) pode ser calculada conforme descrito a seguir. Por não existir escoamento transversal às linhas de fluxo,

$$\Delta q_1 = \Delta q_2 = \Delta q_3 = \ldots = \Delta q \tag{8.17}$$

A partir da lei de Darcy, a vazão é igual a *kiA*. Assim, a Eq. (8.17) pode ser escrita como

$$\Delta q = k\left(\frac{h_1 - h_2}{l_1}\right)l_1 = k\left(\frac{h_2 - h_3}{l_2}\right)l_2 = k\left(\frac{h_3 - h_4}{l_3}\right)l_3 = \cdots \tag{8.18}$$

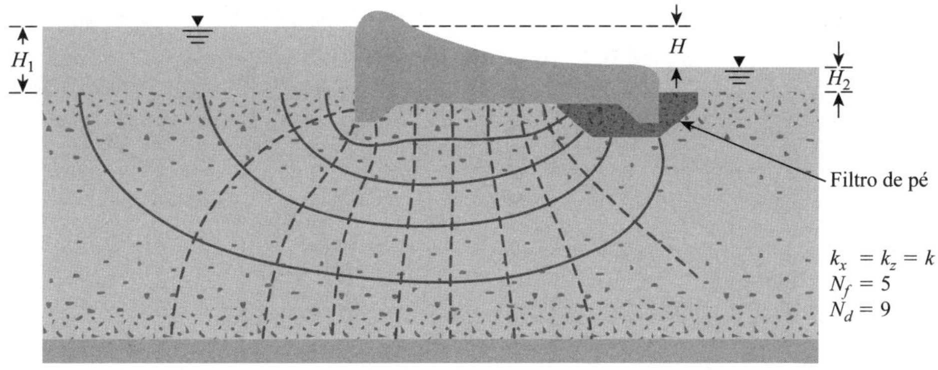

Figura 8.4 Rede de fluxo sob uma barragem com filtro de pé.

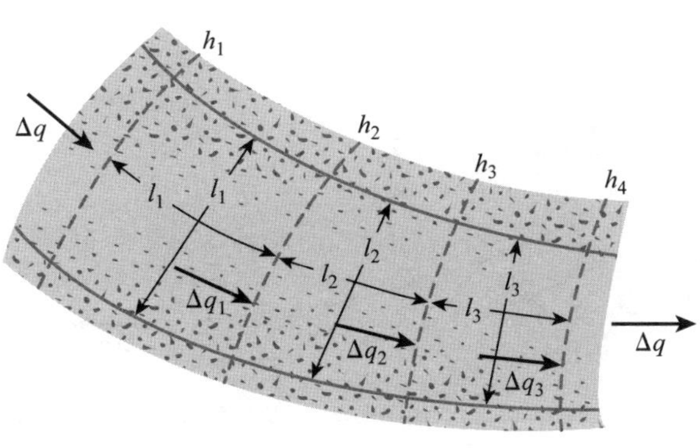

Figura 8.5 Percolação pelo canal de fluxo com elementos quadrados.

A Equação (8.18) mostra que, se os elementos de fluxo forem traçados com uma forma aproximadamente quadrada, a queda do nível piezométrico entre duas linhas equipotenciais adjacentes será a mesma. Esta condição é chamada *queda de potencial*. Assim,

$$h_1 - h_2 = h_2 - h_3 = h_3 - h_4 = \cdots = \frac{H}{N_d} \tag{8.19}$$

e

$$\Delta q = k\frac{H}{N_d} \tag{8.20}$$

onde H = diferença de carga entre os lados a montante e a jusante
N_d = número de quedas de potencial

Na Figura 8.3b, para qualquer canal de fluxo, $H = H_1 - H_2$ e $N_d = 6$.

Se o número de canais de fluxo em uma rede de fluxo for igual a N_f, a vazão total por todos os canais por unidade de comprimento pode ser obtida pela equação

$$q = k\frac{HN_f}{N_d} \tag{8.21}$$

Apesar de ser conveniente, não é necessário traçar sempre os elementos quadrados para uma rede de fluxo. Como alternativa, podemos traçar uma malha retangular para o canal de fluxo, como mostra a Figura 8.6, desde que as proporções entre largura e comprimento para todos os elementos retangulares da rede de fluxo sejam iguais. Neste caso, a Eq. (8.18) para a vazão pelo canal pode ser modificada para

$$\Delta q = k\left(\frac{h_1 - h_2}{l_1}\right)b_1 = k\left(\frac{h_2 - h_3}{l_2}\right)b_2 = k\left(\frac{h_3 - h_4}{l_3}\right)b_3 = \cdots \tag{8.22}$$

Se $b_1/l_1 = b_2/l_2 = b_3/l_3 = \ldots = n$ (ou seja, os elementos não são quadrados), as Eqs. (8.20) e (8.21) podem ser modificadas para

$$\Delta q = kH\left(\frac{n}{N_d}\right) \tag{8.23}$$

e

$$q = kH\left(\frac{N_f}{N_d}\right)n \tag{8.24}$$

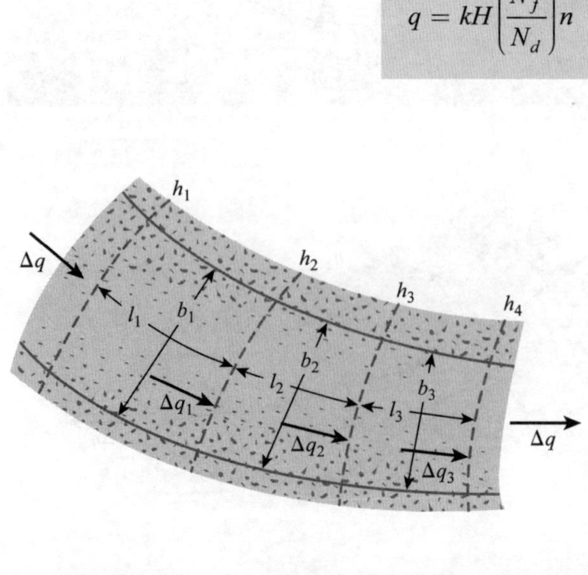

Figura 8.6 Percolação pelo canal de fluxo com elementos retangulares.

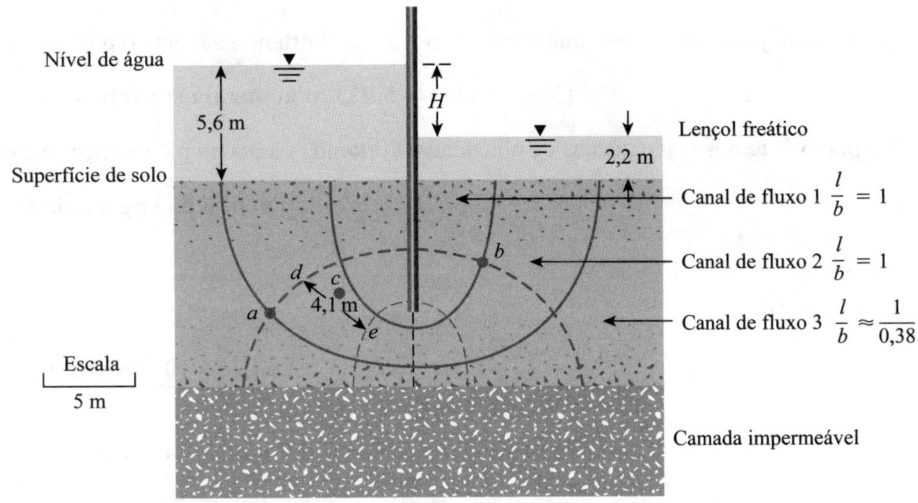

Figura 8.7 Rede de fluxo para a percolação em torno de uma cortina de estacas-prancha.

A Figura 8.7 mostra a rede de fluxo para a percolação em torno de uma cortina de estacas-prancha. Observe que os canais de fluxo 1 e 2 possuem elementos quadrados. Portanto, a taxa de fluxo através destes dois canais pode ser calculada usando a Equação (8.20),

$$\Delta q_1 + \Delta q_2 = \frac{k}{N_d}H + \frac{k}{N_d}H = \frac{2kH}{N_d}$$

No entanto, o canal de fluxo 3 tem elementos retangulares. Estes elementos têm uma proporção entre a largura e o comprimento de cerca de 0,38; assim, da Equação (8.23),

$$\Delta q_3 = \frac{k}{N_d}H(0,38)$$

Portanto, a vazão total pode ser expressa como

$$q = \Delta q_1 + \Delta q_2 + \Delta q_3 = 2,38\frac{kH}{N_d} \tag{8.25}$$

Exemplo 8.2

A Figura 8.7 mostra uma rede de fluxo em torno de uma única cortina de estacas-prancha em uma camada de solo permeável. Se $k_x = k_z = k = 5 \times 10^{-3}$ cm/s, determine

a. A que altura (acima da superfície do solo) a água se elevará se os piezômetros forem posicionados nos pontos *a* e *b*.
b. A taxa total de percolação pela camada permeável por comprimento específico.
c. O gradiente hidráulico médio aproximado em *c*.

Solução

Parte a

A partir da Figura 8.7, temos $N_d = 6$, $H_1 = 5,6$ m e $H_2 = 2,2$ m. Portanto, a perda de carga para cada queda será

$$\Delta H = \frac{H_1 - H_2}{N_d} = \frac{5,6 - 2,2}{6} = 0,567 \text{ m}$$

(continua)

No ponto a, já passamos por uma queda de potencial. Portanto, a água no piezômetro se elevará até

$$(5{,}6 - 0{,}567) = \mathbf{5{,}033\ m\ acima\ da\ superfície\ do\ solo}$$

No ponto b, temos cinco quedas de potenciais. Portanto, a água no piezômetro se elevará até

$$[5{,}6 - (5)(0{,}567)] = \mathbf{2{,}765\ m\ acima\ da\ superfície\ do\ solo}$$

Parte b

Da Eq. (8.25),

$$q = 2{,}38\,\frac{k(H_1 - H_2)}{N_d} = \frac{(2{,}38)(5\times10^{-5}\,\text{m/s})(5{,}6 - 2{,}2)}{6}$$
$$= \mathbf{6{,}74\times10^{-5}\,m^3/s/m}$$

Parte c

O gradiente hidráulico médio em c pode ser dado como

$$i = \frac{\text{perda de carga}}{\text{comprimento médio de fluxo entre } d \text{ e } e} = \frac{\Delta H}{\Delta L} = \frac{0{,}567\ \text{m}}{4{,}1\ \text{m}} = \mathbf{0{,}138}$$

(*Observação*: O comprimento médio do fluxo foi colocado em escala.) ■

8.6 Redes de fluxo em solos anisotrópicos

A construção de rede de fluxo descrita até agora e as Equações derivadas (8.21) e (8.24) para o cálculo de percolação têm como base a suposição de que o solo é isotrópico. Na natureza, porém, a maioria dos solos apresenta algum grau de anisotropia. Para considerarmos a anisotropia do solo em relação à condutividade hidráulica, devemos modificar o traçado da rede de fluxo.

A equação diferencial de continuidade para fluxo bidimensional [Eq. (8.4)] é

$$k_x \frac{\partial^2 h}{\partial x^2} + k_z \frac{\partial^2 h}{\partial z^2} = 0$$

Para solos anisotrópicos, $k_x \neq k_z$. Neste caso, a equação representa duas famílias de curvas que não se interceptam em 90°. No entanto, podemos reescrever a equação anterior como

$$\frac{\partial^2 h}{(k_z/k_x)\partial x^2} + \frac{\partial^2 h}{\partial z^2} = 0 \tag{8.26}$$

Substituindo $x' = \sqrt{k_z/k_x}\,x$, podemos expressar a Eq. (8.26) como

$$\frac{\partial^2 h}{\partial x'^2} + \frac{\partial^2 h}{\partial z^2} = 0 \tag{8.27}$$

Agora, a Eq. (8.27) está com forma semelhante àquela da Eq. (8.5), com x substituído por x', que é a nova coordenada transformada. Para desenhar a rede de fluxo, usamos o seguinte procedimento:

Etapa 1: Adote uma escala vertical (isto é, o eixo z) para desenhar a seção transversal.

Etapa 2: Adote uma escala horizontal (isto é, o eixo x) tal como a escala horizontal $= \sqrt{k_z/k_x} \times$ escala vertical.

Etapa 3: Com as escalas adotadas como nas etapas 1 e 2, plote a seção vertical pela camada permeável paralela à direção de fluxo.

Etapa 4: Trace a rede de fluxo da camada permeável da seção obtida na etapa 3, com as linhas de fluxo cruzando as linhas equipotenciais em ângulos retos e os elementos com formatos aproximadamente quadrados.

A taxa de percolação por comprimento específico pode ser calculada modificando a Eq. (8.21) para

$$q = \sqrt{k_x k_z}\,\frac{HN_f}{N_d} \tag{8.28}$$

onde H = perda de carga total
N_f e N_d = quantidade de canais de fluxo e quedas de potenciais, respectivamente (da rede de fluxo desenhada na etapa 4)

Observe que, se as redes de fluxo forem traçadas em seções transformadas (em solos anisotrópicos), as linhas de fluxo e equipotenciais serão ortogonais. Entretanto, quando traçadas em uma seção real, estas linhas não formam ângulos retos entre si. Esta relação é mostrada na Figura 8.8. Nesta figura, é suposto que $k_x = 6k_z$. A Figura 8.8a mostra um elemento de fluxo em uma seção transformada. O elemento de fluxo foi redesenhado em uma seção real na Figura 8.8b.

Exemplo 8.3

Uma seção de barragem é mostrada na Figura 8.9a. Os valores de condutividade hidráulica da camada permeável na vertical e na horizontal são, respectivamente, 2×10^{-2} mm/s e 4×10^{-2} mm/s. Trace uma rede de fluxo e calcule a perda por percolação da barragem em m³/dia/m.

(continua)

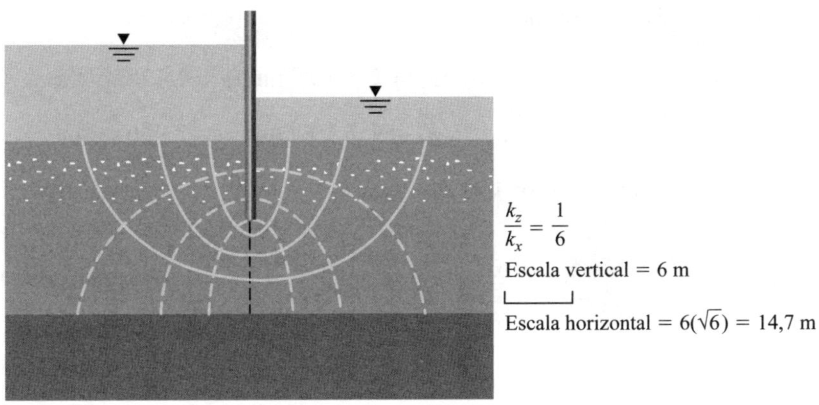

(a)

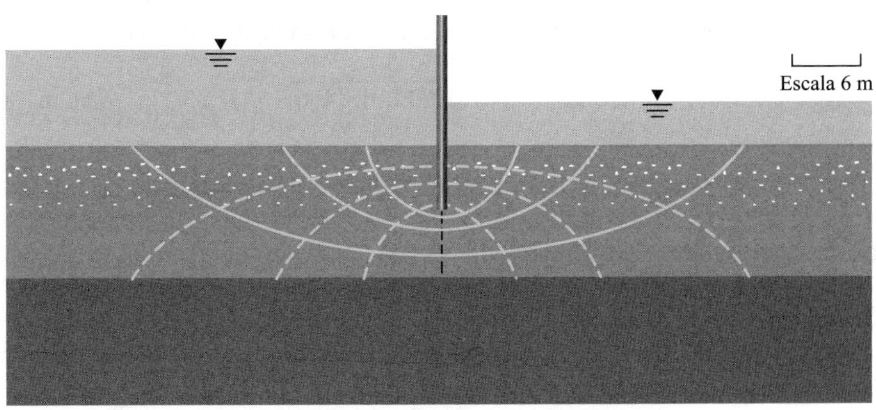

(b)

Figura 8.8 Um elemento de fluxo em solo anisotrópico: (a) na seção transformada; (b) na seção real.

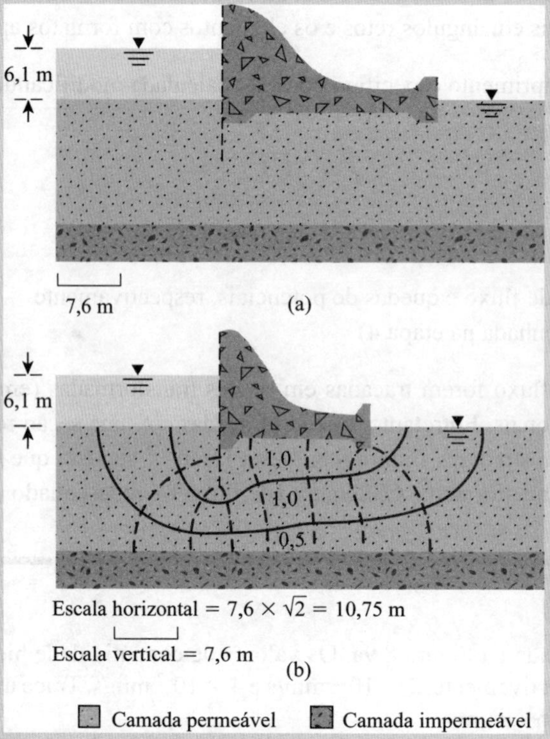

Figura 8.9

Solução

De acordo com os dados fornecidos,

$$k_z = 2 \times 10^{-2} \text{ mm/s} = 1{,}728 \text{ m/dia}$$

$$k_x = 4 \times 10^{-2} \text{ mm/s} = 3{,}456 \text{ m/dia}$$

e $H = 6{,}1$ m. Para traçar a rede de fluxo,

$$\text{Escala horizontal} = \sqrt{\frac{2 \times 10^{-2}}{4 \times 10^{-2}}}(\text{escala vertical})$$

$$= \frac{1}{\sqrt{2}}(\text{escala vertical})$$

Com base nestes dados, a seção da barragem é traçada novamente e a rede de fluxo é esboçada, como mostra a Figura 8.9b. A taxa de percolação é dada por $q = \sqrt{k_x k_z}H\,(N_f/N_d)$. Da Figura 8.9b, $N_d = 8$ e $N_f = 2{,}5$ (o canal de fluxo mais inferior tem uma relação de largura-comprimento de 0,5). Portanto,

$$q = \sqrt{(1{,}728)(3{,}456)}\,(6{,}1)(2{,}5/8) = \mathbf{4{,}66\ m^3/dia/m}$$

■

8.7 Solução matemática da percolação

O problema da percolação em vários tipos de estrutura hidráulica simples pode ser solucionado de modo matemático. Harr (1962) analisou muitas destas condições. A Figura 8.10 mostra um gráfico adimensional da vazão em torno de uma cortina única de estacas-prancha. De forma similar, a Figura 8.11 é um gráfico adimensional da vazão sob uma barragem. Na Figura 8.10 e 8.11, a profundidade de penetração da estaca-prancha é S, e a espessura da camada de solo permeável é T'.

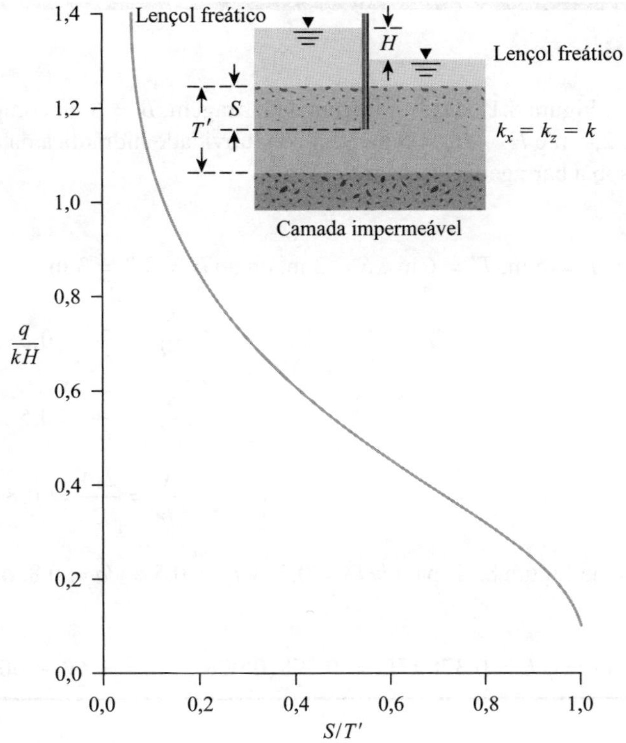

Figura 8.10 Gráfico de q/kH com relação a S/T' para o fluxo ao redor da linha simples de percolação. (*De acordo com Harr, 1962. Com permissão de Dover Publications, Inc.*)

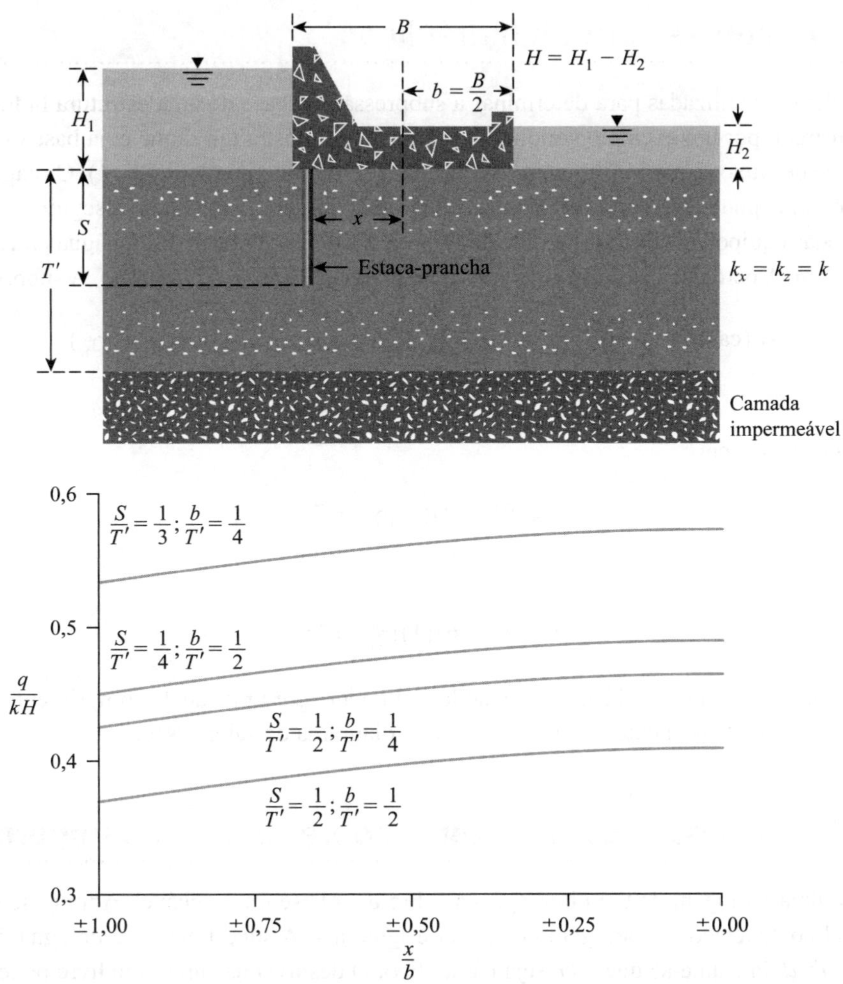

Figura 8.11 Percolação sob a barragem (*De acordo com Harr, 1962. Com permissão da Dover Publications, Inc.*).

Exemplo 8.4

Consulte a Figura 8.11. Dados: largura de barragem, $B = 6$ m; comprimento da barragem, $L = 120$ m; $S = 3$ m; $T' = 6$ m; $x = 2{,}4$ m e $H_1 - H_2 = 5$ m. Se a condutividade hidráulica da camada permeável é de 0,008 cm/s, calcule a percolação sob a barragem (Q) em m³/dia/m.

Solução

Dados que $B = 6$ m, $T' = 6$ m e $S = 3$ m, então $b = B/2 = 3$ m.

$$\frac{b}{T'} = \frac{3}{6} = 0{,}5$$

$$\frac{S}{T'} = \frac{3}{6} = 0{,}5$$

$$\frac{x}{b} = \frac{2{,}4}{3} = 0{,}8$$

Com base na Figura 8.11, para $b/T' = 0{,}5$, $S/T' = 0{,}5$ e $x/b = 0{,}8$, o valor de q/kH 0,378.

Assim,

$$Q = q\,L = 0{,}378\,kHL = 0{,}378(0{,}008 \times 10^{-2} \times 60 \times 60 \times 24 \text{ m/dia})(5)(120) = \mathbf{1.567{,}64\ m^3/dia}$$ ■

8.8 Subpressão sob estruturas hidráulicas

As redes de fluxo podem ser utilizadas para determinar a subpressão na base de uma estrutura hidráulica. Este conceito geral pode ser demonstrado por um exemplo simples. A Figura 8.12a mostra um dique cuja base está 2 m abaixo da superfície do solo. A rede de fluxo requerida também foi traçada (presumindo que $k_x = k_z = k$). O diagrama de distribuição de pressão na base do dique pode ser obtido pelas linhas equipotenciais, como mostrado a seguir.

Existem sete quedas equipotenciais (N_d) na rede de fluxo, e a diferença nos níveis de água entre os lados a jusante e a montante é de $H = 7$ m. A perda de carga em cada queda de potencial é $H/7 = 7/7 = 1$ m. A subpressão em

$$\alpha \text{ (canto esquerdo da base)} = (\text{Carga piezométrica em } \alpha) \times (\gamma_w)$$
$$= [(7 + 2) - 1]\gamma_w = 8\gamma_w$$

De modo similar, a subpressão em

$$b = [9 - (2)(1)]\gamma_w = 7\gamma_w$$

e em

$$f = [9 - (6)(1)]\gamma_w = 3\gamma_w$$

As subforças foram plotadas na Figura 8.12b. A força de levantamento por unidade de comprimento medida ao longo do eixo do dique pode ser calculada pela determinação da área do diagrama de subpressão.

8.9 Percolação pela barragem de terra sobre uma base impermeável

A Figura 8.13 mostra uma barragem de terra homogênea sobre uma base impermeável. Admite-se que a condutividade hidráulica do material compactado da barragem composta é igual a k. A superfície livre da água que escoa através da barragem é dada por $abcd$. Presume-se que $a'bc$ seja parabólico. O desnível da superfície livre pode ser assumido como

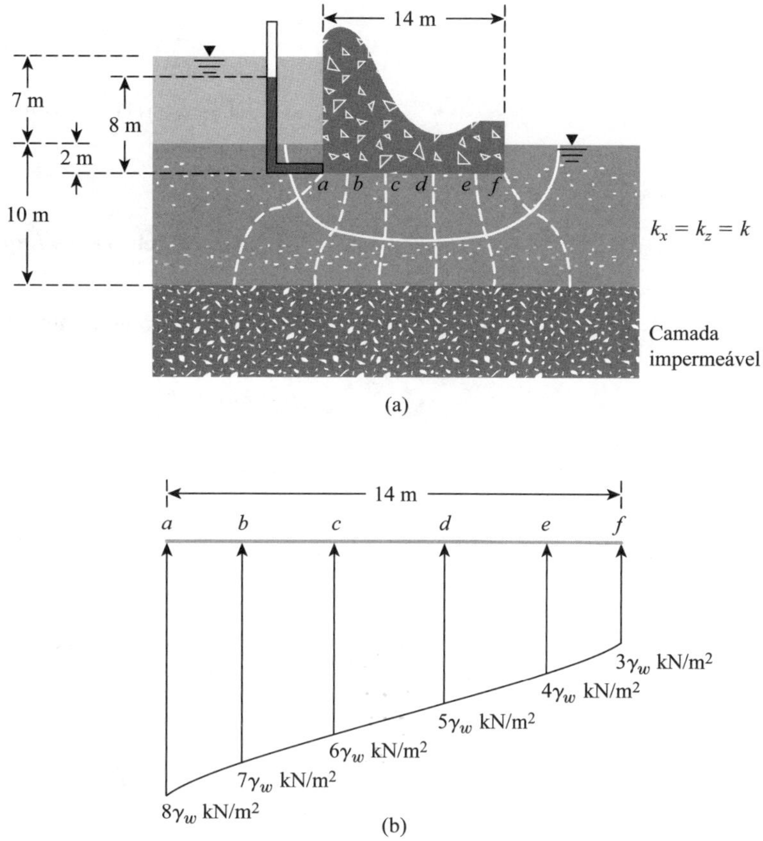

Figura 8.12 (a) Um dique; (b) subforça na estrutura hidráulica.

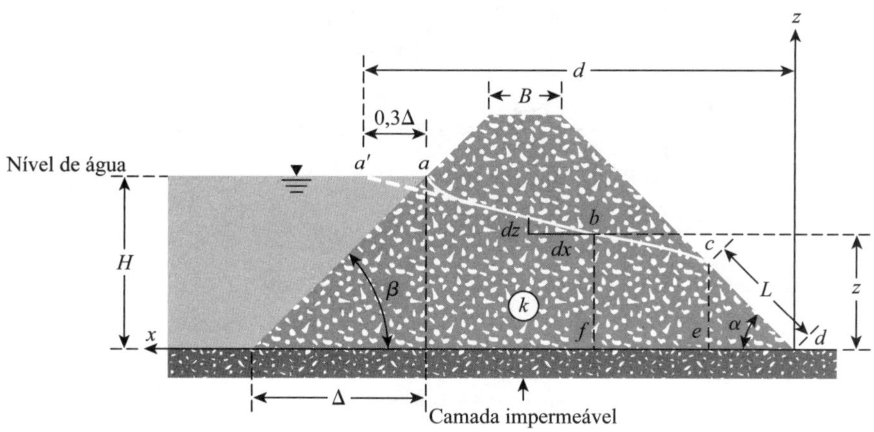

Figura 8.13 Fluxo pela barragem de terra construída sobre uma base impermeável.

sendo igual ao gradiente hidráulico. Presume-se também que o gradiente hidráulico seja constante com a profundidade (Dupuit, 1863),

$$i \simeq \frac{dz}{dx} \tag{8.29}$$

Considerando o triângulo *cde*, podemos calcular a vazão por unidade de comprimento da barragem (em ângulos retos com relação à seção transversal mostrada na Figura 8.13) como

$$q = kiA$$

$$i = \frac{dz}{dx} = \text{tg}\,\alpha$$

$$A = (\overline{ce})(1) = L\,\text{sen}\,\alpha$$

Então

$$q = k(\text{tg}\,\alpha)(L\ \text{sen}\,\alpha) = kL\ \text{tg}\,\alpha\ \text{sen}\,\alpha \tag{8.30}$$

Novamente, a vazão (por unidade de comprimento da barragem) através da seção *bf* é de

$$q = kiA = k\left(\frac{dz}{dx}\right)(z \times 1) = kz\frac{dz}{dx} \tag{8.31}$$

Para um fluxo contínuo,

$$q_{\text{Eq. (8.30)}} = q_{\text{Eq. (8.31)}}$$

ou

$$kz\frac{dz}{dx} = kL\ \text{tg}\,\alpha\ \text{sen}\,\alpha$$

ou

$$\int_{z=L\,\text{sen}\,\alpha}^{z=H} kz\,dz = \int_{x=L\cos\alpha}^{x=d} (kL\ \text{tg}\,\alpha\ \text{sen}\,\alpha)\,dx$$

$$\tfrac{1}{2}(H^2 - L^2\,\text{sen}^2\alpha) = L\,\text{tg}\,\alpha\ \text{sen}\,\alpha(d - L\ \cos\alpha)$$

$$\frac{H^2}{2} - \frac{L^2\,\text{sen}^2\,\alpha}{2} = Ld\left(\frac{\text{sen}^2\,\alpha}{\cos\,\alpha}\right) - L^2\ \text{sen}^2\,\alpha$$

$$\frac{H^2\cos\,\alpha}{2\ \text{sen}^2\,\alpha} - \frac{L^2\cos\,\alpha}{2} = Ld - L^2\cos\,\alpha$$

ou

$$L^2\cos\alpha - 2Ld + \frac{H^2\cos\,\alpha}{\text{sen}^2\alpha} = 0$$

Portanto,

$$L = \frac{d}{\cos\alpha} - \sqrt{\frac{d^2}{\cos^2\,\alpha} - \frac{H^2}{\text{sen}^2\alpha}} \tag{8.32}$$

A seguir, temos um procedimento passo a passo para o cálculo da vazão q (por unidade de comprimento da barragem):

Etapa 1: Obtenha α.
Etapa 2: Calcule Δ (consulte a Figura 8.13) e depois $0{,}3\Delta$.
Etapa 3: Calcule d.
Etapa 4: Com os valores conhecidos de α e d, calcule L da Eq. (8.32).
Etapa 5: Com o valor conhecido de L, calcule q da Eq. (8.30).

Em geral, a solução anterior é denominada solução de Schaffernak (1917) com correção de Casagrande (1937), pois este último demonstrou experimentalmente que a superfície parabólica livre tem origem em a', não em a (Figura 8.13).

Exemplo 8.5

Consulte a barragem de terra mostrada na Figura 8.13. Dados que $\beta = 45°$, $\alpha = 30°$, $B = 3$ m, $H = 6$ m, altura da barragem = 7,6 m e $k = 61 \times 10^{-6}$, calcule a vazão q, em m³/dia/m de comprimento.

Solução

Sabemos que $\beta = 45°$ e $\alpha = 30°$. Assim,

$$\Delta = \frac{H}{\text{tg } \beta} = \frac{6}{\text{tg } 45^{\circ}} = 6 \text{ m} \quad 0{,}3\Delta = (0{,}3)(6) = 1{,}8 \text{ m}$$

$$d = 0{,}3\Delta + \frac{(7{,}6 - 6)}{\text{tg } \beta} + B + \frac{7{,}6}{\text{tg } \alpha}$$

$$= 1{,}8 + \frac{(7{,}6 - 6)}{\text{tg } 45^{\circ}} + 3 + \frac{7{,}6}{\text{tg } 30} = 23{,}36 \text{ m}$$

Da Eq. (8.32),

$$L = \frac{d}{\cos \alpha} - \sqrt{\frac{d^2}{\cos^2 \alpha} - \frac{H^2}{\text{sen}^2 \alpha}}$$

$$= \frac{23{,}36}{\cos 30} - \sqrt{\left(\frac{23{,}36}{\cos 30}\right)^2 - \left(\frac{6}{\text{sen } 30}\right)^2} = 2{,}81 \text{ m}$$

Da Eq. (8.30)

$$q = kL \text{ tg } \alpha \text{ sen } \alpha = (61 \times 10^{-6})(\text{tg } 30)(\text{sen } 30)$$

$$= 49{,}48 \times 10^{-6} \text{ m}^3/\text{min/m} = \mathbf{7{,}13 \times 10^{-2}\ m^3/dia/m}$$ ■

8.10 Solução de L. Casagrande para percolação pela barragem de terra

A Equação (8.32) é derivada com base na suposição de Dupuit (ou seja, i dz/dx). Casagrande (1932) demonstrou que quando o ângulo da face a jusante α na Figura 8.13 fica maior que 30°, as divergências em relação à suposição de Dupuit se tornam mais evidentes.

Assim (veja a Figura 8.13), L. Casagrande (1932) sugeriu que

$$i = \frac{dz}{ds} = \text{sen}\,\alpha \tag{8.33}$$

onde $ds = \sqrt{dx^2 + dz^2}$.

Então, a Eq. (8.30), agora, pode ser modificada como

$$q = kiA = k\,\text{sen}\,\alpha(L\ \text{sen}\,\alpha) = kL\ \text{sen}^2\alpha \tag{8.34}$$

Novamente,

$$q = kiA = k\left(\frac{dz}{ds}\right)(1 \times z) \tag{8.35}$$

Combinando as Equações (8.34) e (8.35), produz-se

$$\int_{L\,\text{sen}\,\alpha}^{H} z\,dz = \int_{L}^{s} L\,\text{sen}^2\,\alpha\,ds \tag{8.36}$$

onde s = comprimento da curva $a'bc$

$$\frac{1}{2}(H^2 - L^2 \operatorname{sen}^2\alpha) = L\operatorname{sen}^2\alpha(s - L)$$

ou

$$L = s - \sqrt{s^2 - \frac{H^2}{\operatorname{sen}^2\alpha}} \tag{8.37}$$

Com erro de 4% a 5%, podemos escrever

$$s = \sqrt{d^2 + H^2} \tag{8.38}$$

Combinando as Eqs. (8.37) e (8.38), temos

$$L = \sqrt{d^2 + H^2} - \sqrt{d^2 - H^2 \operatorname{cotg}^2 \alpha} \tag{8.39}$$

Uma vez que a magnitude de L é conhecida, a taxa de percolação pode ser calculada da Eq. (8.34) como

$$q = kL \operatorname{sen}^2 \alpha$$

A fim de evitar a aproximação introduzida nas Equações (8.38) e (8.39), uma solução foi fornecida por Gilboy (1934). Esta solução é mostrada na forma gráfica na Figura 8.14. Observe, neste gráfico,

$$m = \frac{L \operatorname{sen}\alpha}{H} \tag{8.40}$$

Para utilizar o gráfico,

Etapa 1: Determine d/H.

Etapa 2: Para determinado d/H e α, calcule m.

Etapa 3: Calcule $L = \dfrac{mH}{sen\alpha}$.

Etapa 4: Calcule $kL \operatorname{sen}^2 \alpha$.

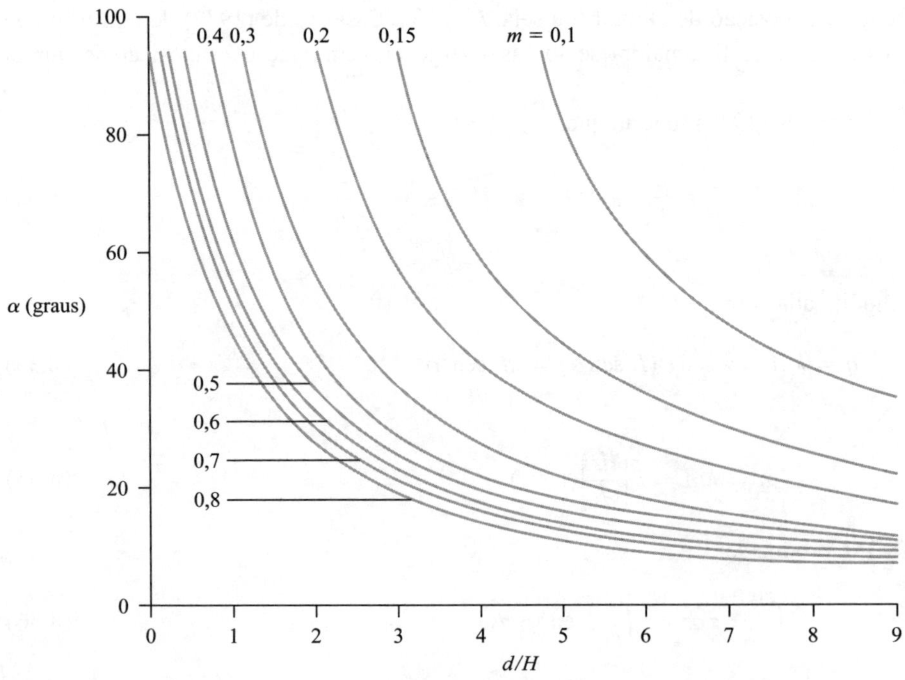

Figura 8.14 Gráfico da solução por meio do método de L. Casagrande, com base na solução de Gilboy.

8.11 Dimensionamento de filtros

Quando a água percola de um solo com grãos relativamente finos para um material grosso, existe o perigo de que as partículas finas do solo sejam transportadas pela água para dentro deste material. Ao longo do tempo, este processo pode obstruir os espaços vazios no material grosso. Portanto, a distribuição granulométrica do material grosso deve ser adequadamente manipulada para evitar essa situação. O material mais grosso dimensionado corretamente é chamado *filtro*. A Figura 8.15 mostra a condição de um estado de percolação estável em uma barragem com um filtro instalado no pé. Para a seleção dos materiais adequados para o filtro, duas condições devem ser atendidas:

Condição 1: As dimensões dos vazios no material do filtro devem ser suficientemente pequenas para reter as partículas maiores do material protegido.

Condição 2: O material do filtro deve ter alta condutividade hidráulica para impedir a geração de grandes forças de percolação e pressões hidrostáticas aplicadas aos filtros.

Pode-se notar que, se três esferas perfeitas têm diâmetro 6,5 vezes maior que uma esfera menor, esta última pode movimentar-se através dos espaços vazios das esferas maiores (Figura 8.16a). Genericamente falando, em determinado solo o tamanho dos grãos pode variar grandemente dentro de uma faixa ampla. Se os espaços vazios de um filtro forem pequenos o suficiente para deterem D_{85} do solo a ser protegido, então as partículas de solo mais finas também estarão protegidas (Figura 8.16b). Isso significa que o diâmetro efetivo dos poros no filtro deve ser menor que D_{85} do solo a ser protegido. O diâmetro efetivo dos poros corresponde a cerca de $\frac{1}{5} D_{15}$ do filtro. Com isso em mente e com base na investigação experimental dos filtros, Terzaghi e Peck (1948) forneceram os seguintes critérios para atender à Condição 1:

$$\frac{D_{15(F)}}{D_{85(S)}} \leq 4 \text{ a } 5 \qquad \text{(para atender à Condição 1)} \tag{8.41}$$

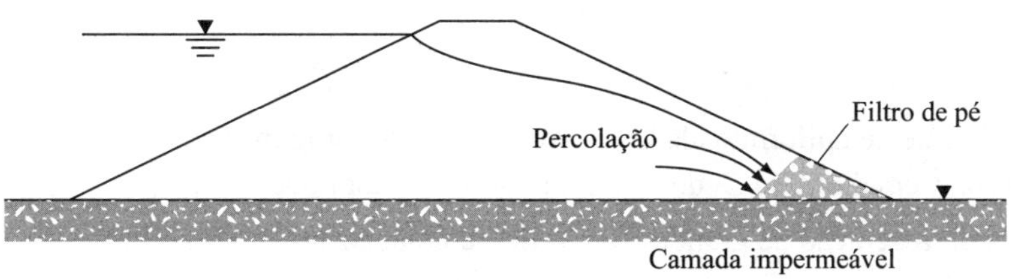

Figura 8.15 Percolação em regime constante em uma barragem de terra com um filtro instalado no pé.

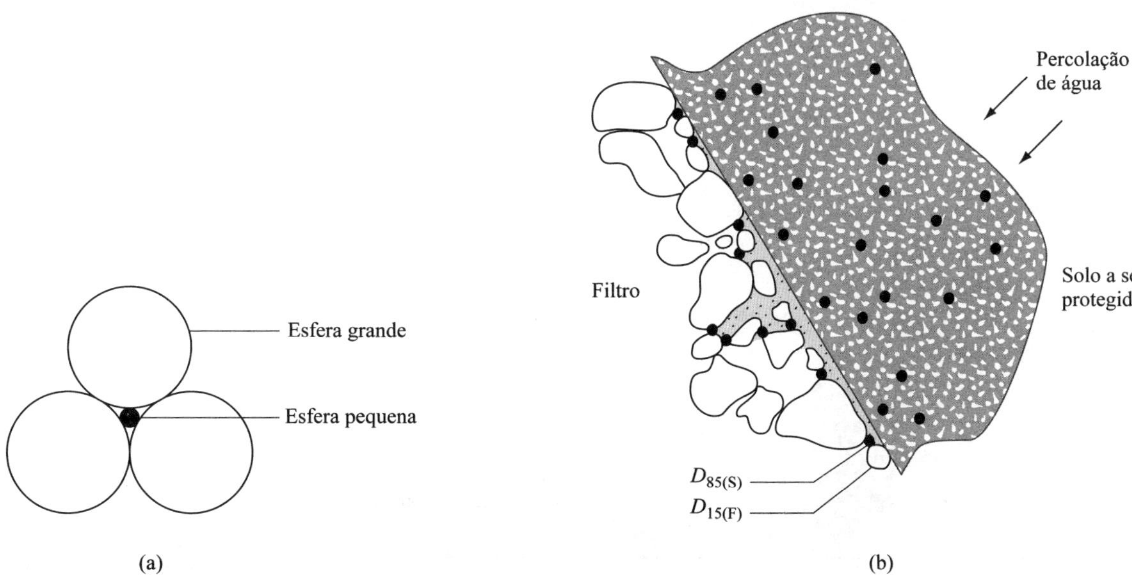

Figura 8.16 (a) Esferas grandes com diâmetro 6,5 vezes maior que o diâmetro da esfera pequena; (b) limite entre um filtro e o solo a ser protegido

Para atender à Condição 2, eles sugeriram que

$$\frac{D_{15(F)}}{D_{15(S)}} \geq 4 \text{ a } 5 \quad \text{(para atender à Condição 2)} \tag{8.42}$$

onde

$D_{15(F)}$ = diâmetro pelo qual 15% do material do filtro passará

$D_{15(S)}$ = diâmetro pelo qual 15% do solo a ser protegido passará

$D_{85(S)}$ = diâmetro pelo qual 85% do solo a ser protegido passará

O uso apropriado das Equações (8.41) e (8.42) para determinar a distribuição granulométrica de solos utilizados como filtros é indicado na Figura 8.17. Considere o solo usado para construção da barragem de terra mostrada na Figura 8.15. A distribuição granulométrica deste solo pode ser fornecida pela curva na Figura 8.17. Agora, podemos determinar $5D_{85(S)}$ e $5D_{15(S)}$ e plotá-los conforme indicado na Figura 8.17. A distribuição granulométrica aceitável do material de filtro estará na zona sombreada. (*Observação*: O formato das curvas *b* e *c* é aproximadamente igual ao da curva *a*.)

A Marinha dos Estados Unidos (1971) exige as seguintes condições para o projeto de filtros.

Condição 1: Para impedir o deslocamento das partículas do solo protegido:

$$\frac{D_{15(F)}}{D_{85(S)}} < 5$$

$$\frac{D_{50(F)}}{D_{50(S)}} < 25$$

$$\frac{D_{15(F)}}{D_{15(S)}} < 20$$

Se o coeficiente de uniformidade C_u do solo protegido for menor que 1,5, $D_{15(F)}/D_{85(S)}$ pode ser aumentado para 6. Além disso, se C_u do solo protegido for maior que 4, $D_{15(F)}/D_{15}$ pode ser aumentado para 40.

Condição 2: Para impedir a geração de grandes forças de percolação aplicadas ao filtro:

$$\frac{D_{15(F)}}{D_{15(S)}} > 4$$

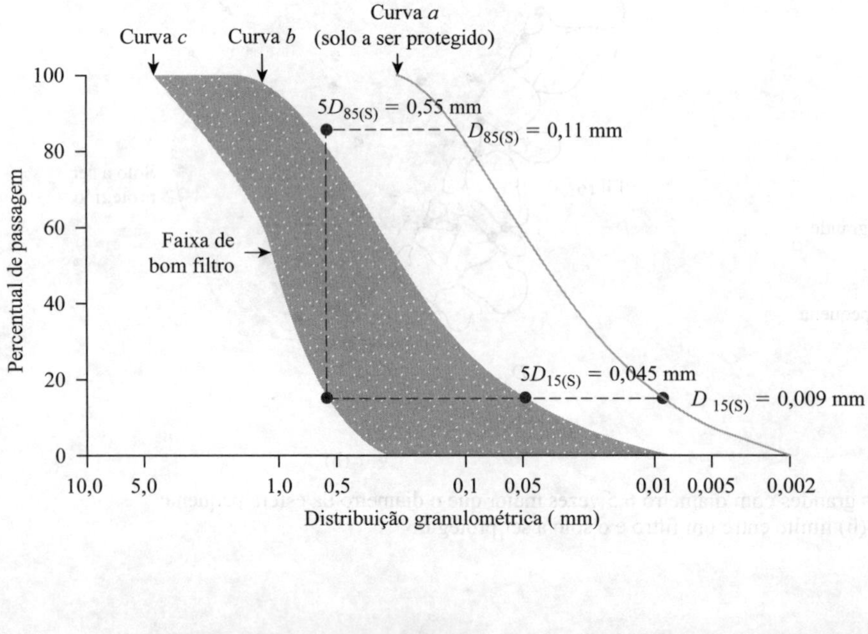

Figura 8.17 Determinação da distribuição granulométrica de filtro utilizando as Equações (8.41) e (8.42).

Condição 3: O material de filtro não deve ter grãos maiores que 76,2 mm. (Isso é para evitar a segregação de partículas no filtro.)

Condição 4: Para evitar o movimento interno de grãos finos no filtro, ele deve ser de no máximo 5% passante na peneira nº 200.

Condição 5: Caso os tubos perfurados sejam utilizados para a coleta da água de percolação, filtros também devem ser utilizados em torno dos tubos para impedir que o solo granular fino seja transportado para dentro deles. Para evitar o deslocamento do material de filtro para dentro dos tubos de drenagem pelas perfurações, os seguintes requisitos adicionais devem ser atendidos:

$$\frac{D_{85(\text{F})}}{\text{largura de abertura}} > 1{,}2 \text{ a } 1{,}4$$

$$\frac{D_{85(\text{F})}}{\text{diâmetro do furo}} > 1{,}0 \text{ a } 1{,}2$$

8.12 Resumo e considerações gerais

Abaixo segue um resumo dos assuntos apresentados neste capítulo.

- No *solo isotrópico*, a equação de continuidade de Laplace para o fluxo bidimensional é dada como [Eq. (8.5)]:

$$\frac{\partial^2 h}{\partial x^2} + \frac{\partial^2 h}{\partial z^2} = 0$$

- Uma rede de fluxo é uma combinação de linhas de fluxo e de linhas equipotenciais que são duas famílias de linhas ortogonais (Seção 8.4).
- Em um solo isotrópico, a percolação (q) para o comprimento específico da estrutura no tempo específico pode ser expressa como [Eq. (8.24)]

$$q = kH\left(\frac{N_f}{N_d}\right)n$$

- A construção nas redes de fluxo em *solo anisotrópico* foi apresentada na Seção 8.6. Para esse caso, a percolação para comprimento específico da estrutura no tempo específico é [Eq. (8.28)]

$$q = \sqrt{k_x k_z}\,\frac{HN_f}{N_d}$$

- A percolação pela barragem em uma base impermeável foi discutida nas Seções 8.9 (a solução de Schaffernak com a correção de Casagrande) e 8.10 (solução de L. Casagrande).
- Os critérios para o projeto de filtro são proporcionados na Seção 8.11 [Eqs. (8.41) e (8.42)], de acordo com

$$\frac{D_{15(\text{F})}}{D_{85(\text{S})}} \leq 4 \text{ a } 5$$

e

$$\frac{D_{15(\text{F})}}{D_{85(\text{S})}} \geq 4 \text{ a } 5$$

Problemas

8.1 Consulte a Figura 8.2, que mostra o arranjo para ensaio de permeabilidade de carga constante em um solo com duas camadas. Durante o ensaio, foi visto que, quando uma carga constante de $h_1 = 200$ mm era mantida, a magnitude de h_2 era 80 mm. Se k_1 é 0,004 cm/s, determine o valor de k_2, dados $H_1 = 100$ mm e $H_2 = 150$ mm.

8.2 Consulte a Figura 8.18. Dados:

- $H_1 = 6$ m
- $D = 3$ m
- $H_2 = 1{,}5$ m
- $D_1 = 6$ m

trace a rede de fluxo. Calcule a perda de percolação por metro de estaca-prancha (nos ângulos retos com a seção transversal mostrada).

8.3 Trace uma rede de fluxo em torno de uma cortina única de estacas-prancha inserida em uma camada de solo permeável, como mostra a Figura 8.18. Dados:

- $H_1 = 3$ m
- $D = 1{,}5$ m
- $H_2 = 0{,}5$ m
- $D_1 = 3{,}75$ m

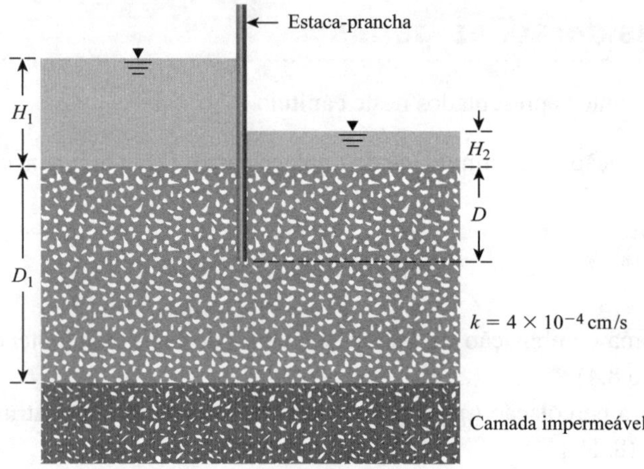

Figura 8.18

calcule a perda de percolação por metro de estaca-prancha (nos ângulos retos com a seção transversal mostrada).

8.4 Consulte a Figura 8.18. Dados:

- $H_1 = 4$ m
- $D = 6$ m
- $H_2 = 1{,}5$ m
- $D_1 = 3{,}6$ m

calcule a perda por percolação em m^3/dia e por metro de estaca-prancha (formando ângulos retos com a seção transversal mostrada). Utilize a Figura 8.10.

8.5 Para a estrutura hidráulica indicada na Figura 8.19, desenhe uma rede de fluxo para fluir pela camada permeável e calcule a perda de percolação em m^3/dia/m.

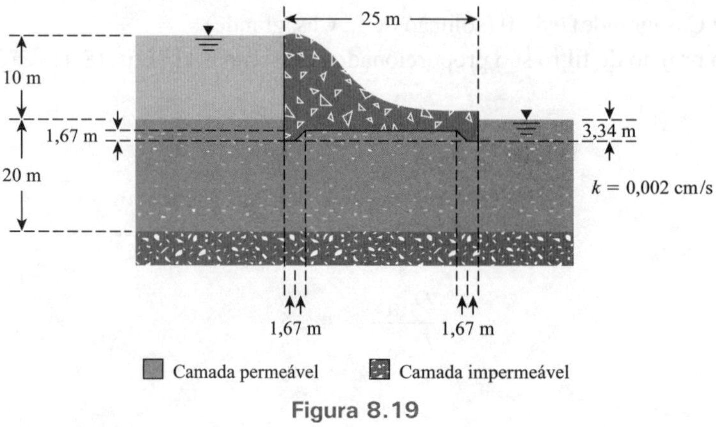

Figura 8.19

8.6 Consulte o Problema 8.5. Usando a rede de fluxo traçada, calcule a força hidráulica de levantamento na base da estrutura hidráulica por metro de comprimento (medida ao longo do eixo da estrutura).

8.7 Trace a rede de fluxo para o dique exibido na Figura 8.20. Calcule a vazão sob o dique.

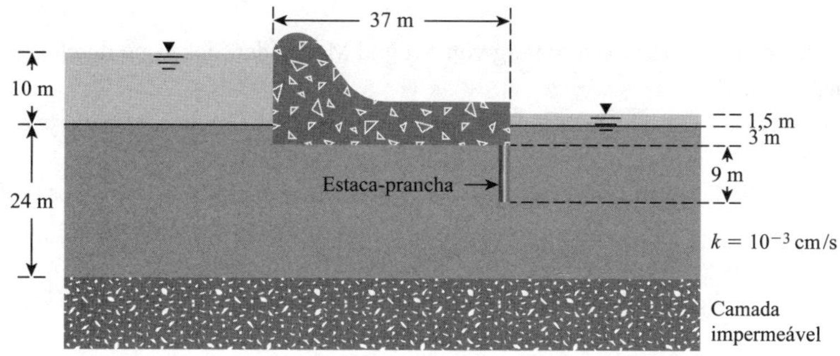

Figura 8.20

8.8 No dique mostrado na Figura 8.21, calcule a percolação na camada permeável em m³/dia/m para (a) $x' = 1$ m e (b) $x' = 2$ m. Use a Figura 8.11.

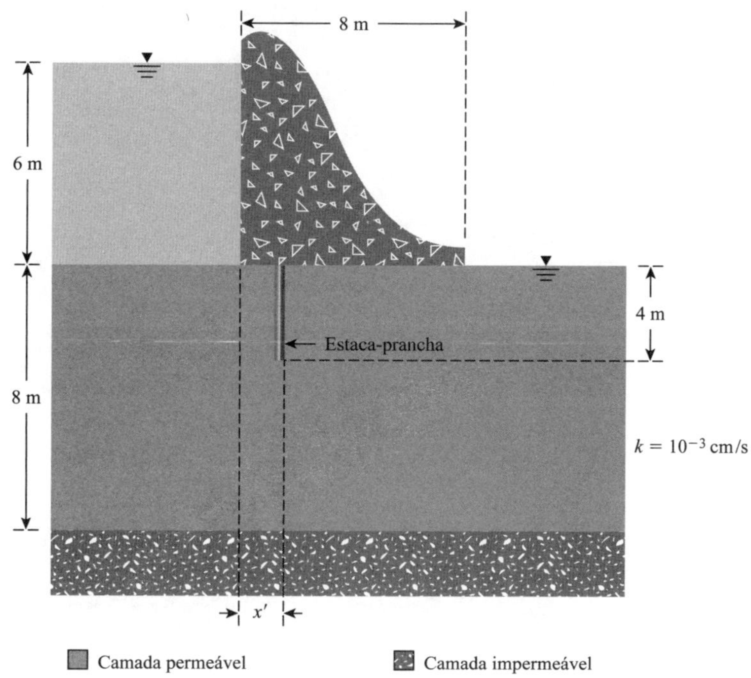

Figura 8.21

8.9 Um solo em camadas é exibido na Figura 8.22. Determine a vazão, q, em m³/dia/m de comprimento. Dados: $\alpha_1 = 35°$, $\alpha_2 = 40°$, $L_1 = 5$ m, $H = 7$ m, $H_1 = 10$ m e $k = 3 \times 10^{-4}$ cm/s. Utilize a solução de Schaffernak.

8.10 Repita o Problema 8.9 utilizando o método de L. Casagrande.

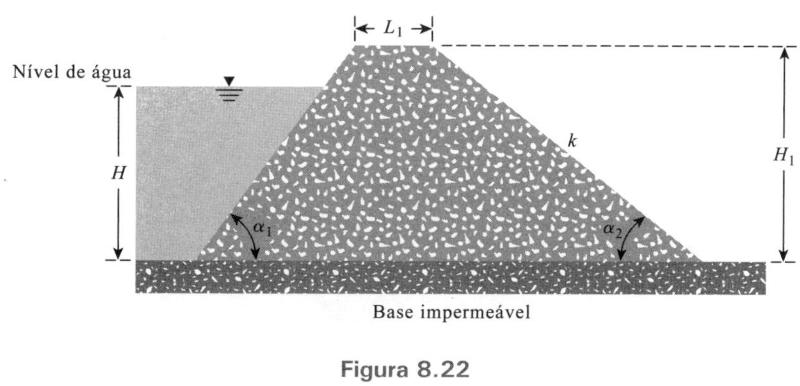

Figura 8.22

Referências

CASAGRANDE, A. Seepage Through Dams, in *Contribution to Soil Mechanics* 1925-1940, Boston Society of Civil Engineers, Boston, 1937.

CASAGRANDE, L. Naeherungsmethoden zur Besti mmurg von Art und Menge der Sickerung durch geschuettete Dae mme, Thesis, Technische Hochschule, Viena, 1932.

DUPUIT, J. *Etudes Theoriques et Practiques sur le Mouvement des Eaux dans les Canaux Decouverts et a Travers les Terrains Permeables*, Dunod, Paris, 1863.

GILBOY, G. Mechanics of Hydraulic Fill Dams, in *Contributions to Soil Mechanics* 1925-1940, Boston Society of Civil Engineers, Boston, 1934.

HARR, M. E. *Ground Water and Seepage*, McGraw-Hill, Nova York, 1962.

SCHAFFERNAK, F. ; GADROY, F. Über die Standicherheit durchlaessiger geschuetteter Dä mme, *Allgem. Bauzeitung,* 1917.

TERZAGHI, K.; PECK, R. B. *Soil Mechanics in Engineering Practice*, Wiley, Nova York, 1948.

U.S. DEPARTMENT OF THE NAVY, Naval Facilities Engineering Command. Design Manual – Soil Mechanics, Foundations, and Earth Structures, *NAVFAC DM-7*, Washington, D.C., 1971.

CAPÍTULO 9

Tensões *in situ*

9.1 Introdução

Conforme descrito no Capítulo 3, os solos são sistemas multifásicos. Em determinado volume, as partículas sólidas são distribuídas aleatoriamente, com espaços vazios entre elas. Os espaços vazios são contínuos e ocupados por água e/ou ar. Para analisar problemas (como a compressibilidade dos solos, a resistência das fundações, a estabilidade de taludes e a pressão lateral sobre as estruturas de contenção de terra), é necessário conhecer a natureza da distribuição de tensão ao longo de determinada seção transversal do perfil do solo. Podemos começar a análise considerando um solo saturado sem percolação. Neste capítulo discutiremos o seguinte:

- Conceito de tensão efetiva
- Tensões em solo saturado, sem percolação, percolações ascendente e descendente.
- Força de percolação por volume específico de solo
- Condições para *levantamento* ou condição movediça para percolação sob uma estrutura hidráulica
- Uso de filtro para aumentar a estabilidade contra levantamento ou condição movediça
- Tensão efetiva em solos parcialmente saturados

9.2 Tensões em solo saturado sem percolação

A Figura 9.1a mostra uma coluna de massa de solo saturado sem percolação de água em nenhuma direção. A tensão total no nível do ponto A pode ser obtida a partir do peso específico saturado do solo e da água acima dela. Assim,

$$\sigma = H\gamma_w + (H_A - H)\gamma_{sat} \tag{9.1}$$

onde σ = tensão total na elevação do ponto A

γ_w = peso específico da água

γ_{sat} = peso específico do solo saturado

H = altura do nível da água a partir do topo da coluna de solo

H_A = distância entre o ponto A e o nível da água

A tensão total, σ, dada pela Eq. (9.1) pode ser dividida em duas partes:

1. Uma parte é suportada pela água nos espaços vazios contínuos. Esta parte atua com intensidade igual em todas as direções.
2. O resto da tensão total é realizada pelos sólidos de solo nos pontos de contato. A soma dos componentes verticais das forças desenvolvidas nos pontos de contato das partículas de solo por área transversal seccional específica da massa de solo é chamada *tensão efetiva*.

Isso pode ser visto desenhando uma onda, *a-a*, pelo ponto A que passa somente pelos pontos de contato das partículas de solo. Considere $P_1, P_2, P_3, \ldots, P_n$ as forças que agem nos pontos de contato das partículas de solo (Figura 9.1b).

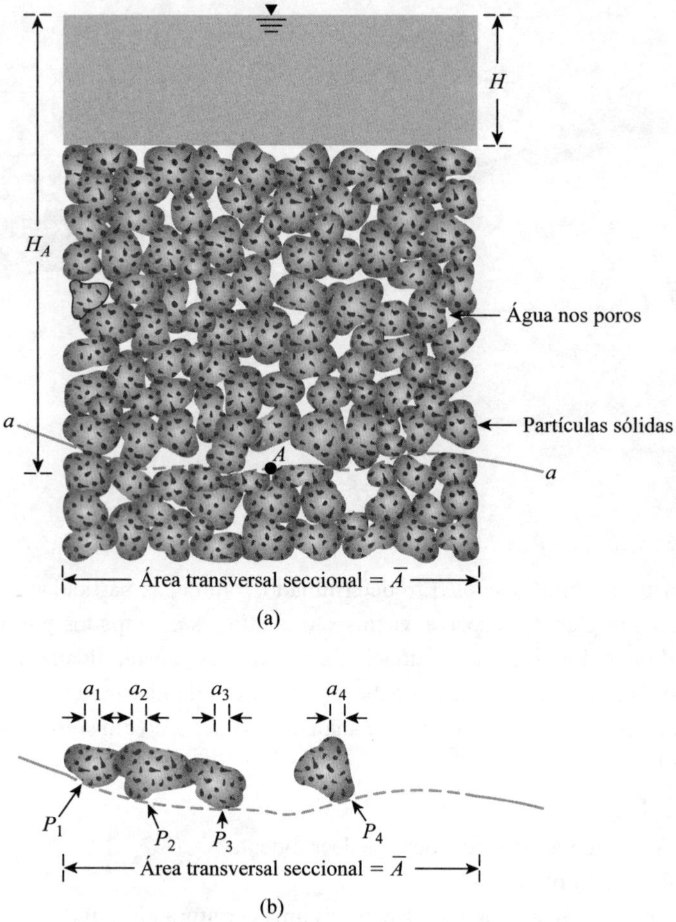

Figura 9.1 (a) Consideração de tensão efetiva para uma coluna de solo saturado sem percolação; (b) força agindo nos pontos de contato de partículas de solo no nível de ponto *A*.

A soma dos componentes verticais de todas as tais forças sobre a área transversal seccional específica é igual à tensão efetiva σ' ou

$$\sigma' = \frac{P_{1(v)} + P_{2(v)} + P_{3(v)} + \cdots + P_{n(v)}}{\bar{A}} \tag{9.2}$$

onde $P_{1(v)}, P_{2(v)}, P_{3(v)}, \ldots, P_{n(v)}$ são os componentes verticais de $P_1, P_2, P_3, \ldots, P_n$, respectivamente, e $\bar{A}$ é a área transversal seccional da massa de solo em consideração.

Novamente, se a_s for a área transversal seccional ocupada pelo contato sólido com sólido (ou seja, $a_s = a_1 + a_2 + a_3 + \cdots + a_n$), então o espaço ocupado pela água se iguala a $(\bar{A} - a_s)$. Então escrevemos

$$\sigma = \sigma' + \frac{u(\bar{A} - a_s)}{\bar{A}} = \sigma' + u(1 - a_s') \tag{9.3}$$

onde $u = H_A\gamma_w$ = poropressão (ou seja, a pressão hidrostática em *A*)

$a_s' = a_s/\bar{A}$ = fração da área transversal seccional específica da massa de solo ocupada pelo contato sólido com sólido

O valor de a_s' é extremamente pequeno e pode ser desconsiderado para as faixas de pressão geralmente encontradas em problemas práticos. Assim, a Equação (9.3) pode ser aproximada por

$$\sigma = \sigma' + u \tag{9.4}$$

onde *u* é também referido como *pressão neutra*. A substituição da Equação (9.1) para σ na Equação (9.4) dá

$$\begin{aligned}\sigma' &= [H\gamma_w + (H_A - H)\gamma_{sat}] - H_A\gamma_w \\ &= (H_A - H)(\gamma_{sat} - \gamma_w) \\ &= (\text{Altura da coluna do solo}) \times \gamma' \end{aligned} \tag{9.5}$$

onde $\gamma' = \gamma_{sat} - \gamma_w$ se iguala ao peso específico submerso de solo. Portanto, podemos visualizar que a tensão efetiva em qualquer ponto A não depende da coluna de água, H, acima do solo submerso.

A Figura 9.2a mostra uma camada de solo submersa em um tanque onde não há percolação. As Figuras 9.2b a 9.2d mostram gráficos das variações de tensão total, de poropressão e de tensão efetiva, respectivamente, com a profundidade para uma camada submersa de solo colocada em um tanque sem percolação.

O princípio de tensão efetiva [Equação (9.4)] foi primeiramente desenvolvido por Terzaghi (1925, 1936). Skempton (1960) estendeu o trabalho de Terzaghi e propôs a relação entre as tensões total e a efetiva na forma da Equação (9.3).

Resumindo, a tensão efetiva é aproximadamente a força por área específica realizada pelo esqueleto do solo. A tensão efetiva em uma massa de solo controla a alteração de volume e a força. Aumentar esta tensão induz o solo a assumir um estado mais denso de compactação.

O princípio da tensão efetiva é provavelmente o mais importante na engenharia geotécnica. A compressibilidade e a resistência ao cisalhamento de um solo dependem, em grande parte, deste tipo de tensão. Portanto, o conceito de tensão efetiva é importante na solução de problemas da engenharia geotécnica, como a pressão lateral de solo em estruturas de contenção, a capacidade de carga, o recalque das fundações e a estabilidade de taludes de terra.

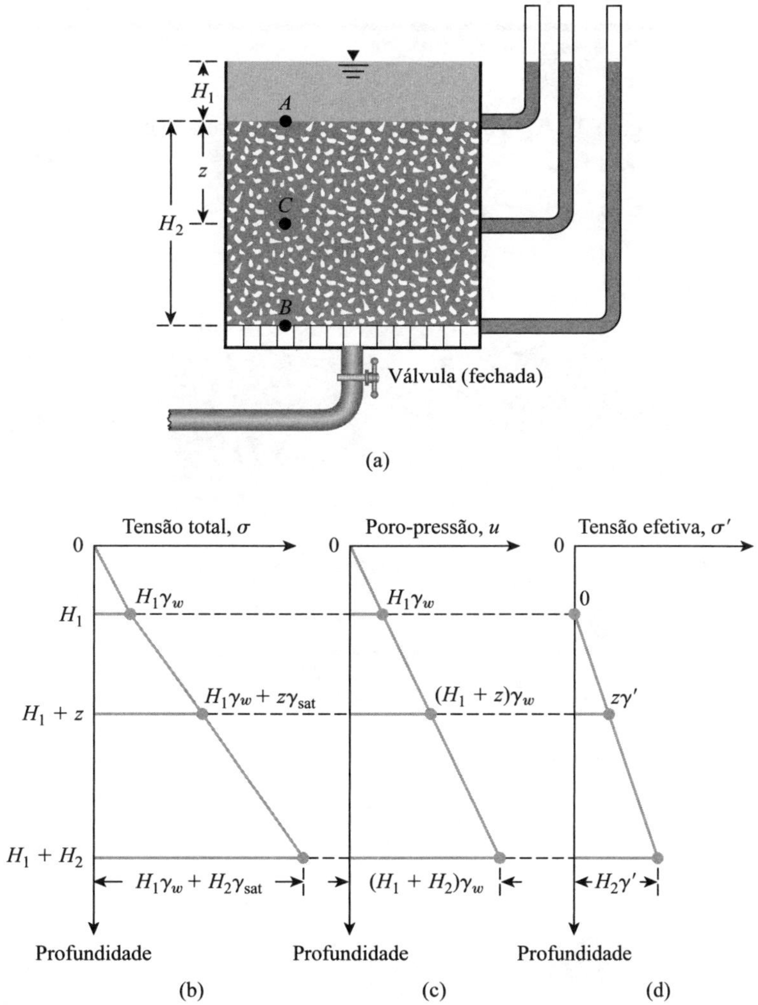

Figura 9.2 (a) Camada de solo em um tanque onde não existe percolação; variação de (b) tensão total, (c) poropressão e (d) tensão efetiva com profundidade para uma camada de solo submersa, sem percolação.

Na Equação (9.2), a tensão efetiva, σ', é definida como a soma dos componentes verticais de todas as forças de *contato* intergranulares sobre a área transversal seccional grossa e específica. Esta definição é geralmente verdadeira para os solos granulares; no entanto, para solos granulares finos, o contato intergranular pode não estar fisicamente presente, pois as partículas de argila são envoltas por um filme de água, firmemente coeso. Em um sentido mais geral, a Equação (9.3) pode ser reescrita da seguinte forma:

$$\sigma = \sigma_{ig} + u(1 - a_s') - A' + R' \tag{9.6}$$

onde σ_{ig} = tensão intergranular

A' = força de atração elétrica por área de seção transversal específica de solo

R' = força de repulsão elétrica por área de seção transversal específica de solo

Para solos granulares, siltes e argilas de baixa plasticidade, as magnitudes de A' e R' são pequenas. Portanto, para fins práticos,

$$\sigma_{ig} = \sigma' \approx \sigma - u$$

Porém, se $A' - R'$ for grande, então $\sigma_{ig} \neq \sigma'$. Tais situações podem ser encontradas na argila dispersa altamente plástica. Foram feitas muitas interpretações no passado para diferenciar a tensão intergranular da tensão efetiva. Em qualquer um dos casos, o princípio da tensão efetiva é uma ótima aproximação usada para solucionar problemas de engenharia.

Exemplo 9.1

Um perfil de solo é mostrado na Figura 9.3. Calcule a tensão total, a poropressão e a tensão efetiva nos pontos *A*, *B* e *C*.

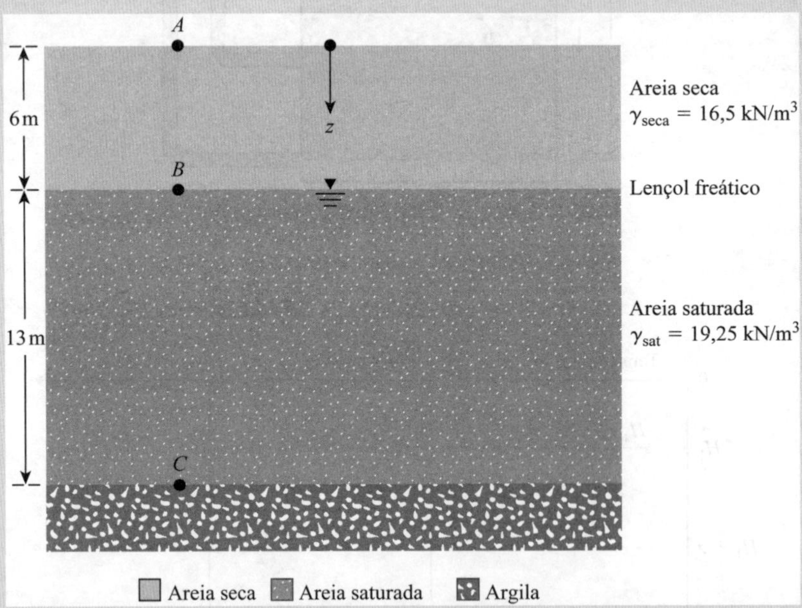

Figura 9.3 Estrutura do solo.

Solução

No ponto *A*,

Tensão total: $\sigma_A = \mathbf{0}$

Poropressão: $u_A = \mathbf{0}$

Tensão efetiva: $\sigma'_A = \mathbf{0}$

No ponto B,

$$\sigma_B = 6\gamma_{d(\text{areia})} = 6 \times 16{,}5 = \mathbf{99\ kN/m^2}$$
$$u_B = \mathbf{0\ kN/m^2}$$
$$\sigma'_B = 99 - 0 = \mathbf{99\ kN/m^2}$$

No ponto C,

$$\sigma_C = 6\gamma_d + 13\gamma_{\text{sat(argila)}}$$
$$= 6 \times 16{,}5 + 13 \times 19{,}25$$
$$= 99 + 250{,}25 = \mathbf{349{,}25\ kN/m^2}$$
$$u_C = 13\gamma_w = 13 \times 9{,}81 = \mathbf{127{,}53\ kN/m^2}$$
$$\sigma'_C = 349{,}25 - 127{,}53 = \mathbf{221{,}72\ kN/m^2}$$

■

Exemplo 9.2

Consulte a Figura 9.1. A quantos metros de altura o lençol freático deve aumentar para que a tensão efetiva em C seja 190 kN/m²? Suponha que γ_{sat} seja o mesmo para as duas camadas (ou seja, 19,25 kN/m²).

Solução

Seja o aumento do lençol freático h acima do lençol freático presente indicado na Figura 9.3 com

$$\sigma_C = (6 - h)\gamma_d + h\gamma_{sat} + 13\gamma_{sat}$$
$$u = (h + 13)\gamma_w$$

Então

$$\sigma'_C = \sigma_c - u = (6 - h)\gamma_d + h\gamma_{sat} + 13\gamma_{sat} - h\gamma_w - 13\gamma_w$$
$$= (6 - h)\gamma_d + h(\gamma_{sat} - \gamma_w) + 13(\gamma_{sat} - \gamma_w)$$

ou

$$190 = (6 - h)16{,}5 + h(19{,}25 - 9{,}81) + 13(19{,}25 - 9{,}81)$$
$$h = \mathbf{4{,}49\ m}$$

■

9.3 Tensões em solos saturados com percolação ascendente

Se houver percolação de água, a tensão efetiva em qualquer ponto de uma massa de solo será diferente da tensão no caso estático. Esta tensão vai aumentar ou diminuir, dependendo da direção da percolação.

A Figura 9.4a mostra uma camada de solo granular em um tanque onde a percolação ascendente é causada pela adição de água pela válvula localizada no fundo do tanque. A vazão de água é mantida constante. A perda de carga causada pela percolação ascendente entre os níveis de A e B é h. Considerando que a tensão total em qualquer ponto na massa de solo ocorre unicamente em razão do peso do solo e da água sobre ele, descobre-se que os cálculos de tensão efetiva nos pontos A e B são os seguintes:

Em A,

- Tensão total: $\sigma_A = H_1\gamma_w$
- Poropressão da água: $u_A = H_1\gamma_w$
- Tensão efetiva: $\sigma'_A = \sigma_A - u_A = 0$

Em B,

- Tensão total: $\sigma_B = H_1\gamma_w + H_2\gamma_{sat}$
- Poropressão da água: $u_B = (H_1 + H_2 + h)\ \gamma_w$

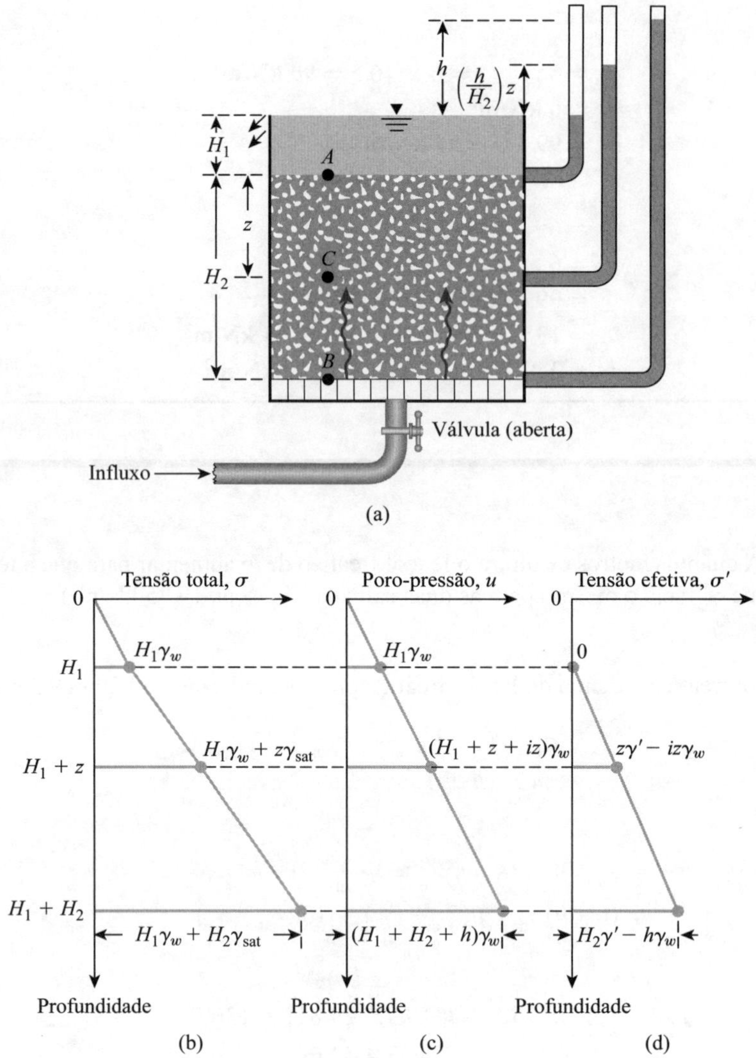

Figura 9.4 (a) Camada de solo em um tanque com percolação ascendente. Variação de (b) tensão total; (c) poropressão e (d) tensão efetiva com profundidade para uma camada de solo com percolação ascendente.

- Tensão efetiva: $\sigma'_B = \sigma_B - u_B$

$$= H_2(\gamma_{sat} - \gamma_w) - h\gamma_w$$
$$= H_2\gamma' - h\gamma_w$$

Da mesma forma, a tensão efetiva em um ponto C, localizada a uma profundidade z abaixo da superfície do solo, pode ser calculada da forma a seguir:

Em C,

- Tensão total: $\sigma_C = H_1\gamma_w + z\gamma_{sat}$
- Poropressão da água: $u_C = \left(H_1 + z + \dfrac{h}{H_2}z\right)\gamma_w$
- Tensão efetiva: $\sigma'_C = \sigma_C - u_C$

$$= z(\gamma_{sat} - \gamma_w) - \frac{h}{H_2}z\gamma_w$$

$$= z\gamma' - \frac{h}{H_2}z\gamma_w$$

Observe que h/H_2 é o gradiente hidráulico i causado pelo fluxo e, portanto,

$$\sigma'_C = z\gamma' - iz\gamma_w \tag{9.7}$$

As variações de tensão total, poropressão e tensão efetiva com a profundidade são representadas nas Figuras 9.4b até 9.4d, respectivamente. A comparação entre as Figuras 9.2d e 9.4d mostra que a tensão efetiva em um ponto localizado a uma profundidade z medida a partir da superfície de uma camada de solo é reduzida a um valor $iz\gamma_w$ em razão da percolação de água ascendente. Se a vazão e, por consequência, o gradiente hidráulico forem aumentando gradualmente, uma condição limite será atingida, na qual

$$\sigma'_C = z\gamma' - i_{cr}z\gamma_w = 0 \tag{9.8}$$

onde i_{cr} = gradiente hidráulico crítico (para tensão efetiva nula).

Nesta situação, a estabilidade do solo é perdida. Esta situação geralmente é chamada *ebulição* ou *condição movediça*.

Da Equação (9.8),

$$i_{cr} = \frac{\gamma'}{\gamma_w} \tag{9.9}$$

Para a maioria dos solos, o valor de i_{cr} varia de 0,9 a 1,1, com uma média de 1.

Exemplo 9.3

Uma camada de 9 metros de espessura de argila saturada rígida é sustentada por uma camada de areia (Figura 9.5). A areia está sob pressão artesiana. Calcule a profundidade máxima do corte H que pode ser feito na argila.

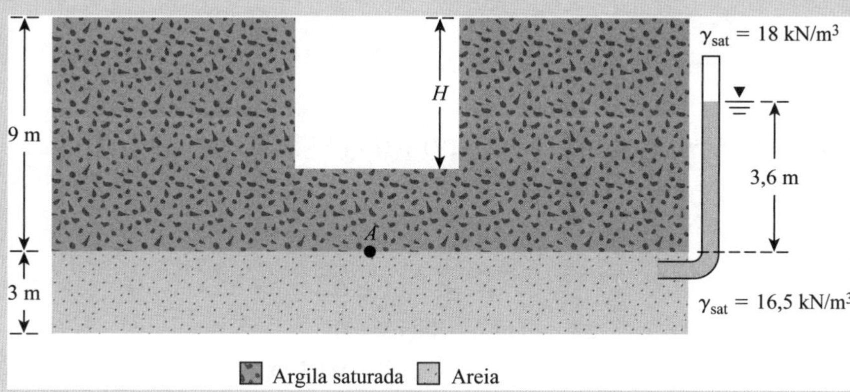

Figura 9.5

Solução

Em razão da escavação, haverá redução da pressão geostática. Considere a profundidade do corte H, ponto em que o fundo levantará. Consideremos a estabilidade do ponto A naquele momento:

$$\sigma_A = (9 - H)\gamma_{sat(argila)}$$
$$u_A = 3{,}6\,\gamma_w$$

Para que o levantamento ocorra, σ'_A deve ser 0. Então

$$\sigma_A - u_A = (9 - H)\gamma_{sat(argila)} - 3{,}6\gamma_w$$

(continua)

ou

$$(9 - H)18 - (3,6)9,81 = 0$$

$$H = \frac{(9)18 - (3,6)9,81}{18} = \mathbf{7,04\ m}$$

■

Exemplo 9.4

É feito um corte na argila saturada e rígida, que é sustentada por uma camada de areia (Figura 9.6). Qual deve ser a altura da água, h, no corte para que a estabilidade da argila saturada não seja perdida?

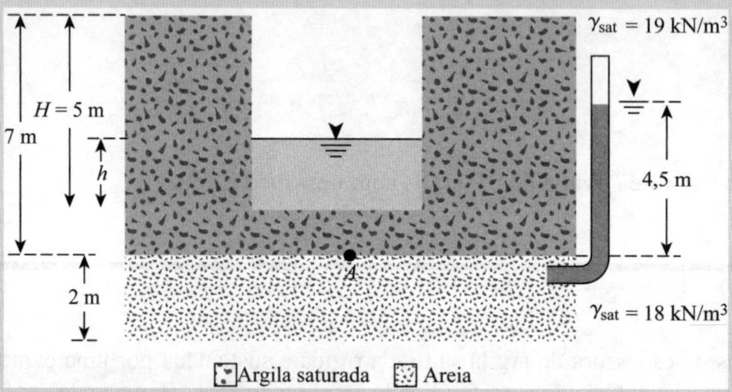

Figura 9.6

Solução

No ponto A,

$$\sigma_a = (7 - 5)\gamma_{sat(argila)} + h\gamma_w = (2)(19) + (h)(9,81) = 38 + 9,81h \text{ (kN/m}^2\text{)}$$
$$u_A = 4,5\gamma_w = (4,5)(9,81) = 44,15 \text{ kN/m}^2$$

Para a perda de estabilidade, $\sigma' = 0$. Portanto,

$$\sigma_A - u_A = 0$$
$$38 + 9,81h - 44,15 = 0$$
$$h = \mathbf{0,63\ m}$$

■

9.4 Tensões em solos saturados com percolação descendente

A condição de percolação descendente é exibida na Figura 9.7a na próxima página. O nível de água no tanque do solo é mantido constante, ajustando o abastecimento na parte superior e o fluxo de saída na parte inferior.

O gradiente hidráulico causado pela percolação descendente é igual a $i = h/H_2$. A tensão total, a poropressão e a tensão efetiva em qualquer ponto C são, respectivamente,

$$\sigma_C = H_1\gamma_w + z\gamma_{sat}$$
$$u_C = (H_1 + z - iz)\gamma_w$$
$$\sigma'_C = (H_1\gamma_w + z\gamma_{sat}) - (H_1 + z - iz)\gamma_w$$
$$= z\gamma' + iz\gamma_w$$

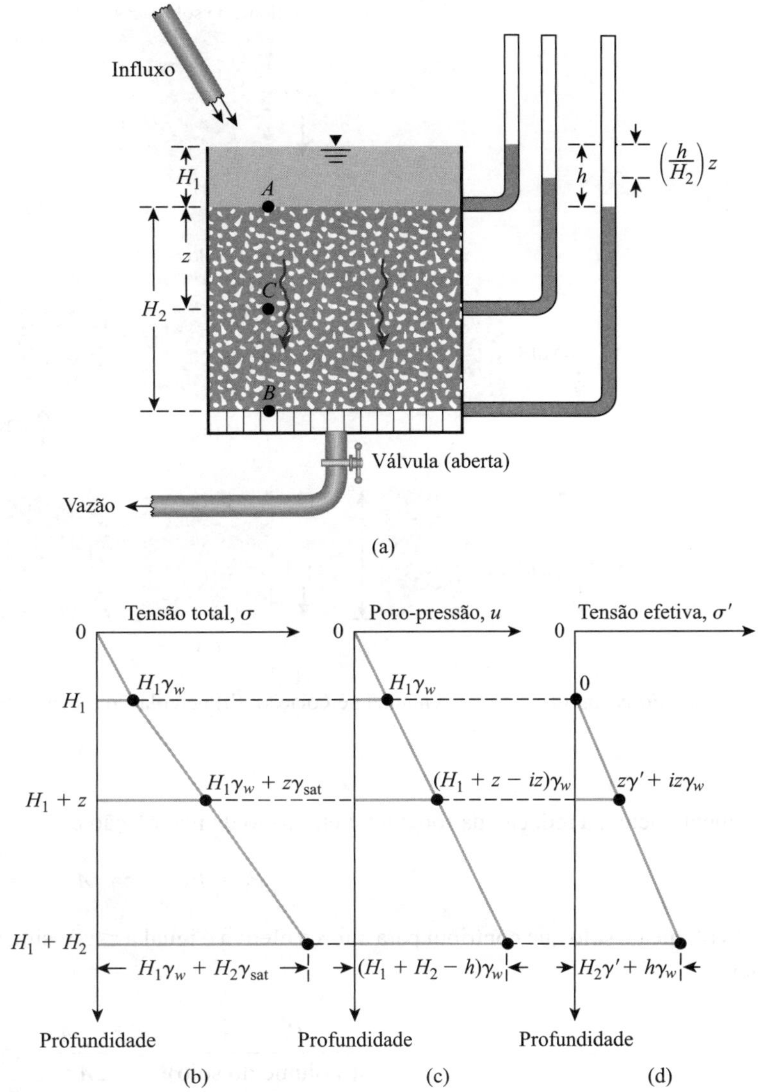

Figura 9.7 (a) Camada de solo em um tanque com percolação descendente; variação de (b) tensão total; (c) poropressão; (d) tensão efetiva com profundidade para uma camada de solo com percolação descendente.

As variações de tensão total, poropressão e tensão efetiva com profundidade são representadas nas Figuras de 9.7b até 9.7d.

9.5 Força da percolação

A seção anterior mostrou que o efeito da percolação é aumentar ou diminuir a tensão efetiva em um ponto numa camada do solo. Geralmente, é conveniente expressar a força de percolação por volume específico do solo.

Na Figura 9.2 foi mostrado que, sem percolação, a tensão efetiva a uma profundidade *z*, medida a partir da superfície da camada de solo no tanque, é igual a $z\gamma'$. Assim, a força efetiva em uma área *A* é

$$P_1' = z\gamma' A \tag{9.10}$$

(A direção da força P_1' é exibida na Figura 9.8a.)

Novamente, se houver uma percolação ascendente de água na direção vertical pela mesma camada de solo (Figura 9.4), a força efetiva na área *A* a uma profundidade *z* pode ser dada por

$$P_2' = (z\gamma' - iz\gamma_w)A \tag{9.11}$$

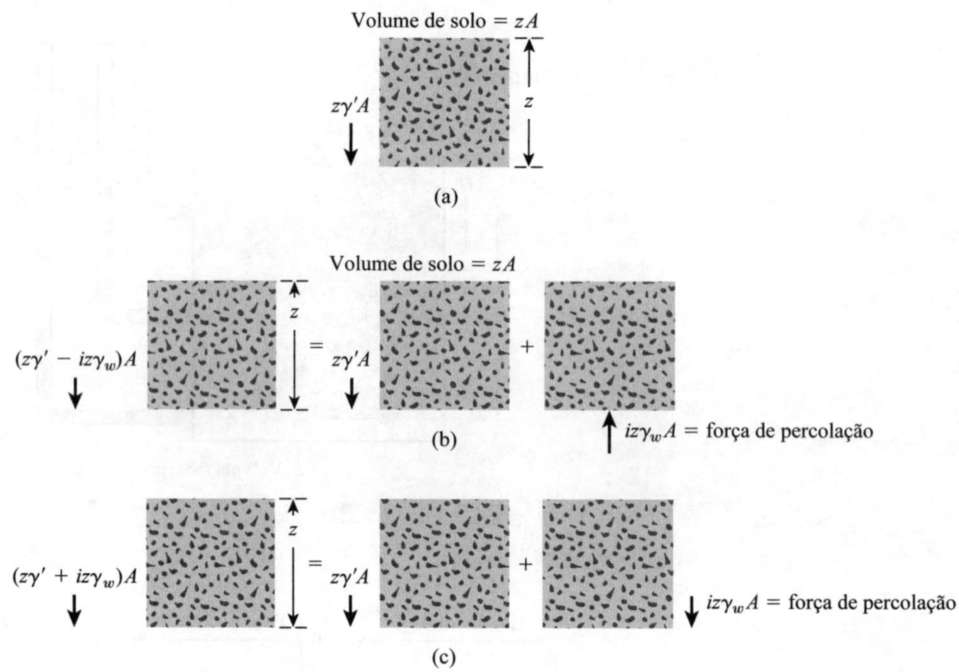

Figura 9.8 Força em razão de (a) nenhuma percolação; (b) percolação ascendente; (c) percolação descendente no volume de solo.

Consequentemente, a redução da força total em razão da percolação é

$$P_1' - P_2' = iz\gamma_w A \tag{9.12}$$

O volume de solo que contribui para a força efetiva é igual a zA. Assim, a força da percolação por unidade de volume de solo é

$$\frac{P_1' - P_2'}{(\text{Volume do solo})} = \frac{iz\gamma_w A}{zA} = i\gamma_w \tag{9.13}$$

A força por volume específico, $i\gamma_w$, neste caso, atua no sentido ascendente, ou seja, na direção do fluxo. Essa força ascendente é demonstrada na Figura 9.8b. Da mesma forma, para o sentido descendente, é possível notar que a força de percolação, neste sentido, por volume específico de solo, é $i\gamma_w$ (Figura 9.8c).

A partir das discussões anteriores, podemos concluir que a força de percolação por volume específico de solo é igual a $i\gamma_w$, e que em solos isotrópicos a força atua na mesma direção que a do fluxo. Esta afirmação é verdadeira para fluxos em qualquer direção. As redes de fluxo podem ser usadas para encontrar o gradiente hidráulico em qualquer ponto e, assim, a força de percolação por volume específico de solo. A derivação matemática para o caso geral é proporcionada abaixo.

A Figura 9.9 mostra uma massa de solo ligada por duas linhas de fluxo *ab* e *cd* e duas linhas equipotenciais *ef* e *gh*. Isso é tirado da rede de fluxo. A massa de solo tem uma espessura específica em ângulos retos para a seção indicada. Considere que h_1 e h_2 sejam as elevações piezométricas médias, respectivamente, junto com as faces $a'c'$ e $b'd'$ do elemento de fluxo. Também considere F e $F + \Delta F$ como ação de forças, respectivamente, nas faces $a'c'$ e $b'd'$. O peso próprio saturado da massa de solo $a'c'd'b'$ (de espessura específica) pode ser considerado

$$W = (l)\,(l)\,(1)\,\gamma_{sat} \tag{9.14}$$

A força hidrostática na fase $a'c'$ é $h_1\gamma_w l$ e, de modo semelhante, a força hidrostática na face $b'd'$ é $h_2\gamma_w l$. Portanto

$$\Delta F = h_1\gamma_w l + l^2\,\gamma_{sat}\,\text{sen}\,\alpha - h_2\gamma_w l \tag{9.15}$$

Porém

$$h_2 = h_1 + l\,\text{sen}\,\alpha - \Delta h \tag{9.16}$$

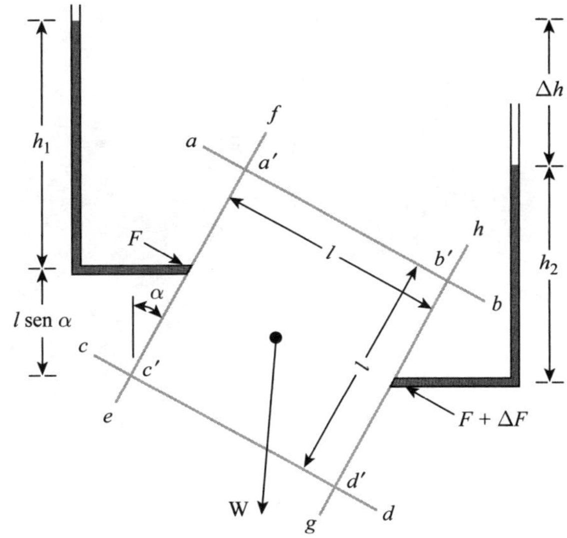

Figura 9.9 Força de percolação por volume específico – determinação da rede de fluxo.

Combinando as Equações (9.15) e (9.16),

$$\Delta F = h_1\gamma_w l + l^2\,\gamma_{\text{sat}}\text{ sen }\alpha - (h_1 + l\text{ sen }\alpha - \Delta h)\gamma_w l$$

ou

$$\Delta F = l^2(\gamma_{\text{sat}} - \gamma_w)\text{ sen }\alpha + \Delta h\gamma_w l$$
$$= \underbrace{l^2\gamma'\text{ sen }\alpha}_{\substack{\text{componente de}\\ \text{peso efeitvo}\\ \text{de solo em}\\ \text{direção de fluxo}}} + \underbrace{\Delta h\gamma_w l}_{\substack{\text{força de}\\ \text{percolação}}} \tag{9.17}$$

onde $\gamma' = \gamma_{\text{sat}} - \gamma_w$ = unidade específica efetiva de solo. Portanto,

$$\text{Força de percolação/volume específico} = \frac{\Delta h\gamma_w l}{l^2} = \gamma_w i \tag{9.18}$$

onde i = gradiente hidráulico ao longo da direção de fluxo. Observe que as Equações (9.13) e (9.18) são idênticas.

Exemplo 9.5

Considere o fluxo ascendente de água pela camada de areia em um tanque conforme indicado na Figura 9.10. Para a areia, os seguintes dados são fornecidos: índice de vazio (e) = 0,52 e peso específico relativo de sólidos = 2,67.

a. Calcule a tensão total, a poropressão e a tensão efetiva nos pontos A e B.

b. Qual é a força de percolação ascendente por volume específico de solo?

Solução

Parte a

O peso específico saturado da areia é calculado da seguinte forma:

$$\gamma_{\text{sat}} = \frac{(G_s + e)\gamma_w}{1 + e} = \frac{(2{,}67 + 0{,}52)9{,}81}{1 + 0{,}52} = 20{,}59\text{ kN/m}^3$$

(continua)

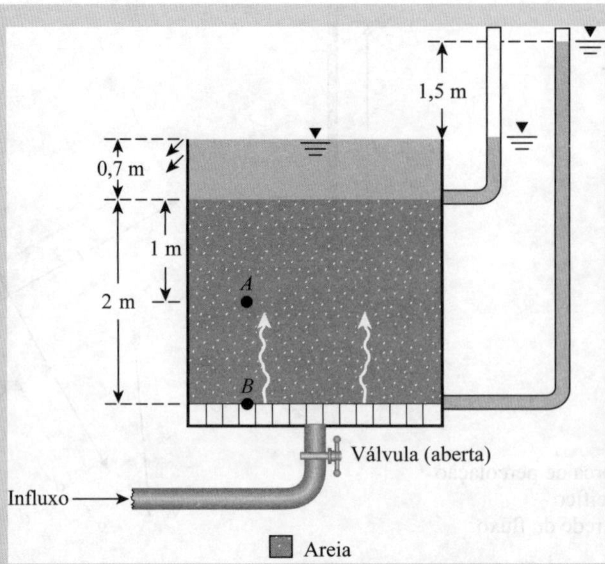

Figura 9.10 Fluxo ascendente de água pela camada de areia no tanque.

Assim, a tabela a seguir pode ser preparada:

Ponto	Tensão total, σ (kN/m²)	Poropressão u (kN/m²)	Tensão efetiva, $\sigma' = \sigma - u$ (kN/m²)
A	$0,7\gamma_w + 1\gamma_{sat} = (0,7)(9,81) + (1)(20,59) = \mathbf{27,46}$	$\left[(1 + 0,7) + \left(\frac{1,5}{2}\right)(1)\right]\gamma_w = (2,45)(9,81) = \mathbf{24,03}$	**3,43**
B	$0,7\gamma_w + 2\gamma_{sat} = (0,7)(9,81) + (2)(20,59) = \mathbf{48,05}$	$(2 + 0,7 + 1,5)\gamma_w = (4,2)(9,81) = \mathbf{41,2}$	**6,85**

Parte b

Gradiente hidráulico (i) = 1,5/2 = 0,75. Assim, a força de percolação por volume específico pode ser calculada como

$$i\gamma_w = (0,75)(9,81) = \mathbf{7,36\ kN/m^3}$$ ■

9.6 Levantamento do solo em virtude do fluxo ao redor de cortinas de estacas-pranchas

A força de percolação por volume específico de solo pode ser utilizada para verificar possíveis falhas nas cortinas de estacas-pranchas, onde a percolação subterrânea pode causar levantamento do solo no lado a jusante (Figura 9.11a). Depois de realizar ensaios em vários modelos, Terzaghi (1922) concluiu que o levantamento geralmente ocorre dentro de uma distância $D/2$, a partir da cortina de estacas-prancha (onde D é igual à profundidade de cravamento de estacas-pranchas na camada permeável). Portanto, precisamos analisar a estabilidade do solo em uma zona de medição D por $D/2$ na seção transversal, conforme indicado na Figura 9.11b.

O fator de segurança contra o levantamento pode ser determinado por

$$FS = \frac{W'}{U} \tag{9.19}$$

onde FS = fator de segurança

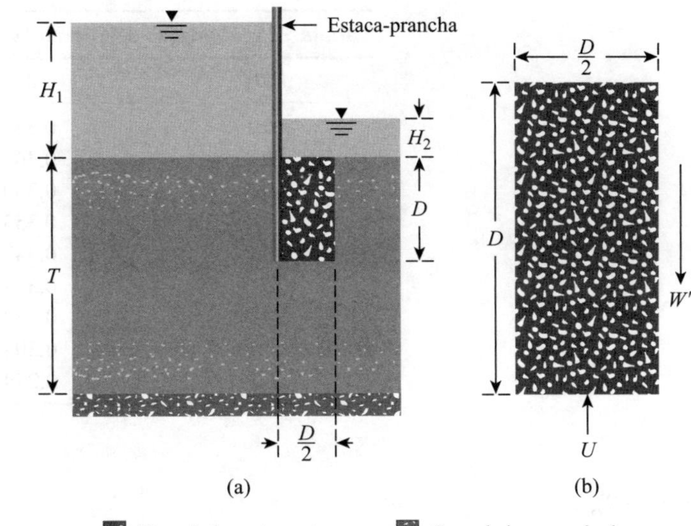

Figura 9.11 (a) Verificação de levantamento no lado a jusante para uma cortina de estacas-pranchas cravadas em uma camada permeável; (b) ampliação da zona de levantamento.

$W' =$ peso submerso de solo em uma zona de levantamento por comprimento específico de estaca-prancha

$= D(D/2)(\gamma_{sat} - \gamma_w) = \left(\frac{1}{2}\right)D^2\gamma'$

$U =$ força de levantamento causada pela percolação no mesmo volume de solo

Da Equação (9.13),

$$U = (\text{Volume de solo}) \times (i_{\text{méd}}\gamma_w) = \tfrac{1}{2}D^2 i_{\text{méd}}\gamma_w$$

onde $i_{\text{méd}} =$ gradiente hidráulico médio na parte inferior do bloco de solo (consulte o Exemplo 9.6).

Substituindo dos valores de W' e U na Equação (9.19), podemos escrever

$$FS = \frac{\gamma'}{i_{\text{méd}}\gamma_w} \tag{9.20}$$

Para o caso de *fluxo ao redor das estacas-pranchas* em um *solo homogêneo*, como mostra a Figura 9.11, pode ser demonstrado que

$$\frac{U}{0{,}5\gamma_w D(H_1 - H_2)} = C_o \tag{9.21}$$

onde C_o é uma função de D/T (veja a Tabela 9.1). Portanto, a partir da Equação (9.19),

$$FS = \frac{W'}{U} = \frac{0{,}5D^2\gamma'}{0{,}5C_o\gamma_w D(H_1 - H_2)} = \frac{D\gamma'}{C_o\gamma_w(H_1 - H_2)} \tag{9.22}$$

Harza (1935) investigou a segurança das estruturas hidráulicas contra levantamento. De acordo com o trabalho, o fator de segurança (*FS*) contra levantamento (ou bombeamento) pode ser expresso como

$$FS = \frac{i_{cr}}{i_{\text{saída}}} \tag{9.23}$$

onde $i_{cr} =$ gradiente hidráulico crítico

$i_{\text{saída}} =$ gradiente máximo de saída

Tabela 9.1 Variação de C_o com D/T

D/T	C_o
0,1	0,385
0,2	0,365
0,3	0,359
0,4	0,353
0,5	0,347
0,6	0,339
0,7	0,327
0,8	0,309
0,9	0,274

Da Equação (9.9),

$$i_{cr} = \frac{\gamma'}{\gamma_w} = \frac{\left[\frac{(G_s - 1)\gamma_w}{1+e}\right]}{\gamma_w} = \frac{G_s - 1}{1+e} \tag{9.24}$$

O gradiente máximo de saída pode também ser determinado da rede de fluxo. Referindo-se à Figura 9.12, o gradiente máximo de saída é

$$i_{\text{saída}} = \frac{\Delta h}{l} = \frac{H}{N_d l} \tag{9.24a}$$

Um fator de segurança igual a 3 também é considerado adequado para o desempenho de segurança da estrutura. Harza também apresentou um gráfico para $i_{\text{saída}}$ para as barragens construídas sobre depósitos homogêneos profundos (Figura 9.13). Utilizando as anotações indicadas na Figura 9.13,

$$i_{\text{saída}} = C\frac{H}{B} \tag{9.25}$$

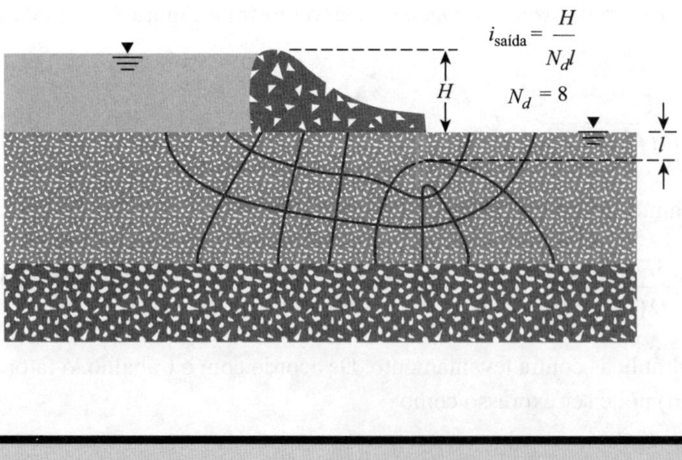

Figura 9.12 Definição de $i_{\text{saída}}$ [Equação (9.24a)].

Exemplo 9.6

A Figura 9.14 mostra a rede de fluxo para percolação da água ao redor de uma única cortina de estacas-pranchas, cravada em uma camada permeável. Calcule o fator de segurança contra o levantamento descendente, dado que γ_{sat} para camada permeável = 17,7 kN/m^3. (*Observação*: Espessura de camada permeável T = 18 m.)

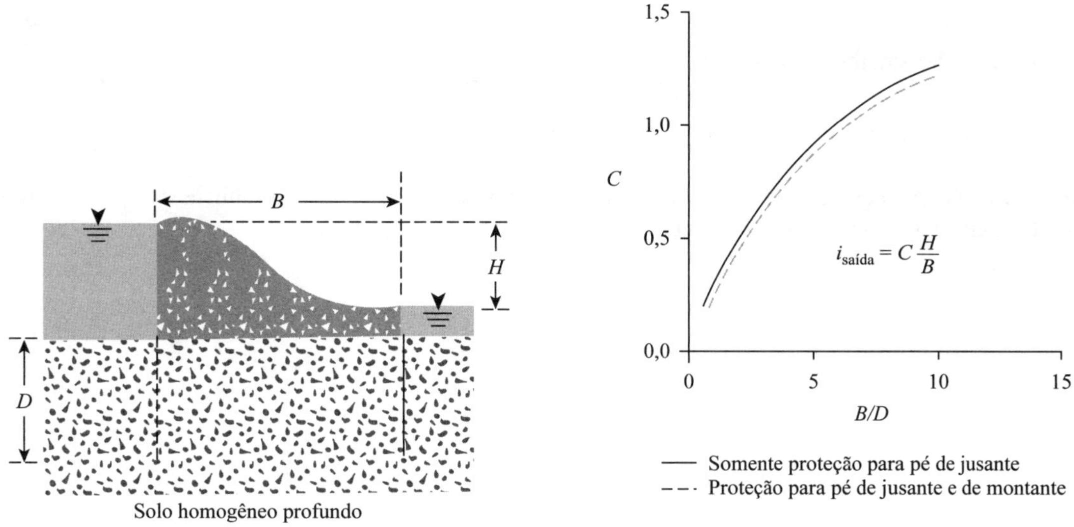

Figura 9.13 Gráfico Hazra para $i_{saída}$ [consulte a Equação (9.25)] para barragens construídas sobre depósitos homogêneos profundos.

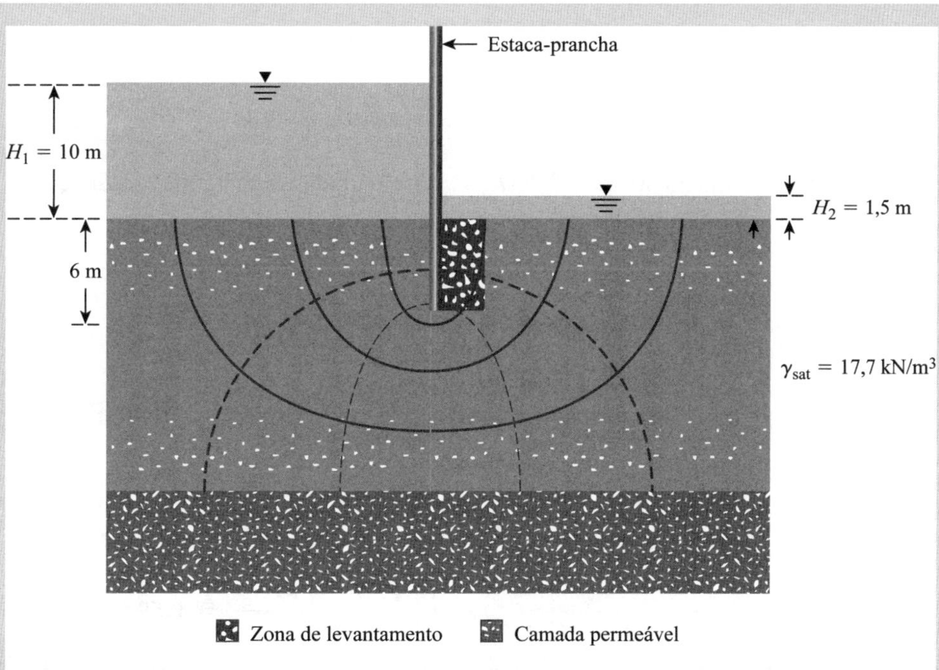

Figura 9.14 Rede de fluxo para percolação de água ao redor de cortinas de estacas-pranchas, cravadas em uma camada permeável.

Solução

Das dimensões dadas na Figura 9.14, o prisma de solo a ser considerado é 6 m × 3 m na seção transversal.

O prisma de solo é desenhado em uma escala ampliada na Figura 9.15. Com o uso da rede de fluxo, podemos calcular a perda de carga pelo prisma da seguinte forma:

(continua)

- Em b, a carga de levantamento $= \frac{3}{6}(H_1 - H_2)$.
- Em c, a carga de levantamento $\approx \frac{1,6}{6}(H_1 - H_2)$.

De forma semelhante, para outros pontos intermediários ao longo de bc, as cargas hidráulicas de levantamento aproximadas foram calculadas e são exibidas na Figura 9.15.

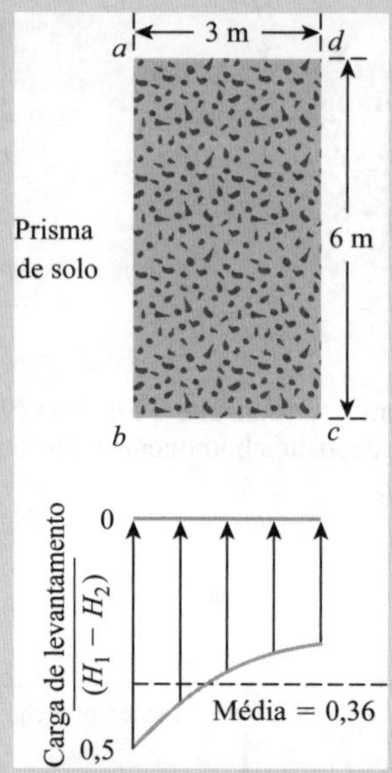

Figura 9.15 Prisma de solo – carga aumentada.

O valor médio da perda de carga no prisma é $0,36(H_1 - H_2)$, e o gradiente hidráulico médio é

$$i_{\text{méd}} = \frac{0,36(H_1 - H_2)}{D}$$

Assim, o fator de segurança [Equação (9.20)] é

$$FS = \frac{\gamma'}{i_{\text{méd}}\gamma_w} = \frac{\gamma' D}{0,36(H_1 - H_2)\gamma_w} = \frac{(17,7 - 9,81)6}{0,36(10 - 1,5) \times 9,81} = \mathbf{1,58}$$

Solução alternativa

Para este caso, $D/T = 1/3$. Da Tabela 9.1, para $D/T = 1/3$, o valor de $C_o = 0,357$. Portanto, a partir da Equação (9.22),

$$FS = \frac{D\gamma'}{C_o\gamma_w(H_1 - H_2)} = \frac{(6)(17,7 - 9,81)}{(0,357)(9,81)(10 - 1,5)} = \mathbf{1,59}$$

■

Exemplo 9.7

Consulte a Figura 9.16. Para o fluxo sob o dique, estime o fator de segurança contra tubulação.

Solução

Podemos preparar a tabela a seguir:

$$H = 4,2 \text{ m}$$
$$l = 1,65 \text{ m}$$

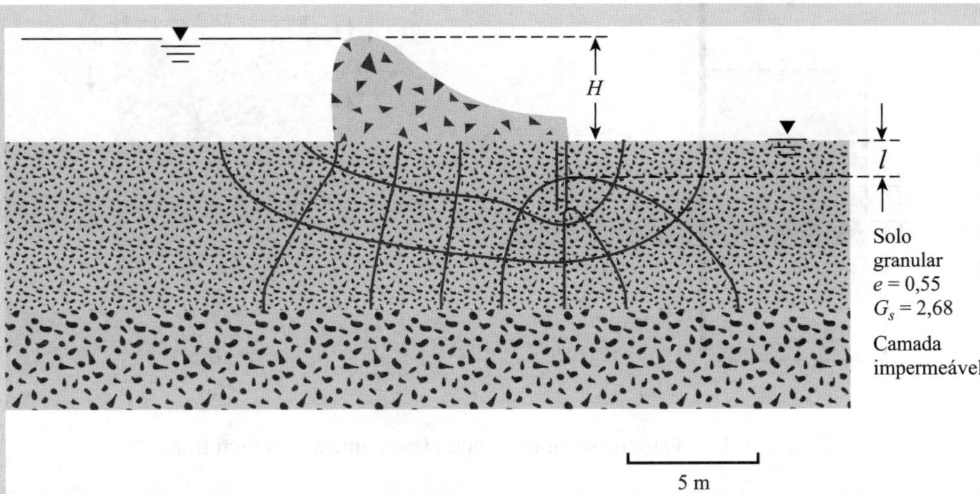

Figura 9.16

Da rede de fluxo, observe que $N_d = 8$. Então

$$\Delta h = \frac{H}{N_d} = \frac{4,2}{8} = 0,525 \text{ m}$$

$$i_{\text{saída}} = \frac{\Delta h}{l} = \frac{0,525}{1,65} = 0,318 \text{ m}$$

Da Equação (9.24),

$$i_{\text{cr}} = \frac{G_s - 1}{1 + e} = \frac{2,68 - 1}{1 + 0,55} = 1,08$$

Da Equação (9.23),

$$F = \frac{i_{\text{cr}}}{i_{\text{saída}}} = \frac{1,08}{0,318} = \mathbf{3,14}$$

■

9.7 Utilização de filtros para aumentar o fator de segurança contra levantamento

O fator de segurança contra o levantamento, conforme calculado no Exemplo 9.6, é baixo. Na prática, um fator mínimo de cerca de 4 a 5 é necessário para a estabilidade da estrutura. Um fator alto de segurança é recomendado, principalmente porque dados imprecisos são inerentes à análise. Um modo de aumentar o fator de segurança contra o levantamento é usar um *filtro* a jusante da cortina de estacas-pranchas (Figura 9.17a). Um filtro é um material granular com aberturas pequenas o suficiente para impedir o movimento das partículas de solo sobre o qual o filtro é colocado. Ao mesmo tempo, é permeável e oferece pouca resistência à percolação (veja a Seção 8.11). Na Figura 9.17a, a espessura do material do filtro é D_1. Nesse caso, o fator de segurança contra levantamento pode ser calculado da seguinte forma (Figura 9.17b).

O peso efetivo do solo e do filtro na zona de levantamento por unidade de comprimento das estacas-pranchas $= W' + W'_F$, onde

$$W' = (D)\left(\frac{D}{2}\right)(\gamma_{\text{sat}} - \gamma_w) = \frac{1}{2}D^2\gamma'$$

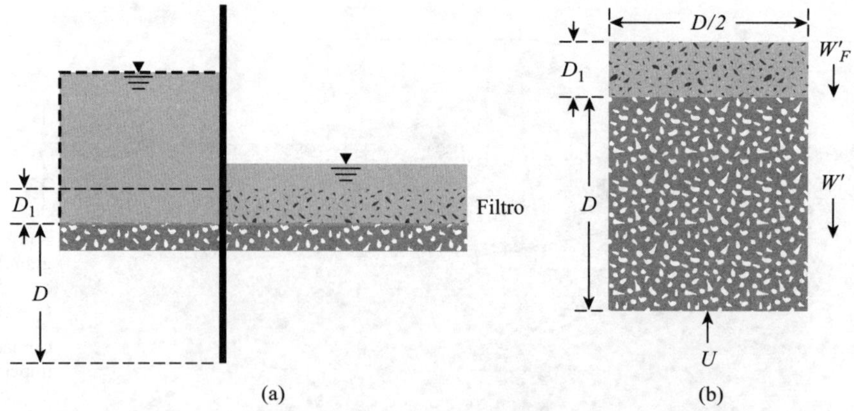

Figura 9.17 Fator de segurança contra levantamento com um filtro.

$$W'_F = (D_1)\left(\frac{D}{2}\right)(\gamma'_F) = \frac{1}{2}D_1 D\gamma'_F$$

onde γ'_F = peso específico efetivo do filtro.

A força de levantamento causada pela percolação no mesmo volume de solo é determinada por

$$U = \frac{1}{2}D^2 i_{\text{méd}}\gamma_w$$

A relação anterior foi obtida na Seção 9.6.

O fator de segurança contra o levantamento é, portanto,

$$FS = \frac{W' + W'_F}{U} = \frac{\frac{1}{2}D^2\gamma' + \frac{1}{2}D_1 D\gamma'_F}{\frac{1}{2}D^2 i_{\text{méd}}\gamma_w} = \frac{\gamma' + \left(\frac{D_1}{D}\right)\gamma'_F}{i_{\text{méd}}\gamma_w} \tag{9.26}$$

Os princípios para a seleção de materiais filtrantes foram determinados na Seção 8.11.

Se a Equação (9.21) for utilizada,

$$FS = \frac{\frac{1}{2}D^2\gamma' + \frac{1}{2}D_1 D\gamma'_F}{0{,}5C_o\gamma_w D(H_1 - H_2)} = \frac{D\gamma' + D_1\gamma'_F}{C_o\gamma_w(H_1 - H_2)} \tag{9.27}$$

O valor de C_o é determinado na Tabela 9.1.

Exemplo 9.8

Consulte a Figura 9.6. Se o fator de segurança contra o levantamento precisa ser aumentado para 2,5 por meio da utilização de uma camada de filtro no sentido descendente, qual deve ser a espessura da camada? Dados: pesos específicos secos e saturados do material de filtro são 16 kN/m^3 e 20 kN/m^3, respectivamente.

Solução

Consulte a Figura 9.18. O material de filtro tem uma espessura de D_1. A parte superior do filtro é seca e a parte inferior está submersa (1,5 m). Agora, a partir da Equação (9.27),

$$FS = \frac{D\gamma' + (D_1 - 1,5)\gamma_{d(F)} + 1,5\gamma'_F}{C_o\gamma_w(H_1 - H_2)}$$

ou

$$2,5 = \frac{(6)(17,7 - 9,81) + (D_1 - 1,5)(16) + (1,5)(20 - 9,81)}{(0,375)(9,81)(10 - 1,5)}$$

$$D_1 \approx \mathbf{2,47\ m}$$

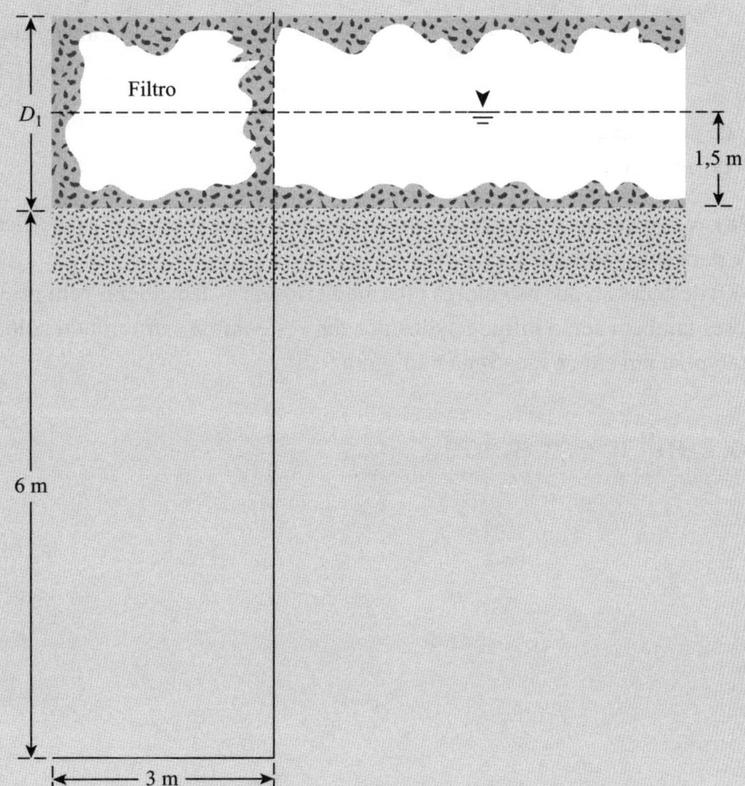

Figura 9.18 ■

9.8 Tensão efetiva em solos parcialmente saturados

Em solos parcialmente saturados, a água nos espaços vazios não é contínua, e existe sistema trifásico, ou seja, com a presença de sólido, água e ar nos poros (Figura 9.19). Assim, a tensão total em qualquer ponto no perfil do solo é constituída de tensão intergranular, tensão do ar nos poros e poropressão. A partir dos resultados dos ensaios em laboratório, Bishop et al. (1960) obtiveram a seguinte equação para a tensão efetiva em solos parcialmente saturados:

$$\sigma' = \sigma - u_a + \chi(u_a - u_w) \tag{9.28}$$

onde σ' = tensão efetiva

σ = tensão total

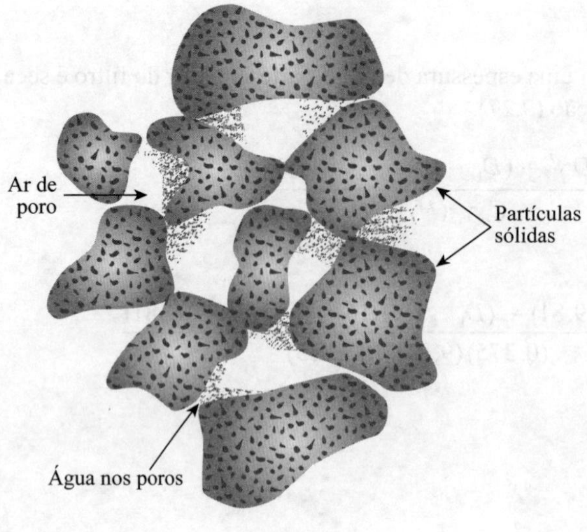

Figura 9.19
Solo parcialmente saturado.

u_a = pressão de ar do poro
u_w = pressão de água do poro

Na Equação (9.28), χ representa a fração de uma área transversal seccional específica do solo ocupada pela água. Para solo seco $\chi = 0$ e para solo saturado $\chi = 1$.

Bishop et al. (1960) destacaram que os valores intermediários de χ dependerão, em princípio, do grau de saturação S. No entanto, esses valores também serão influenciados por fatores como a estrutura do solo. A natureza da variação de χ com o grau de saturação para um silte é mostrada na Figura 9.20.

9.9 Ascensão capilar em solos

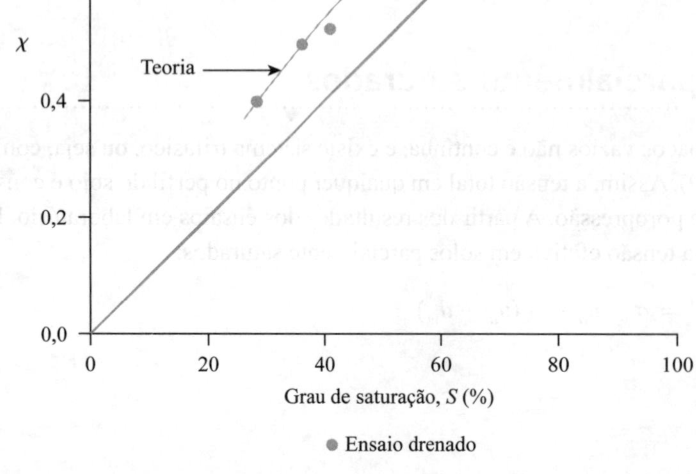

Figura 9.20 Relação entre o parâmetro χ e o grau de saturação para silte Bearhead. (*De acordo com Bishop et al., 1960. Com permissão da ASCE.*)

Os espaços vazios contínuos no solo podem se comportar como pacotes de tubos capilares de seção transversal variável. Em razão da força de tensão superficial, a água pode passar da superfície freática.

A Figura 9.21 exibe o conceito fundamental da altura de ascenção em um tubo capilar. A altura da água no tubo capilar pode ser determinada pela soma das forças na direção vertical, ou

$$\left(\frac{\pi}{4}d^2\right)h_c\gamma_w = \pi dT\cos\alpha$$

$$h_c = \frac{4T\cos\alpha}{d\gamma_w} \tag{9.29}$$

onde T = tensão superficial (força/comprimento)
α = ângulo de contato
d = diâmetro do tubo capilar
γ_w = peso específico da água

Para água pura e vidro limpo, $\alpha = 0$. Assim, a partir da Equação (9.29) temos

$$h_c = \frac{4T}{d\gamma_w} \tag{9.30}$$

Para água, T = 72 mN/m. Da Equação (9.30), visualizamos que a altura de ascensão capilar

$$h_c \propto \frac{1}{d} \tag{9.31}$$

Portanto, quanto menor for o diâmetro do tubo capilar, maior será a ascensão capilar.

Embora o conceito de ascensão capilar conforme demonstrado para um tubo capilar ideal possa ser aplicado para solos, deve-se perceber que os tubos capilares formados em solos, por conta da continuidade de espaços, têm seções transversais variáveis. Os resultados da não uniformidade na ascensão capilar podem ser vistos quando uma coluna seca de solo arenoso é colocada em contato com a água (Figura 9.22). Após determinado período, a variação do grau de saturação com a altura da coluna do solo causada pela ascensão capilar é aproximadamente conforme exibido na Figura 9.22b. O

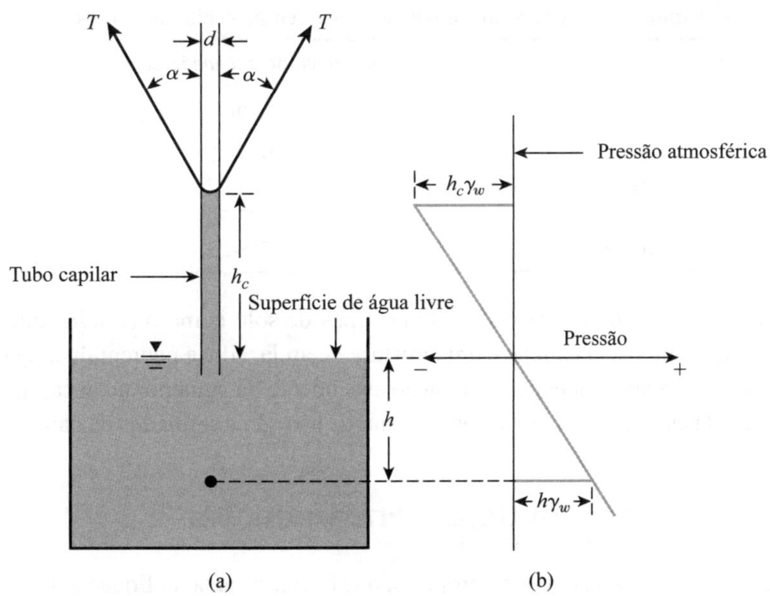

Figura 9.21 (a) Ascensão de água no tubo capilar; (b) pressão dentro da altura de ascensão no tubo capilar (adotando a pressão atmosférica como referência).

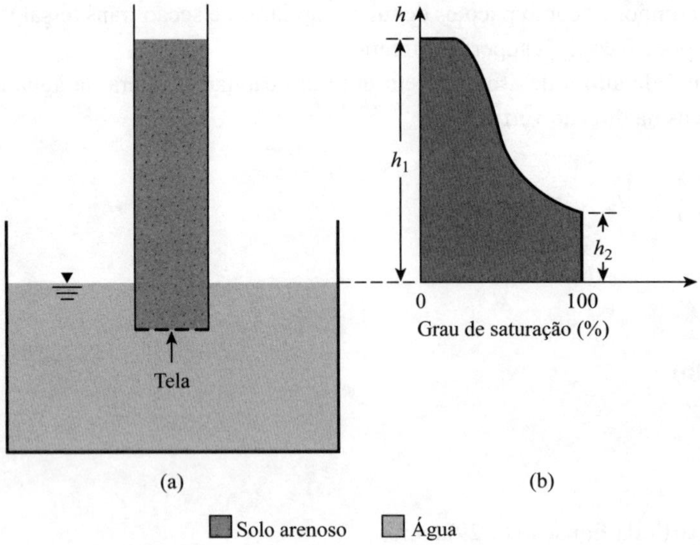

Figura 9.22 Efeito capilar em solo arenoso: (a) uma coluna de solo em contato com água; (b) variação do grau de saturação na coluna de solo.

grau de saturação é cerca de 100% até uma altura de h_2, o que corresponde aos espaços vazios maiores. Além da altura h_2, a água pode ocupar apenas os espaços vazios menores e, consequentemente, o grau de saturação é inferior a 100%. A altura máxima de ascensão capilar corresponde aos espaços vazios menores. Hazen (1930) proporcionou a fórmula para a aproximação da atura de ascensão capilar na forma

$$h_1(\text{mm}) = \frac{C}{eD_{10}} \tag{9.32}$$

onde D_{10} = diâmetro efetivo (mm)
e = índice de vazios
C = uma constante que varia de 10 a 50 mm²

A Equação (9.32) tem uma aproximação semelhante àquela na Equação (9.31). Com uma diminuição de D_{10}, o tamanho do poro no solo diminui, o que causa ascensão capilar maior. A Tabela 9.2 mostra o intervalo aproximado de ascensão capilar encontrado em vários tipos de solo.

Tabela 9.2 Intervalo aproximado da ascensão capilar nos solos

Tipo de solo	Intervalo de ascensão capilar (m)
Areia grossa	0,1-0,2
Areia fina	0,3-1,2
Silte	0,75-7,5
Argila	7,5-23

A ascensão capilar é importante na formação de alguns tipos de solo como o *caliche*, que pode ser encontrado no deserto do sudeste dos Estados Unidos. O caliche é uma mistura de areia, silte e pedregulhos ligados por depósitos calcários. Estes depósitos são trazidos à superfície pela migração ascendente da água por ação capilar. A água evapora na alta temperatura local. Em razão da escassez de chuvas, os carbonatos não são eliminados da camada superior do solo.

9.10 Tensão efetiva na zona de ascensão capilar

A relação geral entre tensão total, tensão efetiva e poropressão foi determinada na Equação (9.4) como

$$\sigma = \sigma' + u$$

A poropressão u no ponto em uma camada de solo totalmente saturada pela ascensão capilar é igual a $-\gamma_w h$ (h = altura do ponto em consideração medida do lençol freático) com a pressão atmosférica tirada como dados. Se a saturação parcial é causada por ação capilar, pode ser aproximada por

$$u = -\left(\frac{S}{100}\right)\gamma_w h \tag{9.33}$$

onde S = grau de saturação, em porcentagem.

Exemplo 9.9

Um perfil de solo é mostrado na Figura 9.23. Dados: H_1 = 1,83 m, H_2 = 0,91 m, H_3 = 1,83 m. Plote a variação de σ, u e σ' com profundidade.

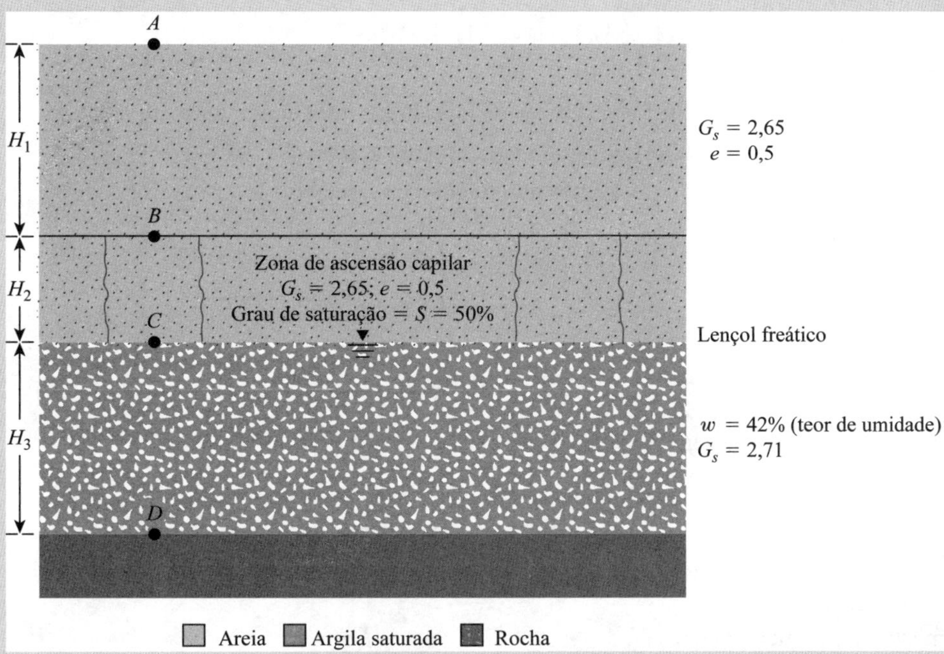

Figura 9.23

Solução

Determinação do peso específico

Areia seca:

$$\gamma_{d(\text{areia})} = \frac{G_s \gamma_w}{1+e} = \frac{(2,65)(9,81)}{1+0,5} = 17,33 \text{ kN/m}^3$$

Areia úmida:

$$\gamma_{(\text{areia})} = \frac{(G_s + Se)\gamma_w}{1+e} = \frac{[2,65 + (0,5)(0,5)]9,81}{1+0,5} = 18,97 \text{ kN/m}^3$$

(continua)

Argila saturada:

$$e = \frac{G_s w}{S} = \frac{(2,71)(0,42)}{1,0} = 1,1382$$

$$\gamma_{\text{sat(argila)}} = \frac{(G_s + e)\gamma_w}{1+e} = \frac{(2,71 + 1,1382)9,81}{1 + 1,1382} = 17,66\ \text{kN/m}^3$$

Cálculo da tensão

Na superfície do solo (ou seja, no ponto A):

$$\sigma = \mathbf{0}$$
$$u = \mathbf{0}$$
$$\sigma' = \sigma - u = \mathbf{0}$$

Na profundidade H_1 (ou seja, no ponto B):

$\sigma = \gamma_{d(\text{areia})}(1,83) = (17,33)(1,83) = \mathbf{31,71\ kN/m^2}$

$u = \mathbf{0}$ (imediatamente acima)

$u = -(S\gamma_w H_2) = -(0,5)(9,81)(0,91) = \mathbf{-4,46\ kN/m^2}$ (imediatamente abaixo)

$\sigma' = 31,71 - 0 = \mathbf{31,71\ kN/m^2}$ (imediatamente acima)

$\sigma' = 31,71 - (93,6) = \mathbf{36,17\ kN/m^2}$ (imediatamente abaixo)

Na profundidade $H_1 + H_2$ (ou seja, *no ponto C*):

$\sigma = (17,33)(1,83) + (18,97)(0,91) = \mathbf{48,97\ kN/m^2}$

$u = \mathbf{0}$

$\sigma' = 48,97 - 0 = \mathbf{48,97\ kN/m^2}$

Na profundidade $H_1 + H_2 + H_3$ (ou seja, *no ponto D*):

$\sigma = 48,97 + (17,66)(1,83) = \mathbf{81,29\ kN/m^2}$

$u = 1,83\gamma_w = (1,83)(9,81) = \mathbf{17,95\ kN/m^2}$

$\sigma' = 81,29 - 17,95 = \mathbf{63,34\ kN/m^2}$

A Figura 9.24 mostra um gráfico de variação de tensão.

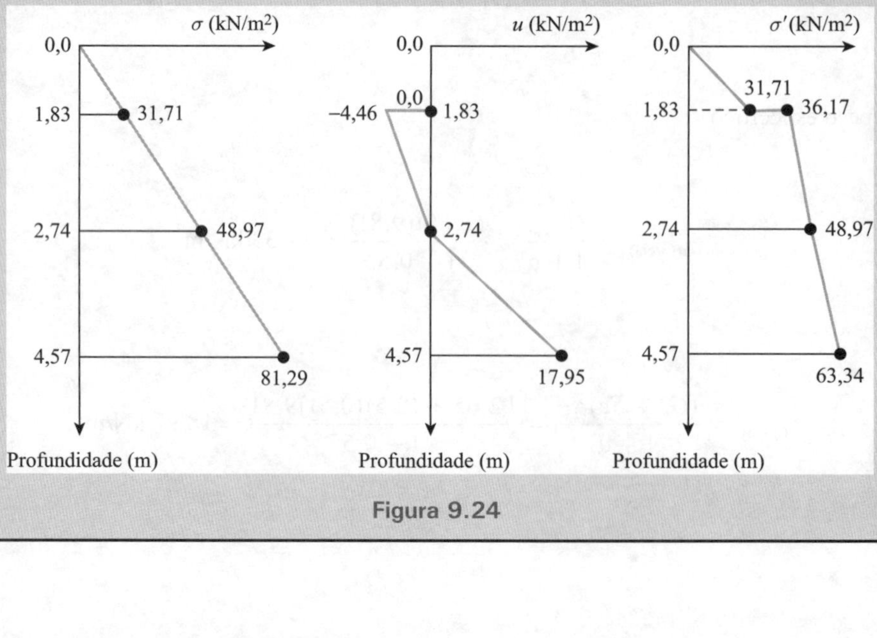

Figura 9.24 ■

9.11 Resumo e considerações gerais

O princípio da tensão efetiva é provavelmente o mais importante conceito da engenharia geotécnica. A compressibilidade e a resistência ao cisalhamento de um solo dependem, em grande parte, deste tipo de tensão. Portanto, o conceito de tensão efetiva é importante na solução de problemas da engenharia geotécnica, como a pressão lateral de solo em estruturas de contenção, a capacidade de carga, o recalque das fundações e a estabilidade de taludes de terra. Abaixo segue um resumo dos tópicos apresentados neste capítulo:

- A tensão total (σ) no ponto na massa de solo é a soma de tensão efetiva (σ') e a poropressão (u) ou [Eq. (9.4)]

$$\sigma = \sigma' + u$$

- O gradiente hidráulico crítico (i_{cr}) para *ebulição* ou *condição movediça* é dado como

$$i_{cr} = \frac{\gamma'}{\gamma_w} = \frac{\text{peso específico efetivo do solo}}{\text{peso específico da água}}$$

- Força de percolação por volume específico na direção de fluxo é igual a $i\gamma_w$ (i = gradiente hidráulico na direção de fluxo).
- As relações para verificação de levantamento devido ao fluxo sob uma estrutura hidráulica são discutidas na Seção 9.6. Além disso, a possibilidade de utilizar filtros para aumentar o fator de segurança contra levantamento é discutida na Seção 9.7.
- A tensão efetiva a um ponto em um solo parcialmente saturado pode ser expressa como [Equação (9.28)]

$$\sigma' = \sigma - u_a + \chi(u_a - u_w)$$

onde σ = tensão efetiva
u_a, u_w = poro de ar e poropressão, respectivamente
χ = um fator que é zero para solo seco e 1 para solo saturado

- A ascensão capilar no solo foi discutida na Seção 9.9. A ascensão capilar pode variar de 0,1 m a 0,2 m em areia grossa a 7,5 m a 23 m em argila.

Problemas

9.1 a 9.3 Um perfil de solo que consiste em três camadas é indicado na Figura 9.25.

9.1 Calcule os valores de σ, u e σ' nos pontos *A*, *B*, *C* e *D* para os seguintes casos.

Em cada caso, calcule a variação de σ, u e σ' com profundidade. As características das camadas 1, 2 e 3 para cada caso são proporcionadas a seguir:

	Nº de camada	Espessura	Parâmetros de solo
9.1	1	$H_1 = 2{,}1$ m	$\gamma_d = 17{,}23$ kN/m³
	2	$H_2 = 3{,}66$ m	$\gamma_{sat} = 18{,}96$ kN/m³
	3	$H_3 = 1{,}83$ m	$\gamma_{sat} = 18{,}5$ kN/m³
9.2	1	$H_1 = 5$ m	$e = 0{,}7$; $G_s = 2{,}69$
	2	$H_2 = 8$ m	$e = 0{,}55$; $G_s = 2{,}7$
	3	$H_3 = 3$ m	$w = 38\%$; $e = 1{,}2$
9.3	1	$H_1 = 3$ m	$\gamma_d = 16$ kN/m³
	2	$H_2 = 6$ m	$\gamma_{sat} = 18$ kN/m³
	3	$H_3 = 2{,}5$ m	$\gamma_{sat} = 17$ kN/m³

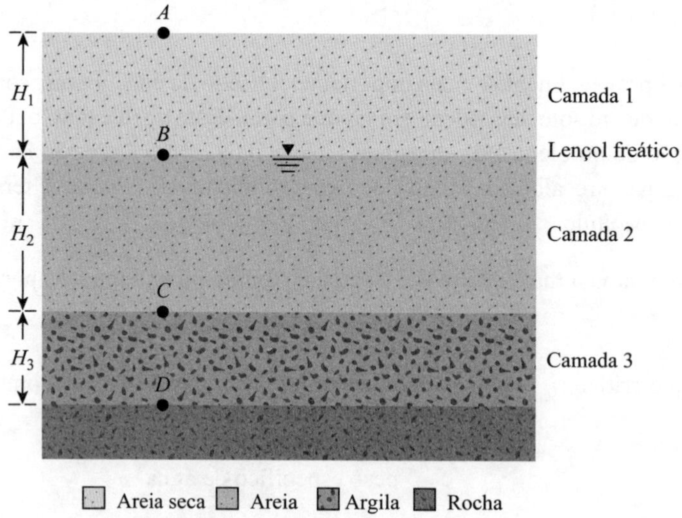

Figura 9.25

9.4 Considere o perfil de solo no Problema 9.2. Qual é a mudança na tensão efetiva no ponto *C* se:

a. o lençol freático cai para 2 m?

b. o lençol freático aumenta na superfície até o ponto *A*?

c. o nível de água aumenta 3 m acima do ponto *A* em razão da inundação?

9.5 Consulte o perfil do solo exibido na Figura 9.26:

a. Calcule as variações de σ, u e σ' nos pontos *A*, *B* e *C*.

b. Quantos metros o lençol freático deve aumentar para que a tensão efetiva em *C* seja 111 kN/m²?

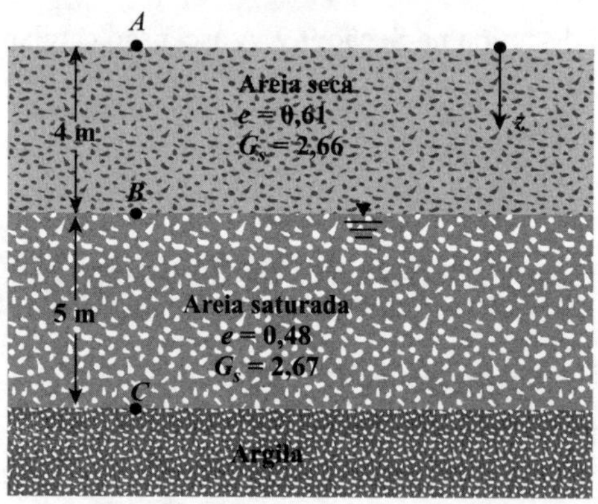

Figura 9.26

9.6 Para um solo arenoso com $G_s = 2{,}68$, calcule o gradiente hidráulico crítico que causará a *ebulição* ou *condição movediça* para $e = 0{,}38$, 0,48, 0,6, 0,7 e 0,8. Plote a variação de i_{cr} com o índice de vazios.

9.7 Um furo de sondagem exploratória foi feito em uma argila saturada com um teor de umidade de 29% e $G_s = 2{,}68$ (Figura 9.27). Observou-se que a camada de areia sob a argila está sobre pressão artesiana. A água no furo escavado aumentou para uma altura de 6 m acima da parte superior de camada de areia. Se uma escavação aberta for realizada na argila, determine a profundidade segura desta escavação contra o levantamento do piso.

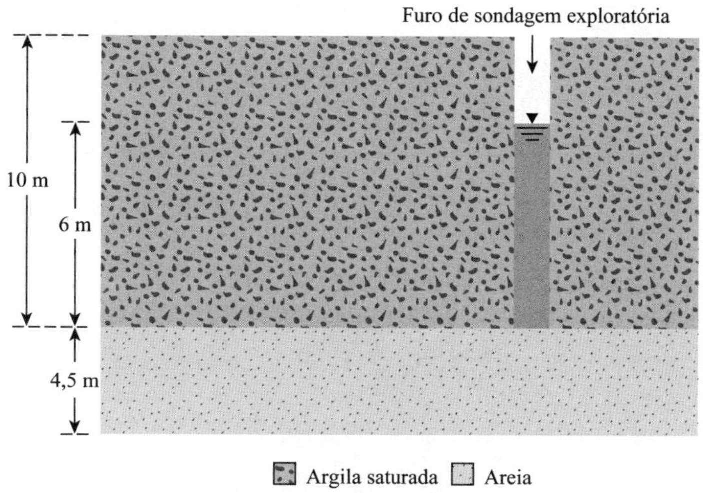

Figura 9.27

9.8 Uma camada de 10 metros de espessura de argila saturada rígida é sustentada por uma camada de areia (Figura 9.28). A areia está sob pressão artesiana. Uma escavação de profundidade de 5,75 m é feita na argila. Determine o fator de segurança contra o levantamento no ponto A.

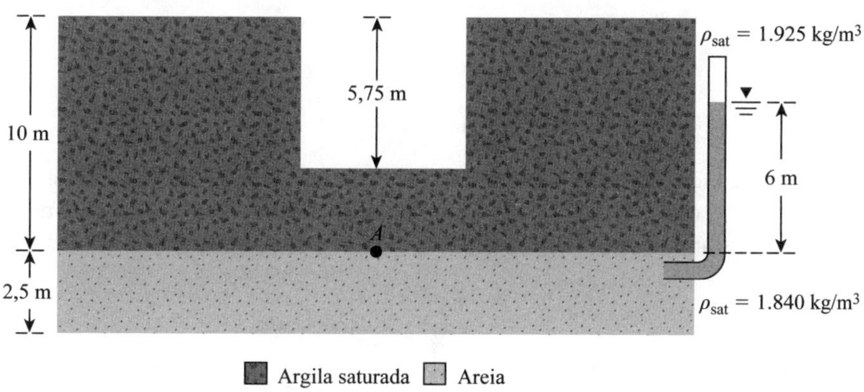

Figura 9.28

9.9 Consulte a Figura 9.28. Qual seria a profundidade máxima permitida de corte antes de ocorrer o levantamento?

9.10 Consulte o Problema 9.9. A água pode ser introduzida no corte para aprimorar a estabilidade contra levantamento. Supondo que o corte seja feito até a profundidade máxima permitida calculada no Problema 9.9, qual seria a altura necessária de água dentro da escavação a fim de garantir um fator de segurança de 1,5?

9.11 Consulte a Figura 9.4a, na qual a percolação dá lugar ao solo granular contido no tanque. Dados: $H_1 = 1{,}5$ m; $H_2 = 2{,}5$ m; $h = 1{,}5$ m; área do tanque $= 0{,}62$ m²; índice de vazios do solo, $e = 0{,}49$; $G_s = 2{,}66$; e a condutividade hidráulica da areia $(k) = 0{,}21$ cm/s.

a. Qual é a taxa de percolação descendente?

b. A condição movediça ocorrerá quando $h = 1{,}5$ m? Explique.

c. Qual deve ser o valor crítico de h para causar a condição movediça?

9.12 Consulte a Figura 9.4a. Se $H_1 = 0{,}91$ m, $H_2 = 1{,}37$ m, $h = 0{,}46$ m, $\gamma_{sat} = 18{,}67$ kN/m³, área do tanque $= 0{,}58$ m² e condutividade hidráulica da areia $(k) = 0{,}16$ cm/s,

a. Qual é a taxa de percolação ascendente de água (m³/min)?

b. Se o ponto C for localizado na parte central da camada de solo, então qual é a tensão efetiva em C?

9.13 a 9.14 A Figura 9.29 exibe a zona de ascensão capilar dentro de uma camada de argila sobre o lençol freático. Para as seguintes variáveis, calcule e plote σ, u e σ' com a profundidade.

Problema	H_1	H_2	H_3	Grau de saturação na zona de ascensão capilar, S (%)
9.13	3,05 m	2,43 m	4,88 m	40
9.14	4 m	2,5 m	4,5 m	60

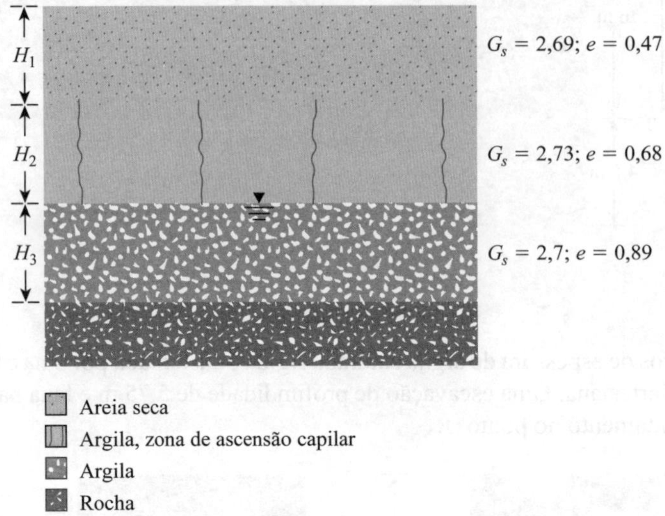

Figura 9.29

9.15 Determine o fator de segurança contra levantamento no lado de jusante da cortina única de estacas-pranchas, mostrada na Figura 9.30. Utilize o seguinte solo e parâmetros de projeto: $H_1 = 7$ m; $H_2 = 3$ m; espessura da camada permeável (T) = 12 m; profundidade de penetração do projeto de estaca-prancha (D) = 4,5 m e $\gamma_{sat} = 17$ kN/m^3.

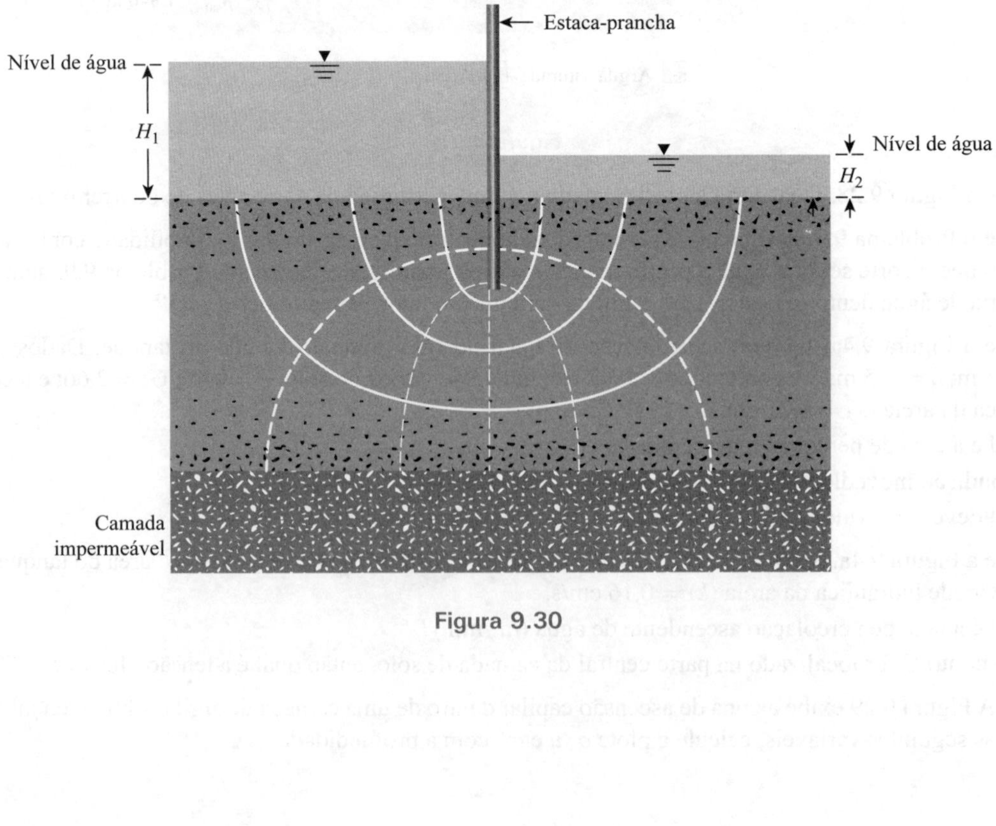

Figura 9.30

Problema de pensamento crítico

9.C.1 A Figura 9.31 mostra uma barragem de concreto. Considere o Caso 1 sem a estaca-prancha e o Caso 2 com a estaca-prancha ao longo da parte descendente.

a. Desenhe as redes de fluxo nos dois casos.

b. Determine o valor de $\frac{q}{k}$ para os dois casos. (*Observação*: $q = m^3/s/m$; $k = m/s$.)

c. Determine o fator de segurança (*FS*) contra levantamento utilizando as Equações (9.23), (9.24) e (9.24a) para os Casos 1 e 2. Comente todas as diferenças na magnitude de *FS*.

d. Estime a força de percolação (kN/m^3) no ponto *A* na direção de percolação para os Casos 1 e 2. Comente todas as diferenças na magnitude da força de percolação.

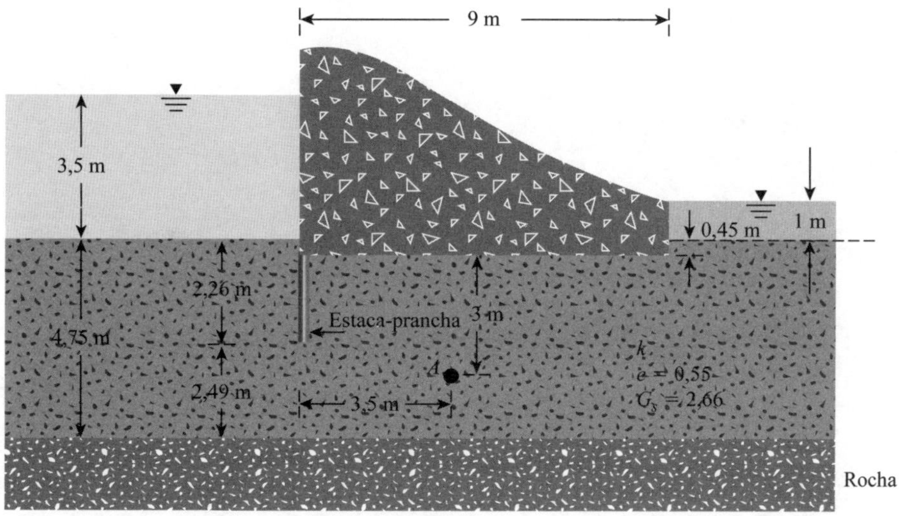

Figura 9.31

Referências

BISHOP, A. W.; ALPAN, I.; BLIGHT, G. E.; DONALD, I. B. Factors Controlling the Strength of Partially Saturated Cohesive Soils, *Proceedings*, Research Conference on Shear Strength of Cohesive Soils, ASCE, p. 502-532, 1960.

HARZA, L. F. Uplift and Seepage Under Dams in Sand. *Transactions*, ASCE, v. 100, 1935.

HAZEN, A. Water Supply, in *American Civil Engineering Handbook*, Wiley, Nova York, 1930.

SKEMPTON, A. W. Correspondence, *Geotechnique*, v. 10, n. 4, p. 186, 1960.

TERZAGHI, K. Der Grundbruch an Stauwerken und seine Verhütung, *Die Wasserkraft*, v. 17, p. 445-449, 1922.

TERZAGHI, K. *Erdbaumechanik auf Bodenphysikalischer Grundlage*, Dueticke, Viena, 1925.

TERZAGHI, K. Relation Between Soil Mechanics and Foundation Engineering: Presidential Address, *Proceedings*, First International Conference on Soil Mechanics and Foundation Engineering, Boston, v. 3, p. 13-18, 1936.

CAPÍTULO 10

Tensões na massa de solo

10.1 Introdução

A construção de uma fundação geralmente causa aumento na tensão média do solo. A tensão média no solo depende da carga por área específica à qual a fundação está submetida, da profundidade abaixo da fundação na qual a estimativa da tensão é desejada e de outros fatores. É necessário estimar o aumento da tensão vertical média no solo decorrente desta construção de tal forma que o recalque possa ser calculado. O cálculo do recalque será discutido mais detalhadamente no Capítulo 11. Este capítulo aborda os princípios da estimativa do aumento da tensão vertical no solo causado por vários tipos de carga com base na teoria da elasticidade. Inclui

- Determinação de tensões normal e de cisalhamento em um plano inclinado com tensões conhecidas em um elemento de tensão bidimensional
- Determinação do aumento de tensão vertical a determinada profundidade na aplicação de carga na superfície. O tipo de carregamento inclui:
  - Carga pontual
  - Carga em linha
  - Carregamento vertical em faixa uniformemente distribuída
  - Carregamento vertical em faixa linear crescente
  - Carregamento de um aterro
  - Área circular uniformemente carregada
  - Área retangular uniformemente carregada

Embora os depósitos naturais de solo, na maioria dos casos, não sejam materiais totalmente elásticos, isotrópicos ou homogêneos, os cálculos para estimar os aumentos na tensão vertical produzem resultados razoavelmente bons para o trabalho prático.

10.2 Tensões normais e de cisalhamento em um plano

Os alunos de mecânica dos solos estão familiarizados com os princípios fundamentais da mecânica de sólidos deformáveis. Esta seção é uma breve revisão dos conceitos básicos das tensões normal e de cisalhamento em um plano, que podem ser encontrados em qualquer curso de mecânica dos materiais.

A Figura 10.1a mostra um elemento bidimensional do solo que está sendo submetido a esforços normal e de cisalhamento ($\sigma_y > \sigma_x$). Para determinar estas tensões em um plano *EF*, que forma um ângulo θ com um plano *AB*, é necessário considerar o diagrama de corpo livre de *EFB* indicado na Figura 10.1b. Considere σ_n e τ_n as tensões normal e de cisalhamento, respectivamente, no plano *EF*. Com base na geometria, sabemos que

$$\overline{EB} = \overline{EF}\cos\theta \tag{10.1}$$

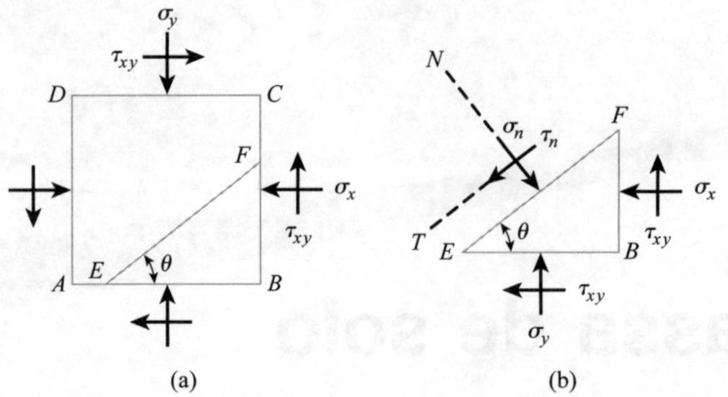

Figura 10.1 (a) Um elemento de solo com tensões normal e de cisalhamento atuando sobre ele; (b) diagrama de corpo livre de *EFB*, conforme indicado em (a).

e

$$\overline{FB} = \overline{EF}\ \text{sen}\,\theta \tag{10.2}$$

Somando-se os componentes das forças que agem no elemento na direção de N e T, temos

$$\sigma_n(\overline{EF}) = \sigma_x(\overline{EF})\ \text{sen}^2\,\theta + \sigma_y(\overline{EF})\cos^2\theta + 2\tau_{xy}(\overline{EF})\ \text{sen}\,\theta\cos\theta$$

ou

$$\sigma_n = \sigma_x\ \text{sen}^2\,\theta + \sigma_y\cos^2\theta + 2\tau_{xy}\ \text{sen}\,\theta\cos\theta$$

ou

$$\sigma_n = \frac{\sigma_y + \sigma_x}{2} + \frac{\sigma_y - \sigma_x}{2}\cos 2\theta + \tau_{xy}\ \text{sen}\ 2\theta \tag{10.3}$$

Novamente,

$$\tau_n(\overline{EF}) = -\sigma_x(\overline{EF})\ \text{sen}\,\theta\cos\theta + \sigma_y(\overline{EF})\ \text{sen}\,\theta\cos\theta$$
$$-\tau_{xy}(\overline{EF})\cos^2\theta + \tau_{xy}(\overline{EF})\ \text{sen}^2\,\theta$$

ou

$$\tau_n = \sigma_y\ \text{sen}\,\theta\cos\theta - \sigma_x\ \text{sen}\,\theta\cos\theta - \tau_{xy}(\cos^2\theta - \text{sen}^2\,\theta)$$

ou

$$\tau_n = \frac{\sigma_y - \sigma_x}{2}\text{sen}\ 2\theta - \tau_{xy}\cos 2\theta \tag{10.4}$$

Da Equação (10.4), vemos que podemos escolher o valor de θ de tal modo que τ_n será igual a zero. Substituindo $\tau_n = 0$, obtemos

$$\text{tg}\,2\theta = \frac{2\tau_{xy}}{\sigma_y - \sigma_x} \tag{10.5}$$

Para os valores dados de τ_{xy}, σ_x e σ_y, a Equação (10.5) fornece dois valores de θ que são distintos de 90°. Isso significa que existem dois planos ortogonais nos quais a tensão de cisalhamento é zero. Tais planos são chamados *planos principais*.

As tensões normais que atuam nos planos principais são chamadas *tensões principais*. Os valores de tensões principais podem ser encontrados substituindo a Eq. (10.5) na Equação (10.3), que fornece

Tensão principal maior:

$$\sigma_n = \sigma_1 = \frac{\sigma_y + \sigma_x}{2} + \sqrt{\left[\frac{(\sigma_y - \sigma_x)}{2}\right]^2 + \tau_{xy}^2} \tag{10.6}$$

Tensão principal menor:

$$\sigma_n = \sigma_3 = \frac{\sigma_y + \sigma_x}{2} - \sqrt{\left[\frac{(\sigma_y - \sigma_x)}{2}\right]^2 + \tau_{xy}^2} \tag{10.7}$$

As tensões normal e de cisalhamento que agem em qualquer plano podem também ser determinadas traçando-se um círculo de Mohr, conforme indicado na Figura 10.2. As seguintes convenções de sinais são utilizadas nos círculos de Mohr: as tensões normais compressivas são tidas como positivas e as tensões de cisalhamento são consideradas positivas se agirem em lados opostos do elemento de modo que tendam a produzir uma rotação anti-horário.

Para o plano *AD* do elemento do solo exibido na Figura 10.1a, a tensão normal equivale a $+\sigma_x$ e a tensão de cisalhamento equivale a $+\tau_{xy}$. Para plano *AB*, a tensão normal equivale a $+\sigma_y$ e a tensão de cisalhamento se iguala a $-\tau_{xy}$.

Os pontos *R* e *M* na Figura 10.2 representam as condições da tensão nos planos *AD* e *AB*, respectivamente. *O* é o ponto de intersecção do eixo da tensão normal com a linha *RM*. O círculo *MNQRS* desenhado com *O* como centro e *OR* como raio é o círculo de Mohr para as condições de tensão consideradas. O raio do círculo de Mohr é igual a

$$\sqrt{\left[\frac{(\sigma_y - \sigma_x)}{2}\right]^2 + \tau_{xy}^2}$$

A tensão no plano *EF* pode ser determinada movimentando um ângulo 2θ (que é duas vezes o ângulo que o plano *EF* faz em direção anti-horária com plano *AB* na Figura 10.1a) na direção anti-horária do ponto *M* ao longo da circunferência do círculo de Mohr para alcançar o ponto *Q*. A abscissa e a ordenada do ponto *Q*, respectivamente, proporcionam a tensão normal σ_n e a tensão de cisalhamento τ_n no plano *EF*.

Como as ordenadas (ou seja, as tensões de cisalhamento) dos pontos *N* e *S* são zero, elas representam as tensões nos planos principais. A abscissa de ponto *N* é igual a σ_1 [Equação (10.6)] e a abscissa para o ponto *S* é σ_3 [Equação (10.7)].

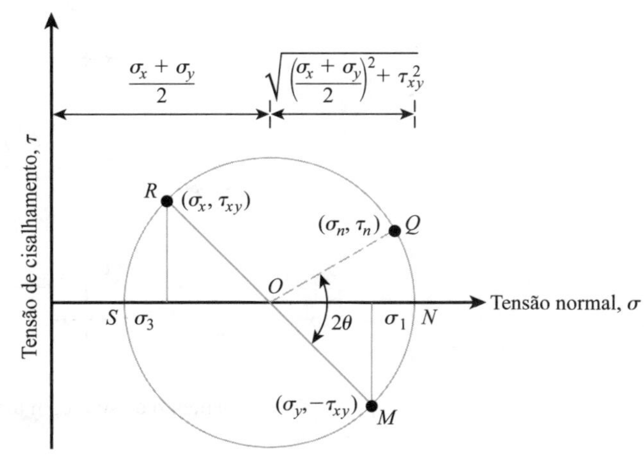

Figura 10.2 Princípios de círculo de Mohr.

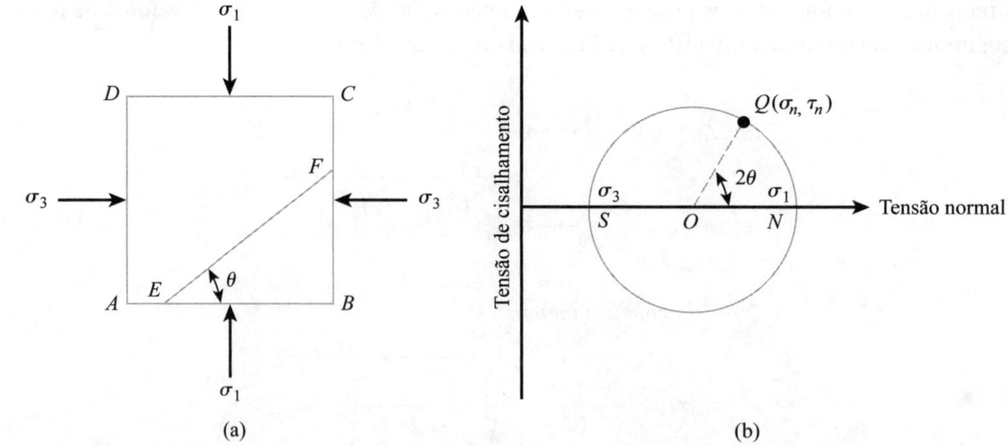

Figura 10.3 (a) Elemento de solo com AB e AD como planos principais maior e menor; (b) círculo de Mohr para elemento de solo indicado em (a).

Como um caso especial, se os planos AB e AD forem os planos principais maior e menor, a tensão normal e a tensão de cisalhamento no plano EF seriam determinadas substituindo $\tau_{xy} = 0$. As Equações (10.3) e (10.4) mostram que $\sigma_y = \sigma_1$ e $\sigma_x = \sigma_3$ (Figura 10.3a). Assim,

$$\sigma_n = \frac{\sigma_1 + \sigma_3}{2} + \frac{\sigma_1 - \sigma_3}{2}\cos 2\theta \tag{10.8}$$

$$\tau_n = \frac{\sigma_1 - \sigma_3}{2}\text{sen } 2\theta \tag{10.9}$$

O círculo de Mohr para tais condições de tensão é mostrado na Figura 10.3b. A abscissa e a ordenada do ponto Q fornecem a tensão normal e a tensão de cisalhamento, respectivamente, no plano EF.

Exemplo 10.1

Um perfil de solo é mostrado na Figura 10.4. As magnitudes das tensões são $\sigma_x = 120$ kN/m^2, $\tau = 40$ kN/m^2, $\sigma_y = 300$ kN/m^2 e $\theta = 20°$. Determine

a. As magnitudes das tensões principais.
b. As tensões normal e de cisalhamento no plano AB. Utilize as Equações (10.3), (10.4), (10.6) e (10.7).

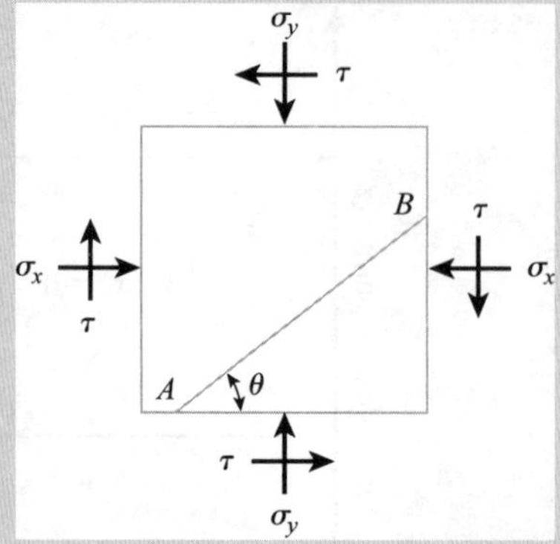

Figura 10.4 Elemento de solo com tensões atuando sobre ele.

Solução

Parte a

Das Equações (10.6) e (10.7),

$$\left.\begin{matrix}\sigma_3\\ \sigma_1\end{matrix}\right\} = \frac{\sigma_y - \sigma_x}{2} \pm \sqrt{\left[\frac{\sigma_y - \sigma_x}{2}\right]^2 + \tau_{xy}^2}$$

$$= \frac{300 + 120}{2} \pm \sqrt{\left[\frac{300 - 120}{2}\right]^2 + (-40)^2}$$

$$\sigma_1 = \mathbf{308{,}5\ kN/m^2}$$

$$\sigma_3 = \mathbf{111{,}5\ kN/m^2}$$

Parte b

Da Equação (10.3),

$$\sigma_n = \frac{\sigma_y + \sigma_x}{2} + \frac{\sigma_y - \sigma_x}{2}\cos 2\theta + \tau \operatorname{sen} 2\theta$$

$$= \frac{300 + 120}{2} + \frac{300 - 120}{2}\cos(2 \times 20) + (-40)\operatorname{sen}(2 \times 20)$$

$$= \mathbf{253{,}23\ kN/m^2}$$

Da Equação (10.4),

$$\tau_n = \frac{\sigma_y - \sigma_x}{2}\operatorname{sen} 2\theta - \tau \cos 2\theta$$

$$= \frac{300 - 120}{2}\operatorname{sen}(2 \times 20) - (-40)\cos(2 \times 20)$$

$$= \mathbf{88{,}40\ kN/m^2}$$

■

10.3 O método do polo para encontrar as tensões ao longo de um plano

Outra técnica importante para encontrar as tensões ao longo de um plano a partir do círculo de Mohr é o *método de polo* ou método das *origens dos planos*. Esta técnica é mostrada na Figura 10.5. A Figura 10.5a é o mesmo elemento de tensão indicado na Figura 10.1a; a Figura 10.5b é o círculo Mohr para as condições de tensões indicadas. De acordo com o método do polo, desenhamos uma linha paralela a partir de um ponto conhecido no círculo de Mohr paralelo ao plano no

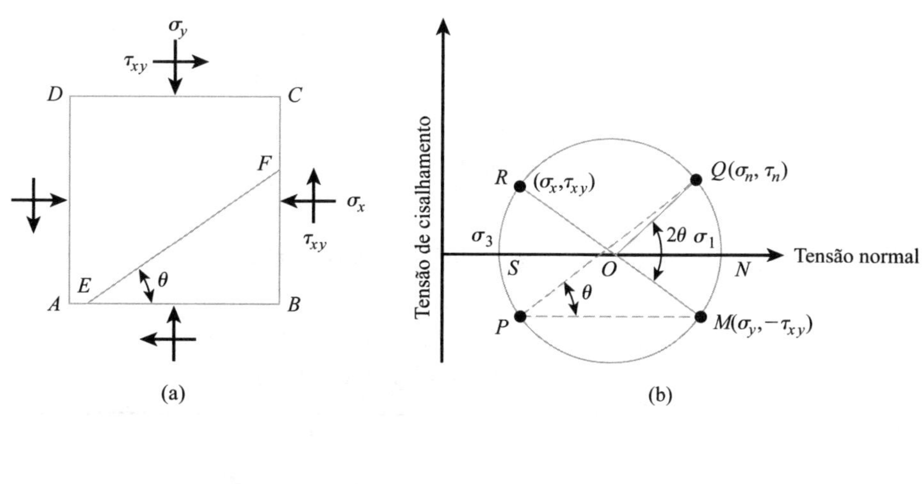

Figura 10.5 (a) Elemento de solo com tensões normal e de cisalhamento; (b) uso do método de polo para encontrar as tensões ao longo do plano.

qual o estado de tensão age. O ponto de intersecção desta linha com o círculo de Mohr é chamado *polo*. Este é um ponto exclusivo para o estado de tensão em consideração. Por exemplo, o ponto M no círculo Mohr na Figura 10.5b representa as tensões no plano AB. A linha MP é traçada paralelamente à linha AB. Assim, o ponto P é o polo (origem dos planos) neste caso. Se for preciso encontrar as tensões em um plano EF, desenhamos uma linha do polo paralela a EF. O ponto de intersecção desta linha com o círculo Mohr é Q. As coordenadas de Q proporcionam as tensões no plano EF. (*Observação*: da geometria, o ângulo QOM é duas vezes o ângulo QPM.)

Exemplo 10.2

Para o elemento do solo sob tensão mostrado na Figura 10.6a, determine

a. A tensão principal maior
b. A tensão principal menor
c. As tensões normal e de cisalhamento no plano DE

Use o método do polo.

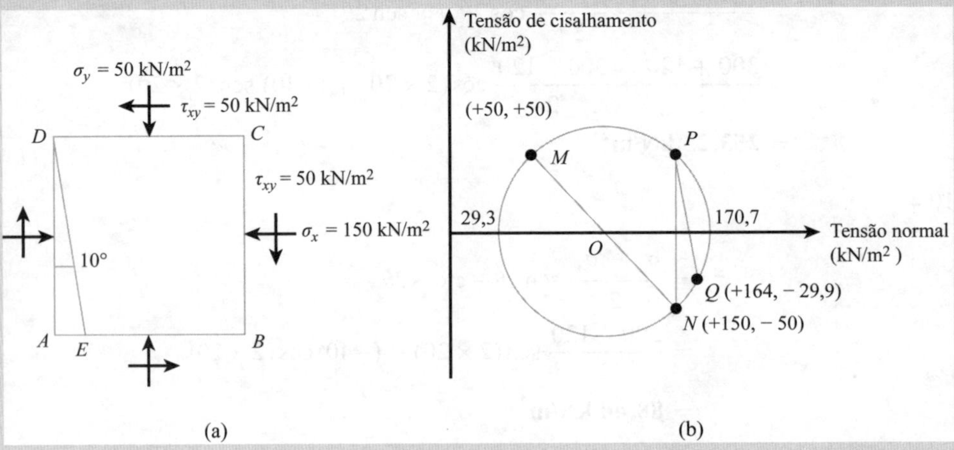

Figura 10.6 (a) Elemento de solo tensionado; (b) Círculo de Mohr para o elemento de solo.

Solução

No plano AD:

$$\text{Tensão normal} = +\ 150\ \text{kN/m}^2$$
$$\text{Tensão de cisalhamento} = -50\ \text{kN/m}^2$$

No plano AB:

$$\text{Tensão normal} = +\ 50\ \text{kN/m}^2$$
$$\text{Tensão de cisalhamento} = +\ 50\ \text{kN/m}^2$$

O círculo de Mohr está traçado na Figura 10.6b. A partir do círculo,

a. Tensão principal maior = **170,7 kN/m²**
b. Tensão principal menor = **29,3 kN/m²**
c. NP é a linha traçada paralela ao plano CB.

P é o polo. PQ é traçado paralelamente a DE (Figura 10.6a). As coordenadas do ponto Q fornecem as tensões no plano DE. Assim,

$$\text{Tensão normal} = \mathbf{164\ kN/m^2}$$
$$\text{Tensão de cisalhamento} = \mathbf{-29{,}9\ kN/m^2}$$

■

10.4 Tensões causadas por uma carga pontual

Boussinesq (1883) resolveu o problema das tensões produzidas como resultado de uma carga pontual aplicada na superfície de um meio-espaço infinitamente grande em qualquer ponto de um meio homogêneo, elástico e isotrópico. De acordo com a Figura 10.7, a solução de Boussinesq para as tensões normais em um ponto causado pela carga pontual P é

$$\Delta\sigma_x = \frac{P}{2\pi}\left\{\frac{3x^2 z}{L^5} - (1-2\mu)\left[\frac{x^2 - y^2}{Lr^2(L+z)} + \frac{y^2 z}{L^3 r^2}\right]\right\} \tag{10.10}$$

$$\Delta\sigma_y = \frac{P}{2\pi}\left\{\frac{2y^2 z}{L^5} - (1-2\mu)\left[\frac{y^2 - x^2}{Lr^2(L+z)} + \frac{x^2 z}{L^3 r^2}\right]\right\} \tag{10.11}$$

e

$$\Delta\sigma_z = \frac{3P}{2\pi}\frac{z^3}{L^5} = \frac{3P}{2\pi}\frac{z^3}{(r^2+z^2)^{5/2}} \tag{10.12}$$

onde $r = \sqrt{x^2 + y^2}$

$L = \sqrt{x^2 + y^2 + z^2} = \sqrt{r^2 + z^2}$

μ = coeficiente de Poisson

Observe que as Equações (10.10) e (10.11), que são expressões para tensões normais horizontais, dependem do coeficiente de Poisson do meio. No entanto, a relação para a tensão normal vertical, $\Delta\sigma_z$, conforme proporcionada pela Equação (10.12), é independente do coeficiente de Poisson. A relação para $\Delta\sigma_z$ pode ser reescrita como

$$\Delta\sigma_z = \frac{P}{z^2}\left\{\frac{3}{2\pi}\frac{1}{[(r/z)^2+1]^{5/2}}\right\} = \frac{P}{z^2}I_1 \tag{10.13}$$

onde

$$I_1 = \frac{3}{2\pi}\frac{1}{[(r/z)^2+1]^{5/2}} \tag{10.14}$$

A variação de I_1 para diversos valores de r/z é dada na Tabela 10.1. A Figura 10.8 exibe um gráfico de I_1 *vs*. r/z, variando de zero a 1,5.

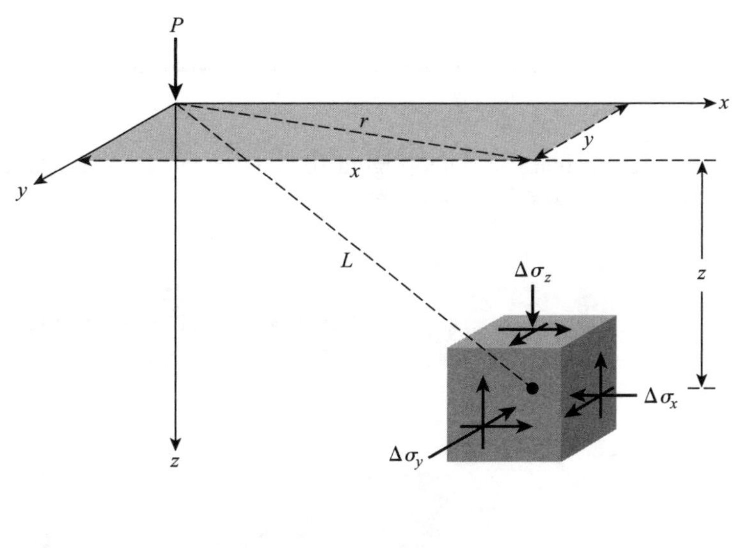

Figura 10.7 Tensões em um meio elástico causadas por uma carga pontual.

Tabela 10.1 Variação de I_1 para diversos valores de r/z [Equação (10.14)]

r/z	I_1	r/z	I_1	r/z	I_1
0	0,4775	0,36	0,3521	1,80	0,0129
0,02	0,4770	0,38	0,3408	2,00	0,0085
0,04	0,4765	0,40	0,3294	2,20	0,0058
0,06	0,4723	0,45	0,3011	2,40	0,0040
0,08	0,4699	0,50	0,2733	2,60	0,0029
0,10	0,4657	0,55	0,2466	2,80	0,0021
0,12	0,4607	0,60	0,2214	3,00	0,0015
0,14	0,4548	0,65	0,1978	3,20	0,0011
0,16	0,4482	0,70	0,1762	3,40	0,00085
0,18	0,4409	0,75	0,1565	3,60	0,00066
0,20	0,4329	0,80	0,1386	3,80	0,00051
0,22	0,4242	0,85	0,1226	4,00	0,00040
0,24	0,4151	0,90	0,1083	4,20	0,00032
0,26	0,4050	0,95	0,0956	4,40	0,00026
0,28	0,3954	1,00	0,0844	4,60	0,00021
0,30	0,3849	1,20	0,0513	4,80	0,00017
0,32	0,3742	1,40	0,0317	5,00	0,00014
0,34	0,3632	1,60	0,0200		

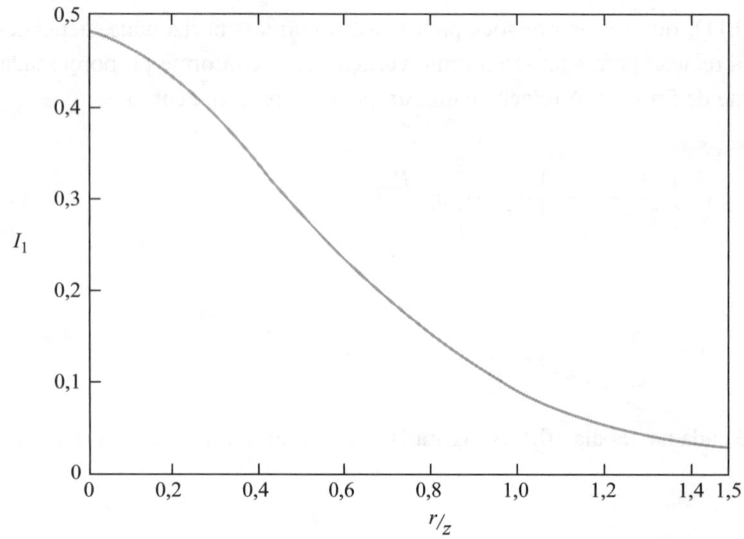

Figura 10.8 Variação de I_1 com r/z.

Exemplo 10.3

Considere uma carga pontual $P = 5$ kN (Figura 10.7). Calcule o aumento da tensão vertical ($\Delta\sigma_z$) a $z = 0$, 2 m, 4 m, 6 m, 10 m e 20 m. Dados: $x = 3$ m e $y = 4$ m.

Solução

$$r = \sqrt{x^2 + y^2} = \sqrt{3^2 + 4^2} = 5 \text{ m}$$

Solução

Agora, a seguinte tabela pode ser preparada.

r (m)	z (m)	$\frac{r}{z}$	I_1	$\Delta\sigma_z = \left(\frac{P}{z^2}\right)I_1$ (kN/m²)
5	0	∞	0	**0**
	2	2,5	0,0034	**0,0043**
	4	1,25	0,0424	**0,0133**
	6	0,83	0,1295	**0,0180**
	10	0,5	0,2733	**0,0137**
	20	0,25	0,4103	**0,0051**

■

10.5 Tensão vertical causada por uma linha de carga vertical

A Figura 10.9 mostra uma linha de carga vertical flexível de comprimento infinito, que possui intensidade q/comprimento específico na superfície de uma massa de solo semi-infinita. O aumento da tensão vertical, $\Delta\sigma_z$, dentro da massa de solo pode ser determinado utilizando-se os princípios da teoria da elasticidade, ou

$$\Delta\sigma_z = \frac{2qz^3}{\pi(x^2 + z^2)^2} \tag{10.15}$$

Esta equação pode ser reescrita como

$$\Delta\sigma_z = \frac{2q}{\pi z[(x/z)^2 + 1]^2}$$

ou

$$\frac{\Delta\sigma_z}{(q/z)} = \frac{2}{\pi[(x/z)^2 + 1]^2} \tag{10.16}$$

Observe que a Equação (10.16) está na forma adimensional. Utilizando esta equação, podemos calcular a variação de $\Delta\sigma_z/(q/z)$ com x/z. Esta técnica é mostrada na Tabela 10.2. O valor de $\Delta\sigma_z$ calculado utilizando a Equação (10.16) é a tensão adicional no solo causada pela carga de linha. O valor de $\Delta\sigma_z$ não inclui a pressão de sobrecarga do solo acima do ponto A. A Figura 10.10 mostra um gráfico de $\Delta\sigma_z/(q/z)$ *vs*. $\pm x/z$.

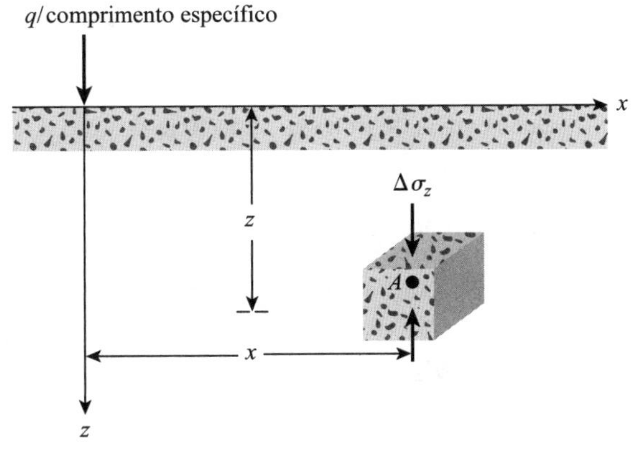

Figura 10.9 Carga de linha sobre a superfície de uma massa de solo semi-infinita.

Tabela 10.2 Variação de $\Delta\sigma_z/(q/z)$ com x/z [Equação (10.16)]

x/z	$\Delta\sigma_z/(q/z)$	x/z	$\Delta\sigma_z/(q/z)$
0	0,637	1,3	0,088
0,1	0,624	1,4	0,073
0,2	0,589	1,5	0,060
0,3	0,536	1,6	0,050
0,4	0,473	1,7	0,042
0,5	0,407	1,8	0,035
0,6	0,344	1,9	0,030
0,7	0,287	2,0	0,025
0,8	0,237	2,2	0,019
0,9	0,194	2,4	0,014
1,0	0,159	2,6	0,011
1,1	0,130	2,8	0,008
1,2	0,107	3,0	0,006

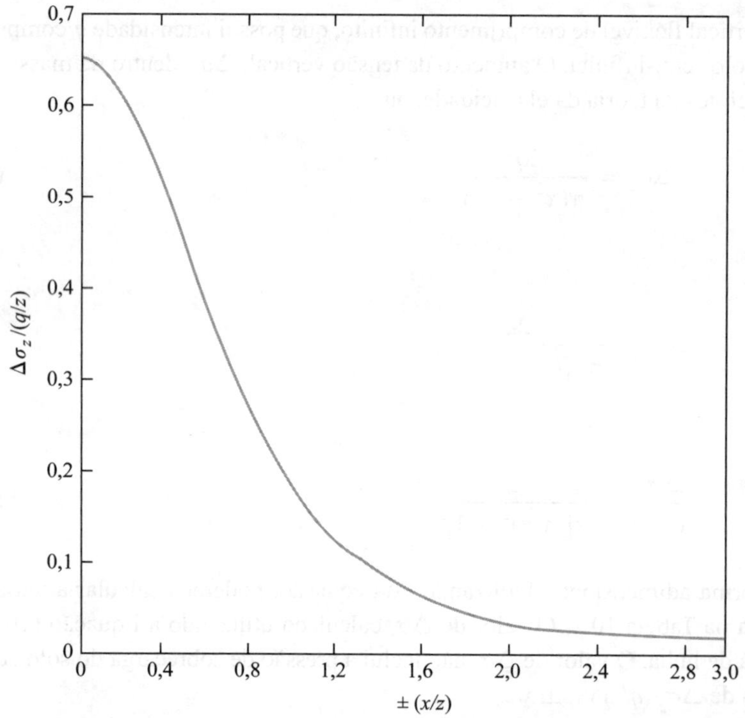

Figura 10.10 Gráfico desta variação de $\Delta\sigma_z/(q/z)$ com $\pm\,(x/z)$.

Exemplo 10.4

A Figura 10.11a exibe duas cargas de linha na superfície do solo. Determine o aumento de tensão no ponto A.

Solução

Consulte a Figura 10.11b. A tensão total em A é

$$\Delta\sigma_z = \Delta\sigma_{z(1)} + \Delta\sigma_{z(2)}$$

$$\Delta\sigma_{z(1)} = \frac{2q_1 z^3}{\pi(x_1^2 + z^2)^2} = \frac{(2)(7,5)(4)^3}{\pi(5^2 + 4^2)^2} = 0,182 \text{ kN/m}^2$$

$$\Delta\sigma_{z(2)} = \frac{2q_2z^3}{\pi(x_2^2 + z^2)^2} = \frac{(2)(15)(4)^3}{\pi(10^2 + 4^2)^2} = 0{,}045 \text{ kN/m}^2$$

$$\Delta\sigma_z = 0{,}182 + 0{,}045 = \mathbf{0{,}227 \text{ kN/m}^2}$$

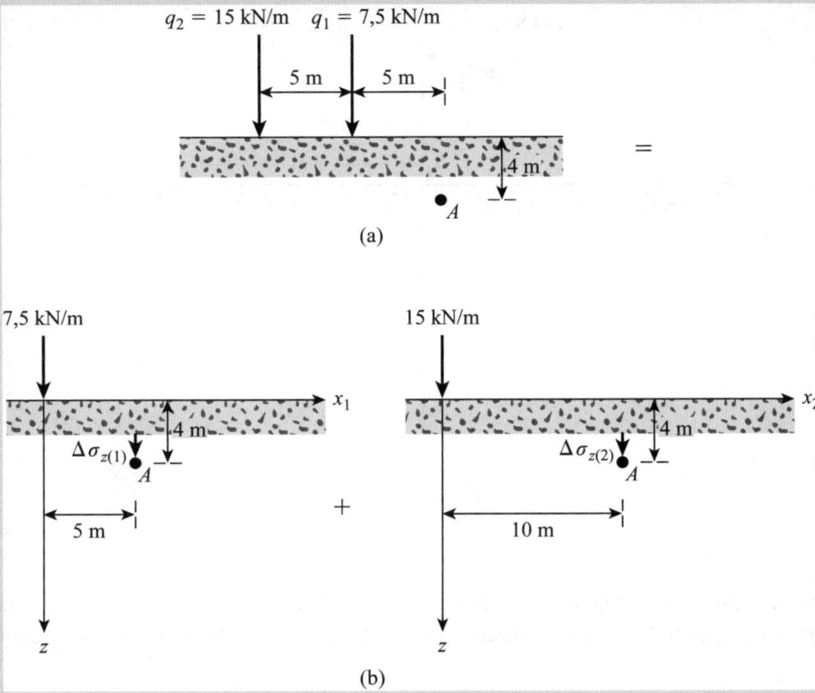

Figura 10.11 (a) Duas cargas de linha na superfície de massa; (b) uso de princípio de superposição para obter a tensão no ponto A. ■

10.6 Tensão vertical causada por uma carga de linha horizontal

A Figura 10.12 exibe uma carga de linha flexível horizontal na superfície de uma massa de solo semi-infinita. O aumento da tensão vertical no ponto A na massa de solo pode ser obtido por

$$\Delta\sigma_z = \frac{2q}{\pi}\frac{xz^2}{(x^2 + z^2)^2} \tag{10.17}$$

A Tabela 10.3 proporciona a variação de $\Delta\sigma_z/(q/z)$ com x/z.

Tabela 10.3 Variação de $\Delta\sigma_z/(q/z)$ com x/z

x/z	$\Delta\sigma_z/(q/z)$	x/z	$\Delta\sigma_z/(q/z)$
0	0	0,7	0,201
0,1	0,062	0,8	0,189
0,2	0,118	0,9	0,175
0,3	0,161	1,0	0,159
0,4	0,189	1,5	0,090
0,5	0,204	2,0	0,051
0,6	0,207	3,0	0,019

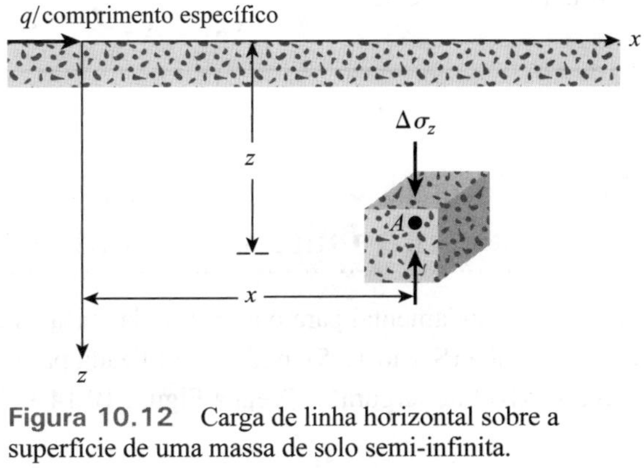

Figura 10.12 Carga de linha horizontal sobre a superfície de uma massa de solo semi-infinita.

Exemplo 10.5

Uma carga de linha inclinada com magnitude de 10 kN/m é mostrada na Figura 10.13. Determine o aumento da tensão vertical $\Delta\sigma_z$ no ponto A decorrente da linha de carga.

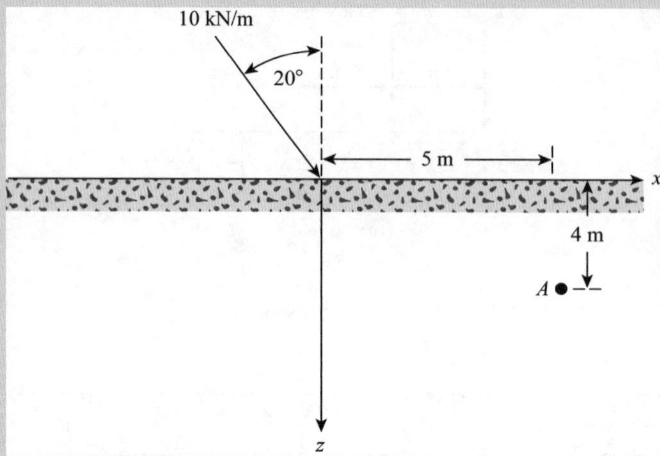

Figura 10.13

Solução

O componente vertical da carga inclinada $q_V = 10 \cos 20 = 9{,}4$ kN/m e o componente horizontal $q_H = 10 \text{ sen } 20 = 3{,}42$ kN/m. Para o ponto A, $x/z = 5/4 = 1{,}25$. Usando a Tabela 10.2, o aumento da tensão vertical no ponto A em razão de q_V é de

$$\frac{\Delta\sigma_{z(V)}}{\left(\dfrac{q_V}{z}\right)} = 0{,}098$$

$$\Delta\sigma_{z(V)} = (0{,}098)\left(\frac{q_V}{z}\right) = (0{,}098)\left(\frac{9{,}4}{4}\right) = 0{,}23 \text{ kN/m}^2$$

Usando a Tabela 10.3 de forma similar, o aumento da tensão vertical no ponto A em razão de q_H é de

$$\frac{\Delta\sigma_{z(H)}}{\left(\dfrac{q_H}{z}\right)} = 0{,}125$$

$$\Delta\sigma_{z(V)} = (0{,}125)\left(\frac{3{,}42}{4}\right) = 0{,}107 \text{ kN/m}^2$$

Portanto, o total é de

$$\Delta\sigma_z = \Delta\sigma_{z(V)} + \Delta\sigma_{z(H)} = 0{,}23 + 0{,}107 = \mathbf{0{,}337\ kN/m^2}$$

■

10.7 Tensão vertical causada por uma faixa de carga vertical (largura finita e comprimento infinito)

A equação fundamental para o aumento da tensão vertical em um ponto em uma massa de solo, como resultado de uma carga de linha (Seção 10.5), pode ser utilizada para determinar a tensão vertical em um ponto causada por uma faixa de carga flexível de largura B. (Veja a Figura 10.14.) Considere que a carga por área específica da faixa indicada na Figu-

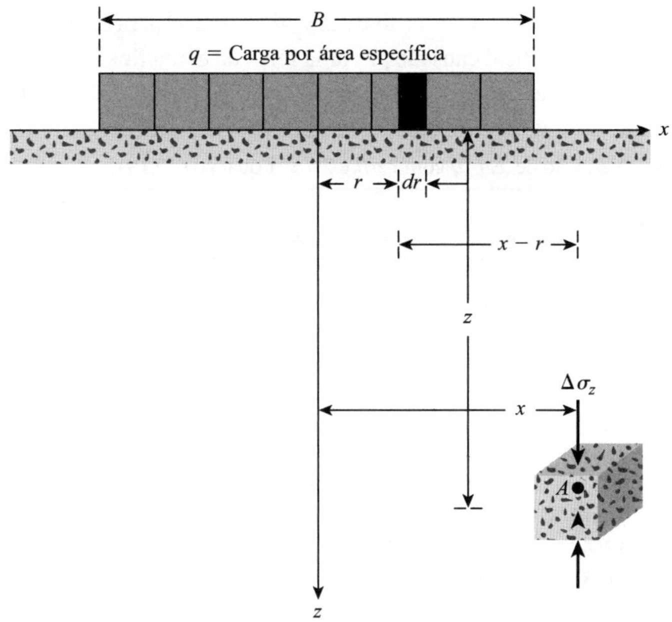

Figura 10.14 Tensão vertical causada por uma faixa de carga flexível.

ra 10.14 seja igual a q. Se considerarmos uma faixa elementar de comprimento dr, a carga por comprimento específico desta faixa é igual a $q\ dr$. A faixa elementar pode ser tratada como uma carga de linha. A Equação (10.15) proporciona o aumento de tensão vertical $d\sigma_z$ no ponto A dentro da massa de solo causada por esta faixa de carga elementar. Para calcular o aumento da tensão vertical, precisamos substituir $q\ dr$ por q e $(x - r)$ por x. Portanto,

$$d\sigma_z = \frac{2(q\ dr)z^3}{\pi[(x-r)^2 + z^2]^2} \tag{10.18}$$

O aumento total na tensão vertical ($\Delta\sigma_z$) no ponto A causado pela faixa de carga completa de comprimento B pode ser determinado pela integração da Eq. (10.18) com limites de r de $-B/2$ a $+B/2$ ou

$$\begin{aligned}\Delta\sigma_z &= \int d\sigma_z = \int_{-B/2}^{+B/2} \left(\frac{2q}{\pi}\right)\left\{\frac{z^3}{[(x-r)^2 + z^2]^2}\right\} dr \\ &= \frac{q}{\pi}\left\{\mathrm{tg}^{-1}\left[\frac{z}{x-(B/2)}\right] - \mathrm{tg}^{-1}\left[\frac{z}{x+(B/2)}\right] \right. \\ &\quad \left. - \frac{Bz[x^2 - z^2 - (B^2/4)]}{[x^2 + z^2 - (B^2/4)]^2 + B^2z^2}\right\}\end{aligned} \tag{10.19}$$

Com relação à Equação (10.19), o seguinte deve ser mantido em mente:

1. $\mathrm{tg}^{-1}\left[\dfrac{z}{x-\left(\dfrac{B}{2}\right)}\right]$ e $\mathrm{tg}^{-1}\left[\dfrac{z}{x+\left(\dfrac{B}{2}\right)}\right]$ estão em radianos.
2. A magnitude de $\Delta\sigma_z$ tem o mesmo valor de x/z ($\pm$).
3. A Equação (10.19) é válida conforme indicada na Figura 10.14; ou seja, para o ponto A, $x \geq B/2$.

   No entanto, para $x = 0$ a $x < B/2$, a magnitude de $\mathrm{tg}^{-1}\left[\dfrac{z}{x-\left(\dfrac{B}{2}\right)}\right]$ se torna negativa. Para esse caso, deve ser substituída por $\pi + \mathrm{tg}^{-1}\left[\dfrac{z}{x-\left(\dfrac{B}{2}\right)}\right]$.

A Tabela 10.4 mostra a variação de $\Delta\sigma_z/q$ com $2z/B$ para $2x/B$. Esta tabela pode ser utilizada convenientemente para o cálculo da tensão vertical causada por uma faixa de carga flexível. A Figura 10.15 mostra a variação de $\Delta\sigma_z/q$ com $\pm\, x/B$ e z/B. Os contornos de $\Delta\sigma_z/q$ variando de 0,05 a 0,9 são indicados na Figura 10.16.

Tabela 10.4 Variação de $\Delta\sigma_z/q$ com $2z/B$ e $2x/B$ [Equação (10.19)]

	2x/B										
2z/B	**0,0**	**0,1**	**0,2**	**0,3**	**0,4**	**0,5**	**0,6**	**0,7**	**0,8**	**0,9**	**1,0**
0,00	1,000	1,000	1,000	1,000	1,000	1,000	1,000	1,000	1,000	1,000	0,000
0,10	1,000	1,000	0,999	0,999	0,999	0,998	0,997	0,993	0,980	0,909	0,500
0,20	0,997	0,997	0,996	0,995	0,992	0,988	0,979	0,959	0,909	0,775	0,500
0,30	0,990	0,989	0,987	0,984	0,978	0,967	0,947	0,908	0,833	0,697	0,499
0,40	0,977	0,976	0,973	0,966	0,955	0,937	0,906	0,855	0,773	0,651	0,498
0,50	0,959	0,958	0,953	0,943	0,927	0,902	0,864	0,808	0,727	0,620	0,497
0,60	0,937	0,935	0,928	0,915	0,896	0,866	0,825	0,767	0,691	0,598	0,495
0,70	0,910	0,908	0,899	0,885	0,863	0,831	0,788	0,732	0,662	0,581	0,492
0,80	0,881	0,878	0,869	0,853	0,829	0,797	0,755	0,701	0,638	0,566	0,489
0,90	0,850	0,847	0,837	0,821	0,797	0,765	0,724	0,675	0,617	0,552	0,485
1,00	0,818	0,815	0,805	0,789	0,766	0,735	0,696	0,650	0,598	0,540	0,480
1,10	0,787	0,783	0,774	0,758	0,735	0,706	0,670	0,628	0,580	0,529	0,474
1,20	0,755	0,752	0,743	0,728	0,707	0,679	0,646	0,607	0,564	0,517	0,468
1,30	0,725	0,722	0,714	0,699	0,679	0,654	0,623	0,588	0,548	0,506	0,462
1,40	0,696	0693	0,685	0,672	0,653	0,630	0,602	0,569	0,534	0,495	0,455
1,50	0,668	0,666	0,658	0,646	0,629	0,607	0,581	0,552	0,519	0,484	0,448
1,60	0,642	0,639	0,633	0,621	0,605	0,586	0,562	0,535	0,506	0,474	0,440
1,70	0,617	0,615	0,608	0,598	0,583	0,565	0,544	0,519	0,492	0,463	0,433
1,80	0,593	0,591	0,585	0,576	0,563	0,546	0,526	0,504	0,479	0,453	0,425
1,90	0,571	0,569	0,564	0,555	0,543	0,528	0,510	0,489	0,467	0,443	0,417
2,00	0,550	0,548	0,543	0,535	0,524	0,510	0,494	0,475	0,455	0,433	0,409
2,10	0,530	0,529	0,524	0,517	0,507	0,494	0,479	0,462	0,443	0,423	0,401
2,20	0,511	0,510	0,506	0,499	0,490	0,479	0,465	0,449	0,432	0,413	0,393
2,30	0,494	0,493	0,489	0,483	0,474	0,464	0,451	0,437	0,421	0,404	0,385
2,40	0,477	0,476	0,473	0,467	0,460	0,450	0,438	0,425	0,410	0,395	0,378
2,50	0,462	0,461	0,458	0,452	0,445	0,436	0,426	0,414	0,400	0,386	0,370
2,60	0,447	0,446	0,443	0,439	0,432	0,424	0,414	0,403	0,390	0,377	0,363
2,70	0,433	0,432	0,430	0,425	0,419	0,412	0,403	0,393	0,381	0,369	0,355
2,80	0,420	0,419	0,417	0,413	0,407	0,400	0,392	0,383	0,372	0,360	0,348
2,90	0,408	0,407	0,405	0,401	0,396	0,389	0,382	0,373	0,363	0,352	0,341
3,00	0,396	0,395	0,393	0,390	0,385	0,379	0,372	0,364	0,355	0,345	0,334
3,10	0,385	0,384	0,382	0,379	0,375	0,369	0,363	0,355	0,347	0,337	0,327
3,20	0,374	0,373	0,372	0,369	0,365	0,360	0,354	0,347	0,339	0,330	0,321
3,30	0,364	0,363	0,362	0,359	0,355	0,351	0,345	0,339	0,331	0,323	0,315
3,40	0,354	0,354	0,352	0,350	0,346	0,342	0,337	0,331	0,324	0,316	0,308
3,50	0,345	0,345	0,343	0,341	0,338	0,334	0,329	0,323	0,317	0,310	0,302
3,60	0,337	0,336	0,335	0,333	0,330	0,326	0,321	0,316	0,310	0,304	0,297
3,70	0,328	0,328	0,327	0,325	0,322	0,318	0,314	0,309	0,304	0,298	0,291
3,80	0,320	0,320	0,319	0,317	0,315	0,311	0,307	0,303	0,297	0,292	0,285
3,90	0,313	0,313	0,312	0,310	0,307	0,304	0,301	0,296	0,291	0,286	0,280
4,00	0,306	0,305	0,304	0,303	0,301	0,298	0,294	0,290	0,285	0,280	0,275
4,10	0,299	0,299	0,298	0,296	0,294	0,291	0,288	0,284	0,280	0,275	0,270
4,20	0,292	0,292	0,291	0,290	0,288	0,285	0,282	0,278	0,274	0,270	0,265
4,30	0,286	0,286	0,285	0,283	0,282	0,279	0,276	0,273	0,269	0,265	0,260
4,40	0,280	0,280	0,279	0,278	0,276	0,274	0,271	0,268	0,264	0,260	0,256
4,50	0,274	0,274	0,273	0,272	0,270	0,268	0,266	0,263	0,259	0,255	0,251
4,60	0,268	0,268	0,268	0,266	0,265	0,263	0,260	0,258	0,254	0,251	0,247
4,70	0,263	0,263	0,262	0,261	0,260	0,258	0,255	0,253	0,250	0,246	0,243
4,80	0,258	0,258	0,257	0,256	0,255	0,253	0,251	0,248	0,245	0,242	0,239
4,90	0,253	0,253	0,252	0,251	0,250	0,248	0,246	0,244	0,241	0,238	0,235
5,00	0,248	0,248	0,247	0,246	0,245	0,244	0,242	0,239	0,237	0,234	0,231

Tabela 10.4 *(continuação)*

	2x/B									
2z/B	1,1	1,2	1,3	1,4	1,5	1,6	1,7	1,8	1,9	2,0
0,00	0,000	0,000	0,000	0,000	0,000	0,000	0,000	0,000	0,000	0,000
0,10	0,091	0,020	0,007	0,003	0,002	0,001	0,001	0,000	0,000	0,000
0,20	0,225	0,091	0,040	0,020	0,011	0,007	0,004	0,003	0,002	0,002
0,30	0,301	0,165	0,090	0,052	0,031	0,020	0,013	0,009	0,007	0,005
0,40	0,346	0,224	0,141	0,090	0,059	0,040	0,027	0,020	0,014	0,011
0,50	0,373	0,267	0,185	0,128	0,089	0,063	0,046	0,034	0,025	0,019
0,60	0,391	0,298	0,222	0,163	0,120	0,088	0,066	0,050	0,038	0,030
0,70	0,403	0,321	0,250	0,193	0,148	0,113	0,087	0,068	0,053	0,042
0,80	0,411	0,338	0,273	0,218	0,173	0,137	0,108	0,086	0,069	0,056
0,90	0,416	0,351	0,291	0,239	0,195	0,158	0,128	0,104	0,085	0,070
1,00	0,419	0,360	0,305	0,256	0,214	0,177	0,147	0,122	0,101	0,084
1,10	0,420	0,366	0,316	0,271	0,230	0,194	0,164	0,138	0,116	0,098
1,20	0,419	0,371	0,325	0,282	0,243	0,209	0,178	0,152	0,130	0,111
1,30	0,417	0,373	0,331	0,291	0,254	0,221	0,191	0,166	0,143	0,123
1,40	0,414	0,374	0,335	0,298	0,263	0,232	0,203	0,177	0,155	0,135
1,50	0,411	0,374	0,338	0,303	0,271	0,240	0,213	0,188	0,165	0,146
1,60	0,407	0,373	0,339	0,307	0,276	0,248	0,221	0,197	0,175	0,155
1,70	0,402	0,370	0,339	0,309	0,281	0,254	0,228	0,205	0,183	0,164
1,80	0,396	0,368	0,339	0,311	0,284	0,258	0,234	0,212	0,191	0,172
1,90	0,391	0,364	0,338	0,312	0,286	0,262	0,239	0,217	0,197	0,179
2,00	0,385	0,360	0,336	0,311	0,288	0,265	0,243	0,222	0,203	0,185
2,10	0,379	0,356	0,333	0,311	0,288	0,267	0,246	0,226	0,208	0,190
2,20	0,373	0,352	0,330	0,309	0,288	0,268	0,248	0,229	0,212	0,195
2,30	0,366	0,347	0,327	0,307	0,288	0,268	0,250	0,232	0,215	0,199
2,40	0,360	0,342	0,323	0,305	0,287	0,268	0,251	0,234	0,217	0,202
2,50	0,354	0,337	0,320	0,302	0,285	0,268	0,251	0,235	0,220	0,205
2,60	0,347	0,332	0,316	0,299	0,283	0,267	0,251	0,236	0,221	0,207
2,70	0,341	0,327	0,312	0,296	0,281	0,266	0,251	0,236	0,222	0,208
2,80	0,335	0,321	0,307	0,293	0,279	0,265	0,250	0,236	0,223	0,210
2,90	0,329	0,316	0,303	0,290	0,276	0,263	0,249	0,236	0,223	0,211
3,00	0,323	0,311	0,299	0,286	0,274	0,261	0,248	0,236	0,223	0,211
3,10	0,317	0,306	0,294	0,283	0,271	0,259	0,247	0,235	0,223	0,212
3,20	0,311	0,301	0,290	0,279	0,268	0,256	0,245	0,234	0,223	0,212
3,30	0,305	0,296	0,286	0,275	0,265	0,254	0,243	0,232	0,222	0,211
3,40	0,300	0,291	0,281	0,271	0,261	0,251	0,241	0,231	0,221	0,211
3,50	0,294	0,286	0,277	0,268	0,258	0,249	0,239	0,229	0,220	0,210
3,60	0,289	0,281	0,273	0,264	0,255	0,246	0,237	0,228	0,218	0,209
3,70	0,284	0,276	0,268	0,260	0,252	0,243	0,235	0,226	0,217	0,208
3,80	0,279	0,272	0,264	0,256	0,249	0,240	0,232	0,224	0,216	0,207
3,90	0,274	0,267	0,260	0,253	0,245	0,238	0,230	0,222	0,214	0,206
4,00	0,269	0,263	0,256	0,249	0,242	0,235	0,227	0,220	0,212	0,205
4,10	0,264	0,258	0,252	0,246	0,239	0,232	0,225	0,218	0,211	0,203
4,20	0,260	0,254	0,248	0,242	0,236	0,229	0,222	0,216	0,209	0,202
4,30	0,255	0,250	0,244	0,239	0,233	0,226	0,220	0,213	0,207	0,200
4,40	0,251	0,246	0,241	0,235	0,229	0,224	0,217	0,211	0,205	0,199
4,50	0,247	0,242	0,237	0,232	0,226	0,221	0,215	0,209	0,203	0,197
4,60	0,243	0,238	0,234	0,229	0,223	0,218	0,212	0,207	0,201	0,195
4,70	0,239	0,235	0,230	0,225	0,220	0,215	0,210	0,205	0,199	0,194
4,80	0,235	0,231	0,227	0,222	0,217	0,213	0,208	0,202	0,197	0,192
4,90	0,231	0,227	0,223	0,219	0,215	0,210	0,205	0,200	0,195	0,190
5,00	0,227	0,224	0,220	0,216	0,212	0,207	0,203	0,198	0,193	0,188

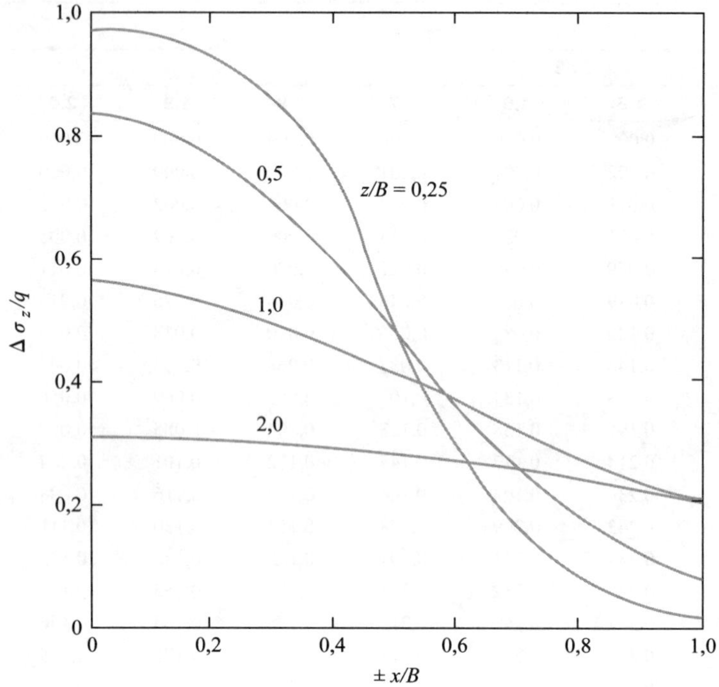

Figura 10.15 Variação de $\Delta\sigma_z/q$ com z/B e $\pm x/B$ [Equação (10.19)].

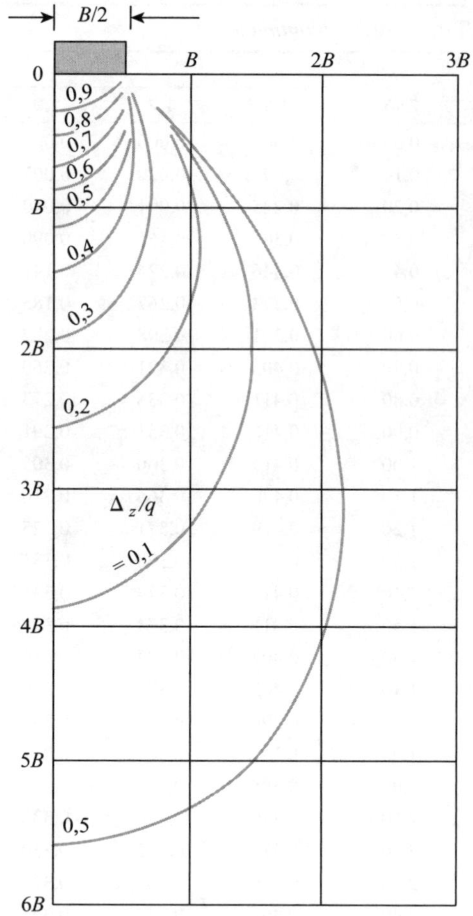

Figura 10.16 Contornos de $\Delta\sigma_z/q$ abaixo da faixa de carga.

Exemplo 10.6

Consulte a Figura 10.14. Dados: $B = 4$ m e $q = 100$ kN/m^2. Para o ponto A, $z = 1$ m e $x = 1$ m. Determine a tensão vertical $\Delta\sigma_z$ em A. Utilize a Equação (10.19).

Solução

Uma vez que $x = 1 \text{ m} < B/2 = 2$ m,

$$\Delta\sigma_z = \frac{q}{\pi}\left\{\text{tg}^{-1}\left[\frac{z}{x-\left(\frac{B}{2}\right)}\right] + \pi - \text{tg}^{-1}\left[\frac{z}{x-\left(\frac{B}{2}\right)}\right] - \frac{Bz\left[x^2 - z^2 - \left(\frac{B^2}{4}\right)\right]}{\left[x^2 + z^2 - \left(\frac{B^2}{4}\right)\right]^2 + B^2z^2}\right\}$$

$$\text{tg}^{-1}\left[\frac{z}{x-\left(\frac{B}{2}\right)}\right] = \text{tg}^{-1}\left(\frac{1}{1-2}\right) = -45° = -0{,}785 \text{ rad}$$

$$\text{tg}^{-1}\left[\frac{z}{x+\left(\frac{B}{2}\right)}\right] = \text{tg}^{-1}\left(\frac{1}{1+2}\right) = 18,43° = 0,322 \text{ rad}$$

$$\frac{Bz\left[x^2 - z^2 - \left(\frac{B^2}{4}\right)\right]}{\left[x^2 + z^2 - \left(\frac{B^2}{4}\right)\right]^2 + B^2z^2} = \frac{(4)(1)\left[(1)^2 - (1)^2 - \left(\frac{16}{4}\right)\right]}{\left[(1)^2 + (1)^2 - \left(\frac{16}{4}\right)\right]^2 + (16)(1)} = -0,8$$

Portanto,

$$\frac{\Delta\sigma_z}{q} = \frac{1}{\pi}[-0,785 + \pi - 0,322 - (-0,8)] = 0,902$$

Agora, compare com a Tabela 10.4. Para este caso, $\frac{2x}{B} = \frac{(2)(1)}{4} = 0,5$ e $\frac{2z}{B} = \frac{(2)(1)}{4} = 0,5.$

Então, $\frac{\Delta\sigma_z}{q} = 0,902$

$$\Delta\sigma_z = 0,902q = (0,902)\,(100) = \mathbf{90,2\ kN/m^2}$$ ■

10.8 Faixa de carregamento crescente vertical infinito

A Figura 10.17 mostra uma faixa de carregamento vertical infinito de comprimento B. A intensidade de carga aumenta de zero a $x = 0$ para q/área específica a $x = B$. Para a faixa elementar de comprimento dr, a carga por comprimento específico pode ser dado como $\left(\frac{q}{B}\right)x \cdot dr$. Aproximando este a um carregamento vertical podemos substituir $\left(\frac{q}{B}\right)x \cdot dr$ por q e $(x - r)$ por x na Eq. (10.15) para determinar a tensão vertical de A (x, z), ou

$$\Delta\sigma_z = \int d\sigma_z = \int_0^B \frac{2\left(\frac{q}{B}\right)r\,dr\,z^3}{\pi[(x-r)^2 + z^2]^2} = \left(\frac{1}{B}\right)\left(\frac{2q}{\pi}\right)\int_0^B \frac{z^3 r\,dr}{[(x-r)^2 + z^2]^2}$$

$$\Delta\sigma_z = \frac{q}{2\pi}\left(\frac{2x}{B}\alpha - \text{sen } 2\delta\right) \tag{10.20}$$

Na Equação (10.20), α está em radianos. *Além disso, observe o sinal para o ângulo δ.* A Tabela 10.5 mostra a variação de $\Delta\sigma_z$ com $2x$/B e $2z/B$.

Exemplo 10.7

Consulte a Figura 10.18. Para uma faixa de carregamento crescente vertical infinito, são dados: $B = 2$ m; $q = 100$ kN/m². Determine a tensão vertical $\Delta\sigma_z$ em A (–1 m, 1,5 m).

Solução

Consulte a Figura 10.18.

$$\alpha_1 = \text{tg}^{-1}\left(\frac{1,5}{3}\right) = 26,57°$$

(continua)

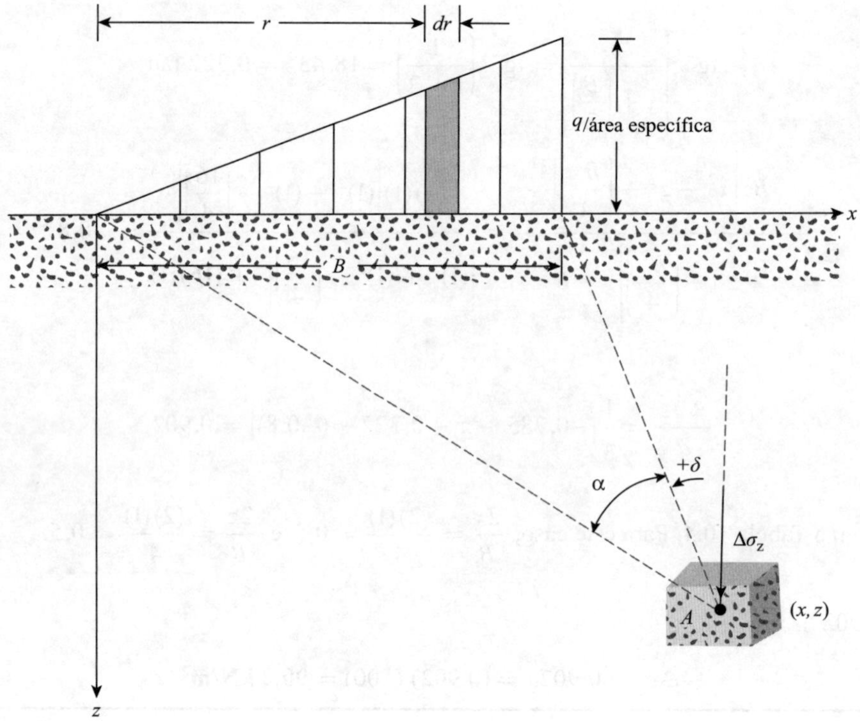

Figura 10.17 Faixa de carregamento crescente vertical infinito.

Tabela 10.5 Variação de $\Delta\sigma_z/q$ com $2x/B$ e $2z/B$ [Equação (10.20)]

	2z/B								
2x/B	**0,0**	**0,5**	**1,0**	**1,5**	**2,0**	**2,5**	**3,0**	**4,0**	**5,0**
−3	0	0,0003	0,0018	0,00054	0,0107	0,0170	0,0235	0,0347	0,0422
−2	0	0,0008	0,0053	0,0140	0,0249	0,0356	0,0448	0,0567	0,0616
−1	0	0,0041	0,0217	0,0447	0,0643	0,0777	0,0854	0,0894	0,0858
0	0	0,0748	0,1273	0,1528	0,1592	0,1553	0,1469	0,1273	0,1098
1	0,5	0,4797	0,4092	0,3341	0,2749	0,2309	0,1979	0,1735	0,1241
2	0,5	0,4220	0,3524	0,2952	0,2500	0,2148	0,1872	0,1476	0,1211
3	0	0,0152	0,0622	0,1010	0,1206	0,1268	0,1258	0,1154	0,1026
4	0	0,0019	0,0119	0,0285	0,0457	0,0596	0,0691	0,0775	0,0776
5	0	0,0005	0,0035	0,0097	0,0182	0,0274	0,0358	0,0482	0,0546

(contin. Exemplo 10.7)

$$\alpha_2 = \text{tg}^{-1}\left(\frac{1{,}5}{1}\right) = 56{,}3°$$

$$\alpha = \alpha_2 - \alpha_1 = 56{,}3 - 26{,}57 = 29{,}73°$$

$$\alpha_3 = 90 - \alpha_2 = 90 - 56{,}3 = 33{,}7°$$

$$\delta = -(\alpha_3 + \alpha) = -(33{,}7 + 29{,}73) = -63{,}43°$$

$$2\delta = -126{,}86°$$

Da Equação (10.20),

$$\frac{\Delta\sigma_z}{q} = \frac{1}{2\pi}\left(\frac{2x}{B}\alpha - \text{sen}\, 2\delta\right) = \frac{1}{2\pi}\left[\frac{2\times(-1)}{2}\left(\frac{\pi}{180}\times 29{,}73\right) - \text{sen}(-126{,}86)\right]$$

$$= \frac{1}{2\pi}[-0{,}519 - (-0{,}8)] = 0{,}0447$$

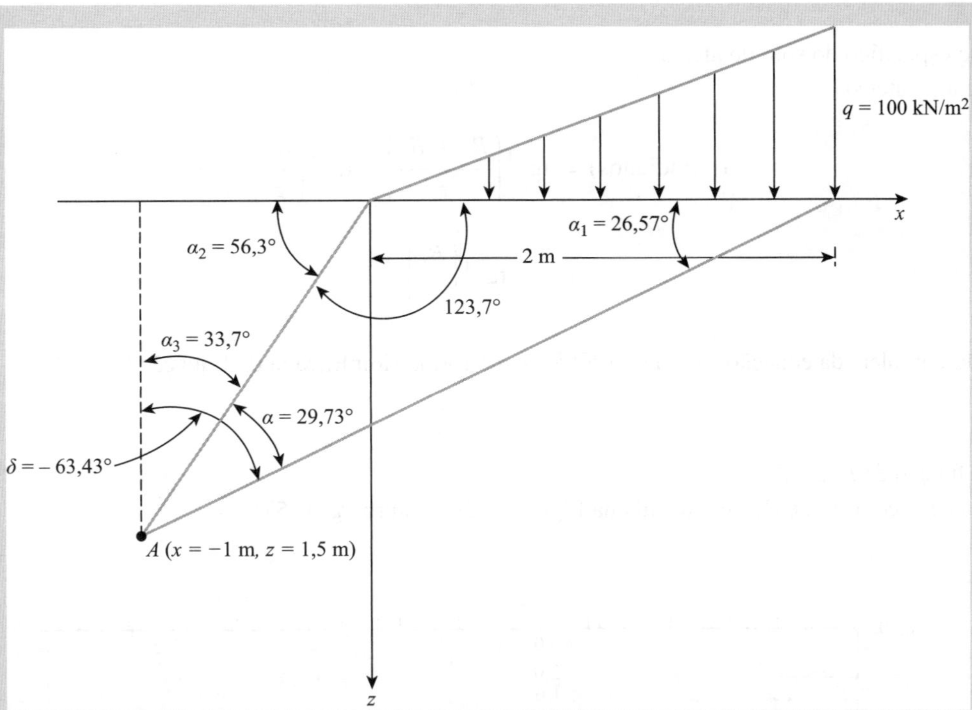

Figura 10.18

Compare este valor de $\frac{\Delta\sigma_z}{q}$ com $\frac{2x}{B} = \frac{(2)(-1)}{2} = -1$ e $\frac{2z}{B} = \frac{(2)(1,5)}{2} = 1,5$ dados na Tabela 10.5. Sendo compatível, então

$$\Delta\sigma_z = (0,0447)(q) = (0,0447)(100) = \mathbf{4,47\ kN/m^2}$$

■

10.9 Tensão vertical devida ao carregamento de um aterro

A Figura 10.19 mostra a seção transversal de um aterro de altura H. Para esta condição de carregamento bidimensional, o aumento da tensão vertical pode ser expresso como

$$\Delta\sigma_z = \frac{q_o}{\pi}\left[\left(\frac{B_1 + B_2}{B_2}\right)(\alpha_1 + \alpha_2) - \frac{B_1}{B_2}(\alpha_2)\right] \tag{10.21}$$

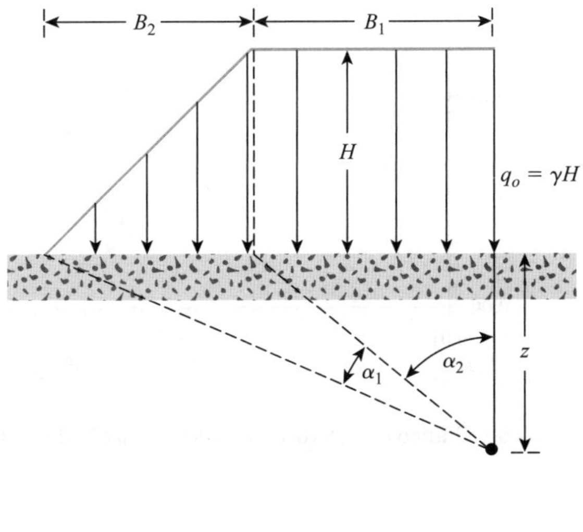

Figura 10.19 Carregamento de aterro.

onde $q_o = \gamma_H$

γ = peso específico do solo do aterro

H = altura do aterro

$$\alpha_1 \text{ (radianos)} = \text{tg}^{-1}\left(\frac{B_1 + B_2}{z}\right) - \text{tg}^{-1}\left(\frac{B_1}{z}\right) \tag{10.22}$$

$$\alpha_2 = \text{tg}^{-1}\left(\frac{B_1}{z}\right) \tag{10.23}$$

Para a derivação completa da equação, veja Das (2008). Uma forma simplificada da Equação (10.21) é

$$\Delta\sigma_z = q_o I_2 \tag{10.24}$$

onde I_2 = uma função de B_1/z e B_2/z.

A variação de I_2 com B_1/z e B_2/z é indicada na Figura 10.20 (Osterberg, 1957).

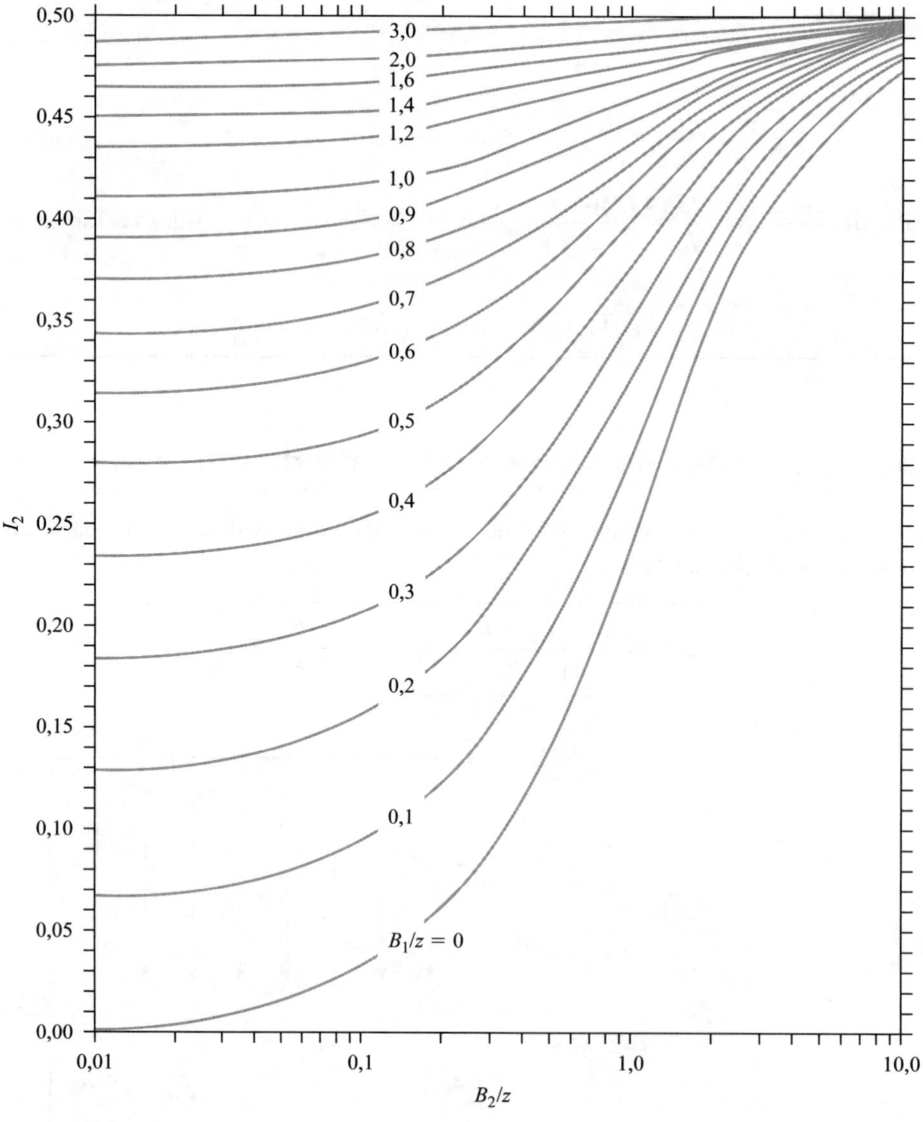

Figura 10.20 Gráfico de Osterberg para determinação de tensão vertical em razão do carregamento de um aterro.

Exemplo 10.8

Um aterro é mostrado na Figura 10.21a. Determine o aumento de tensão sob o aterro nos pontos A_1 e A_2.

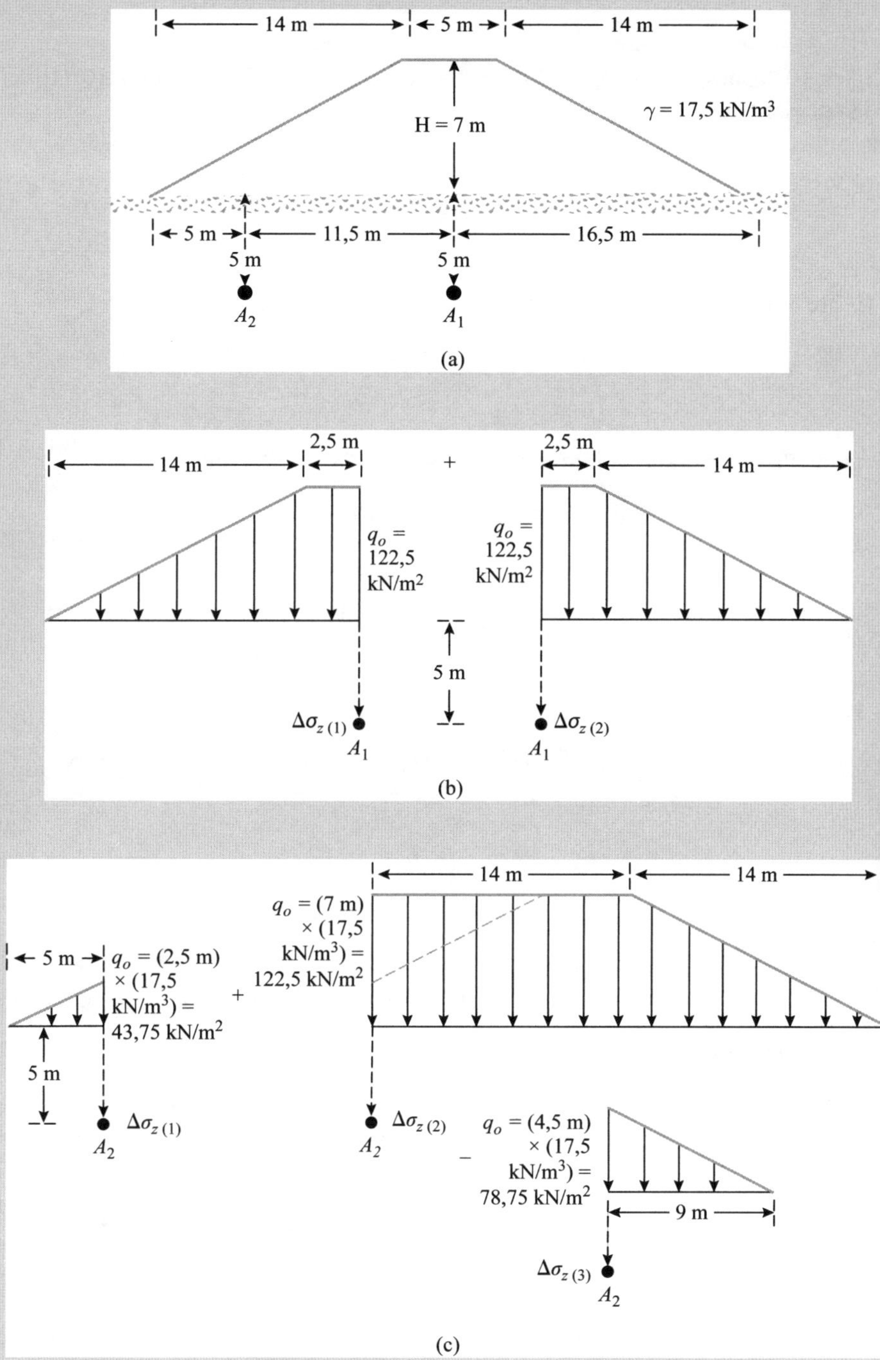

Figura 10.21

Solução

$$\gamma H = (17{,}5)(7) = 122{,}5 \text{ kN/m}^2$$

(continua)

Aumento de tensão em A_1

O lado esquerdo da Figura 10.21b indica que $B_1 = 2{,}5$ m e $B_2 = 14$ m. Então,

$$\frac{B_1}{z} = \frac{2{,}5}{5} = 0{,}5; \quad \frac{B_2}{z} = \frac{14}{5} = 2{,}8$$

De acordo com a Figura 10.20, neste caso, $I_2 = 0{,}445$. Por conta de os dois lados na Figura 10.21b serem simétricos, o valor de I_2 para o lado direito também será 0,445. Portanto,

$$\begin{aligned}\Delta\sigma_z &= \Delta\sigma_{z(1)} + \Delta\sigma_{z(2)} = q_o[I_{2(\text{Esquerda})} + I_{2(\text{Direita})}] \\ &= 122{,}5[0{,}445 + 0{,}445] = \mathbf{109{,}03\ kN/m^2}\end{aligned}$$

Aumento de tensão em A_2

Consulte a Figura 10.21c. Para o lado esquerdo, $B_2 = 5$ m e $B_1 = 0$. Portanto,

$$\frac{B_2}{z} = \frac{5}{5} = 1; \quad \frac{B_1}{z} = \frac{0}{5} = 0$$

De acordo com a Figura 10.20, para estes valores de B_2/z e B_1/z, $I_2 = 0{,}24$. Portanto,

$$\Delta\sigma_{z(1)} = 43{,}75(0{,}24) = 10{,}5\ \text{kN/m}^2$$

Para a seção central,

$$\frac{B_2}{z} = \frac{14}{5} = 2{,}8; \quad \frac{B_1}{z} = \frac{14}{5} = 2{,}8$$

Assim, $I_2 = 0{,}495$. Portanto,

$$\Delta\sigma_{z(2)} = 0{,}495(122{,}5) = 60{,}64\ \text{kN/m}^2$$

Para o lado direito,

$$\frac{B_2}{z} = \frac{9}{5} = 1{,}8; \quad \frac{B_1}{z} = \frac{0}{5} = 0$$

e $I_2 = 0{,}335$. Portanto,

$$\Delta\sigma_{z(3)} = (78{,}75)(0{,}335) = 26{,}38\ \text{kN/m}^2$$

Aumento da tensão total no ponto A_2 é

$$\Delta\sigma_z = \Delta\sigma_{z(1)} + \Delta\sigma_{z(2)} - \Delta\sigma_{z(3)} = 10{,}5 + 60{,}64 - 26{,}38 = \mathbf{44{,}76\ kN/m^2}$$ ■

10.10 Tensão vertical abaixo do centro de uma área circular uniformemente carregada

Utilizando a solução de Boussinesq para a tensão vertical $\Delta\sigma_z$ causada por uma carga pontual [Equação (10.12)], é possível desenvolver uma expressão para a tensão vertical abaixo do centro de uma área circular de carga uniformemente carregada.

Da Figura 10.22, adotamos que a intensidade da pressão da área circular com raio R é igual a q. A carga total na área elementar (área sombreada na figura) é igual a $qr\ dr\ d\alpha$. A tensão vertical, $d\sigma_z$, no ponto A, causada pela carga da área elementar (que podemos presumir como sendo a carga concentrada), pode ser obtida da Equação (10.12),

$$d\sigma_z = \frac{3(qr\ dr\ d\alpha)}{2\pi} \frac{z^3}{(r^2 + z^2)^{5/2}} \tag{10.25}$$

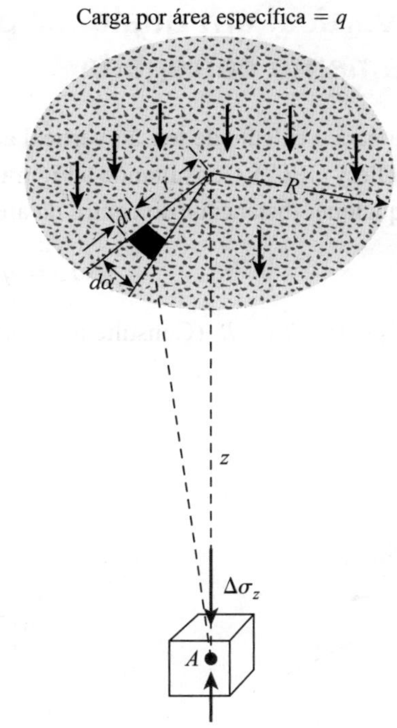

Figura 10.22 Tensão vertical abaixo do centro de uma área circular uniformemente carregada.

O aumento na tensão no ponto A causado pela área toda carregada pode ser encontrado integrando a Equação (10.25),

$$\Delta\sigma_z = \int d\sigma_z = \int_{\alpha=0}^{\alpha=2\pi}\int_{r=0}^{r=R}\frac{3q}{2\pi}\frac{z^3 r}{(r^2+z^2)^{5/2}}\,dr\,d\alpha$$

Portanto,

$$\Delta\sigma_z = q\left\{1 - \frac{1}{[(R/z)^2+1]^{3/2}}\right\} \tag{10.26}$$

A variação de $\Delta\sigma_z/q$ com z/R conforme obtida a partir da Equação (10.26) é dada na Tabela 10.6. O valor de $\Delta\sigma_z$ diminui rapidamente em função da profundidade e, em $z = 5R$, tem cerca de 6% de q, que é a intensidade da pressão na superfície do solo.

Tabela 10.6 Variação de $\Delta\sigma_z/q$ com z/R [Equação (10.25)]

z/R	$\Delta\sigma_z/q$	z/R	$\Delta\sigma_z/q$
0	1	1,0	0,6465
0,02	0,9999	1,5	0,4240
0,05	0,9998	2,0	0,2845
0,10	0,9990	2,5	0,1996
0,2	0,9925	3,0	0,1436
0,4	0,9488	4,0	0,0869
0,5	0,9106	5,0	0,0571
0,8	0,7562		

10.11 Tensão vertical em qualquer ponto abaixo de uma área circular uniformemente carregada

Uma tabulação detalhada para o cálculo de tensão vertical abaixo de uma área circular uniformemente carregada foi proporcionada por Ahlvin e Ulery (1962). Consultando a Figura 10.23, descobrimos que $\Delta\sigma_z$ em qualquer ponto A localizado a uma profundidade z a qualquer distância r do centro da área carregada pode ser dado como

$$\Delta\sigma_z = q(A' + B') \tag{10.27}$$

onde A' e B' sejam funções de z/R e r/R. (Consulte as Tabelas 10.7 e 10,8.) A Figura 10.24 exibe um gráfico de $\Delta\sigma_z/q$ com r/R e z/R.

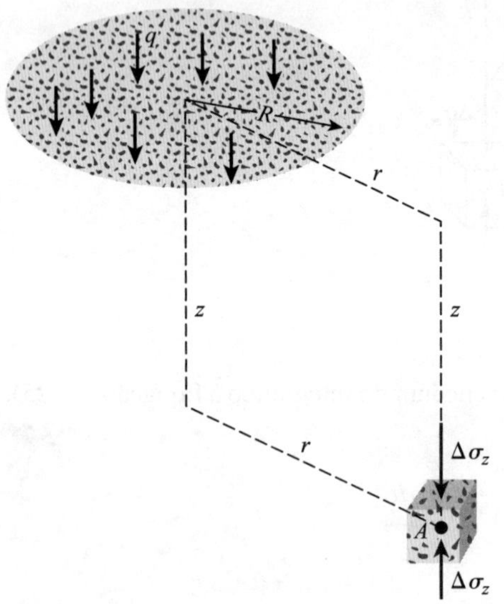

Figura 10.23 Tensão vertical em qualquer ponto abaixo de uma área circular uniformemente carregada.

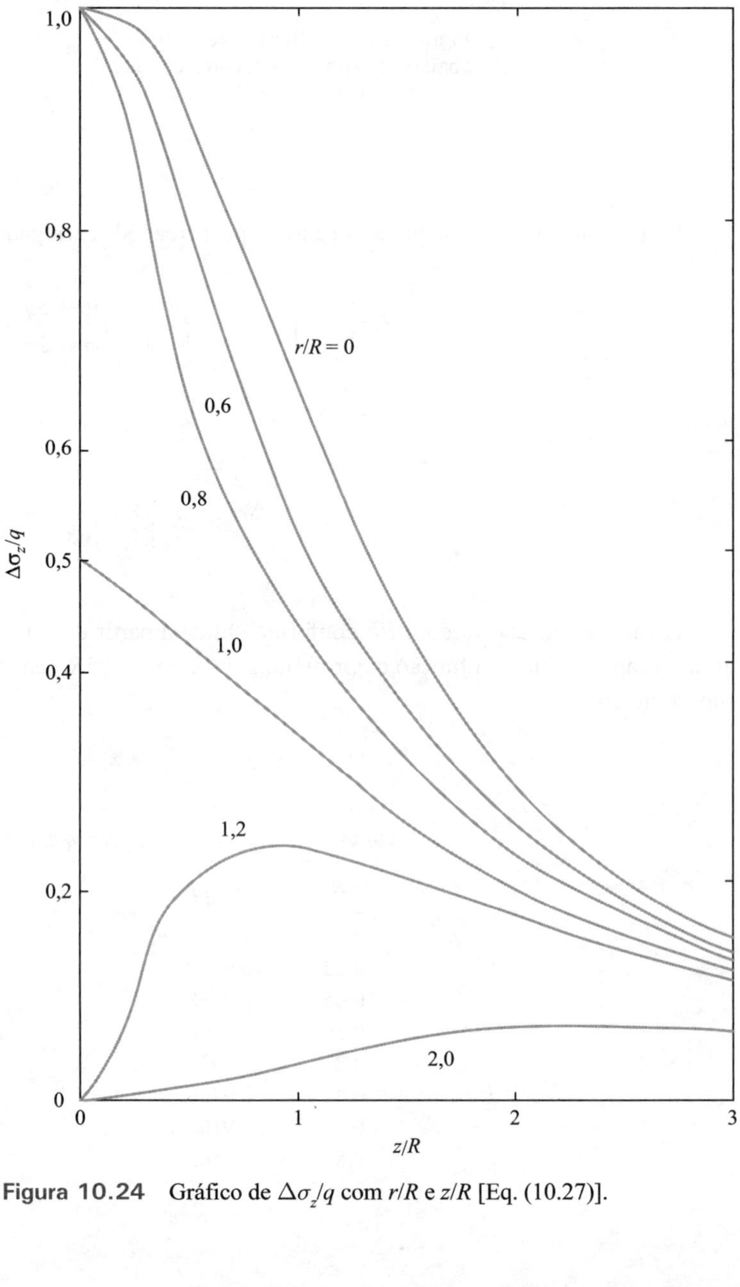

Figura 10.24 Gráfico de $\Delta\sigma_z/q$ com r/R e z/R [Eq. (10.27)].

Tabela 10.7 Variação de A' com z/R e r/R*

	r/R																	
z/R	**0**	**0,2**	**0,4**	**0,6**	**0,8**	**1**	**1,2**	**1,5**	**2**	**3**	**4**	**5**	**6**	**7**	**8**	**10**	**12**	**14**
0	1,0	1,0	1,0	1,0	1,0	0,5	0	0	0	0	0	0	0	0	0	0	0	0
0,1	0,90050	0,89748	0,88679	0,86126	0,78797	0,43015	0,09645	0,02787	0,00856	0,00211	0,00084	0,00042						
0,2	0,80388	0,79824	0,77884	0,73483	0,63014	0,38269	0,15433	0,05251	0,01680	0,00419	0,00167	0,00083	0,00048	0,00030	0,00020			
0,3	0,71265	0,70518	0,68316	0,62690	0,52081	0,34375	0,17964	0,07199	0,02440	0,00622	0,00250							
0,4	0,62861	0,62015	0,59241	0,53767	0,44329	0,31048	0,18709	0,08593	0,03118									
0,5	0,55279	0,54403	0,51622	0,46448	0,38390	0,28156	0,18556	0,09499	0,03701	0,01013	0,00407	0,00209	0,00118	0,00071	0,00053	0,00025	0,00014	0,00009
0,6	0,48550	0,47691	0,45078	0,40427	0,33676	0,25588	0,17952	0,10010										
0,7	0,42654	0,41874	0,39491	0,35428	0,29833	0,21727	0,17124	0,10228	0,04558									
0,8	0,37531	0,36832	0,34729	0,31243	0,26581	0,21297	0,16206	0,10236										
0,9	0,33104	0,32492	0,30669	0,27707	0,23832	0,19488	0,15253	0,10094										
1	0,29289	0,28763	0,27005	0,24697	0,21468	0,17868	0,14329	0,09849	0,05185	0,01742	0,00761	0,00393	0,00226	0,00143	0,00097	0,00050	0,00029	0,00018
1,2	0,23178	0,22795	0,21662	0,19890	0,17626	0,15101	0,12570	0,09192	0,05260	0,01935	0,00871	0,00459	0,00269	0,00171	0,00115			
1,5	0,16795	0,16552	0,15877	0,14804	0,13436	0,11892	0,10296	0,08048	0,05116	0,02142	0,01013	0,00548	0,00325	0,00210	0,00141	0,00073	0,00043	0,00027
2	0,10557	0,10453	0,10140	0,09647	0,09011	0,08269	0,07471	0,06275	0,04496	0,02221	0,01160	0,00659	0,00399	0,00264	0,00180	0,00094	0,00056	0,00036
2,5	0,07152	0,07098	0,06947	0,06698	0,06373	0,05974	0,05555	0,04880	0,03787	0,02143	0,01221	0,00732	0,00463	0,00308	0,00214	0,00115	0,00068	0,00043
3	0,05132	0,05101	0,05022	0,04886	0,04707	0,04487	0,04241	0,03839	0,03150	0,01980	0,01220	0,00770	0,00505	0,00346	0,00242	0,00132	0,00079	0,00051
4	0,02986	0,02976	0,02907	0,02802	0,02832	0,02749	0,02651	0,02490	0,02193	0,01592	0,01109	0,00768	0,00536	0,00384	0,00282	0,00160	0,00099	0,00065
5	0,01942	0,01938				0,01835			0,01573	0,01249	0,00949	0,00708	0,00527	0,00394	0,00298	0,00179	0,00113	0,00075
6	0,01361					0,01307			0,01168	0,00983	0,00795	0,00628	0,00492	0,00384	0,00299	0,00188	0,00124	0,00084
7	0,01005					0,00976			0,00894	0,00784	0,00661	0,00548	0,00445	0,00360	0,00291	0,00193	0,00130	0,00091
8	0,00772					0,00755			0,00703	0,00635	0,00554	0,00472	0,00398	0,00332	0,00276	0,00189	0,00134	0,00094
9	0,00612					0,00600			0,00566	0,00520	0,00466	0,00409	0,00353	0,00301	0,00256	0,00184	0,00133	0,00096
10								0,00477	0,00465	0,00438	0,00397	0,00352	0,00326	0,00273	0,00241			

* *Fonte*: De Ahlvin, R. G.; H. H. Ulery. Tabulated Values for Determining the Complete Pattern of Stresses, Strains, and Deflections Beneath a Uniform Circular Load on a Homogeneous Half Space. In *Highway Research Bulletin* n. 342, Highway Research Board, National Research Council, Washington, D.C., 1962, Tabelas 1 e 2, p. 3. Reproduzido com permissão da Transportation Research Board.

Tabela 10.8 Variação de B' com z/R e r/R*

z/R	r/R 0	0,2	0,4	0,6	0,8	1	1,2	1,5	2	3	4	5	6	7	8	10	12	14
0	0	0	0	0	0	0	0	0	0	0	0	0	0	0	0	0	0	0
0,1	0,09852	0,10140	0,11138	0,13424	0,18796	0,05388	–0,07899	–0,02672	–0,00845	–0,00210	–0,00084	–0,00042						
0,2	0,18857	0,19306	0,20772	0,23524	0,25983	0,08513	–0,07759	–0,04448	–0,01593	–0,00412	–0,00166	–0,00083	–0,00024	–0,00015	–0,00010			
0,3	0,26362	0,26787	0,28018	0,29483	0,27257	0,10757	–0,04316	–0,04999	–0,02166	–0,00599	–0,00245							
0,4	0,32016	0,32259	0,32748	0,32273	0,26925	0,12404	–0,00766	–0,04535	–0,02522									
0,5	0,35777	0,35752	0,35323	0,33106	0,26236	0,13591	0,02165	–0,03455	–0,02651	–0,00991	–0,00388	–0,00199	–0,00116	–0,00073	–0,00049	–0,00025	–0,00014	–0,00009
0,6	0,37831	0,37531	0,36308	0,32822	0,25411	0,14440	0,04457	–0,02101										
0,7	0,38487	0,37962	0,36072	0,31929	0,24638	0,14986	0,06209	–0,00702	–0,02329									
0,8	0,38091	0,37408	0,35133	0,30699	0,23779	0,15292	0,07530	0,00614										
0,9	0,36962	0,36275	0,33734	0,29299	0,22891	0,15404	0,08507	0,01795										
1	0,35355	0,34553	0,32075	0,27819	0,21978	0,15355	0,09210	0,02814	–0,01005	–0,01115	–0,00608	–0,00344	–0,00210	–0,00135	–0,00092	–0,00048	–0,00028	–0,00018
1,2	0,31485	0,30730	0,28481	0,24836	0,20113	0,14915	0,10002	0,04378	0,00023	–0,00995	–0,00632	–0,00378	–0,00236	–0,00156	–0,00107			
1,5	0,25602	0,25025	0,23338	0,20694	0,17368	0,13732	0,10193	0,05745	0,01385	–0,00669	–0,00600	–0,00401	–0,00265	–0,00181	–0,00126	–0,00068	–0,00040	–0,00026
2	0,17889	0,18144	0,16644	0,15198	0,13375	0,11331	0,09254	0,06371	0,02836	0,00028	–0,00410	–0,00371	–0,00278	–0,00202	–0,00148	–0,00084	–0,00050	–0,00033
2,5	0,12807	0,12633	0,12126	0,11327	0,10298	0,09130	0,07869	0,06022	0,03429	0,00661	–0,00130	–0,00271	–0,00250	–0,00201	–0,00156	–0,00094	–0,00059	–0,00039
3	0,09487	0,09394	0,09099	0,08635	0,08033	0,07325	0,06551	0,05354	0,03511	0,01112	0,00157	–0,00134	–0,00192	–0,00179	–0,00151	–0,00099	–0,00065	–0,00046
4	0,05707	0,05666	0,05562	0,05383	0,05145	0,04773	0,04532	0,03995	0,03066	0,01515	0,00595	0,00155	–0,00029	–0,00094	–0,00109	–0,00094	–0,00068	–0,00050
5	0,03772	0,03760				0,03384			0,02474	0,01522	0,00810	0,00371	0,00132	0,00013	–0,00043	–0,00070	–0,00061	–0,00049
6	0,02666					0,02468			0,01968	0,01380	0,00867	0,00496	0,00254	0,00110	0,00028	–0,00037	–0,00047	–0,00045
7	0,01980					0,01868			0,01577	0,01204	0,00842	0,00547	0,00332	0,00185	0,00093	–0,00002	–0,00029	–0,00037
8	0,01526					0,01459			0,01279	0,01034	0,00779	0,00554	0,00372	0,00236	0,00141	0,00035	–0,00008	–0,00025
9	0,01212					0,01170			0,01054	0,00888	0,00705	0,00533	0,00386	0,00265	0,00178	0,00066	0,00012	–0,00012
10								0,00924	0,00879	0,00764	0,00631	0,00501	0,00382	0,00281	0,00199			

* *Fonte*: De Ahlvin, R. G.; H. H. Ulery. Tabulated Values for Determining the Complete Pattern of Stresses, Strains, and Deflections Beneath a Uniform Circular Load on a Homogeneous Half Space. In *Highway Research Bulletin* n. 342, Highway Research Board, National Research Council, Washington, D.C., 1962, Tabelas 1 e 2, p. 3. Reproduzido com permissão da Transportation Research Board.

Exemplo 10.9

Considere uma área circular flexível uniformemente carregada na superfície do solo, como mostra a Figura 10.23. Dados: $R = 3$ m e carga uniforme $q = 100$ kN/m^2.

Calcule o aumento na tensão vertical com 1,5 m, 3 m, 4,5 m, 6 m e 12 m de profundidade abaixo da superfície de solo para os pontos em (a) $r = 0$ e (b) $r = 4,5$ m.

Solução

Da Equação (10.27),

$$\Delta\sigma_z = q(A' + B')$$

Dados: = 3 m e $q = 100$ kN/m^2.

Parte (a)

Podemos preparar a tabela a seguir: (*Observação*: $r/R = 0$. A' e B' são valores das Tabelas 10.7 e 10.8.)

Profundidade, *z* (m)	*z/R*	*A'*	*B'*	$\Delta\sigma_z$ (kN/m^2)
1,5	0,5	0,553	0,358	**91,1**
3	1,0	0,293	0,354	**64,7**
4,5	1,5	0,168	0,256	**42,4**
6	2,0	0,106	0,179	**28,5**
12	4,0	0,03	0,057	**8,7**

Parte b

$$r/R = 4,5/3 = 1,5$$

Profundidade, *z* (m)	*z/R*	*A'*	*B'*	$\Delta\sigma_z$ (kN/m^2)
1,5	0,5	0,095	–0,035	**6,0**
3	1,0	0,098	0,028	**12,6**
4,5	1,5	0,08	0,057	**13,7**
6	2,0	0,063	0,064	**12,7**
12	4,0	0,025	0,04	**6,5**

■

10.12 Tensão vertical causada por uma área retangular carregada

A solução de Boussinesq também pode ser utilizada para calcular o aumento da tensão vertical abaixo de uma área flexível retangular carregada conforme indicado na Figura 10.25. A área carregada está localizada na superfície do solo e tem comprimento L e largura B. A carga uniformemente distribuída por área específica é igual a q. Para determinar o aumento da tensão vertical ($\Delta\sigma_z$) no ponto A localizado a uma profundidade z abaixo do canto da área retangular, precisamos considerar uma pequena área elementar $dx\,dy$ do retângulo. (Isso é mostrado na Figura 10.25.) A carga nesta área elementar pode ser dada por

$$dq = q\,dx\,dy \tag{10.28}$$

O aumento da tensão ($d\sigma_z$) no ponto A causado pela carga dq pode ser determinado utilizando a Eq. (10.12). Porém é necessário substituir P com $dq = q\,dx\,dy$ e r^2 com $x^2 + y^2$. Assim,

$$d\sigma_z = \frac{3q\,dx\,dy\,z^3}{2\pi(x^2 + y^2 + z^2)^{5/2}} \tag{10.29}$$

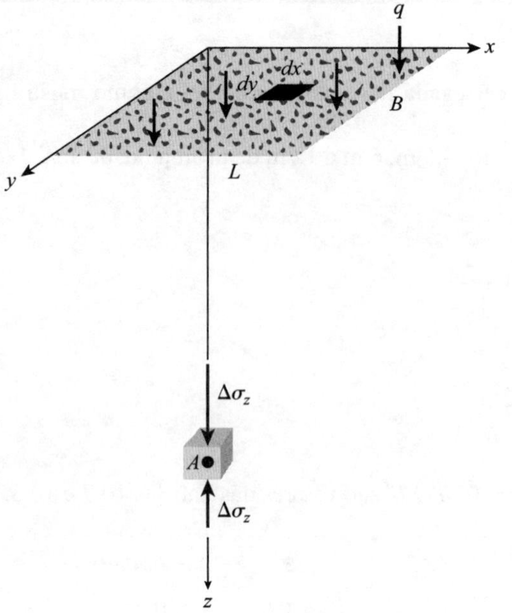

Figura 10.25 Tensão vertical abaixo do canto de uma área retangular flexível uniformemente carregada.

O aumento na tensão no ponto A causado pela área toda carregada pode ser, agora, determinado integrando a equação anterior. É obtido

$$\Delta\sigma_z = \int d\sigma_z = \int_{y=0}^{B}\int_{x=0}^{L} \frac{3qz^3(dx\,dy)}{2\pi(x^2+y^2+z^2)^{5/2}} = qI_3 \tag{10.30}$$

onde

$$I_3 = \frac{1}{4\pi}\left[\frac{2mn\sqrt{m^2+n^2+1}}{m^2+n^2+m^2n^2+1}\left(\frac{m^2+n^2+2}{m^2+n^2+1}\right) + \mathrm{tg}^{-1}\left(\frac{2mn\sqrt{m^2+n^2+1}}{m^2+n^2-m^2n^2+1}\right)\right] \tag{10.31}$$

$$m = \frac{B}{z} \tag{10.32}$$

$$n = \frac{L}{z} \tag{10.33}$$

O termo arco tangente na Equação (10.31) deve ser um ângulo positivo no radiano. Quando $m^2 + n^2 + 1 < m^2 n^2$, torna-se um ângulo negativo. Então o termo π deve ser adicionado àquele ângulo. A variação de I_3 com m e n é indicada na Tabela 10.9 e Figura 10.26.

O aumento na tensão em qualquer ponto abaixo da área retangular carregada pode ser encontrado utilizando a Eq. (10.30). Isso pode ser explicado consultando a Figura 10.27. Vamos determinar a tensão em um ponto abaixo do ponto A' à profundidade z. A área carregada pode ser dividida em quatro retângulos, como mostra a ilustração. O ponto A' é o canto comum a todos os retângulos. O aumento na tensão à profundidade z abaixo do ponto A' em razão de cada área retangular, agora, pode ser calculado utilizando a Equação (10.30). O aumento total da tensão causado pela área total carregada pode ser dado por

$$\Delta\sigma_z = q[I_{3(1)} + I_{3(2)} + I_{3(3)} + I_{3(4)}] \tag{10.34}$$

onde $I_{3(1)}$, $I_{3(2)}$, $I_{3(3)}$ e $I_{3(4)}$ = valores de I_3 para os retângulos 1, 2, 3 e 4, respectivamente.

Tabela 10.9 Variação de I_3 com m e n [Equação (10.31)]

	m																			
n	0,1	0,2	0,3	0,4	0,5	0,6	0,7	0,8	0,9	1,0	1,2	1,4	1,6	1,8	2,0	2,5	3,0	4,0	5,0	6,0
0,1	0,0047	0,0092	0,0132	0,0168	0,0198	0,0222	0,0242	0,0258	0,0270	0,0279	0,0293	0,0301	0,0306	0,0309	0,0311	0,0314	0,0315	0,0316	0,0316	0,0316
0,2	0,0092	0,0179	0,0259	0,0328	0,0387	0,0435	0,0474	0,0504	0,0528	0,0547	0,0573	0,0589	0,0599	0,0606	0,0610	0,0616	0,0618	0,0619	0,0620	0,0620
0,3	0,0132	0,0259	0,0374	0,0474	0,0559	0,0629	0,0686	0,0731	0,0766	0,0794	0,0832	0,0856	0,0871	0,0880	0,0887	0,0895	0,0898	0,0901	0,0901	0,0902
0,4	0,0168	0,0328	0,0474	0,0602	0,0711	0,0801	0,0873	0,0931	0,0977	0,1013	0,1063	0,1094	0,1114	0,1126	0,1134	0,1145	0,1150	0,1153	0,1154	0,1154
0,5	0,0198	0,0387	0,0559	0,0711	0,0840	0,0947	0,1034	0,1104	0,1158	0,1202	0,1263	0,1300	0,1324	0,1340	0,1350	0,1363	0,1368	0,1372	0,1374	0,1374
0,6	0,0222	0,0435	0,0629	0,0801	0,0947	0,1069	0,1168	0,1247	0,1311	0,1361	0,1431	0,1475	0,1503	0,1521	0,1533	0,1548	0,1555	0,1560	0,1561	0,1562
0,7	0,0242	0,0474	0,0686	0,0873	0.1034	0,1169	0,1277	0,1365	0,1436	0,1491	0,1570	0,1620	0,1652	0,1672	0,1686	0,1704	0,1711	0,1717	0,1719	0,1719
0,8	0,0258	0,0504	0,0731	0,0931	0,1104	0,1247	0,1365	0,1461	0,1537	0,1598	0,1684	0,1739	0,1774	0,1797	0,1812	0,1832	0,1841	0,1847	0,1849	0,1850
0,9	0,0270	0,0528	0,0766	0,0977	0,1158	0,1311	0,1436	0,1537	0,1619	0,1684	0,1777	0,1836	0,1874	0,1899	0,1915	0,1938	0,1947	0,1954	0,1956	0,1957
1,0	0,0279	0,0547	0,0794	0,1013	0,1202	0,1361	0,1491	0,1598	0,1684	0,1752	0,1851	0,1914	0,1955	0,1981	0,1999	0,2024	0,2034	0,2042	0,2044	0,2045
1,2	0,0293	0,0573	0,0832	0,1063	0,1263	0,1431	0,1570	0,1684	0,1777	0,1851	0,1958	0,2028	0,2073	0,2103	0,2124	0,2151	0,2163	0,2172	0,2175	0,2176
1,4	0,0301	0,0589	0,0856	0,1094	0,1300	0,1475	0,1620	0,1739	0,1836	0,1914	0,2028	0,2102	0,2151	0,2184	0,2206	0,2236	0,2250	0,2260	0,2263	0,2264
1,6	0,0306	0,0599	0,0871	0,1114	0,1324	0,1503	0,1652	0,1774	0,1874	0,1955	0,2073	0,2151	0,2203	0,2237	0,2261	0,2294	0,2309	0,2320	0,2323	0,2325
1,8	0,0309	0,0606	0,0880	0,1126	0,1340	0,1521	0,1672	0,1797	0,1899	0,1981	0,2103	0,2183	0,2237	0,2274	0,2299	0,2333	0,2350	0,2362	0,2366	0,2367
2,0	0,0311	0,0610	0,0887	0,1134	0,1350	0,1533	0,1686	0,1812	0,1915	0,1999	0,2124	0,2206	0,2261	0,2299	0,2325	0,2361	0,2378	0,2391	0,2395	0,2397
2,5	0,0314	0,0616	0,0895	0,1145	0,1363	0,1548	0,1704	0,1832	0,1938	0,2024	0,2151	0,2236	0,2294	0,2333	0,2361	0,2401	0,2420	0,2434	0,2439	0,2441
3,0	0,0315	0,0618	0,0898	0,1150	0,1368	0,1555	0,1711	0,1841	0,1947	0,2034	0,2163	0,2250	0,2309	0,2350	0,2378	0,2420	0,2439	0,2455	0,2461	0,2463
4,0	0,0316	0,0619	0,0901	0,1153	0,1372	0,1560	0,1717	0,1847	0,1954	0,2042	0,2172	0,2260	0,2320	0,2362	0,2391	0,2434	0,2455	0,2472	0,2479	0,2481
5,0	0,0316	0,0620	0,0901	0,1154	0,1374	0,1561	0,1719	0,1849	0,1956	0,2044	0,2175	0,2263	0,2324	0,2366	0,2395	0,2439	0,2460	0,2479	0,2486	0,2489
6,0	0,0316	0,0620	0,0902	0,1154	0,1374	0,1562	0,1719	0,1850	0,1957	0,2045	0,2176	0,2264	0,2325	0,2367	0,2397	0,2441	0,2463	0,2482	0,2489	0,2492

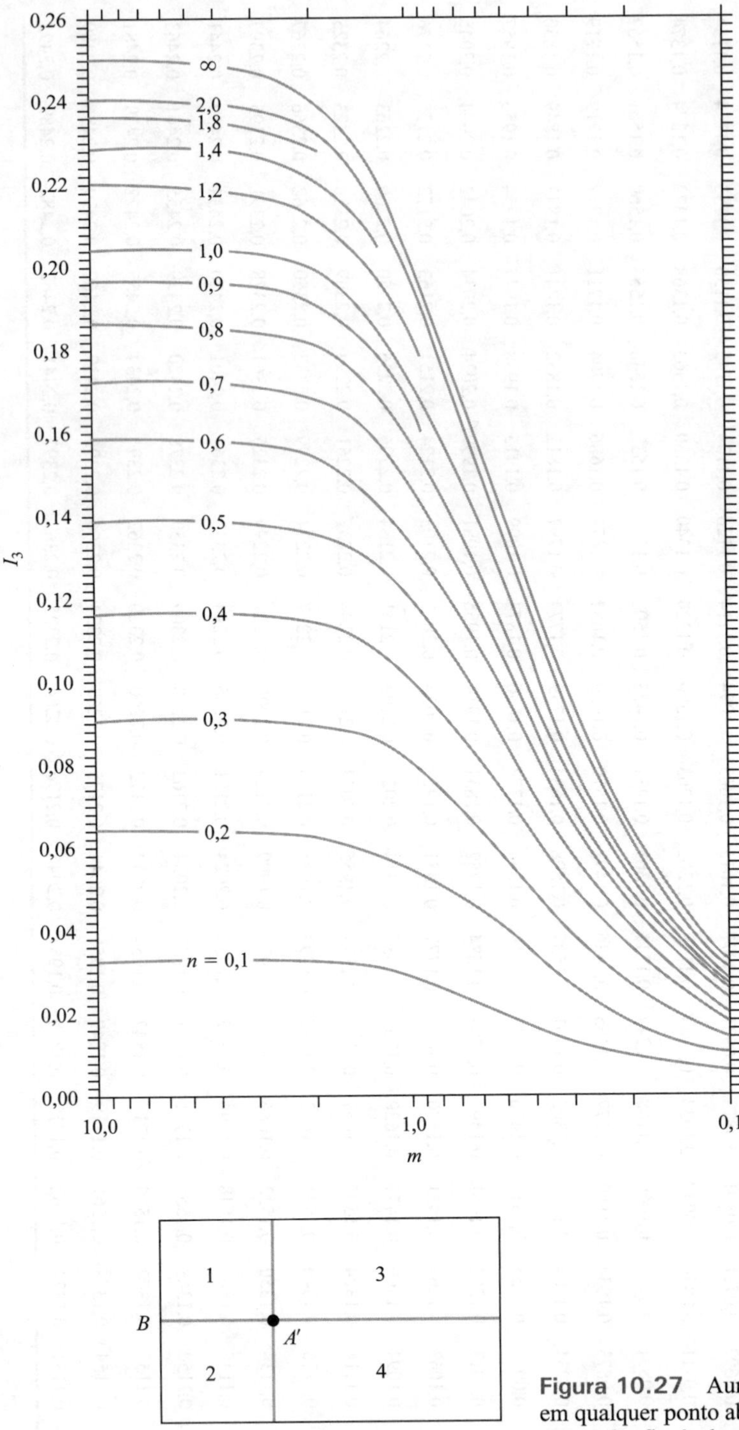

Figura 10.26 Variação de I_3 com m e n.

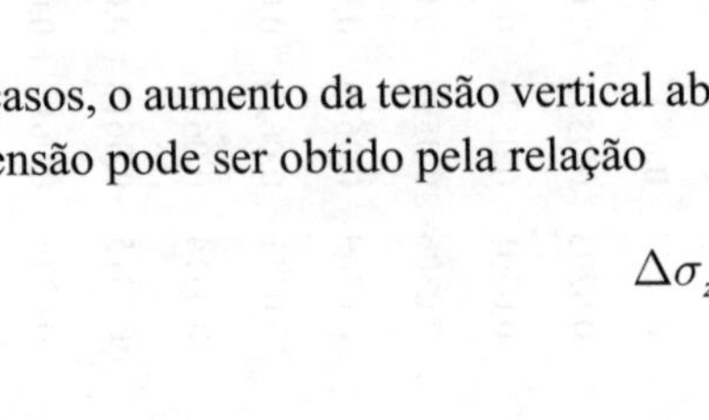

Figura 10.27 Aumento na tensão em qualquer ponto abaixo de uma área retangular flexível carregada.

Na maioria dos casos, o aumento da tensão vertical abaixo do centro da área do retângulo (Figura 10.28) é importante. Este aumento da tensão pode ser obtido pela relação

$$\Delta\sigma_z = qI_4 \tag{10.35}$$

onde

$$I_4 = \frac{2}{\pi}\left[\frac{m_1 n_1}{\sqrt{1+m_1^2+n_1^2}}\,\frac{1+m_1^2+2n_1^2}{(1+n_1^2)(m_1^2+n_1^2)} + \text{sen}^{-1}\frac{m_1}{\sqrt{m_1^2+n_1^2}\,\sqrt{1+n_1^2}}\right] \tag{10.36}$$

$$m_1 = \frac{L}{B} \tag{10.37}$$

$$n_1 = \frac{z}{b} \tag{10.38}$$

$$b = \frac{B}{2} \quad 10.39)$$

A variação de I_4 com m_1 e n_1 é proporcionada na Tabela 10.10. A Figura 10.29 indica a variação de I_4 com L/B e z/B.

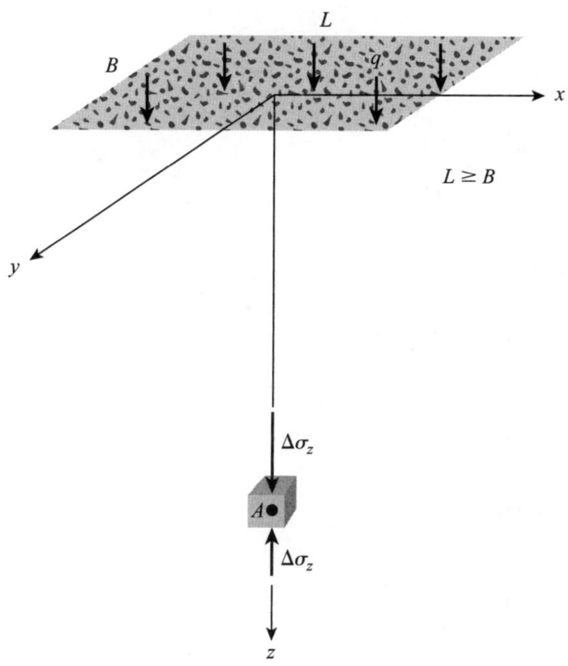

Figura 10.28 Tensão vertical abaixo do centro de uma área retangular e flexível carregada uniformemente.

Tabela 10.10 Variação de I_4 com m_1 e n_1 [Equação (10.36)]

	m_1									
n_1	1	2	3	4	5	6	7	8	9	10
0,20	0,994	0,997	0,997	0,997	0,997	0,997	0,997	0,997	0,997	0,997
0,40	0,960	0,976	0,977	0,977	0,977	0,977	0,977	0,977	0,977	0,977
0,60	0,892	0,932	0,936	0,936	0,937	0,937	0,937	0,937	0,937	0,937
0,80	0,800	0,870	0,878	0,880	0,881	0,881	0,881	0,881	0,881	0,881
1,00	0,701	0,800	0,814	0,817	0,818	0,818	0,818	0,818	0,818	0,818
1,20	0,606	0,727	0,748	0,753	0,754	0,755	0,755	0,755	0,755	0,755
1,40	0,522	0,658	0,685	0,692	0,694	0,695	0,695	0,696	0,696	0,696
1,60	0,449	0,593	0,627	0,636	0,639	0,640	0,641	0,641	0,641	0,642
1,80	0,388	0,534	0,573	0,585	0,590	0,591	0,592	0,592	0,593	0,593
2,00	0,336	0,481	0,525	0,540	0,545	0,547	0,548	0,549	0,549	0,549
3,00	0,179	0,293	0,348	0,373	0,384	0,389	0,392	0,393	0,394	0,395
4,00	0,108	0,190	0,241	0,269	0,285	0,293	0,298	0,301	0,302	0,303
5,00	0,072	0,131	0,174	0,202	0,219	0,229	0,236	0,240	0,242	0,244
6,00	0,051	0,095	0,130	0,155	0,172	0,184	0,192	0,197	0,200	0,202
7,00	0,038	0,072	0,100	0,122	0,139	0,150	0,158	0,164	0,168	0,171
8,00	0,029	0,056	0,079	0,098	0,113	0,125	0,133	0,139	0,144	0,147
9,00	0,023	0,045	0,064	0,081	0,094	0,105	0,113	0,119	0,124	0,128
10,00	0,019	0,037	0,053	0,067	0,079	0,089	0,097	0,103	0,108	0,112

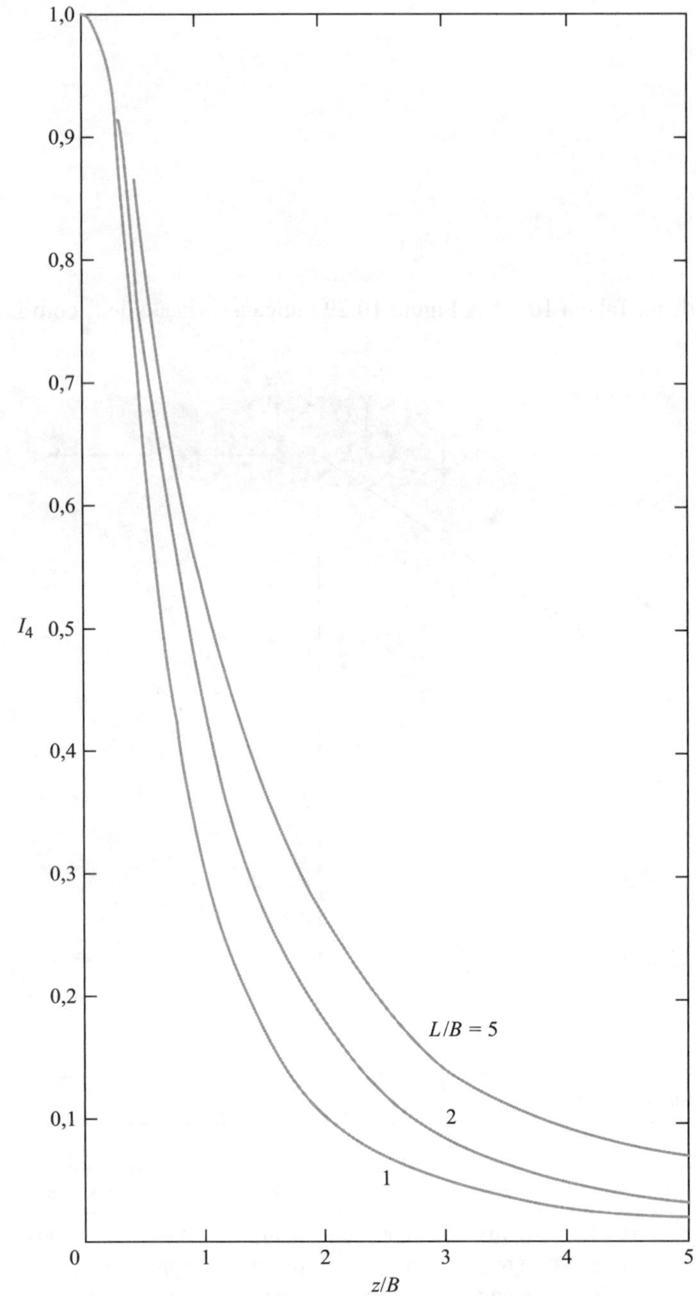

Figura 10.29
Variação de I_4 com L/B e z/B.

Exemplo 10.10

A planta de uma área retangular uniformemente carregada é exibida na Figura 10.30a. Determine o aumento da tensão vertical $\Delta\sigma_z$ abaixo do ponto A' a uma profundidade de $z = 4$ m.

Solução

O aumento da tensão $\Delta\sigma_z$ pode ser escrito como

$$\Delta\sigma_z = \Delta\sigma_{z(1)} - \Delta\sigma_{z(2)}$$

onde

$\Delta\sigma_{z(1)}$ = aumento da tensão em razão da área carregada exibida na Figura 10.30b
$\Delta\sigma_{z(2)}$ = aumento da tensão em razão da área carregada exibida na Figura 10.30c

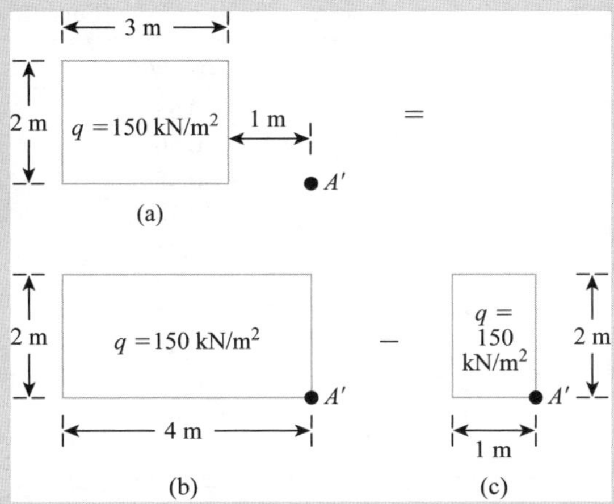

Figura 10.30

Para a área carregada exibida na Figura 10.30b:

$$m = \frac{B}{z} = \frac{2}{4} = 0{,}5$$
$$n = \frac{L}{z} = \frac{4}{4} = 1$$

A partir da Figura 10.26 para $m = 0{,}5$ e $n = 1$, o valor de $I_3 = 0{,}1225$. Então,

$$\Delta\sigma_{z(1)} = qI_3 = (150)(0{,}1202) = 18{,}38 \text{ kN/m}^2$$

De forma similar, para a área carregada exibida na Figura 10.30c:

$$m = \frac{B}{z} = \frac{1}{4} = 0{,}25$$
$$n = \frac{L}{z} = \frac{2}{4} = 0{,}5$$

Assim, $I_3 = 0{,}0473$. Portanto,

$$\Delta\sigma_{z(2)} = (150)(0{,}0473) = 7{,}1 \text{ kN/m}^2$$

Então,

$$\Delta\sigma_z = \Delta\sigma_{z(1)} - \Delta\sigma_{z(2)} = 18{,}38 - 7{,}1 = \mathbf{11{,}28\ kN/m^2}$$ ■

10.13 Gráfico de influência para pressão vertical

A Equação (10.26) pode ser reordenada e escrita na forma

$$\frac{R}{z} = \sqrt{\left(1 - \frac{\Delta\sigma_z}{q}\right)^{-2/3} - 1} \tag{10.40}$$

Observe que R/z e $\Delta\sigma_z/q$ nesta equação são quantidades adimensionais. Os valores de R/z que correspondem a diversas taxas de pressão são proporcionados na Tabela 10.11.

Tabela 10.10 Valores de R/z para várias relações de pressão [Equação (10.40)]

$\Delta\sigma_z/q$	R/z	$\Delta\sigma_z/q$	R/z
0	0	0,55	0,8384
0,05	0,1865	0,60	0,9176
0,10	0,2698	0,65	1,0067
0,15	0,3383	0,70	1,1097
0,20	0,4005	0,75	1,2328
0,25	0,4598	0,80	1,3871
0,30	0,5181	0,85	1,5943
0,35	0,5768	0,90	1,9084
0,40	0,6370	0,95	2,5232
0,45	0,6997	1,00	∞
0,50	0,7664		

Utilizando os valores de R/z obtidos da Eq. (10.40) para diversas taxas de pressão, Newmark (1942) apresentou um gráfico de influência que pode ser utilizado para determinar a pressão vertical em qualquer ponto abaixo da área flexível uniformemente carregada, em qualquer formato.

A Figura 10.31 mostra um gráfico de influência construído desenhando-se círculos concêntricos. Os raios dos círculos são iguais aos valores R/z correspondentes a $\Delta\sigma_z/q = 0$, 0,1, 0,2, ..., 1. (*Observação*: Para $\Delta\sigma_z/q = 0$, $R/z = 0$, e para $\Delta\sigma_z/q = 1$, $R/z = \infty$, assim são exibidos nove círculos.) O comprimento específico para representação gráfica dos círculos é $\overline{AB}$. Os círculos são divididos por várias linhas radiais, igualmente espaçadas. O valor de influência do gráfico é fornecido por $1/N$, onde N é igual ao número de elementos no gráfico. Na Figura 10.31, existem 200 elementos; portanto, o valor de influência é 0,005.

O procedimento para a obtenção da pressão vertical em qualquer ponto abaixo da área carregada é o seguinte:

1. Determine a profundidade z abaixo da área uniformemente carregada, na qual o aumento de tensão é requerido.
2. Represente graficamente a planta da área carregada com a escala z igual ao comprimento unitário do gráfico ($\overline{AB}$).

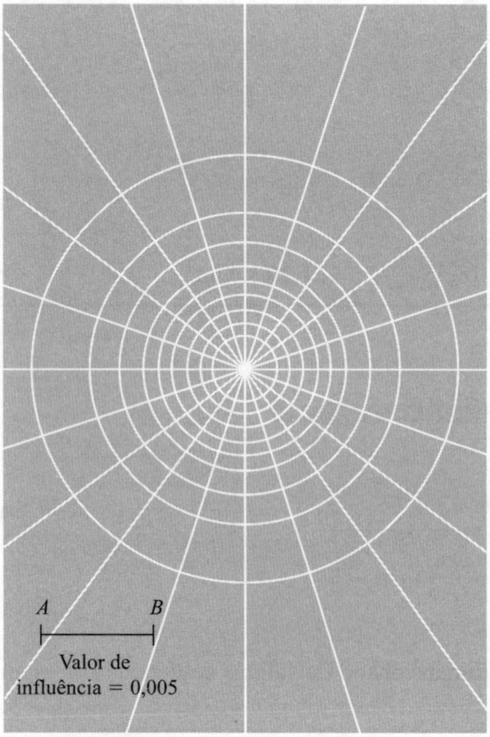

Figura 10.31 Gráfico de influência para a pressão vertical com base na teoria de Boussinesq. (*Boletim nº 338. Influence Charts for Computation of Stresses in Elastic. Foundations, by Nathan M. Newmark. University of Illinois, 1942.*)

3. Coloque a planta (representada graficamente no passo 2) no gráfico de influência, de tal modo que o ponto abaixo do qual a tensão deve ser determinada fique localizado no centro do gráfico.
4. Conte o número de elementos (*M*) do gráfico incluído na planta da área carregada.

O aumento na pressão no ponto em consideração é dado por

$$\Delta\sigma_z = (IV)qM \tag{10.41}$$

onde IV = valor de influência
q = pressão na área carregada

Exemplo 10.11

A seção transversal e a planta de uma sapata da coluna são indicadas na Figura 10.32a. Encontre o aumento na tensão vertical produzida pela sapata da coluna no ponto *A*.

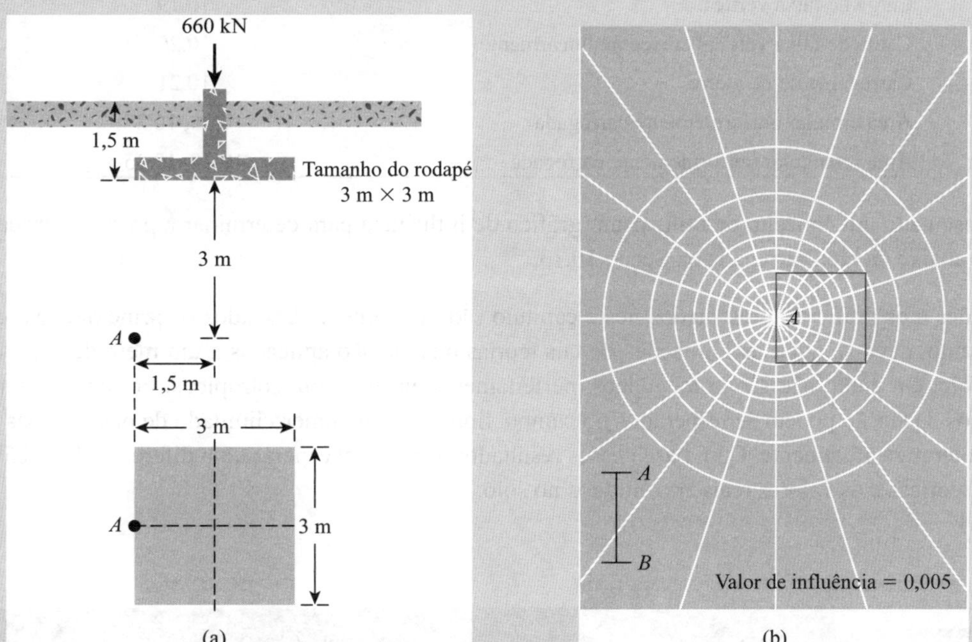

Figura 10.32 (a) Seção transversal e uma planta de uma sapata de coluna; (b) determinação de tensão em *A* pelo uso do gráfico de influência Newmark.

Solução

O ponto *A* está localizado a uma profundidade de 3 m abaixo da base da sapata. A planta da sapata quadrada foi desenhada novamente com uma escala de $\overline{AB} = 3$ m e inserida no gráfico de influência (Figura 10.32b), de tal forma que o ponto *A* na planta fique posicionado diretamente sobre o centro do gráfico. A quantidade de elementos dentro da descrição da planta é de aproximadamente 48,5. Portanto,

$$\Delta\sigma_z = (IV)qM = 0{,}005\left(\frac{660}{3 \times 3}\right)48{,}5 = \mathbf{17{,}78\,kN/m^2}$$

■

10.14 Resumo e considerações gerais

Neste capítulo discutimos o seguinte:

- Determinação das tensões normal e de cisalhamento em um plano inclinado com base nas condições de tensão em um elemento de solo bidimensional [Equações (10.3) e (10.4)].
- Os princípios de círculo de Mohr e o método de polo para determinar a tensão ao longo do plano foram fornecidos nas Seções 10.2 e 10.3, respectivamente.
- Foi apresentada a tensão vertical ($\Delta\sigma_z$) produzida em qualquer ponto em meio homogêneo, elástico e isotrópico como resultado de diversos tipos de carga aplicados na superfície de um meio-espaço, infinitamente largo. A tabela a seguir fornece uma lista do tipo de carregamento e as relações correspondentes para determinar a tensão vertical.

Tipo de carregamento	Número de Equação para estimativa $\Delta\sigma_z$
Carga pontual	10.12
Carga de linha vertical	10.16
Carga de linha horizontal	10.17
Carga de faixa vertical	10.19
Carga de faixa vertical crescente linearmente	10.20
Carregamento de aterro	10.21
Área circular uniformemente carregada	10.26, 10.27
Área retangular uniformemente carregada	10.30, 10.35

- É apresentado um conceito de utilizar um gráfico de influência para determinar a pressão vertical em qualquer ponto abaixo da área carregada na Seção 10.13.

As equações e os gráficos apresentados neste capítulo são inteiramente baseados os princípios da teoria de elasticidade; no entanto, deve-se notar as limitações de tais teorias quando são aplicadas a um meio de solo. Isso porque os depósitos de solo, em geral, não são homogêneos, perfeitamente elásticos ou isotrópicos. Portanto, alguns desvios dos cálculos teóricos da tensão podem ser esperados no campo. Somente um número limitado de observações de campo está disponível na literatura atualmente. Com base nesses resultados, é possível esperar uma diferença de ± 25% a 30% entre as estimativas teóricas e os valores reais encontrados no solo.

Problemas

10.1 Um elemento de solo é mostrado na Figura 10.33. Determine:
  a. As tensões principais máxima e mínima.
  b. As tensões normal e de cisalhamento no plano *AB*
  Utilize as Equações (10.3), (10.4), (10.6) e (10.7).

10.2 Repita o Problema 10.1 para o elemento indicado na Figura 10.34.

10.3 Utilizando os princípios de círculos de Mohr para o elemento de solo indicado na Figura 10.35, determine:
  a. As tensões principais máxima e mínima.
  b. As tensões normal e de cisalhamento no plano *AB*

10.4 Repita o Problema 10.3 para o elemento indicado na Figura 10.36.

10.5 Um elemento de solo é mostrado na Figura 10.37. Utilizando o método do polo, determine:
  a. As tensões principais máxima e mínima.
  b. As tensões normal e de cisalhamento no plano *AB*

10.6 Repita o Problema 10.5 para o elemento indicado na Figura 10.38.

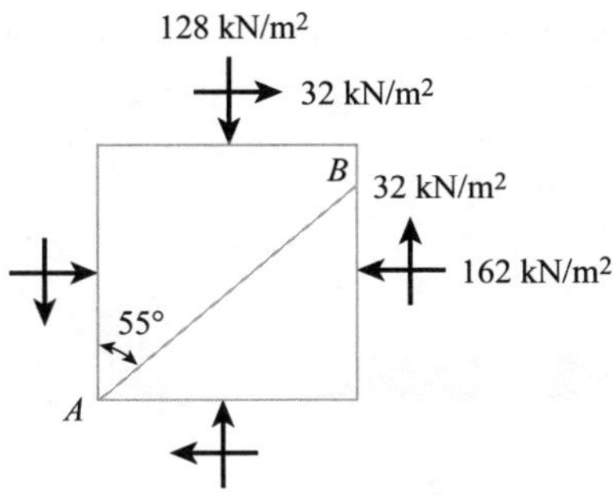

Figura 10.33

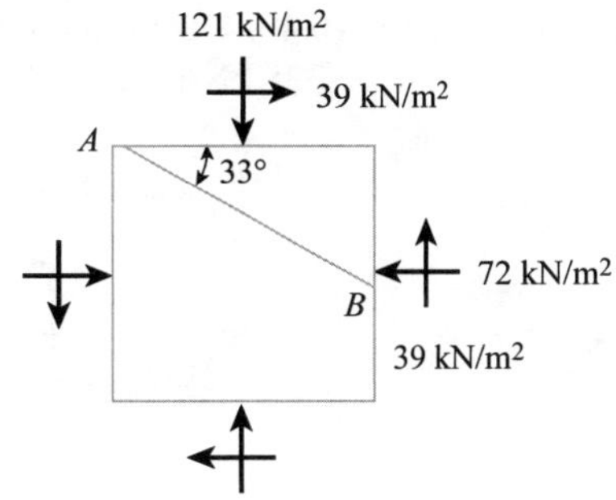

Figura 10.34

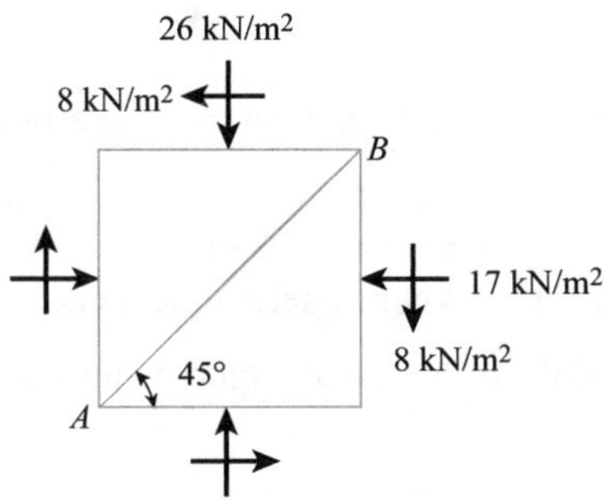

Figura 10.35

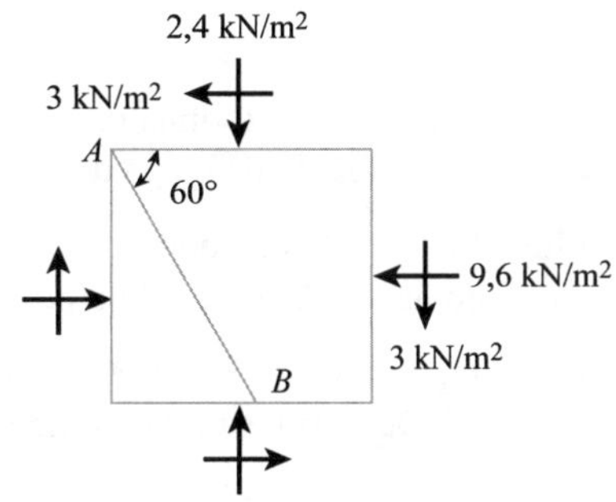

Figura 10.36

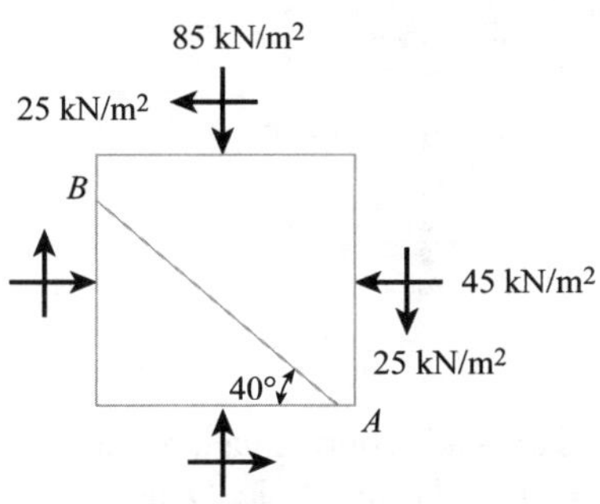

Figura 10.37

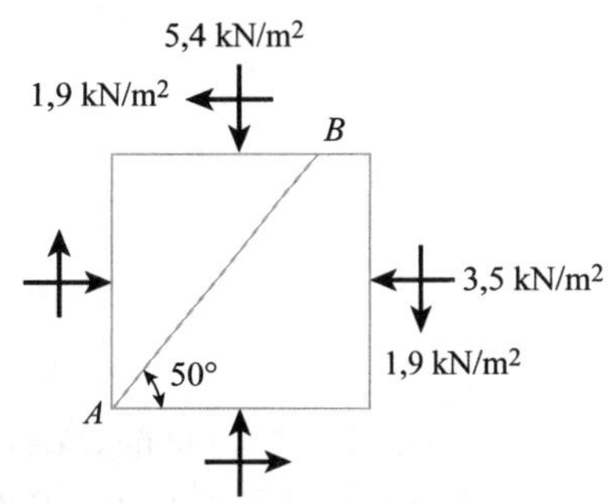

Figura 10.38

10.7 As cargas pontuais de magnitude 100, 200 e 400 kN atuam em *B*, *C* e *D*, respectivamente (Figura 10.39). Determine o aumento na tensão vertical a uma profundidade de 6 m abaixo do ponto *A*. Use a equação de Boussinesq.

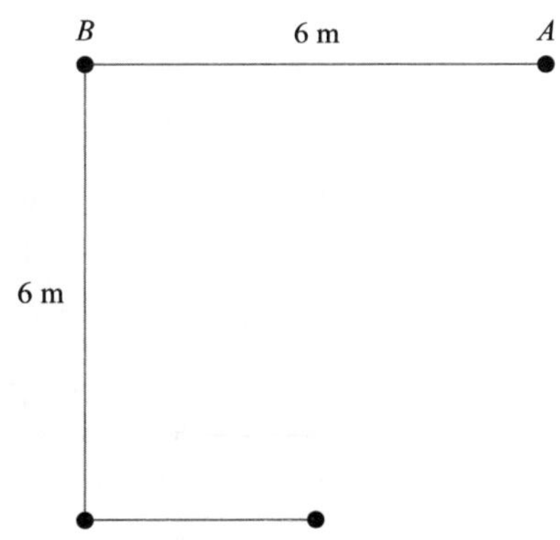

Figura 10.39

10.8 Consulte a Figura 10.40. Determine o aumento da tensão vertical, $\Delta\sigma_z$, no ponto A com os seguintes valores: $q_1 = 90$ kN/m; $q_2 = 325$ kN/m; $x_1 = 4$ m; $x_2 = 2{,}5$ m; $z = 3$ m.

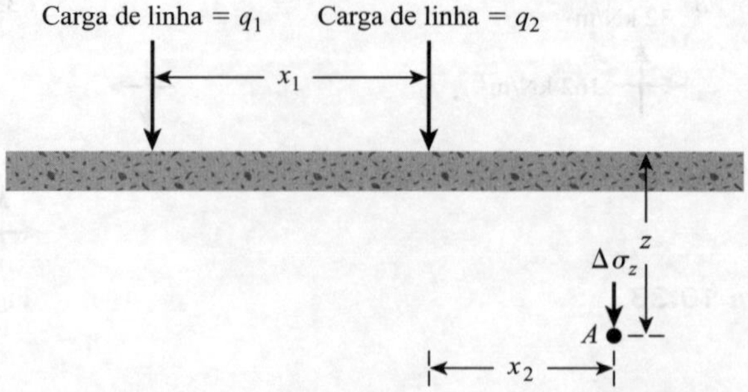

Figura 10.40

10.9 Para as mesmas cargas de linha dadas no Problema 10.8, determine o aumento da tensão vertical, $\Delta\sigma_z$, no ponto localizado a 3 m abaixo da carga de linha, q_2.

10.10 Consulte a Figura 10.40. Dados: $q_2 = 13{,}6$ kN/m; $x_1 = 4{,}3$ m; $x_2 = 1{,}5$ m; $z = 1{,}8$ m. Se o aumento na tensão vertical no ponto A em razão da carga for 2,3 kN/m², determine a magnitude de q_1.

10.11 Consulte a Figura 10.41. Em razão da aplicação de cargas de linha q_1 e q_2, o aumento de tensão vertical no ponto A é 42 kN/m². Determine a magnitude de q_2.

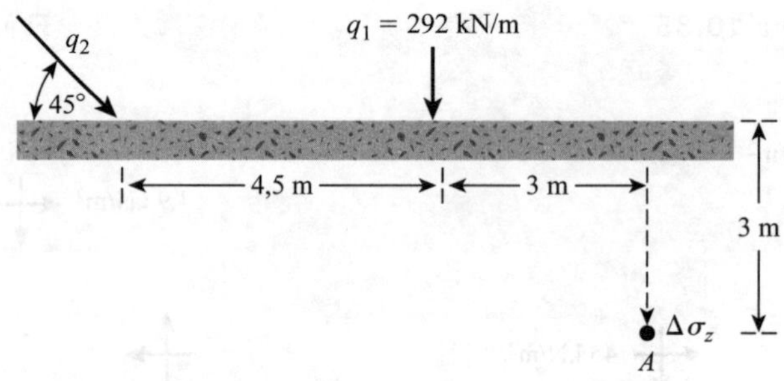

Figura 10.41

10.12 Consulte a Figura 10.42. Uma faixa de carga de $q = 43$ kN/m² é aplicada sobre uma largura, $B = 11$ m. Determine o aumento na tensão vertical no ponto A localizado $z = 4{,}6$ m abaixo da superfície. Dado: $x = 8{,}2$ m.

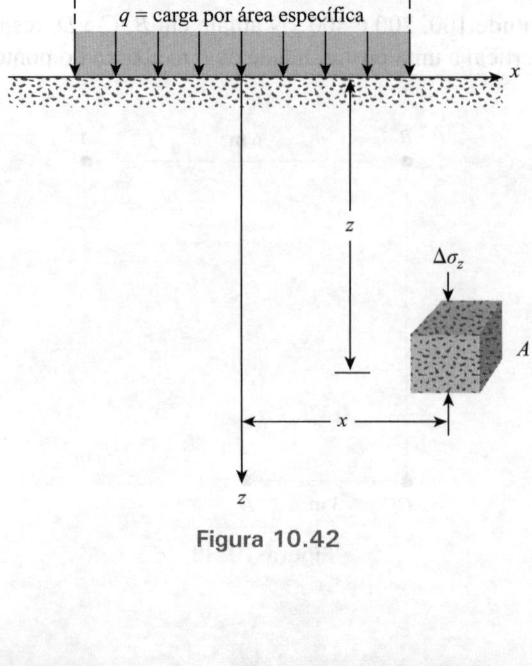

Figura 10.42

10.13 Repita o Problema 10.12 para o seguinte caso: $q = 120$ kN/m^2, $B = 6$ m, $z = 5$ m e o elemento de solo A está localizado ao longo da linha de centro sob a faixa de carga.

10.14 Um aterro é indicado na Figura 10.43. Determine o aumento da tensão no ponto A devido à carga do aterro.

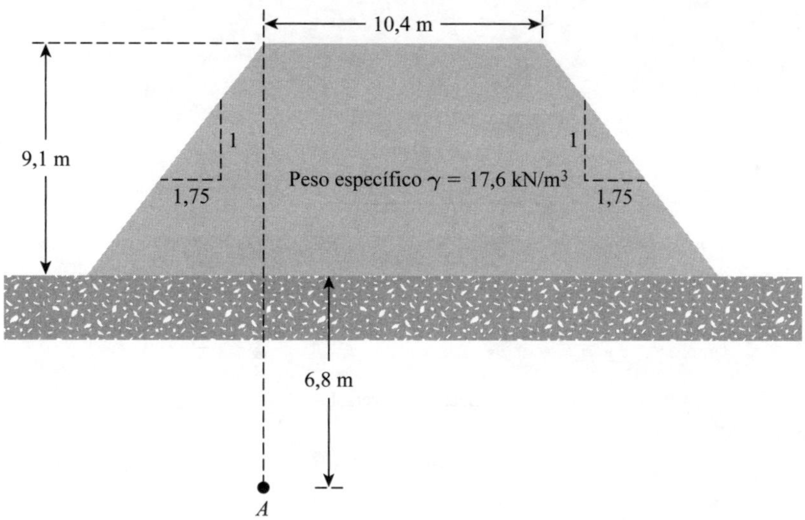

Figura 10.43

10.15 Para a carga de aterro indicada na Figura 10.44, determine o aumento da tensão vertical nos pontos A, B e C.

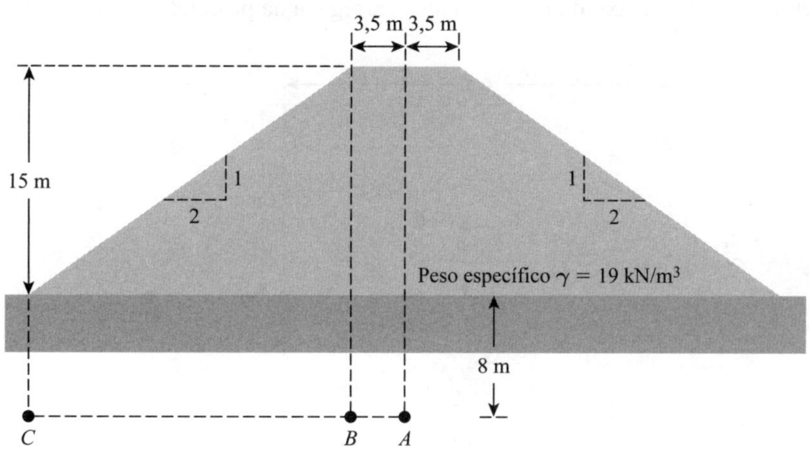

Figura 10.44

10.16 Uma área circular flexível na superfície do solo está sujeita à carga uniformemente distribuída, $q = 105$ kN/m^2. Se a área circular tem um raio, $R = 3{,}6$ m, determine o aumento de tensão vertical, $\Delta\sigma_z$, nos pontos 0, 1,2, 2,4, 4,8 e 9, 6 m abaixo da superfície de solo ao longo da linha de centro da área circular.

10.17 A Figura 10.23 mostra uma área circular de raio $R = 5$ m sujeita à carga uniformemente distribuída, $q = 380$ kN/m^2. Determine o aumento da tensão vertical 3 m abaixo da área carregada em distâncias radiais, $r = 0$, 1, 3, 5 e 7 m.

10.18 Consulte a Figura 10.45. Uma área circular flexível de raio de 6 m é uniformemente carregada por $q = 450$ kN/m^2. Utilizando o gráfico Newmark, determine o aumento na tensão vertical, $\Delta\sigma_z$, no ponto A.

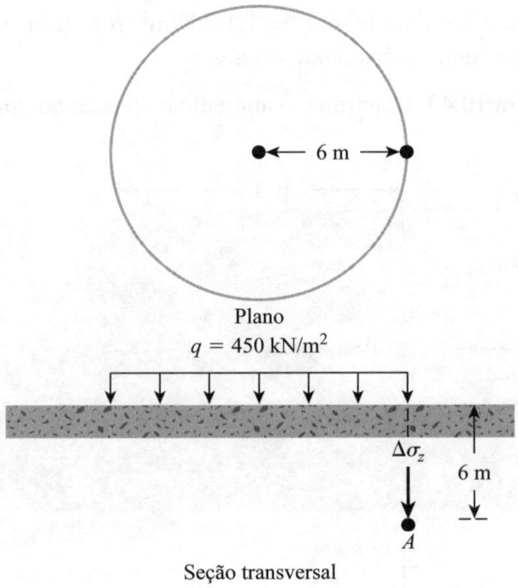

Figura 10.45

10.19 Consulte a Figura 10.46. Uma área retangular flexível está sujeita a uma carga uniformemente distribuída de $q = 225$ kN/m^2. Determine o aumento na tensão vertical, $\Delta\sigma_z$, a uma profundidade de $z = 3$ m nos pontos A, B e C.

10.20 Consulte a área retangular carregada e flexível indicada na Figura 10.46. Utilizando a Equação (10.35), determine o aumento na tensão vertical abaixo do centro da área carregada na profundidade $z = 2$, 4, 6, 8 e 10 m.

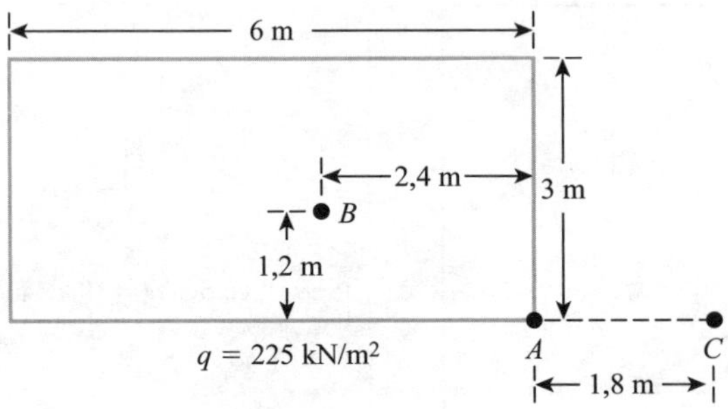

Figura 10.46

Problema de pensamento crítico

10.C.1 Um elemento de solo embaixo de um pavimento vivencia as rotações de tensão principal quando a carga de rodas, W, passa sobre ele e se afasta, conforme indicado na Figura 10.47. Neste caso, a carga de roda passou sobre os pontos A e B e, agora, está sobre o ponto C. O estado geral de tensão nesses pontos é semelhante ao indicado no bloqueio de tensão no ponto D. O fenômeno da rotação de tensão principal influencia no comportamento de deformação permanente das camadas de pavimentação.

Agora, investigue como a magnitude e as orientações das tensões principais variam com a distância do ponto de aplicação da carga de roda. Considere o caso indicado na Figura 10.47. Uma camada de agregado para uma rodovia não pavimentada com espessura de 610 mm e peso específico 19,4 kN/m^3 é colocada sobre uma sub-base de solo. Uma carga típica de roda de ângulo simples, $W = 40$ kN, é aplicada uniformemente sobre uma área de contato circular de raio, $R = 150$ mm (pressão do pneu de 565 kN/m^2). As tensões horizontal e de cisalhamento

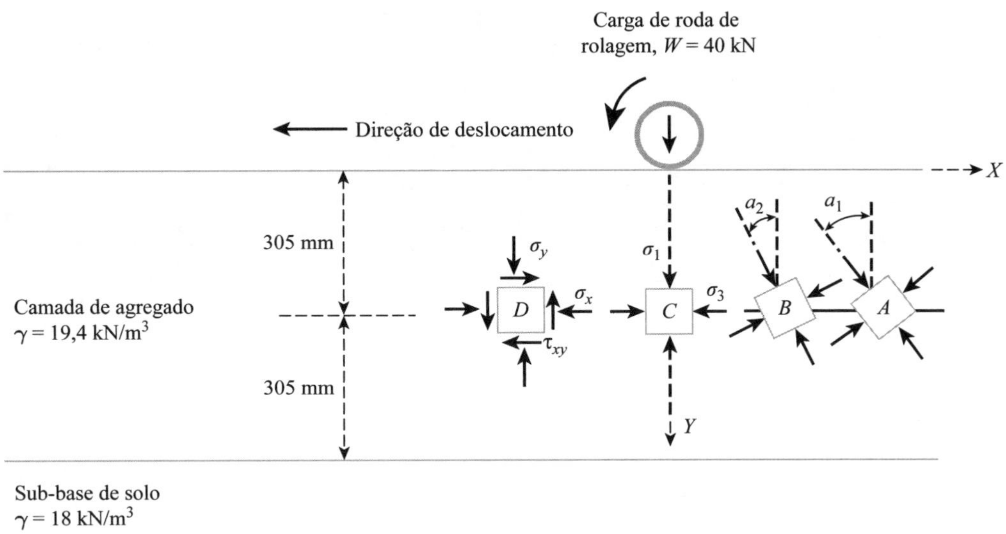

Figura 10.47

em cada ponto são calculados a partir da análise de elemento finito elástico e linear para pavimentação de duas camadas e estão presentes na seguinte tabela.

Elemento em	Distância radial, r* (m)	Tensão horizontal, σ_x (kN/m²)	Tensão de cisalhamento, τ (kN/m²)	Tensão vertical, σ_y (kN/m²)	σ_1 (kN/m²)	σ_3 (kN/m²)	α_i (deg)
A	0,457	25	17				
B	0,267	32	45				
C	0	7	0				

* *r = distância medida do centro da área de contato circular.*

1. Use a Equação (10.27) para calcular o aumento da tensão vertical nos elementos de solo *A*, *B* e *C* localizados nas distâncias radiais 0,457, 0,267 e 0 m, respectivamente, do centro da carga. Determine a tensão vertical total (σ_y) em razão da carga de roda e a pressão sobrecarregada no ponto e insira os valores na tabela.
2. Utilize o método de polo para determinar as tensões principais máxima e mínima (σ_1 e σ_3) para os elementos *A*, *B* e *C*. Além disso, determine a orientação (α_i) da tensão principal com relação à vertical. Insira os valores na tabela acima.
3. Plote as variações de σ_1 e α_i com distância radial normalizada, *r*/*R*, do centro de carga.

Referências

AHLVIN, R. G.; ULERY, H. H. Tabulated Values for Determining the Complete Pattern of Stresses, Strains, and Deflections Beneath a Uniform Circular Load on a Homogeneous Half Space, in *Highway Research Bulletin* n. 342, Transportation Research Board, National Research Council, Washington, D.C., p. 1-13, 1962.

BOUSSINESQ, J. *Application des Potentials à L'Etude de L'Equilibre et du Mouvement des Solides Elastiques*. Gauthier-Villars, Paris, 1883.

DAS, B. *Advanced Soil Mechanics*, 3. ed., Taylor and Francis, Londres, 2008.

NEWMARK, N. M. Influence Charts for Computation of Stresses in Elastic Soil, University of Illinois Engineering Experiment Station, *Bulletin* n. 338, 1942.

OSTERBERG, J. O. Influence Values for Vertical Stresses in Semi-Infinite Mass Due to Embankment Loading, *Proceedings*, Fourth International Conference on Soil Mechanics and Foundation Engineering, Londres, v. 1, p. 393-396, 1957.

CAPÍTULO 11

Compressibilidade do solo

11.1 Introdução

Um aumento na tensão causado pela construção de fundações ou outras cargas comprime as camadas do solo. A compressão é causada por (a) deformação das partículas do solo; (b) deslocamento de partículas do solo; e (c) expulsão da água ou do ar dos espaços vazios. Em geral, o recalque do solo causado por cargas pode ser dividido em três categorias amplas:

1. *O recalque elástico* (ou *recalque imediato*) é causado pela deformação elástica dos solos secos, úmido e saturado sem qualquer alteração no teor de umidade. Os cálculos do recalque elástico geralmente têm base nas equações derivadas da teoria de elasticidade.
2. *O recalque por adensamento primário*, resultado de uma alteração de volume em solos coesivos saturados devido à expulsão da água que ocupa os espaços vazios.
3. *O recalque por adensamento secundário*, presente em solos coesivos saturados e solos orgânicos e é o resultado do ajuste plástico da estrutura do solo. Esta é outra forma de compressão que ocorre sob tensão efetiva constante.

Este capítulo apresenta os princípios fundamentais para calcular a estimativa dos recalques elástico e por adensamento das camadas do solo sob cargas sobrepostas.

O recalque total de uma fundação pode, então, ser determinado por

$$S_T = S_c + S_s + S_e$$

onde S_T = recalque total
S_c = recalque de adensamento primário
S_s = recalque de adensamento secundário
S_e = recalque elástico

Quando as fundações são construídas sobre argilas muito compressíveis, o recalque de adensamento pode ser várias vezes maior que o recalque elástico.

Este capítulo abordará:

- Procedimento de cálculo do recalque elástico
- Procedimento de ensaio de adensamento no laboratório
- Estimativa de recalque de adensamento (primária e secundária)
- Taxa de tempo de recalque de adensamento primário
- Métodos para acelerar o recalque de adensamento
- Métodos para reduzir o recalque de pós-construção de estruturas

RECALQUE ELÁSTICO

11.2 Pressão de contato e perfil do recalque

O recalque elástico ou imediato das fundações (S_e) ocorre diretamente depois da aplicação de determinada carga, sem alteração no teor de umidade do solo. A magnitude do recalque de contato dependerá da flexibilidade da fundação e do tipo de material sobre o qual ele é colocado.

No Capítulo 10, as relações para determinar o aumento da tensão (geradora de recalque elástico) em razão da aplicação da carga em linha, da faixa de carga, da carga de aterro, da carga circular e da carga retangular tiveram como base as seguintes hipóteses:

- A carga é aplicada na superfície do solo.
- A área carregada é *flexível*.
- O meio de solo é homogêneo, elástico, isotrópico e estende-se a uma grande profundidade.

Em geral, as fundações não são perfeitamente flexíveis e são assentadas a determinada profundidade abaixo da superfície do solo. No entanto, é interessante avaliar a distribuição da pressão de contato sob uma fundação, juntamente com o perfil de recalque sob condições ideais. A Figura 11.1a mostra uma fundação *perfeitamente flexível* sobre um material elástico, como a argila saturada. Se a fundação é submetida a uma carga distribuída uniforme, a pressão de contato será uniforme e a fundação apresentará perfil arqueado. Por outro lado, se considerarmos uma fundação *perfeitamente rígida* sobre a superfície do solo submetido a uma carga distribuída uniformemente, a pressão de contato e o perfil de recalque da fundação será como o mostrado na Figura 11.1b. A fundação passará por recalque uniforme e a pressão de contato será redistribuída.

O perfil de recalque e a distribuição da pressão de contato descritos anteriormente são válidos para os solos no qual o módulo de elasticidade é razoavelmente constante com a profundidade. No caso da areia sem coesão, o módulo de elasticidade aumenta com a profundidade. Adicionalmente, existe um espaço de confinamento lateral na margem da fundação na superfície de solo. A areia na borda de uma fundação flexível é empurrada para fora, e a curva de deflexão da fundação assume uma forma côncava voltada para baixo. As distribuições de pressão de contato e os perfis de recalque de uma fundação flexível e rígida sobre a areia e submetidos a uma carga uniforme são exibidos nas Figuras 11.2a e 11.2b, respectivamente.

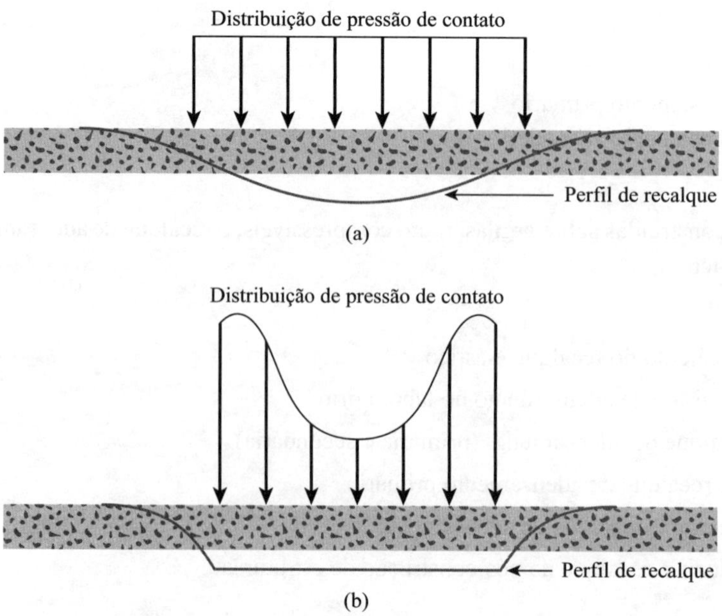

Figura 11.1 Perfil do recalque elástico e pressão de contato em argila: (a) fundação flexível; (b) fundação rígida.

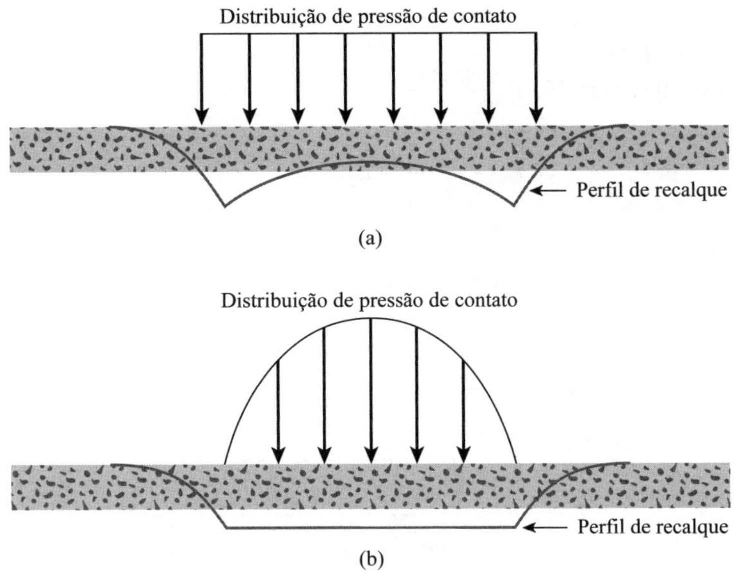

Figura 11.2 Perfil do recalque elástico e pressão de contato em areia: (a) fundação flexível; (b) fundação rígida.

11.3 Relações para cálculo de recalque elástico

A Figura 11.3 mostra uma fundação rasa sujeita a uma força distribuída por área específica igual a $\Delta\sigma$. Considere que o coeficiente de Poisson e os módulos de elasticidade de suporte do solo como μ_s e E_s, respectivamente. Teoricamente, se a fundação for perfeitamente flexível, o recalque pode ser expresso por

$$S_e = \Delta\sigma(\alpha B') \frac{1 - \mu_s^2}{E_s} I_s I_f \tag{11.1}$$

onde $\Delta\sigma$ = pressão líquida aplicada à fundação

μ_s = coeficiente de Poisson do solo

E_s = módulo médio de elasticidade do solo sob a fundação medida de $z = 0$ a aproximadamente $z = 5B$

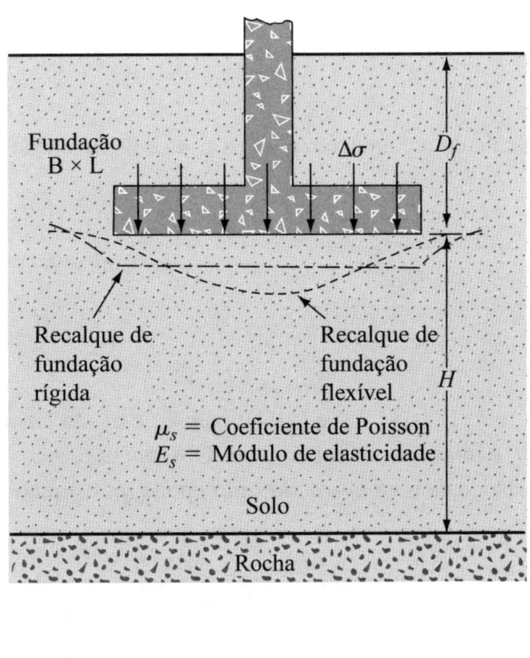

Figura 11.3 Recalques elásticos de fundações rígidas e flexíveis.

$B' = B/2$ para o centro da fundação

$= B$ para o canto da fundação

I_s = fator de forma (Steinbrenner, 1934)

$$= F_1 + \frac{1-2\mu_s}{1-\mu_s} F_2 \tag{11.2}$$

$$F_1 = \frac{1}{\pi}(A_0 + A_1) \tag{11.3}$$

$$F_2 = \frac{n'}{2\pi}\, \text{tg}^{-1} A_2 \tag{11.4}$$

$$A_0 = m' \ln \frac{\left(1+\sqrt{m'^2+1}\right)\sqrt{m'^2+n'^2}}{m'\left(1+\sqrt{m'^2+n'^2+1}\right)} \tag{11.5}$$

$$A_1 = \ln \frac{\left(m'+\sqrt{m'^2+1}\right)\sqrt{1+n'^2}}{m'+\sqrt{m'^2+n'^2+1}} \tag{11.6}$$

$$A_2 = \frac{m'}{n'\sqrt{m'^2+n'^2+1}} \tag{11.7}$$

$$I_f = \text{fator de profundidade (Fox, 1948)} = f\left(\frac{D_f}{B},\ \mu_s \text{ e } \frac{L}{B}\right) \tag{11.8}$$

α = fator que depende do local na fundação onde recalque está sendo calculado

- Para o cálculo do recalque no *centro* da fundação:

$$\alpha = 4$$

$$m' = \frac{L}{B}$$

$$n' = \frac{H}{\left(\frac{B}{2}\right)}$$

- Para o cálculo do recalque em um dos *cantos* da fundação:

$$\alpha = 1$$

$$m' = \frac{L}{B}$$

$$n' = \frac{H}{B}$$

As variações de F_1 e F_2 [Eqs. (11.3) e (11.4)] com m' e n' são fornecidas nas Tabelas 11.1 e 11.2. Além disso, a variação de I_f com D_f/B e μ_s é fornecida na Tabela 11.3. Observe que, *quando $D_f = 0$, o valor de $I_f = 1$ em todos os casos.*

O recalque elástico de uma *fundação rígida* pode ser estimado por

$$S_{e(\text{rígido})} \approx 0{,}93 S_{e(\text{flexível, central})} \tag{11.9}$$

Tabela 11.1 Variação de F_1 com m' e n'

	m'									
n'	1,0	1,2	1,4	1,6	1,8	2,0	2,5	3,0	3,5	4,0
0,25	0,014	0,013	0,012	0,011	0,011	0,011	0,010	0,010	0,010	0,010
0,50	0,049	0,046	0,044	0,042	0,041	0,040	0,038	0,038	0,037	0,037
0,75	0,095	0,090	0,087	0,084	0,082	0,080	0,077	0,076	0,074	0,074
1,00	0,142	0,138	0,134	0,130	0,127	0,125	0,121	0,118	0,116	0,115
1,25	0,186	0,183	0,179	0,176	0,173	0,170	0,165	0,161	0,158	0,157
1,50	0,224	0,224	0,222	0,219	0,216	0,213	0,207	0,203	0,199	0,197
1,75	0,257	0,259	0,259	0,258	0,255	0,253	0,247	0,242	0,238	0,235
2,00	0,285	0,290	0,292	0,292	0,291	0,289	0,284	0,279	0,275	0,271
2,25	0,309	0,317	0,321	0,323	0,323	0,322	0,317	0,313	0,308	0,305
2,50	0,330	0,341	0,347	0,350	0,351	0,351	0,348	0,344	0,340	0,336
2,75	0,348	0,361	0,369	0,374	0,377	0,378	0,377	0,373	0,369	0,365
3,00	0,363	0,379	0,389	0,396	0,400	0,402	0,402	0,400	0,396	0,392
3,25	0,376	0,394	0,406	0,415	0,420	0,423	0,426	0,424	0,421	0,418
3,50	0,388	0,408	0,422	0,431	0,438	0,442	0,447	0,447	0,444	0,441
3,75	0,399	0,420	0,436	0,447	0,454	0,460	0,467	0,458	0.466	0,464
4,00	0,408	0,431	0,448	0,460	0,469	0,476	0,484	0,487	0,486	0,484
4,25	0,417	0,440	0,458	0,472	0,481	0,484	0,495	0,514	0,515	0,515
4,50	0,424	0,450	0,469	0,484	0,495	0,503	0,516	0,521	0,522	0,522
4,75	0,431	0,458	0,478	0,494	0,506	0,515	0,530	0,536	0,539	0,539
5,00	0,437	0,465	0,487	0,503	0,516	0,526	0,543	0,551	0,554	0,554
5,25	0,443	0,472	0,494	0,512	0,526	0,537	0,555	0,564	0,568	0,569
5,50	0,448	0,478	0,501	0,520	0,534	0,546	0,566	0,576	0,581	0,584
5,75	0,453	0,483	0,508	0,527	0,542	0,555	0,576	0,588	0,594	0,597
6,00	0,457	0,489	0,514	0,534	0,550	0,563	0,585	0,598	0,606	0,609
6,25	0,461	0,493	0,519	0,540	0,557	0,570	0,594	0,609	0,617	0,621
6,50	0,465	0,498	0,524	0,546	0,563	0,577	0,603	0,618	0,627	0,632
6,75	0,468	0,502	0,529	0,551	0,569	0,584	0,610	0,627	0,637	0,643
7,00	0,471	0,506	0,533	0,556	0,575	0,590	0,618	0,635	0,646	0,653
7,25	0,474	0,509	0,538	0,561	0,580	0,596	0,625	0,643	0,655	0,662
7,50	0,477	0,513	0,541	0,565	0,585	0,601	0,631	0,650	0,663	0,671
7,75	0,480	0,516	0,545	0,569	0,589	0,606	0,637	0,658	0,671	0,680
8,00	0,482	0,519	0,549	0,573	0,594	0,611	0,643	0,664	0,678	0,688
8,25	0,485	0,522	0,552	0,577	0,598	0,615	0,648	0,670	0,685	0,695
8,50	0,487	0,524	0,555	0,580	0,601	0,619	0,653	0,676	0,692	0,703
8,75	0,489	0,527	0,558	0,583	0,605	0,623	0,658	0,682	0,698	0,710
9,00	0,491	0,529	0,560	0,587	0,609	0,627	0,663	0,687	0,705	0,716
9,25	0,493	0,531	0,563	0,589	0,612	0,631	0,667	0,693	0,710	0,723
9,50	0,495	0,533	0,565	0,592	0,615	0,634	0,671	0,697	0,716	0,719
9,75	0,496	0,536	0,568	0,595	0,618	0,638	0,675	0,702	0,721	0,735
10,00	0,498	0,537	0,570	0,597	0,621	0,641	0,679	0,707	0,726	0,740
20,00	0,529	0,575	0,614	0,647	0,677	0,702	0,756	0,797	0,830	0,856
50,00	0,548	0,598	0,640	0,678	0,711	0,740	0,803	0,853	0,895	0,931
100,00	0,555	0,605	0,649	0,688	0,722	0,753	0,819	0,872	0,918	0,956

Tabela 11.1 *(continuação)*

	m'									
n'	**4,5**	**5,0**	**6,0**	**7,0**	**8,0**	**9,0**	**10,0**	**25,0**	**50,0**	**100,0**
0,25	0,010	0,010	0,010	0,010	0,010	0,010	0,010	0,010	0,010	0,010
0,50	0,036	0,036	0,036	0,036	0,036	0,036	0,036	0,036	0,036	0,036
0,75	0,073	0,073	0,072	0,072	0,072	0,072	0,071	0,071	0,071	0,071
1,00	0,114	0,113	0,112	0,112	0,112	0,111	0,111	0,110	0,110	0,110
1,25	0,155	0,154	0,153	0,152	0,152	0,151	0,151	0,150	0,150	0,150
1,50	0,195	0,194	0,192	0,191	0,190	0,190	0,189	0,188	0,188	0,188
1,75	0,233	0,232	0,229	0,228	0,227	0,226	0,225	0,223	0,223	0,223
2,00	0,269	0,267	0,264	0,262	0,261	0,260	0,259	0,257	0,256	0,256
2,25	0,302	0,300	0,296	0,294	0,293	0,291	0,291	0,287	0,287	0,287
2,50	0,333	0,331	0,327	0,324	0,322	0,321	0,320	0,316	0,315	0,315
2,75	0,362	0,359	0,355	0,352	0,350	0,348	0,347	0,343	0,342	0,342
3,00	0,389	0,386	0,382	0,378	0,376	0,374	0,373	0,368	0,367	0,367
3,25	0,415	0,412	0,407	0,403	0,401	0,399	0,397	0,391	0,390	0,390
3,50	0,438	0,435	0,430	0,427	0,424	0,421	0,420	0,413	0,412	0,411
3,75	0,461	0,458	0,453	0,449	0,446	0,443	0,441	0,433	0,432	0,432
4,00	0,482	0,479	0,474	0,470	0,466	0,464	0,462	0,453	0,451	0,451
4,25	0,516	0,496	0,484	0,473	0,471	0,471	0,470	0,468	0,462	0,460
4,50	0,520	0,517	0,513	0,508	0,505	0,502	0,499	0,489	0,487	0,487
4,75	0,537	0,535	0,530	0,526	0,523	0,519	0,517	0,506	0,504	0,503
5,00	0,554	0,552	0,548	0,543	0,540	0,536	0,534	0,522	0,519	0,519
5,25	0,569	0,568	0,564	0,560	0,556	0,553	0,550	0,537	0,534	0,534
5,50	0,584	0,583	0,579	0,575	0,571	0,568	0,585	0,551	0,549	0,548
5,75	0,597	0,597	0,594	0,590	0,586	0,583	0,580	0,565	0,583	0,562
6,00	0,611	0,610	0,608	0,604	0,601	0,598	0,595	0,579	0,576	0,575
6,25	0,623	0,623	0,621	0,618	0,615	0,611	0,608	0,592	0,589	0,588
6,50	0,635	0,635	0,634	0,631	0,628	0,625	0,622	0,605	0,601	0,600
6,75	0,646	0,647	0,646	0,644	0,641	0,637	0,634	0,617	0,613	0,612
7,00	0,656	0,658	0,658	0,656	0,653	0,650	0,647	0,628	0,624	0,623
7,25	0,666	0,669	0,669	0,668	0,665	0,662	0,659	0,640	0,635	0,634
7,50	0,676	0,679	0,680	0,679	0,676	0,673	0,670	0,651	0,646	0,645
7,75	0,685	0,688	0,690	0,689	0,687	0,684	0,681	0,661	0,656	0,655
8,00	0,694	0,697	0,700	0,700	0,698	0,695	0,692	0,672	0,666	0,665
8,25	0,702	0,706	0,710	0,710	0,708	0,705	0,703	0,682	0,676	0,675
8,50	0,710	0,714	0,719	0,719	0,718	0,715	0,713	0,692	0,686	0,684
8,75	0,717	0,722	0,727	0,728	0,727	0,725	0,723	0,701	0,695	0,693
9,00	0,725	0,730	0,736	0,737	0,736	0,735	0,732	0,710	0,704	0,702
9,25	0,731	0,737	0,744	0,746	0,745	0,744	0,742	0,719	0,713	0,711
9,50	0,738	0,744	0,752	0,754	0,754	0,753	0,751	0,728	0,721	0,719
9,75	0,744	0,751	0,759	0,762	0,762	0,761	0,759	0,737	0,729	0,727
10,00	0,750	0,758	0,766	0,770	0,770	0,770	0,768	0,745	0,738	0,735
20,00	0,878	0,896	0,925	0,945	0,959	0,969	0,977	0,982	0,965	0,957
50,00	0,962	0,989	1,034	1,070	1,100	1,125	1,146	1,265	1,279	1,261
100,00	0,990	1,020	1,072	1,114	1,150	1,182	1,209	1,408	1,489	1,499

Tabela 11.2 Variação de F_2 com m' e n'

n'	m'									
	1,0	1,2	1,4	1,6	1,8	2,0	2,5	3,0	3,5	4,0
0,25	0,049	0,050	0,051	0,051	0,051	0,052	0,052	0,052	0,052	0,052
0,50	0,074	0,077	0,080	0,081	0,083	0,084	0,086	0,085	0,078	0,087
0,75	0,083	0,089	0,093	0,097	0,099	0,101	0,104	0,106	0,107	0,108
1,00	0,083	0,091	0,098	0,102	0,106	0,109	0,114	0,117	0,119	0,120
1,25	0,080	0,089	0,096	0,102	0,107	0,111	0,118	0,122	0,125	0,127
1,50	0,075	0,084	0,093	0,099	0,105	0,110	0,118	0,124	0,128	0,130
1,75	0,069	0,079	0,088	0,095	0,101	0,107	0,117	0,123	0,128	0,131
2,00	0,064	0,074	0,083	0,090	0,097	0,102	0,114	0,121	0,127	0,131
2,25	0,059	0,069	0,077	0,085	0,092	0,098	0,110	0,119	0,125	0,130
2,50	0,055	0,064	0,073	0,080	0,087	0,093	0,106	0,115	0,122	0,127
2,75	0,051	0,060	0,068	0,076	0,082	0,089	0,102	0,111	0,119	0,125
3,00	0,048	0,056	0,064	0,071	0,078	0,084	0,097	0,108	0,116	0,122
3,25	0,045	0,053	0,060	0,067	0,074	0,080	0,093	0,104	0,112	0,119
3,50	0,042	0,050	0,057	0,064	0,070	0,076	0,089	0,100	0,109	0,116
3,75	0,040	0,047	0,054	0,060	0,067	0,073	0,086	0,096	0,105	0,113
4,00	0,037	0,044	0,051	0,057	0,063	0,069	0,082	0,093	0,102	0,110
4,25	0,036	0,042	0,049	0,055	0,061	0,066	0,079	0,090	0,099	0,107
4,50	0,034	0,040	0,046	0,052	0,058	0,063	0,076	0,086	0,096	0,104
4,75	0,032	0,038	0,044	0,050	0,055	0,061	0,073	0,083	0,093	0,101
5,00	0,031	0,036	0,042	0,048	0,053	0,058	0,070	0,080	0,090	0,098
5,25	0,029	0,035	0,040	0,046	0,051	0,056	0,067	0,078	0,087	0,095
5,50	0,028	0,033	0,039	0,044	0,049	0,054	0,065	0,075	0,084	0,092
5,75	0,027	0,032	0,037	0,042	0,047	0,052	0,063	0,073	0,082	0,090
6,00	0,026	0,031	0,036	0,040	0,045	0,050	0,060	0,070	0,079	0,087
6,25	0,025	0,030	0,034	0,039	0,044	0,048	0,058	0,068	0,077	0,085
6,50	0,024	0,029	0,033	0,038	0,042	0,046	0,056	0,066	0,075	0,083
6,75	0,023	0,028	0,032	0,036	0,041	0,045	0,055	0,064	0,073	0,080
7,00	0,022	0,027	0,031	0,035	0,039	0,043	0,053	0,062	0,071	0,078
7,25	0,022	0,026	0,030	0,034	0,038	0,042	0,051	0,060	0,069	0,076
7,50	0,021	0,025	0,029	0,033	0,037	0,041	0,050	0,059	0,067	0,074
7,75	0,020	0,024	0,028	0,032	0,036	0,039	0,048	0,057	0,065	0,072
8,00	0,020	0,023	0,027	0,031	0,035	0,038	0,047	0,055	0,063	0,071
8,25	0,019	0,023	0,026	0,030	0,034	0,037	0,046	0,054	0,062	0,069
8,50	0,018	0,022	0,026	0,029	0,033	0,036	0,045	0,053	0,060	0,067
8,75	0,018	0,021	0,025	0,028	0,032	0,035	0,043	0,051	0,059	0,066
9,00	0,017	0,021	0,024	0,028	0,031	0,034	0,042	0,050	0,057	0,064
9,25	0,017	0,020	0,024	0,027	0,030	0,033	0,041	0,049	0,056	0,063
9,50	0,017	0,020	0,023	0,026	0,029	0,033	0,040	0,048	0,055	0,061
9,75	0,016	0,019	0,023	0,026	0,029	0,032	0,039	0,047	0,054	0,060
10,00	0,016	0,019	0,022	0,025	0,028	0,031	0,038	0,046	0,052	0,059
20,00	0,008	0,010	0,011	0,013	0,014	0,016	0,020	0,024	0,027	0,031
50,00	0,003	0,004	0,004	0,005	0,006	0,006	0,008	0,010	0,011	0,013
100,00	0,002	0,002	0,002	0,003	0,003	0,003	0,004	0,005	0,006	0,006

Tabela 11.2 *(continuação)*

n'	*m'* 4,5	5,0	6,0	7,0	8,0	9,0	10,0	25,0	50,0	100,0
0,25	0,053	0,053	0,053	0,053	0,053	0,053	0,053	0,053	0,053	0,053
0,50	0,087	0,087	0,088	0,088	0,088	0,088	0,088	0,088	0,088	0,088
0,75	0,109	0,109	0,109	0,110	0,110	0,110	0,110	0,111	0,111	0,111
1,00	0,121	0,122	0,123	0,123	0,124	0,124	0,124	0,125	0,125	0,125
1,25	0,128	0,130	0,131	0,132	0,132	0,133	0,133	0,134	0,134	0,134
1,50	0,132	0,134	0,136	0,137	0,138	0,138	0,139	0,140	0,140	0,140
1,75	0,134	0,136	0,138	0,140	0,141	0,142	0,142	0,144	0,144	0,145
2,00	0,134	0,136	0,139	0,141	0,143	0,144	0,145	0,147	0,147	0,148
2,25	0,133	0,136	0,140	0,142	0,144	0,145	0,146	0,149	0,150	0,150
2,50	0,132	0,135	0,139	0,142	0,144	0,146	0,147	0,151	0,151	0,151
2,75	0,130	0,133	0,138	0,142	0,144	0,146	0,147	0,152	0,152	0,153
3,00	0,127	0,131	0,137	0,141	0,144	0,145	0,147	0,152	0,153	0,154
3,25	0,125	0,129	0,135	0,140	0,143	0,145	0,147	0,153	0,154	0,154
3,50	0,122	0,126	0,133	0,138	0,142	0,144	0,146	0,153	0,155	0,155
3,75	0,119	0,124	0,131	0,137	0,141	0,143	0,145	0,154	0,155	0,155
4,00	0,116	0,121	0,129	0,135	0,139	0,142	0,145	0,154	0,155	0,156
4,25	0,113	0,119	0,127	0,133	0,138	0,141	0,144	0,154	0,156	0,156
4,50	0,110	0,116	0,125	0,131	0,136	0,140	0,143	0,154	0,156	0,156
4,75	0,107	0,113	0,123	0,130	0,135	0,139	0,142	0,154	0,156	0,157
5,00	0,105	0,111	0,120	0,128	0,133	0,137	0,140	0,154	0,156	0,157
5,25	0,102	0,108	0,118	0,126	0,131	0,136	0,139	0,154	0,156	0,157
5,50	0,099	0,106	0,116	0,124	0,130	0,134	0,138	0,154	0,156	0,157
5,75	0,097	0,103	0,113	0,122	0,128	0,133	0,136	0,154	0,157	0,157
6,00	0,094	0,101	0,111	0,120	0,126	0,131	0,135	0,153	0,157	0,157
6,25	0,092	0,098	0,109	0,118	0,124	0,129	0,134	0,153	0,157	0,158
6,50	0,090	0,096	0,107	0,116	0,122	0,128	0,132	0,153	0,157	0,158
6,75	0,087	0,094	0,105	0,114	0,121	0,126	0,131	0,153	0,157	0,158
7,00	0,085	0,092	0,103	0,112	0,119	0,125	0,129	0,152	0,157	0,158
7,25	0,083	0,090	0,101	0,110	0,117	0,123	0,128	0,152	0,157	0,158
7,50	0,081	0,088	0,099	0,108	0,115	0,121	0,126	0,152	0,156	0,158
7,75	0,079	0,086	0,097	0,106	0,114	0,120	0,125	0,151	0,156	0,158
8,00	0,077	0,084	0,095	0,104	0,112	0,118	0,124	0,151	0,156	0,158
8,25	0,076	0,082	0,093	0,102	0,110	0,117	0,122	0,150	0,156	0,158
8,50	0,074	0,080	0,091	0,101	0,108	0,115	0,121	0,150	0,156	0,158
8,75	0,072	0,078	0,089	0,099	0,107	0,114	0,119	0,150	0,156	0,158
9,00	0,071	0,077	0,088	0,097	0,105	0,112	0,118	0,149	0,156	0,158
9,25	0,069	0,075	0,086	0,096	0,104	0,110	0,116	0,149	0,156	0,158
9,50	0,068	0,074	0,085	0,094	0,102	0,109	0,115	0,148	0,156	0,158
9,75	0,066	0,072	0,083	0,092	0,100	0,107	0,113	0,148	0,156	0,158
10,00	0,065	0,071	0,082	0,091	0,099	0,106	0,112	0,147	0,156	0,158
20,00	0,035	0,039	0,046	0,053	0,059	0,065	0,071	0,124	0,148	0,156
50,00	0,014	0,016	0,019	0,022	0,025	0,028	0,031	0,071	0,113	0,142
100,00	0,007	0,008	0,010	0,011	0,013	0,014	0,016	0,039	0,071	0,113

Devido à natureza não homogênea dos depósitos de solo, a magnitude de E_s pode variar com a profundidade. Por tais razões, Bowles (1987) recomendou a utilização do valor médio ponderado de E_s na Equação (11.1) ou

$$E_s = \frac{\Sigma E_{s(i)} \Delta z}{\bar{z}} \tag{11.10}$$

onde $E_{s(i)}$ = módulos de solo de elasticidade dentro de uma profundidade de Δz
$\bar{z} = H$ ou $5B$, o que tiver o menor valor

Os valores representativos dos módulos de elasticidade e do coeficiente de Poisson para os tipos diferentes de solos são fornecidos nas Tabelas 11.4 e 11.5, respectivamente.

Tabela 11.3 Variação de I_f com L/B e D_f/B

		I_f		
L/B	D_f/B	$\mu_s = 0,3$	$\mu_s = 0,4$	$\mu_s = 0,5$
1	0,5	0,77	0,82	0,85
	0,75	0,69	0,74	0,77
	1	0,65	0,69	0,72
2	0,5	0,82	0,86	0,89
	0,75	0,75	0,79	0,83
	1	0,71	0,75	0,79
5	0,5	0,87	0,91	0,93
	0,75	0,81	0,86	0,89
	1	0,78	0,82	0,85

Tabela 11.4 Valores representativos dos módulos de elasticidade de solo

Tipo de solo	E_s kN/m²
Argila fofa	1.800-3.500
Argila rígida	6.000-14.000
Areia fofa	10.000-28.000
Areia compacta	35.000-70.000

Tabela 11.5 Valores representativos do coeficiente de Poisson

Tipo de solo	Coeficiente de Poisson, μ_s
Areia fofa	0,2-0,4
Areia média	0,25-0,4
Areia compacta	0,3-0,45
Areia com silte	0,2-0,4
Argila fofa	0,15-0,25
Argila média	0,2-0,5

Exemplo 11.1

Uma fundação rasa e rígida de 1 m × 1 m no plano é exibida na Figura 11.4. Calcule o recalque elástico no centro da fundação.

(continua)

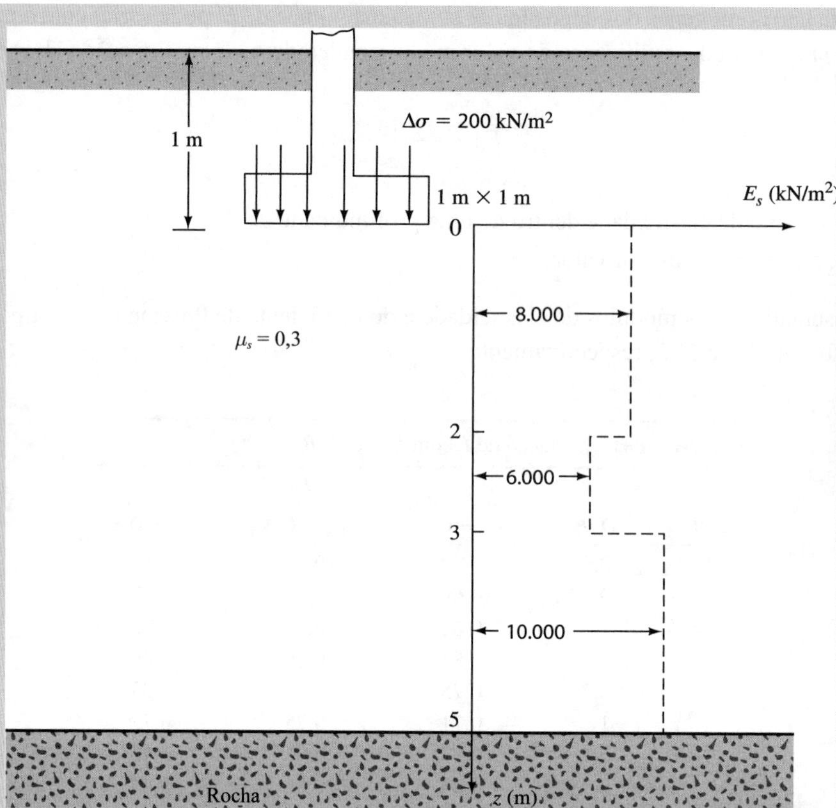

Figura 11.4

Solução

Dados: $B = 1$ m e $L = 1$ m. Observe que $\bar{z} = 5$ m $= 5B$. Da Eq. (11.10),

$$E_s = \frac{\Sigma E_{s(i)} \Delta z}{\bar{z}}$$

$$= \frac{(8.000)(2) + (6.000)(1) + (10.000)(2)}{5} = 8.400 \text{ kN/m}^2$$

Para o *centro da fundação*,

$$\alpha = 4$$

$$m' = \frac{L}{B} = \frac{1}{1} = 1$$

$$n' = \frac{H}{\left(\frac{B}{2}\right)} = \frac{5}{\left(\frac{1}{2}\right)} = 10$$

Das Tabelas 11.1 e 11.2, $F_1 = 0{,}498$ e $F_2 = 0{,}016$. Da Equação (11.2),

$$I_s = F_1 + \frac{1 - 2\mu_s}{1 - \mu_s} F_2$$

$$= 0{,}468 + \frac{1 - 0{,}6}{1 - 0{,}3}(0{,}016) = 0{,}507$$

Novamente, $\frac{D_f}{B} = \frac{1}{1} = 1$, $\frac{L}{B} = 1$, $\mu_s = 0{,}3$. Da Tabela 11.3, $I_f = 0{,}65$. Portanto,

$$S_{e(\text{flexível})} = \Delta\sigma(\alpha B')\frac{1-\mu_s^2}{E_s}I_s I_f$$

$$= (200)\left(4 \times \frac{1}{2}\right)\left(\frac{1-0{,}3^2}{8.400}\right)(0{,}507)(0{,}65) = 0{,}0143 \text{ m} = 14{,}3 \text{ mm}$$

Desde que a fundação seja rígida, da Equação (11.9),

$$S_{e(\text{rígido})} = (0{,}93)(14{,}3) = \mathbf{13{,}3\ mm}$$ ■

RECALQUE DE ADENSAMENTO

11.4 Fundamentos do adensamento

Quando uma camada de solo saturado é submetida a um aumento de tensão, a poropressão da água é aumentada repentinamente. Em solos arenosos altamente permeáveis, a drenagem causada pelo aumento da poropressão da água é concluída imediatamente. A drenagem nos poros é acompanhada por redução no volume da massa de solo, o que resulta em recalque. Em função da rápida drenagem da água nos poros em solos arenosos, o recalque elástico e por adensamento ocorrem simultaneamente.

Quando uma camada de argila saturada compressível é submetida a um aumento de tensão, o recalque elástico ocorre imediatamente. Como a condutividade hidráulica da argila é significativamente menor que a da areia, o excesso de poropressão da água gerada pela carga se dissipa gradativamente durante um longo período. Portanto, a alteração do volume associado (ou seja, o adensamento) na argila pode continuar ocorrendo depois do recalque elástico. O recalque causado por adensamento na argila pode ser muitas vezes maior que o recalque elástico.

A deformação dependente do tempo no solo argiloso saturado pode ser compreendida de maneira mais clara considerando um modelo simples, que consiste em um cilindro com uma mola posicionada no centro. Considere que a área interna da seção transversal do cilindro seja igual a A. O cilindro é preenchido com água e tem um pistão estanque e livre de atrito e uma válvula, como mostrado na Figura 11.5a. Nesse momento, se colocarmos uma carga P no pistão (Figura 11.5b) e mantivermos a válvula fechada, toda a carga será aplicada na água no cilindro, pois a água *não é compressível.* A mola não sofrerá qualquer deformação. O excesso de pressão hidrostática nesse momento pode ser determinado por

$$\Delta u = \frac{P}{A} \tag{11.11}$$

Esse valor pode ser observado no manômetro preso ao cilindro.

Em geral, podemos escrever

$$P = P_s + P_w \tag{11.12}$$

onde P_s = carga suportada pela mola e P_w = carga suportada pela água.

A partir da discussão anterior, podemos visualizar que, quando a válvula está fechada após a colocação da carga P,

$$P_s = 0 \quad \text{e} \quad P_w = P$$

Agora, se a válvula estiver aberta, a água fluirá para fora (Figura 11.5c). Esse fluxo será acompanhado por uma redução do excesso de pressão hidrostática e um aumento na compressão da mola. Então, nesse momento, a Eq. (11.12) será mantida. Porém

$$P_s > 0 \quad \text{e} \quad P_w < P \qquad (\text{isto é, } \Delta u < P/A)$$

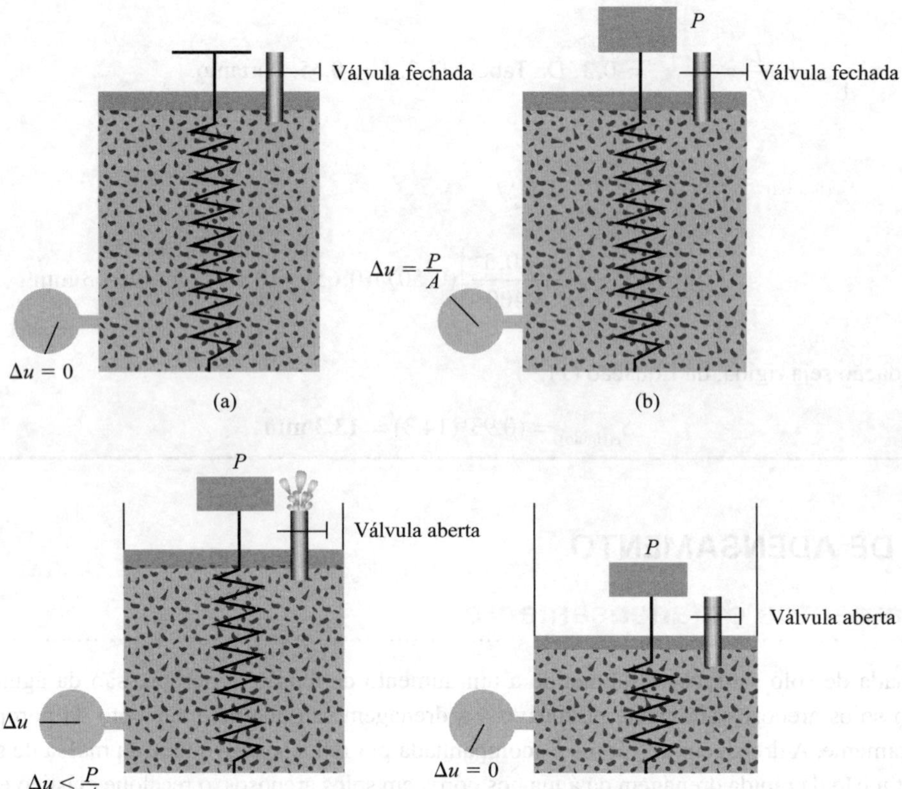

Figura 11.5 Modelo de cilindro com mola para adensamento em argila saturada.

Após algum tempo, o excesso de pressão hidrostática se tornará zero e o sistema alcançará um estado de equilíbrio, conforme indicado na Figura 11.5d. Desta forma, podemos escrever

$$P_s = P \quad \text{e} \quad P_w = 0$$

e

$$P = P_s + P_w$$

Com isso em mente, podemos analisar a tensão da camada de argila saturada sujeita ao aumento de tensão (Figura 11.6a). Considere uma camada de argila saturada de espessura *H*, confinada entre duas camadas de areia e sendo submetida a um aumento instantâneo de *tensão total* de $\Delta\sigma$.

Assim que $\Delta\sigma$ é aplicado à superfície do solo, o nível de água nos piezômetros aumenta. A curva que corresponde ao nível de água local nos piezômetros em qualquer tempo representa um isócrono.

- No tempo $t = 0$ (Isócrono I_1)

$$\Delta h = \Delta h_1 \text{ (para } z = 0 \text{ a } z = H)$$

No momento, o aumento na poropressão de $z = 0$ a $z = H$ é (em razão da baixa condutividade hidráulica de argila)

$$\Delta u = (\Delta h_1)(\gamma_w) = \Delta\sigma$$

onde γ_w = peso específico da água.
Do princípio de tensão efetiva,

$$\Delta\sigma = \Delta\sigma' + \Delta u \tag{11.13}$$

onde $\Delta\sigma'$ = aumento na tensão efetiva

Portanto, em $t = 0$ ($z = 0$ a $z = H$)

$\Delta u = \Delta\sigma$ (ou seja, a tensão incremental total é suportada pela água)

e

$$\Delta\sigma' = 0$$

Isso é semelhante ao indicado na Figura 11.5b. A variação de $\Delta\sigma$, Δu e $\Delta\sigma'$ para $z = 0$ a $z = H$ é indicada na Figura 11.6b.

- No tempo $t > 0$ (Isócrono I_2)

A água nos espaços vazios começará a ser expulsa e drenará em ambas as direções na camada de areia. Por esse processo, a poropressão excessiva em qualquer profundidade z diminuirá gradualmente. O isócrono I_2 exibe a variação de Δh em piezômetros, ou

$$\Delta h = \Delta h_2 = f(z)$$

Portanto, a pressão da poropressão aumenta

$$\Delta u = (\Delta h_2)(\gamma_w) < \Delta\sigma$$

e

$$\Delta\sigma' = \Delta\sigma - \Delta u$$

Isso é semelhante à situação indicada na Figura 11.5c. A variação de $\Delta\sigma$, Δu e $\Delta\sigma'$ no momento $t > 0$ é indicada na Figura 11.6c.

- No momento $t = \infty$ (Isócrono I_3)

Teoricamente, no tempo $t = \infty$, toda a poropressão da água seria dissipada pela drenagem a partir de todos os pontos da camada de argila. Isso é indicado pelo Isócrono I_3, ou

$$\Delta h = \Delta h_3 = 0 \text{ (para } z = 0 \text{ a } z = H\text{)}$$

Assim

$$\Delta u = 0$$

e

$$\Delta\sigma' = \Delta\sigma$$

O aumento total de tensão $\Delta\sigma$ é, agora, suportado pela estrutura de solo. A variação de $\Delta\sigma$, Δu e $\Delta\sigma'$ é indicada na Figura 11.6d. Isso é semelhante ao caso indicado na Figura 11.5d.

Esse processo gradual de drenagem sob a aplicação de carga adicional e a transferência associada de excesso de poropressão para a tensão efetiva causa o recalque dependente do tempo na camada de solo de argila. Isso é chamado adensamento.

11.5 Ensaio de adensamento unidimensional em laboratório

O procedimento do ensaio de adensamento unidimensional foi sugerido, em princípio, por Terzaghi. Esse ensaio é realizado em um consolidômetro (às vezes chamado *edômetro*). O diagrama esquemático de um edômetro é exibido na Figura 11.7a. A Figura 11.7b mostra uma fotografia de um edômetro. O corpo de prova de solo é colocado dentro de um anel de metal com duas pedras porosas: uma na parte superior do corpo de prova e a outra na parte inferior. Os corpos de prova geralmente têm 64 mm de diâmetro e 25 mm de espessura. A carga é aplicada no corpo de prova por meio de um braço de

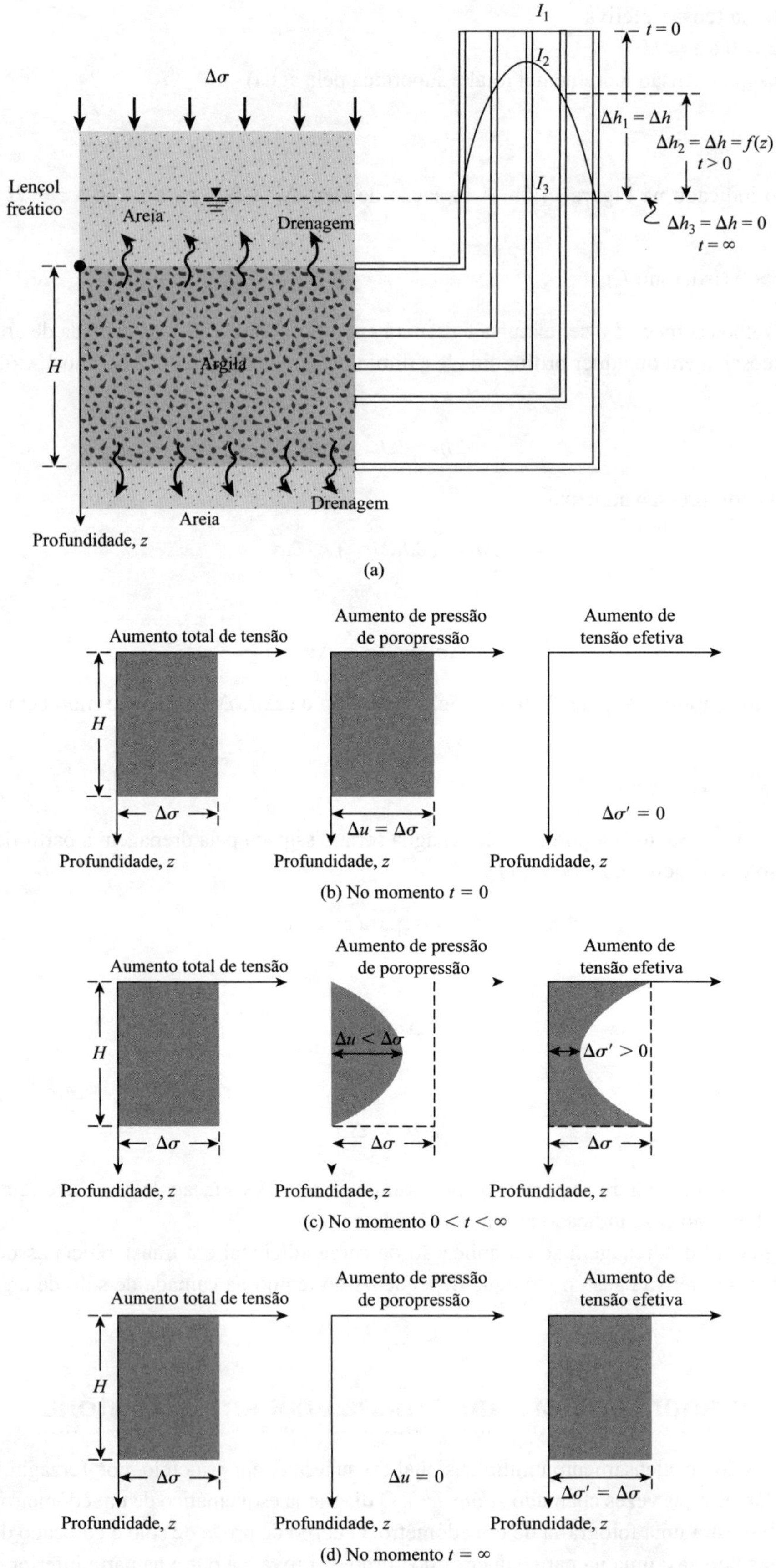

Figura 11.6 Variação da tensão total, poropressão e tensão efetiva em uma camada de argila drenada no topo e na base, como resultado de uma pressão adicionada, $\Delta\sigma$.

alavanca e a compressão é medida por um extensômetro micrométrico. O corpo de prova é mantido inundado durante o ensaio. Cada carga geralmente é mantida por 24 horas. Depois disso, a carga é duplicada, o que também dobra a pressão no corpo de prova, e a medição da compressão é mantida. Ao final do ensaio, determina-se o peso seco do corpo de prova. A Figura 11.7c mostra um ensaio de adensamento (lado direito).

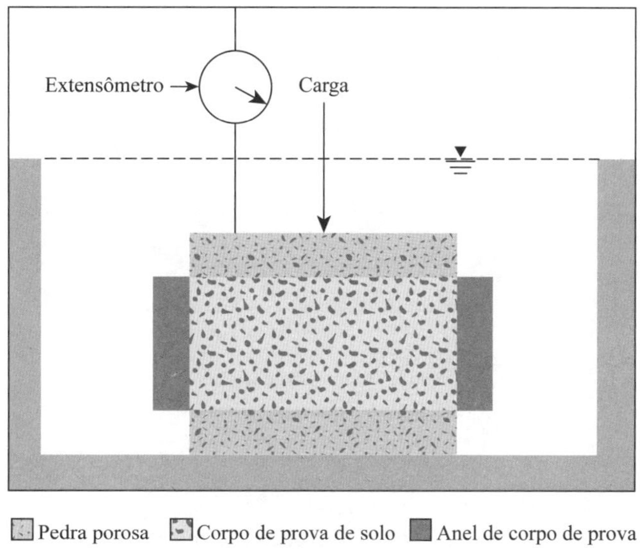

(a)

(b)

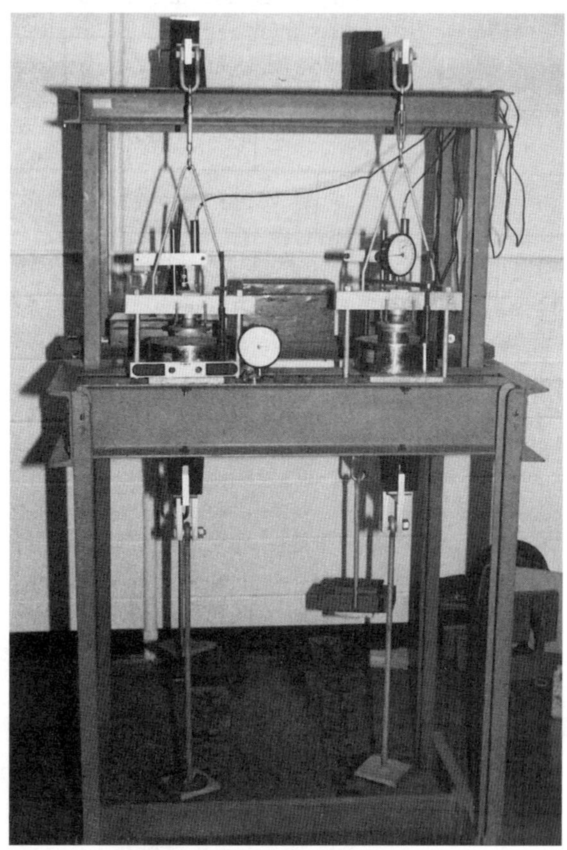

(c)

Figura 11.7 (a) Diagrama esquemático de um consolidômetro; (b) fotografia de um consolidômetro; (c) um ensaio de adensamento em progresso (lado direito). (*Cortesia de Braja M. Das, Henderson, Nevada.*)

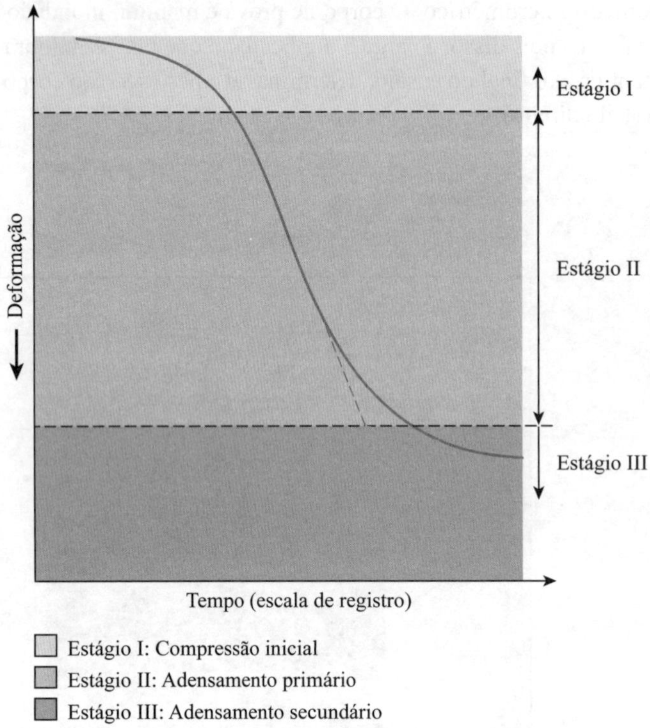

Figura 11.8 Gráfico de deformação por tempo durante o adensamento de determinado aumento de carga.

O formato geral do gráfico de deformação do corpo de prova contra o tempo para determinado aumento da carga é exibido na Figura 11.8. A partir do gráfico, observamos três fases distintas que podem ser descritas da seguinte forma:

Estágio I: Compressão inicial, causada principalmente pelo pré-carregamento.

Estágio II: Adensamento primário, durante o qual o excesso de poropressão é gradualmente transferido para a tensão efetiva em razão da expulsão dessa água dos poros.

Estágio III: Adensamento secundário, que ocorre após a dissipação completa do excesso de poropressão, quando alguma deformação do corpo de prova acontece em razão do reajuste plástico da estrutura do solo.

11.6 Gráficos de índice de vazios-pressão

Após traçar os gráficos de deformação por tempo para diversas cargas obtidas em laboratório, é necessário estudar a alteração no índice de vazios do corpo de prova com a pressão. Abaixo, veja um procedimento passo a passo para isso:

Etapa 1: Calcule a altura dos sólidos, H_s, no corpo de prova de solo (Figura 11.9) usando a equação

$$H_s = \frac{W_s}{AG_s\gamma_w} = \frac{M_s}{AG_s\rho_w} \tag{11.14}$$

onde W_s = peso seco do corpo de prova
M_s = massa seca do corpo de prova
A = área do corpo de prova
G_s = gravidade específica de sólidos no solo
γ_w = peso específico da água
ρ_w = compacidade da água

Etapa 2: Calcule a altura inicial dos vazios como

$$H_v = H - H_s \tag{11.15}$$

onde H = altura inicial do corpo de prova.

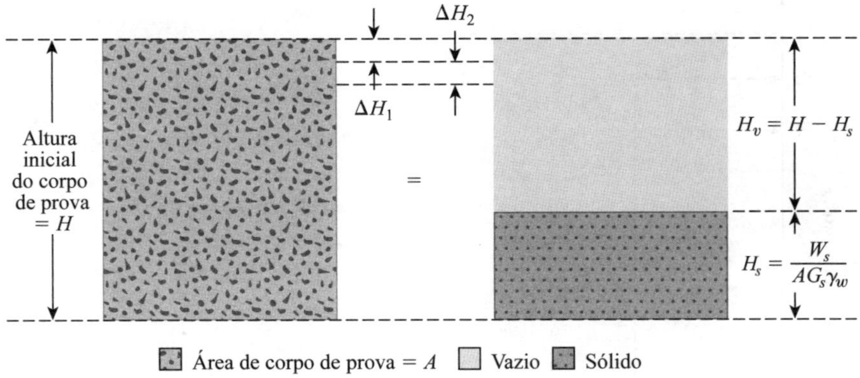

Figura 11.9 Alteração na altura do corpo de prova em um ensaio de adensamento unidimensional.

Etapa 3: Calcule o índice de vazios inicial, e_o, do corpo de prova usando a equação

$$e_o = \frac{V_v}{V_s} = \frac{H_v}{H_s}\frac{A}{A} = \frac{H_v}{H_s} \tag{11.16}$$

Etapa 4: Para o primeiro aumento de tensão, σ_1 (carga total/área específica do corpo de prova), que provoca uma deformação ΔH_1, calcule a variação do índice de vazios como

$$\Delta e_1 = \frac{\Delta H_1}{H_s} \tag{11.17}$$

(ΔH_1 é obtido a partir das leituras inicial e final do aparelho para o carregamento).

É importante observar que, no fim do adensamento, a tensão total σ_1 é igual a tensão efetiva σ'_1.

Etapa 5: Calcule o novo índice de vazios após o adensamento causado pelo aumento da pressão como

$$e_1 = e_o - \Delta e_1 \tag{11.18}$$

Para o próximo carregamento, σ_2 (*observação*: σ_2 é igual à carga cumulativa por área específica do corpo de prova), que causa a deformação adicional ΔH_2, o índice de vazios no fim do adensamento pode ser calculado como

$$e_2 = e_1 - \frac{\Delta H_2}{H_s} \tag{11.19}$$

Neste momento, σ_2 = tensão efetiva, σ'_2. De forma semelhante, é possível obter os índices de vazios no final do adensamento para todos os incrementos de carga.

A tensão efetiva σ' e os índices de vazios correspondentes (e) no final do adensamento são registrados graficamente em papel semilogarítmico. O formato típico desse gráfico é indicado na Figura 11.10.

Exemplo 11.2

A seguir estão os resultados de um ensaio de adensamento realizado em laboratório em um corpo de prova de solo obtido do campo: Massa seca do corpo de prova = 128 g, altura do corpo de prova no início do ensaio = 2,54 cm, G_s = 2,75 e área do corpo de prova = 30,68 cm^2.

(continua)

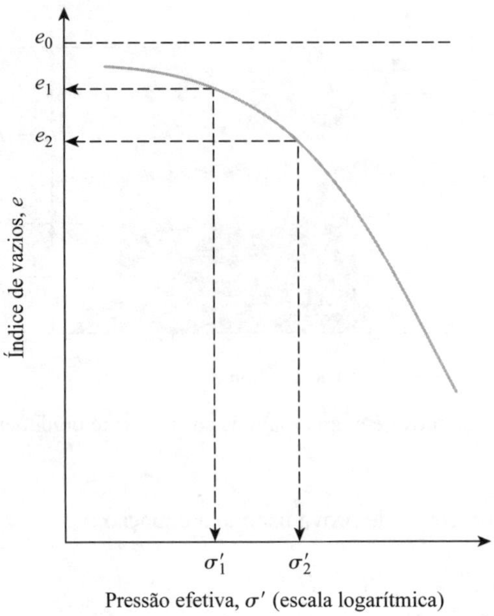

Figura 11.10 Gráfico típico de e contra o log σ'.

Pressão efetiva, σ' (kN/m²)	Altura final do corpo de prova no final do adensamento (cm)
0	2,540
50	2,488
100	2,465
200	2,431
400	2,389
800	2,324
1600	2,225
3200	2,115

Faça os cálculos necessários e desenhe um e *vs.* curva de log σ'.

Solução

Da Equação (11.14),

$$H_s = \frac{W_s}{AG_s\gamma_w} = \frac{M_s}{AG_s\rho_w} = \frac{128 \text{ g}}{(30,68 \text{ cm}^2)(2,75)(1 \text{ g/cm}^3)} = 1,52 \text{ cm}$$

Assim, a tabela a seguir pode ser preparada.

Pressão efetiva, σ' (ton/pés²)	Altura no fim do adensamento, H (cm)	$H_v = H - H_s$ (cm)	$e = H_v/H_s$
0	2,540	1,02	0,671
0,5	2,488	0,968	0,637
1	2,465	0,945	0,622
2	2,431	0,911	0,599
4	2,389	0,869	0,572
8	2,324	0,804	0,529
16	2,225	0,705	0,464
32	2,115	0,595	0,390

O gráfico de e *vs.* log σ' é mostrado na Figura 11.11.

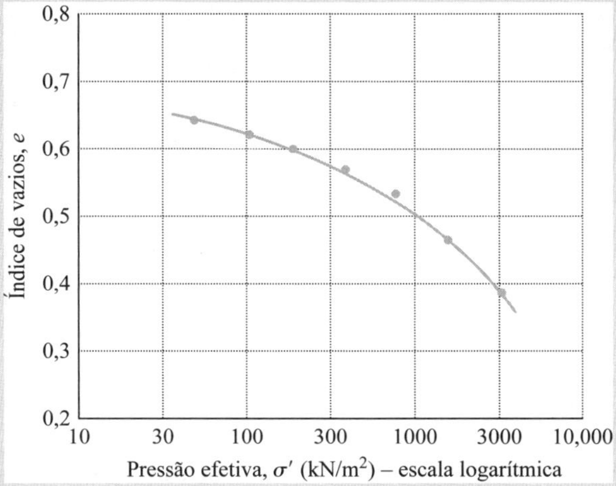

Figura 11.11 Variação de índice de vazios com pressão efetiva. ■

11.7 Argilas normalmente adensadas e sobreadensadas

A Figura 11.10 mostra que a parte superior do gráfico de escala logarítmica apresenta uma curva com uma inclinação positiva, seguida por uma relação linear para o índice de vazios com o log σ' apresentando uma inclinação maior. Esse fenômeno é explicado a seguir:

Um solo no campo a determinada profundidade foi submetido a certa pressão efetiva máxima passada em sua história geológica. Esta pressão máxima passada pode ser igual ou menor que a pressão efetiva de sobrecarga existente no momento em que o corpo de prova foi recolhido. A redução da pressão efetiva no campo pode ser causada por processos geológicos naturais ou provocados pela ação humana. Durante a extração da amostra de solo, a pressão efetiva da sobrecarga existente também é liberada, o que resulta em expansão. Durante o ensaio de adensamento ao qual o corpo de prova será submetido, uma pequena quantidade de compressão (ou seja, uma pequena alteração no índice de vazios) ocorrerá quando a pressão efetiva aplicada for menor que a pressão efetiva de sobrecarga máxima à qual o solo foi submetido no passado. Quando a pressão efetiva aplicada sobre o corpo de prova for maior que a pressão efetiva máxima passada, a variação do índice de vazios será muito maior, e a relação e-log σ' será praticamente linear, com inclinação mais acentuada.

Esta relação pode ser verificada em laboratório, fazendo com que a pressão efetiva de sobrecarga máxima no corpo de prova seja excedida e, em seguida, descarregando e carregando novamente. O gráfico de e-log σ' para tais casos é mostrado na Figura 11.12, na qual *cd* representa o descarregamento e *dfg* representa o processo de recarregamento.

Isso nos leva a duas definições básicas de argila com base no histórico de tensão:

1. *Normalmente adensada*, cuja pressão efetiva de sobrecarga atual é a pressão máxima à qual o solo foi submetido no passado.
2. *Sobreadensadas*, cuja pressão efetiva de sobrecarga atual é menor que a pressão à qual o solo tenha sofrido no passado. A pressão efetiva máxima passada é chamada *pressão de pré-adensamento*.

Casagrande (1936) sugeriu uma construção gráfica simples para determinar a pressão de pré-adensamento σ'_c a partir do gráfico de laboratório e-log σ'. O procedimento é (veja a Figura 11.13):

1. Pela observação visual, estabeleça um ponto *a*, no qual o gráfico de e-log σ' tenha um raio mínimo de curvatura.
2. Desenhe uma linha horizontal *ab*.
3. Trace a linha *ac* tangente em *a*.
4. Determine a linha *ad*, bissetriz do ângulo *bac*.
5. Projete a parte reta da linha *gh* do gráfico e-log σ' para trás a fim de interceptar a linha *ad* em *f*.
   A abscissa do ponto *f* é a pressão de pré-adensamento, σ'_c.

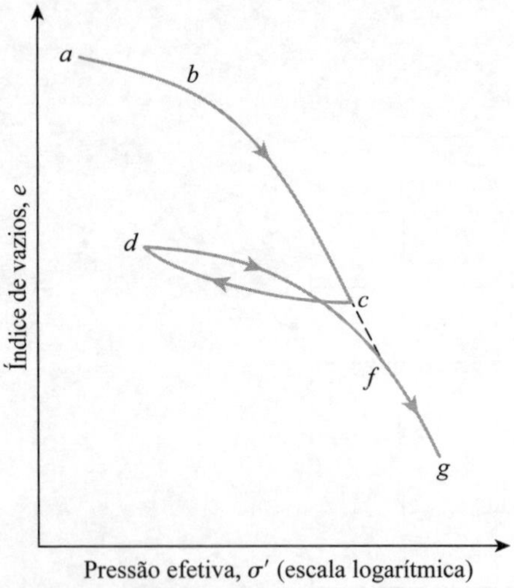

Figura 11.12 Gráfico de e em relação ao log σ' que exibe os ramos de carregamento, descarregamento e recarregamento.

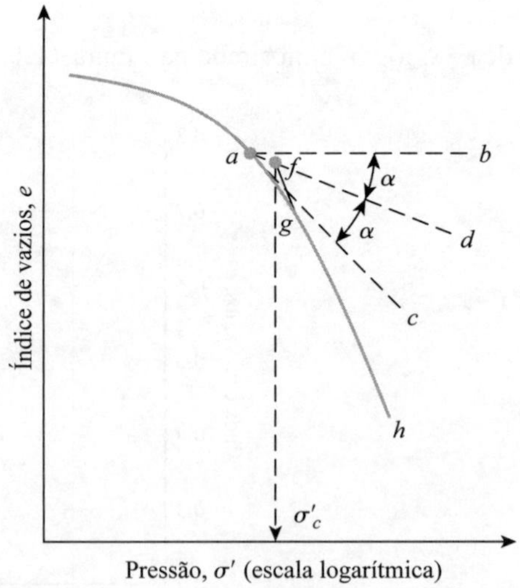

Figura 11.13 Procedimento gráfico para determinação de pressão de pré--adensamento.

Agora, a razão de sobreadensamento (OCR) de um solo pode ser definida por

$$OCR = \frac{\sigma'_c}{\sigma'} \tag{11.20}$$

onde σ'_c = pressão de pré-adensamento de um corpo de prova
σ' = pressão vertical efetiva presente

Na literatura, há algumas relações empíricas disponíveis para prever a pressão de pré-adensamento. Alguns exemplos estão a seguir.

- Stas e Kulhawy (1984):

$$\frac{\sigma'_c}{p_a} = 10^{[1,11-1,62(IL)]} \tag{11.21}$$

onde p_a = pressão atmosférica (∀100 kN/m^2)
IL = índice de liquidez

- Hansbo (1957)

$$\sigma'_c = \alpha_{(\text{VST})}\, c_{u(\text{VST})} \tag{11.22}$$

onde $\alpha_{(\text{VST})}$ = um coeficiente empírico $= \dfrac{222}{LL(\%)}$
$c_{u(\text{VST})}$ = resistência ao cisalhamento não drenada obtida a partir do ensaio de palheta (Capítulo 12).

Em qualquer caso, as relações acima podem variar de solo para solo. Elas podem ser consideradas uma aproximação inicial.

11.8 Comentários gerais sobre o ensaio de adensamento convencional

Na Seção 11.5, foi observado que no ensaio de adensamento convencional realizado em laboratório determinada carga de um corpo de prova geralmente é mantida constante por 24 horas. Depois isso, a carga do corpo de prova é duplicada. Algumas questões podem surgir, como o que acontecerá na curva de e *vs.* log σ' se (a) determinada carga em um corpo de prova for mantida por um tempo $t \neq 24$ horas e (b) outros fatores restantes permanecerem inalterados, e a razão de aumento de carga $\Delta\sigma/\sigma'$ ($\Delta\sigma$ = aumento de carga por área específica de corpo de prova e σ' = carga inicial por área específica de corpo de prova) no corpo de prova é mantida em valores diferentes de um.

Crawford (1964) conduziu diversos ensaios laboratoriais na argila Leda na qual a carga no corpo de prova foi duplicada (significa, $\Delta\sigma/\sigma' = 1$). No entanto, a duração de cada carga no corpo de prova foi variada. As curvas *e vs.* log σ' obtidas de tais ensaios são indicadas na Figura 11.14. A partir deste gráfico, pode ser visto que, quando a duração de carga mantida em um corpo de prova é aumentada, a curva de *e vs.* log σ' gradualmente se move para à esquerda. Isso significa que, para determinada carga por área específica no corpo de prova (σ'), o índice de vazios no fim do adensamento diminuirá à medida que o tempo *t* aumenta. Por exemplo, na Figura 11.14 em $\sigma' = \sigma'_1$, $e = e_2$ para $t = 24$ horas e $e = e_3$ para $t = 7$ dias. No entanto, $e_3 < e_2$.

A razão para tal variação na curva de *e vs.* log σ' é que, à medida que o tempo *t* aumenta, a quantidade de adensamento secundário do corpo de prova também aumenta. Isso tenderá à redução do índice de vazios *e*. Observe também que as curvas de *e vs.* log σ' indicadas na Figura 11.14 proporcionarão valores levemente diferentes para a pressão de pré-adensamento (σ'_c). O valor de σ'_c aumentará com a diminuição de *t*.

A relação de aumento de carga ($\Delta\sigma/\sigma'$) também influencia nas curvas de *e vs.* log σ'. Isso foi discutido em detalhes por Leonards e Altschaeffl (1964).

A Figura 11.15 exibe os gráficos de leitura do extensômetro *vs.* tempo para argila indeformada da Cidade do México conforme observado por Leonards e Altschaeffl (1964). Nesta figura, para

$$\textit{Curva I: } \sigma' = 19{,}62 \text{ kN/m}^2;\ \Delta\sigma = 19{,}62 \text{ kN/m}^2;\ \frac{\Delta\sigma}{\sigma'} = 1$$

$$\textit{Curva II: } \sigma' = 39{,}24 \text{ kN/m}^2;\ \Delta\sigma = 9{,}81 \text{ kN/m}^2;\ \frac{\Delta\sigma}{\sigma'} = 0{,}25$$

$$\textit{Curva III: } \sigma' = 716{,}13 \text{ kN/m}^2;\ \Delta\sigma = 156{,}96 \text{ kN/m}^2;\ \frac{\Delta\sigma}{\sigma'} = 0{,}22$$

Nas curvas II e III (ou seja, $\frac{\Delta\sigma}{\sigma'} \leq 0{,}25$), a posição do fim de adensamento primário (que é zero em excesso de poropressão) é, de algum modo, difícil de se resolver. A Figura 11.16 exibe a natureza de variação de *e vs.* log σ' para diversos valores de $\Delta\sigma/\sigma'$. Quando $\Delta\sigma/\sigma'$ é aumentada, a curva *e vs.* log σ' cai gradualmente.

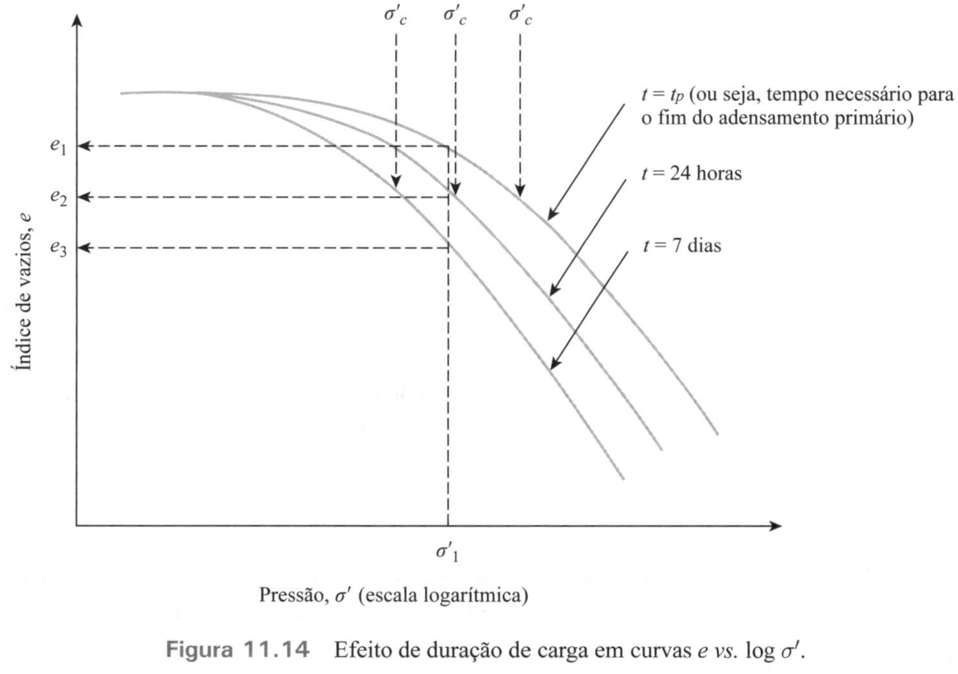

Figura 11.14 Efeito de duração de carga em curvas *e vs.* log σ'.

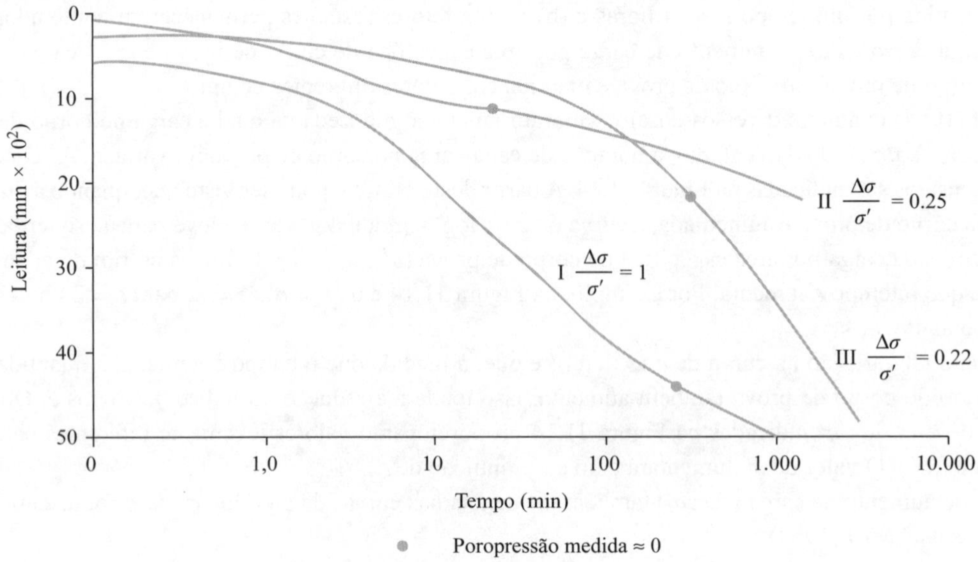

Figura 11.15 Ensaio de adensamento na argila indeformada de Cidade de México. (Com base em Leonards e Altschaeffl, 1964.)

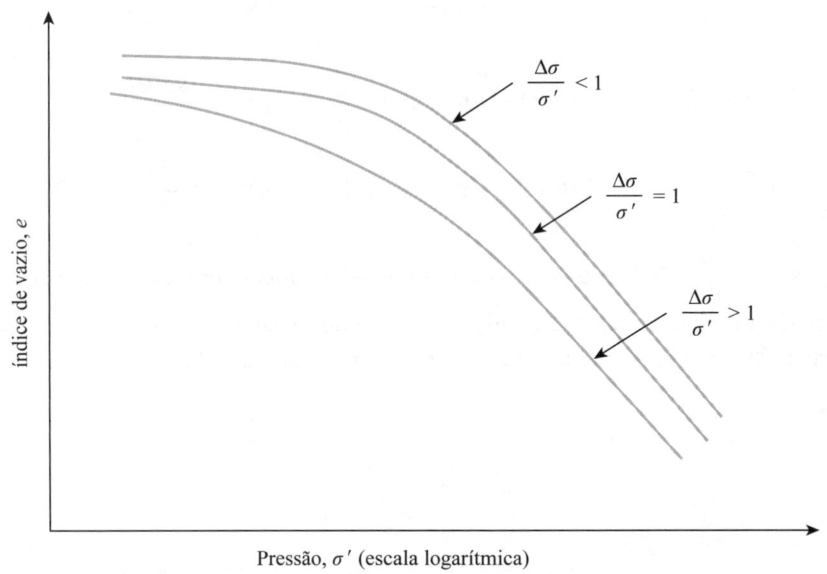

Figura 11.16 Efeito da razão de aumento de carga em curvas *e vs.* log.

11.9 Efeito do amolgamento na relação índice de vazios/pressão

Um corpo de prova de solo será amolgado quando for submetido a certo grau de perturbação. Esse amolgamento resultará em certo desvio do gráfico *e*-log σ' como observado em laboratório a partir do comportamento real em campo. O gráfico *e*-log σ' de campo pode ser reconstruído a partir dos resultados de ensaio laboratorial na maneira descrita nesta seção (Terzaghi e Peck, 1967).

Argila normalmente adensada de baixa a média plasticidade (Figura 11.17)

1. Na Figura 11.17, a curva 2 é o gráfico *e*-log σ' do ensaio de laboratório. A partir deste gráfico, determine a pressão de pré-adensamento $(\sigma'_c) = \sigma'_o$ (ou seja, a pressão efetiva de sobrecarga atual). Sabendo onde $\sigma'_c = \sigma'_o$, desenhe uma linha vertical *ab*.

2. Calcule o índice de vazios no campo e_o [Seção 11.6, Eq. (11.16)]. Desenhe a linha horizontal *cd*.
3. Calcule $0{,}4e_o$ e trace a linha *ef*. (*Observação*: *f* é o ponto de intersecção da linha com a curva 2.)
4. Junte os pontos *f* e g. Observe que *g* é o ponto de intersecção das linhas *ab* e *cd*. Esta é a *curva de compressão virgem*.

É importante ressaltar que, quando um solo for completamente amolgado, a posição geral do gráfico *e*-log σ' será como representado pela curva 3.

Argila sobreadensada de baixa a média plasticidade (Figura 11.18)

1. Na Figura 11.18, a curva 2 é o gráfico *e*-log σ' do ensaio de laboratório (carregamento) e a curva 3 é o descarregamento realizado em laboratório, ou curva de recuperação. Da curva 2, determine a pressão de pré-adensamento σ'_c. Desenhe uma linha horizontal *ab*.
2. Determine a pressão efetiva de sobrecarga de campo σ'_o. Desenhe a linha vertical *cd*.
3. Determine o índice de vazios no campo, e_o. Desenhe a linha horizontal *fg*. O ponto de intersecção das linhas *fg* e *cd* é *h*.
4. Trace uma linha *hi*, paralela à curva 3 (que é praticamente uma linha reta). O ponto de intersecção das linhas *hi* e *ab* é *j*.
5. Junte os pontos *j* e *k*. O ponto *k* está na curva 2, e sua ordenada é $0{,}4e_o$.

O gráfico de adensamento em campo estará no caminho *hjk*. O caminho de recompressão no campo é *hj* e está paralelo à curva de recuperação laboratorial (Schmertmann, 1953).

11.10 Cálculo do recalque a partir do adensamento primário unidimensional

Com o conhecimento adquirido a partir da análise dos resultados do ensaio de adensamento, podemos agora calcular o recalque provável causado pelo adensamento primário no campo, presumindo um adensamento unidimensional.

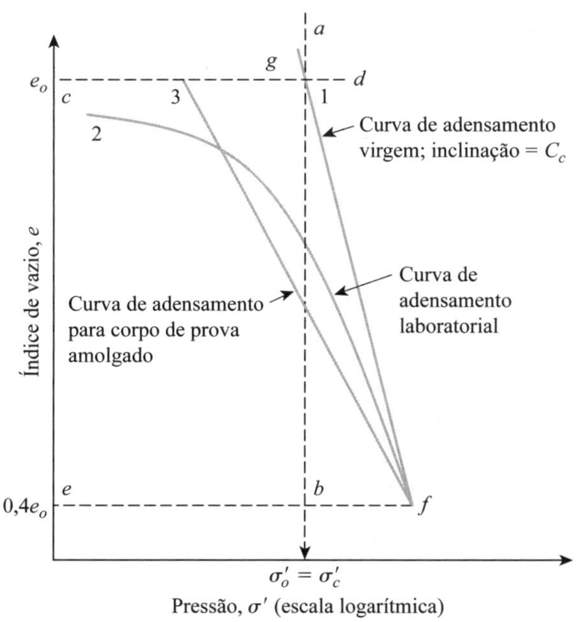

Figura 11.17 Características de adensamento da argila normalmente adensada com sensibilidade baixa a média.

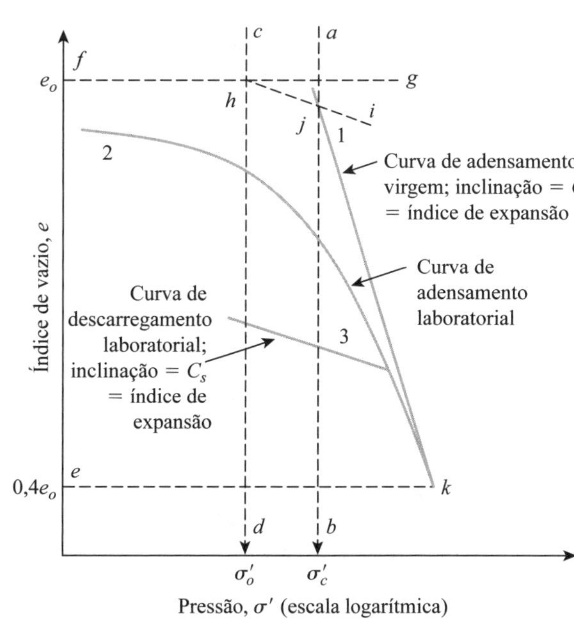

Figura 11.18 Características de adensamento da argila normalmente adensada com sensibilidade baixa a média.

Considere uma camada de argila saturada de espessura H e área transversal seccional A sob uma pressão efetiva de sobrecarga média existente, σ'_o. Por conta do aumento da pressão efetiva, $\Delta\sigma'$, considere o recalque primário como S_c. Portanto, a variação no volume (Figura 11.19) pode ser determinada por

$$\Delta V = V_0 - V_1 = HA - (H - S_c)A = S_c A \tag{11.23}$$

onde V_0 e V_1 são os volumes inicial e final, respectivamente. No entanto, a variação no volume total é igual à variação no volume de vazios, ΔV_v. Portanto,

$$\Delta V = S_c A = V_{v_0} - V_{v_1} = \Delta V_v \tag{11.24}$$

onde V_{v_0} e V_{v_1} são os volumes inicial e final, respectivamente. A partir da definição de índice de vazios, decorre que

$$\Delta V_v = \Delta e V_s \tag{11.25}$$

onde Δe = variação do índice de vazios. Mas

$$V_s = \frac{V_0}{1 + e_o} = \frac{AH}{1 + e_o} \tag{11.26}$$

onde e_o = índice de vazios inicial no volume V_0. Portanto, a partir da Equações (11.23) até (11.26),

$$\Delta V = S_c A = \Delta e V_s = \frac{AH}{1 + e_o}\Delta e$$

ou

$$S_c = H\frac{\Delta e}{1 + e_o} \tag{11.27}$$

Para argilas normalmente adensadas com uma relação linear de e-log σ' (veja a Figura 11.17),

$$\Delta e = C_c[\log(\sigma'_o + \Delta\sigma') - \log\sigma'_o] \tag{11.28}$$

onde C_c = inclinação do gráfico e-log σ' é definido como índice de compressão. A substituição da Equação (11.28) pela Equação (11.27) resulta em

$$S_c = \frac{C_c H}{1 + e_o}\log\left(\frac{\sigma'_o + \Delta\sigma'}{\sigma'_o}\right) \tag{11.29}$$

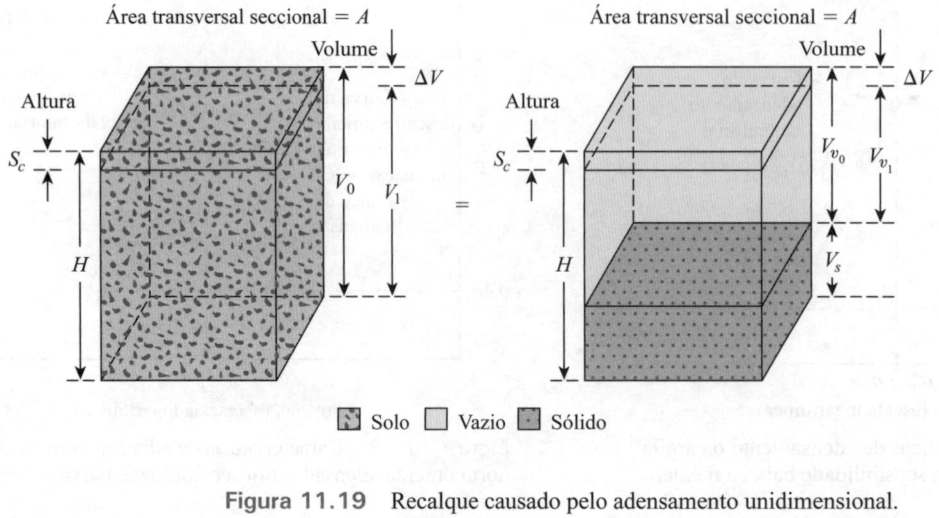

Figura 11.19 Recalque causado pelo adensamento unidimensional.

Nas argilas sobreadensadas, (consulte a Figura 11.18) para $\sigma'_o + \Delta\sigma' \leq \sigma'_c$, a variação e-log σ' de campo estará ao longo da linha hj, cuja inclinação será aproximadamente igual àquela da curva de descarregamento laboratorial. A inclinação da curva de recuperação C_s é chamada *índice de expansão*; então

$$\Delta e = C_s[\log(\sigma'_o + \Delta\sigma') - \log\sigma'_o] \tag{11.30}$$

Das Equações (11.27) e (11.30), vemos que

$$S_c = \frac{C_s H}{1+e_o}\log\left(\frac{\sigma'_o + \Delta\sigma'}{\sigma'_o}\right) \tag{11.31}$$

Se $\sigma'_o + \Delta\sigma' > \sigma'_c$, então

$$S_c = \frac{C_s H}{1+e_o}\log\frac{\sigma'_c}{\sigma'_o} + \frac{C_c H}{1+e_o}\log\left(\frac{\sigma'_o + \Delta\sigma'}{\sigma'_c}\right) \tag{11.32}$$

Porém, se a curva e-log σ' for determinada, é possível obter Δe do gráfico para o intervalo adequado de pressões. Essa quantidade pode ser substituída na Eq. (11.27) para cálculo de recalque, S_c.

11.11 Correlações para o índice de compressão (C_c)

O índice de compressão para o cálculo de recalque no campo provocado pelo adensamento pode ser determinado por construção gráfica (como mostra a Figura 11.17), após a determinação dos resultados de ensaios em laboratório para o índice de vazios e para a pressão aplicada.

Skempton (1944) sugeriu a seguinte expressão empírica para o índice de compressão para argilas não deformadas:

$$C_c = 0,009(LL - 10) \tag{11.33}$$

onde LL = limite de liquidez.

Diversas outras correlações para o índice de compressão também estão disponíveis. Elas foram desenvolvidas por ensaios em diversas argilas. Algumas destas correlações são apresentadas na Tabela 11.6.

Com base nas observações sobre várias argilas naturais, Rendon Herrero (1983) forneceu a relação para o índice de compressão na forma

$$C_c = 0,141G_s^{1,2}\left(\frac{1+e_o}{G_s}\right)^{2,38} \tag{11.34}$$

Tabela 11.6 Correlações para o índice de compressão, C_c*

Equação	Referência	Região de aplicabilidade
$C_c = 0,007(LL - 7)$	Skempton (1944)	Argilas amolgadas
$C_c = 0,01w_N$		Argilas de Chicago
$C_c = 1,15(e_o - 0,27)$	Nishida (1956)	Todas as argilas
$C_c = 0,30(e_o - 0,27)$	Hough (1957)	Solo coesivo inorgânico: silte, argila com silte e argila
$C_c = 0,0115w_N$		Solos orgânicos, turfas, silte orgânico e argila
$C_c = 0,0046(LL - 9)$		Argila brasileira
$C_c = 0,75(e_o - 0,5)$		Solos com baixa plasticidade
$C_c = 0,208e_o + 0,0083$		Argilas de Chicago
$C_c = 0,156e_o + 0,0107$		Todas as argilas

* *Segundo Rendon-Herrero, (1980). Com permissão da ASCE.*

Observação: e_o = índice de vazios *in situ*; w_N = teor de umidade *in situ*.

Nagaraj e Murty (1985) expressaram o índice de compressão como

$$C_c = 0,2343\left[\frac{LL(\%)}{100}\right]G_s \tag{11.35}$$

Com base no modelo Cam Clay Modificado, Wroth e Wood (1978) mostraram que

$$C_c \approx 0,5G_s\frac{[IP(\%)]}{100} \tag{11.36}$$

onde IP = índice de plasticidade.

Se um valor médio de G_s for considerado 2,7 (Kulhawy e Mayne, 1990)

$$C_c \approx \frac{IP}{74} \tag{11.37}$$

Mais recentemente, Park e Koumoto (2004) expressaram o índice de compressão pela seguinte relação:

$$C_c = \frac{n_o}{371,747 - 4,275n_o} \tag{11.38}$$

onde n_o = porosidade do solo *in situ*.

11.12 Correlações para Índice de Expansão (C_s)

O índice de expansão é significativamente menor em magnitude que o índice de compressão e geralmente pode ser determinado em ensaios de laboratório. Na maioria dos casos,

$$C_s \simeq \tfrac{1}{5} \text{ a } \tfrac{1}{10}C_c$$

O índice de expansão foi expresso por Nagaraj e Murty (1985) por

$$C_s = 0,0463\left[\frac{LL(\%)}{100}\right]G_s \tag{11.39}$$

Com base no modelo Cam Clay Modificado, Kulhawy e Mayne (1990) mostraram que

$$C_c \approx \frac{IP}{370} \tag{11.40}$$

Exemplo 11.3

Abaixo estão os resultados de um ensaio de adensamento em laboratório:

Pressão, σ' (kN/m²)	Índice de vazios, *e*	Observações	Pressão, σ' (kN/m²)	Índice de vazios, *e*	Observações
25	0,93	Carregamento	800	0,61	Carregamento
50	0,92		1600	0,52	
100	0,88		800	0,535	Descarregamento
200	0,81		400	0,555	
400	0,69		200	0,57	

a. Desenhe um gráfico e-log σ'_o e determine a pressão de pré-adensamento, σ'_c.
b. Calcule o índice de compressão e o índice de C_s/C_c.
c. Com base no gráfico e-log σ' médio, calcule o índice de vazios em $\sigma'_o = 1.000$ kN/m^2.

Solução

Parte a

O gráfico de e *vs.* log σ' é mostrado na Figura 11.20. O procedimento gráfico de Casagrande é utilizado para determinar a pressão de pré-adensamento:

$$\sigma'_o = \mathbf{120\ kN/m^2}$$

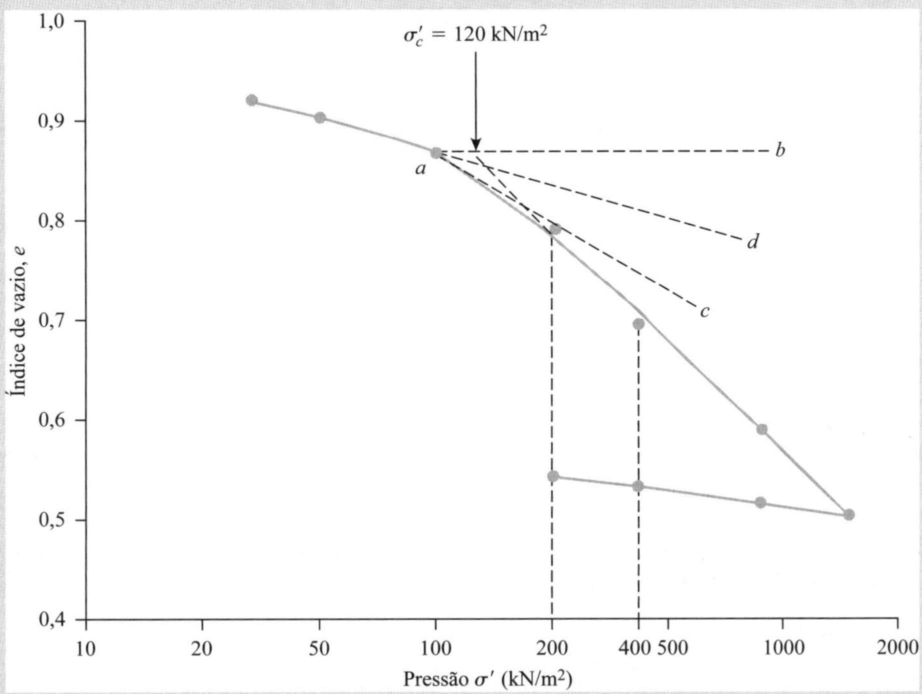

Figura 11.20 Gráfico de *e versus* log σ'.

Parte b

A partir do gráfico e-log σ' médio, para os ramos de carregamento e descarregamento, são determinados os seguintes valores:

Ramo	e	σ'_o (kN/m²)
Carregamento	0,8	200
	0,7	400
Descarregamento	0,544	200
	0,532	400

Do ramo de carregamento,

$$C_c = \frac{e_1 - e_2}{\log \frac{\sigma'_2}{\sigma'_1}} = \frac{0,8 - 0,7}{\log\left(\frac{400}{200}\right)} = \mathbf{0,33}$$

(continua)

Do ramo de descarregamento,

$$C_s = \frac{e_1 - e_2}{\log \frac{\sigma'_2}{\sigma'_1}} = \frac{0,544 - 0,532}{\log\left(\frac{400}{200}\right)} = 0,0399 \approx 0,04$$

$$\frac{C_s}{C_c} = \frac{0,04}{0,33} = \mathbf{0,12}$$

Parte c

$$C_c = \frac{e_1 - e_3}{\log \frac{\sigma'_3}{\sigma'_1}}$$

Sabemos que $e_1 = 0,8$ em $\sigma'_1 = 200$ kN/m² e que $C_c = 0,33$ [parte (b)]. Considere $\sigma'_3 = 1.000$ kN/m². Portanto,

$$0,33 = \frac{0,8 - e_3}{\log\left(\frac{1.000}{200}\right)}$$

$$e_3 = 0,8 - 0,33 \log\left(\frac{1.000}{200}\right) \approx \mathbf{0,57}$$

■

Exemplo 11.4

Um perfil de solo é mostrado na Figura 11.21. Se uma carga uniformemente distribuída, $\Delta\sigma$, for aplicada na superfície do solo, qual é o recalque da camada de argila por adensamento primário se

a. A argila for normalmente adensada
b. A pressão de pré-adensamento $\sigma'_c = 200$ kN/m²
c. $\sigma'_c = 150$ kN/m²

Utilize $C_s \approx \frac{1}{5} C_c$.

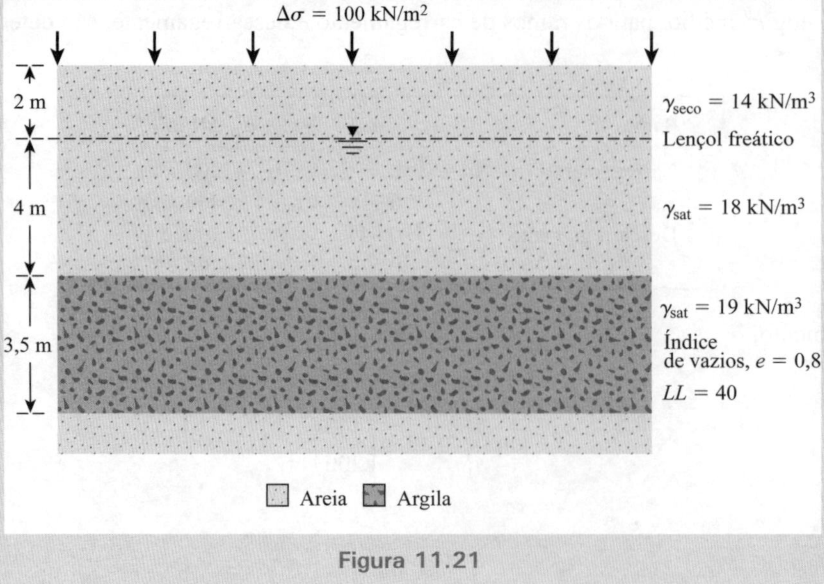

Figura 11.21

Solução

Parte a

A tensão média efetiva no meio da camada de argila é

$$\sigma'_o = 2\gamma_{\text{seco}} + 4[\gamma_{\text{sat(areia)}} - \gamma_w] + \frac{3,5}{2}[\gamma_{\text{sat(argila)}} - \gamma_w]$$

$$\sigma'_o = (2)(14) + 4(18 - 9,81) + 1,75(19 - 9,81) = 76,08 \text{ kN/m}^2$$

Da Equação (11.29),

$$S_c = \frac{C_c H}{1 + e_o} \log\left(\frac{\sigma'_o + \Delta\sigma'}{\sigma'_o}\right)$$

Da Equação (11.33),

$$C_c = 0,009(LL - 10) = 0,009(40 - 10) = 0,27$$

Portanto,

$$S_c = \frac{(0,27)(3,5)}{1 + 0,8} \log\left(\frac{76,08 + 100}{76,08}\right) = 0,191 \text{ m} = \mathbf{191\,mm}$$

Parte b

$$\sigma'_o + \Delta\sigma' = 76,08 + 100 = 176,08 \text{ kN/m}^2$$

$$\sigma'_c = 200 \text{ kN/m}^2$$

Como $\sigma'_o + \Delta\sigma' < \sigma'_c$, utilize a Equação (11.31),

$$S_c = \frac{C_c H}{1 + e_o} \log\left(\frac{\sigma'_o + \Delta\sigma'}{\sigma'_o}\right)$$

$$C_s = \frac{C_c}{5} = \frac{0,27}{8} = 0,054$$

$$S_c = \frac{(0,054)(3,5)}{1 + 0,8} \log\left(\frac{76,08 + 100}{76,08}\right) = 0,038 \text{ m} = \mathbf{38\,mm}$$

Parte c

$$\sigma'_o = 76,08 \text{ kN/m}^2$$

$$\sigma'_o + \Delta\sigma' = 176,08 \text{ kN/m}^2$$

$$\sigma'_c = 150 \text{ kN/m}^2$$

Como $\sigma'_o < \sigma'_c < \sigma'_o + \Delta\sigma'$, utilize a Equação (11.32),

$$S_c = \frac{C_s H}{1 + e_o} \log \frac{\sigma'_c}{\sigma'_o} + \frac{C_c H}{1 + e_o} \log\left(\frac{\sigma'_o + \Delta\sigma'}{\sigma'_c}\right)$$

$$= \frac{(0,054)(3,5)}{1,8} \log\left(\frac{150}{76,08}\right) + \frac{(0,27)(3,5)}{1,8} \log\left(\frac{176,08}{150}\right)$$

$$\approx 0,0675 \text{ m} = \mathbf{67,5\,mm}$$

■

Exemplo 11.5

Um perfil de solo é mostrado na Figura 11.22a. Os ensaios de adensamento em laboratório foram conduzidos em um corpo de prova coletado do meio da camada de argila. A curva de adensamento em campo interpolada com os resultados do ensaio laboratorial é mostrada na Figura 11.22b. Calcule o recalque no campo causado pelo adensamento primário para uma sobrecarga de 60 kN/m² aplicada na superfície do solo.

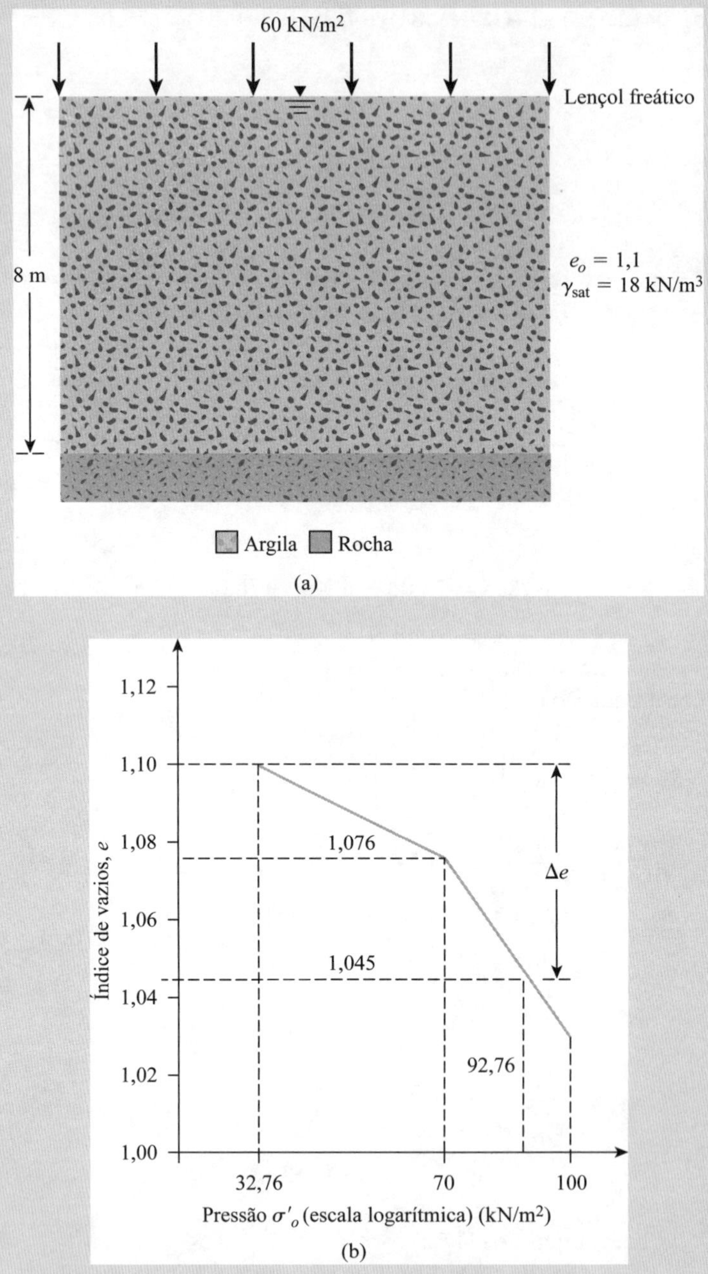

Figura 11.22 (a) Perfil de solo (b) curva de adensamento de campo.

Solução

$$\sigma'_o = (4)(\gamma_{sat} - \gamma_w) = 4(18{,}0 - 9{,}81)$$
$$= 32{,}76 \text{ kN/m}^2$$
$$e_o = 1{,}1$$

$$\Delta\sigma' = 60 \text{ kN/m}^2$$

$$\sigma'_o + \Delta\sigma' = 32{,}76 + 60 = 92{,}76 \text{ kN/m}^2$$

O índice de vazios correspondente a 92,76 kN/m² (consulte a Figura 11.22b) é 1,045. Portanto, Δe = 1,1 – 1,045 = 0,055. Temos

$$\text{Recalque } (S_c) = H\frac{\Delta e}{1+e_o} \quad \text{[Eq. (11.27)]}$$

Portanto,

$$S_c = 8\,\frac{(0{,}055)}{1+1{,}1} = 0{,}21 \text{ m} = \mathbf{210\ mm}$$

■

11.13 Recalque de compressão secundária

A Seção 11.5 mostrou que, no final do adensamento primário (isto é, após a dissipação total do excesso de poropressão), certo recalque é observado em razão de um ajuste plástico de tecidos do solo. Esse estágio do adensamento é chamado *compressão secundária*. Durante a compressão secundária, o gráfico de deformação em relação ao tempo é praticamente linear (veja a Figura 11.8). A variação do índice de vazios, e, com tempo t para determinado aumento da carga, será semelhante ao mostrado na Figura 11.8. Essa variação é mostrada na Figura 11.23. A partir da Figura 11.23, o índice de compressão secundária pode ser definido por

$$C_\alpha = \frac{\Delta e}{\log t_2 - \log t_1} = \frac{\Delta e}{\log(t_2/t_1)} \tag{11.41}$$

onde C_α = índice de compressão secundária
Δe = alteração do índice de vazios
t_1, t_2 = tempo

A magnitude da compressão secundária pode ser calculada por

$$S_s = C'_\alpha H \log\left(\frac{t_2}{t_1}\right) \tag{11.42}$$

e

$$C'_\alpha = \frac{C_\alpha}{1+e_p} \tag{11.43}$$

onde e_p = índice de vazios no final do adensamento primário (veja a Figura 11.23)
H = espessura da camada de argila

As magnitudes gerais de C'_α conforme observado em diversos depósitos naturais são:

- Argilas sobreadensadas = no máximo 0,001
- Argilas normalmente adensadas = 0,005 a 0,03
- Solo orgânico = pelo menos 0,04

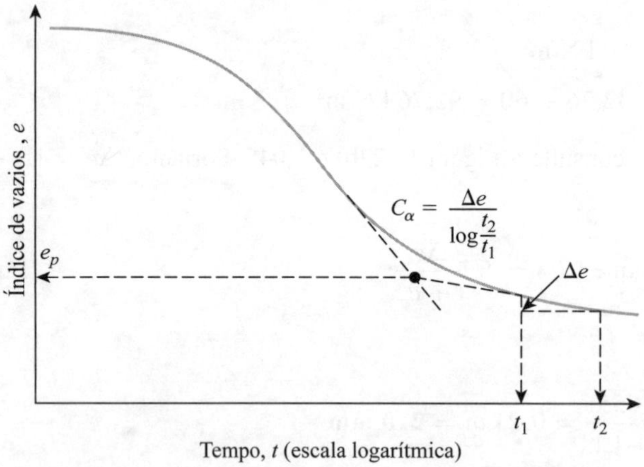

Figura 11.23 Variação de *e* com log *t* sob o aumento de carga e definição de índice de adensamento secundário.

Mersri e Godlewski (1977) compilaram o índice de C'_α/C_c para uma quantidade de argilas naturais. A partir desse estudo, nota-se que C'_α/C_c para

- Argilas e siltes inorgânicos ∀ 0,04 ± 0,01
- Argilas e siltes orgânicos ∀ 0,05 ± 0,01
- Turfas ∀ 0,075 ± 0,01

O recalque por compressão secundária é mais importante que o adensamento primário em solos orgânicos e inorgânicos altamente compressíveis. Em argilas inorgânicas sobreadensadas, o índice de compressão secundária é muito baixo e de menor importância.

Exemplo 11.6

Para uma camada de argila normalmente adensada no campo, são fornecidos os seguintes valores:

- Espessura da camada de argila = 2,6 m
- Índice de vazios (e_o) = 0,8
- Índice de compressão (C_c) = 0,28
- Pressão efetiva média na camada de argila (σ'_o) = 127 kN/m^2
- $\Delta\sigma'$ = 46,5 kN/m^2
- Índice de compressão secundária (C_α) = 0,02

Qual é o recalque por adensamento total da camada de argila cinco anos depois do término do recalque por adensamento primário? (*Observação*: Tempo para finalização de recalque primário = 1,5 ano.)

Solução

Da Equação (11.43),

$$C'_\alpha = \frac{C_\alpha}{1 + e_p}$$

O valor de e_p pode ser calculado por

$$e_p = e_o - \Delta e_{\text{primário}}$$

Combinando as Equações (11.27) e (11.28), vemos que

$$\Delta e = C_c \log\left(\frac{\sigma'_o + \Delta\sigma'}{\sigma'_o}\right) = 0,28 \log\left(\frac{127 + 46,5}{127}\right)$$
$$= 0,038$$

Adensamento primário, $S_c = \dfrac{\Delta eH}{1+e_o} = \dfrac{(0,038)(2,6\times 1.000)}{1+0,8} = 54,9$ mm

Dado que $e_o = 0,8$, e, assim,

$$e_p = 0,8 - 0,038 = 0,762$$

Portanto,

$$C'_\alpha = \frac{0,02}{1+0,762} = 0,011$$

Da Equação (11.42),

$$S_s = C'_\alpha H \log\left(\frac{t_2}{t_1}\right) = (0,011)(2,6\times 1.000)\log\left(\frac{5}{1,5}\right) \approx 14,95 \text{ mm}$$

Recalque por adensamento total = adensamento primário (S_c) + compressão secundária (S_s). Então,

Recalque por adensamento total = 54,9 + 14,95 = **69,85 mm** ■

11.14 Taxa temporal de adensamento

O recalque total causado pelo adensamento primário resultante de um aumento da tensão em uma camada do solo pode ser calculado pelo uso de uma das três Equações, (11.29), (11.31) ou (11.32), fornecidas na Seção 11.10. No entanto, elas não fornecem informações sobre a taxa de adensamento primário. Terzaghi (1925) propôs a primeira teoria para considerar a taxa de adensamento unidimensional para solos de argila saturados. As derivações matemáticas têm como base as seis hipóteses a seguir (consulte também Taylor, 1948):

1. O sistema água-argila é homogêneo.
2. A saturação é completa.
3. A compressibilidade da água é irrelevante.
4. A compressibilidade dos grãos do solo é irrelevante (mas os grãos do solo se reorganizam).
5. O escoamento da água segue apenas uma direção (ou seja, na direção de compressão).
6. A lei de Darcy é válida.

A Figura 11.24a exibe uma camada de argila com espessura de $2H_{dr}$ (*Observação*: H_{dr} = comprimento do caminho de drenagem máximo) que está localizada entre duas camadas de areia altamente permeáveis. Se a camada de argila for submetida a um aumento de pressão de $\Delta\sigma$, a poropressão em um ponto qualquer A na camada de argila aumentará. Para adensamento unidimensional, a água será expulsa no sentido vertical em direção à camada de areia.

A Figura 11.24b mostra o escoamento da água por um elemento prismático em A. Para o elemento de solo mostrado,

Taxa de escoamento de água – Taxa de influxo de água = Taxa de mudança de volume

Assim,

$$\left(v_z + \frac{\partial v_z}{\partial z}dz\right) dx\, dy - v_z\, dx\, dy = \frac{\partial V}{\partial t}$$

onde V = volume do elemento do solo

v_z = velocidade do fluxo na direção z

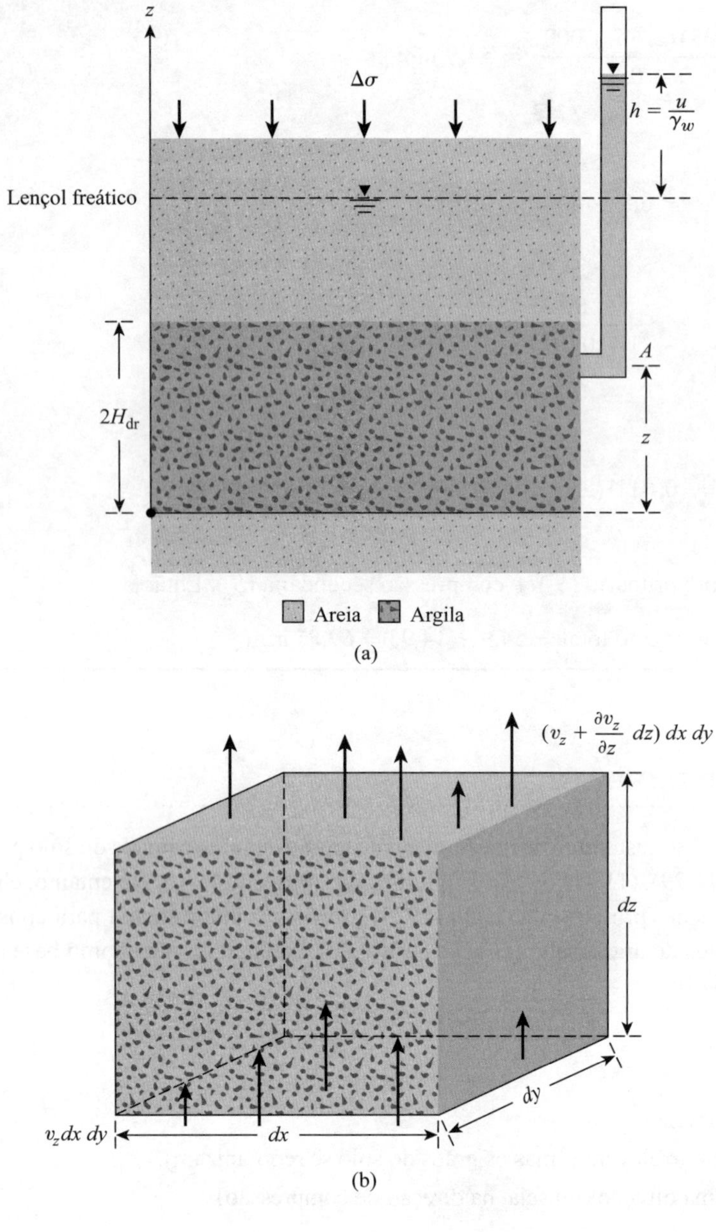

Figura 11.24 (a) Camada de argila submetida ao adensamento; (b) fluxo de água em A durante o adensamento.

ou

$$\frac{\partial v_z}{\partial z}\, dx\, dy\, dz = \frac{\partial V}{\partial t} \tag{11.44}$$

Usando a lei de Darcy, temos

$$v_z = ki = -k\frac{\partial h}{\partial z} = -\frac{k}{\gamma_w}\frac{\partial u}{\partial z} \tag{11.45}$$

onde u = excesso de poropressão causada pelo aumento de tensão.

Das Equações (11.44) e (11.45),

$$-\frac{k}{\gamma_w}\frac{\partial^2 u}{\partial z^2} = \frac{1}{dx\, dy\, dz}\frac{\partial V}{\partial t} \tag{11.46}$$

Durante o adensamento, a taxa de variação no volume do elemento de solo é igual à taxa de variação do volume de vazios. Assim,

$$\frac{\partial V}{\partial t} = \frac{\partial V_v}{\partial t} = \frac{\partial (V_s + eV_s)}{\partial t} = \frac{\partial V_s}{\partial t} + V_s \frac{\partial e}{\partial t} + e\frac{\partial V_s}{\partial t} \tag{11.47}$$

onde V_s = volume de sólidos do solo
V_v = volume de vazios

Mas (supondo que os sólidos de solo não sejam compressíveis)

$$\frac{\partial V_s}{\partial t} = 0$$

e

$$V_s = \frac{V}{1 + e_o} = \frac{dx\, dy\, dz}{1 + e_o}$$

A substituição de $\partial V_s/\partial t$ e V_s em Eq. (11.47) fornece

$$\frac{\partial V}{\partial t} = \frac{dx\, dy\, dz}{1 + e_o} \frac{\partial e}{\partial t} \tag{11.48}$$

onde e_o = índice de vazios inicial.

Combinando as Equações (11.46) e (11.48) temos

$$-\frac{k}{\gamma_w} \frac{\partial^2 u}{\partial z^2} = \frac{1}{1 + e_o} \frac{\partial e}{\partial t} \tag{11.49}$$

A variação no índice de vazios é causada pelo aumento da tensão efetiva (ou seja, uma diminuição do excesso de poropressão). Considerando uma relação linear, temos

$$\partial e = a_v \partial(\Delta\sigma') = -a_v \partial u \tag{11.50}$$

onde $\partial(\Delta\sigma')$ = mudança na pressão efetiva
a_v = coeficiente de compressibilidade (a_v pode ser considerado constante para uma faixa estreita de aumento de pressão)

Combinando as Equações (11.49) e (11.50) temos

$$-\frac{k}{\gamma_w} \frac{\partial^2 u}{\partial z^2} = -\frac{a_v}{1 + e_o} \frac{\partial u}{\partial t} = -m_v \frac{\partial u}{\partial t}$$

onde

$$m_v = \text{coeficiente de compressibilidade volumétrico} = a_v/(1 + e_o) \tag{11.51}$$

ou

$$\frac{\partial u}{\partial t} = c_v \frac{\partial^2 u}{\partial z^2} \tag{11.52}$$

onde

$$c_v = \text{coeficiente de adensamento} = k/(\gamma_w m_v) \tag{11.53}$$

Assim,

$$c_v = \frac{k}{\gamma_w m_v} = \frac{k}{\gamma_w \left(\dfrac{a_v}{1 + e_o} \right)} \tag{11.54}$$

A Equação (11.52) é a equação diferencial básica da teoria de adensamento de Terzaghi e pode ser resolvida com as seguintes condições de limite:

$$z = 0, \quad u = 0$$
$$z = 2H_{dr}, \quad u = 0$$
$$t = 0, \quad u = u_o$$

A solução fornece

$$u = \sum_{m=0}^{m=\infty} \left[\frac{2u_o}{M} \operatorname{sen}\left(\frac{Mz}{H_{dr}} \right) \right] e^{-M^2 T_v} \tag{11.55}$$

onde m = um número inteiro
$M = (\pi/2)(2m + 1)$
u_o = poropressão excessiva inicial

$$T_v = \frac{c_v t}{H_{dr}^2} = \text{fator tempo} \tag{11.56}$$

O fator tempo é um número adimensional.

Por conta de o adensamento progredir pela dissipação do excesso de poropressão, o grau de adensamento a uma distância z no momento t é

$$U_z = \frac{u_o - u_z}{u_o} = 1 - \frac{u_z}{u_o} \tag{11.57}$$

onde u_z = excesso de poropressão no tempo t.

As Equações (11.55) e (11.57) podem ser combinadas para obter o grau de adensamento em qualquer profundidade z. Isso é mostrado na Figura 11.25.

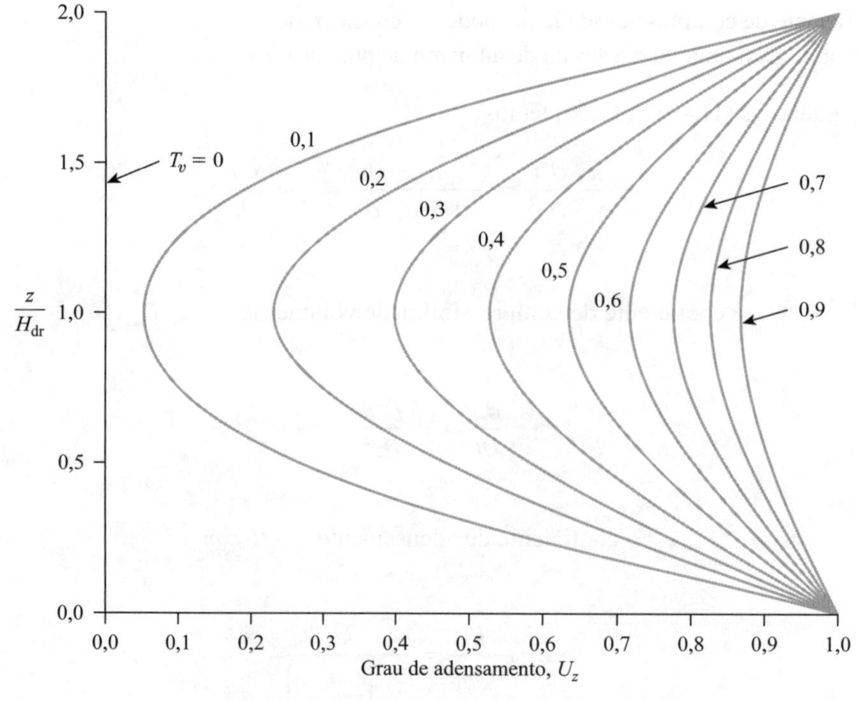

Figura 11.25 Variação de U_z com T_v e z/H_{dr}.

O grau médio de adensamento para a profundidade total da camada de argila em qualquer momento t pode ser escrito da Equação (11.57) como

$$U = \frac{S_{c(t)}}{S_c} = 1 - \frac{\left(\frac{1}{2H_{\mathrm{dr}}}\right)\int_0^{2H_{\mathrm{dr}}} u_z dz}{u_o} \tag{11.58}$$

onde U = grau médio de adensamento

$S_{c(t)}$ = recalque da camada no instante t

S_c = limite de recalque da camada devido ao adensamento primário

A substituição da expressão que fornece o excesso de poropressão u_z dada na Equação (11.55) pela Equação (11.58) resulta em

$$U = 1 - \sum_{m=0}^{m=\infty} \frac{2}{M^2} e^{-M^2 T_v} \tag{11.59}$$

A variação do grau médio de adensamento com fator de tempo não dimensional, T_v, é dada na Figura 11.26, que representa o caso onde u_o é o mesmo para a profundidade total da camada em adensamento.

Os valores do fator tempo e o grau médio de adensamento correspondentes para o caso apresentado na Figura 11.26 também podem ser aproximados pelas seguintes relações:

$$\text{Para } U = 0 \text{ até } 60\%, \quad T_v = \frac{\pi}{4}\left(\frac{U\%}{100}\right)^2 \tag{11.60}$$

$$\text{Para } U > 60\%, \quad T_v = 1{,}781 - 0{,}933 \log(100 - U\%) \tag{11.61}$$

A Tabela 11.7 fornece a variação de T_v com U com base nas Equações. (11.60) e (11.61).

Sivaram e Swamee (1977) forneceram a seguinte equação para U variando de 0 a 100%:

$$\frac{U\%}{100} = \frac{(4T_v/\pi)^{0,5}}{[1 + (4T_v/\pi)^{2,8}]^{0,179}} \tag{11.62}$$

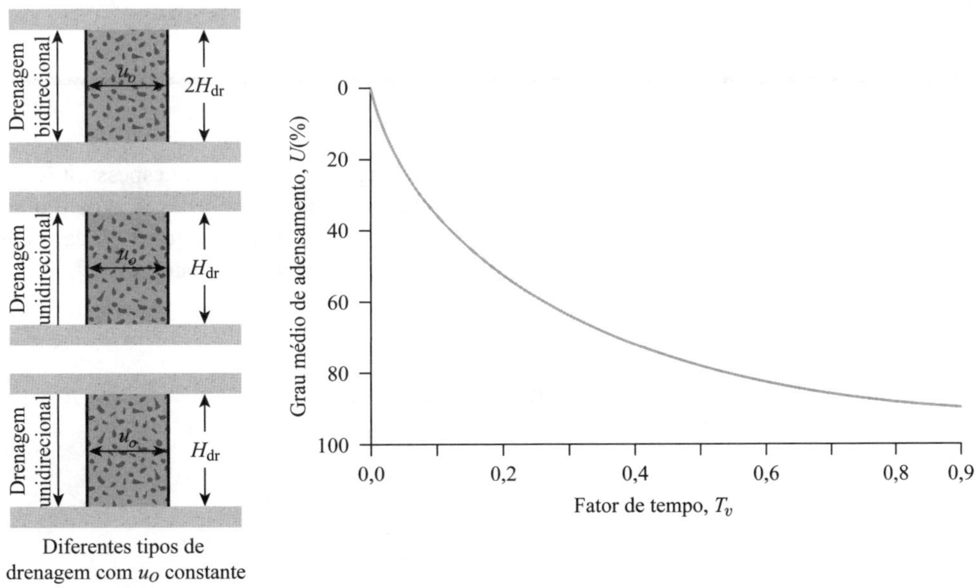

Figura 11.26 Variação de grau médio de adensamento com fator de tempo T_v (u_o constante com profundidade).

Tabela 11.7 Variação de T_v com U

U (%)	T_v	U (%)	T_v	U (%)	T_v	U (%)	T_v
0	0	26	0,0531	52	0,212	78	0,529
1	0,00008	27	0,0572	53	0,221	79	0,547
2	0,0003	28	0,0615	54	0,230	80	0,567
3	0,00071	29	0,0660	55	0,239	81	0,588
4	0,00126	30	0,0707	56	0,248	82	0,610
5	0,00196	31	0,0754	57	0,257	83	0,633
6	0,00283	32	0,0803	58	0,267	84	0,658
7	0,00385	33	0,0855	59	0,276	85	0,684
8	0,00502	34	0,0907	60	0,286	86	0,712
9	0,00636	35	0,0962	61	0,297	87	0,742
10	0,00785	36	0,102	62	0,307	88	0,774
11	0,0095	37	0,107	63	0,318	89	0,809
12	0,0113	38	0,113	64	0,329	90	0,848
13	0,0133	39	0,119	65	0,340	91	0,891
14	0,0154	40	0,126	66	0,352	92	0,938
15	0,0177	41	0,132	67	0,364	93	0,993
16	0,0201	42	0,138	68	0,377	94	1,055
17	0,0227	43	0,145	69	0,390	95	1,129
18	0,0254	44	0,152	70	0,403	96	1,219
19	0,0283	45	0,159	71	0,417	97	1,336
20	0,0314	46	0,166	72	0,431	98	1,500
21	0,0346	47	0,173	73	0,446	99	1,781
22	0,0380	48	0,181	74	0,461	100	∞
23	0,0415	49	0,188	75	0,477		
24	0,0452	50	0,197	76	0,493		
25	0,0491	51	0,204	77	0,511		

ou

$$T_v = \frac{(\pi/4)(U\%/100)^2}{[1-(U\%/100)^{5,6}]^{0,357}} \tag{11.63}$$

As Equações (11.62) e (11.63) fornecem um erro em T_v de menos de 1% para 0% < U < 90% e menos de 3% para 90% < U < 100%.

Exemplo 11.7

O tempo necessário para 50% de adensamento de uma camada de argila de 25 mm de espessura (drenada na parte superior e inferior) em laboratório é de 3 min e 15 s. Quanto tempo (em dias) será necessário para que uma camada de 2 m de espessura da mesma argila no campo sob o mesmo aumento de pressão alcance 50% de adensamento? No campo, as camadas de areia estão presentes nas partes superior e inferior da camada de argila.

Solução

$$T_{50} = \frac{c_v t_{\text{lab}}}{H^2_{\text{dr(lab)}}} = \frac{c_v t_{\text{campo}}}{H^2_{\text{dr(campo)}}}$$

ou

$$\frac{t_{\text{lab}}}{H^2_{\text{dr(lab)}}} = \frac{t_{\text{campo}}}{H^2_{\text{dr(campo)}}}$$

$$\frac{195\,\mathrm{s}}{\left(\frac{0{,}025\,\mathrm{m}}{2}\right)^2} = \frac{t_{\text{campo}}}{\left(\frac{2}{2}\,\mathrm{m}\right)^2}$$

$$t_{\text{campo}} = 1.248.000\,\mathrm{s} = \mathbf{14{,}44\ dias}$$

■

Exemplo 11.8

Consulte a Figura 11.7. Quanto tempo (em dias) levará para que ocorra 30% de adensamento primário no campo? Use a Equação (11.60).

Solução

Da Equação (11.60),

$$\frac{c_v t_{\text{campo}}}{H^2_{\text{dr(campo)}}} = T_v \propto U^2$$

Então

$$t \infty U^2$$

$$\frac{t_1}{t_2} = \frac{U_1^2}{U_2^2}$$

ou

$$\frac{14{,}44\ \text{dias}}{t_2} = \frac{50^2}{30^2}$$

$$t_2 = \mathbf{5{,}2\ dias}$$

■

Exemplo 11.9

Uma camada de 3 m de espessura (drenagem dupla) de argila saturada em sobrecarga sofreu 90% de adensamento primário em 75 dias. Determine o coeficiente de adensamento da argila para a faixa de pressão.

Solução

$$T_{90} = \frac{c_v t_{90}}{H^2_{\text{dr}}}$$

Por causa de a camada de argila ter drenagem bidirecional, $H_{\text{dr}} = 3\ \text{m}/2 = 1{,}5$ m. Além disso, $T_{90} = 0.848$ (consulte a Tabela 11.7). Portanto,

$$0{,}848 = \frac{c_v(75 \times 24 \times 60 \times 60)}{(1{,}5 \times 100)^2}$$

$$c_v = \frac{0{,}848 \times 2{,}25 \times 10^4}{75 \times 24 \times 60 \times 60} = \mathbf{0{,}00294\ cm^2/s}$$

■

Exemplo 11.10

Para um corpo de prova de argila drenada em laboratório geralmente consolidado em ambos os lados, são proporcionados:

- $\sigma'_o = 150$ kN/m², $e = e_o = 1{,}1$
- $\sigma'_o + \Delta\sigma' = 300$ kN/m², $e = 0{,}9$
- Espessura do corpo de prova de argila = 25 mm
- Tempo para 50% de adensamento = 2 min

a. Determine a condutividade hidráulica (min) da argila para a faixa de carregamento.

b. Quanto tempo (em dias) levará para que uma camada de argila de 1,8 m (drenada de um lado) em campo alcance 60% de adensamento?

Solução

Parte a

O coeficiente de compressibilidade é

$$m_v = \frac{a_v}{1 + e_{\text{méd}}} = \frac{\left(\dfrac{\Delta e}{\Delta\sigma'}\right)}{1 + e_{\text{méd}}}$$

$$\Delta e = 1{,}1 - 0{,}9 = 0{,}2$$

$$\Delta\sigma' = 300 - 150 = 150 \text{ kN/m}^2$$

$$e_{\text{méd}} = \frac{1{,}1 + 0{,}9}{2} = 1{,}0$$

Então

$$m_v = \frac{\dfrac{0{,}2}{150}}{1 + 1{,}0} = 6{,}35 \times 10^{-4}\,\text{m}^2/\text{kN}$$

A partir da Tabela 11.7, para $U = 50\%$, $T_v = 0{,}197$

$$c_v = \frac{(0{,}197)\left(\dfrac{25}{2 \times 1.000}\right)^2}{2} = 1{,}53 \times 10^{-4}\,\text{m}^2/\text{min}$$

$$k = c_v m_v \gamma_w = (1{,}53 \times 10^{-5})(6{,}35 \times 10^{-4})(9{,}81) = 95{,}3 \times 10^{-9}\,\text{m/min}$$

$$= \mathbf{95{,}3 \times 10^{-7}\,cm/min}$$

Parte b

$$T_{60} = \frac{c_v t_{60}}{H_{\text{dr}}^2}$$

$$t_{60} = \frac{T_{60} H_{\text{dr}}^2}{c_v}$$

A partir da Tabela 11.7, para $U = 60\%$, $T_v = 0{,}286$,

$$t_{60} = \frac{(0{,}288)(1{,}8)^2}{1{,}53 \times 10^{-5}} = 60.565 \text{ min} = \mathbf{42{,}06\ dias}$$

■

11.15 Determinação do coeficiente de adensamento

O coeficiente de adensamento c_v geralmente diminui à medida que o limite de liquidez do solo aumenta. A faixa de variação de c_v para determinado limite de liquidez do solo é ampla.

Para determinado aumento de carga em um corpo de prova, dois métodos gráficos são comumente usados para determinar o c_v a partir de ensaios de adensamento unidimensional em laboratório. O primeiro é o método do *logaritmo do tempo*, proposto por Casagrande e Fadum (1940), e o outro é o *método da raiz quadrada do tempo*, determinado por Taylor (1942). Mais recentemente, foram propostos pelo menos dois outros métodos. São eles: o *método da hipérbole* (Sridharan e Prakash, 1985) e o *método do log-t de estágio inicial* (Robinson e Allam, 1996). Os procedimentos gerais para obter c_v por esses métodos são descritos nesta seção.

Método de logaritmo do tempo

Para determinado aumento de carga do ensaio de laboratório, o gráfico da deformação do corpo de prova em função do logaritmo do tempo é exibido na Figura 11.27. As construções a seguir são necessárias para determinar c_v.

Etapa 1: Estenda as partes da linha reta dos adensamentos primário e secundário de modo que interceptem em A. A ordenada de A é representada por d_{100}, ou seja, a deformação ao término de 100% de adensamento primário.

Etapa 2: A parte curvada inicial do gráfico da deformação em função de log t está próxima de ser uma parábola na escala natural. Selecione os tempos t_1 e t_2 na parte curva de forma que $t_2 = 4t_1$. Considere que a diferença de deformação do corpo de prova durante o tempo $(t_2 - t_1)$ seja igual a x.

Etapa 3: Desenhe uma linha horizontal DE de modo que a distância vertical BD seja igual a x. A deformação correspondente à linha DE é d_0 (que é a deformação a 0% de adensamento).

Etapa 4: A ordenada do ponto F na curva de adensamento representa a deformação a 50% de adensamento primário e sua abscissa representa o tempo correspondente (t_{50}).

Etapa 5: Para um grau médio de 50% de adensamento, $T_v = 0{,}197$ (veja a Tabela 11.7), então,

$$T_{50} = \frac{c_v t_{50}}{H_{dr}^2}$$

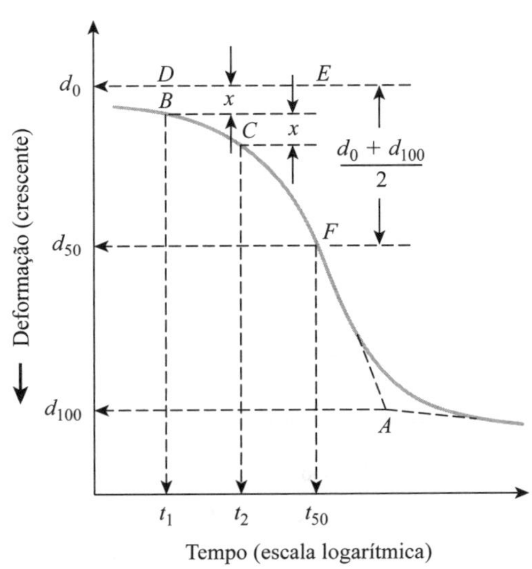

Figura 11.27 Método de logaritmo de tempo para determinação de coeficiente de adensamento.

ou

$$c_v = \frac{0{,}197H_{dr}^2}{t_{50}} \tag{11.64}$$

onde H_{dr} = caminho médio mais longo de drenagem durante o adensamento.

Para corpos de prova drenados tanto na parte superior quanto na inferior, H_{dr} é igual à metade da altura média do corpo de prova durante o adensamento. Para corpos de prova drenados apenas por um lado, H_{dr} é igual à altura média do corpo de prova durante o adensamento.

Método de raiz quadrada do tempo

No método de raiz quadrada do tempo, é feito um gráfico de deformação em relação à raiz quadrada do tempo para o carregamento adicional (Figura 11.28). Outras construções gráficas exigidas são:

Etapa 1: Desenhe uma linha AB pela parte inicial da curva.

Etapa 2: Desenhe uma linha AC de tal modo que $\overline{OC} = 1{,}15\overline{OB}$. A abscissa do ponto D, que é a intersecção entre AC e a curva de adensamento, fornece a raiz quadrada do tempo para 90% de adensamento ($\sqrt{t_{90}}$).

Etapa 3: Para adensamento em 90%, T_{90} = 0,848 (consulte a Tabela 11.7), então

$$T_{90} = 0{,}848 = \frac{c_v t_{90}}{H_{dr}^2}$$

ou

$$c_v = \frac{0{,}848H_{dr}^2}{t_{90}} \tag{11.65}$$

H_{dr} na Equação (11.65) é determinada de maneira semelhante ao método de logaritmo do tempo.

Método da hipérbole

No método da hipérbole, o procedimento a seguir é recomendado para determinar c_v.

Etapa 1: Obtenha o tempo t e a deformação de corpo de prova (ΔH) do ensaio de adensamento de laboratório.

Etapa 2: Plote o gráfico de $t/\Delta H$ em relação a t conforme indicado na Figura 11.29.

Etapa 3: Identifique a parte da linha reta bc e projete-a de volta ao ponto d. Determine o intercepto D.

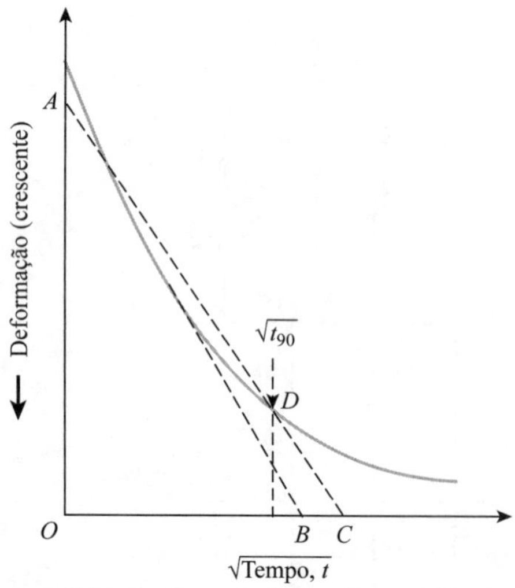

Figura 11.28 Método de ajuste de raiz quadrada do tempo.

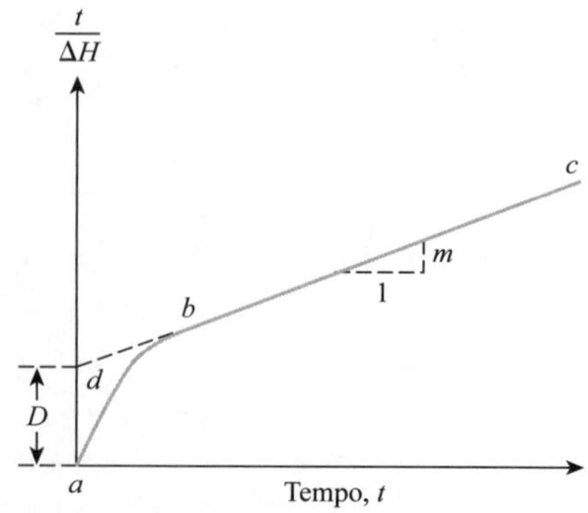

Figura 11.29 Método de hipérbole para determinação de c_v.

Etapa 4: Determine a inclinação m da linha bc.

Etapa 5: Calcule c_v como indicado:

$$c_v = 0{,}3\left(\frac{mH_{dr}^2}{D}\right) \tag{11.66}$$

Observe que, em razão de a unidade D ser tempo/comprimento e a unidade de m ser (tempo/comprimento)/tempo = 1/comprimento, a unidade de c_v é

$$\frac{\left(\dfrac{1}{\text{comprimento}}\right)(\text{comprimento})^2}{\left(\dfrac{\text{tempo}}{\text{comprimento}}\right)} = \frac{(\text{comprimento})^2}{\text{tempo}}$$

O método da hipérbole é bem simples de usar e fornece bons resultados para $U = 60\%$ a 90%.

Método do log-t de estágio inicial

O método do log-t de estágio inicial, uma extensão do método do logaritmo do tempo, tem como base o gráfico da deformação do corpo de prova em função do logaritmo do tempo, como é mostrado na Figura 11.30. De acordo com esse método, siga os Passos 2 e 3 descritos no método do logaritmo do tempo para determinar d_0. Desenhe uma linha horizontal DE por d_0. Desenhe uma tangente pelo ponto de inflexão, F. A tangente intercepta a linha DE no ponto G. Determine o tempo t correspondente ao G, que é o tempo em $U = 22{,}14\%$. Então

$$c_v = \frac{0{,}0385H_{dr}^2}{t_{22,14}} \tag{11.67}$$

Para determinado solo e faixa de pressão, a magnitude de c_v determinada pelo *método do logaritmo do tempo* fornece, na maioria dos casos, o *valor mínimo*. O *valor máximo* é obtido pelo método do log-t de estágio inicial. Isso ocorre principalmente porque o método do log-t de estágio inicial utiliza a parte inicial da curva de adensamento, enquanto o método do logaritmo do tempo usa a parte mais baixa. Quando a parte mais baixa da curva de adensamento é considerada, o efeito da compressão secundária influencia na magnitude de c_v. Esse fato é demonstrado para diversos solos na Tabela 11.8.

Vários pesquisadores também reportaram que o valor obtido no campo é substancialmente mais alto que o obtido em ensaios de laboratório realizados usando métodos de ensaio convencionais (ou seja, o método do logaritmo do tempo e o método da raiz quadrada do tempo). Eles foram resumidos em um artigo por Leroueil (1988).

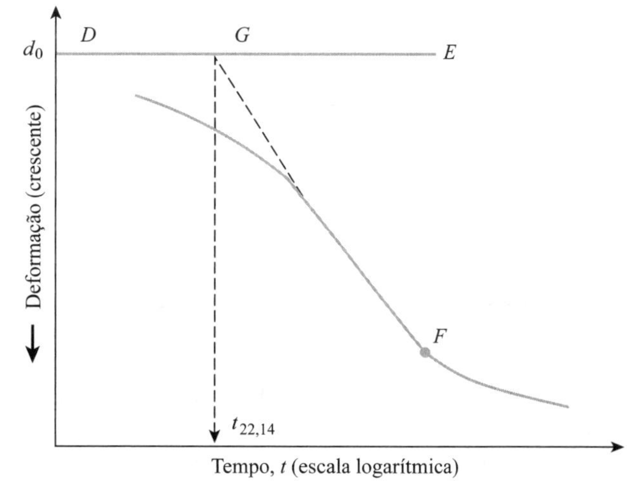

Figura 11.30 Método log-t em estágio inicial.

Tabela 11.8 Comparação de c_v obtido de diversos métodos*

		$c_v \times 10^4$ cm²/s		
Solo	**Faixa de pressão σ′ (kN/m²)**	**Método do logaritmo do tempo**	**Método da raiz quadrada do tempo**	**Método do log-*t* de estágio antecipado**
Terra vermelha	25-50	4,63	5,45	6,12
	50-100	6,43	7,98	9,00
	100-200	7,32	9,99	11,43
	200-400	8,14	10,90	12,56
	400-800	8,10	11,99	12,80
Solo marrom	25-50	3,81	4,45	5,42
	50-100	3,02	3,77	3,80
	100-200	2,86	3,40	3,52
	200-400	2,09	2,21	2,74
	400-800	1,30	1,45	1,36
Solo black cotton	25-50	5,07	6,55	9,73
	50-100	3,06	3,69	4,78
	100-200	2,00	2,50	3,45
	200-400	1,15	1,57	2,03
	400-800	0,56	0,64	0,79
Ilita	25-50	1,66	2,25	2,50
	50-100	1,34	3,13	3,32
	100-200	2,20	3,18	3,65
	200-400	3,15	4,59	5,14
	400-800	4,15	5,82	6,45
Bentonita	25-50	0,063	0,130	0,162
	50-100	0,046	0,100	0,130
	100-200	0,044	0,052	0,081
	200-400	0,021	0,022	0,040
	400-800	0,015	0,017	0,022
Argila de Chicago (Taylor, 1948)	12,5-25	25,10	45,50	46,00
	25-50	20,10	23,90	31,50
	50-100	13,70	17,40	20,20
	100-200	3,18	4,71	4,97
	200-400	4,56	4,40	4,91
	400-800	6,05	6,44	7,41
	800-1.600	7,09	8,62	9,09

* De acordo com a tabela de Determination of Coefficient of Consolidation from Early Stage of Log t Plot, por R.G. Robinson e M.M Allam, 1996, *Geotechnical Testing Journal*, v. 19, n. 3, p. 316-320. Direitos autorais ASTM INTERNATIONAL. Reimpresso com permissão.

Exemplo 11.11

Durante um ensaio de adensamento em laboratório, o tempo e as leituras do extensômetro obtidos a partir do aumento da pressão do corpo de prova de 50 kN/m² para 100 kN/m² são dados a seguir.

Tempo (mín)	Leitura do extensômetro (cm × 10^{-4})	Tempo (mín)	Leitura do extensômetro (cm × 10^{-4})
0	3.975	16,0	4.572
0,1	4.082	30,0	4.737
0,25	4.102	60,0	4.923
0,5	4.128	120,0	5.080
1,0	4.166	240,0	5.207
2,0	4.224	480,0	5.283
4,0	4.298	960,0	5.334
8,0	4.420	1.440,0	5.364

Usando o método de logaritmo do tempo, determine c_v. A altura média do corpo de prova utilizando o adensamento era de 2,24 cm e foi drenado nas partes superior e inferior.

Solução

O gráfico semilogarítmico da leitura do extensômetro em função do tempo é mostrado na Figura 11.31. Para isso, $t_1 = 0{,}1$ min, $t_2 = 0{,}4$ min para determinar d_0. Seguindo o procedimento destacado na Figura 11.27, $t_{50} \forall$ 19 min. Da Eq. (11.64),

$$c_v = \frac{0{,}197 H_{dr}^2}{t_{50}} = \frac{0197\left(\frac{2{,}24}{2}\right)^2}{19} = 0{,}013 \text{ cm}^2\text{/min} = \mathbf{2{,}17 \times 10^{-4}\ cm^2/s}$$

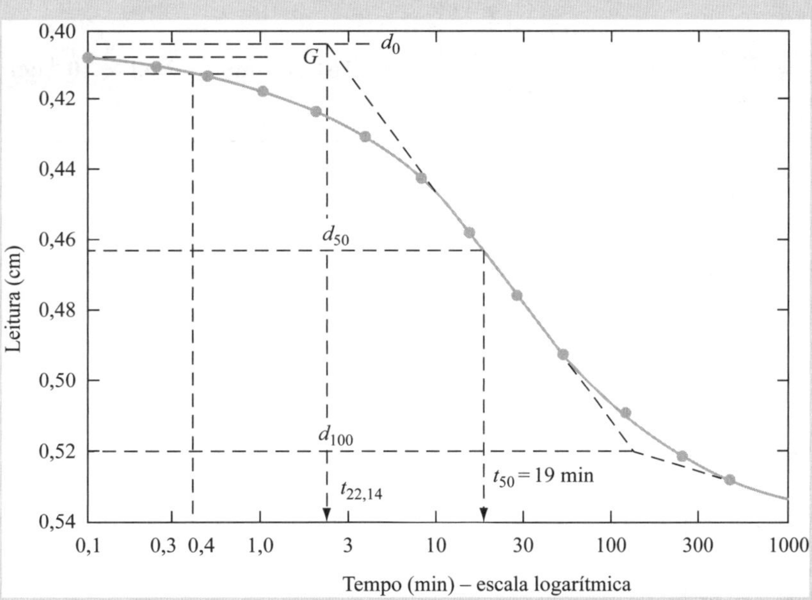

Figura 11.31 ■

Exemplo 11.12

Consulte os resultados de um ensaio de adensamento dado no Exemplo 11.11. Usando o método de hipérbole, determine c_v.

(continua)

Solução

A seguinte tabela pode ser preparada.

Tempo, t (mín)	Leitura (cm)	ΔH (cm)	$\frac{t}{\Delta H}$
0	0,3975	0	0
0,10	0,4082	0,0107	9,346
0,25	0,4102	0,0127	19,89
0,50	0,4128	0,0153	32,68
1,00	0,4166	0,0191	52,36
2,00	0,4224	0,0249	80,32
4,00	0,4298	0,0323	123,84
8,00	0,4420	0,0445	179,78
16,00	0,4572	0,0597	268,00
30,00	0,4737	0,0762	393,70
60,00	0,4923	0,0948	623,91
120,00	0,5080	0,1105	1.085,97

O gráfico de $t/\Delta H$ *vs.* tempo (t) é indicado na Figura 11.32. A partir deste gráfico,

$$D \approx 180$$

$$m = \frac{1.085,97 - 623,91}{60} \approx 7,7$$

Então, a partir da Equação (11.66),

$$c_v = \frac{0,3mH_{\text{dr}}^2}{D} = \frac{(0,3)(7,7)\left(\frac{2,24}{2}\right)^2}{180} = 0,0161 \text{ cm}^2/\text{min} = \mathbf{2,68 \times 10^{-4}\ cm^2/s}$$

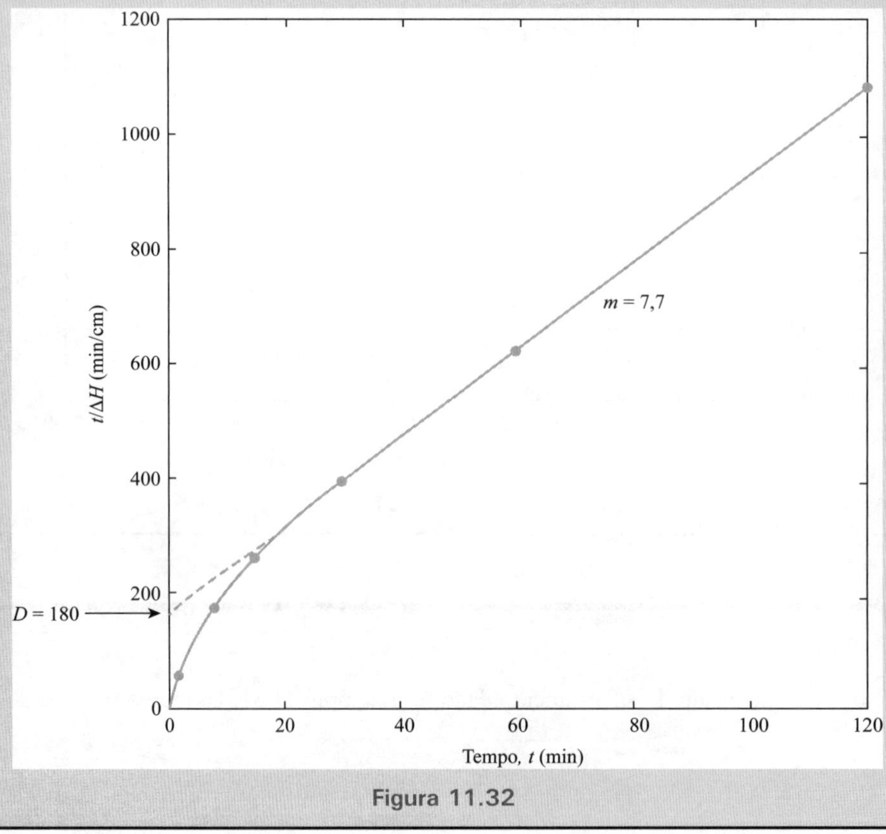

Figura 11.32

■

Exemplo 11.13

Consulte os resultados de um ensaio de adensamento dado no Exemplo 11.11. Usando o método de logaritmo do tempo, determine c_v.

Solução

Consulte a Figura 11.31. Uma tangente é desenhada pelo ponto de inflexão. Ela intercepta a linha d_o em G. O tempo correspondente no ponto G é 2,57 min. Da Eq. (11.67),

$$c_v = \frac{0,0385(H_{\mathbf{dr}})^2}{t_{22,14}} = \frac{(0,0385)\left(\frac{2,24}{2}\right)^2}{2,57}$$
$$= 0,01879 \text{ cm/min} = \mathbf{3,13 \times 10^{-4} cm^2/s}$$

■

11.16 Cálculo do recalque de adensamento sob uma fundação

O Capítulo 10 mostrou que o aumento da tensão vertical no solo provocado pela aplicação de uma carga sobre uma área limitada diminui com o aumento da profundidade z medida da superfície do solo. Portanto, para estimar o recalque unidimensional de uma fundação, podemos utilizar a Eq. (11.29), (11.31) ou (11.32). No entanto, o aumento da tensão efetiva, $\Delta\sigma'$, nestas equações deve ser o aumento médio da pressão abaixo do centro da fundação. Os valores podem ser determinados usando o procedimento descrito no Capítulo 10.

Presumindo que o aumento de pressão varie parabolicamente, utilizando a regra de Simpson, podemos estimar o valor de $\Delta\sigma'_{\text{méd}}$ como

$$\Delta\sigma'_{\text{méd}} = \frac{\Delta\sigma'_t + 4\Delta\sigma'_m + \Delta\sigma'_b}{6} \tag{11.68}$$

onde $\Delta\sigma'_t$, $\Delta\sigma'_m$ e $\Delta\sigma'_b$ representam o aumento na pressão efetiva nas partes superior, central e inferior da camada, respectivamente.

Exemplo 11.14

Calcule o recalque da camada de argila com 3 m de espessura (Figura 11.33) que resultará da carga realizada por 1,5 m de sapatas quadradas. A argila é normalmente adensada. Utilize a média ponderada [Equação (11.68)] para calcular o aumento médio de pressão efetiva na camada de argila.

Solução

Para a argila normalmente adensada, da Equação (11.29),

$$S_e = \frac{C_c H}{1 + e_o} \log \frac{\sigma'_o + \Delta\sigma'_{\text{méd}}}{\sigma'_o}$$

onde

$$C_c = 0,009(LL - 10) = 0,009(40 - 10) = 0,27$$
$$H = 3 \times 1.000 = 3.000 \text{ mm}$$
$$e_o = 1,0$$

(continua)

$$\sigma'_o = 3\,\text{m} \times \gamma_{\text{seco}} + 3\,\text{m}[\gamma_{\text{sat(areia)}} - 9{,}81] + \frac{3}{2}[\gamma_{\text{sat(argila)}} - 9{,}81]$$
$$= 3 \times 15{,}72 + 3(18{,}87 - 9{,}81) + 1{,}5(17{,}3 - 9{,}81)$$
$$= 85{,}58\ \text{kN/m}^2$$

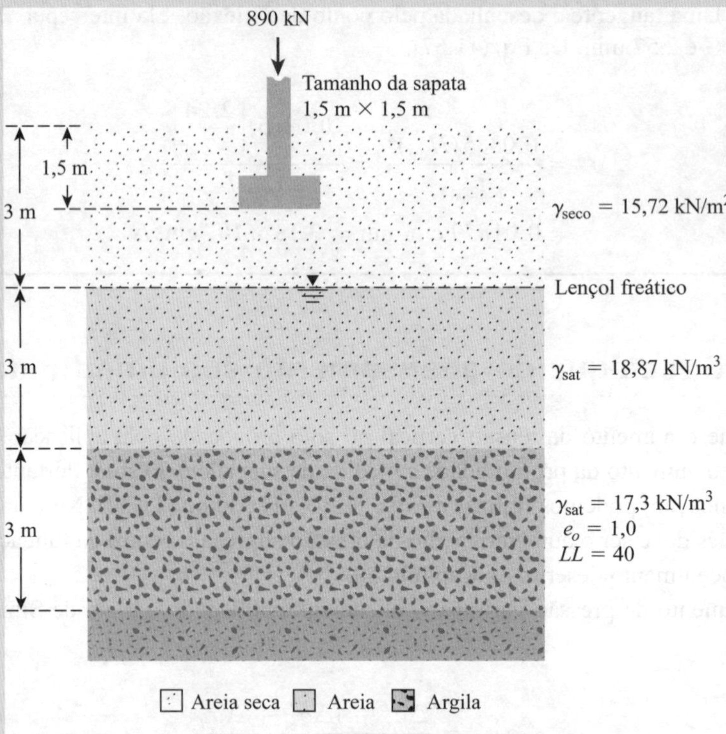

Figura 11.33

Da Equação (11.68),

$$\Delta\sigma'_{\text{méd}} = \frac{\Delta\sigma'_t + 4\Delta\sigma'_m + \Delta\sigma'_b}{6}$$

$\Delta\sigma'_t$, $\Delta\sigma'_m$ e $\Delta\sigma'_b$ abaixo do centro da sapata podem ser obtidas da Equação (10.35).

Agora, podemos preparar a tabela a seguir (*Observação*: $L/B = 1{,}5/1{,}5 = 1$):

m_1	z (m)	$b = B/2$ (m)	$n_1 = z/b$	q (kN/m²)	I_4	$\Delta\sigma' = qI_4$ (kN/m²)
1	4,5	0,75	6	$\frac{890}{1{,}5 \times 1{,}5} = 395{,}6$	0,051	$20{,}18 = \Delta\sigma'_t$
1	6,0	0,75	8	395,6	0,029	$11{,}47 = \Delta\sigma'_m$
1	7,5	0,75	10	395,6	0,019	$7{,}52 = \Delta\sigma'_b$

Portanto,

$$\Delta\sigma'_{\text{méd}} = \frac{20{,}18 + (4)(11{,}47) + 7{,}52}{6} = 12{,}26\ \text{kN/m}^2$$

Assim,

$$S_c = \frac{(0{,}27)(3.000)}{1+1}\log\frac{85{,}58 + 12{,}26}{85{,}58} \approx \mathbf{23{,}6\ mm}$$

■

11.17 Um caso real – recalque em razão do preenchimento de pré-carga para construção do Hospital Tampa VA

Wheelen e Sowers (1972) apresentaram as medições de campo de recalque em razão do preenchimento de pré-carga utilizada para a construção do Tampa Veterans Administration Hospital. A Figura 11.34 mostra as condições gerais do subsolo simplificado no local da construção. No geral, o subsolo consistiu em 4,6 a 6 m da areia de quartzo subangular na parte superior seguida pelo solo argiloso com espessura variada. O índice de vazios do solo argiloso variou de 0,7 a 1,4. O teor de silte e argila do solo argiloso variou de 5% a 75%. O calcário de Tampa abaixo da camada de argila é um depósito complexo de calcário pouco adensado. O lençol freático estava localizado a uma profundidade de aproximadamente 4,57 m abaixo da superfície de solo (elevação de +7,6 m). A Figura 11.35 mostra as curvas de adensamento obtidas em laboratório para os corpos de prova de areia argilosa e argila arenosa coletados de várias profundidades do local.

A planta da construção do hospital é mostrada na Figura 11.36 (linhas tracejadas). A Figura 11.34 mostra também a seção transversal do edifício. Por uma série de razões, decidiu-se que o hospital deveria ser construído sobre uma fundação radier. Como pode ser visto na Figura 11.34, foi necessário escavar em alguns locais do solo para construir o radier. Conforme relatado por Wheelen e Sowers, os cálculos preliminares indicaram que a carga média do edifício na área de oito andares seria igual ao peso do solo a ser escavado para a construção do radier. Nesse caso, o recalque por adensamento da camada de argila sob o edifício seria menor. No entanto, a planta exigia um aterro permanente de 4,88 m acima da superfície do solo original para oferecer acesso ao andar principal no lado leste. Isso também é mostrado na Figura 11.34. Cálculos preliminares indicaram que o peso do aterro poderia produzir um recalque de solo cerca de 101,6 mm próximo ao lado leste do edifício. Esse recalque produziria flexão inadequada e sobretensão da fundação radier. Por essa razão, foi decidida a construção de um aterro temporário de 7,93 m de altura e limitado à área frontal da construção proposta. Isso é indicado nas Figuras 11.34 e 11.36. Esse aterro temporário foi construído para que a tensão vertical induzida na camada de argila fosse maior que a tensão induzida pelo aterro permanente de 4,88 m conforme necessário pela planta. Isso produziria um recalque por adensamento mais rápido. Em um período de aproximadamente quatro meses, o recalque seria de aproximadamente 101,6 mm, que é a magnitude de recalque máximo esperado do aterro permanente necessário de 4,88.

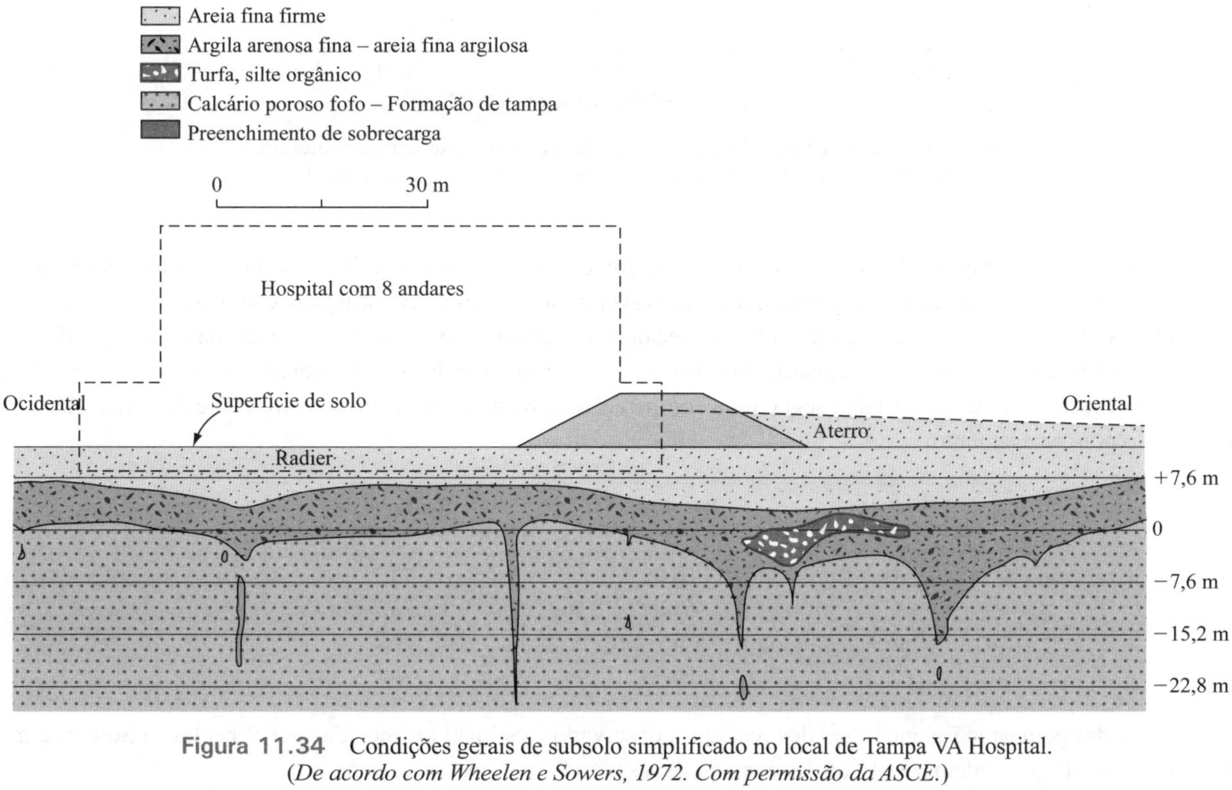

Figura 11.34 Condições gerais de subsolo simplificado no local de Tampa VA Hospital. *(De acordo com Wheelen e Sowers, 1972. Com permissão da ASCE.)*

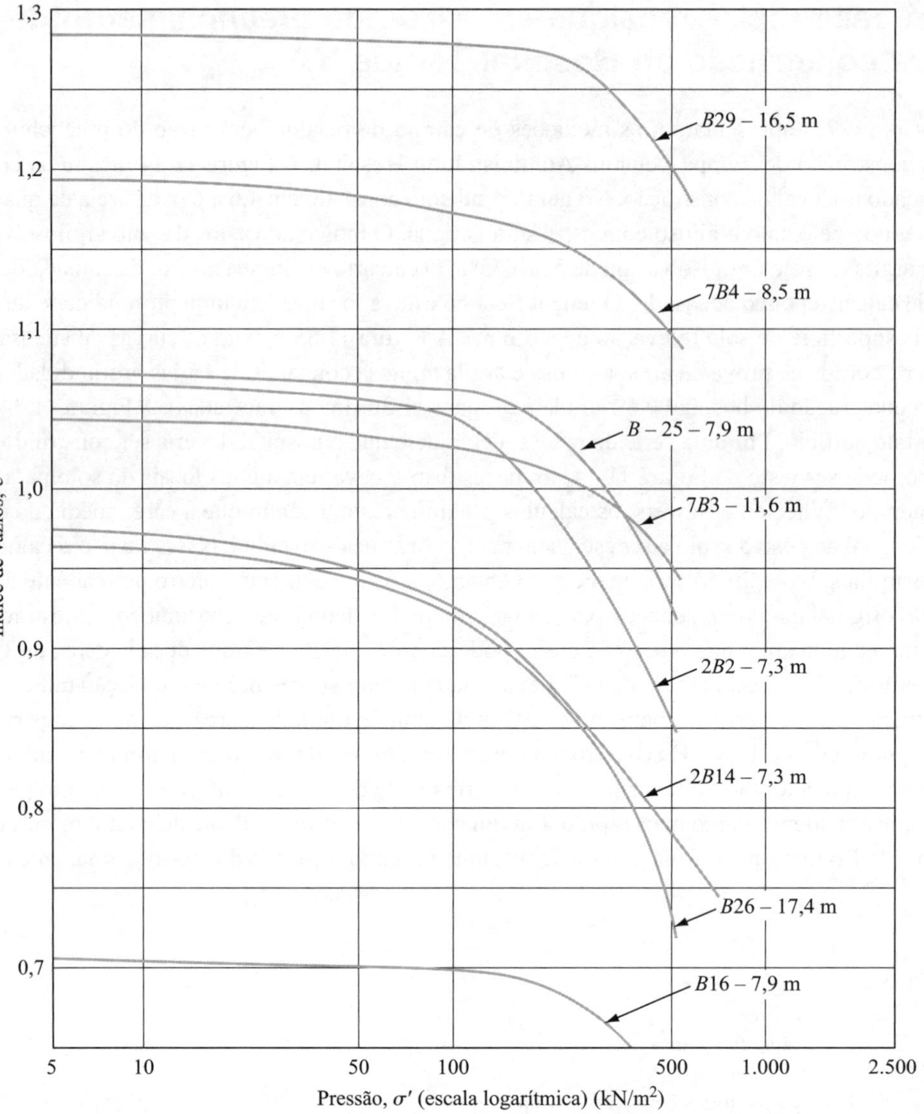

Figura 11.35 Curvas de adensamento de areias argilosas e argilas arenosas. (*De acordo com Wheelen e Sowers, 1972. Com permissão da ASCE.*)

Naquele momento, se o material de aterro excedente for removido e o prédio construído, o recalque do radier na parte leste será insignificante. Essa técnica de atingir o recalque provável de solo antes da construção é chamada *pré-carregamento*.

A Figura 11.36 mostra os locais de oito placas de recalque na superfície original do solo antes da construção do aterro temporário. A Figura 11.37 mostra os registros do tempo de recalque abaixo da área de sobrecarga do aterro, como observado com as placas de recalque. Abaixo segue uma comparação do recalque de adensamento total estimado e observado em razão do pré-carregamento.

Local da placa de recalque	Recalque observado (mm)	Recalque de adensamento estimado (mm)
3	66,0	73,7
4	63,5	73,7
6	73,7	76,2
7	86,4	96,5

A partir das comparações anteriores dos recalques observado e estimado fornecidas por Wheeless e Sowers e mostradas na Figura 11.37, podem ser obtidas as conclusões a seguir:

1. Em todos os casos, o recalque estimado excedeu levemente o recalque observado.
2. A maior parte do recalque foi concluída em um período de 90 dias.
3. A diferença entre o recalque observado e o recalque estimado variou de 3% a 16%, com uma média de 13%.
4. Dois terços a quatro quintos do recalque total observado foi concluído durante o período da construção do aterro. A taxa de adensamento foi muito mais rápida que o previsto.

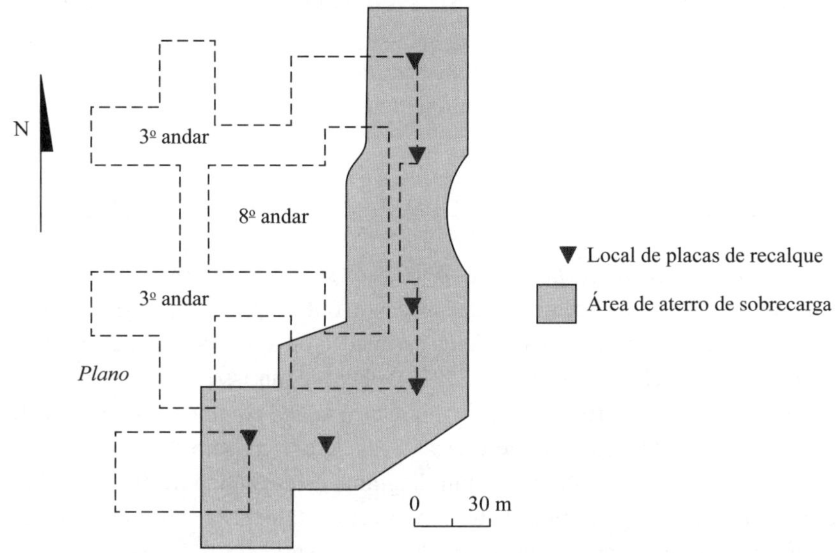

Figura 11.36 Planta do Hospital Tampa VA. (*De acordo com Wheelen e Sowers, 1972. Com permissão da ASCE.*)

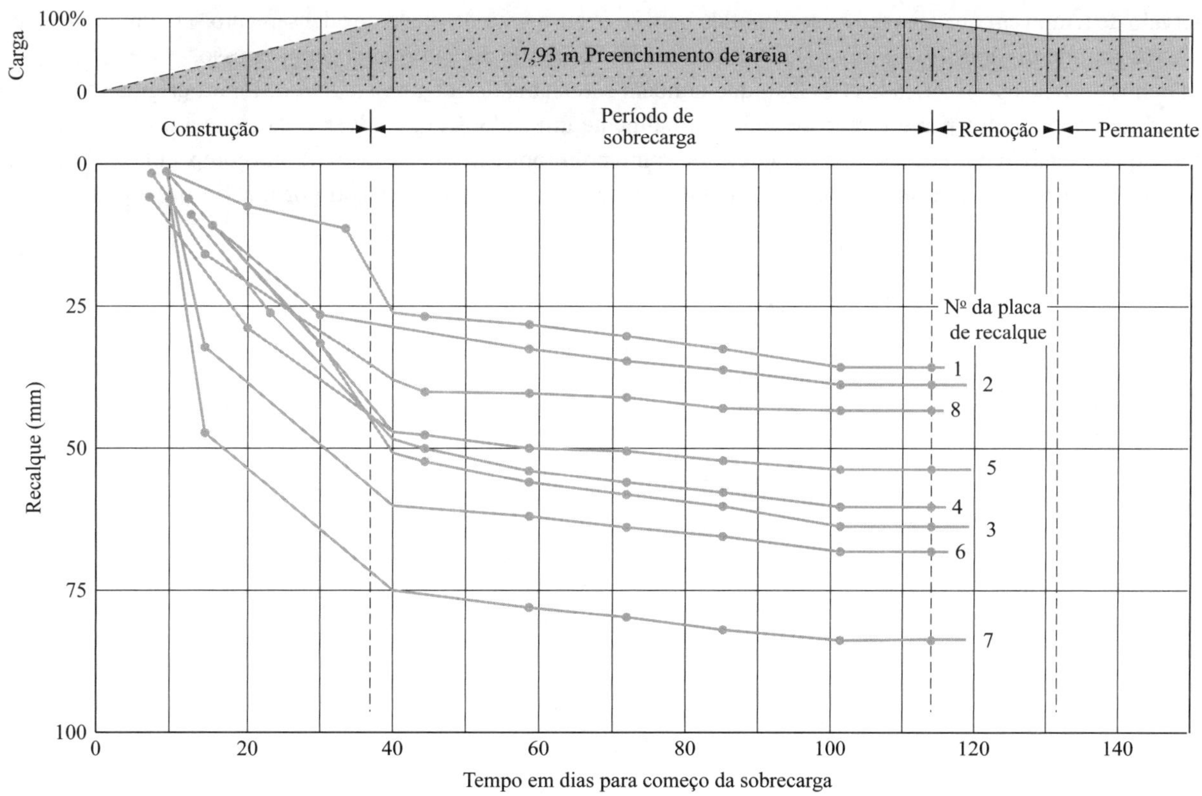

Figura 11.37 Curvas de tempo de recalque abaixo da área de aterro de sobrecarga para a construção do Hospital Tampa VA. (*De acordo com Wheelen e Sowers, 1972. Com permissão da ASCE.*)

Wheelen e Sowers sugeriram que o ritmo acelerado de adensamento pode ter acontecido em razão, principalmente, das camadas irregulares de areia dentro do estrato de argila. Na Seção 11.14, foi indicado que o grau médio de adensamento é realizado ao fator de tempo, T_v. Além disso,

$$t = \frac{T_v H_{\text{dr}}^2}{c_v}$$

Para valores similares de T_v (grau de adensamento médio) e c_v, o tempo t será menor se o comprimento máximo do caminho de drenagem (H_{dr}) for menor. A presença de camadas irregulares de areia na camada de argila tende a reduzir a magnitude de H_{dr}. Esse é o motivo pelo qual foi obtida uma taxa de adensamento mais rápida nesta área.

A carga estrutural do hospital VA foi finalizada no início de 1970. Não foi notado nenhum movimento da fundação.

11.18 Métodos para acelerar o recalque por adensamento

Em muitos casos, *drenos de areia* e *drenos verticais pré-fabricados* são utilizados no campo para acelerar o recalque de adensamento em camadas de argila fofa, normalmente adensada para obter a pré-compressão antes da construção da fundação desejada. Os drenos de areia são construídos por meio da escavação de furos na camada de argila do campo em intervalos regulares. Os furos são então preenchidos com areia. É possível conseguir isso de diversas formas, como (a) perfuração rotativa e depois preenchimento com areia; (b) perfuração por estaca hélice contínua com uma haste oca e preenchimento com areia (por meio da haste oca); e (c) cravação de estacas ocas de aço. O solo dentro da estaca é então expelido e o orifício é preenchido com areia. A Figura 11.38 mostra um diagrama esquemático de drenos de areia. Após preencher os furos escavados com areia, uma sobrecarga é aplicada na superfície do solo. Esta sobrecarga aumentará a poropressão na argila. O excesso de poropressão na argila será dissipado por drenagem, vertical e radialmente para os drenos de areia, o que acelera o recalque da camada de argila. Na Figura 11.38a, observe que o raio dos drenos de areia é de r_w. A Figura 11.38b mostra a planta dos drenos de areia. A zona efetiva da qual a drenagem radial será direcionada para determinado dreno de areia é aproximadamente cilíndrica, com um diâmetro de d_e. A sobrecarga que precisa ser aplicada na superfície do solo e o intervalo de tempo em que ela precisa ser mantida para se obter o grau desejado de adensamento será uma função de r_w, d_e e outros parâmetros do solo. A Figura 11.39 exibe uma instalação de dreno de areia em progresso.

Drenos verticais pré-fabricados (PVDs), que também são chamados de *drenos de fita*, foram originalmente desenvolvidos como substitutos para o dreno de areia normalmente utilizado. Com o advento da ciência dos materiais, esses drenos são fabricados a partir de polímeros sintéticos, como polipropileno e polietileno de alta compacidade. Geralmente, os PVDs são fabricados com um núcleo sintético ondulado ou direcionado fechado por um filtro geotêxtil conforme

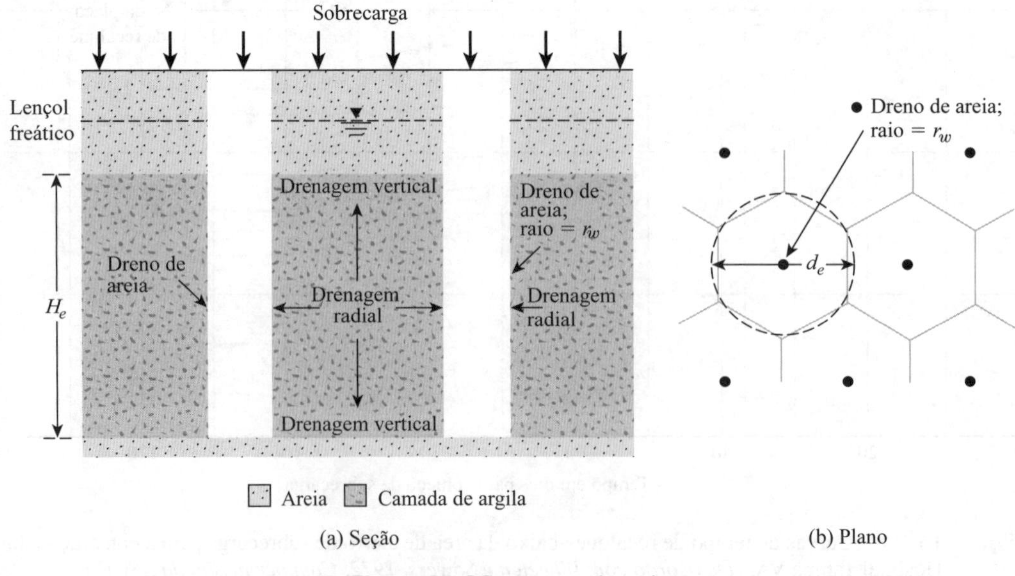

Figura 11.38 Drenos de areia.

Figura 11.39 Instalação de dreno de areia em progresso. (*Cortesia de E.C. Shin, University of Inchon, Coreia do Sul.*)

indicado esquematicamente na Figura 11.40. As velocidades de instalação relatadas na literatura são da ordem de 0,1 a 0,3 m/s, excluindo a mobilização do equipamento e o tempo de ajuste. Os PVDs têm sido extensivamente utilizados para o adensamento expedito de solos de baixa permeabilidade com sobrecarga na superfície. A principal vantagem dos PVDs sobre os drenos de areia é que eles não exigem perfuração e, dessa forma, a instalação torna-se muito mais rápida. A Figura 11.41 indica a instalação de PVDs no campo.

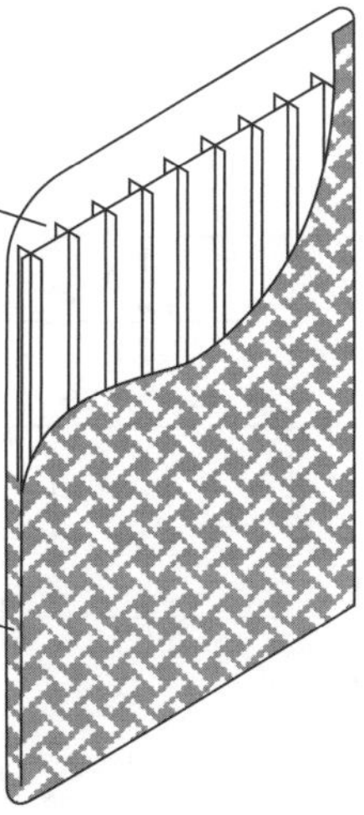

Figura 11.40 Dreno vertical pré-fabricado (PVD).

Figura 11.41 Instalação de PVDs em progresso. (*Cortesia de E.C. Shin, University of Inchon, Coreia do Sul.*)

11.19 Pré-compressão

Quando camadas de solo argilosas altamente compressíveis e normalmente adensadas estão a uma profundidade limitada e são esperados recalques grandes por adensamento como resultado da construção de grandes edifícios, taludes rodoviários ou barragens de terra, a pré-compressão do solo pode ser utilizada para minimizar o recalque pós-construção. Os princípios da pré-compressão são explicados de maneira mais detalhada tendo a Figura 11.42 como referência. Aqui, a carga estrutural proposta por área específica é $\Delta\sigma_{(p)}$ e a espessura da camada de argila sob adensamento é H. O recalque de adensamento primário máximo causado pela carga estrutural, $S_c = S_{(p)}$, então, é

$$S_c = S_{(p)} = \frac{C_c H}{1+e_o}\log\frac{\sigma'_o + \Delta\sigma_{(p)}}{\sigma'_o} \tag{11.69}$$

Observe que, no fim de adensamento, $\Delta\sigma' = \Delta\sigma_{(p)}$.

A relação recalque-tempo sob a carga estrutural será como o indicado na Figura 11.42b. Entretanto, se uma sobrecarga de $\Delta\sigma_{(p)} + \Delta\sigma_{(f)}$ for aplicada no solo, então o recalque por adensamento primário será

$$S_c = S_{(p+f)} = \frac{C_c H}{1+e_o}\log\frac{\sigma'_o + [\Delta\sigma_{(p)} + \Delta\sigma_{(f)}]}{\sigma'_o} \tag{11.70}$$

Observe que, no fim do adensamento,

$$\Delta\sigma' = \Delta\sigma_{(p)} + \Delta\sigma_{(f)}$$

A relação recalque-tempo sob uma sobrecarga de $\Delta\sigma_{(p)} + \Delta\sigma_{(f)}$ também é mostrada na Figura 11.42b. Observe que um recalque total de $S_{(p)}$ ocorreria em um tempo t_2, que é muito mais curto que t_1. Portanto, se uma sobrecarga temporária total de $\Delta\sigma_{(f)} + \Delta\sigma_{(p)}$ for aplicada na superfície do solo por um tempo t_2, o recalque será igual a $S_{(p)}$. Nesse tempo, se a sobrecarga for removida e uma estrutura com uma carga permanente por área unitária de $\Delta\sigma_{(p)}$ for construída, não ocorrerá um recalque relevante. O procedimento descrito há pouco é a *pré-compressão*. A sobrecarga total, $\Delta\sigma_{(p)} + \Delta\sigma_{(f)}$, pode ser aplicada utilizando os preenchimentos temporários.

Derivação das equações para se obter $\Delta\sigma_{(t)}$ e t_2

A Figura 11.42b mostra que, sob uma sobrecarga de $\Delta\sigma_{(p)} + \Delta\sigma_{(f)}$, o grau de adensamento no tempo t_2 após a aplicação de carga é

$$U = \frac{S_{(p)}}{S_{(p+f)}} \tag{11.71}$$

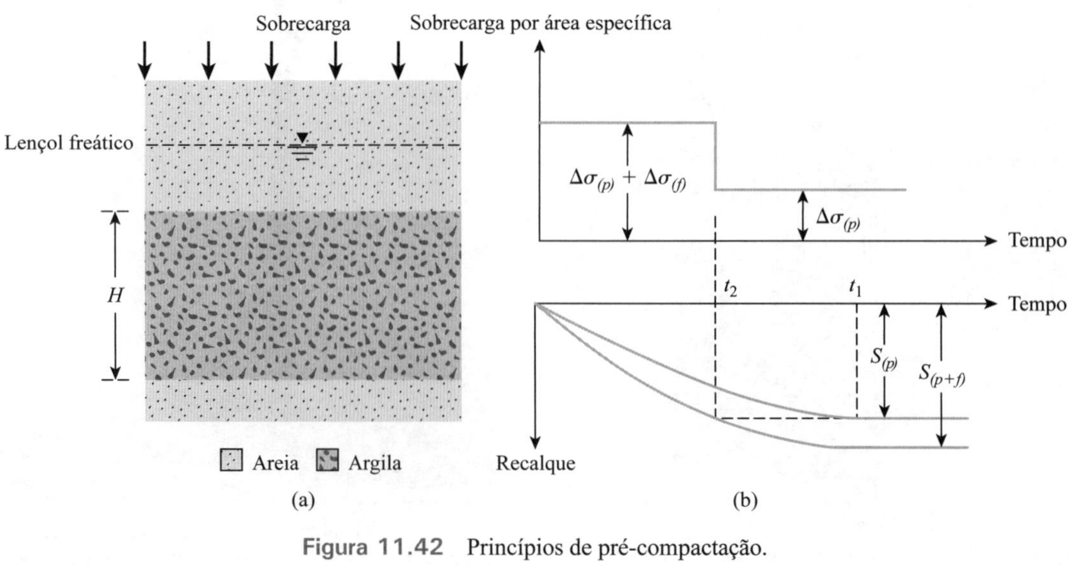

Figura 11.42 Princípios de pré-compactação.

A substituição das Equações (11.69) e (11.70) pela Equação (11.71) fornece

$$U = \frac{\log\left[\dfrac{\sigma'_o + \Delta\sigma_{(p)}}{\sigma'_o}\right]}{\log\left[\dfrac{\sigma'_o + \Delta\sigma_{(p)} + \Delta\sigma_{(f)}}{\sigma'_o}\right]} = \frac{\log\left[1 + \dfrac{\Delta\sigma_{(p)}}{\sigma'_o}\right]}{\log\left\{1 + \dfrac{\Delta\sigma_{(p)}}{\sigma'_o}\left[1 + \dfrac{\Delta\sigma_{(f)}}{\Delta\sigma_{(p)}}\right]\right\}} \tag{11.72}$$

Da Equação (11.59), sabemos que

$$U = f(T_v) \tag{11.73}$$

onde T_v = fator de tempo = $c_v t_2/H^2_{dr}$

c_v = coeficiente de adensamento

t_2 = tempo

H_{dr} = caminho de drenagem máximo ($H/2$ para drenagem bidirecional e H para drenagem unidirecional)

A variação de U com T_v é mostrada na Tabela 11.7.

Procedimento para obtenção dos parâmetros de pré-compressão

Os engenheiros podem se deparar com dois problemas durante o trabalho de pré-compressão em campo:

1. O valor de $\Delta\sigma_{(f)}$ é conhecido, mas t_2 deve ser obtido. Em tal caso, obtenha σ'_o e $\Delta\sigma_{(p)}$ e resolva para U utilizando a Equação (11.72). Para este valor de U, obtenha T_v da Tabela 11.7. Então,

$$t_2 = \frac{T_v H^2_{dr}}{c_v} \tag{11.74}$$

2. Para o valor especificado de t_2, $\Delta\sigma_{(f)}$ deve ser obtido. Em tal caso, calcule T_v. Consulte a Tabela 11.7 para obter o grau de adensamento, U. Com valor estimado de U, vá para a Eq. (11.72) para descobrir o $\Delta\sigma_{(f)}/\Delta\sigma_{(p)}$ necessário e depois calcular $\Delta\sigma_{(f)}$.

O caso apresentado na Seção 11.17 é um exemplo de pré-compressão.

Exemplo 11.15

Consulte a Figura 11.42. Durante a construção de uma ponte rodoviária, espera-se que a carga média permanente na camada de argila aumente em torno de 115 kN/m². A pressão efetiva geostática média no meio da camada de argila é 210 kN/m². Aqui, $H = 6$ m, $C_c = 0{,}28$, $e_o = 0{,}9$ e $c_v = 0{,}36$ m²/mês. A argila é normalmente adensada.

a. Determine o recalque de adensamento primário total da ponte sem pré-compressão.

b. Qual é a sobrecarga, $\Delta\sigma_{(f)}$, necessária para eliminar por pré-compressão todo o recalque de adensamento primário em nove meses?

Solução

Parte a

O recalque de adensamento primário total pode ser calculado da Equação (11.69),

$$S_c = S_{(p)} = \frac{C_c H}{1+e_o}\log\left[\frac{\sigma'_o + \Delta\sigma_{(p)}}{\sigma'_o}\right] = \frac{(0{,}28)(6)}{1+0{,}9}\log\left[\frac{210+115}{210}\right]$$
$$= 0{,}1677 \text{ m} = \mathbf{167{,}7\ mm}$$

(continua)

Parte b

$$T_v = \frac{c_v t_2}{H_{dr}^2}$$

$$c_v = 0{,}36 \text{ m}^2/\text{mês}$$

$$H_{dr} = 3 \text{ m (drenagem bidirecional)}$$

$$t_2 = 9 \text{ meses}$$

Portanto,

$$T_v = \frac{(0{,}36)(9)}{3^2} = 0{,}36$$

De acordo com a Tabela 11.7, para $T_v = 0{,}36$, o valor de U é 67%. Agora

$$\Delta\sigma_{(p)} = 115 \text{ kN/m}^2$$

$$\sigma'_o = 210 \text{ kN/m}^2$$

Portanto,

$$\frac{\Delta\sigma_{(p)}}{\sigma'_o} = \frac{115}{210} = 0{,}548$$

Portanto, a partir da Equação (11.72),

$$U = 0{,}67 = \frac{\log(1 + 0{,}548)}{\log\left\{1 + 0{,}548\left[1 + \frac{\Delta\sigma_{(f)}}{\Delta\sigma_{(p)}}\right]\right\}}$$

$$\frac{\Delta\sigma_{(f)}}{\Delta\sigma_{(p)}} = 0{,}677$$

Portanto,

$$\Delta\sigma_{(f)} = (0{,}677)(115) = \mathbf{78 \text{ kN/m}^2}$$ ■

11.20 Resumo e considerações gerais

Este capítulo discutiu as teorias relacionadas ao recalque de fundações. Abaixo segue um resumo do assunto abordado.

- Recalque total de uma fundação é a soma de recalque elástico e recalque de adensamento. O recalque de adensamento tem dois componentes: primário e secundário.
- Recalque elástico (Seção 11.3) é principalmente uma função do tamanho (comprimento e largura) e rigidez da fundação, o módulo de elasticidade e o coeficiente de Poisson do solo que suporta a fundação e da intensidade da carga aplicada.
- Adensamento é um processo dependente do tempo de recalque das camadas de argila saturadas localizadas abaixo do lençol freático.
- O recalque de adensamento primário pode ser calculado utilizando as Equações (11.29), (11.31) e (11.32).
- As relações empíricas para índice de compressão e índice de expansão necessários para estimar o recalque de adensamento primário são proporcionadas nas Seções 11.11 e 11.12.
- O recalque de adensamento secundário pode ser estimado utilizando a Equação (11.42).

- O grau de adensamento a qualquer momento após a aplicação de carga é uma função do fator tempo não dimensional T_v [consulte a Tabela 11.7 e as Equações (11.60)-(11.63)].
- O coeficiente de adensamento para determinada faixa de carregamento pode ser obtido utilizando os métodos de logaritmo de tempo, de raiz quadrada do tempo, de hipérbole e log-t de estágio inicial (Seção 11.15).
- Os drenos de areia e os drenos verticais pré-fabricados podem ser utilizados para acelerar o processo de adensamento no campo (Seção 11.18).
- A pré-compressão é uma técnica para reduzir o recalque de pós-construção pela aplicação de uma sobrecarga temporária na superfície de solo por um período de tempo limitado. A sobrecarga é removida quando a construção inicia.

Há vários casos na literatura nos quais os princípios fundamentais da compressibilidade do solo foram utilizados para prever e comparar o recalque total real e a relação tempo-recalque de perfis de solo sob carregamento superposta. Em alguns casos, os recalques máximos real e previsto correspondem de forma substancial; em muitos outros, os recalques previstos desviam muito dos recalques reais observados. Esta discrepância em casos posteriores pode ter diversas causas:

1. Avaliação incorreta das propriedades do solo
2. Falta de homogeneidade e irregularidades dos perfis do solo
3. Erro na avaliação do aumento da tensão líquida com a profundidade, que induz o recalque

A variação entre a relação do tempo previsto e observado do recalque pode também ser causada por

- Avaliação incorreta de c_v (veja a Seção 11.15)
- Presença de camadas irregulares de areia com a camada de argila, que reduz o comprimento do caminho de drenagem máxima, H_{dr}

Problemas

11.1 Uma fundação rígida está sujeita a uma carga de coluna vertical, $P = 355$ kN, conforme indicado na Figura 11.43. Calcule a estimativa do recalque elástico em razão da pressão distribuída aplicada, $\Delta\sigma$, na fundação. Dados: $B = 2$ m; $L = 3$ m; $D_f = 1{,}5$ m; $H = 4$ m; $E_s = 13.500$ kN/m^2 e $\mu_s = 0{,}4$.

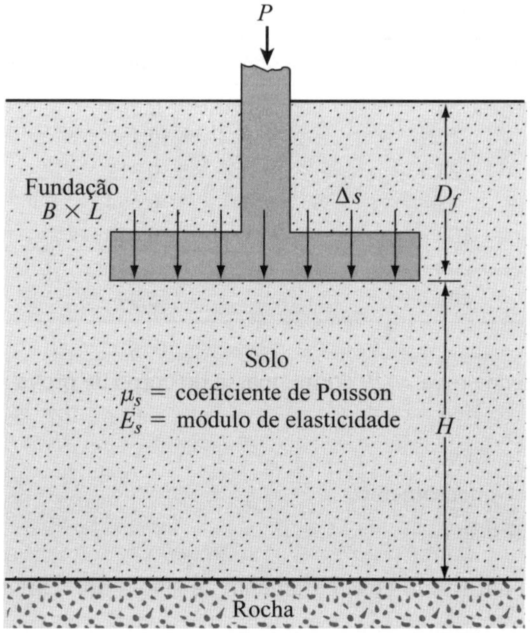

Figura 11.43

11.2 Consulte a Figura 11.43. Uma fundação rígida quadrada medindo 1,8 m × 1,8 m na planta é suportada por 8 m (H) de solo em camadas com as seguintes características:

Tipo de camada	Espessura (m)	E_s (kN/m^2)	γ_d (kN/m^3)
Areia fofa	0 – 2	20.680	17,6
Argila média	2 – 4,5	7.580	18,3
Areia densa	4,5 – 8	58.600	19,1

Dados que $P = 450$ kN; $D_f = 1$ m e $\mu_s = 0{,}3$ para todas as camadas, estime o recalque elástico da fundação.

11.3 Abaixo seguem os resultados de um ensaio de adensamento em um corpo de prova de um solo argiloso.

e	Pressão, σ' (kN/m^2)
1,116	25
1,108	50
1,055	100
0,962	200
0,845	400
0,755	800
0,65	1.600
0,658	800
0,675	400
0,685	200

a. Trace a curva e-log σ'.

b. Usando o método de Casagrande, determine a pressão de pré-adensamento.

c. Calcule o índice de compressão, C_c, e a taxa de C_s/C_c.

11.4 Solos orgânicos são geralmente caracterizados pelo alto índice de vazios, baixo peso específico relativo e alta compressibilidade. Abaixo seguem os resultados de um ensaio de adensamento em um corpo de prova de solo orgânico obtido do sudoeste de Flórida.

Pressão, σ' (kN/m^2)	Mudança na leitura, ΔH (mm)
6	0,284
12	0,150
24	0,315
48	0,564
100	0,823
200	2,25
400	5,34

Dada a altura inicial de corpo de prova = 20,6 mm, massa do corpo de prova seco = 12 g, área de corpo de prova = 31,67 cm^2 e $G_s = 2{,}49$,

a. Trace a curva e-log σ'.

b. Determine a pressão de pré-adensamento.

c. Calcule o índice de compressão C_c.

11.5 A seguir são os resultados de um ensaio de adensamento de laboratório em um corpo de prova de argila indeformada obtida do campo.

Pressão, σ' (kg/cm²)	Altura final de corpo de prova (cm)
0	2,540
0,5	2,519
1,0	2,5
2,0	2,428
4,0	2,322
8,0	2,206
16,0	2,09

A altura do corpo de prova no início do ensaio era de 25,4 mm e o diâmetro era de 63,5 mm. O corpo de prova úmido pesou 140 g e o teor de água foi determinado para ser 19%. Estime o índice de compressão e a pressão de pré-adensamento da curva de e-log σ'. Dado: $G_s = 2{,}7$.

11.6 Consulte a Figura 11.43. Considerando o solo como uma camada de argila uniforme, estime o recalque de adensamento primário em razão da carga de fundação. Dados: $P = 150$ kN; $B = 3$ m; $L = 3$ m; $D_f = 1{,}5$ m; $H = 8$ m; $e = 0{,}7$; $G_s = 2{,}72$ e $LL = 42$. Supondo que a argila é normalmente adensada, o lençol freático está ao nível da fundação. Utilize $\Delta\sigma = \dfrac{P}{BL}$.

11.7 Refaça o Problema 11.6 utilizando a média ponderada [Equação (11.68)] para calcular o aumento de tensão na camada de argila.

11.8 Considere o perfil de solo indicado na Figura 11.44 sujeito a uma carga uniformemente distribuída, $\Delta\sigma$, na superfície de solo. Dados: $\Delta\sigma = 26$ kN/m²; $H_1 = 1{,}83$ m; $H_2 = 3{,}66$ m e $H_3 = 5{,}5$ m. As características de solo são:

- Areia: $\gamma_{seca} = 17{,}9$ kN/m³; $\gamma_{sat} = 18{,}5$ kN/m³
- Argila: $\gamma_{sat} = 18{,}3$ kN/m³; $LL = 38$; $e = 0{,}73$; $C_s = \dfrac{1}{5}C_c$

Calcule a estimativa do recalque por adensamento primário na argila se

a. A argila for normalmente adensada
b. A pressão de pré-adensamento $\sigma'_c = 105$ kN/m²

11.9 Consulte a Figura 11.44. Calcule a estimativa do recalque de adensamento primário na camada de argila. Dados: $\Delta\sigma = 85$ kN/m²; $H_1 = 2$ m; $H_2 = 4$ m e $H_3 = 6$ m. As características do solo são as seguintes:

- Areia: $e = 0{,}65$; $G_s = 2{,}66$
- Argila: $LL = 54$; $e = 0{,}98$; $G_s = 2{,}74$; $\sigma'_c = 150$ kN/m²; $C_s = \dfrac{1}{6}C_c$

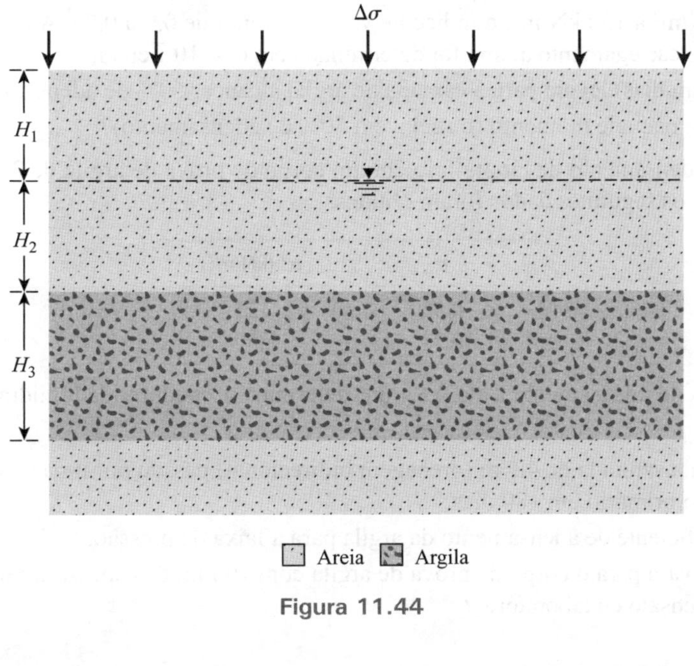

Figura 11.44

11.10 As coordenadas de dois pontos em uma curva de compressão virgem são:

e	σ' (kN/m^2)
1,22	108
0,97	225

Determine o índice de vazios que corresponde à pressão de 300 kN/m^2.

11.11 Uma argila indeformada tem uma pressão de pré-adensamento de 100 kN/m^2. Os ensaios de adensamento de laboratório fornecem os seguintes dados:

e	σ' (kN/m^2)
0,92	150
0,77	300

Determine o índice de vazios que corresponde à pressão de 450 kN/m^2.

11.12 Uma camada de argila de 2 m no campo tem uma tensão efetiva atual, $\sigma'_0 = 70$ kN/m^2. Existe um aumento de tensão distribuída, $\Delta\sigma = 180$ kN/m^2, em razão da carga de fundação. Calcule o recalque de adensamento primário esperado. Os resultados de um ensaio de adensamento executados na argila são fornecidos abaixo.

e	σ' (kN/m^2)
0,98	12
0,94	50
0,82	200
0,73	400

11.13 Consulte o Problema 11.9. Quanto tempo levará para que 75% de adensamento ocorra no campo? Dado: $c_v = 0{,}24$ cm^2/min.

11.14 Para os dados de ensaio de adensamento dados no Problema 11.11,

a. Determine o coeficiente de compressibilidade volumétrico para a faixa de pressão declarada.

b. Se $c_v = 7 \times 10^{-3}$ cm^2/s, determine *k* em cm/s correspondente ao índice de vazio médio dentro da faixa de pressão.

11.15 O tempo para o adensamento de 65% de um corpo de prova de argila de 19 mm (drenado nas partes superior e inferior) em laboratório é de 10 minutos. Quanto tempo levará para uma camada de argila com 4 m de espessura no campo ser submetida a 40% de adensamento sob o mesmo aumento de pressão? No campo, há uma camada de rocha embaixo da argila.

11.16 Uma camada de argila de 3,75 m no campo (drenado de um lado) é normalmente adensado. Quando a pressão for aumentada de 50 kN/m^2 a 150 kN/m^2, o índice de vazios diminui de 0,9 a 0,75. A condutividade hidráulica, *k*, da argila para a faixa de carregamento acima foi determinada em 6×10^{-7} cm/s.

a. Quanto tempo (em dias) levará para a camada de argila alcançar 50% de adensamento?

b. Qual é o recalque naquele momento (ou seja, em 50% de adensamento)?

11.17 Para um ensaio de adensamento de laboratório em um corpo de prova de argila de 25 mm de espessura (drenado em ambos os lados), os seguintes dados foram obtidos:

e	σ' (kN/m^2)
0,85	125
0,71	250

Se o tempo de 70% de adensamento é de 4,8 min, determine a condutividade hidráulica da argila para a faixa de carregamento.

11.18 Uma camada de argila saturada de 4,5 m (drenagem bidirecional) passou por uma sobrecarga de carregamento de 90% de adensamento primário em 180 dias.

a. Determine o coeficiente de adensamento da argila para a faixa de pressão.

b. Quanto tempo levará para o corpo de prova de argila com 19 mm de espessura ser submetido a 65% de adensamento em um ensaio de laboratório?

11.19 Consulte a Figura 11.45. Uma sapata quadrada, 2 × 2 m de tamanho, suporta uma carga de coluna de 300 kN. As características de solo são informadas na figura. O monitoramento de campo indicou que o recalque de fundação era de 19 mm durante os primeiros 12 meses.

a. Calcule a estimativa do aumento de tensão média na camada de argila em razão da carga aplicada.
b. Calcule a estimativa do recalque por adensamento primário.
c. Qual é o grau de adensamento após 12 meses?
d. Calcule a estimativa do coeficiente de adensamento para a faixa de pressão.
e. Estime o recalque em 24 meses.

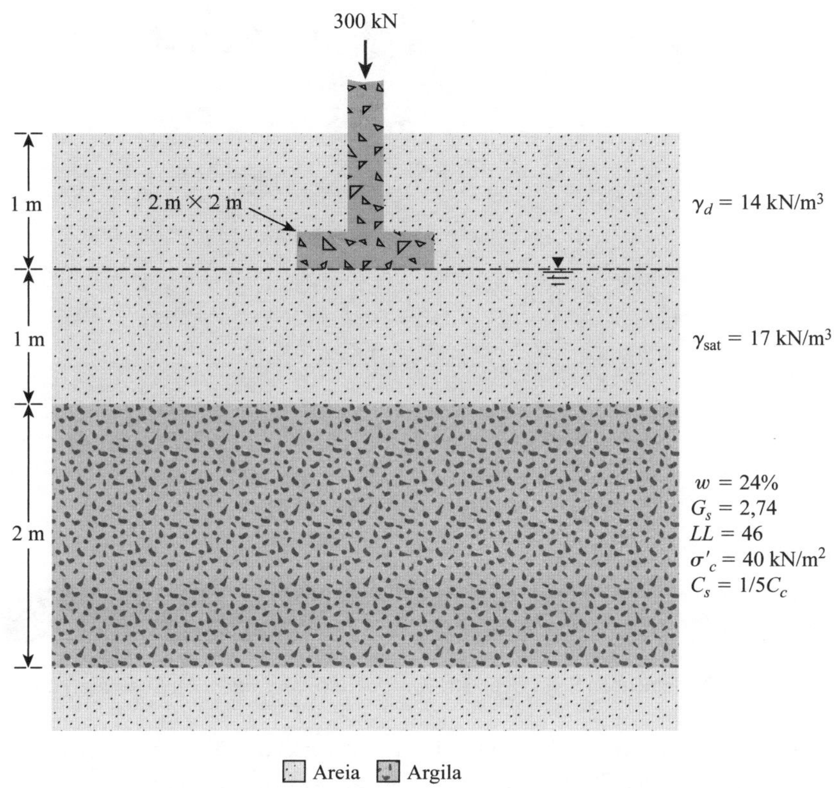

Figura 11.45

Problema de pensamento crítico

11.C.1 Os engenheiros de fundação são frequentemente desafiados pela existência de solos fofos compressíveis no local de construção. A Figura 11.46 exibe um perfil de solo com uma areia com silte (γ = 15 kN/m^3; γ_{sat} = 17 kN/m^3) sustentado por uma argila de alta plasticidade (γ_{sat} =17 kN/m^3) e uma camada com turfa (γ_{sat} = 16 kN/m^3) seguida por uma areia densa. Para promover o adensamento e minimizar futuros recalques, um material de aterro adicional com 2 m de espessura compactado a um peso específico de 19 kN/m^3 será colocado na parte superior da camada de areia com silte. A área plana do aterro é de 10 m × 10 m. A carga de aterro será deixada no local por dois anos, após a construção ser iniciada com o aterro se tornando parte da fundação permanente. Os corpos de prova indeformados e coletados da argila e das camadas orgânicas têm as seguintes propriedades:

Camada	C_c	C_α	c_v (cm²/s)	e_o
Argila	0,36	0,03	0,003	1,1
Turfa	6,6	0,263	0,025	5,9

a. Calcule a estimativa do recalque de adensamento total sob a ação da carga do aterro. Considere as camadas de argila e de turfa como normalmente adensadas.
b. Calcule a estimativa do tempo para 99% de adensamento primário em cada camada. As camadas são drenadas simples ou duplamente? Explique.
c. Calcule a estimativa da compressão secundária de cada camada.
d. Qual será o recalque total após dois anos?
e. Determine a tensão efetiva no ponto *A* três meses após a aplicação da carga do aterro.

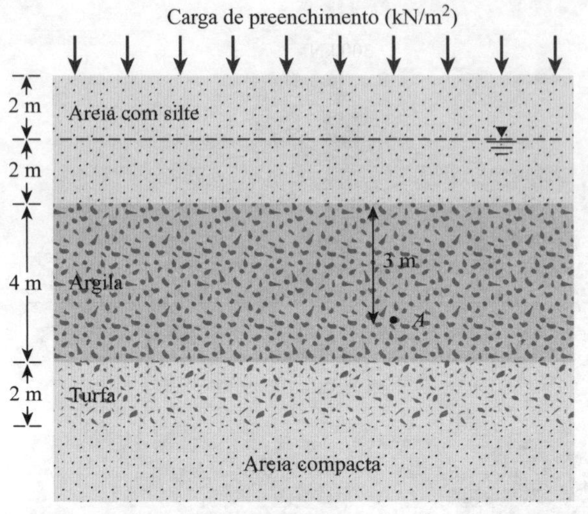

Figura 11.46

Referências

BOWLES, J. E. Elastic Foundation Settlement on Sand Deposits, *Journal of Geotechnical Engineering*, ASCE, v. 113, n. 8, p. 846-860, 1987.

CASAGRANDE, A. Determination of the Preconsolidation Load and Its Practical Significance, *Proceedings*, 1st International Conference on Soil Mechanics and Foundation Engineering, Cambridge, Mass., v. 3, p. 60-64, 1936.

CASAGRANDE, A.; FADUM, R. E. Notes on Soil Testing for Engineering Purposes, *Harvard University Graduate School of Engineering Publication n. 8*, 1940.

CRAWFORD, C. B. Interpretation of the Consolidation Tests, *Journal of the Soil Mechanics and Foundations Division*, ASCE, v. 90, n. SM5, p. 93-108, 1964.

FOX, E. n. The Mean Elastic Settlement of a Uniformly Loaded Area at a Depth Below the Ground Surface, *Proceedings*, 2nd International Conference on Soil Mechanics and Foundation Engineering, Rotterdam, v. 1, p. 129-132, 1948.

HANSBO, S. A New Approach to the Determination of Shear Strength of Clay by the Fall Cone Test, *Report 14*, Swedish Geotechnical Institute, Estocolmo, 1957.

HOUGH, B. K. *Basic Soils Engineering*, Ronald Press, Nova York, 1957.

KULHAWY, F. H; MAYNE, P. W. *Manual of Estimating Soil Properties for Foundation Design*, Final Report (EL-6800), Electric Power Research Institute (EPRI), Palo Alto, CA, 1990.

LEONARDS, G. A.; ALTSCHAEFFL, A. G. Compressibility of Clay, *Journal of the Soil Mechanics and Foundations Division*, ASCE, v. 90, n. SM5, p. 133-156, 1964.

LEROUEIL, S. Tenth Canadian Geotechnical Colloquium: Recent Developments in Consolidation of Natural Clays, *Canadian Geotechnical Journal*, v. 25, n. 1, p. 85-107, 1988.

MESRI, G.; GODLEWSKI, P. M. Time and Stress – Compressiblity Interrelationship, *Journal of the Geotechnical Engineering Division*, ASCE, v. 103, n. GT5, p. 417-430, 1977.

NAGARAJ, T.; MURTY, B. R. S. Prediction of the Preconsolidation Pressure and Recompression Index of Soils, *Geotechnical Testing Journal*, v. 8, n. 4, p. 199-202, 1985.

NISHIDA, Y. A Brief Note on Compression Index of Soils, *Journal of the Soil Mechanics and Foundations Division*, ASCE, v. 82, n. SM3, 1027/1-1027/14, 1956.

PARK, J. H.; KOUMOTO, T. New Compression Index Equation, *Journal of Geotechnical and Geoenvironmental Engineering*, ASCE, v. 130, n. 2, p. 223-226, 2004.

RENDON-HERRERO, O. Universal Compression Index Equation, *Discussion, Journal of Geotechnical Engineering*, ASCE, v. 109, n. 10, 1349, 1983.

RENDON-HERRERO, O. Universal Compression Index Equation, *Journal of the Geotechnical Engineering Division*, ASCE, v. 106, n. GT11, p. 1179-1200, 1980.

ROBINSON, R. G.; ALLAM, M. M. Determination of Coefficient of Consolidation from Early Stage of log t Plot, *Geotechnical Testing Journal*, ASTM, v. 19, n. 3, p. 316-320, 1996.

SCHMERTMANN, J. H. Undisturbed Consolidation Behavior of Clay, *Transactions*, ASCE, v. 120, 1201, 1953.

SIVARAM, B.; SWAMEE, A. A Computational Method for Consolidation Coefficient, *Soils and Foundations*, v. 17, n. 2, p. 48-52, 1977.

SKEMPTON, A. W. Notes on the Compressibility of Clays, *Quarterly Journal of the Geological Society of London*, v. 100, p. 119-135, 1944.

SRIDHARAN, A.; PRAKASH, K. Improved Rectangular Hyperbola Method for the Determination of Coefficient of Consolidation, *Geotechnical Testing Journal*, ASTM, v. 8, n. 1, p. 37-40, 1985.

STAS, C.V.; KULHAWY, F. H. Critical Evaluation of Design Methods for Foundations under Axial Uplift and Compression Loading, *Report EL-3771*, Electric Power Research Institute (EPRI), Palo Alto, CA, 1984.

STEINBRENNER, W. Tafeln zur Setzungsberechnung, *Die Strasse*, v. 1, p. 121-124, 1934.

TAYLOR, D. W. Research on Consolidation of Clays, *Serial n.* 82, Department of Civil and Sanitary Engineering, Massachusetts Institute of Technology, Cambridge, Mass, 1942.

TAYLOR, D. W. *Fundamentals of Soil Mechanics*, Wiley, Nova York, 1948.

TERZAGHI, K. *Erdbaumechanik auf Bodenphysikalischer Grundlager*, Deuticke, Viena, 1925.

TERZAGHI, K.; PECK, R. B. *Soil Mechanics in Engineering Practice*, 2. ed., Wiley, Nova York, 1967.

WHEELEN, L. D.; SOWERS, G. F. Mat Foundation and Preload Fill, VA Hospital, Tampa, *Proceedings, Specialty Conference on Performance of Earth and Earth-Supported Structures*, ASCE, v. 1, Parte 2, p. 939-951, 1972.

WROTH, C. P.; WOOD, D. M. The Correlation of Index Properties with Some Basic Engineering Properties of Soils, *Canadian Geotechnical Journal*, v. 15, n. 2, p. 137-145, 1978.

CAPÍTULO 12

Resistência ao cisalhamento do solo

12.1 Introdução

A *resistência ao cisalhamento* de uma massa de solo é a resistência interna por área específica que essa massa pode oferecer para resistir a rupturas e a deslizamentos ao longo de qualquer plano em seu interior. É preciso compreender a natureza da resistência ao cisalhamento para que seja possível analisar os problemas de estabilidade do solo, tais como capacidade de carga, estabilidade de taludes e pressão lateral em estruturas de contenção de terra. Os seguintes itens serão introduzidos neste capítulo:

- Parâmetros de resistência ao cisalhamento de solo
- Ensaios de laboratório de solo em diversas condições de drenagem para estimar os parâmetros de resistência ao cisalhamento
- Efeito de amolgamento na resistência ao cisalhamento de solos coesivos
- Efeito de variação da resistência ao cisalhamento dependendo da direção da aplicação de carga
- Utilização de cisalhamento de palheta para obter a resistência ao cisalhamento de solos saturados coesivos

12.2 Critério de Ruptura de Mohr-Coulomb

Mohr (1900) apresentou a teoria para ruptura em materiais. A teoria afirmava que um material se rompe em decorrência da combinação entre as tensões normal e de cisalhamento, e não em razão das tensões máxima normal ou de cisalhamento isoladamente. Portanto, a relação funcional entre a tensão normal e a tensão de cisalhamento em um plano de ruptura pode ser expressa da seguinte forma:

$$\tau_f = f(\sigma) \tag{12.1}$$

A envoltória de ruptura definida pela Eq. (12.1) é uma linha curva. Para a maioria dos problemas de mecânica dos solos, é suficiente aproximar a tensão de cisalhamento no plano de ruptura como uma função linear da tensão normal (Coulomb, 1776). Esta função linear pode ser escrita como

$$\tau_f = c + \sigma \operatorname{tg}\phi \tag{12.2}$$

onde c = coesão

ϕ = ângulo de atrito interno

σ = tensão normal do plano de ruptura

τ_f = resistência ao cisalhamento

A equação anterior é chamada *critério de ruptura de Mohr-Coulomb.*

Em um solo saturado, a tensão normal total em um ponto é a soma da tensão efetiva (σ') e da poropressão (u), ou

$$\sigma = \sigma' + u$$

A tensão efetiva σ' é suportada pelos sólidos do solo. O critério de ruptura de Mohr-Coulomb, expresso em termos de tensão efetiva, será o seguinte

$$\tau_f = c' + \sigma' \text{ tg } \phi' \tag{12.3}$$

onde c' = coesão e ϕ' = ângulo de atrito, com base na tensão efetiva.

Assim, as Eqs. (12.2) e (12.3) são expressões de resistência ao cisalhamento com base na tensão total e na tensão efetiva, respectivamente. O valor de c' para areia e silte inorgânico é 0. Em argilas normalmente adensadas, c' pode ser aproximadamente zero. As argilas sobreadensadas têm valores de c' maiores que zero. Às vezes, o ângulo de atrito, ϕ', também é chamado *ângulo de atrito drenado*. Os valores típicos ϕ' para alguns solos granulares são mostrados na Tabela 12.1.

O significado da Eq. (12.3) pode ser explicado por meio de consulta à Figura 12.1, que mostra uma massa de solo elementar. Considere que a resistência normal efetiva e a tensão de cisalhamento no plano *ab* como σ' e τ, respectivamente. A Figura 12.1b exibe o gráfico da envoltória de ruptura definida pela Eq. (12.3). Se as magnitudes de σ' e τ no plano *ab* forem tais que representem graficamente o ponto *A* na Figura 12.1b, a ruptura por cisalhamento não ocorrerá

Tabela 12.1 Valores Típicos de Ângulo de Atrito Drenado para Areias e Siltes

Tipo de solo	ϕ' (graus)
Areia: Grãos arredondados	
Fofo	27-30
Médio	30-35
Compacto	35-38
Areia: Grãos angulares	
Fofo	30-35
Médio	35-40
Compacto	40-45
Pedregulho com alguma areia	34-48
Siltes	26-35

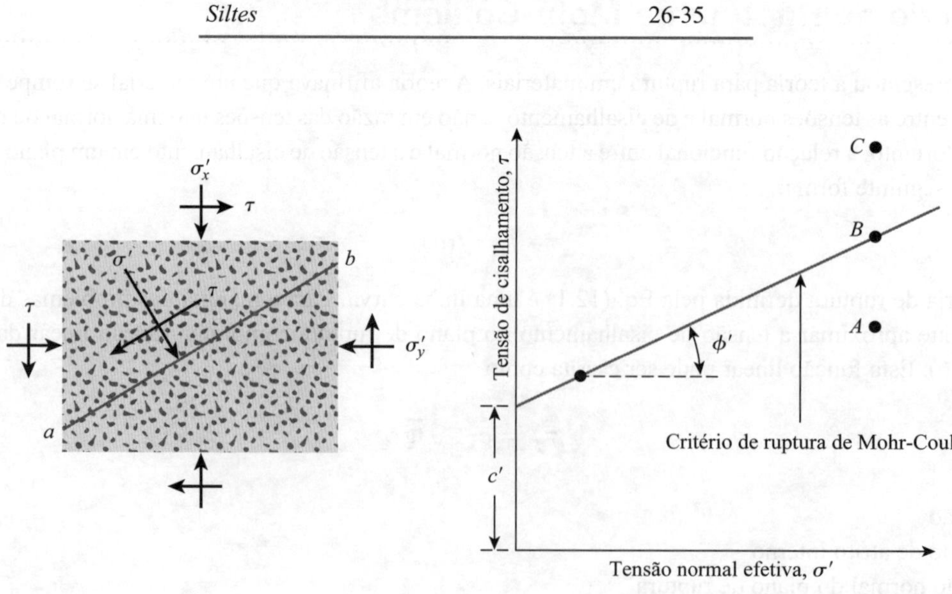

Figura 12.1 Critério de ruptura de Mohr-Coulomb.

ao longo do plano. Se a tensão normal efetiva e a tensão de cisalhamento no plano *ab* forem representadas graficamente como o ponto *B* (que se enquadra na envoltória de ruptura), a ruptura por cisalhamento ocorrerá ao longo do plano. Não pode existir um estado de tensão em um plano representado pelo ponto *C*, pois ele é representado graficamente acima da envoltória de ruptura e a ruptura por cisalhamento já teria ocorrido.

12.3 Inclinação do plano de ruptura causada por cisalhamento

Conforme declarado no critério de ruptura de Mohr-Coulomb, a ruptura por cisalhamento ocorrerá quando a tensão ao cisalhamento no plano alcançar o valor indicado na Eq. (12.3). Para determinar a inclinação do plano de ruptura em relação ao plano principal maior, consulte a Figura 12.2, onde σ'_1 e σ'_3 representam, respectivamente, as tensões efetivas principais maior e menor. O plano de ruptura *EF* forma um ângulo θ com o plano principal maior. Para determinar o ângulo θ e a relação entre σ'_1 e σ'_3, consulte a Figura 12.3, que é uma representação gráfica do círculo de Mohr para o estado de tensão mostrado na Figura 12.2 (veja o Capítulo 10). Na Figura 12.3, *fgh* é a envoltória de ruptura definida pela relação $\tau_f = c' + \sigma' \operatorname{tg} \phi'$. A linha radial *ab* define a planta principal maior (*CD* na Figura 12.2) e a linha radial *ad* define um plano de ruptura (*EF* na Figura 12.2). Pode-se mostrar que $\angle bad = 2\theta = 90 + \phi'$, ou

$$\theta = 45 + \frac{\phi'}{2} \tag{12.4}$$

Novamente da Figura 12.3,

$$\frac{\overline{ad}}{\overline{fa}} = \operatorname{sen} \phi' \tag{12.5}$$

$$\overline{fa} = fO + Oa = c' \operatorname{cotg} \phi' + \frac{\sigma'_1 + \sigma'_3}{2} \tag{12.6a}$$

Além disso,

$$\overline{ad} = \frac{\sigma'_1 - \sigma'_3}{2} \tag{12.6b}$$

Substituindo as Eqs. (12.6a) e (12.6b) pela Eq. (12.5), obtemos

$$\operatorname{sen} \phi' = \frac{\dfrac{\sigma'_1 - \sigma'_3}{2}}{c' \operatorname{cotg} \phi' + \dfrac{\sigma'_1 + \sigma'_3}{2}}$$

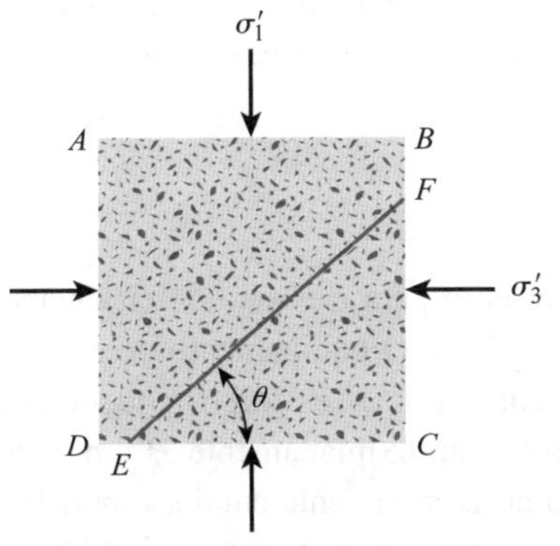

Figura 12.2 Inclinação do plano de ruptura no solo em relação ao plano principal maior.

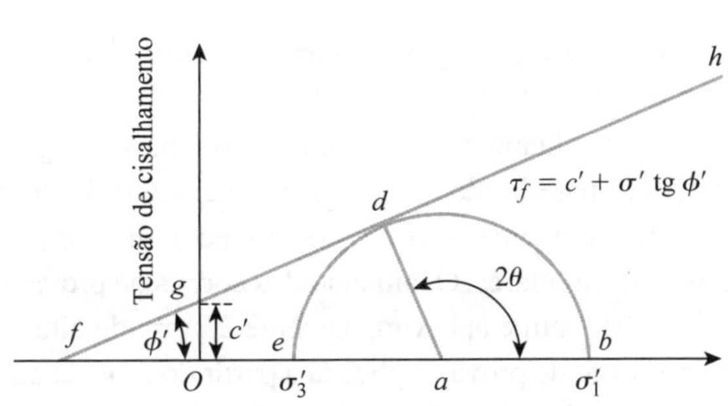

Figura 12.3 Círculo de Mohr e envoltória de ruptura.

ou

$$\sigma_1' = \sigma_3'\left(\frac{1+\text{sen }\phi'}{1-\text{sen }\phi'}\right) + 2c'\left(\frac{\cos\phi'}{1-\text{sen }\phi'}\right) \tag{12.7}$$

Porém

$$\frac{1+\text{sen }\phi'}{1-\text{sen }\phi'} = \text{tg}^2\left(45 + \frac{\phi'}{2}\right)$$

e

$$\frac{\cos\phi'}{1-\text{sen }\phi'} = \text{tg}\left(45 + \frac{\phi'}{2}\right)$$

Assim,

$$\sigma_1' = \sigma_3' \,\text{tg}^2\left(45 + \frac{\phi'}{2}\right) + 2c'\,\text{tg}\left(45 + \frac{\phi'}{2}\right) \tag{12.8}$$

Uma expressão semelhante à Eq. (12.8) também seria derivada utilizando a Eq. (12.2) (que são os parâmetros de tensão total c e ϕ), ou

$$\sigma_1 = \sigma_3 \,\text{tg}^2\left(45 + \frac{\phi}{2}\right) + 2c\,\text{tg}\left(45 + \frac{\phi}{2}\right) \tag{12.9}$$

12.4 Ensaios de laboratório para a determinação dos parâmetros de resistência ao cisalhamento

Existem diversos métodos de laboratório disponíveis para a determinação dos parâmetros de resistência ao cisalhamento (isto é, c, ϕ, c', ϕ') para vários corpos de prova de solo no laboratório. São eles:

- Ensaio de cisalhamento direto
- Ensaio triaxial
- Ensaio de cisalhamento simples
- Ensaio triaxial de deformação plana
- Ensaio de cisalhamento anular ou ring shear

O ensaio de cisalhamento direto e o ensaio triaxial são as duas técnicas normalmente utilizadas para a determinação dos parâmetros da resistência ao cisalhamento. Estes dois ensaios serão descritos em detalhes nas seções a seguir.

12.5 Ensaio de cisalhamento direto

O ensaio de cisalhamento direto é a forma mais antiga e mais simples de arranjo para o ensaio de cisalhamento. Um diagrama do aparelho de ensaio de cisalhamento direto é mostrado na Figura 12.4. O equipamento de ensaio consiste em uma caixa metálica de cisalhamento, no qual o corpo de prova de solo é colocado. Esses corpos podem ter formatos quadrados ou circulares. O tamanho dos corpos de prova geralmente utilizado é de aproximadamente 51 mm × 51 mm ou 102 mm × 102 mm e aproximadamente 25 mm de altura. A caixa é dividida horizontalmente em duas metades. A força normal no corpo de prova é aplicada a partir do topo da caixa de cisalhamento. A tensão normal nos corpos de provas pode ser de até 1.050 kN/m². A força de cisalhamento é aplicada ao mover uma metade da caixa sobre a outra para provocar a ruptura no corpo de prova de solo.

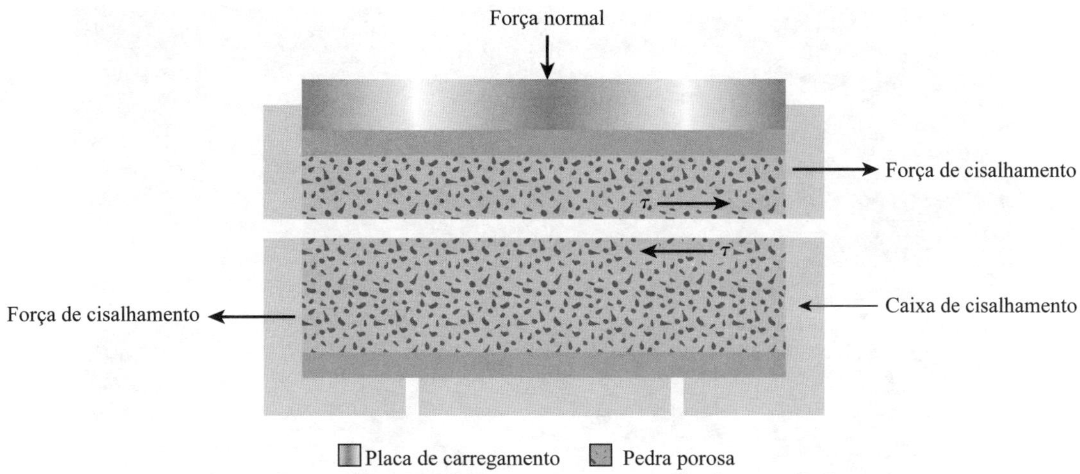

Figura 12.4 Diagrama do arranjo para ensaio de cisalhamento direto.

Dependendo do equipamento, o ensaio de cisalhamento pode ser de tensão controlada ou de deformação controlada. Nos ensaios de tensão controlada, a força de cisalhamento é aplicada em incrementos iguais até que o corpo de prova sofra ruptura. A ruptura ocorre ao longo do plano de divisão da caixa de cisalhamento. Após a aplicação de cada incremento de carga, o deslocamento do cisalhamento da metade superior da caixa é medido por um extensômetro horizontal. A variação na altura do corpo de prova (e, portanto, a variação do volume do corpo de prova) durante o ensaio pode ser obtida das leituras do extensômetro que mede o movimento vertical da placa de carregamento superior.

Nos ensaios controlados por deformação, é aplicada uma taxa constante de deslocamento cisalhante em uma metade da caixa por um motor que funciona por meio de engrenagens. A taxa constante de deslocamento cisalhante é medida por um extensômetro horizontal. A força resistente de cisalhamento do solo correspondente a qualquer deslocamento cisalhante pode ser medida por um anel dinamométrico horizontal ou por uma célula de carga. A variação de volume do corpo de prova durante o ensaio é obtida de maneira similar àquela dos ensaios de tensão controlada. A Figura 12.5 mostra a fotografia de um equipamento de ensaio de cisalhamento direto de deformação controlada. A Figura 12.6 mostra uma fotografia tirada a partir do equipamento de ensaio de cisalhamento direto com os anéis dinamométricos e relógios comparadores instalados.

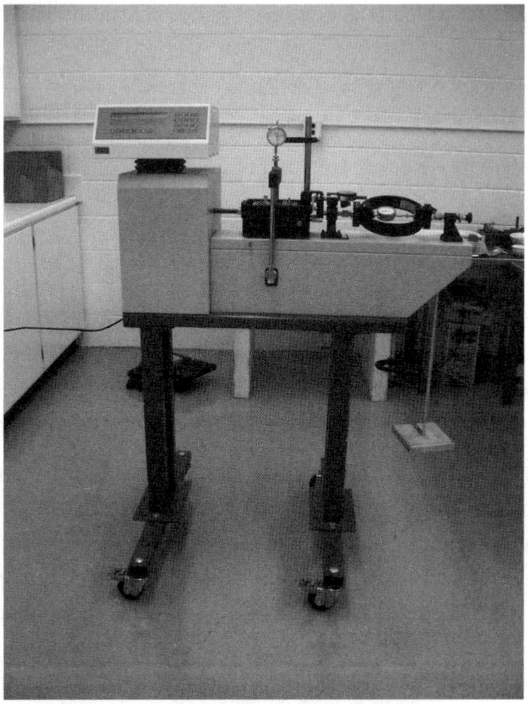

Figura 12.5 Equipamento de cisalhamento direto com deformação controlada. (*Cortesia de Braja M. Das, Henderson, Nevada.*)

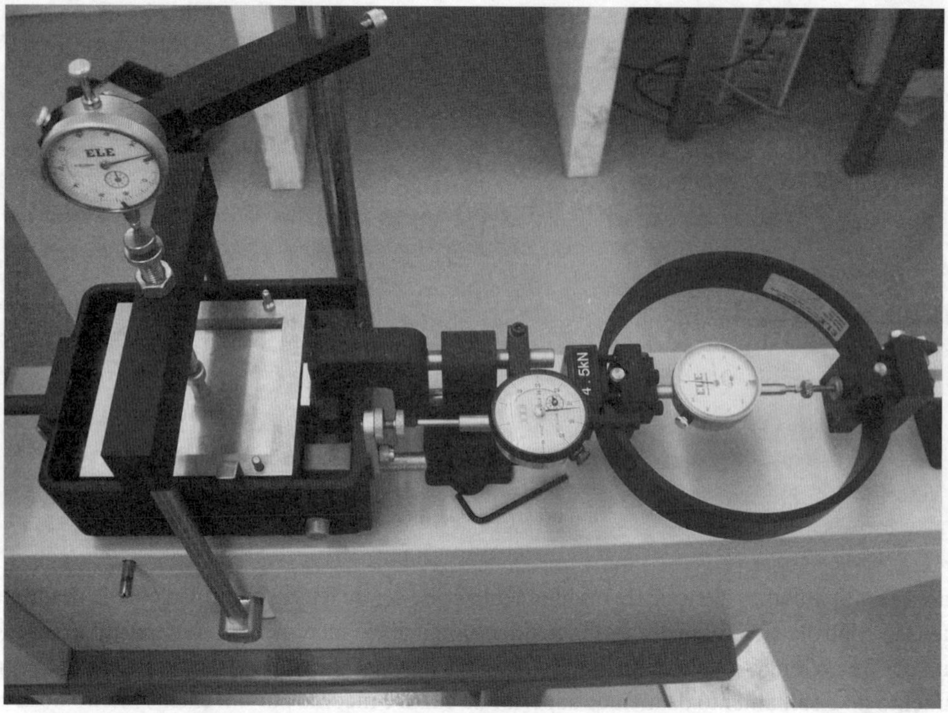

Figura 12.6 Fotografia mostrando os extensômetros e o anel dinamométrico instalados. (*Cortesia de Braja M. Das, Henderson, Nevada.*)

A vantagem dos ensaios de deformação controlada é que, no caso de areia compacta, a resistência ao cisalhamento de pico (ou seja, na ruptura), assim como a resistência ao cisalhamento residual (ou seja, no ponto pós-ruptura, chamado *resistência final*), pode ser observada e colocada em um gráfico. Nos ensaios de tensão controlada, somente a resistência de pico ao cisalhamento pode ser observada e traçada no gráfico. Observe que a resistência ao cisalhamento de pico nos ensaios de tensão controlada somente pode ser aproximada, porque a ruptura ocorre em um nível de tensão em algum ponto entre o aumento de carga de pré-ruptura e o aumento de carga de ruptura. Contudo, comparados com os ensaios de deformação controlada, os ensaios de tensão controlada provavelmente retratam melhor as situações reais de campo.

Para dado ensaio, a tensão normal pode ser calculada como

$$\sigma = \text{Tensão normal} = \frac{\text{Força normal}}{\text{Área transversal seccional do corpo de prova}} \qquad (12.10)$$

A tensão resistente de cisalhamento para qualquer deslocamento cisalhante pode ser calculada como

$$\tau = \text{Tensão de cisalhamento} = \frac{\text{Resistência da força de cisalhamento}}{\text{Área transversal seccional do corpo de prova}} \qquad (12.11)$$

A Figura 12.7 mostra um gráfico típico da tensão de cisalhamento e da variação da altura no corpo de prova, em função do deslocamento cisalhante para areias secas e areias fofas. Essas observações foram obtidas por meio de um ensaio de deformação controlada. As seguintes generalizações podem ser desenvolvidas em relação à variação da tensão resistente de cisalhamento com o deslocamento cisalhante, a partir da Figura 12.7:

1. Na areia fofa, a tensão resistente ao cisalhamento aumenta com o deslocamento cisalhante até que seja alcançada uma tensão de cisalhamento de ruptura de τ_f. Depois, a resistência ao cisalhamento permanece aproximadamente constante para qualquer aumento adicional no deslocamento cisalhante.
2. Na areia compacta, a tensão resistente ao cisalhamento aumenta com o deslocamento cisalhante até que alcance uma tensão de ruptura de τ_f. Essa tensão τ_f é chamada *resistência ao cisalhamento de pico*. Após a tensão de ruptura ser alcançada, a tensão resistente de cisalhamento diminui gradualmente enquanto o deslocamento cisalhante aumenta até que finalmente alcance um valor constante chamado *resistência residual ao cisalhamento*.

Uma vez que a altura do corpo de provas varia durante a aplicação da força de cisalhamento (como mostra a Figura 12.7), torna-se óbvio que o índice de vazios da areia também varia (pelo menos nas vizinhanças da separação da caixa de cisalhamento). A Figura 12.8 mostra a natureza da variação do índice de vazios para areias fofa e densa com deslocamento do cisalhamento. Com grandes deslocamentos de cisalhamento, os índices de vazios de areias fofas e densas são praticamente idênticos entre si e isso é chamado *índice de vazio crítico*. É importante notar que, em areia seca,

$$\sigma = \sigma'$$

e

$$c' = 0$$

Os ensaios de cisalhamento direto são repetidos em corpos de prova similares em várias tensões normais. Essas tensões e os valores correspondentes de τ_f obtidos a partir de um número de ensaios são traçados em um gráfico a partir dos quais são determinados os parâmetros da resistência ao cisalhamento. A Figura 12.9 mostra um gráfico dos ensaios em uma areia seca. A equação para a linha média obtida dos resultados experimentais é

$$\tau_f = \sigma' \operatorname{tg} \phi' \quad (12.12)$$

Assim, o ângulo de atrito pode ser determinado como segue:

$$\phi' = \operatorname{tg}^{-1}\left(\frac{\tau_f}{\sigma'}\right) \quad (12.13)$$

É importante notar que as areias cimentadas *in situ* podem mostrar um intercepto c'.

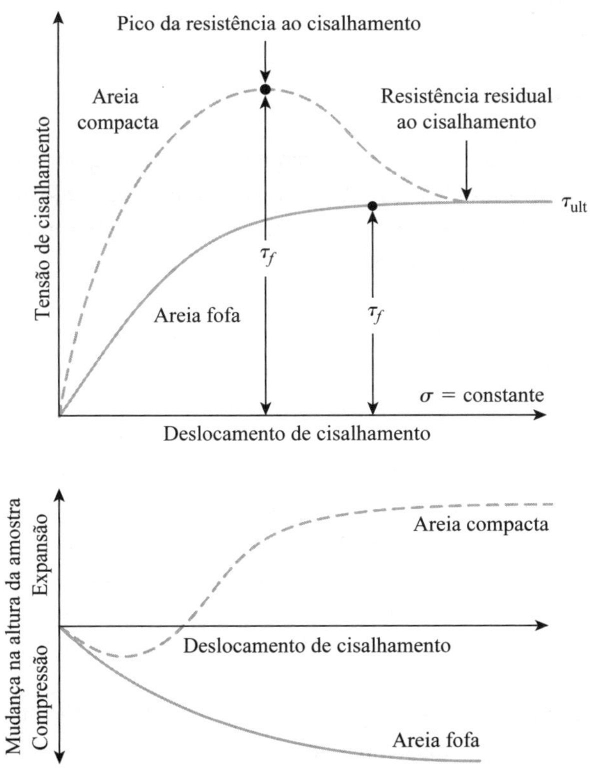

Figura 12.7 Gráfico da tensão de cisalhamento e da variação da altura do corpo de prova em função do deslocamento cisalhante para areia seca, fofa e compacta (ensaio de cisalhamento direto).

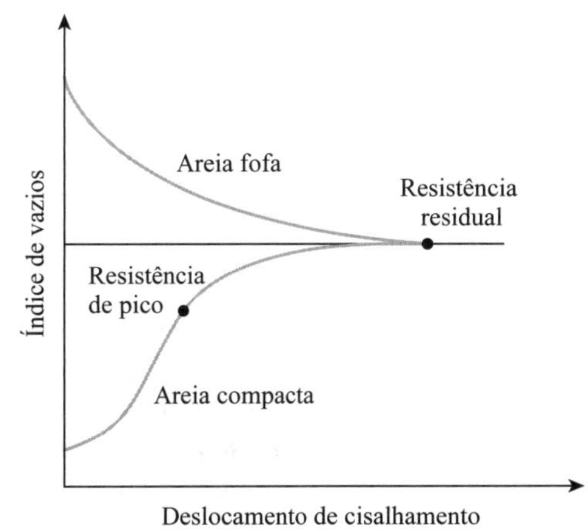

Figura 12.8 Natureza da variação do índice de vazios com deslocamento cisalhante.

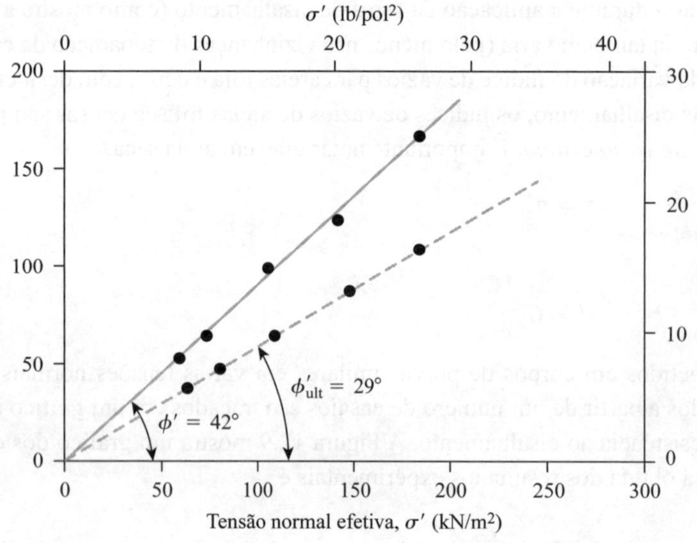

Figura 12.9 Determinação dos parâmetros de resistência ao cisalhamento para areia seca utilizando os resultados dos ensaios de cisalhamento direto.

Se a variação da resistência residual ao cisalhamento (τ_{ult}) com a tensão normal for conhecida, é possível traçar um gráfico como o mostrado na Figura 12.9. Uma reta média pode ser expressa como

$$\tau_{ult} = \sigma' \text{ tg } \phi'_{ult} \tag{12.14}$$

ou

$$\phi'_{ult} = \text{tg}^{-1}\left(\frac{\tau_{ult}}{\sigma'}\right) \tag{12.15}$$

12.6 Ensaio de cisalhamento direto drenado em areia e argila saturada

No arranjo do ensaio de cisalhamento direto, a caixa que contém o corpo de prova do solo geralmente é mantida no interior de um recipiente que pode ser preenchido com água para saturar o corpo de prova. O *ensaio drenado* é realizado em um corpo de prova de solo saturado, mantendo a taxa de carregamento lenta o suficiente para que o excesso de poropressão gerado no solo seja dissipado completamente pela drenagem. A água nos poros do corpo de prova é drenada por meio de duas pedras porosas. (Veja a Figura 12.4.)

Como a condutividade hidráulica da areia é alta, o excesso de poropressão gerado pelo carregamento (normal e de cisalhamento) é dissipado rapidamente. Portanto, para uma taxa de carregamento comum, essencialmente existem as condições para drenagem total. O ângulo de atrito, ϕ', obtido a partir do ensaio de cisalhamento direto e drenado de areia saturada, será o mesmo que aquele para um corpo de prova similar de areia seca.

A condutividade hidráulica da argila é muito pequena comparada com a da areia. Quando uma carga normal for aplicada a um corpo de prova de solo de argila, deve transcorrer um intervalo de tempo suficiente para obtenção do adensamento pleno – ou seja, para a dissipação do excesso de poropressão. Em razão disso, a carga de cisalhamento deve ser aplicada muito lentamente. O ensaio pode durar de dois a cinco dias. A Figura 12.10 mostra os resultados de um ensaio de cisalhamento direto drenado em uma argila sobreadensada. A Figura 12.11 mostra o gráfico de τ_f em relação a σ', obtido por meio de vários ensaios de cisalhamento direto drenado em argilas normalmente adensadas e em argilas sobreadensadas. Observe que o valor de $c' \simeq 0$ para argilas normalmente adensadas.

Semelhante à tensão de cisalhamento residual no caso da areia (Figura 12.8), nos grandes deslocamentos de cisalhamento podemos obter a *tensão de cisalhamento residual* da argila (τ_r) em um ensaio drenado.

Isso é mostrado na Figura 12.10. A Figura 12.11 mostra o gráfico de τ_r em função de σ'. O ponto médio *passará pela origem* e pode ser expresso como

$$\tau_r = \sigma' \text{ tg } \phi'_r$$

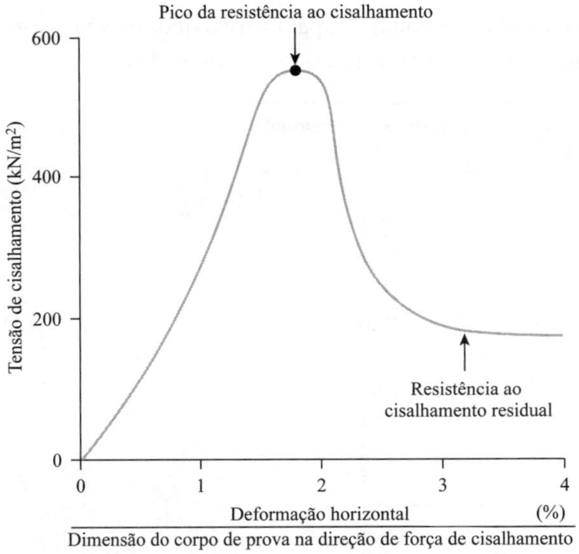

Figura 12.10 Resultados de um ensaio de cisalhamento direto drenado em argila sobreadensada. [*Observação*: A resistência ao cisalhamento residual na argila é semelhante à resistência de cisalhamento final na areia (veja a Figura 12.7).]

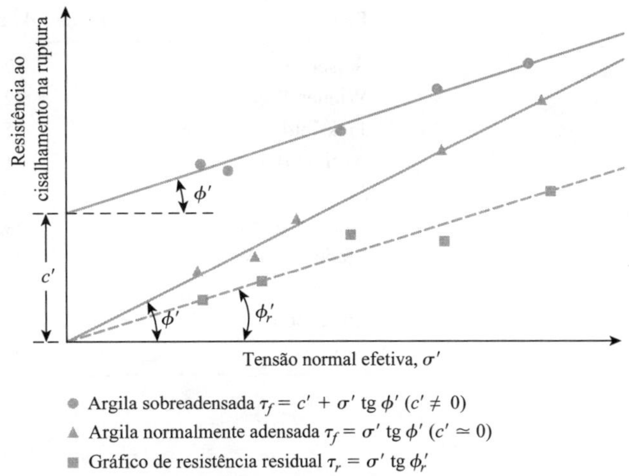

Figura 12.11 Envoltória de ruptura para argila obtida dos ensaios de cisalhamento direto drenados.

ou

$$\phi_r' = \text{tg}^{-1}\left(\frac{\tau_r}{\sigma'}\right) \tag{12.16}$$

Geralmente, o ângulo de atrito drenado, ϕ', de argilas normalmente adensadas diminui com o índice de plasticidade do solo. Este fato é ilustrado na Figura 12.12 para vários tipos de argila a partir dos dados reportados por Kenney (1959). Apesar de os dados estarem consideravelmente dispersos, o padrão geral aparentemente é mantido.

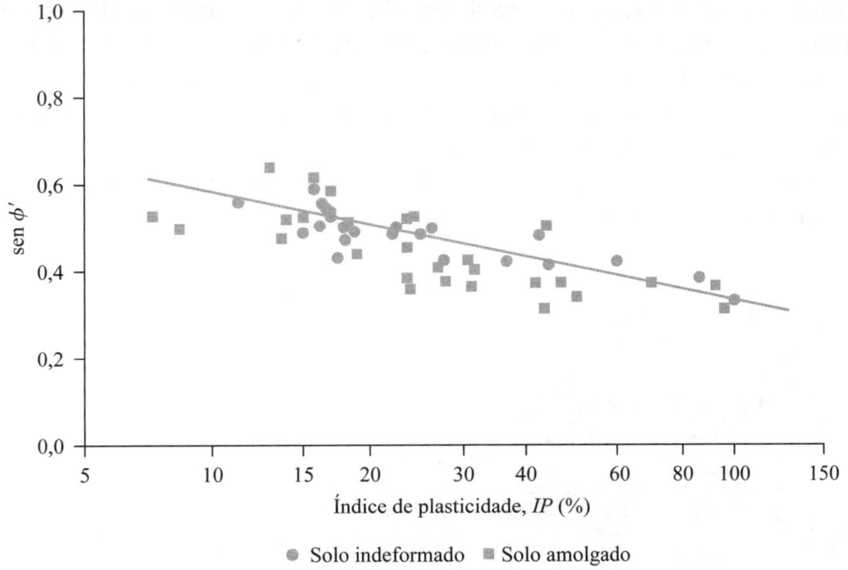

Figura 12.12 Variação do sen ϕ' em função do índice de plasticidade para vários solos. (*Segundo Kenney, 1959. Com permissão da ASCE.*)

Skempton (1964) forneceu os resultados da variação do ângulo de atrito residual, ϕ'_r, para vários tipos de solos argilosos com presença de uma fração de argila ($\leq 2\ \mu$m). A tabela a seguir mostra um resumo desses resultados.

Solo	Fração de argila (%)	Ângulo do atrito residual, ϕ'_r (graus)
Selset	17,7	29,8
Wiener Tegel	22,8	25,1
Jackfield	35,4	19,1
Argila Oxford	41,9	16,3
Jari	46,5	18,6
Argila London	54,9	16,3
Madeira de Walton	67	13,2
Weser-Elbe	63,2	9,3
Little Belt	77,2	11,2
Biotita	100	7,5

12.7 Comentários gerais sobre o ensaio de cisalhamento direto

O ensaio de cisalhamento direto é simples de ser realizado, mas apresenta algumas deficiências inerentes ao processo. A confiabilidade dos resultados pode ser questionada porque não é permitido que o solo se rompa ao longo do plano mais fraco, já que ele é forçado a romper ao longo do plano de separação da caixa de cisalhamento. Além disso, a distribuição da resistência ao cisalhamento sobre a superfície de cisalhamento do corpo de prova não é uniforme. Apesar dessas deficiências, o ensaio de cisalhamento direto é o mais simples e econômico para um solo arenoso seco ou saturado.

Em muitos problemas de projeto de fundações, deve-se determinar o ângulo de atrito entre o solo e o material da qual a fundação é construída (Figura 12.13). O material da fundação pode ser de concreto, aço ou madeira. A resistência ao cisalhamento ao longo da superfície de contato do solo e da fundação pode ser dada como

$$\tau_f = c'_a + \sigma' \operatorname{tg} \delta' \tag{12.17}$$

onde c'_a = adesão

δ' = ângulo de atrito efetivo entre o solo e o material da fundação

Observe que a equação anterior é semelhante na forma à Eq. (12.3). Os parâmetros da resistência ao cisalhamento entre um solo e um material de fundação podem ser convenientemente determinados por um ensaio de cisalhamento direto. Essa é uma grande vantagem desse tipo de ensaio. O material de fundação pode ser colocado na parte inferior da caixa de ensaio de cisalhamento direto e o solo pode ser colocado sobre ela (ou seja, na parte superior da caixa), conforme indicado na Figura 12.14, e o ensaio pode ser conduzido da maneira usual.

A Figura 12.15 mostra os resultados de ensaios de cisalhamento direto realizados desta forma com areia de quartzo e concreto, madeira e aço utilizados como materiais da fundação, com $\sigma' = 100$ kN/m^2.

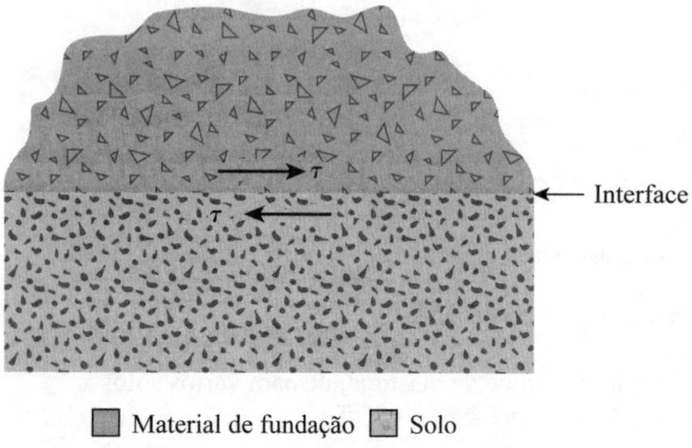

Figura 12.13 Interface entre o material da fundação e o solo.

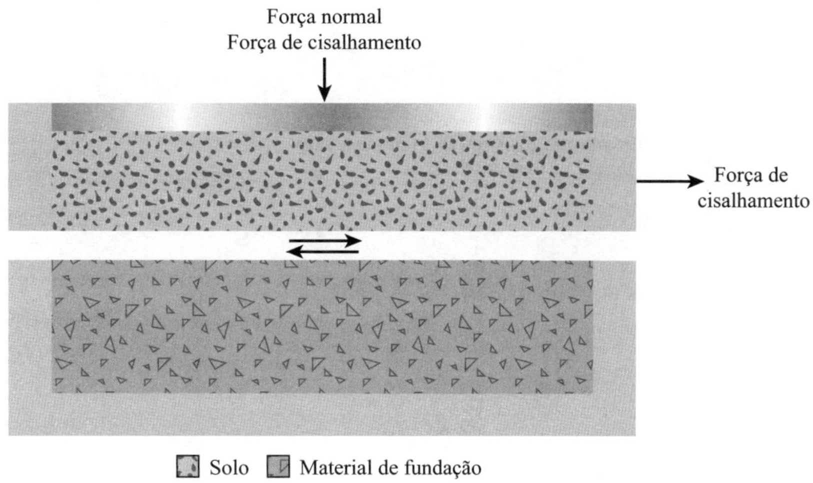

Figura 12.14 Ensaio de cisalhamento direto para determinar o ângulo de atrito de interface.

Foi mencionado brevemente na Seção 12.1 [relacionado à Eq. (12.1)] que a envoltória de ruptura de Mohr é curvilínea na natureza e a Eq. (12.2) é somente uma aproximação. Esse fato pode ser mantido em mente ao lidar com problemas de pressões de confinamento mais elevadas. A Figura 12.16 mostra o decréscimo de ϕ' e δ' com o aumento da tensão normal (σ') nos mesmos materiais apresentados na Figura 12.15. Isso pode ser explicado consultando a Figura 12.17, que mostra uma envoltória de ruptura de Mohr curvada. Se o ensaio de cisalhamento direto for realizado com $\sigma' = \sigma'_{(1)}$, a resistência ao cisalhamento será $\tau_{f(1)}$. Portanto,

$$\delta_1' = \text{tg}^{-1}\left[\frac{\tau_{f(1)}}{\sigma'_{(1)}}\right]$$

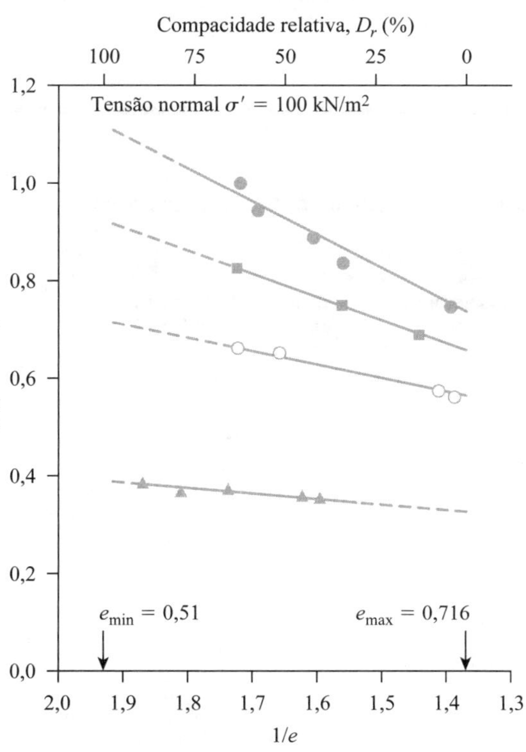

Figura 12.15 Variação de tg ϕ' e tg δ' com $1/e$. [*Observação*: e = índice de vazios, $\sigma' = 100$ kN/m², areia de quartzo] (*De acordo com Acar, Durgunoglu e Tumay, 1982. Com permissão da ASCE.*)

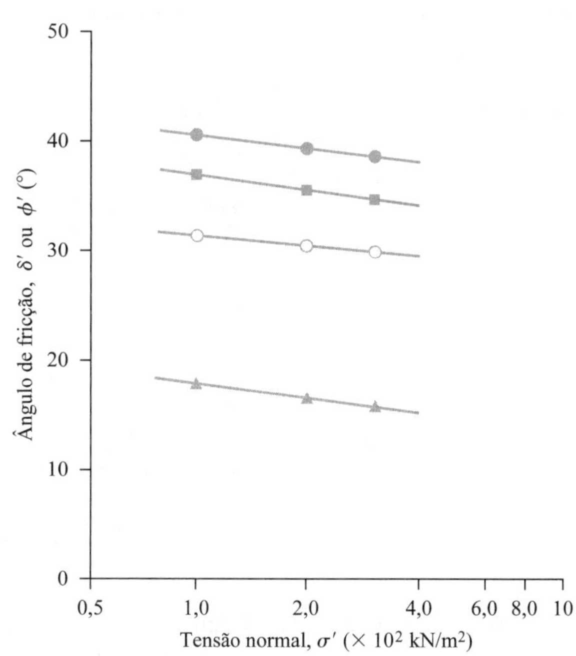

Figura 12.16 Variações de ϕ' e δ' com σ'. (*Observação*: Compacidade relativa = 45%; areia de quartzo) (*De acordo com Acar, Durgunoglu e Tumay, 1982. Com permissão da ASCE.*)

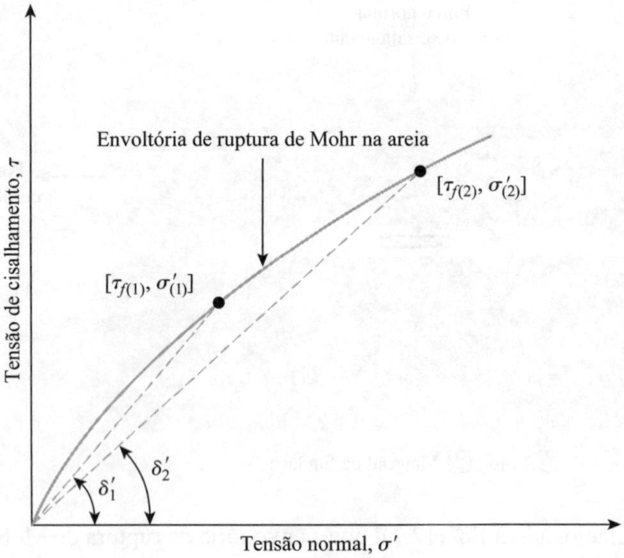

Figura 12.17 Natureza curvilínea da envoltória de ruptura de Mohr na areia.

Isso é mostrado na Figura 12.17. De maneira similar, se o ensaio for realizado com $\sigma' = \sigma'_{(2)}$, então

$$\delta' = \delta'_2 = \text{tg}^{-1}\left[\frac{\tau_{f(2)}}{\sigma'_{(2)}}\right]$$

Conforme pode ser visto na Figura 12.17, $\delta'_2 < \delta'_1$ uma vez que $\sigma'_2 > \sigma'_{(1)}$. Com isso em mente, é preciso compreender que os valores de ϕ' na Tabela 12.1 são apenas valores médios.

Exemplo 12.1

Ensaios de cisalhamento direto foram realizados em um solo seco e arenoso. O tamanho do corpo de prova era de 50 mm × 50 mm × 19 mm. Os resultados dos ensaios são:

Nº do ensaio	Força normal (N)	Tensão normal[a] $\sigma = \sigma'$ (kN/m²)	Força de cisalhamento na ruptura (N)	Tensão de cisalhamento[b] na ruptura τ_f (kN/m²)
1	89	35,6	53,4	21,4
2	133	53,2	81,4	32,6
3	311	124,4	187,3	74,9
4	445	178,0	267,3	109,9

$$^{a}\ \sigma'(\text{kN/m}^2) = \frac{\text{força normal}}{\text{área do corpo de prova}} = \frac{(\text{força normal})}{(1.000)(0{,}05\ \text{m})(0{,}05\ \text{m})}$$

$$^{b}\ \tau_f(\text{kN/m}^2) = \frac{\text{força de cisalhamento}}{\text{área do corpo de prova}} = \frac{(\text{força de cisalhamento})}{(1.000)(0{,}05\ \text{m})(0{,}05\ \text{m})}$$

Encontre os parâmetros da resistência ao cisalhamento.

Solução

As tensões de cisalhamento, τ_f, obtidas dos ensaios, são representadas graficamente em função das tensões normais na Figura 12.18, da qual $c' = 0$, $\phi' = 32°$.

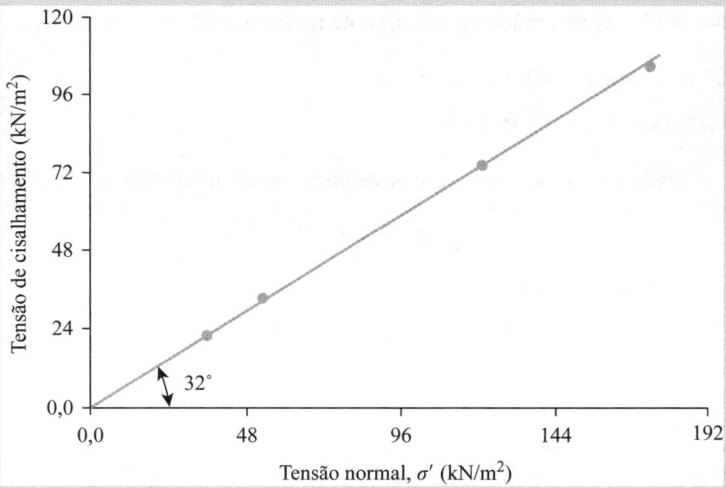

Figura 12.18

Exemplo 12.2

A seguir, são exibidos os resultados de quatro ensaios de cisalhamento direto drenado em uma *argila sobreadensada*:

- Diâmetro do corpo de prova = 50 mm
- Altura do corpo de prova = 25 mm

Nº do ensaio	Força normal, N (N)	Força de cisalhamento na ruptura, S_{pico} (N)	Força de cisalhamento residual, $S_{residual}$ (N)
1	150	157,5	44,2
2	250	199,9	56,6
3	350	257,6	102,9
4	550	363,4	144,5

Determine as relações para as *resistências de pico ao cisalhamento* (τ_f) *e a resistência ao cisalhamento residual* (τ_r).

Solução

Área do corpo de prova $(A) = (\pi/4)\left(\frac{50}{1.000}\right)^2 = 0,0019634\ \text{m}^2$. Agora, a seguinte tabela pode ser preparada.

Nº do ensaio	Força normal, N (N)	Tensão normal, σ' (kN/m²)	Força de cisalhamento do pico, S_{pico}(N)	$\tau_f = \frac{S_{pico}}{A}$ (kN/m²)	Força de cisalhamento residual, $S_{residual}$ (N)	$\tau_r = \frac{S_{residual}}{A}$ (kN/m²)
1	150	76,4	157,5	80,2	44,2	22,5
2	250	127,3	199,9	101,8	56,6	28,8
3	350	178,3	257,6	131,2	102,9	52,4
4	550	280,1	363,4	185,1	144,5	73,6

(continua)

As variações de τ_f e τ_r com σ' são representadas graficamente na Figura 12.19. A partir dos gráficos, descobrimos que

Resistência de pico: $\tau_f(\text{kN/m}^2) = \mathbf{40 + \sigma' \text{ tg } 27}$

Resistência residual: $\tau_r(\text{kN/m}^2) = \mathbf{\sigma' \text{ tg } 14{,}6}$

(*Observação:* Para todas as *argilas sobreadensadas*, a resistência ao cisalhamento residual pode ser expressa como

$$\tau_r = \sigma' \text{ tg } \phi'_r$$

onde ϕ'_r = ângulo de atrito residual efetivo.)

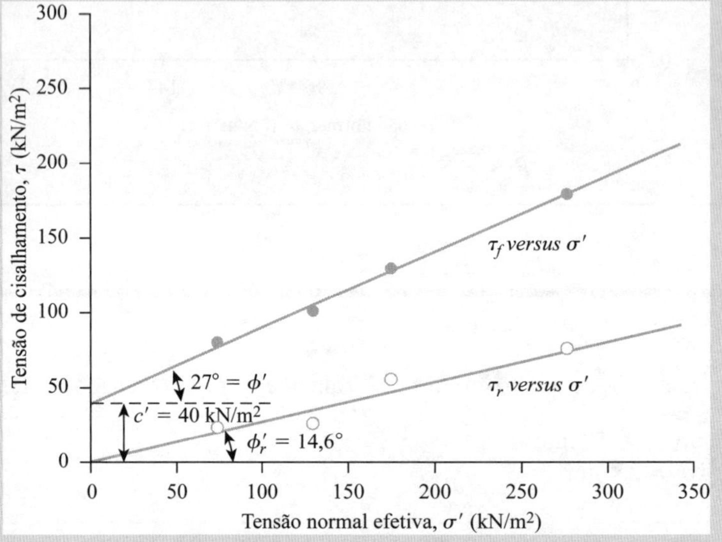

Figura 12.19 Variações de τ_f e τ_r em relação a σ'. ■

12.8 Ensaio geral de cisalhamento triaxial

O ensaio de compressão triaxial é um dos métodos mais confiáveis e disponíveis para a determinação dos parâmetros da resistência ao cisalhamento. É usado amplamente para ensaios de pesquisa e ensaios convencionais. Um diagrama do layout de ensaio triaxial direto é mostrado na Figura 12.20. A Figura 12.21 indica um ensaio triaxial em progresso no laboratório.

Nesse ensaio, geralmente é utilizado um corpo de prova de solo de aproximadamente 36 mm de diâmetro e 76 mm (3 pol.) de comprimento. O corpo de prova é envolvido por uma fina membrana de borracha e colocado dentro de uma câmara cilíndrica normalmente preenchida com água ou glicerina. O corpo de prova é submetido a uma pressão de confinamento por compressão do fluido na câmara. (*Observação*: O ar é utilizado algumas vezes como meio de compressão.) Para causar uma ruptura de cisalhamento no corpo de prova, deve-se aplicar a tensão axial (às vezes chamada *tensão desviadora*) pela haste de carregamento vertical. Essa tensão pode ser aplicada de duas formas:

1. Aplicação de pesos ou pressão hidráulica em incrementos iguais até que o corpo de prova rompa. (A deformação axial do corpo de prova resultante da carga aplicada por meio da haste é medida por um extensômetro.)
2. Aplicação da deformação axial a uma taxa constante por meio de uma prensa de carregamento mecânica ou hidráulica. Esse também é um ensaio de deformação controlada.

A carga axial aplicada pela haste de carregamento correspondente a dada deformação axial é medida por um anel dinamométrico ou célula de carga fixada à haste.

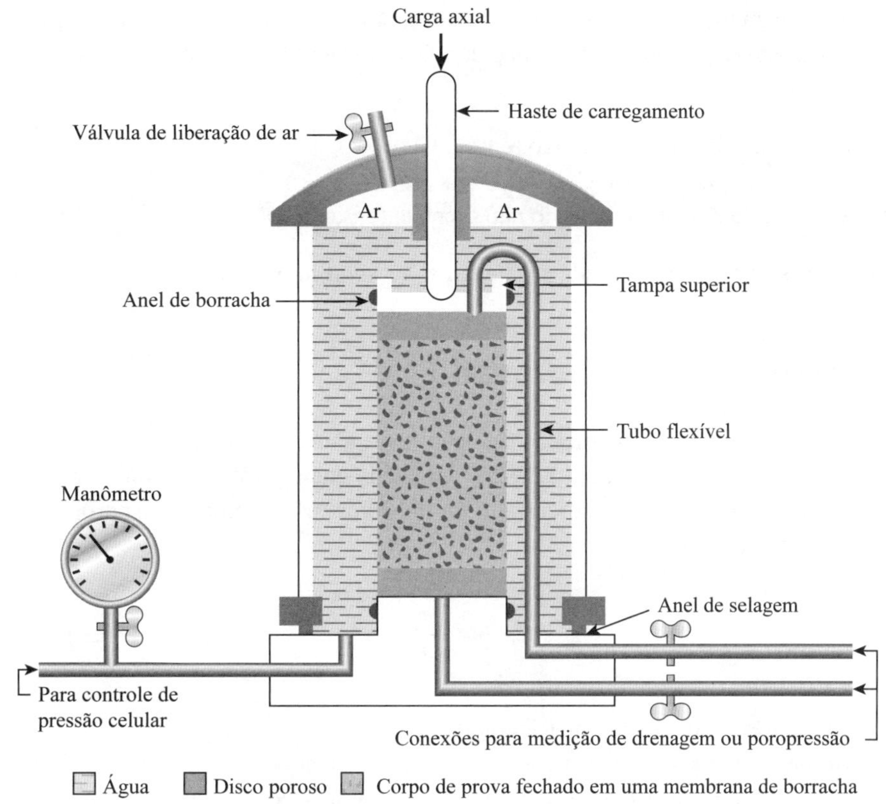

Figura 12.20 Diagrama do equipamento de ensaio triaxial. (*De acordo com Bishop e Bjerrum, 1960. Com permissão da ASCE.*)

Figura 12.21 Um ensaio triaxial em progresso no laboratório. (*Cortesia de S. Vanapalli, University of Ottawa, Canadá.*)

As conexões utilizadas para medir a drenagem interna ou externa ao corpo de prova ou para medir a poropressão (de acordo com as condições de ensaio) também são fornecidas. Geralmente são utilizados os três tipos de ensaios triaxiais padrão relacionados a seguir:

1. Ensaio adensado drenado ou ensaio drenado (ensaio CD)
2. Ensaio adensado não drenado (ensaio CU)
3. Ensaio não adensado não drenado ou ensaio não drenado (ensaio UU)

Os procedimentos gerais e as implicações de cada ensaio em *solos saturados* estão descritos nas seções seguintes.

12.9 Ensaio triaxial adensado drenado

No ensaio CD, o corpo de prova saturado é submetido primeiramente a uma pressão de confinamento em toda a sua volta, σ_3, pela compressão do fluido da câmara (Figura 12.22a). À medida que a pressão de confinamento é aplicada, a poropressão do corpo de prova aumenta para u_c (se a drenagem for impedida). Esse aumento na poropressão pode ser expresso como um parâmetro adimensional na forma

$$B = \frac{u_c}{\sigma_3} \tag{12.18}$$

onde B = parâmetro de poropressão de Skempton (Skempton, 1954).

Para solos fofos saturados, B é aproximadamente igual a 1; no entanto, para solos rígidos e saturados, a magnitude de B pode ser menor que 1. Black e Lee (1973) proporcionaram os valores teóricos de B para diversos solos em saturação completa. Esses valores estão listados na Tabela 12.2.

Porém, se a conexão para drenagem estiver aberta, ocorrerá a dissipação do excesso de poropressão e, consequentemente, o adensamento. Com tempo, u_c se tornará igual a 0. Em um solo saturado, a variação no volume do corpo de

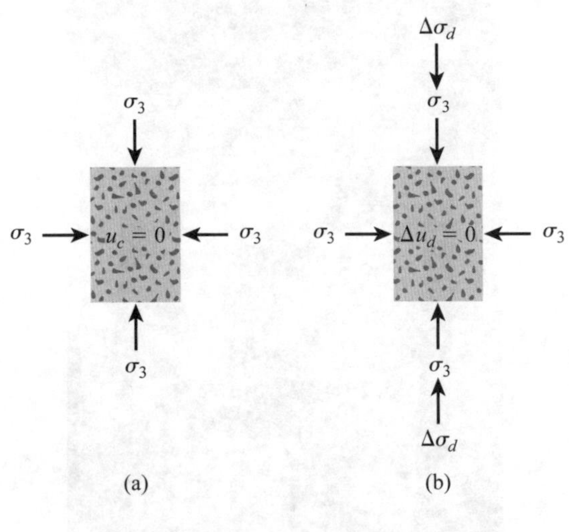

Figura 12.22 Ensaio triaxial adensado drenado: (a) corpo de prova sob pressão de confinamento da câmara; (b) aplicação da tensão desviadora.

Tabela 12.2 Valores teóricos de B em saturação completa

Tipo de solo	Valores teóricos
Argila mole normalmente adensada	0,9998
Argilas e siltes moles levemente sobreadensados	0,9988
Argilas e areias rígidas sobreadensadas	0,9877
Areias muito compactas e argilas muito rígidas sob altas pressões de confinamento	0,9130

prova (ΔV_c) que ocorre durante o adensamento pode ser obtida pelo valor do volume drenado da água dos poros (Figura 12.23a). Em seguida, a tensão desviadora, $\Delta\sigma_d$, é aumentada muito lentamente no corpo de prova (Figura 12.22b). A conexão de drenagem é mantida aberta e a baixa taxa de aplicação da tensão desviadora permite a completa dissipação de qualquer poropressão que tenha se formado como resultado ($\Delta u_d = 0$).

Um gráfico típico retratando a variação da tensão desviadora em relação à deformação sobre areias soltas e argilas normalmente adensadas é mostrado na Figura 12.23b. A Figura 12.23c mostra um gráfico similar para areia compacta e argila sobreadensada. A variação do volume, ΔV_d, dos corpos de prova, que ocorre por causa da aplicação da tensão desviadora em vários tipos de solos, também é mostrada nas Figuras 12.23d e 12.23e.

Uma vez que a poropressão desenvolvida durante o ensaio é completamente dissipada, temos

$$\text{Tensão de confinamento total e efetiva} = \sigma_3 = \sigma_3'$$

e

$$\text{Tensão axial total e efetiva na ruptura} = \sigma_3 + (\Delta\sigma_d)_f = \sigma_1 = \sigma_1'$$

Em um ensaio triaxial, σ_1' é a tensão efetiva principal maior na ruptura e σ_3' é a tensão efetiva principal menor na ruptura.

Vários ensaios em corpos de prova similares podem ser realizados por variação da pressão de confinamento. Com as tensões principais maior e menor na ruptura para cada ensaio, os círculos de Mohr podem ser desenhados e as envoltórias de ruptura podem ser obtidas. A Figura 12.24 mostra o tipo de envoltória de ruptura da tensão efetiva obtida para ensaios

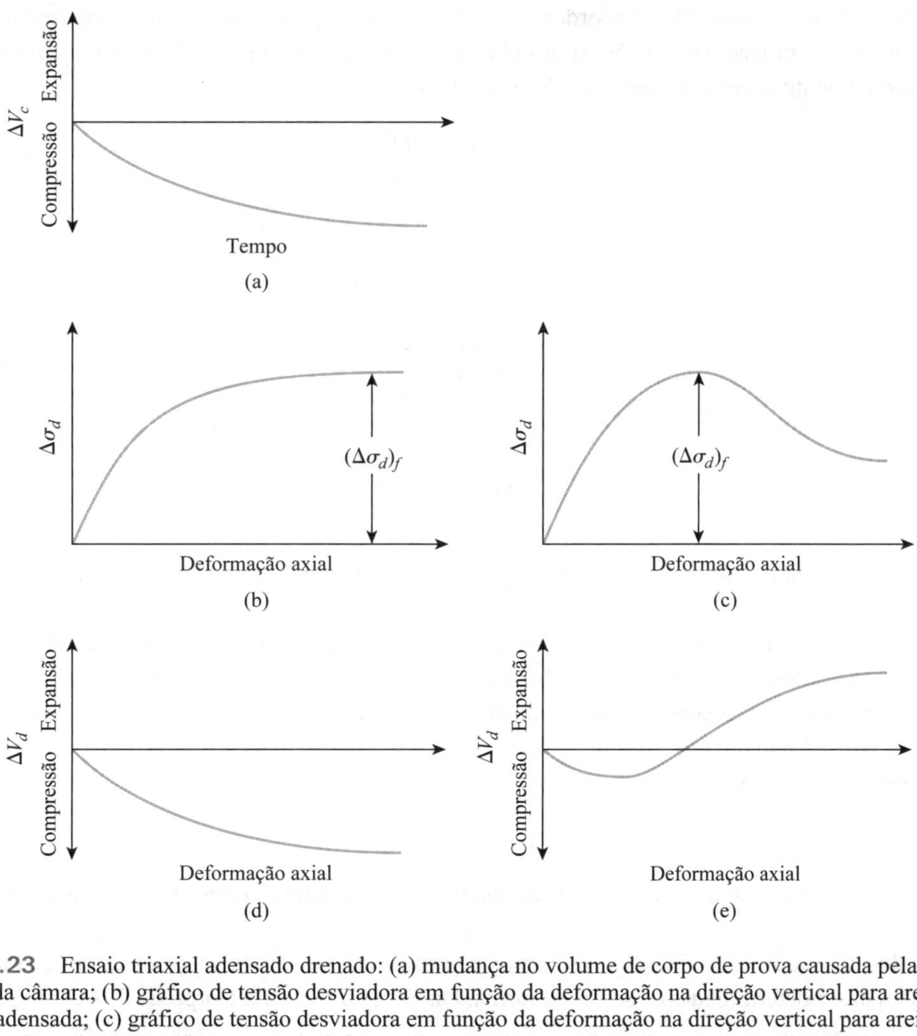

Figura 12.23 Ensaio triaxial adensado drenado: (a) mudança no volume de corpo de prova causada pela pressão de confinamento da câmara; (b) gráfico de tensão desviadora em função da deformação na direção vertical para areia fofa e argila normalmente adensada; (c) gráfico de tensão desviadora em função da deformação na direção vertical para areia fofa e argila sobreadensada; (d) mudança de volume na areia fofa e argila normalmente adensada durante a aplicação de tensão desviadora; (e) mudança de volume em areia fofa e argila sobreadensada durante a aplicação de tensão desviadora.

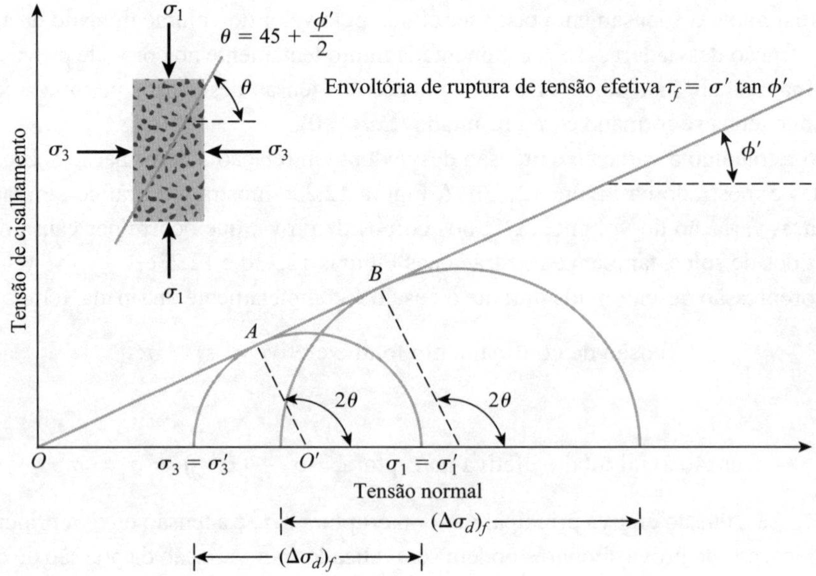

Figura 12.24 Envoltória de ruptura da tensão efetiva obtida dos ensaios drenados em areia e argila normalmente adensada.

em areia e argila normalmente adensada. As coordenadas do ponto de tangência da envoltória de ruptura com um círculo de Mohr (ou seja, ponto *A*) fornecem as tensões (normal e de cisalhamento) no plano de ruptura daquele corpo de prova.

Para argila normalmente adensada, consulte a Figura 12.24

$$\text{sen}\,\phi' = \frac{AO'}{OO'}$$

ou

$$\text{sen}\,\phi' = \frac{\left(\dfrac{\sigma_1' - \sigma_3'}{2}\right)}{\left(\dfrac{\sigma_1' + \sigma_3'}{2}\right)}$$

$$\phi' = \text{sen}^{-1}\left(\frac{\sigma_1' - \sigma_3'}{\sigma_1' + \sigma_3'}\right) \tag{12.19}$$

Além disso, o plano de ruptura ficará inclinado a um ângulo de $\theta = 45 + \phi'/2$ em relação ao plano principal maior, como mostra a Figura 12.24.

O sobreadensamento ocorre quando a argila é inicialmente adensada sob uma pressão da câmara de $\sigma_c\ (= \sigma_c')$ em todo o seu redor e sofre expansão por meio da redução da pressão da câmara para $\sigma_3\ (= \sigma_3')$. A envoltória de ruptura, obtida de ensaios triaxiais drenados de tais corpos de prova de argila sobreadensada, mostra duas ramificações distintas (*ab* e *bc* na Figura 12.25). A parte *ab* tem uma inclinação mais ampla com uma interceptação de coesão, e a equação de resistência ao cisalhamento para esse ramo pode ser gravada como

$$\tau_f = c' + \sigma \text{ tg } \phi_1' \tag{12.20}$$

A porção *bc* da envoltória de ruptura representa um estágio normalmente adensado do solo e segue a equação de $\tau_f = \sigma' \text{ tg } \phi'$.

Se os resultados dos ensaios triaxiais de dois corpos de prova de solo sobreadensados forem conhecidos, as magnitudes de ϕ_1' e c' podem ser determinadas da seguinte forma. Da Eq. (12.8) para o Corpo de Prova 1:

$$\sigma_{1(1)}' = \sigma_{3(1)}' \text{ tg}^2\,(45 + \phi_1'/2 + 2c' \text{ tg}(45 + \phi_1'/2) \tag{12.21}$$

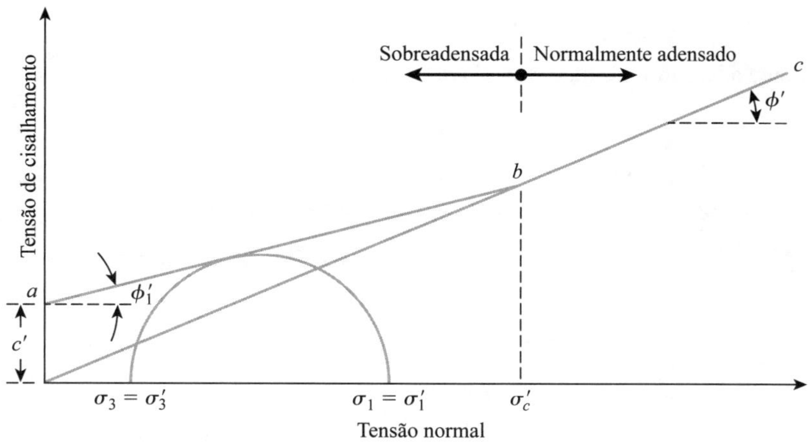

Figura 12.25 Envoltória de ruptura da tensão efetiva para argila sobreadensada.

E, para o Corpo de Prova 2:

$$\sigma'_{1(2)} = \sigma'_{3(2)}\, \text{tg}^2\,(45 + \phi'_1/2) + 2c'\, \text{tg}(45 + \phi'_1/2) \tag{12.22}$$

ou

$$\sigma'_{1(1)} - \sigma'_{1(2)} = [\sigma'_{3(1)} - \sigma'_{3(2)}]\, \text{tg}^2\,(45 + \phi'_1/2)$$

Portanto,

$$\phi'_1 = 2\left\{\text{tg}^{-1}\left[\frac{\sigma'_{1(1)} - \sigma'_{1(2)}}{\sigma'_{3(1)} - \sigma'_{3(2)}}\right]^{0,5} - 45°\right\} \tag{12.23}$$

Depois de conhecido o valor de ϕ'_1, podemos obter c' como

$$c' = \frac{\sigma'_{1(1)} - \sigma'_{3(1)}\, \text{tg}^2\left(45 + \dfrac{\phi'_1}{2}\right)}{2\,\text{tg}\left(45 + \dfrac{\phi'_1}{2}\right)} \tag{12.24}$$

Um ensaio triaxial adensado drenado em um solo argiloso pode demorar vários dias para ser concluído. Esse tempo é necessário porque a tensão desviadora deve ser aplicada muito lentamente para assegurar drenagem plena do corpo de prova do solo. Por essa razão, o tipo CD de ensaio triaxial é incomum.

Exemplo 12.3

Um ensaio triaxial adensado drenado foi realizado em uma argila normalmente adensada. Os resultados são:

- $\sigma_3 = 276\ \text{kN/m}^2$
- $(\Delta\sigma_d)_f = 276\ \text{kN/m}^2$

Determine

a. Ângulo de atrito, ϕ'
b. Ângulo θ que o plano de ruptura forma com o plano principal maior

(continua)

Solução

Para um solo normalmente adensado, a equação da envoltória de ruptura é

$$\tau_f = \sigma' \text{ tg } \phi' \qquad (\text{pois } c' = 0)$$

Para o ensaio triaxial, as tensões principais maior e menor na ruptura são as seguintes:

$$\sigma_1' = \sigma_1 = \sigma_3 + (\Delta\sigma_d)_f = 276 + 276 = 552 \text{ kN/m}^2$$

e

$$\sigma_3' = \sigma_3 = 276 \text{ kN/m}^2$$

Parte a

O círculo de Mohr e a envoltória de ruptura são mostrados na Figura 12.26. Da Eq. (12.19),

$$\text{sen } \phi' = \frac{\sigma_1' - \sigma_3'}{\sigma_1' + \sigma_3'} = \frac{552 - 276}{552 + 276} = 0{,}333$$

ou

$$\phi' = \mathbf{19{,}45°}$$

Parte b

Da Eq. (12.4),

$$\theta = 45 + \frac{\phi'}{2} = 45° + \frac{19{,}45°}{2} = 54{,}73°$$

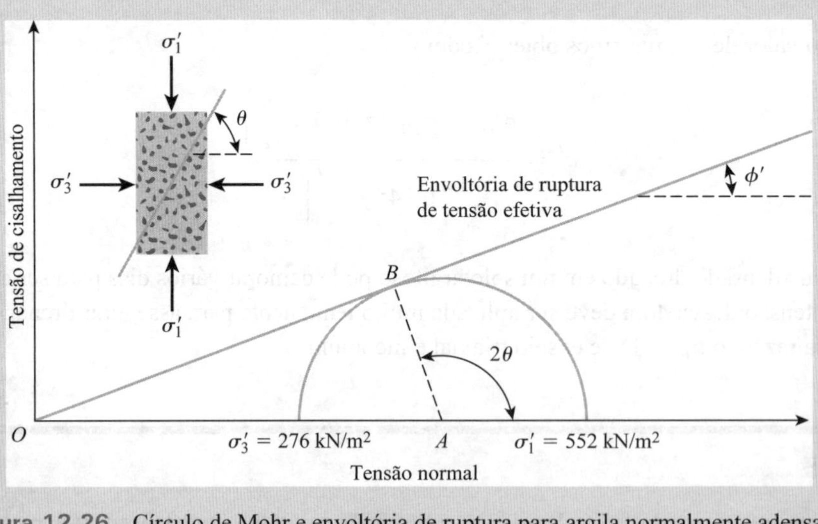

Figura 12.26 Círculo de Mohr e envoltória de ruptura para argila normalmente adensada. ■

Exemplo 12.4

Consulte a Figura 12.3.

a. Encontre a tensão normal σ' e a tensão de cisalhamento τ_f no plano de ruptura.
b. Determine a tensão normal efetiva no plano de tensão de cisalhamento máximo.

Solução

Parte a

Das Eqs. (10.8) e (10.9),

$$\sigma'(\text{no plano de ruptura}) = \frac{\sigma_1' + \sigma_3'}{2} + \frac{\sigma_1' - \sigma_3'}{2} \cos 2\theta$$

e

$$\tau_f = \frac{\sigma_1' - \sigma_3'}{2} \operatorname{sen} 2\theta$$

Substituindo os valores de $\sigma_1' = 552$ kN/m², $\sigma_3' = 276$ kN/m², e $\theta = 54{,}73°$ nas equações anteriores, obteremos

$$\sigma' = \frac{552 + 276}{2} + \frac{552 - 276}{2} \cos (2 \times 54{,}73) = \mathbf{368{,}03\ kN/m^2}$$

e

$$\tau_f = \frac{552 - 276}{2} \operatorname{sen} (2 \times 54{,}73) = \mathbf{130{,}12\ kN/m^2}$$

Parte b

Da Eq. (10.9), pode ser visualizado que a tensão de cisalhamento máximo ocorrerá no plano com $\theta = 45°$. Da Eq. (10.8),

$$\sigma' = \frac{\sigma_1' + \sigma_3'}{2} + \frac{\sigma_1' - \sigma_3'}{2} \cos 2\theta$$

Substituindo $\theta = 45°$ na equação anterior, temos

$$\sigma' = \frac{552 + 276}{2} + \frac{552 - 276}{2} \cos 90 = \mathbf{414\ kN/m^2}$$

■

Exemplo 12.5

A equação da envoltória de ruptura da tensão efetiva para um solo argiloso normalmente adensado é $\tau_f = \sigma' \operatorname{tg} 30°$. Um ensaio triaxial drenado foi realizado com o mesmo solo sob pressão de confinamento de câmara de 69 kN/m². Calcule a tensão desviadora no momento da ruptura.

Solução

Para a argila normalmente adensada, $c' = 0$. Portanto, a partir da Eq. (12.8),

$$\sigma_1' = \sigma_3' \operatorname{tg}^2\left(45 + \frac{\phi'}{2}\right)$$

$$\phi' = 30°$$

$$\sigma_1' = 69 \operatorname{tg}^2\left(45 + \frac{30}{2}\right) = 207 \text{ kN/m}^2$$

Portanto,

$$(\Delta\sigma_d)_f = \sigma_1' - \sigma_3' = 207 - 69 = \mathbf{138\ kN/m^2}$$

■

Exemplo 12.6

Os resultados de dois ensaios triaxiais em argila saturada são:

Corpo de prova I:

$$\sigma_3 = 70 \text{ kN/m}^2$$

$$(\Delta\sigma_d)_f = 130 \text{ kN/m}^2$$

Corpo de prova II:

$$\sigma_3 = 160 \text{ kN/m}^2$$

$$(\Delta\sigma_d)_f = 223{,}5 \text{ kN/m}^2$$

Determine os parâmetros da resistência ao cisalhamento.

Solução

Consulte a Figura 12.27. No Corpo de Prova I, as tensões principais no cisalhamento são

$$\sigma'_3 = \sigma_3 = 70 \text{ kN/m}^2$$

e

$$\sigma'_1 = \sigma_1 = \sigma_3 + (\Delta\sigma_d)_f = 70 + 130 = 200 \text{ kN/m}^2$$

Da mesma forma, no Corpo de Prova II, as tensões principais no cisalhamento são

$$\sigma'_3 = \sigma_3 = 160 \text{ kN/m}^2$$

e

$$\sigma'_1 = \sigma_1 = \sigma_3 + (\Delta\sigma_d)_f = 160 + 223{,}5 = 383{,}5 \text{ kN/m}^2$$

Agora, a partir da Eq. (12.23),

$$\phi'_1 = 2\left\{ \operatorname{tg}^{-1}\left[\frac{\sigma'_{1(\mathrm{I})} - \sigma'_{1(\mathrm{II})}}{\sigma'_{3(\mathrm{I})} - \sigma'_{3(\mathrm{II})}}\right]^{0,5} - 45°\right\}$$

$$= 2\left\{ \operatorname{tg}^{-1}\left[\frac{200 - 383{,}5}{70 - 160}\right]^{0,5} - 45°\right\} = \mathbf{20°}$$

Novamente, a partir da Eq. (12.24),

$$c' = \frac{\sigma'_{1(\mathrm{I})} - \sigma'_{3(\mathrm{I})}\operatorname{tg}^2\left(45 + \dfrac{\phi'_1}{2}\right)}{2\operatorname{tg}\left(45 + \dfrac{\phi'_1}{2}\right)} = \frac{200 - 70\operatorname{tg}^2\left(45 + \dfrac{20}{2}\right)}{2\operatorname{tg}\left(45 + \dfrac{20}{2}\right)} = \mathbf{20\ kN/m^2}$$

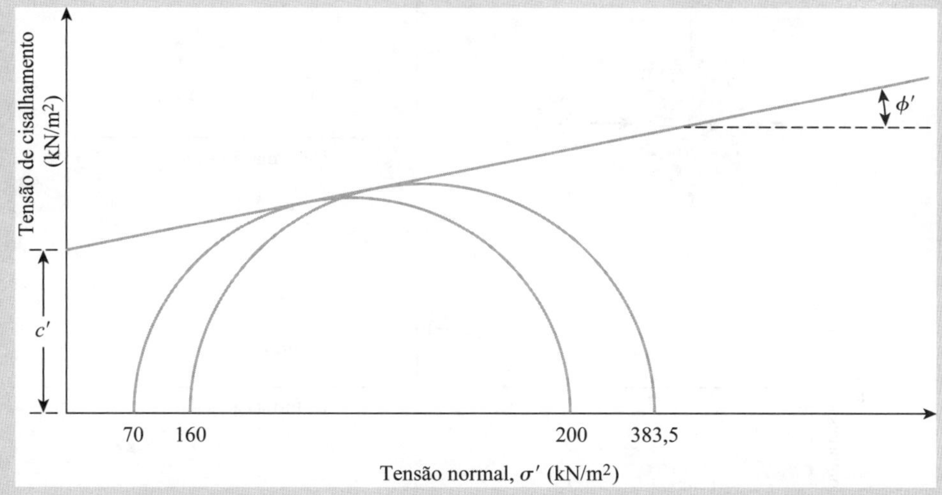

Figura 12.27 Envoltória de ruptura de tensão efetiva e círculos de Mohr para os Corpos de Prova I e II. ■

12.10 Ensaio triaxial adensado não drenado

O ensaio adensado não drenado é o tipo mais comum de ensaio triaxial. Nesse ensaio, o corpo de prova de solo saturado é primeiro adensado por uma pressão de fluido na câmara, σ_3, o que resulta em drenagem (Figuras 12.28a e 12.28b). Após a poropressão gerada pela aplicação da pressão de confinamento ser dissipada, a tensão desviadora $\Delta\sigma_d$ no corpo de prova é aumentada para causar a ruptura de cisalhamento (Figura 12.28c). Durante essa fase do ensaio, a linha de drenagem do corpo de prova é mantida fechada. Por causa de a drenagem não ser permitida, a poropressão, Δu_d, aumentará. Durante o ensaio, são realizadas as medições simultâneas de $\Delta\sigma_d$ e Δu_d. O aumento na poropressão, Δu_d, pode ser expresso de uma forma adimensional, tal como

$$\overline{A} = \frac{\Delta u_d}{\Delta\sigma_d} \qquad (12.25)$$

onde $\overline{A}$ = parâmetro de poropressão de Skempton (Skempton, 1954).

O padrão geral da variação de $\Delta\sigma_d$ e Δu_d com a deformação axial para solos de areia e de argila é indicado nas Figuras 12.28d a 12.28g. Em areia fofa e argila normalmente adensada, a poropressão aumenta com a deformação. Na areia compacta e argila sobreadensada, a poropressão aumenta com a deformação até determinado limite, além do qual ela decresce e se torna negativa (com relação à pressão atmosférica). Esse decréscimo é consequência da tendência de dilatação do solo. A Figura 12.29 exibe um corpo de prova de solo triaxial na ruptura durante o ensaio adensado não drenado.

Diferentemente do ensaio adensado drenado, no ensaio adensado não drenado as tensões principais efetiva e total não são iguais. Uma vez que a poropressão na ruptura é medida nesse ensaio, as tensões principais podem ser analisadas da seguinte maneira:

- Tensão principal maior na ruptura (total): $\sigma_3 + (\Delta\sigma_d)_f = \sigma_1$
- Tensão principal maior na ruptura (efetiva): $\sigma_1 - (\Delta u_d)_f = \sigma'_1$
- Tensão principal menor na ruptura (total): σ_3
- Tensão principal menor na ruptura (efetiva): $\sigma_3 - (\Delta u_d)_f = \sigma'_3$

Nessas equações, $(\Delta u_d)_f$ = poropressão na ruptura. As derivações anteriores mostram que

$$\sigma_1 - \sigma_3 = \sigma'_1 - \sigma'_3$$

Os ensaios em vários corpos de prova similares com pressões de confinamento variáveis podem ser realizados para determinar os parâmetros da resistência ao cisalhamento. A Figura 12.30 exibe a tensão total e a efetiva, os círculos de

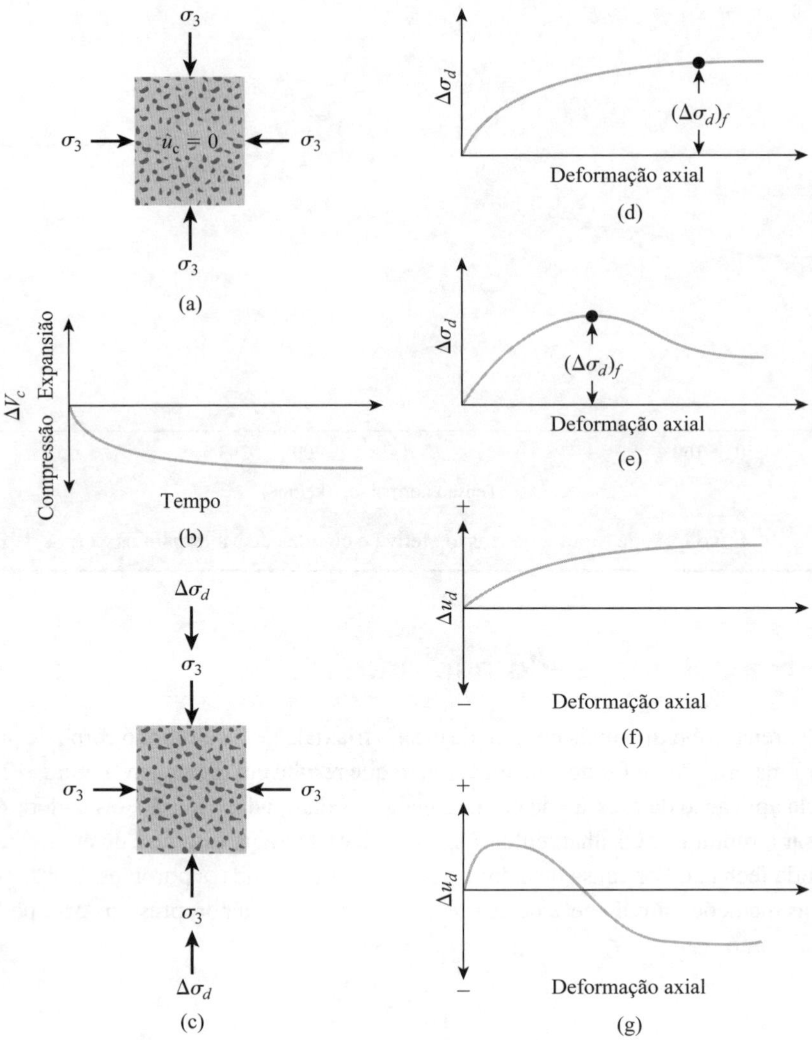

Figura 12.28 Ensaio não drenado adensado: (a) corpo de prova sob a pressão de confinamento da câmara; (b) alteração de volume no corpo de prova causada pela pressão de confinamento; (c) aplicação de tensão desviadora; (d) tensão desviadora em relação à deformação axial para areia fofa e a argila normalmente adensada; (e) tensão desviadora em relação à deformação axial para areia compacta e argila sobreadensada; (f) variação da poropressão com a deformação axial para areia fofa e argila normalmente adensada; (g) variação da poropressão com deformação axial para areia compacta e argila sobreadensada.

Mohr na ruptura obtida das tensões triaxiais não drenadas adensadas em areia e argila normalmente adensada. Observe que *A* e *B* são dois círculos de Mohr para a tensão total, obtidos em dois ensaios. *C* e *D* são círculos de Mohr de tensão efetiva correspondentes aos círculos das tensões totais *A* e *B*, respectivamente. Os diâmetros dos círculos *A* e *C* são os mesmos. Os diâmetros dos círculos *B* e *D* também são iguais.

Na Figura 12.30, a envoltória de ruptura da tensão total pode ser obtida com o desenho de uma linha que toca todos os círculos de Mohr para a tensão total. Para a areia e argilas normalmente adensadas, essa será uma linha aproximadamente reta, que passa pela origem e pode ser expressa pela equação

$$\tau_f = \sigma \text{ tg } \phi \tag{12.26}$$

onde σ = tensão efetiva

ϕ = ângulo que a envoltória de ruptura da tensão total forma com o eixo de tensão normal, também conhecido como *ângulo adensado não drenado de resistência ao cisalhamento*

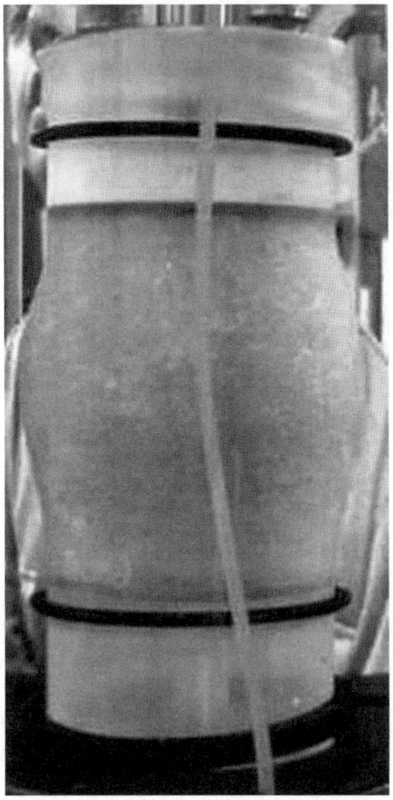

Figura 12.29 Corpo de prova de solo triaxial em ruptura durante o ensaio adensado não drenado. (*Cortesia de S. Varapalli, University of Ottawa, Canadá.*)

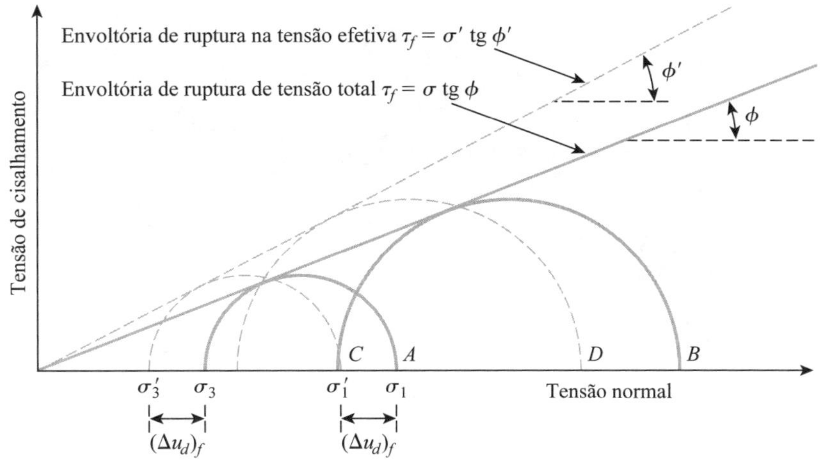

Figura 12.30 Envoltórias de ruptura de tensões total e efetiva para ensaios triaxiais adensados não drenados.

A Equação (12.26) raramente é usada em aplicações práticas. Semelhante à Eq. (12.19), para areia e argila normalmente adensada, podemos escrever

$$\phi = \text{sen}^{-1}\left(\frac{\sigma_1 - \sigma_3}{\sigma_1 + \sigma_3}\right) \tag{12.27}$$

e

$$\begin{aligned}\phi' &= \text{sen}^{-1}\left(\frac{\sigma_1' - \sigma_3'}{\sigma_1' + \sigma_3'}\right)\\ &= \text{sen}^{-1}\left\{\frac{[\sigma_1 - \Delta u_d)_f] - [\sigma_3 - \Delta u_d)_f]}{[\sigma_1 - \Delta u_d)_f] + [\sigma_3 - \Delta u_d)_f]}\right\}\\ &= \text{sen}^{-1}\left[\frac{\sigma_1 - \sigma_3}{\sigma_1 + \sigma_3 - 2(\Delta u_d)_f}\right]\end{aligned} \tag{12.28}$$

Novamente, consultando a Figura 12.30, observamos que a envoltória de ruptura tangente a todos os círculos de Mohr de tensões efetivas pode ser representada pela equação $\tau_f = \sigma' \text{ tg } \phi'$, que é a mesma obtida nos ensaios adensados drenados (veja a Figura 12.24).

Em argilas sobreadensadas, a envoltória de ruptura da tensão total obtida dos ensaios adensados não drenados terá forma semelhante à indicada na Figura 12.31. A linha reta $a'b'$ é representada pela equação

$$\tau_f = c + \sigma \text{ tg } \phi_1 \tag{12.29}$$

e a linha reta $b'c'$ segue a relação dada pela Eq. (12.26). A envoltória de ruptura de tensão efetiva desenhada a partir da tensão efetiva dos círculos de Mohr será semelhante à indicada na Figura 12.25.

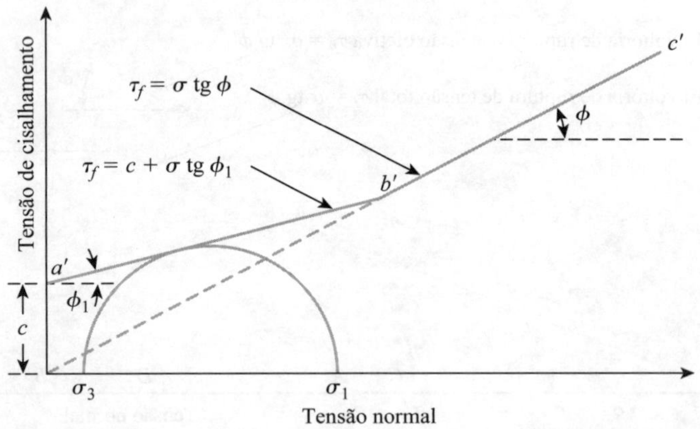

Figura 12.31 Envoltória de ruptura da tensão total obtida dos ensaios adensados não drenados em argila sobreadensada.

Os ensaios adensados drenados em solos de argila tomam um tempo considerável. Por essa razão, os não drenados podem ser realizados em solos argilosos com medições de poropressão para obter os parâmetros da resistência ao cisalhamento drenado. Como a drenagem não é permitida nesses ensaios durante a aplicação da tensão desviadora, eles podem ser realizados rapidamente.

O parâmetro $\overline{A}$ de poropressão de Skempton foi definido na Eq. (12.25). Na ruptura, o parâmetro $\overline{A}$ pode ser escrito como

$$\overline{A} = \overline{A}_f = \frac{(\Delta u_d)_f}{(\Delta \sigma_d)_f} \tag{12.30}$$

A faixa geral dos valores $\overline{A}_f$ para a maioria de solos argilosos é:

- Argilas normalmente adensadas: 0,5 a 1
- Argilas sobreadensadas: – 0,5 a 0

A Tabela 12.3 fornece os valores de $\overline{A}_f$ para algumas argilas normalmente adensadas como os obtidos pelo Norwegian Geotechnical Institute.

Os ensaios triaxiais de laboratório de Simons (1960) na argila Oslo, argila Weald e na argila Londres indicaram que $\overline{A}_f$ é aproximadamente zero para valores de sobreadensamento de aproximadamente 3 ou 4.

Tabela 12.3 Resultados do ensaio triaxial para algumas argilas normalmente adensadas obtidas pelo Norwegian Geotechnical Institute*

Local	Limite de liquidez	Limite de plasticidade	Índice de liquidez	Sensibilidade[a]	Ângulo de atrito drenado ϕ' (graus)	$\overline{A}_f$
Seven Sisters, Canadá	127	35	0,28		19	0,72
Sarpborg	69	28	0,68	5	25,5	1,03
Lilla Edet, Suécia	68	30	1,32	50	26	1,10
Fredrikstad	59	22	0,58	5	28,5	0,87
Fredrikstad	57	22	0,63	6	27	1,00
Lilla Edet, Suécia	63	30	1,58	50	23	1,02
Göta River, Suécia	60	27	1,30	12	28,5	1,05
Göta River, Suécia	60	30	1,50	40	24	1,05
Oslo	48	25	0,87	4	31,5	1,00
Trondheim	36	20	0,50	2	34	0,75
Drammen	33	18	1,08	8	28	1,18

* *Segundo Bjerrum e Simons, 1960. Com permissão da ASCE.*

[a] Veja a Seção 12.14 para a definição de sensibilidade.

Exemplo 12.7

Um corpo de prova de areia saturada foi adensado sob uma pressão de confinamento de 105 kN/m². A tensão axial foi então aumentada e a drenagem foi impedida. O corpo de prova rompeu-se quando a tensão desviadora axial atingiu 70 kN/m². A poropressão no momento da ruptura foi de 50 kN/m². Determine

a. Ângulo não drenado adensado de resistência de cisalhamento, ϕ
b. Ângulo de atrito drenado, ϕ'

Solução

Parte a

Para esse caso, $\sigma_3 = 105$ kN/m², $\sigma_1 = 105 + 70 = 175$ kN/m² e $(\Delta u_d)_f = 50$ kN/m². As envoltórias de ruptura das tensões total e efetiva são mostradas na Figura 12.32. Da Eq. (12.27),

$$\phi = \text{sen}^{-1}\left(\frac{\sigma_1 - \sigma_3}{\sigma_1 + \sigma_3}\right) = \text{sen}^{-1}\left(\frac{175 - 105}{175 + 105}\right) \approx \mathbf{14{,}5°}$$

Parte b

Da Eq. (12.28),

$$\phi' = \text{sen}^{-1}\left[\frac{\sigma_1 - \sigma_3}{\sigma_1 + \sigma_3 - 2(\Delta u_d)_f}\right] = \text{sen}^{-1}\left[\frac{175 - 105}{175 + 105 - (2)(50)}\right] = \mathbf{22{,}9°}$$

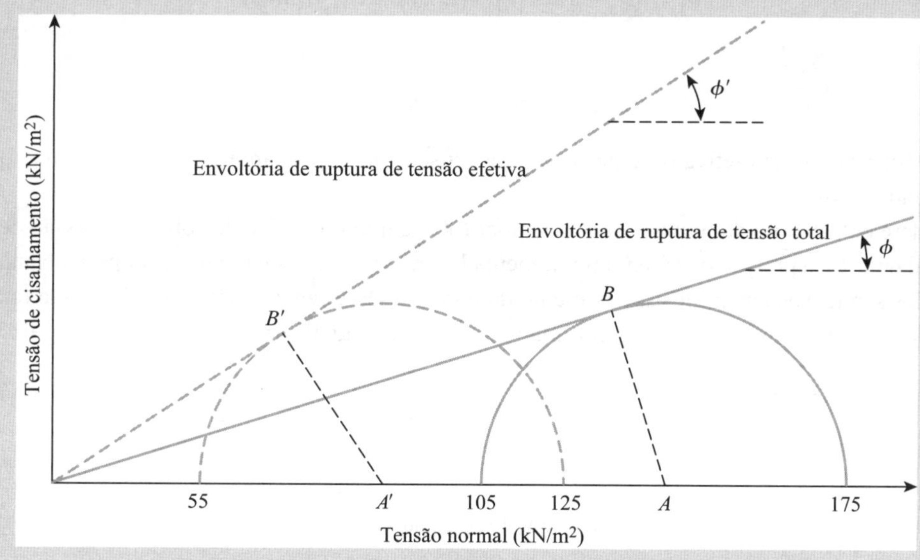

Figura 12.32 Envoltórias de ruptura e círculos de Mohr para areia saturada. ■

12.11 Ensaio triaxial não adensado e não drenado

Em ensaios não adensados e não drenados, a drenagem do corpo de prova do solo não é permitida durante a aplicação da pressão da câmara σ_3. O corpo de prova do ensaio é cisalhado ao ser rompido pela aplicação da tensão desviadora, $\Delta\sigma_d$, e a drenagem é impedida. Como existe esse impedimento durante todos os estágios, o ensaio pode ser realizado rapidamente. Por causa da aplicação da pressão de confinamento da câmara σ_3, a poropressão no corpo de prova do solo aumentará em

u_c. Em seguida, ocorrerá um aumento adicional na poropressão (Δu_d) por causa da aplicação da tensão desviadora. Portanto, a poropressão total u no corpo de prova em qualquer estágio de aplicação da tensão desviadora pode ser dada como

$$u = u_c + \Delta u_d \tag{12.31}$$

Das Equações (12.18) e (12.25), $u_c = B\sigma_3$ e $\Delta u_d = \bar{A}\Delta\sigma_d$, então

$$u = B\sigma_3 + \bar{A}\Delta\sigma_d = B\sigma_3 + \bar{A}(\sigma_1 - \sigma_3) \tag{12.32}$$

Esse ensaio normalmente é realizado em corpos de prova de argila e depende de um conceito de resistência muito importante para solos coesivos, se estes estiverem completamente saturados. A tensão axial adicionada na ruptura $(\Delta\sigma_d)_f$ é praticamente a mesma, independentemente da pressão de confinamento da câmara. Esta propriedade é mostrada na Figura 12.33. A envoltória de ruptura para os círculos de Mohr da tensão total torna-se uma linha horizontal e, portanto, é chamada uma condição $\phi = 0$. Da Eq. (12.9) com $\phi = 0$, obteremos

$$\tau_f = c = c_u \tag{12.33}$$

onde c_u é a resistência ao cisalhamento não drenado e é igual ao raio dos círculos de Mohr. Observe que o conceito de $\phi = 0$ somente é aplicável em siltes e argilas saturadas.

A razão para a obtenção da mesma tensão axial adicional $(\Delta\sigma_d)_f$, independentemente da pressão de confinamento, pode ser explicada da seguinte maneira. Se o corpo de prova da argila (nº I) for adensado a uma pressão de câmara σ_3 e depois cisalhado até se romper sem drenagem, as condições de tensão total no momento da ruptura podem ser representadas pelos círculos de Mohr P, na Figura 12.34. A poropressão desenvolvida no corpo de prova na ruptura é igual a $(\Delta u_d)_f$. Portanto, as tensões efetivas principais maior e menor na ruptura são, respectivamente,

$$\sigma'_1 = [\sigma_3 + (\Delta\sigma_d)_f] - (\Delta u_d)_f = \sigma_1 - (\Delta u_d)_f$$

e

$$\sigma'_3 = \sigma_3 - (\Delta u_d)_f$$

Q é o círculo de Mohr da tensão efetiva desenhado com as tensões principais anteriores. Observe que os diâmetros dos círculos P e Q são idênticos.

Agora considere outro corpo de prova de argila similar (nº II), que foi adensado sob uma pressão de câmara σ_3 com poropressão inicial nula. Se a pressão da câmara for aumentada em $\Delta\sigma_3$ sem drenagem, a poropressão aumentará em Δu_c. Para solos saturados sob tensões isotrópicas, o aumento da poropressão é igual ao aumento da tensão total, portanto $\Delta u_c = \Delta\sigma_3$ ($B = 1$). Nesse momento, a pressão de confinamento efetiva é igual a $\sigma_3 + \Delta\sigma_3 - \Delta u_c = \sigma_3 + \Delta\sigma_3 - \Delta\sigma_3 = \sigma_3$.

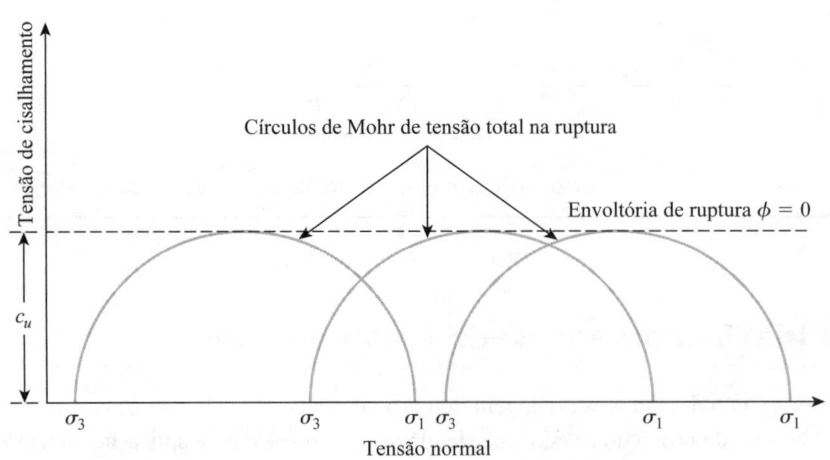

Figura 12.33 Círculos de Mohr da tensão total e envoltória de ruptura ($\phi = 0$) obtidos a partir de ensaios triaxiais não adensados e não drenados em solo coesivo totalmente saturado.

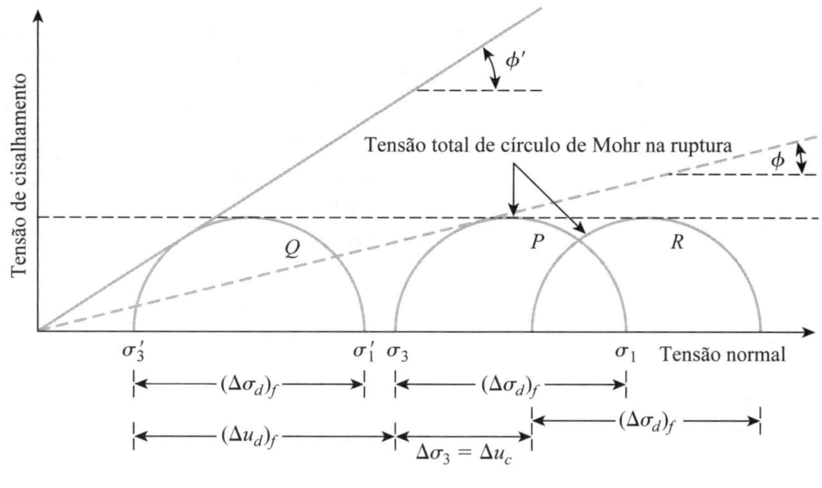

Figura 12.34 O conceito $\phi = 0$.

Essa é a mesma pressão de confinamento efetiva do Corpo de Prova I antes da aplicação da tensão desviadora. Portanto, se o Corpo de Prova II for cisalhado até a ruptura pelo aumento da tensão axial, ele deve romper-se com a mesma tensão desviadora $(\Delta\sigma_d)_f$ obtida para o Corpo de Prova I. O círculo de Mohr da tensão total no momento da ruptura será de *R* (veja a Figura 12.34). O aumento da poropressão adicionada causada pela aplicação de $(\Delta\sigma_d)_f$ será $(\Delta u_d)_f$.

No momento da ruptura, a tensão efetiva principal menor é

$$[(\sigma_3 + \Delta\sigma_3)] - [\Delta u_c + (\Delta u_d)_f] = \sigma_3 - (\Delta u_d)_f = \sigma_3'$$

e a tensão efetiva principal maior na ruptura é

$$\begin{aligned}[\sigma_3 + \Delta\sigma_3 + (\Delta\sigma_d)_f] - [\Delta u_c + (\Delta u_d)_f] &= [\sigma_3 + (\Delta\sigma_d)_f] - (\Delta u_d)_f \\ &= \sigma_1 - (\Delta u_d)_f = \sigma_1'\end{aligned}$$

Assim, o círculo de Mohr da tensão efetiva ainda será *Q*, pois a resistência é uma função da tensão efetiva. Observe que os diâmetros dos círculos *P*, *Q* e *R* são todos idênticos.

Qualquer valor de $\Delta\sigma_3$ poderia ter sido escolhido para o ensaio do Corpo de Prova II. Em todos os casos, a tensão desviadora $(\Delta\sigma_d)_f$ utilizada para causar a ruptura poderia ter sido a mesma, contanto que o solo estivesse completamente saturado e não drenado durante ambos os estágios do ensaio.

12.12 Ensaio de compressão não confinada em argila saturada

O ensaio de compressão não confinada é um tipo especial de ensaio não adensado e não drenado normalmente utilizado para corpos de prova de argila. Nesse ensaio, a pressão de confinamento σ_3 é 0. Uma carga axial é rapidamente aplicada no corpo de prova para causar a ruptura. Na ruptura, a tensão principal menor total é zero e a tensão principal maior total é σ_1 (Figura 12.35). Como a resistência ao cisalhamento não drenado é independente da pressão de confinamento, contanto que o solo esteja completamente saturado e não drenado, tem-se

$$\tau_f = \frac{\sigma_1}{2} = \frac{q_u}{2} = c_u \tag{12.34}$$

onde q_u é a *resistência à compressão não confinada*. A Tabela 12.4 fornece as consistências aproximadas de argilas com base nas resistências à compressão não confinada. Uma fotografia do equipamento de ensaio de compressão não confinada é exibida na Figura 12.36. As Figuras 12.37 e 12.38 mostram a ruptura em dois corpos de prova – uma por cisalhamento e outra por abaulamento – ao fim dos ensaios de compressão não confinada.

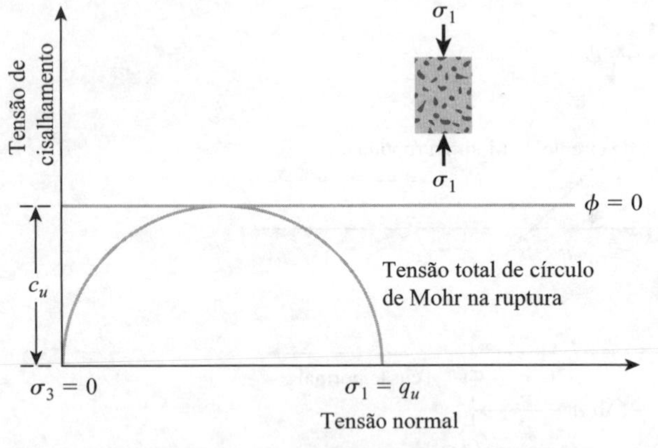

Figura 12.35 Ensaio de compressão não confinada.

Tabela 12.4 Relação geral de consistência e resistência de compressão não confinada da argila

Consistência	q_u kN/m²
Muito fofo	0-25
Macio	25-50
Médio	50-100
Rígido	100-200
Muito rígido	200-400
Rígido	>400

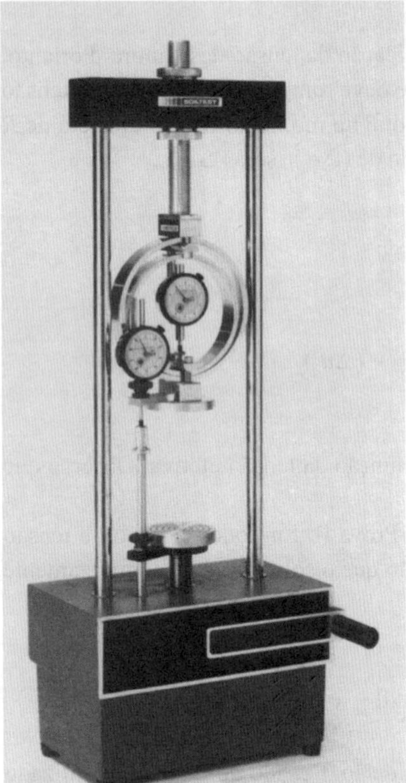

Figura 12.36 Equipamento para ensaio de compressão não confinada. (*Cortesia de ELE International.*)

Figura 12.37 Ruptura por cisalhamento de um corpo de prova no ensaio de compressão não confinada. (*Cortesia de Braja M. Das, Henderson, Nevada.*)

Figura 12.38 Ruptura por abaulamento de um corpo de prova no ensaio de compressão não confinada. (*Cortesia de Braja M. Das, Henderson, Nevada.*)

Teoricamente, para corpos de provas de argila saturada semelhantes, os ensaios de compressão não confinadas e os ensaios triaxiais não drenados e não adensados produzirão os mesmos valores de c_u. Na prática, no entanto, os ensaios de compressão não confinadas em argilas saturadas produzem valores levemente inferiores de c_u que os obtidos dos ensaios não drenados e não adensados.

12.13 Relações empíricas entre a coesão não drenada (c_u) e pressão de sobrecarga efetiva (σ'_o)

Diversas relações empíricas podem ser observadas entre c_u e a pressão de sobrecarga efetiva σ'_o. A relação mais citada é a fornecida por Skempton (1957), que pode ser expressa como

$$\frac{c_{u(\text{VST})}}{\sigma'_o} = 0{,}11 + 0{,}0037(IP) \quad \text{(para argila normalmente adensada)} \tag{12.35}$$

onde $c_{u(\text{VST})}$ = resistência ao cisalhamento não drenado do ensaio de cisalhamento de palheta (veja a Seção 12.15)
IP = índice de plasticidade (%)

Chandler (1988) sugeriu que a relação anterior se manterá boa para solo sobreadensado com uma precisão de ± 25%. Esta não inclui argilas sensitivas e fissuradas. Ladd et al. (1977) propuseram que

$$\frac{\left(\dfrac{c_u}{\sigma'_o}\right)_{\text{sobreadensada}}}{\left(\dfrac{c_u}{\sigma'_o}\right)_{\text{normalmente adensada}}} = (OCR)^{0,8} \tag{12.36}$$

onde OCR = razão de sobreadensamento. Jamiolkoswki et al. (1985) propuseram que

$$\frac{c_u}{\sigma'_o} = (0{,}23 \pm 0{,}04)(OCR)^{-0,8} \tag{12.37}$$

Exemplo 12.8

Um depósito de argila sobreadensado e localizado abaixo do nível do lençol freático apresenta:

- Pressão de sobrecarga efetiva presente média = 160 kN/m^2
- Razão de sobreadensamento = 3,2
- Índice de plasticidade = 28

Calcule a estimativa da resistência média ao cisalhamento não drenado (isto é, c_u).
Use a Eq. (12.37).

Solução

Da Eq. (12.37),

$$\frac{c_u}{\sigma'_o} = (0{,}23 \pm 0{,}04)(OCR)^{0,5}$$

$$\frac{c_u}{160} = (0{,}23 \pm 0{,}04)(3{,}2)^{0,5}$$

$$c_u = 77{,}28 \text{ kN/m}^2 \text{ a } 54{,}38 \text{ kN/m}^2$$

■

12.14 Sensibilidade e tixotropia da argila

Para muitos solos de argila naturalmente depositados, a resistência à compressão não confinada é muito reduzida quando os solos são ensaiados após o amolgamento sem qualquer variação no teor de umidade, como mostrado na Figura 12.39. Esta propriedade dos solos de argila é chamada *sensibilidade*.

O grau de sensibilidade pode ser definido como a relação entre a resistência de compressão não confinada em um estado indeformado e a resistência em um estado amolgado, ou

$$S_t = \frac{c_{u(\text{indeformado})}}{c_{u(\text{amolgado})}} = \frac{\tau_{f(\text{indeformado})}}{\tau_{f(\text{amolgado})}} \tag{12.38}$$

A relação de sensibilidade da maioria das argilas varia de aproximadamente 1 a 8; no entanto, os depósitos de argila marinha altamente floculada podem ter relações de sensibilidade de aproximadamente 10 a 80. Algumas argilas se tornam fluidos viscosos após o amolgamento. Essas argilas são encontradas principalmente em áreas anteriormente cobertas por geleiras da América do Norte e da Escandinávia. Tais argilas são chamadas argilas movediças. Rosenqvist (1953) classificou as argilas com base na sensibilidade conforme segue:

Sensibilidade	Classificação
1	Insensível
1-2	Levemente sensível
2-4	Mediamente sensível
4-8	Muito sensível
8-16	Levemente quick clay
16-32	Mediamente quick clay
32-64	Muito quick clay
>64	Extra quick clay

A perda de resistência dos solos de argila a partir do amolgamento é causada principalmente pela destruição da estrutura de partículas de argila desenvolvida durante o processo original de sedimentação.

Se após o amolgamento, porém, um corpo de prova de solo for mantido em estado indeformado (ou seja, sem qualquer alteração no teor de umidade), ele continuará a ganhar resistência com o passar do tempo. Esse fenômeno é denominado *tixotropia*. É um processo reversível e dependente do tempo, no qual um material com volume e composição constante torna-se mole quando amolgado. A perda de resistência é gradualmente recuperada com o tempo, quando os materiais são deixados em repouso. Esse fenômeno está ilustrado na Figura 12.40a.

A maioria dos solos, entretanto, é parcialmente tixotrópica – ou seja, parte da perda da resistência causada pelo amolgamento nunca é recuperada com o tempo. A natureza da variação resistência-tempo para materiais parcialmente tixotrópicos é mostrada na Figura 12.40b. Para solos, a diferença entre a resistência indeformada e a resistência após o

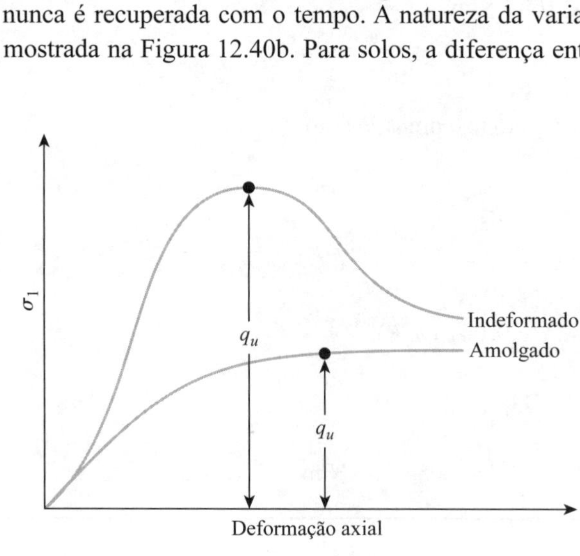

Figura 12.39 Resistência à compressão não confinada para uma argila indeformada amolgada.

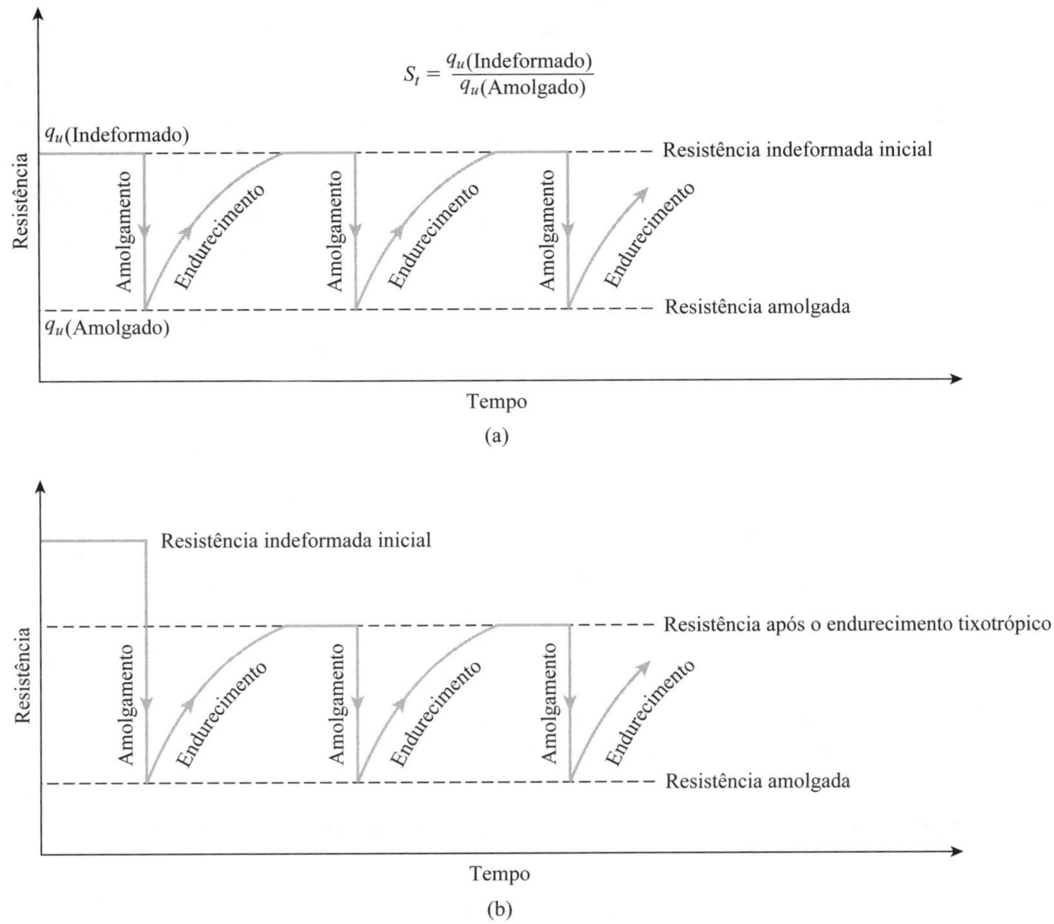

Figura 12.40 Comportamento do (a) material tixotrópico; (b) material parcialmente tixotrópico.

endurecimento tixotrópico pode ser atribuída à destruição da estrutura das partículas de argila desenvolvida durante o processo original de sedimentação.

Seed e Chan (1959) realizaram vários ensaios com três argilas compactadas a um teor de umidade próximo ou abaixo do limite de plasticidade para estudar as características de recuperação da resistência tixotrópica das argilas. Os resultados destes ensaios são mostrados na Figura 12.41. Observe que, na Figura 12.41,

$$\text{Faixa de resistência tixotrópica} = \frac{c_{u(\text{no momento } t \text{ após a compactação})}}{c_{u(\text{no momento } t=0 \text{ após a compactação})}} \tag{12.39}$$

12.15 Anisotropia da resistência na argila

A resistência ao cisalhamento não drenado e não adensado de algumas argilas saturadas pode variar, dependendo da direção de aplicação de carga; essa variação é conhecida como *anisotropia com relação à resistência*. A anisotropia é causada, em princípio, pela natureza da deposição de solos coesivos, e o adensamento subsequente faz com que as partículas da argila se orientem perpendicularmente à direção da tensão principal maior. A orientação paralela das partículas de argila pode fazer com que a resistência varie com a direção. A Figura 12.42 mostra um elemento de argila saturada em um depósito com a tensão principal maior formando um ângulo α em relação à horizontal. Para argilas anisotrópicas, a magnitude de c_u é uma função de α.

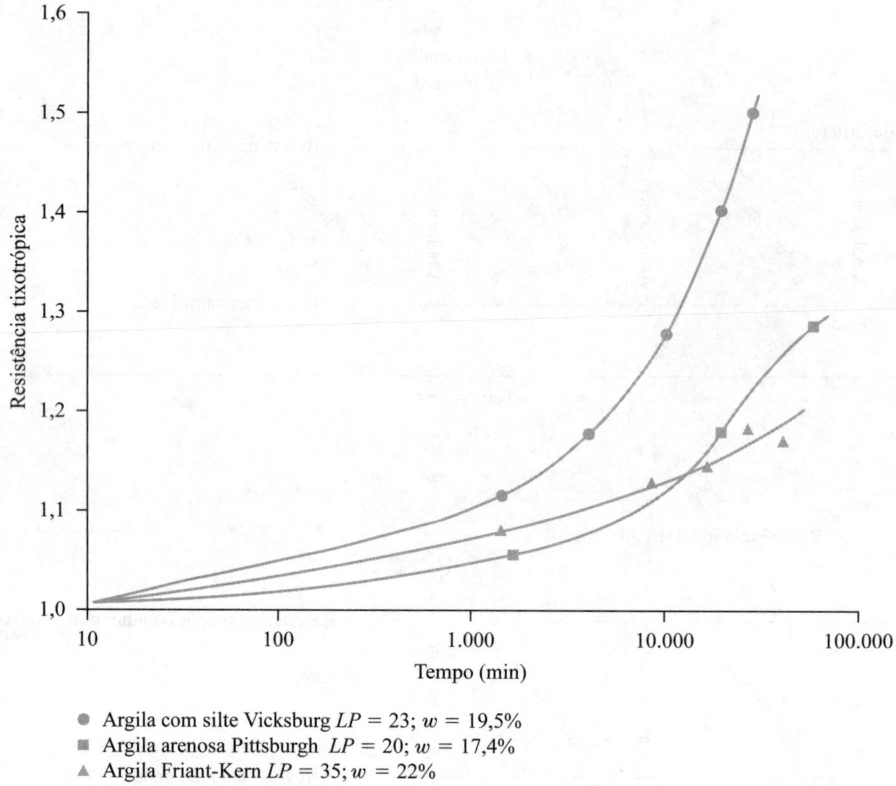

Figura 12.41 Aumento da resistência tixotrópica em função do tempo para três argilas. (*Com base em Seed e Chan, 1959.*)

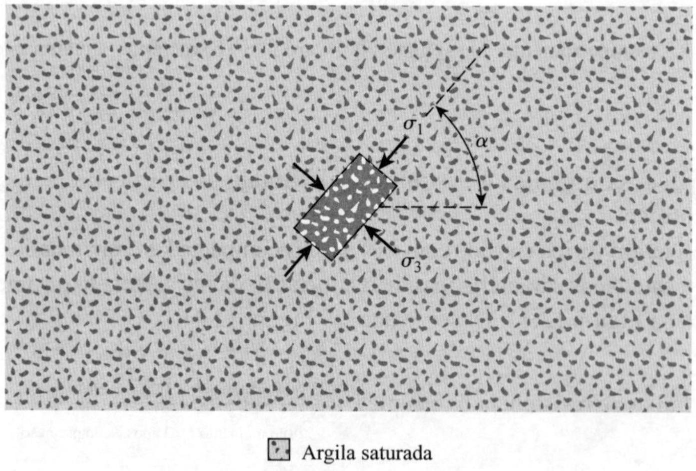

Figura 12.42 Anisotropia da resistência em argila.

Com base em diversos resultados de ensaios de laboratório, Casagrande e Carrillo (1944) propuseram a seguinte relação para a variação direcional de resistência ao cisalhamento não drenado:

$$c_{u(\alpha)} = c_{u(\alpha = 0°)} + [c_{u(\alpha = 90°)} - c_{u(\alpha = 0°)}] \operatorname{sen}^2 \alpha \tag{12.40}$$

Para argilas normalmente adensadas, $c_{u(\alpha = 90°)} > c_{u(\alpha = 0°)}$; para argilas sobreadensadas, $c_{u(\alpha = 90°)} < c_{u(\alpha = 0°)}$. A Figura 12.43 exibe a variação direcional para $c_{u(\alpha)}$ com base na Eq. (12.40). A anisotropia com relação à resistência para argilas pode ter um efeito importante em vários cálculos de estabilidade.

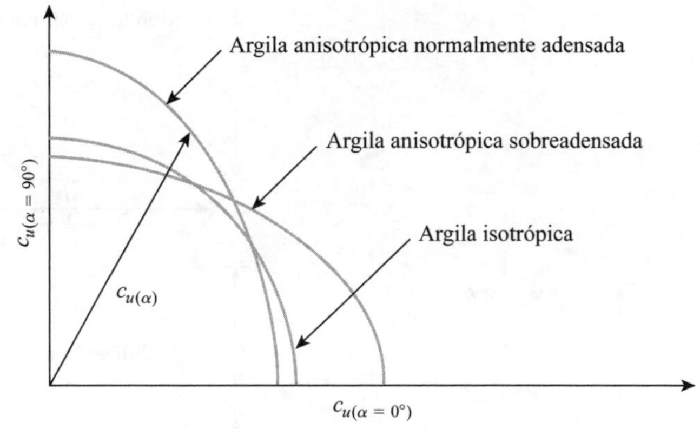

Figura 12.43
Representação gráfica da Eq. (12.40).

12.16 Ensaio de cisalhamento de palheta

Os resultados razoavelmente confiáveis para a resistência ao cisalhamento não drenado, c_u (conceito de $\phi = 0$), de solos coesivos entre muito moles e médios podem ser obtidos diretamente dos ensaios de cisalhamento de palheta. A palheta de cisalhamento normalmente consiste em quatro placas de aço em tamanhos iguais e finas, soldadas a uma haste de torque de aço (Figura 12.44). Primeiro, a palheta é empurrada para dentro do solo. Em seguida, um torque é aplicado ao topo da haste para girar a palheta em velocidade uniforme. Um cilindro de solo de altura h e diâmetro d resistirá ao torque, até que o solo se rompa. A resistência ao cisalhamento não drenado do solo pode ser calculada da seguinte maneira.

Se T é o torque máximo aplicado à carga da haste de torque para causar ruptura, ele deve ser igual à soma do momento resistente da força de cisalhamento ao longo da superfície lateral do cilindro do solo (M_s) com o momento resistente da força de cisalhamento em cada extremidade (M_e) (Figura 12.45):

$$T = M_s + \underbrace{M_e + M_e}_{\text{Duas extremidades}} \tag{12.41}$$

O momento resistente pode ser dado como

$$M_s = \underbrace{(\pi d h) c_u}_{\substack{\text{Área} \\ \text{superficial}}} \underbrace{(d/2)}_{\substack{\text{Braço do} \\ \text{momento}}} \tag{12.42}$$

onde d = diâmetro da palheta de cisalhamento

h = altura da palheta de cisalhamento

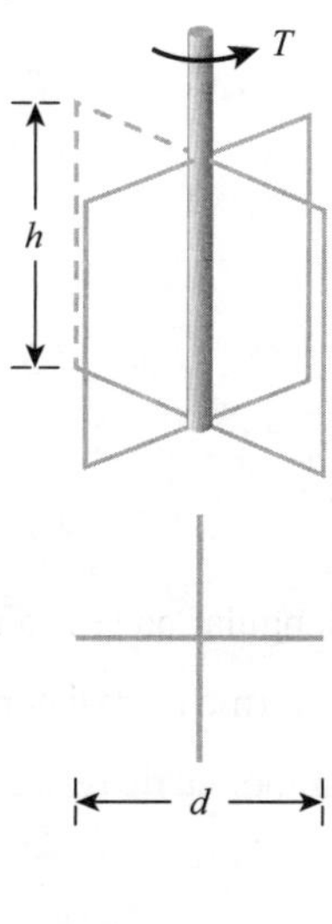

Figura 12.44
Diagrama do equipamento de ensaio de cisalhamento de palheta.

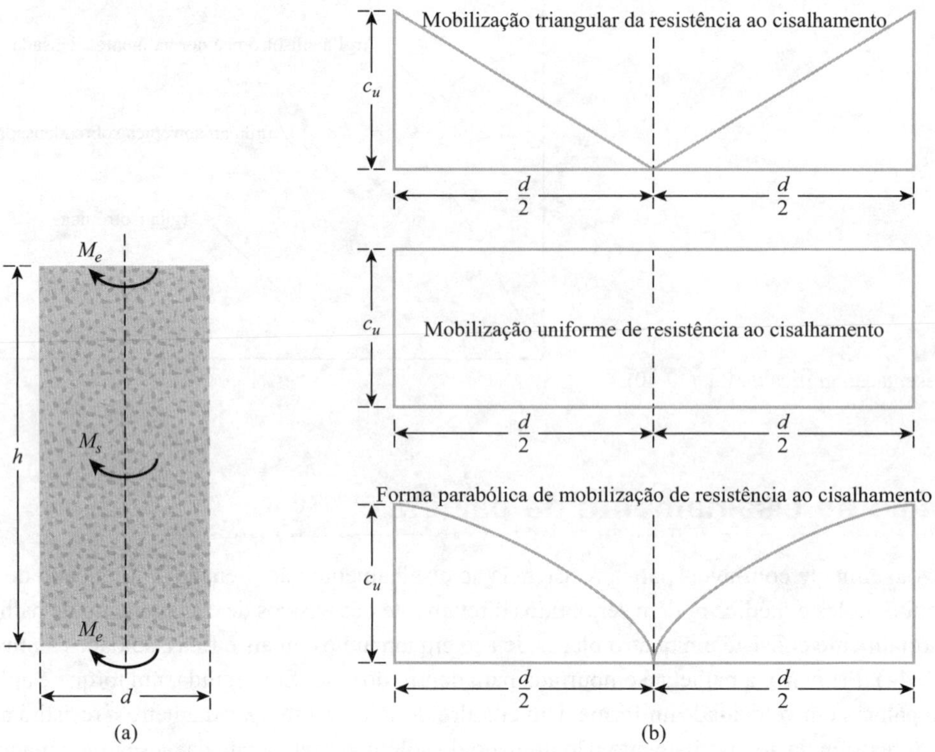

Figura 12.45 Derivada da Eq. (12.44), (a) momento resistente da força de cisalhamento; (b) variações na resistência ao cisalhamento-mobilização.

Para o cálculo de M_e, pesquisadores presumiram vários tipos de distribuição da mobilização da resistência ao cisalhamento nas extremidades do cilindro do solo:

1. *Triangular*. A mobilização da resistência ao cisalhamento é c_u no perímetro do cilindro de solo e diminui linearmente até ficar nula no centro.
2. *Uniforme*. A mobilização da resistência ao cisalhamento é constante (isto é, c_u) do perímetro até o centro do cilindro de solo.
3. *Parabólica*. A mobilização da resistência ao cisalhamento é c_u no perímetro do cilindro de solo e diminui parabolicamente até zero no centro.

Estas variações na mobilização da resistência ao cisalhamento são mostradas na Figura 12.45b. Em geral, o torque, T, no momento da ruptura pode ser expresso como

$$T = \pi c \left[\frac{d^2 h}{2} + \beta \frac{d^3}{4}\right] \tag{12.43}$$

ou

$$c_u = \frac{T}{\pi\left[\dfrac{d^2 h}{2} + \beta \dfrac{d^3}{4}\right]} \tag{12.44}$$

onde $\beta = \frac{1}{2}$ para mobilização triangular da resistência ao cisalhamento não drenado

$\beta = \frac{2}{3}$ para mobilização uniforme da resistência ao cisalhamento não drenado

$\beta = \frac{3}{5}$ para mobilização parabólica de resistência ao cisalhamento não drenado

Observe que a Eq. (12.44) geralmente é referida como a *equação de Calding*.

Os ensaios de cisalhamento de palheta podem ser realizados em laboratório e em campo durante a exploração do solo. A palheta de cisalhamento no laboratório tem dimensões de cerca de 13 mm ($\frac{1}{2}$ pol.) de diâmetro e 25 mm (1 pol.) de altura. A Figura 12.46 mostra uma fotografia do equipamento de ensaio de cisalhamento de palheta de laboratório. A Figura 12.47 mostra as palhetas de campo recomendadas pela ASTM (2004). A Tabela 12.5 fornece as dimensões recomendadas pela ASTM para palhetas de campo. A taxa padrão da aplicação de torque é 0,1°/s. O torque máximo, T, aplicado para causar a ruptura pode ser dado como

$$T = f(c_u, h, d) \tag{12.45}$$

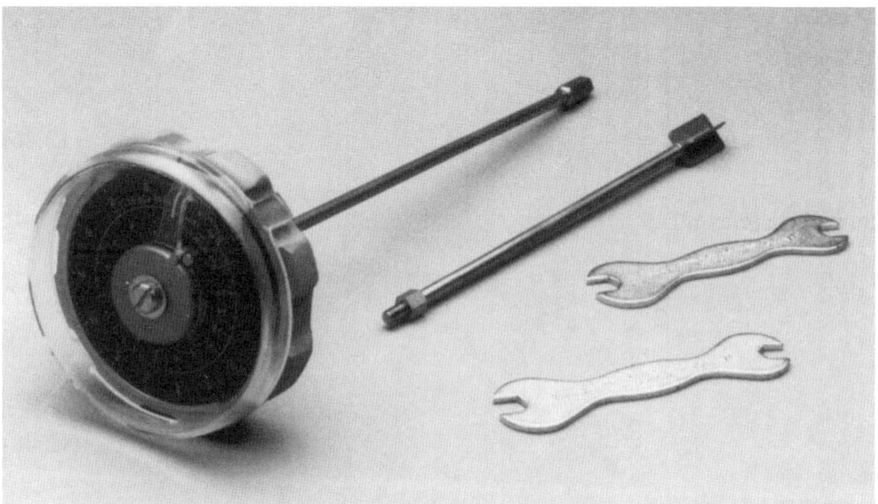

Figura 12.46
Dispositivo de ensaio de cisalhamento de palheta de laboratório.
(*Cortesia de ELE International.*)

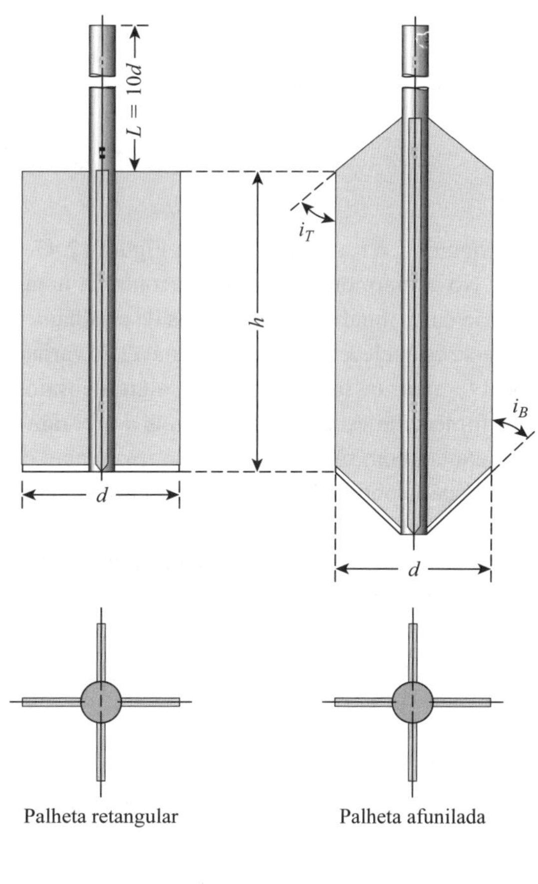

Figura 12.47 Geometria das palhetas de campo. (*De Annual Book of ASTM Standard n. 04.08, p. 346, 2004. Direitos autorais ASTM INTERNATIONAL. Reimpresso com permissão.*) (*Observação*: i_T e i_B são geralmente 45°.)

Tabela 12.5 Dimensões recomendadas de palhetas de campo*[a]

Tamanho da camisa	Diâmetro (mm)	Altura (mm)	Espessura da lâmina (mm)	Diâmetro da haste (mm)
AX	38,1	76,2	1,6	12,7
BX	50,8	101,6	1,6	12,7
NX	63,5	127,0	3,2	12,7
101,6[b] mm	92,1	184,1	3,2	12,7

*De acordo ASTM (2004). Direitos autorais ASTM INTERNATIONAL. Reimpresso com permissão.

[a] A seleção do tamanho da palheta está diretamente relacionada à consistência do solo sob ensaio, ou seja, quanto mais mole for o solo, maior deve ser o diâmetro da palheta

[b] Diâmetro interno

ou

$$c_u = \frac{T}{K} \tag{12.46}$$

De acordo com ASTM (2010), para palheta retangular.

$$K = \frac{\pi d^2}{2}\left(h + \frac{d}{3}\right) \tag{12.47}$$

Se $h/d = 2$,

$$K = \frac{7\pi d^3}{6} \tag{12.48}$$

Assim,

$$c_u = \frac{6T}{7\pi d^3} \tag{12.49}$$

Para palhetas afuniladas,

$$K = \frac{\pi d^2}{2}\left(\frac{d}{\cos i_T} + \frac{d}{\cos i_B} + 6h\right) \tag{12.50}$$

Os ângulos i_T e i_B são definidos na Figura 12.47.

No campo, onde pode ser encontrada uma considerável variação na resistência ao cisalhamento não drenado em função da profundidade, os ensaios de cisalhamento de palheta são extremamente úteis. Em um curto intervalo de tempo, pode-se estabelecer um padrão razoável de variação de c_u com a profundidade. Entretanto, se o depósito de argila em dado local for mais ou menos uniforme, alguns ensaios triaxiais não adensados e não drenados em corpos de prova indeformados fornecerão estimativas razoáveis dos parâmetros de solo para o trabalho de projeto. Os ensaios de cisalhamento de palheta também são limitados pela resistência dos solos nos quais podem ser utilizados. A resistência ao cisalhamento não drenado obtida de um ensaio de cisalhamento de palheta também depende da velocidade de aplicação do torque T.

Bjerrum (1974) também mostrou que, à medida que a plasticidade dos solos aumenta, o c_u resultante dos ensaios de cisalhamento de palheta pode oferecer resultados inseguros para o projeto de fundações. Por essa razão, ele sugeriu a seguinte correção

$$c_{u(\text{design})} = \lambda c_{u(\text{cisalhamento de palheta})} \tag{12.51}$$

onde

$$\lambda = \text{fator de correção} = 1{,}7 - 0{,}54 \log (IP) \tag{12.52}$$

IP = índice de plasticidade

Exemplo 12.9

Um perfil de solo é mostrado na Figura 12.48. A argila é normalmente adensada. O limite de liquidez é 60 e o limite de plasticidade é 25. Calcule a estimativa de resistência de compressão não confinada da argila a uma profundidade de 10 m medido a partir da superfície do solo. Utilize a relação de Skempton a partir da Eq. (12.35) e das Eqs. (12.51) e (12.52).

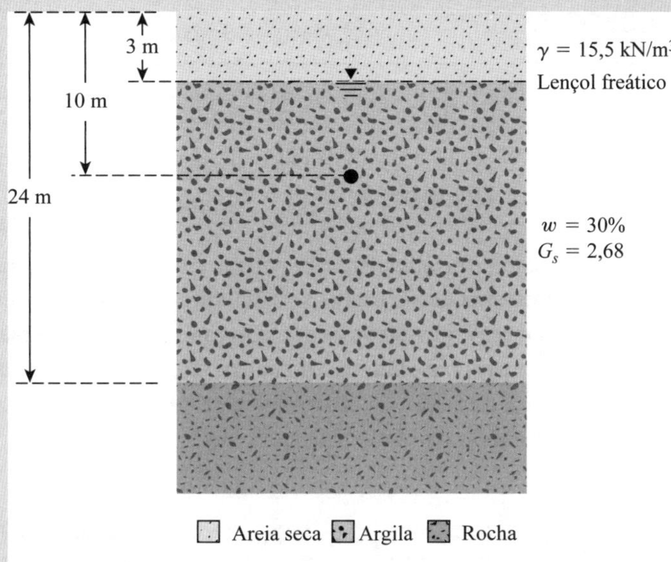

Figura 12.48

Solução

Para a camada de argila saturada, o índice de vazios é

$$e = wG_s = (2{,}68)(0{,}3) = 0{,}8$$

O peso específico efetivo é

$$\gamma'_{\text{argila}} = \left(\frac{G_s - 1}{1 + e}\right)\gamma_w = \frac{(2{,}68 - 1)(9{,}81)}{1 + 0{,}8} = 9{,}16 \text{ kN/m}^3$$

A tensão efetiva a uma profundidade de 10 m da superfície do solo é

$$\sigma'_o = 3\gamma_{\text{areia}} + 7\gamma'_{\text{argila}} = (3)\,(15{,}5) + (7)\,(9{,}16)$$
$$= 110{,}62 \text{ kN/m}^2$$

Da Eq. (12.35),

$$\frac{c_{u(\text{VST})}}{\sigma'_o} = 0{,}11 + 0{,}0037(PI)$$

$$\frac{c_{u(\text{VST})}}{110{,}62} = 0{,}11 + 0{,}0037(60 - 25)$$

e

$$c_{u(\text{VST})} = 26{,}49 \text{ kN/m}^2$$

(continua)

Das Equações (12.51) e (12.52), obteremos

$$\begin{aligned} c_u &= \lambda c_{u(\text{VST})} \\ &= [1{,}7 - 0{,}54 \log (IP)]c_{u(\text{VST})} \\ &= [1{,}7 - 0{,}54 \log (60 - 25)]\ 26{,}49 = 22{,}95\ \text{kN/m}^2 \end{aligned}$$

Então, a resistência de compressão não confinada é

$$q_u = 2c_u = (2)\ (22{,}95) = \mathbf{45{,}9\ kN/m^2}$$

■

12.17 Outros métodos para a determinação da resistência ao cisalhamento não drenado

Uma forma modificada do aparelho de ensaio de cisalhamento de palheta é o *Torvane* (Figura 12.49), um dispositivo portátil com uma mola calibrada. Este instrumento pode ser usado para determinar c_u em corpos de prova coletados em tubos durante a própria exploração do solo e pode ser utilizado *in loco*. O Torvane é empurrado para o interior do solo e depois girado até que ele se rompa. A resistência ao cisalhamento não drenado pode ser lida no topo do mostrador.

A Figura 12.50 mostra um *penetrômetro de bolso*, que é empurrado diretamente no solo. A resistência à compressão não confinada (q_u) é medida por uma mola calibrada. Esse dispositivo pode ser utilizado em laboratório e no campo.

12.18 Resistência ao cisalhamento de solos coesivos não saturados

A equação que relaciona a tensão total, a tensão efetiva e a poropressão para solos não saturados pode ser expressa como

$$\sigma' = \sigma - u_a + \chi(u_a - u_w) \tag{12.53}$$

onde σ' = tensão efetiva
σ = tensão total
u_a = pressão do ar nos poros
u_w = poropressão

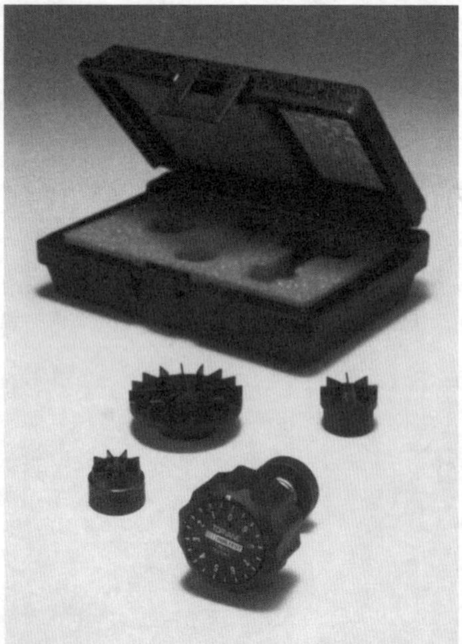

Figura 12.49 Torvane (*Cortesia de ELE International.*)

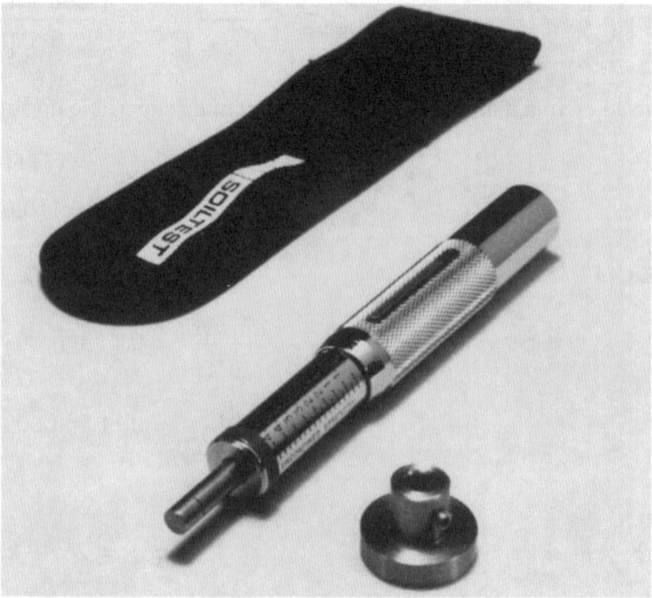

Figura 12.50 Penetrômetro de bolso (*Cortesia de ELE International.*)

Quando a expressão para σ' for substituída pela equação de resistência ao cisalhamento [Eq. (12.3)], que tem como base os parâmetros de tensão efetiva, obteremos

$$\tau_f = c' + [\sigma - u_a + \chi(u_a - u_w)]\,\text{tg}\,\phi' \tag{12.54}$$

Os valores de χ dependem, em princípio, do grau de saturação. Com equipamento triaxial comum utilizado para ensaio de laboratório, não é possível determinar com precisão as tensões efetivas em corpos de prova de solo não saturados, portanto a prática comum é conduzir os ensaios triaxiais não drenados nos corpos de prova não saturados e medir somente a tensão total. A Figura 12.51 mostra a envoltória de ruptura de tensão total obtida a partir de um número de ensaios triaxiais não drenados realizados com dado grau inicial de saturação. A envoltória de ruptura geralmente é curva. Quanto maior a pressão de confinamento, maior será a compressão do ar nos espaços vazios; assim, aumenta a solubilidade do ar na água. Para fins de projeto, a envoltória curva é, às vezes, aproximada como uma linha reta, como mostra a Figura 12.51, por meio de uma equação do seguinte tipo:

$$\tau_f = c + \sigma\,\text{tg}\,\phi \tag{12.55}$$

(*Observação*: c e ϕ, na equação anterior, são constantes empíricas.)

A Figura 12.52 mostra a variação das envoltórias de tensão total com a variação do grau inicial de saturação obtido em ensaios não drenados em argila inorgânica. Observe que, para esses ensaios, os corpos de prova foram preparados com aproximadamente o mesmo peso específico seco inicial de 16,7 kN/m^3. Para dada tensão normal total, a tensão de cisalhamento necessária para produzir a ruptura diminui conforme o grau de saturação aumenta. Quando esse grau atinge 100%, a envoltória de ruptura da tensão total torna-se uma linha horizontal, que é o mesmo que acontece com o conceito de $\phi = 0$.

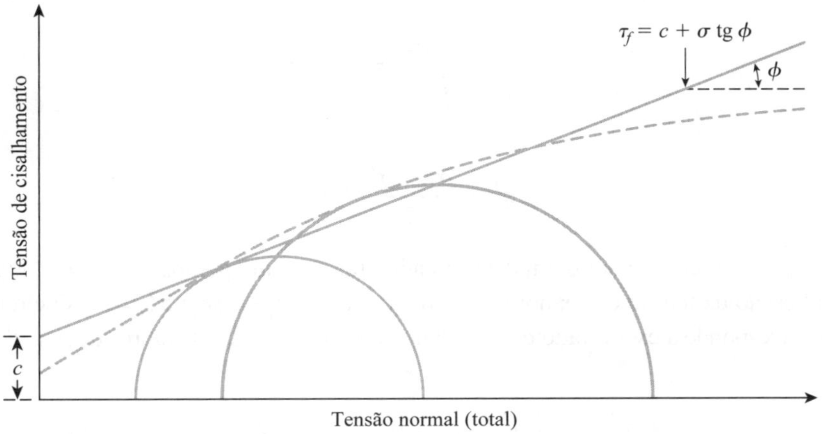

Figura 12.51 Envoltória de ruptura da tensão total para solos coesivos não saturados.

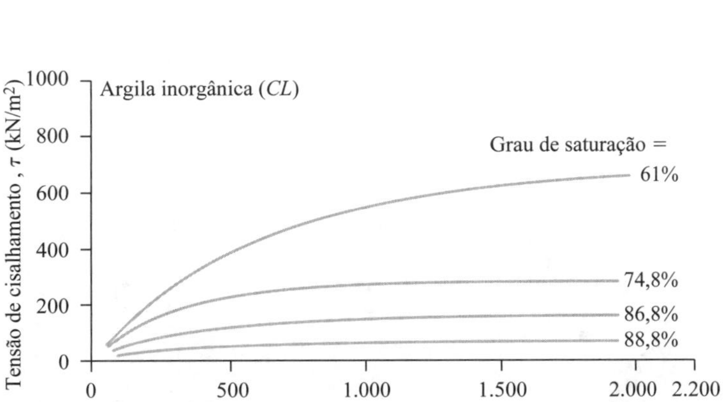

Figura 12.52 Variação da envoltória de ruptura de tensão total com mudança no grau inicial de saturação obtido para ensaios não drenados de uma argila inorgânica. (*De acordo com Casagrande e Hirschfeld, 1960. Com permissão da ASCE.*)

Em casos práticos nos quais um depósito de solo coesivo pode tornar-se saturado com chuva ou elevação de nível do lençol freático, a resistência da argila parcialmente saturada não deve ser utilizada para considerações de projeto. Em vez disso, os corpos de prova de solo não saturados coletados do campo devem ser saturados no laboratório e deve ser calculada a resistência não drenada.

12.19 Trajetória de tensão

Os resultados dos ensaios triaxiais podem ser representados por diagramas chamados *trajetórias de tensão*. As trajetórias de tensão são linhas que conectam uma série de pontos, cada um representando um estado de tensão sucessivo submetido a um corpo de prova de solo, durante o andamento de um ensaio. Existem diversas formas para traçar a trajetória de tensão. Esta seção cobre uma delas.

Lambe (1964) sugeriu um tipo de representação da trajetória de tensão que desenha q' em relação a p' (no qual p' e q' são as coordenadas do topo do círculo de Mohr). Assim, as relações para p' e q' são como demonstrado a seguir:

$$p' = \frac{\sigma_1' + \sigma_3'}{2} \tag{12.56}$$

$$q' = \frac{\sigma_1' - \sigma_3'}{2} \tag{12.57}$$

Esse tipo de gráfico da trajetória de tensão pode ser explicado com ajuda da Figura 12.53. Vamos considerar um corpo de prova de argila normalmente adensada submetida a um ensaio triaxial isotropicamente adensado e drenado. No início da aplicação da tensão desviadora, $\sigma'_1 = \sigma'_3 = \sigma_3$, então

$$p' = \frac{\sigma_3' + \sigma_3'}{2} = \sigma_3' = \sigma_3 \tag{12.58}$$

e

$$q' = \frac{\sigma_3' - \sigma_3'}{2} = 0 \tag{12.59}$$

Para esta condição, p' e q' serão representados em determinado gráfico como pontos (isto é, *I* na Figura 12.53). Em outro momento durante a aplicação da tensão desviadora, $\sigma_1' = \sigma_3' + \Delta\sigma_d = \sigma_3 + \Delta\sigma_d$; $\sigma_3' = \sigma_3$. O círculo de Mohr indicado por *A* na Figura 12.53 corresponde a esse estado de tensão no corpo de prova. Os valores de p' e q' para esta condição de tensão são

$$p' = \frac{\sigma_1' + \sigma_3'}{2} = \frac{(\sigma_3' + \Delta\sigma_d) + \sigma_3'}{2} = \sigma_3' + \frac{\Delta\sigma_d}{2} = \sigma_3 + \frac{\Delta\sigma_d}{2} \tag{12.60}$$

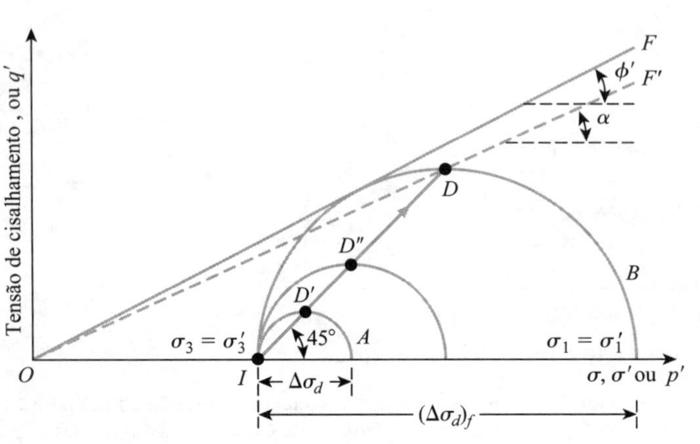

Figura 12.53 Trajetória de tensão – gráfico de q' em relação a p' para um ensaio triaxial adensado drenado em uma argila normalmente adensada.

e

$$q' = \frac{(\sigma_3' + \Delta\sigma_d) - \sigma_3'}{2} = \frac{\Delta\sigma_d}{2} \tag{12.61}$$

Se esses valores de p' e q' fossem inseridos na Figura 12.53, seriam representados pelo ponto D' no topo do círculo de Mohr. Então, se os valores de p' e q' em diversos estágios da aplicação de tensão desviadora forem colocados graficamente e tais pontos forem ligados, resultará em uma linha reta como *ID*. Esta linha *ID* é chamada trajetória de tensão em um gráfico q'-p' de ensaio triaxial adensado não drenado. Observe que a linha *ID* forma um ângulo de 45° com a horizontal. O ponto *D* representa a condição de ruptura de um corpo de prova do solo no ensaio. Além disso, podemos observar que o círculo de Mohr *B* representa a condição desta tensão de ruptura.

Para argilas normalmente adensadas, a envoltória de ruptura pode ser dada por $\tau_f = \sigma' \text{ tg } \phi'$. Esta é a linha *OF* na Figura 12.53. (Veja também a Figura 12.24.) Uma envoltória de ruptura modificada pode, agora, ser definida pela linha OF'. Esta linha modificada é normalmente chamada linha K_f. A equação da linha K_f pode ser expressa como

$$q' = p' \operatorname{tg} \alpha \tag{12.62}$$

onde α = ângulo que a envoltória de ruptura modificada forma com a horizontal.

A relação entre os ângulos ϕ' e α pode ser determinada consultando a Figura 12.54, na qual foram redesenhados o círculo de Mohr na ruptura (ou seja, o círculo *B*) e as linhas *OF* e OF' presentes na Figura 12.53, para mais clareza. Observe que O' é o centro do círculo de Mohr na ruptura. Agora,

$$\frac{DO'}{OO'} = \operatorname{tg} \alpha$$

e, assim, obtemos

$$\operatorname{tg} \alpha = \frac{\dfrac{\sigma_1' - \sigma_3'}{2}}{\dfrac{\sigma_1' + \sigma_3'}{2}} = \frac{\sigma_1' - \sigma_3'}{\sigma_1' + \sigma_3'} \tag{12.63}$$

Novamente,

$$\frac{CO'}{OO'} = \operatorname{sen} \phi'$$

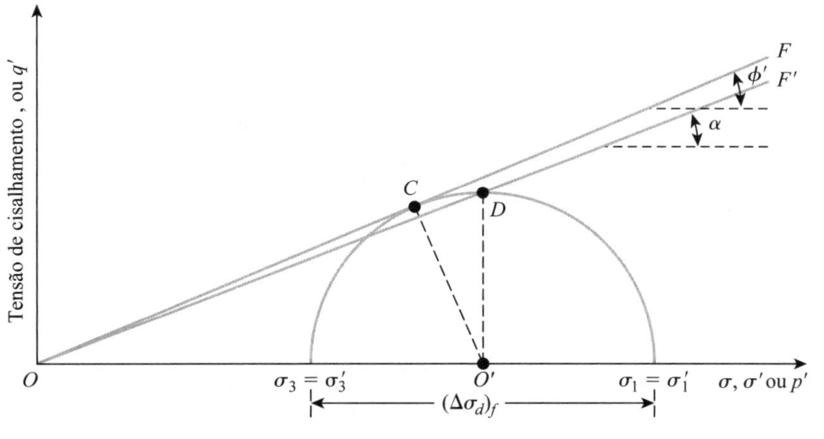

Figura 12.54 Relação entre ϕ e α.

ou

$$\operatorname{sen}\phi' = \frac{\dfrac{\sigma_1' - \sigma_3'}{2}}{\dfrac{\sigma_1' + \sigma_3'}{2}} = \frac{\sigma_1' - \sigma_3'}{\sigma_1' + \sigma_3'} \tag{12.64}$$

Comparando as Eqs. (12.63) e (12.64), vemos que

$$\operatorname{sen}\phi' = \operatorname{tg}\alpha \tag{12.65}$$

ou

$$\phi' = \operatorname{sen}^{-1}(\operatorname{tg}\alpha) \tag{12.66}$$

A Figura 12.55 mostra um gráfico q'-p' para um corpo de prova de argila normalmente adensada e submetida a um ensaio triaxial isotropicamente adensado e não drenado. No início da aplicação de tensão de desvio, $\sigma_1' = \sigma_3' = \sigma_3$. Portanto, $p' = \sigma_3'$ e $q' = 0$. Esta relação é representada pelo ponto I. Em algum outro estágio da aplicação da tensão desviadora,

$$\sigma_1' = \sigma_3 + \Delta\sigma_d - \Delta u_d$$

e

$$\sigma_3' = \sigma_3 - \Delta u_d$$

Portanto,

$$p' = \frac{\sigma_1' + \sigma_3'}{2} = \sigma_3 + \frac{\Delta\sigma_d}{2} - \Delta u_d \tag{12.67}$$

e

$$q' = \frac{\sigma_1' - \sigma_3'}{2} = \frac{\Delta\sigma_d}{2} \tag{12.68}$$

Os valores mostrados anteriormente para p' e q' serão representados como o ponto U' na Figura 12.55. Os pontos tais como o ponto U'' representam os valores de p' e q', conforme o ensaio é levado adiante. Na ruptura do corpo de prova de solo,

$$p' = \sigma_3 + \frac{(\Delta\sigma_d)_f}{2} - (\Delta u_d)_f \tag{12.69}$$

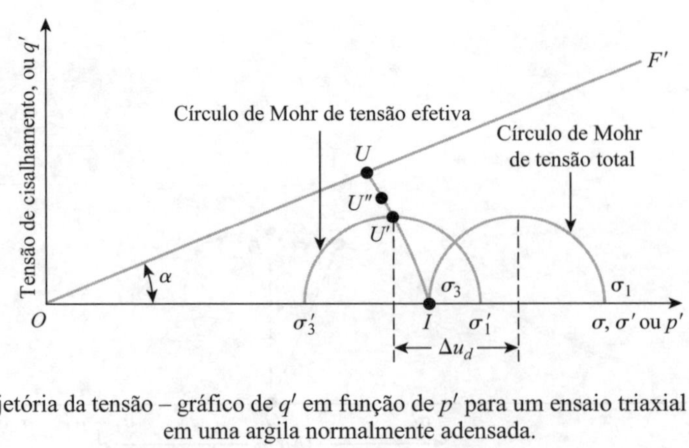

Figura 12.55 Trajetória da tensão – gráfico de q' em função de p' para um ensaio triaxial adensado não drenado em uma argila normalmente adensada.

e

$$q' = \frac{(\Delta\sigma_d)_f}{2} \tag{12.70}$$

Os valores de p' e q' fornecidos pelas Eqs. (12.69) e (12.70) serão representados graficamente como ponto U. Portanto, a trajetória de tensão efetiva para o ensaio não drenado adensado pode ser proporcionada pela curva $IU'U$. Observe que o ponto U ficará na envoltória da ruptura modificada, OF' (veja a Figura 12.54), inclinada a um ângulo α com a horizontal. Lambe (1964) propôs uma técnica para avaliar os recalques elásticos e de adensamento das fundações em solos de argila, usando as trajetórias de tensão determinadas desta maneira.

Exemplo 12.10

Para argilas normalmente adensadas, a envoltória de ruptura pode ser dada na equação $\tau_f = \sigma' \text{ tg } \phi'$. A envoltória de ruptura modificada correspondente (gráfico q'-p') é fornecida pela Eq. (12.62) como $q' = p' \text{ tg } \alpha$. De maneira semelhante, se a envoltória de ruptura for $\tau_f = c' + \sigma' \text{ tg } \phi'$, a envoltória de ruptura modificada correspondente é um gráfico q'-p' que pode ser expresso como $q' = m + p' \text{ tg } \alpha$. Expresse α como uma função de ϕ', e tenha m como uma função de c' e ϕ'.

Solução

Da Figura 12.56

$$\text{sen } \phi' = \frac{AB}{AC} = \frac{AB}{CO + OA} = \frac{\left(\dfrac{\sigma_1' - \sigma_3'}{2}\right)}{c' \text{ cotg} \phi' + \left(\dfrac{\sigma_1' + \sigma_3'}{2}\right)}$$

Portanto,

$$\left(\frac{\sigma_1' - \sigma_3'}{2}\right) = c' \cos\phi' + \left(\frac{\sigma_1' + \sigma_3'}{2}\right) \text{sen } \phi' \tag{a}$$

ou

$$q' = m + p' \text{ tg } \alpha \tag{b}$$

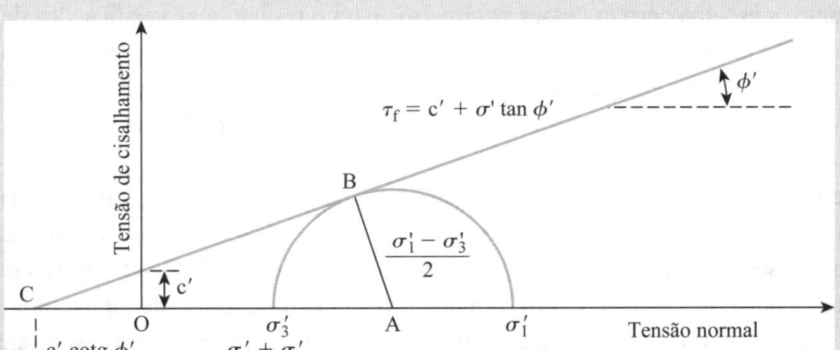

Figura 12.56 Derivada de α como função de ϕ' e m como função de c' e ϕ'.

(continua)

Comparando as Eqs. (a) e (b), descobrimos que

$$m = c' \cos \phi'$$

e

$$\text{tg}\ \alpha = \text{sen}\ \phi'$$

ou

$$\alpha = \textbf{tg}^{-1}(\textbf{sen}\ \phi')$$ ■

12.20 Resumo e considerações gerais

Neste capítulo, as tensões de cisalhamento de solos granulares e coesivos foram examinadas. Também foram descritos alguns procedimentos de laboratório para a determinação dos parâmetros da resistência ao cisalhamento. Abaixo segue um resumo dos assuntos abordados neste capítulo:

- De acordo com o critério de ruptura de Mohr-Coulomb, a resistência ao cisalhamento pode ser expressa como

$$\tau_f = c' + \sigma' \text{ tg } \phi'$$

- Cisalhamento direto e triaxial são dois métodos de ensaio de laboratório comumente utilizados para determinar os parâmetros de resistência ao cisalhamento do solo.
- Resistência ao cisalhamento do solo é dependente das condições de drenagem. Os ensaios triaxiais podem ser conduzidos em três condições diferentes de drenagem:
- Adensado drenado (Seção 12.9)
- Adensado não drenado (Seção 12.10)
- Não adensado não drenado (Seção 12.11)
- O ensaio de compressão não confinada é um tipo especial de ensaio não adensado e não drenado (Seção 12.12).
- A tixotropia é uma perda de resistência de solos coesivos em razão do amolgamento (Seção 12.14).
- Em função da natureza de disposição dos solos de argila, a resistência ao cisalhamento pode variar dependendo da direção da aplicação de carga (Seção 12.15). Isso é referido como anisotropia de resistência de argila.
- O ensaio de cisalhamento de palheta é outro método para determinar a resistência ao cisalhamento não drenado de solos argilosos no laboratório e no campo (Seção 12.16).

Nos livros, a determinação dos parâmetros da resistência ao cisalhamento de solos coesivos parece ser razoavelmente simples. Entretanto, a escolha correta desses parâmetros para o projeto e as verificações de estabilidade de várias estruturas de terra, contenção de terra e as estruturas suportadas por terra, na prática, é muito difícil, requer experiência e conhecimento teórico adequado sobre engenharia geotécnica. Neste capítulo, foram introduzidos três tipos de parâmetros de resistência (*adensado drenado, adensado não drenado* e *não adensado e não drenado*). Suas aplicações dependem das condições de drenagem.

Os parâmetros de resistência adensada drenada podem ser utilizados para a determinação da estabilidade de estruturas a longo prazo, tais como taludes de aterros e taludes de cortes. Os parâmetros de resistência ao cisalhamento adensado e não drenado podem ser utilizados para estudo com problemas de estabilidade relativos a casos no qual o solo, de modo inicial, é totalmente adensado e então ocorre rápido carregamento. Um excelente exemplo disso é a estabilidade de taludes de barragens de terra após rápido esvaziamento do reservatório. A resistência ao cisalhamento não adensado e não drenado de argilas pode ser utilizada para avaliar a estabilidade ao fim da construção de solos coesivos saturados, com a hipótese de que a carga imposta pela construção foi aplicada rapidamente e houve pouco tempo para a drenagem ocorrer. A resistência das fundações em argilas moles saturadas e a estabilidade da base dos aterros sobre argilas moles são exemplos desta condição.

Problemas

12.1 Os seguintes dados são fornecidos para um ensaio de cisalhamento direto executado por areia seca:

- Dimensões de corpo de prova: 63 mm × 63 mm × 25 mm (altura)
- Tensão normal: 105 kN/m^2
- Força de cisalhamento no momento da ruptura: 300 N

a. Determine o ângulo de atrito, ϕ'

b. Para o ensaio normal de 180 kN/m^2, qual é a força de cisalhamento necessária para causar a ruptura?

12.2 Considere o corpo de prova no Problema 12.1b.

a. Quais são as tensões principais na ruptura?

b. Qual é a inclinação do plano principal maior com o horizontal?

12.3 Para um corpo de prova de areia seca em uma caixa de ensaio de cisalhamento direto, é fornecido:

- Tamanho do corpo de prova: 63,5 mm × 63,5 mm × 31,75 mm (altura)
- Ângulo de atrito: 33°
- Tensão normal: 193 kN/m^2

Determine a força de cisalhamento necessária para provocar a ruptura.

12.4 Abaixo seguem os resultados de quatro ensaios de cisalhamento direto drenado em corpos de prova indeformados de argila normalmente adensada com diâmetro de 50 mm e altura de 25 mm.

Nº do ensaio	Força normal (N)	Força de cisalhamento na ruptura (N)
1	67	23,3
2	133	46,6
3	213	44,6
4	369	132,3

Desenhe um gráfico para a tensão de cisalhamento no momento da ruptura em função da tensão normal e determine o ângulo de atrito drenado a partir do gráfico.

12.5 Repita o Problema 12.4 considerando os dados a seguir. Dados: Diâmetro do corpo de prova = 50 mm; altura do corpo de prova = 25 mm.

Nº do ensaio	Força normal (N)	Força de cisalhamento na ruptura (N)
1	250	139
2	375	209
3	450	250
4	540	300

12.6 Considere o solo argiloso no Problema 12.5. Se um ensaio triaxial drenado for conduzido no mesmo solo com uma pressão de confinamento de câmara de 208 kN/m^2, qual seria a tensão desviadora na ruptura?

12.7 Para o ensaio triaxial no corpo de prova de argila no Problema 12.6,

a. Qual é a inclinação do plano de ruptura com o plano principal maior?

b. Determine as tensões normal e de cisalhamento no plano inclinado a 30° com o plano principal maior em ruptura. Além disso, explique por que o corpo de prova não se rompeu ao longo do plano.

12.8 A relação entre a compacidade relativa, D_r, e o ângulo de atrito, ϕ', de uma areia pode ser dada por $\phi' = 28 + 0{,}18D_r$ (D_r em %). Um ensaio triaxial drenado foi realizado com a mesma areia sob pressão de confinamento de 150 kN/m^2. O corpo de prova de areia foi preparado a uma compacidade relativa de 68%. Calcule a tensão principal maior no momento da ruptura.

12.9 Para uma argila normalmente adensada, os resultados de um ensaio triaxial drenado são:

- Pressão de confinamento na câmara = 125 kN/m^2
- Tensão desviadora na ruptura = 175 kN/m^2

Determine o ângulo de atrito do solo, ϕ'.

12.10 Em um ensaio triaxial adensado drenado, o corpo de prova se rompeu com uma tensão desviadora de 124 kN/m². Se o ângulo de atrito de tensão efetiva for igual a 31°, qual é a pressão de confinamento efetivo na ruptura?

12.11 Considere o corpo de prova de argila no Problema 12.10. Um ensaio triaxial adensado não drenado foi realizado na mesma argila com uma pressão da câmara de 103 kN/m². A poropressão no momento da ruptura foi de $(\Delta u_d)_f = 33$ kN/m². Qual seria a tensão principal maior, σ'_1, na ruptura?

12.12 Abaixo estão os resultados dos ensaios triaxiais adensados não drenados em solos indeformados coletados de uma camada de argila saturada com 4 m no campo ($\gamma_{sat} = 19$ kN/m³).

a. Calcule a estimativa dos parâmetros de resistência ao cisalhamento Mohr-Coulomb c' e ϕ' graficamente.

b. Calcule a estimativa de resistência ao cisalhamento no meio da camada de argila.

Nº do ensaio	Pressão de câmara, σ_3 (kN/m²)	Tensão desviadora, $(\Delta\sigma_d)_f$ (kN/m²)	Poropressão na ruptura, $(\Delta u_d)_f$ (kN/m²)
1	100	170	–15
2	200	260	–40
3	300	360	–80

12.13 Um ensaio triaxial adensado drenado foi conduzido em uma argila normalmente adensada com a pressão de câmara, $\sigma_3 = 172$ kN/m². A tensão desviadora na ruptura, $(\Delta\sigma_d)_f = 227$ kN/m². Determine:

a. O ângulo de atrito, ϕ'

b. O ângulo θ que o plano de ruptura forma com o plano principal maior

c. A tensão normal, σ'_f, e a tensão de cisalhamento, τ_f, no plano de ruptura

12.14 Os resultados de dois ensaios triaxiais adensados drenados na argila são mostrados a seguir:

Corpo de prova	Pressão da câmara, σ_3 (kN/m²)	Tensão desviadora, $(\sigma_1 - \sigma_3)_f$ (kN/m²)
I	105	220
II	210	400

Calcule os parâmetros da resistência ao cisalhamento do solo.

12.15 Considere o perfil de solo no Problema 12.14.

a. Quais são as tensões normal e de cisalhamento no plano inclinado a 40° ao plano principal maior para o Corpo de Prova I?

b. Quais são as tensões normal e de cisalhamento no plano de ruptura na ruptura para o Corpo de Prova II?

12.16 Uma amostra de argila foi adensada em uma câmara de ensaio triaxial sob uma pressão de confinamento de 152 kN/m². A amostra foi carregada para romper na condição não drenada pela aplicação de tensão axial adicional de 193 kN/m². Um sensor de poropressão registrou uma poropressão excessiva, $(\Delta u_d)_f = -27{,}6$ kN/m² na ruptura. Determine os ângulos de atrito não drenado e drenado para o solo.

12.17 A resistência ao cisalhamento de uma argila normalmente adensada pode ser dada pela equação $\tau_f = \sigma'$ tg 27°. Abaixo estão os resultados de um ensaio adensado e não drenado na argila.

- Pressão de confinamento na câmara = 150 kN/m²
- Tensão desviadora na ruptura = 120 kN/m²

a. Determine o ângulo de atrito adensado não drenado

b. Poropressão desenvolvida no corpo de prova na ruptura

12.18 Se um ensaio adensado-drenado for conduzido no corpo de prova de argila do Problema 12.17 com a mesma pressão de confinamento de câmara de 150 kN/m², qual seria a tensão desviadora na ruptura?

12.19 Um ensaio triaxial adensado não drenado foi realizado na areia compacta com uma pressão de confinamento da câmara de 138 kN/m². Os resultados mostraram que $\phi' = 24°$ e $\phi = 31°$. Determine a tensão desviadora e a poropressão no momento da ruptura. Se a areia estivesse fofa, qual seria o comportamento esperado? Explique.

12.20 Os corpos de prova indeformados de uma camada de argila normalmente adensada foram coletados durante o programa de exploração de campo. Os ensaios triaxiais drenados mostram que o ângulo de atrito efetivo era de $\phi' = 28°$. A resistência à compressão não confinada, q_u, de um corpo de prova similar foi calculada para ser 148 kN/m^2. Determine a poropressão na ruptura para o ensaio de compressão não confinado.

12.21 Os resultados de dois ensaios triaxiais adensados drenados em um solo argiloso são os seguintes:

Nº do ensaio	σ'_3 (kN/m^2)	$\sigma'_{3(\text{ruptura})}$ (kN/m^2)
1	104	320
2	207	517

Utilizando a equação de envoltória de ruptura dada no Exemplo 12.10 ($q' = m + p' \text{ tg } \alpha$), determine o seguinte (não faça o gráfico):

a. m e α

b. c' e ϕ'

12.22 Uma camada de argila normalmente adensada com espessura de 10 m é indicada na Figura 12.57. O índice de plasticidade da argila é 23. Utilizando a equação de Skempton (12.35), calcule a estimativa da coesão não drenada a uma profundidade de 9 m abaixo da superfície do solo como se fosse obtido pela condução de um ensaio de cisalhamento de palheta.

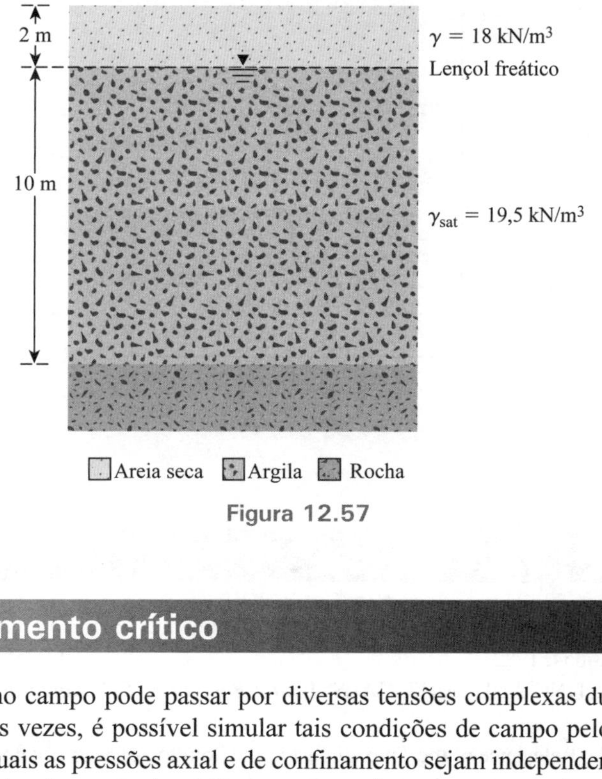

Figura 12.57

Problema de pensamento crítico

12.C.1 Um elemento de solo no campo pode passar por diversas tensões complexas durante o tempo de vida de uma estrutura geotécnica. Às vezes, é possível simular tais condições de campo pelo ensaio da trajetória de tensão triaxial avançada, nas quais as pressões axial e de confinamento sejam independentemente controladas e variadas para alcançar um caminho de tensão desejado no espaço $p' - q$. Dessa maneira, o comportamento do solo pode ser previsto nas condições de campo mais realistas. Nesse problema, investigaremos a influência da trajetória de tensão ao produzir as tensões que mais danificam o material granular através do ensaio triaxial drenado adensado. As seguintes definições de p' (tensão média efetiva e normal) e q (tensão derivatória) são utilizadas neste estudo (Schofield e Wroth, 1968):

$$p' = \frac{1}{3}(\sigma'_1 + \sigma'_2 + \sigma'_3) = \frac{1}{3}(\sigma'_1 + 2\sigma'_3), \quad \text{(observação: } \sigma'_2 = \sigma'_3 \text{ para ensaios triaxiais)}$$

$$q = \sigma_1 - \sigma_3$$

Tarefa 1: Estabeleça a linha de ruptura no espaço $p' - q$

A seguinte tabela exibe os resultados de uma série de ensaios triaxiais adensados-drenados em um solo granular de densidade média. Desenhe os caminhos de tensão para cada ensaio no espaço $p' - q$. Além disso, estabeleça a linha de ruptura que passa pela origem e conecte os pontos de ruptura (p'_f, q_f).

Ensaios triaxiais adensados-drenados

σ_3 (kN/m²)	$(\Delta\sigma_d)_f$ (kN/m²)
150	527
275	965
350	1225
450	1580
510	1800

Tarefa 2: Carregamento de corpo de prova por trajetória de tensão específico

Um corpo de prova de solo é carregado pelo caminho de tensão *O* (0, 0), *P* (250, 0) e *A* (675, 1000) nas condições drenadas para alcançar o ponto *A* perto da linha de ruptura estabelecida na Tarefa 1 (Figura 12.58). Determine as combinações de tensões de pressão de confinamento e desviadora aplicadas no corpo de prova triaxial em *O*, *P* e *A* para permitir o caminho de tensão *O-P-A*.

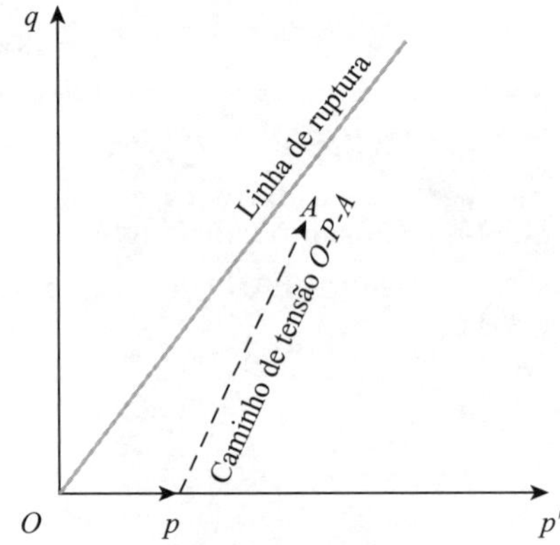

Figura 12.58

Referências

ACAR, Y. B., DURGUNOGLU, H. T.; TUMAY, M. T. Interface Properties of Sand, *Journal of the Geotechnical Engineering Division*, ASCE, v. 108, n. GT4, p. 648-654, 1982.

AMERICAN SOCIETY FOR TESTING AND MATERIALS *Annual Book of ASTM Standards*, v. 04.08, West Conshohocken, Pa, 2010.

BISHOP, A. W.; BJERRUM, L. The Relevance of the Triaxial Test to the Solution of Stability Problems, *Proceedings*, Research Conference on Shear Strength of Cohesive Soils, ASCE, p. 437-501, 1960.

BJERRUM, L. Problems of Soil Mechanics and Construction on Soft Clays, Norwegian Geotechnical Institute, *Publication* n. 110, Oslo, 1974.

BJERRUM, L.; SIMONS, N. E. Compression of Shear Strength Characteristics of Normally Consolidated Clay, *Proceedings*, Research Conference on Shear Strength of Cohesive Soils, ASCE. p. 711-726, 1960.

BLACK, D. K.; LEE, K. L. Saturating Laboratory Samples by Back Pressure, *Journal of the Soil Mechanics and Foundations Division*, ASCE, v. 99, n. SM1, p. 75-93, 1973.

CASAGRANDE, A.; CARRILLO, N. Shear Failure of Anisotropic Materials, in *Contribution to Soil Mechanics 1941-1953*, Boston Society of Civil Engineers, Boston, 1944.

CASAGRANDE, A.; HIRSCHFELD, R. C. Stress Deformation and Strength Characteristics of a Clay Compacted to a Constant Dry Unit Weight, *Proceedings*, Research Conference on Shear Strength of Cohesive Soils, ASCE, p. 359-417, 1960.

CHANDLER, R. J. The *in situ* Measurement of the Undrained Shear Strength of Clays Using the Field Vane, STP 1014, *Vane Shear Strength Testing in Soils: Field and Laboratory Studies*, ASTM, p. 13-44, 1988.

COULOMB, C. A. Essai sur une application des regles de Maximums et Minimis á quelques Problèmes de Statique, relatifs á l'Architecture, *Memoires de Mathematique et de Physique*, Présentés, á l'Academie Royale des Sciences, Paris, v. p. 3, 38, 1776.

JAMIOLKOSWSKI, M., LADD, C. C., GERMAINE, J. T.; LANCELLOTTA, R. New Developments in Field and Laboratory Testing of Soils, *Proceedings*, XIth International Conference on Soil Mechanics and Foundation Engineering, San Francisco, v. 1, p. 57-153, 1985.

KENNEY, T. C. Discussion, *Proceedings*, ASCE, v. 85, n. SM3, p. 67-79, 1959.

LADD, C. C., FOOTE, R., ISHIHARA, K., SCHLOSSER, F.; POULOS, H. G. Stress Deformation and Strength Characteristics, *Proceedings*, 9th International Conference on Soil Mechanics and Foundation Engineering, Tóquio, v. 2, p. 421-494, 1977.

LAMBE, T. W. Methods of Estimating Settlement, *Journal of the Soil Mechanics and Foundations Division*, ASCE, v. 90, n. SM5, p. 47-74, 1964.

MOHR, O. Welche Umstände Bedingen die Elastizitätsgrenze und den Bruch eines Materiales? *Zeitschrift des Vereines Deutscher Ingenieure*, v. 44, p. 1524-1530, p. 1572-1577, 1900.

ROSENQVIST, I. TH. Considerations on the Sensitivity of Norwegian Quick Clays, *Geotechnique*, v. 3, n. 5, p. 195-200, 1953.

SCHOFIELD, A.; WROTH, P. *The Critical State Soil Mechanics*, McGraw Hill, Inc., Nova York, 1968.

SEED, H. B.; CHAN, C. K. Thixotropic Characteristics of Compacted Clays, *Transactions*, ASCE, v. 124, p. 894-916, 1959.

SIMONS, N. E. The Effect of Overconsolidation on the Shear Strength Characteristics of an Undisturbed Oslo Clay, *Proceedings*, Research Conference on Shear Strength of Cohesive Soils, ASCE, p. 747-763, 1960.

SKEMPTON, A. W. The Pore Water Coefficients A and B, *Geotechnique*, v. 4, p. 143-147, 1954.

SKEMPTON, A. W. Discussion: The Planning and Design of New Hong Kong Airport, *Proceedings*, Institute of Civil Engineers, London, v. 7, p. 305-307, 1957.

SKEMPTON, A. W. Long-Term Stability of Clay Slopes, *Geotechnique*, v. 14, p. 77, 1964.

CAPÍTULO 13

Empuxo lateral de terra: em repouso, Rankine e Coulomb

13.1 Introdução

As estruturas de contenção, como muros de arrimo, paredes de subsolos e cortinas, são comumente encontradas na engenharia de fundações, já que suportam taludes de massas de terra. O planejamento e a construção dessas estruturas exigem um conhecimento amplo sobre forças laterais que atuam entre as estruturas de contenção e as massas de solo contidas. Essas forças laterais são provocadas pelo empuxo lateral da terra. A magnitude e a distribuição do empuxo lateral de terra dependem de muitos fatores, como os parâmetros de resistência ao cisalhamento do solo retido, a inclinação da superfície do aterro, a altura e a inclinação do muro de arrimo na interface muro-aterro, a natureza do movimento do muro sob o empuxo lateral e a adesão do ângulo de atrito na interface parede-aterro. Este capítulo é dedicado ao estudo de diversas teorias de empuxo de terra e à influência dos parâmetros acima na magnitude de empuxo lateral de terra.

13.2 Empuxos em repouso, ativo e passivo

Considere a massa de solo indicado na Figura 13.1a. A massa é delimitada por um *muro sem atrito* de altura *AB*. O elemento de solo localizado a uma profundidade z está sujeito a um empuxo efetivo vertical σ'_o, e um empuxo efetivo horizontal, σ'_h. Não existe tensão de cisalhamento nos planos vertical e horizontal do elemento de solo. Consideremos o índice de σ'_h a σ'_o como uma quantidade adimensional K, ou

$$K = \frac{\sigma'_h}{\sigma'_o} \tag{13.1}$$

Agora, são descritos três casos possíveis que podem surgir com relação ao muro de arrimo:

Caso 1 Se o muro *AB* for estático, ou seja, se ele não se movimentar nem para direita nem para esquerda de sua posição inicial, a massa de solo apresentará um estado de *equilíbrio estático*. Neste caso, σ'_h é chamado empuxo de *terra em repouso*, ou

$$K = K_o = \frac{\sigma'_h}{\sigma'_o} \tag{13.2}$$

onde K_o = coeficiente de empuxo de terra em repouso.

Caso 2 Se o muro sem atrito rotacionar suficientemente sobre a base para uma posição de $A'B$ (Figura 13.1b), uma massa de solo triangular ABC' adjacente ao muro atingirá um estado de *equilíbrio plástico* e se romperá deslizando para baixo sobre o plano BC'. Neste momento, a tensão efetiva horizontal, $\sigma'_h = \sigma'_a$, será referida como *empuxo ativo*. Agora,

$$K = K_a = \frac{\sigma'_h}{\sigma'_o} = \frac{\sigma'_a}{\sigma'_o} \tag{13.3}$$

onde K_a = coeficiente de empuxo ativo de terra.

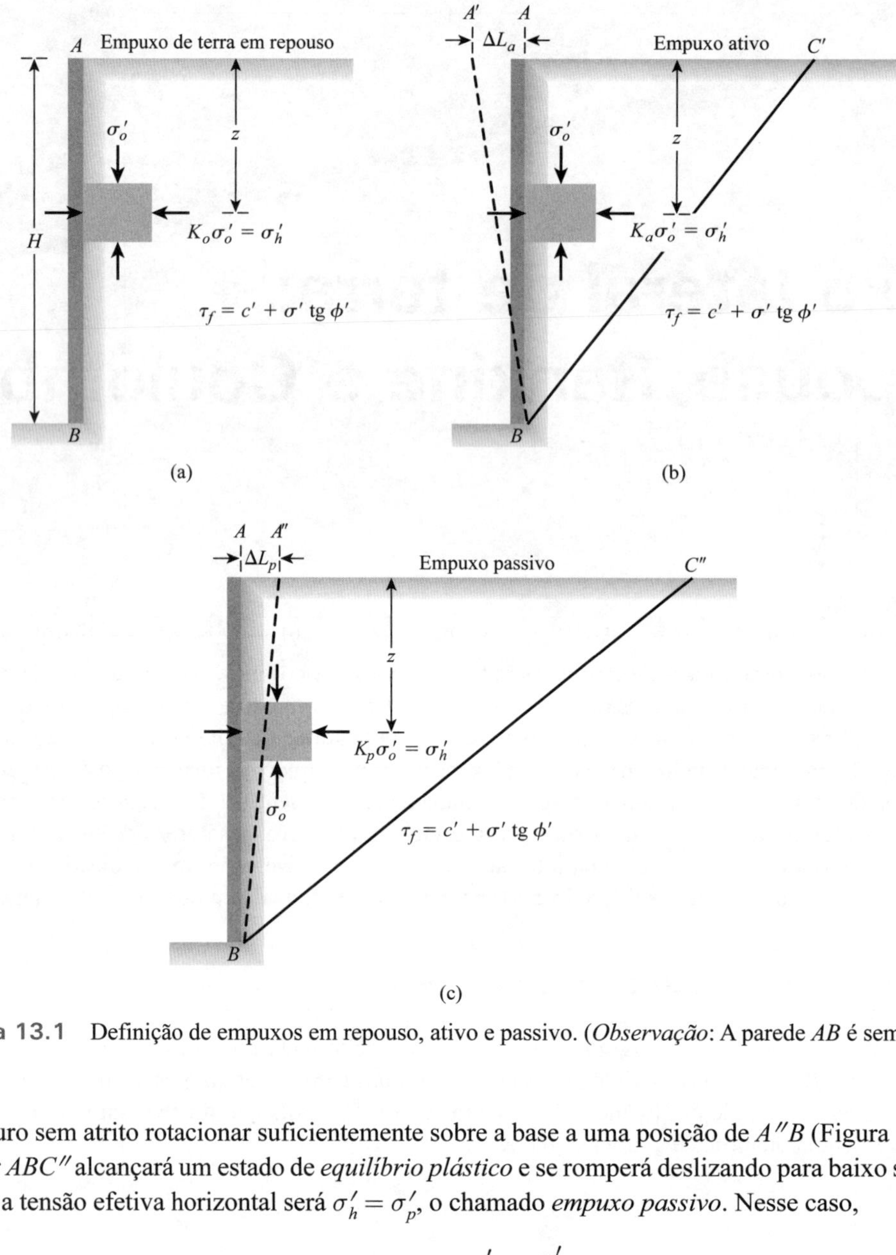

Figura 13.1 Definição de empuxos em repouso, ativo e passivo. (*Observação*: A parede *AB* é sem atrito.)

Caso 3 Se o muro sem atrito rotacionar suficientemente sobre a base a uma posição de $A''B$ (Figura 13.1c), uma massa de solo triangular ABC'' alcançará um estado de *equilíbrio plástico* e se romperá deslizando para baixo sobre o plano BC''. Nesse momento, a tensão efetiva horizontal será $\sigma'_h = \sigma'_p$, o chamado *empuxo passivo*. Nesse caso,

$$K = K_p = \frac{\sigma'_h}{\sigma'_o} = \frac{\sigma'_p}{\sigma'_o} \tag{13.4}$$

onde K_p = coeficiente de empuxo passivo de terra

A Figura 13.2 exibe a natureza da variação do empuxo lateral de terra com a inclinação do muro. Os valores típicos de $\Delta L_a/H$ ($\Delta L_a = A'A$ na Figura 13.1b) e $\Delta L_p/H$ ($\Delta L_p = A''A$ na Figura 13.1c) para alcançar os estados ativo e passivo em diversos solos são proporcionados na Tabela 13.1.

Tabela 13.1 Valores típicos de $\Delta L_a/H$ e $\Delta L_p/H$

Tipo de solo	$\Delta L_a/H$	$\Delta L_p/H$
Areia fofa	0,001-0,002	0,01
Areia compacta	0,0005-0,001	0,005
Argila fofa	0,02	0,04
Argila rígida	0,01	0,02

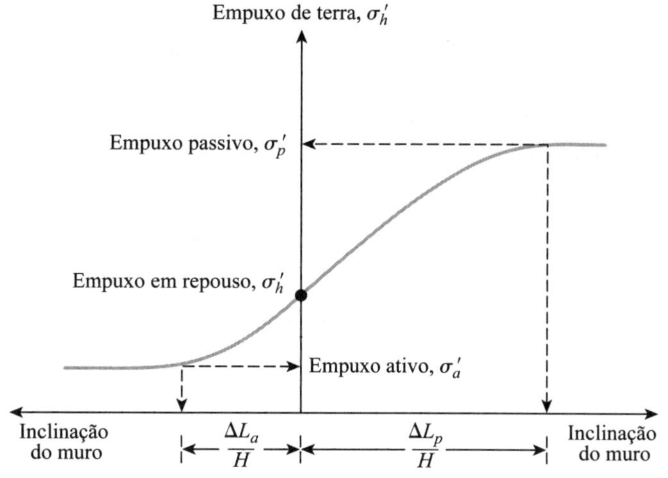

Figura 13.2 Variação da magnitude do empuxo lateral de terra com a inclinação do muro.

EMPUXO LATERAL DE TERRA EM REPOUSO

13.3 Empuxo de terra em repouso

O conceito fundamental do empuxo de terra em repouso foi discutido na seção anterior. Para definir o coeficiente de empuxo de terra K_o em repouso, consultamos a Figura 13.3, que mostra uma parede AB retendo um solo seco com peso específico de γ. A parede é estática. A uma profundidade z,

$$\text{Tensão efetiva vertical} = \sigma'_o = \gamma z$$
$$\text{Tensão efetiva horizontal} = \sigma'_h = K_o \gamma z$$

Portanto,

$$K_o = \frac{\sigma'_h}{\sigma'_o} = \text{coeficiente de empuxo de terra em repouso}$$

Para solos granulares grossos, o coeficiente de empuxo de terra em repouso pode ser estimado usando a relação empírica (Jacky, 1944)

$$K_o = 1 - \text{sen}\ \phi' \tag{13.5}$$

onde ϕ' = ângulo de atrito drenado.

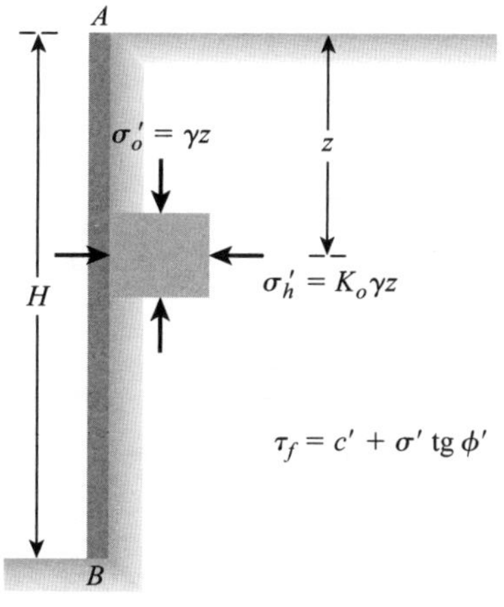

Figura 13.3 Empuxo de terra em repouso.

Quando se projeta uma parede que pode estar sujeita ao empuxo lateral de terra em repouso, deve-se tomar cuidado ao avaliar o valor de K_o. Sherif, Fang e Sherif (1984), com base em ensaios laboratoriais, indicaram que a equação de Jaky para K_o [Eq. (13.5)] proporciona bons resultados quando o aterro é de areia fofa. No entanto, para um aterro de areia densa e compacta, a Eq. (13.5) pode subestimar excessivamente o empuxo lateral de terra em repouso. Esses resultados abaixo do normal ocorrem em razão do processo de compactação do aterro. Por essa razão, eles recomendam a relação de projeto

$$K_o = (1 - \text{sen}\,\phi) + \left[\frac{\gamma_d}{\gamma_{d(\text{mín})}} - 1\right]5{,}5 \tag{13.6}$$

onde γ_d = peso específico real, compactado e seco da areia atrás do muro
$\gamma_{d(\text{mín})}$ = peso específico seco da areia no estado mais fofo (Capítulo 3)

O aumento de K_o observado da Eq. (13.6) comparada à Eq. (13.5) é em razão de sobreadensamento. Por essa razão, Mayne e Kulhawy (1982), após a avaliação de 171 solos, recomendaram uma modificação para a Eq. (13.5). Ou

$$K_o = (1 - \text{sen}\,\phi')(OCR)^{\text{sen}\,\phi'} \tag{13.7}$$

onde

$$OCR = \text{razão de sobreadensamento}$$
$$= \frac{\text{empuxo de pré-adensamento, } \sigma'_c}{\text{empuxo atual de sobrecarga efetiva, } \sigma'_o}$$

A Equação (13.7) é válida para solos que variam de argila a pedregulhos.

Para solos granulares finos normalmente adensados, Massarsch (1979) sugeriu a seguinte equação para K_o:

$$K_o = 0{,}44 + 0{,}42\left[\frac{IP(\%)}{100}\right] \tag{13.8}$$

Para argilas sobreadensadas, o coeficiente de empuxo de terra em repouso pode ser aproximado como

$$K_{o(\text{sobreadensado})} = K_{o(\text{normalmente adensado})}\sqrt{OCR} \tag{13.9}$$

A Figura 13.4 exibe a distribuição do empuxo lateral de terra em repouso na parede de altura H que retém um solo seco com peso específico de γ. A força total por comprimento específico da parede, P_o, é igual à área do diagrama de empuxo, então

$$P_o = \frac{1}{2}K_o\gamma H^2 \tag{13.10}$$

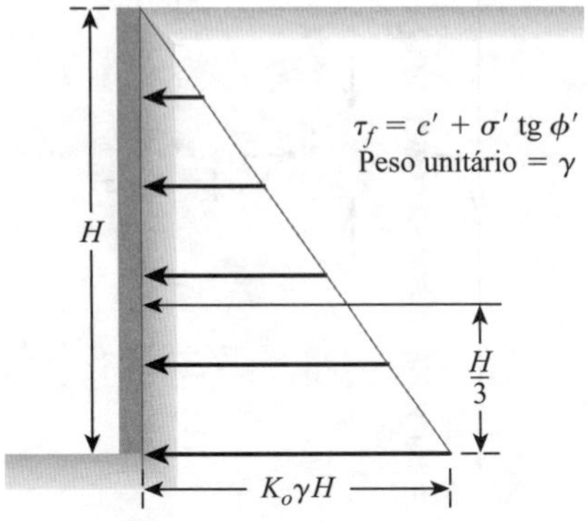

Figura 13.4 Distribuição de empuxo lateral de terra em repouso no muro.

13.4 Empuxo de terra em repouso para solo parcialmente submerso

A Figura 13.5a mostra um muro de altura H. O lençol freático está localizado a uma profundidade H_1 abaixo da superfície do solo e não há compensação de água do outro lado do muro. Para $z \leq H_1$, o empuxo lateral de terra em repouso pode ser proporcionado como $\sigma'_h = K_o \gamma z$. A variação de σ'_h com profundidade é indicada pelo triângulo ACE na Figura 13.5a. No entanto, para $z \geq H_1$ (ou seja, abaixo do lençol freático), a tensão no muro é determinada a partir dos componentes de tensão efetiva e de poropressão por meio da equação

$$\text{Empuxo vertical efetivo} = \sigma'_o = \gamma H_1 + \gamma'(z - H_1) \tag{13.11}$$

onde $\gamma' = \gamma_{sat} - \gamma_w$ = peso específico efetivo de solo. Então, o empuxo lateral efetivo em repouso é

$$\sigma'_h = K_o \sigma'_o = K_o[\gamma H_1 + \gamma'(z - H_1)] \tag{13.12}$$

A variação de σ'_h com profundidade é indicada por $CEGB$ na Figura 13.5a. Novamente, o empuxo lateral da poropressão é

$$u = \gamma_w (z - H_1) \tag{13.13}$$

A variação da profundidade de u é indicada na Figura 13.5b.

Portanto, o empuxo lateral total da terra e água em qualquer profundidade $z \geq H_1$ é igual a

$$\begin{aligned} \sigma_h &= \sigma'_h + u \\ &= K_o[\gamma H_1 + \gamma'(z - H_1)] + \gamma_w (z - H_1) \end{aligned} \tag{13.14}$$

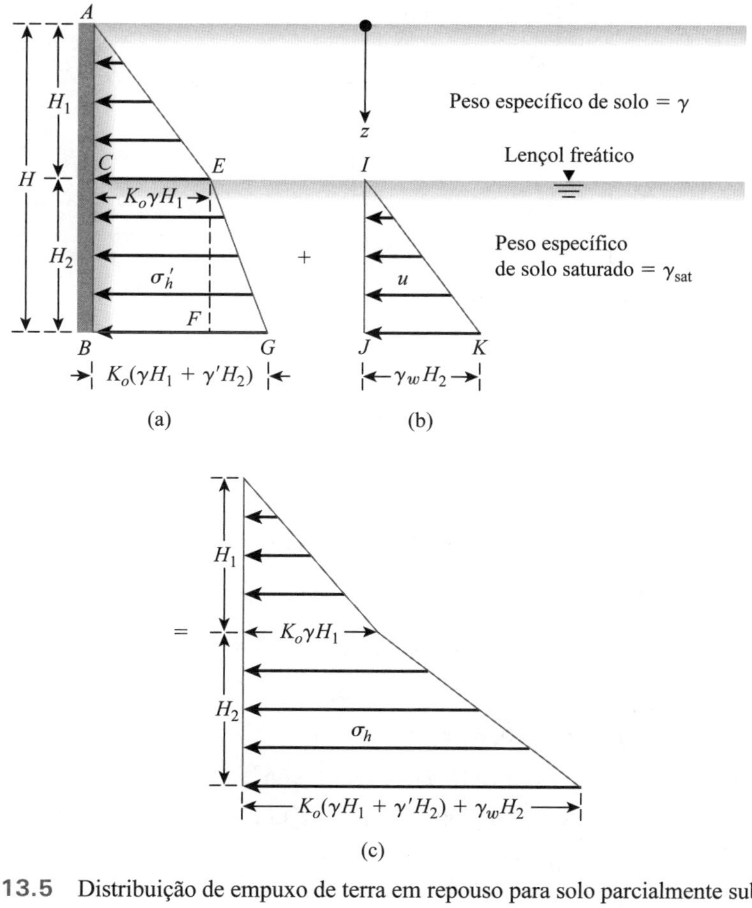

Figura 13.5 Distribuição de empuxo de terra em repouso para solo parcialmente submerso.

A força por comprimento específico do muro pode ser encontrada a partir da soma das áreas dos diagramas de empuxo nas Figuras 13.5a e 13.5b e é igual a (Figura 13.5c)

$$P_o = \underbrace{\tfrac{1}{2}K_o\gamma H_1^2}_{\substack{\text{Área}\\ ACE}} + \underbrace{K_o\gamma H_1 H_2}_{\substack{\text{Área}\\ CEFB}} + \underbrace{\tfrac{1}{2}(K_o\gamma' + \gamma_w)H_2^2}_{\substack{\text{Áreas}\\ EFG \text{ e } IJK}} \tag{13.15}$$

Exemplo 13.1

A Figura 13.6a mostra um muro de arrimo de 4,5 m de altura. Impede-se que o muro ceda. Calcule o empuxo lateral P_o por comprimento específico do muro. Além disso, determine o local do empuxo resultante. Suponha que, para areia, $OCR = 1{,}5$.

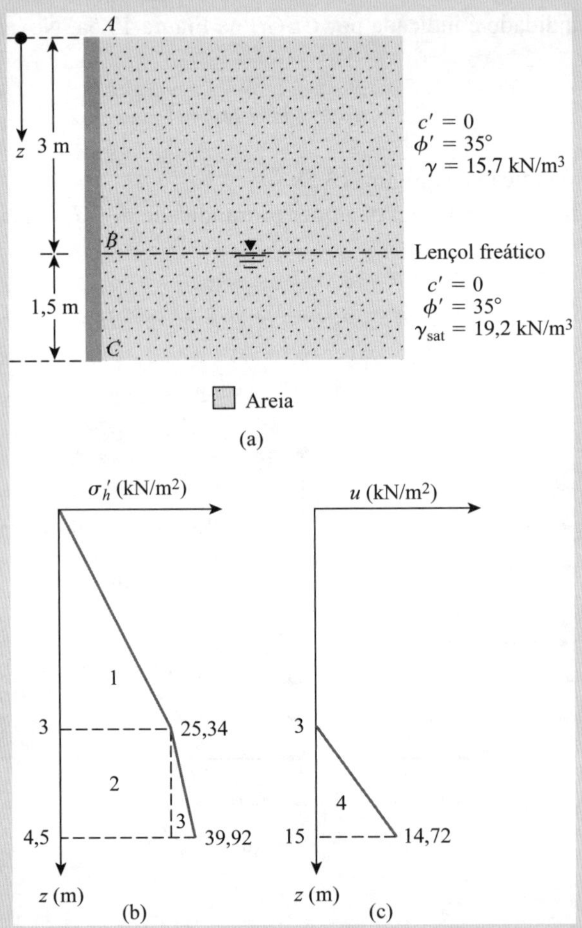

Figura 13.6

Solução

$$K_o = (1 - \text{sen}\,\phi')(OCR)^{\text{sen}\,\phi'}$$
$$= (1 - \text{sen}\,35)(1{,}5)^{\text{sen}\,35} = 0{,}538$$

Para $z = 0$: $\sigma'_o = 0$; $\sigma'_h = 0$; $u = 0$

Para $z = 3$ m: $\sigma'_o = (3)(15{,}7) = 47{,}1$ kN/m²

$$\sigma'_h = K_o\sigma'_o = (0{,}538)(47{,}1) = 25{,}34 \text{ kN/m}^2$$

$$u = 0$$

Para $z = 4{,}5$ m: $\sigma'_o = (3)(15{,}7) + (1{,}5)(19{,}2 - 9{,}81) = 61{,}19$ kN/m²

$\sigma'_h = K_o\sigma'_o = (0{,}538)(61{,}19) = 39{,}92$ kN/m²

$u = (1{,}5)(\gamma_w) = (1{,}5)(9{,}81) = 14{,}72$ kN/m²

As variações de σ'_h e u com profundidade são indicadas nas figuras 13.6b e 13.6c.

$$\text{Empuxo lateral } P_o = \text{Área 1} + \text{Área 2} + \text{Área 3} + \text{Área 4}$$

ou

$$P_o = \left(\frac{1}{2}\right)(3)(25{,}34) + (1{,}5)(25{,}34) + \left(\frac{1}{2}\right)(1{,}5)(14{,}58) + \left(\frac{1}{2}\right)(1{,}5)(14{,}72)$$
$$= 38{,}01 + 38{,}01 + 10{,}94 + 11{,}04 = 98 \text{ kN/m}$$

O local resultante, medido da parte inferior do muro, é

$$\bar{z} = \frac{\Sigma \text{ momento do diagrama de empuxo perto de } C}{P_o}$$

ou

$$\bar{z} = \frac{(38{,}01)\left(1{,}5 + \frac{3}{3}\right) + (38{,}01\left(\frac{1{,}5}{2}\right) + (10{,}94)\left(\frac{1{,}5}{3}\right) + (11{,}04)\left(\frac{1{,}5}{3}\right)}{98} = \mathbf{1{,}76\,m}$$

■

EMPUXO LATERAL DE TERRA DE RANKINE

13.5 Teoria de empuxo ativo de Rankine

A expressão *equilíbrio plástico no solo* refere-se à condição na qual cada ponto na massa de solo está no limite de ruptura. Rankine (1857) investigou as condições de tensão no solo a um estado de equilíbrio plástico. Nesta seção e na Seção 13.5, lidamos com a teoria de empuxo de terra de Rankine.

A Figura 13.7a mostra uma massa de solo delimitada por um muro sem atrito, *AB*, que se estende a uma profundidade infinita. As tensões principais efetivas vertical e horizontal em um elemento de solo na profundidade z são σ'_o e σ'_h, respectivamente. Conforme visto na Seção 13.2, se a parede *AB* não puder se mover, então $\sigma'_h = K_o\sigma'_o$. A condição de tensão no elemento de solo pode ser representada pelo círculo *a* de Mohr na Figura 13.7b.

No entanto, se a parede *AB* puder se *mover* gradualmente *a partir da massa de solo*, a tensão principal horizontal diminuirá. Por fim, um estado será atingido quando a condição de tensão no solo puder ser representada pelo círculo *b* de Mohr; ocorrerão o estado de equilíbrio plástico e a ruptura do solo. Essa situação representa o *estado ativo de Rankine* e o empuxo efetivo σ'_a no plano vertical (que é um plano principal) é o *empuxo ativo de terra* de Rankine. A seguir obteremos σ'_a em termos de γ, z, c' e ϕ', a partir da Figura 13.7b:

$$\text{sen}\,\phi' = \frac{CD}{AC} = \frac{CD}{AO + OC}$$

Mas

$$CD = \text{raio do círculo de ruptura} = \frac{\sigma'_o - \sigma'_a}{2}$$

$$AO = c' \,\text{cotg}\,\phi'$$

e

$$OC = \frac{\sigma'_o - \sigma'_a}{2}$$

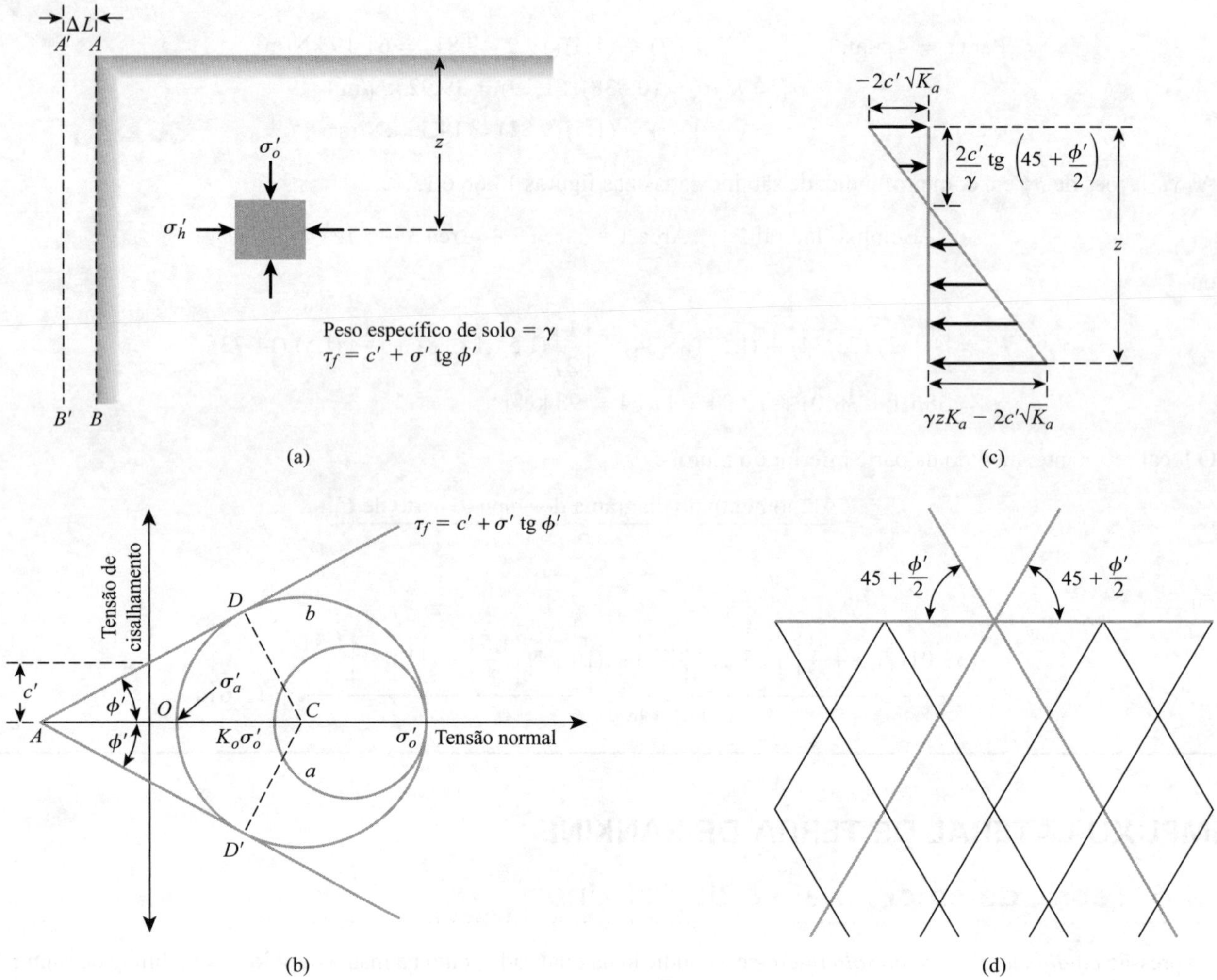

Figura 13.7 Empuxo de terra ativo de Rankine.

Portanto,

$$\operatorname{sen} \phi' = \frac{\dfrac{\sigma'_o - \sigma'_a}{2}}{c' \operatorname{cotg} \phi' + \dfrac{\sigma'_o + \sigma'_a}{2}}$$

ou

$$c' \cos \phi' + \frac{\sigma'_o + \sigma'_a}{2} \operatorname{sen} \phi' = \frac{\sigma'_o - \sigma'_a}{2}$$

ou

$$\sigma'_a = \sigma'_o \frac{1 - \operatorname{sen} \phi'}{1 + \operatorname{sen} \phi'} - 2c' \frac{\cos \phi'}{1 + \operatorname{sen} \phi'} \tag{13.16}$$

Mas

$$\sigma'_o = \text{empuxo vertical de sobrecarga efetiva} = \gamma z$$

$$\frac{1 - \operatorname{sen} \phi'}{1 + \operatorname{sen} \phi'} = \operatorname{tg}^2 \left(45 - \frac{\phi'}{2}\right)$$

e

$$\frac{\cos\phi'}{1+\operatorname{sen}\phi'} = \operatorname{tg}\left(45 - \frac{\phi'}{2}\right)$$

Substituindo os valores anteriores na Eq. (13.16), obteremos

$$\sigma'_a = \gamma z \operatorname{tg}^2\left(45 - \frac{\phi'}{2}\right) - 2c' \operatorname{tg}\left(45 - \frac{\phi'}{2}\right) \tag{13.17}$$

A variação de σ'_a com profundidade é indicada na Figura 13.7c. Para solos sem coesão, $c' = 0$ e

$$\sigma'_a = \sigma'_o \operatorname{tg}^2\left(45 - \frac{\phi'}{2}\right) \tag{13.18}$$

A relação entre σ'_a e σ'_o é chamada *coeficiente de empuxo ativo de Rankine* e é determinada por

$$K_a = \frac{\sigma'_a}{\sigma'_o} = \operatorname{tg}^2\left(45 - \frac{\phi'}{2}\right) \tag{13.19}$$

Novamente, a partir da Figura 13.7b podemos visualizar que os planos de ruptura no solo fazem ângulos de $\pm$ (45 + $\phi'/2$) graus com a direção do plano principal maior – ou seja, a horizontal. Esses são chamados *planos de deslizamento* potenciais e são indicados na Figura 13.7d.

É importante perceber que uma equação semelhante para σ_a poderia ser derivada com base nos parâmetros de resistência ao cisalhamento de tensão total – ou seja, $\tau_f = c + \sigma \operatorname{tg} \phi$. Para esse caso,

$$\sigma_a = \gamma z \operatorname{tg}^2\left(45 - \frac{\phi}{2}\right) - 2c \operatorname{tg}\left(45 - \frac{\phi}{2}\right) \tag{13.20}$$

13.6 Teoria de empuxo passivo de Rankine

O estado passivo de Rankine pode ser explicado com o auxílio da Figura 13.8. *AB* é um muro sem atrito que se estende a uma profundidade infinita (Figura 13.8a). A condição inicial de tensão em um elemento de solo é representada pelo círculo *a* de Mohr na Figura 13.8b. Se o muro for gradualmente *empurrado para a massa de solo*, a tensão principal efetiva σ'_h aumentará. Por fim, o muro atingirá uma situação em que a condição de tensão para o elemento de solo pode ser expressa pelo círculo *b* de Mohr. Nesse momento, ocorrerá a ruptura do solo. Essa situação é referente ao *estado passivo de Rankine*. O empuxo lateral de terra σ'_p, que é a tensão principal maior, é chamado *tensão passiva de terra de Rankine*. A partir da Figura 13.8b, pode ser indicado que

$$\begin{aligned}\sigma'_p &= \sigma'_o \operatorname{tg}^2\left(45 + \frac{\phi'}{2}\right) + 2c' \operatorname{tg}\left(45 + \frac{\phi'}{2}\right) \\ &= \gamma z \operatorname{tg}^2\left(45 + \frac{\phi'}{2}\right) + 2c' \operatorname{tg}\left(45 + \frac{\phi'}{2}\right)\end{aligned} \tag{13.21}$$

O desvio é semelhante ao estado ativo de Rankine.

A Figura 13.8c exibe a variação de empuxo passivo com profundidade. Para solos sem coesão ($c' = 0$),

$$\sigma'_p = \sigma'_o \operatorname{tg}^2\left(45 + \frac{\phi'}{2}\right)$$

ou

$$\frac{\sigma'_p}{\sigma'_o} = K_p = \text{tg}^2\left(45 + \frac{\phi'}{2}\right) \tag{13.22}$$

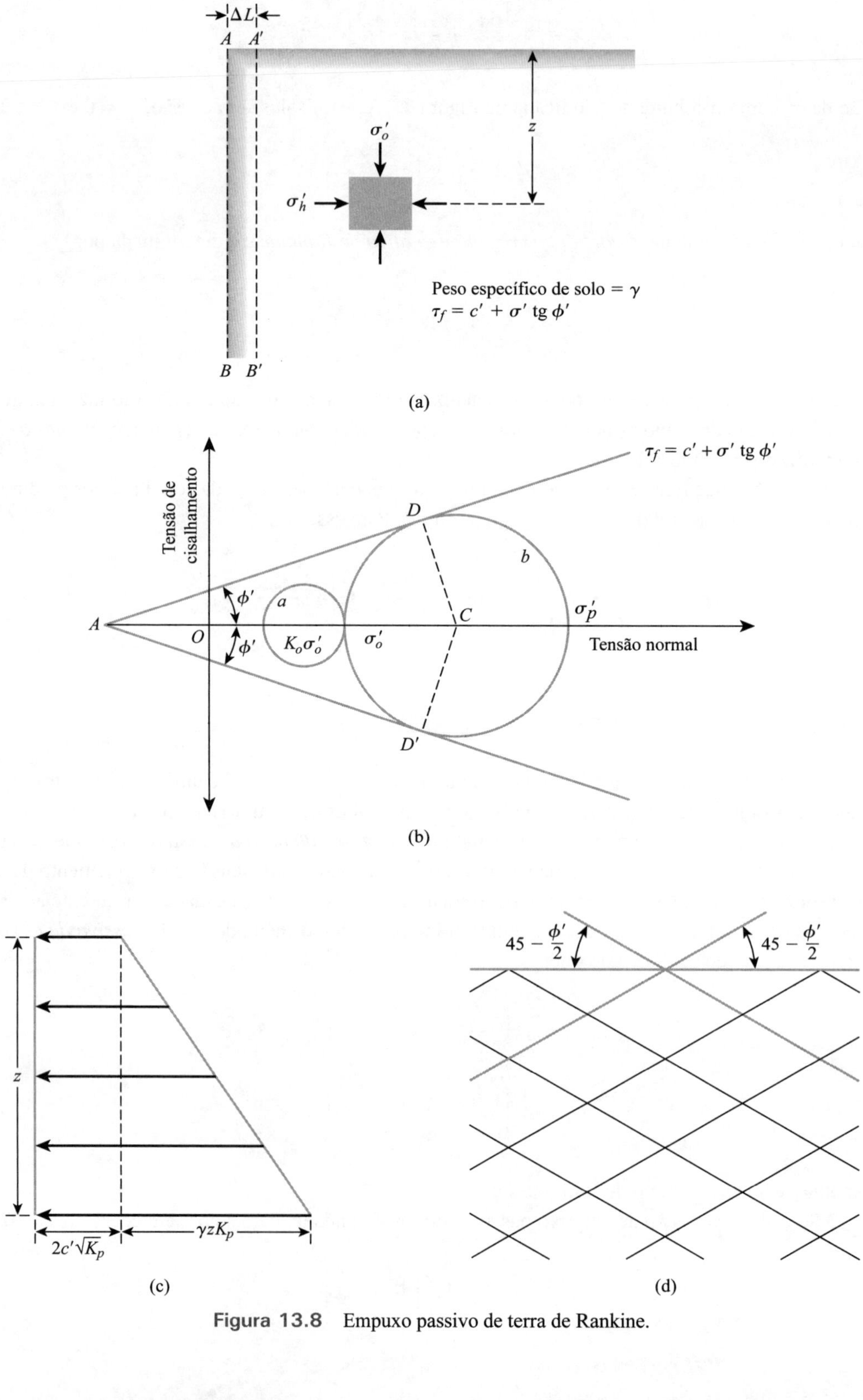

Figura 13.8 Empuxo passivo de terra de Rankine.

K_p (a relação das tensões efetivas) na equação anterior é referida como o *coeficiente de empuxo passivo de terra de Rankine.*

Os pontos D e D' no círculo de ruptura (veja a Figura 13.8b) correspondem aos planos de escorregamento no solo. Para o estado passivo de Rankine, os planos de escorregamento fazem ângulos de $\pm$ (45 – $\phi'/2$) graus com a direção do plano principal menor – ou seja, na direção horizontal. A Figura 13.8d exibe a distribuição dos planos de deslizamento na massa de solo.

13.7 Deslocamento de um muro com altura limitada

Aprendemos na discussão anterior que é necessário um movimento suficiente de um muro sem atrito que se estende a uma profundidade infinita para alcançar o estado de equilíbrio plástico. No entanto, a distribuição do empuxo lateral contra um muro de uma altura limitada é influenciada em grande parte pela maneira como o muro realmente cede. Na maioria dos muros de arrimo de altura limitada, o movimento pode ocorrer por simples translação ou, mais frequentemente, pela rotação sobre a base.

Para análise teórica preliminar, consideraremos um muro de arrimo sem atrito representado por um plano AB, como mostra a Figura 13.9a. Se o muro AB rotacionar de modo suficiente sobre a base para a posição $A'B$, então a massa de solo triangular ABC' adjacente ao muro alcançará o estado ativo de Rankine. Como os planos de deslizamento do estado ativo de Rankine formam ângulos de $\pm$ (45 + $\phi'/2$) graus com o plano principal maior, a massa de solo no estado de equilíbrio plástico é delimitada pelo plano BC', que forma um ângulo de (45 + $\phi'/2$) graus com o plano horizontal. O solo dentro da

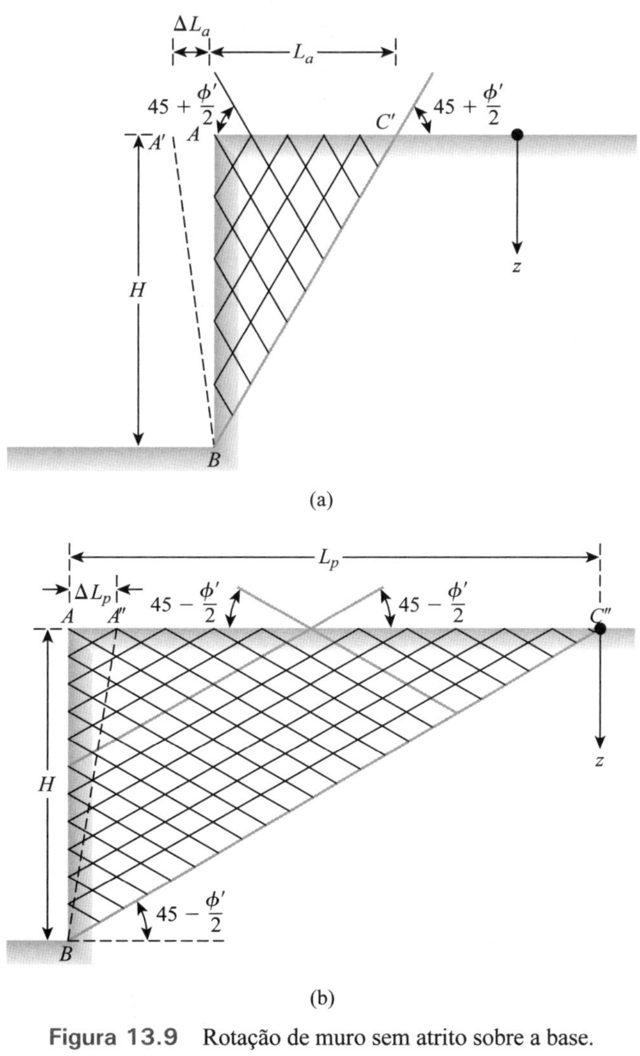

Figura 13.9 Rotação de muro sem atrito sobre a base.

zona ABC' passa pela mesma deformação específica na direção horizontal em todos os locais, que é igual a $\Delta L_a/L_a$. O empuxo lateral de terra no muro de qualquer profundidade z da superfície de solo pode ser calculado utilizando a Eq. (13.17).

De maneira semelhante, se o muro sem atrito AB (Figura 13.9b) rotaciona de modo suficiente na massa de solo para uma posição $A''B$, a massa triangular de solo ABC'' alcançará o estado passivo de Rankine. O plano de deslizamento BC'' que liga a cunha do solo que está no estado de equilíbrio plástico fará um ângulo de $(45 - \phi'/2)$ graus com a horizontal. Todos os pontos do solo na zona ABC'' passam pela mesma deformação específica na direção horizontal, que é igual a $\Delta L_p/L_p$. O empuxo passivo no muro a qualquer profundidade z pode ser avaliado utilizando a Eq. (13.21).

13.8 Empuxo ativo e passivo de Rankine com aterro inclinado

Nas Seções 13.5 a 13.7, consideramos os muros de arrimo com face posterior vertical e aterros horizontais. No entanto, em alguns casos, o aterro pode ser continuamente deslizante a um ângulo α com a horizontal, como indicado na Figura 13.10 para o caso de empuxo ativo. Em tais casos, a direção dos empuxos ativo ou passivo de Rankine não são mais horizontais. Particularmente, eles são inclinados a um ângulo α com a horizontal. Se o aterro está em um solo granular com ângulo de atrito drenado ϕ', e $c' = 0$, então

$$\sigma'_a = \gamma z K_a$$

onde

$$K_a = \text{coeficiente de empuxo ativo de Rankine}$$

$$= \cos\alpha \frac{\cos\alpha - \sqrt{\cos^2\alpha - \cos^2\phi'}}{\cos\alpha + \sqrt{\cos^2\alpha - \cos^2\phi'}} \tag{13.23}$$

O empuxo ativo por comprimento específico do muro pode ser calculado como

$$P_a = \frac{1}{2}K_a\gamma H^2 \tag{13.24}$$

A linha de ação dos resultantes age a uma distância de $H/3$ medida da parte inferior do muro. A Tabela 13.2 proporciona os valores de K_a para diversas combinações de α e ϕ'.

De maneira semelhante, o *empuxo passivo de terra de Rankine* para um muro de altura H com aterro de deslizamento granular pode ser representado pela equação

$$P_p = \frac{1}{2}\gamma H^2 K_p \tag{13.25}$$

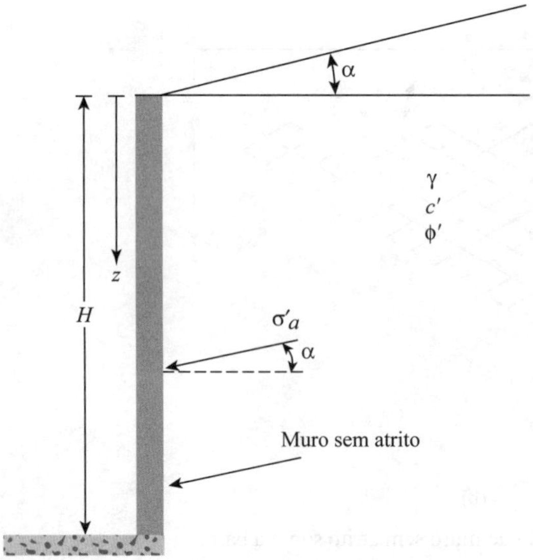

Figura 13.10 Muro de arrimo sem atrito vertical com aterro deslizante.

Tabela 13.2 Valores de K_a [Equação (13.23)]

↓ α (graus)	ϕ' (graus) →						
	28	**30**	**32**	**34**	**36**	**38**	**40**
0	0,361	0,333	0,307	0,283	0,260	0,238	0,217
5	0,366	0,337	0,311	0,286	0,262	0,240	0,219
10	0,380	0,350	0,321	0,294	0,270	0,246	0,225
15	0,409	0,373	0,341	0,311	0,283	0,258	0,235
20	0,461	0,414	0,374	0,338	0,306	0,277	0,250
25	0,573	0,494	0,434	0,385	0,343	0,307	0,275

onde

$$K_p = \cos\alpha \frac{\cos\alpha + \sqrt{\cos^2\alpha - \cos^2\phi'}}{\cos\alpha - \sqrt{\cos^2\alpha - \cos^2\phi'}} \tag{13.26}$$

é o coeficiente de empuxo passivo de terra.

Como no caso da força ativa, a força resultante P_p é inclinada a um ângulo α com a horizontal e intercepta o muro a uma distância de $H/3$ medida a partir da parte inferior do muro. Os valores de K_p (coeficiente de empuxo passivo de terra) para diversos valores de α e ϕ' são proporcionados na Tabela 13.3.

Um caso generalizado para os empuxos ativo e passivo de Rankine com aterro granular é apresentado no Apêndice A.

Tabela 13.3 Coeficiente de empuxo passivo de terra, K_p [Equação (13.26)]

↓ α (graus)	ϕ' (graus) →						
	28	**30**	**32**	**34**	**36**	**38**	**40**
0	2,770	3,000	3,255	3,537	3,852	4,204	4,599
5	2,715	2,943	3,196	3,476	3,788	4,136	4,527
10	2,551	2,775	3,022	3,295	3,598	3,937	4,316
15	2,284	2,502	2,740	3,003	3,293	3,615	3,977
20	1,918	2,132	2,362	2,612	2,886	3,189	3,526
25	1,434	1,664	1,894	2,135	2,394	2,676	2,987

13.9 Diagramas para a distribuição de empuxo lateral de terra contra muros de arrimo

Aterro – solo sem coesão com superfície de solo horizontal

Caso Ativo A Figura 13.11a mostra um muro de arrimo com aterro de solo não coesivo com superfície de solo horizontal. O peso específico e o ângulo de atrito do solo são γ e ϕ', respectivamente.

Para o estado ativo de Rankine, o empuxo de terra em qualquer profundidade em razão de o muro de arrimo pode ser fornecido pela Eq. (13.17),

$$\sigma'_a = K_a \gamma z \qquad (\textit{Observe que}\text{: } c' = 0)$$

Observe que σ'_a aumenta linearmente com a profundidade e, na parte inferior do muro, é

$$\sigma'_a = K_a \gamma z \tag{13.27}$$

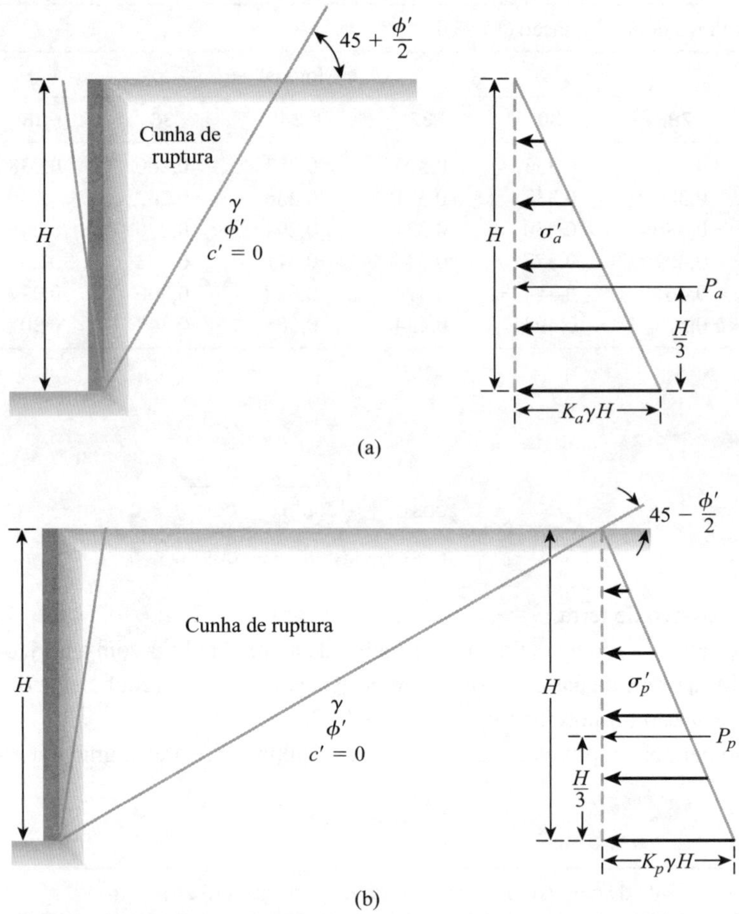

Figura 13.11 Distribuição de empuxo contra um muro de arrimo para aterro de solo não coesivo com superfície de solo horizontal. (a) Estado ativo de Rankine; (b) Estado passivo de Rankine

O empuxo total por comprimento específico do muro é igual à área do diagrama de empuxo, então

$$P_a = \frac{1}{2}K_a\gamma H^2 \tag{13.28}$$

Caso Passivo A distribuição de empuxo lateral contra um muro de arrimo de altura H para o estado passivo de Rankine é indicada na Figura 13.11b. O empuxo lateral de terra a qualquer profundidade z [Eq. (13.22), $c' = 0$] é

$$\sigma'_p = K_p\gamma H \tag{13.29}$$

O empuxo total por comprimento específico do muro é

$$P_p = \frac{1}{2}K_p\gamma H^2 \tag{13.30}$$

Aterro – solo não coesivo parcialmente submerso que suporta uma sobrecarga

Caso Ativo A Figura 13.12a exibe um muro de arrimo sem atrito de altura H e um aterro de solo não coesivo. O lençol freático está localizado a uma profundidade de H_1 abaixo da superfície do solo, e o aterro está suportando o empuxo de sobrecarga de q por área específica. Da Eq. (13.19), o empuxo ativo de terra efetivo a qualquer profundidade pode ser dado por

$$\sigma'_a = K_a\sigma'_o \tag{13.31}$$

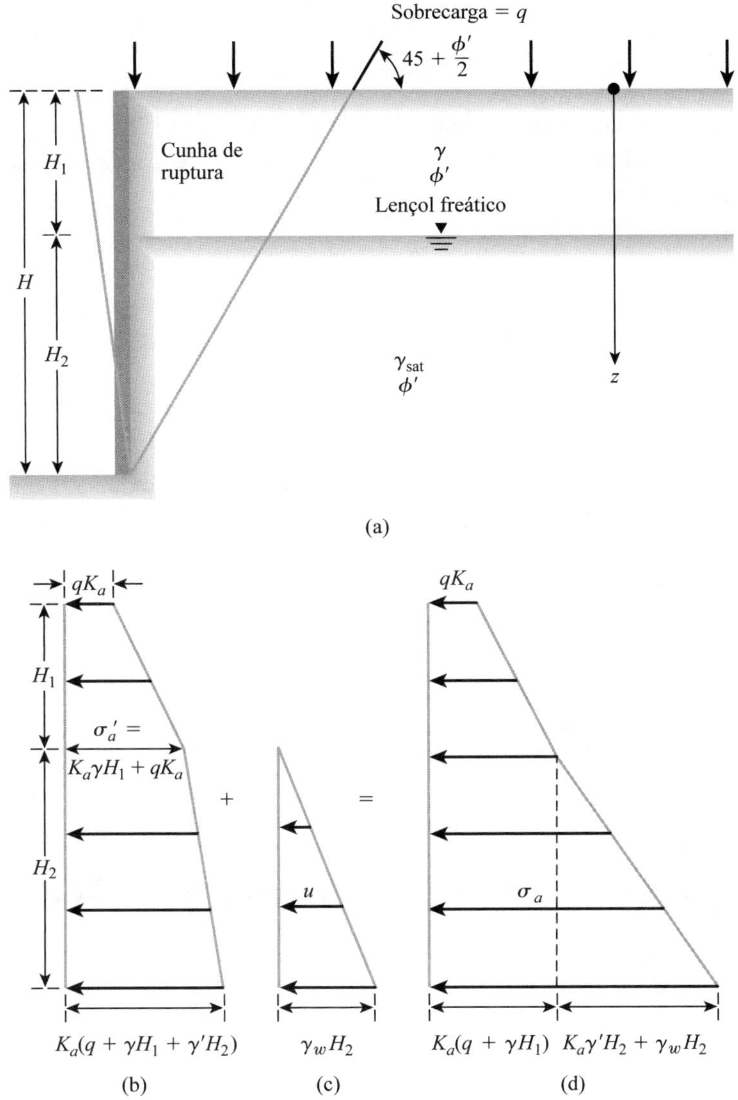

Figura 13.12 Distribuição de empuxo ativo de terra de Rankine contra o muro de arrimo com aterro de solo não coesivo parcialmente submerso que suporta sobrecarga.

onde σ'_o e σ'_a = empuxo vertical efetivo e empuxo lateral, respectivamente. Com $z = 0$,

$$\sigma_o = \sigma'_o = q \tag{13.32}$$

e

$$\sigma'_a = K_a q \tag{13.33}$$

A uma profundidade $z = H_1$,

$$\sigma'_o = (q + \gamma H_1) \tag{13.34}$$

e

$$\sigma'_a = K_a(q + \gamma H_1) \tag{13.35}$$

A uma profundidade $z = H$,

$$\sigma'_o = (q + \gamma H_1 + \gamma' H_2) \tag{13.36}$$

e

$$\sigma'_a = K_a(q + \gamma H_1 + \gamma' H_2) \tag{13.37}$$

onde $\gamma' = \gamma_{sat} - \gamma_w$. A variação de σ'_a com profundidade é indicada na Figura 13.12b.

O empuxo lateral no muro devido à água nos poros entre $z = 0$ e H_1 é 0 e, para $z > H_1$, aumenta linearmente com a profundidade (Figura 13.12c). Com $z = H$,

$$u = \gamma_w H_2$$

O diagrama de empuxo lateral total (Figura 13.12d) é a soma dos diagramas de empuxo indicados nas figuras 13.12b e 13.12c. O empuxo ativo total por comprimento específico do muro é a área de diagrama total de empuxo. Assim,

$$P_a = K_a qH + \frac{1}{2}K_a\gamma H_1^2 + K_a\gamma H_1 H_2 + \frac{1}{2}(K_a\gamma' + \gamma_w)H_2^2 \tag{13.38}$$

Caso Passivo A Figura 13.13a indica o mesmo muro de arrimo conforme mostrado na Figura 13.12a. O empuxo passivo de Rankine a qualquer profundidade contra o muro pode ser proporcionado pela Eq. (13.22),

$$\sigma'_p = K_p \sigma'_o$$

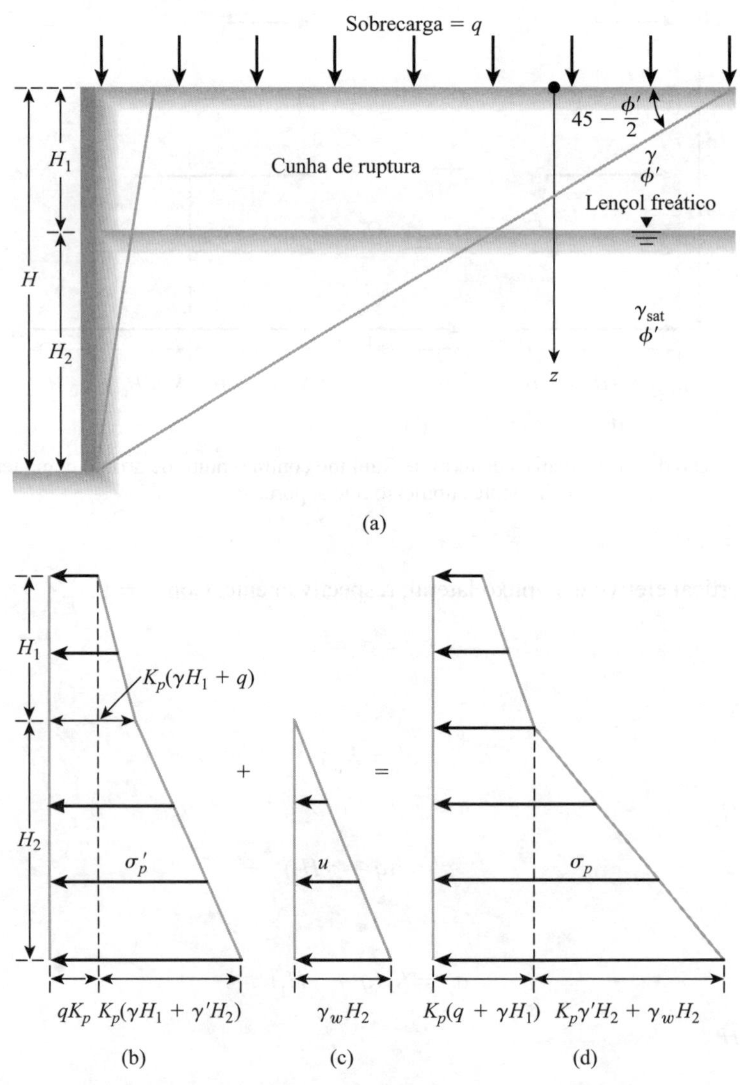

Figura 13.13 Distribuição do empuxo passivo de terra de Rankine contra um muro de arrimo com aterro de solo não coesivo parcialmente submerso que suporta uma sobrecarga.

Utilizando a equação anterior, podemos determinar a variação de σ'_p com profundidade conforme indicado na Figura 13.13b. A variação do empuxo no muro devido à água com a profundidade é indicada na Figura 13.13c. A Figura 13.13d indica a distribuição do empuxo total σ_p com profundidade. A força total passiva lateral por comprimento específico do muro é a área do diagrama dada na Figura 13.13d ou

$$P_p = K_p qH + \frac{1}{2}K_p\gamma H_1^2 + K_p\gamma H_1 H_2 + \frac{1}{2}(K_p\gamma' + \gamma_w)H_2^2 \tag{13.39}$$

Aterro – solo coesivo com aterro horizontal

Caso Ativo A Figura 13.14a indica um muro de arrimo sem atrito com aterro de solo coesivo. O empuxo ativo contra o muro em qualquer profundidade abaixo da superfície do solo pode ser expresso como na [Eq. (13.17)]

$$\sigma'_a = K_a\gamma z - 2\sqrt{K_a}c'$$

A variação de $K_a\gamma z$ com profundidade é indicada na Figura 13.14b, e a variação de $2\sqrt{K_a}c'$ com profundidade é indicada na Figura 13.14c. Observe que $2\sqrt{K_a}c'$ não é uma função de z; portanto, a Figura 13.14c é um retângulo. A variação do valor líquido de σ'_a com profundidade é representada graficamente na Figura 13.14d. Observe também que, por

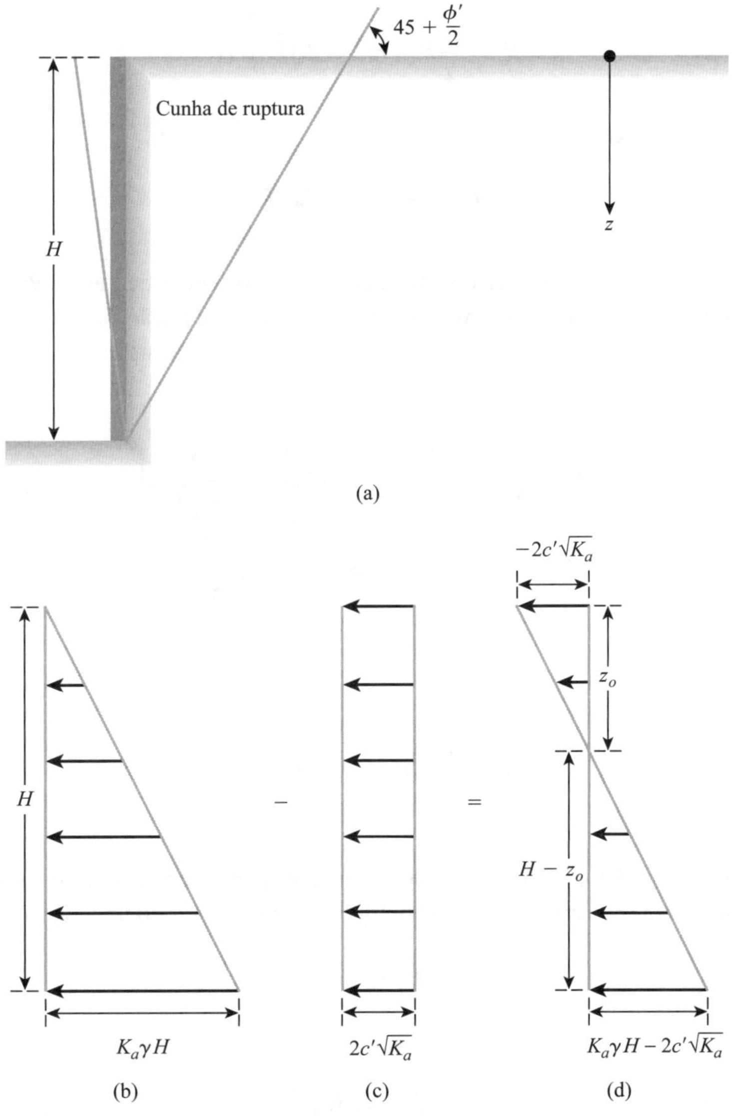

Figura 13.14 Distribuição de empuxo ativo da terra de Rankine contra um muro de arrimo com aterro de solo coesivo.

causa do efeito de coesão, σ'_a é negativo na parte superior do muro de arrimo. A profundidade z_o no qual o empuxo ativo se torna igual a 0 pode ser encontrada na Eq. (13.17) como

$$K_a \gamma z_o - 2\sqrt{K_a} c' = 0$$

ou

$$z_o = \frac{2c'}{\gamma \sqrt{K_a}} \tag{13.40}$$

Para a condição não drenada – ou seja, $\phi = 0$, $K_a = \text{tg}^2\, 45 = 1$, e $c = c_u$ (coesão não drenada) – da Eq. (13.20),

$$z_o = \frac{2c_u}{\gamma} \tag{13.41}$$

Então, com o tempo, se desenvolverão as fendas de tração na interface solo-muro até a uma profundidade z_o.

O empuxo ativo total por comprimento específico do muro pode ser encontrado a partir da área dos diagramas de empuxo total (Figura 13.14d), ou

$$P_a = \frac{1}{2} K_a \gamma H^2 - 2\sqrt{K_a} c' H \tag{13.42}$$

Para a condição $\phi = 0$,

$$P_a = \frac{1}{2} \gamma H^2 - 2c_u H \tag{13.43}$$

Para cálculo do empuxo ativo total, a prática comum é considerar as fendas de tração. Por não existir contato entre o solo e o muro até uma profundidade z_o após o desenvolvimento das fendas de tração, somente é considerada a distribuição de empuxo ativo contra o muro entre $z = 2c'/(\gamma\sqrt{K_a})$ e H (Figura 13.14d). Neste caso,

$$\begin{aligned} P_a &= \frac{1}{2}(K_a \gamma H - 2\sqrt{K_a} c')\left(H - \frac{2c'}{\gamma\sqrt{K_a}}\right) \\ &= \frac{1}{2} K_a \gamma H^2 - 2\sqrt{K_a} c' H + 2\frac{c'^2}{\gamma} \end{aligned} \tag{13.44}$$

Para a condição $\phi = 0$,

$$P_a = \frac{1}{2}\gamma H^2 - 2c_u H + 2\frac{c_u^2}{\gamma} \tag{13.45}$$

Caso Passivo A Figura 13.15a indica o mesmo muro de arrimo com aterro semelhante ao considerado na Figura 13.14a. O empuxo passivo de Rankine contra o muro a uma profundidade z pode ser dado pela [Eq. (13.21)]

$$\sigma'_p = K_p \gamma z + 2\sqrt{K_p} c'$$

Com $z = 0$,

$$\sigma'_p = 2\sqrt{K_p} c' \tag{13.46}$$

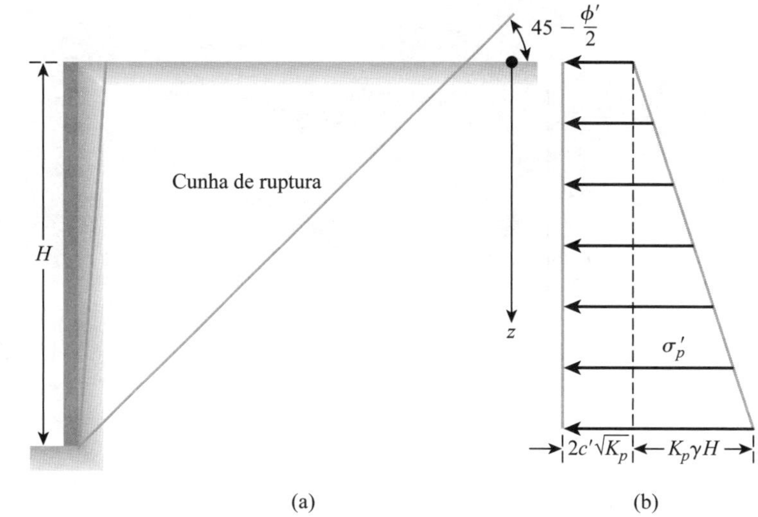

Figura 13.15 Distribuição de empuxo passivo de terra de Rankine contra um muro de arrimo com aterro de solo coesivo.

e com $z = H$,

$$\sigma'_p = K_p \gamma H + 2\sqrt{K_p}c' \tag{13.47}$$

A variação de σ'_p com profundidade é indicada na Figura 13.15b. O empuxo passivo por comprimento específico do muro pode ser encontrado a partir da área dos diagramas de empuxo como

$$P_p = \frac{1}{2}K_p \gamma H^2 + 2\sqrt{K_p}c'H \tag{13.48a}$$

Para a condição $\phi = 0$, $K_p = 1$ e

$$P_p = \frac{1}{2}\gamma H^2 + 2c_u H \tag{13.48b}$$

Exemplo 13.2

Um muro de arrimo de 5 m de altura é indicado na Figura 13.16a. Determine

a. O empuxo ativo de Rankine por comprimento específico do muro e a localização da resultante
b. O empuxo passivo de Rankine por comprimento específico do muro e a localização da resultante

Solução

Parte a

Em razão de $c' = 0$, determine a força ativa que podemos utilizar a partir da Eq. (13.19).

$$\sigma'_a = K_a \sigma'_o = K_a \gamma z$$

$$K_a = \frac{1 - \text{sen}\,\phi'}{1 + \text{sen}\,\phi'} = \frac{1 - \text{sen}\,30}{1 + \text{sen}\,30} = 0{,}33$$

Em $z = 0$, $\sigma'_a = 0$; em $z = 5$ m,

$$\sigma'_a = (0{,}33)(14)(5) = 23{,}1 \text{ kN/m}^2$$

(continua)

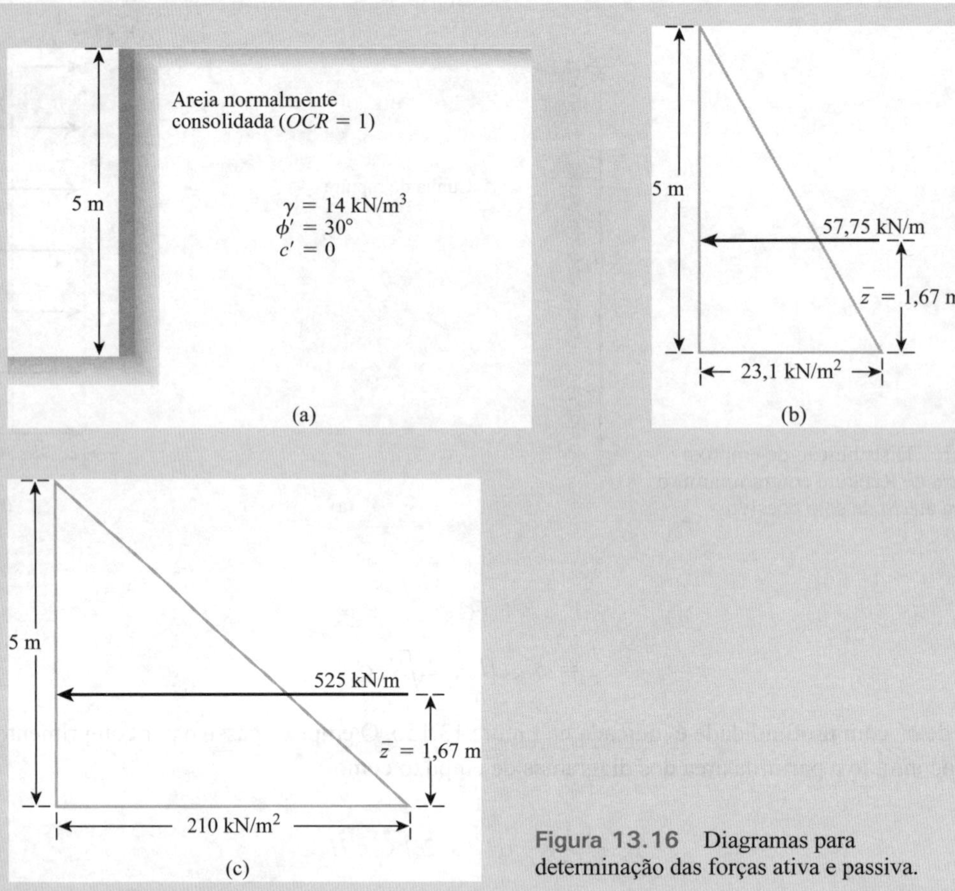

Figura 13.16 Diagramas para determinação das forças ativa e passiva.

O diagrama de distribuição de empuxo é indicado na Figura 13.16b. A força ativa por comprimento específico do muro é a seguinte:

$$P_a = \frac{1}{2}(5)(23{,}1) = \mathbf{57{,}75\ kN/m}$$

Além disso,

$$\bar{z} = \mathbf{1{,}67\ m}$$

Parte b

Para determinar a força passiva, é dado que $c' = 0$. Então, a partir da Eq. (13.22),

$$\sigma'_p = K_p \sigma'_o = K_p \gamma z$$

$$K_p = \frac{1 + \operatorname{sen} \phi'}{1 - \operatorname{sen} \phi'} = \frac{1 + \operatorname{sen} 30}{1 - \operatorname{sen} 30} = 3{,}0$$

Em $z = 0$, $\sigma'_p = 0$; em $z = 5$ m,

$$\sigma'_p = (3{,}0)(14)(5) = 210\ \text{kN/m}^2$$

O diagrama de distribuição de empuxo é indicado na Figura 13.16c. A força passiva por comprimento específico do muro é conforme segue.

$$P_p = \frac{1}{2}(5)(210) = \mathbf{525\ kN/m}$$

Além disso,

$$\bar{z} = \frac{5}{3} = 1{,}67 \text{ m}$$

■

Exemplo 13.3

Para o muro de arrimo indicado na Figura 13.17a, determine a força por comprimento específico do muro para o estado ativo de Rankine. Além disso, determine o local da resultante.

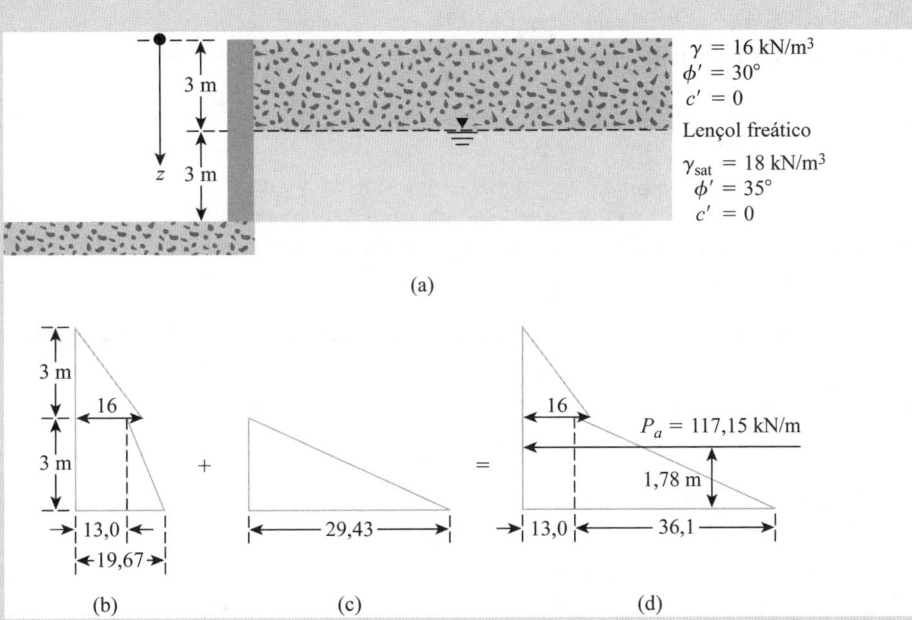

Figura 13.17 Diagramas de muro de arrimo e de empuxo para determinação de empuxo ativo de terra Rankine. (*Observação*: As unidades de empuxo em (b), (c) e (d) são em kN/m².)

Solução

Dado que $c' = 0$, sabemos que $\sigma'_a = K_a\sigma'_o$. Para a camada superior do solo, o coeficiente de empuxo ativo de terra de Rankine é

$$K_a = K_{a(1)} = \frac{1 - \text{sen}\,30°}{1 + \text{sen}\,30°} = \frac{1}{3}$$

Para a camada inferior,

$$K_a = K_{a(2)} = \frac{1 - \text{sen}\,35°}{1 + \text{sen}\,35°} = 0{,}271$$

Em $z = 0$, $\sigma'_o = 0$. Em $z = 3$ m (apenas na parte interna da parte inferior da camada superior), $\sigma'_o = 3 \times 16 = 48$ kN/m². Então,

$$\sigma'_a = K_{a(1)}\sigma'_o = \frac{1}{3} \times 48 = 16 \text{ kN/m}^2$$

(continua)

Novamente, em $z = 3$ m (na camada inferior), $\sigma'_o = 3 \times 16 = 48$ kN/m² e

$$\sigma'_a = K_{a(2)}\sigma'_o = (0{,}271) \times (48) = 13{,}0 \text{ kN/m}^2$$

Em $z = 6$ m,

$$\sigma'_o = 3 \times 16 + 3(18 - \underset{\substack{\uparrow \\ \gamma_w}}{9{,}81}) = 72{,}57 \text{ kN/m}^2$$

e

$$\sigma'_a = K_{a(2)}\sigma'_o = (0{,}271) \times (72{,}57) = 19{,}67 \text{ kN/m}^2$$

A variação da profundidade de σ'_a é indicada na Figura 13.17b.

As pressões laterais em razão da poropressão são:

Em $z = 0$: $u = 0$
Em $z = 3$ m: $u = 0$
Em $z = 6$ m: $u = 3 \times \gamma_w = 3 \times 9{,}81 = 29{,}43$ kN/m²

A variação da profundidade de u é indicada na Figura 13.17c e, para σ_a (empuxo ativo total), é indicada na Figura 13.17d. Assim,

$$P_a = \left(\tfrac{1}{2}\right)(3)(16) + 3(13{,}0) + \left(\tfrac{1}{2}\right)(3)(36{,}1) = 24 + 39{,}0 + 54{,}15 = \mathbf{117{,}15\ kN/m}$$

O local da resultante pode ser encontrado considerando o momento sobre a base do muro:

$$\bar{z} = \frac{24\left(3 + \frac{3}{3}\right) + 39{,}0\left(\frac{3}{2}\right) + 54{,}15\left(\frac{3}{3}\right)}{117{,}15}$$
$$= \mathbf{1{,}78\ m}$$

■

Exemplo 13.4

Um muro de arrimo sem atrito é indicado na Figura 13.18a. Determine:

a. A força ativa P_a após a ocorrência de fenda de tensão
b. A força passiva P_p

Solução

Parte a

Dado que $\phi' = 26°$, temos

$$K_a = \frac{1 - \operatorname{sen}\phi'}{1 + \operatorname{sen}\phi'} = \frac{1 - \operatorname{sen} 26°}{1 + \operatorname{sen} 26°} = 0{,}39$$

Da Eq. (13.17),

$$\sigma'_a = K_a\sigma'_o - 2c'\sqrt{K_a}$$

Com $z = 0$,

$$\sigma'_a = (0{,}39)(10) - (2)(8)\sqrt{0{,}39} = 3{,}9 - 9{,}99 = -6{,}09 \text{ kN/m}^2$$

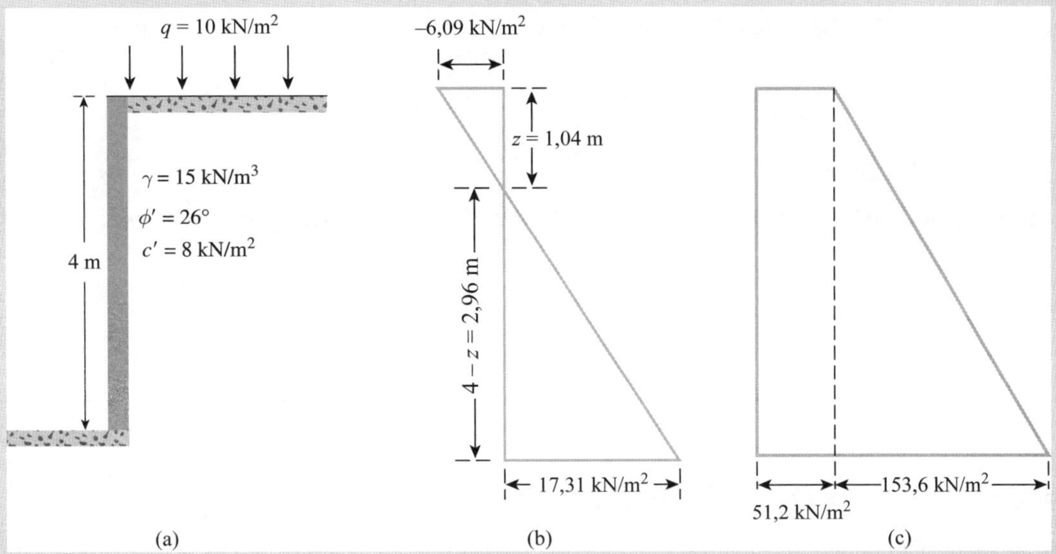

Figura 13.18

Em $z = 4$ m,

$$\sigma'_a = (0,39)[10 + (4)(15)] - (2)(8)\sqrt{0,39} = 27,3 - 9,99$$
$$= 17,31 \text{ kN/m}^2$$

A distribuição de empuxo é indicada na Figura 13.18b. A partir deste diagrama,

$$\frac{6,09}{z} = \frac{17,31}{4-z}$$

ou

$$z = 1,04 \text{ m}$$

Depois de ocorrer a fenda de tração,

$$P_a = \frac{1}{2}(4 - z)(17,31) = \left(\frac{1}{2}\right)(2,96)(17,31) = \mathbf{25,62\ kN/m}$$

Parte b

Dado que $\phi' = 26°$, temos

$$K_p = \frac{1 + \text{sen}\,\phi'}{1 - \text{sen}\,\phi'} = \frac{1 + \text{sen}\,26°}{1 - \text{sen}\,26°} = \frac{1,4384}{0,5616} = 2,56$$

Da Eq. (13.21),

$$\sigma'_p = K_p\sigma'_o + 2\sqrt{K_p}c'$$

Em $z = 0$, $\sigma'_o = 10$ kN/m² e

$$\sigma_p = (2,56)(10) + 2\sqrt{2,56}(8)$$
$$= 25,6 + 25,6 = 51,2 \text{ kN/m}^2$$

(continua)

Novamente, a $z = 4$ m, $\sigma'_o = (10 + 4 \times 15) = 70$ kN/m² e

$$\sigma'_p = (2{,}56)(70) + 2\sqrt{2{,}56}(8)$$
$$= 204{,}8 \text{ kN/m}^2$$

A distribuição de empuxo é indicada na Figura 13.18c. A resistência passiva por comprimento específico do muro é

$$P_p = (51{,}2)(4) + \frac{1}{2}(4)(153{,}6)$$
$$= 204{,}8 + 307{,}2 = \mathbf{512\ kN/m}$$

■

TEORIA DE EMPUXO DE TERRA DE COULOMB

Há mais de 200 anos, Coulomb (1776) apresentou a teoria para os empuxos ativos e passivos de terra contra muros de arrimo. Nessa teoria, Coulomb considerou que a superfície de ruptura é plana. O atrito do *muro* foi levada em conta. As seguintes seções discutem os princípios gerais da derivação da teoria de empuxo de terra de Coulomb para um aterro não coesivo (resistência ao cisalhamento definida pela equação $\tau_f = \sigma' \text{ tg } \phi'$).

13.10 Empuxo ativo de Coulomb

Considere *AB* (Figura 13.19a) como a face posterior do muro de arrimo que suporta o solo granular, cuja superfície tem uma inclinação constante em um ângulo α com a horizontal. *BC* é uma superfície de tentativa de ruptura. Ao considerar a estabilidade da cunha com provável ruptura *ABC*, as seguintes forças são envolvidas (por comprimento específico do muro):

1. W – peso da cunha do solo.
2. F – resultante das forças de cisalhamento e da força normal na superfície da ruptura, *BC*. Ela é inclinada a um ângulo de ϕ' em relação à normal ao plano *BC*.
3. P_a = força ativa por comprimento específico do muro. A direção de P_a é inclinada a um ângulo δ' em relação à normal à face do muro que suporta o solo. δ' é o ângulo de atrito entre o solo e a parede.

O triângulo de força para a cunha é indicado na Figura 13.19b. Para a lei dos senos, temos

$$\frac{W}{\text{sen}(90 + \theta + \delta' - \beta + \phi')} = \frac{P_a}{\text{sen}(\beta - \phi')} \tag{13.49}$$

ou

$$P_a = \frac{\text{sen}(\beta - \phi')}{\text{sen}(90 + \theta + \delta' - \beta + \phi')} W \tag{13.50}$$

A equação anterior pode ser escrita na forma

$$P_a = \frac{1}{2}\gamma H^2 \left[\frac{\cos(\theta - \beta)\cos(\theta - \alpha)\text{sen}(\beta - \phi')}{\cos^2\theta \text{ sen}(\beta - \alpha)\text{sen}(90 + \theta + \delta' - \beta + \phi')} \right] \tag{13.51}$$

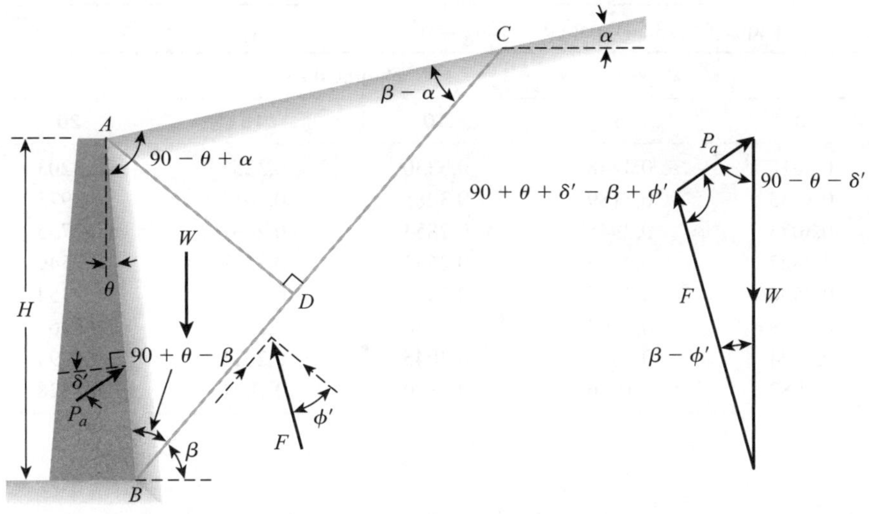

Figura 13.19 Empuxo ativo de Coulomb: (a) cunha tentativa de ruptura; (b) polígono de força.

onde γ = peso específico do aterro. Os valores de γ, H, θ, α, ϕ' e δ' são constantes e β é a única variável. Para determinar o valor crítico de β para P_a máximo, temos

$$\frac{dP_a}{d\beta} = 0 \tag{13.52}$$

Após resolver a Eq. (13.52), quando a relação de β é substituída na Eq. (13.51), obtemos o empuxo de terra ativo de Coulomb como

$$P_a = \frac{1}{2} K_a \gamma H^2 \tag{13.53}$$

onde K_a é o coeficiente do empuxo ativo de terra de Coulomb e é dado por

$$K_a = \frac{\cos^2(\phi' - \theta)}{\cos^2\theta \cos(\delta' + \theta)\left[1 + \sqrt{\dfrac{\operatorname{sen}(\delta' + \phi')\operatorname{sen}(\phi' - \alpha)}{\cos(\delta' + \theta)\cos(\theta - \alpha)}}\right]^2} \tag{13.54}$$

Observe que, quando $\alpha = 0°$, $\theta = 0°$ e $\delta' = 0°$, o coeficiente de empuxo ativo de terra de Coulomb se torna igual a $(1 - \operatorname{sen}\phi')/(1 + \operatorname{sen}\phi')$, que é o mesmo que o coeficiente de empuxo de terra de Rankine apresentado anteriormente neste capítulo.

A variação dos valores de K_a para os muros de arrimo com a posterior vertical ($\theta = 0°$) e aterro horizontal ($\alpha = 0°$) é dada na Tabela 13.4. A partir desta tabela, observe que, para determinado valor de ϕ', o efeito do atrito de muro é para reduzir, de algum modo, o coeficiente de empuxo ativo de terra.

As Tabelas 13.5 e 13.6 também proporcionam a variação de K_a [Eq. (13.54)] para diversos valores de α, ϕ', θ e δ' ($\delta' = \frac{2}{3}\phi'$ na Tabela 13.5 e $\delta' = \frac{1}{2}\phi'$ na Tabela 13.6).

Tabela 13.4 Valores de K_a [Equação (13.54)] para $\theta = 0°$, $\alpha = 0°$

	δ' (graus) →					
↓ ϕ' (graus)	0	5	10	15	20	25
28	0,3610	0,3448	0,3330	0,3251	0,3203	0,3186
30	0,3333	0,3189	0,3085	0,3014	0,2973	0,2959
32	0,3073	0,2945	0,2853	0,2791	0,2755	0,2745
34	0,2827	0,2714	0,2633	0,2579	0,2549	0,2542
36	0,2596	0,2497	0,2426	0,2379	0,2354	0,2350
38	0,2379	0,2292	0,2230	0,2190	0,2169	0,2167
40	0,2174	0,2089	0,2045	0,2011	0,1994	0,1995
42	0,1982	0,1916	0,1870	0,1841	0,1828	0,1831

Exemplo 13.5

Consulte a Figura 13.19. Dado que: $\alpha = 10°$; $\theta = 5°$; $H = 4$ m; peso específico de solo, $\gamma = 15$ kN/m^3; ângulo de atrito de solo, $\phi' = 30°$ e $\delta' = 15°$. Calcule a força ativa, P_a, por comprimento específico do muro. Além disso, declare a direção e o local da força resultante, P_a.

Solução

Da Eq. (13.53),

$$P_a = \frac{1}{2}\gamma H^2 K_a$$

Para $\phi' = 30°$; $\delta' = 15°$ – ou seja, $\frac{\delta'}{\phi'} = \frac{15}{30} = \frac{1}{2}$; $\alpha = 10°$; e $\theta = 5°$, a magnitude de K_a é 0,3872 (Tabela 13.6). Portanto,

$$P_a = \frac{1}{2}(15)(4)^2(0,3872) = \mathbf{46,46\ kN/m}$$

A resultante agirá na distância vertical igual a $H/3 = 4/3 = 1,33$ m acima da parte inferior do muro e será inclinada a um ângulo de 15° ($=\delta'$) para a parte posterior do muro. ■

13.11 Solução gráfica para empuxo ativo de terra de Coulomb

Um método prático para a criação de uma solução gráfica da teoria de empuxo de terra de Coulomb foi fornecido por Culmann (1875). A solução de Culmann pode ser utilizada para qualquer atrito de muro, independentemente de irregularidades do aterro e das sobrecargas. Portanto, fornece uma técnica poderosa para estimar o empuxo lateral de terra. As etapas na solução de Culmann do empuxo ativo com aterro granular ($c' = 0$) são descritas logo abaixo, com referência à Figura 13.20a:

Etapa 1: Desenhe as características do muro de arrimo e do aterro em uma escala adequada.

Etapa 2: Determine o valor de ψ (graus) $= 90 - \theta - \delta'$, onde θ = inclinação da face posterior do muro de arrimo com o plano vertical, e δ' = ângulo do atrito do muro.

Etapa 3: Desenhe uma linha BD que forme um ângulo ϕ' com o plano horizontal.

Etapa 4: Desenhe uma linha BE que forme um ângulo ψ com a linha BD.

Etapa 5: Para considerar algumas cunhas de ruptura, trace as linhas BC_1, BC_2, BC_3. . . , BC_n.

Etapa 6: Descubra as áreas de ABC_1, ABC_2, ABC_3, . . . , ABC_n.

Tabela 13.5 Valores de K_a [Equação (13.54)] (*Observação:* $\delta' = \frac{2}{3}\phi'$)

α (graus)	φ′ (graus)	θ (graus) 0	5	10	15	20	25
0	28	0,3213	0,3588	0,4007	0,4481	0,5026	0,5662
	29	0,3091	0,3467	0,3886	0,4362	0,4908	0,5547
	30	0,2973	0,3349	0,3769	0,4245	0,4794	0,5435
	31	0,2860	0,3235	0,3655	0,4133	0,4682	0,5326
	32	0,2750	0,3125	0,3545	0,4023	0,4574	0,5220
	33	0,2645	0,3019	0,3439	0,3917	0,4469	0,5117
	34	0,2543	0,2916	0,3335	0,3813	0,4367	0,5017
	35	0,2444	0,2816	0,3235	0,3713	0,4267	0,4919
	36	0,2349	0,2719	0,3137	0,3615	0,4170	0,4824
	37	0,2257	0,2626	0,3042	0,3520	0,4075	0,4732
	38	0,2168	0,2535	0,2950	0,3427	0,3983	0,4641
	39	0,2082	0,2447	0,2861	0,3337	0,3894	0,4553
	40	0,1998	0,2361	0,2774	0,3249	0,3806	0,4468
	41	0,1918	0,2278	0,2689	0,3164	0,3721	0,4384
	42	0,1840	0,2197	0,2606	0,3080	0,3637	0,4302
5	28	0,3431	0,3845	0,4311	0,4843	0,5461	0,6190
	29	0,3295	0,3709	0,4175	0,4707	0,5325	0,6056
	30	0,3165	0,3578	0,4043	0,4575	0,5194	0,5926
	31	0,3039	0,3451	0,3916	0,4447	0,5067	0,5800
	32	0,2919	0,3329	0,3792	0,4324	0,4943	0,5677
	33	0,2803	0,3211	0,3673	0,4204	0,4823	0,5558
	34	0,2691	0,3097	0,3558	0,4088	0,4707	0,5443
	35	0,2583	0,2987	0,3446	0,3975	0,4594	0,5330
	36	0,2479	0,2881	0,3338	0,3866	0,4484	0,5221
	37	0,2379	0,2778	0,3233	0,3759	0,4377	0,5115
	38	0,2282	0,2679	0,3131	0,3656	0,4273	0,5012
	39	0,2188	0,2582	0,3033	0,3556	0,4172	0,4911
	40	0,2098	0,2489	0,2937	0,3458	0,4074	0,4813
	41	0,2011	0,2398	0,2844	0,3363	0,3978	0,4718
	42	0,1927	0,2311	0,2753	0,3271	0,3884	0,4625
10	28	0,3702	0,4164	0,4686	0,5287	0,5992	0,6834
	29	0,3548	0,4007	0,4528	0,5128	0,5831	0,6672
	30	0,3400	0,3857	0,4376	0,4974	0,5676	0,6516
	31	0,3259	0,3713	0,4230	0,4826	0,5526	0,6365
	32	0,3123	0,3575	0,4089	0,4683	0,5382	0,6219
	33	0,2993	0,3442	0,3953	0,4545	0,5242	0,6078
	34	0,2868	0,3314	0,3822	0,4412	0,5107	0,5942
	35	0,2748	0,3190	0,3696	0,4283	0,4976	0,5810
	36	0,2633	0,3072	0,3574	0,4158	0,4849	0,5682
	37	0,2522	0,2957	0,3456	0,4037	0,4726	0,5558
	38	0,2415	0,2846	0,3342	0,3920	0,4607	0,5437
	39	0,2313	0,2740	0,3231	0,3807	0,4491	0,5321
	40	0,2214	0,2636	0,3125	0,3697	0,4379	0,5207
	41	0,2119	0,2537	0,3021	0,3590	0,4270	0,5097
	42	0,2027	0,2441	0,2921	0,3487	0,4164	0,4990
15	28	0,4065	0,4585	0,5179	0,5868	0,6685	0,7670
	29	0,3881	0,4397	0,4987	0,5672	0,6483	0,7463
	30	0,3707	0,4219	0,4804	0,5484	0,6291	0,7265
	31	0,3541	0,4049	0,4629	0,5305	0,6106	0,7076
	32	0,3384	0,3887	0,4462	0,5133	0,5930	0,6895
	33	0,3234	0,3732	0,4303	0,4969	0,5761	0,6721

Tabela 13.5 *(continuação)*

α (graus)	φ′ (graus)	θ (graus) 0	5	10	15	20	25
	34	0,3091	0,3583	0,4150	0,4811	0,5598	0,6554
	35	0,2954	0,3442	0,4003	0,4659	0,5442	0,6393
	36	0,2823	0,3306	0,3862	0,4513	0,5291	0,6238
	37	0,2698	0,3175	0,3726	0,4373	0,5146	0,6089
	38	0,2578	0,3050	0,3595	0,4237	0,5006	0,5945
	39	0,2463	0,2929	0,3470	0,4106	0,4871	0,5805
	40	0,2353	0,2813	0,3348	0,3980	0,4740	0,5671
	41	0,2247	0,2702	0,3231	0,3858	0,4613	0,5541
	42	0,2146	0,2594	0,3118	0,3740	0,4491	0,5415
20	28	0,4602	0,5205	0,5900	0,6714	0,7689	0,8880
	29	0,4364	0,4958	0,5642	0,6445	0,7406	0,8581
	30	0,4142	0,4728	0,5403	0,6195	0,7144	0,8303
	31	0,3935	0,4513	0,5179	0,5961	0,6898	0,8043
	32	0,3742	0,4311	0,4968	0,5741	0,6666	0,7799
	33	0,3559	0,4121	0,4769	0,5532	0,6448	0,7569
	34	0,3388	0,3941	0,4581	0,5335	0,6241	0,7351
	35	0,3225	0,3771	0,4402	0,5148	0,6044	0,7144
	36	0,3071	0,3609	0,4233	0,4969	0,5856	0,6947
	37	0,2925	0,3455	0,4071	0,4799	0,5677	0,6759
	38	0,2787	0,3308	0,3916	0,4636	0,5506	0,6579
	39	0,2654	0,3168	0,3768	0,4480	0,5342	0,6407
	40	0,2529	0,3034	0,3626	0,4331	0,5185	0,6242
	41	0,2408	0,2906	0,3490	0,4187	0,5033	0,6083
	42	0,2294	0,2784	0,3360	0,4049	0,4888	0,5930

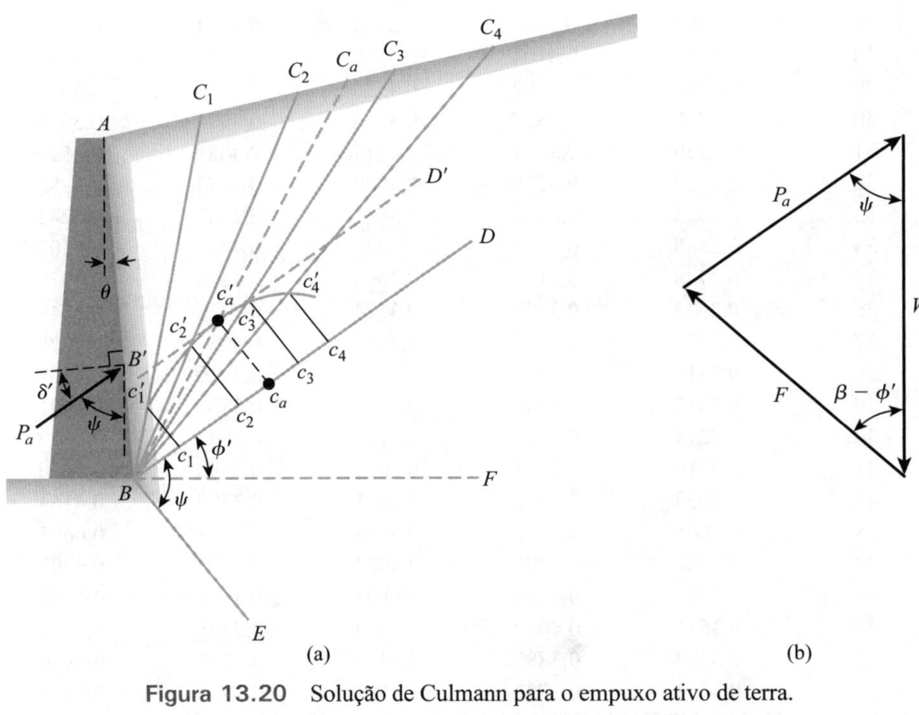

Figura 13.20 Solução de Culmann para o empuxo ativo de terra.

Tabela 13.6 Valores de K_a [Equação (13.54)] (*Observação:* $\delta' = \phi'/2$)

α (graus)	ϕ' (graus)	θ (graus)					
		0	5	10	15	20	25
0	28	0,3264	0,3629	0,4034	0,4490	0,5011	0,5616
	29	0,3137	0,3502	0,3907	0,4363	0,4886	0,5492
	30	0,3014	0,3379	0,3784	0,4241	0,4764	0,5371
	31	0,2896	0,3260	0,3665	0,4121	0,4645	0,5253
	32	0,2782	0,3145	0,3549	0,4005	0,4529	0,5137
	33	0,2671	0,3033	0,3436	0,3892	0,4415	0,5025
	34	0,2564	0,2925	0,3327	0,3782	0,4305	0,4915
	35	0,2461	0,2820	0,3221	0,3675	0,4197	0,4807
	36	0,2362	0,2718	0,3118	0,3571	0,4092	0,4702
	37	0,2265	0,2620	0,3017	0,3469	0,3990	0,4599
	38	0,2172	0,2524	0,2920	0,3370	0,3890	0,4498
	39	0,2081	0,2431	0,2825	0,3273	0,3792	0,4400
	40	0,1994	0,2341	0,2732	0,3179	0,3696	0,4304
	41	0,1909	0,2253	0,2642	0,3087	0,3602	0,4209
	42	0,1828	0,2168	0,2554	0,2997	0,3511	0,4117
5	28	0,3477	0,3879	0,4327	0,4837	0,5425	0,6115
	29	0,3337	0,3737	0,4185	0,4694	0,5282	0,5972
	30	0,3202	0,3601	0,4048	0,4556	0,5144	0,5833
	31	0,3072	0,3470	0,3915	0,4422	0,5009	0,5698
	32	0,2946	0,3342	0,3787	0,4292	0,4878	0,5566
	33	0,2825	0,3219	0,3662	0,4166	0,4750	0,5437
	34	0,2709	0,3101	0,3541	0,4043	0,4626	0,5312
	35	0,2596	0,2986	0,3424	0,3924	0,4505	0,5190
	36	0,2488	0,2874	0,3310	0,3808	0,4387	0,5070
	37	0,2383	0,2767	0,3199	0,3695	0,4272	0,4954
	38	0,2282	0,2662	0,3092	0,3585	0,4160	0,4840
	39	0,2185	0,2561	0,2988	0,3478	0,4050	0,4729
	40	0,2090	0,2463	0,2887	0,3374	0,3944	0,4620
	41	0,1999	0,2368	0,2788	0,3273	0,3840	0,4514
	42	0,1911	0,2276	0,2693	0,3174	0,3738	0,4410
10	28	0,3743	0,4187	0,4688	0,5261	0,5928	0,6719
	29	0,3584	0,4026	0,4525	0,5096	0,5761	0,6549
	30	0,3432	0,3872	0,4368	0,4936	0,5599	0,6385
	31	0,3286	0,3723	0,4217	0,4782	0,5442	0,6225
	32	0,3145	0,3580	0,4071	0,4633	0,5290	0,6071
	33	0,3011	0,3442	0,3930	0,4489	0,5143	0,5920
	34	0,2881	0,3309	0,3793	0,4350	0,5000	0,5775
	35	0,2757	0,3181	0,3662	0,4215	0,4862	0,5633
	36	0,2637	0,3058	0,3534	0,4084	0,4727	0,5495
	37	0,2522	0,2938	0,3411	0,3957	0,4597	0,5361
	38	0,2412	0,2823	0,3292	0,3833	0,4470	0,5230
	39	0,2305	0,2712	0,3176	0,3714	0,4346	0,5103
	40	0,2202	0,2604	0,3064	0,3597	0,4226	0,4979
	41	0,2103	0,2500	0,2956	0,3484	0,4109	0,4858
	42	0,2007	0,2400	0,2850	0,3375	0,3995	0,4740
15	28	0,4095	0,4594	0,5159	0,5812	0,6579	0,7498
	29	0,3908	0,4402	0,4964	0,5611	0,6373	0,7284
	30	0,3730	0,4220	0,4777	0,5419	0,6175	0,7080
	31	0,3560	0,4046	0,4598	0,5235	0,5985	0,6884
	32	0,3398	0,3880	0,4427	0,5059	0,5803	0,6695
	33	0,3244	0,3721	0,4262	0,4889	0,5627	0,6513

Tabela 13.6 *(continuação)*

		θ (graus)					
α (graus)	φ′ (graus)	0	5	10	15	20	25
	34	0,3097	0,3568	0,4105	0,4726	0,5458	0,6338
	35	0,2956	0,3422	0,3953	0,4569	0,5295	0,6168
	36	0,2821	0,3282	0,3807	0,4417	0,5138	0,6004
	37	0,2692	0,3147	0,3667	0,4271	0,4985	0,5846
	38	0,2569	0,3017	0,3531	0,4130	0,4838	0,5692
	39	0,2450	0,2893	0,3401	0,3993	0,4695	0,5543
	40	0,2336	0,2773	0,3275	0,3861	0,4557	0,5399
	41	0,2227	0,2657	0,3153	0,3733	0,4423	0,5258
	42	0,2122	0,2546	0,3035	0,3609	0,4293	0,5122
20	28	0,4614	0,5188	0,5844	0,6608	0,7514	0,8613
	29	0,4374	0,4940	0,5586	0,6339	0,7232	0,8313
	30	0,4150	0,4708	0,5345	0,6087	0,6968	0,8034
	31	0,3941	0,4491	0,5119	0,5851	0,6720	0,7772
	32	0,3744	0,4286	0,4906	0,5628	0,6486	0,7524
	33	0,3559	0,4093	0,4704	0,5417	0,6264	0,7289
	34	0,3384	0,3910	0,4513	0,5216	0,6052	0,7066
	35	0,3218	0,3736	0,4331	0,5025	0,5851	0,6853
	36	0,3061	0,3571	0,4157	0,4842	0,5658	0,6649
	37	0,2911	0,3413	0,3991	0,4668	0,5474	0,6453
	38	0,2769	0,3263	0,3833	0,4500	0,5297	0,6266
	39	0,2633	0,3120	0,3681	0,4340	0,5127	0,6085
	40	0,2504	0,2982	0,3535	0,4185	0,4963	0,5912
	41	0,2381	0,2851	0,3395	0,4037	0,4805	0,5744
	42	0,2263	0,2725	0,3261	0,3894	0,4653	0,5582

Etapa 7: Determine o peso do solo, W, por comprimento específico do muro de arrimo em cada cunha de ruptura conforme segue:

$$W_1 = (\text{Área de } ABC_1) \times (\gamma) \times (1)$$
$$W_2 = (\text{Área de } ABC_2) \times (\gamma) \times (1)$$
$$W_3 = (\text{Área de } ABC_3) \times (\gamma) \times (1)$$
$$\vdots$$
$$W_n = (\text{Área de } ABC_n) \times (\gamma) \times (1)$$

Etapa 8: Adote uma escala de carga conveniente e represente graficamente os pesos $W_1, W_2, W_3, \ldots, W_n$ determinados da etapa 7 na linha BD. (*Observação:* $Bc_1 = W_1, Bc_2 = W_2, Bc_3 = W_3, \ldots, Bc_n = W_n$.)

Etapa 9: Desenhe $c_1c_1', c_2c_2', c_3c_3', \ldots, c_nc_n'$, paralelo à linha BE. (*Observação*: $c_1', c_2', c_3', \ldots, c_n'$ estão localizados nas linhas $BC_1, BC_2, BC_3, \ldots, BC_n$, respectivamente.)

Etapa 10: Desenhe uma curva suave por $c_1', c_2', c_3', \ldots, c_n'$. Esta curva é chamada *linha de Culmann*.

Etapa 11: Desenhe uma tangente $B'D'$ em relação à curva suave desenhada na Etapa 10. $B'D'$ é paralela à linha BD. Considere c_a' como ponto de tangência.

Etapa 12: Desenhe uma linha c_ac_a' paralela à linha BE.

Etapa 13: Determine a força ativa por comprimento específico do muro como P_a = (Comprimento de c_ac_a') × (Escala de carga)

Etapa 14: Desenhe uma linha $Bc_a'C_a$. ABC_a é a cunha de ruptura desejada.

Observe que o procedimento de construção exige, na essência, o desenho de uma quantidade de polígonos de força para uma quantidade de cunhas de ruptura e a descoberta do valor máximo da força ativa no qual o muro pode estar sujeito. Por exemplo, a Figura 13.20b exibe o polígono de força para cunha de ruptura ABC_a (semelhante ao da Figura 13.19b), no qual

W = peso da cunha de ruptura do solo ABC_a

P_a = empuxo ativo sobre o muro

F = a resultante das forças de cisalhamento e normal ao longo de BC_a

$\beta = \angle C_aBF$ (o ângulo que a cunha de ruptura faz com a horizontal)

O triângulo de força (Figura 13.20b) é simplesmente rotacionado na Figura 13.20a e representado pelo triângulo $Bc_ac'_a$. De modo semelhante, os triângulos de força $Bc_1c'_1, Bc_2c'_2, Bc_3c'_3, \ldots, Bc_nc'_n$ correspondem à cunha de ruptura ABC_1, $ABC_2, ABC_3, \ldots, ABC_n$.

O procedimento gráfico precedente é apresentado etapa por etapa somente para facilitar a compreensão básica. Tais problemas podem ser fácil e eficientemente resolvidos com o uso de programas de computador.

A solução de Culmann fornece somente a magnitude da força ativa por comprimento específico do muro de arrimo não o ponto de aplicação da resultante. O procedimento analítico utilizado para encontrar o ponto de aplicação da resultante pode ser entediante. Por essa razão, pode ser utilizado um método aproximado que não sacrifica tal precisão. Esse método é demonstrado na Figura 13.21, no qual ABC é a cunha de ruptura determinada pelo método de Culmann. O é o centro de gravidade da cunha ABC. Se a linha OO' for indicada paralelamente à superfície de deslizamento, BC, o ponto de intersecção dessa linha com a face posterior do muro proporcionará o ponto de aplicação de P_a. Assim, P_a age em O' inclinado a um ângulo δ' em relação à normal à face posterior do muro.

Exemplo 13.6

Um muro de arrimo de 4,57 m de altura com aterro de solo granular é indicado na Figura 13.22. Dados que $\gamma = 15{,}72\ \text{kN/m}^3$, $\phi' = 35°$, $\theta = 5°$ e $\delta' = 10°$, determine o empuxo ativo por comprimento de sapata de muro.

Solução

Para este problema, $\psi = 90 - \theta - \delta' = 90° - 5° - 10° = 75°$. A construção gráfica é indicada na Figura 13.22. Os pesos das cunhas consideradas são como seguem.

(continua)

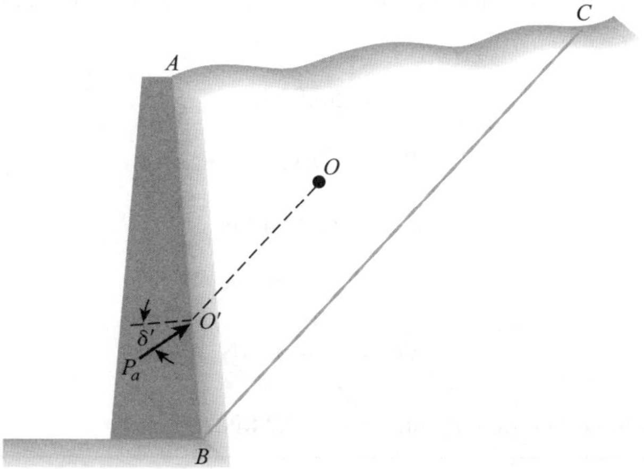

Figura 13.21 Método aproximado para a descoberta do ponto de aplicação da força ativa resultante B.

Cunha	Peso (kN/m)
ABC_1	$\frac{1}{2}$ (1,33)(5,45)(15,72) = 56,97 kN/m
ABC_2	56,97 + [$\frac{1}{2}$ (0,72)(5,66)](15,72) = 89,10 kN/m
ABC_3	89,10 + [$\frac{1}{2}$ (0,68)(5,96)](15,72) = 120,86 kN/m
ABC_4	120,86 + [$\frac{1}{2}$ ((0,64)(6,33)](15,72) = 152,70 kN/m
ABC_5	152,70 + [$\frac{1}{2}$ (0,6)(6,77)](15,72) = 184,63 kN/m

Da Figura 13.22,

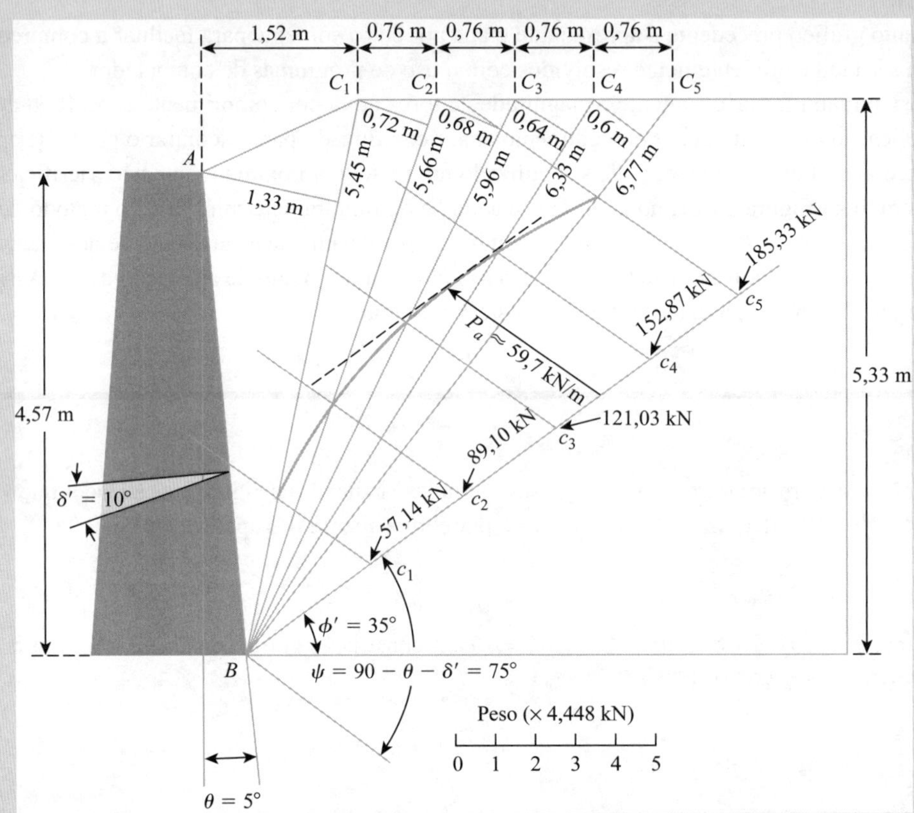

Figura 13.22 Solução de Culmann para a determinação de empuxo ativo por comprimento específico de muro.

$$\overline{Bc_1} = 56,97 \text{ kN}$$

$$\overline{Bc_2} = 89,10 \text{ kN}$$

$$\overline{Bc_3} = 120,86 \text{ kN}$$

$$\overline{Bc_4} = 152,70 \text{ kN}$$

$$\overline{Bc_5} = 184,63 \text{ kN}$$

O empuxo ativo por comprimento específico do muro é de **59,7 kN**. ■

13.12 Empuxo passivo de Coulomb

A Figura 13.23a exibe um muro de arrimo com aterro não coesivo, em talude, semelhante ao considerado na Figura 13.19a. O polígono de força para equilíbrio da cunha *ABC* para o estado passivo é indicado na Figura 13.23b. P_p é a notação para força passiva. Outros sinais utilizados são os mesmos para o caso ativo (Seção 13.10). No procedimento semelhante ao seguido no caso ativo [Eq. (13.53)], obteremos

$$P_p = \tfrac{1}{2} K_p \gamma H^2 \tag{13.55}$$

onde K_p = coeficiente de empuxo passivo de terra de Coulomb ou

$$K_p = \frac{\cos^2(\phi' + \theta)}{\cos^2\theta \cos(\delta' - \theta)\left[1 - \sqrt{\dfrac{\operatorname{sen}(\phi' + \delta')\operatorname{sen}(\phi' + \alpha)}{\cos(\delta' - \theta)\cos(\alpha - \theta)}}\right]^2} \tag{13.56}$$

Para um muro sem atrito com a face posterior vertical que suporta um aterro de solo granular com uma superfície horizontal (ou seja, $\theta = 0°$, $\alpha = 0°$ e $\delta' = 0°$), a Eq. (13.56) fornece

$$K_p = \frac{1 + \operatorname{sen}\phi'}{1 - \operatorname{sen}\phi'} = \operatorname{tg}^2\left(45 + \frac{\phi'}{2}\right)$$

Essa relação é a mesma que a obtida para o coeficiente de empuxo passivo da terra no caso de Rankine proporcionada pela Eq. (13.22).

A variação de K_p com ϕ' e δ' (para $\theta = 0°$ e $\alpha = 0°$) é dada na Tabela 13.7. Podemos visualizar a partir desta tabela que, para o valor proporcionado de ϕ', o valor de K_p aumenta com o atrito de muro.

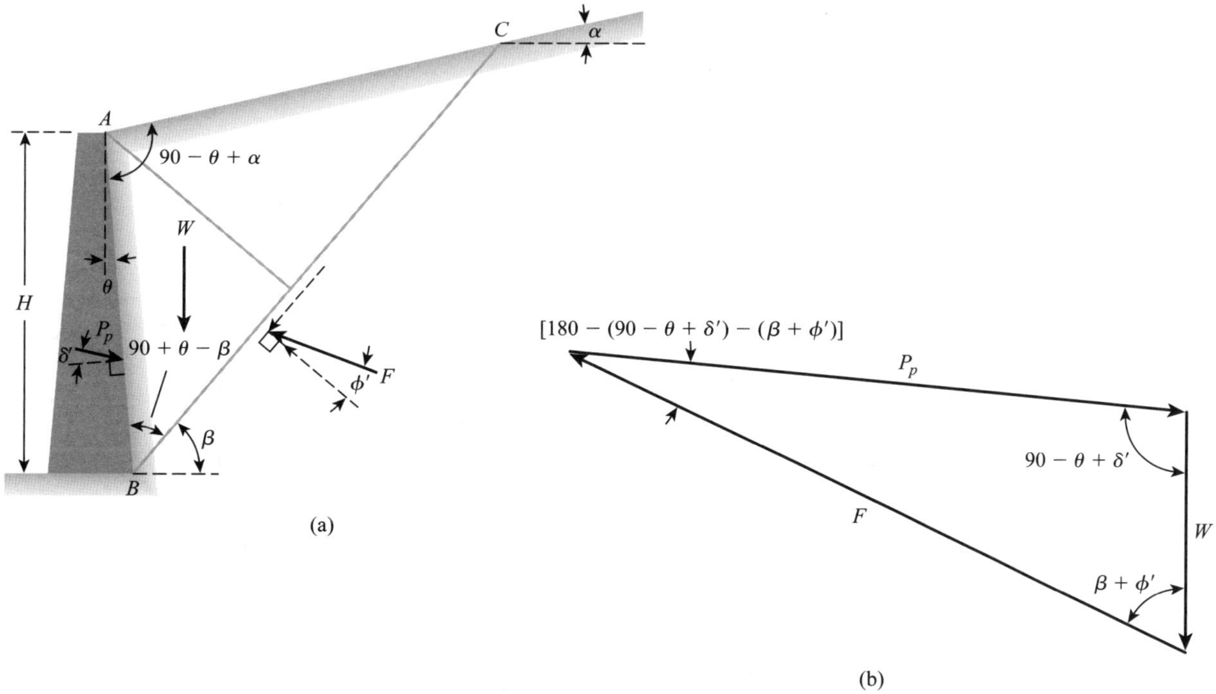

Figura 13.23 Empuxo passivo de Coulomb: (a) cunha de ruptura; (b) polígono de força.

Tabela 13.7 Valores de K_p [Equação (13.56)] para $\theta = 0°$, $\alpha = 0°$

↓ ϕ' (graus)	δ' (graus) → 0	5	10	15	20
15	1,698	1,900	2,130	2,405	2,735
20	2,040	2,313	2,636	3,030	3,525
25	2,464	2,830	3,286	3,855	4,597
30	3,000	3,506	4,143	4,977	6,105
35	3,690	4,390	5,310	6,854	8,324
40	4,600	5,590	6,946	8,870	11,772

13.13 Empuxo ativo sobre muros de arrimo com forças sísmicas

Caso ativo (aterro granular)

A análise de Coulomb para a força ativa nos muros de arrimo discutida na Seção 13.10 pode ser convenientemente estendida para incluir as forças sísmicas. Para isso, considere um muro de arrimo de altura H com um *aterro granular* em talude como o indicado na Figura 13.24a. Considere que o peso específico e o ângulo de atrito do solo granular contido pelo muro sejam iguais a γ e ϕ', respectivamente. Além disso, considere δ' como o ângulo de atrito entre o solo e o muro. ABC é uma cunha de ruptura. As forças que atuam na cunha são:

1. Peso do solo na cunha, W
2. Resultante das forças de cisalhamento e normal na superfície da ruptura BC, F
3. Empuxo ativo por unidade de comprimento do muro, P_{ae}
4. Força de inércia horizontal, $k_h W$
5. Força de inércia vertical, $k_v W$

Observe que

$$k_h = \frac{\text{Componente horizontal da aceleração sísmica}}{g} \tag{13.57}$$

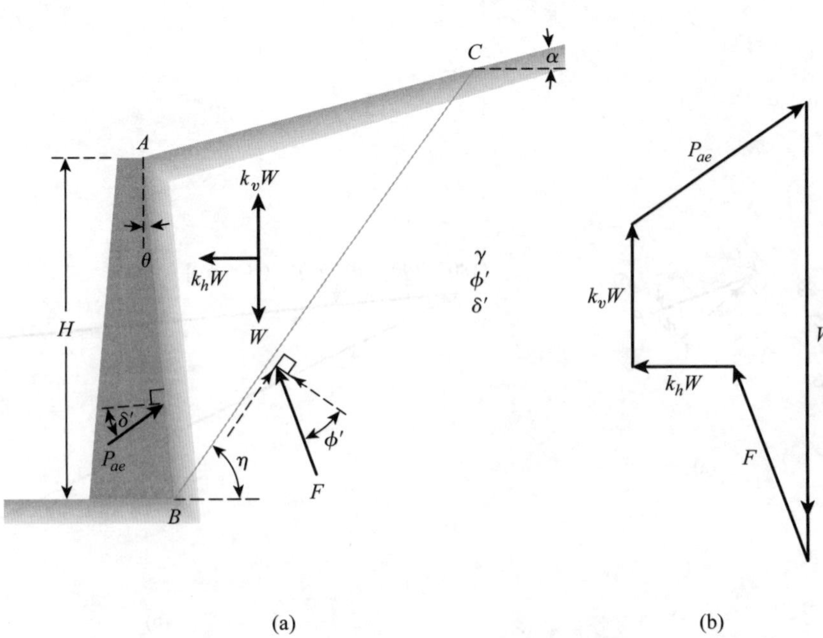

Figura 13.24 Empuxo ativo sobre um muro de arrimo com forças sísmicas.

$$k_v = \frac{\text{Componente vertical da aceleração sísmica}}{g} \tag{13.58}$$

onde g = aceleração em razão da gravidade

O polígono de força que demonstra tais forças é indicado na Figura 13.24b. A força ativa dinâmica no muro é o valor máximo de P_{ae} exercido por qualquer cunha. Este valor pode ser expresso como

$$P_{ae} = \frac{1}{2}\gamma H^2(1-k_v)K''_a \tag{13.59}$$

onde

$$K''_a = \frac{\cos^2(\phi' - \theta - \overline{\beta})}{\cos^2\theta \cos\overline{\beta}\cos(\delta' + \theta + \overline{\beta})\left\{1 + \left[\frac{\operatorname{sen}(\delta' + \phi')\operatorname{sen}(\phi' - \alpha - \overline{\beta})}{\cos(\delta' + \theta + \overline{\beta})\cos(\theta - \alpha)}\right]^{1/2}\right\}^2} \tag{13.60}$$

e

$$\overline{\beta} = \operatorname{tg}^{-1}\left(\frac{k_h}{1-k_v}\right) \tag{13.61}$$

Observe que, sem nenhuma força de inércia sísmica, $\overline{\beta}$ é igual a 0. Portanto, $K''_a = K_a$ conforme proporcionado na Eq. (13.54). As Equações (13.59) e (13.60) são conhecidas geralmente como *equações Mononobe-Okabe* (Mononobe, 1929; Okabe, 1926). A variação de K''_a com $\theta = 0°$ e $k_v = 0$ é dada na Tabela 13.8. A Figura 13.25 mostra os valores críticos de $\eta = \eta_c$ (para $\theta = 0$, $\alpha = 0$, $k_v = 0$, $\phi' = 30°$) para o qual o valor máximo de P_{ae} é obtido.

Seed e Whitman (1970) forneceram um procedimento simples para obter o valor de K''_a a partir de gráficos padrão de K_a [veja a Eq. (13.54)]. Este procedimento é explicado a seguir. Referindo-se às Eqs. (13.53) e (13.54), podemos escrever

$$P_a = \frac{1}{2}\gamma H^2 K_a = \left(\frac{1}{2}\gamma H^2\right)\left(\frac{1}{\cos^2\theta}\right)(A_c) \tag{13.62}$$

onde

$$A_c = K_a\cos^2\theta = \frac{\cos^2(\phi' - \theta)}{\cos^2(\delta' + \theta)\left[1 + \sqrt{\frac{\operatorname{sen}(\delta' + \phi')\operatorname{sen}(\phi' - \alpha)}{\cos(\delta' + \theta)\cos(\theta - \alpha)}}\right]^2} \tag{13.63}$$

Agora, referindo-se às Eqs. (13.59) e (13.60), podemos escrever

$$P_{ae} = \frac{1}{2}\gamma H^2(1-k_v)K''_a = \left(\frac{1}{2}\gamma H^2\right)(1-k_v)\left(\frac{1}{\cos^2\theta\cos\overline{\beta}}\right)(A_m) \tag{13.64}$$

onde

$$A_m = K''_a\cos^2\theta\cos\overline{\beta} = \frac{\cos^2(\phi' - \theta - \overline{\beta})}{\cos(\delta' + \theta + \overline{\beta})\left[1 + \sqrt{\frac{\operatorname{sen}(\delta' + \phi')\operatorname{sen}(\phi' - \alpha - \overline{\beta})}{\cos(\delta' + \theta + \overline{\beta})\cos(\theta - \alpha)}}\right]^2} \tag{13.65}$$

Agora, definiremos

$$\theta^* = \theta + \overline{\beta} \tag{13.66}$$

Tabela 13.8 Valores de K''_a [Equação (13.60)] com $\theta = 0°$ e $k_v = 0$

k_h	δ' (graus)	α (graus)	ϕ' (graus) 28	30	35	40	45
0,1	0	0	0,427	0,397	0,328	0,268	0,217
0,2			0,508	0,473	0,396	0,382	0,270
0,3			0,611	0,569	0,478	0,400	0,334
0,4			0,753	0,697	0,581	0,488	0,409
0,5			1,005	0,890	0,716	0,596	0,500
0,1	0	5	0,457	0,423	0,347	0,282	0,227
0,2			0,554	0,514	0,424	0,349	0,285
0,3			0,690	0,635	0,522	0,431	0,356
0,4			0,942	0,825	0,653	0,535	0,442
0,5			–	–	0,855	0,673	0,551
0,1	0	10	0,497	0,457	0,371	0,299	0,238
0,2			0,623	0,570	0,461	0,375	0,303
0,3			0,856	0,748	0,585	0,472	0,383
0,4			–	–	0,780	0,604	0,486
0,5			–	–	–	0,809	0,624
0,1	$\phi'/2$	0	0,396	0,368	0,306	0,253	0,207
0,2			0,485	0,452	0,380	0,319	0,267
0,3			0,604	0,563	0,474	0,402	0,340
0,4			0,778	0,718	0,599	0,508	0,433
0,5			1,115	0,972	0,774	0,648	0,552
0,1	$\phi'/2$	5	0,428	0,396	0,326	0,268	0,218
0,2			0,537	0,497	0,412	0,342	0,283
0,3			0,699	0,640	0,526	0,438	0,367
0,4			1,025	0,881	0,690	0,568	0,475
0,5			–	–	0,962	0,752	0,620
0,1	$\phi'/2$	10	0,472	0,433	0,352	0,285	0,230
0,2			0,616	0,562	0,454	0,371	0,303
0,3			0,908	0,780	0,602	0,487	0,400
0,4			–	–	0,857	0,656	0,531
0,5			–	–	–	0,944	0,722
0,1	$\frac{2}{3}\phi'$	0	0,393	0,366	0,306	0,256	0,212
0,2			0,486	0,454	0,384	0,326	0,276
0,3			0,612	0,572	0,486	0,416	0,357
0,4			0,801	0,740	0,622	0,533	0,462
0,5			1,177	1,023	0,819	0,693	0,600
0,1	$\frac{2}{3}\phi'$	5	0,427	0,395	0,327	0,271	0,224
0,2			0,541	0,501	0,418	0,350	0,294
0,3			0,714	0,655	0,541	0,455	0,386
0,4			1,073	0,921	0,722	0,600	0,509
0,5			–	–	1,034	0,812	0,679
0,1	$\frac{2}{3}\phi'$	10	0,472	0,434	0,354	0,290	0,237
0,2			0,625	0,570	0,463	0,381	0,317
0,3			0,942	0,807	0,624	0,509	0,423
0,4			–	–	0,909	0,699	0,573
0,5			–	–	–	1,037	0,800

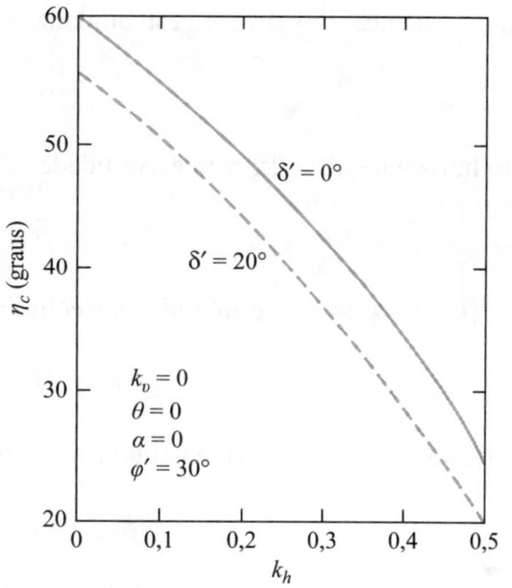

Figura 13.25 Gráfico de $\eta = \eta_c$ para $k_v = 0$, $\theta = 0$, $\alpha = 0$ e $\phi' = 30°$.

e

$$\alpha^* = \alpha + \overline{\beta} \tag{13.67}$$

Substituindo as Eqs. (13.66) e (13.67) na relação para A_m [isto é, a Eq. (13.65)], obtemos

$$A_m = \frac{\cos^2(\phi' - \theta^*)}{\cos(\delta' + \theta^*)\left[1 + \sqrt{\dfrac{\text{sen}(\delta' + \phi')\,\text{sen}(\phi' - \alpha^*)}{\cos(\delta' + \theta^*)\cos(\theta^* - \alpha^*)}}\right]^2} \tag{13.68}$$

Comparando as Eqs. (13.63) e (13.68), obtemos

$$A_m = A_c(\theta^*, \alpha^*) = K_a(\theta^*, \alpha^*)\cos^2\theta^* \tag{13.69}$$

Portanto,

$$P_{ae} = \frac{1}{2}\gamma H^2(1 - k_v)\frac{1}{\cos^2\theta\,\cos\overline{\beta}}K_a(\theta^*, \alpha^*)\cos^2\theta^*$$

ou

$$\begin{aligned} P_{ae} &= [P_a(\theta^*, \alpha^*)](1 - k_v)\left(\frac{\cos^2\theta^*}{\cos^2\theta\,\cos\overline{\beta}}\right) \\ &= [P_a(\theta^*, \alpha^*)](1 - k_v)\left[\frac{\cos^2(\theta + \overline{\beta})}{\cos^2\theta\,\cos\overline{\beta}}\right] \end{aligned} \tag{13.70}$$

O termo $P_a(\theta^*, \alpha^*)$ na Eq. (13.70) é o empuxo ativo de terra em um muro de retenção imaginário com uma inclinação de muro de θ^* e inclinação de talude de aterro de α^*. O valor de K_a pode ser obtido dos gráficos ou tabelas padrão, como as Tabelas 13.5 e 13.6.

Considerando a relação de força ativa proporcionada pelas Eqs. (13.59) a (13.61), descobrimos que o termo sen $(\phi' - \alpha - \overline{\beta})$ na Eq. (13.60) tem duas aplicações importantes. Primeiramente, $\phi' - \alpha - \overline{\beta} < 0$ (ou seja, negativo), nenhuma solução real de K''_a é possível. Fisicamente, isso implica que *nenhuma condição de equilíbrio existirá*. Portanto, para a estabilidade, o talude limitante do aterro pode ser proporcionado por

$$\alpha \leq \phi' - \overline{\beta} \tag{13.71}$$

Para nenhuma condição sísmica, $\overline{\beta} = 0°$; para estabilidade, a Eq. (13.71) proporciona a relação familiar

$$\alpha \leq \phi' \tag{13.72}$$

Segundo, para aterro horizontal, $\alpha = 0°$; para estabilidade,

$$\overline{\beta} \leq \phi' \tag{13.73}$$

Em razão de $\overline{\beta} = \text{tg}^{-1}[k_h/(1 - k_v)]$, para estabilidade, a combinação das Eqs. (13.61) e (13.73) resulta em

$$k_h \leq (1 - k_v)\ \text{tg}\ \phi' \tag{13.74}$$

Portanto, o valor crítico da aceleração horizontal pode ser definido por

$$k_{h(\text{cr})} = (1 - k_v)\ \text{tg}\ \phi' \tag{13.75}$$

onde $k_{h(\text{cr})}$ = valor crítico de aceleração horizontal (Figura 13.26).

Local de linha de ação de força resultante, P_{ae}

Seed e Whitman (1970) propuseram um simples procedimento para determinar o local da linha de ação da resultante, P_{ae}. Este método é o seguinte:

1. Considere

$$P_{ae} = P_a + \Delta P_{ae} \tag{13.76}$$

onde P_a = força ativa de Coulomb conforme determinada na Eq. (13.53)
ΔP_{ae} = força ativa adicional causada pelo efeito sísmico

2. Calcule P_a [Eq. (13.53)].
3. Calcule P_{ae} [Eq. (13.59)].
4. Calcule $\Delta P_{ae} = P_{ae} - P_a$.
5. De acordo com a Figura 13.27, P_a trabalhará a uma distância de $H/3$ da base do muro. Além disso, ΔP_{ae} trabalhará a uma distância de $0{,}6H$ da base do muro.

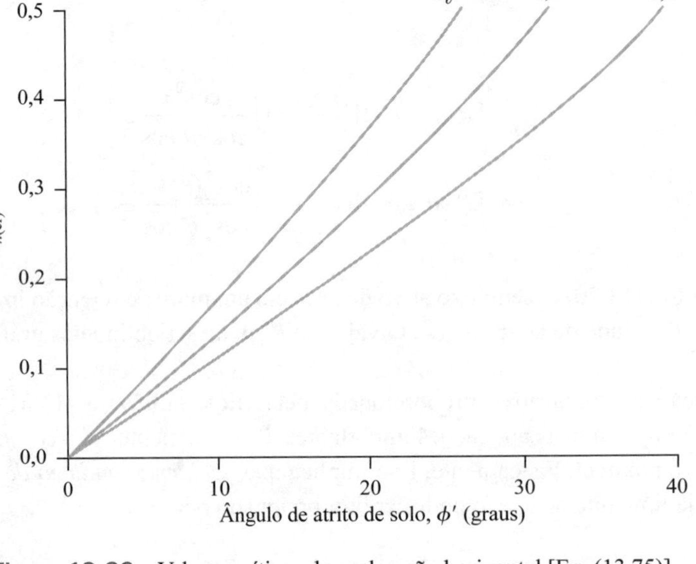

Figura 13.26 Valores críticos de aceleração horizontal [Eq. (13.75)].

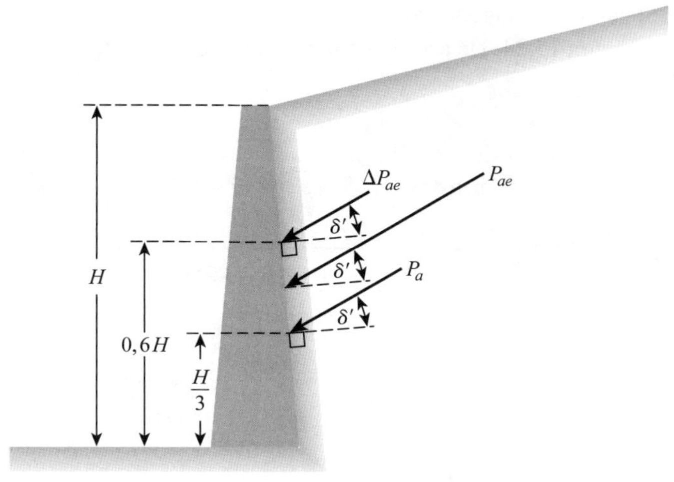

Figura 13.27 Local da linha de ação de P_{ae}.

6. Calcule o local de P_{ae} como

$$\bar{z} = \frac{P_a\left(\frac{H}{3}\right) + \Delta P_{ae}(0,6H)}{P_{ae}} \tag{13.77}$$

onde $\bar{z}$ = distância da linha da ação de P_{ae} a partir da base do muro.

Observe que a linha de ação de P_{ae} estará inclinada a um ângulo de δ' em relação à normal com a face posterior do muro de arrimo. É muito importante entender que este método para determinação de P_{ae} é aproximado e não modela, realmente, as dinâmicas de solo.

Caso ativo (aterro $c' - \phi'$)

Shukla et al. (2009) desenvolveram um procedimento para estimativa de P_{ae} para um muro de arrimo com face posterior vertical e aterro horizontal com solo $c' - \phi'$ (Figura 13.28a). Na Figura 13.28a, ABC é a cunha de ruptura. As seguintes suposições foram feitas na análise:

1. O efeito da fenda de tração não foi levado em conta.
2. O atrito e a adesão entre a face posterior do muro e o aterro foram negligenciados.

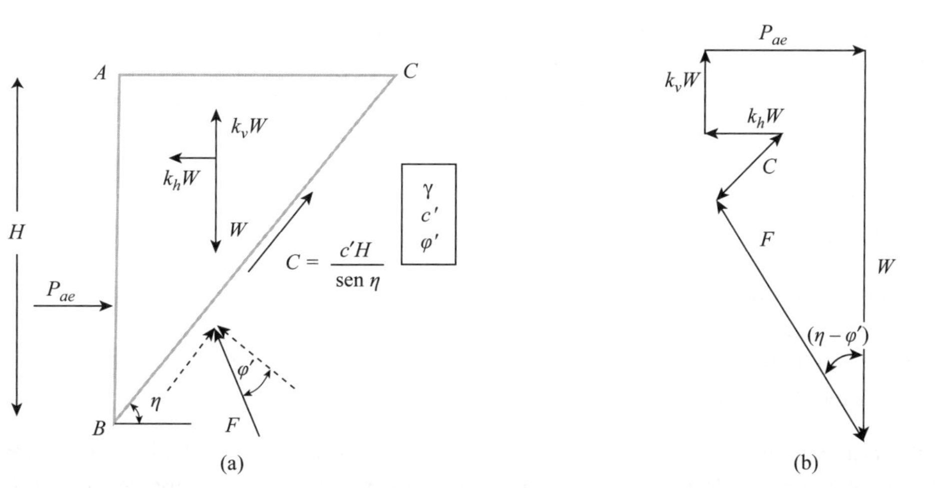

Figura 13.28 Estimativa de P_{ae} com aterro $c' - \phi'$: (a) cunha de ruptura, (b) polígono de força.

A Figura 13.28b indica o polígono para todas as forças que agem na cunha *ABC*. As seguintes anotações são semelhantes às indicadas na Figura 13.24. De acordo com esta análise, o ângulo crítico de cunha $\eta = \eta_c$ para valores máximos de P_{ae} pode ser dado por

$$\operatorname{tg}\eta_c = \frac{\operatorname{sen}\phi'\operatorname{sen}(\phi'-\overline{\beta}) + m\operatorname{sen}2\phi' + \begin{bmatrix}\operatorname{sen}\phi'\operatorname{sen}(\phi'-\overline{\beta})\cos\overline{\beta} \\ +\,4m^2\cos^2\phi' + 2m^2\cos^2\phi' \\ \{\operatorname{sen}\phi'\cos\overline{\beta} + \operatorname{sen}(\phi'-\overline{\beta})\}\end{bmatrix}^{0,5}}{\operatorname{sen}\phi'\cos(\phi'-\overline{\beta}) + 2m\cos^2\phi'} \tag{13.78}$$

onde

$$m = \frac{c'\cos\overline{\beta}}{\gamma H(1-k_v)} \tag{13.79}$$

Para a definição de $\overline{\beta}$, consulte a Eq. (13.61).

Assim, a magnitude de P_{ae} pode ser expressa como

$$\frac{P_{ae}}{\gamma H^2} = P^*_{ae} = \frac{1}{2}(1-k_v)K_{ae\gamma} - c^*K_{aec} \tag{13.80}$$

onde

$$c^* = \frac{c'}{\gamma H} \tag{13.81}$$

$$K_{ae\gamma} = \frac{\cos(\phi'-\overline{\beta}) - \dfrac{\operatorname{sen}(\phi'-\overline{\beta})}{\operatorname{tg}\eta_c}}{\cos\overline{\beta}(\cos\phi' + \operatorname{tg}\eta_c\operatorname{sen}\phi'} \tag{13.82}$$

$$K_{aec} = \frac{\cos\phi'(1+\operatorname{tg}^2\eta_c)}{\operatorname{tg}\eta_c(\cos\phi' + \operatorname{tg}\eta_c\operatorname{sen}\phi')} \tag{13.83}$$

A Figura 13.29 apresenta os gráficos de P^*_{ae} contra ϕ' para diversos valores de c^* e k_h ($k_v = 0$).

13.14 Tipos comuns de muros de arrimo no campo

As seções anteriores apresentaram os conceitos teóricos para estimativa de empuxo lateral de terra para muros de arrimo. Na prática, os tipos comuns de muro de arrimo construídos podem ser divididos em duas categorias principais: muros de arrimo rígidos e muros de terra mecanicamente estabilizados (MSE). A seguir temos uma breve visão dos vários tipos de muros de arrimo construídos em campo.

Muros de arrimo rígidos

Nesta categoria, os muros podem ser subdivididos em quatro categorias. São elas:

1. Muros de arrimo de gravidade
2. Muros de arrimo de semigravidade
3. Muros de arrimo de flexão
4. Muros de arrimo de contraforte

Os muros de arrimo de gravidade (Figura 13.30a) são construídos com concreto plano ou alvenaria de pedra. Eles dependem do próprio peso e de qualquer solo sobre a alvenaria para estabilidade. Este tipo de construção não é econômico para muros altos.

Em muitos casos, pode ser usada uma pequena quantidade de aço para a construção dos muros de gravidade, minimizando, assim, o tamanho das seções do muro. Tais muros geralmente são conhecidos como *muros de semigravidade* (Figura 13.30b).

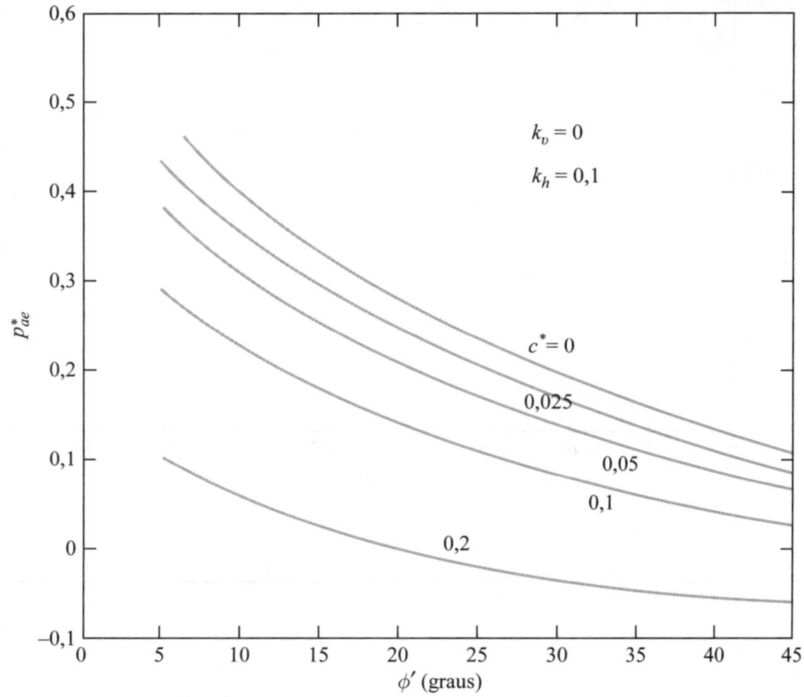

(a)

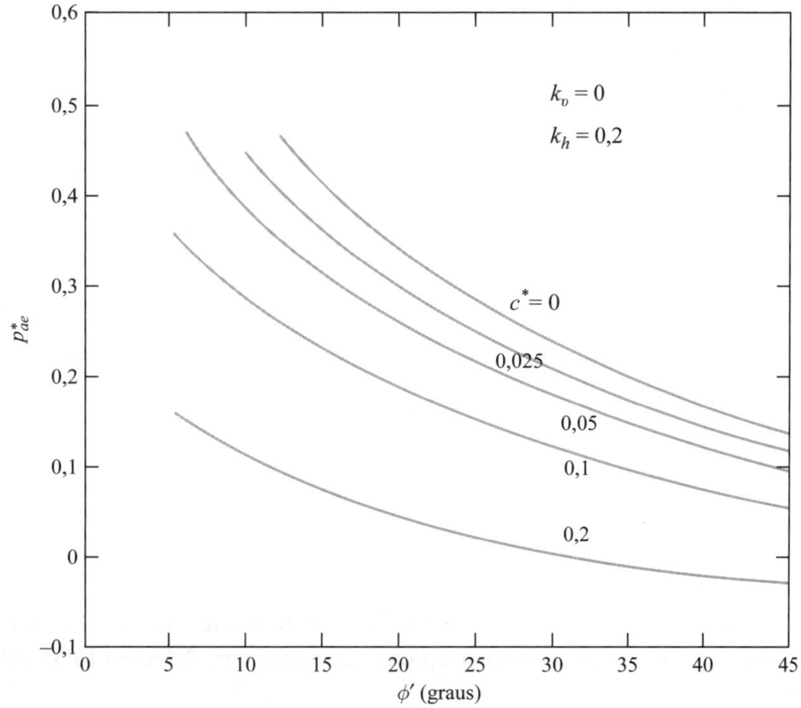

(b)

Figura 13.29 Gráfico de P^*_{ae} *vs*. ϕ' para diversos valores de c^*: (a) $k_h = 0,1$, (b) $k_h = 0,2$, (c) $k_h = 0,3$, (d) $k_h = 0,4$. (*Observação*: $k_v = 0$.)

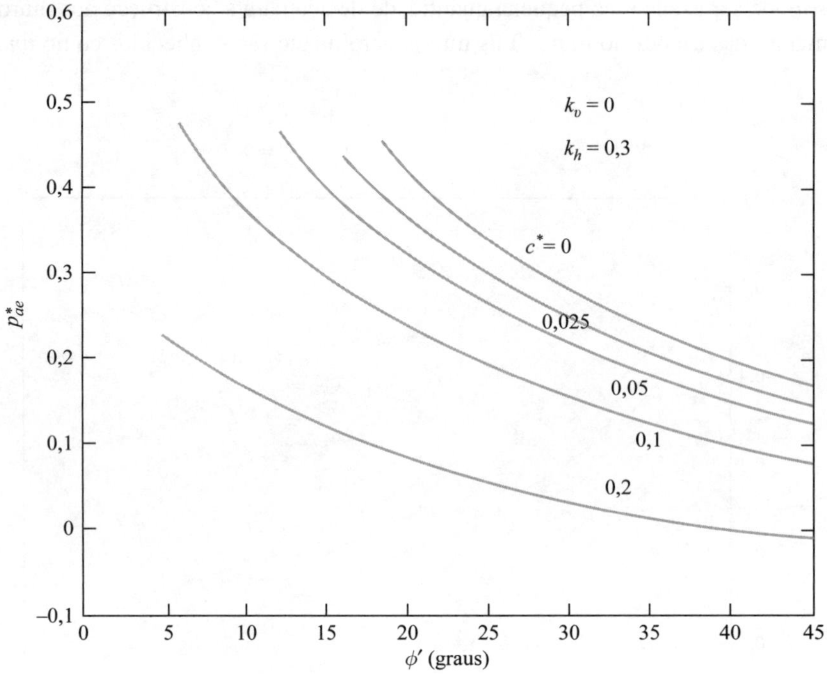

(c)

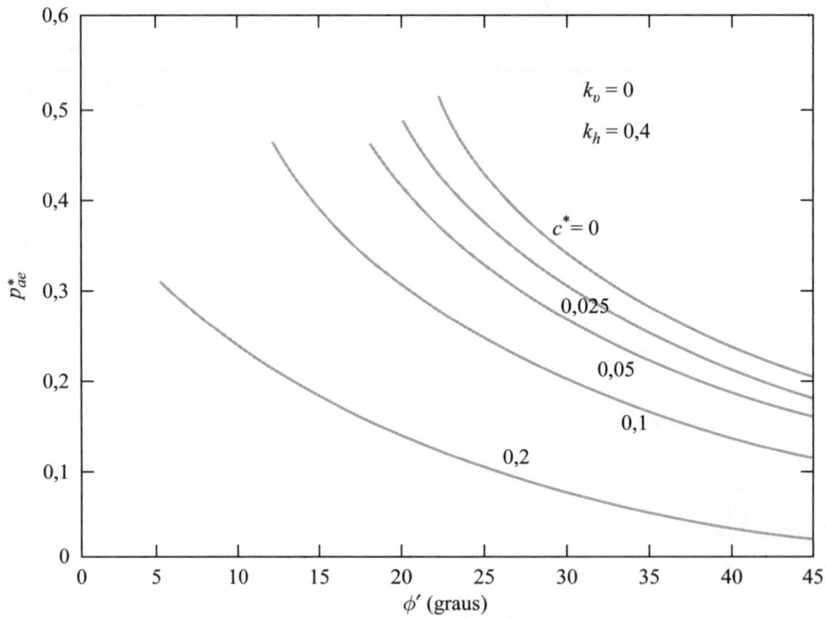

(d)

Figura 13.29 (*Continuação*)

Os muros de arrimo de flexão (Figura 13.30c) são feitos de concreto armado e consistem de um fuste fino e uma laje de base. Este tipo de muro é econômico a uma altura de aproximadamente 8 m. A Figura 13.31 exibe um muro de arrimo de flexão em construção.

Os muros de arrimo de contraforte (Figura 13.30d) são semelhantes aos muros de flexão. Em intervalos regulares, no entanto, possuem placas finas de concreto verticais, conhecidas como *contrafortes*, que amarram a face à laje de base. A finalidade dos contrafortes é reduzir o cisalhamento e os movimentos de flexão.

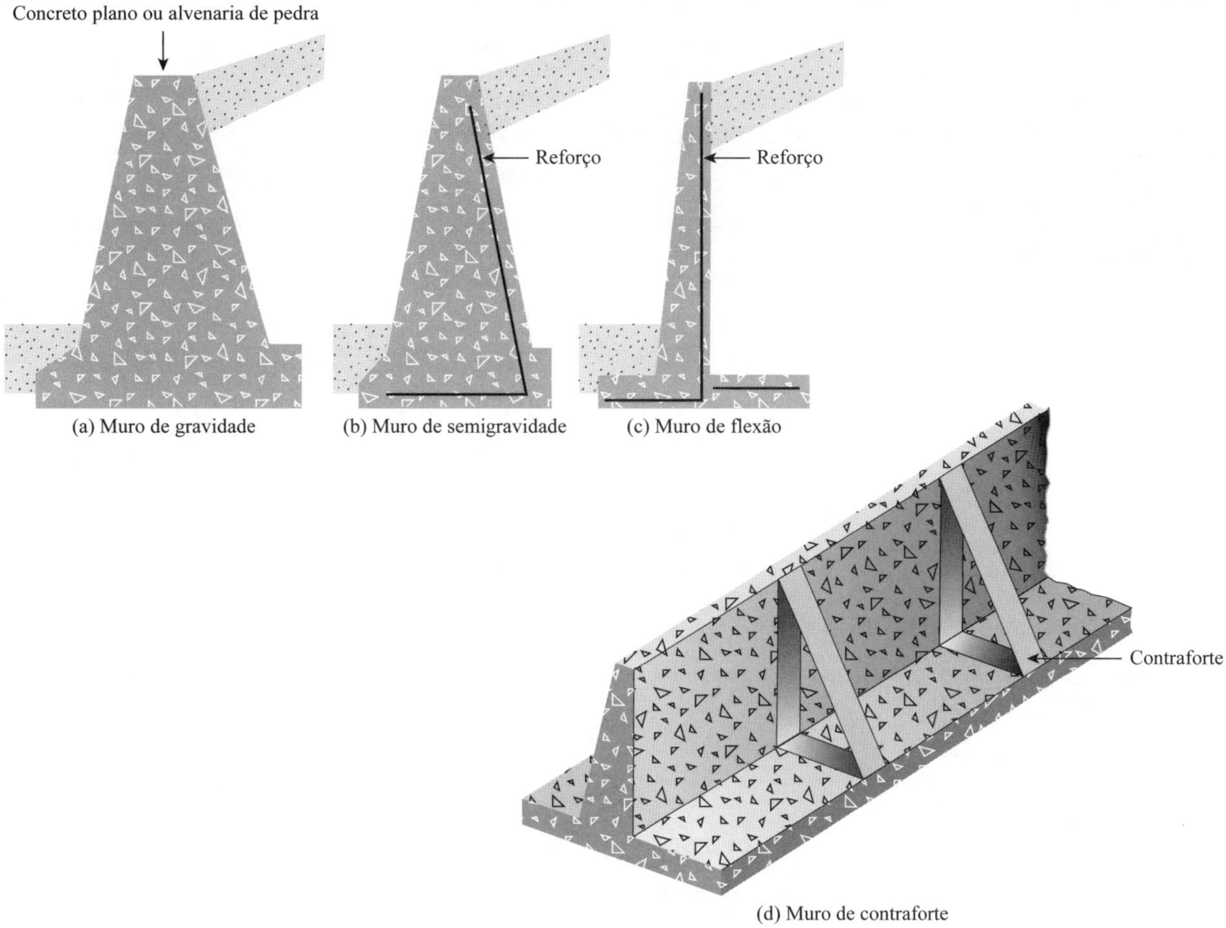

Figura 13.30 Tipos de muro de arrimo.

Figura 13.31 Muro de arrimo de flexão em construção.
(*Cortesia de Dharma Shakya, Geotechnical Solutions, Inc., Irvine, Califórnia.*)

Exemplo 13.7

Para um muro de arrimo com aterro de solo não coesivo, $\gamma = 15{,}5$ kN/m³, $\phi' = 30°$, $\delta' = 15°$, $\theta = 0°$, $\alpha = 0°$, $H = 4$ m, $k_v = 0$, e $k_h = 0{,}2$. Determine P_{ae}. Determine também o local da linha resultante da ação de P_{ae} – isto é, $\bar{z}$.

Solução

Das Equações (13.66) e (13.67),

$$\theta^* = \theta + \overline{\beta}$$

$$\alpha^* = \alpha + \overline{\beta}$$

$$\overline{\beta} = \text{tg}^{-1}\left(\frac{k_h}{1-k_v}\right) = \text{tg}^{-1}\left(\frac{0,2}{1-0}\right) = 11,3°$$

Portanto,

$$\theta^* = 0 + 11{,}3° = 11{,}3°$$

$$\alpha^* = 0 + 11{,}3° = 11{,}3°$$

Da Eq. (13.70),

$$P_{ae} = [P_a(\theta^*, \alpha^*)](1-k_v)\left(\frac{\cos^2\theta^*}{\cos^2\theta\cos^2\overline{\beta}}\right)$$

$$= [P_a(\theta^*, \alpha^*)](1-k_v)\left[\frac{\cos^2\left(\theta+\overline{\beta}\right)}{\cos\theta\,\cos^2\overline{\beta}}\right]$$

$$P_a(\theta^*, \alpha^*) = \tfrac{1}{2}\gamma H^2 K_a$$

onde K_a é uma função de θ^* e α^*.

Uma vez que $\delta'/\phi' = 15/30 = 0{,}5$, utilizaremos a Tabela 13.6. Para $\theta^* = \alpha^* = 11{,}3°$, o valor de $K_a \approx 0{,}452$. Assim,

$$P_{ae} = \tfrac{1}{2}(15,5)(4)^2(0,452)(1-0)\left[\frac{\cos^2(0+11,3)}{(\cos 0)(\cos^2 11,3)}\right] = \mathbf{56,05\ kN/m}$$

[*Observação*: Também podemos obter os mesmos valores de P_{ae} utilizando a Eq. (13.60) e K'_{ae} da Tabela 13.8.]

Agora, alocaremos a linha resultante de ação. Da Eq. (13.53),

$$P_a = \tfrac{1}{2}K_a\gamma H^2$$

Para $\phi' = 30°$ e $\delta' = 15°$, $K_a = 0{,}3014$ (Tabela 13.6), então

$$P_a = \tfrac{1}{2}(0,3014)(15,5)(4)^2 = 37,37\ \text{kN/m}$$

Portanto, $\Delta P_{ae} = 56{,}05 - 37{,}37 = 18{,}68$ kN/m. Da Eq. (13.77)

$$\bar{z} = \frac{P_a\left(\frac{H}{3}\right) + \Delta P_{ae}(0,6H)}{P_{ae}} = \frac{(37,37)\left(\frac{4}{3}\right) + (18,68)(2,4)}{56,05} = \mathbf{1,69\ m}$$

■

Exemplo 13.8

Para um murro de arrimo com aterro vertical, os seguintes dados são proporcionados.

- $H = 8{,}54$ m
- $\phi' = 20°$
- $c' = 7{,}9$ kN/m^2
- $\gamma = 18{,}55$ kN/m^3
- $k_h = 0{,}1$

Determine a magnitude da força ativa, P_{ae}.

Solução

Da Eq. (13.81),

$$c^* = \frac{c'}{\gamma H} = \frac{7{,}9}{(18{,}55)(8{,}54)} = 0{,}0499 \approx 0{,}05$$

$$\phi' = 20°$$

A partir da Figura 13.29a, para $\phi' = 20°$ e $c^* = 0{,}05$, o valor de $P^*_{ae} \approx 0{,}207$. Portanto

$$P_{ae} = P^*_{ae}\gamma H^2 = (0{,}207)\,(18{,}55)\,(8{,}54)^2 = \mathbf{280\ kN/m}$$ ■

Muros de terra mecanicamente estabilizados (MSE)

Os muros de terra mecanicamente estabilizados são muros flexíveis e se tornam cada vez mais comuns. Os principais componentes destes tipos de muro são

- *Aterro* – que é solo granular
- *Reforço* no aterro
- *Cobertura* (ou *revestimento*) na face frontal

O reforço pode ser fitas finas de aço galvanizadas, geogrelhas ou geotêxtil. Na maioria dos casos, as lajes de concreto pré-moldadas são utilizadas como revestimento. As lajes são encaixadas para se ajustarem para que o solo não passe pelas juntas. Também pode ser utilizado como revestimento um fino aço galvanizado quando os reforços são faixas metálicas. Quando fitas de metal forem utilizadas, elas serão unidas por parafusos e as fitas do reforço são colocadas entre os revestimentos.

A Figura 13.32 exibe uma parede MSE com fitas metálicas como reforço ao longo do revestimento de metal. A Figura 13.33 exibe alguns muros típicos MSE com reforço de geogrelhas no aterro. As Figuras 13.34 e 13.35 exibem uma construção de muro MSE com reforço geotêxtil e geogrelhas, respectivamente.

Os muros de arrimo são projetados utilizando diversas teorias de empuxo de terra descritas neste capítulo. Para o projeto real de muro, consulte qualquer livro de engenharia de fundação.

13.15 Resumo e considerações gerais

Este capítulo abordou os conceitos gerais de empuxo lateral de terra. Abaixo segue um resumo dos tópicos abordados:

- Quando um muro não se move em direção ao aterro ou para longe dele, o empuxo lateral de terra é conhecida como um *empuxo de terra em repouso*. Os coeficientes de empuxo de terra em repouso são proporcionados nas Eqs. (13.5), (13.7), (13.8) e (13.9).
- O empuxo ativo de terra Rankine (muro sem atrito – Seção 13.5) pode ser dado pela Eq. (13.20). O coeficiente de empuxo ativo de terra Rankine é fornecido pela Equação (13.19), ou

$$K_a = \text{tg}^2\left(45 - \frac{\phi'}{2}\right)$$

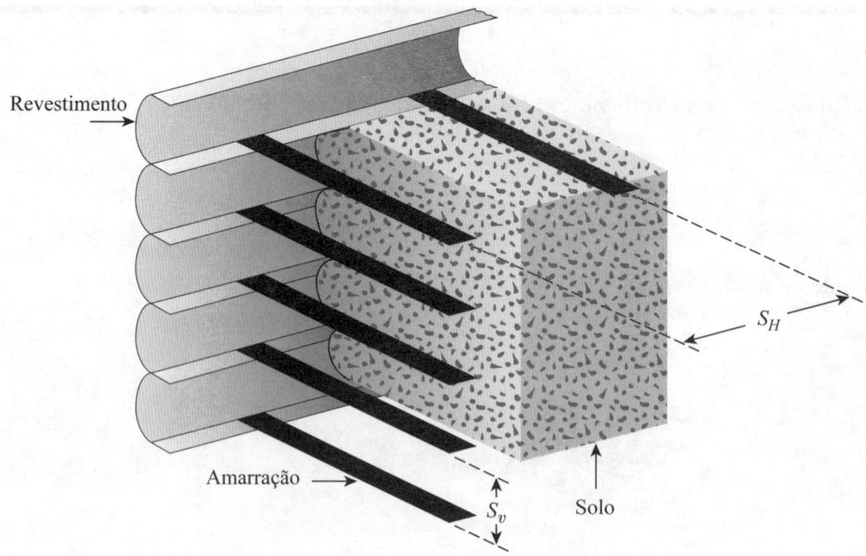

Figura 13.32 Muro *MSE* com reforço de fita metálica e revestimento metálico.

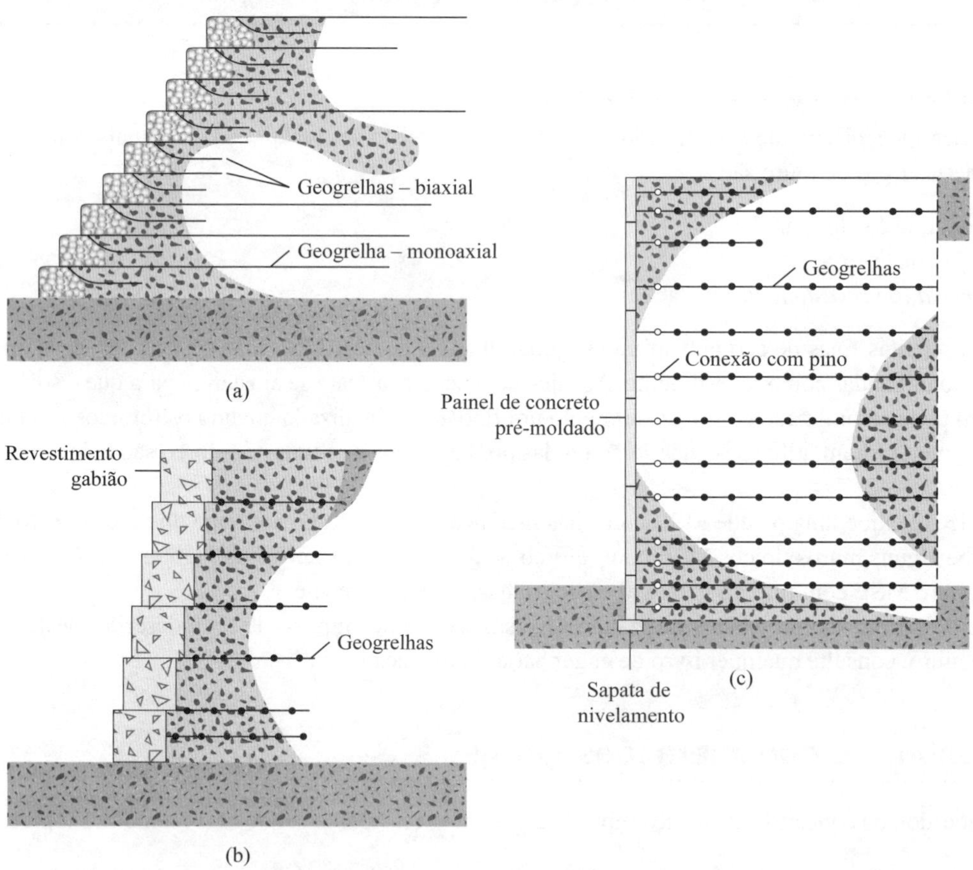

Figura 13.33 Diagramas esquemáticos típicos de muros de arrimo reforçados com geogrelhas.

- O empuxo passivo de terra de Rankine (muro sem atrito – Seção 13.6) pode ser dado pela Eq. (13.21). O coeficiente de empuxo passivo de terra de Rankine [Eq. (13.22)] é

$$K_p = \text{tg}^2\left(45 - \frac{\phi'}{2}\right)$$

Figura 13.34 Construção de um muro de arrimo com reforço geotêxtil. (*Cortesia de Jonathan T. H. Wu, University of Colorado em Denver, Denver, Colorado.*)

Figura 13.35 Muro geogrelha reforçado HDPE com painel de concreto pré-moldado em construção. (*Cortesia de Tensar International Corporation, Atlanta, Georgia.*)

- O empuxo lateral de terra com atrito do muro e aterro granular pode ser obtido da análise de Coulomb. Os coeficientes de empuxo ativo e passivo de terra de Coulomb são proporcionados nas Eqs. (13.54) e (13.56), respectivamente.
- A análise de empuxo ativo de terra com aterro granular e solo $c' - \phi'$ sujeito a forças sísmicas foi discutida na Seção 13.13. O coeficiente de empuxo ativo de terra com aterramento granular é dado na Eq. (13.60). De modo semelhante, para um aterro de solo $c' - \phi'$, os coeficientes de empuxo lateral de terra podem ser fornecidos pelas Eqs. (13.82) e (13.83).

Problemas

13.1 a 13.4 A Figura 13.36 exibe um muro de arrimo que é impedido de se mover.

Para cada problema, determine a magnitude do empuxo lateral de terra por comprimento específico do muro. Além disso, encontre o local da resultante, $\bar{z}$, medido da parte inferior do muro.

Problema	H	ϕ' (graus)	γ	Razão de sobreadensamento, *OCR*
13.1	5 m	35	118,1 kN/m³	2
13.2	5,2 m	33	14,9 kN/m³	1,8
13.3	6 m	29	19 kN/m³	1
13.4	5,5 m	40	18 kN/m³	1,5

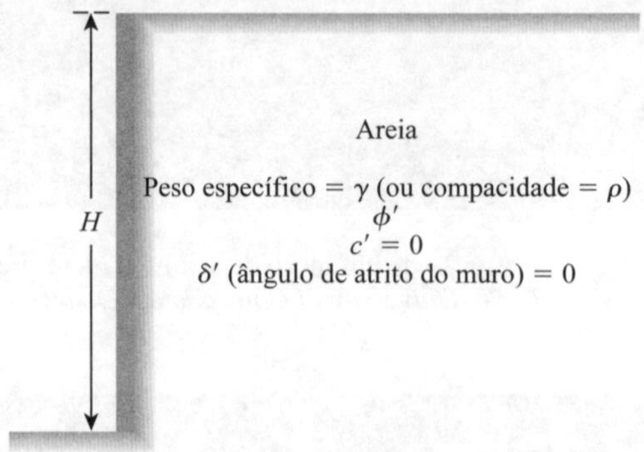

Figura 13.36

13.5 a 13.8 Presuma que o muro de arrimo indicado na Figura 13.36 seja sem atrito.

Para cada problema, determine o empuxo ativo de Rankine por comprimento específico do muro, a variação do empuxo ativo de terra com profundidade e o local da resultante.

Problema	H	ϕ' (graus)	γ
13.5	4,3 m	32	17,3 kN/m³
13.6	6,7 m	28	15,5 kN/m³
13.7	5 m	37	17,6 kN/m³
13.8	9 m	41	19,5 kN/m³

13.9 a 13.12 Presuma que o muro de arrimo indicado na Figura 13.36 seja sem atrito.

Para cada problema, determine o empuxo passivo de Rankine por comprimento específico do muro, a variação do empuxo ativo de terra com profundidade e o local da resultante.

Problema	H	ϕ' (graus)	γ
13.9	3,35 m	32	18,4 kN/m³
13.10	4,87 m	38	15,8 kN/m³
13.11	7 m	30	16,6 kN/m³
13.12	12 m	27	20,5 kN/m³

13.13 a 13.15 Um muro de arrimo é indicado na Figura 13.37. Para cada problema, determine o empuxo ativo de Rankine, P_a, por comprimento específico de muro e local da resultante.

Problema	H	H_1	γ_1	γ_2	ϕ'(graus)	ϕ'(graus)	q
13.13	4,3 m	2,1 m	16,2 kN/m³	19,9 kN/m³	28	28	0
13.14	7,3 m	3 m	18 kN/m³	19,1 kN/m³	32	32	12 kN/m³
13.15	9 m	4 m	16,5 kN/m³	20,2 kN/m³	30	34	21 kN/m³

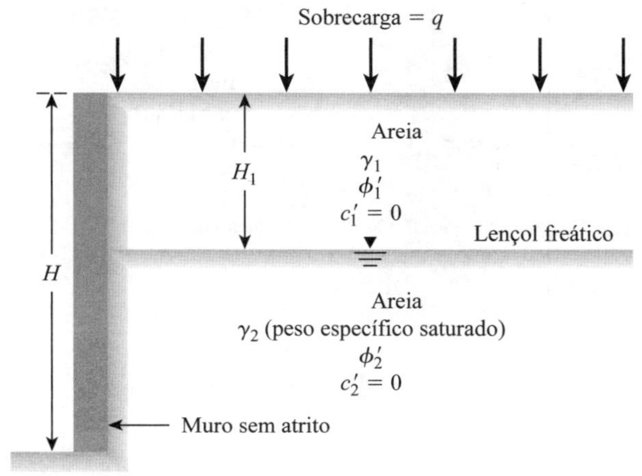

Figura 13.37

13.16 Para o aterro parcialmente submerso no Problema 13.13 (Figura 13.37), determine o empuxo passivo de Rankine por comprimento específico do muro e local da resultante.

13.17 A Figura 13.10 exibe um muro sem atrito com um aterro granular em talude. Dados: $H = 4$ m, $\alpha = 10°$, $\phi' = 33°$ e $\gamma = 19$ kN/m^3.

a. Determine a magnitude do empuxo ativo, σ'_a, na base do muro. Além disso, determine a direção da aplicação de σ'_a.

b. Determine a força ativa de Rankine, P_a, por comprimento específico do muro, o local e a direção.

13.18 Com os dados do Problema 13.17, determine o empuxo passivo de Rankine, P_p, por comprimento específico do muro, o local e a direção.

13.19 Um muro de arrimo de 5 m de altura com face posterior vertical retém uma argila mole, saturada e homogênea. O peso específico saturado da argila é 21 kN/m^3. Os ensaios laboratoriais mostraram que a resistência ao cisalhamento não drenado, c_u, da argila é 17 kN/m^2.

a. Faça os cálculos necessários e desenhe a variação do empuxo ativo de Rankine no muro com profundidade.

b. Descubra a profundidade até que ocorra a fenda de tração.

c. Determine o empuxo ativo total por comprimento específico do muro antes que ocorra a fenda de tração.

d. Determine o empuxo ativo total por unidade de comprimento do muro após a ocorrência da fenda de tração. Além disso, determine o local da resultante.

13.20 Refaça o problema 13.19, presumindo que o empuxo de sobrecarga de 11 kN/m^2 seja aplicado na parte superior do aterro.

13.21 Um muro de arrimo de 10 m de altura com face posterior vertical possui um solo $c' - \phi'$ para material de aterro. As propriedades do material de aterro são: $\gamma' = 19{,}1$ kN/m^3, $c' = 35{,}9$ kN/m^2 e $\phi' = 28°$. Considerando a existência da fenda de tração, determine o empuxo ativo de Rankine, P_a, por comprimento específico do muro.

13.22 Considere o muro de arrimo indicado na Figura 13.38. A altura do muro é de 9,75 m e o peso específico do aterro de areia é de 18,7 kN/m^3. Usando a equação de Coulomb, calcule o empuxo ativo, P_a, no muro para os seguintes valores do ângulo de atrito. Além disso, comente a direção e o local da resultante.

a. $\delta' = 14°$

b. $\delta' = 21°$

13.23 Com referência à Figura 13.39, determine o empuxo ativo de Coulomb, P_a, por comprimento específico do muro para os seguintes casos. Utilize o procedimento de construção gráfica de Culmann.

a. $H = 4{,}57$ m, $\beta = 85°$, $n = 1$, $H_1 = 6{,}1$ m, $\gamma = 20{,}12$ kN/m^3, $\phi' = 38°$, $\delta' = 20°$

b. $H = 5{,}5$ m, $\beta = 80°$, $n = 1$, $H_1 = 6{,}5$ m, $\rho = 1.680$ kg/m^3, $\phi' = 30°$, $\delta' = 30°$

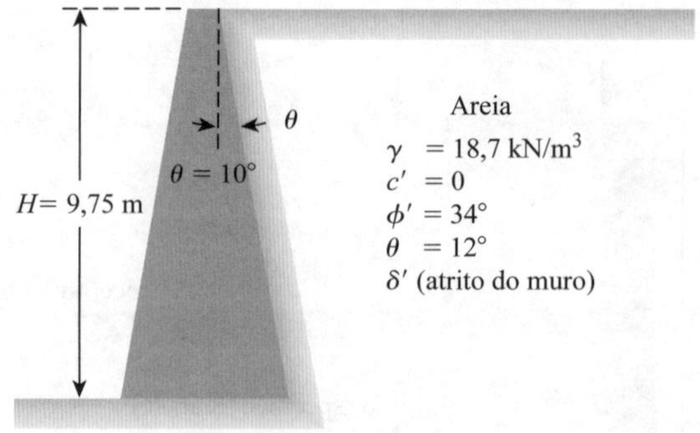

Figura 13.38

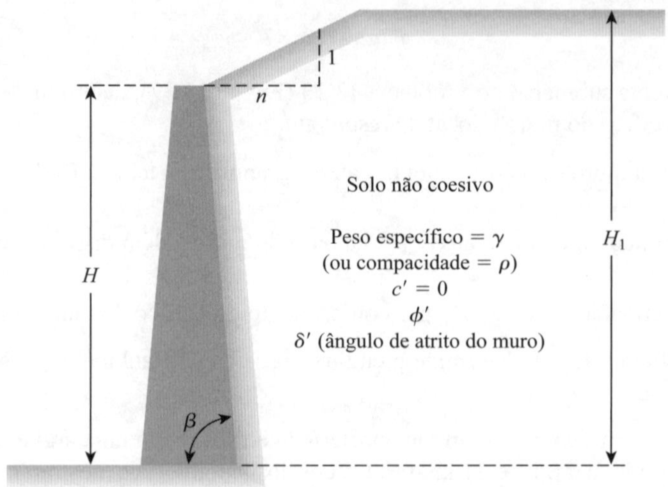

Figura 13.39

13.24 Consulte a Figura 13.24. Dados: $H = 6$ m, $\theta = 12°$, $\alpha = 14°$, $\gamma = 19$ kN/m³, $\phi' = 30°$, $\delta' = \frac{2}{3}\phi'$, $k_h = 0,2$, $k_v = 0$. Determine o empuxo ativo, P_{ae}, por comprimento específico do muro de arrimo.

Problema de pensamento crítico

13.C.1 A Figura A.2 no Apêndice A fornece um caso generalizado para o empuxo ativo de Rankine em um muro de arrimo sem atrito com a parte posterior inclinada e um aterro granular em talude. É necessário desenvolver algumas diretrizes de compactação para o solo do aterro quando $\theta = 10°$ e $\alpha = 0°$, 10°, e 20°. Os ensaios laboratoriais de cisalhamento direto em solo granular revelaram que o ângulo de fricção efetiva varia com o peso específico seco conforme segue:

Peso específico seco, γ (kN/m³)	Ângulo de atrito, ϕ' (grau)
16,5	28
18,7	32
19,5	36

Os dados indicam que o ângulo de atrito do solo aumenta à medida que o peso específico compactado aumenta. Você já sabe do Capítulo 12 que, quanto maior o ângulo de atrito, melhor a resistência ao cisalhamento e a estabilidade. No entanto, de acordo com a Eq. (13.24), quanto maior o peso específico, maior o empuxo ativo, P_a, no muro, o que não é desejável. Para investigação adicional, se o ângulo de atrito maior tiver um efeito benéfico, prepare um gráfico representando as variações de $\frac{P_a}{0,5H^2}$ (que é igual a $K_{a(R)}\gamma$) para diversos valores do talude de aterro, α, e ângulo de atrito, ϕ'.

Explique como este gráfico pode ajudar um engenheiro geotécnico no desenvolvimento de diretrizes para construção de aterro para determinada altura (H) de muro de arrimo.

Referências

COULOMB, C. A. Essai sur une Application des Règles de Maximis et Minimis a quelques Problèmes de Statique, relatifs a l'Architecture, *Mem. Roy. des Sciences*, Paris, v. 3, p. 38, 1776.

CULMANN, C. *Die graphische Statik*, Meyer and Zeller, Zurique, 1875.

JAKY, J. The Coefficient of Earth Pressure at Rest, *Journal of the Society of Hungarian Architects and Engineers*, v. 7, p. 355-358, 1944.

MASSARSCH, K. R. Lateral Earth Pressure in Normally Consolidated Clay, *Proceedings of the Seventh European Conference on Soil Mechanics and Foundation Engineering*, Brighton, England, v. 2, p. 245-250, 1979.

MAYNE, P. W.; KULHAWY, F. H. Ko-OCR Relationships in Soil, *Journal of the Geotechnical Division*, ASCE, v. 108, n. 6, p. 851-872, 1982.

MONONOBE, N. Earthquake-Proof Construction of Masonry Dams, *Proceeding* World Engineering Conference, v. 9, p. 274-280, 1929.

OKABE, S. General Theory of Earth Pressure, *Journal of the Japanese Society of Civil Engineers*, Tóquio, v. 12, n. 1, 1926.

RANKINE, W. M. J. On Stability on Loose Earth, *Philosophic Transactions of Royal Society*, Londres, Part I, p. 9-27, 1857.

SEED, H. B.; WHITMAN, R. V. Design of Earth Retaining Structures for Dynamic Loads, *Proceedings*, Specialty Conference on Lateral Stresses in the Ground and Design of Earth Retaining Structures, ASCE, p. 103-147, 1970.

SHERIF, M. A.; FANG, Y. S.; SHERIF, R. I. K_A e K_O Behind Rotating and Non-Yielding Walls, *Journal of Geotechnical Engineering*, ASCE, v. 110, n. GT1, p. 41-56, 1984.

SHUKLA, S. K.; GUPTA, S. K.; SIVAKUGAN, N. Active Earth Pressure on Retaining Wall for c-[S] Soil Backfill Under Seismic Loading Condition, *Journal of Geotechnical and Geoenvironmental Engineering*, ASCE, v. 135, n. 5, p. 690-696, 2009.

CAPÍTULO 14

Empuxo lateral de terra: superfície de ruptura curva

14.1 Introdução

No Capítulo 13, levamos em conta a teoria de empuxo de terra de Coulomb, na qual o muro de arrimo considerado era rugoso. As superfícies de ruptura potenciais no aterro eram consideradas planas. Na realidade, a maioria das superfícies de ruptura no solo é curva. Existem diversos exemplos nos quais a hipótese de superfícies de ruptura de plano em solo pode fornecer resultados inseguros. Os exemplos de tais casos são a estimativa de empuxo passivo e corte escorado. Este capítulo descreve os procedimentos para a estimativa do empuxo passivo e do empuxo lateral de terra em cortes escorados com base em superfícies de rupturas curvas no solo.

14.2 Muros de arrimo com atrito

Em condições reais, os muros de arrimo são rugosos e as forças de cisalhamento são geradas entre a superfície do muro e o aterro. Para entender o efeito do atrito do muro sobre a superfície de ruptura, vamos considerar um muro de arrimo rugoso *AB* com aterro granular horizontal, como mostra a Figura 14.1.

No caso ativo (Figura 14.1a), quando o muro *AB* se move para uma posição *A′B*, a massa de solo na zona ativa será estendida para fora. Isso causará um movimento descendente no solo em relação ao muro. Este movimento causa uma força de cisalhamento para baixo no muro (Figura 14.1b); isto é chamado *atrito positivo do muro no caso ativo*. Se δ' é o ângulo do atrito entre o muro e o aterro, então o empuxo ativo resultante P_a será inclinado a um ângulo δ' em relação à normal da face posterior do muro de arrimo. Estudos avançados mostram que a superfície de ruptura no aterro pode ser representada por *BCD*, como mostrado na Figura 14.1a. A parte *BC* é curva e a parte *CD* da superfície de ruptura é uma linha reta. O estado ativo de Rankine existe na zona *ACD*.

Sob certas condições, se o muro mostrado na Figura 14.1a é forçado para baixo em relação ao aterro, a direção do empuxo ativo, P_a, mudará, conforme mostra a Figura 14.1c. Esta é uma situação na qual há atrito negativo do muro ($-\delta'$) no caso ativo. A Figura 14.1c também mostra a natureza da superfície de ruptura no aterro.

O efeito do atrito do muro para o estado passivo é indicado nas Figuras 14.1d e e. Quando o muro *AB* é empurrado a uma posição *A′B* (Figura 14.1d), o solo na zona passiva será comprimido. O resultado será um movimento para cima do solo em relação ao muro. Este movimento causará um cisalhamento para cima no muro de arrimo (Figura 14.1e). Isto é chamado *atrito positivo do muro no caso passivo*. O empuxo passivo resultante, P_p, ficará inclinado com um ângulo de δ' em relação à normal da face posterior do muro. A superfície de ruptura do solo possui uma porção inferior, curva *BC*, e uma porção superior, reta *CD*. O estado passivo de Rankine existe na zona *ACD*.

Se, por meio de uma força, o muro mostrado na Figura 14.1d for forçado para cima em relação ao aterro, então a direção do empuxo passivo P_p será alterada, como mostra a Figura 14.1f. Isto é chamado *atrito negativo do muro no caso passivo* ($-\delta'$). A Figura 14.1f também mostra a natureza da superfície de ruptura no aterro em tais condições.

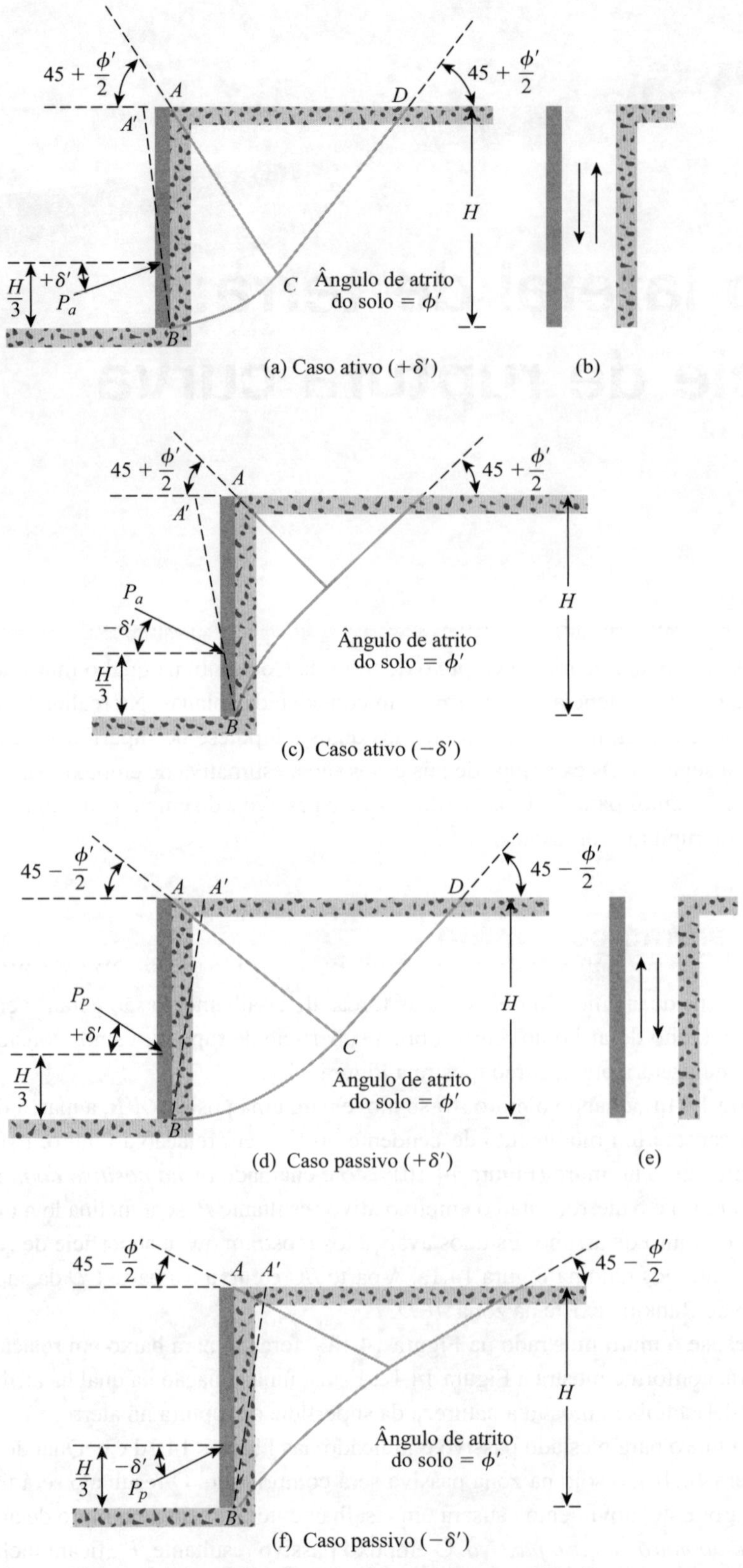

Figura 14.1 Efeito do atrito do muro na superfície de ruptura.

Para considerações práticas, no caso de um aterro granular fofo, o ângulo de atrito do muro δ' é considerado igual ao ângulo do atrito do solo, ϕ'. Para aterros granulares densos, δ' é menor que ϕ e está na faixa de $\phi'/2 \leq \delta' \leq (2/3)\,\phi'$.

A suposição de uma superfície de ruptura plana fornece resultados razoáveis para o cálculo do empuxo de terra ativo. Porém a suposição de que a superfície de ruptura é um plano, na teoria de Coulomb, superestima de modo grosseiro a resistência passiva do muro, especialmente para $\delta' > \phi'/2$.

14.3 Propriedades de uma espiral logarítmica

O exemplo de empuxo passivo mostrado na Figura 14.1d (no caso de $+\delta'$) é a situação mais comum encontrada no projeto e na execução da obra. Além disso, a superfície de ruptura curva representada por BC na Figura 14.1d geralmente é considerada um arco de uma espiral logarítmica. De maneira similar, a superfície de ruptura do solo no caso de cortes escorados (Seções 14.9 a 14.10) também é considerada um arco de uma espiral logarítmica. Por isso, serão mostradas nesta seção algumas ideias úteis relacionadas às propriedades de uma espiral logarítmica.

A equação de uma espiral logarítmica geralmente usada na resolução de problemas de mecânica dos solos é da seguinte forma

$$r = r_o e^{\theta \operatorname{tg} \phi'} \tag{14.1}$$

onde r = raio da espiral
r_o = raio inicial em $\theta = 0$
ϕ' = ângulo de atrito do solo
θ = ângulo entre r e r_o

Os parâmetros básicos de uma espiral logarítmica são mostrados na Figura 14.2, na qual O é o centro da espiral. A área do setor OAB é dada por

$$A = \int_0^{\theta} \frac{1}{2} r(r\,d\theta) \tag{14.2}$$

Substituindo os valores de r obtidos da Eq. (14.1) pela Eq. (14.2), obtemos

$$\begin{aligned} A &= \int_0^{\theta_1} \frac{1}{2} r_o^2 e^{2\theta \operatorname{tg}\phi'}\, d\theta \\ &= \frac{r_1^2 - r_o^2}{4 \operatorname{tg}\phi'} \end{aligned} \tag{14.3}$$

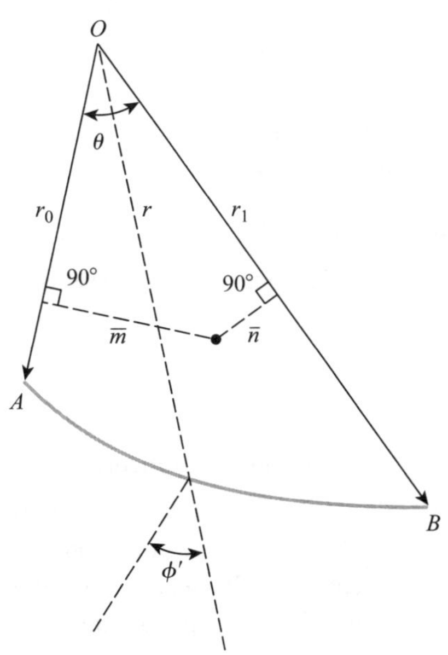

Figura 14.2 Parâmetros gerais de uma espiral logarítmica.

O local do centroide pode ser definido pelas distâncias $\overline{m}$ e $\overline{n}$ (Figura 14.2), medidas de *OA* e *OB*, respectivamente, e pode ser proporcionado pelas seguintes equações (Hijab, 1956):

$$\overline{m} = \frac{4}{3}r_o \frac{\operatorname{tg}\phi'}{(9\operatorname{tg}^2\phi' + 1)} \left[\frac{\left(\frac{r_1}{r_o}\right)^3 (3\operatorname{tg}\phi'\operatorname{sen}\theta - \cos\theta) + 1}{\left(\frac{r_1}{r_o}\right)^2 - 1} \right] \quad (14.4)$$

$$\overline{n} = \frac{4}{3}r_o \frac{\operatorname{tg}\phi'}{(9\operatorname{tg}^2\phi' + 1)} \left[\frac{\left(\frac{r_1}{r_o}\right)^3 - 3\operatorname{tg}\phi'\operatorname{sen}\theta - \cos\theta}{\left(\frac{r_1}{r_o}\right)^2 - 1} \right] \quad (14.5)$$

Outra propriedade importante da espiral logarítmica definida pela Eq. (14.1) é qualquer linha radial que faz ângulo ϕ' em relação à normal à curva desenhada no ponto onde a linha radial e a espiral interceptam. Esta propriedade básica é particularmente útil para resolver problemas relacionados ao empuxo lateral da terra.

EMPUXO PASSIVO DA TERRA

14.4 Procedimento para a determinação do empuxo passivo de terra (P_p) – aterro não coesivo

A Figura 14.1d mostra a superfície de ruptura curva de um aterro granular em um muro de arrimo com altura *H*. A resistência ao cisalhamento do aterro granular é expressa como

$$\tau_f = \sigma' \operatorname{tg} \phi' \quad (14.6)$$

A parte inferior da curva *BC* na cunha de ruptura é um arco de uma espiral logarítmica, definido pela Eq. (14.1). O centro da espiral de registro fica na linha *CA* (não necessariamente dentro dos limites de pontos *C* e *A*). A porção superior *CD* é uma linha reta que gera um ângulo de $(45 - \phi'/2)$ graus com a horizontal. O solo na zona *ACD* está no *estado passivo de Rankine*.

A Figura 14.3 mostra os procedimentos para avaliar a resistência passiva através de cunhas de ruptura (Terzaghi e Peck, 1967). Primeiro, o muro de arrimo é desenhado em escala, como mostra a Figura 14.3a. A linha C_1A é traçada de tal forma que cria um ângulo de $(45 - \phi'/2)$ graus com a superfície do aterro. BC_1D_1 é uma cunha de ruptura na qual BC_1 é o arco da espiral logarítmica. De acordo com a equação $r_1 = r_o e^{\theta \operatorname{tg} \phi'}$, O_1 é o centro da espiral. (*Observação*: $\overline{O_1B} = r_o$ e $\overline{O_1C_1} = r_1$ e $\angle BO_1C_1 = \theta_1$; consulte a Figura 14.2.)

Agora, vamos considerar a estabilidade da massa de solo $ABC_1C'_1$ (Figura 14.3b). Para atingir o equilíbrio, devem ser consideradas as seguintes forças por unidade de comprimento do muro:

1. O peso do solo na zona $ABC_1C'_1 = W_1 = (\gamma)$ (Área de $ABC_1C'_1$)(1).
2. A face vertical, $C_1C'_1$ é a zona do estado passivo de Rankine; portanto, a força que age sobre esta face é

$$P_{d(1)} = \frac{1}{2}\gamma(d_1)^2 \operatorname{tg}^2\left(45 + \frac{\phi'}{2}\right) \quad (14.7)$$

   onde $d_1 = \overline{C_1C'_1}$. $P_{d(1)}$ atua horizontalmente a uma distância de $d_1/3$, medida verticalmente para cima a partir de C_1.
3. F_1 é a resultante das forças de cisalhamento e normal que atuam ao longo da superfície de deslizamento BC_1. Em qualquer ponto da curva, de acordo com a propriedade da espiral logarítmica, uma linha radial forma um ângulo ϕ' com a normal. Como a resultante, F_1, forma um ângulo ϕ' com a normal à espiral no ponto de aplicação, a linha de aplicação coincidirá com uma linha radial e cruzará o ponto O_1.

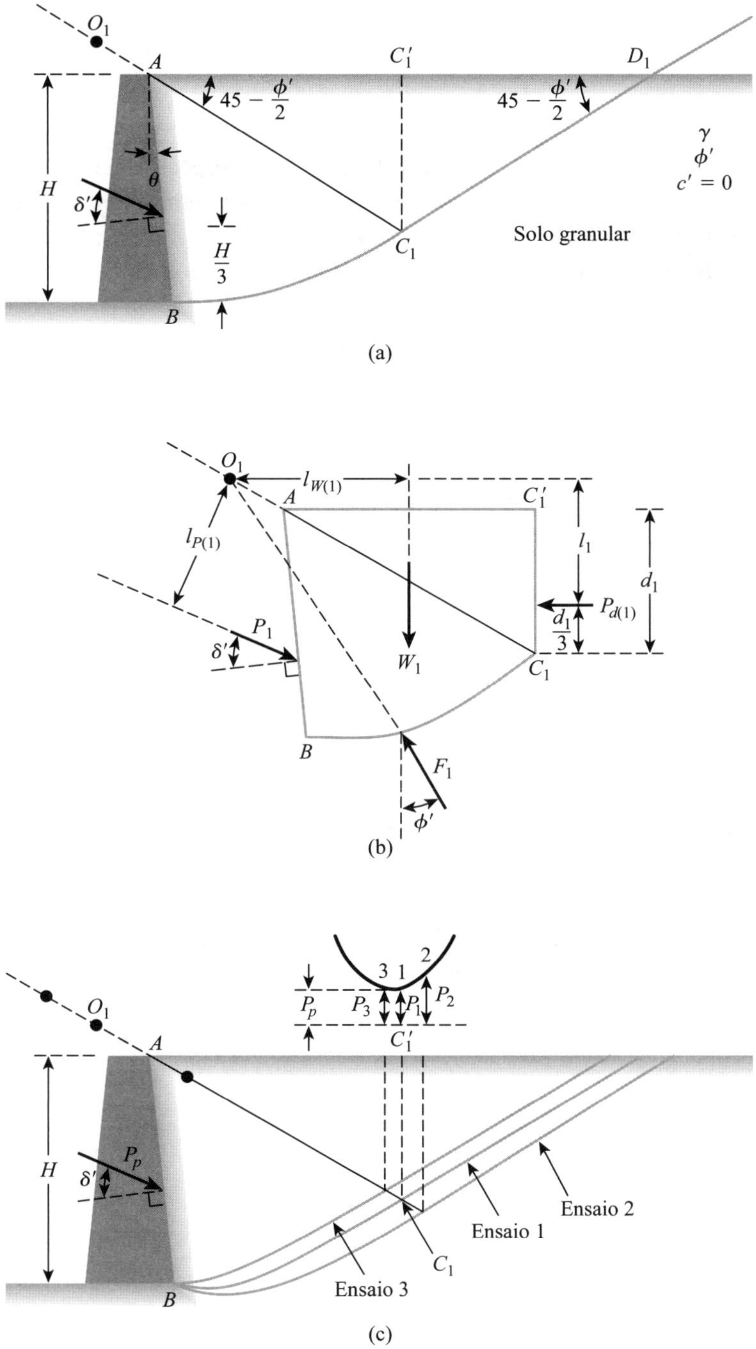

Figura 14.3 Empuxo passivo de terra contra um muro de arrimo com superfície de ruptura curva.

4. P_1 é o empuxo passivo por unidade de comprimento do muro. Ele age a uma distância de $H/3$ medida verticalmente a partir da base do muro. A direção da força P_1 está inclinada em um ângulo δ' em relação normal à superfície posterior do muro.

Agora, tendo os momentos de W_1, $P_{d(1)}$, F_1 e P_1 sobre o ponto O_1, para equilíbrio, temos

$$W_1[l_{W(1)}] + P_{d(1)}[l_1] + F_1[0] = P_1[l_{p(1)}] \tag{14.8}$$

ou

$$P_1 = \frac{1}{l_{p(1)}}\left[W_1 l_{W(1)} + P_{d(1)} l_1\right] \tag{14.9}$$

onde $l_{w(1)}$, l_1 e $l_{P(1)}$ são os vetores dos momentos das forças W_1, $P_{d(1)}$ e P_1, respectivamente.

O procedimento anterior para descobrir a força passiva de ensaio por comprimento específico do muro é repetido para diversas cunhas de ruptura como as indicadas na Figura 14.3c. Sejam $P_1, P_2, P_3, \ldots, P_n$ as forças que correspondem às cunhas de ruptura 1, 2, 3, ..., *n*, respectivamente. As forças são representadas graficamente em algumas escalas conforme indicadas na parte superior da figura. Uma curva suave é representada graficamente pelos pontos 1, 2, 3, ..., *n*. O ponto mais baixo da curva suave define a força passiva real, P_p, por comprimento específico do muro.

14.5 Coeficiente de empuxo passivo de terra (K_p)

Referente ao muro de arrimo com *aterro granular* ($c' = 0$) indicado na Figura 14.3, o empuxo passivo de terra K_p pode ser expresso como

$$P_p = \frac{1}{2} K_p \gamma H^2 \tag{14.10}$$

ou

$$K_p = \frac{P_p}{0{,}5\gamma H^2} \tag{14.11}$$

Abaixo segue um resumo dos resultados obtidos pelos diversos pesquisadores.

Procedimento de Terzaghi e Peck

Usando o procedimento de Terzaghi e Peck (1967) descrito na Seção 14.4, o coeficiente do empuxo passivo do solo pode ser avaliado para diversas combinações de θ, δ' e ϕ'. A Figura 14.4 exibe a variação de K_p para $\phi' = 30°$ e 40° (para $\theta = 0$) com δ'.

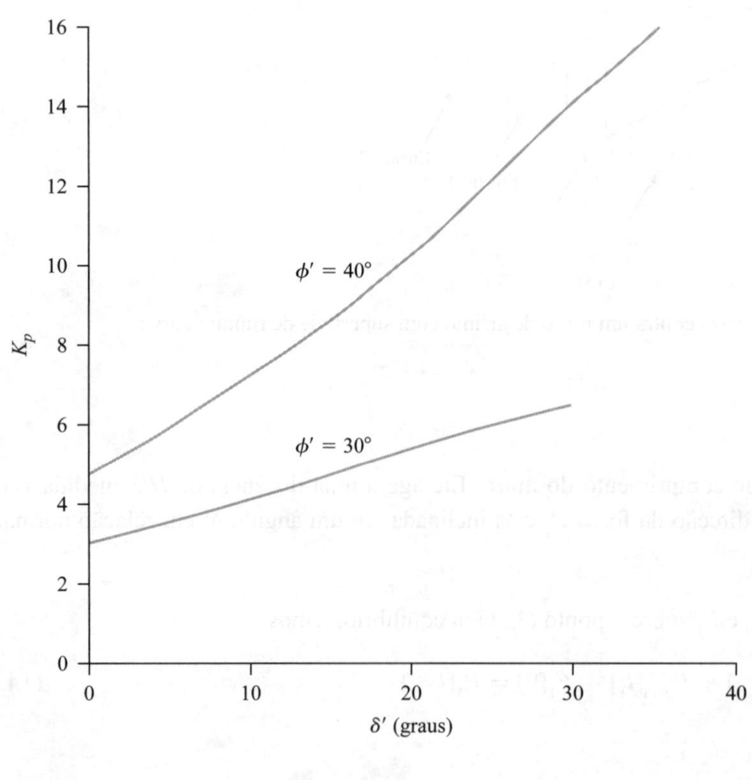

Figura 14.4 Variação de K_p com ϕ' e δ' com base no procedimento de Terzaghi e Peck (1967) (Observação: $\theta = 0$) (*Com base em Terzaghi e Peck, 1967.*)

Solução pelo método de fatias

Shields e Tolunay (1973) aprimoraram as soluções de cunha de ruptura descritas na Seção 14.4 utilizando o *método de fatias* para considerar a estabilidade de cunha de ruptura de solo, como $ABC_1\,C'_1$ na Figura 14.3a. Os detalhes das análises estão além do escopo deste texto. No entanto, os valores de K_p (coeficiente de empuxo passivo de terra) obtidos por este método são fornecidos na Tabela 14.1 e na Figura 14.5. Observe que os valores de K_p indicados na Figura 14.5 são para os muros de arrimo com parte posterior vertical (ou seja $\theta = 0$ na Figura 14.3) que suporta um aterro granular com uma superfície de solo horizontal.

Solução pelo método de fatias triangulares

Zhu e Qian (2000) utilizaram o método de fatias triangulares (como nas zonas de ABC_I na Figura 14.3a) para obter a variação de K_p. De acordo com esta análise,

$$K_p = K_{p(\delta' = 0)}R \tag{14.12}$$

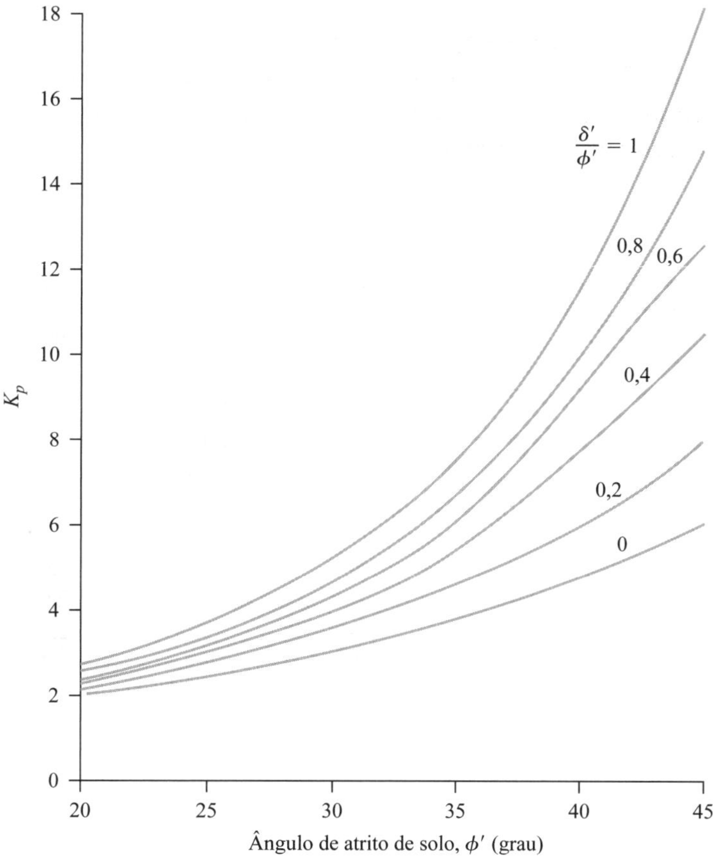

Figura 14.5 K_p com base na análise de Shields e Tolunay (*Observação*: $\theta = 0$) (*Com base na análise de Shields e Tolunay.*)

Tabela 14.1 Valores de Shields e Tolunay de K_p com base no método de fatias

ϕ'	θ (graus)									
(graus)	0	5	10	15	20	25	30	35	40	45
20	2,04	2,26	2,43	2,55	2,70					
25	2,46	2,77	3,03	3,23	3,39	3,63				
30	3,00	3,43	3,80	4,13	4,40	4,64	5,03			
35	3,69	4,29	4,84	5,34	5,80	6,21	6,59	7,25		
40	4,69	5,44	6,26	7,05	7,80	8,51	9,18	9,83	11,03	
45	5,83	7,06	8,30	9,55	10,80	12,04	13,26	14,46	15,60	18,01

onde K_p = coeficiente do empuxo passivo do solo para determinado valor de θ, δ' e ϕ'

$K_{p(\delta'=0)} = K_p$ para dado valor de θ, ϕ', com $\delta' = 0$

R = fator de modificação, que é uma função de ϕ', θ, δ'/ϕ'

As variações de $K_{p(\delta'=0)}$ são dadas na Tabela 14.2. Os valores interpolados de R são mostrados na Tabela 14.3.

14.6 Solução de Caquot e Kerisel para empuxo passivo de terra (aterro granular)

A Figura 14.6 exibe um muro de arrimo com a parte posterior inclinada e um aterro horizontal. Para esse caso, o empuxo passivo por comprimento específico do muro pode ser calculado como

$$P_p = \frac{1}{2}\gamma H_1^2 K_p \tag{14.13}$$

onde K_p = coeficiente de empuxo passivo

Para definição de H_1, consulte a Figura 14.6. A variação de K_p determinada por Caquot e Kerisel (1948) também é indicada na Figura 14.6. É importante observar que os valores K_p indicados são $\delta'/\phi' \neq 1$, o seguinte procedimento deve ser utilizado para determinar K_p.

Tabela 14.2 Variação de $K_{p(\delta'=0)}$ [Consulte a Equação (14.12) e a Figura 14.3a]*

ϕ'	θ (graus)						
(graus)	30	25	20	15	10	5	0
20	1,70	1,69	1,72	1,77	1,83	1,92	2,04
21	1,74	1,73	1,76	1,81	1,89	1,99	2,12
22	1,77	1,77	1,80	1,87	1,95	2,06	2,20
23	1,81	1,81	1,85	1,92	2,01	2,13	2,28
24	1,84	1,85	1,90	1,97	2,07	2,21	2,37
25	1,88	1,89	1,95	2,03	2,14	2,28	2,46
26	1,91	1,93	1,99	2,09	2,21	2,36	2,56
27	1,95	1,98	2,05	2,15	2,28	2,45	2,66
28	1,99	2,02	2,10	2,21	2,35	2,54	2,77
29	2,03	2,07	2,15	2,27	2,43	2,63	2,88
30	2,07	2,11	2,21	2,34	2,51	2,73	3,00
31	2,11	2,16	2,27	2,41	2,60	2,83	3,12
32	2,15	2,21	2,33	2,48	2,68	2,93	3,25
33	2,20	2,26	2,39	2,56	2,77	3,04	3,39
34	2,24	2,32	2,45	2,64	2,87	3,16	3,53
35	2,29	2,37	2,52	2,72	2,97	3,28	3,68
36	2,33	2,43	2,59	2,80	3,07	3,41	3,84
37	2,38	2,49	2,66	2,89	3,18	3,55	4,01
38	2,43	2,55	2,73	2,98	3,29	3,69	4,19
39	2,48	2,61	2,81	3,07	3,41	3,84	4,38
40	2,53	2,67	2,89	3,17	3,53	4,00	4,59
41	2,59	2,74	2,97	3,27	3,66	4,16	4,80
42	2,64	2,80	3,05	3,38	3,80	4,34	5,03
43	2,70	2,88	3,14	3,49	3,94	4,52	5,27
44	2,76	2,94	3,23	3,61	4,09	4,72	5,53
45	2,82	3,02	3,32	3,73	4,25	4,92	5,80

* Com base em Zhu e Qian, 2000

Tabela 14.3 Variação de R [Equação (14.12)]

θ (graus)	δ'/ϕ'	R para ϕ' (graus) 30	35	40	45
0	0,2	1,2	1,28	1,35	1,45
	0,4	1,4	1,6	1,8	2,2
	0,6	1,65	1,95	2,4	3,2
	0,8	1,95	2,4	3,15	4,45
	1,0	2,2	2,85	3,95	6,1
5	0,2	1,2	1,25	1,32	1,4
	0,4	1,4	1,6	1,8	2,1
	0,6	1,6	1,9	2,35	3,0
	0,8	1,9	2,35	3,05	4,3
	1,0	2,15	2,8	3,8	5,7
10	0,2	1,15	1,2	1,3	1,4
	0,4	1,35	1,5	1,7	2,0
	0,6	1,6	1,85	2,25	2,9
	0,8	1,8	2,25	2,9	4,0
	1,0	2,05	2,65	3,6	5,3
15	0,2	1,15	1,2	1,3	1,35
	0,4	1,35	1,5	1,65	1,95
	0,6	1,55	1,8	2,2	2,7
	0,8	1,8	2,2	2,8	3,8
	1,0	2,0	2,6	3,4	4,95
20	0,2	1,15	1,2	1,3	1,35
	0,4	1,35	1,45	1,65	1,9
	0,6	1,5	1,8	2,1	2,6
	0,8	1,8	2,1	2,6	3,55
	1,0	1,9	2,4	3,2	4,8

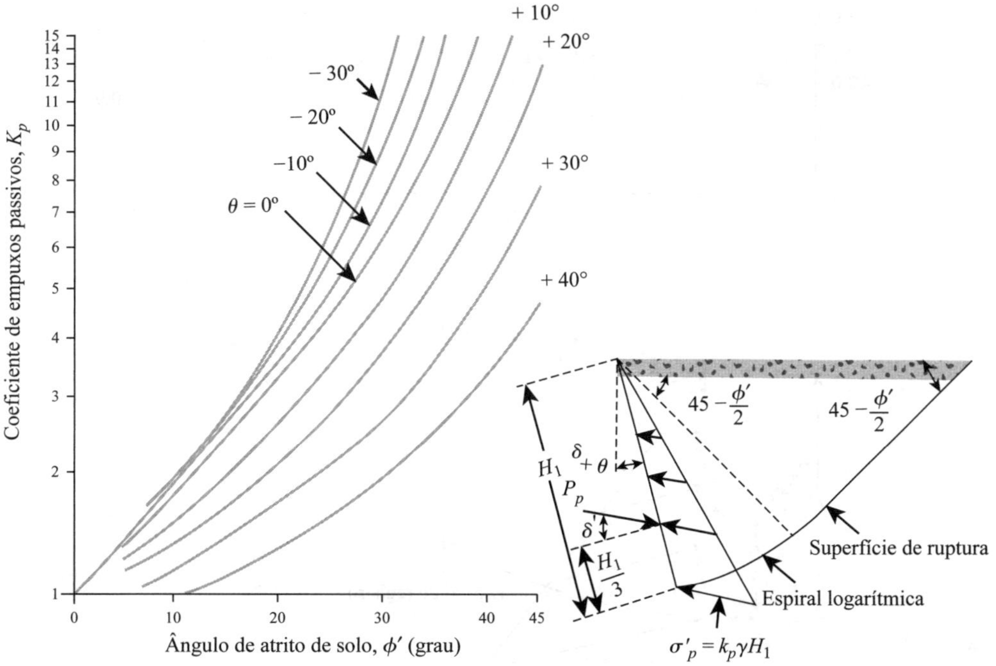

Figura 14.6 Solução de Caquot e Kerisel para K_p [Eq. (14.13)].

1. Suponha δ' e ϕ'.
2. Calcule δ'/ϕ'.
3. Utilizando a relação de δ'/ϕ' (etapa 2), determine o fator de redução, R', da Tabela 14.4.
4. Determine K_p da Figura 14.6 para $\delta'/\phi' = 1$
5. Calcule K_p para δ'/ϕ' necessário como

$$K_p = (R')[K_{p(\delta'/\phi'=1)}] \tag{14.14}$$

A Figura 14.7 exibe um muro de arrimo vertical com um aterro granular inclinado. Para esse caso,

$$P_p = \frac{1}{2}\gamma H^2 K_p \tag{14.15}$$

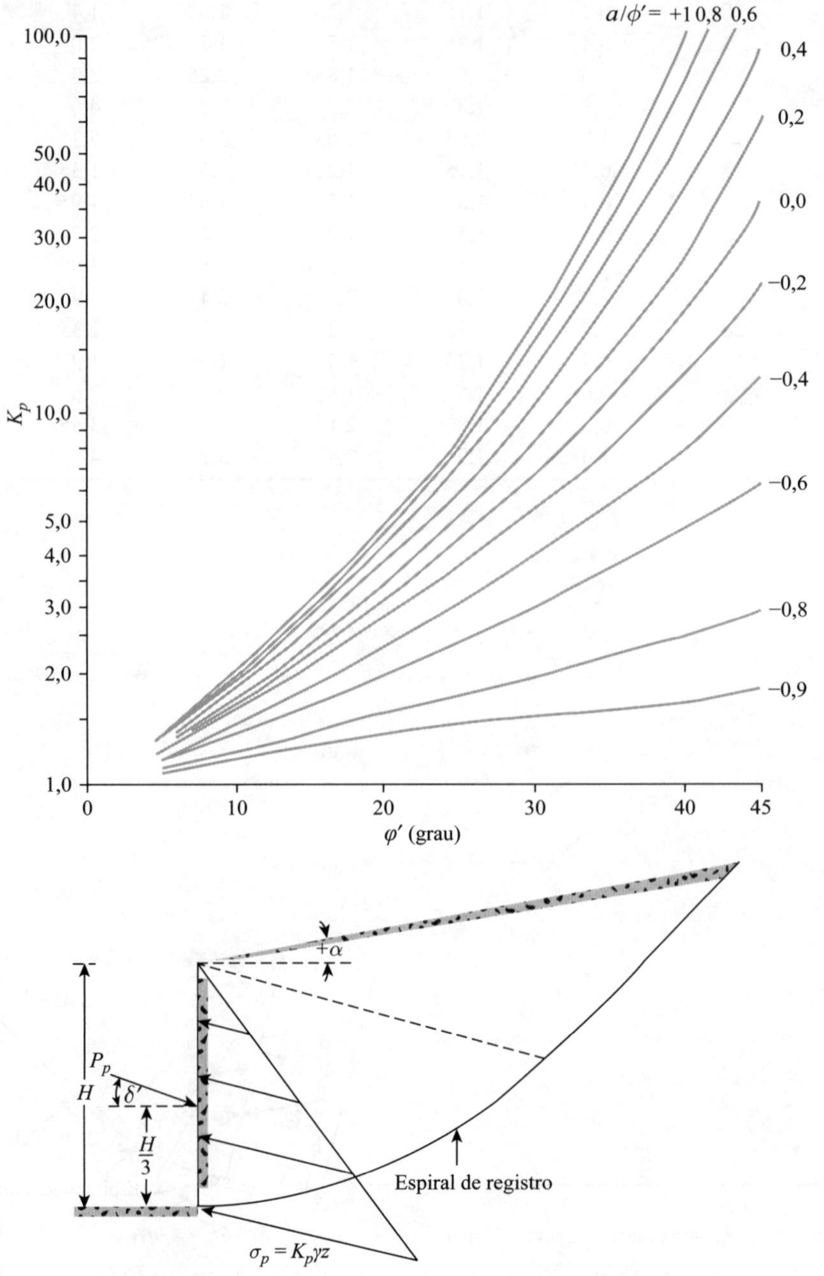

Figura 14.7 Solução de Caquot e Kerisel para K_p [Eq. (14.15)].

Tabela 14.4 Fator de redução de Caquot e Kerisel, R', para cálculo de empuxo passivo

ϕ'	δ'/ϕ'							
	0,7	**0,6**	**0,5**	**0,4**	**0,3**	**0,2**	**0,1**	**0**
10	0,978	0,962	0,946	0,929	0,912	0,898	0,881	0,864
15	0,961	0,934	0,907	0,881	0,854	0,830	0,803	0,775
20	0,939	0,901	0,862	0,824	0,787	0,752	0,716	0,678
25	0,912	0,860	0,808	0,759	0,711	0,666	0,620	0,574
30	0,878	0,811	0,746	0,686	0,627	0,574	0,520	0,467
35	0,836	0,752	0,674	0,603	0,536	0,475	0,417	0,362
40	0,783	0,682	0,592	0,512	0,439	0,375	0,316	0,262
45	0,718	0,600	0,500	0,414	0,339	0,276	0,221	0,174

A solução de Caquot e Kerisel (1948) para K_p para utilizar na Eq. (14.15) dada na Figura 14.7 para $\delta'/\phi' = 1$. Para determinar K_p pela Figura 14.7, são necessárias as seguintes etapas:

Etapa 1: Determine α/ϕ' (observe o sinal de α).

Etapa 2: Sabendo ϕ' e α/ϕ', utilize a Figura 14.7 para determinar K_p para $\delta'/\phi' = 1$.

Etapa 3: Calcule δ'/ϕ'.

Etapa 4: Vá até a Tabela 14.4 para determinar o fator de redução, R'.

Etapa 5: $K_p = (R')[K_{p(\delta'/\phi' = 1)}]$. (14.16)

Exemplo 14.1

Considere um muro de arrimo de 3 metros de altura (H), com a face posterior vertical ($\theta = 0°$) e um aterro granular horizontal. Dados: $\gamma = 15{,}7$ kN/m^3, $\delta' = 15°$ e $\phi' = 30°$. Estime o empuxo passivo P_p utilizando

a. Teoria de Coulomb
b. Teoria de cunha de Terzaghi e Peck
c. Solução de Shields e Tolunay (método das fatias)
d. Solução de Zhu e Qian (método das fatias triangulares)
e. Teoria de Caquot e Kerisel

Solução

Parte a

Da Eq. (13.55),

$$P_p = \frac{1}{2}K_p\gamma H^2$$

A partir da Tabela 13.7, para $\phi' = 30°$ e $\delta' = 15°$, o valor de K_p é 4,977. Assim,

$$P_p = \left(\frac{1}{2}\right)(4{,}977)(15{,}7)(3)^2 = \mathbf{351{,}6\ kN/m}$$

Parte b

Da Fig. 14.4, para $\phi' = 30°$ e $\delta' = 15°$, o valor de K_p é aproximadamente 4,53. Assim,

$$P_p = \left(\frac{1}{2}\right)(4{,}53)(15{,}7)(3)^2 = \mathbf{320\ kN/m}$$

(continua)

Parte c

$$P_p = \frac{1}{2}K_p\gamma H^2$$

Da Figura 14.5, para $\phi' = 30°$ e $\delta' = 15°$ ($\frac{\delta'}{\phi'} = 0{,}5$, o valor de K_p é 4,13. Portanto,

$$P_p = \left(\frac{1}{2}\right)(4{,}13)(15{,}7)(3)^2 \approx \mathbf{292\ kN/m}$$

Parte d

Da Eq. (14.12),

$$K_p = K_{p(\delta'=0)}R$$

Para $\phi' = 30°$ e $\theta = 0$, $K_{p(\delta'=0)}$ é igual a 3,0 (Tabela 14.2). Novamente, para $\theta = 0$ e $\delta'/\phi' = 0{,}5$, o valor de R é de aproximadamente 1,52 (Tabela 14.3). Assim, $K_p = (3)(1{,}52) = 4{,}56$.

$$P_p = \left(\frac{1}{2}\right)(4{,}56)(15{,}7)(3)^2 = \mathbf{322\ kN/m}$$

Parte e

Da Eq. (14.13), com $\theta = 0$, $H_1 = H$,

$$P_p = \frac{1}{2}\gamma H^2 K_p$$

Da Figura 14.6, para $\phi' = 30°$ e $\delta'/\phi' = 1$, o valor de $K_{p(\delta'/\phi'=1)}$ é aproximadamente 5,9. Além disso, a partir da Tabela 14.4, com $\phi' = 30°$ e $\delta'/\phi' = 0{,}5$, o valor de R' é 0,746.

Portanto,

$$P_p = \frac{1}{2}\gamma H^2 K_p = \frac{1}{2}(15{,}7)(3)^2\,(0{,}746 \times 5{,}9) \approx \mathbf{311\ kN/m}$$

■

14.7 Empuxo passivo nos muros com forças sísmicas

A relação para empuxo passivo de terra no muro de aterro com *aterro horizontal granular* e parte posterior vertical sob condições sísmicas foi avaliada por Subba Rao e Choudhury (2005) utilizando a abordagem pseudoestática ao método de equilíbrio limite. A superfície de ruptura no solo presumida na análise foi semelhante à indicada na Figura 14.3 (com $\theta = 0$; ou seja, face posterior vertical). As anotações utilizadas na análise foram as seguintes:

H = altura do muro de arrimo

P_{pe} = empuxo passivo por unidade de comprimento do muro

ϕ' = ângulo de atrito do solo

δ' = ângulo de atrito do muro

$$k_h = \frac{\text{componente horizontal da aceleração sísmica}}{\text{aceleração da gravidade, } g}$$

$$k_v = \frac{\text{componente vertical da aceleração sísmica}}{\text{aceleração da gravidade, } g}$$

Com base nessa análise, o empuxo passivo P_{pe} pode ser expresso como

$$P_{pe} = \left[\frac{1}{2}\gamma H^2 K_{p\gamma(e)}\right]\frac{1}{\cos\delta'} \tag{14.17}$$

onde $K_{p\gamma(e)}$ = coeficiente passivo de empuxo de terra na direção normal ao muro.

$K_{p\gamma(e)}$ é uma função de k_h e k_v. As variações de $K_{p\gamma(e)}$ para $\delta'/\phi' = 0{,}5$ e 1 são indicados na Figura 14.8. O empuxo passivo P_{pe} será inclinado a um ângulo δ' à face posterior do muro e agirá a uma distância de $H/3$ acima da parte inferior do muro.

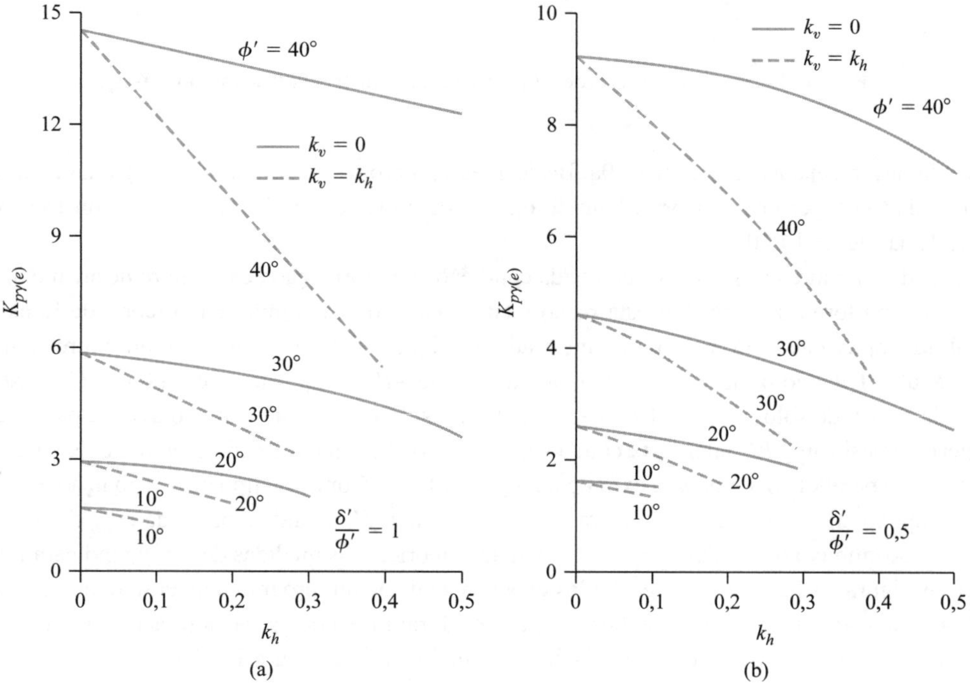

Figura 14.8 Variação de $K_{p\gamma(e)}$: (a) $\delta'/\phi' = 1$; (b) $\dfrac{\delta'}{\phi'} = 0{,}5$.

CORTES ESCORADOS

14.8 Cortes escorados – geral

Com frequência, durante a construção de fundações ou estruturas de serviço público (tais como redes de esgoto), são abertas valas a céu aberto com paredes de terra verticais. Embora a maioria destas valas seja temporária, as faces dos cortes devem ser apoiadas por sistemas de escoramento adequados. A Figura 14.9 mostra um dos vários sistemas normalmente adotados em construções. Os sistemas de escoramento consistem em estacas-prancha, longarinas e escoras.

O projeto adequado destes elementos requer o conhecimento sobre o empuxo lateral de terra aplicado sobre muros escorados. A magnitude do empuxo lateral de terra a várias profundidades do corte é muito influenciada pelas deformações das pranchas. Para compreender a natureza da deformação dos muros escorados, é necessário seguir a sequência de construção. A construção da unidade começa com a cravação das pranchas. A fila superior de longarinas e escoras (indicadas pela letra *A* na Figura 14.9a) é instalada após a abertura de um pequeno corte. Este processo deve ser executado imediatamente, de modo que não haja tempo para que a massa de solo fora do corte se deforme, fazendo com que as pranchas cedam. À medida que o processo de cravação das pranchas, escavação do solo e instalação das filas de longarinas e escoras continua (veja *B* e *C* na Figura 14.9), as pranchas se deslocam para dentro, em profundidades maiores. Este movimento é causado pela pressão de terra maior aplicada pelo solo externo ao corte. A deformação dos muros escorados

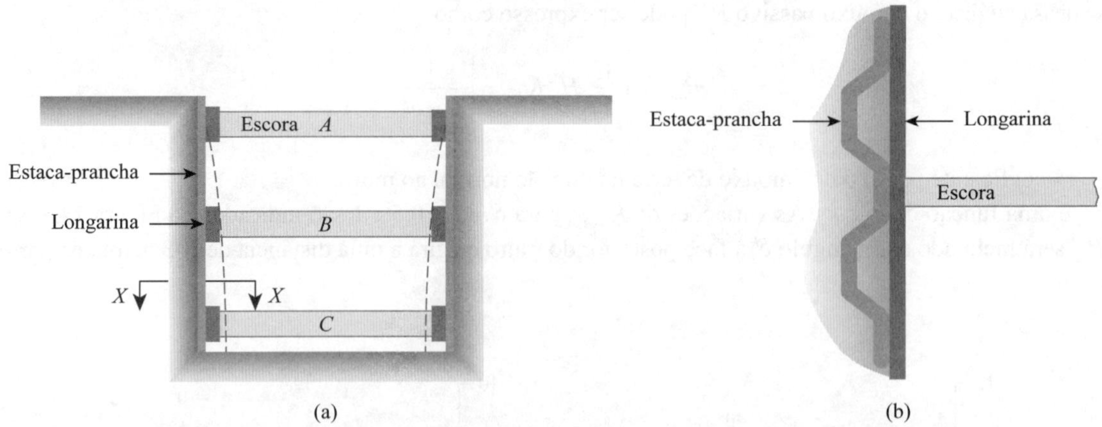

Figura 14.9 Cortes escorados: (a) seção transversal; (b) plano (seção a X–X).

é mostrada pelas linhas tracejadas na Figura 14.9a. Basicamente, o problema cria uma condição na qual os muros giram em torno do nível da fila superior de escoras. Uma fotografia de cortes escorados feitos para construção de metrôs em Chicago é indicada na Figura 14.10.

A deformação de um muro escorado é diferente da condição de deformação de um muro de arrimo, pois no primeiro caso a rotação se dá em torno do topo. Por esta razão, nem a teoria de Coulomb nem a teoria de Rankine fornecem a distribuição real do empuxo de terra. Este fato é mostrado na Figura 14.11, na qual AB é um muro sem atrito com um aterro de solo granular. Quando o muro se desloca para a posição AB', a superfície de ruptura BC se estabelece. Como a parte superior da massa de solo na zona ABC não se deforma suficientemente, ela não avança para o estado ativo de Rankine. A superfície deslizante BC intercepta com a superfície do chão quase a 90°. O empuxo de terra correspondente será aproximadamente parabólico, como acb exibido na Figura 14.11b. Com esse tipo de distribuição de empuxo, o ponto de aplicação do empuxo ativo resultante, P_a, ficará a uma altura de n_aH, medida a partir da base do muro, com $n_a > {}^1/_3$ (para a distribuição de empuxo triangular $n_a = {}^1/_3$). A avaliação teórica e as medidas de campo indicaram que n_a seria tão alta quanto 0,55. A Figura 14.12 mostra os resultados experimentais de um programa de ensaio laboratorial nos quais os componentes horizontais do empuxo ativo de terra (σ'_a cos δ') foram medidos para as rotações de muro sobre as partes superior e inferior. Isso geralmente proporciona tendências semelhantes na Figura 11.11b.

Figura 14.10 Corte escorado para construção de metrô em Chicago. (*Cortesia de Ralph B. Peck.*)

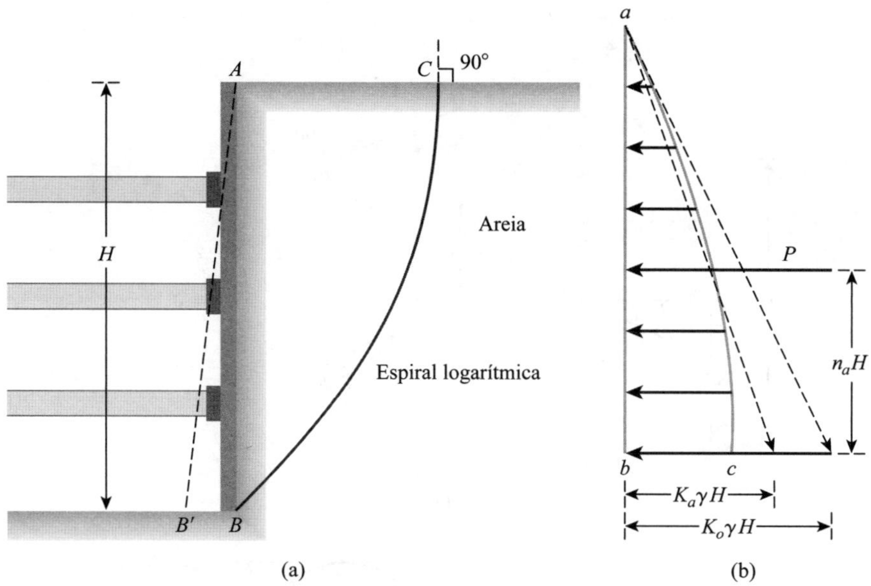

Figura 14.11 Distribuição de empuxo de terra contra um muro com rotação sobre a parte superior.

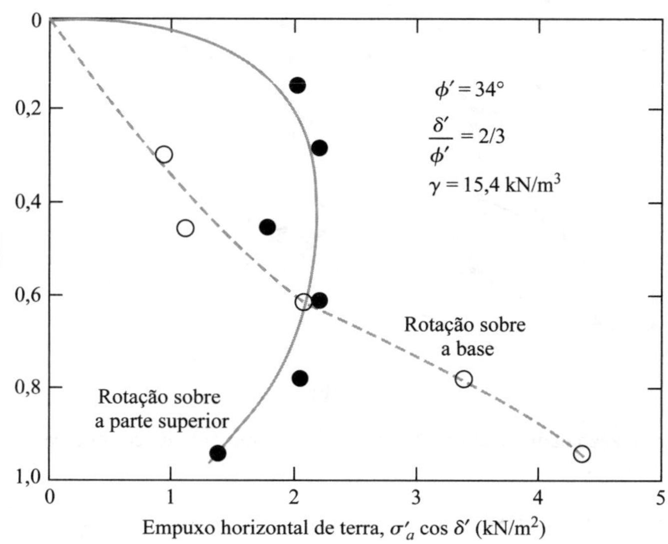

Figura 14.12 Distribuição de empuxo horizontal de terra atrás de um muro de arrimo modelo. (*Observação*: σ'_a = empuxo ativo de terra) (*Com base em Matsuzawa e Hazarika, 1996.*)

14.9 Determinação do empuxo ativo aplicado sobre sistemas de escoramentos em cortes a céu aberto – solo granular

O empuxo ativo em sistemas de escoramentos em cortes a céu aberto pode ser estimado teoricamente por meio de cunhas de ruptura e da teoria geral de Terzaghi para cunhas (1941). Os procedimentos básicos para a determinação do empuxo ativo são descritos nesta seção.

A Figura 14.13a exibe um muro escorado *AB* de altura *H* que se deforma pela rotação na parte superior. É presumido que o muro seja rugoso, com o ângulo de fricção de muro igual a δ'. Presume-se que o ponto de aplicação do empuxo ativo (ou seja, n_aH) seja conhecido. A curva de deslizamento é presumida como um arco de uma espiral logarítmica. Conforme discutimos na seção anterior, a curva de deslizamento intercepta a superfície de solo horizontal a 90°. Para prosseguir com a solução de cunha de ruptura, considere a seleção do ponto b_1. A partir de b_1, é desenhada uma linha $b_1b'_1$ que faz

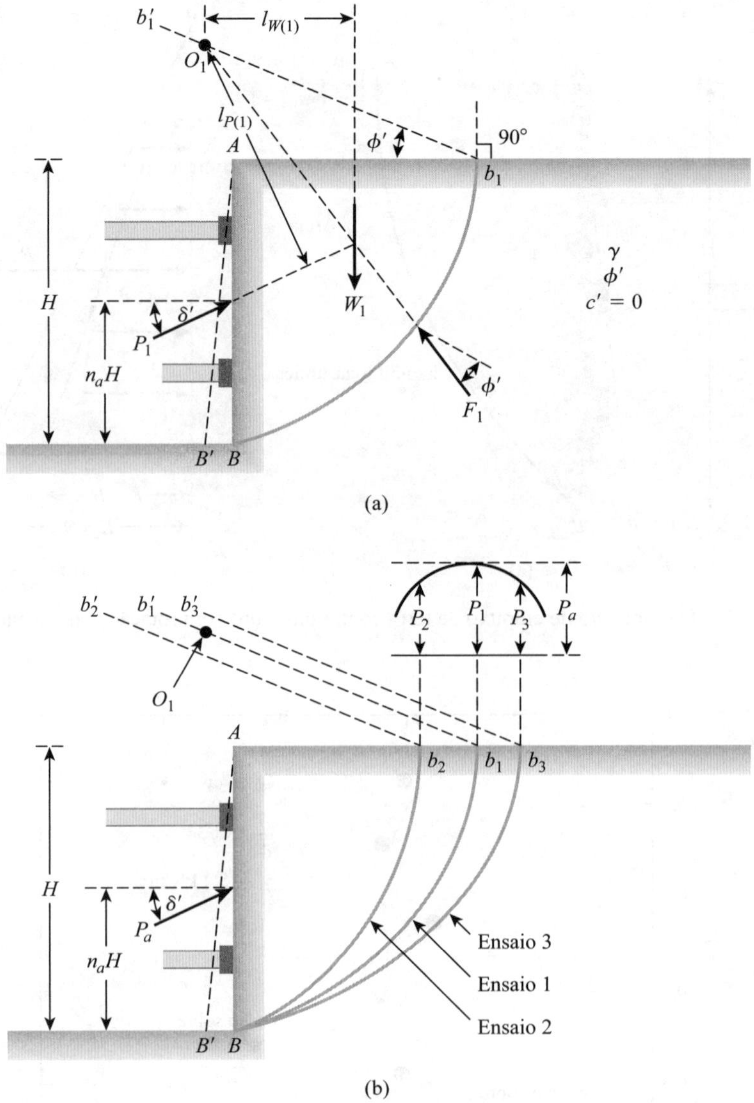

Figura 14.13 Determinação da força ativa no sistema de escoramento de cortes a céu aberto em solo não coesivo.

um ângulo ϕ' com a superfície de solo. (Observe que ϕ' = ângulo de atrito efetivo do solo.) O arco da espiral logarítmica b_1B, que define a curva de deslizamento para este ensaio, pode, agora, ser desenhado com o centro da espiral (ponto O_1) localizado na linha $b_1b'_1$. Observe que a equação para a espiral logarítmica é proporcionada por $r_1 = r_o e^{\theta_1 \mathrm{tg}\, \phi'}$ e, nesse caso, $\overline{O_1b_1} = r_o$ e $\overline{O_1B_1} = r_1$. Além disso, é interessante visualizar que a linha horizontal que representa a superfície de solo é normal à curva de deslizamento no ponto b_1, e que O_1b_1 é uma linha radial. O ângulo entre eles é igual a ϕ', que concorda com a propriedade da espiral.

Para observar o equilíbrio da cunha de ruptura, vamos considerar as seguintes forças por comprimento específico do muro escorado:

- W_1 = o peso da cunha ABb_1 = (Área de ABb_1) × (γ) × (1).
- P_1 = o empuxo ativo atuando no ponto n_aH, medido verticalmente para cima a partir da base do corte e inclinado a um ângulo δ' em relação à horizontal.
- F_1 = a resultante das forças de cisalhamento e normal, que atuam ao longo da superfície da cunha de ruptura. A linha de atuação da força F_1 passará pelo ponto O_1.

Agora, considerando os momentos destas forças em cerca de O_1, obtemos

$$W_1[l_{w(1)}] + F_1(0) = P_1[l_{P(1)}] = 0$$

ou

$$P_1 = \frac{W_1 l_{w(1)}}{l_{p(1)}} \tag{14.18}$$

onde $l_w(1)$ e $l_P(1)$ são os vetores dos momentos das forças W_1 e P_1, respectivamente.

Este procedimento de descobrir o empuxo ativo, agora, pode ser repetido por diversas cunhas, como ABb_2, ABb_3, ..., ABb_n (Figura 14.13b). Observe que os centros dos arcos logarítmicos-espirais estão nas linhas b_2b_2', b_3b_3', ..., b_nb_n', respectivamente. As forças principais P_1, P_2, P_3, ..., P_n derivadas das cunhas de ruptura são representadas graficamente por algumas escalas na parte superior da Figura 14.13b. O ponto máximo da curva suave desenhada por esses pontos produzirá o empuxo ativo máximo desejado, P_a, no muro curvo.

Kim e Preber (1969) determinaram os valores de $P_a/0{,}5\gamma H^2$ para escavações curvas para diversos valores de ϕ', δ' e n_a. Esses valores estão listados na Tabela 14.5. No geral, a magnitude média de P_a é aproximadamente 10% maior quando a rotação do muro é feita aproximadamente na parte superior conforme comparada ao valor obtido pela teoria de empuxo ativo de terra de Coulomb.

14.10 Determinação do empuxo ativo sobre sistemas de escoramentos em cortes – solo granular

Utilizando os princípios de teoria de cunha geral, também podemos determinar o empuxo resultante nos sistemas encurvados para cortes feitos no solo $c' - \phi'$. A Tabela 14.6 proporciona a variação de P_a em uma força adimensional para diversos valores de ϕ', δ', n_a e $c'/\gamma H$.

Tabela 14.5 $P_a/0{,}5\gamma H^2$ em relação a ϕ', δ' e n_a ($c' = 0$) para cortes escorados*

		$P_a/0{,}5\gamma H^2$						$P_a/0{,}5\gamma H^2$			
ϕ' (graus)	δ' (graus)	$n_a = 0{,}3$	$n_a = 0{,}4$	$n_a = 0{,}5$	$n_a = 0{,}6$	ϕ' (graus)	δ' (graus)	$n_a = 0{,}3$	$n_a = 0{,}4$	$n_a = 0{,}5$	$n_a = 0{,}6$
10	0	0,653	0,734	0,840	0,983	35	0	0,247	0,267	0,290	0,318
	5	0,623	0,700	0,799	0,933		5	0,239	0,258	0,280	0,318
	10	0,610	0,685	0,783	0,916		10	0,234	0,252	0,273	0,300
15	0	0,542	0,602	0,679	0,778		15	0,231	0,249	0,270	0,296
	5	0,518	0,575	0,646	0,739		20	0,231	0,248	0,269	0,295
	10	0,505	0,559	0,629	0,719		25	0,232	0,250	0,271	0,297
	15	0,499	0,554	0,623	0,714		30	0,236	0,254	0,276	0,302
20	0	0,499	0,495	0,551	0,622		35	0,243	0,262	0,284	0,312
	5	0,430	0,473	0,526	0,593	40	0	0,198	0,213	0,230	0,252
	10	0,419	0,460	0,511	0,575		5	0,192	0,206	0,223	0,244
	15	0,413	0,454	0,504	0,568		10	0,189	0,202	0,219	0,238
	20	0,413	0,454	0,504	0,569		15	0,187	0,200	0,216	0,236
25	0	0,371	0,405	0,447	0,499		20	0,187	0,200	0,216	0,235
	5	0,356	0,389	0,428	0,477		25	0,188	0,202	0,218	0,237
	10	0,347	0,378	0,416	0,464		30	0,192	0,205	0,222	0,241
	15	0,342	0,373	0,410	0,457		35	0,197	0,211	0,228	0,248
	20	0,341	0,372	0,409	0,456		40	0,205	0,220	0,237	0,259
	25	0,344	0,375	0,413	0,461	45	0	0,156	0,167	0,180	0,196
30	0	0,304	0,330	0,361	0,400		5	0,152	0,163	0,175	0,190
	5	0,293	0,318	0,347	0,384		10	0,150	0,160	0,172	0,187
	10	0,286	0,310	0,339	0,374		15	0,148	0,159	0,171	0,185
	15	0,282	0,306	0,334	0,368		20	0,149	0,159	0,171	0,185
	20	0,281	0,305	0,332	0,367		25	0,150	0,160	0,173	0,187
	25	0,284	0,307	0,335	0,370		30	0,153	0,164	0,176	0,190
	30	0,289	0,313	0,341	0,377		35	0,158	0,168	0,181	0,196
							40	0,164	0,175	0,188	0,204
							45	0,173	0,184	0,198	0,213

* *Segundo Kim e Preber, 1969. Com permissão da ASCE.*

Tabela 14.6 Valores de $P_a/0,5\gamma H^2$ para corte em um solo c'-ϕ', com a hipótese $c'_a = c'$ (tg δ'/tg ϕ')*

δ' (graus)	$n_a = 0,3$ e $c'/\gamma H = 0,1$	$n_a = 0,4$ e $c'/\gamma H = 0,1$	$n_a = 0,5$ e $c'/\gamma H = 0,1$
$\phi' = 15°$			
0	0,254	0,285	0,322
5	0,214	0,240	0,270
10	0,187	0,210	0,238
15	0,169	0,191	0,218
$\phi' = 20°$			
0	0,191	0,210	0,236
5	0,160	0,179	0,200
10	0,140	0,156	0,173
15	0,122	0,127	0,154
20	0,113	0,124	0,140
$\phi' = 25°$			
0	0,138	0,150	0,167
5	0,116	0,128	0,141
10	0,099	0,110	0,122
15	0,085	0,095	0,106
20	0,074	0,083	0,093
25	0,065	0,074	0,083
$\phi' = 30°$			
0	0,093	0,103	0,113
5	0,078	0,086	0,094
10	0,066	0,073	0,080
15	0,056	0,060	0,067
20	0,047	0,051	0,056
25	0,036	0,042	0,047
30	0,029	0,033	0,038

**Segundo Kim e Preber, 1969. Com permissão da ASCE.*

14.11 Variação do empuxo para projetos de pranchas, escoras e longarinas

O empuxo ativo aplicado às pranchas em um corte escorado, calculado com base na teoria geral da cunha, não explica a variação do empuxo de terra com a profundidade, a qual deve ser conhecida para a elaboração do projeto. Uma diferença importante entre os sistemas de escoramentos utilizados nos cortes a céu aberto e nos muros de arrimo é que estes se rompem como um elemento único, enquanto os escoramentos em um corte a céu aberto sofrem rupturas progressivas nas quais uma ou mais escoras se rompem ao mesmo tempo.

Peck (1969) traçou diagramas empíricos de resultados referentes às pressões laterais sobre pranchas para projetos de sistemas de escoramentos. Esses diagramas de pressão para cortes em areia, em argila de mole a média e em argila rígida são mostrados na Figura 14.14. As cargas nas escoras podem ser determinadas, supondo-se que os elementos verticais sejam articulados em cada nível de escora, exceto nos níveis superior e inferior (Figura 14.15). O Exemplo 14.2 ilustra os procedimentos de cálculo para cargas nas escoras.

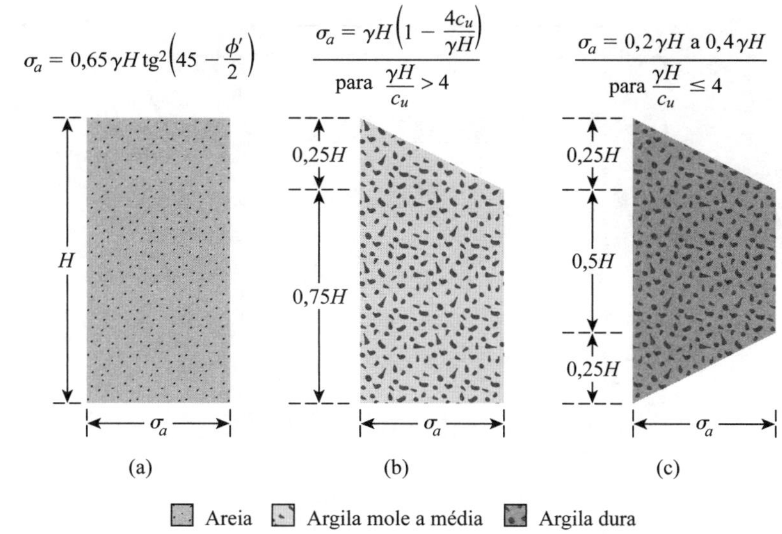

Figura 14.14 Diagramas de empuxo de Peck para projeto de sistemas de escoramento.

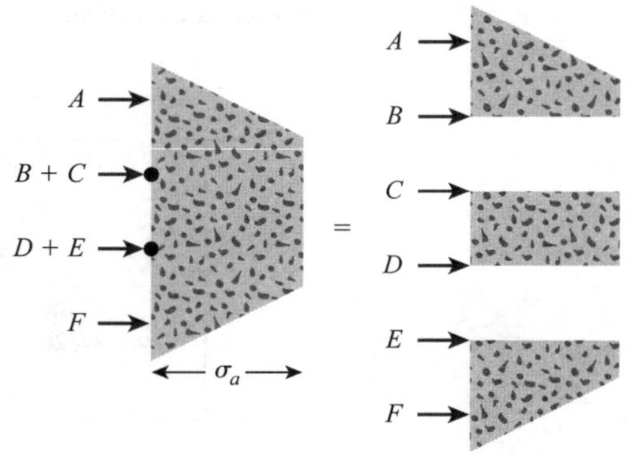

Figura 14.15 Determinação de cargas nas escoras nos diagramas empíricos de empuxo lateral.

Exemplo 14.2

Um corte escorado com 7 m de profundidade é indicado na Figura 14.16. No plano, as escoras estão posicionadas a $s = 2$ m, de um centro a outro. Usando o diagrama da pressão empírica de Peck, calcule as cargas das escoras.

Solução

Consulte a Figura 14.14a. Para o diagrama do empuxo lateral da terra,

$$\sigma_a = 0,65\gamma H \,\text{tg}^2\left(45 - \frac{\phi'}{2}\right) = (0,65)(16)(7,5)\,\text{tg}^2\left(45 - \frac{30}{2}\right) = 26\,\text{kN/m}^2$$

Suponha que a lâmina esteja curvada no nível de escora *B*. Agora, consulte o diagrama na Figura 14.17. Precisamos descobrir as reações em *A*, B_1, B_2 e *C*. Tomando o momento sobre B_1, temos

$$2,5A = (26)(3,5)\left(\frac{3,5}{2}\right); \quad A = 63,7\,\text{kN/m}$$

(continua)

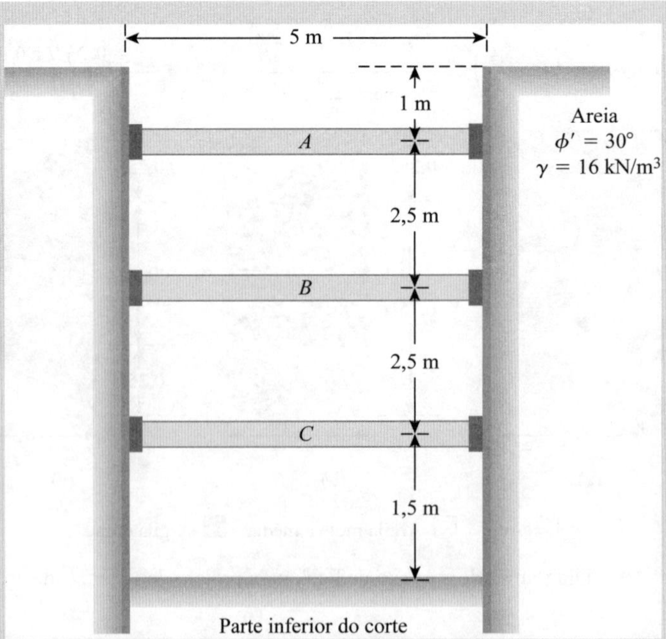

Figura 14.16 Corte escorado na areia.

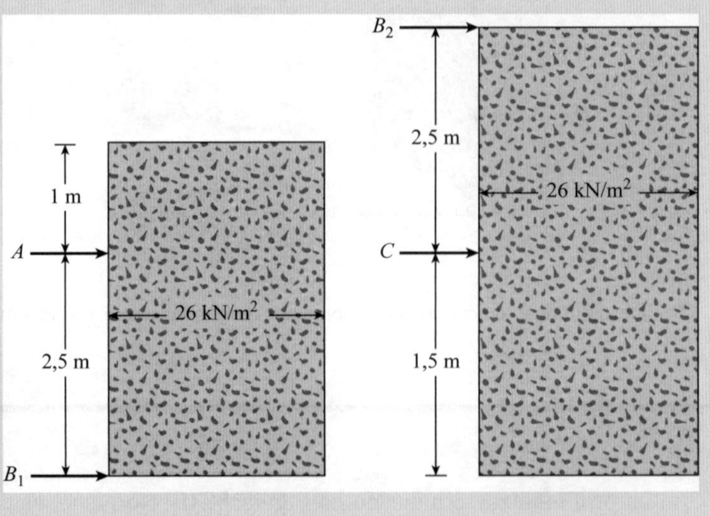

Figura 14.17 Cálculo de cargas das escoras da envoltória de empuxo.

Portanto,

$$B_1 = (26)(3{,}5) - 63{,}7 = 27{,}3 \text{ kN/m}$$

Novamente, considerando o momento em B_2, temos

$$2{,}5C = (26)(4)\left(\frac{4}{2}\right)$$

$$C = 83{,}2 \text{ kN/m}$$

Então

$$B_2 = (26)(4) - 83{,}2 = 20{,}8 \text{ kN/m}$$

As cargas nas escoras são:

No nível A, $(A)(s) = (63{,}7)(2) = \mathbf{127{,}4\ kN}$

No nível B, $(B_1 + B_2)(s) = (27{,}3 + 20{,}8)(2) = \mathbf{96{,}2\ kN}$

No nível C, $(C)(s) = (83{,}2)(2) = \mathbf{166{,}4\ kN}$ ■

14.12 Resumo

Este capítulo aborda dois tópicos principais:

- A estimativa do empuxo passivo, utilizando superfície de ruptura curva no solo.
- O empuxo lateral de terra em cortes escorados utilizando as teorias geral da cunha e das envoltórias de empuxo para o projeto de escoras, longarinas e estacas-pranchas.

Os cálculos do empuxo passivo que utilizam superfícies de ruptura curvas são essenciais nos casos em que $\delta' > \phi'/2$, pois a suposição de superfícies de ruptura planas fornece resultados inseguros para o projeto. O coeficiente de empuxo passivo conforme obtido utilizando as análises de Terzaghi e Peck (1967), Shields e Tolunay (1973), Zhu e Qian (2000) e Caquot e Kerisel são fornecidos nas Seções 14.5 e 14.6.

Nos casos de cortes escorados, embora determine o empuxo por unidade de comprimento do corte, a teoria geral da cunha não fornece nenhuma informação sobre a natureza da distribuição do empuxo de terra em função da profundidade. Por esse motivo, as envoltórias de empuxo são necessárias para a execução do projeto. A Seção 14.11 apresenta as envoltórias de empuxo de terra recomendadas por Peck (1969) para cortes em argila arenosa, mole e média e argila rígida. Também fornece o procedimento para cálculo das cargas de escoras em cortes escorados.

Problemas

14.1 Consulte o muro de arrimo mostrado na Figura 14.18. Dados: $\theta = 15°$, $\alpha = 0$, $\gamma = 17{,}8\ \text{kN/m}^3$, $\phi' = 30°$, $\delta' = 18°$ e $H = 5$ m. Faça a estimativa do empuxo passivo, P_p, por comprimento específico do muro utilizando o método de Zhu e Qian de fatias triangulares (Tabelas 14.2 e 14.3).

14.2 Consulte a Figura 14.18. Dados: $H = 4{,}26$ m, $\theta = 0$, $\alpha = 0$, $\gamma = 17{,}56\ \text{kN/m}^3$, $\phi' = 35°$ e $\delta' = \frac{2}{3}\phi'$. Calcule a estimativa do empuxo passivo, P_p, por comprimento específico do muro utilizando os valores K_p dado pelos métodos de fatias de Shields e Tolunay (Figura 14.5).

14.3 Um muro de arrimo tem uma face traseira vertical com um aterro granular horizontal. Dados: $H = 4$ m, $\gamma = 19\ \text{kN/m}^3$, $\phi' = 30°$ e $\delta' = \frac{2}{3}\phi'$. Calcule a estimativa do empuxo passivo, P_p, por comprimento específico do muro utilizando a teoria de cunha de Terzaghi e Peck (Figura 14.4).

14.4 Resolva o Problema 14.3 utilizando o método de Zhu e Qian (Tabelas 14.2 e 14.3).

14.5 Consulte a Figura 14.18. Dados: $\theta = 0$, $\alpha = 10°$, $H = 4{,}75$ m, $\gamma = 16{,}8\ \text{kN/m}^3$, $\phi' = 30°$ e $\delta' = 18°$. Calcule a estimativa do empuxo passivo, P_p, por comprimento específico do muro utilizando a solução de Caquot e Kerisel (Figura 14.6 e Tabela 14.4).

14.6 Consulte a Figura 14.3a. Dados: $\gamma = 18{,}5\ \text{kN/m}^3$, $\phi' = 30°$ e $\delta' = 15°$ e $H = 4{,}57$ m, $k_v = 0$ e $k_h = 0{,}25$ calcule P_{pe} para o muro de arrimo (Seção 14.7).

14.7 Um muro escorado é exibido na Figura 14.19. Dados: $H = 5{,}5$ m, $n_aH = 2{,}75$ m, $\phi' = 40°$, $\delta' = 15°$, $\gamma = 15{,}8\ \text{kN/m}^3$ e $c' = 0$. Determine o empuxo ativo, P_a, no muro utilizando a teoria de cunha geral.

14.8 Repita o Problema 14.7 com os seguintes dados: $H = 6{,}4$ m, $n_aH = 1{,}98$ m, $\phi' = 25°$, $\delta' = 15°$, $\gamma = 18{,}97\ \text{kN/m}^3$ e $c' = 12{,}18\ \text{kN/m}^2$. Suponha: $\dfrac{c'_a}{c'} = \dfrac{\text{tg}\,\delta'}{\text{tg}\,\phi'}$.

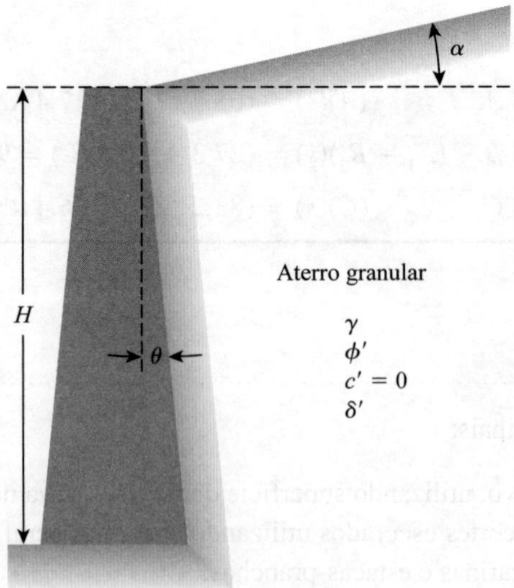

Figura 14.18

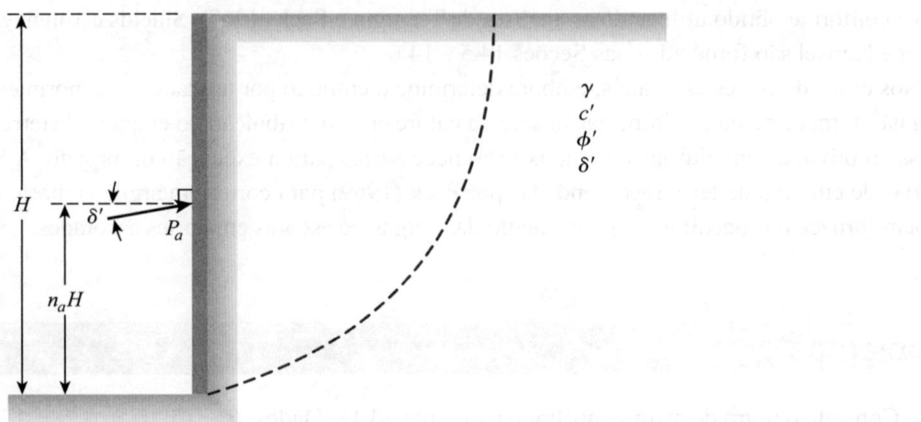

Figura 14.19

14.9 A elevação e o plano de um sistema de escoramento de um corte a céu aberto na areia são os mesmos da Figura 14.20. Usando o diagrama do empuxo empírico de Peck, determine as cargas das escoras. Dados: $\gamma_{areia} = 18$ kN/m³, $\phi' = 32°$, $x = 1{,}83$ m, $z = 0{,}91$ m e $s = 3{,}05$ m.

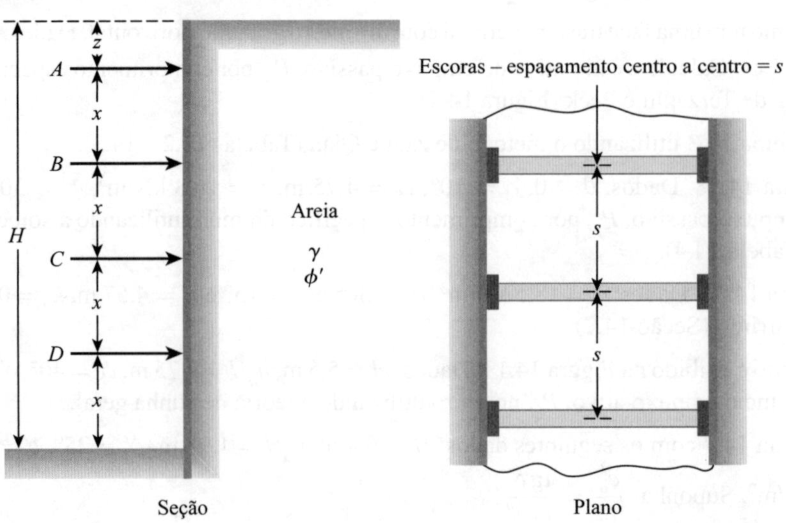

Figura 14.20

14.10 A seção seccional de um corte escorado que suporta a estaca-prancha em um solo de argila é indicada na Figura 14.21. Dados: $H = 8$ m, $\gamma_{argila} = 19$ kN/m^3, $\phi = 0$, $c = 42$ kN/m^2 e o espaçamento centro a centro das escoras em vista plana, $s = 3{,}5$ m.

a. Utilizando os diagramas de empuxo empírico de Peck, desenhe a envoltória de empuxo de terra.

b. Determine as cargas de suporte em níveis A, B e C.

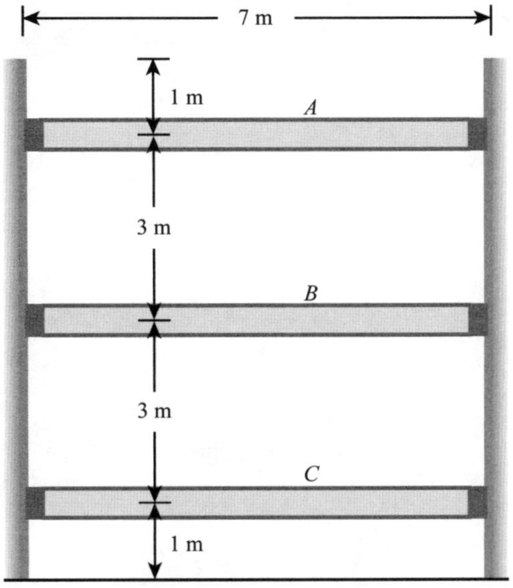

Figura 14.21

Referências

CAQUOT, A.; KERISEL, J. *Tables for the Calculation of Passive Pressure, Active Pressure; Bearing Capacity of Foundations*, Gauthier-Villars, Paris, 1948.

HIJAB, W. A Note on the Centroid of a Logarithmic Spiral Sector, *Geotechnique*, v. 4, n. 2, p. 96-99, 1956.

KIM, J. S.; PREBER, T. Earth Pressure Against Braced Excavations, *Journal of the Soil Mechanics and Foundations Division*, ASCE, v. 95, n. SM6, p. 1581-1584, 1969.

MATSUZAWA, H.; HAZARIKA, H. Analysis of Active Earth Pressure against Retaining Wall Subjected to Different Modes of Movement, *Soils and Foundations*, Tóquio, Japão, v. 36, n. 3, p. 51-66, 1996.

PECK, R. B. Deep Excavation and Tunneling in Soft Ground, *Proceedings*, 7th International Conference on Soil Mechanics and Foundation Engineering, volume Cidade do México, State-of-the-Art, p. 225-290, 1969.

SHIELDS, D. H.; TOLUNAY, A. Z. Passive Pressure Coefficients by Method of Slices, *Journal of the Soil Mechanics and Foundations Division*, ASCE, v. 99, n. SM12, p. 1043-1053, 1973.

SUBBA RAO, K. S.; CHOUDHURY, D. Seismic Passive Earth Pressures in Soil, *Journal of Geotechnical and Geoenvironmental Engineering,* American Society of Civil Engineers, v. 131, n. 1, p. 131-135, 2005.

TERZAGHI, K. General Wedge Theory of Earth Pressure, *Transactions*, ASCE, v. 106, p. 68-97, 1941.

TERZAGHI, K.; PECK, R. B. *Soil Mechanics in Engineering Practice*, 2. ed., Wiley, Nova York, 1967.

ZHU, D. Y.; QIAN, Q. Determination of Passive Earth Pressure Coefficient by the Method of Triangular Slices, *Canadian Geotechnical Journal*, v. 37, n. 2, p. 485-491, 2000.

CAPÍTULO 15

Estabilidade de taludes

15.1 Introdução

Uma superfície de solo exposta, formando um ângulo com o plano horizontal, é chamada talude. O talude pode ser natural ou feito pelo homem. Ele pode falhar de diversos modos. Cruden e Varnes (1996) classificaram as rupturas de talude em cinco categorias principais. São elas:

1. **Queda**. É o desprendimento de solo e/ou fragmentos de rocha que caem de um talude (Figura 15.1). A Figura 15.2 mostra uma queda na qual uma grande quantidade de massa de solo deslizou pelo talude.
2. **Tombamentos**. É o movimento de rotação à frente do solo e/ou de massas rochosas aproximadamente no eixo abaixo do centro de gravidade da rocha que está sendo deslocada (Figura 15.3).
3. **Escorregamentos**. É o movimento descendente da massa de solo que ocorre em uma superfície de ruptura (Figura 15.4).
4. **Expansões laterais** (ou **espalhamento**). É uma forma de escorregamento (Figura 15.5) que ocorre por translação. Ocorre pelo "movimento súbito de uma fração de areia ou silte recoberta por argila retentora de água ou sobrecarregada por aterro".
5. **Escoamentos**. É o movimento descendente da massa de solo de forma similar à de fluidos viscosos (Figura 15.6).

Este capítulo, primeiramente, refere-se à análise quantitativa que fica na categoria de *escorregamento*. Discutiremos em detalhes o seguinte:

- Definição de fator de segurança
- Estabilidade de taludes infinitos
- Estabilidade de talude finito com superfícies de ruptura plana e circular
- Análise da estabilidade de taludes finitos com percolação constante e em condições de esvaziamento rápido

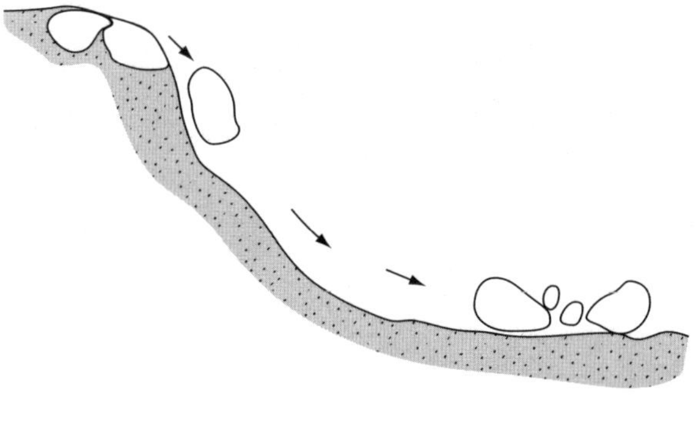

Figura 15.1 Tipo "queda" de escorregamento de terra.

Figura 15.2 Solo e rocha "deslizam" no talude. *(Cortesia de E. C. Shin, University of Inchon, Coreia do Sul.)*

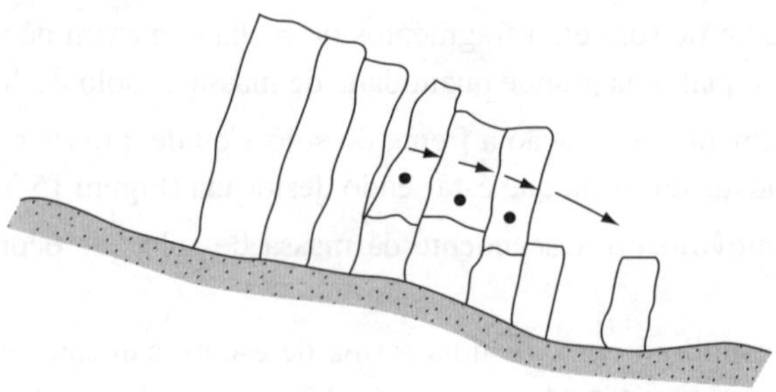

Figura 15.3 Ruptura de talude por "tombamento".

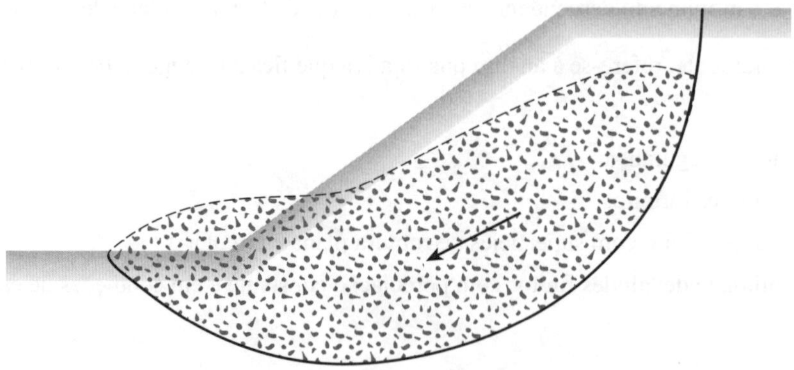

Figura 15.4 Ruptura de um talude por "escorregamento".

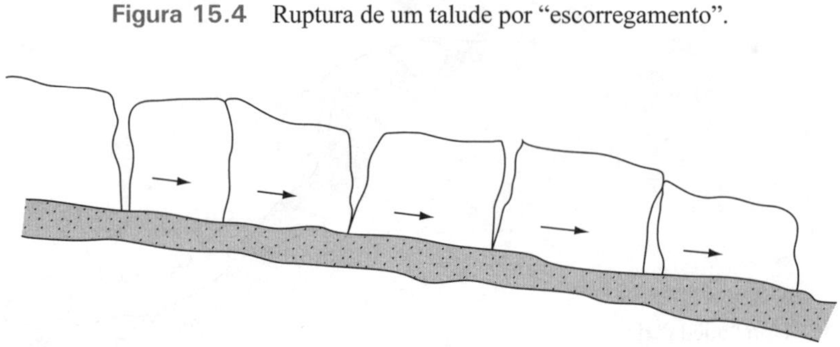

Figura 15.5 Ruptura de um talude por "espalhamento" lateral.

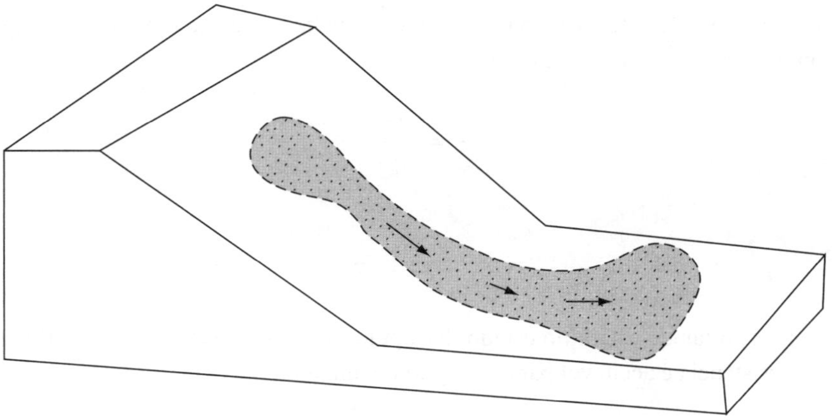

Figura 15.6 Ruptura de um talude por "escoamento".

15.2 Fatores de segurança

A função do engenheiro encarregado da análise de estabilidade do talude é determinar o fator de segurança. Geralmente, o fator de segurança é definido como

$$F_s = \frac{\tau_f}{\tau_d} \tag{15.1}$$

onde F_s = fator de segurança com relação à resistência
τ_f = resistência média ao cisalhamento do solo
τ_d = tensão média de cisalhamento desenvolvida ao longo da superfície potencial de ruptura

A resistência ao cisalhamento de um solo consiste em dois componentes, coesão e atrito, e pode ser escrita como

$$\tau_f = c' + \sigma' \operatorname{tg} \phi' \tag{15.2}$$

onde c' = coesão
ϕ' = ângulo de atrito
σ' = tensão normal na superfície potencial de ruptura

De maneira semelhante, podemos escrever

$$\tau_d = c'_d + \sigma' \operatorname{tg} \phi'_d \tag{15.3}$$

onde c'_d e ϕ'_d são, respectivamente, a coesão e o ângulo de atrito desenvolvidos ao longo da superfície potencial de ruptura. Substituindo as Eqs. (15.2) e (15.3) pela Equação (15.1), obtemos

$$F_s = \frac{c' + \sigma' \operatorname{tg} \phi'}{c'_d + \sigma' \operatorname{tg} \phi'_d} \tag{15.4}$$

Agora, podemos introduzir alguns outros aspectos do fator de segurança – ou seja, o fator de segurança com relação à coesão, $F_{c'}$, e o fator de segurança com relação ao atrito, $F_{\emptyset'}$. Eles são definidos como

$$F_{c'} = \frac{c'}{c'_d} \tag{15.5}$$

e

$$F_{\phi'} = \frac{\operatorname{tg} \phi'}{\operatorname{tg} \phi'_d} \tag{15.6}$$

Quando comparamos as Equações (15.4) a (15.6), podemos visualizar que quando $F_{c'}$ se torna igual a $F_{\phi'}$, proporciona o fator de segurança com relação à resistência. Ou, se

$$\frac{c'}{c'_d} = \frac{\operatorname{tg}\phi'}{\operatorname{tg}\phi'_d}$$

podemos escrever

$$F_s = F_{c'} = F_{\phi'} \tag{15.7}$$

Quando F_s for igual a 1, o talude estará no estado de ruptura iminente. Geralmente, o valor de 1,5 para o fator de segurança com relação à resistência é aceitável para o projeto de um talude estável.

15.3 Estabilidade dos taludes infinitos

Considerando o problema de estabilidade dos taludes, vamos começar com o caso de um talude infinito conforme exibido na Figura 15.7. A resistência ao cisalhamento do solo pode ser dada pela Equação (15.2):

$$\tau_f = c' + \sigma' \operatorname{tg}\phi'$$

Presumindo que a poropressão seja zero, avaliaremos o fator de segurança em relação a uma possível falha de talude ao longo do plano *AB* localizado a uma profundidade *H* abaixo da superfície do solo. A ruptura do talude pode ocorrer pelo movimento do solo acima do plano *AB* da direita para esquerda.

Consideremos um elemento de talude *abcd* com um comprimento específico perpendicular ao plano da seção indicada. As forças, *F*, que agem nas faces *ab* e *cd* são iguais e contrários e podem ser ignorados. O peso do elemento de solo é

$$W = (\text{Volume de elemento de solo}) \times (\text{Peso específico de solo}) = \gamma LH \tag{15.8}$$

O peso *W* pode ser resolvido em dois componentes:

1. Força perpendicular ao plano $AB = N_a = W \cos\beta = \gamma LH \cos\beta$.
2. Força paralela ao plano $AB = T_a = W \operatorname{sen}\beta = \gamma LH \operatorname{sen}\beta$. Observe que esta é a força que tende a causar o escorregamento ao longo do plano.

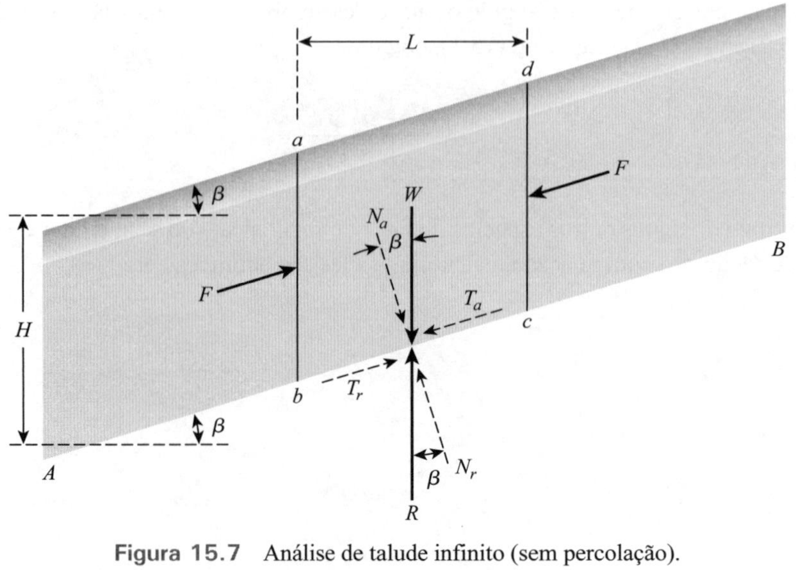

Figura 15.7 Análise de talude infinito (sem percolação).

Assim, a tensão normal efetiva e a tensão de cisalhamento na base do elemento de inclinação podem ser dadas, respectivamente, como

$$\sigma' = \frac{N_a}{\text{Área da base}} = \frac{\gamma LH \cos\beta}{\left(\dfrac{L}{\cos\beta}\right)} = \gamma H \cos^2\beta \tag{15.9}$$

e

$$\tau = \frac{T_a}{\text{Área da base}} = \frac{\gamma LH \operatorname{sen}\beta}{\left(\dfrac{L}{\cos\beta}\right)} = \gamma H \cos\beta \operatorname{sen}\beta \tag{15.10}$$

A reação ao peso W é uma força igual e oposta R. Os componentes normal e tangencial de R com relação ao plano AB são

$$N_r = R\cos\beta = W\cos\beta \tag{15.11}$$

e

$$T_r = R\operatorname{sen}\beta = W\operatorname{sen}\beta \tag{15.12}$$

Para equilíbrio, a tensão resistiva ao cisalhamento desenvolvida na base do elemento é igual a (T_r)/(Área de base) $= \gamma H$ sen β cos β. A tensão resistiva ao cisalhamento também pode ser escrita da mesma forma que a Equação (15.3):

$$\tau_d = c'_d + \sigma' \operatorname{tg}\phi'_d$$

O valor da tensão normal é dada pela Equação (15.9). A substituição da Equação (15.9) pela Equação (15.3) fornece

$$\tau_d = c'_d + \gamma H \cos^2\beta \operatorname{tg}\phi'_d \tag{15.13}$$

Assim,

$$\gamma H \operatorname{sen}\beta\cos\beta = c'_d + \gamma H\cos^2\beta\operatorname{tg}\phi'_d$$

ou

$$\frac{c'_d}{\gamma H} = \operatorname{sen}\beta\cos\beta - \cos^2\beta\operatorname{tg}\phi'_d$$

$$= \cos^2\beta(\operatorname{tg}\beta - \operatorname{tg}\phi'_d) \tag{15.14}$$

O fator de segurança com relação à resistência pode ser definido na Equação (15.7), a partir da qual obteremos

$$\operatorname{tg}\phi'_d = \frac{\operatorname{tg}\phi'}{F_s} \quad \text{e} \quad c'_d = \frac{c'}{F_s}$$

Substituindo os valores anteriores na Equação (15.14), obtemos

$$F_s = \frac{c'}{\gamma H\cos^2\beta\operatorname{tg}\beta} + \frac{\operatorname{tg}\phi'}{\operatorname{tg}\beta} \tag{15.15}$$

Para solos granulares, $c' = 0$, e o fator de segurança, F_s, se torna igual a (tg ϕ')/(tg β). Isso indica que, em uma inclinação infinita na areia, o valor de F_s é independente da altura H e que a inclinação é estável contanto que $\beta < \phi'$.

Se um solo possui coesão e atrito, a profundidade do plano ao longo de onde o equilíbrio crítico ocorre pode ser determinada pela substituição de $F_s = 1$ e $H = H_{cr}$ na Equação (15.15). Assim,

$$H_{cr} = \frac{c'}{\gamma}\frac{1}{\cos^2\beta(\operatorname{tg}\beta - \operatorname{tg}\phi')} \tag{15.16}$$

15.4 Talude infinito com percolação constante

A Figura 15.8a indica um talude infinito. Vamos supor que exista uma percolação pelo solo e que o lençol freático coincida com a superfície do solo. A resistência ao cisalhamento do solo é dada por

$$\tau_f = c' + \sigma' \operatorname{tg} \phi' \tag{15.17}$$

Para determinar o fator de segurança em relação à ruptura ao longo do plano *AB*, considere o elemento de inclinação *abcd*. As forças que agem sobre as faces verticais *ab* e *cd* são iguais e opostas. O peso total do elemento de inclinação de comprimento específico é

$$W = \gamma_{sat} LH \tag{15.18}$$

onde γ_{sat} = peso específico do solo saturado.

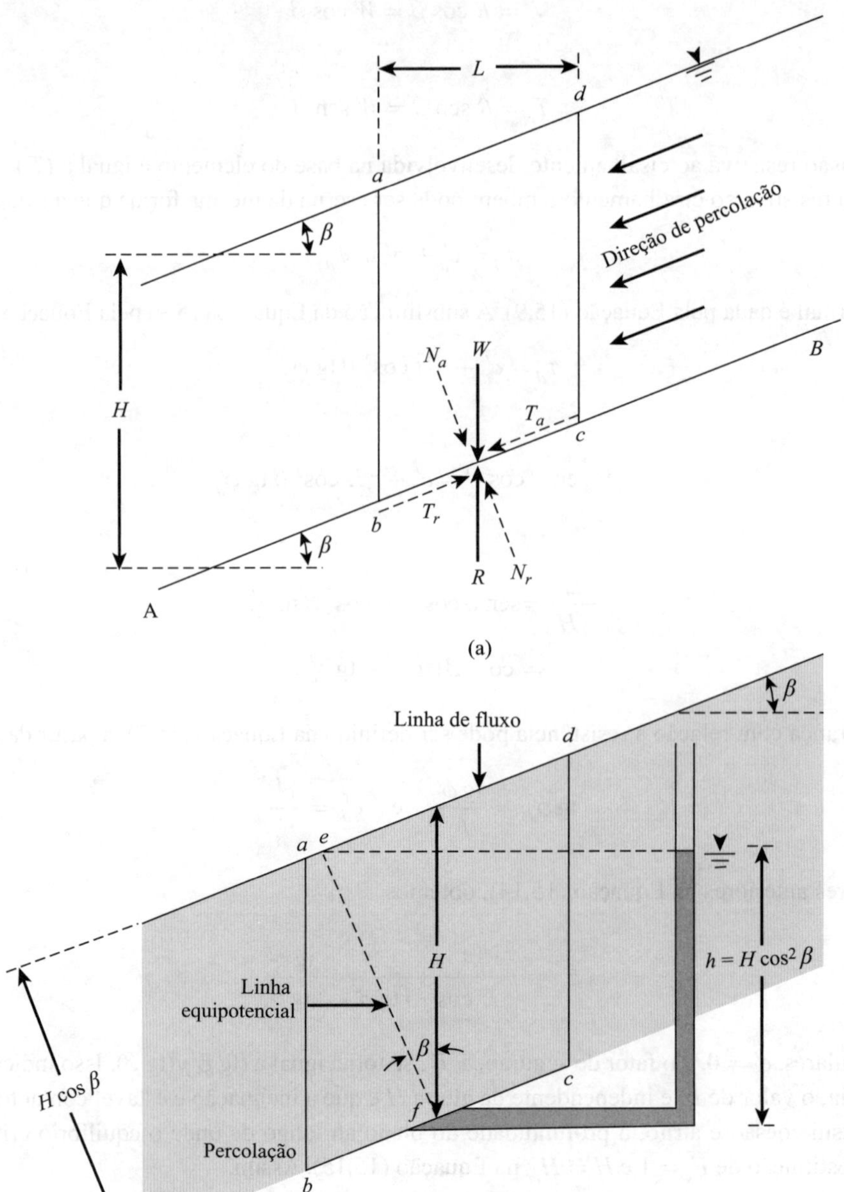

Figura 15.8 Análise do talude infinito (com percolação).

Os componentes de W nas direções normal e paralela ao plano AB são

$$N_a = W\cos\beta = \gamma_{sat}LH\cos\beta \tag{15.19}$$

e

$$T_a = W\,\text{sen}\,\beta = \gamma_{sat}LH\,\text{sen}\,\beta \tag{15.20}$$

A reação ao peso W é igual a R. Assim,

$$N_r = R\cos\beta = W\cos\beta = \gamma_{sat}LH\cos\beta \tag{15.21}$$

e

$$T_r = R\,\text{sen}\,\beta = W\,\text{sen}\,\beta = \gamma_{sat}LH\,\text{sen}\,\beta \tag{15.22}$$

A tensão normal total e a tensão ao cisalhamento na base do elemento são, respectivamente,

$$\sigma = \frac{N_r}{\left(\dfrac{L}{\cos\beta}\right)} = \gamma_{sat}H\cos^2\beta \tag{15.23}$$

e

$$\tau = \frac{T_r}{\left(\dfrac{L}{\cos\beta}\right)} = \gamma_{sat}H\cos\beta\,\text{sen}\,\beta \tag{15.24}$$

A tensão resistente ao cisalhamento desenvolvida na base do elemento também pode ser dada por

$$\tau_d = c'_d + \sigma'\,\text{tg}\,\phi_d = c'_d + (\sigma - u)\,\text{tg}\,\phi'_d \tag{15.25}$$

onde u = poropressão. Consultando a Figura 15.8b, vemos que
u = (Altura de água no piezômetro colocado em f)$(\gamma_w) = h\gamma_w$

e

$$h = \overline{ef}\cos\beta = (H\cos\beta)(\cos\beta) = H\cos^2\beta$$

então

$$u = \gamma_w H\cos^2\beta$$

Substituindo os valores de σ [Equação (15.23)] e u na Equação (15.25), obteremos

$$\begin{aligned}\tau_d &= c'_d + (\gamma_{sat}H\cos^2\beta - \gamma_w H\cos^2\beta)\,\text{tg}\,\phi'_d \\ &= c'_d + \gamma' H\cos^2\beta\,\text{tg}\,\phi'_d\end{aligned} \tag{15.26}$$

Agora, igualando os lados direitos das Equações (15.24) e (15.26) resulta em

$$\gamma_{sat}H\cos\beta\,\text{sen}\,\beta = c'_d + \gamma' H\cos^2\beta\,\text{tg}\,\phi'_d$$

ou

$$\frac{c'_d}{\gamma_{sat}H} = \cos^2\beta\left(\text{tg}\,\beta - \frac{\gamma'}{\gamma_{sat}}\text{tg}\,\phi'_d\right) \tag{15.27}$$

onde $\gamma' = \gamma_{sat} - \gamma_w$ = peso específico efetivo do solo.

O fator de segurança com relação à resistência pode ser encontrado substituindo $\text{tg}\,\phi'_d = (\text{tg}\,\phi')/F_s$ e $c'_d = c'/F_s$ na Equação (15.27), ou

$$F_s = \frac{c'}{\gamma_{sat}H\cos^2\beta\,\text{tg}\,\beta} + \frac{\gamma'\,\text{tg}\,\phi'}{\gamma_{sat}\,\text{tg}\,\beta} \tag{15.28}$$

Exemplo 15.1

Para a inclinação infinita indicada na Figura 15.9 (considere que não exista percolação pelo solo), determine:

a. O fator de segurança contra o escorregamento ao longo da interface solo-rocha
b. A altura, H, que fornecerá um fator de segurança (F_s) de 2 contra escorregamentos ao longo da interface solo-rocha.

Solução

Parte a

Da Equação (15.15),

$$F_s = \frac{c'}{\gamma H \cos^2 \beta \operatorname{tg} \beta} + \frac{\operatorname{tg} \phi'}{\operatorname{tg} \beta}$$

Dados: $c' = 9{,}58$ kN/m², $\gamma = 15{,}72$ kN/m², $\phi' = 15°$, $\beta = 25°$ e $H = 2{,}44$ m, temos

$$F_s = \frac{9{,}58}{(15{,}72)(2{,}44)(\cos^2 25)(\operatorname{tg}\ 25)} + \frac{\operatorname{tg}\ 15}{\operatorname{tg}\ 25} = \mathbf{1{,}23}$$

Parte b

Da Equação (15.15),

$$F_s = \frac{c'}{\gamma H \cos^2 \beta \operatorname{tg} \beta} + \frac{\operatorname{tg} \phi'}{\operatorname{tg} \beta}$$

$$2 = \frac{9{,}58}{(15{,}72)(H)(\cos^2 25)(\operatorname{tg}\ 25)} + \frac{\operatorname{tg}\ 15}{\operatorname{tg}\ 25}$$

$$H = \mathbf{1{,}12\ m}$$

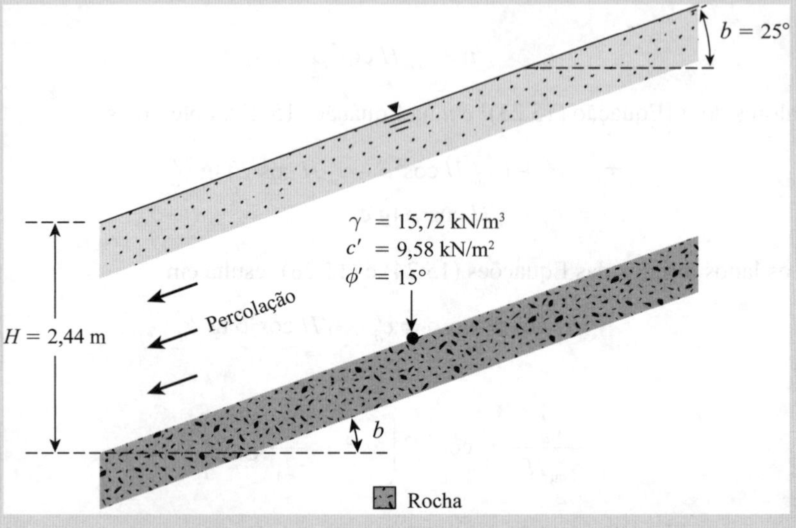

Figura 15.9 ■

Exemplo 15.2

Consulte a Figura 15.9. Se existir percolação pelo solo conforme indicado e o lençol freático coincidir com a superfície do solo, qual é o fator de segurança, F_s, dados que $H = 1{,}16$ m e $\gamma_{sat} = 18{,}55$ kN/m³?

Solução

Da Equação (15.28),

$$F_s = \frac{c'}{\gamma_{sat} H \cos^2 \beta \operatorname{tg} \beta} + \frac{\gamma'}{\gamma_{sat}} \frac{\operatorname{tg} \phi'}{\operatorname{tg} \beta}$$

ou

$$F_s = \frac{9{,}58}{(18{,}55)(1{,}16)(\cos^2 25)(\operatorname{tg} 25)} + \frac{(18{,}55 - 9{,}81)}{18{,}55} \left(\frac{\operatorname{tg} 15}{\operatorname{tg} 25} \right) = \mathbf{1{,}43}$$

■

15.5 Talude finito – geral

Quando o valor de H_{cr} se aproxima da altura do talude, este geralmente pode ser considerado finito. Para simplificar, ao analisar a estabilidade de um talude finito em um solo homogêneo, precisamos assumir hipóteses sobre a forma geral da superfície potencial de ruptura. Embora existam evidências consideráveis sugerindo que as rupturas de taludes ocorram normalmente em superfícies curvas, Culmann (1875) aproximou a superfície de ruptura potencial para um plano. O fator de segurança F_s, calculado através da aproximação de Culmann, fornece resultados razoavelmente bons apenas para taludes quase verticais. Depois de intensas investigações sobre rupturas de taludes na década de 1920, uma comissão geotécnica sueca recomendou que a superfície de ruptura real de deslizamento seja aproximada por uma superfície cilíndrica circular.

A partir daí, a maioria das análises de estabilidade de taludes convencionais tem sido feita presumindo-se que a curva de escorregamento potencial seja um arco de círculo. Porém, em muitas circunstâncias (por exemplo, barragens zoneadas e fundações sobre estratos fracos), a análise de estabilidade usando a ruptura de escorregamento plana é mais apropriada e apresenta excelentes resultados.

15.6 Análise de taludes finitos com superfícies de ruptura planas (Método de Culmann)

A análise de Culmann parte do princípio de que a ruptura de um talude ocorre ao longo de um plano quando a tensão média de cisalhamento que tende a causar o escorregamento é maior que a resistência ao cisalhamento do solo. Além disso, o plano mais crítico é aquele que tem uma relação mínima entre a tensão média de cisalhamento que tende a causar a ruptura e a resistência ao cisalhamento do solo.

A Figura 15.10 mostra um talude de altura H. O talude se ergue formando um ângulo β com a horizontal. AC é um plano de tentativa de ruptura. Se considerarmos um comprimento unitário perpendicular à seção do talude, veremos que o peso da cunha ABC é igual a

$$W = \tfrac{1}{2}(H)(\overline{BC})(1)(\gamma) = \tfrac{1}{2}H(H \operatorname{cotg}\theta - H \operatorname{cotg}\beta)\gamma$$
$$= \frac{1}{2}\gamma H^2 \left[\frac{\operatorname{sen}(\beta - \theta)}{\operatorname{sen}\beta \operatorname{sen}\theta} \right] \quad (15.29)$$

As componentes normais e tangenciais de W com respeito ao plano de AC são as seguintes.

$$N_a = \text{componente normal} = W \cos\theta = \frac{1}{2}\gamma H^2 \left[\frac{\operatorname{sen}(\beta - \theta)}{\operatorname{sen}\beta \operatorname{sen}\theta} \right] \cos\theta \quad (15.30)$$

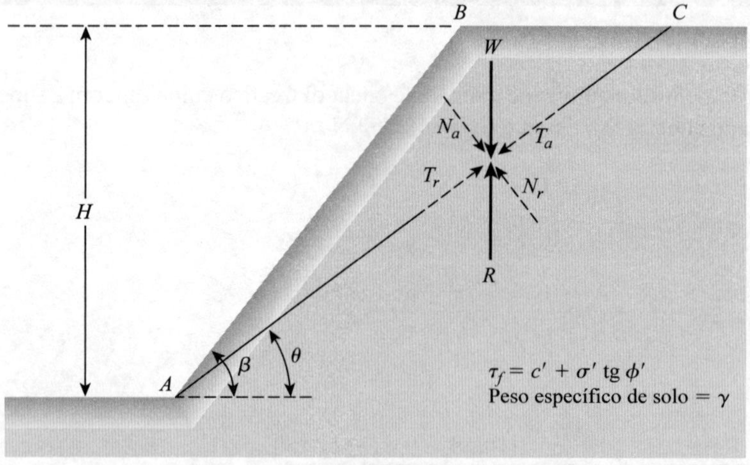

Figura 15.10 Análise de talude finito – método de Culmann.

$$T_a = \text{componente tangencial} = W \text{ sen}\,\theta = \frac{1}{2}\gamma H^2 \left[\frac{\text{sen}\,(\beta - \theta)}{\text{sen}\,\beta\,\text{sen}\,\theta}\right]\text{sen}\,\theta \quad (15.31)$$

A tensão normal efetiva média e a tensão de cisalhamento média no plano AC são, respectivamente,

$$\sigma' = \frac{N_a}{(\overline{AC})(1)} = \frac{N_a}{\left(\frac{H}{\text{sen}\,\theta}\right)}$$

$$= \frac{1}{2}\gamma H \left[\frac{\text{sen}\,(\beta - \theta)}{\text{sen}\,\beta\,\text{sen}\,\theta}\right]\cos\theta\,\text{sen}\,\theta \quad (15.32)$$

e

$$\tau = \frac{T_a}{(\overline{AC})(1)} = \frac{T_a}{\left(\frac{H}{\text{sen}\,\theta}\right)}$$

$$= \frac{1}{2}\gamma H \left[\frac{\text{sen}\,(\beta - \theta)}{\text{sen}\,\beta\,\text{sen}\,\theta}\right]\text{sen}^2\,\theta \quad (15.33)$$

A tensão média de resistência ao cisalhamento desenvolvida ao longo do plano AC também pode ser expressa como

$$\tau_d = c'_d + \sigma' \text{tg}\,\phi'_d$$

$$= c'_d + \frac{1}{2}\gamma H \left[\frac{\text{sen}\,(\beta - \theta)}{\text{sen}\,\beta\,\text{sen}\,\theta}\right]\cos\theta\,\text{sen}\,\theta\,\text{tg}\,\phi'_d \quad (15.34)$$

Então, a partir das Equações (15.33) e (15.34),

$$\frac{1}{2}\gamma H \left[\frac{\text{sen}\,(\beta - \theta)}{\text{sen}\,\beta\,\text{sen}\,\theta}\right]\text{sen}^2\,\theta = c'_d + \frac{1}{2}\gamma H \left[\frac{\text{sen}\,(\beta - \theta)}{\text{sen}\,\beta\,\text{sen}\,\theta}\right]\cos\theta\,\text{sen}\,\theta\,\text{tg}\,\phi'_d \quad (15.35)$$

ou

$$c_d = \frac{1}{2}\gamma H \left[\frac{\text{sen}\,(\beta - \theta)(\text{sen}\,\theta - \cos\theta\,\text{tg}\,\phi'_d)}{\text{sen}\,\beta}\right] \quad (15.36)$$

A expressão na Equação (15.36) é derivada para o plano de tentativa de ruptura AC. Em esforço para determinar um plano de ruptura crítico, devemos utilizar o princípio de máximo e mínimo (para determinado valor de ϕ'_d) para encontrar o ângulo θ onde a coesão desenvolvida seria máxima. Assim, a primeira derivada de c'_d com relação a θ é ajustada para igual a zero, ou

$$\frac{\partial c'_d}{\partial \theta} = 0 \tag{15.37}$$

Por γ, H e β serem constantes na Equação (15.36), obtemos

$$\frac{\partial}{\partial \theta}[\text{sen}(\beta - \theta)(\text{sen}\,\theta - \cos\theta\,\text{tg}\,\phi'_d] = 0 \tag{15.38}$$

A resolução da Equação (15.38) proporciona o valor crítico de θ, ou

$$\theta_{cr} = \frac{\beta + \phi'_d}{2} \tag{15.39}$$

A substituição do valor de $\theta = \theta_{cr}$ na Equação (15.36) fornece

$$c'_d = \frac{\gamma H}{4}\left[\frac{1 - \cos(\beta - \phi'_d)}{\text{sen}\,\beta\cos\phi'_d}\right] \tag{15.40}$$

Esta equação também pode ser escrita como

$$\frac{c'_d}{\gamma H} = m = \frac{1 - \cos(\beta - \phi'_d)}{4\,\text{sen}\,\beta\cos\phi'_d} \tag{15.41}$$

onde m = número de estabilidade.

A altura máxima do talude para o equilíbrio crítico ocorrer pode ser obtida substituindo $c'_d = c'$ e $\phi'_d = \phi'$ pela Equação (15.40). Assim,

$$H_{cr} = \frac{4c'}{\gamma}\left[\frac{\text{sen}\,\beta\cos\phi'}{1 - \cos(\beta - \phi')}\right] \tag{15.42}$$

Exemplo 15.3

Pode ser feito um corte no solo tendo $\gamma = 16{,}5$ kN/m³, $c' = 28{,}75$ kN/m² e $\phi' = 15°$. A face do corte formará um ângulo de 45° com a horizontal. Qual deve ser a profundidade do corte para que se tenha fator de segurança (F_s) igual a 3?

Solução

Dados: $\phi' = 15°$; $c' = 28{,}75$ kN/m². Se $F_s = 3$, então $F_{c'}$ e $F_{\phi'}$ devem ser igual a 3.

$$F_{c'} = \frac{c'}{c'_d}$$

ou

$$c'_d = \frac{c'}{F_{c'}} = \frac{c'}{F_s} = \frac{28{,}75}{3} = 9{,}58\,\text{kN/m}^2$$

(continua)

Da mesma forma,

$$F_{\phi'} = \frac{\text{tg}\,\phi'}{\text{tg}\,\phi'_d}$$

$$\text{tg}\,\phi'_d = \frac{\text{tg}\,\phi'}{F_{\phi'}} = \frac{\text{tg}\,\phi'}{F_s} = \frac{\text{tg}\,15}{3}$$

ou

$$\phi'_d = \text{tg}^{-1}\left[\frac{\text{tg}\,15}{3}\right] = 5{,}1°$$

Substituindo os valores anteriores de c'_d e ϕ'_d na Equação (15.40),

$$H = \frac{4c'_d}{\gamma}\left[\frac{\text{sen}\,\beta \cdot \cos\phi'_d}{1 - \cos(\beta - \phi'_d)}\right]$$

$$= \frac{4 \times 9{,}58}{16{,}51}\left[\frac{\text{sen}\,45 \cdot \cos 5{,}1}{1 - \cos(45 - 5{,}1)}\right]$$

$$= \mathbf{7{,}03\ m}$$

■

15.7 Análise de taludes finitos com superfícies de ruptura circulares – conceitos gerais

Modos de ruptura

Em geral, a ruptura de um talude finito ocorre de um dos seguintes modos (Figura 15.11):

1. Quando a ruptura ocorre de tal forma que a superfície de escorregamento intercepta a face do talude ou esteja acima de sua base, é chamada *ruptura de face* (Figura 15.11a). O círculo de ruptura é chamado *círculo de pé* se passar pelo pé do talude e *círculo de face* se passar acima do pé do talude. Em certas circunstâncias, pode ocorrer *ruptura superficial de face*, como exibida na Figura 15.11b.
2. Quando a ruptura ocorre de tal forma que a superfície de escorregamento passe a alguma distância abaixo do pé do talude, ela é chamada *ruptura de base* (Figura 15.11c). O círculo de ruptura, nesse caso, é chamado *círculo de ponto intermediário*.

Tipos de procedimentos de análise de estabilidade

Os procedimentos de análise de estabilidade podem, no geral, ser divididos em duas classes principais:

1. *Procedimento de massa*: Nesse caso, a massa de solo acima da superfície de escorregamento é tomada como uma única unidade. Esse procedimento é útil quando se admite que o solo que forma o talude é homogêneo, embora esse não seja o caso na maioria dos taludes naturais.
2. *Método de fatias*: Nesse procedimento, o solo acima da superfície de escorregamento é dividido em um número de fatias verticais paralelas. A estabilidade de cada fatia é calculada separadamente. Esta é uma técnica versátil na qual a não homogeneidade dos solos e a poropressão podem ser consideradas. Considere também a variação da tensão normal ao longo da superfície de ruptura potencial.

Os fundamentos da análise de estabilidade de taludes pelo procedimento de massa e pelo método das fatias são abordados nas próximas seções.

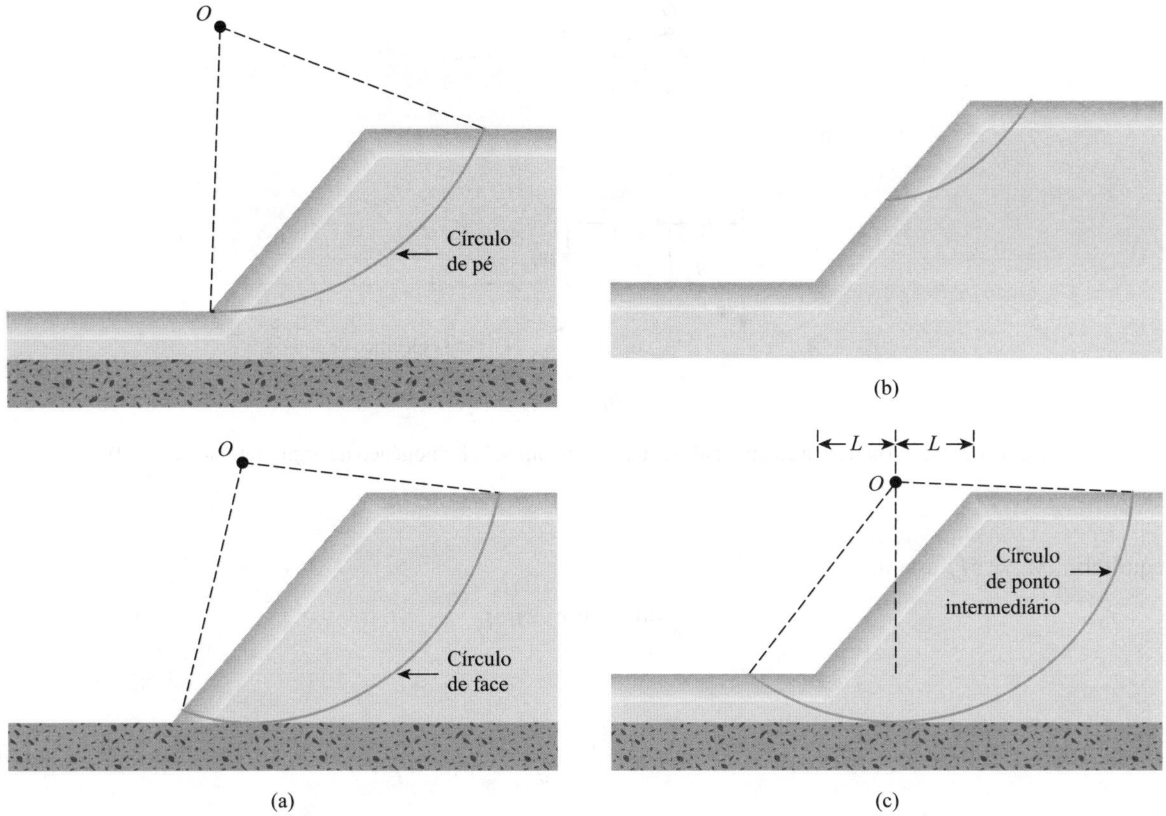

Figura 15.11 Modos de ruptura de talude finito: (a) ruptura de face; (b) ruptura superficial de face; (c) ruptura de base.

15.8 Procedimento de massa – taludes em solos homogêneos de argila com $\phi = 0$

A Figura 15.12 mostra um talude em um solo homogêneo. Presume-se que a resistência ao cisalhamento não drenado do solo seja constante com a profundidade e possa ser proporcionada por $\tau_f = c_u$. Para realizar a análise de estabilidade, escolheremos a curva de tentativa de escorregamento potencial, *AED*, que é um arco de um círculo que tem um raio *r*. O centro do círculo está localizado em *O*. Considerando um comprimento específico perpendicular à seção do talude, podemos expressar o peso do solo acima da curva *AED* como $W = W_1 + W_2$, onde

$$W_1 = (\text{Área de } FCDEF)\,(\gamma)$$

e

$$W_2 = (\text{Área de } ABFEA)\,(\gamma)$$

A ruptura do talude pode ocorrer com o deslizamento da massa de solo. O momento das forças propulsoras em relação a *O* pode ser dado como

$$M_d = W_1 l_1 - W_2 l_2 \tag{15.43}$$

onde l_1 e l_2 são os braços de momento.

A resistência ao escorregamento é conduzida a partir da coesão que age ao longo da superfície de escorregamento potencial. Se c_d for a coesão necessária para ser desenvolvida, o momento das forças de resistência sobre *O* é

$$M_R = c_d(\widehat{AED})(1)(r) = c_d r^2 \theta \tag{15.44}$$

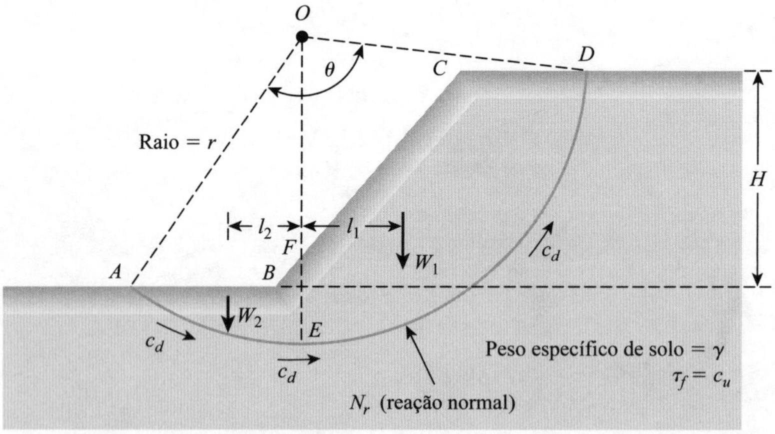

Figura 15.12 Análise da estabilidade de talude em um solo homogêneo de argila saturada ($\phi = 0$).

Para equilíbrio, $M_R = M_d$; assim,

$$c_d r^2 \theta = W_1 l_1 - W_2 l_2$$

ou

$$c_d = \frac{W_1 l_1 - W_2 l_2}{r^2 \theta} \tag{15.45}$$

O fator de segurança contra escorregamento agora pode ser determinado.

$$F_s = \frac{\tau_f}{c_d} = \frac{c_u}{c_d} \tag{15.46}$$

Observe que a possível curva de escorregamento, *AED*, foi escolhida arbitrariamente. A superfície crítica é aquela para qual a relação de c_u a c_d é um mínimo. Em outras palavras, c_d é máximo. Para determinar a superfície de escorregamento crítico, devem-se fazer várias tentativas para diferentes círculos de rupturas. Assim, o valor mínimo do fator de segurança obtido é o fator de segurança contra escorregamento para o talude, e o círculo correspondente é o círculo crítico.

Problemas de estabilidade desse tipo foram resolvidos analiticamente por Fellenius (1927) e Taylor (1937). No caso de *círculos críticos*, a coesão desenvolvida pode ser expressa pela relação

$$c_d = \gamma H m$$

ou

$$\frac{c_d}{\gamma H} = m \tag{15.47}$$

Observe que o termo *m* à direita da equação anterior é adimensional e é referido como *número de estabilidade*. A altura crítica (ou seja, $F_s = 1$) do talude pode ser avaliada substituindo $H = H_{cr}$ e $c_d = c_u$ (mobilização total da resistência ao cisalhamento não drenada) na equação anterior. Assim,

$$H_{cr} = \frac{c_u}{\gamma m} \tag{15.48}$$

Os valores do número de estabilidade, *m*, para diversos ângulos de escorregamento, β, são fornecidos na Figura 15.13. Terzaghi utilizou o termo $\gamma H/c_d$, a recíproca de *m* e nomeou-o como *fator de estabilidade*. Os leitores devem ser

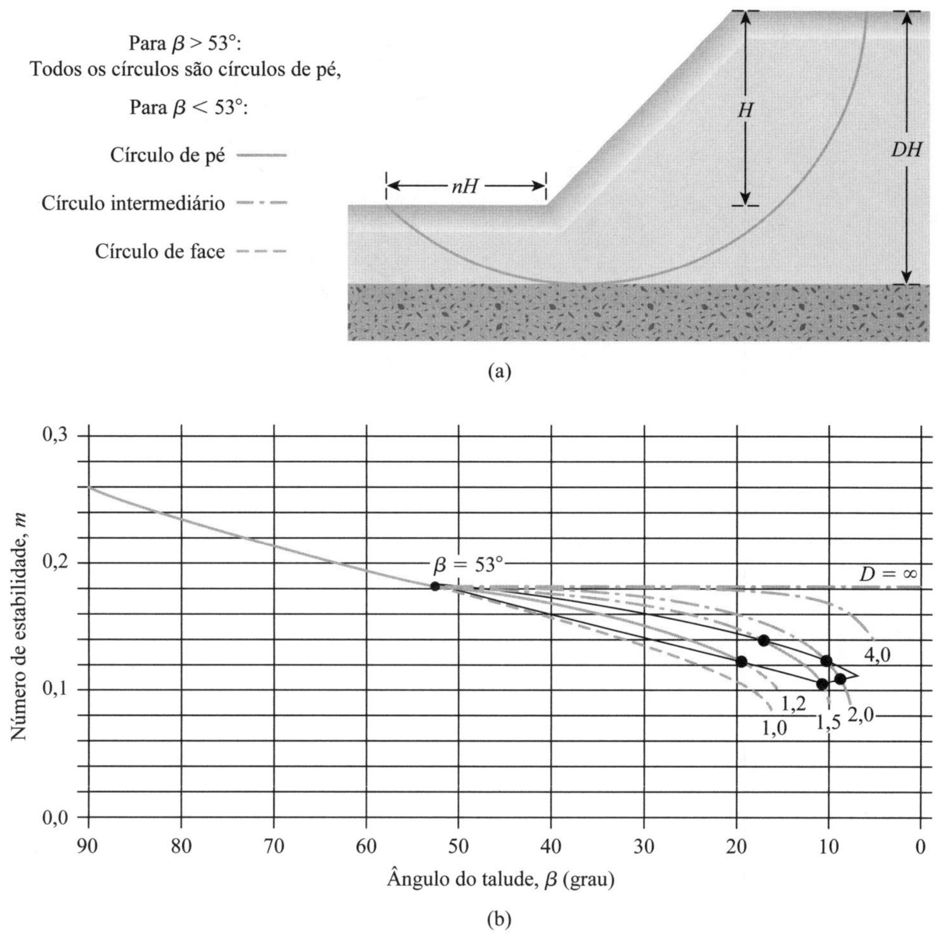

Figura 15.13 (a) Definição dos parâmetros para tipo de ruptura de círculo intermediário; (b) gráfico de número de estabilidade contra o ângulo de escorregamento. (*Adaptado de Terzaghi e Peck, 1967. Com permissão da John Wiley & Sons, Inc.*)

cuidadosos ao utilizar a Figura 15.13 e observar que é válida para inclinações de argila saturada e é aplicável somente a condições não drenadas ($\phi = 0$).

Em referência à Figura 15.13, o seguinte deve ser apontado:

1. Para o ângulo do talude β ser maior que 53°, o círculo crítico é sempre um círculo de pé. O local do centro do círculo de pé crítico pode ser encontrado com a ajuda da Figura 15.14.
2. Para $\beta < 53°$, o círculo crítico pode ser de pé, de face ou círculo intermediário, dependendo do local da base firme sob o talude. Isso é chamado *função de profundidade*, que é definida como

$$D = \frac{\text{Distância vertical da parte superior do talude até a base firme}}{\text{Altura do talude}} \tag{15.49}$$

3. Quando o círculo crítico é um círculo intermediário (ou seja, a superfície de ruptura é tangente à base firme), a posição pode ser determinada com a ajuda da Figura 15.15.
4. O valor máximo possível do número de estabilidade para a ruptura como círculo intermediário é 0,181.

Fellenius (1927) também investigou o caso de círculos críticos de pé para taludes com inclinação $\beta < 53°$. A localização desses círculos pode ser determinada com a ajuda da Figura 15.16 e da Tabela 15.1. Observe que os círculos de pé críticos não são necessariamente os círculos mais críticos que existem.

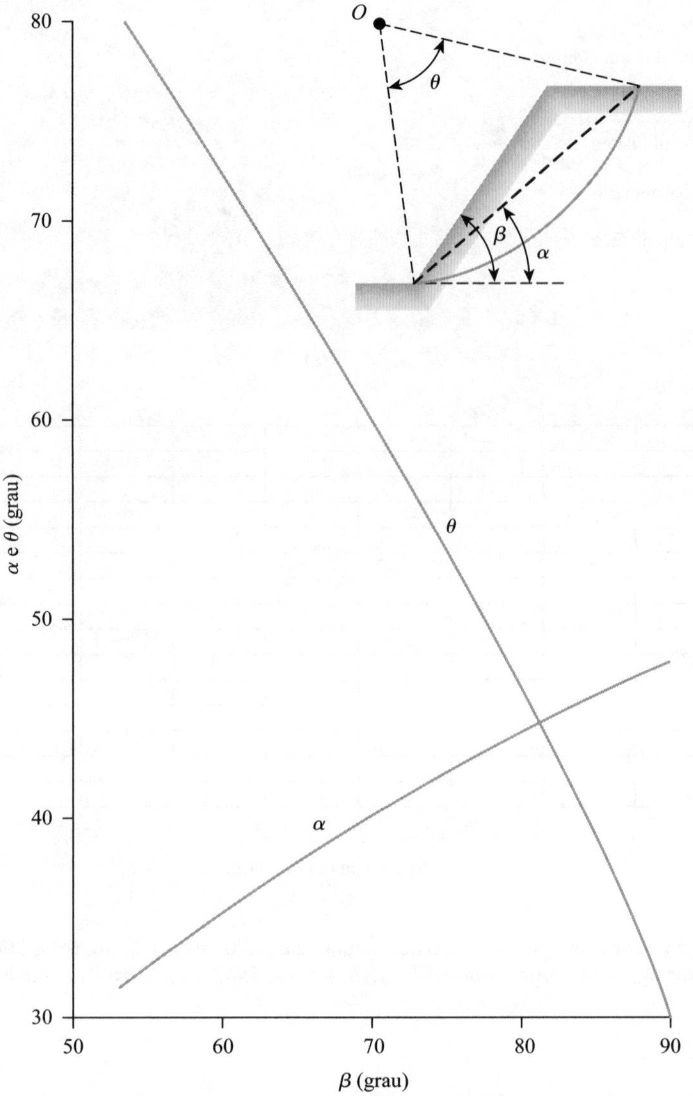

Figura 15.14 Local do centro dos círculos críticos para $\beta > 53°$.

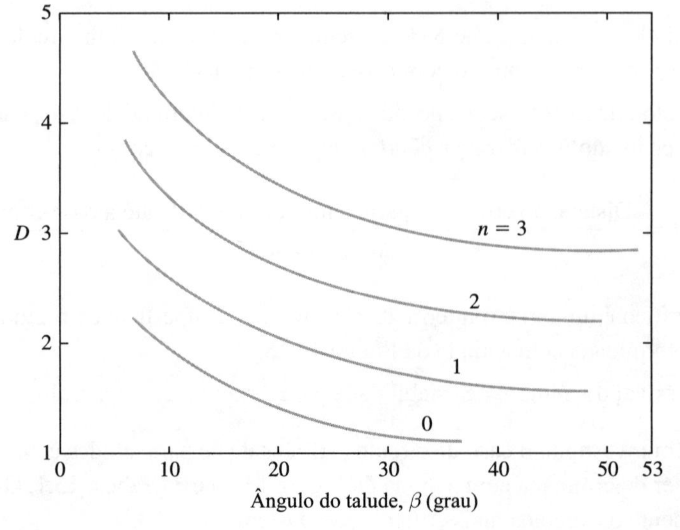

Figura 15.15 Local do círculo intermediário (*Com base em Fellenius, 1927; e Terzaghi e Peck, 1967.*)

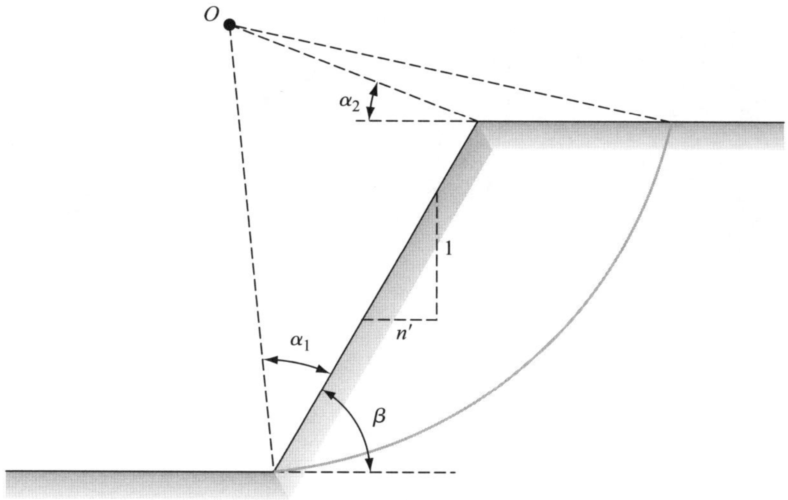

Figura 15.16 Local do centro dos círculos de pé críticos para $\beta < 53°$.

Tabela 15.1 Local do centro dos círculos de pé críticos ($\beta < 53°$)

n'	β (graus)	α_1 (graus)	α_2 (graus)
1,0	45	28	37
1,5	33,68	26	35
2,0	26,57	25	35
3,0	18,43	25	35
5,0	11,32	25	37

Observação: Para observações de n', β, α_1 e α_2, consulte a Figura 15.16.

Exemplo 15.4

Deve-se fazer um corte em um talude de argila saturada mole que se eleva com ângulo de 60° em relação à horizontal (Figura 15.17).
Dados: $c_u = 40$ kN/m² e $\gamma = 17{,}5$ kN/m³.

a. Determine a profundidade máxima até a qual a escavação pode ser executada.
b. Encontre o raio, r, do círculo crítico quando o fator de segurança for igual a 1 (Parte a).
c. Encontre a distância $\overline{BC}$.

Solução

Parte a

Desde que o ângulo de talude seja $\beta = 60° > 53°$, o círculo crítico é um círculo de pé. A partir da Figura 15.13, para $\beta = 60°$, o número de estabilidade = 0,195.

$$H_{cr} = \frac{c_u}{\gamma m} = \frac{40}{17{,}5 \times 0{,}195} = \mathbf{11{,}72\ m}$$

(continua)

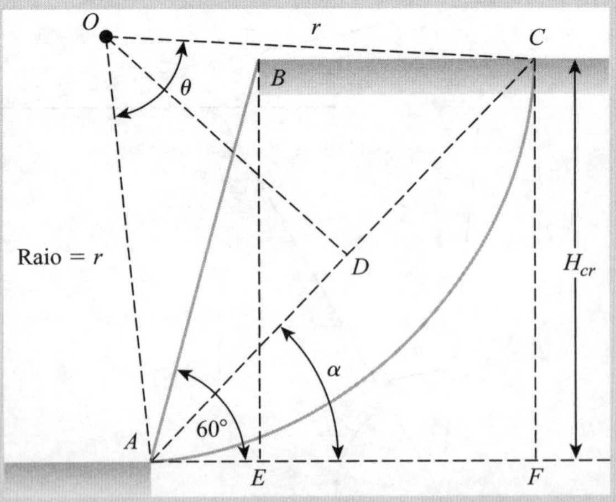

Figura 15.17

Parte b

Da Figura 15.17

$$r = \frac{\overline{DC}}{\operatorname{sen}\frac{\theta}{2}}$$

Mas

$$\overline{DC} = \frac{\overline{AC}}{2} = \frac{\left(\frac{H_{cr}}{\operatorname{sen}\alpha}\right)}{2}$$

portanto,

$$r = \frac{H_{cr}}{2\operatorname{sen}\alpha\ \operatorname{sen}\frac{\theta}{2}}$$

A partir da Figura 15.14, para $\beta = 60°$ $\alpha = 35°$ e $\theta = 72{,}5°$. Substituindo esses valores na equação por r, obtemos

$$r = \frac{H_{cr}}{2\operatorname{sen}\alpha\ \operatorname{sen}\frac{\theta}{2}} = \frac{11{,}72}{2(\operatorname{sen}35)(\operatorname{sen}36{,}25)} = \mathbf{17{,}28\ m}$$

Parte c

$$\overline{BC} = \overline{EF} = \overline{AF} - \overline{AE} = H_{cr}(\operatorname{cotg}\alpha - \operatorname{cotg}60°) = 11{,}72(\operatorname{cotg}35 - \operatorname{cotg}60) = \mathbf{9{,}97\ m}$$

■

Exemplo 15.5

Uma inclinação de corte foi escavada em uma argila saturada. A inclinação fez um ângulo de 40° com a horizontal. A ruptura de talude ocorreu quando o corte alcançou uma profundidade de 7 m. As explorações de solo anteriores mostraram que uma camada de rocha estava localizada a uma profundidade de 10,5 m abaixo da superfície do solo. Presumindo que não haja drenagem e que $\gamma_{sat} = 18$ kN/m^3,

a. Determine a coesão não drenada da argila (utilize a Figura 15.13)
b. Qual é a natureza do círculo crítico?
c. Com relação ao pé do talude, a que distância a superfície de escorregamento intercepta com a base da escavação?

Solução

Parte a

Consultando a Figura 15.13,

$$D = \frac{10,5}{7} = 1,5$$

$$\gamma_{sat} = 18 \text{kN/m}^3$$

$$H_{cr} = \frac{c_u}{\gamma m}$$

Da Figura 15.13, para $\beta = 40°$ e $D = 1,5$, $m = 0,175$. Portanto,

$$c_u = (H_{cr})(\gamma)(m) = (7)(18)(0,175) = \mathbf{22,05\ kN/m^2}$$

Parte b

Círculo intermediário.

Parte c

Novamente, a partir da Figura 15.15, para $D = 1,5$, $\beta = 40°$; $n = 0,9$. Portanto,

$$\text{Distância} = (n)(H_{cr}) = (0,9)(7) = \mathbf{6,3\ m}$$ ■

15.9 Desenvolvimentos recentes no círculo crítico de taludes de argila ($\phi = 0$)

Mais recentemente, Steward, Sivakugan, Shukla e Das (2011) fizeram diversas execuções utilizando TALUDE/W para localizar os círculos críticos de diversos taludes com diferentes geometrias e propriedades de solo. De acordo com este estudo, parece haver cinco tipos de círculos críticos. (Eles estão na Figura 15.18):

- Círculo composto pela face do talude
- Círculo composto pelo pé do talude
- Círculo composto com centro de rotação intermediário
- Círculo tangente com centro de rotação intermediário
- Círculo raso de pé de talude

Além disso, quando $\beta > 58°$, o círculo de ruptura é um círculo de pé raso. Isso é levemente diferente ao ângulo de 53° indicado na Figura 15.13. Com base na análise, a Figura 15.19 mostra um gráfico de número de estabilidade (m) contra β ao longo das zonas nos quais os cinco tipos de estados declarados de círculos críticos são encontrados.

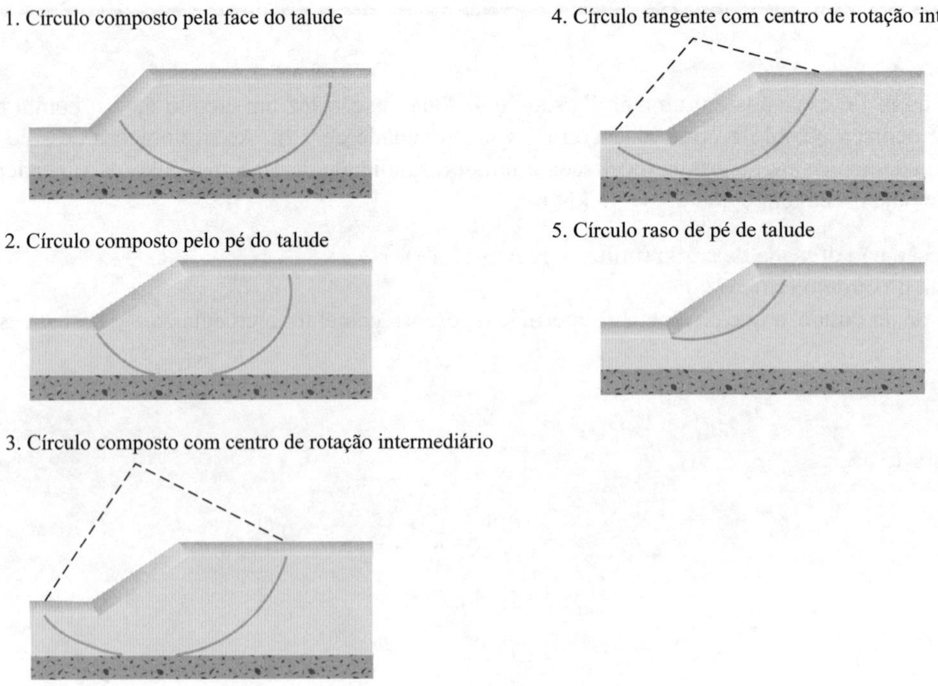

Figura 15.18 Natureza dos círculos críticos observados por Steward, Sivakugan, Shukla e Das (2011).

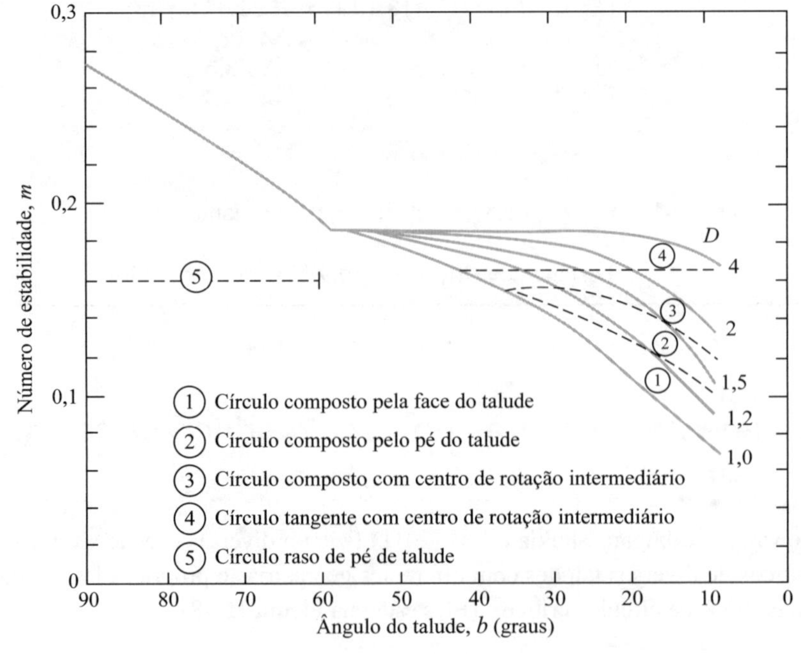

Figura 15.19 Análise de Steward et al. (2011) – gráfico de m *vs.* β com zonas de círculo críticos indicados na Figura 15.18.

15.10 Procedimento em massa – estabilidade em solo $c' - \phi'$ homogêneo

Um talude em solo homogêneo é mostrado na Figura 15.20a. A resistência ao cisalhamento do solo é dada por

$$\tau_f = c' + \sigma' \operatorname{tg} \phi'$$

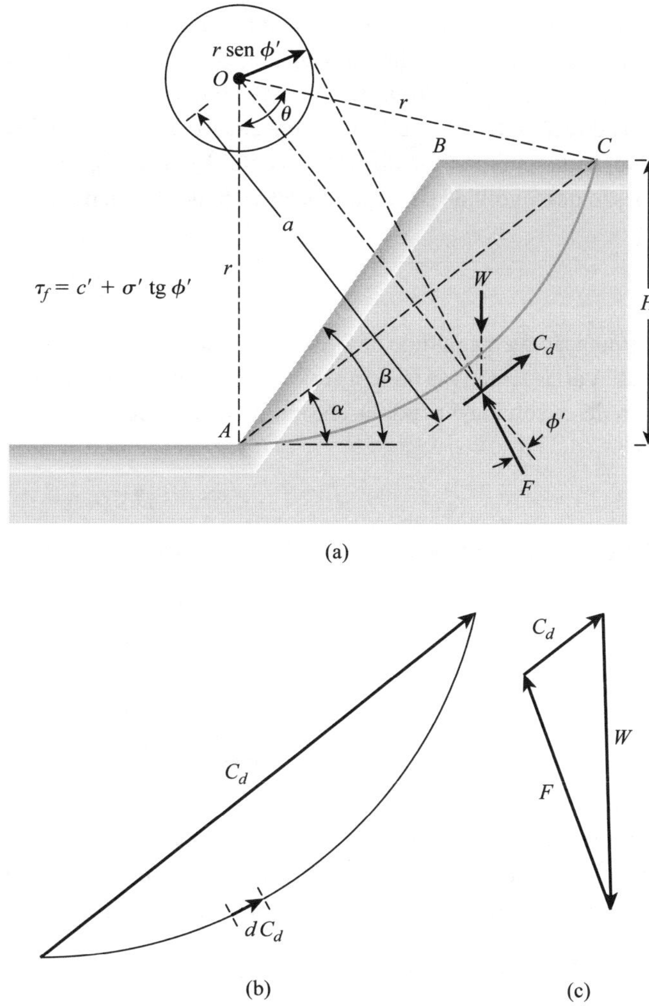

Figura 15.20 Análise de estabilidade de talude em solo $c' - \phi'$ homogêneo.

A poropressão é assumida como zero. $\widehat{AC}$ é um arco circular de tentativa que passa pelo pé do talude e O é o centro do círculo. Considerando o comprimento específico perpendicular à seção do talude, encontramos

$$\text{Peso da cunha de solo } ABC = W = (\text{Área de } ABC)(\gamma)$$

Para equilíbrio, as outras forças estão agindo sobre a cunha:

- C_d – resultante da força coesiva que é igual à coesão por área específica desenvolvida vezes o comprimento da corda $\overline{AC}$. A magnitude de C_d é dada por (Figura 15.20b).

$$C_d = c'_d(\overline{AC}) \tag{15.50}$$

C_d atua em uma direção paralela à corda $\overline{AC}$ (veja a Figura 15.20b) e a uma distância a a partir do centro do círculo O, tal que

$$C_d(a) = c'_d(\widehat{AC})r$$

ou

$$a = \frac{c'_d(\widehat{AC})r}{C_d} = \frac{\widehat{AC}}{\overline{AC}}r \tag{15.51}$$

- F – o resultante das forças normal e friccional ao longo da superfície de escorregamento. Para o equilíbrio, a linha de ação de F passará pelo ponto de intersecção da linha de ação de W e C_d.

Agora, se presumirmos que o atrito total é mobilizado ($\phi'_d = \phi'$ ou $F_{\phi'} = 1$), a linha de atrito de F fará um ângulo de ϕ' com uma normal ao arco e, assim, fará uma tangente a um círculo com o centro em O e tendo um raio de r sen ϕ'. Este círculo é chamado *círculo de atrito*. Realmente, o raio do círculo de atrito é um pouco menor que r sen ϕ'.

Como as direções de W, C_d e F são conhecidas e a magnitude de W também, um polígono de força, como mostra a Figura 15.20c, pode ser representado graficamente. A magnitude de C_d pode ser determinada a partir do polígono de força. Assim, a coesão desenvolvida por área específica pode ser encontrada.

$$c'_d = \frac{C_d}{AC}$$

A determinação da magnitude de c'_d descrita anteriormente tem como base uma superfície de escorregamento obtida por tentativas. Várias tentativas podem ser realizadas para obter a superfície de escorregamento mais crítica, ao longo da qual a coesão desenvolvida é máxima. Assim, podemos expressar a coesão máxima desenvolvida ao longo da superfície crítica como

$$c'_d = \gamma H\,[f(\alpha, \beta, \theta, \phi')] \tag{15.52}$$

Para equilíbrio crítico – ou seja, $F_{c'} = F_{\phi'} = F_s = 1$ – podemos substituir $H = H_{cr}$ e $c'_d = c'$ na Equação (15.52) e escrever

$$c' = \gamma H_{cr}\,[f(\alpha, \beta, \theta, \phi')]$$

ou

$$\frac{c'}{\gamma H_{cr}} = f(\alpha,\beta,\theta,\phi') = m \tag{15.53}$$

onde m = número de estabilidade. Os valores de m para vários valores correspondentes de ϕ' e β são dados na Figura 15.21 com base em Taylor (1937). Isso pode ser utilizado para determinar o fator de segurança, F_s, de talude homogêneo. O procedimento para efetuar a análise é dado da seguinte forma:

Etapa 1: Determine c', ϕ', γ, β e H.

Etapa 2: Arbitre diversos valores de ϕ'_d (Observação: $\phi'_d \leq \phi'$, como $\phi'_{d(1)}$, $\phi'_{d(2)}$ ... (Coluna 1 da Tabela 15.2).

Etapa 3: Determine $F_{\phi'}$, para cada valor atribuído a ϕ'_d como (Coluna 2, Tabela 15.2)

$$F_{\phi'(1)} = \frac{\text{tg}\,\phi'}{\text{tg}\,\phi'_{d(1)}}$$

$$F_{\phi'(2)} = \frac{\text{tg}\,\phi'}{\text{tg}\,\phi'_{d(2)}}$$

Etapa 4: Para cada valor atribuído de ϕ'_d e β, determine m (ou seja, m_1, m_2, m_3, ...) da Figura 15.21 (Coluna 3, Tabela 15.2).

Etapa 5: Determine a coesão desenvolvida para cada valor de m como (Coluna 4, Tabela 15.2)

$$c'_{d(1)} = m_1 \gamma H$$

$$c'_{d(2)} = m_2 \gamma H$$

Etapa 6: Calcule $F_{c'}$ para cada valor de c'_d (Coluna 5, Tabela 15.2) ou

$$F_{c'(1)} = \frac{c'}{c'_{d(1)}}$$

$$F_{c'(2)} = \frac{c'}{c'_{d(2)}}$$

Etapa 7: Represente graficamente $F_{\phi'}$ *versus* o $F_{c'}$ correspondente (Figura 15.22) e determine $F_s = F_{\phi'} = F_{c'}$.

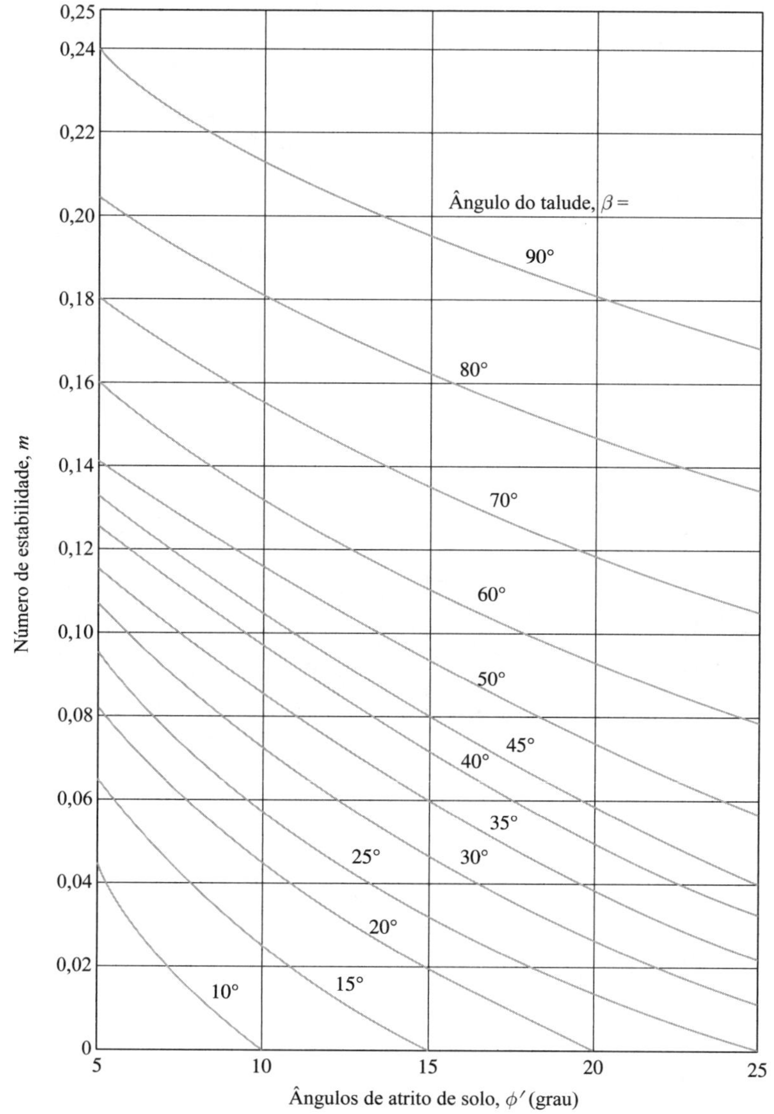

Figura 15.21 Número de estabilidade de Taylor.

Tabela 15.2 Determinação de F_s pelo método de círculo de atrito

ϕ'_d (1)	$F_{\phi'} = \dfrac{\text{tg}\,\phi'}{\text{tg}\,\phi'_d}$ (2)	m (3)	c'_d (4)	$F_{c'}$ (5)
$\phi'_{d(1)}$	$\dfrac{\text{tg}\,\phi'}{\text{tg}\,\phi'_{d(1)}}$	m_1	$m_1\gamma H = c'_{d(1)}$	$\dfrac{c'}{c'_{d(1)}} = F_{c'(1)}$
$\phi'_{d(2)}$	$\dfrac{\text{tg}\,\phi'}{\text{tg}\,\phi'_{d(2)}}$	m_2	$m_2\gamma H = c'_{d(2)}$	$\dfrac{c'}{c'_{d(2)}} = F_{c'(2)}$

Um exemplo de determinação de F_s usando o procedimento descrito é dado no Exemplo 15.6.

Usando o método do círculo de atrito de Taylor para estabilidade do talude (como exibido no Exemplo 15.6), Singh (1970) forneceu gráficos de fatores de segurança F_s iguais para vários taludes. Isso é exibido na Figura 15.23.

Os cálculos mostraram que, para $\phi > \sim 3°$, os círculos críticos são todos *círculos de pé*.

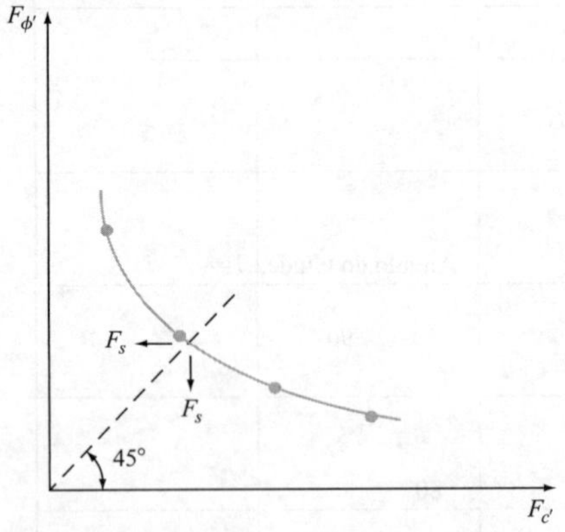

Figura 15.22 Gráfico de $F_{\phi'}$ *versus* $F_{c'}$ para determinar F_s.

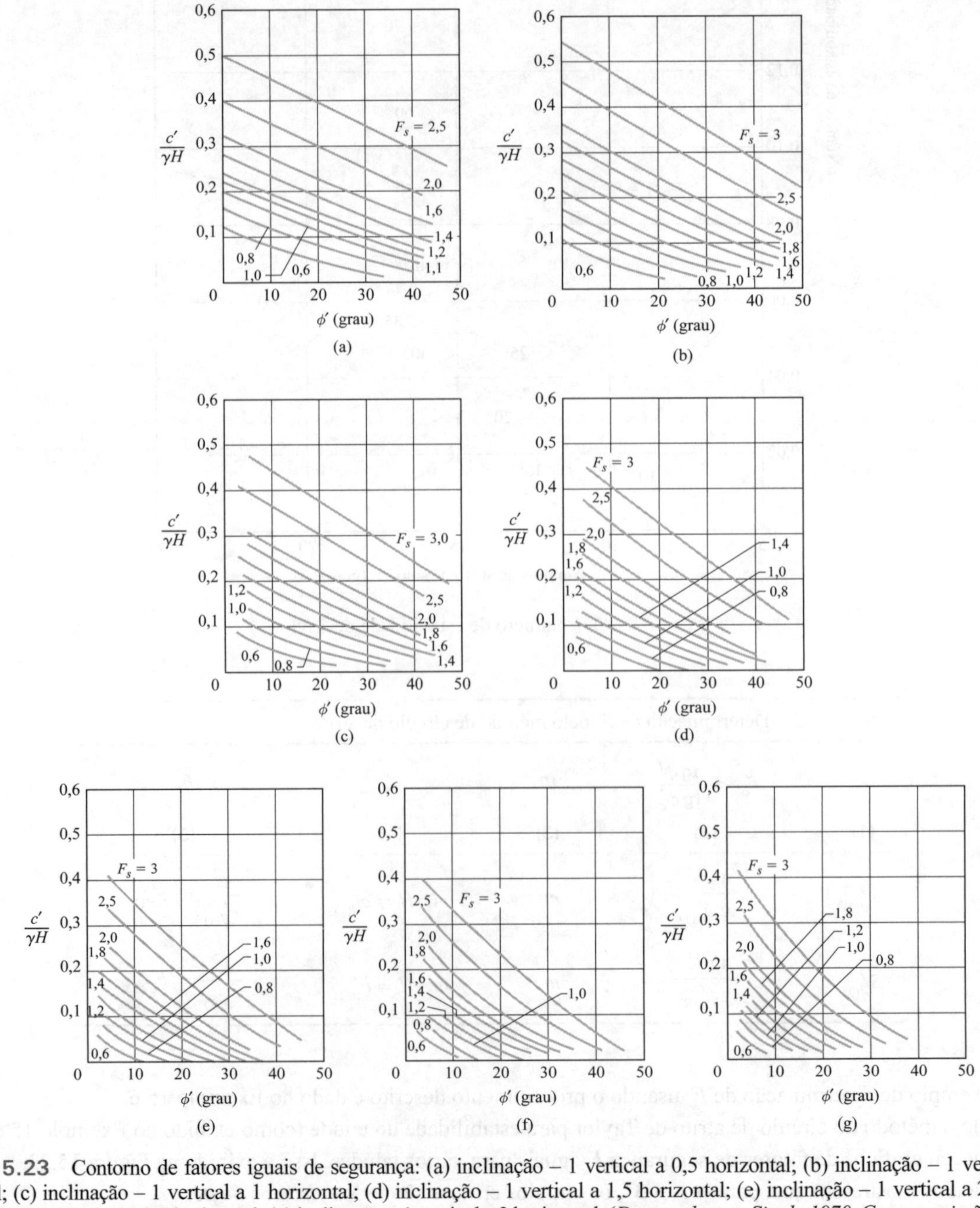

Figura 15.23 Contorno de fatores iguais de segurança: (a) inclinação – 1 vertical a 0,5 horizontal; (b) inclinação – 1 vertical a 0,75 horizontal; (c) inclinação – 1 vertical a 1 horizontal; (d) inclinação – 1 vertical a 1,5 horizontal; (e) inclinação – 1 vertical a 2 horizontal; (f) inclinação – 1 vertical a 2,5 horizontal; (g) inclinação – 1 vertical a 3 horizontal. (*De acordo com Singh, 1970. Com permissão da ASCE.*)

Análise de Michalowski (2002)

Mais recentemente, Michalowski (2002) fez uma análise de estabilidade em taludes simples usando abordagem cinemática de análise limite, aplicada a um mecanismo de colapso rotacional. A superfície de ruptura em solo presumida nesse estudo é um arco de um espiral logarítmico (Figura 15.24). Os resultados deste estudo são resumidos na Figura 15.25, do qual F_s pode ser obtido diretamente (Consulte o Exemplo 15.7).

Análise de Steward, Sivakuga, Shukla e Das (2011)

Steward et al. (2011) realizaram diversas simulações utilizando TALUDE/W para localizar os círculos de talude críticos com solo $c' - \phi'$. De acordo com esse estudo, os círculos de ruptura são frequentemente círculos de pé. No entanto, em alguns casos, conforme indicado na Figura 15.26, eles podem ser círculos intermediários. Com base nesse estudo, um gráfico foi desenvolvido e é exibido na Figura 15.27.

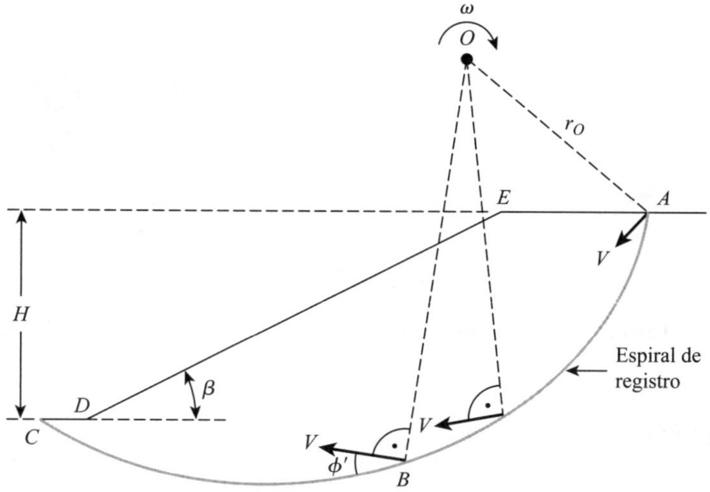

Figura 15.24 Análise de estabilidade utilizando o mecanismo de colapso rotacional.

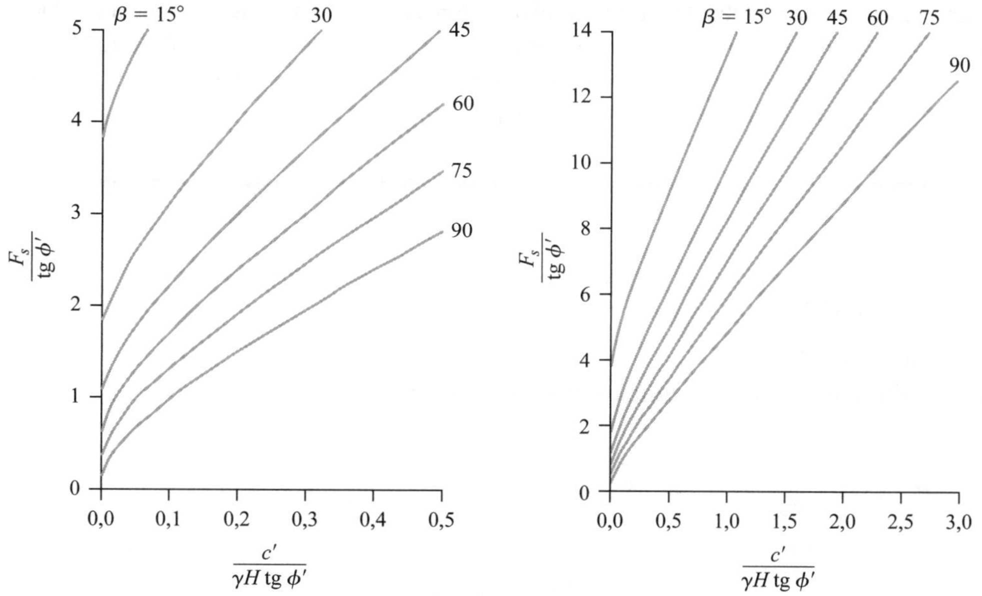

Figura 15.25 Análise de Michalowski para estabilidade das inclinações simples.

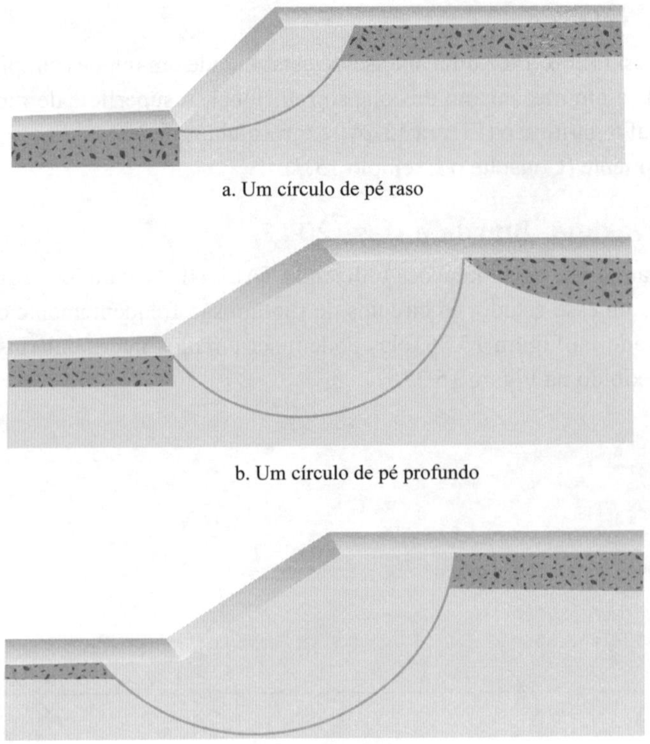

a. Um círculo de pé raso

b. Um círculo de pé profundo

c. Círculo intermediário

Figura 15.26 Círculo de ruptura observado por Steward et al. (2011) para taludes em solo $c' - \phi'$.

15.11 Método comum de fatias

A análise de estabilidade que utiliza o método de fatias pode ser explicada com o uso da Figura 15.29a, na qual AC é um arco de um círculo que representa a superfície de tentativa de ruptura. O solo acima da superfície de ruptura é dividido em várias fatias verticais. A largura de cada fatia não precisa ser igual. Considerando um comprimento unitário perpendicular à seção transversal mostrada, as forças que atuam em uma fatia típica (n-ésima fatia) são mostradas na Figura 15.29b. W_n é o peso da fatia. As forças N_r e T_r são, respectivamente, os componentes normal e tangencial da reação R. P_n e $P_n + 1$ são as forças normais que agem na fatia. De forma similar, as forças de cisalhamento que atuam nas faces da fatia são T_n e $T_n + 1$. Para simplificar, presume-se que o valor da poropressão seja zero. As forças P_n, $P_n + 1$, T_n e $T_n + 1$ são difíceis de determinar. Entretanto, podemos fazer uma estimativa aproximada de que as resultantes de P_n e T_n tenham magnitudes iguais em relação às resultantes de P_n+1 e $T_n + 1$ e as linhas de ação coincidam.

Exemplo 15.6

Uma inclinação com $\beta = 45°$ será construída com um solo que tem $\phi' = 20°$ e $c' = 24$ kN/m². O peso específico do solo compactado será de 18,9 kN/m³.

a. Encontre a altura crítica do talude.
b. Se a altura do talude for de 10 m, determine o fator de segurança com relação à resistência.

Solução

Parte a

Temos

$$m = \frac{c'}{\gamma H_{cr}}$$

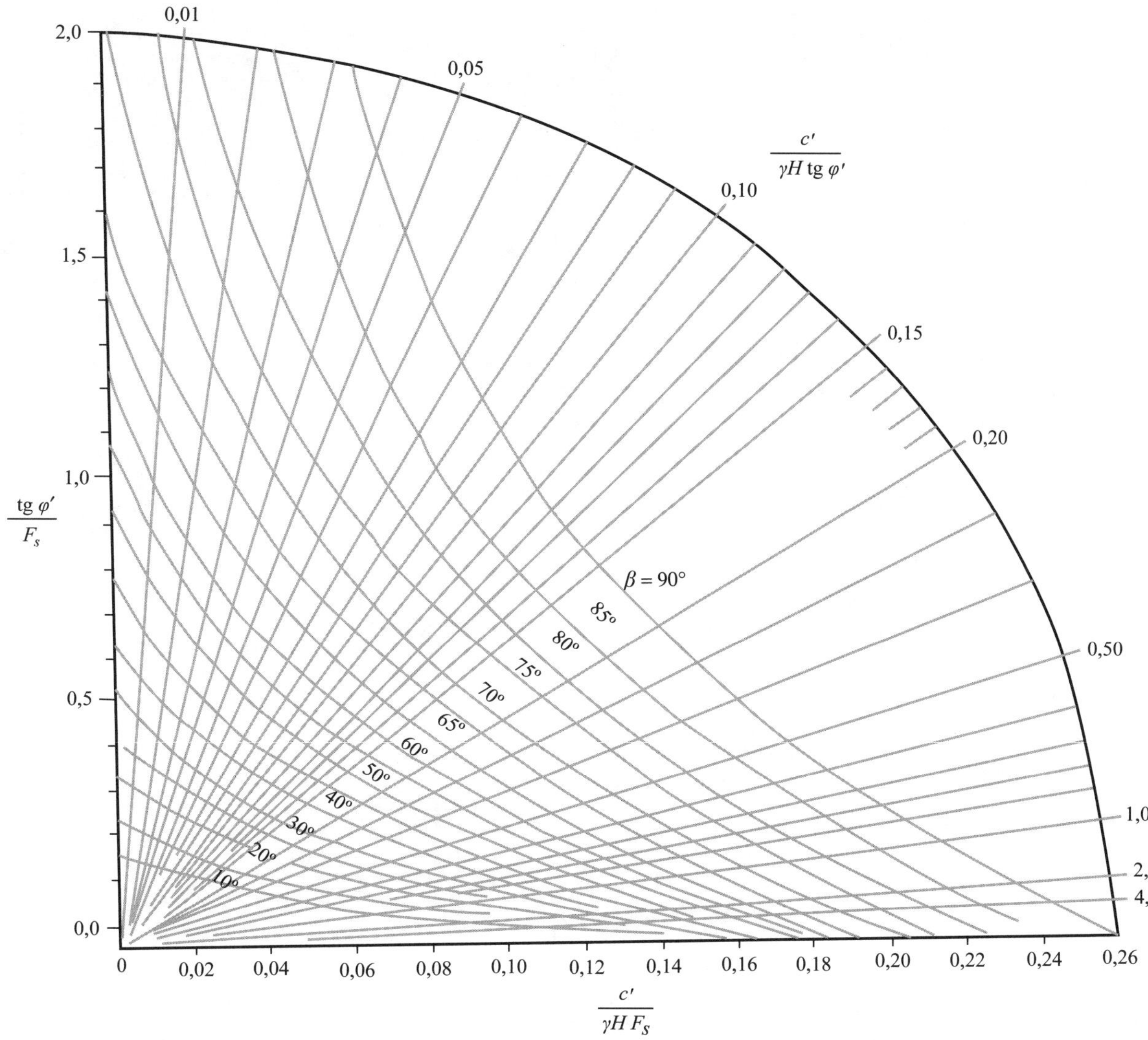

Figura 15.27 Análise de Steward et al. (2011) – Gráfico para estimar F_s.

A partir da Figura 15.21, para $\beta = 45°$ e $\phi' = 20°$, $m = 0{,}06$. Então

$$H_{cr} = \frac{c'}{\gamma m} = \frac{24}{(18{,}9)(0{,}06)} = \mathbf{21{,}1\ m}$$

Parte b

Se presumirmos que o atrito total é mobilizado, então, consultando a Figura 15.21 (para $\beta = 45°$ e $\phi'_d = \phi' = 20°$), teremos

$$m = 0{,}06 = \frac{c'_d}{\gamma H}$$

ou

$$c'_d = (0{,}06)(18{,}9)(10) = 11{,}34 \text{ kN/m}^2$$

(continua)

Assim,

$$F_{\phi'} = \frac{\text{tg}\,\phi'}{\text{tg}\,\phi'_d} = \frac{\text{tg}\,20}{\text{tg}\,20} = 1$$

e

$$F_{c'} = \frac{c'}{c'_d} = \frac{24}{11{,}34} = 2{,}12$$

Uma vez que $F_{c'} \neq F_{\phi'}$, esse não é o fator de segurança com relação à resistência.

Agora podemos realizar outra tentativa. Consideremos que o ângulo de atrito desenvolvido, ϕ'_d, seja igual a 15°. Para $\beta = 45°$ e o ângulo de atrito igual a 15°, encontraremos, a partir da Figura 15.21,

$$m = 0{,}083 = \frac{c'_d}{\gamma H}$$

ou

$$c'_d = (0{,}083)(18{,}9)(10) = 15{,}69 \text{ kN/m}^2$$

Para esse caso,

$$F_{\phi'} = \frac{\text{tg}\,\phi'}{\text{tg}\,\phi'_d} = \frac{\text{tg}\,20}{\text{tg}\,15} = 1{,}36$$

e

$$F_{c'} = \frac{c'}{c'_d} = \frac{24}{15{,}69} = 1{,}53$$

Os cálculos semelhantes de $F_{\phi'}$ e $F_{c'}$ para diversos valores presumidos de ϕ'_d são proporcionados na seguinte tabela.

ϕ'_d	tg ϕ'_d	$F_{\phi'}$	m	c'_d (kN/m²)	$F_{c'}$
20	0,364	1,0	0,06	11,34	2,12
15	0,268	1,36	0,083	15,69	1,53
10	0,176	2,07	0,105	19,85	1,21
5	0,0875	4,16	0,136	25,70	0,93

Os valores de $F_{\phi'}$ são representados graficamente em relação aos valores correspondentes de $F_{c'}$ na Figura 15.28, a partir da qual encontramos

$$F_{c'} = F_{\phi'} = F_s = \mathbf{1{,}42}$$

Observação: Poderíamos ter encontrado o valor de F_s da Figura15.23c. Uma vez que $\beta = 45°$, o talude tem uma inclinação de 1V:1H. Para esse caso,

$$\frac{c'}{\gamma H} = \frac{24}{(18{,}9)(10)} = 0{,}127$$

A partir da Figura 15.23c, para $c'/\gamma H = 0{,}127$, o valor de $F_s \sim \mathbf{1{,}4}$.

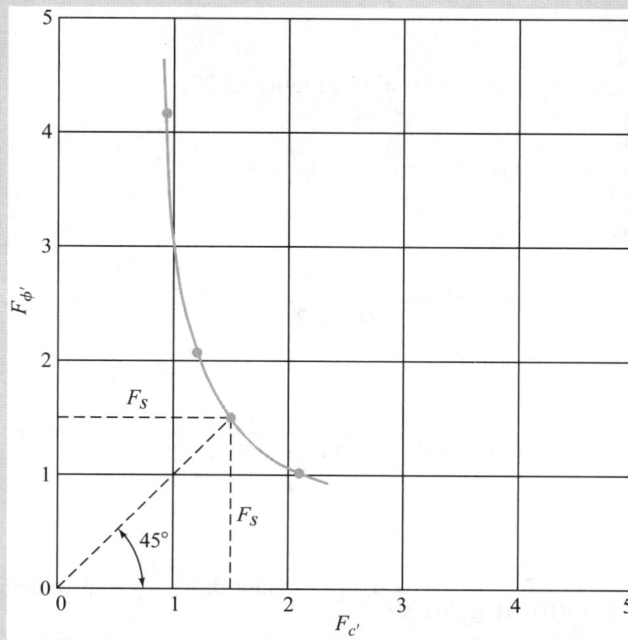

Figura 15.28

■

Exemplo 15.7

Resolva o Exemplo 15.6 utilizando a solução de Michalowski.

Solução

Parte a

Para a altura crítica (H_{cr}), $F_s = 1$. Assim,

$$\frac{c'}{\gamma H \operatorname{tg}\phi'} = \frac{24}{(18,9)(H_{cr})(\operatorname{tg} 20)} = \frac{3,49}{H_{cr}}$$

$$\frac{F_s}{\operatorname{tg}\phi'} = \frac{1}{\operatorname{tg} 20} = 2,747$$

$$\beta = 45°$$

A partir da Figura 15.25, para $\beta = 45°$ e $F_s/\operatorname{tg}\phi' = 2,747$, o valor de $c'/\gamma H \operatorname{tg}\phi' \approx 0,17$. Então

$$\frac{3,49}{H_{cr}} = 0,17; \quad H_{cr} = \mathbf{20,5\ m}$$

Parte b

$$\frac{c'}{\gamma H \operatorname{tg}\phi'} = \frac{24}{(18,9)(10)(\operatorname{tg} 20)} = 0,349$$

$$\beta = 45°$$

A partir da Figura 15.25, $F_s/\operatorname{tg}\phi' = 4$.

$$F_s = 4 \operatorname{tg}\phi' = (4)(\operatorname{tg} 20) = \mathbf{1,46}$$

■

Exemplo 15.8

Resolva o Exemplo 15.6 utilizando o gráfico fornecido na Figura 15.27.

Solução

Parte a

Para a altura crítica H_{cr}, $F_s = 1$.

Para $\beta = 45°$, $\dfrac{\text{tg}\,\phi'}{F_s} = \dfrac{\text{tg}\,20}{1} = 0{,}364$, o valor de $\dfrac{c'}{\gamma H_{cr} \text{tg}\,\phi'} \approx 0{,}145$ (Figura 15.27).

Portanto

$$H_{cr} = \frac{c'}{0{,}145\gamma\,\text{tg}\,\phi'} = \frac{24}{(0{,}145)(18{,}9)(\text{tg } 20)} = \mathbf{24{,}06\ m}$$

Parte b

Para $\beta = 45°$ e $\dfrac{c'}{\gamma H_{cr} \text{tg}\,\phi'} = \dfrac{24}{(18{,}9)(10)(\text{tg } 20)} = 0{,}349$, o valor de $\dfrac{\text{tg}\,\phi'}{F_s}$ é aproximadamente 0,25. Portanto

$$F_s = \frac{\text{tg } 20}{0{,}25} = \mathbf{1{,}46}$$

■

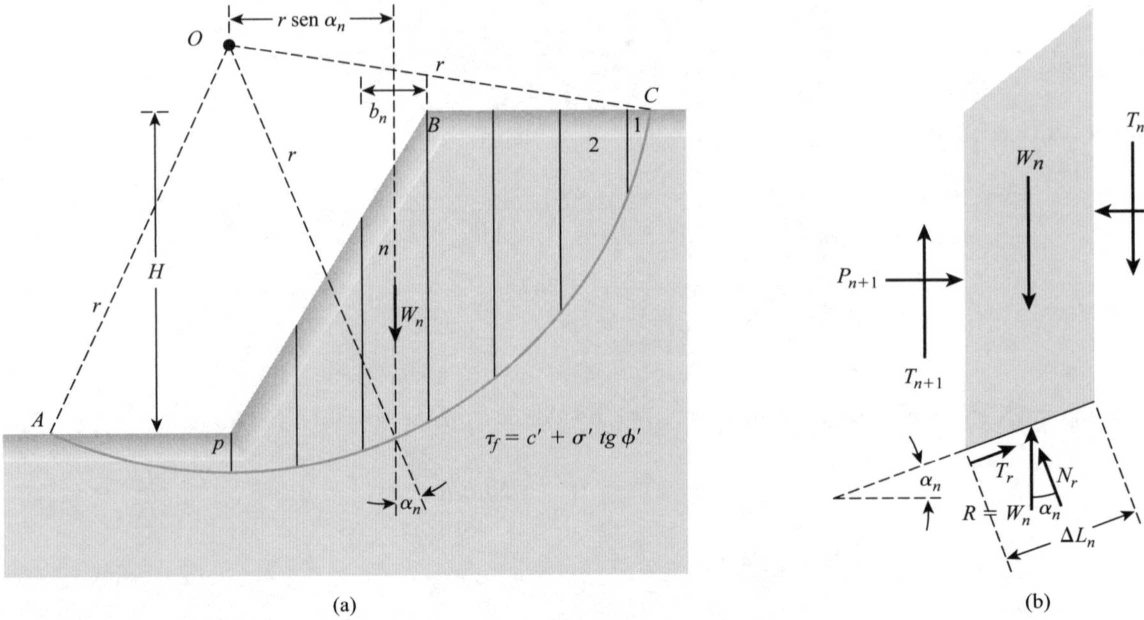

Figura 15.29 Análise de estabilidade por métodos comuns de fatias: (a) Tentativa de superfície de ruptura; (b) forças atuando na n-ésima fatia.

Para consideração de equilíbrio,

$$N_r = W_n \cos \alpha_n$$

A força resistente ao cisalhamento pode ser expressa como

$$T_r = \tau_d(\Delta L_n) = \frac{\tau_f(\Delta L_n)}{F_s} = \frac{1}{F_s}[c' + \sigma' \operatorname{tg}\phi']\Delta L_n \tag{15.54}$$

A tensão normal, σ', na Equação (15.54) é igual a

$$\frac{N_r}{\Delta L_n} = \frac{W_n \cos\alpha_n}{\Delta L_n}$$

Para o equilíbrio da cunha tentativa *ABC*, o momento da força motriz em relação a *O* é igual ao momento da força de resistência, também em relação a *O*, ou

$$\sum_{n=1}^{n=p} W_n r \operatorname{sen}\alpha_n = \sum_{n=1}^{n=p} \frac{1}{F_s}\left(c' + \frac{W_n \cos\alpha_n}{\Delta L_n} \operatorname{tg}\phi'\right)(\Delta L_n)(r)$$

ou

$$F_s = \frac{\sum_{n=1}^{n=p}(c'\Delta L_n + W_n \cos\alpha_n \operatorname{tg}\phi')}{\sum_{n=1}^{n=p} W_n \operatorname{sen}\alpha_n} \tag{15.55}$$

[*Observação*: ΔL_n na Equação (15.55) é aproximadamente igual a $(b_n)/(\cos \alpha_n)$, onde b_n = a largura da *n*-ésima fatia.]

Observe que o valor de α_n pode ser positivo ou negativo. O valor de α_n é positivo quando a inclinação do arco estiver no mesmo quadrante que a inclinação do talude. Para encontrar o fator de segurança mínimo – ou seja, o fator de segurança para o círculo crítico – devem-se fazer várias tentativas mudando o centro do círculo de ruptura. Geralmente, este método é chamado *método comum das fatias*.

Por conveniência, um talude em um solo homogêneo é mostrado na Figura 15.29. No entanto, o método das fatias pode ser estendido para taludes com solo estratificado, conforme mostrado na Figura 15.30. O procedimento geral de análise de estabilidade é o mesmo. No entanto, alguns pontos menores devem ser mantidos em mente. Quando a Equação (15.55) for utilizada para o fator de cálculo de segurança, o valor de ϕ' e c' não serão o mesmo para todas as fatias. Por exemplo, para a fatia nº 3 (consulte a Figura 15.30), precisaremos utilizar um ângulo de atrito de $\phi' = \phi'_3$ e a coesão $c' = c'_3$; semelhantemente, para a fatia nº 2, $\phi' = \phi'_2$ e $c' = c'_2$.

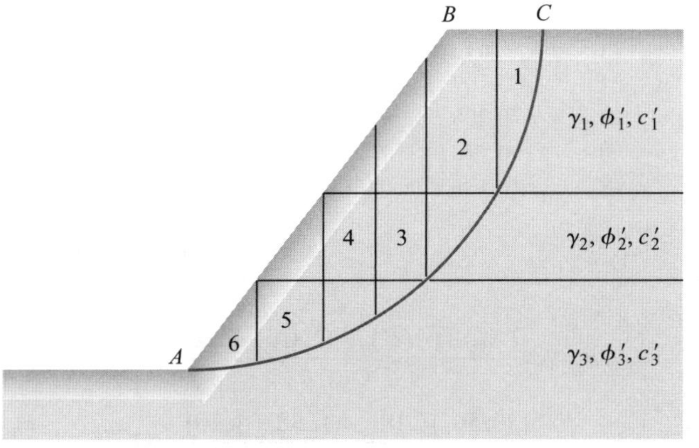

Figura 15.30 Análise de estabilidade, por método comum de fatias, para talude em solos argilosos.

É interessante observar que, se os parâmetros de resistência ao cisalhamento (ou seja, $\tau_f = c + \text{tg}\,\phi$) forem utilizados, a Equação (15.55) tomaria forma

$$F_s = \frac{\sum_{n=1}^{n=p} (c\Delta L_n + W_n \cos\alpha_n \,\text{tg}\,\phi)}{\sum_{n=1}^{n=p} W_n \,\text{sen}\,\alpha_n} \qquad (15.56)$$

Exemplo 15.9

Para o talude indicado na Figura 15.31, encontre o fator de segurança em relação ao escorregamento para a superfície de tentativa de escorregamento AC. Utilize o método comum de fatias.

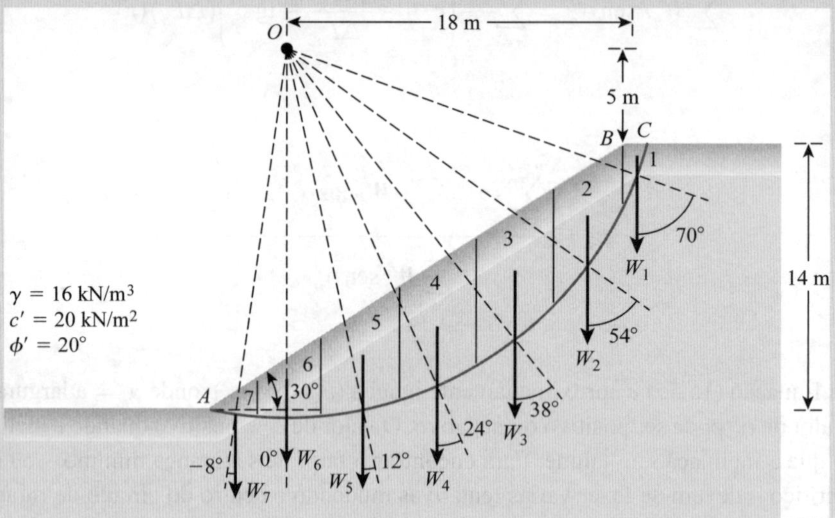

Figura 15.31 Análise de estabilidade de um talude pelo método comum das fatias.

Solução

A cunha deslizante é dividida em sete fatias. Assim, a tabela a seguir pode ser preparada:

Fatia nº (1)	W (kN/m) (2)	α_n (graus) (3)	sen α_n (4)	cos α_n (5)	ΔL_n (m) (6)	W_n sen α_n (kN/m) (7)	W_n cos α_n (kN/m) (8)
1	22,4	70	0,94	0,342	2,924	21,1	7,66
2	294,4	54	0,81	0,588	6,803	238,5	173,1
3	435,2	38	0,616	0,788	5,076	268,1	342,94
4	435,2	24	0,407	0,914	4,376	177,1	397,8
5	390,4	12	0,208	0,978	4,09	81,2	381,8
6	268,8	0	0	1	4	0	268,8
7	66,58	−8	−0,139	0,990	3,232	−9,25	65,9
					Σ Col. 6 = 30,501 m	Σ Col. 7 = 776,75 kN/m	Σ Col. 8 = 1638 kN/m

$$F_s = \frac{(\Sigma\text{Col. 6})(c') + (\Sigma\text{Col. 8})\,\text{tg}\,\phi'}{\Sigma\text{Col. 7}}$$

$$= \frac{(30{,}501)(20) + (1638)(\text{tg}\,20)}{776{,}75} = \mathbf{1{,}55}$$

■

15.12 Método simplificado das fatias de Bishop

Em 1955, Bishop propôs uma solução mais refinada para o método comum das fatias. Nesse método, o efeito das forças nas faces de cada fatia é levado em conta só até certo ponto. Podemos estudar esse método fazendo referência à análise do talude apresentado na Figura 15.29. As forças que atuam na *n*-ésima fatia mostrada na Figura 15.29b foram redesenhadas na Figura 15.32a. Agora, considere $P_n - P_{n+1} = \Delta P$ e $T_n - T_{n+1} = \Delta T$. Podemos escrever

$$T_r = N_r(\text{tg}\,\phi'_d) + c'_d\Delta L_n = N_r\left(\frac{\text{tg}\,\phi'}{F_s}\right) + \frac{c'\Delta L_n}{F_s} \tag{15.57}$$

A Figura 15.32b mostra o polígono de forças para o equilíbrio da *n*-ésima fatia. Somando as forças na direção vertical, obtemos

$$W_n + \Delta T = N_r\cos\alpha_n + \left[\frac{N_r\,\text{tg}\,\phi'}{F_s} + \frac{c'\Delta L_n}{F_s}\right]\text{sen}\,\alpha_n$$

ou

$$\frac{W_n + \Delta T - \frac{c' \quad L}{\quad}\text{sen} \quad {}_n}{\cos \quad \frac{\text{tg}\,\phi'\,\text{sen}\,\alpha}{\quad}} \tag{15.58}$$

Para equilíbrio da cunha *ABC* (Figura 15.29a), considerar o momento em *O* proporciona

$$\sum_{n=1}^{n=p} W_n r\,\text{sen}\,\alpha_n = \sum_{n=1}^{n=p} T_r r \tag{15.59}$$

onde

$$T_r = \frac{1}{F_s}(c' + \sigma'\,\text{tg}\,\phi')\Delta L_n$$

$$= \frac{1}{F_s}(c'\Delta L_n + N_r\,\text{tg}\,\phi') \tag{15.60}$$

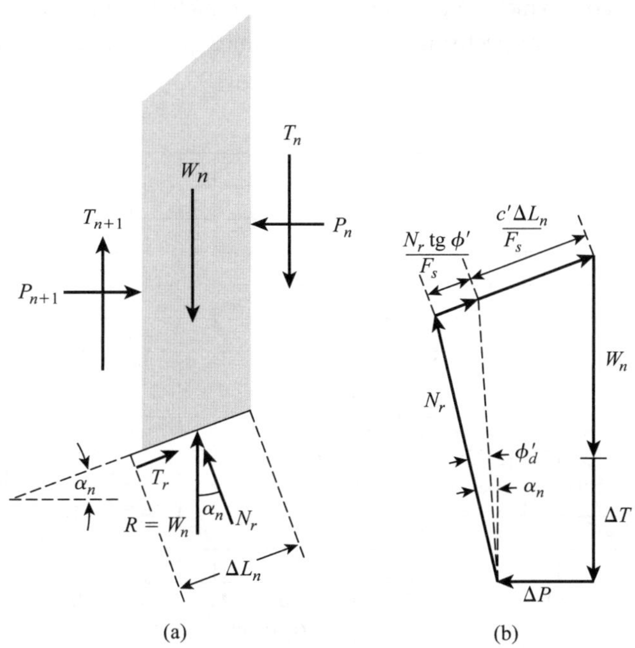

Figura 15.32 Método simplificado das fatias de Bishop: (a) forças atuando na *n*-ésima fatia; (b) polígono de forças para o equilíbrio.

A substituição das Equações (15.58) e (15.60) pela Equação (15.59) resulta em

$$F_s = \frac{\sum_{n=1}^{n=p} (c'b_n + W_n \operatorname{tg}\phi' + \Delta T \operatorname{tg}\phi') \frac{1}{m_{\alpha(n)}}}{\sum_{n=1}^{n=p} W_n \operatorname{sen}\alpha_n} \tag{15.61}$$

onde

$$m_{\alpha(n)} = \cos\alpha_n + \frac{\operatorname{tg}\phi' \operatorname{sen}\alpha_n}{F_s} \tag{15.62}$$

A Figura 15.33 mostra a variação de $m_{\alpha(n)}$ com α_n e tg ϕ'/F_s.

Para ficar mais simples, se considerarmos $\Delta T = 0$, a Equação (15.61) se torna

$$F_s = \frac{\sum_{n=1}^{n=p} (c'b_n + W_n \operatorname{tg}\phi') \frac{1}{m_{\alpha(n)}}}{\sum_{n=1}^{n=p} W_n \operatorname{sen}\alpha_n} \tag{15.63}$$

Observe que o termo F_s está presente em ambos os lados da Equação (15.63). Portanto, devemos adotar um procedimento de tentativa e erro para encontrar o valor de F_s. Como no método comum das fatias, várias superfícies de ruptura devem ser investigadas para que possamos encontrar a superfície crítica que forneça o fator mínimo de segurança.

O método simplificado de Bishop é provavelmente o mais utilizado. Quando incorporado a programas computacionais, na maioria dos casos apresenta resultados satisfatórios. O método comum das fatias é apresentado neste capítulo apenas como recurso didático. É raramente utilizado agora por ser muito conservador.

15.13 Análise de estabilidade pelo método das fatias para percolação constante

Os fundamentos do método comum das fatias e o método simplificado das fatias de Bishop foram apresentados nas Seções 15.11 e 15.12, respectivamente, e presumimos que a poropressão seja zero. No entanto, para a percolação constante

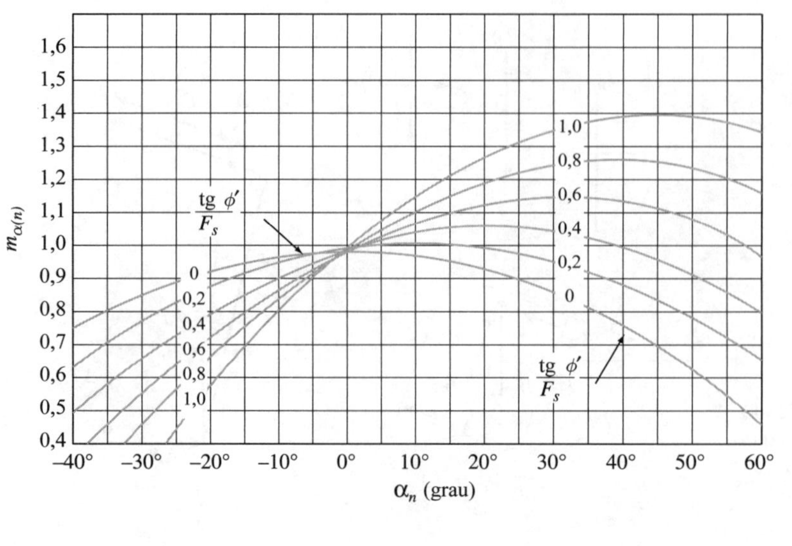

Figura 15.33 Variação de $m_{\alpha(n)}$ com α_n e tg ϕ'/F_s [Equação (15.62)].

pelos taludes, como é a situação em muitos casos práticos, a poropressão deve ser considerada quando os parâmetros de resistência ao cisalhamento efetivo são utilizados. Então, precisamos modificar um pouco as Equações (15.55) e (15.63).

A Figura 15.34 exibe um talude pelo qual existe uma percolação constante. Para a n-ésima fatia, a poropressão média na parte inferior da fatia é igual a $u_n = h_n\gamma_w$. A força total causada pela poropressão na parte inferior da n-ésima fatia é igual a $u_n\Delta L_n$.

Assim, a Equação (15.55) para o método comum das fatias será modificada para:

$$F_s = \frac{\sum_{n=1}^{n=p} [c'\Delta L_n + (W_n \cos\alpha_n - u_n\Delta L_n)]\,\mathrm{tg}\,\phi'}{\sum_{n=1}^{n=p} W_n \,\mathrm{sen}\,\alpha_n} \quad (15.64)$$

Semelhantemente, a Equação (15.63) para o método simplificado das fatias de Bishop será modificada para a forma

$$F_s = \frac{\sum_{n=1}^{n=p} [c'b_n + (W_n - u_n b_n)\,\mathrm{tg}\,\phi']\frac{1}{m_{(\alpha)n}}}{\sum_{n=1}^{n=p} W_n \,\mathrm{sen}\,\alpha_n} \quad (15.65)$$

Observe que W_n nas Equações (15.64) e (15.65) é o *peso total* da fatia.

15.14 Soluções para percolação constante

Solução Bishop e Morgenstern

Usando a Eq. (15.65), Bishop e Morgenstern (1960) desenvolveram tabelas para o cálculo de F_s para taludes simples. Os princípios de tais desenvolvimentos podem ser explicados abaixo. Na Equação (15.65),

$$W_n = \text{peso total da } n\text{-ésima fatia} = \gamma b_n z_n \quad (15.66)$$

onde z_n = altura média da n-ésima fatia. Também, na Equação (15.65),

$$u_n = h_n\gamma_w$$

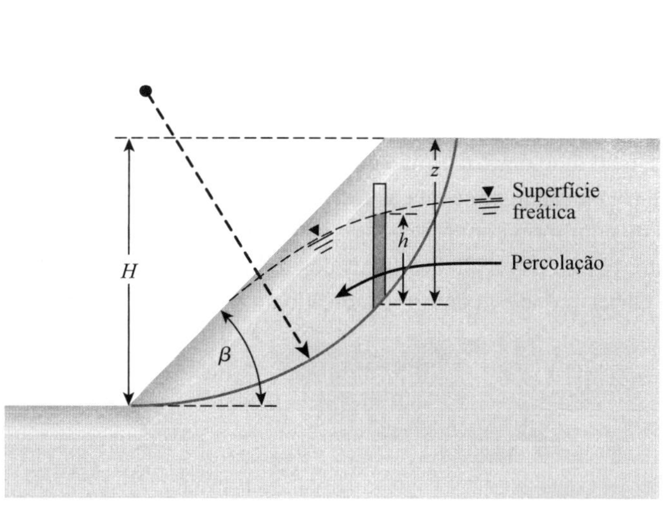

Figura 15.34 Análise de estabilidade de talude com percolação constante.

Então, podemos considerar

$$r_{u(n)} = \frac{u_n}{\gamma z_n} = \frac{h_n \gamma_w}{\gamma z_n} \tag{15.67}$$

Observe que $r_{u(n)}$ é uma quantidade adimensional. Substituindo as Eqs. (15.66) e (15.67) pela Equação (15.65) e simplificando, vemos que

$$F_s = \left[\frac{1}{\sum_{n=1}^{n=p} \frac{b_n}{H}\frac{z_n}{H}\operatorname{sen}\alpha_n}\right] \times \sum_{n=1}^{n=p}\left\{\frac{\frac{c'}{\gamma H}\frac{b_n}{H} + \frac{b_n}{H}\frac{z_n}{H}[1 - r_{u(n)}]\operatorname{tg}\phi'}{m_{\alpha(n)}}\right\} \tag{15.68}$$

Para a condição de percolação constante, um valor médio ponderado de $r_{u(n)}$ pode ser obtido, e é uma constante. Seja r_u o valor médio ponderado de $r_{u(n)}$. Para os casos mais práticos, o valor de r_u pode variar até 0,5. Assim,

$$F_s = \left[\frac{1}{\sum_{n=1}^{n=p} \frac{b_n}{H}\frac{z_n}{H}\operatorname{sen}\alpha_n}\right] \times \sum_{n=1}^{n=p}\left\{\frac{\left[\frac{c'}{\gamma H}\frac{b_n}{H} + \frac{b_n}{H}\frac{z_n}{H}(1 - r_u)\operatorname{tg}\phi'\right]}{m_{\alpha(n)}}\right\} \tag{15.69}$$

O fator de segurança com base na equação anterior pode ser resolvida e expressa na forma

$$F_s = m' - n' r_u \tag{15.70}$$

onde m' e n' = coeficientes de estabilidade. A Tabela 15.3 proporciona os valores de m' e n' para diversas combinações de $c'/\gamma H$, D, ϕ' e β.

Para determinar F_s da Tabela 15.3, devemos utilizar o seguinte procedimento etapa por etapa:

Etapa 1: Obtenha ϕ', β e $c'/\gamma H$.

Etapa 2: Obtenha r_u (valor médio ponderado).

Etapa 3: A partir da Tabela 15.3, obtenha os valores de m' e n' para $D = 1$, 1,25 e 1,5 (para os parâmetros requeridos ϕ', β, r_u e $c'/\gamma H$).

Etapa 4: Determine F_s, usando os valores de m' e n' para cada valor de D.

Etapa 5: O valor requerido de F_s será o menor valor obtido na Etapa 4.

Solução de Spencer

O método simplificado das fatias de Bishop, descrito nas Seções 15.12, 15.13 e 15.14, atende à equação de equilíbrio com relação ao momento, mas não em relação às forças. Spencer (1967) forneceu um método para determinar o fator de segurança (F_s) levando em conta as forças entre fatias (P_n, T_n, P_{n+1}, T_{n+1}, como mostra a Figura 15.32), que satisfaz as equações de equilíbrio com relação ao momento e às forças. Os detalhes desse método de análise estão além do escopo desse texto, porém os resultados finais dos trabalhos de Spencer são apresentados resumidamente nesta seção, na Figura 15.35. Observe que r_u, conforme indicado na Figura 15.35, é o mesmo que o da Equação (15.69).

Tabela 15.3 Valores de m' e n' [Equação (15.70)]

a. Coeficientes de estabilidade m' e n' para $c'/\gamma H = 0$

	Coeficientes de estabilidade para taludes de terra							
	Talude 2:1		Talude 3:1		Talude 4:1		Talude 5:1	
ϕ'	m'	n'	m'	n'	m'	n'	m'	n'
10,0	0,353	0,441	0,529	0,588	0,705	0,749	0,882	0,917
12,5	0,443	0,554	0,665	0,739	0,887	0,943	1,109	1,153
15,0	0,536	0,670	0,804	0,893	1,072	1,139	1,340	1,393
17,5	0,631	0,789	0,946	1,051	1,261	1,340	1,577	1,639
20,0	0,728	0,910	1,092	1,213	1,456	1,547	1,820	1,892
22,5	0,828	1,035	1,243	1,381	1,657	1,761	2,071	2,153
25,0	0,933	1,166	1,399	1,554	1,865	1,982	2,332	2,424
27,5	1,041	1,301	1,562	1,736	2,082	2,213	2,603	2,706
30,0	1,155	1,444	1,732	1,924	2,309	2,454	2,887	3,001
32,5	1,274	1,593	1,911	2,123	2,548	2,708	3,185	3,311
35,0	1,400	1,750	2,101	2,334	2,801	2,977	3,501	3,639
37,5	1,535	1,919	2,302	2,558	3,069	3,261	3,837	3,989
40,0	1,678	2,098	2,517	2,797	3,356	3,566	4,196	4,362

b. Coeficientes de estabilidade m' e n' para $c'/\gamma H = 0{,}025$ e $D = 1{,}00$

	Coeficientes de estabilidade para taludes de terra							
	Talude 2:1		Talude 3:1		Talude 4:1		Talude 5:1	
ϕ'	m'	n'	m'	n'	m'	n'	m'	n'
10,0	0,678	0,534	0,906	0,683	1,130	0,846	1,367	1,031
12,5	0,790	0,655	1,066	0,849	1,337	1,061	1,620	1,282
15,0	0,901	0,776	1,224	1,014	1,544	1,273	1,868	1,534
17,5	1,012	0,898	1,380	1,179	1,751	1,485	2,121	1,789
20,0	1,124	1,022	1,542	1,347	1,962	1,698	2,380	2,050
22,5	1,239	1,150	1,705	1,518	2,177	1,916	2,646	2,317
25,0	1,356	1,282	1,875	1,696	2,400	2,141	2,921	2,596
27,5	1,478	1,421	2,050	1,882	2,631	2,375	3,207	2,886
30,0	1,606	1,567	2,235	2,078	2,873	2,622	3,508	3,191
32,5	1,739	1,721	2,431	2,285	3,127	2,883	3,823	3,511
35,0	1,880	1,885	2,635	2,505	3,396	3,160	4,156	3,849
37,5	2,030	2,060	2,855	2,741	3,681	3,458	4,510	4,209
40,0	2,190	2,247	3,090	2,993	3,984	3,778	4,885	4,592

(continua)

Tabela 15.3 *(continuação)*

c. Coeficientes de estabilidade m' e n' para $c'/\gamma H = 0{,}025$ e $D = 1{,}25$

	Coeficientes de estabilidade para taludes de terra							
	Talude 2:1		Talude 3:1		Talude 4:1		Talude 5:1	
ϕ'	m'	n'	m'	n'	m'	n'	m'	n'
10,0	0,737	0,614	0,901	0,726	1,085	0,867	1,285	1,014
12,5	0,878	0,759	1,076	0,908	1,299	1,098	1,543	1,278
15,0	1,019	0,907	1,253	1,093	1,515	1,311	1,803	1,545
17,5	1,162	1,059	1,433	1,282	1,736	1,541	2,065	1,814
20,0	1,309	1,216	1,618	1,478	1,961	1,775	2,334	2,090
22,5	1,461	1,379	1,808	1,680	2,194	2,017	2,610	2,373
25,0	1,619	1,547	2,007	1,891	2,437	2,269	2,879	2,669
27,5	1,783	1,728	2,213	2,111	2,689	2,531	3,196	2,976
30,0	1,956	1,915	2,431	2,342	2,953	2,806	3,511	3,299
32,5	2,139	2,112	2,659	2,686	3,231	3,095	3,841	3,638
35,0	2,331	2,321	2,901	2,841	3,524	3,400	4,191	3,998
37,5	2,536	2,541	3,158	3,112	3,835	3,723	4,563	4,379
40,0	2,753	2,775	3,431	3,399	4,164	4,064	4,958	4,784

d. Coeficientes de estabilidade m' e n' para $c'/\gamma H = 0{,}05$ e $D = 1{,}00$

	Coeficientes de estabilidade para taludes de terra							
	Talude 2:1		Talude 3:1		Talude 4:1		Talude 5:1	
ϕ'	m'	n'	m'	n'	m'	n'	m'	n'
10,0	0,913	0,563	1,181	0,717	1,469	0,910	1,733	1,069
12,5	1,030	0,690	1,343	0,878	1,688	1,136	1,995	1,316
15,0	1,145	0,816	1,506	1,043	1,904	1,353	2,256	1,567
17,5	1,262	0,942	1,671	1,212	2,117	1,565	2,517	1,825
20,0	1,380	1,071	1,840	1,387	2,333	1,776	2,783	2,091
22,5	1,500	1,202	2,014	1,568	2,551	1,989	3,055	2,365
25,0	1,624	1,338	2,193	1,757	2,778	2,211	3,336	2,651
27,5	1,753	1,480	1,380	1,952	3,013	2,444	3,628	2,948
30,0	1,888	1,630	2,574	2,157	3,261	2,693	3,934	3,259
32,5	2,029	1,789	2,777	2,370	3,523	2,961	4,256	3,585
35,0	2,178	1,958	2,990	2,592	3,803	3,253	4,597	3,927
37,5	2,336	2,138	3,215	2,826	4,103	3,574	4,959	4,288
40,0	2,505	2,332	3,451	3,071	4,425	3,926	5,344	4,668

Tabela 15.3 *(continuação)*

e. Coeficientes de estabilidade m' e n' para $c'/\gamma H = 0{,}05$ e $D = 1{,}25$

	Coeficientes de estabilidade para taludes de terra							
	Talude 2:1		Talude 3:1		Talude 4:1		Talude 5:1	
ϕ'	m'	n'	m'	n'	m'	n'	m'	n'
10,0	0,919	0,633	1,119	0,766	1,344	0,886	1,594	1,042
12,5	1,065	0,792	1,294	0,941	1,563	1,112	1,850	1,300
15,0	1,211	0,950	1,471	1,119	1,782	1,338	2,109	1,562
17,5	1,359	1,108	1,650	1,303	2,004	1,567	2,373	1,831
20,0	1,509	1,266	1,834	1,493	2,230	1,799	2,643	2,107
22,5	1,663	1,428	2,024	1,690	2,463	2,038	2,921	2,392
25,0	1,822	1,595	2,222	1,897	2,705	2,287	3,211	2,690
27,5	1,988	1,769	2,428	2,113	2,957	2,546	3,513	2,999
30,0	2,161	1,950	2,645	2,342	3,221	2,819	3,829	3,324
32,5	2,343	2,141	2,873	2,583	3,500	3,107	4,161	3,665
35,0	2,535	2,344	3,114	2,839	3,795	3,413	4,511	4,025
37,5	2,738	2,560	3,370	3,111	4,109	3,740	4,881	4,405
40,0	2,953	2,791	3,642	3,400	4,442	4,090	5,273	4,806

f. Coeficientes de estabilidade m' e n' para $c'/\gamma H = 0{,}05$ e $D = 1{,}50$

	Coeficientes de estabilidade para taludes de terra							
	Talude 2:1		Talude 3:1		Talude 4:1		Talude 5:1	
ϕ'	m'	n'	m'	n'	m'	n'	m'	n'
10,0	1,022	0,751	1,170	0,828	1,343	0,974	1,547	1,108
12,5	1,202	0,936	1,376	1,043	1,589	1,227	1,829	1,399
15,0	1,383	1,122	1,583	1,260	1,835	1,480	2,112	1,690
17,5	1,565	1,309	1,795	1,480	2,084	1,734	2,398	1,983
20,0	1,752	1,501	2,011	1,705	2,337	1,993	2,690	2,280
22,5	1,943	1,698	2,234	1,937	2,597	2,258	2,990	2,585
25,0	2,143	1,903	2,467	2,179	2,867	2,534	3,302	2,902
27,5	2,350	2,117	2,709	2,431	3,148	2,820	3,626	3,231
30,0	2,568	2,342	2,964	2,696	3,443	3,120	3,967	3,577
32,5	2,798	2,580	3,232	2,975	3,753	3,436	4,326	3,940
35,0	3,041	2,832	3,515	3,269	4,082	3,771	4,707	4,325
37,5	3,299	3,102	3,817	3,583	4,431	4,128	5,112	4,735
40,0	3,574	3,389	4,136	3,915	4,803	4,507	5,543	5,171

(continua)

Tabela 15.3 *(continuação)*

g. Coeficientes de estabilidade m' e n' para $c'/\gamma H = 0{,}075$ e círculos de pé

	Coeficientes de estabilidade para taludes de terra							
	Talude 2:1		Talude 3:1		Talude 4:1		Talude 5:1	
ϕ'	m'	n'	m'	n'	m'	n'	m'	n'
20	1,593	1,158	2,055	1,516	2,498	1,903	2,934	2,301
25	1,853	1,430	2,426	1,888	2,980	2,361	3,520	2,861
30	2,133	1,730	2,826	2,288	3,496	2,888	4,150	3,461
35	2,433	2,058	3,253	2,730	4,055	3,445	4,846	4,159
40	2,773	2,430	3,737	3,231	4,680	4,061	5,609	4,918

h. Coeficientes de estabilidade m' e n' para $c'/\gamma H = 0{,}075$ e $D = 1{,}00$

	Coeficientes de estabilidade para taludes de terra							
	Talude 2:1		Talude 3:1		Talude 4:1		Talude 5:1	
ϕ'	m'	n'	m'	n'	m'	n'	m'	n'
20	1,610	1,100	2,141	1,443	2,664	1,801	3,173	2,130
25	1,872	1,386	2,502	1,815	3,126	2,259	3,742	2,715
30	2,142	1,686	2,884	2,201	3,623	2,758	4,357	3,331
35	2,443	2,030	3,306	2,659	4,177	3,331	5,024	4,001
40	2,772	2,386	3,775	3,145	4,785	3,945	5,776	4,759

i. Coeficientes de estabilidade m' e n' para $c'/\gamma H = 0{,}075$ e $D = 1{,}25$

	Coeficientes de estabilidade para taludes de terra							
	Talude 2:1		Talude 3:1		Talude 4:1		Talude 5:1	
ϕ'	m'	n'	m'	n'	m'	n'	m'	n'
20	1,688	1,285	2,071	1,543	2,492	1,815	2,954	2,173
25	2,004	1,641	2,469	1,957	2,972	2,315	3,523	2,730
30	2,352	2,015	2,888	2,385	3,499	2,857	4,149	3,357
35	2,728	2,385	3,357	2,870	4,079	3,457	4,831	4,043
40	3,154	2,841	3,889	3,428	4,729	4,128	5,603	4,830

j. Coeficientes de estabilidade m' e n' para $c'/\gamma H = 0{,}075$ e $D = 1{,}50$

	Coeficientes de estabilidade para taludes de terra							
	Talude 2:1		Talude 3:1		Talude 4:1		Talude 5:1	
ϕ'	m'	n'	m'	n'	m'	n'	m'	n'
20	1,918	1,514	2,199	1,728	2,548	1,985	2,931	2,272
25	2,308	1,914	2,660	2,200	3,083	2,530	3,552	2,915
30	2,735	2,355	3,158	2,714	3,659	3,128	4,128	3,585
35	3,211	2,854	3,708	3,285	4,302	3,786	4,961	4,343
40	3,742	3,397	4,332	3,926	5,026	4,527	5,788	5,185

Tabela 15.3 *(continuação)*

k. Coeficientes de estabilidade m' e n' para $c'/\gamma H = 0{,}100$ e círculos de pé

	Coeficientes de estabilidade para taludes de terra							
	Talude 2:1		Talude 3:1		Talude 4:1		Talude 5:1	
ϕ'	m'	n'	m'	n'	m'	n'	m'	n'
20	1,804	2,101	2,286	1,588	2,748	1,974	3,190	2,361
25	2,076	1,488	2,665	1,945	3,246	2,459	3,796	2,959
30	2,362	1,786	3,076	2,359	3,770	2,961	4,442	3,576
35	2,673	2,130	3,518	2,803	4,339	3,518	5,146	4,249
40	3,012	2,486	4,008	3,303	4,984	4,173	5,923	5,019

l. Coeficientes de estabilidade m' e n' para $c'/\gamma H = 0{,}100$ e $D = 1{,}00$

	Coeficientes de estabilidade para taludes de terra							
	Talude 2:1		Talude 3:1		Talude 4:1		Talude 5:1	
ϕ'	m'	n'	m'	n'	m'	n'	m'	n'
20	1,841	1,143	2,421	1,472	2,982	1,815	3,549	2,157
25	2,102	1,430	2,785	1,845	3,458	2,303	4,131	2,743
30	2,378	1,714	3,183	2,258	3,973	2,830	4,751	3,372
35	2,692	2,086	3,612	2,715	4,516	3,359	5,426	4,059
40	3,025	2,445	4,103	3,230	5,144	4,001	6,187	4,831

m. Coeficientes de estabilidade m' e n' para $c'/\gamma H = 0{,}100$ e $D = 1{,}25$

	Coeficientes de estabilidade para taludes de terra							
	Talude 2:1		Talude 3:1		Talude 4:1		Talude 5:1	
ϕ'	m'	n'	m'	n'	m'	n'	m'	n'
20	1,874	1,301	2,283	1,558	2,751	1,843	3,253	2,158
25	2,197	1,642	2,681	1,972	3,233	2,330	3,833	2,758
30	2,540	2,000	3,112	2,415	3,753	2,858	4,451	3,372
35	2,922	2,415	3,588	2,914	4,333	3,458	5,141	4,072
40	3,345	2,855	4,119	3,457	4,987	4,142	5,921	4,872

n. Coeficientes de estabilidade m' e n' para $c'/\gamma H = 0{,}100$ e $D = 1{,}50$

	Coeficientes de estabilidade para taludes de terra							
	Talude 2:1		Talude 3:1		Talude 4:1		Talude 5:1	
ϕ'	m'	n'	m'	n'	m'	n'	m'	n'
20	2,079	1,528	2,387	1,742	2,768	2,014	3,158	2,285
25	2,477	1,942	2,852	2,215	3,297	2,542	3,796	2,927
30	2,908	2,385	3,349	2,728	3,881	3,143	4,468	3,614
35	3,385	2,884	3,900	3,300	4,520	3,800	5,211	4,372
40	3,924	3,441	4,524	3,941	5,247	4,542	6,040	5,200

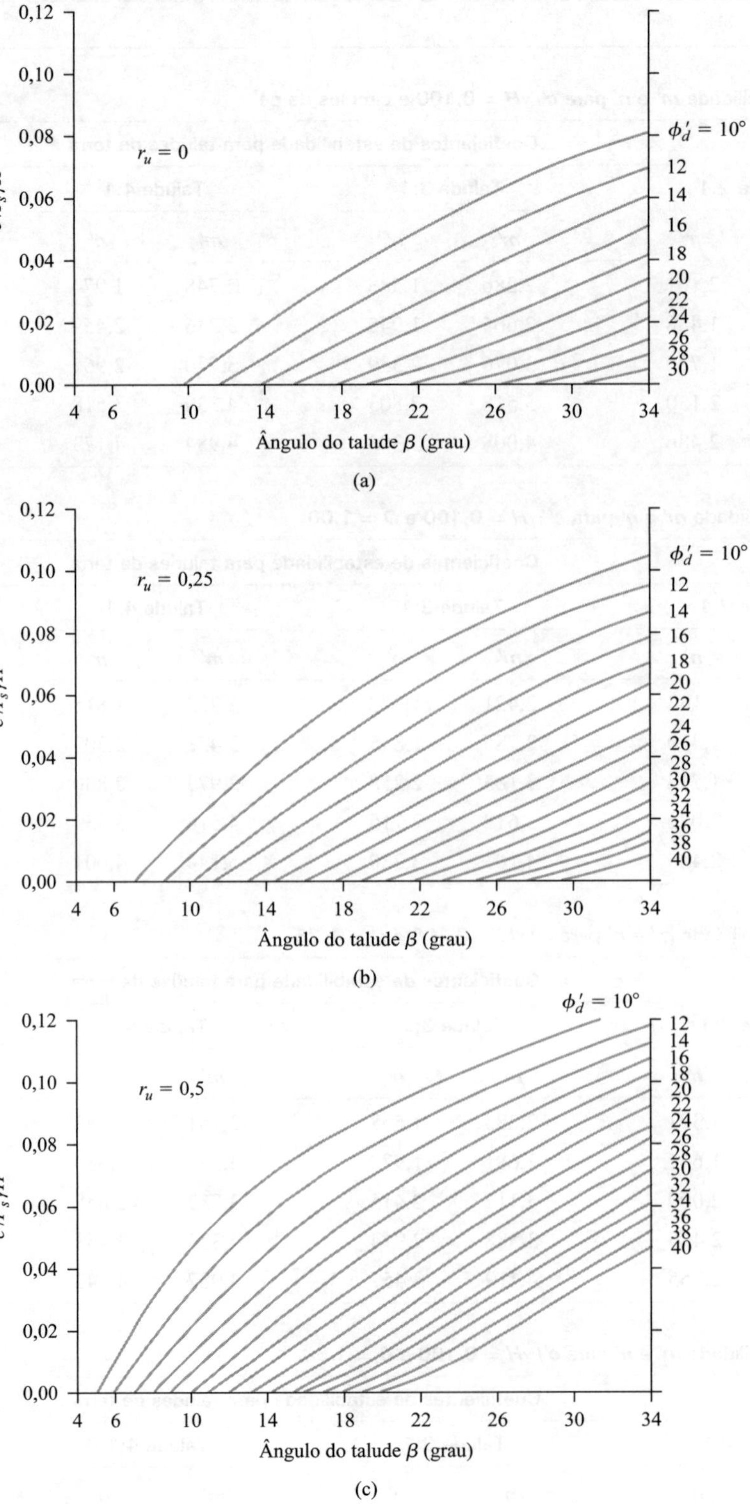

Figura 15.35 Solução de Spencer – gráfico de $c'/F_s\gamma H$ *versus* β.

Para utilizar os gráficos fornecidos na Figura 15.35 e determinar o valor preciso de F_s, é necessário seguir os procedimentos listados na sequência, passo a passo.

Etapa 1: Determine c', γ, H, β, ϕ' e r_u para determinado talude.

Etapa 2: Atribua um valor a F_s.

Etapa 3: Calcule $c'/[F_{s(\text{presumido})}\gamma H]$.
↑
Etapa 2

Etapa 4: Com o valor de $c'/F_s\gamma H$ calculado na etapa 3 e o ângulo de talude β, insira o gráfico apropriado na Figura 15.35 para obter ϕ'_d. Observe que as Figuras 15.35 a, b e c são, respectivamente, para r_u de 0, 0,25 e 0,5.

Etapa 5: Calcule $F_s = \text{tg}\,\phi'/\text{tg}\,\phi'_d$.
↑
Etapa 4

Etapa 6: Se os valores de F_s arbitrados na etapa 2 não forem iguais aos calculados na etapa 5, repita as etapas 2, 3, 4 e 5 até que sejam os mesmos.

Solução de Michalowski

Michalowski (2002) usou uma abordagem cinemática de análise limite, similar àquelas mostradas nas Figuras 15.24 e 15.25, para analisar taludes com percolação constante. Os resultados desta análise são mostrados resumidamente na Figura 15.36 para $r_u = 0{,}25$ e $r_u = 0{,}5$. Observe que a Figura 15.25 é aplicável para a condição de $r_u = 0$.

Exemplo 15.10

Determinado talude em regime constante de percolação apresenta os seguintes dados: $H = 21{,}62$ m, $\phi' = 25°$: 2H:1V, $c' = 20$ kN/m^2, $\gamma = 18{,}5$ kN/m^3, $r_u = 0{,}25$. Determine o fator de segurança, F_s, Utilize a Tabela 15.3.

(continua)

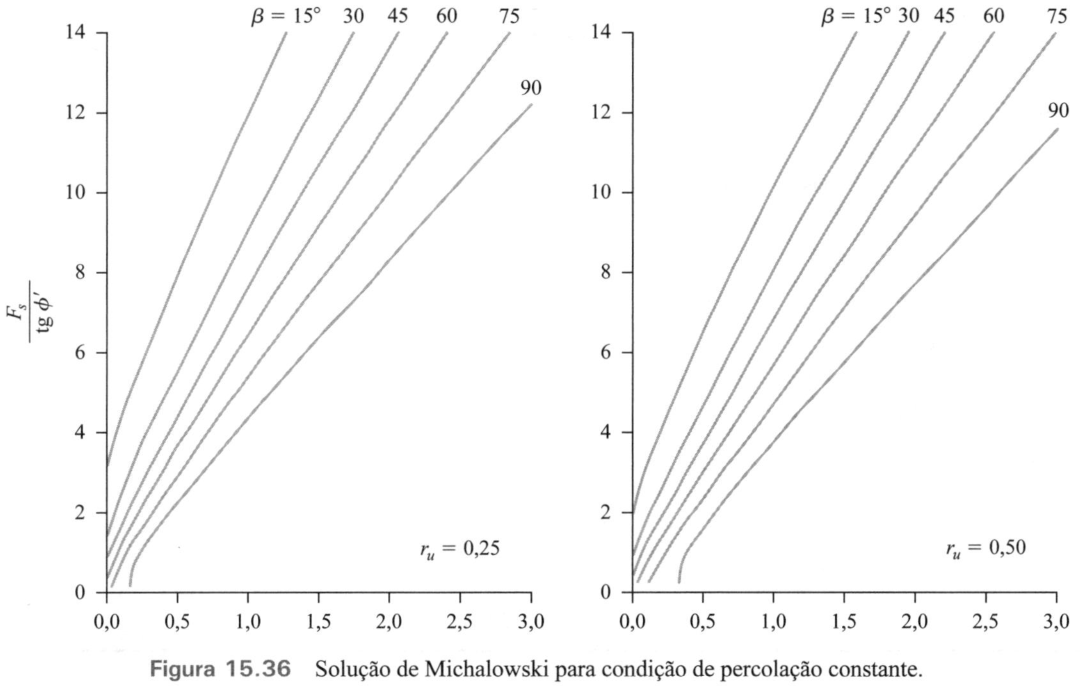

Figura 15.36 Solução de Michalowski para condição de percolação constante.

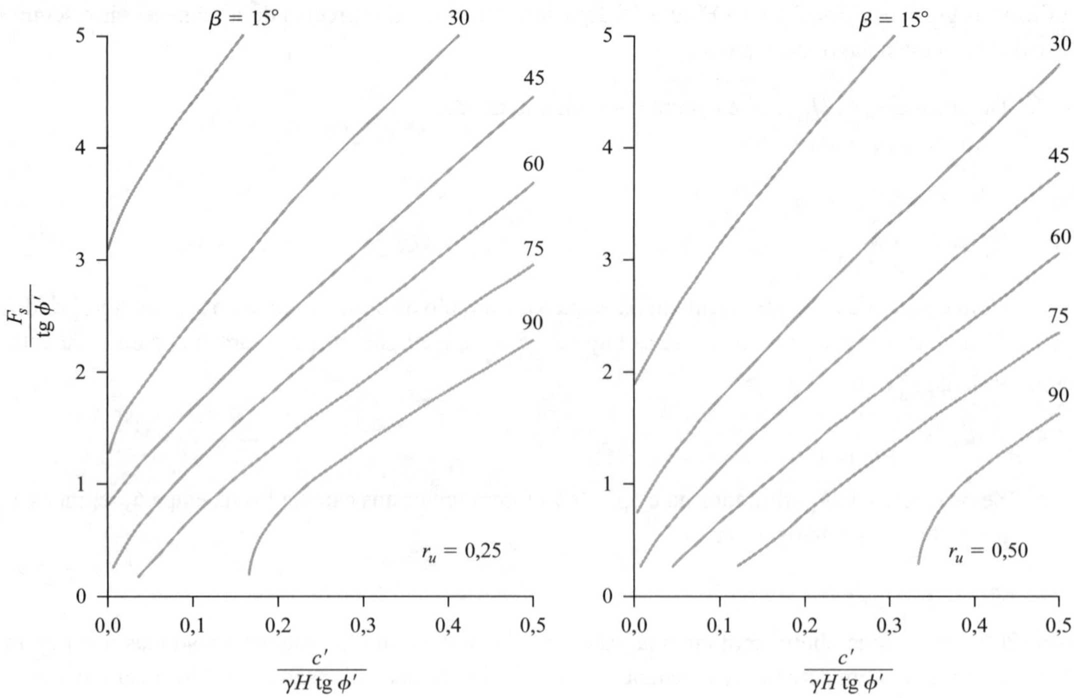

Figura 15.36 *(continuação)*

Solução

$$\beta = \text{tg}^{-1}\left(\frac{1}{2}\right) = 26{,}57°$$

$$\frac{c'}{\gamma H} = \frac{20}{(18{,}5)(21{,}62)} = 0{,}05$$

Assim, a tabela a seguir pode ser preparada.

β (graus)	ϕ' (graus)	$c'/\gamma H$	D	m' [a]	n' [b]	$F_s = m' - n'r_u$ [c]
26,57	25	0,05	1,00	1,624 [d]	1,338 [d]	1,29
26,57	25	0,05	1,25	1,822 [e]	1,595 [e]	1,423
26,57	25	0,05	1,5	2,143 [f]	1,903 [f]	1,667

[a] Da Tabela 15.3
[b] Da Tabela 15.3
[c] Equação (15.70); $r_u = 0{,}25$
[d] Tabela 15.3d
[e] Tabela 15.3e
[f] Tabela 15.3f

Portanto,

$$F_s \simeq \mathbf{1{,}29}$$

■

Exemplo 15.11

Resolva o Exemplo 15.10 utilizando a solução de Spencer (Figura 15.35).

Solução

Dados: $H = 21,62$ m, $\beta = 26,57°$, $c' = 20$ kN/m², $\gamma = 18,5$ kN/m³, $\phi' = 25°$ e $r_u = 0,25$. Assim, a tabela a seguir pode ser preparada.

β (graus)	$F_{s(\text{presumido})}$	$\dfrac{c'}{F_{s(\text{presumido})}\gamma H}$	ϕ'_d[a] (graus)	$F_{s(\text{calculado})} = \dfrac{\text{tg}\,\phi'}{\text{tg}\,\phi'_d}$
26,57	1,1	0,0455	18	1,435
26,57	1,2	0,0417	19	1,354
26,57	1,3	0,0385	20	1,281
26,57	1,4	0,0357	21	1,215

[a] Da Figura 15.35b

A Figura 15.37 exibe um gráfico de $F_{s(\text{presumido})}$ contra $F_{s(\text{calculado})}$, do qual $F_s \simeq$ **1,3**.

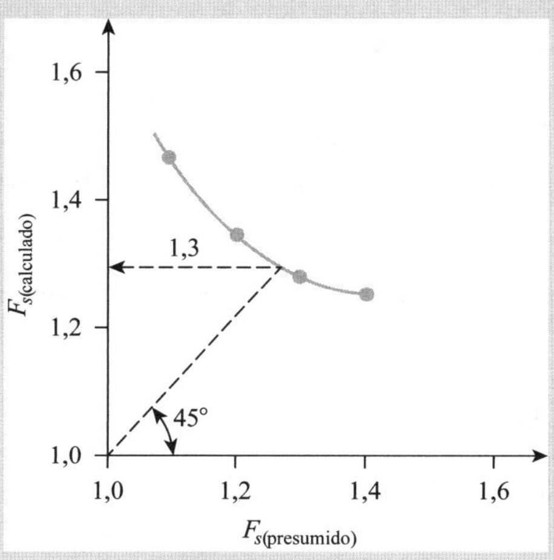

Figura 15.37 ■

Exemplo 15.12

Resolva o Exemplo 15.10 utilizando a solução de Michalowski (Figura 15.36).

Solução

$$\frac{c'}{\gamma H\,\text{tg}\,\phi'} = \frac{20}{(18,5)(21,62)(\text{tg}\,25)} = 0,107$$

Para $r_u = 0,25$, da Figura 15.36, $\dfrac{F_s}{\text{tg}\,\phi'} \approx 3,1$. Então,

$$F_s = (3,1)(\text{tg}\,25) = 1,45$$

■

15.15 Uma história de caso de ruptura de talude

Ladd (1972) reportou os resultados de um estudo da ruptura de um talude que havia sido construído sobre argila sensitiva. O estudo foi realizado em relação a um programa de grandes melhorias na estrada Interstate Route 95 de Portsmouth, em Nova Hampshire, nos EUA, localizada a 80 km ao norte da cidade de Boston, na área costeira. Para estudar a estabilidade do talude, um aterro de teste foi construído para se romper durante a primavera de 1968. O aterro de teste foi intensamente monitorado por instrumentos. A condição geral do subsolo no local do ensaio, a seção do aterro e os instrumentos instalados para monitorar o desempenho da seção de teste são mostrados na Figura 15.38.

O nível da água do solo na seção de teste estava a uma altura de +60 m (nível médio do mar). As propriedades físicas da camada de argila siltosa cinza, de muito mole a mole, como mostra a Figura 15.38, são:

Teor de umidade natural = 50 ± 5%

Resistência ao cisalhamento não drenado, conforme obtido nos ensaios de cisalhamento com palheta em campo = 12 ± 2,4 kN/m^2

Resistência ao cisalhamento amolgado = 1,2 ± 0,24 kN/m^3

Limite de liquidez = 35 ± 5

Limite de plasticidade = 20 ± 2

Durante a construção do aterro de teste, as camadas foram colocadas em uma taxa razoavelmente uniforme em um período de um mês. A ruptura do talude (1 vertical: 4 horizontal) ocorreu em 6 de junho de 1968, à noite. A altura do aterro na ruptura era de 6,55 m. A Figura 15.39 exibe uma superfície de aterro de ruptura real. A seção rotacionada indicada na Figura 15.39 é a seção "antes da ruptura" rotacionada por um ângulo de 13° sobre o ponto W 13,12, El. 15,55 m.

Ladd (1972) reportou a tensão total (conceito de $\phi = 0$) na análise da estabilidade do talude que se rompeu pelo método simplificado de Bishop (Seção 15.12). A variação das resistências ao cisalhamento não drenado (c_u) usadas na análise da estabilidade é mostrada a seguir. Observe que esses valores não foram corrigidos pela Equação (12.51).

Elevação (m–nível médio do mar)	c_u conforme obtido dos ensaios de resistência ao cisalhamento de palheta (kN/m^2)
6,0 a 4,6	47,9
4,6 a 3,0	19,2
3,0 a 1,5	11,5
1,5 a 0	12,0
0 a –0,75	14,4
–0,75 a –1,5	11,3
–1,5 a –3,0	12,7
–3,0 a –4,0	14,4

O fator de segurança (F_s) obtido a partir da análise de estabilidade para o círculo crítico de escorregamento foi de 0,88. O círculo crítico de escorregamento é mostrado na Figura 15.40. O fator de segurança para a *superfície real de escorregamento* obtida pelo método simplificado de Bishop foi de 0,92. Para finalidade de comparação, a superfície real de escorregamento é também apresentada na Figura 15.40. Observe que a base da superfície real de ruptura está a cerca de 0,91 m acima do valor teórico calculado para a superfície de ruptura crítica.

Ladd (1972) também reportou a análise da estabilidade do talude, baseado na variação média da resistência ao cisalhamento não drenado da camada de argila, determinado de acordo com o Stress History And Normalized Soil Engineering Properties (SHANSEP). Os detalhes para obtenção de c_u por esse procedimento estão além do escopo desse texto. No entanto, os resultados finais são fornecidos na seguinte tabela.

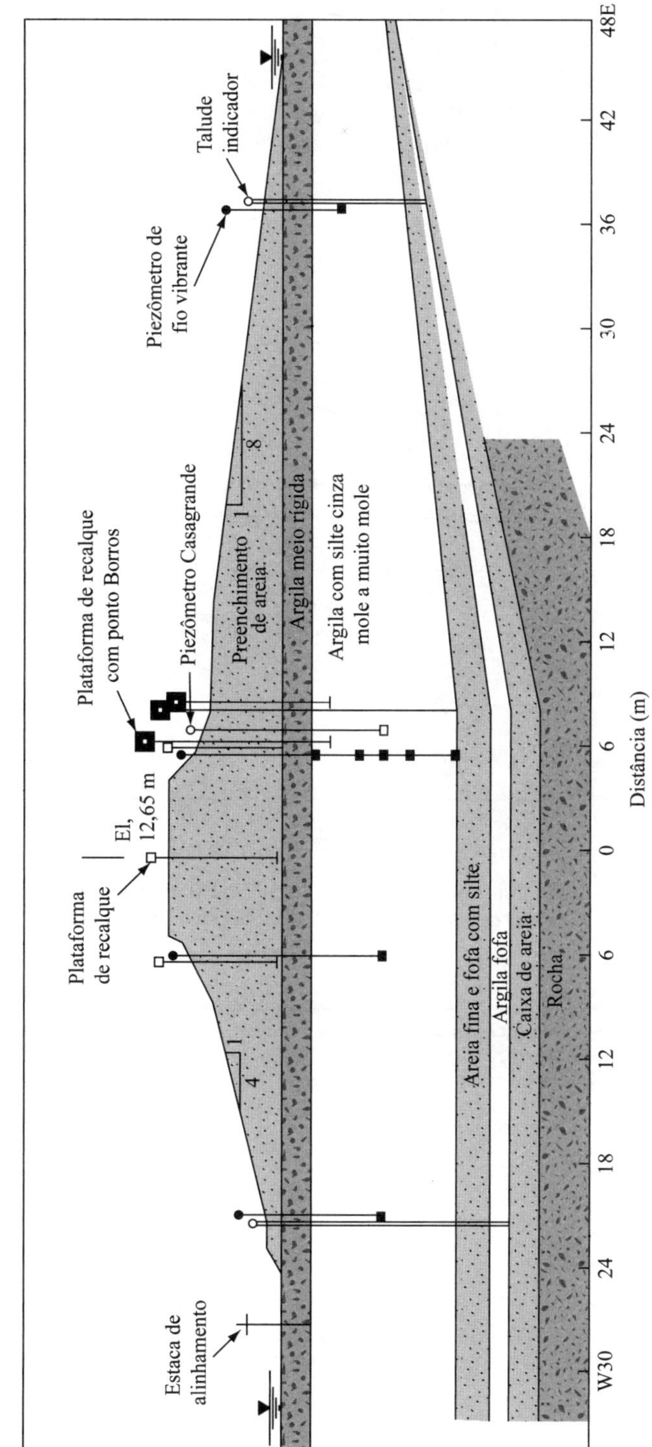

Figura 15.38 Seção transversal na linha de centro de seção de ensaio experimental voltado para o norte. (*De acordo com Ladd, 1972. Com permissão da ASCE.*)

Elevação (m–nível médio do mar)	Média c_u conforme obtido por SHANSEP (kN/m^2)
4,0 a 4,6	47,9
4,6 a 3,0	16,1
3,0 a 1,5	11,0
1,5 a 0	12,5
0 a –0,75	14,4
–0,75 a –1,5	15,3
–1,5 a –3,0	17,0
–3,0 a –4,0	19,2

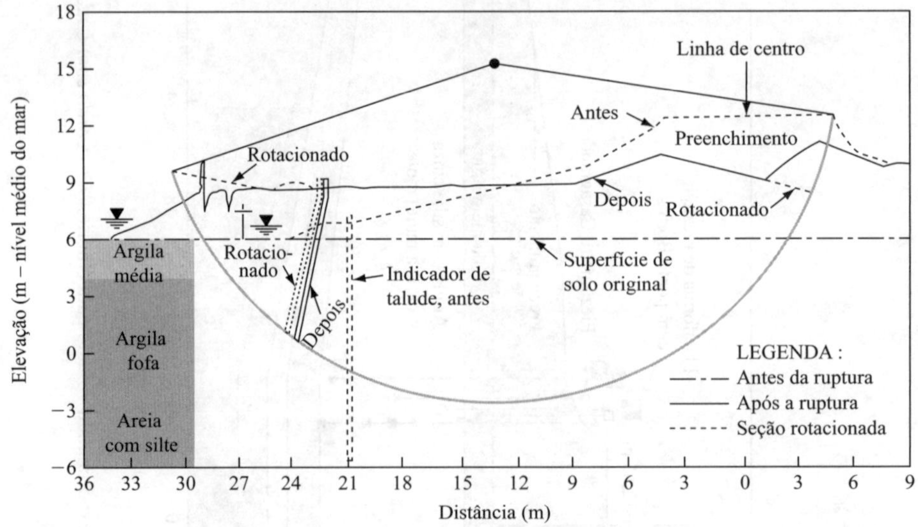

Figura 15.39 Seção transversal pela seção de ensaio experimental antes e após a ruptura. (*De acordo com Ladd, 1972. Com permissão da ASCE.*)

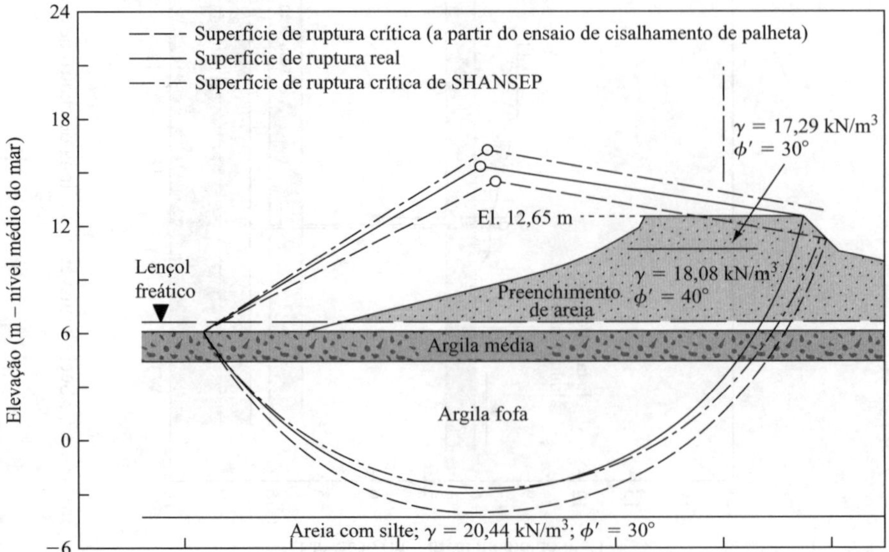

Figura 15.40 Resultados da análise de estabilidade de tensão total. (*De acordo com Ladd, 1972. Com permissão da ASCE.*) (*Observação*: SHANSEP = História de Tensão e Propriedades de Engenharia de Solo Normalizadas.)

Utilizando o valor médio anterior de c_u, o método de análise de estabilidade de Bishop produz o seguinte resultado:

Superfície de ruptura	**Fatores de segurança, F_s**
superfície de ruptura real	1,02
superfície de ruptura crítica	1,01

A Figura 15.40 também indica a superfície de ruptura crítica determinada utilizando os valores de c_u obtidos por SHANSEP. Com base nos resultados anteriores, podemos desenhar as seguintes conclusões:

a. A superfície de ruptura real de um talude com altura limitada é um arco de um círculo.
b. A não conformidade entre a superfície de ruptura crítica prevista e a superfície de ruptura real ocorre principalmente em razão da suposição de resistência ao cisalhamento. Os valores de c_u obtidos de SHANSEP resultaram em um $F_s \simeq 1$ e a superfície de ruptura crítica é praticamente a mesma que a superfície de ruptura real.

Este estudo de caso é outro exemplo que demonstra a importância de avaliação apropriada de parâmetros de solo para previsão da estabilidade de diversas estruturas.

15.16 Método das fatias de Morgenstern para condição de esvaziamento rápido

Morgenstern (1963) utilizou o método das fatias de Bishop (Seção 15.12) para determinar o fator de segurança, F_s, durante o esvaziamento rápido. Ao preparar a solução, Morgenstern utilizou a seguinte notação (Figura 15.41):

- L = altura de esvaziamento
- H = altura do aterro
- β = ângulo que o talude faz com a horizontal

Morgenstern também presumiu que

1. O aterro é feito de material homogêneo e está sobre base impermeável.
2. Inicialmente, o nível da água coincide com o topo do aterro.
3. Durante o esvaziamento, a poropressão não se dissipa.
4. O peso específico do solo saturado (γ_{sat}) = $2\gamma_w$ (γ_w = peso específico da água).

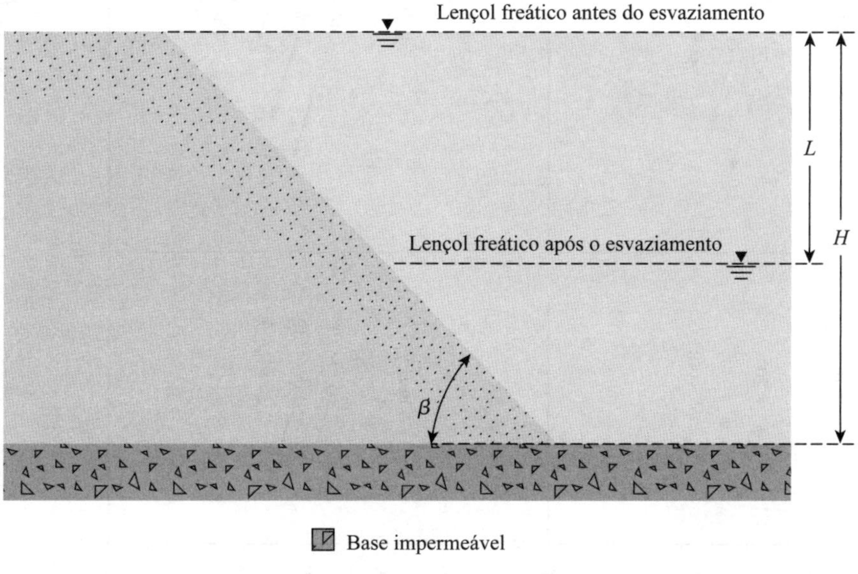

Figura 15.41 Análise de estabilidade para condição de esvaziamento rápido.

As Figuras 15.42 a 15.44 fornecem os gráficos de estabilidade de esvaziamento desenvolvidos por Morgenstern.

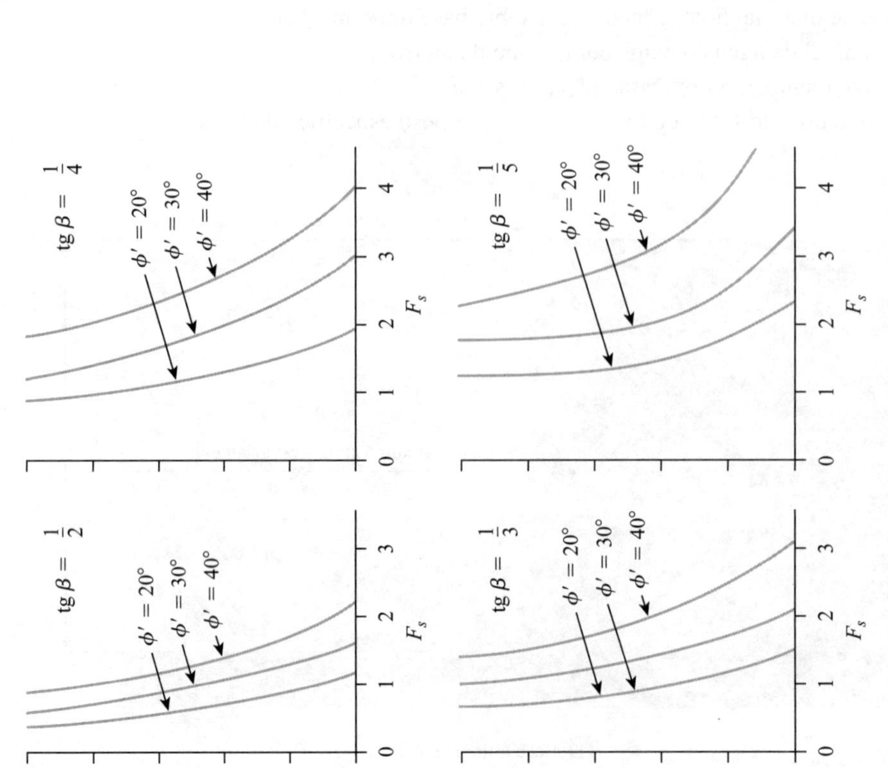

Figura 15.42 Gráfico de estabilidade de esvaziamento de Morgenstern para $c'/\gamma H = 0{,}0125$.

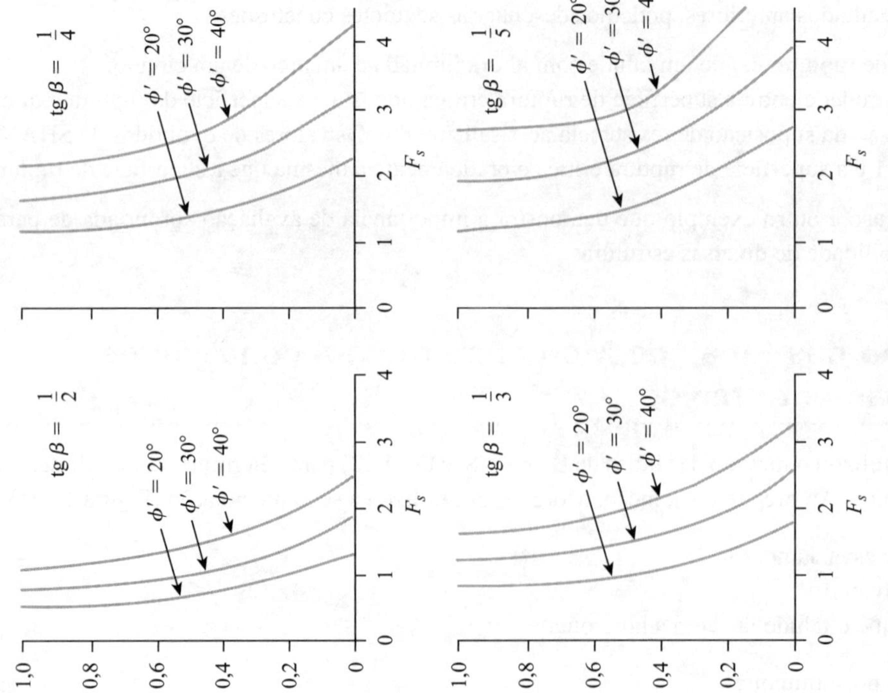

Figura 15.43 Gráfico de estabilidade de esvaziamento de Morgenstern para $c'/\gamma H = 0{,}025$.

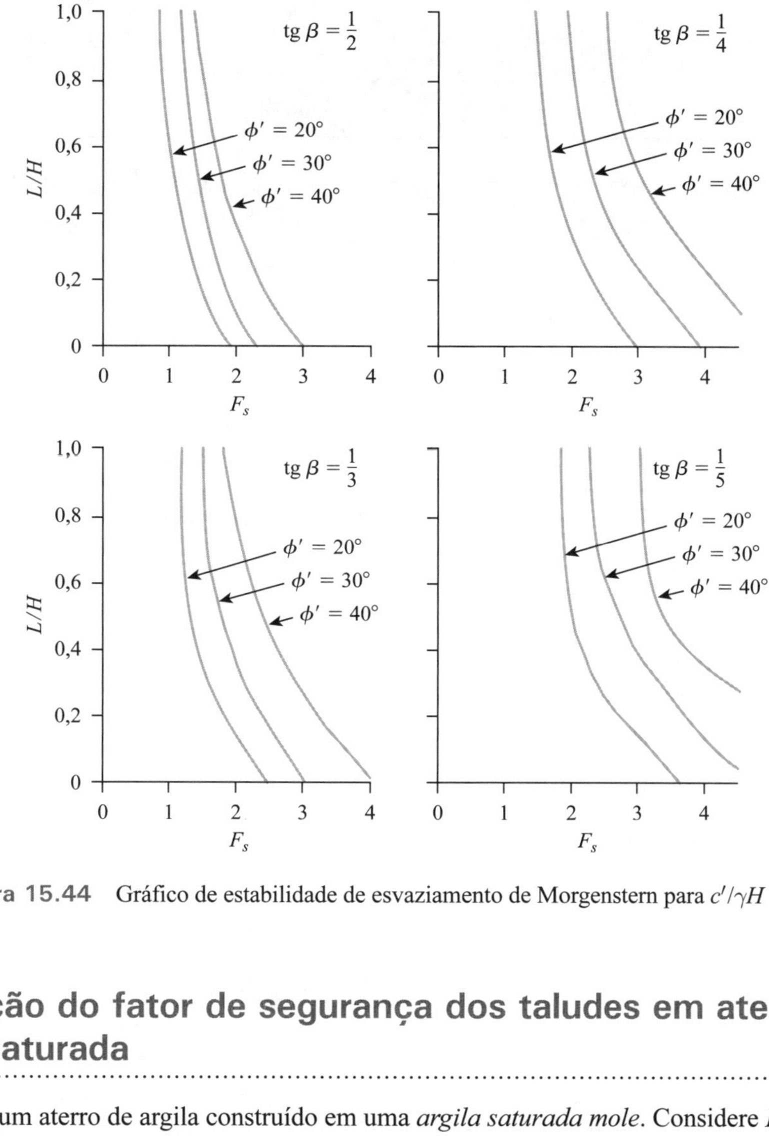

Figura 15.44 Gráfico de estabilidade de esvaziamento de Morgenstern para $c'/\gamma H = 0{,}05$.

15.17 Flutuação do fator de segurança dos taludes em aterro de argila saturada

A Figura 15.45a exibe um aterro de argila construído em uma *argila saturada mole*. Considere P um ponto na superfície de ruptura potencial APB que é um arco de um círculo. Antes da construção do aterro, a poropressão em P pode ser expressa como

$$u = h\gamma_w \tag{15.71}$$

Sob condições ideais, vamos assumir que a altura de aterro necessária para a construção seja depositada uniformemente, conforme mostra a Figura 15.45b. No tempo $t = t_1$, a altura do aterro é igual a H e permanece constante depois disso (ou seja, $t > t_1$). O aumento da tensão média de cisalhamento, τ, na possível superfície de ruptura, em razão da construção do aterro, também é mostrado na Figura 15.45b. O valor de τ aumentará linearmente com o tempo até o tempo $t = t_1$ e permanecerá constante depois disso.

A poropressão no ponto P (Figura 15.45a) continuará a aumentar à medida que a construção do aterro progride, conforme mostra a Figura 15.45c. No instante $t = t_1$, $u = u_1 > h\gamma_w$. Isso acontece em razão da baixa taxa de drenagem da camada de argila. Entretanto, após o término da construção do aterro (ou seja, $t > t_1$), a poropressão diminuirá gradualmente à medida que a drenagem (portanto, o adensamento) progredir. No instante $t - t_2$,

$$u = h\gamma_w$$

Para simplificar, se assumirmos que a construção do aterro é rápida e que praticamente não ocorre drenagem durante o período de construção, a resistência média ao cisalhamento da argila permanecerá constante de $t = 0$ a $t = t_1$, ou $\tau_f = c_u$ (resistência ao cisalhamento não drenado). Isso é mostrado na Figura 15.45d. Para o instante $t > t_1$, à medida que

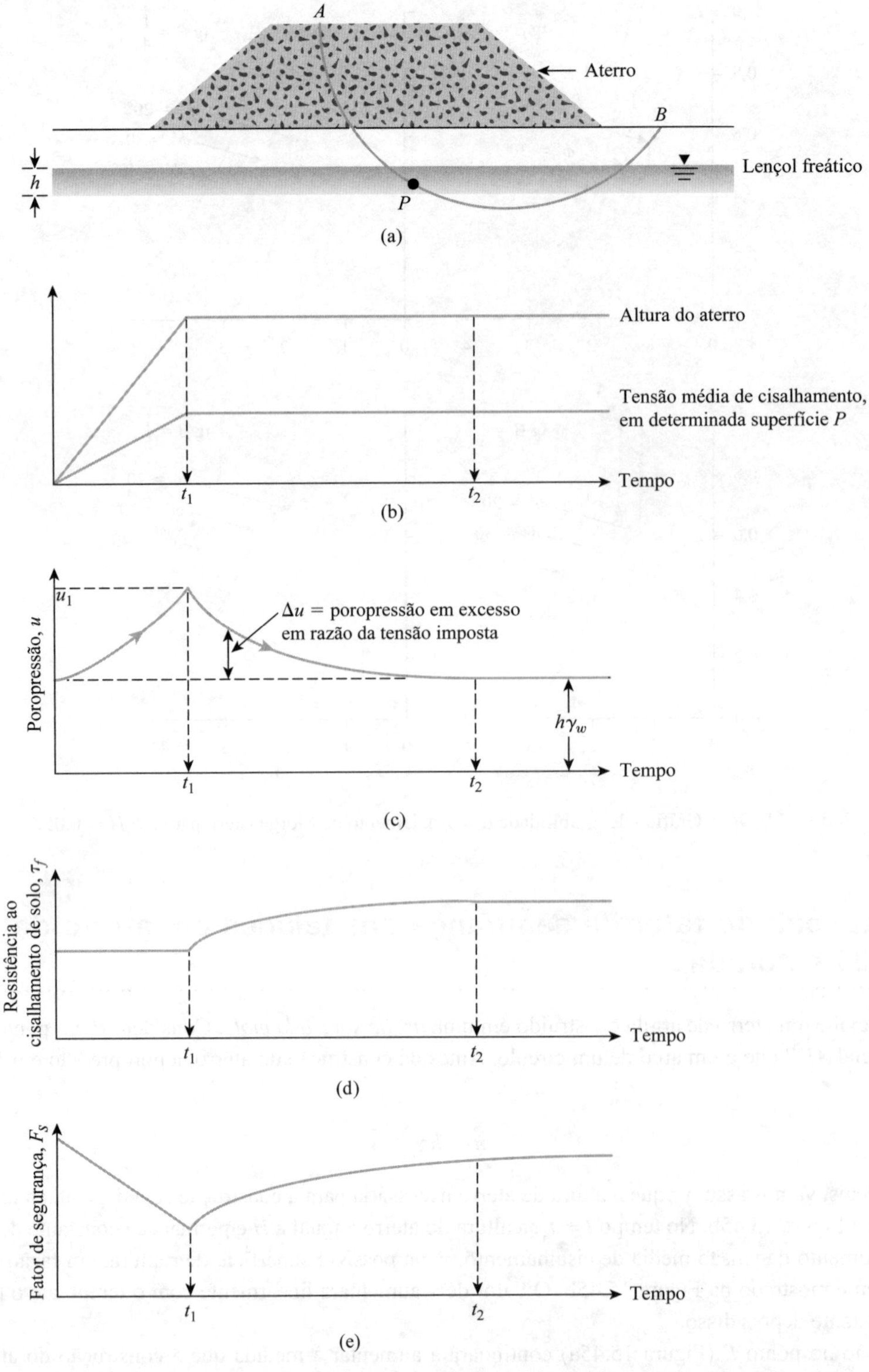

Figura 15.45 Fator de variação de segurança com o tempo para o aterro em argila mole. (*Redesenhado de acordo com Bishop e Bjerrum, 1960. Com permissão da ASCE.*)

o adensamento progride, aumenta gradualmente a magnitude da resistência ao cisalhamento τ_f. No instante $t \geq t_2$ – ou seja, depois do término do adensamento – a resistência média ao cisalhamento da argila será igual a $\tau_f = c' + \sigma' \text{ tg } \phi'$ (resistência ao cisalhamento com drenagem) (Figura 15.45d). O fator de segurança do aterro ao longo da possível superfície de escorregamento pode ser dado por

$$F_s = \frac{\text{Resistência média ao cisalhamento da argila, } \tau_f, \text{ ao longo da superfície deslizante (Figura 15.45d)}}{\text{Tensão cisalhante média, } \tau, \text{ ao longo da superfície deslizante (Figura 15.45b)}} \quad (15.72)$$

A natureza geral da variação do fator de segurança F_s, em função do tempo, é mostrada na Figura 15.45e. Como podemos visualizar nesta figura, a magnitude de F_s inicialmente diminui com o tempo. No final da construção (tempo $t = t_1$), o valor do fator de segurança é mínimo. Além desse ponto, o valor do F_s continua aumentando com a drenagem até o tempo $t = t_2$.

Cortes em argila saturada

A Figura 15.46a mostra um talude em corte sobre uma argila mole saturada na qual *APB* é uma possível superfície de ruptura circular. Durante a execução do corte, a tensão média de cisalhamento, τ, na possível superfície de ruptura passando por *P* aumentará. O valor máximo da tensão média de cisalhamento, τ, será atingido no final da construção – ou seja, no tempo $t = t_1$. Esta propriedade é mostrada na Figura 15.46b.

Em razão da escavação do solo, a pressão efetiva no ponto *P* diminuirá, o que induzirá a uma redução na poropressão. A variação da mudança líquida da poropressão, Δu, é mostrada na Figura 15.46c. Após a escavação ter sido finalizada (tempo $t > t_1$), o excesso líquido de poropressão negativa será dissipado gradualmente. No instante $t \geq t_2$, a magnitude de Δu será igual a 0.

A variação da resistência média ao cisalhamento, τ_f, da argila com o tempo é mostrada na Figura 15.46d. Observe que a resistência média ao cisalhamento do solo após a escavação diminui gradualmente. Essa diminuição ocorre em virtude da dissipação do excesso de poropressão negativa.

Se o fator de segurança do talude de corte, F_s, ao longo da superfície de ruptura potencial for definido pela Equação (15.72), a variação será como a indicada na Figura 15.46e. Observe que a magnitude de F_s diminui com o tempo e seu valor mínimo é obtido no tempo $t \geq t_2$.

15.18 Resumo

Abaixo segue um resumo dos tópicos apresentados neste capítulo:

- O fator de segurança com relação à resistência (F_s) ocorre quando [Equação (15.7)]

$$F_s = F_{c'} = F_{\phi'}$$

- Os fatores de segurança em relação ao escorregamento para taludes infinitos para casos com e sem percolação são proporcionados pelas Equações (15.15) e (15.28), respectivamente.
- A altura crítica de um talude finito com suposição de superfície de ruptura plana pode ser fornecida pela Equação (15.42).
- Os modos de ruptura de taludes finitos com superfícies de ruptura circular podem ser categorizados em (Seção 15.7).
  - Ruptura da face
  - Ruptura da base
- Os gráficos de análise de estabilidade para taludes de argila (condição $\phi = 0$) são fornecidos nas Figuras 15.13 e 15.19.
- Os gráficos de análise de estabilidade para taludes com solo $c' - \phi'$ (poropressão igual a zero) são fornecidos nas Figuras 15.21, 15.23, 15.25 e 15.27.
- A determinação do fator de segurança com relação à resistência utilizando o método das fatias com e sem percolação é descrita nas Seções 15.11 e 15.12.
- A análise de estabilidade com superfície de ruptura circular sob percolação constante é apresentada nas Seções 15.13 e 15.14.

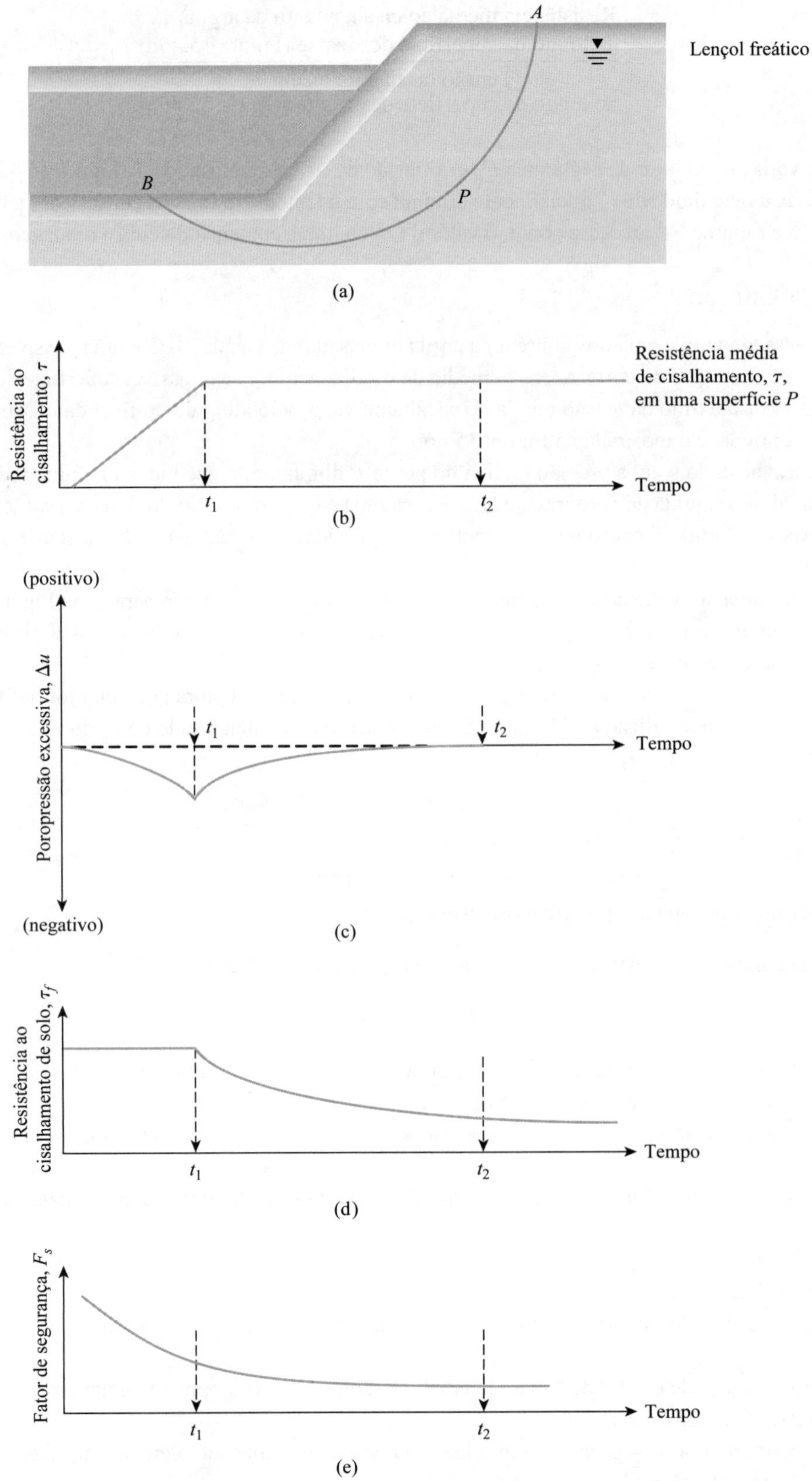

Figura 15.46 Variação do fator de segurança para talude em corte em argila mole. (*Redesenhado de acordo com Bishop e Bjerrum, 1960. Com permissão da ASCE.*)

Problemas

15.1 Consulte o talude infinito indicado na Figura 15.47. Dados: $\beta = 25°$, $\gamma = 17,8$ kN/m^3, $\phi' = 28°$ e $c' = 31$ kN/m^2. Encontre a altura, H, de modo que um fator de segurança, F_s, de 2,75 seja mantido em relação ao escorregamento ao longo da interface solo-rocha.

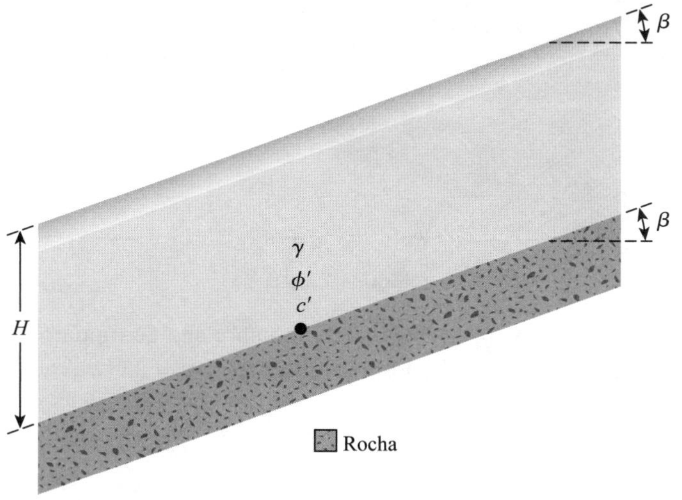

Figura 15.47

15.2 Para o talude exibido na Figura 15.47, determine a altura, H, para o equilíbrio crítico. Dados: $\beta = 30°$, $\gamma = 18,05$ kN/m^3, $\phi' = 21°$ e $c' = 14,3$ kN/m^3.

15.3 Determine o fator de segurança, F_s, para o talude infinito indicado na Figura 15.48, onde a percolação ocorre pelo solo e o lençol freático coincide com a superfície do solo. Dados: $H = 11$ m, $\beta = 18°$, $\gamma_{sat} = 19,2$ kN/m^3, $\phi' = 22°$ e $c' = 46$ kN/m^2.

15.4 A Figura 15.48 exibe um talude infinito com $H = 8,22$ m e o lençol freático que coincide com a superfície do solo. Se houver uma percolação pelo solo, determine o fator de segurança em relação ao escorregamento ao longo do plano AB. As propriedades de solo são: $G_s = 2,73$, $e = 0,69$, $\beta = 28°$, $\phi' = 18°$ e $c' = 47,8$ kN/m^2.

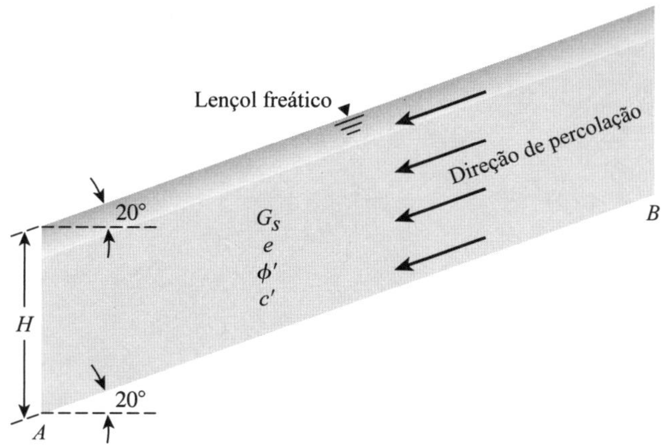

Figura 15.48

15.5 Um talude infinito é indicado na Figura 15.49. Os parâmetros de resistência ao cisalhamento em interface de solo e rocha são $\phi' = 26°$ e $c' = 21$ kN/m^2. Dado: $\rho = 1950$ kg/m^3.

a. Se $H = 5$ m e $\beta = 18°$, encontre o fator de segurança em relação ao escorregamento na superfície da rocha.

b. Se $\beta = 27°$, encontre a altura, H, para a qual $F_s = 1,75$.

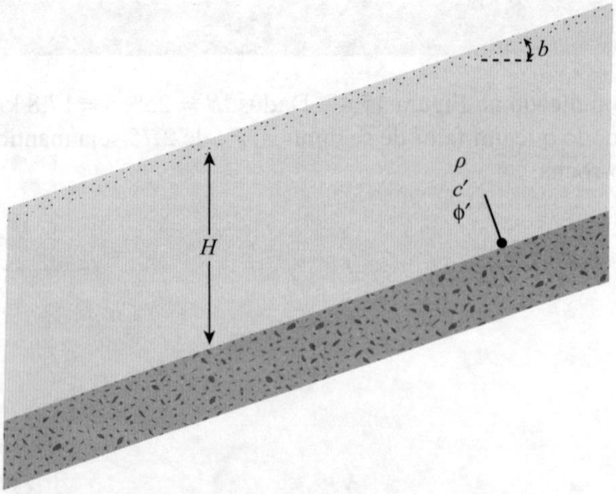

Figura 15.49

15.6 Um talude é mostrado na Figura 15.50. Se *AC* representa um plano de ruptura, determine o fator de segurança contra escorregamento para a cunha *ABC*. Dados: $\gamma = 18$ kN/m^3, $\phi' = 25°$ e $c' = 19{,}1$ kN/m^3.

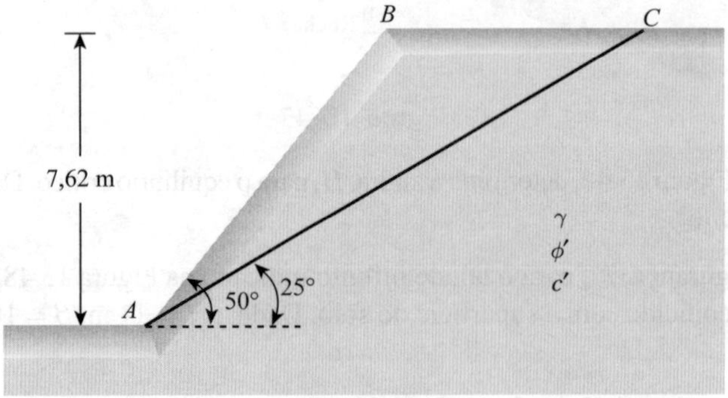

Figura 15.50

15.7 Para um talude finito indicado na Figura 15.51, suponha que a ruptura de talude ocorra ao longo do plano (suposição de Culmann). Encontre a altura do talude para o equilíbrio crítico. Dados: $\beta = 58°$, $\gamma = 16{,}5$ kN/m^3, $\phi' = 14°$ e $c' = 28$ kN/m^2.

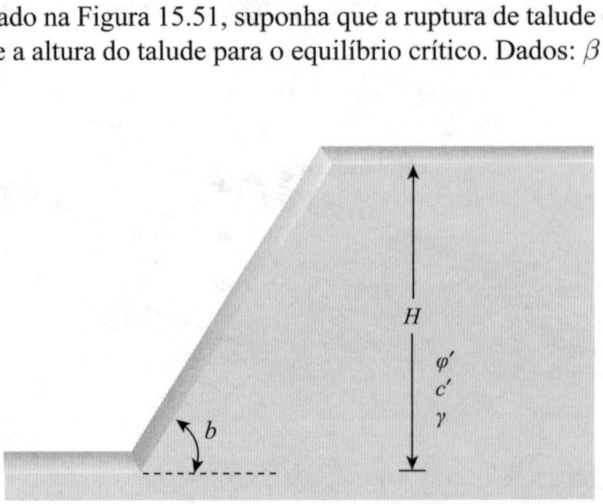

Figura 15.51

15.8 Consulte a Figura 15.51. Usando os parâmetros do solo fornecidos no Problema 15.7, encontre a altura do talude, *H*, que terá um fator de segurança de 2,5 contra o escorregamento. Suponha que a superfície crítica para o escorregamento seja um plano.

15.9 Consulte a Figura 15.51. Dados que $\beta = 45°$, $\gamma = 18{,}5$ kN/m^3, $\phi' = 22°$, $c' = 34$ kN/m^2 e $H = 9{,}4$ m, determine o fator de segurança com relação ao escorregamento. Suponha que a superfície crítica para o escorregamento seja um plano.

15.10 A inclinação de um talude finito é 1 vertical a 2 horizontal. Determine a altura de talude, H, que terá um fator de segurança de 2,3 em relação ao escorregamento. Dados: $\rho = 1800$ kg/m³, $\phi' = 17°$ e $c' = 20$ kN/m². Suponha que a superfície crítica para o escorregamento seja um plano.

15.11 Um talude em corte deve ser feito em uma argila saturada. Dados: a resistência ao cisalhamento não drenado $c_u = 26$ kN/m² (condição $\phi = 0$) e $\gamma = 18{,}5$ kN/m³. O talude faz um ângulo $\beta = 55°$ com a horizontal. Supondo que a superfície de escorregamento crítico seja circular, determine a profundidade máxima até onde o corte possa ser feito. Qual é a natureza do círculo crítico (ou seja, pé, face ou ponto intermediário)?

15.12 Para o talude em corte descrito no Problema 15.11, qual a profundidade de corte a ser feito para garantir um fator de segurança 2,5 em relação ao escorregamento?

15.13 Utilizando o gráfico indicado na Figura 15.13, determine a altura de um talude (1 vertical a 2 horizontal) em argila saturada com uma resistência ao cisalhamento não drenado de 38 kN/m² e um peso específico de 18,7 kN/m³. O fator de segurança desejado em relação ao escorregamento é 2,5. Dado: $D = 1{,}50$.

15.14 Consulte o Problema 15.13. Qual é a altura crítica do talude? Qual é a natureza do círculo crítico?

15.15 Um talude em corte foi escavado em uma argila saturada com um ângulo de talude, $\beta = 48°$, com o horizontal. A ruptura de talude ocorreu quando o corte alcançou uma profundidade de 10 m. As explorações de solo anteriores mostraram que uma camada de rocha estava localizada a uma profundidade de 14 m abaixo da superfície do solo. Assumindo uma condição não drenada e que $\gamma = 17$ kN/m³:

a. Determine a natureza de coesão não drenada da argila (Figura 15.13).

b. Qual é a natureza do círculo crítico?

c. Com relação ao topo do talude, a que distância a superfície de escorregamento intercepta a base da escavação?

15.16 Consulte a Figura 15.52. Utilizando a solução de Michalowski proporcionada na Figura 15.25 ($\phi' > 0$), determine a altura crítica do talude para as seguintes condições.

a. $n' = 2$, $\phi' = 12°$, $c' = 36$ kN/m² e $\gamma = 18{,}5$ kN/m³

b. $n' = 1$, $\phi' = 18°$, $c' = 30$ kN/m² e $\gamma = 17$ kN/m³

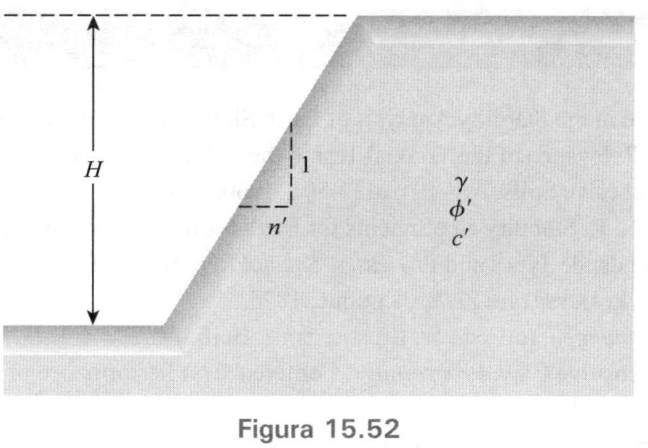

Figura 15.52

15.17 Consulte a Figura 15.52. Utilizando o gráfico de estabilidade de Taylor (Figura 15.21), determine o fator de segurança, F_s, em relação ao escorregamento com as seguintes características: Talude: 2,5H:1V, $\gamma = 18{,}8$ kN/m³, $\phi' = 14°$, $H = 18{,}3$ m e $c' = 24$ kN/m².

15.18 Repita o Problema 15.17 considerando os seguintes dados: Talude: 1H:1V, $\gamma = 18$ kN/m³, $\phi' = 20°$, $H = 10$ m e $c' = 32$ kN/m².

15.19 Repita o Problema 15.17 utilizando o gráfico do projeto dado na Figura 15.27 (Steward, Sivakugan, Shukla e Das, 2011).

15.20 Consulte a Figura 15.53. Utilizando o método comum das fatias, encontre o fator de segurança em relação ao escorregamento para os seguintes casos de ensaio.

a. $H = 15{,}2$ m, $\beta = 45°$, $\alpha = 30°$, $\theta = 70°$, $\gamma = 18{,}9$ kN/m³, $\phi' = 18°$ e $c' = 31$ kN/m²

b. $H = 8$ m, $\beta = 45°$, $\alpha = 30°$, $\theta = 80°$, $\gamma = 17$ kN/m³, $\phi' = 20°$ e $c' = 27$ kN/m²

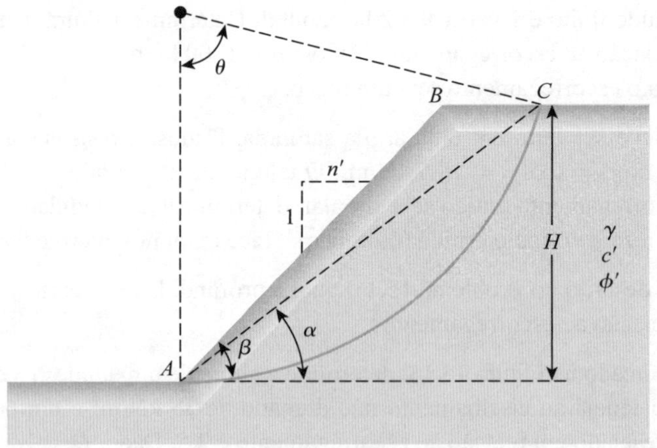

Figura 15.53

15.21 Determine o fator de segurança mínimo para um talude com os seguintes parâmetros: $H = 14$ m, $\beta = 26{,}56°$, $\gamma = 19$ kN/m³, $\phi' = 25°$, $c' = 20$ kN/m² e $r_u = 0{,}5$. Use o método de Bishop e Morgenstern.

15.22 Determine o fator de segurança mínimo para um talude com os seguintes parâmetros: $H = 12{,}2$ m, $\beta = 18{,}43°$, $\gamma = 18{,}4$ kN/m³, $\phi' = 20°$, $c' = 23$ kN/m² e $r_u = 0{,}5$. Use o método de Bishop e Morgenstern.

15.23 Use a tabela de Spencer para determinar o valor de F_s para um talude com as seguintes características: $H = 17$ m, $\beta = 26°$, $\gamma = 19$ kN/m³, $\phi' = 21°$, $c' = 21$ kN/m² e $r_u = 0{,}5$.

15.24 Os seguintes parâmetros são dados para um talude com percolação constante: ângulo do talude: 3H:1V, $\phi' = 24°$, $c' = 27$ kN/m², $\gamma = 17{,}5$ kN/m³, $H = 18$ m e $r_u = 0{,}25$. Determine o fator de segurança, F_s, utilizando

a. Solução de Spencer (Figura 15.35)

b. Solução de Michalowski (Figura 15.36)

Referências

BISHOP, A. W. The Use of Slip Circle in the Stability Analysis of Earth Slopes, *Geotechnique*, v. 5, n. 1, p. 7-17, 1955.

BISHOP, A. W.; BJERRUM, L. The Relevance of the Triaxial Test to the Solution of Stability Problems, *Proceedings*, Research Conference on Shear Strength of Cohesive Soils, ASCE, p. 437-501, 1960.

BISHOP, A. W.; MORGENSTERN, N. R. Stability Coefficients for Earth Slopes, *Geotechnique*, v. 10, n. 4, p. 129-147, 1960.

CRUDEN, D. M.; VARNES, D. J. Landslide Types and Processes, *Special Report 247*, Transportation Research Board, p. 36-75, 1996.

CULMANN, C. *Die Graphische Statik, Meyer and Zeller*, Zurique, 1875.

FELLENIUS, W. *Erdstatische Berechnungen*, rev. ed., W. Ernst u. Sons, Berlin, 1927.

LADD, C. C. Test Embankment on Sensitive Clay, *Proceedings*, Conference on Performance of Earth and Earth-Supported Structures, ASCE, v. 1, Parte 1, p. 101-128, 1972.

MICHALOWSKI, R. L. Stability Charts for Uniform Slopes, *Journal of Geotechnical and Geoenvironmental Engineering*, ASCE, v. 128, n. 4, p. 351-355, 2002.

MORGENSTERN, N. R. Stability Charts for Earth Slopes During Rapid Drawdown, *Geotechnique*, v. 13, n. 2, p. 121-133, 1963.

SINGH, A. Shear Strength and Stability of Man-Made Slopes, *Journal of the Soil Mechanics and Foundations Division*, ASCE, v. 96, n. SM6, p. 1879-1892, 1970.

SPENCER, E. A Method of Analysis of the Stability of Embankments Assuming Parallel Inter-Slice Forces, *Geotechnique*, v. 17, n. 1, p. 11-26, 1967.

STEWARD, T., SIVAKUGAN, N., SHUKLA, S. K.; DAS, B. M. Taylor's Slope Stability Charts Revisited, *International Journal of Geomechanics*, ASCE, v. 11, n. 4, p. 348-352, 2011.

TAYLOR, D. W. Stability of Earth Slopes, *Journal of the Boston Society of Civil Engineers*, v. 24, p. 197-246, 1937.

TERZAGHI, K.; PECK, R. B. *Soil Mechanics in Engineering Practice*, 2. ed., Wiley, Nova York, 1967.

CAPÍTULO 16

Capacidade de carga do solo para fundações rasas

16.1 Introdução

A parte inferior de uma estrutura geralmente é chamada *fundação*. Sua função é transferir a carga da estrutura para o solo sobre o qual está apoiada. Uma fundação projetada de modo correto transfere a carga pelo solo sem sobrecarregá-lo. Uma sobrecarga excessiva pode resultar em recalque excessivo ou rupturas por cisalhamento no solo, danificando a estrutura. Desse modo, engenheiros geotécnicos e estruturais que projetam fundações devem avaliar a capacidade de carga dos solos.

Dependendo da estrutura e do tipo de solo encontrado, vários tipos de fundação são utilizados. A Figura 16.1 mostra os tipos mais comuns de fundações. Uma *sapata* é simplesmente uma extensão de parede estrutural, ou pilar, que possibi-

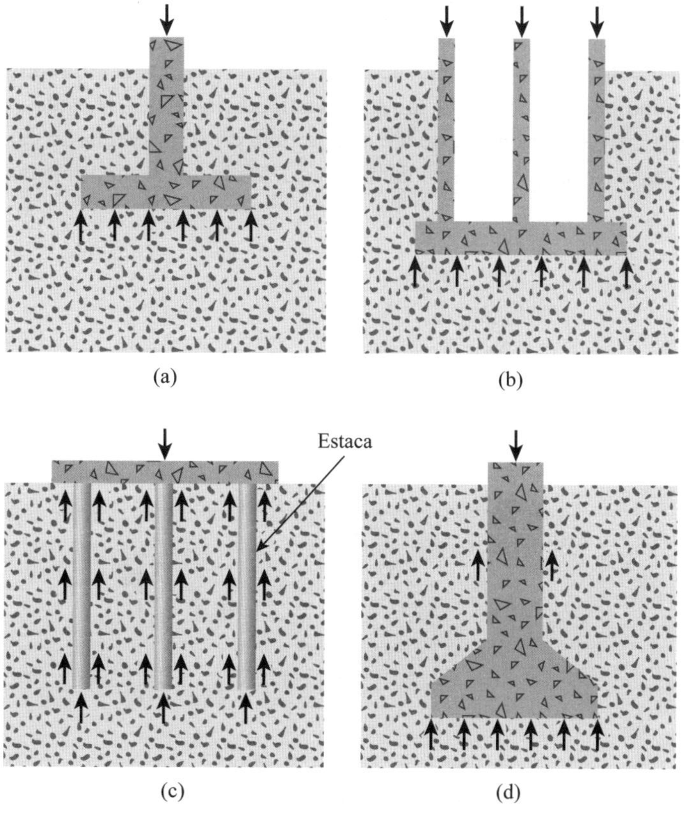

Figura 16.1 Tipos comuns de fundações: (a) fundação com sapata; (b) fundação em radier; (c) fundação sobre estacas; (d) fundação sobre tubulões.

lita a distribuição da carga da estrutura em uma área maior do solo. Em solos com baixa capacidade de carga, as dimensões das sapatas requeridas são excessivas e inviáveis. Nesse caso, é mais econômico construir toda a estrutura sobre uma base de concreto. Esse tipo de fundação é chamada *radier.*

As fundações sobre *estacas* e sobre *tubulões* são utilizadas em estruturas mais pesadas, quando é necessário escavar grandes profundidades para suportar a carga. As estacas são componentes estruturais feitos de madeira, concreto ou aço, que transmitem a carga da superestrutura para as camadas inferiores do solo. De acordo com a maneira pela qual fazem esta transferência, as estacas podem ser divididas em duas categorias: estacas de atrito e estacas de ponta. No caso das estacas de atrito, a carga da superestrutura é transformada em tensão de cisalhamento ao longo da superfície da estaca. No caso das estacas de ponta, a carga suportada é transmitida da extremidade da estaca para uma camada estável.

Nas fundações sobre tubulões, um furo é escavado até alcançar o subsolo e, depois, é preenchido com concreto. Pode ser utilizada uma camisa metálica durante a escavação. A camisa pode ser mantida no local ou pode ser retirada durante a concretagem. Geralmente, o diâmetro do tubulão é muito maior que o diâmetro da estaca. A diferença não é clara entre estacas e tubulões com diâmetro aproximado de até 1 m, e as definições e nomenclaturas são imprecisas.

As fundações sobre sapatas e radier geralmente são chamadas *fundações rasas*, enquanto as fundações sobre estacas e tubulões são classificadas como *fundações profundas.* Em um sentido mais amplo, as fundações rasas são fundações com uma relação entre a profundidade de assentamento e a largura menor que aproximadamente quatro. Quando esta relação é maior que quatro, a fundação pode ser classificada como fundação profunda.

Neste capítulo, discutiremos a capacidade de carga do solo para fundações rasas. Conforme mencionado anteriormente, para uma fundação funcionar apropriadamente, (1) o recalque de solo induzido pela carga deve estar dentro do limite tolerável e (2) não deve ocorrer ruptura ao cisalhamento do solo que suporta a fundação. A compressibilidade de solo – adensamento e teoria de elasticidade – foi apresentada no Capítulo 10. Este capítulo introduz a capacidade de carregamento de carga das fundações rasas com base nos critérios de ruptura de cisalhamento no solo.

16.2 Capacidade de carga do solo final para fundações rasas

Para compreender o conceito da capacidade de carga última do solo e o modo de ruptura de cisalhamento no solo, consideremos o caso de sapata retangular longa com largura B localizada na superfície de uma camada de areia compacta (ou solo rígido) indicado na Figura 16.2a. Quando uma carga uniformemente distribuída q por área específica é aplicada à sapata, ocorre o recalque. Se a carga distribuída uniformemente (q) for aumentada, o recalque da sapata aumenta gradativamente. Quando o valor de $q = q_u$ é alcançado (Figura 16.2b), ocorre a ruptura de capacidade de carga; a sapata passa por um recalque muito grande sem qualquer aumento adicional de q. O solo em um ou nos dois lados da fundação se sedimenta e a superfície de ruptura se estende à superfície do solo. A relação carga-recalque é igual à Curva I mostrada na Figura 16.2b. Nesse caso, q_u é definido como a capacidade de carga última do solo.

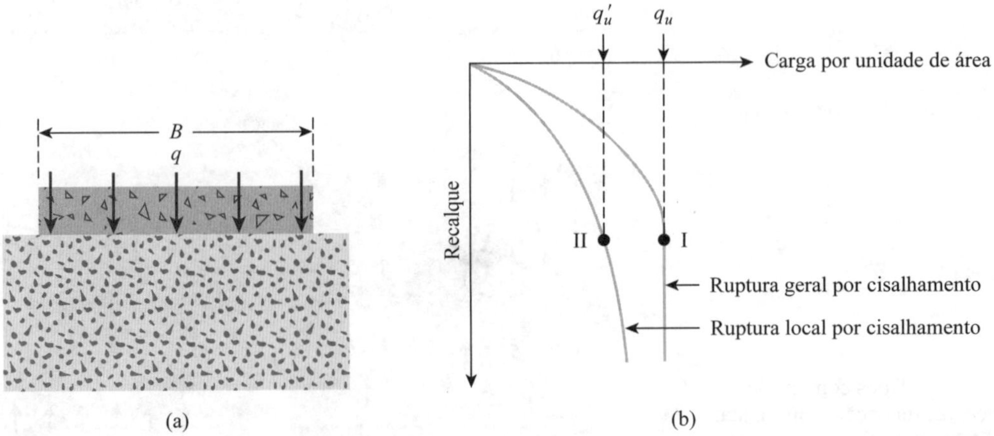

Figura 16.2 Capacidade de carga final do solo para fundações rasas: (a) modelo de sapata; (b) relação carga-recalque.

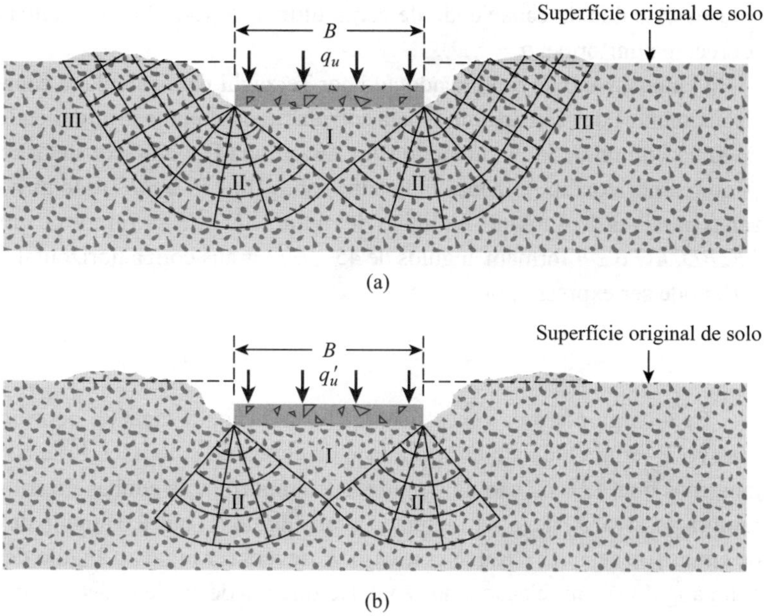

Figura 16.3 Modos de ruptura de capacidade de carga em solo: ruptura geral de cisalhamento de solo; ruptura de cisalhamento local de solo.

A ruptura de capacidade de carga descrita é chamada *ruptura geral por cisalhamento* e pode ser explicada com referência à Figura 16.3a. Quando a fundação recalca sobre a aplicação de uma carga, uma zona triangular em forma de cunha de solo (indicado por I) é empurrada para baixo e, por sua vez, pressiona as zonas II e III deslocando-as para os lados e para cima. Para um valor limite de pressão, q_u, o solo passa para o estado de equilíbrio plástico e a ruptura ocorre por deslizamento.

Se a prova de carga da sapata for executada em areia fofa a média, a relação carga-recalque será representada pela Curva II na Figura 16.2b. Acima de determinado valor de $q = q'_u$, a relação carga-recalque se torna uma linha reta inclinada. Nesse caso, q'_u é definido como a capacidade de carga última do solo. Esse tipo de ruptura do solo é chamado *ruptura local por cisalhamento* e é mostrado na Figura 16.3b. A zona triangular em forma de cunha (indicada por I) abaixo da sapata se desloca para baixo, mas diferentemente da ruptura geral por cisalhamento, as superfícies de deslizamento terminam em algum ponto dentro do solo. Porém alguns sinais de protuberância no solo são observados.

16.3 Equação de Terzaghi para a capacidade de carga última

Em 1921, Prandtl publicou os resultados de seus estudos sobre a penetração de corpos rígidos (tais como cunhas de metal) em materiais mais maleáveis. Terzaghi (1943) estendeu a teoria de Prandtl das deformações plásticas para o cálculo da capacidade de carga dos solos em sapatas corridas rasas. Por motivos práticos, uma sapata de muro longa (relação comprimento-largura superior a cinco) pode ser chamada *sapata corrida*. De acordo com Terzaghi, uma fundação pode ser definida como rasa se a profundidade D_f for menor ou igual à sua largura B (Figura 16.4). Ele também teorizou que,

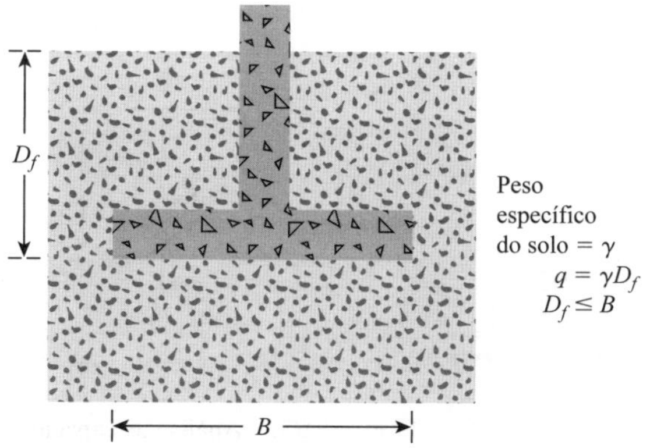

Figura 16.4 Sapata corrida rasa.

para os cálculos de capacidade de carga última, o peso do solo acima da base da sapata pode ser substituído por uma sobrecarga uniforme, $q = \gamma D_f$.

O mecanismo de ruptura adotado por Terzaghi para calcular a capacidade de carga última do solo (ruptura geral por cisalhamento) no caso de uma sapata corrida rugosa, a uma profundidade D_f, medida a partir da superfície do solo, é mostrado na Figura 16.5a. A cunha do solo *ABJ* (Zona I) é uma zona elástica. Ambas as linhas, *AJ* e *BJ*, formam um ângulo ϕ' com a horizontal. As zonas indicadas como II (*AJE* e *BJD*) são as zonas de cisalhamento radial, e as zonas III são as zonas passivas de Rankine. As linhas de ruptura *JD* e *JE* são arcos de uma espiral logarítmica, e *DF* e *EG* são linhas retas. *AE*, *BD*, *EG* e *DF* formam ângulos de $45 - \phi'/2$ graus com a horizontal. A equação dos arcos das espirais logarítmicas *JD* e *JE* pode ser expressa por

$$r = r_o e^{\theta \operatorname{tg} \phi'}$$

Se a carga por área específica, q_u, for aplicada à sapata e ocorrer uma ruptura geral por cisalhamento, o empuxo passivo P_p estará atuando em cada face da cunha do solo *ABJ*. Esse conceito pode ser entendido de forma clara se imaginarmos que *AJ* e *BJ* são dois muros que empurram as cunhas do solo *AJEG* e *BJDF*, respectivamente, causando uma ruptura passiva. P_p deve ser inclinado a um ângulo δ' (que é o ângulo de atrito de muro) perpendicular desenhado às faces de cunha (ou seja, *AJ* e *BJ*). Nesse caso, δ' deverá ser igual ao ângulo de atrito do solo, ϕ'. Como *AJ* e *BJ* estão inclinadas a um ângulo ϕ' em relação à horizontal, a direção de P_p deverá ser vertical.

Vamos agora considerar o diagrama de corpo livre da cunha *ABJ*, como mostrado na Figura 16.5b. Considerando o comprimento específico da sapata, teremos, para o equilíbrio,

$$(q_u)(2b)(1) = -W + 2C \operatorname{sen} \phi' + 2P_p \tag{16.1}$$

onde $b = B/2$

$W =$ peso de cunha de solo $ABJ = \gamma b^2 \operatorname{tg} \phi'$

$C =$ força coesiva que atua ao longo de cada face, *AJ* e *BJ*, que é igual à coesão específica do solo multiplicada pelo comprimento de cada face $= c'b/(\cos \phi')$

Assim,

$$2bq_u = 2P_p + 2bc' \operatorname{tg} \phi' - \gamma b^2 \operatorname{tg} \phi' \tag{16.2}$$

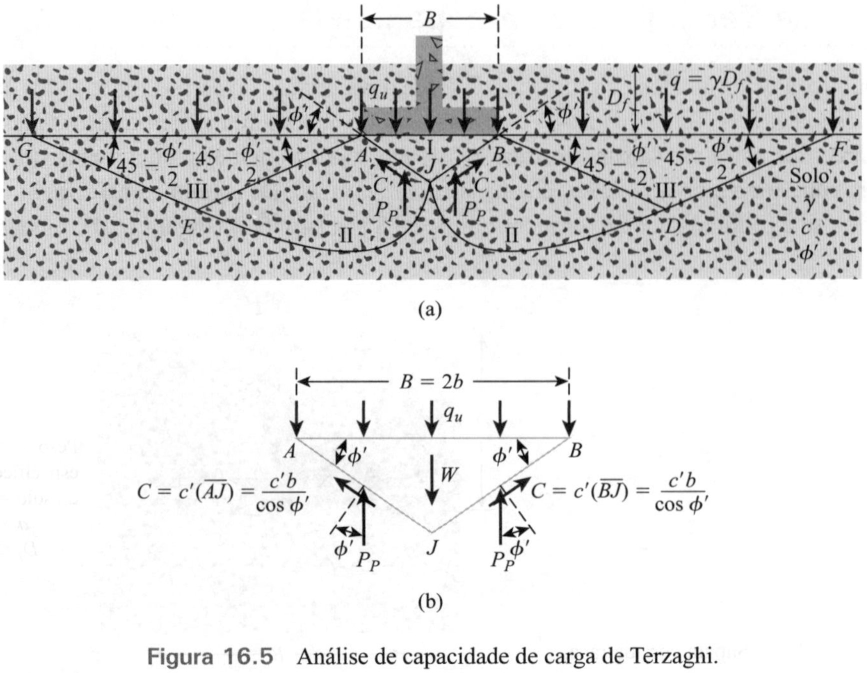

Figura 16.5 Análise de capacidade de carga de Terzaghi.

ou

$$q_u = \frac{P_p}{b} + c' \operatorname{tg}\phi' - \frac{\gamma b}{2} \operatorname{tg}\phi' \tag{16.3}$$

A pressão passiva na Equação (16.2) é a soma da contribuição do peso de solo γ, a coesão c' e a sobrecarga q e pode ser expressa como

$$P_p = \frac{1}{2}\gamma(b \operatorname{tg}\phi')^2 K_\gamma + c'(b \operatorname{tg}\phi')K_c + q(b \operatorname{tg}\phi')K_q \tag{16.4}$$

onde K_γ, K_c e K_q são os coeficientes de empuxo de terra, funções do ângulo de atrito do solo, ϕ'.

Combinando as Equações (16.3) e (16.4), vemos que

$$q_u = c' N_c + q N_q + \frac{1}{2}\gamma B N_\gamma$$

onde

$$N_c = \operatorname{tg}\phi' (K_c + 1) \tag{16.5}$$

$$N_q = K_q \operatorname{tg}\phi' \tag{16.6}$$

$$N_\gamma = \frac{1}{2}\operatorname{tg}\phi'(K_\gamma \operatorname{tg}\phi' - 1) \tag{16.7}$$

Os termos N_c, N_q e N_γ são, respectivamente, as contribuições da coesão, sobrecarga e peso específico do solo para a capacidade de carga última. É extremamente tedioso calcular K_c, K_q e K_γ. Por isso, Terzaghi usou um método aproximado para determinar a capacidade de carga última, q_u. Os princípios desta aproximação são descritos a seguir.

1. Se $c' = 0$ e a sobrecarga $(q) = 0$ (ou seja, $D_f = 0$), então

$$q_u = q_\gamma = \frac{1}{2}\gamma B N_\gamma \tag{16.8}$$

2. Se $\gamma = 0$ (ou seja, solo sem peso) e $q = 0$, então

$$q_u = q_c = c'N_c \tag{16.9}$$

3. Se $y = 0$ (solo sem peso) e $c' = 0$, então

$$q_u = q_q = qN_q \tag{16.10}$$

Por meio do método da superposição, ao considerarmos os efeitos do peso específico do solo, da coesão e da sobrecarga, temos

$$q_u = q_c + q_q + q_\gamma = c'N_c + qN_q + \frac{1}{2}\gamma B N_\gamma \tag{16.11}$$

A Equação (16.11) é conhecida como *equação de capacidade de carga de Terzaghi.* Os termos N_c, N_q e N_γ são chamados *fatores de capacidade de carga.* Os valores desses fatores são mostrados na Tabela 16.1.

Para sapatas quadradas e circulares, Terzaghi sugeriu as seguintes equações para a capacidade de carga última do solo:

Sapata quadrada:

$$q_u = 1{,}3c'N_c + qN_q + 0{,}4\gamma B N_\gamma \tag{16.12}$$

Tabela 16.1 Fatores de capacidade de carga de Terzaghi – N_c, N_q e N_γ – Equações (16.11), (16.12) e (16.13), respectivamente

ϕ' (graus)	N_c	N_q	N_γ[a]	ϕ' (graus)	N_c	N_q	N_γ[a]
0	5,70	1,00	0,00	26	27,09	14,21	9,84
1	6,00	1,10	0,01	27	29,24	16,90	11,60
2	6,30	1,22	0,04	28	31,61	17,81	13,70
3	6,62	1,35	0,06	29	34,24	19,98	16,18
4	6,97	1,49	0,10	30	37,16	22,46	19,13
5	7,34	1,64	0,14	31	40,41	25,28	22,65
6	7,73	1,81	0,20	32	44,04	28,52	26,87
7	8,15	2,00	0,27	33	48,09	32,23	31,94
8	8,60	2,21	0,35	34	52,64	36,50	38,04
9	9,09	2,44	0,44	35	57,75	41,44	45,41
10	9,61	2,69	0,56	36	63,53	47,16	54,36
11	10,16	2,98	0,69	37	70,01	53,80	65,27
12	10,76	3,29	0,85	38	77,50	61,55	78,61
13	11,41	3,63	1,04	39	85,97	70,61	95,03
14	12,11	4,02	1,26	40	95,66	81,27	116,31
16	12,86	4,45	1,52	41	106,81	93,85	140,51
16	13,68	4,92	1,82	42	119,67	108,75	171,99
17	14,60	5,45	2,18	43	134,58	126,50	211,56
18	15,12	6,04	2,59	44	161,95	147,74	261,60
19	16,56	6,70	3,07	45	172,28	173,28	325,34
20	17,69	7,44	3,64	46	196,22	204,19	407,11
21	18,92	8,26	4,31	47	224,55	241,80	512,84
22	20,27	9,19	5,09	48	258,28	287,85	650,67
23	21,75	10,23	6,00	49	298,71	344,63	831,99
24	23,36	11,40	7,08	50	347,50	416,14	1.072,80
25	25,13	12,72	8,34				

[a] *Valores N_γ de Kumbhojkar (1993)*

Sapata circular:

$$q_u = 1{,}3c'N_c + qN_q + 0{,}3\ BN \tag{16.13}$$

onde B = diâmetro da sapata.

Para uma condição não drenada com $\phi = 0$ e $\tau_f = c_u$, os fatores de capacidade de carga são $N_\gamma = 0$ e $N_q = 1$. Além disso, $N_c = 5{,}7$. Naquele caso, as Equações (16.11), (16.12) e (16.13) tomam as formas

$$q_u = 5{,}7c_u + q \quad \text{(sapata corrida)} \tag{16.14}$$

e

$$q_u = (1{,}3)(5{,}7)c_u + q = 7{,}41c_u + q \quad \text{(sapatas quadradas e circulares)} \tag{16.15}$$

16.4 Efeito do nível do lençol freático

Para o desenvolvimento das equações de capacidade de carga abordado na seção anterior, consideramos que o nível do lençol freático está posicionado a uma profundidade muito maior que a largura, B, da sapata. No entanto, se o lençol freático for próximo à sapata, algumas mudanças são necessárias no segundo e terceiro termos das Equações (16.11) a (16.13). Três condições diferentes podem aparecer com relação ao local do lençol freático com relação à base da fundação. Essas condições são mostradas na Figura 16.6. Cada uma delas é descrita resumidamente a seguir.

Caso I (Figura 16.6a) Se o nível do lençol freático estiver localizado a uma distância D acima da base da fundação, a magnitude de q no segundo termo da equação de capacidade de carga deverá ser calculada como

$$q = \gamma(D_f - D) + \gamma' D \tag{16.16}$$

onde $\gamma' = \gamma_{sat} - \gamma_w$ = unidade específica efetiva de solo. Além disso, o peso específico do solo, γ, que aparece nos terceiros termos das equações de capacidade de carga, deve ser substituído por γ'.

Caso II (Figura 16.6b) Se o nível do lençol freático coincidir com a base da fundação, a magnitude de q é igual a γD_f. Porém o peso específico, γ, que aparece nos terceiros termos das equações de capacidade de carga, deverá ser substituído por γ'.

Caso III (Figura 16.6c) Quando o nível do lençol freático estiver a uma profundidade D abaixo da base da fundação, $q = \gamma D_f$. A magnitude de γ nos terceiros termos das equações de capacidade de carga deverá ser substituída por $\gamma_{méd}$.

$$\gamma_{méd} = \frac{1}{B}[\gamma D + \gamma'(B - D)] \quad (\text{para } D \le B) \tag{16.17a}$$

$$\gamma_{méd} = \gamma \quad (\text{para } D > B) \tag{16.17b}$$

16.5 Fator de segurança

Em geral, um fator de segurança, F_s, com valor aproximadamente igual a 3 ou maior é aplicado à capacidade de carga última do solo para alcançar o valor da capacidade de carga admissível. Um F_s com valor igual a 3 ou maior não é considerado muito conservador. Na natureza, os solos não são nem homogêneos nem isotrópicos. Existem muitas incertezas envolvidas na avaliação dos parâmetros básicos da resistência ao cisalhamento do solo.

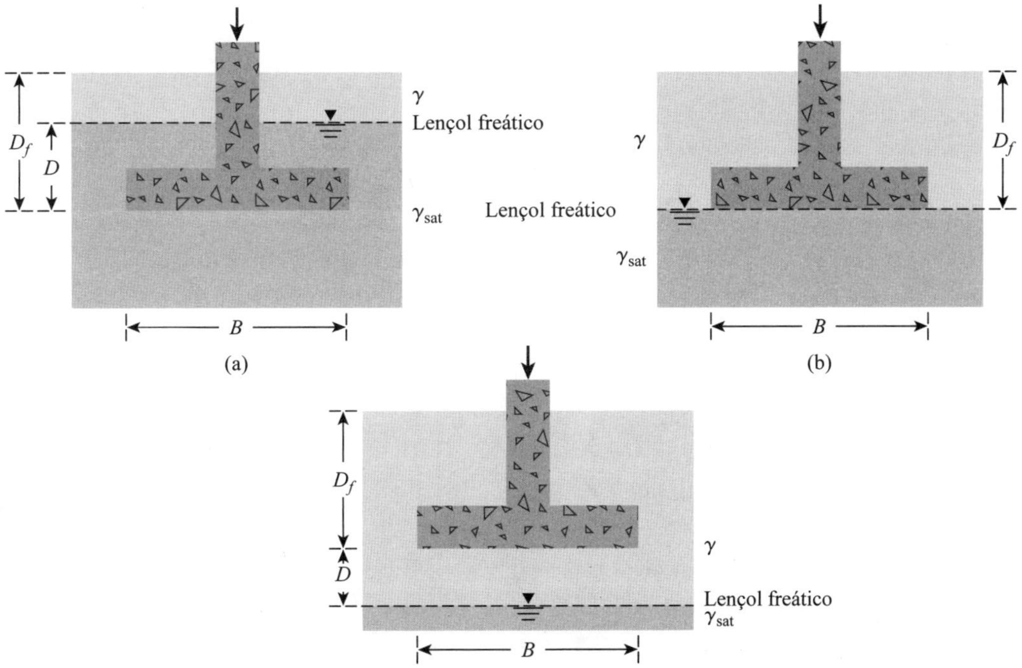

Figura 16.6 Efeito do local do lençol freático na capacidade de carga das fundações rasas: (a) Caso I; (b) Caso II; (c) Caso III.

Existem duas definições básicas de capacidade de carga admissível para fundações rasas. São elas: os valores bruto e líquido da capacidade de carga admissível.

A *capacidade de carga bruta permitida* pode ser calculada como

$$q_{\text{adm}} = \frac{q_u}{F_s} \tag{16.18}$$

Conforme definida pela Equação (16.18), q_{adm} é a carga admissível por área específica à qual o solo sob a fundação pode ser submetido para evitar quaisquer chances de ruptura do solo. Isso inclui a contribuição (Figura 16.7) de (a) cargas estática e dinâmica acima da superfície do solo, $W_{(D+L)}$; (b) próprio peso da fundação, W_F; e (c) peso do solo localizado exatamente acima da fundação, W_S. Assim,

$$q_{\text{adm}} = \frac{q_u}{F_s} = \left[\frac{W_{(D+L)} + W_F + W_S}{A}\right] \tag{16.19}$$

onde A = área da fundação.

A *capacidade de carga líquida admissível* é a carga permitida por área específica da fundação superior à tensão efetiva vertical existente no nível da fundação. A tensão efetiva vertical no nível da fundação é igual a $q = \gamma D_f$. Portanto, a carga final líquida é

$$q_{u(\text{líquido})} = q_u - q \tag{16.20}$$

Portanto,

$$q_{\text{adm(líquido)}} = \frac{q_{u(\text{líquido})}}{F_s} = \frac{q_u - q}{F_s} \tag{16.21}$$

Se presumirmos que o peso do solo e o peso do concreto do qual a fundação é feita são aproximadamente iguais, teremos

$$q = \gamma D_f \simeq \frac{W_S + W_F}{A}$$

Portanto,

$$q_{\text{adm(líquido)}} = \frac{W_{(D+L)}}{A} = \frac{q_u - q}{F_s} \tag{16.22}$$

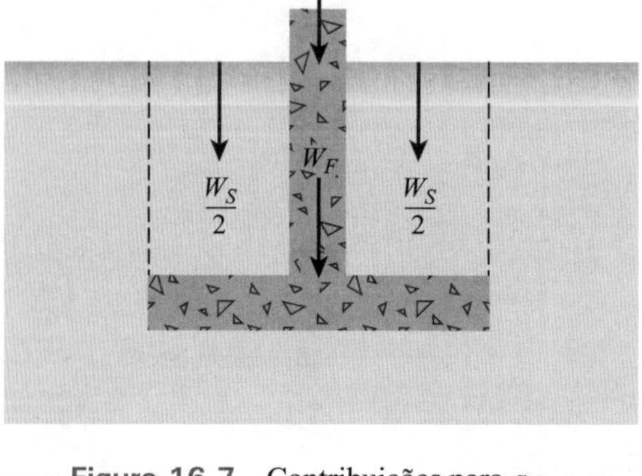

Figura 16.7 Contribuições para q_{adm}.

Exemplo 16.1

Uma fundação quadrada tem 1,5 m × 1,5 m em plano. O solo que suporta a fundação tem um ângulo de atrito de $\phi' = 20°$ e $c' = 15{,}2$ kN/m². O peso específico de solo, γ, é 17,8 kN/m³. Determine a carga bruta permitida na fundação com um fator de segurança (F_s) de 4. Presuma que a profundidade da fundação (D_f) seja de 1 metro e que a ruptura de cisalhamento geral ocorra no solo.

Solução

Da Equação (16.12),

$$q_u = 1{,}3c'N_c + qN_q + 0{,}4\gamma BN_\gamma$$

A partir da Tabela 16.1, para $\phi' = 20°$,

$$N_c = 17{,}69$$
$$N_q = 7{,}44$$
$$N_\gamma = 3{,}64$$

Assim,

$$\begin{aligned} q_u &= (1{,}3)(15{,}2)(17{,}69) + (1 \times 17{,}8)(7{,}44) + (0{,}4)(17{,}8)(1{,}5)(3{,}64) \\ &= 349{,}55 + 132{,}43 + 38{,}87 = 520{,}85 \approx 521 \text{ kN/m}^2 \end{aligned}$$

Então, a carga permitida por área específica da fundação é

$$q_{adm} = \frac{q_u}{F_s} = \frac{521}{4} = 130{,}25 \text{ kN/m}^2 \approx 130 \text{ kN/m}^2$$

Assim, a carga total bruta permitida

$$Q = (130)B^2 = (130)(1{,}5 \times 1{,}5) = \mathbf{292{,}5\ kN}$$ ■

Exemplo 16.2

Uma fundação quadrada é mostrada na Figura 16.8. A sapata carrega uma massa bruta de 30.000 kg. Utilizando um fator de segurança de 3, determine o tamanho da sapata – ou seja, o tamanho de *B*. Utilize a Equação (16.12).

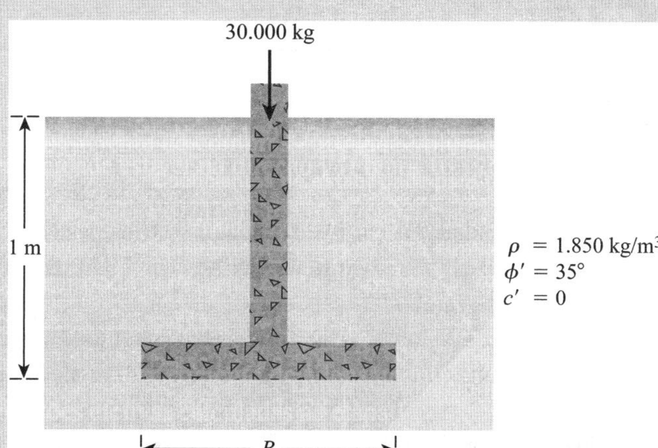

Figura 16.8

(continua)

Solução

A massa específica do solo é = 1850 kg/m³. Então

$$\gamma = \frac{1850 \times 9,81}{1.000} = 18,15 \text{ kN/m}^3$$

A carga bruta total a ser suportada pela sapata é

$$\frac{(30.000)9,81}{1.000} = 294,3 \text{ kN} = Q_{\text{adm}}$$

Da Equação (16.12),

$$q_u = 1,3c'N_c + qN_q + 0,4\gamma BN_\gamma$$

Com um fator de segurança de 3,

$$q_{\text{adm}} = \frac{q_u}{3} = \frac{1}{3}(1,3c'N_c + qN_q + 0,4\gamma BN_\gamma) \quad \text{(a)}$$

Além disso,

$$q_{\text{adm}} = \frac{Q_{\text{adm}}}{B^2} = \frac{294,3}{B^2} \quad \text{(b)}$$

Das Equações (a) e (b),

$$\frac{294,3}{B^2} = \frac{1}{3}(1,3c'N_c + qN_q + 0,4\gamma BN_\gamma) \quad \text{(c)}$$

A partir da Tabela 16.1, para $\phi' = 35°$, $N_c = 57,75$, $N_q = 41,44$ e $N_\gamma = 45.41$. Substituindo esses valores na Eq. (c), temos

$$\frac{294,3}{B^2} = \frac{1}{3}[(1,3)(0)(57,75) + (18,15 \times 1)(41,44) + 0,4(18,15)(B)(45,41)]$$

ou

$$\frac{294,3}{B^2} = 250,7 + 109,9\ B$$

Agora, a equação anterior pode ser resolvida por tentativa e erro, a partir do qual obtemos

$$B \simeq \mathbf{0,95\ m}$$

■

16.6 Equação geral da capacidade de carga

Após o desenvolvimento da equação da capacidade de carga de Terzaghi, vários pesquisadores trabalharam nessa área e aprimoraram a solução (isto é, Meyerhof, 1951 e 1963; Ludgren e Mortensen, 1953; Balla, 1962; Vesic, 1973; e Hansen, 1970). As diferentes soluções mostram que os fatores de capacidade de carga N_c e N_q não sofrem grandes alterações. Porém, para um dado valor de ϕ', os valores de N_γ obtidos por diferentes pesquisadores tiveram grandes variações. Tal diferença é causada pelas várias formas de cunha consideradas para o solo imediatamente abaixo da sapata, como explica o parágrafo a seguir.

Ao derivar a equação da capacidade de carga de uma sapata corrida, Terzaghi considerou o caso de uma sapata rugosa e supôs que os lados *AJ* e *BJ* da cunha do solo *ABJ* (Veja a Figura 16.5a) formassem um ângulo ϕ' com a horizontal. Ensaios mais recentes com modelos (por exemplo, DeBeer e Vesic, 1958) mostraram que a suposição de Terzaghi da natureza geral da superfície de ruptura no solo para ruptura de capacidade de carga é correta. Porém os ensaios mostraram

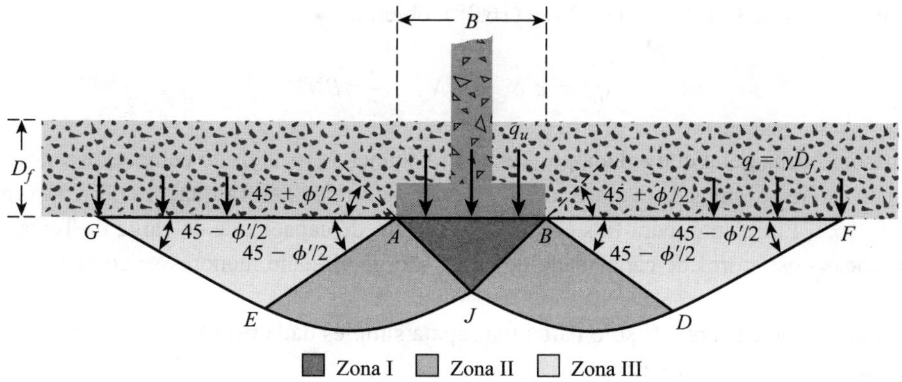

Figura 16.9 Cálculo da capacidade de carga do solo-ruptura geral por cisalhamento.

que os lados *AJ* e *BJ* da cunha do solo *ABJ* formam um ângulo de cerca de $45 + \phi'/2$ graus (ao invés de ϕ') com a horizontal. Esse tipo de mecanismo de ruptura é mostrado na Figura 16.9. Ele é composto por uma zona ativa de Rankine *ABJ* (Zona I), duas zonas de cisalhamento radial (Zonas II) e duas zonas passivas de Rankine (Zonas III). As curvas *JD* e *JE* são arcos de uma espiral logarítmica.

Com base nesse tipo de mecanismo de ruptura, a capacidade de carga última de uma sapata simples pode ser avaliada pelo método aproximado de superposição descrita na Seção 16.3 como

$$q_u = q_c + q_q + q_\gamma \tag{16.23}$$

onde q_c, q_q e q_γ são as contribuições da coesão, sobrecarga e peso específico do solo, respectivamente.

Reissner (1924) expressou q_q como

$$q_q = qN_q \tag{16.24}$$

onde

$$N_q = e^{\pi \operatorname{tg}\phi'} \operatorname{tg}^2\left(45 + \frac{\phi'}{2}\right) \tag{16.25}$$

Prandtl (1921) demonstrou que

$$q_c = c'N_c \tag{16.26}$$

onde

$$N_c = (\underset{\substack{\uparrow \\ \text{Eq. (16.25)}}}{N_q} - 1)\operatorname{cotg}\phi' \tag{16.27}$$

Vesic (1973) expressou q_γ como

$$q_\gamma = \frac{1}{2}B\gamma N_\gamma \tag{16.28}$$

onde

$$N_\gamma = 2(\underset{\substack{\uparrow \\ \text{Eq. (16.25)}}}{N_q} + 1)\operatorname{tg}\phi' \tag{16.29}$$

Combinando as Equações. (16.23), (16.24), (16.26) e (16.28), obtemos

$$q_u = c'N_c + qN_q + \frac{1}{2}\gamma BN_\gamma \tag{16.30}$$

Esta equação é a mesma forma geral que a dada por Terzaghi [Equação (16.11)]; no entanto, os valores de fatores de capacidade de carga não são os mesmos. Os valores de N_q, N_c e N_γ definidos pelas Equações (16.25), (16.27) e (16.29) são fornecidos na Tabela 16.2. Entretanto, para fins práticos, os fatores de capacidade de carga de Terzaghi produzem bons resultados. As diferenças nos fatores de capacidade de carga são geralmente menores se comparados às incertezas dos parâmetros de solo.

A equação de capacidade de carga de solo para uma sapata simples dada pela Eq. (16.30) pode ser modificada para uso geral incorporando os seguintes fatores:

Fator de profundidade: Para representar a resistência ao cisalhamento desenvolvida na superfície de ruptura do solo acima da base da sapata.

Fator de forma: Para determinar a capacidade de carga de sapatas retangulares e circulares.

Fator de inclinação: Para determinar a capacidade de carga de uma sapata na qual a direção de aplicação da carga apresenta determinado ângulo de inclinação em relação à vertical.

Assim, a forma modificada da equação geral da capacidade de carga final pode ser expressa como

$$q_u = c'\lambda_{cs}\lambda_{cd}\lambda_{ci}N_c + q\lambda_{qs}\lambda_{qd}\lambda_{qi}N_q + \frac{1}{2}\lambda_{\gamma s}\lambda_{\gamma d}\lambda_{\gamma i}\gamma BN_\gamma \tag{16.31}$$

Tabela 16.2 Fatores de capacidade de carga N_c, N_q e N_γ [Equações (16.25), (16.27) e (16.29)]

ϕ' (graus)	N_c	N_q	N_γ	ϕ' (graus)	N_c	N_q	N_γ
0	5,14	1,00	0,00	26	22,25	11,85	12,54
1	5,38	1,09	0,07	27	23,94	13,20	14,47
2	5,63	1,20	0,15	28	25,80	14,72	16,72
3	5,90	1,31	0,24	29	27,86	16,44	19,34
4	6,19	1,43	0,34	30	30,14	18,40	22,40
5	6,49	1,57	0,45	31	32,67	20,63	25,99
6	6,81	1,72	0,57	32	35,49	23,18	30,22
7	7,16	1,88	0,71	33	38,64	26,09	35,19
8	7,53	2,06	0,86	34	42,16	29,44	41,06
9	7,92	2,25	1,03	35	46,12	33,30	48,03
10	8,35	2,47	1,22	36	50,59	37,75	56,31
11	8,80	2,71	1,44	37	55,63	42,92	66,19
12	9,28	2,97	1,69	38	61,35	48,93	78,03
13	9,81	3,26	1,97	39	67,87	55,96	92,25
14	10,37	3,59	2,29	40	75,31	64,20	109,41
15	10,98	3,94	2,65	41	83,86	73,90	130,22
16	11,63	4,34	3,06	42	93,71	85,38	155,55
17	12,34	4,77	3,53	43	105,11	99,02	186,54
18	13,10	5,26	4,07	44	118,37	115,31	224,64
19	13,93	5,80	4,68	45	133,88	134,88	271,76
20	14,83	6,40	5,39	46	152,10	158,51	330,35
21	15,82	7,07	6,20	47	173,64	187,21	403,67
22	16,88	7,82	7,13	48	199,26	222,31	496,01
23	18,05	8,66	8,20	49	229,93	265,51	613,16
24	19,32	9,60	9,44	50	266,89	319,07	762,89
25	20,72	10,66	10,88				

onde λ_{cs}, λ_{qs} e $\lambda_{\gamma s}$ = fatores de forma

λ_{cd}, λ_{qd} e $\lambda_{\gamma d}$ = fatores de profundidade

λ_{ci}, λ_{qi} e $\lambda_{\gamma i}$ = fatores de inclinação

As relações aproximadas para os fatores de forma, de profundidade e de inclinação são descritas abaixo.

Fatores das formas As equações para os fatores de forma λ_{cs}, λ_{qs} e $\lambda_{\gamma s}$ foram recomendadas por De Beer (1970) e são

$$\lambda_{cs} = 1 + \left(\frac{B}{L}\right)\left(\frac{N_q}{N_c}\right) \tag{16.32}$$

$$\lambda_{qs} = 1 + \left(\frac{B}{L}\right) \text{tg } \phi' \tag{16.33}$$

e

$$\lambda_{\gamma s} = 1 - 0,4\left(\frac{B}{L}\right) \tag{16.34}$$

onde L = comprimento da fundação ($L > B$).

Os fatores de forma são relações empíricas com base nos ensaios laboratoriais abrangentes.

Fatores de profundidade Hansen (1970) propôs as seguintes equações para os fatores de profundidade:

$$\lambda_{cd} = 1 + 0,4\left(\frac{D_f}{B}\right) \tag{16.35}$$

$$\lambda_{qd} = 1 + 2 \text{ tg } \phi'(1 - \text{sen } \phi')^2 \frac{D_f}{B} \tag{16.36}$$

$$\lambda_{\gamma d} = 1 \tag{16.37}$$

As equações (16.35) e (16.36) são válidas para $D_f/B \leq 1$. Para um índice de profundidade de aterro para a largura da fundação maior que a unidade ($D_f/B > 1$), as equações precisam ser modificadas para

$$\lambda_{cd} = 1 + (0,4) \text{ tg}^{-1}\left(\frac{D_f}{B}\right) \tag{16.38}$$

$$\lambda_{qd} = 1 + 2 \text{ tg } \phi'(1 - \text{sen } \phi')^2 \text{ tg}^{-1}\left(\frac{D_f}{B}\right) \tag{16.39}$$

e

$$\lambda_{\gamma d} = 1 \tag{16.40}$$

respectivamente. O fator tg^{-1} (D_f/B) está em radianos nas Equações (16.38) e (16.39).

Fatores de inclinação Meyerhof (1963) sugeriu os seguintes fatores de inclinação para utilizar na Equação (16.31):

$$\lambda_{ci} = \lambda_{qi} = \left(1 - \frac{\alpha°}{90°}\right)^2 \tag{16.41}$$

$$\lambda_{\gamma i} = \left(1 - \frac{\alpha}{\phi'}\right)^2 \tag{16.42}$$

Aqui, α = inclinação da carga na fundação com relação à vertical.

Para uma condição não drenada, caso a sapata seja submetida a uma carga vertical (isto é, $\alpha = 0°$), então

$$\phi = 0$$
$$c = c_u$$
$$N_\gamma = 0$$
$$N_q = 1$$
$$N_c = 5{,}14$$
$$\lambda_{ci} = \lambda_{qi} = \lambda_{\gamma i} = 1$$

Então, a Eq. (16.31) se transforma em

$$q_u = 5{,}14c_u\left[1 + 0{,}2\left(\frac{B}{L}\right)\right]\left[1 + 0{,}4\left(\frac{D_f}{B}\right)\right] + q \tag{16.43}$$

16.7 Um histórico de caso da avaliação da capacidade de carga última

Diversos casos documentados de ensaios de carga de grande escala em campo para determinar a capacidade de carga última para fundações rasas estão disponíveis atualmente. Um desses casos de ensaios de carga em campo será discutido nesta seção. Os resultados desse ensaio são comparados com os valores teóricos deste capítulo.

Skempton (1942) forneceu os resultados de um ensaio de carga em campo em solo argiloso para uma fundação grande, com $B = 2{,}44$ m e $L = 2{,}74$ m. Esse ensaio também foi realizado por Bishop e Bjerrum (1960). A Figura 16.10 mostra um diagrama da fundação e o perfil do solo. A variação da coesão não drenada (c_u) do perfil do solo também é mostrada

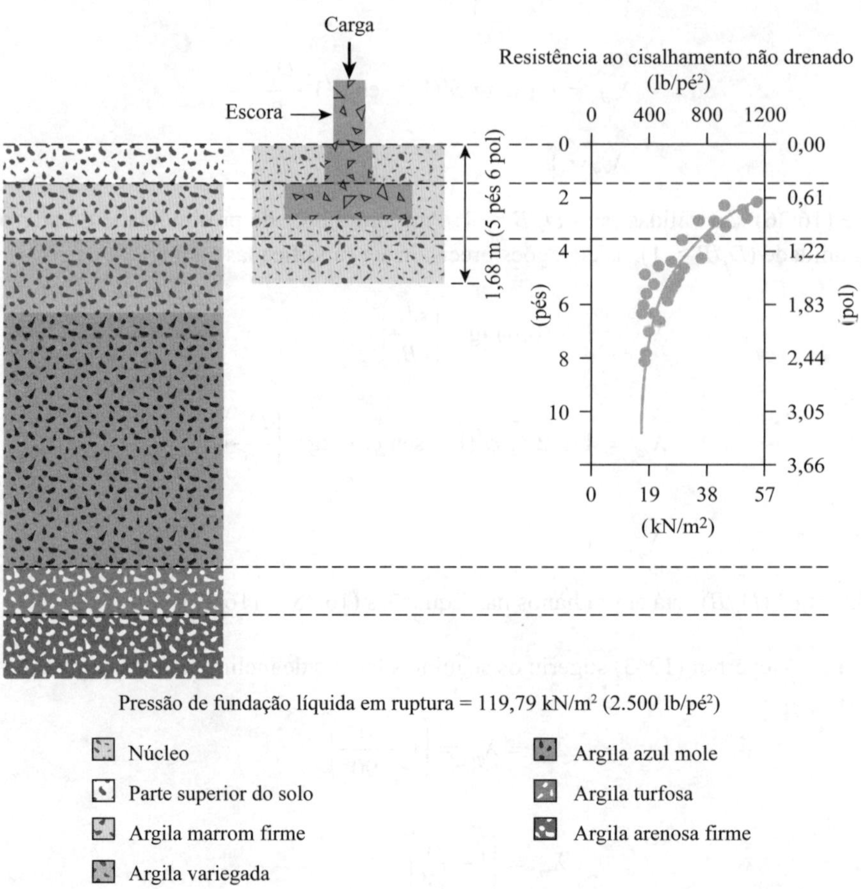

Figura 16.10 Ensaio de carga de campo de Skempton em uma fundação suportada por uma argila saturada. (*De acordo com Bishop e Bjerrum, 1960. Com permissão da ASCE.*)

na Figura 16.10. O teor de umidade médio, o limite de liquidez e o limite de plasticidade da argila sob a fundação foram de 50%, 70% e 28%, respectivamente. Foi aplicada uma carga à fundação, de forma a apresentar ruptura imediatamente após a construção. A capacidade de carga final líquida foi determinada para ser 119,79 kN/m².

A capacidade de carga final líquida foi definida na Equação (16.20) como

$$q_{u(\text{líquida})} = q_u - q$$

Da Equação (16.31), para a condição de carga vertical e $\phi' = 0°$ (*observação:* $N_q = 1, N_\gamma = 0, \lambda_{qs} = 1$ e $\lambda_{qd} = 1$),

$$q_u = c_u \lambda_{cs} \lambda_{cd} N_c + q$$

Portanto,

$$q_{u(\text{líquida})} = (c_u \lambda_{cs} \lambda_{cd} N_c + q) - q = c_u \lambda_{cs} \lambda_{cd} N_c$$

Para o caso em consideração, $c_u \simeq 16{,}8$ kN/m² (consulte a Figura 16.10) e $N_c = 5{,}14$ (consulte a Tabela 16.2). Das Equações (16.32) e (16.35),

$$\lambda_{cs} = 1 + 0{,}2\left(\frac{B}{L}\right) = 1 + 0{,}2\left(\frac{2{,}44}{2{,}74}\right) = 1{,}2$$

$$\lambda_{cd} = 1 + 0{,}4\left(\frac{D_f}{B}\right) = 1 + 0{,}4\left(\frac{1{,}68}{2{,}44}\right) = 1{,}275$$

Portanto,

$$q_{u(\text{líquida})} = (16{,}8)(1{,}2)(1{,}275)(5{,}14) = 132{,}1 \text{ kN/m}^2$$

Então, para este ensaio de carga de campo,

$$\frac{q_{u(\text{teoria líquida})}}{q_{u(\text{real líquido})}} = \frac{132{,}1}{119{,}79} = 1{,}1 \approx 1$$

Assim, o acordo entre a estimativa teórica e o resultado de ensaio de carga de campo é razoavelmente bom. A leve variação entre eles pode ser por conta da estimativa do valor médio de c_u.

Bishop e Bjerrum (1960) mencionaram diversas rupturas de fim de construção de sapatas em argila saturada. Os dados para essas rupturas são mostrados na Tabela 16.3. Podemos visualizar desta tabela que em todos os casos $q_{u\,(\text{teoria líquida})}/q_{u\,(\text{líquido real})}$ é aproximadamente 1. Esta descoberta confirma que o projeto de fundações rasas com base na capacidade de carga final líquida é uma técnica confiável.

Exemplo 16.3

A Figura 16.11 mostra uma sapata quadrada. Determine a carga bruta segura (fator de segurança 3) que a sapata pode suportar. Use a Equação (16.31).

Solução

Da Equação (16.31),

$$q_u = c'\lambda_{cs}\lambda_{cd}N_c + q\lambda_{qs}\lambda_{qd}N_q + \frac{1}{2}\gamma'\lambda_{\gamma s}\lambda_{\gamma d}BN_\gamma$$

(*Observação*: λ_{ci}, λ_{qi} e $\lambda_{\gamma i}$ são todos iguais a 1, pois a carga é vertical.)

Como $c' = 0$,

$$q_u = q\lambda_{qs}\lambda_{qd}N_q + \frac{1}{2}\gamma'\lambda_{\gamma s}\lambda_{\gamma d}BN_\gamma$$

(continua)

Tabela 16.3 Rupturas de fim de construção de sapatas – Fundação em argila saturada: condição $\phi' = 0$*

	Dados de argila					
Local	*w(%)*	*LL*	*LP*	*IP*	$\frac{w - LP}{IP}$	$\frac{q_{u(\text{teoria líquida})}}{q_{u(\text{real líquido})}}$
Ensaio de carga, Marmorerá	10	35	25	20	−0,25	0,92
Kensal Green	–	–	–	–	–	1,02
Silo, Transcona	50	110	30	80	0,25	1,09
Kippen	50	70	28	42	0,52	0,95
Estaca parafusada, Lock Ryan	–	–	–	–	–	1,05
Estaca parafusada, Newport	–	–	–	–	–	1,07
Tanque de óleo, Fredrikstad	45	55	25	30	0,67	1,08
Tanque de óleo A, Shellhaven	70	87	25	62	0,73	1,03
Tanque de óleo B, Shellhaven	–	–	–	–	–	1,05
Silo, U.S.A.	40	–	–	–	–	0,98
Ensaio de carregamento, Moss	9	–	–	–	–	1,10
Ensaio de carregamento, Hagalund	68	55	20	35	1,37	0,93
Ensaio de carregamento, Torp	27	24	16	8	1,39	0,96
Ensaio de carregamento, Rygge	45	37	19	18	1,44	0,95

**Segundo Bishop e Bjerrum* (1960). *Com permissão da ASCE.*

Observação: *w* = teor de umidade, *LL* = limite de liquidez; *LP* = limite de plasticidade; *IP* = índice de plasticidade

A partir da Tabela 16.2 para $\phi' = 32°$, $N_q = 23{,}18$ e $N_\gamma = 30{,}22$.

$$\lambda_{qs} = 1 + \frac{B}{L}\text{tg }\phi' = 1 + \frac{1,2}{1,2}\text{tg } 32 = 1,625$$

$$\lambda_{\gamma s} = 1 - 0,4\frac{B}{L} = 1 - 0,4\left(\frac{1,2}{1,2}\right) = 0,6$$

$$\lambda_{qd} = 1 + 2 \text{ tg } \phi'(1 - \text{sen } \phi')^2 \left(\frac{D_f}{B}\right)$$

$$= 1 + 2 \text{ tg } 32(1 - \text{sen } 32)^2 \left(\frac{1}{1,2}\right)$$

$$= 1,23$$

$$\lambda_{\gamma s} = 1$$

O lençol freático está localizado acima da base da fundação, então, a partir da Equação (16.16),

$$q = (0{,}5)(16) + (0{,}5)(19{,}5 - 9{,}81) = 12{,}845 \text{ kN/m}^2$$

Assim,

$$q_u = (12,845)(1,625)(1,23)(23,18) + \left(\frac{1}{2}\right)(19,5 - 9,81)(0,6)(1)(1,2)(30,22)$$

$$= 700,54 \text{ kN/m}^2$$

$$q_{\text{adm}} = \frac{q_u}{3} = \frac{700,54}{3} = 233,51 \text{ kN/m}^2$$

Portanto, a carga bruta é como mostrado a seguir:

$$Q = q_{\text{adm}}(B^2) = 233{,}51(1{,}2)^2 = \mathbf{336{,}25\ kN}$$

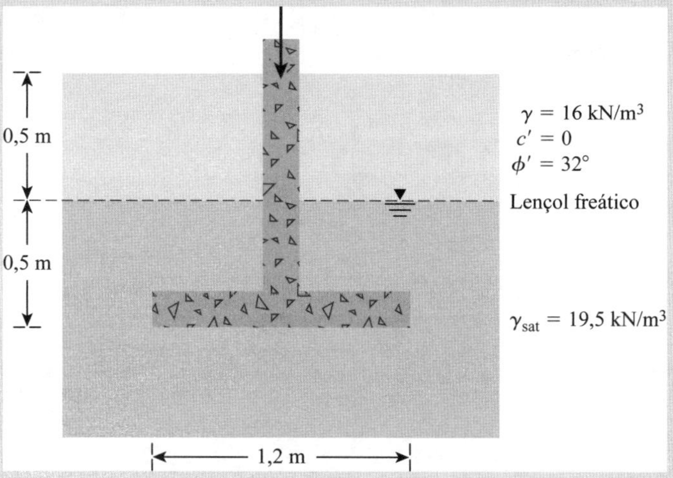

Figura 16.11

16.8 Carga última para fundações rasas sob cargas excêntricas

Excentricidade em uma direção

Para calcular a capacidade de carga de fundações rasas com carga excêntrica, Meyerhof (1953) introduziu o conceito de *área efetiva.* Esse conceito pode ser explicado consultando a Figura 16.12, na qual uma sapata de comprimento L e largura B está submetida a uma carga excêntrica denominada Q_u. Quando Q_u é a carga última aplicada à sapata, seu valor aproximado pode ser calculado como descrito a seguir:

1. Com base nas Figuras 16.12b e 16.12c, calcule as dimensões efetivas da fundação. Se a excentricidade (e) estiver na direção x (Figura 16.12b), as *dimensões efetivas* serão

$$X = B - 2e$$

e

$$Y = L$$

No entanto, se a excentricidade estiver na direção y (Figura 16.12c), as dimensões efetivas serão

$$Y = L - 2e$$

e

$$X = B$$

2. A menor das duas dimensões efetivas calculadas na etapa 1 é a *profundidade efetiva* (B') e a outra é o *comprimento efetivo* (L'). Assim,

$$B' = X \text{ ou } Y\text{, aquele que for menor}$$

$$L' = X \text{ ou } Y\text{, aquele que for maior}$$

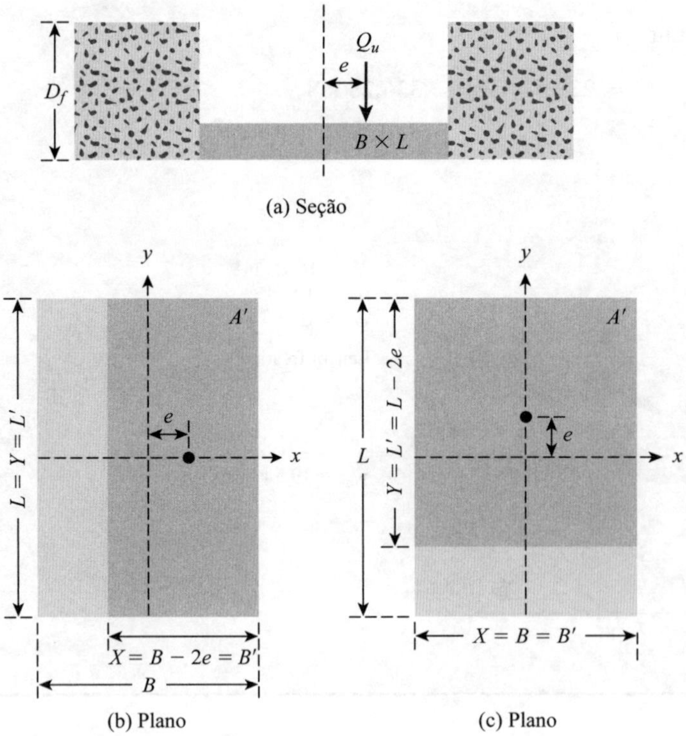

Figura 16.12 Carga última para fundações rasas sob cargas excêntricas.

3. Portanto, a largura efetiva é igual a B' multiplicada por L'. Agora, utilizando a profundidade efetiva, podemos reescrever a Equação (16.31) como

$$q_u = c'\lambda_{cs}\lambda_{cd}N_c + q\lambda_{qs}\lambda_{qd}N_q + \frac{1}{2}\lambda_{\gamma s}\lambda_{\gamma d}\gamma B'N_\gamma \tag{16.44}$$

Observe que a equação anterior é obtida pela substituição de B' por B na Equação (16.31). No cálculo dos fatores de forma e profundidade, deve-se substituir B' por B e L' por L.

4. Uma vez que o valor de q_u é calculado da Equação (16.44), podemos obter a carga final bruta total conforme segue:

$$Q_u = q_u(B'L') = q_uA' \tag{16.45}$$

onde A' = área efetiva.

Purkayastha e Char (1977) realizaram a análise de estabilidade de *fundações contínuas em solo granular* excentricamente carregado (ou seja, $c' = 0$) utilizando o método das fatias. Com base nessa análise, eles propuseram que

$$R_k = 1 - \frac{q_{u(\text{excêntrico})}}{q_{u(\text{cêntrico})}} \tag{16.46}$$

onde R_k = fator de redução

$q_{u(\text{excêntrico})}$ = capacidade de carga final de fundação contínua excentricamente carregada

$= \dfrac{Q_{u(\text{excêntrico})}}{B}$

$q_{u(\text{cêntrico})}$ = capacidade de carga final de fundações contínuas centralmente carregadas

$$= \frac{Q_{u(\text{centro})}}{B}$$

A magnitude de R_k pode ser expressa como

$$R_k = a\left(\frac{e}{B}\right)^k \tag{16.47}$$

onde a e k são funções de índice de cravamento D_f/B (Tabela 16.4).

Portanto, ao combinar as Equações (16.46) e (16.47), temos

$$Q_{u(\text{excêntrico})} = Q_{u(\text{cêntrico})}\left[1 - a\left(\frac{e}{B}\right)^k\right] \tag{16.48}$$

onde $Q_{u(\text{excêntrico})}$ e $Q_{u(\text{cêntrico})}$ = carga final por comprimento específico, respectivamente, para fundações excêntrica e centralmente carregadas.

Tabela 16.4 Variações de a e k [Equação (16.47)]

D_f/B	a	K
0	1,862	0,73
0,25	1,811	0,785
0,5	1,754	0,80
1,0	1,820	0,888

Excentricidade em duas direções

Quando as fundações são submetidas a cargas com excentricidade em duas direções, como mostra a Figura 16.13, a área efetiva é definida de modo que o centroide coincida com a carga. O procedimento para a determinação das dimensões efetivas B' e L' está além do escopo desse texto. Os leitores podem consultar Das (2011). Uma vez que B' e L' são denominados, as Equações (16.44) e (16.45) podem ser utilizadas para determinar a carga final.

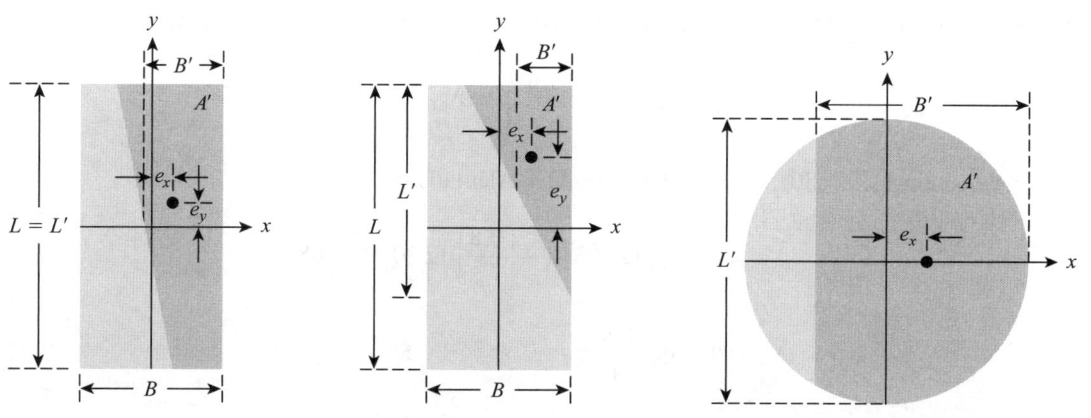

Figura 16.13 Fundação sujeita à excentricidade em duas direções.

Exemplo 16.4

Uma sapata retangular de 1,5 m × 1 m é mostrada na Figura 16.14. Determine o valor da carga final bruta aplicada de forma excêntrica que cause a ruptura de capacidade de carga no solo.

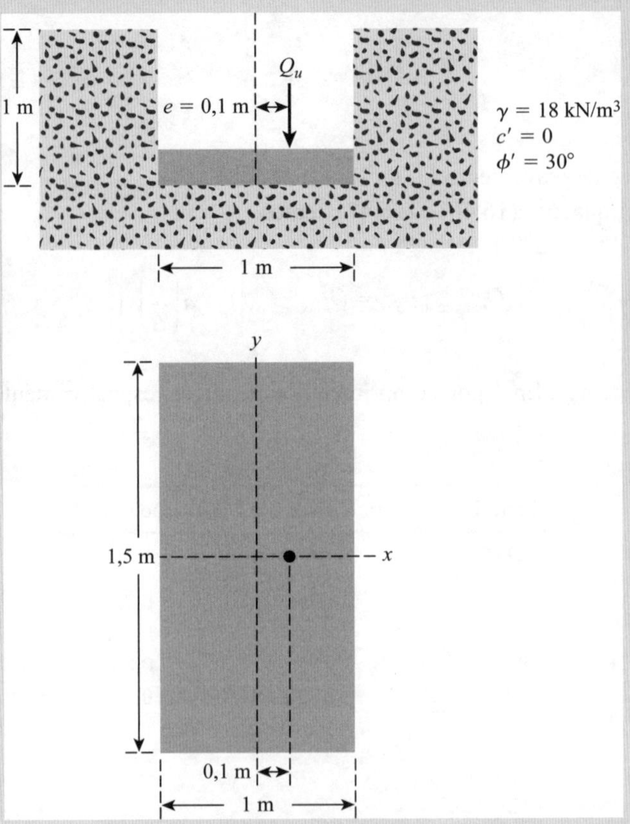

Figura 16.14

Solução

Das Figuras 16.12b e 16.14,

$$X = B - 2e = 1 - 2e = 1 - (2)(0,1) = 0,8 \text{ m}$$
$$Y = L = 1,5 \text{ m}$$

Então, a largura efetiva (B') = 0,8 m e comprimento efetivo (L') = 1,5 m. Da Equação (16.44),

$$q_u = q\lambda_{qs}\lambda_{qd}N_q + \frac{1}{2}\lambda_{\gamma s}\lambda_{\gamma d}\gamma B'N_\gamma$$

A partir da Tabela 16.2 para $\phi = 30°$, $N_q = 18,4$ e $N_\gamma = 22,4$. Além disso,

$$\lambda_{qs} = 1 + \frac{B'}{L'}\text{tg}\,\phi' = 1 + \left(\frac{0,8}{1,5}\right) \text{tg } 30 = 1,308$$

$$\lambda_{\gamma s} = 1 - 0,4\left(\frac{0,8}{1,5}\right) = 0,787$$

$$\lambda_{qd} = 1 + 2\ \text{tg}\,\phi' = (1 - \text{sen}\,\phi')^2\left(\frac{D_f}{B'}\right)$$

$$= 1 + 2 \text{ tg } 30 = (1 - \text{sen}\, 30)^2 \left(\frac{1}{0,8}\right)$$

$$= 1,361$$

$$\lambda_{\gamma d} = 1$$

Então

$$q_u = (1 \times 18)\ (1,308)\ (1,361)\ (18,4) + \left(\frac{1}{2}\right)(0,787)\ (1,0)\ (18)\ (0,8)\ (22,4) = 716,53 \text{kN/m}^2$$

Portanto, a partir da Equação (16.45),

$$Q_u = q_u(B'L') = (716,53)(0,8)(1,5) = \mathbf{859,8\ kN}$$ ■

Exemplo 16.5

Considere uma fundação contínua excentricamente carregada, apoiada por um solo granular. Dados: $B = 1,5$ m, $D_f = 0,75$ m, excentricidade de carga $e/B = 0,1$, $\gamma = 17,5$ kN/m^3, $\phi' = 30°$ e $c' = 0$. Utilize o método de fator de redução [Equação (16.48)] e determine a carga final bruta por comprimento específico que a fundação pode carregar.

Solução

Da Equação (16.48),

$$Q_{u(\text{excêntrico})} = Q_{u(\text{cêntrico})}\left[1 - a\left(\frac{e}{B}\right)^k\right]$$

Além disso, $D_f/B = 0,75/1,5 = 0,5$. A partir da Tabela 16.4, $a = 1,754$ e $k = 0,8$. Assim,

$$Q_{u(\text{cêntrico})} = \left(qN_q\lambda_{qd} + \frac{1}{2}\lambda_{\gamma d}BN_\gamma\right)B$$

(*Observação*: Os fatores de forma são iguais a um, pois esta é uma fundação contínua.)

$$q = \gamma D_f = (17,5)(0,75) = 13,125 \text{ kN/m}^2$$

A partir da Tabela 16.2 para $\phi' = 30°$, $N_q = 18,4$ e $N_\gamma = 22,4$. Portanto,

$$\lambda_{qd} = 1 + 2 \text{ tg } \phi' = (1 - \text{sen } \phi')^2 \left(\frac{D_f}{B}\right)$$

$$= 1 + 2 \text{ tg } 30 = (1 - \text{sen } 30)^2 \left(\frac{0,75}{1,5}\right)$$

$$= 1,144$$

$$\lambda_{\gamma d} = 1$$

$$Q_{u(\text{cêntrico})} = [(13,125)(18,4)(1,144) + (0,5)(1,0)(1,5)(22,4)]\ (1,5) = 439,65 \text{ kN/m}$$

Portanto,

$$Q_{u(\text{excêntrico})} = (439,65)[1 - (1,754)(0,1)^{0,8}] = 317,4 \text{ kN} \approx \mathbf{317\ kN/m}$$ ■

16.9 Capacidade de carga da areia com base no recalque

Em geral, a obtenção de corpos de prova indeformados de areia sem coesão em um programa de reconhecimento do solo é um processo difícil. Por essa razão, os resultados dos ensaios de penetração padrão (SPTs), executados durante o reconhecimento das camadas subterrâneas, geralmente são utilizados para o cálculo da capacidade de carga admissível do solo, no caso das fundações construídas sobre a areia. (O Capítulo 17 detalha o procedimento de execução dos SPTs.)

Meyerhof (1956) propôs as correlações para a *capacidade de carga líquida admissível* ($q_{\text{líquida}}$) com base no recalque (elástico). Isso foi posteriormente revisto por Meyerhof (1965), com base no desempenho das fundações em campo. Estas correlações podem ser expressas como mostrado a seguir.

Unidades SI

$$q_{\text{líquida}}(\text{kN/m}^2) = \frac{N_{60}}{0{,}05} F_d \left[\frac{S_e(\text{mm})}{25}\right] \quad (\text{para } B \leq 1{,}22 \text{ m}) \tag{16.49}$$

$$q_{\text{líquida}}(\text{kN/m}^2) = \frac{N_{60}}{0{,}08} \left(\frac{B + 0{,}3}{B}\right)^2 F_d \left[\frac{S_e(\text{mm})}{25}\right] \quad (\text{para } B > 1{,}22 \text{ m}) \tag{16.50}$$

onde B = largura da fundação (m)
S_e = recalque

Nas Equações (16.49) e (16.50),

N_{60} = número de penetração padrão em campo, com base em uma razão de energia média de 60%
S_e = recalque admissível (elástico)

$$F_d = \text{fator de profundidade} = 1 + 0{,}33\left(\frac{D_f}{B}\right) \leq 1{,}33 \tag{16.51}$$

Os valores N_{60} referidos às Equações (16.49) a (16.50) são os valores médios entre a base da fundação e $2B$ abaixo da base.

Comparações com as observações de recalque em campo

Meyerhof (1965) compilou o recalque observado máximo (S_e) para várias fundações em radier sobre areia e pedregulho. Esses valores são mostrados na Tabela 16.5 (Coluna 5) junto com os valores de B, $q_{\text{líquida}}$ e N_{60}.

Da Equação (16.50), podemos escrever

$$S_e(\text{mm}) = \frac{25 q_{\text{líquida}}}{\left(\frac{N_{60}}{0{,}08}\right)\left(\frac{B + 0{,}3}{B}\right)^2 F_d} \tag{16.52}$$

Como pode ser observado na Tabela 16.5, as larguras B para os radiers são maiores. Portanto

$$\left(\frac{B + 0{,}3}{B}\right)^2 \approx 1$$

$$F_d = 1 + 0{,}33\frac{D_f}{B} \approx 1$$

Então

$$S_e(\text{mm}) \approx \frac{2 q_{\text{líquida}}(\text{kN/m}^2)}{N_{60}} \tag{16.53}$$

Tabela 16.5 Recalque observado e máximo calculado de radier em areia e pedregulhos

Estrutura (1)	B (m) (2)	N_{60} (3)	$q_{\text{líquida}}$ (kN/m²) (4)	$S^{a}_{e(\text{observado})}$ (mm) (5)	$S^{b}_{e(\text{previsto})}$ (mm) (6)	$\dfrac{S_{e(\text{previsto})}}{S_{e(\text{observado})}}$ (7)
T. Edison São Paulo, Brasil	18,3	15	229,8	15,2	30,6	2,0
Banco do Brasil São Paulo, Brasil	22,9	18	239,4	27,9	26,6	0,95
Iparanga São Paulo, Brasil	9,1	9	306,4	35,6	68,1	1,91
C.B.I., Esplanada São Paulo, Brasil	14,6	22	383,0	27,9	34,8	1,25
Riscala São Paulo, Brasil	4,0	20	229,8	12,7	23	1,81
Thyssen Dusseldorf, Alemanha	22,6	25	239,4	24,1	19,2	0,8
Ministério Dusseldorf, Alemanha	15,9	20	220,2	21,6	22,0	1,02
Chimney Colônia, Alemanha	20,4	10	172,4	10,2	34,5	3,38

[a] Colunas 2, 3, 4, 5 – Compilada a partir de Meyerhof (1965)
[b] Coluna 6 – a partir da Equação (16.53)

Utilizando os valores reais de $q_{\text{líquida}}$ e N_{60} dados na Tabela 16.5, as magnitudes de S_e foram calculadas pela Equação (16.53). Elas são indicadas na Coluna 6 da Tabela 16.5 como $S_{e(\text{previsto})}$. A relação de $S_{e(\text{previsto})}/S_{e(\text{observado})}$ é mostrada na Coluna 7. Esta relação varia entre 0,84 e 3,6. Portanto, é possível concluir que a capacidade de carga líquida aceitável para dado recalque admissível, calculada usando a relação empírica, é segura e conservadora.

16.10 Prova de carga em placa

Em alguns casos, é desejável a execução de provas de carga em campo para determinar a capacidade de carga do solo para fundações. O método padrão de prova de carga no campo foi definido pela American Society for Testing and Materials (ASTM) de acordo com a norma Designation D-1194 (ASTM, 1997). Nesse tipo de ensaio são utilizadas placas de suporte circulares de aço com 162 a 760 mm de diâmetro e placas quadradas com lados de 305 mm.

Um diagrama do ensaio de carga é mostrado na Figura 16.15. Para a execução do ensaio, uma cava de profundidade D_f deve ser escavada. A largura da cava de ensaio deve ter pelo menos quatro vezes a largura da placa de suporte a ser utilizada no ensaio. A placa de suporte é colocada sobre o solo no fundo da cava, e uma carga controlada é aplicada a ela. Após a aplicação, a carga é mantida durante um intervalo de tempo longo o suficiente para que o recalque ocorra. Quando o recalque da placa de suporte se torna desprezível, outra carga controlada é aplicada. Dessa maneira, um gráfico de recalque de carga pode ser obtido, conforme indicado na Figura 16.16.

A partir dos resultados da prova de carga no campo, o valor aproximado da capacidade de carga última do solo para sapatas reais pode ser calculado como mostrado a seguir:

Para argilas,

$$q_{u(\text{sapata})} = q_{u(\text{placa})} \tag{16.54}$$

Para solos arenosos,

$$q_{u(\text{sapata})} = q_{u(\text{placa})} \frac{B_{(\text{sapata})}}{B_{(\text{placa})}} \tag{16.55}$$

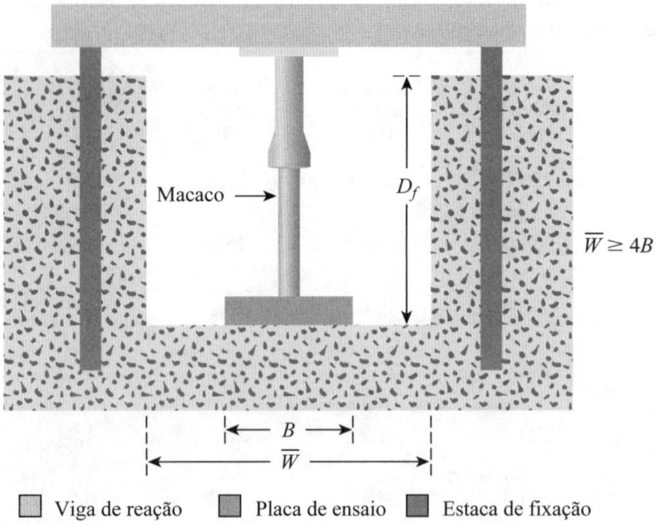

Figura 16.15 Diagrama de ensaio de carga em placa.

Figura 16.16 Curva típica de recalque de carga obtida do ensaio de carga na placa.

Para determinada intensidade de carga q, o recalque da sapata atual também pode ser aproximado das seguintes equações:

Na argila,

$$S_{e(\text{sapata})} = S_{e(\text{placa})} \frac{B_{(\text{sapata})}}{B_{(\text{placa})}} \tag{16.56}$$

No solo arenoso,

$$S_{e(\text{sapata})} = S_{e(\text{placa})} \left[\frac{2B_{(\text{sapata})}}{B_{(\text{sapata})} + B_{(\text{placa})}} \right]^2 \tag{16.57}$$

Exemplo 16.6

A capacidade de carga última de uma placa com 700 mm de diâmetro conforme determinado pelos ensaios de carga em campo é 280 kN/m^2. Calcule a capacidade de carga final de uma sapata circular de 1,5 m de diâmetro. O solo é arenoso.

Solução

Da Equação (16.57),

$$q_{u(\text{sapata})} = q_{u(\text{placa})} \frac{B_{(\text{sapata})}}{B_{(\text{placa})}} = 280\left(\frac{1,5}{0,7}\right)$$

$$= \mathbf{680\ kN/m^2}$$

■

Exemplo 16.7

Os resultados de um ensaio de carga em placa em solo arenoso são exibidos na Figura 16.17. O tamanho da placa é de 0,305 m × 0,305 m. Determine as dimensões de uma fundação com coluna quadrada que deve suportar uma carga de 2500 kN com recalque máximo de 25 mm.

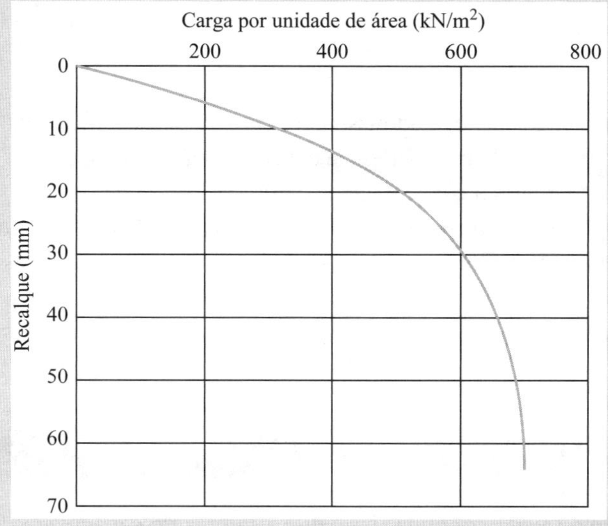

Figura 16.17

Solução

O problema precisa ser resolvido por tentativa e erro utilizando a seguinte tabela e a Equação (16.59).

Q (kN) (1)	Comprimento presumido, B_F (m) (2)	$q = \frac{Q}{B_F^2}$ (kN/m²) (3)	$S_{e(placa)}$ correspondente a q na Coluna 3 da Fig. 16.17 (mm) (4)	$S_{e(sapata)}$ utilizando a Equação (16.57) (mm) (5)
2.500	4,0	156,25	4,0	13,81
2.500	3,0	277,80	8,0	26,37
2.500	3,2	244,10	6,8	22,67

Então, uma sapata de coluna com dimensões de **3,2 m** × **3,2 m** será apropriada. ■

16.11 Resumo e considerações gerais

Neste capítulo, foram apresentadas as teorias para o cálculo das capacidades de carga última e admissível de fundações rasas. Os procedimentos nas provas de carga no campo e no cálculo da capacidade de carga admissível, para solos granulares com base em critérios de recalque limitado, foram brevemente discutidos.

Abaixo segue um resumo dos assuntos importantes apresentados neste capítulo.

- As equações de capacidade de carga última de Terzaghi [Equações (16.11), (16.12) e (16.13)]
- Equação geral de capacidade de carga última [Equação (16.31)]
- Capacidade de carga última das fundações sujeitas à carga excêntrica vertical [Equação (16.44)]
- Capacidade de carga de fundações rasas com base no recalque (Seção 16.9)

Vários códigos de construção atualmente adotados nos Estado Unidos e em outros países fornecem valores prováveis de capacidade de carga para vários tipos de solo. É de extrema importância entender que tais dados são *apenas valores aproximados*. A capacidade de carga das fundações depende de diversos fatores:

1. Estratificação do subsolo
2. Parâmetros de resistência ao cisalhamento do subsolo
3. Localização do lençol freático
4. Fatores ambientais

5. Tamanho e peso da edificação
6. Profundidade da escavação
7. Tipo de estrutura

Portanto, é importante que a capacidade de carga admissível em um local específico seja determinada com base nas conclusões do reconhecimento do solo no local, na experiência em construção de fundações e nos conceitos fundamentais das teorias de engenharia geotécnica referentes à capacidade de carga.

As relações de capacidade de carga admissível com base em observações sobre o recalque, tais como as apresentadas na Seção 16.10, não consideram o recalque causado pelo adensamento das camadas de argila. Em geral, o recalque excessivo resulta em rachaduras na construção, o que pode levar a rupturas estruturais. O recalque uniforme da estrutura não produz fissuras; por outro lado, o recalque diferencial pode produzir fissuras e danos à construção.

Problemas

16.1 A Figura 16.18 mostra uma sapata contínua. Usando os fatores de capacidade de carga de Terzaghi, determine a carga bruta admissível por área específica (q_{adm}) que a sapata pode suportar. Considere uma ruptura geral por cisalhamento. Dados: $\gamma = 17{,}5$ kN/m³, $c' = 21$ kN/m², $\phi' = 32°$, $D_f = 1$ m, $B = 1{,}5$ m e o fator de segurança = 3.

16.2 Repita o Problema 16.1 com os dados: $\gamma = 18{,}5$ kN/m³, $c' = 71{,}8$ kN/m², $\phi' = 24°$, $D_f = 1{,}21$ m, $B = 1{,}83$ m e o fator de segurança = 4.

16.3 Repita o Problema 16.1 com os dados: $\gamma = 19{,}5$ kN/m³, $c_u = 37$ kN/m², $\phi' = 0$, $D_f = 0{,}75$ m, $B = 2{,}5$ m e o fator de segurança = 6.

16.4 Repita o Problema 16.1 utilizando a capacidade geral de carga última modificada na Equação (16.31).

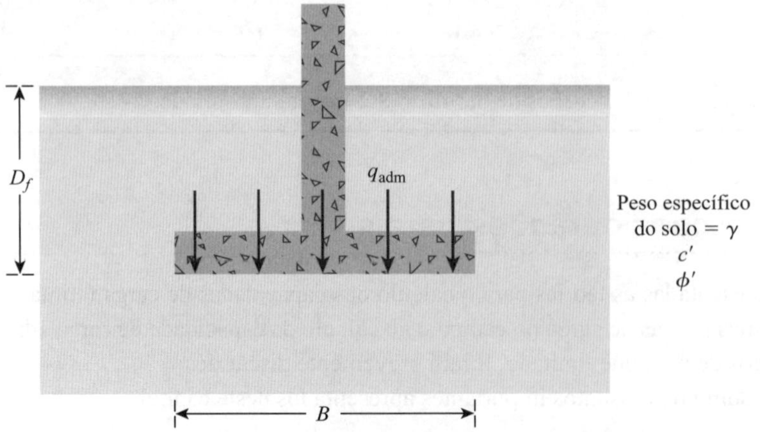

Figura 16.18

16.5 Repita o Problema 16.2 utilizando a capacidade geral de carga última modificada na Equação (16.31).

16.6 Repita o Problema 16.3 utilizando a capacidade geral de carga última modificada na Equação (16.31).

16.7 A Figura 16.19 mostra uma sapata quadrada. Determine a carga bruta admissível, Q_{adm}, que a sapata pode suportar. Utilize a equação de Terzaghi para a ruptura geral por cisalhamento ($F_s = 3{,}5$). Dados: $\gamma = 16$ kN/m³, $\gamma_{sat} = 18{,}9$ kN/m³, $c' = 17$ kN/m³, $\phi' = 32°$, $D_f = 1{,}2$ m, $h = 0{,}9$ m e $B = 1{,}75$ m.

16.8 Se o nível de água no Problema 16.7 cair para 0,5 m abaixo do nível da fundação, qual seria a modificação no fator de segurança para a mesma carga bruta permitida?

16.9 Repita ao Problema 16.7 com os seguintes dados: massa específica de solo acima do lençol freático, $\rho = 1750$ kg/m³; massa específica de solo saturado abaixo do lençol freático, $\rho_{sat} = 1950$ kg/m³; $c' = 28$ kN/m³, $\phi' = 22°$, $D_f = 1{,}5$ m, $h = 2{,}5$ m e $B = 2$ m.

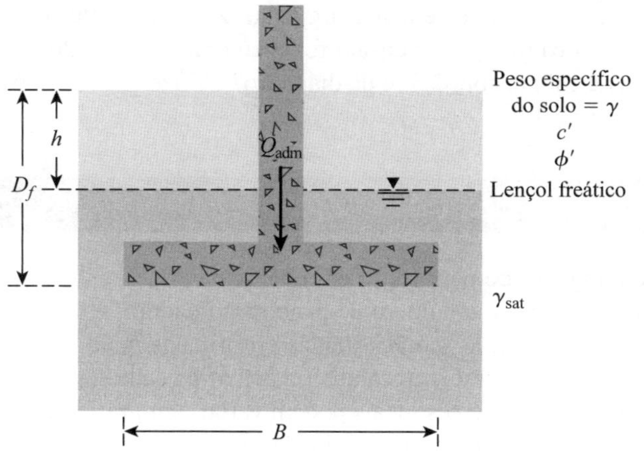

Figura 16.19

16.10 Uma sapata quadrada ($B \times B$) deve carregar uma carga bruta permitida de 1111 kN. A base da sapata deve estar localizada a 1,37 m abaixo da superfície do solo. Se o fator de segurança necessário for 4, determine o tamanho da sapata. Utilize os fatores de capacidade de carga de Terzaghi e presuma a ruptura de cisalhamento geral de solo. Dados: $\gamma = 18{,}2$ kN/m^3, $c' = 43$ kN/m^2, $\phi' = 29°$.

16.11 Repita o Problema 16.10 com os seguintes dados: carga bruta permitida = 550 kN, $\gamma = 19$ kN/m^3, $c' = 0$, $\phi' = 25°$, $D_f = 2{,}1$ m e o fator de segurança necessário = 2,5.

16.12 Repita o Problema 16.7 utilizando a capacidade geral de carga última modificada na Equação (16.31).

16.13 A Figura 16.20 mostra uma sapata quadrada. A sapata está submetida a uma carga excêntrica. No caso a seguir, determine a carga bruta admissível que a sapata pode suportar com $F_s = 5$. Utilize os fatores de forma por De Beer (1970), os fatores de profundidade por Hansen (1970) e os fatores de inclinação por Meyerhof (1963).

a. $\gamma = 19$ kN/m^3, $c' = 0$, $\phi' = 31°$, $D_f = 1$ m, $B = 2{,}5$ m, $x = 0{,}2$ m, $y = 0$

b. $\gamma = 18$ kN/m^3, $c' = 43{,}1$ kN/m^3, $\phi' = 26°$, $D_f = 1{,}22$ m, $B = 1{,}83$ m, $x = 0{,}27$ m, $y = 0$

c. $\rho = 1.800$ kg/m^3, $c' = 0$, $\phi' = 38°$, $D_f = 1{,}5$ m, $B = 1{,}5$ m, $x = 0$, $y = 0{,}1$ m

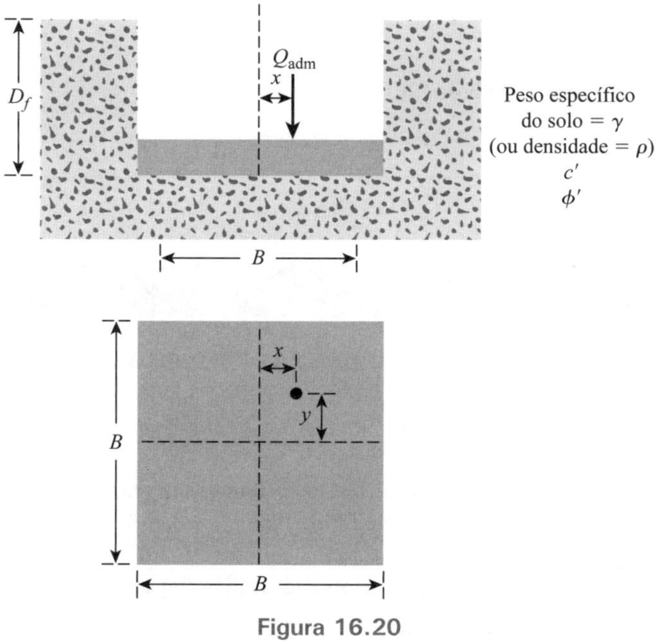

Figura 16.20

16.14 Um ensaio de carga de placa foi conduzido em solo arenoso no qual o tamanho da placa de carga era 610 mm × 610 mm. A carga última por área específica (q_u) para o ensaio foi encontrada como 325,5 kN/m^2. Calcule a carga máxima permitida para uma sapata de 1524 mm × 1524 mm. Utilize o fator de segurança 5.

16.15 Um ensaio de carga de placa foi conduzido em uma argila utilizando uma placa redonda com 762 mm de diâmetro. A carga final por unidade de área (q_u) para o ensaio foi encontrada como 320 kN/m^2. Qual deve ser a carga total permitida para uma sapata de coluna com 2,5 m de diâmetro? Utilize um fator de segurança de 4.

Problema de pensamento crítico

C.16.1 A seguinte tabela exibe o registro de perfuração em um local onde um shopping center de vários andares seria construído. A classificação de solo e o número de penetração padrão, N_{60}, são fornecidos no registro de perfuração. Todas as colunas da construção são suportadas por sapatas quadradas que devem ser colocadas a uma profundidade de 1,5 m. Adicionalmente, o recalque (elástico) de cada sapata deve estar restrito a 20 mm. Uma vez que as cargas da coluna em diferentes locais podem variar, um gráfico é útil para uma rápida estimativa de tamanho de sapata necessário para suportar determinada carga.

a. Prepare um gráfico representando a variação de cargas máximas permitida de coluna com tamanhos de sapata $B = 1$ m, 1,5 m, 2 m e 3 m. Utilize um fator de segurança 3.

b. Se a carga de coluna bruta da estrutura for 250 kN, como você utilizaria este gráfico para selecionar o tamanho da sapata?

c. Para o tamanho da sapata determinado na Parte (b), qual seria a carga de coluna líquida permitida se for utilizada a equação de capacidade de carga de Terzaghi? Para uma areia bem graduada, presuma que $\phi' = 33°$ e $\gamma = 17$ kN/m^3. Use $F_s = 3$.

d. Compare e discuta as diferenças nos tamanhos das sapatas obtidas nas partes (b) e (c).

Tipo de solo (m)	Profundidade (m)	N_{60}
Areia bem graduada (SW)	1	
	2	12
	3	
Siltes de areia (ML)	4	7
	5	
	6	8
	7	
Areia pedregulhosa (SP)	8	19
	9	
	10	

Referências

AMERICAN SOCIETY FOR TESTING AND MATERIALS. *Annual Book of Standards,* ASTM, v. 04.08, West Conshohocken, Pa, 1997.

BALLA, A. Bearing Capacity of Foundations, *Journal of the Soil Mechanics and Foundations Division*, ASCE, v. 89, n. SM5, p. 12-34, 1962.

BISHOP, A. W.; BJERRUM, L. The Relevance of the Triaxial Test to the Solution of Stability Problems, *Proceedings*, Research Conference on Shear Strength of Cohesive Soils, ASCE, p. 437-501, 1960.

DAS, B. M. *Principles of Foundation Engineering*, 7. ed., Cengage, Stamford, CT, 2011.

DE BEER, E. E. Experimental Determination of the Shape Factors and Bearing Capacity Factors of Sand, *Geotechnique*, v. 20, n. 4, p. 387-411, 1970.

DE BEER, E. E.; VESIĆ, A., Etude expérimentale de la capacité portante du sable sous des fondations directes établies en surface, *Annales des Travaux Publics de Belqique*, v. 59, n. 3, p. 5-58, 1958.

HANSEN, J. B. A Revised and Extended Formula for Bearing Capacity, Danish Geotechnical Institute, *Bulletin n. 28*, Copenhague, 1970.

KUMBHOJKAR, A. S. Numerical Evaluation of Terzaghi's *Nγ*, *Journal of Geotechnical Engineering*, ASCE, v. 119, n. GT3, p. 598-607, 1993.

LUNDGREN, H.; MORTENSEN, K. Determination by the Theory of Elasticity of the Bearing Capacity of Continuous Footing on Sand, *Proceedings*, 3rd International Conference on Soil Mechanics and Foundation Engineering, v. I, p. 409-412, 1953.

MEYERHOF, G. G. The Ultimate Bearing Capacity of Foundations, *Geotechnique*, v. 2, n. 4, p. 301-331, 1951.

MEYERHOF, G. G. The Bearing Capacity of Foundations Under Eccentric and Inclined Loads, *Proceedings*, 3rd International Conference on Soil Mechanics and Foundation Engineering, v. 1, p. 440-445, 1953.

MEYERHOF, G. G. Penetration Tests and Bearing Capacity of Cohesionless Soils, *Journal of the Soil Mechanics and Foundations Division*, American Society of Civil Engineers, v. 82, n. SM1, p. 1-19, 1956.

MEYERHOF, G. G. Some Recent Research on the Bearing Capacity of Foundations, *Canadian Geotechnical Journal*, v. 1, p. 16-26, 1963.

MEYERHOF, G. G. Shallow Foundations, *Journal of the Soil Mechanics and Foundations Division*, ASCE, v. 91, n. SM2, p. 21-31, 1965.

PRANDTL, L. Über die Eindringungsfestigkeit (Harte) plasticher Baustoffe und die Festigkeit von Schneiden, *Zeitschrift für Angewandte Mathematik und Mechanik*, Basel, Suíça, v. 1, n. 1, 15-20, 1921.

PURKAYASTHA, R. D.; CHAR, R. A. N. Stability Analysis for Eccentrically Loaded Footings, *Journal of the Geotechnical Engineering Division*, ASCE, v. 103, n. 6, p. 647-651, 1977.

REISSNER, H. Zum Erddruckproblem, *Proceedings*, 1st International Congress of Applied Mechanics, p. 295-311, 1924.

SKEMPTON, A. W. An Investigation of the Bearing Capacity of a Soft Clay Soil, *Journal of the Institute of Civil Engineers*, Londres, v. 18, p. 307-321, 1942.

TERZAGHI, K. *Theoretical Soil Mechanics*, Wiley, Nova York, 1943.

VESIĆ, A. S. Analysis of Ultimate Loads of Shallow Foundations, *Journal of the Soil Mechanics and Foundations Division*, ASCE, v. 99, n. SM1, p. 45-73, 1973.

CAPÍTULO 17

Exploração do subsolo

17.1 Introdução

Os capítulos anteriores abordaram as propriedades fundamentais e o comportamento dos solos sob tensões e esforços em condições ideais. Na prática, os depósitos de solo naturais não são homogêneos, elásticos nem isotrópicos. Em alguns lugares, a estratificação de depósitos de solo pode até modificar muito dentro de uma distância horizontal de 15 a 30 m. Para o projeto de fundação e obras de construção, deve-se saber a estratificação de solo real em determinado local, os resultados de ensaio laboratorial das amostras de solo obtidos de diversas profundidades e as observações feitas durante a construção de outras estruturas em condições semelhantes. Para a maioria das grandes estruturas, deve ser feita uma exploração adequada do subsolo no local de construção. Os objetivos da exploração do subsolo incluem:

1. Determinar a natureza do solo local e sua estratificação
2. Obter amostras amolgadas e indeformadas do solo para identificação visual e ensaios de laboratório apropriados
3. Determinar a profundidade e a natureza do leito rochoso, se e quando encontrado
4. Realizar alguns ensaios de campo *in situ*, tais como ensaios de permeabilidade (Capítulo 7), ensaio de palheta (Capítulo 12) e ensaio de penetração dinâmica
5. Observar as condições de drenagem do e para o local
6. Avaliar qualquer problema especial de construção em relação às estruturas próximas existentes
7. Determinar a posição do nível do lençol freático

Este capítulo aborda, resumidamente, as técnicas de exploração do subsolo. Para mais informações, consulte o *Manual of Foundation Investigations* do American Association of State Highway and Transportation Officials (1967).

17.2 Planejamento da exploração do solo

Um programa de exploração do solo para dada estrutura pode ser dividido, de modo geral, em quatro fases:

1. *Compilação das informações existentes relacionadas à estrutura:* Esta fase engloba a coleta de informações sobre o tipo de estrutura a ser construída e seu uso futuro, os requisitos dos códigos de construção locais e as cargas dos pilares e paredes estruturais. Se a exploração for para a construção da fundação de uma ponte, deve-se ter uma ideia do comprimento do vão e da previsão das cargas às quais os pilares e encontros serão submetidos.
2. *Coleta das informações já existentes das condições do subsolo:* É possível economizar quantias consideráveis no programa de exploração se o engenheiro geotécnico encarregado do projeto analisar detalhadamente as informações já existentes relacionadas às condições do subsolo no local da construção. As informações úteis podem ser obtidas a partir das seguintes fontes:
   a. Mapas de pesquisa geológica
   b. Levantamento municipal de solo preparado pelo Ministério Americano de Agricultura e Serviço de Conservação do Solo

c. Manuais de solos publicados pelos departamentos de estradas estaduais
d. Relatórios existentes de exploração de solo preparados para a construção de estruturas ao redor

As informações coletadas das fontes anteriores fornecem a primeira impressão sobre o tipo de solo e os problemas que podem ser encontrados durante as operações de perfuração.

3. *Reconhecimento do local de construção proposto:* O engenheiro deve inspecionar visualmente o local e a área ao redor. Em muitos casos, as informações coletadas em tal inspeção são inestimáveis para planejamento futuro. O tipo de vegetação no local, em alguns casos, pode indicar o tipo de subsolo que será encontrado. A acessibilidade do local e a natureza da drenagem, de seu solo e para seu solo, também podem ser determinadas. Cortes abertos próximos ao local fornecem indicações sobre a estratificação do subsolo. Rachaduras nas paredes de estruturas próximas podem indicar recalque em virtude da possível existência de camadas de argila mole ou presença de solos de argila expansiva.
4. *Investigação detalhada do local:* Esta fase consiste em fazer várias sondagens no local e coletar amostras amolgadas e indeformadas de solo em várias profundidades, para observação visual e ensaios em laboratório. Não existe regra definida para determinar o número de sondagens ou a profundidade até a qual as sondagens devem atingir. Para a maioria dos edifícios, pelo menos uma perfuração em cada canto e uma no centro devem servir como ponto de partida. Dependendo da uniformidade do subsolo, podem ser feitas sondagens adicionais. A Tabela 17.1 fornece as orientações para o planejamento inicial do espaçamento dos furos de sondagem.

As sondagens devem abranger desde materiais de fundação inadequados até camadas de solo firmes. Sowers e Sowers (1970) forneceram uma estimativa grosseira da profundidade mínima da perfuração (a menos que o leito rochoso seja encontrado) para construções com diversos pavimentos. Ela pode ser dada pelas seguintes equações, aplicáveis a edificações leves de aço ou concreto:

$$z_b(\text{m}) = 3S^{0,7} \tag{17.1}$$

ou para edificações pesadas ou de concreto:

$$z_b(\text{m}) = 6S^{0,7} \tag{17.2}$$

Nas Equações (17.1) e (17.2), z_b é a profundidade aproximada de perfuração e S é a quantidade de andares.

A American Society of Civil Engineers (Sociedade Americana de Engenheiros Civis) (1972) recomendou as seguintes regras práticas para a estimativa da profundidade de sondagens para edifícios.

1. Determine a variação do aumento da tensão efetiva líquida $\Delta\sigma'$ que resultará da construção da estrutura proposta em função da profundidade. Essa variação pode ser determinada pelos princípios descritos no Capítulo 10. Determine a profundidade D_1 na qual o valor de $\Delta\sigma'$ é igual a 10% da carga média por unidade de área da estrutura.
2. Trace o gráfico da variação da tensão vertical efetiva σ'_o na camada de solo em função da profundidade. Compare esta com a variação líquida de aumento de tensão, $\Delta\sigma'$, com profundidade conforme determinada na etapa 1. Determine a profundidade D_2 no qual $\Delta\sigma' = 0{,}05\sigma'_o$.
3. A menor das duas profundidades, D_1 e D_2, é a profundidade mínima aproximada da sondagem.

Quando a exploração do solo tiver como finalidade a construção de barragens e aterros, a profundidade da sondagem pode variar de metade a duas vezes a altura do aterro.

As técnicas gerais usadas para a realização de sondagens no campo e o procedimento para coleta de amostras de solo serão descritos nas próximas seções.

Tabela 17.1 Espaçamento das perfurações

Projeto	Espaçamento das perfurações (m)
Construção com um andar	25-30
Construção com diversos andares	15-25
Rodovia	250-300
Barragens de terra	25-50
Loteamento residencial	60-100

17.3 Métodos de perfuração

Os furos de sondagem podem ser executados no campo utilizando vários métodos. O mais simples é com o uso de *trados*. A Figura 17.1 mostra dois tipos de trados manuais que podem ser usados para perfurações de sondagem com profundidade de 3 a 5 m, em média, e também em trabalhos de exploração do solo para rodovias e estruturas pequenas. Informações relativas aos tipos de solo presentes em várias profundidades são obtidas por meio da análise do solo que fica preso no trado. As amostras de solo coletadas dessa maneira são deformadas, mas podem ser utilizadas para conduzir ensaios laboratoriais, como determinação granulométrica e limites de Atterberg.

Quando os furos tiverem que alcançar profundidades maiores, o método mais comum é o uso de trados helicoidais contínuos, que têm acionamento mecânico. A potência de perfuração é exercida por sondas montadas em caminhões ou tratores. Os trados helicoidais contínuos estão disponíveis comercialmente nas seções de 1 a 1,5 m. Durante a operação de perfuração, seção após seção de trado pode ser acionada e o buraco, prolongado para baixo. Os trados helicoidais contínuos podem ter haste sólida ou oca. Alguns dos trados de haste sólida comumente utilizados têm diâmetros externos de 67 mm, 83 mm, 102 mm e 114 mm. Os diâmetros interno e externo de alguns trados ocos são fornecidos na Tabela 17.2.

As estacas hélices trazem o solo solto do fundo da perfuração à superfície. O operador pode detectar a mudança no tipo de solo encontrado pela mudança de velocidade e o som de perfuração. A Figura 17.2 mostra uma operação de perfuração com trados helicoidais. Quando são usados os trados de hastes sólidas, esse deve ser retirado em intervalos regulares

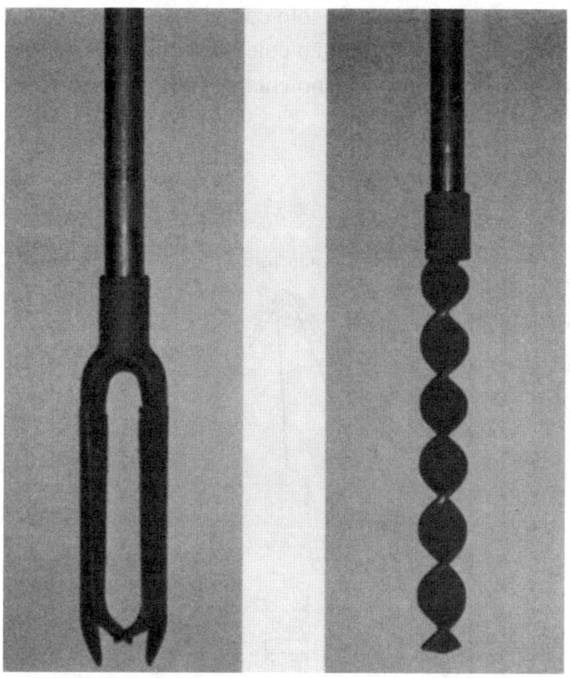

Figura 17.1 Trados manuais: (a) Trado Iwan; (b) Trado helicoidal (*Cortesia de Braja Das, Henderson, Nevada.*)

Figura 17.2 Perfuração com estaca hélice (*Cortesia de Danny R. Anderson, PE, of Professional Service Industries, Inc., El Paso, Texas.*)

Tabela 17.2 Dimensões de trados de haste oca comumente utilizados

Diâmetro interno (mm)	Diâmetro externo (mm)
63,5	158,75
69,85	187,8
76,2	203,2
88,9	228,6
101,6	254,0

para coletar as amostras de solo e para realizar outras operações, como o ensaio de penetração padrão. Os trados de haste oca têm uma vantagem nesse caso – eles não precisam ser removidos em intervalos frequentes para amostragem ou outros ensaios. Como mostra a Figura 17.3, a parte externa do trado atua como camisa. Uma tampa removível é afixada à parte inferior do trado por meio da haste central.

Durante a perfuração, a tampa pode ser puxada para fora enquanto o trado fica no lugar, possibilitando a realização da amostragem do solo e dos ensaios de penetração. Quando os trados de haste oca são usados em solos arenosos abaixo do nível do lençol freático, a areia pode ser empurrada vários metros para dentro da haste em razão do empuxo hidrostático excessivo, imediatamente depois da remoção da tampa. Nestas condições, a tampa não deve ser utilizada. Em vez disso, a água dentro da haste oca deve ser mantida a um nível mais alto que o nível do lençol freático.

A *perfuração rotativa* é um procedimento no qual brocas em rotação rápida, fixadas à parte inferior de hastes de perfuração, cortam e trituram o solo, aprofundando o furo. Vários tipos de brocas estão disponíveis para esses trabalhos. A perfuração rotativa pode ser usada em areias, argilas e rochas (a menos que estejam severamente fissuradas). Água ou lama de perfuração é forçada para baixo pelas hastes de perfuração até as brocas, e o fluxo de retorno força o material triturado para a superfície. A lama de perfuração é preparada por meio da mistura de bentonita e água (bentonita é uma argila de montmorilonita formada pela intemperização de cinzas vulcânicas). As perfurações com diâmetros variando de 50 a 200 mm podem ser feitas facilmente utilizando esta técnica.

Perfuração por lavagem é outra alternativa para executar perfurações. Nesse método, uma camisa de aproximadamente 2 a 3 m de comprimento é cravada no solo. Em seguida, o solo dentro da camisa é removido por uma *broca de corte* ou *trépano*, afixada à haste de perfuração. A água é forçada pela haste de perfuração e sai a uma velocidade muito alta pelos furos na parte inferior da broca de corte (Figura 17.4). A água e as partículas de solo cortadas sobem pelo furo e transbordam pela parte superior da camisa pela conexão em T. A água de lavagem é então coletada em um recipiente. A camisa pode ser estendida com peças adicionais à medida que a perfuração progride; no entanto, tal extensão não é necessária se a perfuração permanecer aberta sem desmoronar.

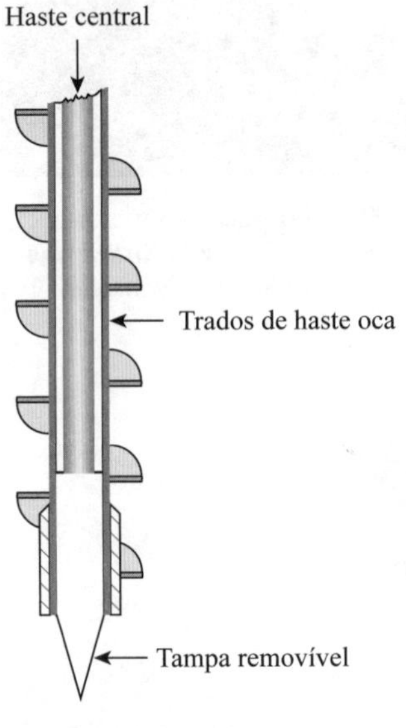

Figura 17.3 Diagrama esquemático de trados de haste oca com tampa removível.

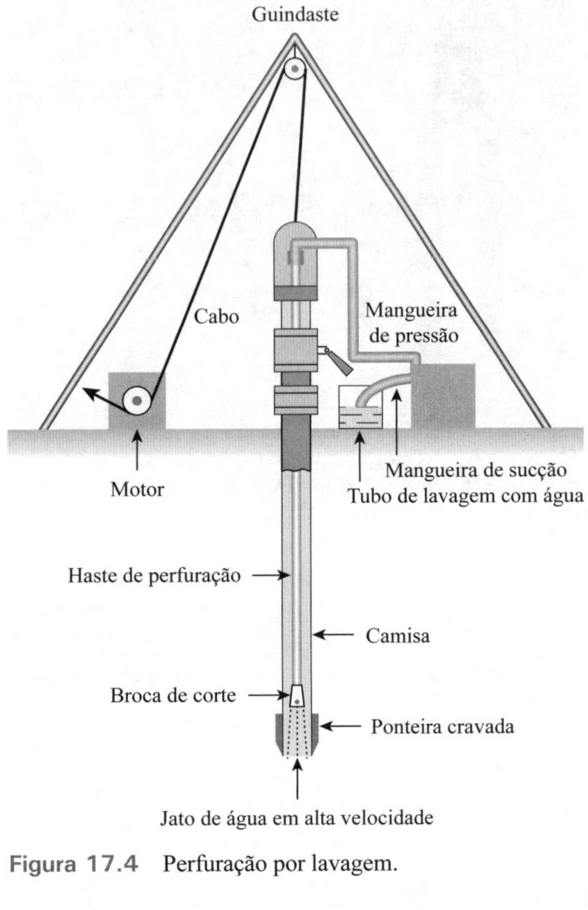

Figura 17.4 Perfuração por lavagem.

Perfuração por percussão é um método alternativo para aprofundar determinada perfuração, particularmente em solos rígidos e rochas. Nesta técnica, uma broca pesada é levantada e abaixada para cortar o solo duro. A camisa para este tipo de perfuração pode ser necessária. As partículas de solo cortadas são trazidas pela circulação de água.

17.4 Métodos comuns de amostragem

Durante as perfurações, as amostras de solo são coletadas em várias profundidades para análise detalhada. Esta seção descreve resumidamente alguns dos métodos de coleta de amostras.

Amostragem com amostrador bipartido padrão

A Figura 17.5 mostra um diagrama de um amostrador bipartido padrão. Consiste em uma ponteira de ferro cravada na base, um tubo de aço (dividido longitudinalmente em dois) no meio e o acoplamento na parte superior. O tubo de aço na parte central tem diâmetros interno e externo de 34,9 mm e 50,8 mm, respectivamente. A Figura 17.6 mostra a foto de um amostrador bipartido padrão desmontado.

Quando a perfuração atinge a profundidade desejada, as ferramentas de perfuração são removidas. O amostrador bipartido é fixado à haste de perfuração e, então, baixado até o fundo do furo (Figura 17.7). O amostrador é conduzido ao solo na parte inferior da perfuração pelo golpe do martelete. Os golpes do martelete ocorrem na parte superior da haste de perfuração. O martelete pesa 623 N. Para cada golpe, o martelete cai a uma distância de 0,762 m. A quantidade de golpes necessários para conduzir a amostra por três intervalos de 152,4 mm é registrada. A soma da quantidade de golpes necessária para conduzir os dois últimos intervalos de 152,4 mm é referida como *número de penetração padrão, N.* Também é comumente chamado *número de golpes.* A interpretação do número de penetração padrão é dada na Seção 17.6. Depois que a perfuração é finalizada, o amostrador é retirado, a ponteira e o acoplamento são removidos. A amostra de solo coletada no tubo bipartido é então removida e enviada para o laboratório em pequenos frascos de vidro. A determinação do número de penetração padrão e a coleta de amostra bipartida normalmente são feitas em intervalos de 1,5 m.

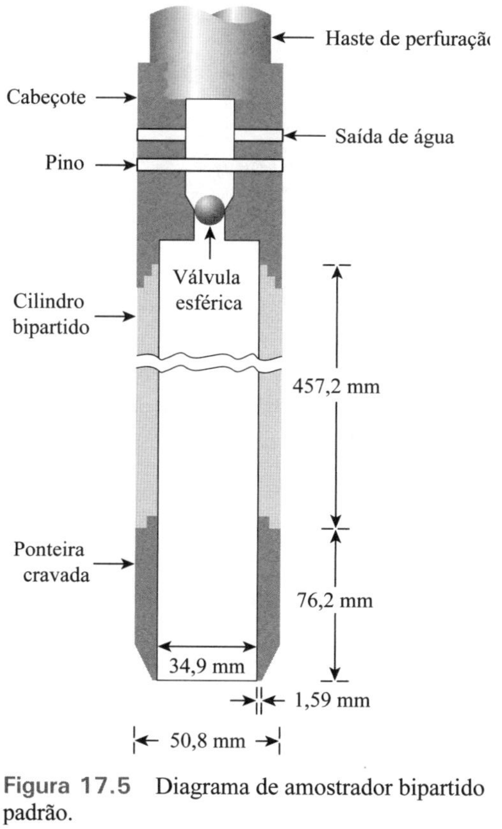

Figura 17.5 Diagrama de amostrador bipartido padrão.

Figura 17.6 Amostrador bipartido, desmontado (*Cortesia de ELE International.*)

Figura 17.7 Haste de perfuração com amostrador bipartido abaixado para a base da perfuração (*Cortesia de Braja M. Das, Henderson, Nevada.*)

Nesse ponto, é importante destacar que há vários fatores que contribuirão para a variação do número de penetração padrão N a determinada profundidade em perfis de solo similares. Esses fatores incluem eficiência do martelete do SPT, diâmetro do furo, método de amostragem e fator do comprimento da haste (Skempton, 1986; Seed et al., 1985). Os dois tipos mais comuns de marteletes SPT usados em campo são *martelete de segurança* e *martelete vazado*. Eles são soltos normalmente por um cabo enrolado *duas voltas ao redor de uma polia.*

A eficiência energética do martelete SPT pode ser expressa na forma

$$E_r(\%) = \frac{\text{energia real do martelete para o amostrador}}{\text{energia de entrada}} \times 100 \tag{17.3}$$

$$\text{Energia teórica de entrada} = Wh \tag{17.4}$$

onde W = peso do martelete ≈ 0,623 kN

h = altura da queda ≈ 0,76 mm

Portanto,

$$Wh = (0{,}623)(0{,}76) = 0{,}474 \text{ kN-m}$$

No campo, a magnitude de E_r pode variar de 30% a 90%. Atualmente, a prática padrão nos EUA é expressar o valor de N em função de uma relação de energia média de 60% ($\approx N_{60}$). Assim, corrigindo os procedimentos de campo e com base nas observações, parece razoável padronizar o número de penetração padrão como função da energia motora de entrada e sua dissipação ao redor do amostrador no solo em volta, ou

$$N_{60} = \frac{N\eta_H\eta_B\eta_S\eta_R}{60} \tag{17.5}$$

onde N_{60} = número padrão de penetração correta para condições de campo

N = número de penetração medida

η_H = eficiência do martelete (%)

η_B = correção para o diâmetro de perfuração

η_S = correção do amostrador

η_R = correção para o comprimento da haste

Com base nas recomendações de Seed et al. (1985) e Skempton (1986), as variações de η_H, η_B, η_S e η_R são apresentadas resumidamente na Tabela 17.3.

Tabela 17.3 Variações de η_H, η_B, η_S e η_R [Equação (17.5)]

1. Variação de η_H

País	Tipo de martelete	Liberação de martelete	η_H (%)
Japão	Vazado	Queda livre	78
	Vazado	Cabo e polia	67
Estados Unidos	de segurança	Cabo e polia	60
	Vazado	Cabo e polia	45
Argentina	Vazado	Cabo e polia	45
China	Vazado	Queda livre	60
	Vazado	Cabo e polia	50

2. Variação de η_B

Diâmetro (mm)	η_B
60-120	1
150	1,05
200	1,15

3. Variação de η_S

Variável	η_S
Amostrador padrão	1,0
Com revestimento para areia e argila compactas	0,8
Com revestimento para areia fofa	0,9

4. Variação de η_R

Comprimento da haste (m)	η_R
>10	1,0
6-10	0,95
4-6	0,85
0-4	0,75

Amostragem por tubo de parede fina

A amostragem com tubo de parede fina é usada para obter amostras de solo razoavelmente indeformadas. Os tubos de parede fina são feitos de tubos finos e sem costura comumente chamados *tubos Shelby* (Figura 17.8). Para coletar amostras a determinada profundidade em um furo, deve-se primeiro remover as ferramentas de perfuração. O amostrador é fixado na haste de perfuração e, em seguida, é baixado até o fundo do furo. Depois, é empurrado hidraulicamente no solo. Então, é girado contra a base e puxado para fora. O amostrador contendo a amostra de solo é selado e levado ao laboratório para ensaios. Os amostradores de tubo de parede fina mais comumente utilizados tiveram os diâmetros externos de 76,2 mm.

Amostragem com amostrador de pistão

Os amostradores de pistão são particularmente úteis quando amostras altamente indeformadas são necessárias. Obviamente, o custo para coletar tais amostras é maior. Diversos tipos de amostradores de pistão podem ser utilizados; no entanto, o amostrador proposto por Osterberg (1952) é mais vantajoso (Figura 17.9). Ele é formado por um tubo de parede fina com um pistão. Primeiro, o pistão fecha a extremidade do tubo. O amostrador é inicialmente baixado até o fundo do furo (Figura 17.9a) e, em seguida, é pressionado hidraulicamente para dentro do solo e além do pistão. Depois disso, o empuxo é liberado por um orifício na haste do pistão (Figura 17.9b). A presença desse pistão impede a distorção da amostra, não permitindo que o solo seja comprimido rapidamente no tubo de amostragem nem admitindo solo em excesso. Consequentemente, as amostras obtidas dessa forma sofrem menos distorção que as obtidas com tubos Shelby.

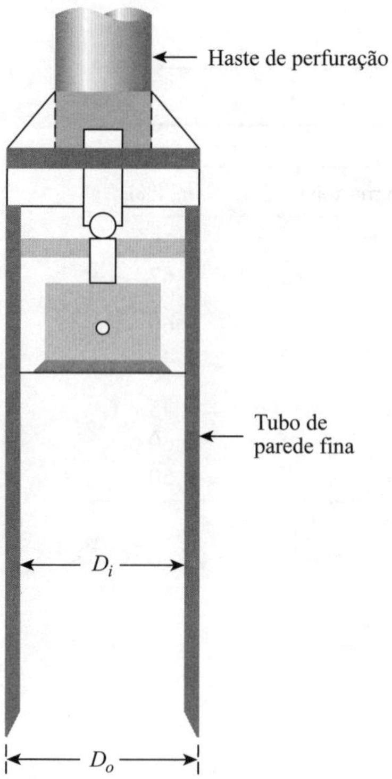

Figura 17.8 Amostrador de tubo de parede fina.

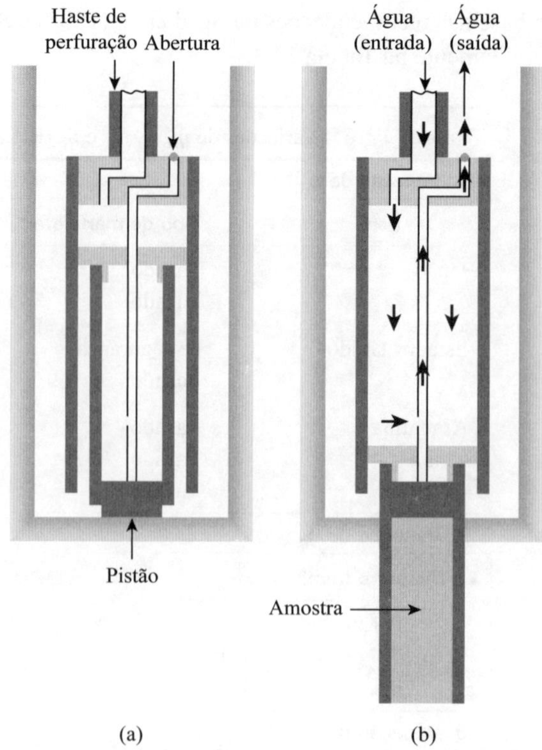

Figura 17.9 Amostrador de pistão: (a) amostrador baixado até o fundo da perfuração; (b) empuxo liberado pelo furo da haste do pistão.

17.5 Amolgamento da amostra

O grau de amolgamento da amostra coletada pelos diversos métodos pode ser expresso por um termo denominado *índice de área*, o qual é dado por

$$A_r(\%) = \frac{D_o^2 - D_i^2}{D_i^2} \times 100 \tag{17.6}$$

onde D_o = diâmetro externo do amostrador
D_i = diâmetro interno do amostrador

Uma amostra de solo geralmente pode ser considerada indeformada se o índice de área for menor ou igual a 10%. A seguir, é apresentado o cálculo de A_r para um amostrador bipartido padrão e um tubo Shelby de 50,8 mm:

Para o amostrador bipartido padrão, D_i = 35,05 mm e D_o = 50,8 mm. Portanto,

$$A_r(\%) = \frac{(50{,}8)^2 - (35{,}05)^2}{(35{,}05)^2} \times 100 = 110\%$$

Para o amostrador de tubo de Shelby (50,8 mm de diâmetro), D_i = 47,63 mm e D_o = 50,8 mm. Portanto,

$$A_r(\%) = \frac{(50{,}8)^2 - (47{,}63)^2}{(47{,}63)^2} \times 100 = 13{,}8\%$$

O cálculo anterior indica que a amostra coletada por amostrador bipartido é altamente amolgado. O índice de área (A_r) das amostras do tubo Shelby de 50,8 mm de diâmetro está um pouco acima do limite de 10% estabelecido anteriormente. Na prática, entretanto, estas amostras podem ser tratadas como indeformadas.

As amostras de solo amolgadas, porém representativas, coletadas por meio de amostradores bipartidos, podem ser usadas para alguns ensaios de laboratório como distribuição granulométrica, limite de liquidez, limite de plasticidade e limite de contração. No entanto, as amostras de solo indeformadas são necessárias para realizar os ensaios como adensamento, compressão triaxial e compressão não confinada.

17.6 Correlações para o ensaio de penetração padrão

O procedimento para realizar o ensaio de penetração padrão foi descrito na Seção 17.4. O número de penetração padrão, N_{60}, é geralmente usado para correlacionar vários parâmetros físicos úteis dos solos. Alguns desses parâmetros estão descritos resumidamente a seguir.

Solo coesivo

A consistência de solos argilosos pode ser estimada a partir do número de penetração padrão N_{60}. Para alcançar isso, Szechy e Vargi (1978) calcularam o *índice de consistência* (*IC*) como

$$IC = \frac{LL - w}{LL - LP} \tag{17.7}$$

onde w = teor de umidade natural
LL = limite de liquidez
LP = limite de plasticidade

A correlação aproximada entre *IC*, N_{60}, e a resistência de compressão não confinada (q_u) é dada na Tabela 17.4.

É importante apontar que a correlação entre N_{60} e q_u dado na Tabela 17.4 é aproximada. A sensibilidade, S_t, do solo de argila também desempenha um papel importante no valor real N_{60} obtido no campo. Com base nos diversos resultados de campo, Kulhawy e Mayne (1990) sugeriram a seguinte correlação:

$$\frac{q_u}{p_a} = 0{,}58\,N_{60}^{0{,}72} \tag{17.8}$$

onde p_a = pressão atmosférica.

Solo granular

Em solos granulares, o número de penetração padrão é altamente dependente da pressão geostática efetiva σ'_o.

Várias relações empíricas foram propostas para converter o número de penetração em campo N_{60} para uma *pressão geostática efetiva padrão*, σ'_o, de aproximadamente 100 kN/m². A forma geral é

$$(N_1)_{60} = C_N N_{60} \tag{17.9}$$

Várias correlações foram desenvolvidas ao longo dos anos para o fator de correção, C_N. São proporcionadas abaixo.

Nas seguintes relações para C_N, observe que σ'_o é a pressão de sobrecarga efetiva e p_a = pressão atmosférica ($\approx$ 100 kN/m²).

Tabela 17.4 Correlação aproximada entre *IC*, N_{60} e q_u

Número de penetração padrão, N_{60}	Consistência	*IC*	Resistência de compressão não confinada, q_u (kN/m²)
<2	Muito fofa	<0,5	<25
2 a 8	Mole a média	0,5 a 0,75	25 a 80
8 a 15	Rígida	0,75 a 1,0	80 a 150
15 a 30	Muito rígida	1,0 a 1,5	150 a 400
>30	Rígida	>1,5	>400

Relação de Liao e Whitman (1986):

$$C_N = \left[\frac{1}{\left(\dfrac{\sigma_o'}{p_a}\right)}\right]^{0,5} \tag{17.10}$$

Relação de Skempton (1986):

$$C_N = \frac{2}{1+\left(\dfrac{\sigma_o'}{p_a}\right)} \text{ (para areia fina normalmente adensada)} \tag{17.11}$$

$$C_N = \frac{3}{2+\left(\dfrac{\sigma_o'}{p_a}\right)} \text{ (para areia grossa normalmente adensada)} \tag{17.12}$$

$$C_N = \frac{1,7}{0,7+\left(\dfrac{\sigma_o'}{p_a}\right)} \text{ (para areia sobre adensada)} \tag{17.13}$$

Relação de Seed et al. (1975):

$$C_N = 1 - 1,25 \log\left(\frac{\sigma_o'}{p_a}\right) \tag{17.14}$$

Relação Peck et al. (1974):

$$C_N = 0,77 \log\left[\frac{20}{\left(\dfrac{\sigma_o'}{p_a}\right)}\right]\left(\text{para } \frac{\sigma_o'}{p_a} \geq 0,25\right) \tag{17.15}$$

Relação de Bazaraa (1967):

$$C_N = \frac{4}{1+4\left(\dfrac{\sigma_o'}{p_a}\right)}\left(\text{para } \frac{\sigma_o'}{p_a} \leq 0,75\right) \tag{17.16}$$

$$C_N = \frac{4}{3,25+\left(\dfrac{\sigma_o'}{p_a}\right)}\left(\text{para } \frac{\sigma_o'}{p_a} > 0,75\right) \tag{17.17}$$

A Tabela 17.5 mostra a comparação de C_N derivada utilizando diversas relações citadas acima. Pode ser visto que a magnitude do fator de correção estimado que utiliza qualquer uma das relações é aproximadamente a mesma, considerando as incertezas envolvidas para conduzir os ensaios de penetração padrão. Portanto, é recomendado que a Equação (17.10) possa ser utilizada para todos os cálculos.

A Tabela 17.6 mostra as correlações aproximadas para o número de penetração padrão, $(N_1)_{60}$, e a compacidade relativa, D_r.

Tabela 17.5 Variação de C_N

$\frac{\sigma'_o}{p_a}$	C_N						
	Eq. (17.10)	Eq. (17.11)	Eq. (17.12)	Eq. (17.13)	Eq. (17.14)	Eq. (17.15)	Eq. (17.16) e (17.17)
0,25	2,00	1,60	1,33	1,78	1,75	1,47	2,00
0,50	1,41	1,33	1,20	1,17	1,38	1,23	1,33
0,75	1,15	1,14	1,09	1,17	1,15	1,10	1,00
1,00	1,00	1,00	1,00	1,00	1,00	1,00	0,94
1,50	0,82	0,80	0,86	0,77	0,78	0,87	0,84
2,00	0,71	0,67	0,75	0,63	0,62	0,77	0,76
3,00	0,58	0,50	0,60	0,46	0,40	0,63	0,65
4,00	0,50	0,40	0,60	0,36	0,25	0,54	0,55

Tabela 17.6 Relação aproximada entre o número de penetração padrão corrigido e a compacidade relativa da areia

Número de penetração padrão corrigida, $(N_1)_{60}$	Compacidade relativa, D_r (%)
0-5	0-5
5-10	5-30
10-30	30-60
30-50	60-95

Cubrinovski e Ishihara (1999) propuseram uma correlação entre N_{60} e a compacidade relativa de solos granulares, D_r, na forma

$$D_r(\%) = \left[\frac{N_{60}\left(0,23 + \dfrac{0,06}{D_{50}}\right)^{1,7}}{9}\left(\frac{98}{\sigma'_o}\right)\right]^{0,5}(100) \tag{17.18}$$

onde σ'_o = pressão de sobrecarga efetiva em kN/m^2

D_{50} = tamanho da peneira pela qual passa 50% do solo (mm)

Meyerhof (1957) desenvolveu uma correlação entre D_r e N_{60} como

$$N_{60} = \left[17 + 24\left(\frac{\sigma'_o}{p_a}\right)\right]D_r^2$$

ou

$$D_r = \left\{\frac{N_{60}}{\left[17 + 24\left(\dfrac{\sigma'_o}{p_a}\right)\right]}\right\}^{0,5} \tag{17.19}$$

A Equação (17.21) fornece uma estimativa razoável somente para a areia fina, limpa e média.

Kulhawy e Mayne (1990) correlacionaram o número de penetração padrão e a compacidade relativa de areia na forma

$$D_r(\%) = \left[\frac{(N_1)_{60}}{C_p C_A C_{OCR}}\right]^{0,5}(100) \tag{17.20}$$

onde

C_P = fatores de correlações granulométricas = $60 + 25 \log D_{50}$ (17.21)

C_A = fator de correlação para envelhecimento = $1{,}2 + 0{,}05 \log\left(\frac{t}{100}\right)$ (17.22)

C_{OCR} = fator de correlação para sobreadensamento = $OCR^{0,18}$ (17.23)

D_{50} = diâmetro pelo qual 50% de solo passará (mm)

t = idade de solo a partir de deposição (anos)

OCR = razão de sobreadensamento

O ângulo de atrito drenado de *solos granulares*, ϕ', também foi correlacionado ao número de penetração padrão. Peck, Hanson e Thornburn (1974) forneceram a correlação entre $(N_1)_{60}$ e ϕ' em uma forma gráfica que pode ser aproximada como (Wolff, 1989)

$$\phi'(\text{graus}) = 27{,}1 + 0{,}3(N_1)_{60} - 0{,}00054(N_1)_{60}^2 \tag{17.24}$$

Schmertmann (1975) também forneceu uma correlação para N_{60} *versus* σ'_o. Segundo Kulhawy e Mayne (1990), esta correlação pode ser aproximada como

$$\phi' = \text{tg}^{-1}\left[\frac{N_{60}}{12{,}2 + 20{,}3\left(\frac{\sigma'_o}{p_a}\right)}\right]^{0,34} \tag{17.25}$$

onde p_a = pressão atmosférica (mesma unidade que σ'_o).

O número de penetração padrão é uma diretriz útil para a exploração do solo e a avaliação das condições do subsolo, desde que os resultados sejam interpretados corretamente. Observe que todas as equações relacionadas aos números de penetração padrão são aproximadas. Como o solo não é homogêneo, é possível que se obtenha grande variação nos valores de N_{60} em campo. Também nos depósitos de solo que contêm rochas grandes e pedregulho, os números de penetração padrão podem variar muito.

Exemplo 17.1

A seguir, são mostrados os resultados de um ensaio de penetração padrão em areia. Determine os números de penetração padrão corrigidos, $(N_1)_{60}$, em várias profundidades. Note que o nível do lençol freático não foi observado em uma profundidade de até 10,5 m abaixo do nível da superfície. Presuma que o peso específico seco médio da areia seja de 17,3 kN/m³. Use a Equação (17.10).

Profundidade, z (m)	N_{60}
1,5	8
3,0	7
4,5	12
6,0	14
7,5	13

Solução

Da Equação (17.10),

$$C_N = \left[\frac{1}{\left(\frac{\sigma'_o}{p_a}\right)}\right]^{0,5}$$

$$p_a \approx 100 \text{ kN/m}^2.$$

Assim, a tabela a seguir pode ser preparada.

Profundidade, z (m)	σ'_o (kN/m²)	C_N	N_{60}	$(N_1)_{60}$
1,5	25,95	1,96	8	**≈ 16**
3,0	51,90	1,39	7	**≈ 10**
4,5	77,85	1,13	12	**≈ 14**
6,0	103,80	0,98	14	**≈ 14**
7,5	129,75	0,88	13	**≈ 11**

■

Exemplo 17.2

Consulte o Exemplo 17.1. Usando a Eq. (17.25), estime o ângulo médio de atrito de solo, ϕ', de $z = 0$ a $z = 7{,}5$ m.

Solução

Da Equação (17.25),

$$\phi' = \text{tg}^{-1}\left[\frac{N_{60}}{12{,}2 + 20{,}3\left(\dfrac{\sigma'_o}{p_a}\right)}\right]^{0,34}$$

$$p_a = 100 \text{ kN/m}^2$$

Assim, a tabela a seguir pode ser preparada.

Profundidade, z (m)	σ'_o (kN/m²)	N_{60}	ϕ' (graus) [Equação (17.25)]
1,5	25,95	8	37,5
3,0	51,9	7	33,8
4,5	77,85	12	36,9
6,0	103,8	14	36,7
7,5	129,75	13	34,6

Média $\phi' \approx$ **36°**

■

17.7 Outros ensaios *in situ*

Dependendo do tipo de projeto e da complexidade do subsolo, vários tipos de ensaios *in situ* podem ser realizados durante o período de exploração. Em muitos casos, as propriedades do solo avaliadas a partir de ensaios *in situ* produzem resultados mais representativos. Esta maior precisão é obtida, principalmente, porque a perturbação da amostra durante a exploração do solo é eliminada. A seguir, são apresentados alguns dos ensaios mais comuns que podem ser realizados em campo.

Ensaio de cisalhamento de palheta

Os princípios e a aplicação do ensaio de cisalhamento de palheta foram discutidos no Capítulo 12. Quando argila mole é encontrada durante a sondagem, a resistência ao cisalhamento não drenada da argila, c_u, pode ser determinada por meio de um ensaio de cisalhamento de palheta no furo. Esse ensaio fornece informações valiosas sobre a resistência da argila indeformada.

Ensaio de pressiômetro

O pressiômetro é um dispositivo que foi desenvolvido originalmente por Menard, em 1965, para medição *in situ* do módulo tensão-deformação. Esse dispositivo consiste basicamente em uma célula de empuxo e duas células de proteção (Figura 17.10). O ensaio envolve a expansão da célula de empuxo dentro de um furo e a medição da expansão de seu volume. Os dados do ensaio são interpretados com base na teoria de expansão de um cilindro de solo de espessura infinita. A Figura 17.11 mostra a variação do volume da célula de pressão em função das mudanças de pressão na célula. Nessa figura, a Zona I representa a porção de recarga, durante a qual o solo ao redor da perfuração é empurrado para trás no estado inicial – ou seja, o estado em que estava antes da perfuração. A Zona II representa uma zona pseudoelástica, na qual o volume celular *versus* pressão celular é praticamente linear. A zona marcada III é a zona plástica. Para a zona pseudoelástica,

$$E_s = 2(1 + \mu_s)V_o \frac{\Delta p}{\Delta V} \tag{17.26}$$

onde E_s = módulo de elasticidade do solo
μ_s = coeficiente de Poisson do solo
V_o = volume da célula correspondente à pressão p_o (isto é, a pressão celular correspondente ao início da Zona II)
$\Delta p/\Delta V$ = Inclinação de gráfico de linha reta da Zona II

Menard recomendou o valor de μ_s = 0,33 para uso na Equação (17.26), mas outros valores podem ser utilizados. Com μ_s = 0,33,

$$E_s = 2{,}66V_o \frac{\Delta p}{\Delta V} \tag{17.27}$$

Da teoria da elasticidade, a relação entre o módulo de elasticidade e o módulo de cisalhamento pode ser dada por

$$E_s = 2(1 + \mu_s)G_s \tag{17.28}$$

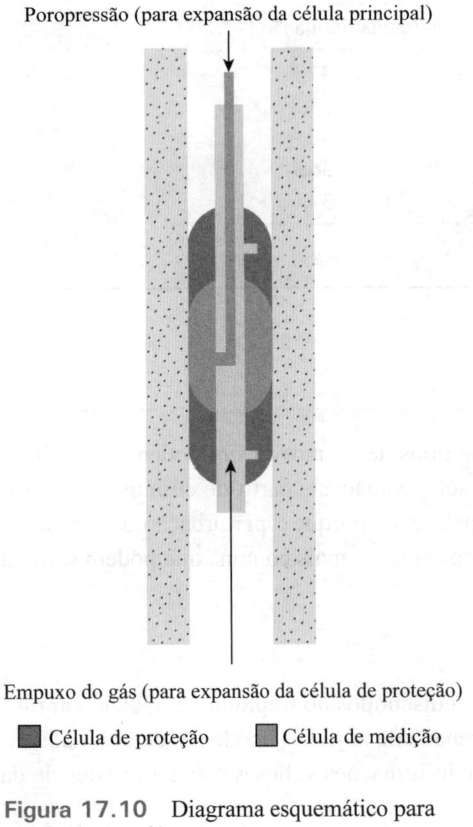

Figura 17.10 Diagrama esquemático para ensaio de pressiômetro.

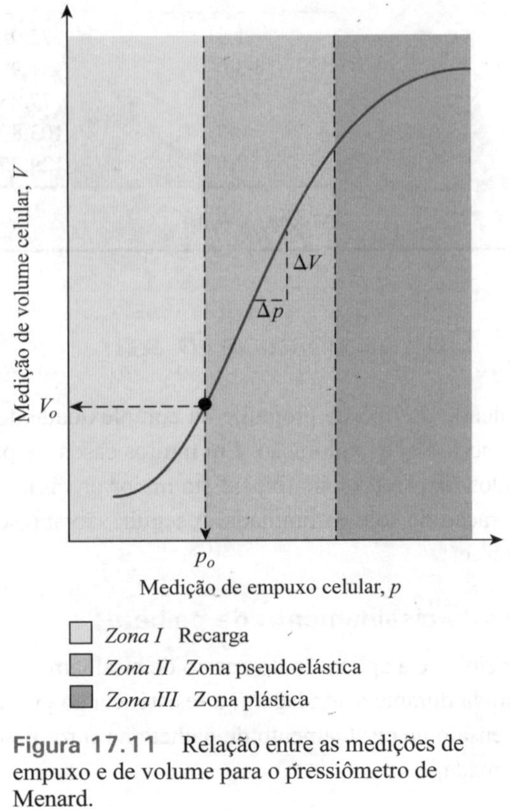

Figura 17.11 Relação entre as medições de empuxo e de volume para o pressiômetro de Menard.

onde G_s = módulo de cisalhamento de solo. Portanto, ao combinar as Equações (17.26) e (17.28) temos

$$G_s = V_o \frac{\Delta p}{\Delta V} \tag{17.29}$$

Os resultados dos ensaios de pressiômetro podem ser usados para determinar o coeficiente de empuxo de terra em repouso, K_o (Capítulo 13). Esse coeficiente pode ser obtido da relação entre p_o e σ'_o (σ'_o = tensão vertical efetiva à profundidade de ensaio), ou

$$K_o = \frac{p_o}{\sigma'_o} \tag{17.30}$$

Observe que p_o (consulte a Figura 17.11) representa a tensão lateral *in situ*.

Os ensaios com pressiômetro são muito sensíveis às condições do furo antes do ensaio.

Ensaio de penetração de cone

O penetrômetro de cone holandês é um dispositivo pelo qual um cone de 60°, com área de base de 10 cm^2 (Figura 17.12), é empurrado para dentro do solo, e a resistência final do cone à penetração q_c é medida. A maioria dos penetrômetros de cone comumente usados tem luvas de atrito acima da ponta. Isso permite determinações independentes da resistência do cone (q_c) e da resistência ao atrito (f_c) do solo acima dele. As luvas de atrito têm uma área exposta de aproximadamente 150 cm^2.

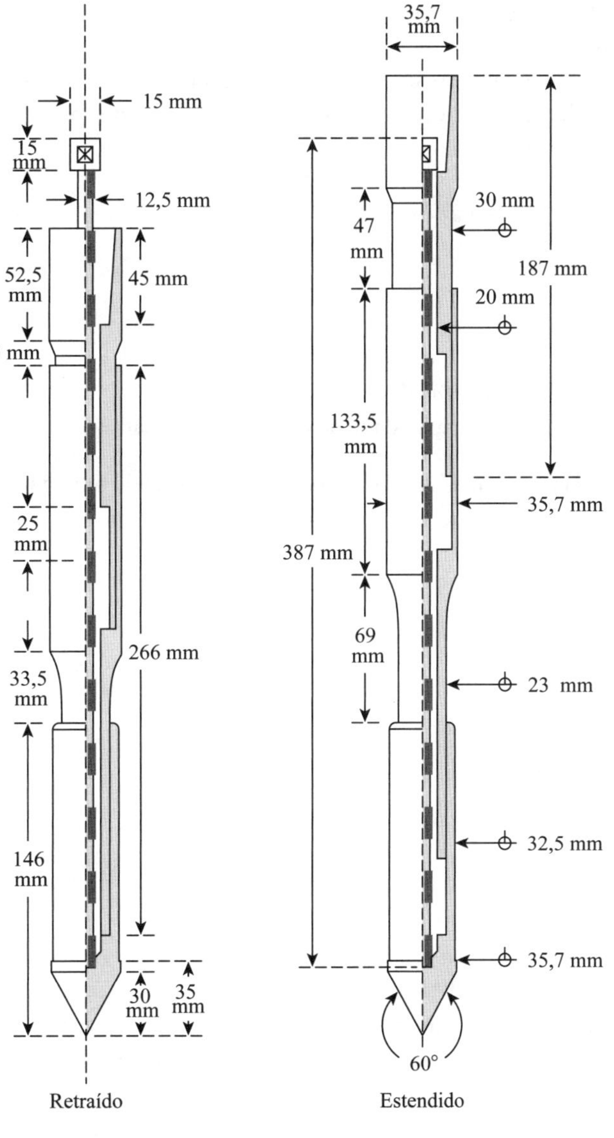

Figura 17.12 Penetrômetro de cone holandês com luvas de atrito (Do *Annual Book of ASTM Standards*, 04.08, 1991, Direitos autorais ASTM INTERNATIONAL. Reimpresso com permissão.)

O modelo mostrado na Figura 17.12 é um *penetrômetro de cone de atrito mecânico*. Atualmente, os *penetrômetros de cone de atrito elétricos* também são utilizados para investigação em campo.

Uma das maiores vantagens do ensaio de penetração do cone é que a perfuração não é necessária para realizar o ensaio. Ao contrário do ensaio de penetração padrão, porém, as amostras de solo não podem ser recuperadas para observação visual e ensaios em laboratório.

Robertson e Campanella (1983) forneceram as correlações ao longo da tensão efetiva vertical (σ'_o), o ângulo de atrito de solo drenado (ϕ') e q_c para areia. A relação entre σ'_o, ϕ' e q'_c pode ser aproximada (segundo Kulhawy e Mayne, 1990) como

$$\phi' = \text{tg}^{-1}\left[0{,}1 + 0{,}38\log\left(\frac{q_c}{\sigma'_o}\right)\right] \quad (17.31)$$

A resistência à penetração do cone também foi relacionada com o módulo equivalente da elasticidade dos solos, E_s, por vários pesquisadores. Schmertmann (1970) forneceu uma correlação simples para areia, na forma

$$E_s = 2q_c \quad (17.32)$$

Trofimenkov (1974) também forneceu as seguintes correlações para o módulo de elasticidade de areia e argila:

$$E_s = 3q_c \quad \text{(para areias)} \quad (17.33)$$

$$E_s = 7q_c \quad \text{(para argilas)} \quad (17.34)$$

As correlações como as Equações (17.32) a (17.34) podem ser utilizadas no cálculo do recalque elástico das fundações (Capítulo 11).

Anagnostopoulos et al. (2003) forneceram várias correlações com base em um grande número de resultados de ensaios de campo realizados em grande variedade de solos. As correlações obtidas por esse estudo são apresentadas de forma resumida abaixo.

Caso 1. Correlação entre resistência ao cisalhamento não drenada (c_u) e q_c

$$c_u = \frac{q_c - \sigma_o}{N_k} \quad (17.35)$$

onde σ_o = tensão vertical total

N_K = fator de capacidade de carga ($\approx$ 18,3 para todos os cones)

Devem ser utilizadas unidades no mesmo sistema de medidas na Equação (17.35). Os valores de c_u nos ensaios de campo foram iguais ou menores que 250 kN/m^2.

Caso 2. Correlação entre a resistência ao atrito (f_c) e c_u

Para cones mecânicos,

$$f_c = 1{,}26c_u \quad (17.36)$$

Para cones elétricos,

$$f_c = c_u \quad (17.37)$$

Média de todos os cones:

$$f_c = 1{,}21c_u \quad (17.38)$$

Caso 3. Correlação entre q_c e N_{60}

Com base na grande quantidade dos resultados de ensaio de campo em diversos tipos de solo com um tamanho médio do grão (D_{50}) variando de 0,001 mm a aproximadamente 7 a 8 mm, Anagnostopoulos et al. (2003) forneceram a seguinte correlação entre q_c, N_{60} e D_{50}.

$$\frac{\left(\dfrac{q_c}{p_a}\right)}{N_{60}} = 7,64 D_{50}^{0,26} \tag{17.39}$$

onde p_a = pressão atmosférica ($\approx$ 100 kN/m^2)

D_{50} = granulometria média, em mm

Caso 4. Correlação entre índice de atrito (R_f) e D_{50}

O índice de atrito pode ser definido como

$$R_f = \frac{f_c}{q_c} \tag{17.40}$$

Com base nos solos pesquisados (com D_{50} variando entre 0,001 mm e 7 a 8 mm), a correlação entre R_f e D_{50} pode ser dada como:

$$R_f(\%) = 1,45 - 1,36 \log(D_{50}) \quad \text{(cone elétrico)} \tag{17.41}$$

e

$$R_f(\%) = 0,7811 - 1,611 \log(D_{50}) \quad \text{(cone mecânico)} \tag{17.42}$$

onde D_{50} está em mm.

17.8 Testemunhagem de rocha

Pode ser necessário realizar a testemunhagem de rocha se o leito rochoso for encontrado a determinada profundidade durante a perfuração. É sempre desejável que a testemunhagem seja feita por pelo menos 3 m. Se o leito rochoso estiver interperizado ou irregular, a testemunhagem precisa ser estendida a uma profundidade maior. Para a testemunhagem, um barrilete é fixado na haste de perfuração. Uma broca de testemunhagem é fixada na parte inferior do barrilete. O elemento cortante na broca pode ser de diamante, tungstênio ou carbeto. A testemunhagem é avançada por perfuração rotativa. A água é circulada pela haste de perfuração durante a testemunhagem, e os resíduos são lavados. A Figura 17.13a mostra um diagrama de testemunhagem de rocha com o uso de barrilete de tubo simples. Testemunhos de rocha obtidos por meio de tais cilindros podem ser fraturados por torção. Para evitar esse problema, pode-se usar barriletes de tubo duplo (Figura 17.13b). A Tabela 17.7 fornece os detalhes de vários tipos de camisas, barriletes, diâmetros de brocas de barriletes e diâmetros de amostras de testemunho obtidas. As amostras de testemunho menores que o tamanho BX tendem a se quebrar durante a testemunhagem.

Com base no comprimento do testemunho de rocha obtido em cada operação, as seguintes quantidades podem ser obtidas para avaliação da qualidade da rocha.

$$\text{Índice de recuperação} = \frac{\text{Comprimento das rochas recuperadas}}{\text{Comprimento da testemunhagem}} \tag{17.43}$$

$$\text{Designação da qualidade da rocha } (RQD) = \frac{\begin{array}{c}\Sigma \text{ Comprimento dos testemunhos de} \\ \text{rocha recuperados} \\ \text{com pelo menos 101,6 mm}\end{array}}{\text{Comprimento de testemunhagem}} \tag{17.44}$$

Um índice de recuperação igual a 1 indica rocha intacta. Entretanto, rochas muito fraturadas têm índice de recuperação 0,5 ou menor. Deere (1963) propôs o sistema de classificação na Tabela 17.8 para rochas *in situ* com base no *RQD*.

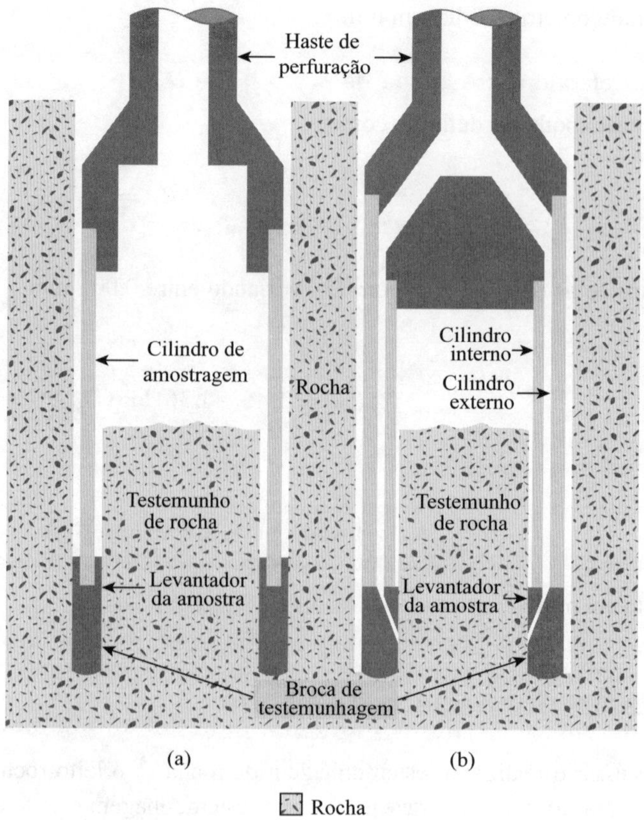

Figura 17.13 Testemunhagem de rocha: (a) barrilete de tubo simples; (b) barrilete de tubo duplo.

Tabela 17.7 Detalhes de designações de barrilete, broca e amostras de testemunho

Designação de camisas e barrilete	Diâmetro externo de broca do barrilete, mm	Diâmetro de amostra de testemunho, mm
EX	36,5	22,2
AX	47,6	28,6
BX	58,7	41,3
NX	74,6	54,0

Tabela 17.8 Descrição qualitativa de rochas com base em *RQD*

RQD	Qualidade da rocha
1-0,9	Excelente
0,9-0,75	Bom
0,75-0,5	Regular
0,5-0,25	Ruim
0,25-0	Muito ruim

17.9 Relatório de exploração do solo

Ao final do programa de exploração do solo, as amostras coletadas em campo são submetidas à observação visual e a ensaios de laboratório. Em seguida, um relatório de exploração do solo é preparado para ser usado pelo escritório de planejamento e projeto. Qualquer relatório de exploração do solo deve conter as seguintes informações:

1. Escopo da investigação.
2. Descrição geral da estrutura proposta para a qual a exploração foi realizada.
3. Condições geológicas do local.
4. Instalações de drenagem no local.
5. Detalhes da perfuração.
6. Descrição das condições do subsolo, determinadas a partir das amostras de solo e de rochas coletadas.
7. Nível do lençol freático, conforme observado a partir das perfurações.
8. Recomendações detalhadas para fundações e alternativas propostas.
9. Quaisquer problemas de construção previstos.
10. Limitações da investigação.

As seguintes representações gráficas também precisam ser anexadas ao relatório de exploração do solo:

1. Mapa de localização
2. Localização dos furos, em relação à estrutura proposta
3. Registro das sondagens (Figura 17.14)
4. Resultados dos ensaios em laboratório
5. Outras apresentações especiais

O registro de sondagem é a representação gráfica dos detalhes coletados em cada furo. A Figura 17.14 mostra um registro de sondagem típico.

17.10 Resumo

Este capítulo fornece um ponto de vista breve sobre a exploração de subsolo sobre o qual discutimos:

- O planejamento de exploração de solo envolve a compilação de informação, o reconhecimento existente e a investigação detalhada do local.
- Os furos são feitos com estaca hélice contínua. A perfuração rotatória, a perfuração por lavagem e perfuração por percussão são outros métodos de avanço da perfuração.
- As amostras de solo durante a perfuração podem ser obtidas pelo amostrador bipartido padrão, tubo com parede fina e amostrador de pistão.
- A resistência à penetração padrão pode ser correlacionada com resistência à compressão não confinada de solos coesivos. Em solo granular, pode ser correlacionada à compacidade relativa e ângulo de atrito (Seção 17.6).
- Outros ensaios *in situ* são ensaio de cisalhamento de palheta, ensaio pressiométrico e ensaio de cone (Seção 17.7).
- A testemunhagem de rocha é feita anexando o barrilete à haste de perfuração. Uma broca de testemunhagem é fixada na parte inferior do barrilete. Um índice de recuperação e designação de qualidade da rocha são os parâmetros para avaliar a qualidade da rocha.

RELATÓRIO DE PERFURAÇÃO

NOME DO PROJETO Shopping center

LOCALIZAÇÃO Cruzamento entre as ruas Hill e Miner DATA 7 de junho de 1997

NÚMERO DA PERFURAÇÃO 4 TIPO DE PERFURAÇÃO Trado de haste oca ELEVAÇÃO DO SOLO 40,3 m

DESCRIÇÃO DO SOLO	PROFUNDIDADE (m) E NÚMERO DE AMOSTRA	NÚMERO DE PENETRAÇÃO PADRÃO, N_{60}	TEOR DE UMIDADE, w (%)	COMENTÁRIOS
Silte arenoso escuro	0,3			
Argila siltosa marrom claro (CL)	0,6; 0,9; 1,2; SS-1 (1,5–1,8); 2,1; 2,4; 2,7	13	11	Limite de liquidez = 32 $IP = 9$
Lençol freático 14 de junho de 1997 ▼	SS-2 (3,0–3,3); 3,6	5	24	
Argila mole (CL)	3,9; 4,0; ST-1 (4,3–4,6); 4,9; 5,2; 5,5	6	28	Limite de liquidez = 44 $IP = 26$ q_u = resistência à compressão não confinada = 40,7 kN/m^2
Areia compacta e pedregulhos Fim da perfuração @ 6,4 m	SS-3 (5,8–6,1); 6,4	32		

Figura 17.14 Registro típico de perfuração (*Observação:* SS = amostra bipartida; ST = amostra do tubo Shelby.)

Problemas

17.1 Durante o programa de exploração de solo, as seguintes escolhas estariam disponíveis para amostragem de solo:

- Tubo Shelby *A*: diâmetro externo, $D_o = 76{,}2$ mm; diâmetro interno, $D_i = 73$ mm
- Tubo Shelby *B*: diâmetro externo, $D_o = 88{,}9$ mm; diâmetro interno, $D_i = 85{,}72$ mm
- Amostrador bipartido: diâmetro externo, $D_o = 50{,}8$ mm; diâmetro interno, $D_i = 35$ mm

Calcule a relação de área para cada caso e determine qual amostrador seria apropriado para os seguintes ensaios de caracterização de solo: distribuição granulométrica, limites de Atterberg, adensamento e compressão não confinada.

17.2 A seguir estão os resultados de um ensaio de penetração padrão em areia. Determine os números de penetração padrão corrigidos, $(N_1)_{60}$, nas várias profundidades fornecidas. Note que o nível do lençol freático não foi observado em uma profundidade de até 12 m abaixo do nível da superfície. Presuma que o peso específico seco médio da areia seja de 17 kN/m^3. Utilize a relação de Liao e Whitman [Equação (17.10)]. Suponha que $p_a \approx 100$ kN/m^2.

Profundidade, (m)	N_{60}
2	7
4	10
6	11
8	14
10	9

17.3 Para perfil de solo dado no Problema 17.2, faça a estimativa de ângulo médio de atrito de solo, ϕ', utilizando a correlação de Kulhawy e Mayne [Eq. (17.20)]. Suponha que $p_a \approx 100$ kN/m^2.

17.4 A seguir, são mostrados os resultados de um ensaio de penetração padrão em areia seca.

Profundidade, (m)	N_{60}
1,5	9
3	10
4,5	14
6	18
7,5	20

Para um depósito de areia, adote a granulometria média, D_{50}, de 0,3 mm e o peso específico da areia de 15,7 kN/m^3. Calcule a estimativa da variação da compacidade relativa com profundidade utilizando a correlação desenvolvida por Cubrinovski e Ishihara [Equação (17.18)].

17.5 Consulte o relatório de perfuração indicado na Figura 17.15. Calcule a estimativa do ângulo médio de atrito drenado, ϕ', com base no número de penetração padrão corrigido, $(N_1)_{60}$. Utilize as Equações (17.10) e (17.24).

17.6 Consulte o Problema 17.5 e a Figura 17.15. Suponha que a sapata (2 m $\times$ 2 m) seja construída a uma profundidade de 1,5 m.

a. Calcule a estimativa dos valores de projeto para N_{60} e ϕ'.

b. Qual é a carga líquida permitida que a sapata pode suportar? O recalque máximo admissível é de 25 mm.

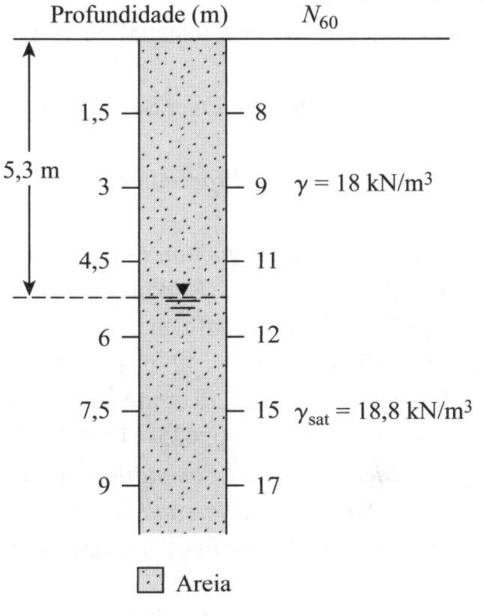

Figura 17.15

17.7 Consulte a Figura 17.15. Calcule a estimativa da variação de resistência à penetração do cone, q_c, com profundidade utilizando a Equação (17.39). Presuma $D_{50} = 0,28$ mm.

17.8 Consulte a sapata no Problema 17.6. Para calcular o recalque elástico sob a sapata, é necessário estimar os módulos elásticos de solo de fundação. Utilizando q_c do Problema 17.7 e a Equação (17.33), calcule a estimativa da variação de módulo elástico com profundidade para o perfil de solo indicado na Figura 17.15.

17.9 Um ensaio de penetração de cone foi conduzido em uma camada de argila saturada. A resistência da ponta do frasco, q_c, a 6,7 m abaixo da superfície do solo foi obtida igual a 1.245 kN/m^2. Se o peso específico da argila saturada for 18,5 kN/m^3, calcule a estimativa da resistência ao cisalhamento não drenado da argila.

17.10 Durante o programa de exploração de campo, foi feita a testemunhagem de rocha em um comprimento de 2.438 mm e o compromento do testemunho de rocha recuperado foi de 1.371 mm. Determine o índice de recuperação.

Referências

AMERICAN ASSOCIATION OF STATE HIGHWAY AND TRANSPORTATION OFFICIALS *Manual of Foundation Investigations,* National Press Building, Washington, D.C., 1967.

AMERICAN SOCIETY OF CIVIL ENGINEERS Subsurface Investigation for Design and Construction of Foundations of Buildings, Part I, *Journal of the Soil Mechanics and Foundations Division,* ASCE, v. 98, n. SM5, p. 481-490, 1972.

AMERICAN SOCIETY FOR TESTING AND MATERIALS *Annual Book of ASTM Standards,* v. 04.08. Philadelphia, Pa., 1991.

ANAGNOSTOPOULOS, A.; KOUKIS, G.; SABATAKAKIS, N.; TSIAMBAOS, G. Empirical Correlation of Soil Parameters Based on Cone Penetration Tests (CPT) for Greek Soils, *Geotechnical and Geological Engineering,* v. 21, n. 4, p. 377-387, 2003.

BAZARAA, A. R. *Use of the Standard Penetration Test for Estimating Settlements of Shallow Foundations on Sand,* Ph.D. Dissertation, Civil Engineering Department, University of Illinois, Champaign-Urbana, Illinois, 1967.

CUBRINOVSKI, M.; ISHIHARA, K. Empirical Correlation Between SPT *N*-Value and Relative Density for Sandy Soils, *Soils and Foundations,* v. 39, n. 5, p. 61-92, 1999.

DEERE, D. U. Technical Description of Rock Cores for Engineering Purposes, *Felsmechanik und Ingenieurgeologie,* v. 1, n. 1, p. 16-22, 1963.

KULHAWY, F. H.; MAYNE, P. W. *Manual on Estimating Soil Properties for Foundation Design,* Final Report (EL-6800) submitted to Electric Power Research Institute (EPRI), Palo Alto, Calif, 1990.

LIAO, S.; WHITMAN, R. V. Overburden Correction Factor for SPT in Sand, *Journal of Geotechnical Engineering,* ASCE, v. 112, n. 3, p. 373-377, 1986.

MENARD, L. Rules for Calculation of Bearing Capacity and Foundation Settlement Based on Pressuremeter Tests, *Proceedings,* 6th International Conference on Soil Mechanics and Foundation Engineering, Montreal, Canadá, v. 2, p. 295-299, 1965.

MEYERHOF, G. G. Discussion on Research on Determining the Density of Sands by Spoon Penetration Testing, *Proceedings,* Fourth International Conference on Soil Mechanics and Foundation Engineering, v. 3, p. 110, 1957.

OSTERBERG, J. O. New Piston-Type Sampler, *Engineering News Record,* 24 abr. PECK, R. B., HANSON, W. E., and Thornburn, T. H. *Foundation Engineering,* 2. ed., Wiley, Nova York, 1952, 1974.

ROBERTSON, P. K.; CAMPANELLA, R. G. Interpretation of Cone Penetration Tests. Part I: Sand, *Canadian Geotechnical Journal,* v. 20, n. 4, p. 718-733, 1983.

SCHMERTMANN, J. H. Static Cone to Compute Static Settlement Over Sand, *Journal of the Soil Mechanics and Foundations Division,* ASCE, v. 96, n. SM3, p. 1011-1043, 1970.

SCHMERTMANN, J. H. Measurement of *in situ* Shear Strength, *Proceedings,* Specialty Conference on *in situ* Measurement of Soil Properties, ASCE, v. 2, p. 57-138, 1975.

SEED, H. B.; ARANGO, I.; CHAN, C. K. *Evaluation of Soil Liquefaction Potential during Earthquakes,* Report n. EERC 75-28, Earthquake Engineering Research Center, University of California, Berkeley, 1975.

SEED, H. B.; TOKIMATSU, K.; HARDER, L. F.; CHUNG, R. M. Influence of SPT Procedures in Soil Liquefaction Resistance Evaluations, *Journal of Geotechnical Engineering,* ASCE, v. 111, n. 12, p. 1426-1445, 1985.

SKEMPTON, A. W. Standard Penetration Test Procedures and the Effect in Sands of Overburden Pressure, Relative Density, Particle Size, Aging and Overconsolidation, *Geotechnique,* v. 36, n. 3, p. 425-447, 1986.

SOWERS, G. B.; SOWERS, G. F. *Introductory Soil Mechanics and Foundations,* Macmillan, Nova York, 1970.

SZECHY, K.; VARGA, L., *Foundation Engineering – Soil Exploration and Spread Foundtion,* Akademiai Kiado, Hungary, 1978.

TROFIMENKOV, J. G. General Reports: Eastern Europe, *Proceedings,* European Symposium of Penetration Testing, Estocolmo, Suécia, v. 2.1, p. 24-39, 1974.

WOLFF, T. F. Pile Capacity Prediction Using Parameter Functions, in *Predicted and Observed Axial Behavior of Piles, Results of a Pile Prediction Symposium,* sponsored by Geotechnical Engineering Division, ASCE, Evanston, III., jun. 1989, ASCE Geotechnical Special Publication n. 23, p. 96-106, 1989.

Apêndice A

Um Caso Generalizado para Aterro Granular de Empuxos Ativo e Passivo de Rankine

Nas seções 13.5, 13.6 e 13.7, discutimos os casos de empuxos ativo e passivo de Rankine para um muro sem atrito com a face vertical e um aterro horizontal de solo granular. Isso pode ser estendido para casos gerais de muro sem atrito com face inclinada e aterro inclinado (solo granular) conforme indicado na Figura A.1 (Chu, 1991).

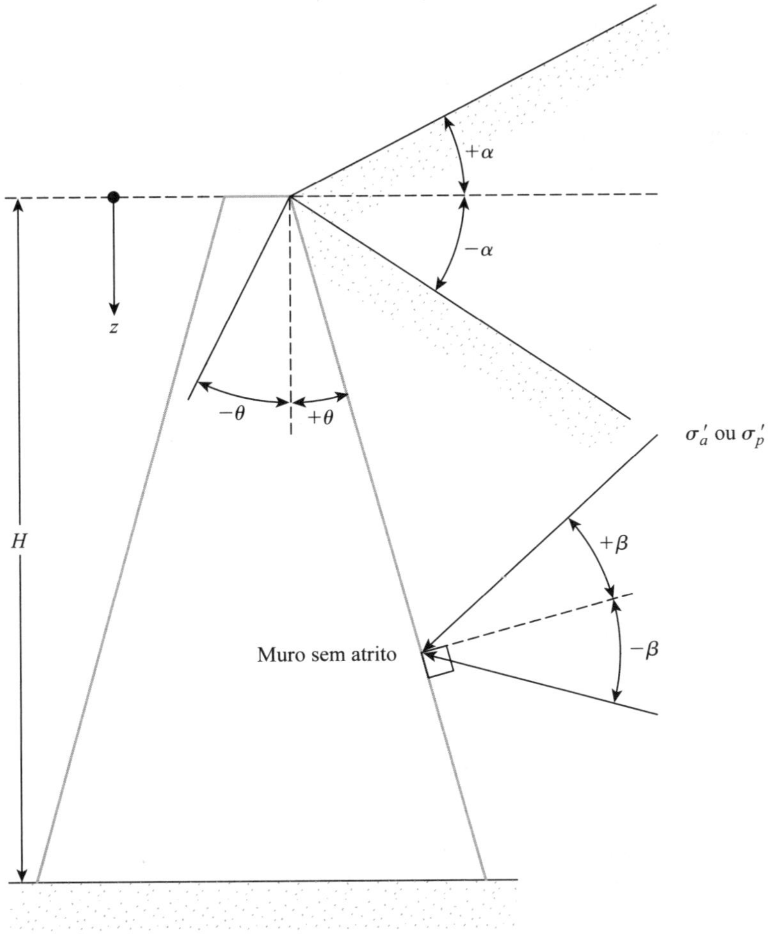

Figura A.1 Caso geral para empuxos ativo e passivo de Rankine.

Caso ativo de Rankine

Para o caso ativo de Rankine, a pressão lateral de terra (σ'_a) a uma profundidade z pode ser dada por

$$\sigma'_a = \frac{\gamma z \cos \alpha \sqrt{1 + \text{sen}^2\phi' - 2 \text{ sen } \phi' \cos \psi_a}}{\cos \alpha + \sqrt{\text{sen}^2\phi' - \text{sen}^2\alpha}} \tag{A.1}$$

onde

$$\psi_a = \text{sen}^{-1}\left(\frac{\text{sen}\,\alpha}{\text{sen}\,\phi'}\right) - \alpha + 2\theta \tag{A.2}$$

A pressão σ'_a será inclinada a um ângulo β_a com o plano desenhado no ângulo reto com a face posterior do muro e

$$\beta_a = \text{tg}^{-1}\left(\frac{\text{sen}\,\phi' \text{ sen}\,\psi_a}{1 - \text{sen}\,\phi' \cos\psi_a}\right) \tag{A.3}$$

O empuxo ativo P_a para o comprimento específico do muro pode ser calculado por

$$P_a = \frac{1}{2}\gamma H^2 K_{a(R)} \tag{A.4}$$

onde

$$K_{a(R)} = \frac{\cos(\alpha - \theta)\sqrt{1 + \text{sen}^2\phi' - 2 \text{ sen } \phi' \cos \psi_a}}{\cos^2\theta\left(\cos \alpha + \sqrt{\text{sen}^2\phi' - \text{sen}^2\alpha}\right)}$$

$=$ Coeficiente de empuxo ativo de Rankine para caso generalizado (A.5)

O local e a direção da força resultante P_a é indicado na Figura A.2a. A cunha de ruptura também indicada nesta figura, *ABC*. Observe que *BC* será inclinado a um ângulo η_a. Ou

$$\eta_a = \frac{\pi}{4} + \frac{\phi'}{2} + \frac{\alpha}{2} - \frac{1}{2}\text{sen}^{-1}\left(\frac{\text{sen}\,\alpha}{\text{sen}\,\phi'}\right) \tag{A.6}$$

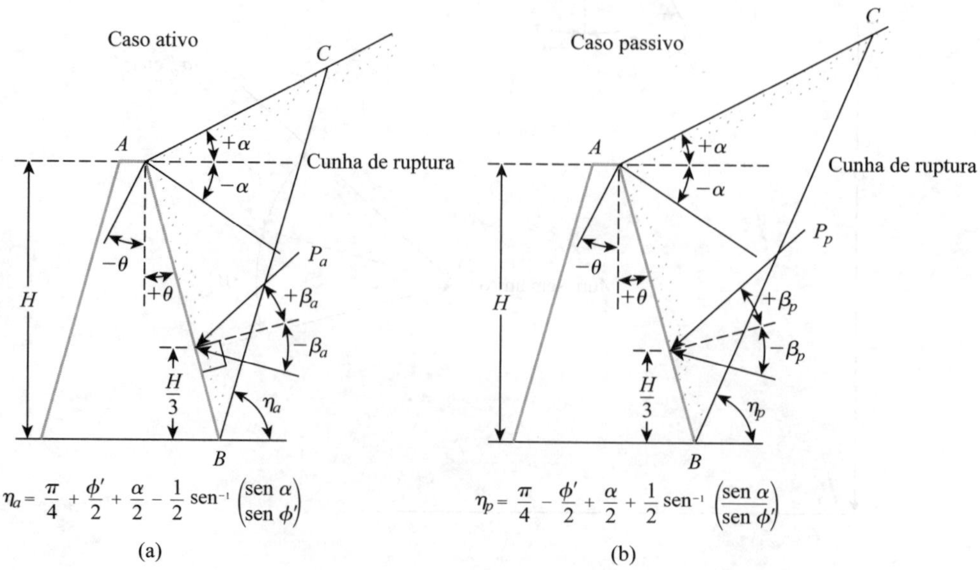

Figura A.2 Local e direção da força resultante de Rankine.

Como um caso especial, para uma face posterior vertical do muro (ou seja, $\theta = 0$) conforme indicado na Figura 13.10, as Eqs. (A.4) e (A.5) simplificam o seguinte:

$$P_a = \frac{1}{2} K_{a(R)} \gamma H^2 \tag{13.24}$$

onde

$$K_{a(R)} = \cos\alpha \frac{\cos\alpha - \sqrt{\cos^2\alpha - \cos^2\phi'}}{\cos\alpha + \sqrt{\cos^2\alpha - \cos^2\phi'}} \tag{13.23}$$

As Tabelas A.1 e A.2 proporcionam as variações de $K_{a(R)}$ e β_a, respectivamente, para diversos valores de α, θ e ϕ'.

Caso ativo de Rankine

Semelhante ao caso ativo, para o caso passivo de Rankine, podemos obter as seguintes relações.

$$\sigma'_p = \frac{\gamma z \cos\alpha \sqrt{1 + \text{sen}^2\phi' + 2\,\text{sen}\,\phi' \cos\psi_p}}{\cos\alpha - \sqrt{\text{sen}^2\phi' - \text{sen}^2\alpha}} \tag{A.7}$$

onde

$$\psi_p = \text{sen}^{-1}\left(\frac{\text{sen}\,\alpha}{\text{sen}\,\phi'}\right) + \alpha - 2\theta \tag{A.8}$$

A inclinação β_p de σ'_p, conforme indicado na Figura A.1, é

$$\beta_p = \text{tg}^{-1}\left(\frac{\text{sen}\,\phi'\,\text{sen}\,\psi_p}{1 + \text{sen}\,\phi' \cos\psi_p}\right) \tag{A.9}$$

A força passiva por comprimento específico do muro é

$$P_p = \frac{1}{2}\gamma H^2 K_{p(R)} \tag{A.10}$$

onde

$$K_{p(R)} = \frac{\cos(\alpha - \theta)\sqrt{1 + \text{sen}^2\phi' + 2\,\text{sen}\,\phi' \cos\psi_p}}{\cos^2\theta\left(\cos\alpha - \sqrt{\text{sen}^2\phi' - \text{sen}^2\alpha}\right)} \tag{A.11}$$

A localização e a direção de P_p juntamente com a cunha de ruptura são exibidas na Figura A.2b. Para paredes com aterro vertical, $\theta = 0$,

$$P_p = \frac{1}{2} K_{p(R)} \gamma H^2 \tag{13.25}$$

onde

$$K_{p(R)} = \cos\alpha \frac{\cos\alpha + \sqrt{\cos^2\alpha - \cos^2\phi'}}{\cos\alpha - \sqrt{\cos^2\alpha - \cos^2\phi'}} \tag{13.26}$$

As Tabelas A.3 e A.4 proporcionam a variação de $K_{p(R)}$ e β_p, respectivamente, para diversos valores de α, θ e ϕ'.

Tabela A.1 Valores de $K_{a(R)}$ [Equação (A.5)]

α (graus)	θ (graus)	$K_{a(R)}$ — ϕ' (graus) 28	30	32	34	36	38	40
0	0	0,361	0,333	0,307	0,283	0,26	0,238	0,217
	2	0,363	0,335	0,309	0,285	0,262	0,240	0,220
	4	0,368	0,341	0,315	0,291	0,269	0,248	0,228
	6	0,376	0,350	0,325	0,302	0,280	0,260	0,242
	8	0,387	0,362	0,338	0,316	0,295	0,276	0,259
	10	0,402	0,377	0,354	0,333	0,314	0,296	0,280
	15	0,450	0,428	0,408	0,390	0,373	0,358	0,345
5	0	0,366	0,337	0,311	0,286	0,262	0,240	0,219
	2	0,373	0,344	0,317	0,292	0,269	0,247	0,226
	4	0,383	0,354	0,328	0,303	0,280	0,259	0,239
	6	0,396	0,368	0,342	0,318	0,296	0,275	0,255
	8	0,412	0,385	0,360	0,336	0,315	0,295	0,276
	10	0,431	0,405	0,380	0,358	0,337	0,318	0,300
	15	0,490	0,466	0,443	0,423	0,405	0,388	0,373
10	0	0,380	0,350	0,321	0,294	0,270	0,246	0,225
	2	0,393	0,362	0,333	0,306	0,281	0,258	0,236
	4	0,408	0,377	0,348	0,322	0,297	0,274	0,252
	6	0,426	0,395	0,367	0,341	0,316	0,294	0,273
	8	0,447	0,417	0,389	0,363	0,339	0,317	0,297
	10	0,471	0,441	0,414	0,388	0,365	0,344	0,324
	15	0,542	0,513	0,487	0,463	0,442	0,422	0,404
15	0	0,409	0,373	0,341	0,311	0,283	0,258	0,235
	2	0,427	0,391	0,358	0,328	0,300	0,274	0,250
	4	0,448	0,411	0,378	0,348	0,320	0,294	0,271
	6	0,472	0,435	0,402	0,371	0,344	0,318	0,295
	8	0,498	0,461	0,428	0,398	0,371	0,346	0,323
	10	0,527	0,490	0,457	0,428	0,400	0,376	0,353
	15	0,610	0,574	0,542	0,513	0,487	0,463	0,442
20	0	0,461	0,414	0,374	0,338	0,306	0,277	0,250
	2	0,486	0,438	0,397	0,360	0,328	0,298	0,271
	4	0,513	0,465	0,423	0,386	0,353	0,323	0,296
	6	0,543	0,495	0,452	0,415	0,381	0,351	0,324
	8	0,576	0,527	0,484	0,446	0,413	0,383	0,355
	10	0,612	0,562	0,518	0,481	0,447	0,417	0,390
	15	0,711	0,660	0,616	0,578	0,545	0,515	0,488

Tabela A.2 Valores de β_a [Equação (A.3)]

		β_a						
		ϕ' (graus)						
α (graus)	θ (graus)	28	30	32	34	36	38	40
0	0	0,000	0,000	0,000	0,000	0,000	0,000	0,000
	2	3,525	3,981	4,484	5,041	5,661	6,351	7,124
	4	6,962	7,848	8,821	9,893	11,075	12,381	13,827
	6	10,231	11,501	12,884	14,394	16,040	17,837	19,797
	8	13,270	14,861	16,579	18,432	20,428	22,575	24,876
	10	16,031	17,878	19,850	21,951	24,184	26,547	29,039
	15	21,582	23,794	26,091	28,464	30,905	33,402	35,940
5	0	5,000	5,000	5,000	5,000	5,000	5,000	5,000
	2	8,375	8,820	9,311	9,854	10,455	11,123	11,870
	4	11,553	12,404	13,336	14,358	15,482	16,719	18,085
	6	14,478	15,679	16,983	18,401	19,942	21,618	23,441
	8	17,112	18,601	20,203	21,924	23,773	25,755	27,876
	10	19,435	21,150	22,975	24,915	26,971	29,144	31,434
	15	23,881	25,922	28,039	30,227	32,479	34,787	37,140
10	0	10,000	10,000	10,000	10,000	10,000	10,000	10,000
	2	13,057	13,491	13,967	14,491	15,070	15,712	16,426
	4	15,839	16,657	17,547	18,519	19,583	20,751	22,034
	6	18,319	19,460	20,693	22,026	23,469	25,032	26,726
	8	20,483	21,888	23,391	24,999	26,720	28,559	30,522
	10	22,335	23,946	25,653	27,460	29,370	31,385	33,504
	15	25,683	27,603	29,589	31,639	33,747	35,908	38,114
15	0	15,000	15,000	15,000	15,000	15,000	15,000	15,000
	2	17,576	18,001	18,463	18,967	19,522	20,134	20,812
	4	19,840	20,631	21,485	22,410	23,417	24,516	25,719
	6	21,788	22,886	24,060	25,321	26,677	28,139	29,716
	8	23,431	24,778	26,206	27,722	29,335	31,052	32,878
	10	24,783	26,328	27,950	29,654	31,447	33,332	35,310
	15	27,032	28,888	30,793	32,747	34,751	36,802	38,894
20	0	20,000	20,000	20,000	20,000	20,000	20,000	20,000
	2	21,925	22,350	22,803	23,291	23,822	24,404	25,045
	4	23,545	24,332	25,164	26,054	27,011	28,048	29,175
	6	24,876	25,966	27,109	28,317	29,604	30,980	32,455
	8	25,938	27,279	28,669	30,124	31,657	33,276	34,989
	10	26,755	28,297	29,882	31,524	33,235	35,021	36,886
	15	27,866	29,747	31,638	33,552	35,498	37,478	39,491

Tabela A.3 Valores de $K_{p(R)}$ [Equação (A.11)]

		$K_{p(R)}$						
		ϕ' (graus)						
α (graus)	θ (graus)	28	30	32	34	36	38	40
	0	2,77	3	3,255	3,537	3,852	4,204	4,599
	2	2,770	3,000	3,255	3,537	3,852	4,204	4,599
	4	2,771	3,001	3,255	3,538	3,852	4,204	4,599
0	6	2,772	3,002	3,256	3,539	3,853	4,205	4,600
	8	2,773	3,003	3,258	3,540	3,854	4,206	4,601
	10	2,775	3,005	3,259	3,542	3,856	4,207	4,602
	15	2,783	3,012	3,266	3,547	3,861	4,212	4,607
	0	2,715	2,943	3,196	3,476	3,788	4,136	4,527
	2	2,734	2,964	3,218	3,500	3,814	4,165	4,558
	4	2,755	2,986	3,242	3,525	3,841	4,194	4,589
5	6	2,776	3,009	3,266	3,551	3,868	4,223	4,621
	8	2,798	3,032	3,290	3,577	3,896	4,253	4,654
	10	2,820	3,055	3,315	3,604	3,925	4,284	4,687
	15	2,880	3,119	3,382	3,675	4,000	4,365	4,774
	0	2,551	2,775	3,022	3,295	3,598	3,937	4,316
	2	2,589	2,815	3,065	3,342	3,649	3,991	4,376
	4	2,627	2,857	3,110	3,389	3,700	4,047	4,436
10	6	2,667	2,899	3,155	3,438	3,753	4,104	4,497
	8	2,707	2,942	3,201	3,488	3,806	4,161	4,560
	10	2,749	2,987	3,249	3,539	3,861	4,220	4,624
	15	2,860	3,104	3,374	3,672	4,004	4,375	4,790
	0	2,284	2,502	2,740	3,003	3,293	3,615	3,977
	2	2,336	2,558	2,801	3,068	3,364	3,693	4,061
	4	2,389	2,616	2,863	3,135	3,436	3,771	4,146
15	6	2,444	2,675	2,926	3,204	3,510	3,851	4,233
	8	2,501	2,735	2,991	3,274	3,586	3,933	4,322
	10	2,559	2,797	3,058	3,345	3,663	4,017	4,413
	15	2,712	2,961	3,234	3,534	3,867	4,237	4,651
	0	1,918	2,132	2,362	2,612	2,886	3,189	3,526
	2	1,979	2,199	2,435	2,691	2,972	3,283	3,629
	4	2,042	2,267	2,509	2,772	3,060	3,378	3,733
20	6	2,107	2,338	2,585	2,854	3,150	3,476	3,840
	8	2,174	2,410	2,664	2,939	3,242	3,577	3,949
	10	2,243	2,485	2,745	3,027	3,337	3,680	4,061
	15	2,426	2,683	2,958	3,258	3,587	3,951	4,357

Tabela A.4 Valores de β_p [Equação (A.9)]

α (graus)	θ (graus)	β_p						
		ϕ' (graus)						
		28	30	32	34	36	38	40
	0	0,000	0,000	0,000	0,000	0,000	0,000	0,000
	2	– 1,278	–1,333	–1,385	– 1,434	–1,481	– 1,524	– 1,565
	4	–2,554	– 2,665	–2,769	–2,867	–2,960	– 3,047	– 3,129
0	6	– 3,827	–3,993	–4,150	–4,298	–4,437	–4,568	–4,691
	8	– 5,095	–5,318	– 5,527	– 5,725	–5,910	–6,085	–6,250
	10	–6,357	– 6,636	–6,899	–7,146	–7,379	–7,598	–7,804
	15	– 9,474	–9,896	–10,293	–10,668	– 11,021	– 11,353	– 11,666
	0	5,000	5,000	5,000	5,000	5,000	5,000	5,000
	2	3,731	3,674	3,621	3,571	3,524	3,480	3,439
	4	2,458	2,345	2,239	2,139	2,046	1,958	1,875
5	6	1,182	1,013	0,854	0,705	0,565	0,434	0,310
	8	– 0,096	– 0,320	–0,531	–0,729	–0,915	– 1,090	–1,255
	10	– 1,374	– 1,653	–1,916	–2,163	–2,395	–2,614	–2,819
	15	–4,557	–4,974	– 5,367	– 5,737	–6,084	–6,411	–6,719
	0	10,000	10,000	10,000	10,000	10,000	10,000	10,000
	2	8,766	8,704	8,647	8,593	8,543	8,497	8,453
	4	7,521	7,398	7,285	7,179	7,080	6,987	6,900
10	6	6,266	6,084	5,915	5,757	5,610	5,472	5,343
	8	5,003	4,763	4,539	4,331	4,136	3,953	3,782
	10	3,734	3,437	3,159	2,900	2,658	2,431	2,219
	15	0,546	0,107	–0,302	–0,684	– 1,043	– 1,378	–1,693
	0	15,000	15,000	15,000	15,000	15,000	15,000	15,000
	2	13,835	13,763	13,696	13,636	13,580	13,528	13,480
	4	12,650	12,507	12,377	12,258	12,147	12,045	11,951
15	6	11,448	11,237	11,044	10,867	10,704	10,553	10,413
	8	10,229	9,952	9,699	9,466	9,251	9,052	8,868
	10	8,998	8,656	8,344	8,056	7,791	7,545	7,317
	15	5,871	5,375	4,921	4,502	4,114	3,754	3,420
	0	20,000	20,000	20,000	20,000	20,000	20,000	20,000
	2	18,962	18,866	18,782	18,708	18,641	18,580	18,525
	4	17,891	17,703	17,539	17,393	17,262	17,143	17,034
20	6	16,790	16,514	16,273	16,059	15,866	15,690	15,530
	8	15,662	15,302	14,987	14,707	14,454	14,224	14,014
	10	14,509	14,069	13,684	13,340	13,029	12,747	12,488
	15	11,540	10,912	10,360	9,865	9,418	9,010	8,637

Referências

Chu, S. C. Rankine Analysis of Active and Passive Pressures on Dry Sand, Soils and Foundations, v. 31, n. 4, p. 115-120, 1991.

Respostas de problemas selecionados

Capítulo 2

2.1 $C_u = 0,66$; $C_c = 0,66$

2.3 a.

Nº da peneira	Porcentagem passante
4	95,46
10	88,65
20	80,88
40	60,13
60	24,31
100	10,37
200	3,89

b. $D_{10} = 0,16$ mm; $D_{30} = 0,29$ mm; $D_{60} = 0,45$ mm
c. 2,81
d. 1,17

2.5 b. $D_{10} = 0,17$ mm; $D_{30} = 0,18$ mm; $D_{60} = 0,28$ mm
c. 1,65
d. 0,68

2.7 b. Pedregulho = 0%; Areia = 27%; Silte = 64%; Argila = 9%
c. Pedregulho = 0%; Areia = 32%; Silte = 59%; Argila = 9%
d. Pedregulho = 0%; Areia = 20%; Silte = 71%; Argila = 9%

2.9 b. Pedregulho = 0%; Areia = 16%; Silte = 56%; Argila = 28%
c. Pedregulho = 0%; Areia = 17%; Silte = 55%; Argila = 28%
d. Pedregulho = 0%; Areia = 10%; Silte = 62%; Argila = 28%

2.11 0,005 mm

Capítulo 3

3.5 a. 0,51
b. 17,48 kN/m^3
c. 51,7%

3.7 a. 19,2 kN/m^3
b. 12,33%
c. 17,1 kN/m^3
d. 0,54
e. 61,4%

3.9 a. 17,67 kN/m^3
b. 0,52
c. 0,34
d. 87,4%

3.11 a. 1422,76 kg/m^3
b. 0,48
c. 68,2%
d. 1217 kg/m^3

3.13 a. 0,43
b. 2,57

3.15 a. 19,27 kN/m^3
b. 16,3 kN/m^3

3.17 a. 0,6
b. 16,37 kN/m^3

3.19 91,8%

Capítulo 4

4.1 a. 29,0
b. 15,6

4.3 a. 23,6
b. 4,5

4.5 $SL = 17{,}08$; $SR = 1{,}68$

Capítulo 5

5.1

Solo	Classificação
A	Argila
B	Argila arenosa
C	Lemo
D	Argila arenosa e argila lemo-arenosa (limites)
E	Lemo arenoso

5.3

Solo	Classificação
A	A-7-5(16)
B	A-6(5)
C	A-7-6(8)
D	A-6(9)
E	A-6(2)

5.5 a. A-1-b(0)
b. SC, areia argilosa

Capítulo 6

6.1

	ρ_d @ S (kg/m^3)			
w (%)	70%	80%	90%	100%
5	2.228	2.273	2.310	2.340
10	1.922	1.991	2.047	2.095
15	1.690	1.770	1.838	1.896
20	1.508	1.594	1.668	1.732

6.3 a. $\gamma_{d(\text{máx})} = 1.882$ kg/m^3; $w_{\text{opt}} = 10{,}8\%$
b. $e = 0{,}42$; $S = 68{,}4\%$

6.5 a. $\rho_{d(\text{máx})} = 1.870$ kg/m^3; $w_{\text{opt}} = 15\%$
b. $\rho_{d(\text{campo})} = 1.840$ kg/m^3; faixa aceitável de $w = 13{,}5\%$ a $16{,}5\%$

6.7 a.

Área de empréstimo	Volume para escavar (m³)
I	5143,8
II	5431,5
III	5999,8
IV	5285,5

b. Área de empréstimo II

6.9 $\gamma_{d(\text{campo})} = 15{,}87$ kN/m^3; $D_r = 59{,}8\%$

6.11 a. 16,3 kN/m^3
b. 88,8%

Capítulo 7

7.1 $7{,}54 \times 10^{-2}$ m^3/h/m

7.3 a. $3{,}96 \times 10^{-3}$ cm/s
b. 0,0174 cm/s

7.5 a. $2{,}75 \times 10^{-4}$ cm/s
b. 23,82 cm

7.7 $7{,}49 \times 10^{-3}$ cm/s

7.9 0,1 cm/s

7.11 0,259 cm/s

7.13 0,0219 cm/s

7.15 $3{,}062 \times 10^{-7}$ cm/s

7.17 3,125 m/dia

Capítulo 8

8.1 0,009 cm/s

8.3 0,518 m^3/dia/m

8.5 7,2 m^3/dia/m

8.7 2,1 m^3/dia/m

8.9 0,271 m^3/dia/m

Capítulo 9

9.1

	kN/m²		
Ponto	σ	u	σ'
A	0	0	0
B	36,18	0	36,18
C	105,57	35,9	69,67
D	139,42	53,85	85,57

9.3

	kN/m²		
Ponto	σ	u	σ'
A	0	0	0
B	48	0	48
C	156	58,86	97,14
D	198,5	83,38	115,12

9.5 a.

	kN/m²		
Ponto	σ	u	σ'
A	0	0	0
B	64,8	0	64,8
C	169,2	49,05	120,15

b. 1,5 m

9.7 6,91 m

9.9 6,88 m

9.11 **a.** 781,2 cm³/s
b. Sem ebulição
c. 2,77 m

9.13

	kN/m²		
Profundidade (m)	σ	u	σ'
0	0	0	0
3,05	54,75	0	54,75
		–9,53	64,28
5,48	97,34	0	97,34
10,36	188,26	47,87	140,38

9.15 2,33

Capítulo 10

10.1 **a.** $\sigma_1 = 181{,}23$ kN/m²; $\sigma_3 = 108{,}76$ kN/m²
b. $\sigma_n = 169{,}25$ kN/m²; $\tau_n = -26{,}92$ kN/m²

10.3 **a.** $\sigma_1 = 30{,}68$ kN/m²; $\sigma_3 = 12{,}32$ kN/m²
b. $\sigma_n = 13{,}53$ kN/m²; $\tau_n = 4{,}55$ kN/m²

10.5 **a.** $\sigma_1 = 99$ kN/m²; $\sigma_3 = 33$ kN/m²
b. $\sigma_n = 96$ kN/m²; $\tau_n = 15{,}8$ kN/m²

10.7 1,127 kN/m²

10.9 71,44 kN/m²

10.11 2656,3 kN/m

10.13 73,2 kN/m²

10.15 @ A → 262,2 kN/m²
@ B → 253,65 kN/m²
@ C → 26,65 kN/m²

10.17

r(m)	$\Delta\sigma_z$ (kN/m²)
0	328,24
1	323,84
3	278,34
5	152,1
7	48,42

10.19 @ A → 45 kN/m²
@ B → 105,12 kN/m²
@ C → 14,96 kN/m²

Capítulo 11

11.1 4,93 mm

11.3 **b.** 170 kN/m²
c. $C_c = 0{,}35$

$$\frac{C_s}{C_c} = 0{,}074$$

11.5 $C_c = 0{,}28$; $\sigma'_c = 1{,}85$ kg/cm²

11.7 0,049 m

11.9 13,8 cm

11.11 0,682

11.13 124,2 dias

11.15 511 dias

11.17 $8{,}08 \times 10^{-8}$ m/min

11.19 **a.** 27,8 kN/m²
b. 75 mm
c. 25,3%
d. $1{,}378 \times 10^{-4}$ m²/dia

Capítulo 12

12.1 **a.** 35,5°
b. 509,5 N

12.3 505,36 N

12.5 29°

12.7 **a.** 59,5°
b. $\sigma' = 502$ kN/m²; $\tau = 169{,}7$ kN/m²

12.9 24,3°

12.11 218,68 kN/m²

12.13 **a.** 23,4°
b. 56,7°
c. $\sigma'_f = 240{,}4$ kN/m²; $\tau_f = 104$ kN/m²

12.15 **a.** $\sigma' = 231{,}4$ kN/m²; $\tau = 108{,}32$ kN/m²
b. $\sigma' = 317{,}74$ kN/m²; $\tau = 177{,}46$ kN/m²

12.17 **a.** 16,6°
b. 77,8 kN/m²

12.19 $\Delta\sigma_{d(f)} = 293{,}1$ kN/m²; $\Delta u_{d(f)} = -75{,}87$ kN/m²

12.21 a. $m = 41{,}56$ kN/m²; $\alpha = 17{,}4°$
b. $\phi' = 18{,}26°$; $c' = 43{,}55$ kN/m²

Capítulo 13

13.1 $P_o = 143{,}44$ kN/m; $\bar{z} = 1{,}67$ m

13.3 $P_o = 176{,}13$ kN/m; $\bar{z} = 2$ m

13.5 $P_a = 49{,}1$ kN/m; $\bar{z} = 1{,}43$ m

13.7 $P_a = 54{,}56$ kN/m; $\bar{z} = 1{,}67$ m

13.9 $P_p = 335{,}9$ kN/m; $\bar{z} = 1{,}11$ m

13.11 $P_p = 1220{,}1$ kN/m; $\bar{z} = 2{,}33$ m

13.13 $P_a = 72{,}46$ kN/m; $\bar{z} = 1{,}25$ m

13.15 $P_a = 339{,}05$ kN/m; $\bar{z} = 3{,}01$ m

13.17 a. 20,52 kN/m²
b. $P_a = 41{,}04$ kN/m

13.19 b. 1,62 m
c. 92,5 kN/m
d. 120 kN/m; $\bar{z} = 1{,}13$ m

13.21 48,9 kN/m

13.23 a. 759 kN/m
b. 125 kN/m

Capítulo 14

14.1 807 kN/m

14.3 836 kN/m

14.5 1306 kN/m

14.7 51,61 kN/m

14.9 @ A → 185 kN
@ B → 145 kN
@ C → 83 kN
@ D → 330 kN

Capítulo 15

15.1 2,82 m

15.3 1,35

15.5 a. 2,25
b. 3,42 m

15.7 19,9 m

15.9 2,75

15.11 7,59 m – círculo de pé

15.13 5,09 m

15.15 a. 30,6 kN/m²
b. círculo intermediário
c. 8,5 m

15.17 1,42

15.19 1,66

15.21 1,14

15.23 0,95

Capítulo 16

16.1 593 kN/m^2

16.3 37,58 kN/m^2

16.5 544 kN/m^2

16.7 1428 kN

16.9 1175 kN

16.11 1,5 m

16.13
a. 1063,4 kN
b. 888,5 kN
c. 1301,3 kN

16.15 392,7 kN

Capítulo 17

17.1 8,96%

17.3 18°

17.5 31°

17.7

Profundidade, (m)	q_c(kN/m^2)
1,5	4.390
3	4.938
4,5	6.036
6	6.585
7,5	8.231
9	9.328

17.9 61,24 kN/m^2

Índice remissivo

FATORES DE CONVERSÃO DE UNIDADES INGLESAS PARA UNIDADES SI

Comprimento:	1 ft	= 0,3048 m
	1 ft	= 30,48 cm
	1 ft	= 304,8 mm
	1 in.	= 0,0254 m
	1 in.	= 2,54 cm
	1 in.	= 25,4 mm
Área:	1 ft^2	= $929,03 \times 10^{-4}$ m^2
	1 ft^2	= 929,03 cm^2
	1 ft^2	= $929,03 \times 10^{2}$ mm^2
	1 $in.^2$	= $6,452 \times 10^{-4}$ m^2
	1 $in.^2$	= 6,452 cm^2
	1 $in.^2$	= 645,16 mm^2
Volume:	1 ft^3	= $28,317 \times 10^{-3}$ m^3
	1 ft^3	= $28,317 \times 10^{-3}$ cm^3
	1 $in.^3$	= $16,387 \times 10^{-6}$ m^3
	1 $in.^3$	= 16,387 cm^3
Módulo da seção:	1 $in.^3$	= $0,16387 \times 10^{-5}$ mm^3
	1 $in.^3$	= $0,16387 \times 10^{-4}$ m^3
Condutividade hidráulica	1 ft/min	= 0,3048 m/min
	1 ft/min	= 30,48 cm/min
	1 ft/min	= 304,8 mm/min
	1 ft/s	= 0,3048 m/s
	1 ft/s	= 304,8 mm/s
	1 in./min	= 0,0254 m/min
	1 in./s	= 2,54 cm/s
	1 in./s	= 25,4 mm/s
Coeficiente de adensamento:	1 $in.^2$/s	= 6,452 cm^2/s
	1 $in.^2$/s	= $20,346 \times 10^{3}$ m^2/ano
	1 ft^2/s	= 929,03 cm^2/s
Força:	1 lb	= 4,448 N
	1 lb	= $4,448 \times 10^{-3}$kN
	1 lb	= 0,4536 kgf
	1 kip	= 4,448 kN
	1 t americana	= 8,896 kN
	1 lb	= $0,4536 \times 10^{-3}$t métrica
	1 lb/ft	= 14,593 N/m
Tensão:	1 lb/ft^2	= 47,88 N/m^2
	1 lb/ft^2	= 0,04788 kN/m^2
	1 t americana/ft^2	= 95,76 kN/m^2
	1 kip/ft^2	= 47,88 kN/m^2
	1 lb/$in.^2$	= 6,895 kN/m^2
Peso específico:	1 lb/ft^3	= 0,1572 kN/m^3
	1 lb/$in.^3$	= 271,43 kN/m^3
Momento:	1 lb-ft	= 1,3558 N · m
	1 lb-in.	= 0,11298 N · m
Energia:	1 ft-lb	= 1,3558 J
Momento de inércia:	1 $in.^4$	= $0,4162 \times 10^{-6}$ mm^4
	1 $in.^4$	= $0,4162 \times 10^{-6}$ m^4

FATORES DE CONVERSÃO DO SI PARA UNIDADES INGLESAS

Comprimento:	1 m	= 3,281 pés
	1 cm	= $3,281 \times 10^{-2}$ pés
	1 mm	= $3,281 \times 10^{-3}$ pés
	1 m	= 39,37 pol.
	1 cm	= 0,3937 pol.
	1 mm	= 0,03937 pol.
Área:	1 m^2	= 10,764 $pés^2$
	1 cm^2	= $10,764 \times 10^{-4}$ $pés^2$
	1 mm^2	= $10,764 \times 10^{-6}$ $pés^2$
	1 m^2	= 1550 $pol.^2$
	1 cm^2	= 0,155 $pol.^2$
	1 mm^2	= $0,155 \times 10^{-2}$ $pol.^2$
Volume:	1 m^3	= 35,32 $pés^3$
	1 cm^3	= $35,32 \times 10^{-4}$ $pés^3$
	1 m^3	= 61.023,4 $pol.^3$
	1 cm^3	= 0,061023 $pol.^3$
Força:	1 N	= 0,2248 lib.
	1 kN	= 224,8 lib.
	1 kgf	= 2,2046 lib.
	1 kN	= 0,2248 kip
	1 kN	= 0,1124 t americana
	1 t métrica	= 2204,6 lib.
	1 N/m	= 0,0685 lib/pés
Tensão:	1 N/m^2	= $20,885 \times 10^{-3}$ $lib./pés^2$
	1 kN/m^2	= 20,885 $lib/pés^2$
	1 kN/m^2	= 0,01044 t $americana/pé^2$
	1 kN/m^2	= $20,885 \times 10^{-3}$ $kip/pé^2$
	1 kN/m^2	= 0,145 $lib./pol.^2$
Peso específico:	1 kN/m^3	= 6.361 $lib./pés^3$
	1 kN/m^3	= 0,003682 $lib/pol.^3$
Momento:	1 N · m	= 0,7375 lib.pés
	1 N · m	= 8,851 lib.pol.
Energia:	1 J	= 0,7375 pés-lib.
Momento de inércia:	1 mm^4	= $2,402 \times 10^{-6}$ $pol.^4$
	1 m^4	= $2,402 \times 10^{6}$ $pol.^4$
	1 mm^3	= $6,102 \times 10^{-5}$ $pol.^3$
Módulo da seção:	1 m^3	= $6,102 \times 10^{4}$ $pol.^3$
Condutividade hidráulica:	1 m/min	= 3,281 pés/min
	1 cm/min	= 0,03281 pés/min
	1 mm/min	= 0,003281 pés/min
	1 m/s	= 3,281 pés/s
	1 mm/s	= 0,03281 pés/s
	1 m/min	= 39,37 pol./min
	1 cm/s	= 0,3937 pol./s
	1 mm/s	= 0,03937 pol./s
Coeficiente de adensamento:	1 cm^2/s	= 0,155 $pol.^2/s$
	1 m^2/jd	= $4,915 \times 10^{-5}$ $pol.^2/s$
	1 cm^2/s	= $1,0764 \times 10^{-3}$ $pés^2/s$

Impressão e Acabamento
Bartira
Gráfica
(011) 4393-2911